DELIUS KLASING

Herausgeber: R. Etzold

Martynn Randall

So wird's gemacht

pflegen – warten – reparieren

Übertragen und bearbeitet
von Udo Stünkel

Band 166

Mercedes A-Klasse

Benziner
1,6 l (1595 cm³)

Diesel
1,5 l (1461 cm³)
1,8 l (1796 cm³)
2,1 l (2143 cm³)

Delius Klasing Verlag

Die englische Originalausgabe mit dem Titel »Mercedes-Benz A-Class Owners Workshop Manual« erschien 2020 bei Haynes Publishing.

Autor: Martynn Randall

Bibliografische Information der Deutschen Nationalbibliothek
Die Deutsche Nationalbibliothek verzeichnet diese Publikation in der Deutschen Nationalbibliografie; detaillierte bibliografische Daten sind im Internet über http://dnb.dnb.de abrufbar.

1. Auflage
ISBN 978-3-667-11685-7
Die Rechte für die deutsche Ausgabe liegen beim Verlag Delius Klasing & Co. KG, Bielefeld.

Übertragen und bearbeitet von Udo Stünkel
Lektorat: Hanno Vienken
Umschlaggestaltung: Gabriele Engel
Satz: Bernd Pettke · Digitale Dienste, Bielefeld
Printed in Malaysia 2021

Alle in diesem Buch enthaltenen Angaben und Daten wurden von dem den Autoren nach bestem Wissen erstellt und von ihnen sowie vom Verlag mit der gebotenen Sorgfalt überprüft. Gleichwohl können wir keinerlei Gewähr oder Haftung für die Richtigkeit, Vollständigkeit und Aktualität der bereitgestellten Informationen übernehmen.

Delius Klasing Verlag, Siekerwall 21, D - 33602 Bielefeld
Tel.: 0521/559-0, Fax: 0521/559-115
E-Mail: info@delius-klasing.de
www.delius-klasing.de

Inhalt

Einleitung

Die in Rastatt gebaute und ab September 2012 ausgelieferte 3. Generation der A-Klasse, intern als W 176 bezeichnet, besaß kaum Gemeinsamkeiten mit dem Vorgängermodell W 169 und basierte auf der gleichen ›Modularen Frontantriebsarchitektur‹ (MFA) wie die Mercedes-Modelle der B-, CLA- und GLA-Klasse sowie die von Nissan angebotenen Infinity-Modelle Q30 und QX30.

Die in diesem Buch behandelten fünftürigen Kompaktklasse-Modelle A 160, A 180, A 200 und A 220 wurden mit dem zusammen mit Nissan entwickelten 1,6 l-Benzinmotor mit Direkteinspritzung und Turbolader (M 270), einem von Renault gebauten 1,5 l-Turbodiesel (OM 607) sowie Turbodiesel-Eigenentwicklungen mit 1,8 und 2,1 Liter Hubraum (OM 651) ausgeliefert.

In den sechs Jahren Bauzeit gab es eine Modellpflege ab September 2015 sowie immer wieder kleine Änderungen und Verbesserungen.

Das Fahrwerk mit Einzelradaufhängung und einer Vierlenker-Hinterachse ist vorn und hinten mit Stabilisatoren ausgerüstet. Serienmäßig an Bord sind eine Antriebsschlupfregelung (ASR), ABS, ein Bremsassistent, ESP, ein Kollisions-Warnsystem, ein Müdigkeitswarner, sieben Airbags, ein Start-Stopp-System, ein Sechsgang-Schaltgetriebe, eine elektrische Servolenkung, eine Klimaanlage, elektrische Fensterheber, elektrisch verstellbare Außenspiegel und Tagfahrlicht.

Mercedes bot mehrere Sondermodelle und ein umfangreiches Zubehörprogramm an, darunter auch ein halbautomatisches Doppelkupplungsgetriebe.

Vorausgesetzt, das Fahrzeug wurde und wird regelmäßig entsprechend der Herstellervorgaben gewartet, gilt die A-Klasse als zuverlässig und wirtschaftlich. Der Motorraum ist so aufgebaut, dass die meisten der regelmäßig Aufmerksamkeit erfordernden Bauteile leicht zugänglich sind.

Über dieses Handbuch

Der Sinn dieses Buches ist es, Ihnen dabei zu helfen, mit Ihrem Fahrzeug viel Freude zu haben. Diese Hilfe kann auf verschiedenen Wegen geschehen: Sie können entscheiden, welche Arbeiten erledigt werden müssen und was Sie davon selbst ausführen können; Ihnen werden Informationen zur Instandhaltung und Pflege Ihres Autos gegeben; es werden Ihnen Diagnosen und Reparatur-Reihenfolgen angeboten, um Störungen zu beseitigen.

Wir wünschen uns, dass Sie mit diesem Handbuch viele Arbeiten selber erledigen können. Bei vielen simplen Arbeiten kann es einfacher sein, sie selber auszuführen, als einen Werkstatttermin auszumachen und das Auto zum Händler zu bringen und wieder abzuholen. Noch wichtiger ist, dass man schon viel Geld sparen kann, wenn man auch nur einige Vorarbeiten erledigt – noch mehr, wenn man alle Reparaturen selber erledigt. Ebenfalls ein wichtiger Punkt ist das gute Gefühl, das entsteht, wenn man eine Arbeit erfolgreich zu Ende gebracht hat.

Angaben für die rechte oder linke Seite beziehen sich – soweit nicht anders angegeben – auf die Fahrtrichtung. Im ursprünglich bei Haynes in England erschienenen Handbuch wurde ein Rechtslenker-Modell behandelt. Wir haben versucht, alle für Linkslenker relevanten Informationen zu berücksichtigen, dennoch kann es vorkommen, dass auf Fotos manche Bauteile auf der ›falschen‹ Seite angeordnet sind.

Danksagung

Dank an Draper Tools, die uns einige der gezeigten Werkzeuge zur Verfügung gestellt haben. Wir möchten uns auch bei allen Menschen in Sparkford bedanken, die uns bei der Produktion dieses Handbuchs geholfen haben. Der Übersetzer dankt Volker Haack für die freundliche Unterstützung.

Wir sind stets sehr um die Richtigkeit der Informationen in allen unseren Büchern bemüht, doch es kommt immer wieder vor, dass Fahrzeughersteller während der Produktion technische Veränderungen vornehmen, von denen wir nichts wissen. Autor und Verlag können deshalb keine Verantwortung für fehlende oder falsche Informationen übernehmen, die dem Kunden Schaden oder Verletzungen zugefügt haben.

Maße und Gewichte

Anmerkung: *Alle Angaben sind grobe Richtwerte; die tatsächlichen Werte variieren je nach Modell und Ausstattung. Beachten Sie für exakte Werte die Hinweise des Fahrzeugherstellers.*

Gesamtlänge	4300 mm
Breite (ohne Rückspiegel)	1780 mm
Gesamtbreite (mit Rückspiegel)	2022 mm
Gesamthöhe	1418 bis 1433 mm
Radstand	2699 mm
Leergewicht	1370 bis 1555 kg
Dachlast (max.)	100 kg

Sicherheit geht vor!

Professionelle Mechaniker haben während ihrer Ausbildung viel über Arbeitssicherheit gelernt. Doch auch der Enthusiast sollte sich bei seinen Tätigkeiten die Zeit nehmen, um sicherzustellen, dass er sich nicht unnötig in Gefahr begibt. Eine kurze Unachtsamkeit kann genauso zu einem Unfall führen wie die Nichtbeachtung simpler Vorsichtsmaßnahmen. Es gibt unendlich viele Möglichkeiten, einen Unfall herbeizuführen – und es kann hier keine umfassende Liste aller Gefahren wiedergegeben werden; vielmehr soll auf das Risiko hingewiesen und auf eine sichere Herangehensweise an alle Arbeiten am Auto aufmerksam gemacht werden.

Asbest

- Verschiedene Reibmaterialien, Isolierungen und Dichtungen (z. B. Brems- und Kupplungsbeläge, Kopfdichtungen, Hitzeschilde usw.) können gefährliche Fasern wie Asbest enthalten. Absolute Vorsicht ist beim Einatmen des Staubs solcher Teile geboten, da dieser äußerst gesundheitsschädlich sein kann. Im Zweifelsfall sollte man immer davon ausgehen, dass Asbest enthalten ist.

Feuer

- Denken Sie immer daran, dass Benzin leicht entzündbar ist. Rauchen Sie niemals bei der Arbeit am Fahrzeug und lassen Sie keine offenen Flammen in die Nähe kommen. Hiermit ist das Feuerrisiko jedoch noch nicht gebannt, denn Funken durch einen elektrischen Kurzschluss, das Aneinanderschlagen zweier Metallteile, der unbedachte Einsatz von Werkzeugen oder die statische Aufladung des Körpers oder der Kleidung können in geschlossenen Räumen Benzindämpfe entzünden, die sich zu einem hochexplosiven Gemisch entwickelt haben. Verwenden Sie Benzin niemals als Reinigungsmittel, sondern benutzen Sie ungefährlichere Lösungsmittel.
- Trennen Sie vor jeder Arbeit am Kraftstoff- oder Zündsystem den Masseanschluss (–) von der Batterie. Lassen Sie niemals Kraftstoff auf den heißen Motor oder Auspuff tropfen.
- In der Garage oder der Werkstatt muss ein für brennende Flüssigkeiten geeigneter Feuerlöscher griffbereit gehalten werden. Löschen Sie niemals brennenden Kraftstoff oder unter Strom stehende Teile mit Wasser!

Dämpfe

- Manche Dämpfe sind hochgiftig und können schnell zur Bewusstlosigkeit oder gar zum Tod führen, wenn sie in einer bestimmten Konzentration eingeatmet werden. Benzindämpfe gehören genauso dazu wie Dämpfe von Lösungsmitteln wie Trichlorethylen. Sämtlicher Umgang mit solch flüchtigen Stoffen darf nur in gut belüfteten Bereichen geschehen.
- Bei der Verwendung von Reinigungs- oder Lösungsmitteln müssen stets sorgfältig die Anwendungshinweise durchgelesen werden. Benutzen Sie niemals Stoffe aus unbeschrifteten Behältern und mischen Sie niemals verschiedene an sich harmlose Lösungsmittel – sie können giftige Dämpfe freisetzen.
- Lassen Sie niemals einen Verbrennungsmotor in geschlossenen Räumen laufen. Auspuffgase können extrem giftiges Kohlenmonoxid enthalten. Wenn ein Motor gestartet werden muss, hat dies möglichst im Freien zu geschehen, zumindest ist das Fahrzeug so hinzustellen, dass der Auspuff nach draußen zeigt.

Batterie

- Setzen Sie die Batterie nie offenem Feuer oder Funken aus, da sie immer etwas Wasserstoff abgibt, der hochexplosiv ist.
- Trennen Sie vor der Arbeit am Kraftstoff- oder Zündsystem den Masse-Anschluss (–) von der Batterie – außer, die Stromzufuhr wird ausdrücklich verlangt.
- Lockern Sie beim Laden der Batterie die Einfüllstopfen. Laden Sie die Batterie nicht mit einer zu hohen Rate, da sie hierdurch beschädigt wird.
- Beim Auffüllen, Reinigen und Tragen der Batterie ist Vorsicht geboten. Die Batteriesäure ist auch im verdünnten Zustand stark ätzend. Haut- und Augenkontakt muss durch das Tragen von Gummihandschuhen und einer Schutzbrille mit Gesichtsschutz vermieden werden. Muss die Batteriesäure selber vorbereitet werden, darf nur die Säure langsam dem Wasser zugefügt werden – kippen Sie niemals das Wasser in die Säure!

Elektrizität

- Beim Einsatz von Elektrowerkzeugen, Lampen usw. muss immer ein korrekter Stromanschluss und ggf. Masseanschluss sichergestellt sein. Verwenden Sie keine Elektrogeräte in feuchter Umgebung oder in der Nähe von Benzin oder Benzindämpfen. Achten Sie darauf, dass alle Geräte und das Stromnetz den Sicherheitsstandards entsprechen.
- Einen starken Stromschlag kann man beim Berühren bestimmter Teile der elektrischen Anlage bekommen, so zum Beispiel beim Anfassen der Zündkabel bei laufendem oder durchgedrehtem Motor – und besonders, wenn Bauteile feucht sind oder eine defekte Isolierung haben. Bei elektronischen Zündanlagen kann die Zündspannung lebensgefährlich sein!

Airbags

- Ein versehentlich ausgelöster Airbag kann schwere Verletzungen hervorrufen. Beachten Sie vor Arbeiten am Lenkrad und an den Verkleidungen vor anderen Airbags die Warnhinweise in Kapitel 9.

Diesel-Einspritzung

• Diesel-Einspritzpumpen arbeiten mit extrem hohen Drücken. Beim Lösen eines unter Druck stehenden Anschlusses kann Kraftstoff durch die Haut ins Körpergewebe und Blutbahnen eindringen und zu lebensgefährlichen Vergiftungen führen!

Niemals ...

• den Motor starten, ohne geprüft zu haben, dass sich das Getriebe im Leerlauf befindet.
• plötzlich den Deckel eines heißen Kühlsystems entfernen – sondern ihn mit Lappen abdecken und langsam den Druck ablassen, um sich nicht durch austretendes Kühlmittel zu verbrühen.
• aus einem heißen Motor Öl ablassen, sondern ihn erst etwas abkühlen lassen, um sich nicht zu verbrennen.
• Teile eines heißen Motors oder Auspuffs anfassen, um sich nicht zu verbrennen.
• Bremsflüssigkeit oder Kühlmittel auf Lack oder Kunststoffteile gelangen lassen.
• giftige Flüssigkeiten wie Benzin, Bremsflüssigkeit oder Frostschutzmittel mit dem Mund ansaugen oder auf die Haut gelangen lassen.
• Staub einatmen, der gesundheitsschädlich sein kann (siehe oben unter Asbest).
• Öl oder Fett auf dem Boden belassen, sondern es aufwischen, bevor jemand darauf ausrutscht.
• verschlissene Werkzeuge benutzen, da man damit abrutschen und sich verletzen kann.
• schwere Bauteile allein heben, sondern einen Assistenten zu Hilfe holen.
• in Zeitnot arbeiten oder die Arbeit auf gefährlichen Wegen abkürzen.
• Kinder oder Tieren ermöglichen, sich in der Nähe eines unbeobachteten Fahrzeugs aufzuhalten.
• einen Reifen über den erlaubten Maximaldruck aufpumpen. Abgesehen von der Überlastung der Karkasse kann er in Extremfällen platzen.

Stets ...

• dafür sorgen, dass das Fahrzeug sicher steht. Besonders wichtig ist dies, wenn das Auto für den Ausbau eines Rades oder einer Radaufhängung aufgebockt wird.
• festsitzende Schrauben oder Muttern vorsichtig lockern. An einem Schlüssel zu ziehen, ist immer besser als ihn zu drücken, damit man beim Abrutschen nicht gegen das Bauteil stößt.
• beim Einsatz von Bohrern, Schleifern und anderen Maschinen eine Schutzbrille tragen.
• beim Arbeiten in schmutzigen Bereichen die Hände mit Schutzcreme versehen, die nicht nur vor Infektionen schützt, sondern auch das Reinigen erleichtert. Längerer Kontakt mit Motoröl kann ein Gesundheitsrisiko sein. Passen Sie auf, dass die Hände durch die Creme nicht rutschig werden.
• Kleidungsstücke wie Ärmel, Halstücher oder lange Haare außerhalb des Arbeitsbereichs beweglicher Teile halten.
• Schmuck und Uhren vor der Arbeit – besonders an elektrischen Bauteilen – ablegen.
• den Arbeitsbereich sauber und geordnet halten, um nicht über herumliegende Teile zu fallen.
• beim Zusammendrücken von Federn für den Aus- oder Einbau, Spannen und Entspannen vorsichtig sein.
• Federn nur mit geeigneten Werkzeugen greifen, die die Feder nicht plötzlich wegspringen lassen.
• aufpassen, dass Hebevorrichtungen genügend Tragkraft für die zu verrichtende Arbeit haben.
• jemanden regelmäßig die Arbeit kontrollieren lassen, wenn man allein am Fahrzeug arbeitet.
• die Arbeit in einer logischen Reihenfolge ausführen und anschließend prüfen, ob alles korrekt montiert und gesichert ist.
• daran denken, dass die Sicherheit des Fahrzeugs auch Ihre eigene Sicherheit und die anderer bedeutet. Bei jedem Zweifel muss professioneller Rat eingeholt werden.
• Da man sich trotz des Befolgens dieser Hinweise verletzen kann, muss dafür gesorgt werden, dass immer jemand (nötigenfalls per Telefon) erreichbar ist, der einem zu Hilfe kommen kann.

Fahrzeug-Identifikation

1 Während der Fahrzeugproduktion werden unabhängig von größeren Modelländerungen ständig Bauteile verbessert und verändert, ohne dass dies irgendwo publiziert wird. Ersatzteillisten und Handbücher wurden auf numerischer Basis erstellt und die individuellen Fahrzeug-Identifikationsnummern sind für die korrekte Identifikation der betreffenden Teile unerlässlich.
2 Beim Bestellen von Ersatzteilen müssen stets so viele Informationen wie möglich bereitgehalten werden: das Fahrzeug-Modell, das Modelljahr (nicht unbedingt identisch mit dem Baujahr oder der Erstzulassung!) und ggf. die Fahrgestell- und Motornummer.
3 Die *Fahrzeug-Identifikationsnummer (FIN)* ist auf dem an der rechten A-Säule sitzenden Typenschild angegeben; hier finden sich auch der Motorcode, Informationen zum Fahrzeug-Gewicht sowie Farbcodes zum Lack und der Innenausstattung. Die Fahrzeug-Identifikationsnummer ist auch von außen unten in der Windschutzscheibe ablesbar (siehe Abbildungen).

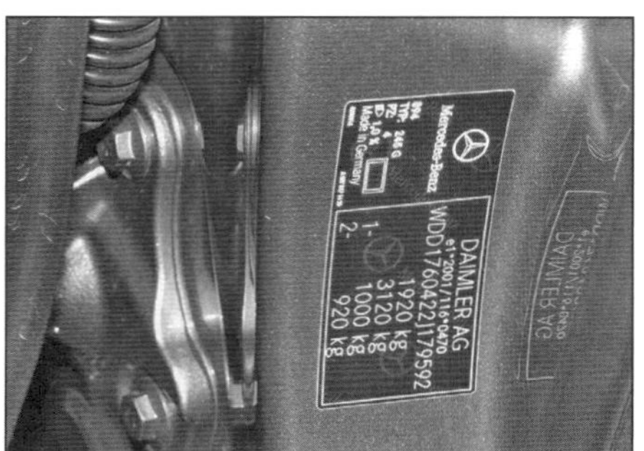

5.3a Die FIN findet sich auf dem Typenschild unten an der rechten A-Säule, ...

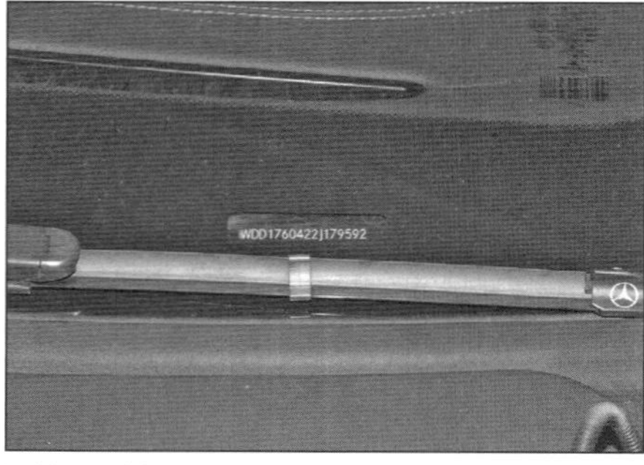

5.3b ... hinter der Windschutzscheibe (gezeigt beim Rechtslenker-Modell) ...

5.3c ... und unter einer Teppich-Klappe vor dem Beifahrersitz.

4 Die Motornummer ist vorn oder hinten am Motorblock eingeschlagen (siehe Abbildung) oder auf einem Typenschild angegeben.

5.4 Motornummer – gezeigt beim 1,6 l-Benzinmotor

5 Auch andere wichtige Baugruppen wie das Getriebe sind mit eingeschlagenen Nummern versehen.

Ersatzteilkauf

1 Ersatzteile sind aus unterschiedlichen Quellen erhältlich: über den offiziellen Mercedes-Ersatzteilkatalog, aus dem Zubehörhandel, von Fachwerkstätten, vom Autoverwerter usw. Um sicherzugehen, das richtige Teil zu bekommen, sollten die Fahrzeug-Identifikations-, die FIN- und ggf. die Motornummer bereitgehalten werden; es kann auch hilfreich sein, das alte Teil zum Händler mitzunehmen. Dinge wie der Anlasser und die Lichtmaschine sind oft als Austauschteile erhältlich, sodass die Altteile gesäubert abgegeben werden müssen.
2 Unsere Ratschläge zum Thema Ersatzteil-Quellen lauten:

Offizielle Vertragshändler

3 Hier bekommt man Original-Ersatzteile und muss nicht das Risiko eingehen, minderwertige Nachbauten zu erhalten. Dies hat zwar seinen Preis, doch bei sicherheitsrelevanten Bauteilen darf Geld keine Rolle spielen. Bei neueren Fahrzeugen gilt zudem, dass Nachbauteile die Garantie erlöschen lassen.

Zubehörhandel

4 Hier können Teile gekauft werden, die bei der Wartung benötigt werden: Öle, Kraftstoff- und Luftfilter, Zündkerzen, Lampen, Antriebsriemen, Schmierstoffe, Bremsbeläge, Reparaturlack usw. Achten Sie darauf, dass das Material qualitativ hochwertig ist.

Fachwerkstatt

5 Gute Werkstätten haben die wichtigsten Verschleißteile auf Lager und können Komponenten zum Überholen von Baugruppen beschaffen. Sie erledigen auch Arbeiten wie das Schleifen von Zylinderbohrungen, das Einpressen vom Bauteilen usw.

Reifen- und Auspuff-Spezialisten

6 Oft bieten Spezialbetriebe den Austausch entsprechender Dinge zu besonders günstigen Konditionen an. Allerdings muss genau auf das Angebot geachtet werden, da beispielsweise bei einem Reifenwechsel das Auswuchten oder ein neues Ventil zusätzlich bezahlt werden müssen.

Andere Quellen

7 Wer Ersatzteile günstig im Internet, auf dem Flohmarkt oder bei ähnlichen Gelegenheiten kaufen will, darf sich nicht wundern, wenn ein niedriger Preis auch minderwertige Qualität bedeutet. Bei allen sicherheitsrelevanten Bauteilen wie Bremsbelägen sollte hier kein Risiko eingegangen werden.

8 Gebrauchtteile können unter Umständen gute Alternativen sein, allerdings sollte der Kauf von einem erfahrenen Schrauber erledigt werden.

Rückrufaktionen

Hier sind offizielle Rückrufaktionen des Herstellers aufgelistet. Um zu prüfen, ob das Fahrzeug an einer Rückrufaktion teilgenommen hat, muss die örtliche Mercedes-Werkstatt konsultiert werden.

Rückruf-Ursache	Datum	Referenz-Code
Fahrerairbag-Gehäuse kann brechen	14.08.2018	R/2018/168 (SRPC 1822)
Lenkungsbaugruppen-Verkabelung mit schlechtem Massekontakt	11.06.2018	R/2018/130 (SRPC 1815)
Lenkungsbaugruppe mit schlechtem Massekontakt, Fahrerairbag kann zufällig auslösen	11.05.2018	R/2018/098 (SRPC 1812)
Windschutzscheibe schlecht eingeklebt	08.02.2018	R/2018/020 (SRPC 1803)
Lenkungsbaugruppen-Verkabelung mit schlechtem Massekontakt	18.12.2017	R/2017/282 (SRPC 1800)
Beifahrer-Airbag löst fehlerhaft aus	20.06.2017	R/2017/177 (SRPC 1721)
Anlasserstrom-Begrenzer kann überlasten	20.06.2017	R/2017/096 (SRPC 1708)
Airbag-Steuergerät defekt; Motorsteuergerät defekt	19.04.2017	R/2017/124 (SRPC 1709)
Untere Stoßdämpferaufnahme kann wegen schlechter Schweißnähte brechen	01.03.2017	RCOMP/2017/002
Motor kann ausgehen	28.09.2016	R/2016/124 (SRPC 1613)
Brandrisiko	21.01.2016	R/2015/259
Motorschaden-Risiko	19.11.2015	R/2015/210
Beifahrer-Airbag löst fehlerhaft aus	12.08.2015	R/2015/145
Antriebs-Probleme	14.07.2015	R/2015/099
Rückenlehnen können sich lockern	04.10.2013	R/2013/053
Beifahrer-Airbag löst fehlerhaft aus	30.05.2013	R/2013/053

Fehlersuche

Online-Hilfe

1 Im Internet wird eine Fülle von Informationen über Ihr Fahrzeug angeboten, darunter auch Reparaturtipps und Techniken. Spezielle Diagnosen sind jedoch bei immer umfangreicher und individueller konfigurierten Fahrzeugen sehr schwer. Wenn Sie Probleme haben, ein Problem zu diagnostizieren, kann es sinnvoll sein, Online-Untersuchungen anzustellen oder unterstützende Experten zu engagieren.

Die Quelle ist wichtig!

2 Wie wir alle wissen, sind Informationen aus dem Internet nur so zuverlässig, wie die sie zur Verfügung stellenden Personen oder Organisationen. Wir empfehlen bei der Suche nach der folgenden Reihenfolge vorzugehen:

a) Der Hersteller oder eine direkt damit zusammenhängende Quelle: Idealerweise stammen die Informationen direkt vom Fahrzeug- oder Komponenten-Hersteller. Diese sind sehr wahrscheinlich verbindlich und haben ein generelles Interesse daran, dass Diagnosen und Reparaturen korrekt und sicher durchgeführt werden.

b) Gebührenpflichtige Hilfe: Manche Seiten beschäftigen Experten, die Fahrzeugbesitzern bei der Diagnose unterstützen. Die Gebühren sind im Vergleich mit denen in einer Fachwerkstatt günstig. Suchen Sie nach beliebten Seiten mit vielen positiven Kritiken.

c) Experten-Empfehlungen: Werkstätten, die sich auf Ihren Fahrzeugtyp spezialisiert haben, werden wahrscheinlich auch entsprechende Onlinequellen kennen. Werkstätten möchten ihre Quellen eventuell nicht gerne preisgeben, weil sie selbst die Arbeit erledigen wollen. Doch sie wollen positive Beziehungen zu potenziellen Kunden aufbauen und wahrscheinlich keine falschen Informationen herausgeben.

d) Besitzer-Foren: Informationen aus Onlineforen können erstklassig bis völlig falsch sein. Die Qualität der Informationen ist nicht immer offensichtlich. Beschäftigen Sie sich ausgiebig mit dem Forum, bevor Sie Hilfe anfordern – so wissen Sie besser, wem Sie vertrauen können. Suchen Sie nach bestätigten Korrekturen. Wenn jemand vertrauenswürdig die Lösung eines ähnlichen Problem teilt, könnte es auch Ihre Lösung sein.

Einleitung

3 Fahrzeugbesitzer, die alle Wartungsarbeiten entsprechend der Vorgaben erledigen, müssen in diese Sektion nicht allzu oft hineinschauen. Vorausgesetzt, dass Verschleiß und Alterung regelmäßig überprüft und entsprechende Teile erneuert werden, muss dank der Zuverlässigkeit moderner Komponenten heute kaum noch mit plötzlichen Ausfällen gerechnet werden; allerdings steigt die Wahrscheinlichkeit mit zunehmendem Alter und hoher Laufleistung immer mehr an. Störungen entstehen üblicherweise nicht als Ergebnis eines plötzlichen Ausfalls, sondern entwickeln sich mit der Zeit. Gerade größeren technischen Defekten gehen oft charakteristische Symptome über Hunderte oder gar Tausende von Kilometern voraus. Bauteile, die gelegentlich ohne Vorwarnung ausfallen, sind oft klein und können leicht repariert oder ausgetauscht werden.

4 Bei jeder Fehlersuche liegt der erste Schritt in der Entscheidung, wo mit der Untersuchung begonnen werden soll. Manchmal ist dies offensichtlich, doch hin und wieder ist auch etwas Detektivarbeit nötig. Besitzer, die ein halbes Dutzend planlose Einstellungen vornehmen oder willkürlich Teile tauschen, mögen beim Behandeln von Ausfällen (oder deren Symptomen) erfolgreich sein, sind aber nicht klüger, wenn der Defekt zurückkehrt; zudem haben sie am Ende mehr Geld und Zeit als nötig investiert. Eine ruhige und logische Herangehensweise ist langfristig gesehen deutlich zufriedenstellender. Stets müssen Warnsignale und Abnormalitäten aller Art berücksichtigt werden, die in der Zeit vor dem Ausfall bemerkt wurden: Leistungsmangel, hohe oder niedrige Anzeigewerte, ungewöhnliche Gerüche usw. Zudem muss bedacht werden, dass Ausfälle von Bauteilen wie Sicherungen oder Zündkerzen zumeist nur Hinweise auf tatsächliche Defekte sind.

5 Die folgenden Seiten stellen einen einfachen Leitfaden zu den üblichen Problemen dar, die im normalen Fahrbetrieb auftreten können. Diese Probleme und ihre möglichen Ursachen sind nach den verschiedenen Komponenten oder Systemen (Motor, Kühlung usw.) geordnet. Das Kapitel, in dem das Problem behandelt wird, ist in Klammern angegeben. Wo auch immer der Defekt liegt – es gelten stets gewisse Grundprinzipien:

Überprüfen Sie den Defekt. Hier geht es einfach darum, vor Arbeitsbeginn die Symptome mit Sicherheit zu erkennen. Dies ist besonders wichtig, falls man einen Fehler für jemand anderes finden muss, der das Problem vielleicht nicht exakt beschreiben konnte.

Übersehen Sie nicht das Wesentliche. Lässt sich das Fahrzeug beispielsweise nicht starten, sollte auch überprüft werden, ob Kraftstoff im Tank ist (Vertrauen Sie gerade hierbei nie den Worten anderer oder der Tankanzeige). Falls ein Elektrik-Ausfall festgestellt wird, muss zuerst auf getrennte Stecker oder lockere Kabel geachtet werden, bevor die Prüfausrüstung ausgepackt wird.

Heilen Sie das Leiden, nicht die Symptome. Eine entladene Batterie durch eine vollständig geladene zu ersetzen, kann einen zunächst einmal wieder nach Hause bringen, doch wenn die zugrunde liegende Ursache nicht behandelt wird, ist die neue Batterie auch bald wieder leer. Genauso macht bei Benzinmotoren der Austausch verölter Zündkerzen durch Neuteile das Auto erst einmal wieder mobil, doch auch der Grund für diese Verschmutzung (solange es nicht ein falscher Wärmewert war) muss rasch gefunden und behoben werden.

Nehmen Sie nichts als gegeben hin. Vergessen Sie vor allem niemals, dass auch eine ›neue‹ Komponente defekt sein kann (besonders, wenn sie schon monatelang im Kofferraum durchgeschüttelt wurde). Schließen Sie auch keine Komponenten bei der Fehlerdiagnose aus, nur weil sie neu sind oder erst kürzlich installiert wurden. Wenn schließlich ein schwieriger Defekt diagnostiziert wurde, wird man möglicherweise feststellen, dass alle Beweise von Anfang an darauf hingewiesen haben.

Überlegen Sie, welche Arbeit ggf. in letzter Zeit durchgeführt wurde. Viele Fehler entstehen durch Nachlässigkeit oder überstürzte Handlungen. Bei Arbeiten im Motorraum können Kabel gelöst oder unkorrekt verlegt worden sein. Schläuche können eingeklemmt worden sein. Wurden alle Befestigungen korrekt angezogen? Wurden neue Originalteile und neue Dichtungen verwendet? Oft ist hier ein gewisses Maß an Detektivarbeit nötig, da eine scheinbar unzusammenhängende Aufgabe weitreichende Konsequenzen haben kann.

Motor

Motor lässt sich nicht per Anlasser durchdrehen

- ☐ Batterieanschlüsse locker oder korrodiert (Kapitel 1A oder 1B, Sektion 11)
- ☐ Batterie entladen oder defekt (Kapitel 5, Sektion 3)
- ☐ Verkabelung im Anlasserstromkreis gebrochen, locker oder getrennt (Kapitel 12)
- ☐ Anlasser-Magnetschalter oder Zündschloss defekt (Kapitel 5, Sektion 2 oder Kapitel 12, Sektion 5)
- ☐ Anlasser defekt (Kapitel 5, Sektion 7)
- ☐ Zähne am Anlasser-Zahnrad oder Schwungscheiben-Zahnkranz gebrochen (Kapitel 2A oder 2B, Sektion 13 oder Kapitel 5, Sektion 7)
- ☐ Massekabel des Motors gebrochen oder getrennt (Kapitel 12, Sektion 2)
- ☐ ›Hydraulische Blockade‹ durch eingedrungenes Wasser (größeres internes Leck im Kühlsystem oder angesaugt beim Waten) – konsultieren Sie eine Fachwerkstatt.
- ☐ Automatikgetriebe steht nicht auf Position P oder N

Motor dreht, springt aber nicht an

- ☐ Tank leer
- ☐ Batterie entladen (Anlasser dreht langsam) (Kapitel 5, Sektion 3)
- ☐ Batterieanschlüsse locker oder korrodiert (Kapitel 1A, Sektion 11)
- ☐ Benzinmotoren: Zündungskomponenten feucht oder beschädigt (Kapitel 6A)
- ☐ Kurbelwellensensor defekt (Kapitel 6A, Sektion 12 oder Kapitel 6B, Sektion 10)
- ☐ Benzinmotoren: Gebrochene, lockere oder getrennte Kabel im Zündsystem (Kapitel 12, Sektion 2)
- ☐ Dieselmotoren: Vorwärmsystem defekt (Kapitel 6B)
- ☐ Einspritzung/Motorsteuerung defekt (Kapitel 6A oder 6B)
- ☐ Dieselmotoren: Luft im Kraftstoffsystem (Kapitel 4B, Sektion 4)
- ☐ Größerer technischer Defekt (z. B. Steuerkette oder Zahnriemen übergesprungen) (Kapitel 2A oder 2B, Sektion 5 oder Kapitel 2C, Sektion 6)

Motor springt kalt schlecht an

- ☐ Batterie entladen (Kapitel 5, Sektion 3)
- ☐ Batterieanschlüsse locker oder korrodiert (Kapitel 1A, Sektion 11)
- ☐ Benzinmotoren: anderer Zündsystem-Defekt (Kapitel 6A)
- ☐ Dieselmotoren: Vorwärmsystem defekt (Kapitel 6B)
- ☐ Einspritzung/Motorsteuerung defekt (Kapitel 4A oder 4B)
- ☐ Motoröl mit falscher Viskosität (zu ›zähflüssig‹) (Kapitel 1A oder 1B – technische Daten)
- ☐ Motorkompression niedrig (Kapitel 2D, Sektion 3)

Motor springt warm schlecht an

- ☐ Luftfilterelement verschmutzt oder verstopft (Kapitel 1A oder 1B, Sektion 27)
- ☐ Einspritzung/Motorsteuerung defekt (Kapitel 6A oder 6B)
- ☐ Motorkompression niedrig (Kapitel 2D, Sektion 3)

Anlasser macht laute Geräusche oder rückt übermäßig hart ein

- ☐ Zähne am Anlasser-Zahnrad oder Schwungscheiben-Zahnkranz gebrochen (Kapitel 2A, 2B oder 2C, Sektion 13 oder Kapitel 5, Sektion 7)
- ☐ Anlasser-Befestigungsschrauben locker oder verloren gegangen (Kapitel 5, Sektion 7)
- ☐ Interne Anlasser-Komponenten verschlissen oder defekt (Kapitel 5, Sektion 7)

Motor startet und geht gleich wieder aus

- ☐ Benzinmotoren: Gebrochene, lockere oder getrennte Kabel im Zündsystem (Kapitel 12, Sektion 2)
- ☐ Motor zieht Nebenluft hinter Drosselklappengehäuse/Einlassstutzen oder Unterdruckschläuche (Kapitel 4A oder 4B)
- ☐ Einspritzdüse(n) verstopft, Einspritzanlage defekt (Kapitel 4A, Sektion 10 oder Kapitel 4B, Sektion 13)
- ☐ Dieselmotoren: Luft im Kraftstoffsystem (Kapitel 4B, Sektion 4)

Motor läuft im Standgas ungleichmäßig

- ☐ Luftfilterelement verschmutzt oder verstopft (Kapitel 1A oder 1B, Sektion 27)
- ☐ Motor zieht Nebenluft hinter Drosselklappengehäuse/Einlassstutzen oder Unterdruckschläuche (Kapitel 4A oder 4B)
- ☐ Motorkompression niedrig oder unterschiedlich (Kapitel 2D, Sektion 3)
- ☐ Nockenwellen-Nocken stark verschlissen (Kapitel 2A, Sektion 6 oder Kapitel 2B oder 2C, Sektion 8)
- ☐ Einspritzdüsen/Injektoren verstopft, Einspritzung/Motorsteuerung defekt (Kapitel 4A oder 4B)
- ☐ Dieselmotoren: Luft im Kraftstoffsystem (Kapitel 4B, Sektion 4)

Motor produziert im Standgas Fehlzündungen

- ☐ Motor zieht Nebenluft hinter Drosselklappengehäuse/Einlassstutzen oder Unterdruckschläuche (Kapitel 4A oder 4B)
- ☐ Einspritzdüsen verstopft, Einspritzung/Motorsteuerung defekt (Kapitel 4A oder 4B)
- ☐ Dieselmotoren: Injektor(en) defekt (Kapitel 4B, Sektion 13)
- ☐ Motorkompression ungleichmäßig oder niedrig (Kapitel 2D, Sektion 3)
- ☐ Motorentlüftungsschläuche getrennt, undicht oder beschädigt (Kapitel 6A oder 6B)

Motor produziert im Fahrbetrieb Fehlzündungen

- ☐ Dieselmotoren: Kraftstofffilter verstopft (Kapitel 1B, Sektion 12)
- ☐ Kraftstoffpumpe defekt oder Förderdruck zu niedrig (Kapitel 4A, Sektion 6 oder Kapitel 4B, Sektion 7)
- ☐ Tankentlüftung oder Kraftstoffleitungen verstopft (Kapitel 4A oder 4B)
- ☐ Motor zieht Nebenluft hinter Drosselklappengehäuse/Einlassstutzen oder Unterdruckschläuche (Kapitel 4A oder 4B)
- ☐ Dieselmotoren: Injektor(en) defekt (Kapitel 4B, Sektion 13)
- ☐ Benzinmotoren: Zündspule(n) defekt (Kapitel 46A, Sektion 7)
- ☐ Motorkompression ungleichmäßig oder niedrig (Kapitel 2D, Sektion 3)
- ☐ Einspritzdüsen verstopft, Einspritzung/Motorsteuerung defekt (Kapitel 4A oder 4B)
- ☐ Katalysator/Partikelfilter verstopft (Kapitel 4A, Sektion 17 oder Kapitel 4B, Sektion 20)
- ☐ Motor überhitzt (Kapitel 3, Sektion 2)
- ☐ Tank ist leer gefahren

Motor beschleunigt schlecht

- ☐ Motor zieht Nebenluft hinter Drosselklappengehäuse/Einlassstutzen oder Unterdruckschläuche (Kapitel 4A oder 4B)

- ☐ Einspritzdüsen/Injektoren verstopft, Einspritzung/Motorsteuerung defekt (Kapitel 4A oder 4B)
- ☐ Dieselmotoren: Injektor(en) defekt (Kapitel 4B, Sektion 13)

Motor stirbt ab

- ☐ Motor zieht Nebenluft hinter Drosselklappengehäuse/Einlassstutzen oder Unterdruckschläuche (Kapitel 4A oder 4B)
- ☐ Kraftstofffilter verstopft (Kapitel 1B, Sektion 26)
- ☐ Kraftstoffpumpe defekt oder Förderdruck zu niedrig (Kapitel 4A, Sektion 6 oder Kapitel 4B, Sektion 7)
- ☐ Tankentlüftung oder Kraftstoffleitungen verstopft (Kapitel 4A oder 4B)
- ☐ Einspritzdüse(n)/Injektor(en) verstopft, Einspritzung/Motorsteuerung defekt (Kapitel 4A oder 4B)
- ☐ Dieselmotoren: Injektor(en) defekt (Kapitel 4B, Sektion 13)

Motorleistung mangelhaft

- ☐ Luftfilter verstopft (Kapitel 1A oder 1B, Sektion 27)
- ☐ Dieselmotoren: Kraftstofffilter verstopft (Kapitel 1B, Sektion 26)
- ☐ Kraftstoffleitungen verstopft oder gequetscht (Kapitel 4A oder 4B)
- ☐ Motor überhitzt (Kapitel 3, Sektion 2)
- ☐ Dieselmotoren: Kraftstoffpegel zu niedrig (Kapitel 4B)
- ☐ Gaspedalsensor defekt (Kapitel 6A oder 6B, Sektion 5)
- ☐ Einspritzdüse(n)/Injektor(en) verstopft, Einspritzung/Motorsteuerung defekt (Kapitel 4A oder 4B)
- ☐ Dieselmotoren: Injektor(en) defekt (Kapitel 4B, Sektion 13)
- ☐ Benzinmotoren: Kraftstoffpumpe defekt oder Förderdruck zu niedrig (Kapitel 4A, Sektion 6)
- ☐ Motorkompression ungleichmäßig oder niedrig (Kapitel 2D, Sektion 3)
- ☐ Katalysator/Partikelfilter verstopft (Kapitel 4A, Sektion 17 oder Kapitel 4B, Sektion 20)
- ☐ Bremsen schleifen (Kapitel 9)
- ☐ Kupplung rutscht durch (Kapitel 8)
- ☐ Turbolader defekt (Kapitel 4A, Sektion 15 oder Kapitel 4B, Sektion 18)

Motor erzeugt Auspuffknallen

- ☐ Motor zieht Nebenluft hinter Drosselklappengehäuse/Einlassstutzen oder Unterdruckschläuche (Kapitel 4A oder 4B)
- ☐ Einspritzdüse(n)/Injektor(en) verstopft, Einspritzung/Motorsteuerung defekt (Kapitel 4A oder 4B)
- ☐ Katalysator/Partikelfilter verstopft (Kapitel 4A, Sektion 17 oder Kapitel 4B, Sektion 20)
- ☐ Benzinmotoren: Zündspule(n) defekt (Kapitel 46A, Sektion 7)

Öldrucklampe leuchtet bei laufendem Motor auf

- ☐ Ölpegel niedrig, Viskosität gering (Öl zu ›dünnflüssig‹) oder Ölsorte falsch (Kapitel 1A oder 1B)
- ☐ Öldruckschalter oder Kabel defekt (Kapitel 2A oder 2B, Sektion 15 oder Kapitel 2C, Sektion 16 oder Kapitel 12, Sektion 2)
- ☐ Ölpumpe und/oder Gleitlager im Motor verschlissen (Kapitel 2A, Sektion 10, Kapitel 2B oder 2C, Sektion 11 oder Kapitel 12, Sektion 2)
- ☐ Motortemperatur zu hoch (Kapitel 3, Sektion 2)
- ☐ Öl-Überdruckventil defekt (Kapitel 2A, Sektion 10 oder Kapitel 2B oder 2C, Sektion 11)
- ☐ Öl-Ansaugsieb verstopft (Kapitel 2A, Sektion 9 oder Kapitel 2B oder 2C, Sektion 10)

Motor läuft nach dem Abschalten weiter

- ☐ Erhebliche Kohleablagerungen im Motor (Kapitel 2D)
- ☐ Motortemperatur zu hoch (Kapitel 3, Sektion 2)
- ☐ Einspritzung/Motorsteuerung defekt (Kapitel 4A oder 4B)

Motor macht ungewöhnliche Geräusche

Klingeln oder Klopfen beim Beschleunigen oder unter Last

- ☐ Benzinmotoren: Zündzeitpunkt unkorrekt/Zündsystem defekt (Kapitel 6A)
- ☐ Benzinmotoren: Zündkerzen mit falschem Wärmewert (Kapitel 1A, Sektion 26)
- ☐ Kraftstoffsorte falsch (Kapitel 6A, Sektion 9)
- ☐ Benzinmotoren: Klopfsensor defekt (Kapitel 4A, Sektion 10)
- ☐ Benzinmotoren: Unterdruck-Leck im Drosselklappengehäuse, Einlassstutzen oder Verbindungsschläuchen (Kapitel 4A)
- ☐ Erhebliche Kohleablagerungen im Motor (Kapitel 2D)
- ☐ Einspritzdüse(n)/Injektor(en) verstopft, Einspritzung/Motorsteuerung defekt (Kapitel 4A oder 4B)
- ☐ Dieselmotoren: Injektor(en) defekt (Kapitel 4B, Sektion 13)

Pfeifen oder Zischen

- ☐ Ansaugstutzen oder Drosselklappengehäuse-Dichtung undicht (Kapitel 4A oder 4B)
- ☐ Auspuffstutzen-Dichtung oder Rohranschluss undicht (Kapitel 4A, Sektion 14 oder Kapitel 4B, Sektion 16)
- ☐ Unterdruckschlauch undicht (Kapitel 4A, 4B, 6A oder 6B)
- ☐ Zylinderkopfdichtung defekt (Kapitel 2A, Sektion 8 oder Kapitel 2B oder 2C, Sektion 9)
- ☐ Motorentlüftung teilweise blockiert oder undicht (Kapitel A oder 6B)
- ☐ Ansaugstutzen, Turbolader- oder Ladeluftkühler-Anschlüsse undicht (Kapitel 4B)

Pochen oder Klappern

- ☐ Ventiltrieb oder Nockenwelle(n) verschlissen (Kapitel 2A, Sektion 6 oder 2B oder 2C, Sektion 8)
- ☐ Nebenaggregate (Wasserpumpe, Lichtmaschine usw.) defekt (Kapitel 3, 5 usw.)

Klopfen oder Schlagen

- ☐ Pleuelfußlager verschlissen (gleichmäßiges starkes Klopfen, unter Last eventuell leiser) (Kapitel 2D)
- ☐ Kurbelwellen-Hauptlager verschlissen (Rumpeln und Klopfen, unter Last eventuell stärker) (Kapitel 2D)
- ☐ Kolben-Kippen (bei kaltem Motor am lautesten) (Kapitel 2D)
- ☐ Nebenaggregate (Wasserpumpe, Lichtmaschine usw.) defekt (Kapitel 3, 5 usw.)
- ☐ Motorhalterungen verschlissen oder defekt (Kapitel 2A oder 2B, Sektion 14 oder Kapitel 2C, Sektion 15)
- ☐ Vorderradaufhängung oder Lenkung defekt (Kapitel 10)

Kühlsystem

Kühlmittel überhitzt

- ☐ Kühlmittel-Pegel zu niedrig (Kapitel 1A oder 1B, Sektion 6)
- ☐ Thermostat defekt (klemmt geschlossen) (Kapitel 3, Sektion 5)
- ☐ Wasserkühler verstopft oder Rippen stark verschmutzt (Kapitel 3, Sektion 4)
- ☐ Kühlerventilator defekt (Kapitel 3, Sektion 6)
- ☐ Kühltemperatursensor defekt (Kapitel 3, Sektion 7)
- ☐ Lufteinschlüsse im Kühlsystem (Kapitel 1A, Sektion 32 oder Kapitel 1B, Sektion 33)
- ☐ Überdruckventil defekt (Kapitel 1A, Sektion 32 oder Kapitel 1B, Sektion 33)
- ☐ Motorsteuerung defekt (Kapitel 6A oder 6B)
- ☐ Wasserpumpe defekt (Kapitel 3, Sektion 8)

Kühltemperatur zu gering

- ☐ Thermostat defekt (klemmt offen) (Kapitel 3, Sektion 5)
- ☐ Kühltemperatursensor defekt (Kapitel 3, Sektion 7)
- ☐ Kühlerventilator defekt (Kapitel 3, Sektion 6)
- ☐ Motorsteuerung defekt (Kapitel 6A oder 6B)

Kühlmittel läuft aus

- ☐ Schläuche porös oder beschädigt, Schellen defekt (Kapitel 3, Sektion 3)
- ☐ Wasserkühler oder Heizungs-Wärmetauscher undicht (Kapitel 3)
- ☐ Überdruckventil defekt (Kapitel 1A, Sektion 32 oder Kapitel 1B, Sektion 33)
- ☐ Wasserpumpendichtring defekt (Kapitel 3, Sektion 8)
- ☐ Wasserpumpendichtung defekt (Kapitel 3, Sektion 8)
- ☐ Kühlmittel kocht bei Überhitzung auf (Kapitel 3, Sektion 2)
- ☐ Froststopfen undicht (Kapitel 2D, Sektion 11)

Kühlmittel gelangt in den Motor

- ☐ Zylinderkopfdichtung defekt (Kapitel 2A, Sektion 8 oder Kapitel 2B oder 2C, Sektion 9)
- ☐ Zylinderkopf oder Motorblock gerissen (Kapitel 2D)

Korrosion

- ☐ Kühlmittel wurde nicht regelmäßig ersetzt, Kühlsystem wurde nicht gespült (Kapitel 1A, Sektion 32 oder Kapitel 1B, Sektion 33)
- ☐ Falsches Frostschutz-Gemisch oder falscher Frostschutzmittel-Typ (siehe Kapitel 1A oder 1B)

Kraftstoff- und Auspuffsystem

Übermäßiger Kraftstoffverbrauch

- ☐ Unökonomischer Fahrstil oder ungünstige Bedingungen (Kälte, starker Gegenwind usw.)
- ☐ Luftfilter verschmutzt oder verstopft (Kapitel 1A oder 1B, Sektion 27)
- ☐ Einspritzung defekt (Kapitel 4A oder 4B)
- ☐ Motorsteuerung defekt (Kapitel 6A oder 6B)
- ☐ Motorentlüftung blockiert (Kapitel 6A oder 6B)
- ☐ Reifendruck zu gering (Kapitel 1A oder 1B, Sektion 9)
- ☐ Bremsen schleifen (Kapitel 9)
- ☐ Kraftstoffsystem undicht (vorgetäuschter hoher Verbrauch) (Kapitel 4A oder 4B)

Kraftstoff läuft aus und/oder verursacht Gerüche

- ☐ Tank, Kraftstoffleitungen oder Anschlüsse verrostet oder beschädigt (Kapitel 4A oder 4B)

Laute Geräusche aus dem Auspuff

- ☐ Auspuffanlagen-Verbindungen oder Auspuffstutzen undicht (Kapitel 4A oder 4B)
- ☐ Schalldämpfer innerlich verrostet oder Rohre durchgerostet (Kapitel 4A oder 4B)
- ☐ Halterungen gebrochen oder gerissen, sodass Kontakt zu Karosserie oder Fahrwerks-Komponenten entsteht (Kapitel 1A oder 1B, Sektion 22)

Kupplung

Kupplungspedal lässt sich bis zum Boden durchtreten – kein Druck oder geringer Widerstand

- ☐ Kupplungshydraulik enthält Luft (Kapitel 8)
- ☐ Kupplungshydraulik defekt (Kapitel 8)
- ☐ Kupplungspedal-Rückholfeder ausgehängt oder gebrochen
- ☐ Kupplungsgeber- oder Ausrückzylinder defekt (Kapitel 8, Sektion 3 oder 4)
- ☐ Kupplungs-Ausrücklager defekt (Kapitel 8, Sektion 4)
- ☐ Tellerfeder in Druckplatte gebrochen (Kapitel 8, Sektion 6)

Kupplung trennt nicht (Gänge lassen sich nicht einlegen)

- ☐ Kupplungshydraulik enthält Luft (Kapitel 8)
- ☐ Kupplungshydraulik defekt (Kapitel 8)
- ☐ Mitnehmerscheibe klemmt auf Getriebewellen-Kerbverzahnung (Kapitel 8)
- ☐ Mitnehmerscheibe klemmt in Schwungscheibe oder an Druckscheibe (Kapitel 8)
- ☐ Druckscheiben-Baugruppe defekt (Kapitel 6, Sektion 6)
- ☐ Kupplungs-Ausrückmechanismus verschlissen oder falsch montiert (Kapitel 8)

Kupplung rutscht (Motordrehzahl steigt, Geschwindigkeit aber nicht)

- ☐ Kupplungshydraulik defekt (Kapitel 8)
- ☐ Druckscheiben-Beläge extrem verschlissen
- ☐ Druckscheiben-Beläge verölt
- ☐ Druckscheiben-Baugruppe defekt oder Tellerfeder ermüdet

Kupplung vibriert beim Einrücken

- ☐ Druckscheiben-Beläge verölt
- ☐ Druckscheiben-Beläge extrem verschlissen
- ☐ Druckscheibe oder Tellerfeder defekt oder verzogen
- ☐ Motor/Getriebe-Aufnahmen verschlissen oder locker (Kapitel 2A oder 2B, Sektion 14 oder Kapitel 2C, Sektion 15)
- ☐ Druckscheiben-Nabe oder Getriebewellen-Kerbverzahnung verschlissen

Geräusche beim Einrücken oder Ausrücken der Kupplung

- ☐ Ausrückzylinder verschlissen (Kapitel 8, Sektion 4)
- ☐ Kupplungspedal-Buchsen verschlissen oder trocken
- ☐ Geberzylinder-Kolben verschlissen oder trocken (Kapitel 8, Sektion 3)
- ☐ Druckscheiben-Baugruppe defekt
- ☐ Tellerfeder gebrochen
- ☐ Druckscheiben-Dämpferfedern gebrochen

Schaltgetriebe

Geräusche im Leerlauf bei laufendem Motor

- ☐ Getriebeölpegel zu niedrig (Kapitel 7A, Sektion 2)
- ☐ Eingangswellen-Lager verschlissen (wird beim Treten der Kupplung leiser) (Kapitel 7A)*
- ☐ Kupplungs-Ausrücklager verschlissen (wird beim Treten der Kupplung lauter) (Kapitel 8, Sektion 4)

Geräusche in einem bestimmten Gang

- ☐ Zahnrad-Zähne verschlissen oder ausgebrochen (Kapitel 7A)*
- ☐ Getriebelager verschlissen (Kapitel 7A)*

Gänge lassen sich schwierig einlegen

- ☐ Kupplung defekt (Kapitel 8)
- ☐ Getriebeölpegel zu niedrig (Kapitel 7A, Sektion 2)
- ☐ Synchronringe verschlissen (Kapitel 7A, Sektion 8)*

Gang springt heraus

- ☐ Zahnrad-Zähne verschlissen oder ausgebrochen (Kapitel 7A, Sektion 8)*
- ☐ Synchronringe verschlissen (Kapitel 7A, Sektion 8)*
- ☐ Schaltgabeln verschlissen (Kapitel 7A, Sektion 8)*

Vibrationen

- ☐ Getriebeöl-Mangel (Kapitel 7A, Sektion 2)
- ☐ Getriebelager verschlissen (Kapitel 7A)*

Getriebeöl tritt aus

- ☐ Antriebs- oder Schaltwellendichtring undicht (Kapitel 7A)
- ☐ Getriebegehäuse-Dichtfläche undicht (Kapitel 7A)
- ☐ Eingangswellen-Dichtring defekt (Kapitel 7A)*

** Obwohl die notwendigen Arbeitsschritte zur Beseitigung der beschriebenen Symptome außerhalb der Fähigkeiten eines Hobbyschraubers liegen, können die Informationen helfen, die Ursache zu isolieren, sodass bei einer Fachwerkstatt klare Aussagen gemacht werden können.*

Doppelkupplungs-Halbautomatikgetriebe

Anmerkung: *Weil die Fehlerdiagnose und die notwendigen Arbeitsschritte zur Beseitigung der beschriebenen Symptome außerhalb der Fähigkeiten eines Hobbyschraubers liegen, sollte das Fahrzeug in einer Fachwerkstatt überprüft werden. Viele Kontrollen müssen bei eingebautem Getriebe durchgeführt werden, sodass dessen vorzeitiger Ausbau eher kontraproduktiv wäre. Beachten Sie, dass abgesehen von den speziellen Getriebe-Sensoren auch viele der in Kapitel 4A oder 4B beschriebenen Motorsensoren für die korrekte Funktion des Getriebes unerlässlich sind.*

Getriebeöl tritt aus

- ☐ Die rotbräunliche Einfärbung des Automatikgetriebeöls (ATF-Öl) sollte dafür sorgen, dass es nicht mit Motoröl verwechselt werden kann, welches durch den Luftstrom ans Getriebe gelangt ist.
- ☐ Um die Ursache der Undichtigkeit zu finden, müssen zunächst das Getriebegehäuse und umliegende Komponenten gereinigt und entfettet werden – nötigenfalls mithilfe eines Dampfstrahlers. Führen Sie dann eine Probefahrt mit geringem Tempo durch, damit der Fahrtwind das Öl nicht allzu weit verteilen kann. Heben Sie das Fahrzeug dann an und stützen Sie es ab, um die ›Ölquelle‹ zu entdecken – folgende Bereiche kommen infrage:

a) Ölwanne
b) Einfüll- oder Ablaufschraube
c) Getriebeölkühler-Rohre und Anschlüsse (Kapitel 7B)

Getriebeöl riecht verbrannt

- ☐ Getriebeölpegel zu niedrig (Kapitel 7B, Sektion 2)

Generelle Gangwahl-Probleme

- ☐ Folgende Probleme können durch einen defekten Schalter oder Sensor auftreten:

a) Motor lässt sich nicht nur in Position P oder N starten.
b) Ganganzeige zeigt andere Fahrstufe an als tatsächlich eingelegt ist.
c) Fahrzeug bewegt sich in Position P oder N.
d) Schlechte oder ungleichmäßige Gangwechsel

Getriebe schaltet bei Vollgas nicht herunter – kein Kick-down

- ☐ Ölpegel zu niedrig (Kapitel 7B, Sektion 2)
- ☐ Motorsteuergerät defekt (Kapitel 6A oder 6B)
- ☐ Getriebe-Sensor, -Schalter oder Verkabelung defekt (Kapitel 7B)
- ☐ Getriebesteuergerät defekt (Kapitel 7B, Sektion 5)

Motor lässt sich in keiner Getriebestufe starten oder startet außerhalb von P oder N

- ☐ Getriebe-Sensor oder -Schalter defekt (Kapitel 7B)
- ☐ Motorsteuergerät defekt (Kapitel 6A oder 6B)

Getriebe rutscht durch, schaltet rau, macht Geräusche oder überträgt keine Kraft

- ☐ Ölpegel zu niedrig (Kapitel 7B, Sektion 2)
- ☐ Getriebe-Sensor, -Schalter oder Verkabelung defekt (Kapitel 7B)
- ☐ Motorsteuergerät defekt (Kapitel 6A oder 6B)

Anmerkung: *Für diese Probleme gibt es zahlreiche mögliche Ursachen, doch der Hobbyschrauber kann sich lediglich um einen korrekten Ölpegel und funktionsfähige Sensorkabel kümmern. Falls weiterhin Probleme bestehen, muss Rat in einer Fachwerkstatt gesucht werden, wo mithilfe eines Diagnosegeräts Fehler ausgelesen und interpretiert werden können.*

Bremssystem

Anmerkung: *Bevor von einem Bremsenproblem ausgegangen wird, muss überprüft werden, ob die Reifen in Ordnung und korrekt aufgepumpt sind, die Spur der Vorderräder korrekt eingestellt ist und das Fahrzeug nicht ungleichmäßig beladen ist. Abgesehen von der Überprüfung aller Bremsleitungen sollten alle Mängel am ABS von einer Fachwerkstatt diagnostiziert und behoben werden.*

Fahrzeug zieht beim Bremsen zu einer Seite

- ☐ Bremsbeläge einer Seite sind verschlissen, beschädigt oder verölt (Kapitel 9)
- ☐ Bremssattelkolben schwergängig oder fest (Kapitel 9)
- ☐ Bremsbelag-Material unterscheidet sich zwischen beiden Seiten (Kapitel 9)
- ☐ Bremssattel-Befestigung locker (Kapitel 9, Sektion 8 oder 9)
- ☐ Lenkungs- oder Radaufhängungs-Komponenten verschlissen oder beschädigt (Kapitel 10)

Geräusche (Schleifen oder Quietschen) beim Bremsen

- ☐ Bremsbeläge bis auf Trägerplatte verschlissen (Kapitel 9, Sektion 4 oder 5)
- ☐ Bremsscheiben stark korrodiert (z. B. nach langer Standzeit) (Kapitel 9, Sektion 6 oder 7)

- ☐ Fremdkörper (Steine, Äste usw.) zwischen Bremsscheibe und Spritzschutz eingeklemmt

Langer Bremspedalweg

- ☐ Hauptbremszylinder defekt (Kapitel 9, Sektion 10)
- ☐ Luft in Bremshydraulik (Kapitel 9, Sektion 2)
- ☐ Bremskraftverstärker defekt (Kapitel 9, Sektion 11)

Bremspedal fühlt sich beim Treten schwammig an

- ☐ Luft in Bremshydraulik (Kapitel 9, Sektion 2)
- ☐ Bremsschläuche stark gealtert (Kapitel 9, Sektion 3)
- ☐ Hauptbremszylinder-Muttern locker (Kapitel 9, Sektion 10)
- ☐ Hauptbremszylinder defekt (Kapitel 9, Sektion 10)

Zum Verzögern ist übermäßige Kraft beim Treten des Bremspedals nötig

- ☐ Bremskraftverstärker defekt (Kapitel 9, Sektion 11)
- ☐ Vakuumpumpe defekt (Kapitel 9, Sektion 20)
- ☐ Bremskraftverstärker-Unterdruckschlauch getrennt, beschädigt oder schlecht gesichert (Kapitel 9, Sektion 12)
- ☐ Primär- oder Sekundär-Bremskreis defekt (Kapitel 9)
- ☐ Bremssattelkolben schwergängig oder fest (Kapitel 9)
- ☐ Bremsbeläge falsch montiert (Kapitel 9, Sektion 4 oder 5)
- ☐ Bremsbelag-Material falsch (Kapitel 9, Sektion 4 oder 5)
- ☐ Bremsbeläge verölt (Kapitel 1 oder 9, Sektion 4 oder 5)

Beim Bremsen treten im Bremspedal oder im Lenkrad Vibrationen auf

Anmerkung: *Durch das ABS können beim starken Bremsen im Bremspedal Vibrationen fühlbar sein – dies ist normal und beeinträchtigt nicht die Funktion.*

- ☐ Bremsscheibe(n) stark verzogen oder verformt (Kapitel 9, Sektion 6 oder 7)
- ☐ Bremsbeläge verschlissen (Kapitel 9, Sektion 4 oder 5)
- ☐ Bremssattel-Befestigung locker (Kapitel 9, Sektion 8 oder 9)
- ☐ Lenkungs- oder Radaufhängungs-Komponenten verschlissen (Kapitel 10)
- ☐ Vorderräder sind nicht korrekt gewuchtet (Kapitel 1A oder 1B, Sektion 9)

Bremsen schleifen

- ☐ Bremssattelkolben schwergängig oder fest (Kapitel 9, Sektion 8 oder 9)
- ☐ Elektrischer Feststellbremsen-Motor defekt (Kapitel 9, Sektion 14)
- ☐ Hauptbremszylinder defekt (Kapitel 9, Sektion 10)

Hinterräder blockieren beim normalen Bremsen

- ☐ Hinterradbremsbeläge verschmutzt oder beschädigt (Kapitel 9, Sektion 5)
- ☐ Hinterradbremsscheibe(n) verzogen (Kapitel 9, Sektion 7)

Radaufhängungen und Lenkung

Anmerkung: *Bevor von einem Problem an den Radaufhängungen oder der Lenkung ausgegangen wird, muss überprüft werden, ob das Problem nicht durch falschen Reifendruck, falsche Reifen oder eine schleifende Bremse entstanden ist.*

Fahrzeug zieht zu einer Seite

- ☐ Reifen defekt (Kapitel 1A oder 1B, Sektion 9)
- ☐ Lenkungs- oder Radaufhängungs-Komponenten stark verschlissen (Kapitel 10)
- ☐ Spur und Sturz nicht korrekt eingestellt (Kapitel 10, Sektion 23)
- ☐ Unfallschaden an Lenkungs- oder Radaufhängungs-Komponenten (Kapitel 10)

Räder flattern oder vibrieren

- ☐ Vorderräder nicht gewuchtet (Vibrationen vor allem im Lenkrad spürbar) (Kapitel 1A oder 1B, Sektion 9)
- ☐ Hinterräder nicht gewuchtet (Vibrationen im Fahrzeug spürbar) (Kapitel 1A oder 1B, Sektion 9)
- ☐ Räder beschädigt oder verzogen (Kapitel 1A oder 1B, Sektion 9)
- ☐ Reifen beschädigt oder defekt (Kapitel 1A oder 1B, Sektion 9)
- ☐ Lenkungs- oder Radaufhängungs-Gelenke, Buchsen und Komponenten verschlissen (Kapitel 10)
- ☐ Radmuttern locker (Kapitel 1A oder 1B, Sektion 23)

Starkes Einsinken und/oder Schlingern in Kurven oder beim Bremsen

- ☐ Stoßdämpfer defekt (Kapitel 10, Sektion 4 oder 10)
- ☐ Federn und/oder Federelemente ermüdet oder gebrochen (Kapitel 10)
- ☐ Stabilisator oder Befestigungen verschlissen oder beschädigt (Kapitel 10)

Fahrzeug bleibt nicht in der Spur oder ist generell instabil

- ☐ Spur und Sturz nicht korrekt eingestellt (Kapitel 10, Sektion 23)
- ☐ Lenkungs- oder Radaufhängungs-Gelenke, Buchsen und Komponenten verschlissen (Kapitel 10)
- ☐ Räder nicht gewuchtet (Kapitel 1A oder 1B, Sektion 9)
- ☐ Reifen beschädigt oder defekt (Kapitel 1A oder 1B, Sektion 9)
- ☐ Radmuttern locker (Kapitel 1A oder 1B, Sektion 23)
- ☐ Stoßdämpfer defekt (Kapitel 10, Sektion 5 oder 10)

Lenkung schwergängig

- ☐ Spurstangenkopf- oder Federbein-Kugelgelenk klemmt (Kapitel 10)
- ☐ Spur und Sturz der Vorderräder nicht korrekt eingestellt (Kapitel 10, Sektion 23)
- ☐ Lenkgetriebe beschädigt (Kapitel 10, Sektion 19)

Übermäßiges Spiel in der Lenkung

- ☐ Lenksäulen-Kreuzgelenk(e) verschlissen (Kapitel 10, Sektion 17)
- ☐ Spurstangenköpfe verschlissen (Kapitel 10, Sektion 22)
- ☐ Lenk-Zahnstange verschlissen (Kapitel 10, Sektion 19)
- ☐ Lenkungs- oder Radaufhängungs-Gelenke, Buchsen und Komponenten verschlissen (Kapitel 10)

Mangelnde Servo-Unterstützung

- ☐ Servolenkungs-Verkabelung defekt (Kapitel 12, Sektion 2)
- ☐ Servolenkungs-Motor defekt (Kapitel 10, Sektion 20)

Starker Reifenverschleiß

Verschleiß an den Innen- oder Außenrädern

- ☐ Luftdruck zu gering (Kapitel 1A oder 1B, Sektion 9)
- ☐ Spur und Sturz nicht korrekt eingestellt (Verschleiß nur an einer Seite) (Kapitel 10, Sektion 23)
- ☐ Lenkungs- oder Radaufhängungs-Gelenke, Buchsen und Komponenten verschlissen (Kapitel 10)
- ☐ Sportliche Fahrweise
- ☐ Unfallschaden

Reifenprofil bildet ›Sägezähne‹
- ☐ Spur nicht korrekt eingestellt (Kapitel 10, Sektion 23)

Reifenverschleiß in der Profilmitte
- ☐ Luftdruck zu hoch (Kapitel 1A oder 1B, Sektion 9)

Verschleiß an den Innen- und Außenrädern
- ☐ Luftdruck zu gering (Kapitel 1A oder 1B, Sektion 9)

Ungleichmäßiger Verschleiß
- ☐ Reifen schlecht oder nicht gewuchtet (Kapitel 1A oder 1B, Sektion 9)
- ☐ Reifen oder Felge stark verschlissen (Kapitel 1A oder 1B, Sektion 9)
- ☐ Stoßdämpfer verschlissen (Kapitel 10, Sektion 5 oder 10)
- ☐ Reifen defekt (Kapitel 1A oder 1B, Sektion 9)

Elektrik

Anmerkung: *Probleme mit dem Anlasser werden unter dem Stichpunkt ›Motor‹ behandelt.*

Batterie nach wenigen Tagen entladen

- ☐ Batterie hat internen Defekt (Kapitel 5, Sektion 3)
- ☐ Batterieanschlüsse locker oder korrodiert (Kapitel 1A oder 1B, Sektion 11)
- ☐ Keilrippenriemen locker oder verschlissen (Kapitel 1A oder 1B, Sektion 17)
- ☐ Lichtmaschine lädt nicht mit korrekter Leistung (Kapitel 5, Sektion 2)
- ☐ Lichtmaschine oder Spannungsregler defekt (Kapitel 5, Sektion 6)
- ☐ Kurzschluss verursacht dauerhafte Entladung (Kapitel 12, Sektion 2)

Ladekontrollleuchte leuchtet nach dem Starten des Motors weiter

- ☐ Keilrippenriemen locker, verschlissen oder gerissen (Kapitel 1A, Sektion 29 oder Kapitel 1B, Sektion 30)
- ☐ Lichtmaschine oder Spannungsregler defekt (Kapitel 5, Sektion 6)
- ☐ Kabel des Ladestromkreises getrennt, locker oder gebrochen (Kapitel 12, Sektion 2)

Ladekontrollleuchte leuchtet beim Einschalten der Zündung nicht

- ☐ Kabel des Kontrollleuchten-Stromkreises getrennt, locker oder gebrochen (Kapitel 12, Sektion 2)
- ☐ Lichtmaschine defekt (Kapitel 5, Sektion 2)
- ☐ Kombiinstrumente defekt (Kapitel 12, Sektion 11)

Licht funktioniert nicht

- ☐ Lampe durchgebrannt (Kapitel 12)
- ☐ Lampen- oder Sockel-Kontakt korrodiert (Kapitel 12)
- ☐ Sicherung durchgebrannt (Kapitel 12, Sektion 3)
- ☐ Relais defekt (Kapitel 12, Sektion 3)
- ☐ Kabel getrennt, locker oder gebrochen (Kapitel 12, Sektion 2)
- ☐ Schalter defekt (Kapitel 12, Sektion 5)
- ☐ SAM-Steuermodul defekt (Kapitel 12, Sektion 3)

Instrumente zeigen falsch oder ungleichmäßig an

Tankuhr oder Temperaturanzeige zeigt nichts an
- ☐ Geber defekt (Kapitel 3, Sektion 7, Kapitel 4A, Sektion 6 oder Kapitel 4B, Sektion 8)
- ☐ Stromkreis unterbrochen (Kapitel 12, Sektion 2)
- ☐ Anzeige defekt (Kapitel 12, Sektion 11)

Tankuhr oder Temperaturanzeige zeigen ständig Maximalwerte an
- ☐ Geber defekt (Kapitel 3, Sektion 7, Kapitel 4A, Sektion 6 oder Kapitel 4B, Sektion 8)
- ☐ Kurzschluss im Stromkreis (Kapitel 12, Sektion 2)
- ☐ Kombiinstrumente defekt (Kapitel 12, Sektion 11)

Hupe funktioniert nicht oder nur unzuverlässig

Hupe arbeitet ständig
- ☐ Hupenknopf klemmt oder hat Dauer-Massekontakt (Kapitel 12, Sektion 5)
- ☐ Lenkrad-Kabelstecker hat Massekontakt (Kapitel 12, Sektion 2)

Hupe funktioniert nicht
- ☐ Sicherung durchgebrannt (Kapitel 12, Sektion 3)
- ☐ Lenkrad-Kabelstecker getrennt, locker oder gebrochen (Kapitel 12, Sektion 2)
- ☐ Hupe defekt (Kapitel 12, Sektion 12)

Hupe arbeitet unzuverlässig oder erzeugt krächzende Töne
- ☐ Kabelstecker locker (Kapitel 12, Sektion 2)
- ☐ Hupen-Befestigung locker (Kapitel 12, Sektion 12)
- ☐ Hupe defekt (Kapitel 12, Sektion 12)

Scheibenwischer funktionieren nicht oder nur unzuverlässig

Scheibenwischer funktioniert gar nicht oder nur sehr langsam
- ☐ Wischerblätter kleben auf Scheibe (Pollen, Baumharz, Blattläuse)
- ☐ Wischergestänge klemmt, Gelenke stark verrostet (Kapitel 12, Sektion 14)
- ☐ Sicherung durchgebrannt (Kapitel 12, Sektion 3)
- ☐ Batterie entladen (Kapitel 5, Sektion 3)
- ☐ Kabel getrennt, locker oder gebrochen (Kapitel 12, Sektion 2)
- ☐ Scheibenwischermotor defekt (Kapitel 12, Sektion 14 oder 15)

Wischerblätter wischen über zu großen oder zu kleinen Bereich der Glasscheibe
- ☐ Wischerblätter falsch montiert oder falsche Größe (Kapitel 1A oder 1B, Sektion 10)
- ☐ Wischerarm falsch auf Welle positioniert (Kapitel 12, Sektion 13)
- ☐ Wischergestänge stark verschlissen (Kapitel 12, Sektion 14)
- ☐ Scheibenwischermotor- oder Wischerarm-Befestigungen locker (Kapitel 12, Sektion 14)

Wischerblätter können Glasscheibe nicht wirkungsvoll reinigen
- ☐ Wischerblätter stark verschmutzt, verschlissen oder eingerissen (Kapitel 1A oder 1B, Sektion 10)
- ☐ Wischerblätter falsch montiert oder falsche Größe (Kapitel 1A oder 1B, Sektion 10)
- ☐ Wischerarm-Feder gebrochen oder Scharniere verrostet (Kapitel 12, Sektion 13)
- ☐ Waschwasser-Zusatz zu wenig, fehlt oder falsch (Kapitel 1A oder 1B, Sektion 8)

Scheibenwaschanlage funktioniert nicht oder nur unzuverlässig

Eine oder mehrere Düsen funktionieren nicht
- ☐ Düse verstopft – mit Nadel reinigen

- ☐ Schlauch abgezogen, abgeknickt oder verstopft
- ☐ Wischwasserbehälter leer (Kapitel 1A oder 1B, Sektion 8)

Wischsystem-Pumpe arbeitet nicht

- ☐ Kabel getrennt, locker oder gebrochen (Kapitel 12, Sektion 2)
- ☐ Sicherung durchgebrannt (Kapitel 12, Sektion 3)
- ☐ Schalter defekt (Kapitel 12, Sektion 5)
- ☐ Pumpe defekt (Kapitel 12, Sektion 16)

Wischsystem-Pumpe läuft lange, bis Wasser aus Düsen austritt

- ☐ Einwegventil in Schlauch defekt (Kapitel 12, Sektion 16)

Elektrische Fensterheber funktionieren nicht oder nur unzuverlässig

Fensterheber arbeitet nur in eine Richtung

- ☐ Schalter defekt (Kapitel 12, Sektion 5)

Fensterheber arbeitet sehr langsam

- ☐ Batterie entladen (Kapitel 5, Sektion 3)
- ☐ Fensterheber-Mechanismus festgegangen, Schmiermangel (Kapitel 11, Sektion 11)
- ☐ Türverkleidung oder andere Komponenten behindern Fensterheber-Mechanismus (Kapitel 11, Sektion 11)
- ☐ Motor defekt (Kapitel 11, Sektion 11)

Fensterheber arbeitet nicht

- ☐ Sicherung durchgebrannt (Kapitel 12, Sektion 3)
- ☐ Relais defekt (Kapitel 12, Sektion 3)
- ☐ Kabel getrennt, locker oder gebrochen (Kapitel 12, Sektion 2)
- ☐ Motor defekt (Kapitel 11, Sektion 11)
- ☐ Steuergerät defekt (Kapitel 12, Sektion 3)

Zentralverriegelung funktioniert nicht oder nur unzuverlässig

Zentralverriegelung komplett ausgefallen

- ☐ Fernbedienungs-Batterie entladen (falls vorhanden) (Kapitel 1A, Sektion 31 oder Kapitel 1B, Sektion 32)
- ☐ Sicherung durchgebrannt (Kapitel 12, Sektion 3)
- ☐ Steuergerät defekt (Kapitel 12, Sektion 24)
- ☐ Kabel getrennt, locker oder gebrochen (Kapitel 12, Sektion 2)
- ☐ Aktuator defekt (Kapitel 11, Sektion 12)

Türverriegelung schließt, aber öffnet nicht oder umgekehrt

- ☐ Fernbedienungs-Batterie entladen (falls vorhanden) (Kapitel 1A, Sektion 31 oder Kapitel 1B, Sektion 32)
- ☐ Hauptschalter defekt (Kapitel 12, Sektion 5)
- ☐ Gestänge oder Hebel ausgehängt oder gebrochen (Kapitel 11, Sektion 12)
- ☐ Steuergerät defekt (Kapitel 12, Sektion 24)
- ☐ Aktuator defekt (Kapitel 11, Sektion 12)

Einzelnes Türschloss funktioniert nicht

- ☐ Kabel getrennt, locker oder gebrochen (Kapitel 12, Sektion 2)
- ☐ Betätigung defekt (Kapitel 11, Sektion 12)
- ☐ Gestänge oder Hebel ausgehängt oder gebrochen (Kapitel 11, Sektion 12)
- ☐ Türverriegelung defekt (Kapitel 11, Sektion 12)

Straßenrand-Reparaturen

Auf den folgenden Seiten werden typische Pannen und Startprobleme behandelt. Detailliertere Fehlersuchen finden sich am Anfang dieses Buchs; Informationen zu Reparaturen sind in den entsprechenden Kapiteln zu finden.

Motor startet nicht und Anlasser dreht nicht

- ☐ Öffnen Sie die Motorhaube und prüfen Sie, ob die Batteriekabel sauber sind und fest sitzen.
- ☐ Schalten Sie das Fahrlicht ein und versuchen Sie, den Motor zu starten – wenn das Licht dabei sehr schwach wird, wird die Batterie wahrscheinlich stark entladen sein. Lassen Sie sich Starthilfe geben (siehe nächste Seite).

Motor startet nicht, obwohl der Anlasser normal dreht

- ☐ Befindet sich Kraftstoff im Tank?
- ☐ Sind elektrische Komponenten im Motorraum feucht? Schalten Sie die Zündung aus und wischen Sie Feuchtigkeit mit einem trockenen Lappen ab. Sprühen Sie Kontakte des Zündsystems und der Kraftstoffversorgung mit wasserverdrängendem Mittel (z. B. WD 40) ein (siehe Abbildungen) – achten Sie dabei besonders auf den gezeigten Einspritzanlagen- und Zündsystem-Stecker.

A Kontrollieren Sie den festen Sitz der Zündspulen-Stecker.

B Prüfen Sie bei ausgeschalteter Zündung den Zustand und den festen Sitz der Drosselklappengehäuse-Stecker.

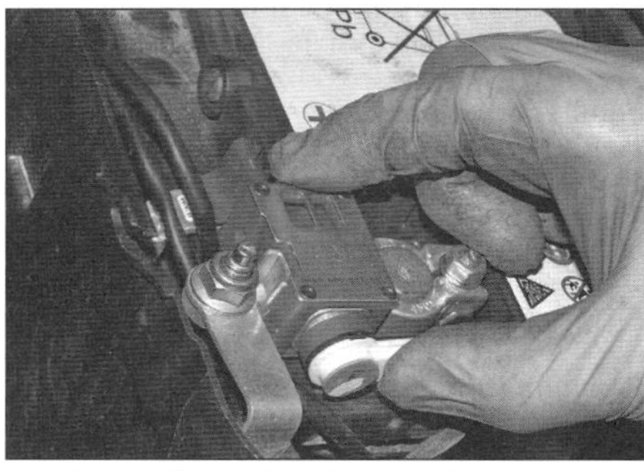

C Kontrollieren Sie die Festigkeit und den Zustand der Batterieanschlüsse.

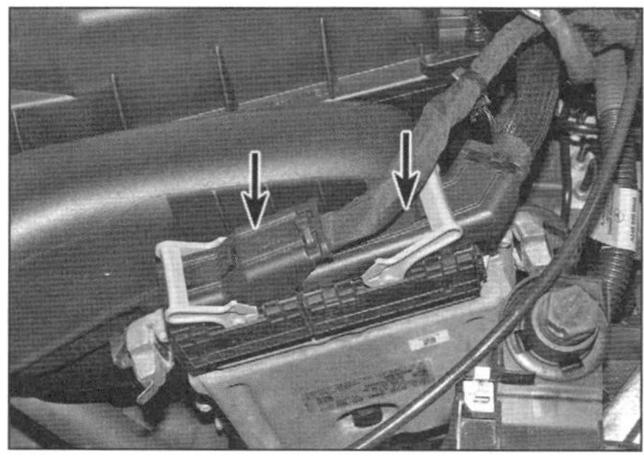

D Kontrollieren Sie den festen Sitz der Motorsteuergerät-Stecker.

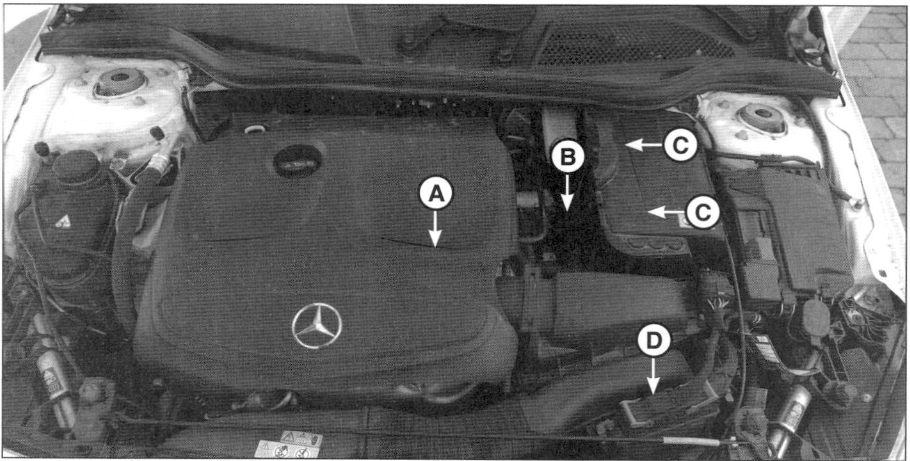

Bei ausgeschalteter Zündung muss geprüft werden, ob alle elektrischen Anschlüsse sicher verbunden sind. Sprühen Sie alle Kontakte mit wasserverdrängendem Mittel (z. B. WD 40) ein, falls Feuchtigkeit das Problem sein kann.

Starthilfe

Beim Überbrücken eines Fahrzeugs mithilfe einer Fremdbatterie müssen die folgenden Vorsichtsmaßnahmen berücksichtigt werden:

✓ Vor dem Anklemmen der Fremdbatterie muss die Zündung ausgeschaltet werden.

Achtung: Ziehen Sie den Zündschlüssel ab, falls die Zentralverriegelung beim Anschließen der Fremdbatterie das Fahrzeug verriegelt.

✓ Sämtliche elektrischen Verbraucher (Licht, Lüftung, Scheibenwischer etc.) müssen abgeschaltet sein.
✓ Alle auf der Batterie zu findenden Sicherheitshinweise müssen beachtet werden.
✓ Die Fremdbatterie muss die gleiche Spannung haben wie die Fahrzeugbatterie.
✓ Falls die Fremdbatterie in einem anderen Auto eingebaut ist, dürfen sich die beiden Autos keinesfalls berühren.
✓ Das Getriebe muss sich im Leerlauf befinden (Automatikgetriebe auf P)

Praxis-Tipp

Starthilfe bringt den Wagen zwar erst einmal wieder in Fahrt, doch muss der Fehler umgehend behoben werden, der die Batterie zum Schwächeln brachte. Es gibt drei Möglichkeiten:

1 Die Batterie wurde durch wiederholte Startversuche oder Anlassen der Beleuchtung entleert.

2 Das Ladesystem funktioniert nicht richtig (Lichtmaschinen-Keilrippenriemen locker oder gerissen, Kabel mit Kontaktproblemen, Lichtmaschine selbst defekt).

3 Die Batterie ist defekt (Säurepegel niedrig oder physikalische Schäden).

Praxis-Tipp

Verwenden Sie ausreichend dimensionierte Überbrückungskabel. Die beträchtlichen Strommengen können dünne Kabel sehr heiß werden lassen.

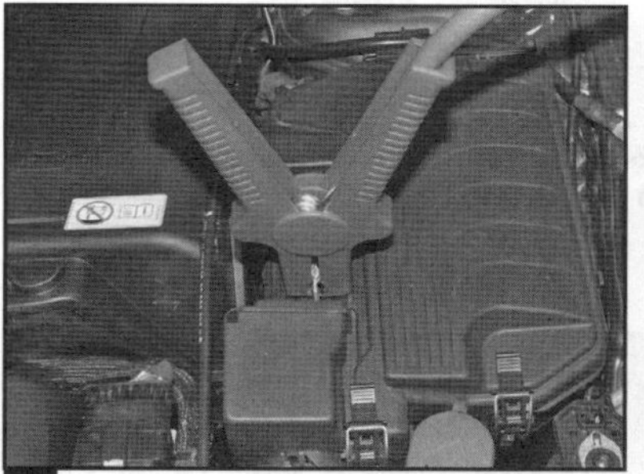

1 Befreien Sie die Kunststoffkappe vom Pluspol (+) der leeren Batterie und verbinden Sie eine Klemme des roten Überbrückungskabels damit.

2 Die andere Klemme des roten Überbrückungskabels wird mit dem Pluspol (+) der Starthilfebatterie verbunden.

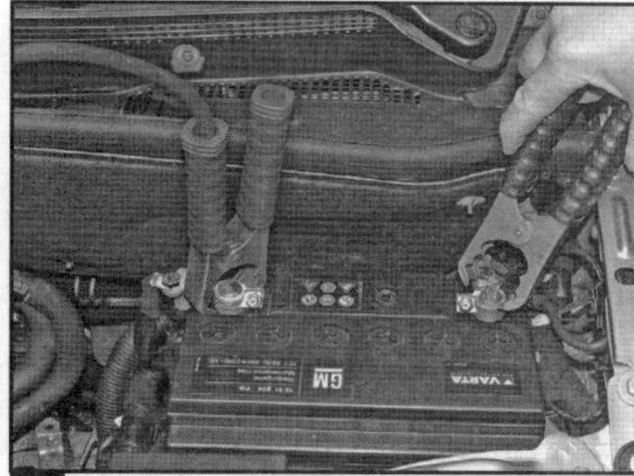

3 Eine Klemme des schwarzen Überbrückungskabels wird mit dem Minuspol (–) der Starthilfebatterie verbunden.

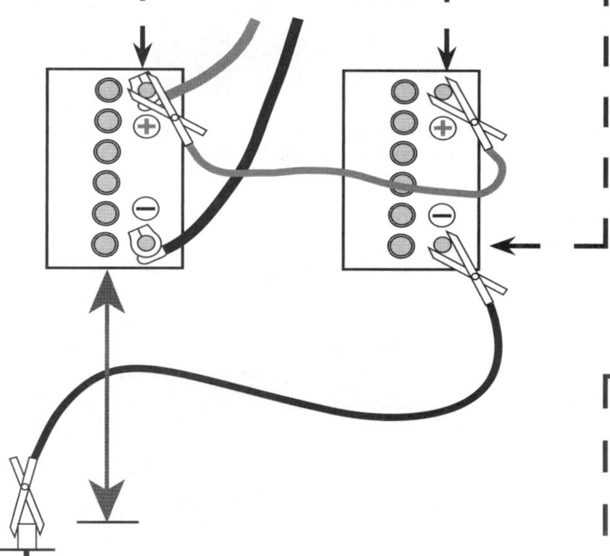

4 Die andere Klemme des schwarzen Überbrückungskabels wird mit Massepunkt neben der Batterie verbunden.

5 Sorgen Sie dafür, dass kein Kabel mit dem Kühlerventilator, Antriebsriemen oder anderen beweglichen Teilen in Berührung kommt.

6 Starten Sie den Motor mithilfe der Fremdbatterie und lassen Sie ihn im erhöhten Standgas laufen. Trennen Sie die Überbrückungskabel in exakt der umgekehrten Anschluss-Reihenfolge. Installieren Sie ggf. entfernte Batterie-Abdeckungen.

Reifenpanne

Anmerkung: *Statt mit einem Reserverad sind diese Fahrzeuge mit Reifen mit Notlaufeigenschaften oder einem Reparaturset ausgerüstet.*

Vorbereitung

- ☐ Sobald ein Druckverlust bemerkt wird, muss angehalten werden, solange dies gefahrlos möglich ist.
- ☐ Gestoppt werden muss möglichst auf einem ebenen Untergrund und abseits des Verkehrs.
- ☐ Falls nötig, muss die Warnblinkanlage eingeschaltet werden.
- ☐ Falls das Fahrzeug am Straßenrand steht, müssen andere Verkehrsteilnehmer mithilfe des Warndreiecks gewarnt werden.

Fahrzeuge mit ›Tirefit‹-Reparaturset

Anmerkung: *Mercedes weist darauf hin, dass die Dichtmittel-Flasche ungeachtet ihres Zustands alle vier Jahre erneuert werden muss.*

1 Das ›Tirefit‹-Reparaturset besteht aus einer Flasche mit Dichtmittel und einem Kompressor. So kann ein Plattfuß bei montiertem Rad repariert und die Fahrt – mit vermindertem Tempo – fortgesetzt werden.
2 Das Reparaturset findet sich unter einer Abdeckung im Kofferraum-Boden.
3 Entnehmen Sie die Dichtmittel-Flasche und den Kompressor und befreien Sie den Einfüllschlauch und den Kabelstecker unten aus dem Kompressor (siehe Abbildungen).
4 Verbinden Sie den Einfüllschlauch mit dem gelben Anschluss der Dichtmittel-Flasche – er muss korrekt einrasten (siehe Abbildung).
5 Schieben Sie den Auslass der Dichtmittel-Flasche vollständig in den Kompressor-Anschluss (siehe Abbildung).
6 Drehen Sie am defekten Reifen die Ventilkappe ab und schrauben Sie den Kompressorschlauch auf das Ventil (siehe Abbildung).
7 Verbinden Sie den Kabelstecker des Kompressors mit der Bordsteckdose.
8 Schalten Sie die Zündung ein und den Kompressor an, um den Reifen auf etwa 2,0 bar aufzupumpen; lässt sich der Druck nicht innerhalb von zehn Minuten aufbauen, muss der Kompressor abgeschaltet, der Schlauch vom Ventil geschraubt und das Fahrzeug etwa zehn Meter vor- und wieder zurückbewegt werden, um das Dichtmittel im Reifen zu verteilen; wiederholen Sie dann das Aufpumpen. Sobald ca. 2,0 bar erreicht sind, wird der Kompressor getrennt und im Kofferraum verstaut.

Achtung: Lassen Sie den Kompressor nicht länger als zehn Minuten laufen – er kann sich stark erwärmen und dabei beschädigt werden!

9 Fahren Sie unverzüglich los und halten Sie für etwa zehn Minuten ein Tempo zwischen 20 und 50 km/h, um das Dichtmittel im Reifen zu verteilen.
10 Halten Sie an, schließen Sie den Kompressorschlauch an und prüfen Sie, ob der Druck weiterhin bei 2,0 bar liegt – ist er abgefallen, darf die Fahrt nicht fortgesetzt werden und das Fahrzeug muss abgeschleppt werden. Ist der Druck bei 2,0 bar verblieben, muss der Reifen mithilfe des Kompressors auf den innerhalb der Tankklappe angegebenen Druck gebracht werden.
11 Fahren Sie auch mit einem korrekt aufgepumpten Reifen nicht schneller als 80 km/h und lassen Sie den Reifen bei nächster Gelegenheit von einer Fachwerkstatt reparieren oder ersetzen.

Entnehmen Sie die Dichtmittel-Flasche und den Kompressor aus dem Kofferraum ...

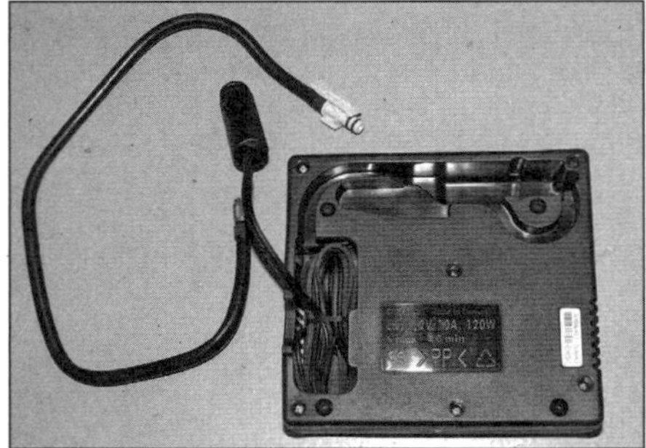

... und befreien Sie den Einfüllschlauch und den Kabelstecker unten aus dem Kompressor.

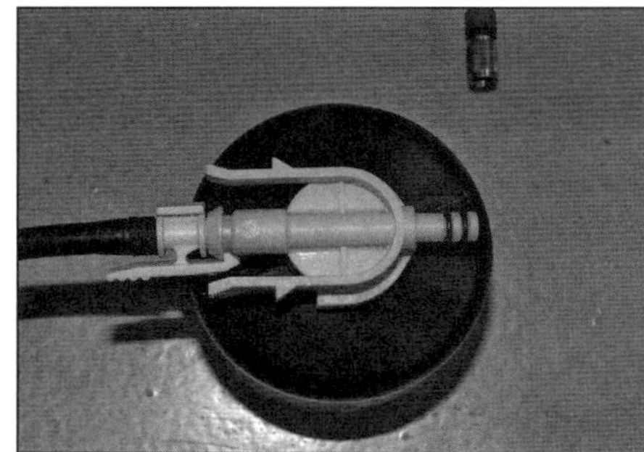

Drücken Sie den Einfüllschlauch vollständig auf den gelben Anschluss der Dichtmittel-Flasche

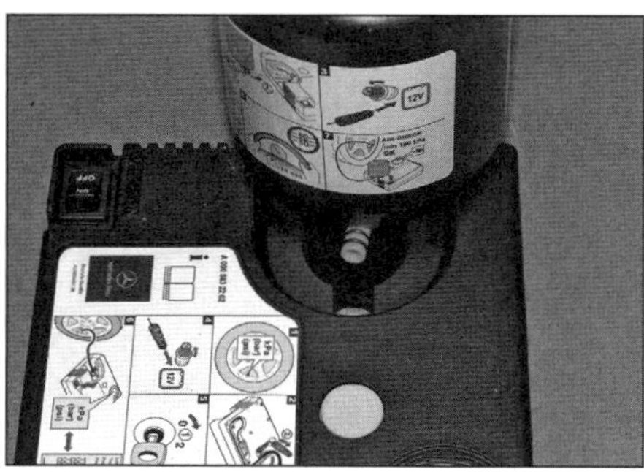

Schieben Sie den Auslass der Dichtmittel-Flasche vollständig in den Kompressor-

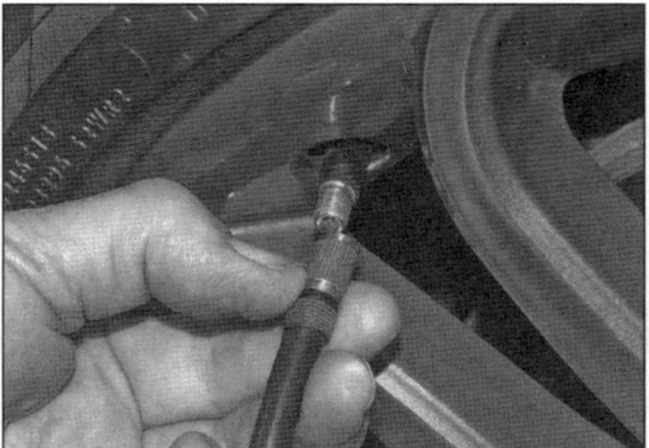

Schrauben Sie den Kompressorschlauch auf das Reifenventil.

Fahrzeuge mit MOExtended Reifen (Run-Flat-Reifen)

12 Die Reifen können durch die Beschriftung *MOExtended* auf den Reifenflanken erkannt werden.
13 Zusammen mit speziellen Felgen können diese Reifen das Fahrzeug auch nach dem völligen Entweichen der Luft noch weiterfahren lassen. Nach einer Reifenpanne ändert sich das Fahrverhalten (längere Bremswege, verminderte Richtungsstabilität), doch die Fahrt kann mit 80 km/h fortgesetzt werden.
14 Soweit das Fahrzeug nur leicht beladen ist (ein bis zwei Personen ohne Gepäck), darf mit einer Reifenpanne noch 80 km gefahren werden.
15 Falls das Fahrzeug voll beladen ist (vier Personen und Gepäck), darf mit einer Reifenpanne nur noch 30 km gefahren werden.
16 Schadhafte MOExtended Reifen können nicht repariert, sondern müssen ersetzt werden.

Abschleppen

Wenn nichts mehr geht, muss das Auto abgeschleppt werden. Lange Strecken sollten nur von einem professionellen Abschleppdienst bewältigt werden. Kurze Strecken können mithilfe eines anderen Autos erledigt werden – dabei sind folgende Hinweise zu beachten:

- ☐ Mercedes weist darauf hin, dass Fahrzeuge mit Doppelkupplungs-Haltautomatikgetriebe und KEY-LESS GO mit dem Zündschlüssel und nicht mit dem Stop-Start-Knopf bewegt werden dürfen, da andernfalls das Getriebe beim Öffnen einer der Türen auf P schaltet.
- ☐ Abschleppen darf nur mit einem speziellen Abschleppseil oder einer Abschleppstange erfolgen. Bei beiden Fahrzeuge müssen die Warnblinkanlagen eingeschaltet sein.
- ☐ Beim gezogenen Fahrzeug muss der Zündschlüssel so weit gedreht werden, bis das Lenkschloss entriegelt ist und die Bremsleuchten funktionieren; drücken Sie ggf. einmal den ›Power‹-Knopf.
- ☐ Die Abschleppöse befindet sich unter dem Kofferraum-Boden. Entfernen Sie die Abdeckung aus der entsprechenden Stoßfänger-Schürze, drehen Sie die Öse in das dahinter sitzende Gewinde und ziehen Sie sie fest an (siehe Abbildung).

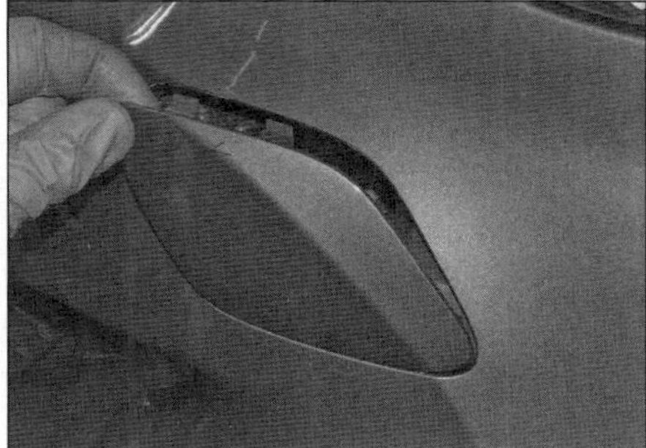

Hebeln Sie die Abdeckung ab, um die Abschleppöse in das dahinter sitzende Gewinde schrauben zu können.

- ☐ Das Abschleppseil oder die Abschleppstange darf nur an der Abschleppöse befestigt werden.
- ☐ Vor dem Abschleppen muss die Feststellbremse gelöst und der Leerlauf eingelegt sein.
- ☐ Weil die Bremskraftverstärkung des Motors fehlt, muss mit erhöhtem Pedaldruck beim Bremsen gerechnet werden.
- ☐ Der Fahrer des gezogenen Fahrzeugs muss stets dafür sorgen, dass das Abschleppseil gespannt ist.
- ☐ Beide Fahrer müssen vor Abfahrt die Route besprechen.
- ☐ Das Tempo muss moderat sein, die abzuschleppende Distanz möglichst gering. Der Fahrer des Zugfahrzeugs darf nur sanft an Kreuzungen usw. heranfahren.

Undichtigkeiten

Pfützen auf dem Garagenboden oder in der Einfahrt, eine triefende Motorhaube und eine komplett durchfeuchtete Fahrzeug-Unterseite weisen auf Lecks hin, die abgedichtet werden müssen. Manchmal ist es nicht einfach, die Quelle zu entdecken (vor allem, wenn der Motorraum und die Unterseite stark verschmutzt sind. Fahrtwind-Verwirbelungen tragen ebenfalls dazu bei, die Ursache zu verschleiern.

Warnung: Die meisten im Fahrzeug verwendeten Schmiermittel und Flüssigkeiten sind giftig! Falls man mit ihnen in Berührung kommt, muss kontaminierte Bekleidung unverzüglich ausgezogen und verunreinigte Haut abgewaschen werden.

Praxis-Tipp

Der Geruch der aus dem Auto tropfenden Flüssigkeit kann Hinweise auf deren Ursprung geben. Manche Flüssigkeiten haben auch eine spezielle Farbe. Um den Austrittspunkt zu bestimmen, kann hilfreich sein, den Motorraum und den Unterboden sorgfältig zu reinigen und über Nacht sauberes Papier unter das Auto zu legen.
Manche Flüssigkeiten treten allerdings nur aus, wenn der Motor läuft und/oder das Fahrzeug bewegt wird.

Ölwanne

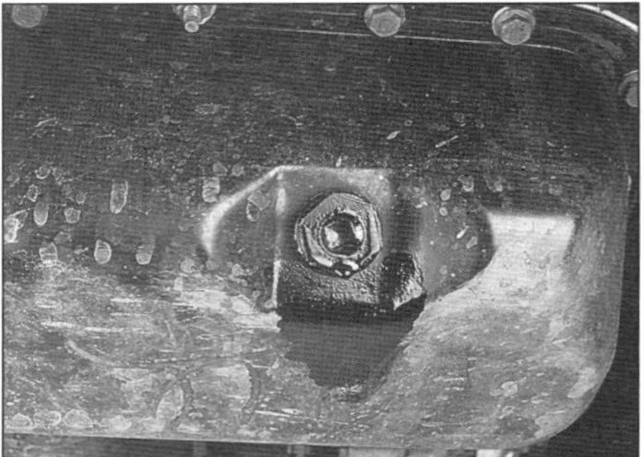

Motoröl kann an der Ablassschraube ...

Ölfilter

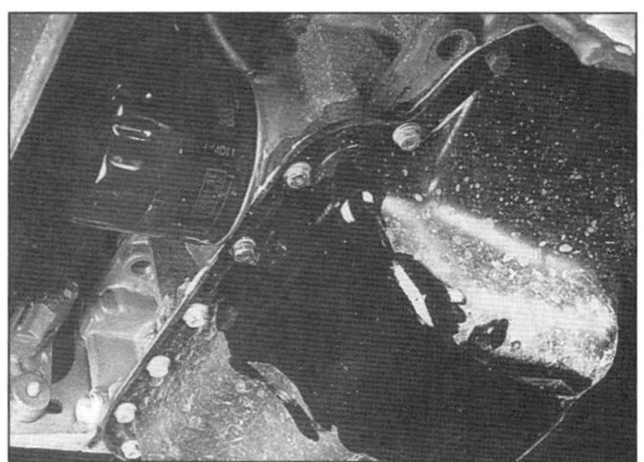

... oder am Ölfilter austreten.

Getriebeöl

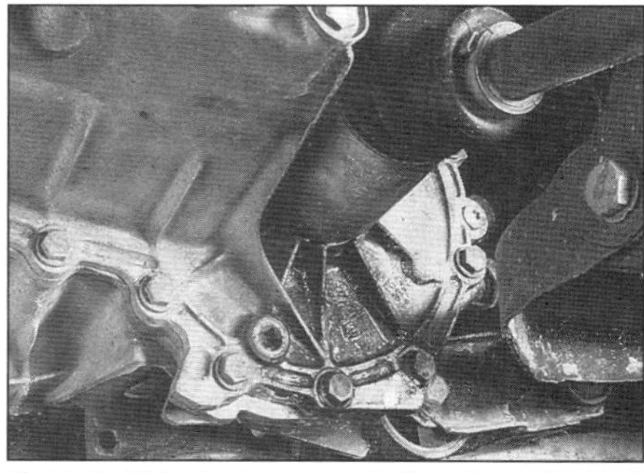

Getriebeöl hat einen speziellen Geruch. Es kann durch die Dichtringe zur Kupplung oder an den Antriebswellen-Flanschen austreten.

Frostschutzmittel

Ausgetretenes Kühlmittel hinterlässt oft kristalline Ablagerungen.

Bremsflüssigkeit

Flüssigkeit im Bereich der Radaufhängungen stammt mit großer Sicherheit aus der Bremse.

Anheben und Abstützen

Das Fahrzeug darf nur unter den vorgegebenen Punkten mit einer hydraulischen Vorrichtung angehoben und mit Böcken abgestützt werden. Falls die Räder nicht demontiert werden müssen, kommt auch eine Rampe in Betracht (die auch nach dem Anheben des Fahrzeugs unter die Räder geschoben werden kann).

Das Anheben darf nur auf einer festen und ebenen Oberfläche erfolgen. Selbst bei leichtem Gefälle muss sorgfältig darauf geachtet werden, dass sich das Fahrzeug nach dem Anheben nicht bewegen kann. Vom Anheben auf unebenem oder lockerem Untergrund wird abgeraten, da das Fahrzeuggewicht nicht gleichmäßig verteilt ist und die Hebevorrichtung abrutschen kann.

Belassen Sie ein angehobenes Fahrzeug möglichst niemals unbeaufsichtigt – besonders bei in der Nähe spielenden Kindern.

Aktivieren Sie vor dem Anheben der Fahrzeug-Front stets die Feststellbremse. Blockieren Sie vor dem Anheben des Hecks die Vorderräder mit Keilen und legen Sie den ersten Gang ein (Automatikgetriebe auf P).

Bei der Verwendung eines hydraulischen Rangierwagenhebers oder von Stützböcken müssen diese stets an den Gummis unter den Schwellern angesetzt werden, ein Rangierwagenheber kann auch am zentralen Hebepunkt unter dem vorderen Hilfsrahmen angesetzt werden (siehe Abbildungen).

Verwenden Sie beim Anheben stets zwischen den Heber und das Fahrzeug eingesetzte Hölzer – diese verteilen die Last so besser und schützen Lack oder Unterbodenschutz vor Schäden.

Heben Sie das Fahrzeug **niemals** unter anderen Bereichen der Schweller oder des Hifsrahmens, der Ölwanne oder an Lenkungs- oder Federungs-Komponenten an!

Warnung: Arbeiten Sie NIEMALS unter oder neben einem nur angehobenen, aber nicht an mindestens zwei Punkten abgestützten Fahrzeug!

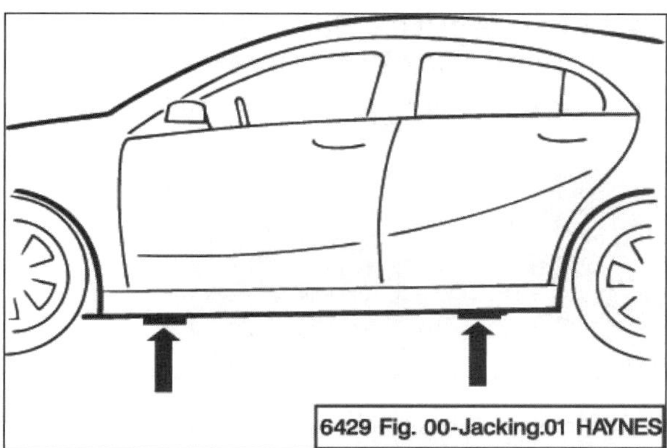

Hebepunkte vorn und hinten unter den Schwellern

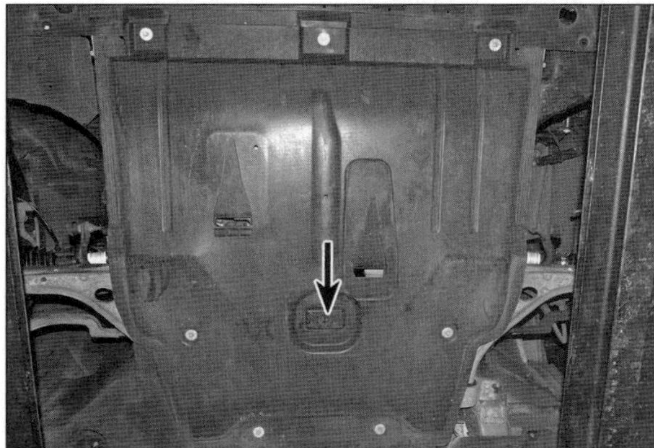

Hebepunkt unter dem vorderen Hilfsrahmen

Hauptuntersuchungs-Vorbereitungen

Diese Hinweise sollen helfen, das Fahrzeug durch die alle zwei Jahre anstehende Hauptuntersuchung (HU) zu führen. Natürlich kann der Hobbyschrauber sein Auto nicht genauso kontrollieren wie der Prüfer beim TÜV, bei der DEKRA oder anderen Organisationen. Wer sich jedoch durch die folgenden Prüfpunkte arbeitet, sollte alle Probleme erkannt haben, bevor das Fahrzeug vorgeführt wird.

Wenn der Zustand einer zu prüfenden Komponente grenzwertig ist, liegt es im Ermessen des Prüfers, ob er sie beanstandet oder durchgehen lässt. Die Grundlage dieses Ermessens liegt darin, ob der Prüfer gut damit leben könnte, das Fahrzeug in diesem Zustand einem Freund oder Verwandten anzuvertrauen. Wenn das Auto sauber und offenbar gut gepflegt vorgestellt wird, wird der Prüfer vielleicht eher geneigt sein, eine grenzwertige Komponente durchgehen zu lassen, als dies bei einem ungepflegten und offensichtlich vernachlässigten Fahrzeug der Fall wäre.

Die hier beschriebenen Anforderungen können nur den aktuellen Stand beim Verfassen des Buchs wiedergeben. Prüfstandards werden immer strenger, doch für ältere Fahrzeuge gelten oft Ausnahmen.

Für einige Kontrollen wird ein Assistent benötigt.

Die Kontrollen wurden in vier Kategorien unterteilt:

1 Die Prüfung erfolgt:
Im Innenraum

2 Die Prüfung erfolgt:
Bei auf dem Boden stehendem Fahrzeug

3 Die Prüfung erfolgt:
Bei angehobenem Fahrzeug mit freien Rädern

4 Die Prüfung erfolgt:
Am Abgassystem

1 Die Prüfung erfolgt: Im Innenraum

Feststellbremse

☐ Prüfen Sie bei einer elektrischen Feststellbremse, ob sie ohne große Verzögerung anzieht und wieder löst. Falls die Warnleuchte nicht erlischt oder beim Lösen der Bremse eine Warnmeldung angezeigt wird, kann dies auf einen Fehler hinweisen, der umgehend behoben werden muss.

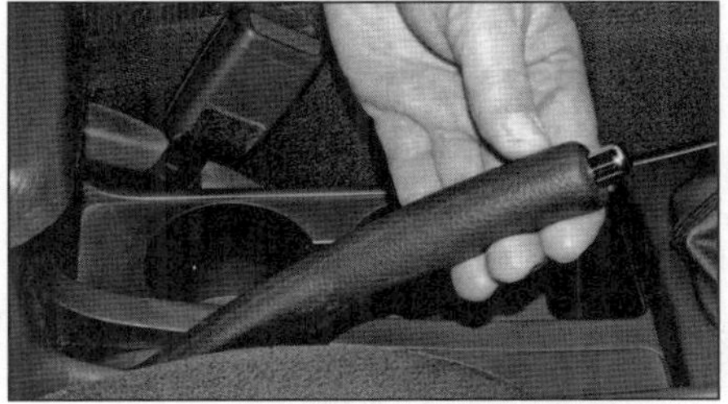

Fußbremse

☐ Treten Sie auf das Pedal und prüfen Sie, ob es sich nicht bis zum Boden durchdrücken lässt (was auf einen Defekt im Hauptbremszylinder hinweist). Lassen Sie das Pedal zurückkehren, warten Sie einige Sekunden, und treten Sie es erneut. Falls es sich fast durchtreten lässt, bevor Widerstand spürbar wird, sind Einstellungen oder Reparaturen erforderlich. Falls sich das Pedal schwammig anfühlt und/oder sich »aufpumpen« lässt, befindet sich Luft im System, die entleert werden muss.

☐ Prüfen Sie, ob das Bremspedal sicher befestigt und nicht ausgeschlagen ist. Kontrollieren Sie auch den Bereich um das Pedal herum auf ausgetretene Bremsflüssigkeit – dies weist auf einen defekten Dichtring im Hauptbremszylinder hin.
☐ Kontrollieren Sie den Bremskraftverstärker, indem Sie das Bremspedal mehrmals durchtreten, dann gedrückt halten und den Motor starten – hierbei muss es sich etwas weiter herunterdrücken lassen; andernfalls kann der Unterdruckschlauch oder der Bremskraftverstärker selbst defekt sein. Schalten Sie bei getretenem Bremspedal den Motor ab: Wird der Unterdruck nicht gehalten, so sind Bremskraftverstärker und/oder Schlauch defekt.

Lenkrad und Lenksäule

☐ Begutachten Sie das Lenkrad auf Brüche, lockeren Sitz oder lockere Teile.

☐ Drücken Sie das Lenkrad nach links und rechts sowie auf und ab – es darf kein Spiel aufweisen. Kontrollieren Sie ggf. das Lenksäulen-Lager und die Lenkradschraube.
☐ Drehen Sie das Lenkrad – es darf weder Spiel aufweisen noch rau laufen, ansonsten können Lager, Kreuzgelenke oder das Lenkgetriebe verschlissen sein.
☐ Bei abgezogenem Zündschlüssel muss beim Drehen des Lenkrads das Lenkschloss einrasten.

Windschutzscheibe, Rückspiegel und Sonnenblende

☐ Die Windschutzscheibe darf im Sichtbereich des Fahrers keine Kratzer, Risse oder Steinschlaglöcher aufweisen. Als grobe Einschätzung für das Sichtfeld kann behelfsmäßig ein hochkant vor die Scheibe gelegtes DIN-A4-Blatt genommen werden. Die Rückspiegel müssen funktionsfähig und einstellbar sein.

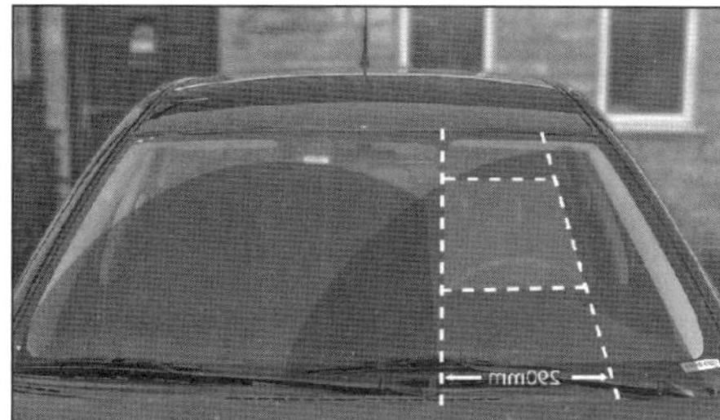

☐ Die Sonnenblende des Fahrers darf nicht von allein herunterklappen.

Sicherheitsgurte, Sitze und zusätzliche Rückhaltesysteme (SRS)

Anmerkung: *Die folgenden Kontrollen betreffen sowohl die Vordersitze als auch die Rücksitze.*

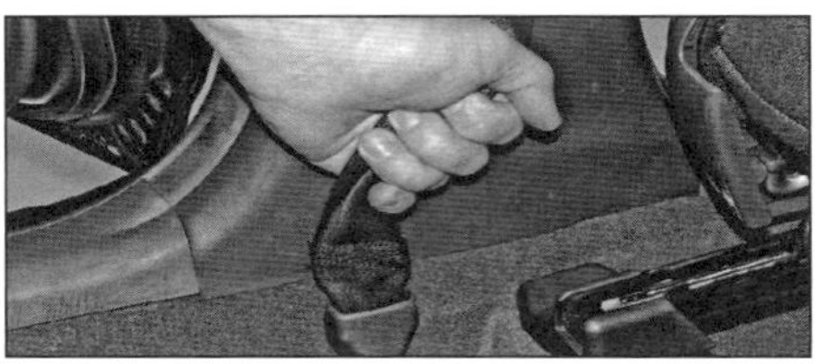

☐ Kontrollieren Sie das Gewebe aller Gurte auf Risse, Ausfransungen oder andere Beschädigungen. Prüfen Sie bei allen Gurten die Funktion der Gurtschlösser und – falls vorhanden – der Gurtrollen-Sperren. Prüfen Sie die Festigkeit aller von innen zugänglichen Gurt- und Gurtpeitschen-Befestigungen. Die Höhenverstellungen der oberen Aufhängungen müssen sicher einrasten.
☐ Wo ein Gurt am Sitz befestigt ist, muss dessen Rahmen und die Aufnahmen auf festen Sitz kontrolliert werden.
☐ Gurte mit Gurtstraffer-Vorrichtungen haben an der Gurtpeitsche eine Kennzeichnung – die Gurtstraffer selbst können nicht getestet werden.
☐ Alle Airbags dürfen keine sichtbaren Schäden aufweisen.
☐ Die Vordersitze müssen sicher befestigt sein und die Rückenlehne muss in jeder Position arretierbar sein.

Türen

☐ Die vorderen müssen sich von innen und außen öffnen und schließen lassen. Beim Zudrücken müssen sie sicher einrasten.
☐ Die hinteren müssen sich von außen öffnen und schließen lassen. Beim Zudrücken müssen sie sicher einrasten.
☐ Alle Türscharniere, Türfangbänder und Schließbolzen müssen fest angebracht und so beschaffen sein, dass sie das Öffnen und Schließen der Türen nicht behindern.

Motorhaube und Kofferraumdeckel oder Heckklappe

☐ Die Motorhaube und die Heckklappe müssen beim Zuschlagen sicher verriegelt werden.

Tachometer

☐ Der Tachometer muss funktionieren und mit entsprechender Beleuchtung auch Nachts ablesbar sein.

2 Die Prüfung erfolgt:
Bei auf dem Boden stehendem Fahrzeug

Fahrzeug-Identifikation

☐ Die Kennzeichen müssen sich in einem guten Zustand befinden und in ihren Maßen den Vorschriften entsprechen.

□ Das Typenschild und die eingeschlagene Fahrgestellnummer müssen lesbar sein.

Fahrzeug-Elektrik

□ Schalten Sie die Zündung ein und prüfen Sie die Funktion der Hupe.
□ Prüfen Sie die Funktion aller Scheibenwischer und der Scheibenwaschanlage. Ersetzen Sie beschädigte oder verschlissene Wischerblätter.

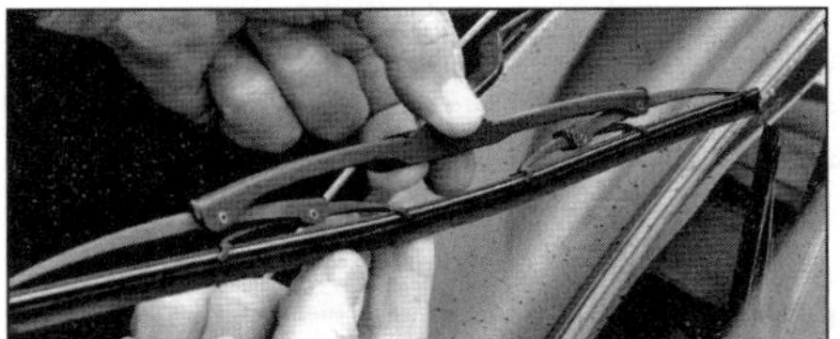

□ Prüfen Sie die komplette Beleuchtungseinrichtung
□ Prüfen Sie die Funktion der Bremsleuchten. Auch die Zusatzbremsleuchte muss funktionieren.
□ Prüfen Sie die Funktion der Standleuchten und Rücklichter. Lampengläser und Reflektoren müssen fest sitzen, sauber sein und dürfen keine Risse aufweisen.
□ Prüfen Sie bei eingeschalteter Zündung die Funktion und Ausrichtung der Scheinwerfer. Die Reflektoren dürfen nicht matt sein und die Lampengläser dürfen weder matt sein noch Risse aufweisen.
□ Achten Sie bei der Kontrolle des Abblendlichts darauf, dass die ggf. vorhandene Leuchtweitenregelung funktioniert (Anpassung der Scheinwerfereinstellung an eventuelle Beladung). Die Einstellung des Abblendlichts ist für den Gegenverkehr von entscheidender Bedeutung und ist daher immer genau zu überprüfen (korrekte Asymmetrie und Höhe der Einstellung)
□ Prüfen Sie bei eingeschalteter Zündung die Funktion aller Blinker einschließlich der Kontrollleuchten im Armaturenbrett. Prüfen Sie die Funktion des Warnblinkers. Die Blinker dürfen nicht die Standlicht- oder Rücklichtlampen beeinträchtigen – ansonsten liegt ein Massefehler vor. Falls die Blinkfrequenz ungewöhnlich schnell oder langsam ist, kann das Blinkrelais defekt sein oder ebenfalls ein Massefehler vorliegen.
□ Prüfen Sie die Funktion der Nebelschlussleuchte und ihrer Kontrollleuchte im Armaturenbrett oder im Schalter.
□ Prüfen Sie die Funktion der Rückfahrleuchte – sie muss sich beim Einlegen des Rückwärtsgangs einschalten.
□ Alle Kontrollleuchten müssen nach dem Einschalten der Zündung entsprechend der Herstellervorgaben aufleuchten. Nach dem Starten des Motors müssen die meisten Leuchten wieder erlöschen, die ABS-Warnleuchte muss nach wenigen Sekunden erlöschen.
□ Alle sichtbaren Kabel müssen korrekt verlegt sein und dürfen keine Scheuerstellen aufweisen, die zu einem Kurzschluss führen können.

Bremsen

□ Begutachten Sie den Hauptbremszylinder, den Bremskraftverstärker, den ABS-Modulator und alle Bremsleitungen auf korrekte Verlegung/Befestigung, Undichtigkeit, lockere Anschlüsse, Korrosion und andere Schäden.
□ Der Ausgleichsbehälter am Hauptbremszylinder muss fest sitzen und der Pegel muss zwischen der MAX- (A) und MIN-Markierung (B) liegen (ein kurz vor Minimum stehender Bremsflüssigkeitsstand deutet auf verschlissene Scheibenbremsbeläge hin, eventuell auch auf eine Undichtigkeit).

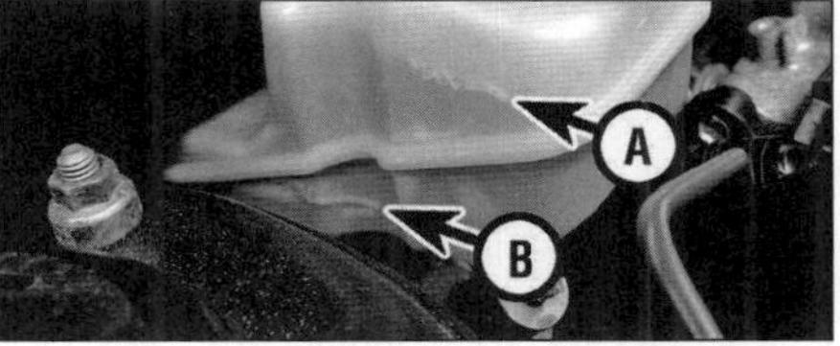

□ Kontrollieren Sie die Hydraulikflüssigkeit im Ausgleichsbehälter auf Verschmutzung und Ablagerungen.
□ Kontrollieren Sie alle Bremsschläuche auf Risse und Alterungserscheinungen. Drehen Sie die Lenkung von Anschlag zu Anschlag, um zu prüfen, ob die vorderen Schläuche nicht die Räder, Reifen oder andere Teile der Lenkung oder der Radaufhängung berühren. Bei fest gedrücktem Bremspedal muss kontrolliert werden, ob die Schläuche ausbeulen oder Lecks aufweisen. Treten Sie bei laufendem Motor ohne Gasgeben (also aktivem Bremskraftverstärker) mehrfach schlagartig und kräftig auf das Pedal, um eine Extrembelastung zu simulieren, der eine intakte Bremsanlage gewachsen sein muss.

Lenkung und Radaufhängungen

□ Lassen Sie einen Assistenten das Lenkrad leicht zwischen den Punkten, an denen die Bewegung auf die Räder übertragen wird, hin- und herdrehen, um sein Spiel zu ermitteln. Ein Standard-Lenkrad (380 mm Durchmesser) darf bei einer Zahnstangenlenkung außen nicht mehr als 13 mm Spiel aufweisen

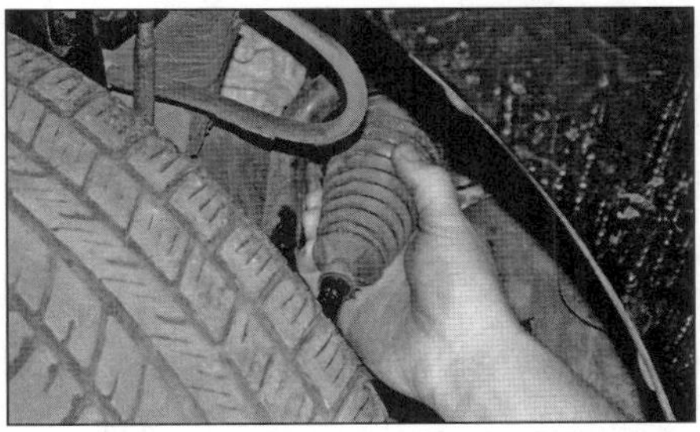

□ Lassen Sie den Assistenten das Lenkrad kräftig in beide Richtungen drehen, sodass sich die Vorderräder zu bewegen beginnen. Kontrollieren Sie hierbei alle Verbindungselemente, Befestigungen und Anschlüsse (also Spurstangenköpfe, Spurstangen, Lenkhebel, Lenkschubstangen, Trag- und Führungsgelenke etc.). Ersetzen Sie alle Bauteile, die Verschleiß (also unzulässiges Spiel) oder Schäden aufweisen.
□ Prüfen Sie die Funktion und den Zustand aller Komponenten der Servo-Unterstützung (bei laufendem Motor).
□ Prüfen Sie, ob das auf einer ebenen Fläche stehende Fahrzeug nicht an einer Seite oder vorn bzw. hinten herunterhängt.

Stoßdämpfer

□ Drücken Sie das Fahrzeug nacheinander an jeder Ecke herunter und lassen Sie es wieder los – es muss wieder ausfedern und in seine Ruheposition zurückkehren. Falls es nachwippt, ist der Stoßdämpfer defekt; dieser Zustand kann zu gefährlichem Fahrverhalten führen. Zudem sind alle Stoßdämpfer auf Dichtigkeit zu überprüfen.

Auspuffanlage

☐ Starten Sie den Motor und lassen Sie einen Assistenten das Auspuffrohr mit einem Lappen verstopfen. Prüfen Sie jetzt die gesamte Auspuffanlage auf Undichtigkeit und reparieren oder ersetzen Sie entsprechende Bauteile.

3 Die Prüfung erfolgt: **Bei angehobenem Fahrzeug mit freien Rädern**

Heben Sie das Fahrzeug vorn und hinten an und stützen Sie es so auf Böcken ab, dass diese nicht die Federelemente behindern. Die Räder müssen frei drehbar und die Lenkung von Anschlag zu Anschlag zu drehen sein.

Lenkung

☐ Lassen Sie einen Assistenten das Lenkrad von Anschlag zu Anschlag drehen. Prüfen Sie, ob sich die Lenkung frei drehen lässt und keine Teile der Lenkung (einschließlich der Räder und Reifen) mit Bremsleitungen oder andere Bauteilen in Kontakt kommen.

☐ Kontrollieren Sie die Gummimanschetten des Lenkgestänges auf Beschädigungen oder lockere Schellen. Prüfen Sie, ob ggf. irgendwo Hydraulikflüssigkeit der Servolenkung austritt. Kontrollieren Sie, ob die Lenkung schwergängig ist, ob irgendwo Splinte fehlen oder Befestigungen locker sind und ob im Umkreis von 30 cm um irgendwelche Befestigungspunkte der Lenkung an der Karosserie starke Korrosion auftritt.

Vorder- und Hinterradfederung sowie Radlager

☐ Beginnen Sie an der vorderen rechten Ecke, greifen Sie das Vorderrad in der 3- und 9-Uhr-Position und versuchen Sie, daran zu wackeln. Prüfen Sie, ob Spiel in den Radlagern, an den Federungs-Kugelgelenken, den Aufhängungen, Gelenken und Befestigungen festzustellen ist.

☐ Greifen Sie jetzt das Rad in der 12- und 6-Uhr-Position und wiederholen Sie die Prüfung. Drehen Sie das Rad, um im Radlager Schwergängigkeit oder rauen Lauf festzustellen.

☐ Falls an einem Gelenk übermäßiges Spiel vermutet wird, kann dies mit einem zwischen der Halterung und dem angeschlossenen Teil als Hebel eingeführten großen Schraubendreher festgestellt werden; so lässt sich ermitteln, ob der Verschleiß in seiner Befestigung, den Lagerbuchsen oder in der Halterung selbst liegt (oft schlagen die Schraubenlöcher aus).

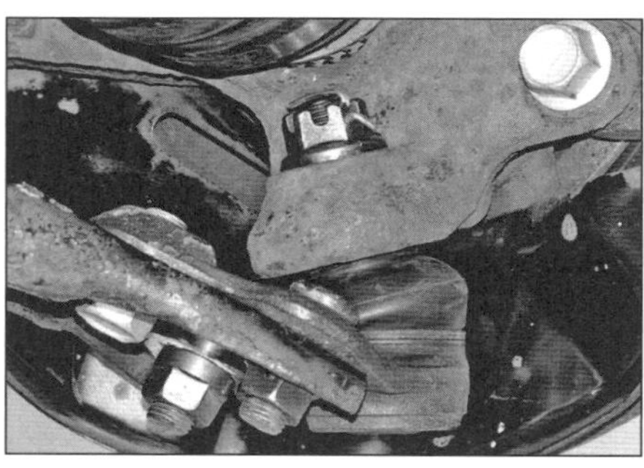

☐ Führen Sie alle beschriebenen Kontrollen am anderen Vorderrad und dann an den Hinterrädern durch.

Federn und Stoßdämpfer

☐ Begutachten Sie die Federbeine auf austretendes Öl, Korrosion oder ein beschädigtes Gehäuse. Prüfen Sie auch die Festigkeit aller Aufnahmen.

☐ Die Enden von Schraubenfedern müssen in ihren Sitzen liegen und die Feder selbst darf nicht korrodiert, gerissen oder gebrochen sein.

☐ Kontrollieren Sie die Stoßdämpfer auf Undichtigkeit. Anschlaggummis sowie Gummibuchsen in den Aufnahmen dürfen nicht spröde oder beschädigt sein.

Antriebswellen

☐ Drehen Sie die angetriebenen Räder und überprüfen Sie dabei die Manschetten der Gleichlaufgelenke auf Risse und Beschädigungen. Die Antriebswellen selbst dürfen nicht verbogen oder beschädigt sein.

Bremssystem

☐ Prüfen Sie die Bremsbelag-Stärke und den Zustand der Bremsscheiben möglichst im eingebauten Zustand. Das Belagmaterial (A) und die Bremsscheibe (B) dürfen nicht unter die in Kapitel 9 angegebenen Werte verschlissen sein. Die Bremsscheibe darf weder gebrochen noch gerissen sein oder starke Riefen oder Ausbrüche aufweisen.

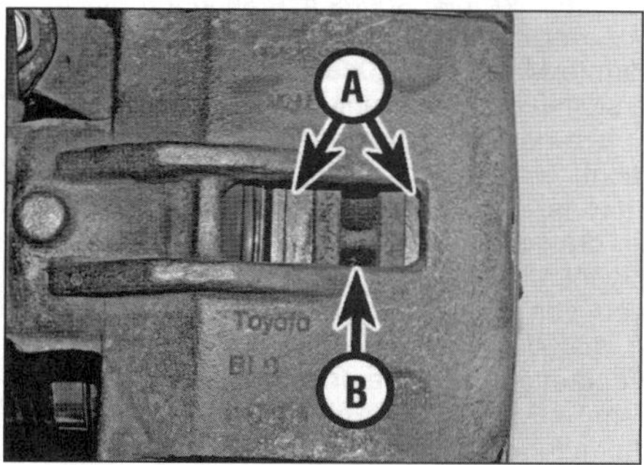

☐ Kontrollieren Sie alle Bremsleitungen und Bremsschläuche unter dem Fahrzeug auf Undichtigkeit und/oder andere Schäden. Die Leitungen dürfen nicht verrostet oder geknickt sein, die Schläuche dürfen keine Risse oder Blasen aufweisen.
☐ An den Bremssätteln und den Bremsankerplatten dürfen keine Flüssigkeiten austreten. Reparieren oder erneuern Sie undichte Bauteile.
☐ Drehen Sie jedes Rad langsam von Hand, während der Assistent das Bremspedal gleichmäßig herunterdrückt und wieder löst. Jede Bremse muss korrekt funktionieren und das Rad muss sich nach dem Lösen wieder frei drehen lassen.
☐ Kontrollieren Sie den Handbremsmechanismus auf ausgefranste oder gerissene Seilzüge, starke Korrosion oder Verschleiß und übermäßiges Spiel am Gestänge. Prüfen Sie, ob die Bremse auf beide Hinterräder wirkt und diese sich nach dem Lösen wieder frei drehen lassen.

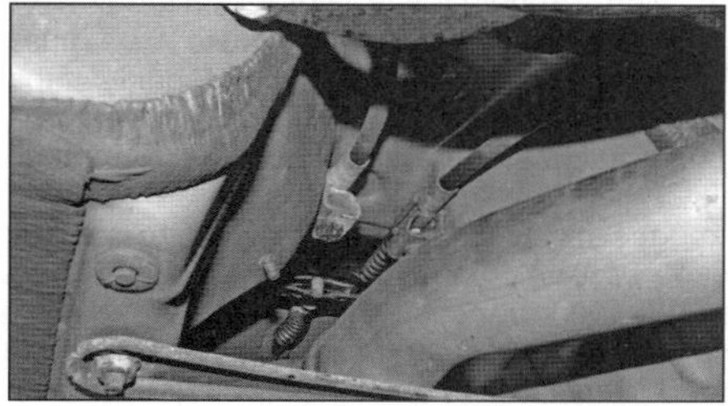

☐ Kontrollieren Sie die Kabel der ABS-Sensoren auf Beschädigungen, Scheuerstellen und Alterungserscheinungen.
☐ Die Bremswirkung ist ohne einen Prüfstand nicht kontrollierbar, aber bei einer Probefahrt kann später getestet werden, ob das Fahrzeug beim Bremsen nicht zu einer Seite zieht.

Kraftstoff- und Auspuffsystem

☐ Kontrollieren Sie den Tank (einschließlich Tankdeckel), alle Kraftstoffleitungen und ihre Anschlüsse. Alle Komponenten müssen sicher befestigt sein und dürfen nicht lecken.

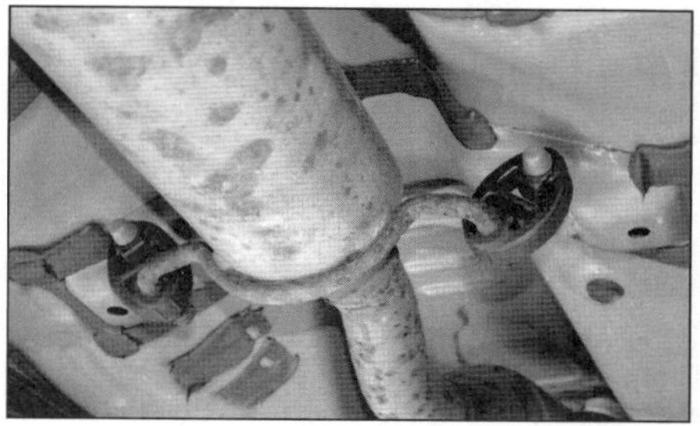

☐ Begutachten Sie die Auspuffanlage von vorn bis hinten auf Beschädigungen, gerissene oder fehlende Befestigungen, fest sitzende Schellen und Durchrostungen.
☐ Die Auspuffanlage muss mit allen serienmäßig vorgesehenen Katalysatoren und Lambdasonden ausgerüstet sein.

Räder und Reifen

☐ Kontrollieren Sie die Flanken und Laufflächen aller Reifen. Achten Sie auf Schnitte, Risse, Beulen, Auswölbungen, sich lösende Profilblöcke und durch Beschädigungen oder Verschleiß sichtbares Gewebe. Der Reifenwulst muss korrekt auf der Felge sitzen, das Ventil muss dicht sein und korrekt sitzen.
☐ Keine Felge darf verzogen, verbogen, gerissen oder stark korrodiert sein. Alle Radmuttern oder Bolzen müssen fest sitzen.
☐ Die Reifen müssen die in den Fahrzeugpapieren angegebene Größen haben. Reifen auf einer Achse sollten baugleich sein (empfehlenswert, aber nicht vorgeschrieben). Der Luftdruck aller Reifen muss in Ordnung sein.

☐ Kontrollieren Sie die Profiltiefe. Aktuell darf an keiner Stelle weniger als 1,6 mm gemessen werden. Ungleichmäßig verschlissene Reifen weisen auf falsch eingestellte Radaufhängungen hin.

Korrosion

☐ Überprüfen Sie die gesamte Fahrzeugstruktur auf Korrosion an tragenden Teilen (Kastenprofile des Chassis, Schweller, Querträger, Säulen und sämtliche Radaufhängungen, Federelemente, Lenkungs- und Bremsenteile sowie Gurtbefestigungen und Verankerungen). Jede Korrosion, die die Materialstärke tragender Teile verringert, stellt eine ernsthafte Gefahr dar, sodass professionelle Reparaturmaßnahmen eingeleitet werden müssen. Bei einer selbsttragenden Karosserie (um solche Karosserien handelt es sich bei heutigen Autos in 99 % aller Fälle) sind alle Blechteile als tragend zu betrachten. Eine durchgerostete Tür kann also durchaus dafür sorgen, dass eine HU nicht positiv abgeschlossen wird.
☐ Beschädigungen oder Korrosion, die zu scharfkantigen Rändern führen, können dazu führen, dass die HU nicht bestanden wird.

Abschlepp-Vorrichtungen

☐ Überprüfen Sie die Abschleppösen oder deren Befestigungen auf Korrosion und Beschädigungen. Demontierbare Vorrichtungen dürfen kein übermäßiges Spiel aufweisen.

4 Die Prüfung erfolgt: Am Abgassystem

Benzinmotor

☐ Bringen Sie den gut gewarteten Motor (Zündsystem in Ordnung, Luftfilter sauber usw.) auf Betriebstemperatur.
☐ Lassen Sie den Motor zunächst rund 20 Sekunden mit etwa 2500/min drehen und dann auf Standgasdrehzahl abfallen; beobachten Sie dabei, ob aus dem Auspuff Rauch austritt. Falls das Standgas offensichtlich zu hoch ist oder länger als 5 Sekunden dichter blauer oder schwarzer Rauch austritt, kann dies dazu führen, dass die HU nicht bestanden wird. Als Faustregel gilt, dass blauer Rauch für verbranntes Öl und damit Motorverschleiß steht, während schwarzer Rauch auf unverbrannten Kraftstoff hinweist (verschmutzter Luftfilter oder Schäden bzw. Verschleiß im Kraftstoff- oder Zündsystem.
☐ Für weitere Kontrollen wird ein Abgas-Analysegerät benötigt, das den Gehalt an Kohlenmonoxid (CO) und Kohlenwasserstoff (CH) ermitteln kann. Falls dies nicht gemietet oder ausgeliehen werden kann, sollte die Prüfung gegen ein kleines Entgelt von einer Fachwerkstatt durchgeführt werden.

CO-Emissionen (Gemisch)

☐ Der HU-Prüfer hat Zugang zu den erlaubten CO-Abgaswerten aller Fahrzeuge. Der CO-Wert wird bei Standgas und ›erhöhtem Standgas‹ (2500 bis 3000/min) gemessen. Die folgenden Werte sind nur Anhaltswerte:
Bei Standgas – weniger als 0,5 % CO
Bei erhöhtem Standgas – weniger als 0,3 % CO
Lambda-Messung – 0,97 bis 1,03
☐ Falls der CO-Wert zu hoch ist, kann dies ein Hinweis auf schlechte Wartung, ein Problem in der Gemischaufbereitung (Einspritzanlage), eine defekte Lambdasonde oder einen schadhaften Katalysator sein. Probieren Sie eine Einspritzdüsen-Reinigung aus und lesen Sie ggf. das Steuergerät auf Fehlercodes aus.

CH-Emissionen

☐ Der HU-Prüfer hat Zugang zu den erlaubten CH-Abgaswerten aller Fahrzeuge. Der CH-Wert wird bei erhöhtem Standgas (2500 bis 3000/min) gemessen. Als Anhaltswerte gilt: weniger als 200 ppm.
☐ Zu hohe CH-Emissionen weisen auf verbranntes Motoröl hin. Der Grund hierfür kann ein verschlissener Motor, eine verstopfe Motorentlüftung oder zu altes und verdünntes Motoröl sein, sodass ein Ölwechsel hilft. Falls der Motor insgesamt schlecht läuft, sollte ggf. das Steuergerät auf Fehlercodes ausgelesen werden.
Im Normalfall sind die CH-Emissionen zwar ermittelbar, im Rahmen der Abgasuntersuchung gibt es jedoch derzeit keine Grenzwerte. Gemessen werden CO, CO_2, O_2, HC und Lambda, wobei es lediglich für CO und Lambda vom Gesetzgeber bzw. Fahrzeughersteller einzuhaltende Vorgaben gibt. Hohe CO-Werte haben aber für sich allein auch schon eine hohe Aussagekraft über die Funktion der Abgasreinigung.
Zudem gelten die groben Faustregeln: Lambda-Werte über 1 (bei intakter Gemischaufbereitung) deuten auf eine undichte Auspuffanlage hin, Lambda unter 1 (fettes Gemisch) lassen auf eine defekte Gemischaufbereitung schließen. Hohe CO-Werte bei Lambda 1 deuten auf einen verschlissenen Katalysator hin.

Dieselmotor

☐ Hier wird lediglich der Anteil der Rußpartikel gemessen. Bei diesem Test wird der Motor je nach Herstellervorgabe für ein paar Sekunden mit Maximaldrehzahl betrieben. Bei der ›freien Beschleunigung‹ wird die sogenannte Rauchgastrübung gemessen, die weder die vom Fahrzeug-Hersteller vorgegebenen noch die gesetzlichen Grenzwerte übersteigen darf.
Anmerkung: *Bei Modellen mit Steuerriemen (›Zahnriemen‹) muss dieser in einem perfekten Zustand sein, damit der Motor den Test übersteht. Im permanenten Stadtverkehr zugesetzte Dieselmotoren sollten vor der Abgasuntersuchung auf einer längeren Strecke ›freigefahren‹ werden.*
☐ Der aufgewärmte Motor wird zunächst maximal 5 Sekunden nach Herstellervorgabe (meistens Abregeldrehzahl) ›gespült‹, dann wird der Motor langsam auf seine maximale Drehzahl gebracht, um zu sehen, ob er dies aushält. Anschließend wird das Abgasmessgerät angeschlossen und der Motor wird dreimal hintereinander rasch auf Höchstdrehzahl beschleunigt. Liegt dabei die Rußentwicklung unter dem Maximalwert von 2,5 m^{-1} (Saugmotoren) bzw. 3,0 m^{-1} (Turbomotoren), hat das Fahrzeug die Prüfung bestanden (bei aktuellen Fahrzeugen liegt sie eher im Bereich zwischen 0,5 m^{-1} und 1,5 m^{-1}). Falls zu viel Ruß produziert wird, kann ein neuer Luftfilter oder eine Einspritzdüsen-Reinigung helfen. Falls der Motor insgesamt schlecht läuft, sollte ggf. das Steuergerät auf Fehlercodes ausgelesen werden. Kontrollieren Sie ggf. auch das Abgasrückführungs-System. Nach einer hohen Laufleistung müssen eventuell die Einspritzdüsen professionell kontrolliert werden.

Werkzeug und Werkstatt-Ausrüstung

Einleitung

Ein gutes Werkzeugsortiment ist für jedermann, der Wartungs- und Reparaturarbeiten an seinem Fahrzeug durchführen möchte, eine grundlegende Voraussetzung. Wer kein oder nur sehr wenig Werkzeug zu Hause hat, muss zunächst in Werkzeug investieren, um durch Eigenleistung das Geld wieder einzusparen. Hochwertiges Werkzeug hält jahrzehntelang und macht sich bei regelmäßigem Gebrauch mehrfach bezahlt.
Um den Fahrzeugbesitzer besser entscheiden zu lassen, welche Werkzeuge er für die verschiedenen in diesem Buch beschriebenen Aufgaben benötigt, haben wir drei Listen erstellt: *Wartung und kleinere Reparaturen; Reparaturen und Überholung* sowie *Spezialwerkzeug*. Wer neu im Schrauber-Sektor ist, sollte mit dem Werkzeugsatz *Wartung und kleinere Reparaturen* beginnen und sich zunächst mit einfacheren Aufgaben am Fahrzeug vertraut machen. Sobald die Erfahrungen und das Vertrauen wachsen, können schwierigere Arbeiten verrichtet werden – mit den entsprechenden zusätzlichen Werkzeugen. Auf diese Weist kann ein Set f*ür Wartungsarbeiten und kleinere Reparaturen mit* der Zeit und ohne große Ausgaben zu einem Kit für *umfangreiche Reparaturen und Überholungen ausge*baut werden. Der erfahrene Hobbyschrauber hat dann eine Werkzeug-Ausstattung für die meisten Reparaturen und Überholtätigkeiten und muss nur noch dann Werkzeuge aus der letzten Kategorie dazukaufen, wenn er der Meinung ist, dass sich der finanzielle Aufwand zur Häufigkeit des Einsatzes lohnt.

Wartungsarbeiten und kleinere Reparaturen

Die hier aufgelisteten Werkzeuge können als Minimalausstattung für routinemäßige Wartungsarbeiten, die Instandhaltung und kleine Reparaturen betrachtet werden. Wir empfehlen den Kauf von kombinierten Ring-/Maul-Schlüsseln – diese sind zwar teurer als reine Maulschlüssel, hinterlassen bei richtigem Gebrauch aber auch weniger Schäden an Muttern und Schrauben.

- ☐ *Schraubenschlüssel-Set 8 bis 19 mm*
- ☐ *Rollgabelschlüssel bis ca. 35 mm*
- ☐ *Zündkerzenschlüssel (mit Gummieinsatz)*
- ☐ *Drahtlehre für Zündkerzen-Elektroden*
- ☐ *Fühlerlehren-Set*
- ☐ *Ringschlüssel für Entlüftungsnippel (falls kleiner als 8 mm)*
- ☐ *Schraubendreher: Schlitz – 100 mm lang, 6 mm breit Phillips (Kreuzschlitz) – 100 mm lang, 6 mm breit*
- ☐ *Inbus-Schlüssel, 4–10 mm Größe – je nach Fahrzeugtyp*
- ☐ *Torx-Schlüssel, verschiedene Größen – je nach Fahrzeugtyp*
- ☐ *Kombizange*
- ☐ *Metall-Bügelsäge*
- ☐ *Reifen-Luftpumpe*
- ☐ *Luftdruckprüfer*
- ☐ *Ölkanne*
- ☐ *Ölfilterschlüssel (Bandschlüssel)*
- ☐ *Feines Schleifpapier*
- ☐ *Drahtbürste (klein)*
- ☐ *Trichter (mittelgroß)*
- ☐ *Ablassschrauben-Schlüssel (je nach Fahrzeug)*
- ☐ *Feilen-Sortiment*
- ☐ *Drahtbürsten*
- ☐ *Stützbock*
- ☐ *Hydraulischer Heber oder Rangierwagenheber*
- ☐ *Lampe mit Verlängerungskabel*
- ☐ *Multimeter (Volt AC/DC, Ohm, Ampere)*

Umfangreiche Reparaturen und Überholung

Diese Werkzeuge sind – zusammen mit denen für Wartung und kleinere Reparaturen – für Reparaturen und andere Arbeiten am Fahrzeug unerlässlich. Zu dieser Liste gehört ein umfangreicher Steckschlüsselsatz; auch wenn er relativ teuer ist, ist er aufgrund seiner Vielseitigkeit unbezahlbar – besonders, wenn darin verschiedene Antriebe enthalten sind. Wir empfehlen einen Knarrenkasten mit Halbzoll-Antrieb, weil diese Steckschlüssel auch auf die meisten Drehmomentschlüssel passen.

Die Werkzeuge aus dieser Liste müssen manchmal durch Teile aus der Spezialwerkzeug-Liste ergänzt werden:

- ☐ *Steckschlüsselkasten mit*
  Sechskantschlüsseln (6–24 mm)
  Inbus-Einsätze
  Torx-Einsätze
  Ratsche
  Verlängerung 250 mm
  Kreuzgelenk
  verstellbarem T-Griff
- ☐ *Drehmomentschlüssel*
- ☐ *Gripzange*
- ☐ *Schlosserhammer mit Kugelkopf*
- ☐ *Kunststoff- oder Gummihammer*
- ☐ *Schlitzschraubendreher (verschiedene Größen)*
- ☐ *Phillips-Kreuzschlitzschraubendreher (verschiedene Größen)*
- ☐ *Zangen:*
  Spitzzange
  Wasserpumpenzange
  Seitenschneider
  Seegerringzange (innen und außen)
- ☐ *Flachmeißel*
- ☐ *Reißnadel*
- ☐ *Schaber*
- ☐ *Körner*
- ☐ *Treibdorn*
- ☐ *Metallsäge*
- ☐ *Bremsschlauch-Klemme*
- ☐ *Bremsen-/Kupplungs-Entlüftungskit*
- ☐ *Bohrer-Set*
- ☐ *Metall-Lineal/Richtwinkel*

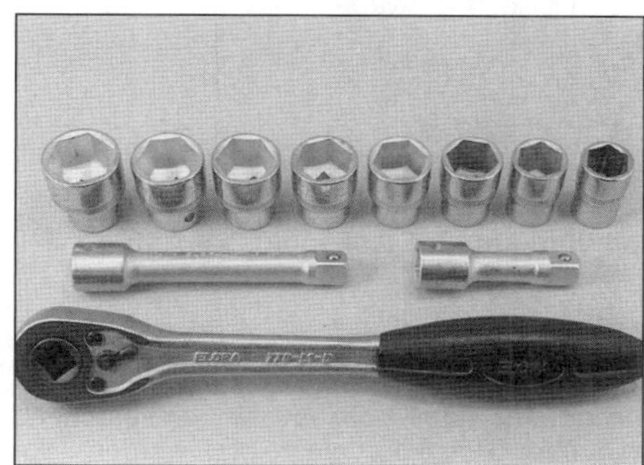

Steckschlüssel mit Ratsche und Verlängerungen

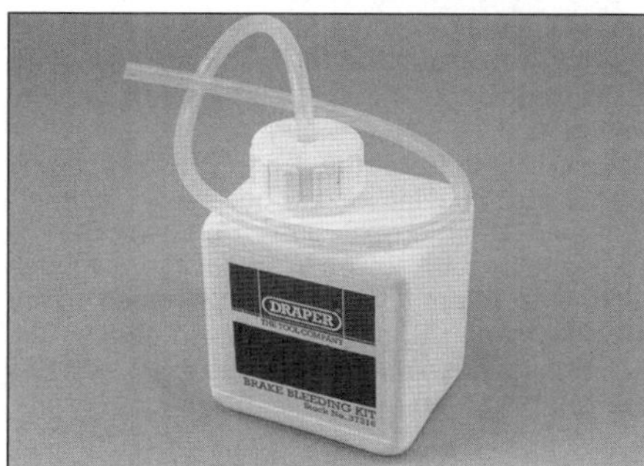

Bremsen-Entlüftungskit

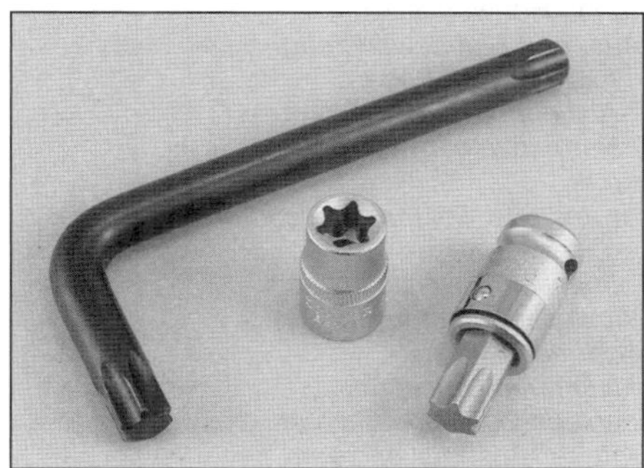

Torx-Schlüssel, -Steckschlüssel und -Bit

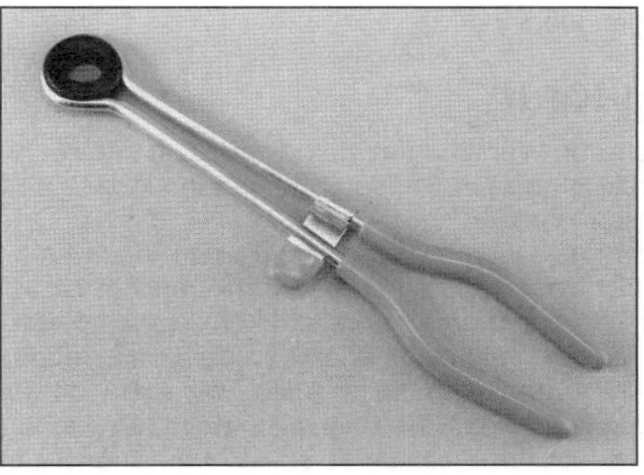

Schlauchklemme

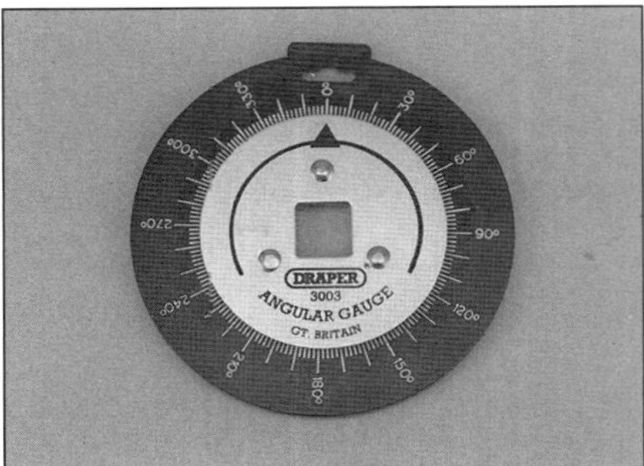

Gradscheibe mit Vierkant für Steckschlüssel-Antrieb

Spezialwerkzeug

Die in dieser Liste aufgeführten Werkzeuge werden nicht regelmäßig benötigt, sind teuer oder müssen entsprechend der Anweisungen ihrer Hersteller eingesetzt werden. Solange nicht regelmäßig schwierige Reparaturarbeiten verrichtet werden, ist der Kauf vieler dieser Werkzeuge nicht wirtschaftlich. In solchen Fällen kann man das Werkzeug entweder mit Freunden zusammen kaufen, einem Klub beitreten oder das Teil bei einer Werkstatt oder einem Werkzeugverleiher mieten. Auch viele Baumärkte vermieten Werkzeug zu moderaten Konditionen.

Die folgende Liste enthält nur frei verkäufliche Werkzeuge und Instrumente, aber keine Spezialwerkzeuge, die vom Fahrzeughersteller für sein Händlernetz produziert werden. Im Handbuch wird gelegentlich auf solche Werkzeuge verwiesen und oft wird auch eine Alternative dazu angegeben, doch manchmal ist das Hersteller-Spezialwerkzeug unerlässlich, sodass es beim Hersteller gekauft oder der Fachwerkstatt des Vertrauens ausgeliehen werden muss.

- ☐ *Gradscheibe*
- ☐ *Ventilfederpresse*
- ☐ *Ventil-Einschleif-Ausrüstung*
- ☐ *Kolbenringzange*
- ☐ *Zylinderbohrungs-Honwerkzeug*
- ☐ *Kolbenring-Aus- und Einbauwerkzeug*
- ☐ *Federpresse für Fahrwerk-Federn*
- ☐ *Kugelgelenk-Abzieher*
- ☐ *Zwei- und Dreiarmabzieher*
- ☐ *Schlagschrauber*
- ☐ *Messschieber und/oder Mikrometerschraube*
- ☐ *Messuhr*
- ☐ *Schließwinkelmesser / Drehzahlmesser*
- ☐ *Fehlercode-Auslesegerät*
- ☐ *Kompressionsprüfer*
- ☐ *Unterdruckpumpe und Druckprüfer*
- ☐ *Kupplungsscheiben-Zentrierwerkzeug*
- ☐ *Bremsbackenfeder-Ausbauwerkzeug*
- ☐ *Aus- und Einbauwerkzeug für Buchsen und Lager*
- ☐ *Stehbolzenausdreher*
- ☐ *Werkstattkran*
- ☐ *Rangierwagenheber*

Werkzeug-Kauf

Im Autozubehör- und Werkzeugfachhandel wird oft hochwertiges Werkzeug zu günstigen Preisen angeboten, sodass sich der Preisvergleich lohnt.

Man muss nicht das teuerste Werkzeug kaufen, doch es ist auch ratsam, nicht das billigste zu nehmen. Vorsicht ist auf Flohmärkten und bei ›Kofferraum-Geschäften‹ auf Automärkten geboten. Es gibt zahlreiche Marken, die hochwertiges Werkzeug produzieren, doch stets sollte vor allem darauf geachtet werden, dass das Material alle wichtigen Sicherheitsstandards erfüllt. Im Zweifelsfall sollten vor einer Kaufentscheidung Fachleute zurate gezogen werden.

Werkzeug – Sorgfalt und Pflege

Nachdem ein akzeptables Werkzeug-Sortiment erworben wurde, ist es wichtig, die Werkzeuge in einem sauberen und brauchbaren Zustand zu erhalten. Nach jedem Einsatz müssen Schmutz, Fett und Metallpartikel mit sauberen und trockenen Lappen abgewischt werden, bevor das Werkzeug weggepackt wird. Niemals sollte man Werkzeug herumliegen lassen. Ein einfaches Regal an der Garagen- oder Werkstattwand ist für die meisten Werkzeuge völlig ausreichend. Ein Knarrenkasten sollte stets vollständig sein und Messinstrumente, Messuhren und andere sensible Geräte müssen sorgfältig gelagert werden, sodass sie weder Stöße abbekommen noch rosten.

Werkzeuge verschleißen mit der Zeit: Ein Hammerkopf bekommt unweigerlich Riefen und Schraubendreher-Klingen werden mit der Zeit rund. Der gelegentliche Einsatz von Schleifleinen oder einer Feile kann solche Dinge wieder in einen guten Zustand versetzen.

Arbeitsplatz

Beim Thema Werkzeug darf die Werkstatt nicht vergessen werden. Sobald mehr als routinemäßige Wartungsarbeiten verrichtet werden sollen, kommt man um einen brauchbaren Arbeitsplatz nicht herum.

Viele Fahrzeugbesitzer sind gezwungen, Bauteile ihres Autos – bis hin zum Motor – im Freien auszubauen, doch dann sollten Reparaturen stets unter einem schützenden Dach stattfinden.

Sämtliche Zerlegungen sollten stets auf einer sauberen und ebenen Arbeitsfläche durchgeführt werden, die sich in einer angenehmen Arbeitshöhe befindet.

Jede Werkbank benötigt einen Schraubstock; mit einem Öffnungsbereich von 100 mm sollten sich die meisten Arbeiten erledigen lassen. Wie bereits erwähnt, werden auch saubere und trockene Lagerflächen für Werkzeug, aber auch für Schmiermittel, Reinigungsmittel, Lacke usw. benötigt.

Das wichtigste Elektrowerkzeug ist eine gute Bohrmaschine mit Drehzahl-Einstellung; in diese können außer Bohrern viele andere Werkzeuge eingespannt werden, die die Arbeit erleichtern.

Schließlich muss eine Sammlung alter Zeitungen und sauberer, nicht fusselnder Lappen bereitgehalten werden, um den Arbeitsplatz, das Werkzeug und die zu reparierenden Dinge möglichst sauber zu halten.

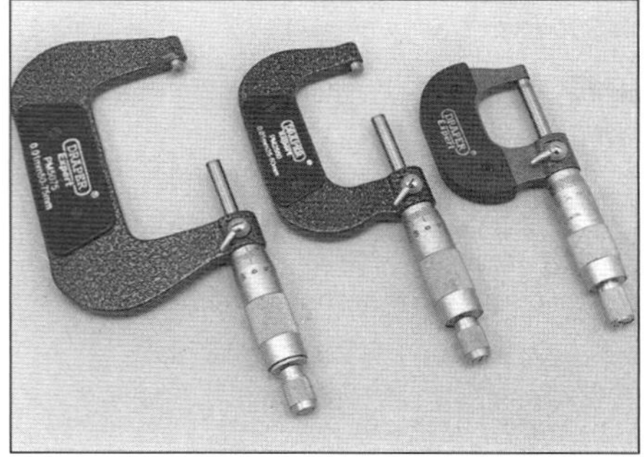

Mikrometerschraube (Bügelmessschraube)

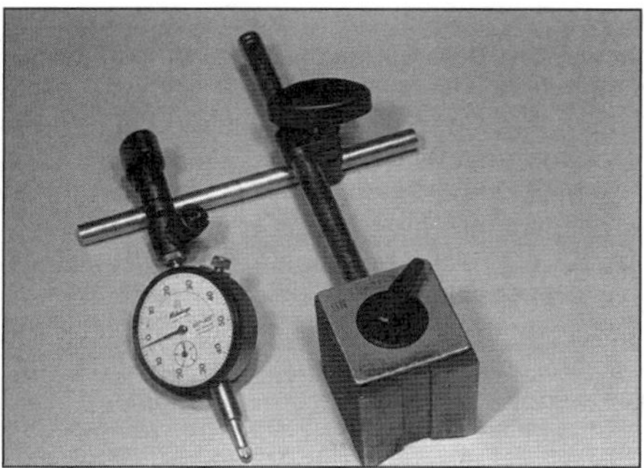

Messuhr

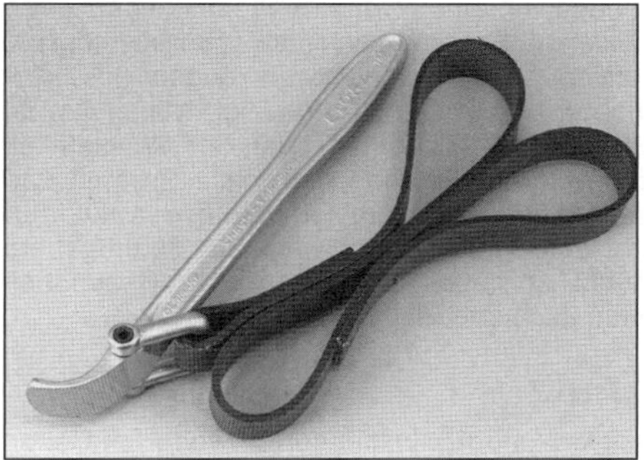

Bandschlüssel

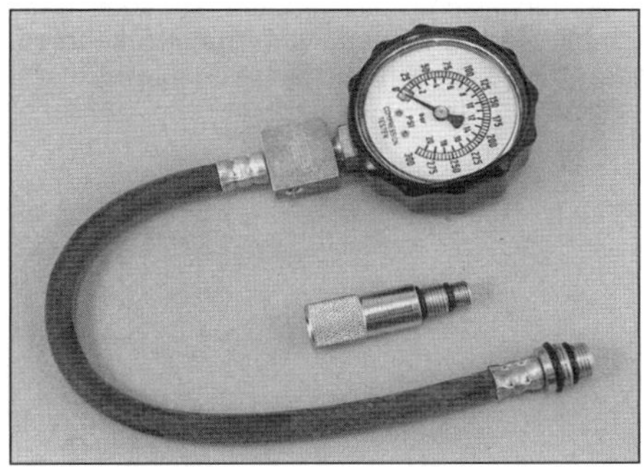

Kompressionsprüfer

Lagerabzieher

Allgemeine Reparaturarbeiten

Wenn am Fahrzeug Wartungs-, Überhol- oder Reparaturarbeiten erledigt werden müssen, sollten die folgenden Hinweise und Anleitungen beachtet werden, um sämtliche Prozeduren effizient und professionell durchführen zu können.

Dichtflächen und Dichtungen

Zum Trennen von Komponenten an ihren Dichtflächen dürfen diese niemals mit einem Schraubendreher oder anderen Hilfsmitteln an diesen Kontaktbereichen auseinander gehebelt werden, da hierbei schwere Schäden entstehen können, die zu austretenden Betriebsflüssigkeiten (Öl, Kühlmittel) führen können. Zum Trennen müssen die Teile im Bereich der Dichtflächen mit einem weichen Hammer abgeklopft werden, um sie voneinander zu lösen. Diese Methode ist jedoch an Verbindungen, die mit Passhülsen gesichert sind, nicht immer wirkungsvoll; bei solchen finden sich oft außerhalb der Dichtflächen spezielle Angüsse, an denen gehebelt werden darf.

Wo zwischen zwei Komponenten eine Dichtung (aus Papier, Metall oder anderen Materialien) vorhanden ist, muss diese generell ersetzt werden. Solange nicht anders erwähnt, müssen die Dichtflächen trocken und sauber sein und die Dichtungen trocken aufgelegt werden. Falls eine Dichtfläche von altem Dichtmaterial befreit werden muss, dürfen dazu nur mechanische Hilfsmittel verwendet werden, die kein Gehäusematerial abtragen oder ihm Riefen zufügen. Falls Kerben oder Grate vorhanden sind, müssen diese vorsichtig mit einem Abziehstein oder einer feinen Feile beseitigt werden.

Gewindebohrungen sollten mit einem Pfeifenreiniger von Dichtungsresten befreit werden; ein Gewindebohrer kann auch die Reste alter Gewinde-Sicherungspaste beseitigen.

Alle Bohrungen, Kanäle und Rohre müssen sauber sein und möglichst mit Druckluft ausgeblasen werden.

Wellendichtringe

Diese auch ›Simmerringe‹ genannten Dichtringe können z. B. mit einem breiten Schlitzschraubendreher aus ihren Sitzen gehebelt werden. Alternativ können selbstschneidende Blechschrauben in vorgebohrte Löcher gedreht werden, um daran eine Zange anzusetzen und den Ring herauszuziehen. Ein einmal ausgebauter Wellendichtring muss auf jeden Fall durch ein Neuteil ersetzt werden.

Die sehr feine Dichtlippe eines Wellendichtrings ist empfindlich und wird eine Welle, die nicht völlig frei von Kratzern oder Riefen ist, nicht lange abdichten können. Falls die originale Dichtfläche des Bauteils nicht wiederhergestellt werden kann und der Hersteller keine Angaben dazu macht, ob der Dichtring vielleicht etwas tiefer eingebaut werden darf, muss die Welle ersetzt werden.

Falls ein Dichtring z. B. über die Kerbverzahnung einer Welle geschoben werden muss, sollte diese mit Kreppband abgeklebt werden; an scharfen Kanten einer Welle sollte möglichst eine konische Hülse angesetzt werden. Schmieren Sie die Dichtlippe vor dem Einbau mit Öl; bei Doppel-Dichtlippen sollte der Bereich zwischen den beiden Lippen mit Fett gefüllt werden.

Soweit nicht anders erwähnt, müssen Wellendichtringe immer mit der Dichtlippe in Richtung der Flüssigkeit eingebaut werden.

Treiben Sie den Dichtring mit einem passenden Holzstück in seinen Sitz. Soweit der Sitz nicht in einer Vertiefung liegt und soweit nicht anders erwähnt, werden Dichtringe stets bündig zum Gehäuse installiert.

Schraubengewinde und Befestigungen

Festsitzende Muttern und Schrauben sind bei Korrosion ein unvermeidlicher Nebeneffekt. Kriechöl oder Rostlöser kann dieses Problem oft verringern, wenn ihm genügend Zeit zum Einwirken gegeben wird. Auch der Einsatz eines Schlagschraubers kann festsitzende Verbindungen lösen. Falls keine dieser Methoden Wirkung zeigt, muss das Glück mithilfe

von Hitze und/oder einem Mutternsprenger gesucht werden; manchmal hilft nur noch eine Säge bzw. ein Winkelschleifer.
Stehbolzen werden üblicherweise mithilfe zweier gegeneinander verkonterter Muttern herausgeschraubt – der Schlüssel wird hierbei an der unteren Mutter angesetzt. Schrauben oder Stehbolzen, die bündig oder unterhalb der Kontaktfläche abgerissen sind, können manchmal mit einem Linksausdreher entfernt werden – hierzu gehört allerdings etwas Geschick.
Gewinde-Sacklöcher müssen frei von Öl, Wasser, Fett und Schmutz sein, bevor die Schraube oder der Stehbolzen wieder eingedreht wird – andernfalls kann der dabei entstehende hydraulische Druck Risse im Gehäuse erzeugen.
Eine Kronenmutter, die mit einem Splint gesichert wird, muss zunächst bis zum vorgeschriebenen Drehmoment und dann weitergedreht werden, bis die nächste Kerbe zur Bohrung ausgerichtet ist, um den Splint zu installieren.
Viele Befestigungen – z. B. bei Zylinderköpfen – werden in mehreren Schritten (und einer vorgeschriebenen Reihenfolge!) angezogen, bei der im letzten Schritt die Mutter oder Schraube in einem bestimmten Winkel per Gradscheibe weitergedreht werden muss.
Ob Schrauben oder Muttern mit dem korrekten Drehmoment angezogen sind, kann geprüft werden, indem man sie um eine Viertelumdrehung lockert und dann wieder mit dem korrekten Wert anzieht; dies gilt nicht für Befestigungen, die nach dem Anziehen per Drehmomentschlüssel in einem zweiten Schritt per Gradscheibe angezogen werden müssen.

Sicherungsmuttern, Sicherungsscheiben, Sicherungsbleche

Bei Befestigungen, die beim Anziehen gegen ein Gehäuse oder ein anderes Bauteil gedreht werden, muss stets eine Scheibe untergelegt werden.
Federringe oder Federscheiben müssen immer erneuert werden, wenn sie wichtige Komponenten wie z. B. Pleuelschrauben sichern. Auch Sicherungsbleche, bei denen Laschen gegen Muttern gebogen werden, müssen ersetzt werden.
Selbstsichernde Muttern können in unkritischen Bereichen wiederverwendet werden, solange beim Aufdrehen ein gewisser Widerstand fühlbar ist; die Nylon-Einsätze verlieren allerdings mit den Jahren ihre Spannkraft, sodass die Muttern hin und wieder ersetzt werden müssen.
Splinte, deren Enden umgebogen werden, müssen nach jedem Ausbau durch Neuteile ersetzt werden.
Falls eine Schraube mit Sicherungspaste (›Loctite‹) versehen wurde, muss ihr Gewinde mit einer Drahtbürste und Lösungsmittel gereinigt werden (die Bohrung möglichst mit einem Gewindebohrer), bevor direkt vor dem Einsetzen frische Dichtmasse aufgetragen wird.

Spezialwerkzeuge

Manche Reparaturmethoden in diesem Handbuch erfordern spezielle Werkzeuge wie eine Hydraulik-Presse, einen Zwei- oder Dreiarmabzieher, Federpressen usw. Soweit möglich, werden Alternativen zu den Spezialwerkzeugen des Herstellers beschrieben und im Einsatz gezeigt. Manchmal ist jedoch aus Gründen der Sicherheit oder der Wirksamkeit keine Alternative möglich. Solange man nicht Profi ist und die durchzuführende Prozedur komplett verstanden hat, darf niemals versucht werden, ein Spezialwerkzeug zu umgehen, wenn dies verlangt ist; neben Gefahren für die Gesundheit besteht ansonsten auch das Risiko teurer Schäden.

Umweltschutz

Öle, Bremsflüssigkeit und Kühlmittel dürfen weder im Boden versickern noch in die Kanalisation gelangen. Füllen Sie alle Betriebsflüssigkeiten (separat!) in auslaufsichere Behälter. Jeder Händler, der technische Öle verkauft, ist auch dazu verpflichtet, entsprechende Mengen Altöl zurückzunehmen. Bringen Sie andere Flüssigkeiten zur fachgerechten Entsorgung oder zum Recyclinghof.

Kapitel 1A

Einstellungs- und Wartungsarbeiten – Modelle mit Benzinmotoren

Inhalt **Sektion**

Schwierigkeitsgrade

Leicht. Geeignet für Anfänger mit wenig Erfahrung. 	**Relativ leicht.** Geeignet für Anfänger mit etwas Erfahrung. 	**Relativ schwierig.** Geeignet für geübte Selbstschrauber. 	**Schwer.** Geeignet für Selbstschrauber mit viel Erfahrung. 	**Sehr schwer.** Geeignet für Experten und Profis. 

Technische Daten

Schmierstoffe und Flüssigkeiten

Motoröl	Vollsynthetisches SAE 5W/30-Motoröl nach Mercedes-Spezifikation 229.5; SAE 5W/30-Synthetik-Motoröl nach ACEA A3 darf nur zum Auffüllen verwendet werden*
Kühlmittel	Mercedes-Frostschutz-Kühlmittel nach Spezifikation 326.0
Schaltgetriebeöl	Mercedes Getriebeöl 75W-80 MB317*
Automatikgetriebeöl	Automatikgetriebeöl nach Mercedes-Spezifikation 236.31
Brems- und Kupplungsflüssigkeit	Hydraulikflüssigkeit DOT 4 Plus ESP (niedrige Viskosität)

** Erkundigen Sie sich beim Mercedes-Händler nach aktuellen Empfehlungen und Marken.*

Füllmengen

Motoröl (bei Filterwechsel)	5,8 Liter
Kühlsystem	
mit Schaltgetriebe	6,6 Liter
mit Doppelkupplungsgetriebe	7,8 Liter
Schaltgetriebe	2,2 Liter
Doppelkupplungsgetriebe	5,0 Liter
Kraftstofftank	50 Liter

Kühlsystem

Frostschutzgemisch (Ethylenglykol)	**Frostschutzmittel**	**Wasser**
Frostschutz bis –37 °C	50 %	50 %

Anmerkung: *Beachten Sie die Hinweise des Herstellers auf der Verpackung.*

Zündsystem

Zündkerzen	NGK SILZKFR8D7S
Eletrodenabstand	vorgegeben

Bremsen

Bremsbelag-Verschleißgrenze	
Vorderradbremsen	2,0 mm
Hinterradbremsen	2,0 mm

Reifen-Luftdruck

Beachten Sie hierzu den Aufkleber innerhalb der Tankklappe.

Fernbedienungs-Batterie

Typ	CR 2025 (3,0 Volt)

Anzugsdrehmomente	**Nm**
Motoröl-Ablassschraube	30
Ölfilterdeckel	25
Radbolzen	130
Schaltgetriebe-Einfüll-/Kontrollschraube	35
Zündkerzen	23

1 Wartungsplan

1 Die in diesem Handbuch angegebenen Wartungsintervalle beziehen sich darauf, dass der Fahrzeugbesitzer – und nicht die Werkstatt – die Arbeiten durchführt. Es sind die von uns empfohlenen Minimum-Wartungsintervalle für täglich bewegte Fahrzeuge. Wer sein Auto in einem hervorragenden Zustand erhalten will, muss einige dieser Punkte öfter ausführen. Wir empfehlen, alle Wartungen regelmäßig durchzuführen, da hierdurch die Wirtschaftlichkeit, die Leistungsfähigkeit und der Wiederverkaufswert des Fahrzeugs erhalten bleiben.
2 Falls der Wagen viel in staubiger Umgebung, mit geringem Tempo (viel Stadtverkehr), mit Anhänger oder auf kurzen Strecken gefahren wird, empfehlen wir, die Wartungsintervalle zu verkürzen oder gar zu halbieren.
3 Ein Fahrzeug sollte bis zum Ablaufen der Garantie von einer von Mercedes anerkannten Fachwerkstatt gewartet werden, da andernfalls Garantieansprüche möglicherweise nicht anerkannt werden. Während der Garantiezeit dürfen nur Original-Ersatzteile eingebaut werden.

Alle 400 km oder wöchentlich

- ☐ Motorölpegel kontrollieren (Sektion 5)
- ☐ Kühlmittelpegel kontrollieren (Sektion 6)
- ☐ Brems- und Kupplungsflüssigkeitspegel kontrollieren (Sektion 7)
- ☐ Batterie kontrollieren (Sektion 11)
- ☐ Elektrik kontrollieren (Sektion 12)
- ☐ Scheibenwischerblätter kontrollieren (Sektion 10)
- ☐ Scheibenwaschflüssigkeit kontrollieren (Sektion 8)
- ☐ Reifen kontrollieren (Sektion 9)

Alle 10 000 km oder spätestens nach 6 Monaten

- ☐ Motoröls und des Ölfilter wechseln (Sektion 13)

Anmerkung: *Mercedes schreibt den Austausch des Motoröls alle 20 000 km oder 12 Monate vor. Weil sich der Austausch des Motoröls und des Ölfilters sich äußerst positiv auf den Motor auswirkt, empfehlen wir jedoch, diesen Wechsel mindestens zweimal jährlich durchzuführen – besonders wenn das Fahrzeug viel auf Kurzstrecke eingesetzt wird.*

- ☐ Wartungsintervall-Anzeige zurücksetzen (Sektion 14)

Alle 20 000 km oder spätestens nach 12 Monaten

Zusätzlich zu den oben aufgeführten Punkten:

- ☐ Motorraum, aller Leitungen und Schläuche auf Undichtigkeiten kontrollieren (Sektion 16)
- ☐ Keilrippenriemen kontrollieren (Sektion 17)
- ☐ Kühlmittel-Frostschutzgehalt kontrollieren (Sektion 32)
- ☐ Zustand und Funktion der Sicherheitsgurte überprüfen (Sektion 18)
- ☐ Bremsbeläge und Bremsscheiben auf Verschleiß prüfen (Sektion 19)
- ☐ Antriebswellenmanschetten kontrollieren (Sektion 20)
- ☐ Zustand und Sicherheit der Lenkung und Radaufhängungen kontrollieren (Sektion 21)
- ☐ Auspuffanlagen-Komponenten kontrollieren (Sektion 22)
- ☐ Radbolzen auf korrekte Anzugswerte prüfen (Sektion 23)
- ☐ Alle Schlösser und Scharniere schmieren (Sektion 24)
- ☐ Probefahrt durchführen (Sektion 25)

Alle 40 000 km oder spätestens nach 2 Jahren

- ☐ Pollenfilter ersetzen (Sektion 15)

Alle 70 000 km oder spätestens nach 4 Jahren

- ☐ Luftfilterelement austauschen (Sektion 27)
- ☐ Zündkerzen austauschen (Sektion 26)

Alle 100 000 km oder spätestens nach 5 Jahren

- ☐ Automatikgetriebeöl und Ölfilter austauschen (Kapitel 7B, Sektion 2)

Alle 2 Jahre (ungeachtet der Laufleistung)

- ☐ Bremsflüssigkeit austauschen (Sektion 30)
- ☐ Fernbedienungs-Batterie austauschen (Sektion 31)

Alle 200 000 km oder spätestens nach 10 Jahren

- ☐ Kühlmittel austauschen (Sektion 32)*

** Mercedes rät, die ab Werk aufgefüllte Kühlflüssigkeit nach zehn Jahren auszutauschen. Bei jedem Zweifel über den Typ und den Zustand des Frostschutzmittels empfehlen wir, das Wechselintervall zu verkürzen.*

2 Baugruppen – Positionen

Motorraum

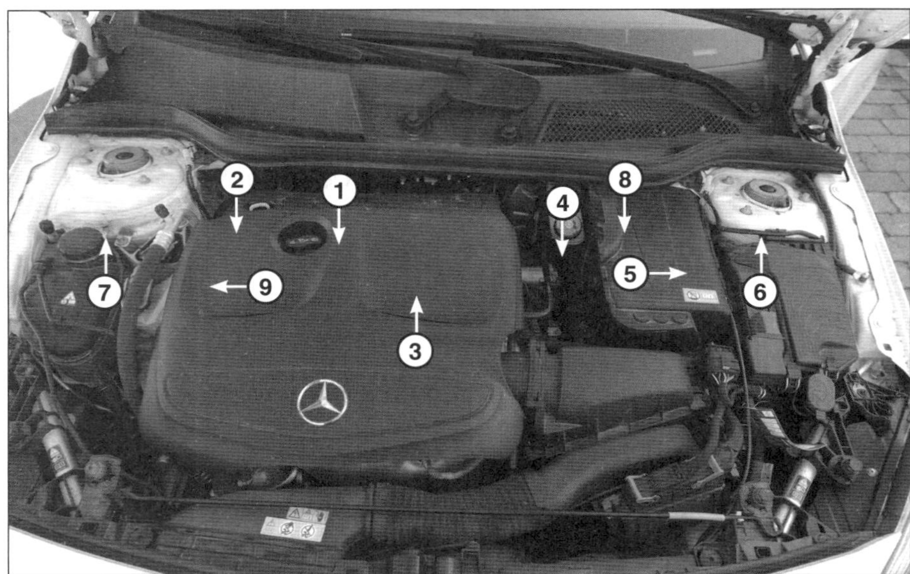

1 Motoröl-Peilstab
2 Motoröl-Einfülldeckel
3 Kühlmittel-Ausgleichsbehälter
4 Brems-/Kupplungs-Ausgleichsbehälter
5 Luftfiltergehäuse
6 Batterieabdeckung
7 Sicherungs-/Relaisbox
8 Motorsteuergerät
9 Turbolader
10 Wischwasserbehälter

Unterseite Frontbereich

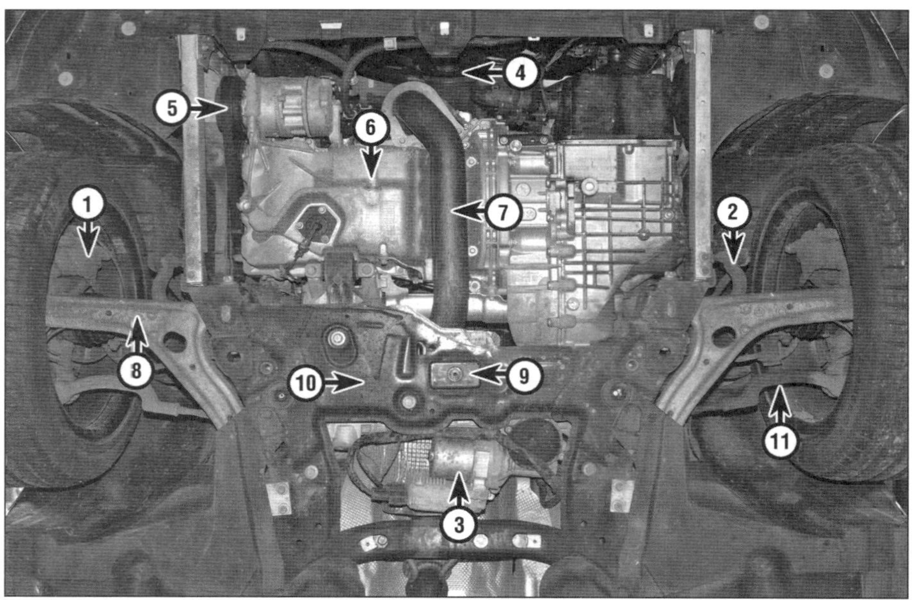

1 Bremssattel
2 Stabilisator
3 Servolenkungsmotor und Steuergerät
4 Kühler-Ventilator
5 Klimaanlagen-Kompressor
6 Motoröl-Ablassschraube
7 Auspuffrohr
8 Unterer Querlenker
9 Zentraler vorderer Anhebepunkt
10 Hilfsrahmen
11 Spurstangenkopf

Unterseite – Heckbereich

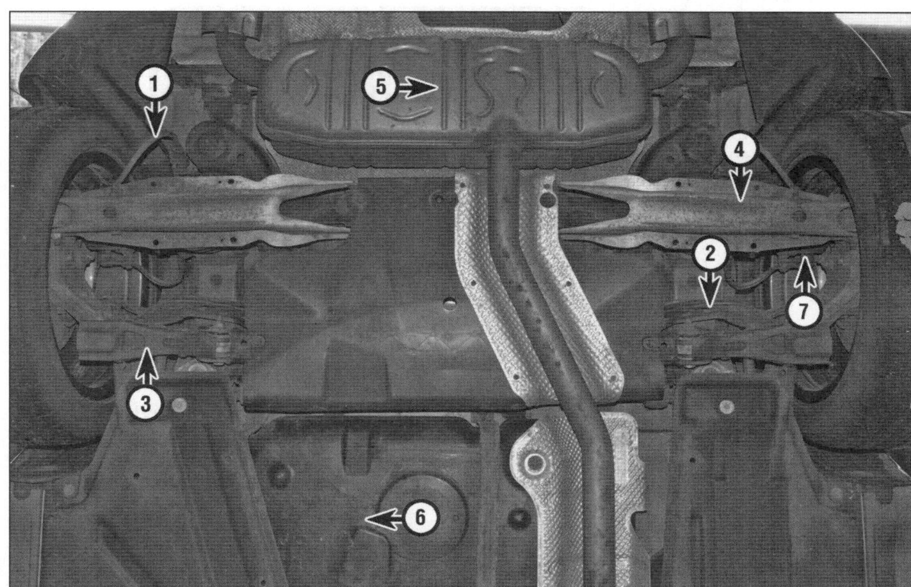

1 Bremsschlauch
2 Sturzstrebe
3 Querlenker
4 Federlenker
5 Endschalldämpfer
6 Kraftstofftank
7 Feststellbremsen-Motor

3 Allgemeine Informationen

1 Dieses Kapitel soll dem Hobbyschrauber helfen, sein Fahrzeug in einem sicheren und technisch guten Zustand zu halten, sodass es immer voll leistungsfähig ist und eine lange Lebensdauer erreicht.

2 Dieses Kapitel beinhaltet einen Master-Wartungsplan und Sektionen, die sich im Einzelnen mit jeder Aufgabe in diesem Plan beschäftigt; darin finden sich Sichtkontrollen, Einstellungen, der Austausch von Komponenten und andere hilfreiche Dinge. Das Auffinden der diversen Komponenten wird mithilfe der Motorraum- und Unterseitenbilder auf den vorherigen Seiten erleichtert.

3 Werden die Arbeiten am Fahrzeug entsprechend des Wartungsplans (s. o.) und der folgenden Sektionen durchgeführt, sollte dies zu einem lange und zuverlässig funktionierendem Fahrzeug führen. Es handelt sich um einen sehr umfangreichen Plan – und das regelmäßige Warten einiger Komponenten, aber die Vernachlässigung anderer Baugruppen bringt nicht die gleichen Ergebnisse.

4 Während der Wartungsarbeiten wird auffallen, dass viele Prozeduren gemeinsam erledigt werden können – entweder wegen der speziellen Prozeduren oder der unmittelbaren Nähe zweier ansonsten nicht zusammenhängender Komponenten. Wird das Fahrzeug beispielsweise aus einem bestimmten Grund angehoben, kann neben einer Kontrolle der Lenkung und Radaufhängungen auch gleich eine Inspektion des Auspuffs durchgeführt werden.

5 Der erste Schritt dieses Wartungsprogramms ist, sich selbst vor der eigentlichen Arbeit korrekt vorzubereiten. Alle relevanten Sektionen müssen sorgfältig durchgelesen werden. Dann wird eine Liste erstellt und alle erforderlichen Teile und Werkzeuge müssen beschafft werden. Falls ein Problem auftritt, muss Rat bei einem Ersatzteilhändler oder einer Fachwerkstatt gesucht werden.

4 Inspektionsarbeiten

1 Wenn das Fahrzeug von Beginn an nach Wartungsplan inspiziert wurde und entsprechend der Hinweise in diesem Handbuch regelmäßig Flüssigkeitspegel und Verschleißteile überprüft worden sind, kann davon ausgegangen werden, dass sich der Motor in einem relativ guten Zustand befindet und kaum zusätzliche Arbeiten nötig sind.

2 Möglicherweise lief der Motor mangels regelmäßiger Wartung nicht korrekt. Dies kann bei Gebrauchtwagen, die nicht regelmäßig gewartet wurden, durchaus auftreten. In solchen Fällen können neben den üblichen Wartungsintervallen zusätzliche Arbeiten auftreten.

3 Bei Verdacht auf erhöhten Motorverschleiß kann ein Kompressionstest (siehe Kapitel 2D, Sektion 3) wertvolle Informationen über die Gesamtperformance wichtiger Motorinnereien liefern. Solch ein Test kann als Grundlage genutzt werden, um zu entscheiden, wie umfangreich die Arbeit ausfallen wird. Falls ein Kompressionstest beispielsweise auf einen hochgradigen Verschleiß von Motorkomponenten hinweist, würde die in diesem Kapitel beschriebene konventionelle Wartung die Leistungsfähigkeit des Motors kaum verbessern und sich stattdessen als Zeit- und Geldverschwendung erweisen, solange nicht zuvor umfangreiche Überholungen stattgefunden haben.

4 Die folgenden Arbeitsabläufe sind oft nötig, um die Leistungsfähigkeit eines generell schlecht laufenden Motors zu verbessern:

Primär-Tätigkeiten

a) Batterie reinigen, kontrollieren und testen (Sektion 11).
b) Alle für den Motor wichtigen Betriebsflüssigkeiten kontrollieren.
c) Alle Schläuche auf Undichtigkeit überprüfen (Sektion 16).

d) Keilrippenriemen begutachten (Sektion 17).
e) Zündkerzen austauschen (Sektion 26).
f) Luftfilterelement kontrollieren und ggf. austauschen (Sektion 27).

5 Falls die oben beschriebenen Tätigkeiten nicht das gewünschte Ergebnis bringen, müssen zusätzlich die folgenden Arbeiten durchgeführt werden:

Sekundär-Tätigkeiten

a) Ladesystem/Stromversorgung kontrollieren (siehe Kapitel 5, Sektion 2).
b) Zündsystem kontrollieren (siehe Kapitel 6A, Sektion 1).
c) Kraftstoffsystem kontrollieren (siehe Kapitel 4A).
d) Motorsteuerung und Abgasregelung kontrollieren (Kapitel 6A).

5 Motorölpegel – Kontrolle

Vor Beginn

1 Bringen Sie den Motor auf Betriebstemperatur und stellen Sie das Fahrzeug auf einem ebenen Untergrund ab.
2 Schalten Sie den Motor ab. Das Getriebe muss im Leerlauf bzw. auf P oder N stehen und die Pedale müssen sich in Ruhestellung befinden.
3 Warten Sie etwa fünf Minuten, damit sich der Ölpegel stabilisieren kann.

Das korrekte Öl

4 Moderne Motoren stellen hohe Ansprüche an ihr Öl. Mercedes schreibe vollsynthetisches SAE 5W/30-Mehrbereichsöl nach der Spezifikation 229.5 vor.

Kontrolle

5 Ein geringer Ölverbrauch ist normal. Falls jedoch regelmäßig Öl nachgefüllt werden muss, müssen die Gründe des Ölverlustes gefunden werden. Legen Sie dazu sauberes Papier über Nacht unter den Motor und kontrollieren Sie es am nächsten Morgen auf Ölflecken. Falls keine Tropfen zu finden sind, wird das Öl entweder vom Motor verbrannt oder es tritt nur bei laufendem Motor aus.
6 Der Ölpegel muss stets zwischen den beiden Markierungen am Peilstab stehen. Bei zu niedrigem Pegel können schwere Motorschäden entstehen. Falls das Motoröl überfüllt wird, können Dichtringe und Dichtungen beschädigt werden.
7 Ziehen Sie den Peilstab heraus (siehe Abbildung).

5.7 Der Peilstab sitzt (in Fahrtrichtung) rechts hinten am Motor. Er ist zumeist mit heller Farbe markiert und/oder mit einem Ölkannen-Symbol versehen. Ziehen Sie ihn heraus, ...

8 Wischen Sie den Peilstab mit einem Lappen ab und führen Sie ihn wieder vollständig ein (siehe Abbildung).

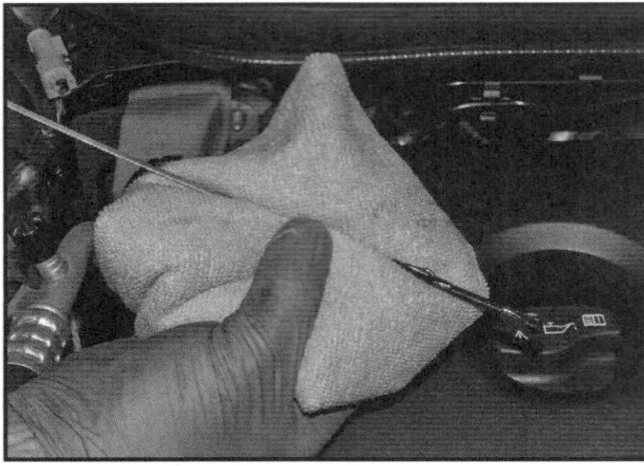

5.8 ... wischen Sie den Peilstab ab und führen Sie ihn wieder vollständig ein.

9 Ziehen Sie den Peilstab erneut heraus und kontrollieren Sie den Ölpegel – er muss zwischen den zwei Markierungen liegen (siehe Abbildung). Falls der Pegel nahe oder unter der Minimal-Markierung liegt, muss frisches Motoröl nachgefüllt werden:

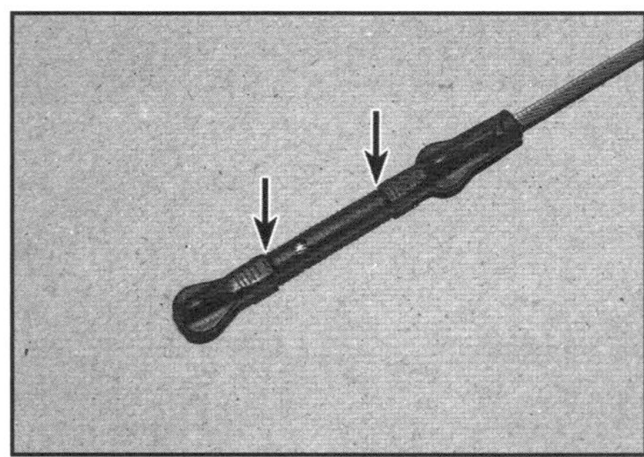

5.9 Prüfen Sie, wie weit der untere Bereich des Peilstabs vom Öl befeuchtet wurde. Die Differenz wischen den beiden Markierungen für den Minimal- und Maximal-Pegel beträgt ca. 1,0 Liter.

10 Drehen Sie den Öleinfülldeckel heraus (siehe Abbildung). Füllen Sie ggf. mithilfe eines Trichters eine geringe Menge Öl auf, warten Sie, bis es nach unten gesickert ist und kontrollieren Sie erneut den Pegel. Der Motor darf nicht überfüllt werden!

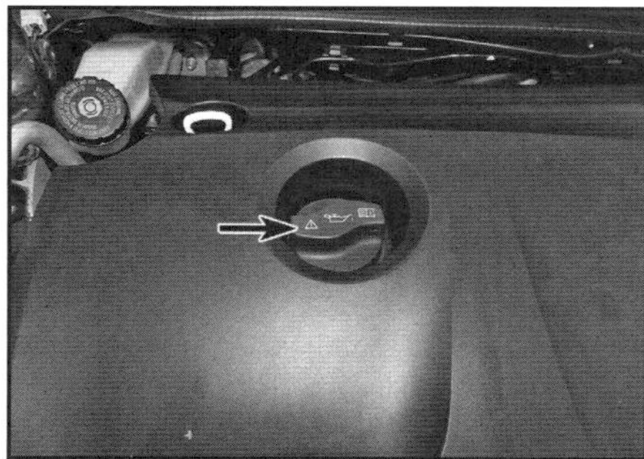

5.10 Öleinfülldeckel

11 Drehen Sie zum Schluss den Öleinfülldeckel wieder ein und drücken Sie den Peilstab in sein Führungsrohr.

6 Kühlmittelpegel – Kontrolle

Warnung: NIEMALS darf bei heißem Motor der Deckel des Ausgleichsbehälters entfernt werden, da eine hohe Verbrühungsgefahr besteht. Kühlmittel darf niemals in offenen Behältern gelagert werden – es ist giftig und kann durch seinen süßlichen Geruch Kindern und Tieren zum Verhängnis werden.

1 Bei einem abgedichteten Kühlsystem sollte nicht regelmäßig Kühlflüssigkeit nachgefüllt werden müssen. Falls der Pegel stetig abfällt, wird wahrscheinlich ein Leck entstanden sein. Überprüfen Sie den Kühler, alle Schläuche und Anschlüsse auf Flecken und Feuchtigkeit. Alle Schäden müssen umgehend behoben werden.
2 Es ist wichtig, Frostschutz ganzjährig zu verwenden und nicht nur im Winter. Füllen Sie bei gesunkenem Pegel nicht nur Wasser auf, um die Flüssigkeit nicht zu verdünnen.
3 Drehen Sie bei abgekühltem Motor den Ausgleichsbehälterdeckel heraus – der Kühlmittel-Pegel muss bis zur Markierungsstange innerhalb des Einfüllstutzens reichen (siehe Abbildung).

6.3 Der Kühlmittel-Pegel muss bis zur Markierungs-Stange innerhalb des Einfüllstutzens reichen.

4 Füllen Sie nötigenfalls das korrekte Kühlmittel-Gemisch auf, bis der Pegel oben an der Stange liegt, und drehen Sie den Deckel auf (siehe Abbildung).

6.4 Füllen Sie Kühlmittel auf, bis der Pegel oben an der Stange liegt.

7 Brems- und Kupplungsflüssigkeitspegel – Kontrolle

Warnung: Bremsflüssigkeit kann zu Augenverletzungen führen und Lackoberflächen angreifen, bewahren Sie deshalb beim Umgang hiermit größte Sorgfalt.

Warnung: Benutzen Sie keine Bremsflüssigkeit, die längere Zeit offen gestanden hat, da sie Feuchtigkeit aus der Luft absorbiert, was zu einem gefährlichen Verlust an Bremswirkung führen kann.

1 Der Pegel im Ausgleichsbehälter sinkt langsam ab, da die Bremsbeläge verschleißen. Der Pegel darf jedoch NIEMALS unter den MIN-Pegel sinken.

Vor Beginn

2 Das Fahrzeug muss auf ebenem Untergrund stehen.

Sicherheit geht vor!

3 Falls der Ausgleichsbehälter regelmäßig aufgefüllt werden muss, ist dies ein Hinweis auf ein Leck im Hydrauliksystem, das unverzüglich abgedichtet werden muss.
4 Falls ein Leck vermutet wird, darf das Fahrzeug nicht gefahren werden, solange das Bremssystem nicht kontrolliert wurde. Schadhafte Bremsen stellen ein extrem hohes Sicherheitsrisiko dar.

Kontrolle

5 Der Pegel ist durch das transparente Ausgleichsbehältergehäuse sichtbar – er muss stets zwischen den MIN- und MAX-Linien liegen (siehe Abbildung).

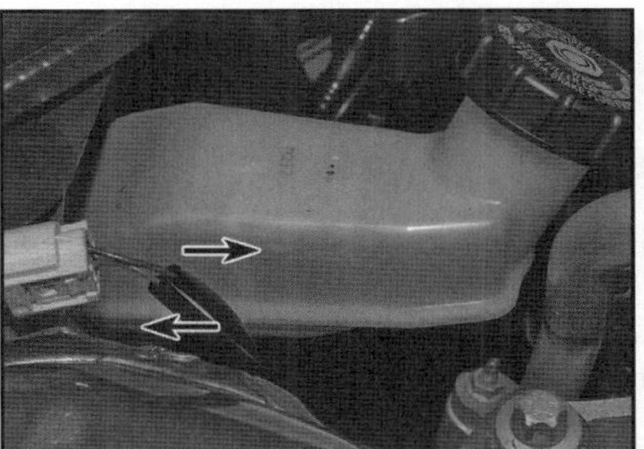

7.5 MIN- und MAX-Linien am Hydraulik-Ausgleichsbehältergehäuse

6 Falls Hydraulikflüssigkeit nachgefüllt werden muss, sollte zuerst der Bereich um den Einfülldeckel herum abgewischt werden, damit kein Schmutz ins Hydrauliksystem gerät. Schrauben Sie den Deckel ab (siehe Abbildung). Falls die Flüssigkeit im Behälter dunkel oder verschmutzt ist, muss sie ausgetauscht werden (siehe Sektion 30).

7.6 Reinigen Sie den Bereich um den Einfülldeckel und schrauben Sie ihn ab.

7 Füllen Sie vorsichtig frische Hydraulikflüssigkeit auf, bis der Pegel an der MAX-Linie steht (siehe Abbildung). Verwenden Sie ausschließlich Bremsflüssigkeit vom Typ DOT 4 Plus ESP – das Mischen unterschiedlicher Typen kann dem Bremssystem schaden! Nach dem Auffüllen werden der Deckel aufgeschraubt und mögliche Spritzer abgewischt.

7.7 Füllen Sie vorsichtig frische Bremsflüssigkeit nach – vermeiden Sie Spritzer auf umliegende Bauteile.

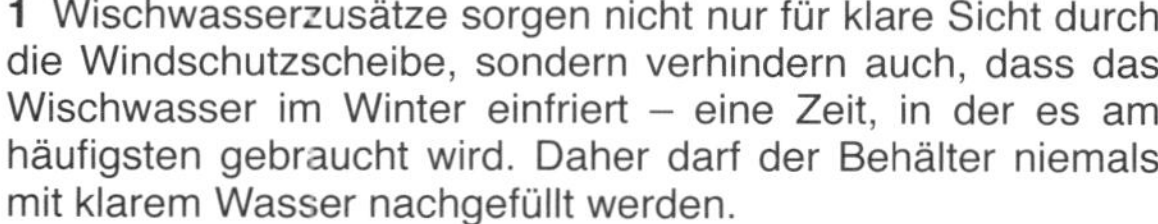

8 Scheibenwaschflüssigkeit

1 Wischwasserzusätze sorgen nicht nur für klare Sicht durch die Windschutzscheibe, sondern verhindern auch, dass das Wischwasser im Winter einfriert – eine Zeit, in der es am häufigsten gebraucht wird. Daher darf der Behälter niemals mit klarem Wasser nachgefüllt werden.

Auf keinen Fall darf Kühler-Frostschutzmittel für die Scheibenwaschanlage verwendet werden, da es den Lack des Fahrzeugs angreift!

2 Der gemeinsame Wischwasserbehälter für die Windschutzscheibe, die Heckscheibe und die Scheinwerfer sitzt links vorn im Motorraum (siehe Abbildung). Für die Kontrolle des Pegels muss der Deckel geöffnet und hineingeschaut werden.

8.2 Heben Sie die Kappe des Wischwasserbehälters ab.

3 Zum Auffüllen des Behälters muss das korrekte Gemisch aus Wasser und Zusatzmittel verwendet werden (siehe Abbildung).

8.3 Füllen Sie den Wischwasserbehälter mit dem korrekten Gemisch auf.

9 Reifen – Zustand und Luftdruckprüfung

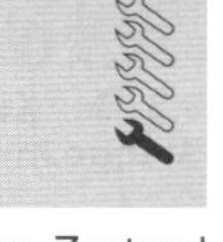

1 Die Reifen müssen sich stets in einem guten Zustand befinden und den korrekten Luftdruck aufweisen – ein Reifenschaden kann bei jeder Geschwindigkeit ein hohes Risiko darstellen.

2 Der Reifenverschleiß hängt stark von der Fahrweise ab – starkes Beschleunigen und Bremsen sowie hohe Kurvengeschwindigkeiten beschleunigen den Verschleiß. Generell gilt, dass bei unterschiedlich abgefahrenen Reifen diejenigen mit der größeren Profiltiefe hinten montiert sein sollten – es wird jedoch empfohlen, alle vier Reifen gleichzeitig auszutauschen.

3 Entfernen Sie alle Nägel, scharfkantigen Steine und andere Fremdkörper aus dem Reifenprofil, bevor sie sich nach innen arbeiten können. Falls nach dem Entfernen eines Nagels Luft entweicht, muss er wieder hineingesteckt werden, um die Stelle für eine Reparatur zu markieren. Tauschen Sie das Rad gegen das Reserverad aus und lassen Sie den Reifen unverzüglich reparieren.

4 Die Seitenwände der Reifen müssen regelmäßig auf Risse oder Beulen überprüft werden. Demontieren Sie die Räder gelegentlich, um sie innen und außen zu reinigen. Kontrollieren Sie regelmäßig die Felgen auf Korrosion und Beschädigungen. Leichtmetallfelgen können leicht beim Überfahren von Bordsteinen beschädigt werden; auch Stahlfelgen können hier verbeult werden. Bei größeren Schäden hilft meistens nur der Austausch der Felge.

5 Neue Reifen müssen nach der Montage ausgewuchtet werden. Allerdings müssen sie manchmal bei einem gewissen Verschleiß neu gewuchtet werden; das Gleiche gilt, wenn Gewichte verloren gegangen sind. Nicht ausgewuchtete Reifen beeinträchtigen nicht nur den Fahrkomfort, sondern lassen auch Federelemente, die Lenkung und die Reifen selbst schneller verschleißen. Eine Unwucht zeigt sich üblicherweise durch Vibrationen – meistens bei Geschwindigkeiten um 80 km/h herum. Falls diese Vibrationen lediglich im Lenkrad fühlbar sind, sind wahrscheinlich nur die Vorderräder nicht ausgewuchtet. Sind die Vibrationen im gesamten Auto spürbar, werden die Hinterräder nicht ausgewuchtet sein. Räder können bei jedem Reifenhändler ausgewuchtet werden.
6 Die meisten Reifen besitzen Profiltiefen-Indikatoren, auf die an den Flanken mit Dreiecken oder der Bezeichnung TWI hingewiesen wird (siehe Abbildung). Diese Indikatoren müssen **nicht** bei allen Reifenmarken den vorgeschriebenen 1,6 mm entsprechen!

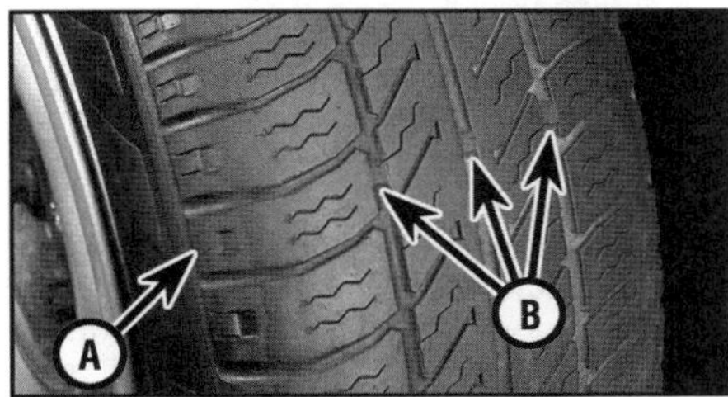

9.6 Erhöhungen im Profil (B) weisen darauf hin, wann (bei den meisten Reifen) die Verschleißgrenze von 1,6 mm erreicht ist. Ein Dreieck (A) an der Flanke zeigt die Positionen dieser Erhöhungen.

7 Mithilfe eines einfachen und preiswerten Profiltiefen-Messgeräts wird die Profiltiefe an der am stärksten verschlissenen Stelle des Reifens ermittelt (siehe Abbildung) – die Polizei wird es bei einer Kontrolle ebenso tun.

9.7 Einsatz eines Profiltiefen-Messgeräts

8 Der Luftdruck muss bei kalten Reifen überprüft werden (siehe Abbildung) – also nicht direkt nach längerer Fahrt, denn hierbei wird der Reifen warm und der Luftdruck steigt. Der korrekte Druck kann auf einem Aufkleber in der Tankklappe abgelesen werden.

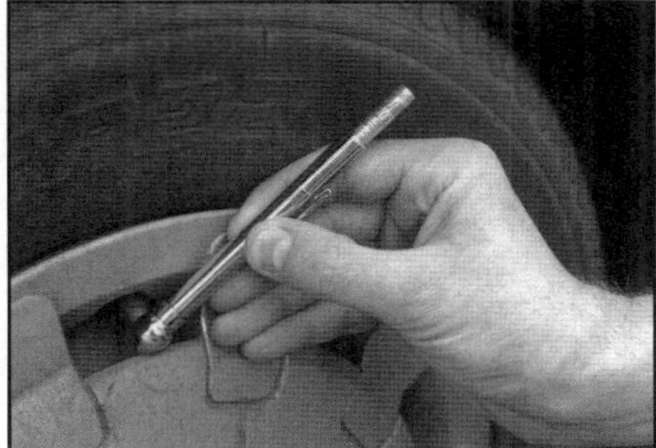

9.8 Kontrollieren Sie den Luftdruck bei kalten Reifen.

Reifenverschleißmuster

Seitlicher Verschleiß

Zu niedriger Luftdruck (Verschleiß an beiden Rändern)

Geringer Luftdruck sorgt für starke Erwärmung des Reifens, da er während der Fahrt zu stark walkt. Überhitzung kann zum plötzlichen Ausfall des Reifens führen! Da die Lauffläche nicht korrekt auf der Fahrbahn aufliegt, wird die Traktion vermindert und der Verschleiß stark erhöht.
Der Luftdruck muss sofort auf den korrekten Wert gebracht werden!

Unkorrekter Sturz (Verschleiß an einer Seite)

Der Sturzwinkel des Fahrzeugs muss eingestellt werden. Beschädigte Teile des Fahrwerks müssen ersetzt werden.

Hohe Kurvengeschwindigkeiten

Der Reifen kann von der Felge springen! Langsam fahren und bei nächster Gelegenheit den Luftdruck erhöhen!

Mittiger Verschleiß

Zu hoher Luftdruck

Zu hoher Reifendruck erhöht den Verschleiß in der Laufflächenmitte, verringert die Traktion, verschlechtert den Fahrkomfort und erhöht die Gefahr eines plötzlichen Schadens an der Reifenstruktur.
Der Luftdruck muss sofort auf den korrekten Wert gebracht werden!

Anmerkung: *Falls die Reifen manchmal wegen hoher Reisegeschwindigkeiten stärker aufgepumpt werden müssen, darf nicht vergessen werden, den Druck anschließend wieder auf die normalen Werte abzusenken.*

Ungleichmäßiger Verschleiß

Vorderreifen verschleißen manchmal aufgrund falscher Spureinstellungen ungleichmäßig. Viele Reifenhändler und Werkstätten sind in der Lage, die Spur zu kontrollieren und korrekt einzustellen.

Unkorrekter Sturz oder Nachlauf

Verschlissene oder beschädigte Teile des Fahrwerks müssen ersetzt werden.

Ungewuchtete Räder

Die Räder müssen ausgewuchtet werden.

Unkorrekte Spureinstellung

Die Spur der Vorderräder muss eingestellt werden (siehe Kapitel 10, Sektion 23).
Anmerkung: *Ungleichmäßig verschlissene Profilblöcke, die auf eine unkorrekte Spureinstellung hinweisen, lassen sich am besten per Auge und Fingergefühl ermitteln.*

Seitlicher Reifenverschleiß

Mittiger Reifenverschleiß

Ungleichmäßiger Reifenverschleiß

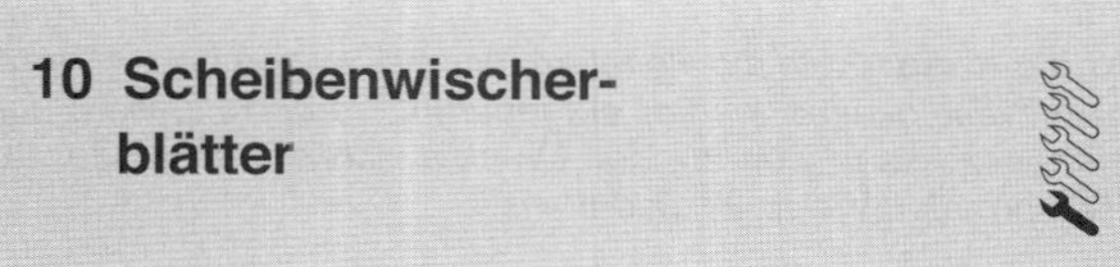

10 Scheibenwischerblätter

1 Kontrollieren Sie den Zustand der Wischerblätter (siehe Abbildung). Ist ein Blatt eingerissen oder spröde oder erzeugt es auf der Windschutzscheibe Schlieren, muss es ersetzt werden. Wischerblätter sollten jährlich erneuert werden.

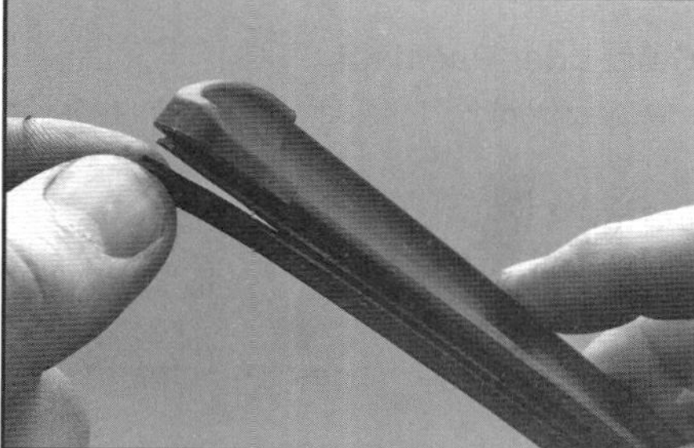

10.1 Kontrollieren Sie den Zustand der Wischerblätter – dieses muss ersetzt werden.

2 Um ein Windschutzscheiben-Wischerblatt zu demontieren, wird der Wischerarm von der Windschutzscheibe abgehoben, bis er einrastet. Drücken Sie die Laschen an der Seite des Wischerblatts ein und befreien Sie es vom Wischerarm (siehe Abbildung) – lassen Sie diesen nicht versehentlich auf die Windschutzscheibe schlagen!

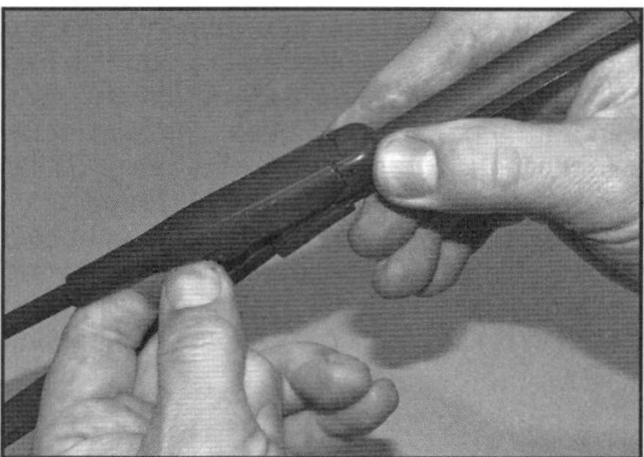

10.2 Drücken Sie die Laschen an der Seite des vorderen Wischerblatts ein und befreien Sie es vom Wischerarm.

3 Heben Sie an der Heckscheibe den Wischerarm ab, drücken Sie die Laschen zusammen, schwenken Sie das Wischerblatt heraus und entfernen Sie es (siehe Abbildung).

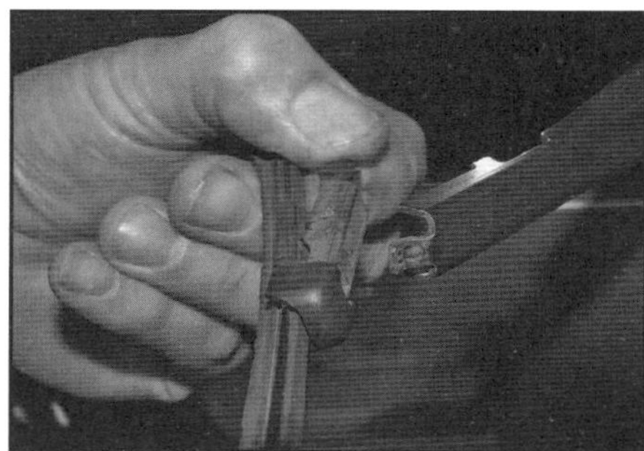

10.3 Drücken Sie die Laschen an der Seite des hinteren Wischerblatts ein und befreien Sie es vom Wischerarm.

11 Batterie – Kontrolle

Achtung: Bevor an der Fahrzeugbatterie gearbeitet wird, müssen die Hinweise in der Sektion ›Sicherheit geht vor!‹ am Anfang dieses Buchs durchgelesen werden.

1 Der Batteriehalter muss sich in einem guten Zustand befinden und die Halterung muss fest sitzen. Korrosion am Halter, der Klemme und der Batterie selbst kann mithilfe von Sodalauge entfernt werden, anschließend werden alle gereinigten Bereiche mit Wasser abgespült. Durch Korrosion beschädigte Metallteile sollten umgehend mit Zink-Grundierung behandelt und anschließend lackiert werden.

2 Etwa vierteljährlich sollte der Ladezustand der Batterie überprüft werden (siehe Kapitel 5, Sektion 3).

3 Muss das Fahrzeug wegen einer entladenen Batterie überbrückt werden, sind die Hinweise auf Seite 21 zu beachten.

4 Die Batterie befindet sich links im Motorraum unter einer Abdeckung. Schieben Sie die Abdeckung nach von ab (siehe Abbildung).

11.4 Schieben Sie die Abdeckung nach vorn, um Zugang zur Batterie zu erhalten.

5 Falls Korrosion (weiße, flockige Ablagerungen) festgestellt wird, müssen die Kabelklemmen von den Batteriepolen befreit (siehe Kapitel 5, Sektion 4), die Pole mit einer kleinen Drahtbürste gereinigt und die Klemmen wieder gesichert werden – im Autozubehörhandel sind Werkzeuge erhältlich, mit denen sich sowohl die Batteriepole als auch die Kabelklemmen reinigen lassen (siehe Abbildungen).

11.5a Mit einer solchen Spezial-Drahtbürste lassen sich sowohl die Anschlussklemmen …

11.5b … als auch die Batteriepole reinigen.

Praxis-Tipp

Korrosion der Batteriepole kann auf ein Minimum reduziert werden, wenn man sie nach dem Anschließen der Kabel mit Polfett oder Vaseline versieht. Für diesen Zweck sind auch Sprays erhältlich. Verwenden Sie kein Fett auf Mineralölbasis.

12 Elektrik – Kontrolle

1 Kontrollieren Sie alle Leuchten außen am Fahrzeug sowie die Hupe. Falls Stromkreise nicht funktionieren, müssen die Hinweise in Kapitel 12, Sektion 2 beachtet werden.

2 Begutachten Sie alle zugänglichen Kabelstecker sowie die Verkabelungen und ihre Befestigungen auf sichere Anschlüsse und Hinweise auf Scheuerstellen und Beschädigungen.

Praxis-Tipp

Um Bremslichter ohne fremde Hilfe kontrollieren zu können, wird das Fahrzeug rückwärts vor eine helle Wand oder ein Garagentor gefahren und die Bremse betätigt – durch die Reflexionen lässt sich erkennen, ob alle Bremsleuchten funktionieren.

3 Falls ein einzelner Blinker, ein Bremslicht, ein Standlicht, ein Rücklicht oder ein Scheinwerfer ausfällt, muss wahrscheinlich die Lampe ersetzt werden (siehe Abbildung) (siehe Kapitel 12). Falls alle Bremsleuchten ausfallen, wird wahrscheinlich der Bremslichtschalter defekt sein (siehe Kapitel 9, Sektion 17).

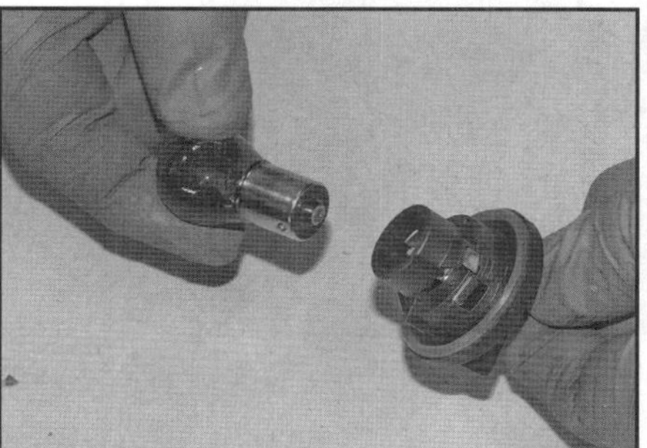

12.3 Falls ein einzelner Blinker, ein Bremslicht, ein Standlicht, ein Rücklicht oder ein Scheinwerfer ausfällt, muss wahrscheinlich die Lampe ersetzt werden.

4 Falls mehr als ein Blinker oder beide Rücklichter ausfallen, wird wahrscheinlich eine Sicherung durchgebrannt sein oder im Stromkreis ein Defekt vorliegen (siehe Kapitel 12). Sicherungen befinden sich in zwei Boxen – eine sitzt seitlich im Beifahrer-Fußraum und die andere im Motorraum. Um Zugang zur Sicherungs-/Relais-Box im Motorraum zu erhalten, müssen die zwei Bügel vorn an der Abdeckung gelöst und diese abgenommen werden. Um Zugang zur Sicherungsbox im Fußraum zu erhalten, muss die perforierte Bodenabdeckung zurückgeklappt und die Lasche der Abdeckung gelöst werden, um diese entfernen zu können (siehe Abbildungen). Beachten Sie für die Zuordnung der Sicherungen die Angaben in der Abdeckung.

12.4a Lösen Sie die Bügel der Sicherungsbox-Abdeckung im Motorraum.

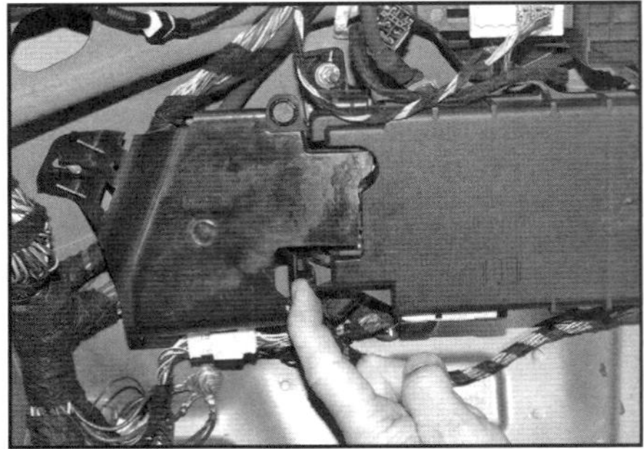

12.4b Lösen Sie die Lasche der Sicherungsbox-Abdeckung im Fußraum ...

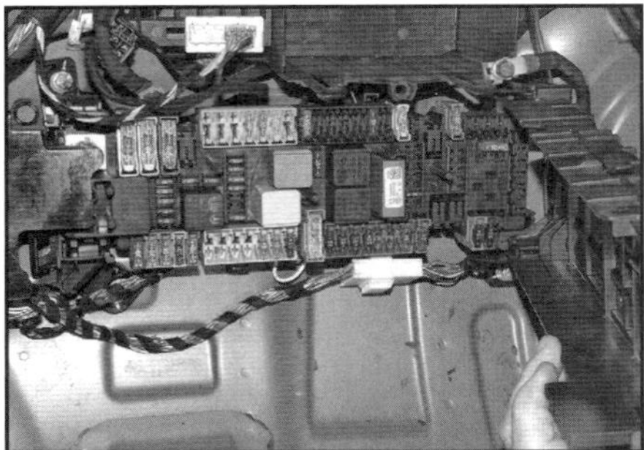

12.4c ... und öffnen Sie die Box.

5 Um eine Sicherung ausbauen zu können, muss die Sicherungslasche beiseite gedrückt und die Sicherung mit einer Zange herausgezogen werden (siehe Abbildungen). Falls eine neu installierte Sicherung (stets der gleichen Stärke!) sofort wieder schmilzt, muss vor dem Einbau der nächsten Sicherung die Ursache gefunden und beseitigt werden (siehe Kapitel 12, Sektion 3).

12.5a Drücken Sie die Sicherungslasche beiseite ...

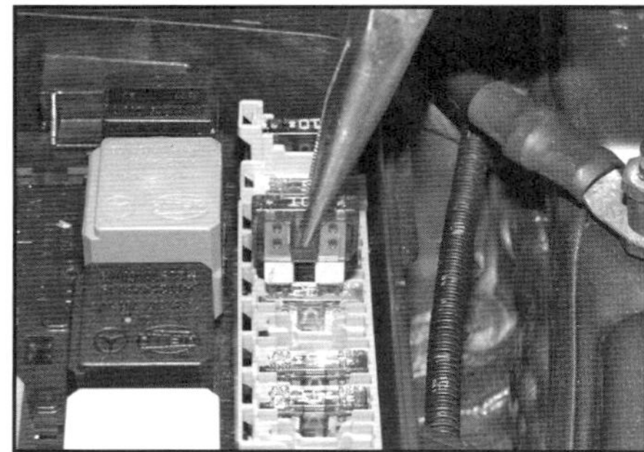

12.5b ... und ziehen Sie die Sicherung heraus.

13 Motoröl und Ölfilter – Austausch

1 Ein regelmäßiger Öl- und Filterwechsel ist die wichtigste präventive Wartungsarbeit, die ein Hobbyschrauber zum Erhalt seines Fahrzeugs erledigen kann. Motoröl wird mit der Zeit schlecht und verunreinigt, sodass vorzeitiger Motorverschleiß einsetzt.

2 Bevor mit dieser Prozedur begonnen wird, müssen alle erforderlichen Werkzeuge beschafft sein. Um Spritzer aufzuwischen, werden Lappen oder Zeitungspapier benötigt. Motoröl sollte möglichst gewechselt werden, wenn der Motor nach einer Fahrt auf Betriebstemperatur ist; warmes Öl und Ölschlamm fließen so leichter ab. Bei Arbeiten unter dem Fahrzeug dürfen weder der Auspuff noch andere heiße Komponenten berührt werden. Um Verbrühungen vorzubeugen und sich selbst vor Hautreizungen und im Öl enthaltenen giftigen Stoffen zu schützen, sollten bei dieser Arbeit Handschuhe getragen werden.

3 Der Zugang zur Unterseite des Autos wird deutlich besser, wenn es vorn angehoben, auf Rampen gefahren oder mit Böcken abgestützt wird (siehe Seite 24). Demontieren Sie ggf. die Befestigungen des Unterfahrschutzes und entnehmen Sie diesen (siehe Abbildung).

13.3 Befestigungen des Unterfahrschutzes

4 Entfernen Sie den Öleinfülldeckel und ziehen Sie oben am Motor die Kunststoffabdeckung ab (siehe Abbildung).

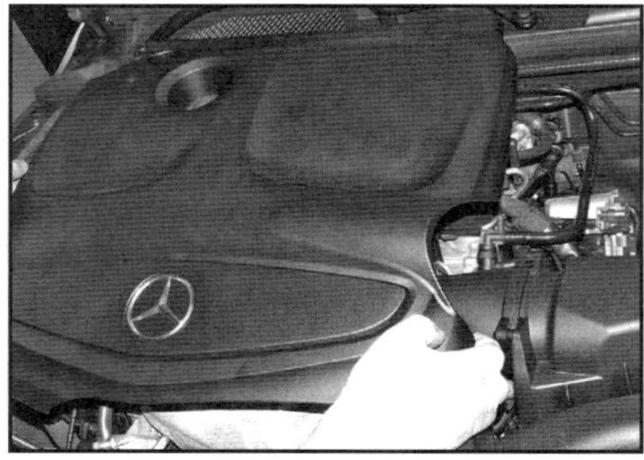

13.4 Ziehen Sie die Kunststoffabdeckung vom Motor ab.

5 Der Ölfilter sitzt rechts hinten am Motor (siehe Abbildung).

13.5 Der Ölfilter sitzt rechts hinten am Motor.

6 Legen Sie Lappen um den Ölfilter und lockern Sie mithilfe eines 27er-Steckschlüssels den Ölfilterdeckel um einige Umdrehungen, damit das Öl im Gehäuse in die Ölwanne ablaufen kann.
7 Lockern Sie unten an der Ölwanne die Ablassschraube um eine halbe Umdrehung – verwenden Sie hierfür möglichst einen Steckschlüssel mit Verlängerung. Stellen Sie einen geeigneten Sammelbehälter unter die Ablassschraube und drehen Sie diese vollständig heraus (siehe Abbildungen).

Praxis-Tipp ***Drücken Sie die Ablassschraube während der letzten Umdrehungen von Hand gegen die Ölwanne und ziehen Sie sie dann rasch weg – so läuft das Öl nicht über die Hand und den Arm.***

13.7a Lockern Sie die Ablassschraube mit einem Steckschlüssel ...

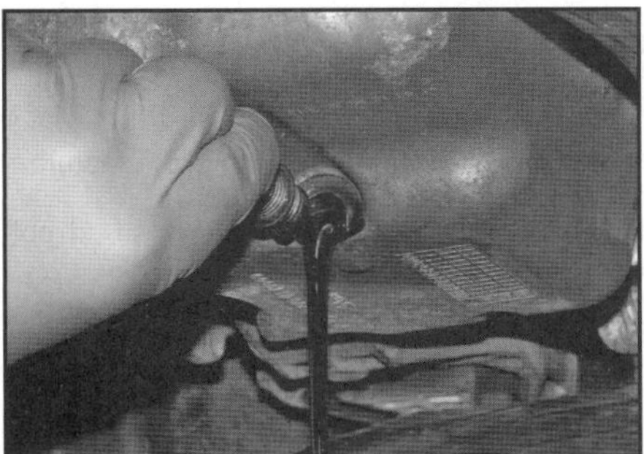

13.7b ... und drehen Sie sie dann von Hand heraus, um das Öl ablaufen zu lassen.

8 Geben Sie dem Öl genug Zeit zum Ablaufen – nötigenfalls muss der Behälter umgesetzt werden, wenn es nur noch tröpfelt.
9 Wischen Sie die Ablassschraube sauber, kontrollieren Sie ihre Dichtscheibe und ersetzen Sie sie nötigenfalls – generell ist es ratsam, sie ungeachtet ihres Zustands zu erneuern (siehe Abbildung). Reinigen Sie den Bereich um die Ablaufbohrung, installieren Sie die mit der (ggf. neuen) Dichtscheibe ausgerüstete Ablassschraube und ziehen Sie sie mit 30 Nm an.

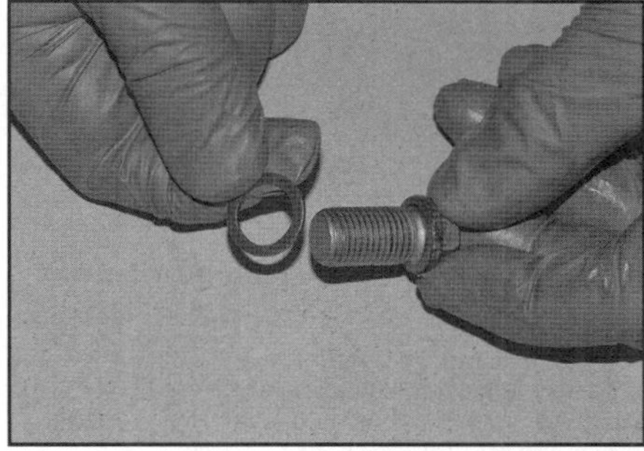

13.9 Erneuern Sie die Dichtscheibe der Ölablassschraube.

10 Drehen Sie den Ölfilterdeckel vollständig heraus und entnehmen Sie ihn zusammen mit dem Filterelement (siehe Abbildung) – seien Sie auf abtropfendes Öl vorbereitet.

13.10 Entfernen Sie den Ölfilterdeckel samt Filterelement – hier gezeigt an einem Rechtslenker-Modell.

11 Ziehen Sie das alte Filterelement aus dem Deckel und entfernen Sie die drei O-Ringe.
12 Wischen Sie den Deckel sauber, ersetzen Sie die O-Ringe und schieben Sie das neue Filterelement auf/ein (siehe Abbildungen).

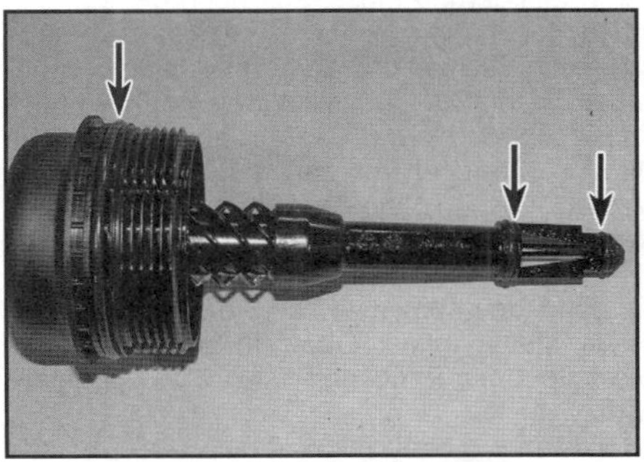

13.12a Erneuern Sie die drei O-Ringe ...

13.12b … und schieben Sie das neue Filterelement in Position.

13 Wischen Sie das Filtergehäuse sauber.
14 Verteilen Sie etwas frisches Motoröl an den O-Ringen des Ölfilterdeckels (siehe Abbildung) und installieren Sie diesen samt Filter in sein Gehäuse. Ziehen Sie den Deckel mit 25 Nm an.

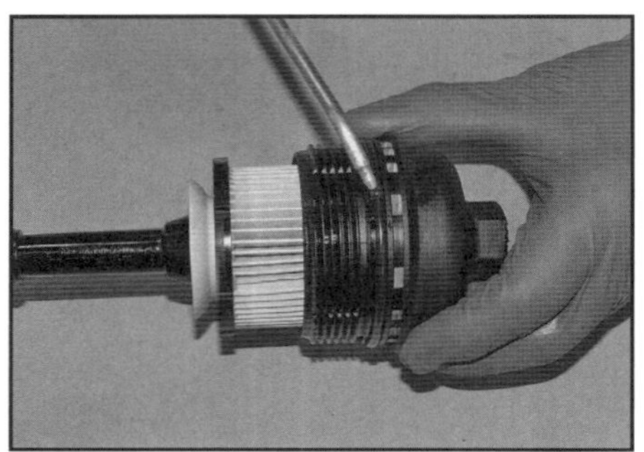

13.14 Schmieren Sie die O-Ringe mit Motoröl.

15 Montieren Sie den Unterfahrschutz und ziehen Sie seine Befestigungen sorgfältig an.
16 Entfernen Sie den mit Altöl gefüllten Sammelbehälter und sämtliches unter dem Fahrzeug liegendes Werkzeug und senken Sie den Wagen ab.
17 Füllen Sie etwa die Hälfte (ca. 3 Liter) des vorgeschriebenen Motoröls (siehe Technische Daten) durch den Einfüllstutzen ein. Warten Sie ein paar Minuten, damit das Öl in die Ölwanne sickern kann. Füllen Sie dann Öl in kleinen Mengen nach, bis der Pegel an der unteren Markierung des Peilstabs erreicht ist. Bis zur oberen Markierung muss jetzt noch ca. ein Liter nachgefüllt werden.
18 Installieren Sie den Peilstab und den Einfülldeckel.
19 Starten Sie den Motor. Die Öldruck-Warnlampe wird noch einige Sekunden leuchten, bis der Ölfilter und alle Ölkanäle im Motor gefüllt sind. Die Drehzahl darf in diesem Zeitraum nicht erhöht werden. Lassen Sie den Motor einige Minuten laufen und kontrollieren Sie die Bereiche um den Ölfilter und die Ablassschraube auf Undichtigkeiten.
20 Schalten Sie den Motor ab und warten Sie einige Minuten, damit sich das Öl wieder in der Ölwanne gesammelt hat. Kontrollieren Sie erneut den Pegel und füllen Sie nötigenfalls etwas Öl nach.
21 Montieren Sie die obere Motorabdeckung.
22 Das alte Motoröl kann nicht mehr verwendet werden und muss in einen auslaufsicheren Behälter gefüllt werden. Jeder Händler, der technische Öle verkauft, ist auch dazu verpflichtet, entsprechende Mengen Altöl zurückzunehmen und zur fachgerechten Entsorgung oder zum Recycling zu bringen. Lassen Sie nie Altöl in die Kanalisation gelangen oder im Boden versickern!

14 Inspektionsanzeige – Zurücksetzen

1 Der Kilometerzähler beinhaltet eine Anzeige, wann die nächste Inspektion zu erfolgen hat oder wie viele Kilometer seit der letzten Inspektion gefahren wurden. Die Anzeige kann nach erfolgter Inspektion manuell zurückgesetzt werden; sie kann auch mithilfe eines Diagnosegeräts zurückgesetzt werden.
2 Um die Anzeige manuell zurückzusetzen, muss die folgende Prozedur durchgeführt werden:

a) *Die Motorhaube, die Heckklappe und alle Türen müssen verschlossen sein.*
b) *Drehen Sie den Zündschlüssel in die Position ›I‹.*
c) *Die Standardanzeige (Gesamtdistanz) muss angezeigt werden – stellen Sie sie nötigenfalls ein.*
d) *Öffnen Sie am Lenkrad die Menüliste und wählen Sie das ›Trip‹-Menü. Der nächste Schritt muss innerhalb von 5 Sekunden durchgeführt werden.*
e) *Drücken und halten Sie gleichzeitig die Tasten ›Anruf-Annehmen‹ und ›Ablehnen‹ und drücken Sie innerhalb einer Sekunde den ›OK‹-Knopf für ca. 5 Sekunden – jetzt wird das ›Werkstatt-Menü‹ angezeigt.*
f) *Scrollen Sie, bis ›ASSYST PLUS‹ erscheint, und bestätigen Sie mit ›OK‹.*
g) *Scrollen Sie erneut, bis ›Full Service‹ erscheint, und bestätigen Sie mit ›OK‹.*
h) *Wählen Sie ›Bestätigung Service‹ und bestätigen Sie mit ›OK‹.*
i) *Im Display wird jetzt die Qualität des verwendeten Motoröls abgefragt. Soweit das von Mercedes empfohlene Öl verwendet wird, muss ›Ölqualität 229.5‹ gewählt werden; bei anderen Ölen ist ›Ölqualität 229.3‹ auszuwählen. Bestätigen Sie mit ›OK‹.*
j) *Scrollen Sie, bis ›Ja‹ hervorgehoben wird, und bestätigen Sie mit ›OK‹.*
k) *Im Display wird jetzt um eine Bestätigung oder Abbrechen gebeten. Bestätigen Sie und drücken Sie ›OK‹. Jetzt erscheint ›Full Service ausgeführt‹*
l) *Drücken und halten Sie ›OK‹ und drücken Sie den ›Zurück‹-Knopf, bis die Standardanzeige (Gesamtdistanz) erscheint.*
m) *Schalten Sie die Zündung aus.*

15 Pollenfilter – Ersetzen

1 Entfernen Sie im Beifahrerfußraum die untere Armaturenbrett-Verkleidung (siehe Kapitel 11, Sektion 28).
2 Lösen Sie die Laschen des Pollenfilter-Deckels und entfernen Sie diesen (siehe Abbildungen).

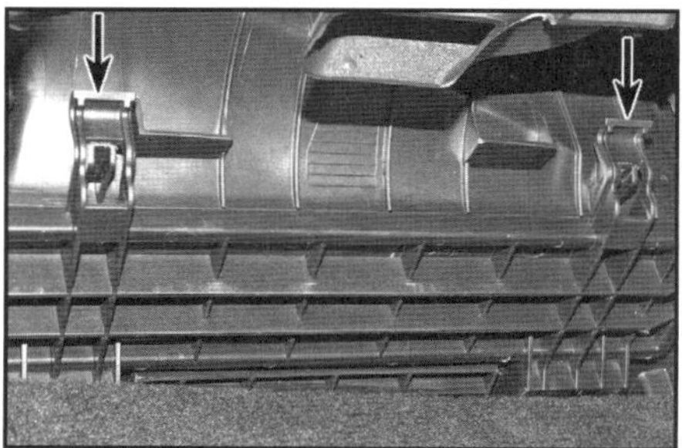

15.2a Lösen Sie die Laschen …

15.2b … und entfernen Sie den Pollenfilter-Deckel.

3 Ziehen Sie den Pollenfilter in den Fußraum heraus und entfernen Sie ihn (siehe Abbildung).

15.3 Ziehen Sie den Pollenfilter aus seinem Gehäuse.

4 Installieren Sie den neuen Filter mit den Pfeilen nach innen und nach oben zeigend (siehe Abbildung).

15.4 Die Pfeile am inneren Rand des Pollenfilters müssen nach oben zeigen.

5 Nachdem der Filter vollständig eingeschoben ist, wird der Deckel angesetzt, bis seine Laschen einrasten. Montieren Sie die untere Armaturenbrett-Verkleidung.

16 Schläuche und Undichtigkeiten – Kontrolle

Allgemein

1 Unterziehen Sie alle Motor-Dichtflächen, Dichtungen und Dichtringe auf Spuren ausgetretenen Öls oder Kühlmittels – beachten Sie dabei besonders die Bereiche um die Zylinderkopf-, die Ventildeckel-, die Ölfilter- und die Ölwannendichtung. Kontrollieren Sie ebenfalls das Getriebe und ggf. den Klimaanlagen-Kompressor auf Undichtigkeiten. Mit der Zeit können Dichtungen zu ›schwitzen‹ beginnen, was aber normal ist; an ›echten‹ Undichtigkeiten tropft Flüssigkeit ab. Werden solche Lecks entdeckt, muss die entsprechende Dichtung oder der Dichtring erneuert werden – beachten Sie das entsprechende Kapitel in diesem Handbuch.
2 Die hohen Temperaturen im Motorraum können Gummi- und Kunststoffschläuche am Motor, Nebenaggregaten und der Abgasregelung spröde und rissig werden lassen, sodass regelmäßige Kontrollen auf Alterung, lockere Schellen, Verhärtungen und Undichtigkeiten durchgeführt werden müssen.
3 Überprüfen Sie bei der Kontrolle der Schläuche auch deren Halterungen und Kabelbinder. Gerissene oder gebrochene Halterungen können dazu führen, dass Schläuche, Kabel oder Rohre scheuern – und rasch größere Schäden entstehen.
4 Überprüfen Sie sorgfältig alle Kühler- und Heizungsschläuche auf ihrer gesamten Länge; vergessen Sie nicht die zur Spritzwand führenden Heizungsschläuche und Rohre. Alle Schläuche, die Risse aufweisen, angeschwollen oder spröde sind, müssen ersetzt werden. Risse zeigen sich besser, wenn man den Schlauch von Hand an mehreren Stellen quetscht. Achten Sie besonders auf die Schellen, mit denen die Schläuche an den Kühlsystem-Komponenten gesichert sind. Eine zu fest angezogene Schlauchschelle kann einen Schlauch abklemmen oder durchstechen, sodass Kühlmittel austritt. Ersetzen Sie ggf. vorhandene Einweg-Schellen durch wiederverwendbare Schraubschellen.
5 Prüfen Sie die Festigkeit aller Schlauchverbindungen. Falls die größeren Schläuche zwischen dem Luftfilter und dem Einlassbereich locker sind, dringt Luft ein und das Standgas kann sich verschlechtern. Ersetzen Sie ggf. vorhandene Einweg-Schellen durch wiederverwendbare Schraubschellen.
6 Manche Schläuche sind mit Federklemmen auf ihren Stutzen gesichert. Falls diese Klemmen ermüdet sind, können Undichtigkeiten auftreten. Wo keine Klemmen zum Einsatz kommen, muss geprüft werden, ob die Schlauch-Enden nicht geweitet oder verhärtet sind, sodass sie undicht werden können.
7 Begutachten Sie alle Flüssigkeitsbehälter, Einfülldeckel, Ablassschrauben usw. auf Spuren ausgetretenen Öls, Kühlmittels oder Hydraulikflüssigkeit. Überprüfen Sie die Leitungen der Kupplungshydraulik zwischen dem Ausgleichsbehälter, dem Geberzylinder und dem Ausrückzylinder am Getriebe.
8 Falls das Fahrzeug stets an der gleichen Stelle geparkt wird, sollte der Untergrund regelmäßig auf ausgetretene Flüssigkeiten untersucht werden – Kondenswasserpfützen der Klimaanlage sind jedoch nach deren Betrieb normal. Legen Sie eine saubere Pappe unter den Motor, um mögliche Tropfen besser lokalisieren zu können – beachten Sie jedoch, dass der heiße Katalysator die Pappe nicht in Brand setzt.
9 Manche Undichtigkeiten entstehen nur bei laufendem Motor, bei großer Hitze oder bei kaltem Motor. Aktivieren Sie die Feststellbremse, starten Sie den kalten Motor und begutachten Sie ihn von unten auf Undichtigkeiten.
10 Falls – besonders bei heißem Motor – ungewöhnliche Gerüche wahrgenommen werden, können dies Hinweise auf Undichtigkeiten sein.
11 Sobald ein Leck festgestellt wird, muss die Ursache gefunden und beseitigt werden. Wo längere Zeit Öl austrat, muss der angesammelte Schmutz wahrscheinlich mit einem Dampfstrahler oder Hochdruckreiniger entfernt werden, damit die Quelle besser lokalisiert werden kann.

Unterdruckschläuche

12 Vor allem die Unterdruckschläuche der Abgasregelung sind farbig markiert oder mit eingewebten Farbstreifen versehen. Verschiedene Systeme erfordern Schläuche mit unterschiedlich starker Wandstärke, Bruchfestigkeit und Temperaturbeständigkeit. Achten Sie beim Austausch von

Schläuchen darauf, dass sie aus dem gleichen Material bestehen wie die ursprünglichen Schläuche.

13 Oft kann ein Schlauch nur kontrolliert werden, nachdem er vollständig ausgebaut ist. Falls mehr als ein Schlauch demontiert werden, müssen sie markiert werden, um wieder korrekt positioniert werden zu können.

14 Achten Sie bei der Kontrolle von Unterdruckschläuchen auf mögliche T-Stücke und kontrollieren Sie auch diese auf Schäden. Die Schläuche müssen sicher auf dem T-Stück sitzen.

15 Zur Lokalisierung von Unterdruck-Lecks kann ein Schlauch mit etwa 6 mm Innendurchmesser als Stethoskop verwendet werden, indem man ein Ende an sein Ohr und das andere Ende in die Nähe von Anschlüssen und anderen vermuteten Lecks hält – zischende Geräusche weisen auf Undichtigkeit hin.

Warnung: Achten Sie bei der Verwendung eines Schlauchs als Stethoskop darauf, dass dieser nicht in bewegliche Teile wie den Keilrippenriemen oder den Kühlerventilator gerät!

Kraftstoffschläuche

Warnung: Bei der Kontrolle und Arbeiten am Kraftstoffsystem sind bestimmte Vorsichtsmaßnahmen einzuhalten. Arbeiten Sie stets in gut belüfteter Umgebung und halten Sie offene Flammen vom Arbeitsbereich fern. Wischen Sie Benzinspritzer umgehend auf und lagern Sie entsprechende Lappen und Tücher abseits von Heizungen, offenen Flammen und Elektrogeräten.

16 Kontrollieren Sie alle Kraftstoffleitungen auf Alterungserscheinungen und Scheuerstellen (siehe Abbildung). Kontrollieren Sie besonders die Bereiche an Biegungen und Anschlüssen.

16.16 Kontrollieren Sie alle Kraftstoffleitungen auf Alterungserscheinungen und Scheuerstellen.

17 Falls Kraftstoffschläuche ersetzt werden müssen, sollte auf hochwertigen Ersatz mit der Beschriftung ›Fluorelastomer‹ zurückgegriffen werden. Keinesfalls dürfen unverstärkte Unterdruckschläuche, transparente Kunststoffschläuche oder Wasserschläuche verwendet werden, weil sie oft nicht (lange) benzinfest sind.

18 Kraftstoffschläuche sind oft mit Federklemmen gesichert, die jedoch nach längerer Zeit ihre Federkraft verlieren und beim Ausbau ermüden. Ersetzen Sie bei jedem Austausch von Schläuchen alle Federklemmen durch spezielle Benzinschlauch-Schellen.

Metallrohre

19 Kraftstoffleitungen, Bremsleitungen und Klimaanlagen-Leitungen sind in vielen Bereichen als Rohre ausgeführt. Achten Sie darauf, dass Rohre nicht gequetscht oder geknickt sind und keine Ermüdungsrisse auftreten. Ein weiteres Problem bei Rohren ist Korrosion.

20 Falls ein Rohrsegment der Kraftstoffleitungen ausgewechselt werden muss, dürfen keine Rohre aus Kupfer oder Aluminium verwendet werden; nur nahtlos gezogene Stahlrohre bieten genügend Widerstand gegen normale Motorvibrationen.

21 Kontrollieren Sie Bremsleitungsrohre an den Anschlüssen zum Bremszylinder, zur ABS-Einheit und zu den Bremssätteln auf Risse und lockere Befestigungen. Jeder Hinweis auf ausgetretene Hydraulikflüssigkeit erfordert umgehende Kontrollen und Reparaturen.

Klimaanlagen-Kältemittel

Warnung: Beachten Sie zunächst die Sicherheitshinweise in Kapitel 3, Sektion 11!

22 Die Klimaanlage ist mit einem flüssigen Kältemittel befüllt, das unter beträchtlichem Druck steht. Falls das System ohne professionelle Hilfe geöffnet wird, tritt das Kältemittel umgehend aus und verdampft. Beim Kontakt mit Haut sorgt Kältemittel für starke Erfrierungen. Hinzu kommt, dass Kältemittel äußerst umweltschädlich ist. Lassen Sie das Ablassen und Arbeiten an Kältemittel-Leitungen daher stets von einem Fachbetrieb ausführen.

23 Jedes Leck im Klimaanlagen-System sollte unverzüglich bei einer Mercedes-Werkstatt oder einem Klimaanlagen-Fachbetrieb gemeldet werden. Lecks zeigen sich durch einen stetig abfallenden Kältemittel-Pegel.

24 Nachdem die Klimaanlage in Betrieb gewesen ist, ist es normal, dass aus dem Ablaufrohr des Verflüssigers Kondenswasser austritt.

17 Keilrippenriemen – Kontrolle

1 Der flache und mit mehreren Längsrippen versehene Riemen treibt rechts am Motor von der Kurbelwellen-Riemenscheibe aus die Lichtmaschine, die Wasserpumpe und den Klimaanlagenkompressor an.

2 Damit der Riemen korrekt arbeiten kann, muss er sich in einem guten Zustand befinden und korrekt gespannt sein. Aufgrund seiner Zusammensetzung verschleißt ein Keilrippenriemen mit der Zeit und kann reißen – eine regelmäßige Kontrolle ist daher unerlässlich.

3 Da der Riemen von oben schlecht zugänglich ist, sollte der Wagen vorn angehoben und sicher abgestützt werden (siehe Seite 24) und der Unterfahrschutz demontiert werden.

4 Kontrollieren Sie bei abgeschaltetem Motor den Riemen auf der gesamten Länge – drehen Sie dazu die Kurbelwellen-Riemenscheibe mithilfe eines Steckschlüssels samt Verlängerung im Uhrzeigersinn. Verdrehen Sie den Riemen, um beide Seiten betrachten zu können; tasten Sie den Riemen nötigenfalls mit den Fingern ab, um unsichtbare Schäden zu entdecken. Kontrollieren Sie die Riemenscheiben auf Beulen, Risse, Verzug und Korrosion.

5 Kleine Risse in den Rippen sind normal – sie dürfen allerdings nicht bis ins Gewebe reichen. Ein schadhafter oder auch nur zweifelhafter Riemen muss ersetzt werden (siehe Sektion 29).

18 Sicherheitsgurte – Kontrolle

1 Überprüfen Sie alle Gurte auf korrekte Funktion und guten Zustand. Ziehen Sie kräftig am Gurt, um zu kontrollieren, ob die Arretierung korrekt einrastet. Begutachten Sie das Gewebe auf Ausfransungen und Risse. Die Gurte müssen sich selbstständig wieder aufrollen.
2 Prüfen Sie die Festigkeit aller zugänglichen Gurt-, Umlenkungs- und Peitschen-Befestigungen.

19 Bremsbeläge und Bremsscheiben – Verschleißkontrolle

1 Lockern Sie die Radbolzen, heben Sie das Fahrzeug vorn an und stützen Sie es sicher ab (siehe Seite 24). Demontieren Sie die zu kontrollierenden Räder.
2 Die Bremsbelag-Stärken und der Zustand der Bremsscheibe können jetzt grob begutachtet werden (siehe Abbildung). Für eine umfangreiche Kontrolle müssen die Bremsbeläge ausgebaut und gereinigt werden. Jetzt können auch Funktion des Bremssattels und der Zustand der Bremsscheibe besser kontrolliert werden – weitere Informationen finden sich in Kapitel 9.

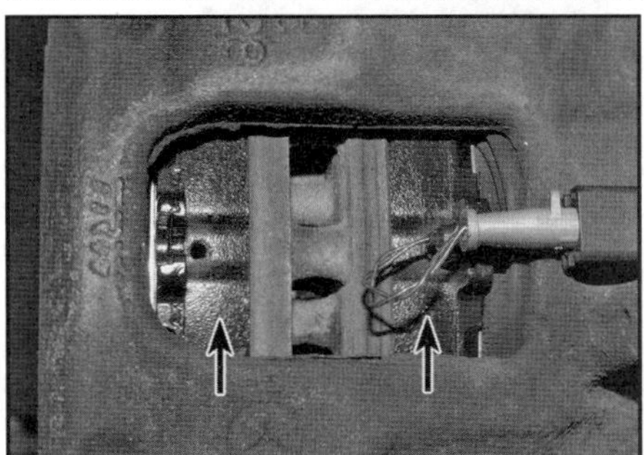

19.2 Nach der Demontage des Rads kann die Stärke der Bremsbeläge (Pfeile) kontrolliert werden.

3 Montieren Sie die Räder und senken Sie das Fahrzeug ab. Ziehen Sie die Radbolzen mit 130 Nm an.

20 Antriebswellen-Manschetten – Kontrolle

1 Das Fahrzeug muss vorn angehoben und sicher abgestützt sein (siehe Seite 24). Lenken Sie die Vorderräder nach links oder rechts bis zum Anschlag und drehen Sie dann langsam eines der Räder, um den Zustand der Manschette über dem äußeren Gleichlaufgelenk zu ermitteln – drücken Sie diese an verschiedenen Stellen von Hand, um die Bereiche in den Falten freizulegen (siehe Abbildung). Falls Risse oder andere Beschädigungen festgestellt werden, die Fett austreten lassen, kann hierdurch auch Wasser und Schmutz eindringen. Kontrollieren Sie ebenfalls die Schellen. Wiederholen Sie die Kontrolle an der inneren Manschette (siehe Abbildung) und am anderen Vorderrad. Falls irgendwelche Schäden oder Hinweise auf Alterung festgestellt werden, müssen die Manschetten ersetzt werden (siehe Kapitel 8, Sektion 8).

20.1a Kontrollieren Sie die äußeren ...

20.1b ... und inneren Antriebswellen-Manschetten.

2 Kontrollieren Sie gleichzeitig den Zustand des Gleichlaufgelenks selbst, indem Sie die Antriebswelle festhalten und versuchen, das Rad zu drehen. Wiederholen Sie die Kontrolle, indem Sie den inneren Flansch halten und versuchen, die Antriebswelle zu drehen. Jedes fühlbare Spiel weist auf Verschleiß im Gelenk oder in den Mitnehmerverzahnungen hin – oder auf einen lockere Antriebswellenbolzen.

21 Lenkung und Radaufhängungen – Kontrolle

Lenkung und Vorderradaufhängungen

1 Aktivieren Sie die Feststellbremse, heben Sie das Fahrzeug vorn an und stützen Sie es sicher ab (siehe Seite 24).
2 Begutachten Sie die Staubkappen der Spurstangenköpfe und die Lenkstangen-Manschetten auf Risse, Scheuerstellen und Alterungserscheinungen (siehe Abbildung). Jeder Schaden an diesen Komponenten lässt Schmutz und Wasser eindringen und Schmiermittel austreten, sodass die Spurstangenköpfe und das Lenkgestänge rapide verschleißen.

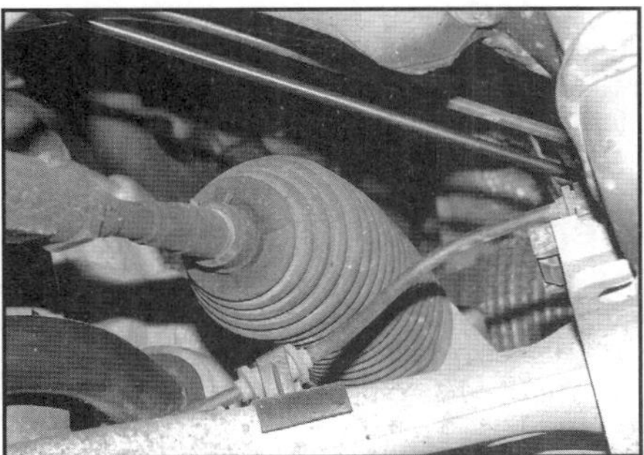

21.2 Kontrollieren Sie die Lenkstangen-Manschetten auf Risse.

3 Greifen Sie das Rad in der 12-Uhr- und der 6-Uhr-Position und versuchen Sie, daran zu wackeln (siehe Abbildung). Sehr geringes Spiel ist normal, doch wenn deutliche Bewegung spürbar ist, müssen weitere Untersuchungen die Ursache ermitteln. Wackeln Sie weiter am Rad, während ein Assistent das Bremspedal betätigt. Wenn die Bewegung jetzt verschwunden oder deutlich verringert ist, werden wahrscheinlich die Radlager defekt sein oder ggf. Einstellungen benötigen. Ist das Spiel auch bei betätigter Bremse vorhanden, wird der Verschleiß an den Radaufhängungen oder Federsystemen zu suchen sein.

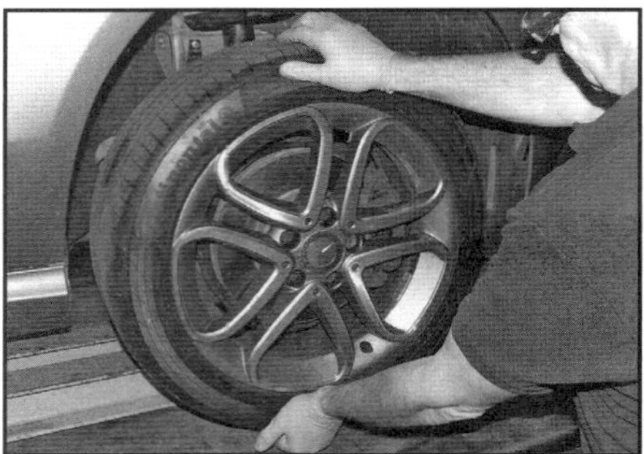

21.3 Wackeln Sie so am angehobenen Rad, um mögliches Spiel der Radlager zu ermitteln.

4 Greifen Sie jetzt das Rad jetzt in der 9-Uhr- und der 3-Uhr-Position und versuchen Sie erneut, daran zu wackeln. Jede jetzt fühlbare Bewegung kann wieder auf defekte Radlager zurückzuführen sein – oder auf Verschleiß in den Spurstangenköpfen. Falls das innere oder äußere Lenkgestänge-Kugelgelenk verschlissen ist, wird seine Bewegung deutlich zu beobachten sein. Spiel am inneren Gelenk kann ggf. erfühlt werden, wenn eine Hand über die Lenkstangen-Manschette gelegt und die Lenkstange gegriffen und mit der anderen Hand am Rad gewackelt wird.
5 Mithilfe eines zwischen die Federelemente und ihren Befestigungspunkten eingesetzten großen Schraubendrehers oder einer flachen Stange kann durch Hebeln Verschleiß in den Lagerbuchsen ermittelt werden. Da die Buchsen aus Gummi bestehen, ist etwas Bewegung normal, doch übermäßiger Verschleiß sollte deutlich fühlbar sein. Kontrollieren Sie auch den Zustand aller sichtbaren Gummibuchsen; achten Sie auf Risse und sprödes Gummi.
6 Während das Fahrzeug wieder auf seinen Rädern steht, dreht ein Assistent das Lenkrad etwa eine achtel Umdrehung hin und her – die Räder müssen sich ein kleines Stück bewegen. Ist dies nicht der Fall, müssen alle zuvor beschriebenen Gelenke und Halterungen genau untersucht werden, zusätzlich müssen auch die Kreuzgelenke und das Zahnstangengetriebe auf Verschleiß überprüft werden.

Hinterradaufhängungen

7 Blockieren Sie die Vorderräder, heben Sie dann das Fahrzeug hinten an und stützen Sie es sicher ab (siehe Seite 24).
8 Kontrollieren Sie die Aufhängungen wie bei den Vorderrädern – überprüfen Sie hier die Radlager, die Lagerbuchsen und die Stoßdämpferaufnahmen auf Verschleiß.

Stoßdämpfer

9 Kontrollieren Sie das Stoßdämpfergehäuse sowie die Gummidichtung der Kolbenstange auf ausgetretenes Öl – in diesem Fall ist das Bauteil defekt und muss ersetzt werden.
Anmerkung: *Die Stoßdämpfer einer Achse müssen stets paarweise ersetzt werden.*
10 Die Funktion der Stoßdämpfer kann geprüft werden, indem das Fahrzeug an jeder vorderen Ecke heruntergedrückt wird. Die Karosserie sollte in ihre normale Position zurückkehren und dort verbleiben; falls sie sich über die ursprüngliche Lage hinaus anhebt und wieder einsackt, wird der Stoßdämpfer wahrscheinlich defekt sein. Kontrollieren Sie auch seine obere und untere Aufnahme auf Verschleiß.

22 Auspuffanlage – Kontrolle

1 Kontrollieren Sie die (mindestens drei Stunden lang) abgekühlte Auspuffanlage vom Krümmerflansch bis zum Endrohr am Heck. Dies sollte möglichst beim vorn und hinten angehobenen und sicher abgestützten Fahrzeug geschehen (siehe Seite 24).
2 Alle Halterungen und Gummis müssen in Ordnung und fest verbunden sein (siehe Abbildung).

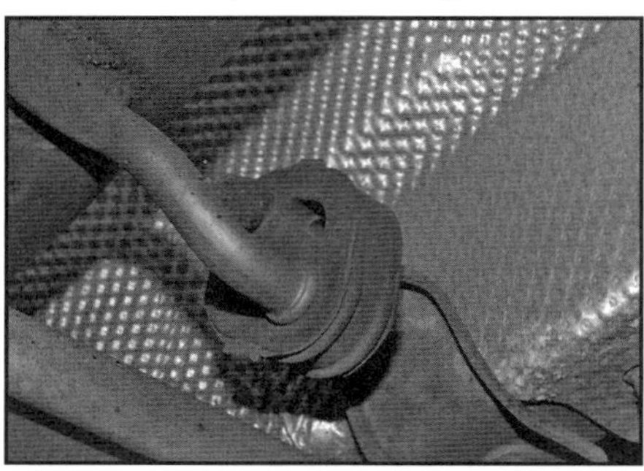

22.2 Kontrollieren Sie die Auspuffanlagen-Haltegummis.

3 Überprüfen Sie alle Rohre und Anschlüsse auf Undichtigkeit, starke Korrosion und Beschädigungen. Oft treten Rost und Undichtigkeiten an den Schweißnähten zwischen den Rohren und den Schalldämpfern auf. Rußablagerungen sind Hinweise auf Löcher.
Anmerkung: *Auspuff-Dichtmasse darf niemals zwischen dem Motor und dem Katalysator eingesetzt werden – Reste davon können innen abbrechen und im Katalysator verklemmen und zu Überhitzung führen.*
4 Kontrollieren Sie gleichzeitig die Unterseite der Karosserie auf Löcher, Korrosion, offene Schweißnähte usw., durch die Abgase in den Innenraum gelangen können. Dichten Sie alle Karosserie-Öffnungen mit Silikon oder geeigneter Spachtelmasse ab.
5 Klappern und andere Geräusche weisen oft auf Defekte an der Auspuffanlage hin – meistens auf schadhafte Haltegummis. Versuchen Sie, an den Schalldämpfern und am Katalysator zu wackeln; falls dabei Auspuffteile gegen die Karosserie schlagen, müssen sie mit neuen Halterungen gesichert werden. Trennen Sie nötigenfalls – und falls möglich – die Auspuff-Komponenten und verdrehen Sie die Rohre, um den Abstand zur Karosserie zu vergrößern.
6 Die Ablagerungen im Endrohr können auf den Zustand des Motors hinweisen – falls sie nicht trocken und hellgrau bis dunkelgrau sind, sondern schmierig, schwarz oder weiß, sollten der Motor und seine Steuerung genauer überprüft werden.

23 Radbolzen – Festigkeitsprüfung

1 Lockern Sie an einem Rad die Radbolzen leicht.

2 Ziehen Sie die Radbolzen mithilfe eines Drehmomentschlüssels schrittweise und über Kreuz mit 130 Nm an.

24 Scharniere und Schlösser – Schmieren

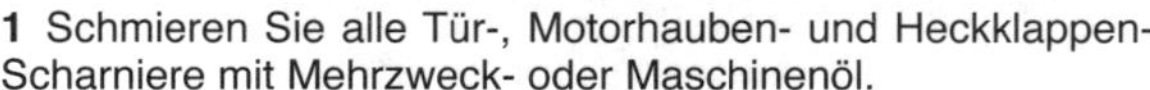

1 Schmieren Sie alle Tür-, Motorhauben- und Heckklappen-Scharniere mit Mehrzweck- oder Maschinenöl.
2 Schmieren Sie ebenfalls die Motorhaubenverriegelung samt Bowdenzug und alle Schließmechanismen mit etwas Fett.
3 Kontrollieren Sie sorgfältig die Sicherheit und Funktion aller Scharniere, Verriegelungen und Schlösser, und stellen Sie sie nötigenfalls ein (siehe Kapitel 11). Prüfen Sie die Funktion der Zentralverriegelung.
4 Kontrollieren Sie die Gasfedern der Heckklappe – falls eine undicht ist oder sie die Heckklappe nicht mehr sicher halten kann, muss sie ersetzt werden.

25 Probefahrt

Instrumente und Elektrik

1 Kontrollieren Sie die Funktion aller Instrumente, aller Lampen und anderen elektrischen Bauteile.
2 Stellen Sie sicher, dass alle Instrumente korrekt anzeigen und sämtliche Schalter korrekt funktionieren.

Lenkung und Radaufhängungen

3 Vergewissern Sie sich, dass die Lenkung, die Federung, das Handling und die Straßenlage keine Auffälligkeiten aufweisen.
4 Kontrollieren Sie beim Fahren, ob keine ungewöhnlichen Vibrationen oder Geräusche auftreten.
5 Die Lenkung darf sich nicht schwammig oder rau anfühlen. Beim Durchfahren von Kurven oder auf schlechten Straßen dürfen die Federelemente keine Geräusche erzeugen.

Antrieb

6 Kontrollieren Sie die Leistungsfähigkeit des Motors, der Kupplung, des Getriebes und der Antriebswellen.
7 Aus dem Motor und dem Antrieb dürfen keine ungewöhnlichen Geräusche zu hören sein.
8 Der Motor muss sich warm und kalt problemlos starten lassen, im Standgas rund laufen und verzögerungsfrei beschleunigen.
9 Beim Schaltgetriebe muss die Kupplung sanft und progressiv die Kraft übertragen und darf weder schleifen noch rutschen. Der Pedalweg darf nicht zu lang sein. Bei gedrücktem Kupplungspedal dürfen keine Geräusche auftreten. Details finden sich in Kapitel 6.
10 Alle Gänge des manuellen Schaltgetriebes müssen sich sanft und geräuschfrei einlegen lassen. Im Schalthebel muss das Einrasten der Gänge deutlich fühlbar sein.
11 Beim Automatikgetriebe müssen die Gangwechsel sanft und ruckfrei sowie ohne ein Ansteigen der Motordrehzahl zwischen den Fahrstufen erfolgen. Mit dem Wahlhebel müssen sich bei stehendem Fahrzeug alle Fahrstufen auswählen lassen. Falls ein Problem auftritt, muss eine Fachwerkstatt zurate gezogen werden.
12 Bei langsamer Fahrt mit vollständig eingeschlagener Lenkung dürfen im Frontbereich keine klickenden Geräusche auftreten. Führen Sie diesen Test in beide Richtungen durch. Klicken würde auf einen Schmiermangel oder Verschleiß in den äußeren Gleichlaufgelenken der Antriebswellen hinweisen (siehe Kapitel 8)

Bremsanlage

13 Prüfen Sie, ob das Fahrzeug beim Bremsen nicht zu einer Seite zieht und die Räder bei Vollbremsungen nicht frühzeitig blockieren.
14 Beim Bremsen dürfen in der Lenkung keine Vibrationen auftreten.
Anmerkung: *Durch das ABS können beim heftigen Bremsen im Bremspedal Vibrationen spürbar sein – dies ist normal und beeinträchtigt nicht die Funktion der Bremse.*
15 Prüfen Sie, ob die Feststellbremse korrekt funktioniert – sie muss das Fahrzeug problemlos an einem Gefälle halten können.
16 Prüfen Sie die Funktion der Servobremse bei ausgeschaltetem Motor wie folgt: Treten Sie vier- bis fünfmal auf die Bremse, um den Unterdruck abzubauen. Starten Sie dann den Motor – das Bremspedal muss sich unverzüglich durch den aufgebauten Unterdruck weiter herunterdrücken lassen. Lassen Sie den Motor mindestens zwei Minuten laufen und schalten Sie ihn wieder ab. Wird die Bremse nun erneut gedrückt, sollte dabei ein Zischen aus der Servopumpe zu hören sein. Nach vier bis fünf Tritten auf die Bremse sollte kein Zischen mehr hörbar sein und der Pedaldruck deutlich härter werden.

26 Zündkerzen – Ersetzen

1 Damit ein Motor rund, leistungsfähig und wirtschaftlich läuft, müssen die Zündkerzen mit maximaler Effizienz funktionieren. Der wichtigste Faktor hierfür ist, dass die passenden Zündkerzen installiert sind – Mercedes empfiehlt NGK-Zündkerzen des Typs SILZKFR8D7S.
2 Sind die korrekten Zündkerzen installiert und befindet sich der Motor in einem guten Zustand, sollten die Zündkerzen zwischen den Wechselintervallen keine Aufmerksamkeit verlangen. Zündkerzen müssen bei Einspritzmotoren nur selten gereinigt werden. Solange nicht die nötigen Hilfsmittel zur Hand sind, sollten Reinigungsversuche auch unterbleiben, damit die Elektroden nicht beschädigt werden.

Praxis-Tipp

Zündkerzen können für viele Symptome verantwortlich sein: Schlechtes Anspringen, ungleichmäßiges Standgas, Fehlzündungen, hoher Verbrauch, mangelnde Leistung usw. Ein Kerzenwechsel bewirkt hier oft Wunder.

3 Der Austausch von Zündkerzen erfordert einen geeigneten Schlüssel samt Verlängerung und Knarre – möglichst auch einen Drehmomentschlüssel. Ein Zündkerzenschlüssel ist innen mit einem Gummiring ausgerüstet, damit der aus Porzellan bestehende Isolator nicht beschädigt wird und die Kerze aus ihrem Sitz im Zylinderkopf herausgehoben werden kann.
4 Demontieren Sie zunächst die Zündspulen (siehe Kapitel 6A, Sektion 7).
5 Vor dem Ausbau der Zündkerzen sollte ggf. vorhandenes Wasser mit Lappen aus ihre Sitze gesaugt und diese mit einer Bürste, Druckluft und/oder einem Sauger von Verunreinigun-

gen befreit werden, damit nichts in die Brennräume fallen kann.

Warnung: Tragen Sie beim Einsatz von Druckluft stets eine Schutzbrille!

6 Stecken Sie den Kerzenschlüssel korrekt auf die Zündkerze – falls er verkantet angesetzt wird, kann der Isolator der Kerze beim Lösungsversuch abbrechen. Schrauben Sie die Zündkerze aus dem Zylinderkopf (siehe Abbildung).

26.6 Schrauben Sie die Zündkerzen vorsichtig aus dem Zylinderkopf.

7 Installieren Sie die neuen Zündkerzen in den Zylinderkopf (siehe Praxis-Tipp unten).

Praxis-Tipp

Zündkerzen lassen sich oft nur schwer in den Motor schrauben. Damit sie auch in tiefere Kanäle von Hand geschraubt werden können (sodass sie nicht verkanten), wird ein Schlauch aufgeschoben, der flexibel genug ist, die Kerze senkrecht zu ihrem Gewinde aufzusetzen. Sollte die Zündkerze beim Einschrauben verkanten, wird der Schlauch überrutschen, und es muss ein neuer Versuch gestartet werden.

8 Sobald die Zündkerze handfest eingeschraubt ist, wird sie mithilfe des Drehmomentschlüssels mit 23 Nm angezogen (siehe Abbildung). Installieren Sie die anderen Zündkerzen auf die gleiche Weise.

26.8 Ziehen Sie die Zündkerzen mit 23 Nm an.

9 Montieren Sie die Zündspulen (siehe Kapitel 6A, Sektion 7).

27 Luftfilterelement – Ersetzen

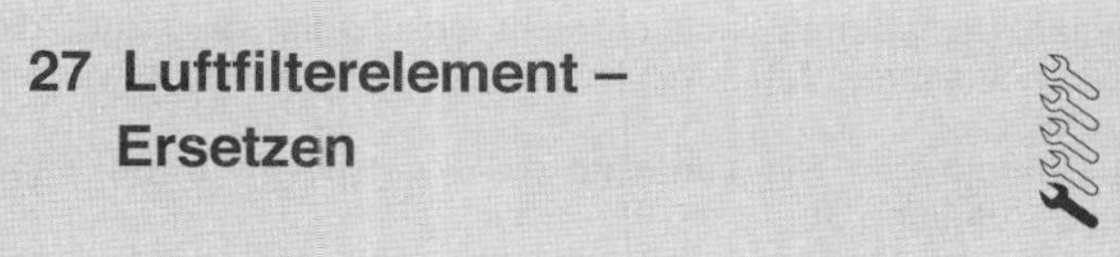

Achtung: Fahren Sie niemals ohne Luftfilterelement mit dem Fahrzeug – dies kann zu erhöhtem Motorverschleiß und Fehlzündungen führen, die einen Motorraumbrand auslösen können.

1 Das Luftfiltergehäuse sitzt links im Motorraum.
2 Befreien Sie den Kabelbaum vom Ende des Luftfiltergehäuses (siehe Abbildung).

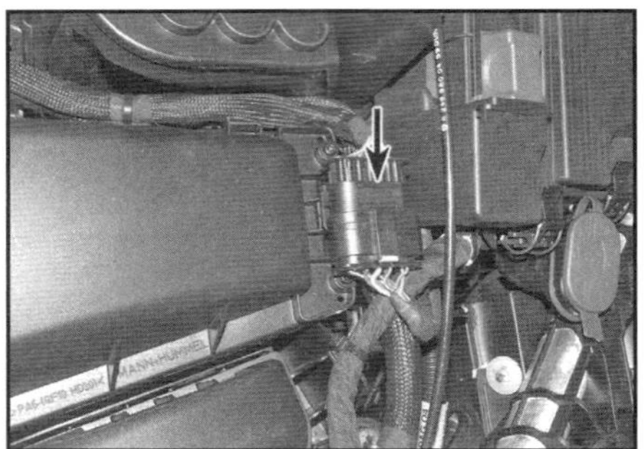

27.2 Befreien Sie den Kabelbaum.

3 Lösen Sie die vier Schrauben des Luftfilterdeckels (siehe Abbildung) – sie verbleiben im Deckel.

27.3 Schrauben des Luftfilterdeckels

4 Heben Sie den Deckel ab und entnehmen Sie das Filterelement (siehe Abbildung).

27.4 Heben Sie den Deckel ab und entnehmen Sie das Filterelement.

5 Reinigen Sie das Luftfiltergehäuse mit einem feuchten Lappen oder saugen Sie es aus.
6 Das Filterelement muss laut Inspektionsplan nach 70 000 km ungeachtet seines Zustands ausgetauscht werden.
7 Falls das Filterelement aus anderen Gründen ausgebaut wurde, muss seine Unterseite auf Verschmutzung und Verölung kontrolliert werden. Wenn es nur leicht verschmutzt ist, kann es von oben mit Druckluft ausgeblasen werden. Weil der Filter aus Papier besteht, darf er nicht ausgewaschen oder eingeölt werden. Ein stark verschmutztes oder veröltes Element muss ersetzt werden.

Warnung: Tragen Sie beim Einsatz von Druckluft stets eine Schutzbrille!

8 Installieren Sie das Filterelement mit der Gummidichtung nach oben ins Gehäuse.
9 Setzen Sie den Deckel an und ziehen Sie seine Schrauben an. Verbinden Sie den Kabelbaum mit dem Gehäuse (Abb. 27.2).

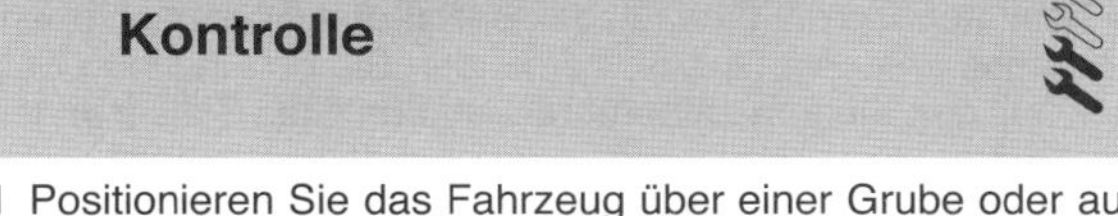

28 Bremsschläuche – Kontrolle

1 Positionieren Sie das Fahrzeug über einer Grube oder auf Rampen oder heben Sie es am jeweiligen Rad an und stützen Sie es sicher ab (siehe Seite 24).
2 Kontrollieren Sie die zu den Bremssätteln führenden Gummischläuche; achten Sie dabei auf Porösität, Ausbeulungen und Verhärtungen sowie Risse im Bereich der Anschlüsse. Ersetzen Sie schadhafte Bremsschläuche umgehend (siehe Kapitel 9, Sektion 3).

29 Keilrippenriemen – Ersetzen

1 Aktivieren Sie die Feststellbremse, heben Sie das Fahrzeug vorn an und stützen Sie es sicher ab (siehe Seite 24). Demontieren Sie den Unterfahrschutz (Abb. 13.3).
2 Um den Zahnriemenspanner zu drehen, muss das Mercedes-Werkzeug 270 589 00 07 00 verwendet werden. Falls dies nicht vorhanden ist, muss die rechte Motorhalterung demontiert werden (siehe Kapitel 2A, Sektion 14).
3 Falls der vorhandene Riemen wiederverwendet werden soll, muss seine Laufrichtung markiert werden, damit diese später sichergestellt werden kann.
4 Entspannen Sie den Riemen, indem Sie den Spanner mithilfe des Spezialwerkzeugs oder eines passenden Torx-Schlüssels im Uhrzeigersinn schwenken, bis er mithilfe einer in der Bohrung eingeführte 4 mm starken Stange oder eines entsprechenden Bohrers im Loch des Motors arretiert werden kann (siehe Abbildung).

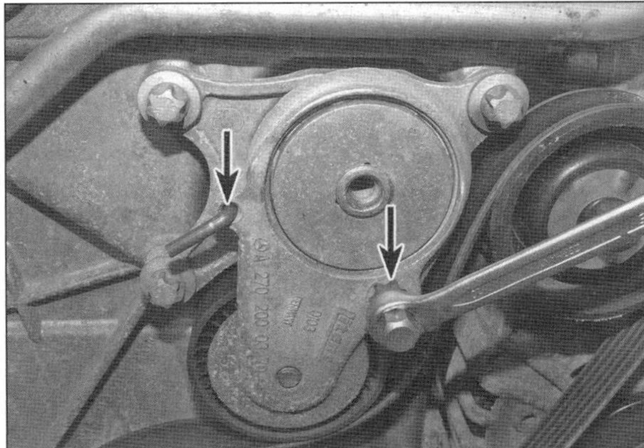

29.4 Schwenken Sie den Riemenspanner im Uhrzeigersinn, bis er mit der Stange blockiert werden kann.

5 Merken Sie sich die Verlegung des Riemens und befreien Sie ihn aus den Riemenscheiben (siehe Abbildung).

29.5 Verlegung des Keilrippenriemens am Benzinmotor

1 Kurbelwellen-Riemenscheibe
2 Klimaanlagen-Kompressor
3 Lichtmaschine
4 Wasserpumpe
5 Riemenspanner
6 Umlenkrolle

6 Kontrollieren Sie die Riemenscheiben – alle Nuten müssen sauber sein und nötigenfalls gereinigt und entfettet werden.
7 Legen Sie den Riemen auf, belasten Sie den Spanner, um die Stange entfernen zu können, und lösen Sie ihn langsam. Achten Sie darauf, dass der Riemen korrekt um alle Riemenscheiben und Rollen läuft.
8 Montieren Sie ggf. die rechte Motorhalterung (siehe Kapitel 2A, Sektion 14).
9 Montieren Sie den Unterfahrschutz.
10 Senken Sie das Fahrzeug ab.

30 Bremsflüssigkeit – Austausch

Warnung:
• Hydraulikflüssigkeit kann zu Augenverletzungen führen und Lackoberflächen angreifen, bewahren Sie deshalb beim Umgang hiermit größte Sorgfalt.
• Benutzen Sie NIEMALS Bremsflüssigkeit, die längere Zeit offen gestanden hat, da sie Feuchtigkeit aus der Luft absorbiert, was zu einem gefährlichen Verlust an Bremswirkung führen kann.

1 Die Prozedur ähnelt dem Entlüften der Hydraulik, wie in Kapitel 9, Sektion 2 beschrieben. Nur wird hier der Ausgleichsbehälter zunächst entleert – möglichst durch Abpumpen – und dann beim Herauspumpen beobachtet, wann frische Bremsflüssigkeit austritt.
2 Gehen Sie wie in Kapitel 9, Sektion 2 beschrieben vor, öffnen Sie das erste Entlüftungsventil, und pumpen Sie sanft mit dem Bremspedal, bis fast die gesamte Bremsflüssigkeit aus dem Ausgleichsbehälter abgepumpt ist.

Praxis-Tipp

Alte Hydraulikflüssigkeit ist deutlich dunkler als frische. Pumpen Sie so lange Hydraulikflüssigkeit heraus, bis helle Flüssigkeit austritt.

3 Füllen Sie bis zur MAX-Markierung frische Hydraulikflüssigkeit in den Ausgleichsbehälter und pumpen Sie sie so lange durch, bis sämtliche alte Flüssigkeit aus dem System gepumpt ist. Füllen Sie dabei regelmäßig frische Hydraulikflüssigkeit nach. Ziehen Sie die Entlüftungsschraube anschließend sorgfältig an und stecken Sie die Kappe auf.
4 Gehen Sie bei den anderen Entlüftungsschrauben genauso vor. Achten Sie darauf, dass der Pegel im Ausgleichsbehälter nicht unter die MIN-Markierung fällt – falls Luft ins Hydrauliksystem eindringt, muss es zeitaufwendig entlüftet werden.
5 Prüfen Sie zum Schluss, ob alle Entlüftungsschrauben fest sitzen und mit den Gummikappen ausgerüstet sind. Waschen Sie Spritzer ab und kontrollieren Sie erneut den Pegel im Ausgleichsbehälter.
6 Prüfen Sie die Funktion der Bremse bzw. der Kupplung, bevor Sie das Fahrzeug im Straßenverkehr bewegen.
7 Entsorgen Sie die alte Hydraulikflüssigkeit (separat von Ölen!) im Fachhandel, wo sie auch verkauft wird – hier ist man verpflichtet, ›handelsübliche‹ Mengen wieder zurückzunehmen.

31 Fernbedienung – Batteriewechsel

Anmerkung: *Alle Fernbedienungen sind mit 3-Volt-Knopfbatterien des Typs CR2025 ausgerüstet.*
1 Obwohl nicht im Wartungsplan enthalten, empfehlen wir den Austausch der Batterie nach spätestens zwei Jahren. Falls die Türverriegelung wiederholt nicht auf Drücken der im normalen Abstand gehaltenen Fernbedienung reagiert, sollte zunächst deren Batterie ausgetauscht werden, bevor anderen mögliche Ursachen nachgegangen wird.
2 Drücken Sie die Lasche am Ende des Transmitters zu einer Seite und ziehen Sie den Not-Schlüssel heraus (siehe Abbildung).

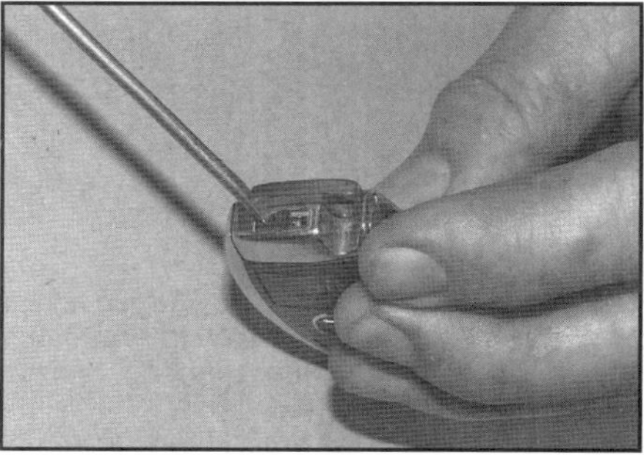

31.2 Drücken Sie die Lasche zur Seite und ziehen Sie den Not-Schlüssel heraus.

3 Drücken Sie den Not-Schlüssel in die Nut am Ende der Transmitter-Einheit und öffnen Sie die Abdeckung (siehe Abbildungen).

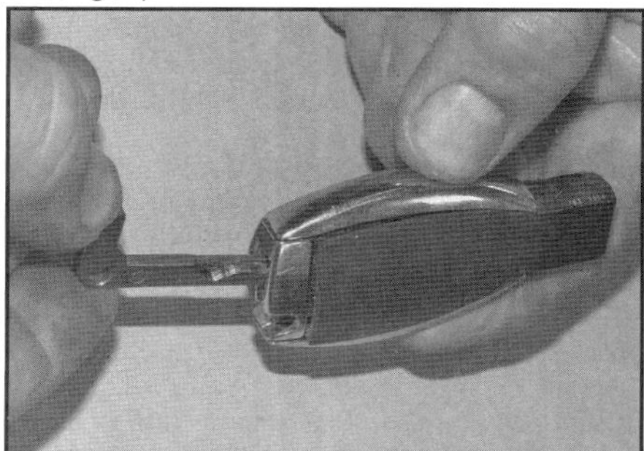

31.3a Führen Sie den Schlüssel ein ...

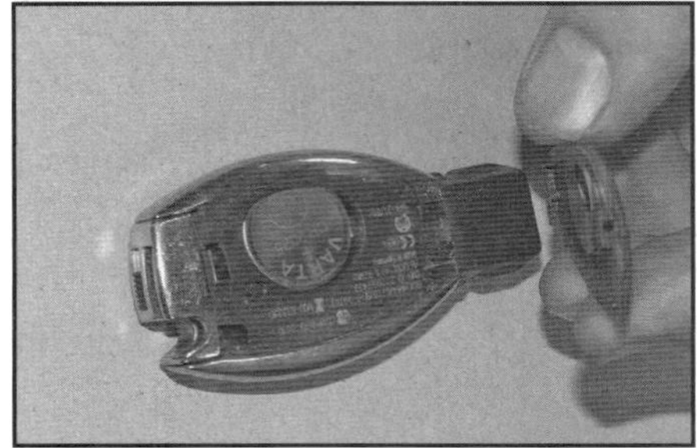

31.3b ... und entfernen Sie die Abdeckung.

4 Beachten Sie die Einbaulage der Batterie (Plus nach oben) und hebeln Sie sie heraus. Vermeiden Sie es, die neue Batterie mit den Fingern zu berühren, und drücken Sie sie in den Sitz.
5 Montieren Sie die Abdeckung und schieben Sie den Not-Schlüssel ein.

32 Kühlflüssigkeit – Kontrolle des Frostschutzgehalts des und Austausch

Warnung: Lassen Sie Frostschutzmittel nicht auf die Haut oder lackierte Teile des Fahrzeugs gelangen. Spülen Sie Spritzer umgehend mit reichlich Wasser ab. Kühlmittel darf niemals in offenen Behältern gelagert werden – es ist giftig und kann durch seinen süßlichen Geruch Kindern und Tieren zum Verhängnis werden. Wischen Sie verschüttetes Kühlmittel umgehend auf. Undichtigkeiten müssen umgehend repariert werden.

Warnung: Diese Arbeit darf erst ausgeführt werden, wenn der Motor abgekühlt ist. Öffnen Sie niemals bei heißem Motor den Deckel des Ausgleichsbehälters, da Dampf und heiße Flüssigkeit zu Verbrühungen führen können!

Kontrolle des Frostschutzgehalts

1 Prüfen Sie den Gehalt des Frostschutzmittels mithilfe eines Hydrometers (siehe Abbildung) und befolgen Sie die beigefügte Anleitung. Der Frostschutzgehalt sollte bei 50 Prozent liegen – bei deutlich niedrigerem Gehalt muss etwas Kühlmittel aus dem Kühler abgelassen (siehe unten) und der Ausgleichsbehälter mit Frostschutzmittel aufgefüllt werden. Kontrollieren Sie den Gehalt erneut und wiederholen Sie die Prozedur nötigenfalls.

32.1 Prüfen Sie mit einem Hydrometer den Frostschutzgehalt.

Ablassen

2 Entfernen Sie zunächst den Deckel des Ausgleichsbehälters.
3 Demontieren Sie die vordere Stoßfänger-Schürze (siehe Kapitel 11, Sektion 5) und den Unterfahrschutz.
4 Stellen Sie einen ausreichend großen Behälter rechts unter den Kühler.
5 Verbinden Sie einen geeigneten Schlauch mit dem Auslass am Kühler und öffnen Sie den Hahn (siehe Abbildung), um das Kühlmittel ablaufen zu lassen.

32.5 Stecken Sie einen Schlauch auf den Stutzen und öffnen Sie den Hahn.

6 Sobald das Kühlmittel abgelaufen ist, werden der Hahn verschlossen, der Schlauch abgezogen und die Stoßfänger-Schürze sowie der Unterfahrschutz montiert.

Spülen

7 Falls der Wechsel des Kühlmittels vernachlässigt oder das Gemisch verdünnt wurde, verliert das Kühlsystem mit der Zeit seine Wirksamkeit, da sich die Kühlkanäle mit Rost, Ablagerungen und anderen Sedimenten zusetzen. Die Wirksamkeit kann durch das Spülen des Systems wiederhergestellt werden. Spülen Sie das Kühlsystem nach jedem Austausch von Komponenten oder vor dem Einfüllen frischer Kühlflüssigkeit.
8 Nachdem das Kühlmittel abgelassen ist, wird der Kühler-Ablass verschlossen und das System mit frischem Wasser aufgefüllt. Installieren Sie den Deckel des Ausgleichsbehälters. Starten Sie den Motor und bringen Sie ihn auf Betriebstemperatur. Schalten Sie ihn ab, lassen Sie ihn vollständig abkühlen und entleeren Sie das System erneut. Wiederholen Sie dies nötigenfalls, bis nur noch sauberes Wasser abläuft. Füllen Sie das Kühlsystem anschließend mit dem korrekten Kühlmittel auf.
9 Wenn stets sauberes und weiches Wasser sowie hochwertiges Frostschutzmittel (das nicht unbedingt den Vorgaben von Mercedes entsprechen muss) verwendet wird, sollte die oben beschriebene Prozedur ausreichen, um das Kühlsystem längere Zeit sauber zu halten. Wurde das Kühlsystem allerdings vernachlässigt, müssen weitere Schritte durchgeführt werden:
10 Entleeren Sie zuerst das Kühlsystem. Ziehen Sie dann den oberen und unteren Kühlerschlauch ab. Verbinden Sie einen Gartenschlauch mit dem oberen Kühlerstutzen und lassen Sie so lange Wasser durch den Kühler strömen, bis dies unten sauber wieder austritt.
11 Zum Spülen des Motors muss der Gartenschlauch in den unteren Kühlerschlauch gesteckt und mit Lappen umwickelt werden, um ihn abzudichten. Lassen Sie so lange Wasser durch den Motor strömen, bis dies oben sauber wieder austritt.
12 Versuchen Sie, den Motor in entgegengesetzte Richtung zu spülen – dies wird wahrscheinlich nicht funktionieren, da der Thermostat den Kühlkreislauf schließt.
13 Bei starker Verunreinigung muss der Kühler in entgegengesetzte Richtung gespült werden – stecken Sie dazu den Gartenschlauch in den unteren Stutzen und umwickeln Sie ihn mit Lappen, um ihn abzudichten. Spülen Sie so lange, bis oben sauberes Wasser austritt.
14 Wird vermutet, dass der Kühler stark verstopft ist, muss er ausgebaut (siehe Kapitel 3, Sektion 4), auf den Kopf gestellt und erneut in entgegengesetzte Richtung gespült werden (Schritt 11).
15 Auch der Wärmetauscher der Heizung kann wie in Schritt 11 gespült werden, allerdings müssen die Ein- und Auslassleitungen der Heizung identifiziert werden – diese haben den gleichen Durchmesser und sind durch die Spritzwand geführt.
16 Die Verwendung chemischer Reinigungsmittel ist nicht empfehlenswert und gilt nur als letzte Rettung, da der Einsatz von Chemie zu anderen Problemen führen kann. Im Normalfall hilft der regelmäßige Wechsel des Kühlmittels gegen starke Ablagerungen im Kühler.

Kühlsystem auffüllen

17 Bevor das Kühlsystem aufgefüllt wird, müssen alle Schläuche und Schellen auf einen guten Zustand und festen Sitz überprüft werden. Senken Sie das Fahrzeug ab, sodass es waagerecht auf dem Boden steht.
18 Mercedes empfiehlt zum Auffüllen eine Vakuumpumpe zu verwenden, wie sie im Fachhandel erhältlich sind (siehe Abbildung). Konventionelles Auffüllen ist aber auch möglich.

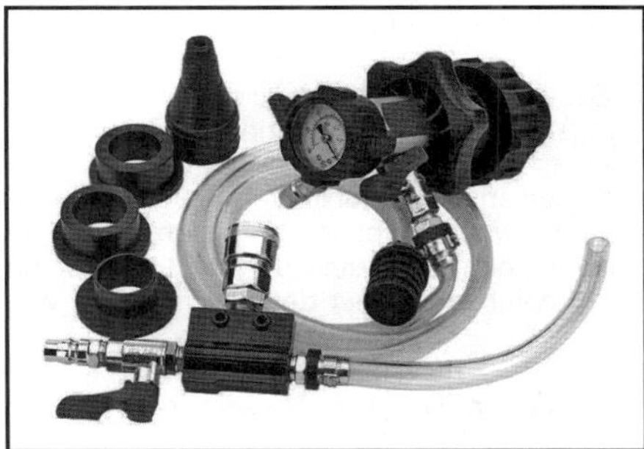

32.18 Eine Kühlmittel-Vakuumpumpe von Draper-Tools

19 Stellen Sie die Heizungsregelung auf die höchste Temperatur (aber schalten Sie nicht das Gebläse ein).
20 Bereiten Sie eine ausreichende Menge des vorgeschriebenen Kühlmittels vor – etwas Reserve zum Nachfüllen sollte dabei berücksichtigt werden.
21 Füllen Sie das System langsam über den Ausgleichsbehälter auf; da dies der höchste Punkt ist, muss dafür gesorgt sein, dass dabei Luft entweichen kann.
22 Füllen Sie das System so weit auf, bis der Pegel an der MAX-Linie des Behälters steht, und drehen Sie den Deckel auf.
23 Starten Sie den Motor und lassen Sie ihn etwa eine Viertelstunde mit 2500/min laufen. Falls der Pegel dabei deutlich abfällt, muss Kühlmittel nachgefüllt werden, damit keine Luft ins Kühlsystem gerät.
24 Erhöhen Sie die Motordrehzahl sechsmal hintereinander kurzzeitig auf 5000/min.
25 Erhöhen Sie die Drehzahl für zehn Sekunden auf 4000/min, lassen Sie sie wieder auf 2500/min abfallen und halten Sie für weitere zehn Minuten diese Drehzahl.
26 Schalten Sie den Motor ab und lassen Sie ihn – möglichst über Nacht – komplett abkühlen.
27 Öffnen Sie bei abgekühltem Kühlsystem den Ausgleichsbehälterdeckel und füllen Sie Kühlmittel bis zur MAX-Linie auf. Drehen Sie den Deckel auf und wischen Sie Spritzer ab.
28 Kontrollieren Sie nach dem Auffüllen alle Komponenten des Kühlsystems (vor allem beim Ablassen und Spülen getrennte Anschlüsse) auf Undichtigkeiten. Frisches Frostschutzmittel hat gute Kriecheigenschaften und zeigt Schwachstellen rasch an.

Frostschutzmittel und Gemisch

Achtung: Verwenden Sie kein Motor-Kühlmittel im Wischwasserbehälter, da es den Lack angreift; hierfür gibt es spezielle Frostschutzmittel.

29 Bei einer unbekannten Wartungs-Historie und somit Unwissen über die Qualität des Kühlmittels sollte das alte Kühlmittel abgelassen und das Kühlsystem sorgfältig entgegen der Strömungsrichtung gespült werden, bevor frisches Kühlmittel aufgeführt wird.

30 Soweit Frostschutzmittel nach Mercedes-Vorgaben verwendet wird, müssen die Mischungs-Hinweise auf der Verpackung beachtet werden.

31 Mercedes empfiehlt unter üblichen Witterungsbedingungen ein Gemisch aus gleichen Teilen Frostschutzmittel und weichem Wasser (nach Volumen) – achten Sie darauf, ob das gekaufte Frostschutzmittel bereits vorgemischt ist.

32 Weil nur selten das gesamte Kühlsystem entleert wird und die in den technischen Daten angegebene Menge eher ein akademischer Wert ist, sollte davon ausgegangen werden, dass – außer nach einer Komplett-Entleerung des Motors – nur ca. zwei Drittel erneuert werden können.

33 Weil das Kühlsystem nach dem Spülen teilweise mit klarem Wasser gefüllt ist, sollte die Hälfte des erforderlichen Frostschutzmittels in den Ausgleichsbehälter gefüllt und dann mit Wasser aufgefüllt werden. Erforderliche Ergänzungen sollten jetzt mit frischem Wasser erfüllen – siehe *Wöchentliche Kontrollen*.

34 Kontrollieren Sie vor dem Auffüllen alle Schläuche auf einen guten Zustand und festen Sitz – frisches Frostschutzmittel findet rasch schwache Stellen im Kühlsystem.

35 Nach dem Auffüllen frischen Kühlmittels muss am Ausgleichsbehälter ein Hinweis angebracht werden, auf dem der Typ, die Konzentration, das Datum und die Laufleistung vermerkt ist. Zum Nachfüllen darf nur das gleiche Mittel verwendet werden.

Allgemeine Kühlsystem-Kontrollen

36 Der Motor muss für die Kontrolle vollständig abgekühlt sein, lassen Sie ihm dafür mindestens drei Stunden stehen.

37 Entfernen Sie den Ausgleichsbehälterdeckel und reinigen Sie ihn innen mit einem sauberen Lappen. Säubern Sie ebenso den Einfüllstutzen des Behälters – Korrosionsspuren weisen darauf hin, dass das Kühlmittel ausgetauscht werden sollte. Das Kühlmittel im Ausgleichsbehälter muss relativ sauber und durchsichtig sein – falls es rostfarben ist, muss es abgelassen und das Kühlsystem gespült werden.

38 Kontrollieren Sie sorgfältig alle Kühler- und Heizungsschläuche und ersetzen Sie alle rissigen, verformten oder verhärteten Schläuche.

39 Inspizieren Sie alle anderen Kühlsystem-Komponenten und ihre Verbindungen auf Undichtigkeiten. Ein Leck im Kühlsystem lässt sich normalerweise durch weiße Ablagerungen erkennen. Schadhafte Bauteile oder Dichtungen müssen ersetzt werden – beachten Sie dazu die Hinweise in Kapitel 3.

Luftblasen

40 Falls sich nach dem Entleeren und Auffüllen des Kühlsystems Symptome von Überhitzung zeigen, die zuvor nicht existierten, werden dafür wahrscheinlich Luftblasen verantwortlich sein, die den Kühlkreis behindern. Luftblasen entstehen oft, weil das System zu schnell aufgefüllt wurde.

41 Wird eine Luftblase vermutet, müssen alle zugänglichen Kühlerschläuche vorsichtig gedrückt werden – mit Luft gefüllte Schläuche fühlen sind anders an als wenn sie Kühlmittel enthalten. Nach dem Auffüllen des Kühlsystems steigen die meisten Luftblasen nach dem Abkühlen auf, sodass Kühlmittel nachgefüllt werden muss.

42 Sobald der Motor auf Betriebstemperatur ist, werden die Heizung und ihr Gebläse eingeschaltet, um ihre Funktion zu prüfen. Vorausgesetzt, das Kühlsystem ist korrekt befüllt, weist ein verzögertes Einsetzen der Heizung auf Luftblasen im System hin.

43 Luftblasen können aber nicht nur die Heizung ausfallen lassen, sondern den gesamten Kühlkreislauf unterbrechen. Prüfen Sie bei warmem Motor, ob der obere Kühlerschlauch warm ist – ein kalter Schlauch kann auf eine Luftblase oder einen nicht geöffneten Thermostaten hinweisen.

44 Falls das Problem weiter besteht, muss der Motor abgeschaltet werden und vollständig abkühlen. Öffnen Sie den Ausgleichsbehälterdeckel oder lockern Sie Kühlerschlauchschellen um Luft austreten zu lassen. Nötigenfalls muss das gesamte Kühlsystem entleert und gespült oder gereinigt werden. Lassen Sie das System nötigenfalls von einem Fachbetrieb absaugen und per Vakuum auffüllen.

Kontrolle des Ausgleichsbehälterdeckels

45 Der Motor muss für die Kontrolle vollständig abgekühlt sein.

46 Umwickeln Sie den Ausgleichsbehälterdeckel mit Lappen und drehen Sie ihn langsam ab.

47 Begutachten Sie die Gummidichtung im Deckel – falls sie verhärtet oder rissig ist, muss ein neuer Deckel beschafft werden.

48 Nach einigen Jahren oder einer hohen Laufleistung empfiehlt sich der generelle Austausch des Ausgleichsbehälterdeckels – er ist relativ preiswert. Falls das im Deckel integrierte Überdruckventil ausfällt, kann steigender Druck im Kühlsystem zu Schäden an Schläuchen und anderen Kühlsystem-Komponenten führen.

Kapitel 1B

Einstellungs- und Wartungsarbeiten – Modelle mit Dieselmotoren

Inhalt — Sektion

Schwierigkeitsgrade

Leicht. Geeignet für Anfänger mit wenig Erfahrung.	**Relativ leicht.** Geeignet für Anfänger mit etwas Erfahrung.	**Relativ schwierig.** Geeignet für geübte Selbstschrauber.	**Schwer.** Geeignet für Selbstschrauber mit viel Erfahrung. 	**Sehr schwer.** Geeignet für Experten und Profis.

Technische Daten

Schmierstoffe und Flüssigkeiten

Motoröl	SAE 5W/30-Motoröl nach Mercedes-Spezifikation 229.31, 229.51 oder 229.52*
Kühlmittel	Mercedes-Frostschutz-Kühlmittel nach Spezifikation 326.0.
Schaltgetriebeöl	Mercedes Getriebeöl 75W-80 MB317*
Automatikgetriebeöl	Automatikgetriebeöl nach Mercedes-Spezifikation 236.31.
Brems- und Kupplungsflüssigkeit	Hydraulikflüssigkeit DOT 4 Plus ESP (niedrige Viskosität)

** Erkundigen Sie sich beim Mercedes-Händler nach aktuellen Empfehlungen und Marken.*

Füllmengen

Motoröl (bei Filterwechsel)	
1,5 l-Motor	4,5 Liter
1,8 und 2,1 l-Motor	6,5 Liter
Kühlsystem	
1,5 l-Motor	
mit Schaltgetriebe	6,3 Liter
mit Doppelkupplungsgetriebe	7,4 Liter
1,8 und 2,1 l-Motor	9,6 Liter
Schaltgetriebe	2,2 Liter
Doppelkupplungsgetriebe	5,0 Liter
Kraftstofftank	50 Liter

Kühlsystem

Frostschutzgemisch (Ethylenglykol)	**Frostschutzmittel**	**Wasser**
Frostschutz bis –37 °C	50 %	50 %

Anmerkung: *Beachten Sie die Hinweise des Herstellers auf der Verpackung.*

Bremsen

Bremsbelag-Verschleißgrenze	
Vorderradbremsen	2,0 mm
Hinterradbremsen	2,0 mm

Reifen-Luftdruck

Beachten Sie hierzu den Aufkleber innerhalb der Tankklappe.

Fernbedienungs-Batterie

Typ	CR 2025 (3,0 Volt)

Anzugsdrehmomente	**Nm**
Keilrippenriemenspanner-Schraube (1,5 l-Motor)	40
Motoröl-Ablassschraube	
1,5 l-Motor	25
1,8- und 2,0 l-Motor	
Metall	30
Kunststoff	4
Ölfilter (1,5 l-Motor)	
Schritt 1	handfest, bis Dichtung anliegt
Schritt 2	um 270° (dreiviertel Umdrehung) weiter
Ölfilterdeckel (1,8- und 2,1 l-Motoren)	25
Radbolzen	130
Schaltgetriebe-Einfüll-/Kontrollschraube	35

1 Wartungsplan

1 Die in diesem Handbuch angegebenen Wartungsintervalle beziehen sich darauf, dass der Fahrzeugbesitzer – und nicht die Werkstatt – die Arbeiten durchführt. Es sind die von uns empfohlenen Minimum-Wartungsintervalle für täglich bewegte Fahrzeuge. Wer sein Auto in einem hervorragenden Zustand erhalten will, muss einige dieser Punkte öfter ausführen. Wir empfehlen, alle Wartungen regelmäßig durchzuführen, da hierdurch die Wirtschaftlichkeit, die Leistungsfähigkeit und der Wiederverkaufswert des Fahrzeugs erhalten bleiben.
2 Falls der Wagen viel in staubiger Umgebung, mit geringem Tempo (viel Stadtverkehr), mit Anhänger oder auf kurzen Strecken gefahren wird, empfehlen wir, die Wartungsintervalle zu verkürzen oder gar zu halbieren.
3 Ein Fahrzeug sollte bis zum Ablaufen der Garantie von einer von Mercedes anerkannten Fachwerkstatt gewartet werden, da andernfalls Garantieansprüche möglicherweise nicht anerkannt werden. Während der Garantiezeit dürfen nur Original-Ersatzteile eingebaut werden.

Alle 400 km oder wöchentlich

☐ Motorölpegel kontrollieren (Sektion 5)
☐ Kühlmittelpegel kontrollieren (Sektion 6)
☐ Brems- und Kupplungsflüssigkeitspegel kontrollieren (Sektion 7)
☐ Batterie kontrollieren (Sektion 11)
☐ Elektrik kontrollieren (Sektion 12)
☐ Scheibenwischerblätter kontrollieren (Sektion 10)
☐ Scheibenwaschflüssigkeit kontrollieren (Sektion 8)
☐ Reifen kontrollieren (Sektion 9)

Alle 10 000 km oder spätestens nach 6 Monaten

☐ Motoröls und des Ölfilter wechseln (Sektion 13)
Anmerkung: *Mercedes schreibt den Austausch des Motoröls alle 20 000 km oder 12 Monate vor. Weil sich der Austausch des Motoröls und des Ölfilters sich äußerst positiv auf den Motor auswirkt, empfehlen wir jedoch, diesen Wechsel mindestens zweimal jährlich durchzuführen – besonders wenn das Fahrzeug viel auf Kurzstrecke eingesetzt wird.*
☐ Wartungsintervall-Anzeige zurücksetzen (Sektion 14)

Alle 20 000 km oder spätestens nach 12 Monaten

Zusätzlich zu den oben aufgeführten Punkten:
☐ Motorraum, aller Leitungen und Schläuche auf Undichtigkeiten kontrollieren (Sektion 16)
☐ Keilrippenriemen kontrollieren (Sektion 17)
☐ Kühlmittel-Frostschutzgehalt kontrollieren (Sektion 33)
☐ Zustand und Funktion der Sicherheitsgurte überprüfen (Sektion 18)
☐ Bremsbeläge und Bremsscheiben auf Verschleiß prüfen (Sektion 19)
☐ Antriebswellenmanschetten kontrollieren (Sektion 20)
☐ Zustand und Sicherheit der Lenkung und Radaufhängungen kontrollieren (Sektion 21)
☐ Auspuffanlagen-Komponenten kontrollieren (Sektion 22)
☐ Radbolzen auf korrekte Anzugswerte prüfen (Sektion 23)
☐ Alle Schlösser und Scharniere schmieren (Sektion 24)
☐ Probefahrt durchführen (Sektion 25)

Alle 40 000 km oder spätestens nach 2 Jahren

☐ Pollenfilter ersetzen (Sektion 15)

Alle 70 000 km oder spätestens nach 4 Jahren

☐ Luftfilterelement austauschen (Sektion 27)
☐ Kraftstofffilter austauschen (Sektion 26)

Alle 100 000 km oder spätestens nach 5 Jahren

☐ Automatikgetriebeöl und Ölfilter austauschen (Kapitel 7B, Sektion 2)
☐ 1,5 l-Motor: Zahnriemen ersetzen (Sektion 29)*
* **Anmerkung:** *Tatsächlich empfiehlt Mercedes, den Zahnriemen erst nach 200 000 km oder spätestens 10 Jahren zu wechseln. Wir raten jedoch dazu, die Wechselintervalle deutlich zu verkürzen – besonders, wenn das Fahrzeug viel auf Kurzstrecke gefahren und sehr oft abgeschaltet und wieder gestartet wird. Generell muss bedacht werden, dass ein reißender Zahnriemen zu schweren Motorschäden führen kann.*

Alle 2 Jahre (ungeachtet der Laufleistung)

☐ Bremsflüssigkeit austauschen (Sektion 31)
☐ Fernbedienungs-Batterie austauschen (Sektion 32)

Alle 200 000 km oder spätestens nach 10 Jahren

☐ Kühlmittel austauschen (Sektion 33)*
** Mercedes rät, die ab Werk aufgefüllte Kühlflüssigkeit nach zehn Jahren auszutauschen. Bei jedem Zweifel über den Typ und den Zustand des Frostschutzmittels empfehlen wir, das Wechselintervall zu verkürzen.*

2 Baugruppen – Positionen

Motorraum – 1,5 l-Motor

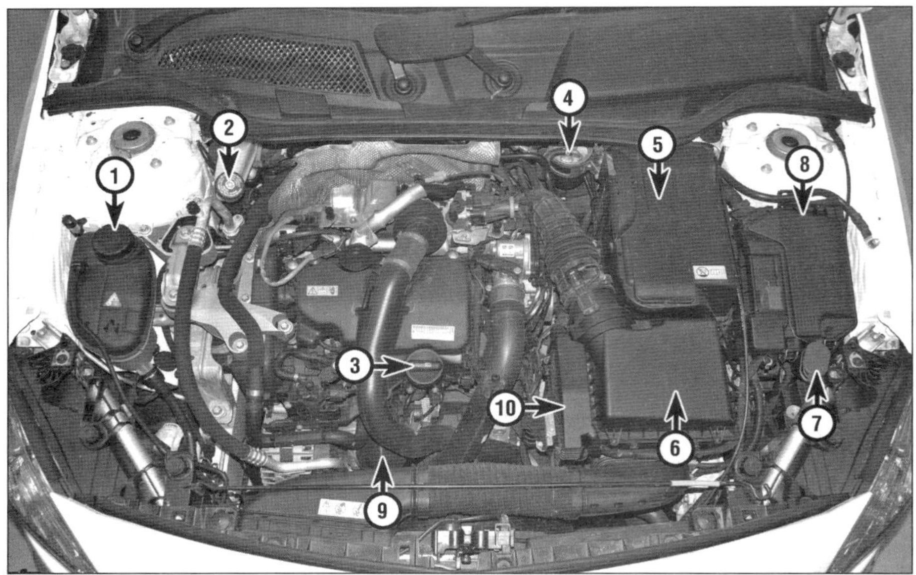

1 *Kühlmittel-Ausgleichsbehälter*
2 *Brems-/Kupplungs-Ausgleichsbehälter (bei Linkslenkern neben der Batterie)*
3 *Motoröl-Einfülldeckel mit integriertem Peilstab*
4 *Kraftstofffilter*
5 *Batterieabdeckung*
6 *Luftfiltergehäuse*
7 *Wischwasserbehälter*
8 *Sicherungs-/Relaisbox*
9 *Motorölfilter*
10 *Motorsteuergerät*

Motorraum – 1,8/2,1 l-Motor

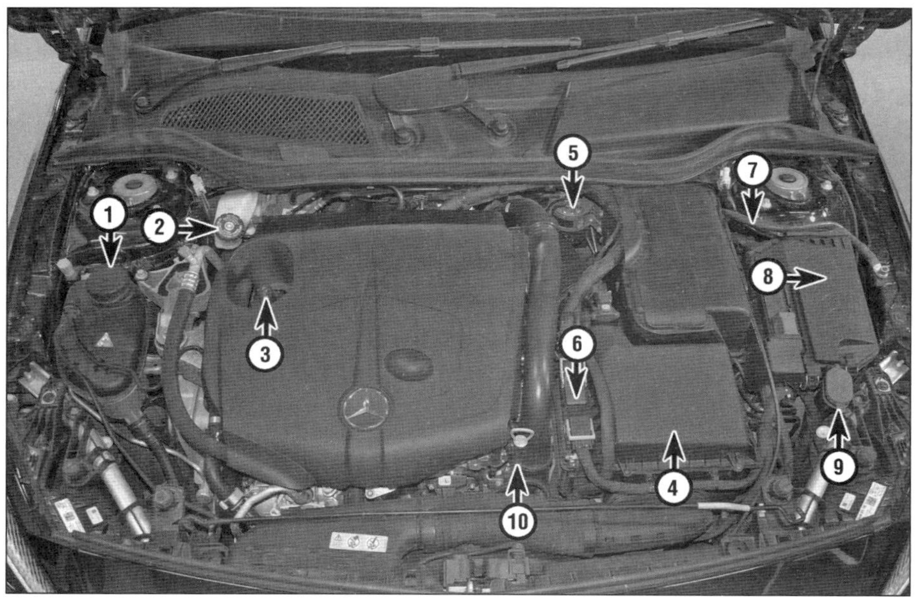

1 *Kühlmittel-Ausgleichsbehälter*
2 *Brems-/Kupplungs-Ausgleichsbehälter (bei Linkslenkern neben der Batterie)*
3 *Motoröl-Einfülldeckel*
4 *Luftfiltergehäuse*
5 *Kraftstofffilter*
6 *Motorsteuergerät*
7 *Batterie-Minuspol*
8 *Sicherungs-/Relaisbox*
9 *Wischwasserbehälter*
10 *Motoröl-Peilstab*

Unterseite Frontbereich – 1,8/2,1 l-Motor (1,5 -Motor ähnlich)

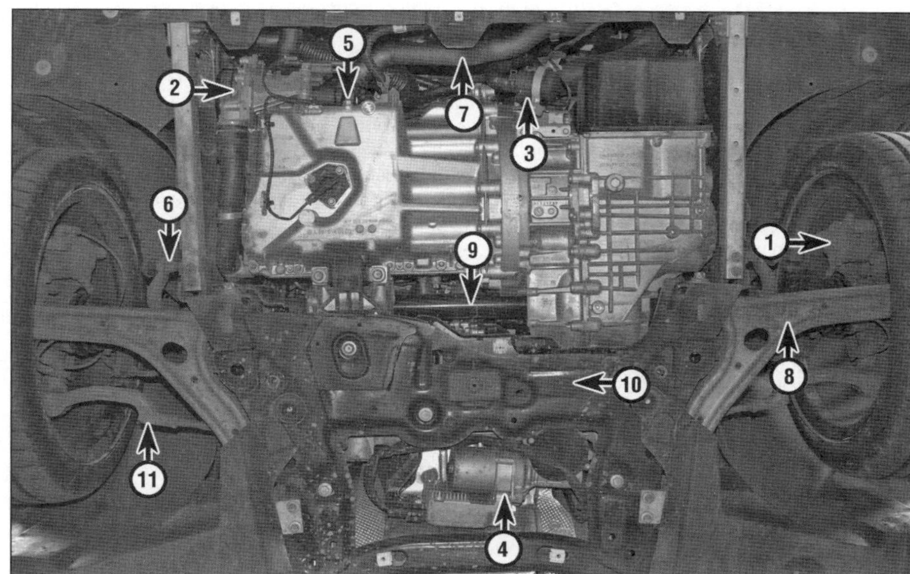

1 Bremssattel
2 Wasserpumpe
3 Elektrische Zusatz-Wasserpumpe
4 Servolenkungsmotor und Steuergerät
5 Motoröl-Ablassschraube
6 Stabilisator
7 Unterer Kühlerschlauch
8 Unterer Querlenker
9 Antriebswelle
10 Hilfsrahmen
11 Spurstangenkopf

Unterseite – Heckbereich

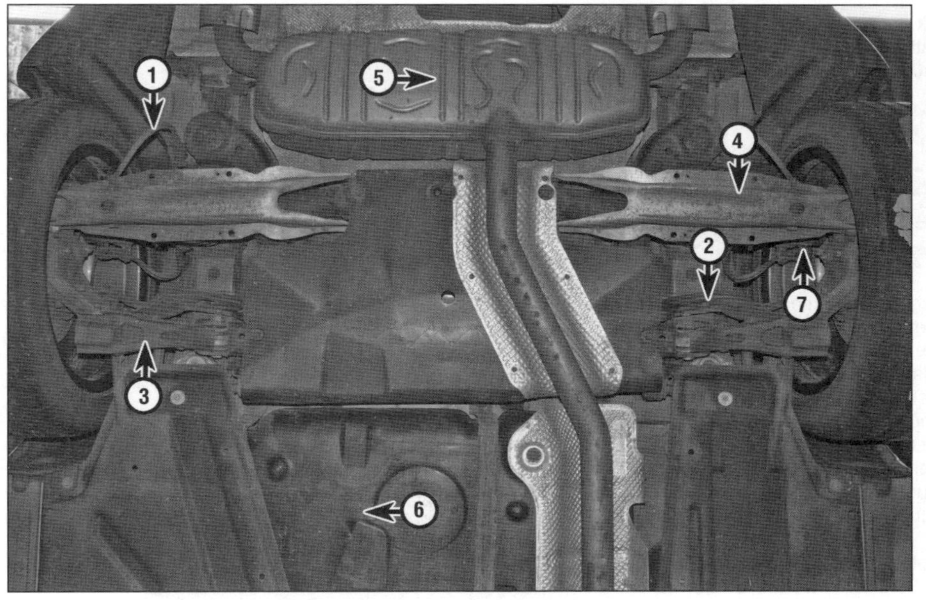

1 Bremsschlauch
2 Sturzstrebe
3 Querlenker
4 Federlenker
5 Endschalldämpfer
6 Kraftstofftank
7 Feststellbremsen-Motor

3 Allgemeine Informationen

1 Dieses Kapitel soll dem Hobbyschrauber helfen, sein Fahrzeug in einem sicheren und technisch guten Zustand zu halten, sodass es immer voll leistungsfähig ist und eine lange Lebensdauer erreicht.
2 Dieses Kapitel beinhaltet einen Master-Wartungsplan und Sektionen, die sich im Einzelnen mit jeder Aufgabe in diesem Plan beschäftigt; darin finden sich Sichtkontrollen, Einstellungen, der Austausch von Komponenten und andere hilfreiche Dinge. Das Auffinden der diversen Komponenten wird mithilfe der Motorraum- und Unterseitenbilder auf den vorherigen Seiten erleichtert.
3 Werden die Arbeiten am Fahrzeug entsprechend des Wartungsplans (siehe Sektion 1) und der folgenden Sektionen durchgeführt, sollte dies zu einem lange und zuverlässig funktionierendem Fahrzeug führen. Es handelt sich um einen sehr umfangreichen Plan – und das regelmäßige Warten einiger Komponenten, aber die Vernachlässigung anderer Baugruppen bringt nicht die gleichen Ergebnisse.
4 Während der Wartungsarbeiten wird auffallen, dass viele Prozeduren gemeinsam erledigt werden können – entweder wegen der speziellen Prozeduren oder der unmittelbaren Nähe zweier ansonsten nicht zusammenhängender Komponenten. Wird das Fahrzeug beispielsweise aus einem bestimmten Grund angehoben, kann neben einer Kontrolle der Lenkung und Radaufhängungen auch gleich eine Inspektion des Auspuffs durchgeführt werden.
5 Der erste Schritt dieses Wartungsprogramms ist, sich selbst vor der eigentlichen Arbeit korrekt vorzubereiten. Alle relevanten Sektionen müssen sorgfältig durchgelesen werden. Dann wird eine Liste erstellt und alle erforderlichen Teile und Werkzeuge müssen beschafft werden. Falls ein Problem auftritt, muss Rat bei einem Ersatzteilhändler oder einer Fachwerkstatt gesucht werden.

4 Inspektionsarbeiten

1 Wenn das Fahrzeug von Beginn an nach Wartungsplan inspiziert wurde und entsprechend der Hinweise in diesem Handbuch regelmäßig Flüssigkeitspegel und Verschleißteile überprüft worden sind, kann davon ausgegangen werden, dass sich der Motor in einem relativ guten Zustand befindet und kaum zusätzliche Arbeiten nötig sind.
2 Möglicherweise lief der Motor mangels regelmäßiger Wartung nicht korrekt. Dies kann bei Gebrauchtwagen, die nicht regelmäßig gewartet wurden, durchaus auftreten. In solchen Fällen können neben den üblichen Wartungsintervallen zusätzliche Arbeiten auftreten.
3 Bei Verdacht auf erhöhten Motorverschleiß kann ein Kompressionstest (siehe Kapitel 2D, Sektion 3) wertvolle Informationen über die Gesamtperformance wichtiger Motorinnereien liefern. Solch ein Test kann als Grundlage genutzt werden, um zu entscheiden, wie umfangreich die Arbeit ausfallen wird. Falls ein Kompressionstest beispielsweise auf einen hochgradigen Verschleiß von Motorkomponenten hinweist, würde die in diesem Kapitel beschriebene konventionelle Wartung die Leistungsfähigkeit des Motors kaum verbessern und sich stattdessen als Zeit- und Geldverschwendung erweisen, solange nicht zuvor umfangreiche Überholungen stattgefunden haben.
4 Die folgenden Arbeitsabläufe sind oft nötig, um die Leistungsfähigkeit eines generell schlecht laufenden Motors zu verbessern:

Primär-Tätigkeiten

a) Batterie reinigen, kontrollieren und testen (Sektion 11).
b) Alle für den Motor wichtigen Betriebsflüssigkeiten kontrollieren.
c) Alle Schläuche auf Undichtigkeit überprüfen (Sektion 16).
d) Keilrippenriemen begutachten (Sektion 17).
e) Kraftstofffilter austauschen (Sektion 26).
f) Luftfilterelement kontrollieren und ggf. austauschen (Sektion 27).

5 Falls die oben beschriebenen Tätigkeiten nicht das gewünschte Ergebnis bringen, müssen zusätzlich die folgenden Arbeiten durchgeführt werden:

Sekundär-Tätigkeiten

a) Ladesystem/Stromversorgung kontrollieren (siehe Kapitel 5, Sektion 2).
b) Motorsteuerung und Abgasregelung kontrollieren (Kapitel 6B).
c) Kraftstoffsystem kontrollieren (siehe Kapitel 4B).

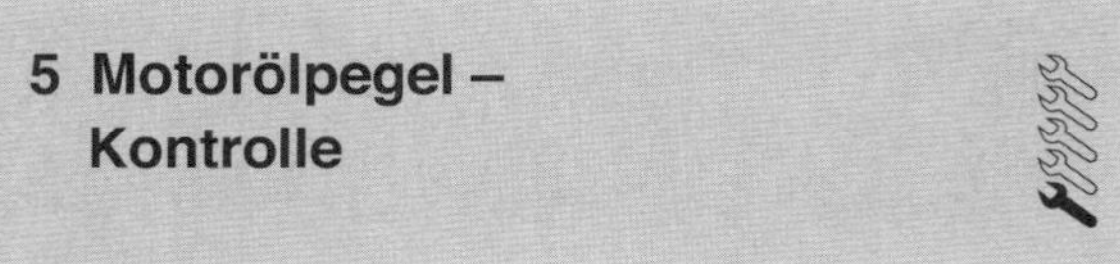

5 Motorölpegel – Kontrolle

Vor Beginn

1 Bringen Sie den Motor auf Betriebstemperatur und stellen Sie das Fahrzeug auf einem ebenen Untergrund ab.
2 Schalten Sie den Motor ab. Das Getriebe muss im Leerlauf bzw. auf P oder N stehen und die Pedale müssen sich in Ruhestellung befinden.
3 Warten Sie etwa fünf Minuten, damit sich der Ölpegel stabilisieren kann.

Das korrekte Öl

4 Moderne Motoren stellen hohe Ansprüche an ihr Öl. Mercedes schreibe vollsynthetisches SAE 5W/30-Mehrbereichsöl nach der Spezifikation 229.31, 229.51 oder 229.52 vor.

Kontrolle

5 Ein geringer Ölverbrauch ist normal. Falls jedoch regelmäßig Öl nachgefüllt werden muss, müssen die Gründe des Ölverlustes gefunden werden. Legen Sie dazu sauberes Papier über Nacht unter den Motor und kontrollieren Sie es am nächsten Morgen auf Ölflecken. Falls keine Tropfen zu finden sind, wird das Öl entweder vom Motor verbrannt oder es tritt nur bei laufendem Motor aus.
6 Der Ölpegel muss stets zwischen den beiden Markierungen am Peilstab stehen. Bei zu niedrigem Pegel können schwere Motorschäden entstehen. Falls das Motoröl überfüllt wird, können Dichtringe und Dichtungen beschädigt werden.
7 Ziehen Sie den Peilstab heraus (siehe Abbildungen).

5.7a Der Peilstab ist beim 1,5 l-Motor in den Einfülldeckel integriert.

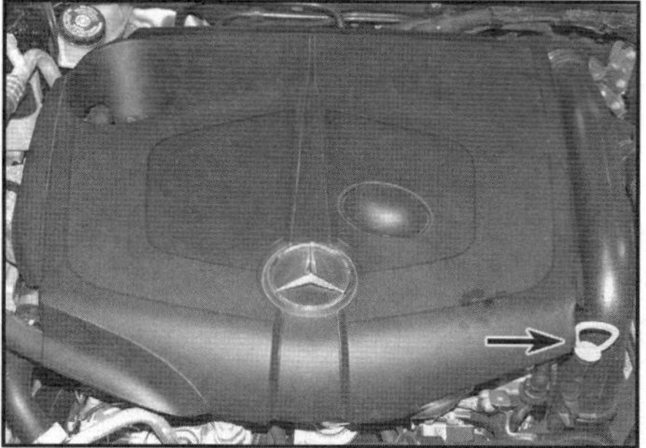

5.7b Position des Peilstabs beim 1,8/2,1-Motor

8 Wischen Sie den Peilstab mit einem Lappen ab und führen Sie ihn wieder vollständig ein (siehe Abbildung).

5.8 Wischen Sie den Peilstab ab und führen Sie ihn wieder vollständig ein.

9 Ziehen Sie den Peilstab erneut heraus und kontrollieren Sie den Ölpegel – er muss zwischen den zwei Markierungen liegen (siehe Abbildung). Falls der Pegel nahe oder unter der Minimal-Markierung liegt, muss frisches Motoröl nachgefüllt werden:

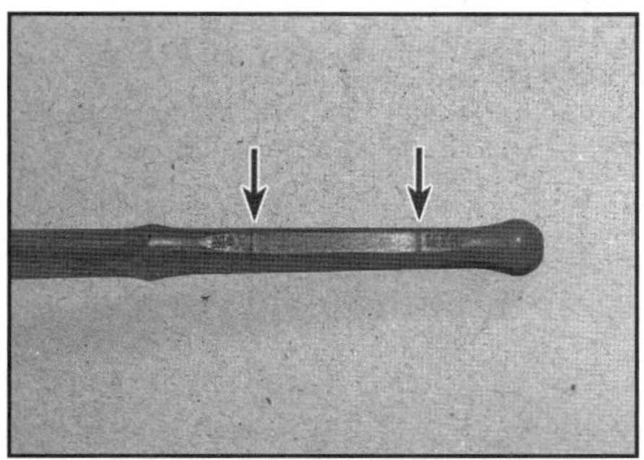

5.9 Prüfen Sie, wie weit der untere Bereich des Peilstabs vom Öl befeuchtet wurde. Die Differenz wischen den beiden Markierungen für den Minimal- und Maximal-Pegel beträgt ca. 1,0 Liter.

10 Drehen Sie den Öleinfülldeckel heraus (siehe Abbildung). Füllen Sie ggf. mithilfe eines Trichters eine geringe Menge Öl auf, warten Sie, bis es nach unten gesickert ist und kontrollieren Sie erneut den Pegel. Der Motor darf nicht überfüllt werden!

5.10 Füllen Sie langsam Öl nach und kontrollieren Sie regelmäßig den Pegel – füllen Sie nicht zu viel auf!

11 Drehen Sie zum Schluss den Öleinfülldeckel wieder ein und drücken Sie den Peilstab in sein Führungsrohr.

6 Kühlmittelpegel – Kontrolle

Warnung: NIEMALS darf bei heißem Motor der Deckel des Ausgleichsbehälters entfernt werden, da eine hohe Verbrühungsgefahr besteht. Kühlmittel darf niemals in offenen Behältern gelagert werden – es ist giftig und kann durch seinen süßlichen Geruch Kindern und Tieren zum Verhängnis werden.

1 Bei einem abgedichteten Kühlsystem sollte nicht regelmäßig Kühlflüssigkeit nachgefüllt werden müssen. Falls der Pegel stetig abfällt, wird wahrscheinlich ein Leck entstanden sein. Überprüfen Sie den Kühler, alle Schläuche und Anschlüsse auf Flecken und Feuchtigkeit. Alle Schäden müssen umgehend behoben werden.
2 Es ist wichtig, Frostschutz ganzjährig zu verwenden und nicht nur im Winter. Füllen Sie bei gesunkenem Pegel nicht nur Wasser auf, um die Flüssigkeit nicht zu verdünnen.
3 Drehen Sie bei abgekühltem Motor den Ausgleichsbehälterdeckel heraus – der Kühlmittel-Pegel muss bis zur Markierungsstange innerhalb des Einfüllstutzens reichen (siehe Abbildung).

6.3 Der Kühlmittel-Pegel muss bis zur Markierungsstange innerhalb des Einfüllstutzens reichen.

4 Füllen Sie nötigenfalls das korrekte Kühlmittel-Gemisch auf, bis der Pegel oben an der Stange liegt, und drehen Sie den Deckel auf (siehe Abbildung).

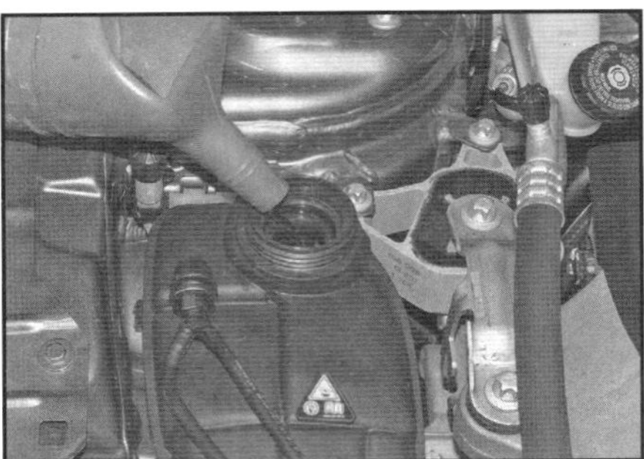

6.4 Füllen Sie Kühlmittel auf, bis der Pegel oben an der Stange liegt.

7 Brems- und Kupplungsflüssigkeitspegel – Kontrolle

Warnung: Bremsflüssigkeit kann zu Augenverletzungen führen und Lackoberflächen angreifen, bewahren Sie deshalb beim Umgang hiermit größte Sorgfalt.

Warnung: Benutzen Sie keine Bremsflüssigkeit, die längere Zeit offen gestanden hat, da sie Feuchtigkeit aus der Luft absorbiert, was zu einem gefährlichen Verlust an Bremswirkung führen kann.

1 Der Pegel im Ausgleichsbehälter sinkt langsam ab, da die Bremsbeläge verschleißen. Der Pegel darf jedoch NIEMALS unter den MIN-Pegel sinken.

Vor Beginn

2 Das Fahrzeug muss auf ebenem Untergrund stehen.

Sicherheit geht vor!

3 Falls der Ausgleichsbehälter regelmäßig aufgefüllt werden muss, ist dies ein Hinweis auf ein Leck im Hydrauliksystem, das unverzüglich abgedichtet werden muss.
4 Falls ein Leck vermutet wird, darf das Fahrzeug nicht gefahren werden, solange das Bremssystem nicht kontrolliert wurde. Schadhafte Bremsen stellen ein extrem hohes Sicherheitsrisiko dar.

Kontrolle

5 Der Pegel ist durch das transparente Ausgleichsbehältergehäuse sichtbar – er muss stets zwischen den MIN- und MAX-Linien liegen (siehe Abbildung).

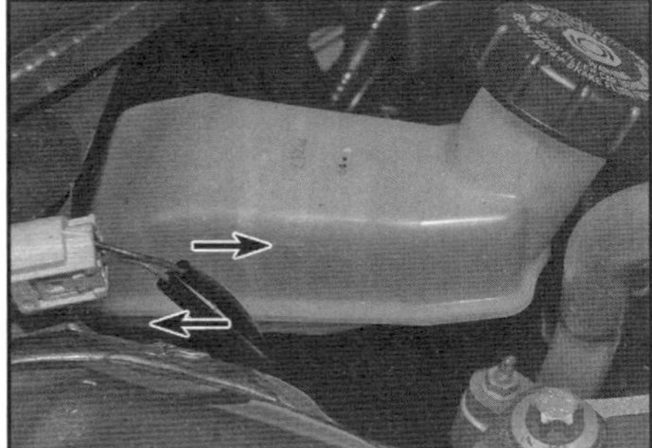

7.5 MIN- und MAX-Linien am Hydraulik-Ausgleichsbehältergehäuse

6 Falls Hydraulikflüssigkeit nachgefüllt werden muss, sollte zuerst der Bereich um den Einfülldeckel herum abgewischt werden, damit kein Schmutz ins Hydrauliksystem gerät. Schrauben Sie den Deckel ab (siehe Abbildung). Falls die Flüssigkeit im Behälter dunkel oder verschmutzt ist, muss sie ausgetauscht werden (siehe Sektion 31).

7.6 Reinigen Sie den Bereich um den Einfülldeckel und schrauben Sie ihn ab.

7 Füllen Sie vorsichtig frische Hydraulikflüssigkeit auf, bis der Pegel an der MAX-Linie steht (siehe Abbildung). Verwenden Sie ausschließlich Bremsflüssigkeit vom Typ DOT 4 Plus ESP – das Mischen unterschiedlicher Typen kann dem Bremssystem schaden! Nach dem Auffüllen werden der Deckel aufgeschraubt und mögliche Spritzer abgewischt.

7.7 Füllen Sie vorsichtig frische Bremsflüssigkeit nach – vermeiden Sie Spritzer auf umliegende Bauteile.

8 Scheibenwaschflüssigkeit

1 Wischwasserzusätze sorgen nicht nur für klare Sicht durch die Windschutzscheibe, sondern verhindern auch, dass das Wischwasser im Winter einfriert – eine Zeit, in der es am häufigsten gebraucht wird. Daher darf der Behälter niemals mit klarem Wasser nachgefüllt werden.
Auf keinen Fall darf Kühler-Frostschutzmittel für die Scheibenwaschanlage verwendet werden, da es den Lack des Fahrzeugs angreift!
2 Der gemeinsame Wischwasserbehälter für die Windschutzscheibe, die Heckscheibe und die Scheinwerfer sitzt links vorn im Motorraum (siehe Abbildung). Für die Kontrolle des Pegels muss der Deckel geöffnet und hineingeschaut werden.

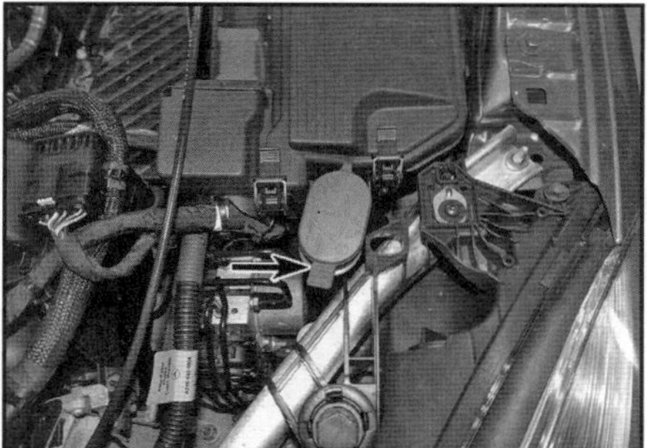

8.2 Heben Sie die Kappe des Wischwasserbehälters ab.

3 Zum Auffüllen des Behälters muss das korrekte Gemisch aus Wasser und Zusatzmittel verwendet werden (siehe Abbildung).

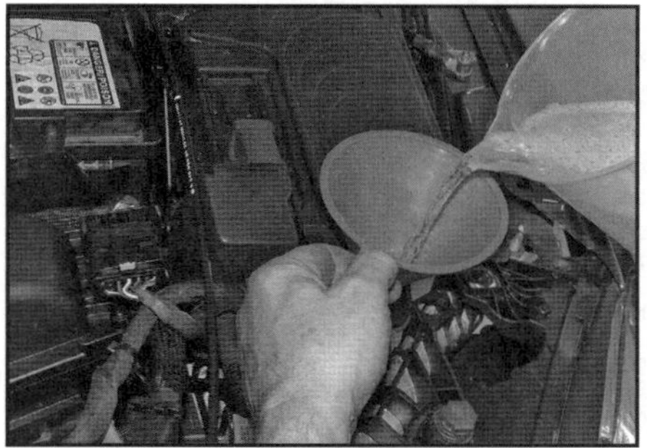

8.3 Füllen Sie den Wischwasserbehälter mit dem korrekten Gemisch auf.

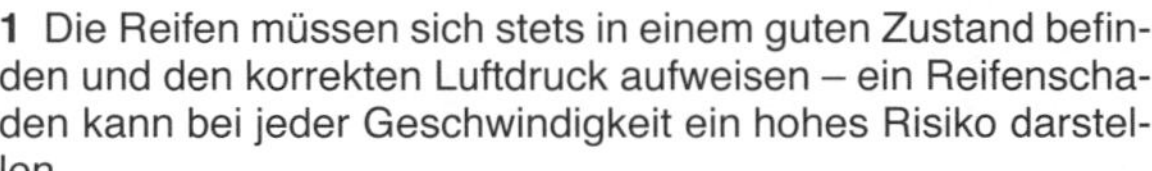

9 Reifen – Zustand und Luftdruckprüfung

1 Die Reifen müssen sich stets in einem guten Zustand befinden und den korrekten Luftdruck aufweisen – ein Reifenschaden kann bei jeder Geschwindigkeit ein hohes Risiko darstellen.
2 Der Reifenverschleiß hängt stark von der Fahrweise ab – starkes Beschleunigen und Bremsen sowie hohe Kurvengeschwindigkeiten beschleunigen den Verschleiß. Generell gilt, dass bei unterschiedlich abgefahrenen Reifen diejenigen mit der größeren Profiltiefe hinten montiert sein sollten – es wird jedoch empfohlen, alle vier Reifen gleichzeitig auszutauschen.
3 Entfernen Sie alle Nägel, scharfkantigen Steine und andere Fremdkörper aus dem Reifenprofil, bevor sie sich nach innen arbeiten können. Falls nach dem Entfernen eines Nagels Luft entweicht, muss er wieder hineingesteckt werden, um die Stelle für eine Reparatur zu markieren. Tauschen Sie das Rad gegen das Reserverad aus und lassen Sie den Reifen unverzüglich reparieren.
4 Die Seitenwände der Reifen müssen regelmäßig auf Risse oder Beulen überprüft werden. Demontieren Sie die Räder gelegentlich, um sie innen und außen zu reinigen. Kontrollieren Sie regelmäßig die Felgen auf Korrosion und Beschädigungen. Leichtmetallfelgen können leicht beim Überfahren von Bordsteinen beschädigt werden; auch Stahlfelgen können hier verbeult werden. Bei größeren Schäden hilft meistens nur der Austausch der Felge.
5 Neue Reifen müssen nach der Montage ausgewuchtet werden. Allerdings müssen sie manchmal bei einem gewissen Verschleiß neu gewuchtet werden; das Gleiche gilt, wenn Gewichte verloren gegangen sind. Nicht ausgewuchtete Reifen beeinträchtigen nicht nur den Fahrkomfort, sondern lassen auch Federelemente, die Lenkung und die Reifen selbst schneller verschleißen. Eine Unwucht zeigt sich üblicherweise durch Vibrationen – meistens bei Geschwindigkeiten um 80 km/h herum. Falls diese Vibrationen lediglich im Lenkrad fühlbar sind, sind wahrscheinlich nur die Vorderräder nicht ausgewuchtet. Sind die Vibrationen im gesamten Auto spürbar, werden die Hinterräder nicht ausgewuchtet sein. Räder können bei jedem Reifenhändler ausgewuchtet werden.
6 Die meisten Reifen besitzen Profiltiefen-Indikatoren, auf die an den Flanken mit Dreiecken oder der Bezeichnung TWI hingewiesen wird (siehe Abbildung). Diese Indikatoren müssen **nicht** bei allen Reifenmarken den vorgeschriebenen 1,6 mm entsprechen!

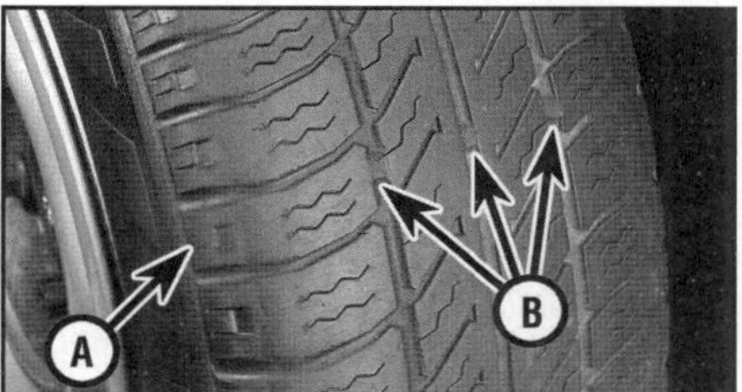

9.6 Erhöhungen im Profil (B) weisen darauf hin, wann (bei den meisten Reifen) die Verschleißgrenze von 1,6 mm erreicht ist. Ein Dreieck (A) an der Flanke zeigt die Positionen dieser Erhöhungen.

7 Mithilfe eines einfachen und preiswerten Profiltiefen-Messgeräts wird die Profiltiefe an der am stärksten verschlissenen Stelle des Reifens ermittelt (siehe Abbildung) – die Polizei wird es bei einer Kontrolle ebenso tun.

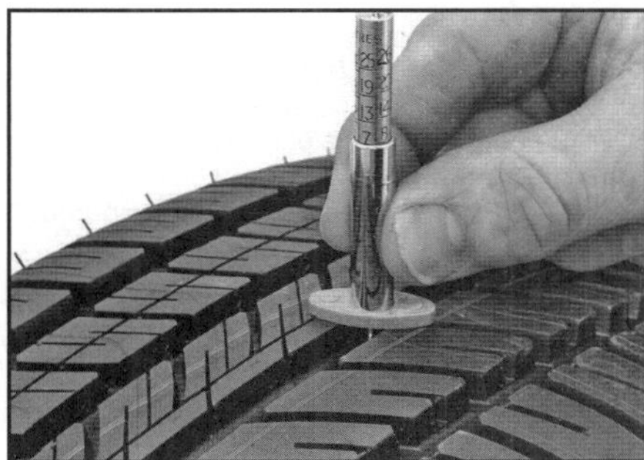

9.7 Einsatz eines Profiltiefen-Messgeräts

8 Der Luftdruck muss bei kalten Reifen überprüft werden (siehe Abbildung) – also nicht direkt nach längerer Fahrt, denn hierbei wird der Reifen warm und der Luftdruck steigt. Der korrekte Druck kann auf einem Aufkleber in der Tankklappe abgelesen werden.

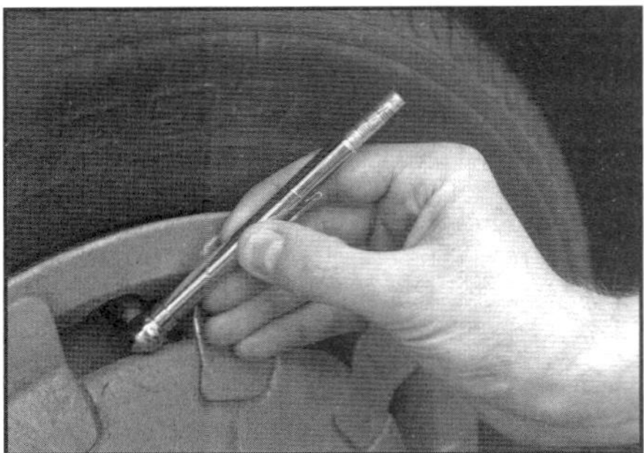

9.8 Kontrollieren Sie den Luftdruck bei kalten Reifen.

Reifenverschleißmuster

Seitlicher Verschleiß

Zu niedriger Luftdruck (Verschleiß an beiden Rändern)

Geringer Luftdruck sorgt für starke Erwärmung des Reifens, da er während der Fahrt zu stark walkt. Überhitzung kann zum plötzlichen Ausfall des Reifens führen! Da die Lauffläche nicht korrekt auf der Fahrbahn aufliegt, wird die Traktion vermindert und der Verschleiß stark erhöht.
Der Luftdruck muss sofort auf den korrekten Wert gebracht werden!

Unkorrekter Sturz (Verschleiß an einer Seite)

Der Sturzwinkel des Fahrzeugs muss eingestellt werden. Beschädigte Teile des Fahrwerks müssen ersetzt werden.

Hohe Kurvengeschwindigkeiten

Der Reifen kann von der Felge springen! Langsam fahren und bei nächster Gelegenheit den Luftdruck erhöhen!

Mittiger Verschleiß

Zu hoher Luftdruck

Zu hoher Reifendruck erhöht den Verschleiß in der Laufflächenmitte, verringert die Traktion, verschlechtert den Fahrkomfort und erhöht die Gefahr eines plötzlichen Schadens an der Reifenstruktur.
Der Luftdruck muss sofort auf den korrekten Wert gebracht werden!

***Anmerkung**: Falls die Reifen manchmal wegen hoher Reisegeschwindigkeiten stärker aufgepumpt werden müssen, darf nicht vergessen werden, den Druck anschließend wieder auf die normalen Werte abzusenken.*

Ungleichmäßiger Verschleiß

Vorderreifen verschleißen manchmal aufgrund falscher Spureinstellungen ungleichmäßig. Viele Reifenhändler und Werkstätten sind in der Lage, die Spur zu kontrollieren und korrekt einzustellen.

Unkorrekter Sturz oder Nachlauf

Verschlissene oder beschädigte Teile des Fahrwerks müssen ersetzt werden.

Ungewuchtete Räder

Die Räder müssen ausgewuchtet werden.

Unkorrekte Spureinstellung

Die Spur der Vorderräder muss eingestellt werden (siehe Kapitel 10, Sektion 23).
Anmerkung: *Ungleichmäßig verschlissene Profilblöcke, die auf eine unkorrekte Spureinstellung hinweisen, lassen sich am besten per Auge und Fingergefühl ermitteln.*

Seitlicher Reifenverschleiß

Mittiger Reifenverschleiß

Ungleichmäßiger Reifenverschleiß

10 Scheibenwischerblätter

1 Kontrollieren Sie den Zustand der Wischerblätter (siehe Abbildung). Ist ein Blatt eingerissen oder spröde oder erzeugt es auf der Windschutzscheibe Schlieren, muss es ersetzt werden. Wischerblätter sollten jährlich erneuert werden.

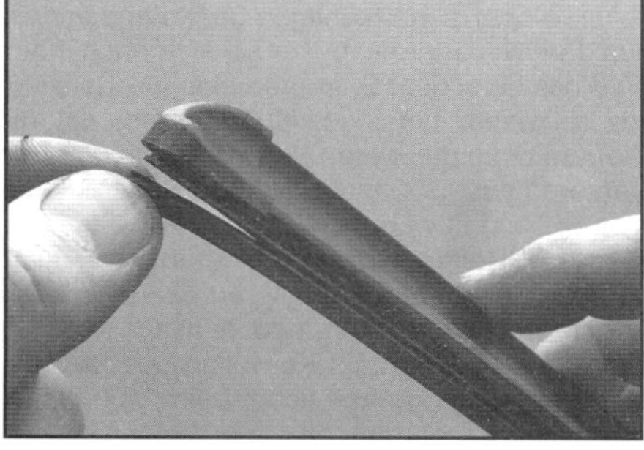

10.1 Kontrollieren Sie den Zustand der Wischerblätter – dieses muss ersetzt werden.

2 Um ein Windschutzscheiben-Wischerblatt zu demontieren, wird der Wischerarm von der Windschutzscheibe abgehoben, bis er einrastet. Drücken Sie die Laschen an der Seite des Wischerblatts ein und befreien Sie es vom Wischerarm (siehe Abbildung) – lassen Sie diesen nicht versehentlich auf die Windschutzscheibe schlagen!

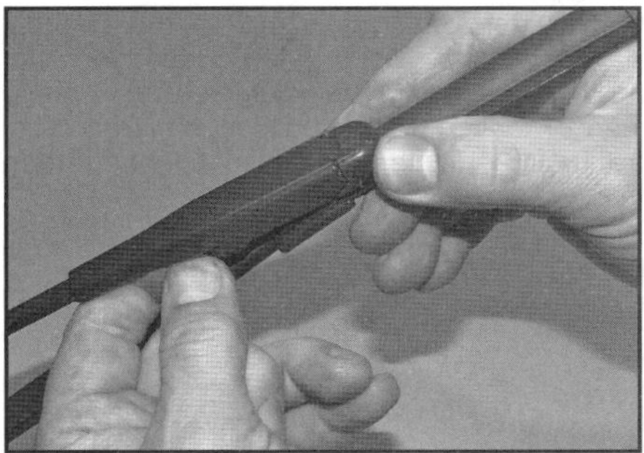

10.2 Drücken Sie die Laschen an der Seite des vorderen Wischerblatts ein und befreien Sie es vom Wischerarm.

3 Heben Sie an der Heckscheibe den Wischerarm ab, drücken Sie die Laschen zusammen, schwenken Sie das Wischerblatt heraus und entfernen Sie es (siehe Abbildung).

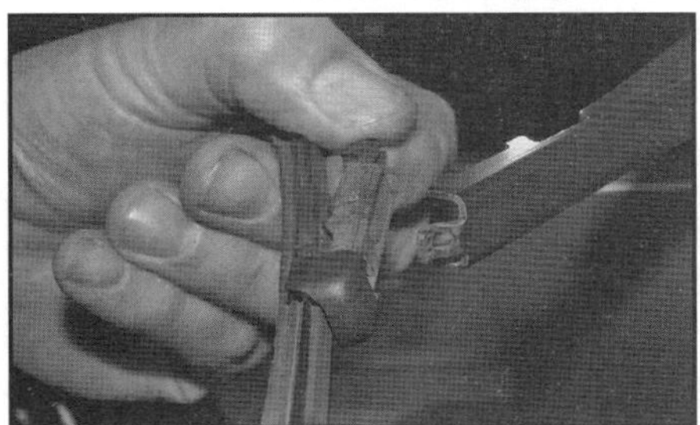

10.3 Drücken Sie die Laschen an der Seite des hinteren Wischerblatts ein und befreien Sie es vom Wischerarm.

11 Batterie – Kontrolle

Achtung: Bevor an der Fahrzeugbatterie gearbeitet wird, müssen die Hinweise in der Sektion ›Sicherheit geht vor!‹ am Anfang dieses Buchs durchgelesen werden.

1 Der Batteriehalter muss sich in einem guten Zustand befinden und die Halterung muss fest sitzen. Korrosion am Halter, der Klemme und der Batterie selbst kann mithilfe von Sodalauge entfernt werden, anschließend werden alle gereinigten Bereiche mit Wasser abgespült. Durch Korrosion beschädigte Metallteile sollten umgehend mit Zink-Grundierung behandelt und anschließend lackiert werden.

2 Etwa vierteljährlich sollte der Ladezustand der Batterie überprüft werden (siehe Kapitel 5, Sektion 3).

3 Muss das Fahrzeug wegen einer entladenen Batterie überbrückt werden, sind die Hinweise auf Seite 21 zu beachten.

4 Die Batterie befindet sich links im Motorraum unter einer Abdeckung. Befreien Sie den Kabelbaum und schieben Sie die Abdeckung nach von ab (siehe Abbildungen).

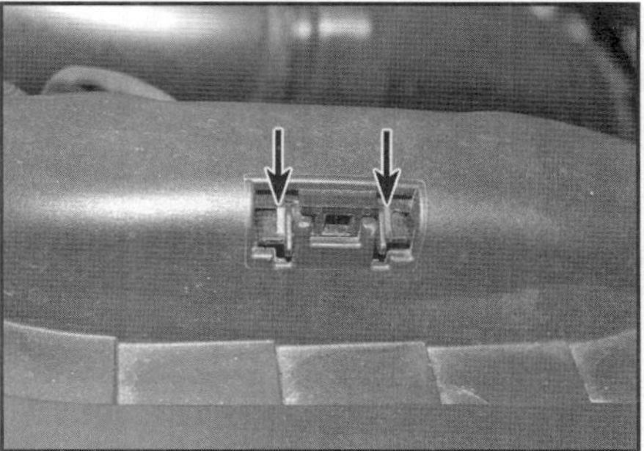

11.4a Drücken Sie die Laschen ein, ...

11.4b ... befreien Sie den Kabelbaum ...

11.4c ... und schieben Sie die Abdeckung nach vorn, um Zugang zur Batterie zu erhalten.

5 Falls Korrosion (weiße, flockige Ablagerungen) festgestellt wird, müssen die Kabelklemmen von den Batteriepolen befreit (siehe Kapitel 5, Sektion 4), die Pole mit einer kleinen Drahtbürste gereinigt und die Klemmen wieder gesichert werden – im Autozubehörhandel sind Werkzeuge erhältlich, mit denen sich sowohl die Batteriepole als auch die Kabelklemmen reinigen lassen (siehe Abbildungen).

11.5a Mit einer solchen Spezial-Drahtbürste lassen sich sowohl die Anschlussklemmen ...

11.5b ... als auch die Batteriepole reinigen.

Praxis-Tipp

Korrosion der Batteriepole kann auf ein Minimum reduziert werden, wenn man sie nach dem Anschließen der Kabel mit Polfett oder Vaseline versieht. Für diesen Zweck sind auch Sprays erhältlich. Verwenden Sie kein Fett auf Mineralölbasis.

12 Elektrik – Kontrolle

1 Kontrollieren Sie alle Leuchten außen am Fahrzeug sowie die Hupe. Falls Stromkreise nicht funktionieren, müssen die Hinweise in Kapitel 12, Sektion 2 beachtet werden.

2 Begutachten Sie alle zugänglichen Kabelstecker sowie die Verkabelungen und ihre Befestigungen auf sichere Anschlüsse und Hinweise auf Scheuerstellen und Beschädigungen.

Praxis-Tipp

Um Bremslichter ohne fremde Hilfe kontrollieren zu können, wird das Fahrzeug rückwärts vor eine helle Wand oder ein Garagentor gefahren und die Bremse betätigt – durch die Reflexionen lässt sich erkennen, ob alle Bremsleuchten funktionieren.

3 Falls ein einzelner Blinker, ein Bremslicht, ein Standlicht, ein Rücklicht oder ein Scheinwerfer ausfällt, muss wahrscheinlich die Lampe ersetzt werden (siehe Abbildung) (siehe Kapitel 12). Falls alle Bremsleuchten ausfallen, wird wahrscheinlich der Bremslichtschalter defekt sein (siehe Kapitel 9, Sektion 17).

12.3 Falls ein einzelner Blinker, ein Bremslicht, ein Standlicht, ein Rücklicht oder ein Scheinwerfer ausfällt, muss wahrscheinlich die Lampe ersetzt werden.

4 Falls mehr als ein Blinker oder beide Rücklichter ausfallen, wird wahrscheinlich eine Sicherung durchgebrannt sein oder im Stromkreis ein Defekt vorliegen (siehe Kapitel 12). Sicherungen befinden sich in zwei Boxen – eine sitzt seitlich im Beifahrer-Fußraum und die andere im Motorraum. Um Zugang zur Sicherungs-/Relais-Box im Motorraum zu erhalten, müssen die zwei Bügel vorn an der Abdeckung gelöst und diese abgenommen werden. Um Zugang zur Sicherungsbox im Fußraum zu erhalten, muss die perforierte Bodenabdeckung zurückgeklappt und die Lasche der Abdeckung gelöst werden, um diese entfernen zu können (siehe Abbildungen). Beachten Sie für die Zuordnung der Sicherungen die Angaben in der Abdeckung.

12.4a Lösen Sie die Bügel der Sicherungsbox-Abdeckung im Motorraum.

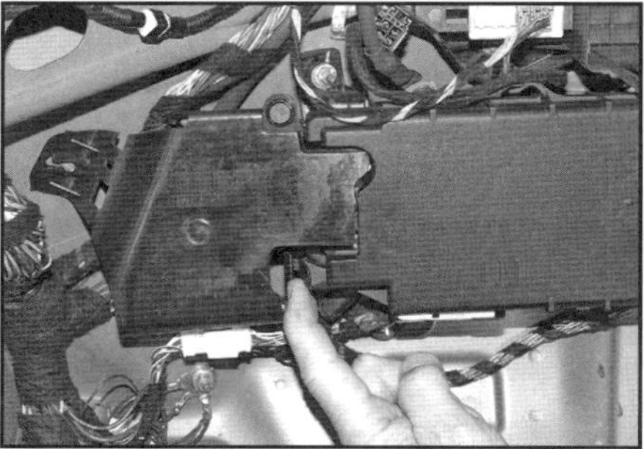

12.4b Lösen Sie die Lasche der Sicherungsbox-Abdeckung im Fußraum ...

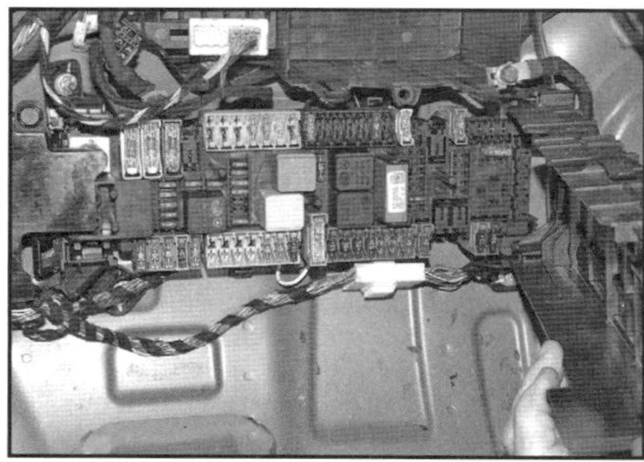

12.4c ... und öffnen Sie die Box.

5 Um eine Sicherung ausbauen zu können, muss die Sicherungslasche beiseite gedrückt und die Sicherung mit einer Zange herausgezogen werden (siehe Abbildungen). Falls eine neu installierte Sicherung (stets der gleichen Stärke!) sofort wieder schmilzt, muss vor dem Einbau der nächsten Sicherung die Ursache gefunden und beseitigt werden (siehe Kapitel 12, Sektion 3).

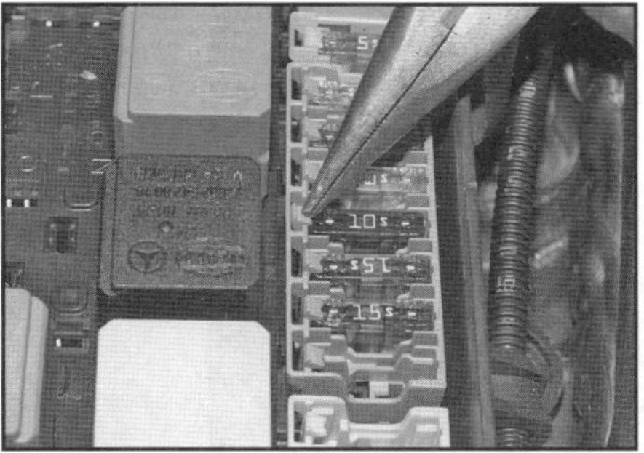

12.5a Drücken Sie die Sicherungslasche beiseite ...

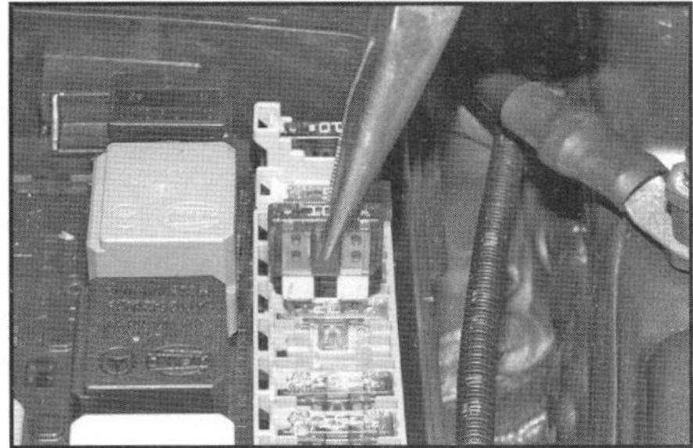

12.5b ... und ziehen Sie die Sicherung heraus.

13 Motoröl und Ölfilter – Austausch

1 Ein regelmäßiger Öl- und Filterwechsel ist die wichtigste präventive Wartungsarbeit, die ein Hobbyschrauber zum Erhalt seines Fahrzeugs erledigen kann. Motoröl wird mit der Zeit schlecht und verunreinigt, sodass vorzeitiger Motorverschleiß einsetzt.

2 Bevor mit dieser Prozedur begonnen wird, müssen alle erforderlichen Werkzeuge beschafft sein. Um Spritzer aufzuwischen, werden Lappen oder Zeitungspapier benötigt. Motoröl sollte möglichst gewechselt werden, wenn der Motor nach einer Fahrt auf Betriebstemperatur ist; warmes Öl und Ölschlamm fließen so leichter ab. Bei Arbeiten unter dem Fahrzeug dürfen weder der Auspuff noch andere heiße Komponenten berührt werden. Um Verbrühungen vorzubeugen und sich selbst vor Hautreizungen und im Öl enthaltenen giftigen Stoffen zu schützen, sollten bei dieser Arbeit Handschuhe getragen werden.

3 Der Zugang zur Unterseite des Autos wird deutlich besser, wenn es vorn angehoben, auf Rampen gefahren oder mit Böcken abgestützt wird (siehe Seite 24).

4 Demontieren Sie ggf. die Befestigungen des Unterfahrschutzes und entnehmen Sie diesen (siehe Abbildung).

13.4 Befestigungen des Unterfahrschutzes

5 Lockern Sie unten an der Ölwanne die Ablassschraube um eine halbe Umdrehung. Stellen Sie einen geeigneten Sammelbehälter unter die Ablassschraube und drehen Sie diese vollständig heraus (siehe Abbildung).

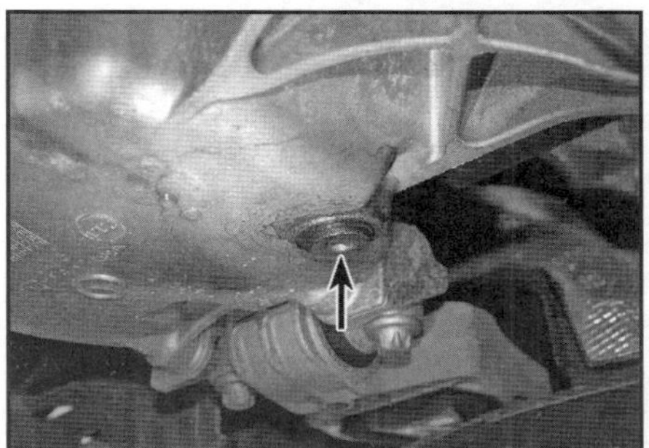

13.5 Beim 1,5 l-Motor wird zum Lösen der Ablassschraube ein 10 mm starker Vierkant benötigt.

Praxis-Tipp

Drücken Sie die Ablassschraube während der letzten Umdrehungen von Hand gegen die Ölwanne und ziehen Sie sie dann rasch weg – so läuft das Öl nicht über die Hand und den Arm.

6 Geben Sie dem Öl genug Zeit zum Ablaufen – nötigenfalls muss der Behälter umgesetzt werden, wenn es nur noch tröpfelt.

7 Wischen Sie die Ablassschraube sauber, kontrollieren Sie ihre Dichtscheibe und ersetzen Sie sie nötigenfalls – generell ist es ratsam, sie ungeachtet ihres Zustands zu erneuern (siehe Abbildung). Reinigen Sie den Bereich um die Ablaufbohrung, installieren Sie die mit der (ggf. neuen) Dichtscheibe ausgerüstete Ablassschraube und ziehen Sie sie mit dem in den technischen Daten angegebenen Drehmoment an.

13.7 Erneuern Sie die Dichtscheibe der Ölablassschraube.

8 Falls auch der Ölfilter erneuert werden soll, muss der Sammelbehälter jetzt darunter positioniert werden.

1,5 l-Motoren

9 Ziehen Sie oben am Motor die Kunststoffabdeckung ab und drehen Sie den Öleinfülldeckel heraus – der Peilstab ist darin integriert.

10 Drehen Sie mithilfe eines Band- oder speziellen Filterschlüssels die vorn am Motorgehäuse sitzende Ölfilterpatrone von ihrem Stutzen und entnehmen Sie sie (siehe Abbildungen) – seien Sie auf etwas austretendes Öl vorbereitet.

13.10a Die Ölfilterpartrone ...

13.10b ... muss mithilfe eines Band- oder Filterschlüssels gelockert und dann entfernt werden.

11 Der Gummi-Dichtring sollte an der Filterpatrone verbleiben, lösen Sie sie andernfalls vom Ölfilter-Sitz; reinigen Sie diesen (siehe Abbildung).

13.11 Reinigen Sie den Ölfiltersitz.

12 Ölen Sie den Dichtring des neuen Ölfilters leicht ein, drehen Sie ihn auf den Stutzen, bis er anliegt, und drehen Sie ihn anschließend um 270° (dreiviertel Umdrehung) weiter – dies sollte von Hand möglich sein (siehe Abbildungen).

13.12a Ölen Sie den Dichtring des neuen Ölfilters leicht ein ...

13.12b .... und drehen Sie ihn auf den Stutzen.

1,8- und 2,1 l-Motoren

13 Ziehen Sie den Peilstab heraus und befreien Sie die obere Motorabdeckung (siehe Abbildung).

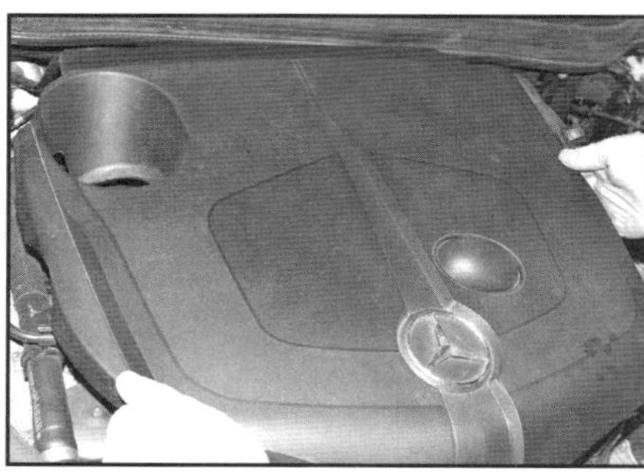

13.13 Ziehen Sie die obere Motorabdeckung nach oben ab.

14 Das Ölfilterelement sitzt in einem Filtergehäuse, dessen Deckel mit einem speziellen Filterschlüssel gelöst werden muss (siehe Abbildung) – seien Sie auf etwas austretendes Öl vorbereitet.

13.14 Der Ölfilterdeckel befindet sich rechts im Motorraum.

15 Ziehen Sie das Filterelement aus dem Gehäuse – seien Sie auf abtropfendes Öl vorbereitet.
16 Entfernen Sie die drei O-Ringe des Ölfilterdeckels (Abb. 13.18a).
17 Wischen Sie den Deckel innen und außen sauber.
18 Rüsten Sie den Filterdeckel mit drei neuen O-Ringen aus und installieren Sie das neue Filterelement (siehe Abbildungen).

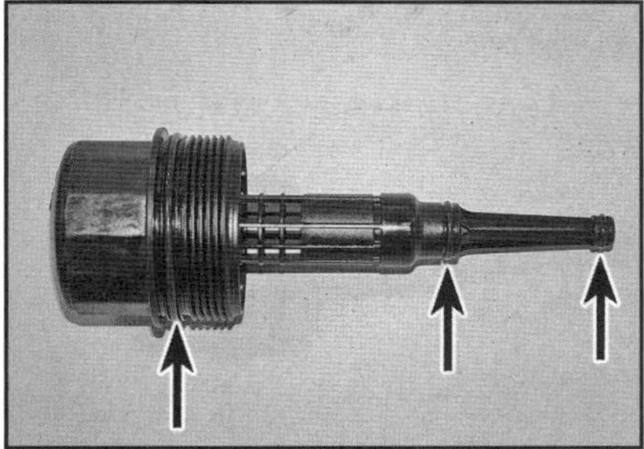

13.18a Erneuern Sie die drei O-Ringe ...

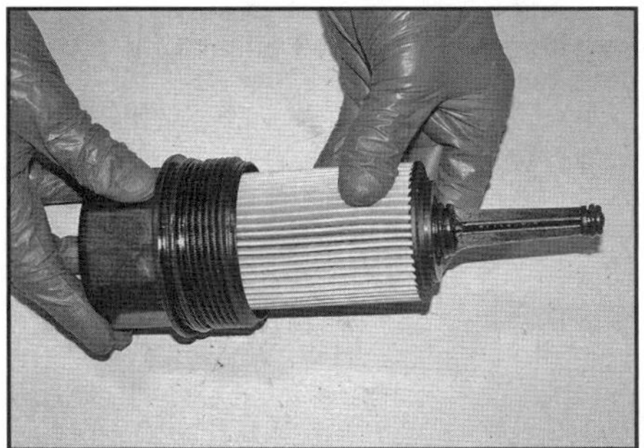

13.18b ... und schieben Sie das neue Filterelement in Position.

19 Verteilen Sie etwas frisches Motoröl an den O-Ringen des Ölfilterdeckels und installieren Sie diesen samt Filter in sein Gehäuse. Ziehen Sie den Deckel mit 25 Nm an.

Alle Modelle

20 Montieren Sie den Unterfahrschutz und ziehen Sie seine Befestigungen sorgfältig an. Entfernen Sie den mit Altöl gefüllten Sammelbehälter und sämtliches unter dem Fahrzeug liegendes Werkzeug und senken Sie den Wagen ab.
21 Füllen Sie etwa die Hälfte des vorgeschriebenen Motoröls (siehe Technische Daten) durch den Einfüllstutzen ein (siehe Abbildungen) – ein Trichter kann hilfreich sein. Warten Sie ein paar Minuten, damit das Öl in die Ölwanne sickern kann. Füllen Sie dann Öl in kleinen Mengen nach, bis der Pegel an der unteren Markierung des Peilstabs erreicht ist. Bis zur oberen Markierung muss jetzt noch ca. ein Liter nachgefüllt werden. Installieren Sie den Peilstab und den Einfülldeckel.

13.21a Beim 1,5 l-Motor ist der Peilstab in den Einfülldeckel integriert.

13.21b Füllen Sie Motoröl auf.

22 Starten Sie den Motor. Die Öldruck-Warnlampe wird noch einige Sekunden leuchten, bis der Ölfilter und alle Ölkanäle im Motor gefüllt sind. Die Drehzahl darf in diesem Zeitraum nicht erhöht werden. Lassen Sie den Motor einige Minuten laufen und kontrollieren Sie die Bereiche um den Ölfilter und die Ablassschraube auf Undichtigkeiten.
23 Schalten Sie den Motor ab und warten Sie einige Minuten, damit sich das Öl wieder in der Ölwanne gesammelt hat. Kontrollieren Sie erneut den Pegel und füllen Sie nötigenfalls etwas Öl nach.
24 Das alte Motoröl kann nicht mehr verwendet werden und muss in einen auslaufsicheren Behälter gefüllt werden. Jeder Händler, der technische Öle verkauft, ist auch dazu verpflichtet, entsprechende Mengen Altöl zurückzunehmen und zur fachgerechten Entsorgung oder zum Recycling zu bringen. Lassen Sie nie Altöl in die Kanalisation gelangen oder im Boden versickern!

14 Inspektionsanzeige – Zurücksetzen

1 Der Kilometerzähler beinhaltet eine Anzeige, wann die nächste Inspektion zu erfolgen hat oder wie viele Kilometer seit der letzten Inspektion gefahren wurden. Die Anzeige kann nach erfolgter Inspektion manuell zurückgesetzt werden; sie kann auch mithilfe eines Diagnosegeräts zurückgesetzt werden.
2 Um die Anzeige manuell zurückzusetzen, muss die folgende Prozedur durchgeführt werden:

a) Die Motorhaube, die Heckklappe und alle Türen müssen verschlossen sein.
b) Drehen Sie den Zündschlüssel in die Position ›I‹.
c) Die Standardanzeige (Gesamtdistanz) muss angezeigt werden – stellen Sie sie nötigenfalls ein.
d) Öffnen Sie am Lenkrad die Menüliste und wählen Sie das ›Trip‹-Menü. Der nächste Schritt muss innerhalb von 5 Sekunden durchgeführt werden.
e) Drücken und halten Sie gleichzeitig die Tasten ›Anruf-Annehmen‹ und ›Ablehnen‹ und drücken Sie innerhalb einer Sekunde den ›OK‹-Knopf für ca. 5 Sekunden – jetzt wird das ›Werkstatt-Menü‹ angezeigt.
f) Scrollen Sie, bis ›ASSYST PLUS‹ erscheint, und bestätigen Sie mit ›OK‹.
g) Scrollen Sie erneut, bis ›Full Service‹ erscheint, und bestätigen Sie mit ›OK‹.
h) Wählen Sie ›Bestätigung Service‹ und bestätigen Sie mit ›OK‹.
i) Im Display wird jetzt die Qualität des verwendeten Motoröls abgefragt. Soweit das von Mercedes empfohlene Öl verwendet wird, muss ›Ölqualität 229.5‹ gewählt werden; bei anderen Ölen ist ›Ölqualität 229.3‹ auszuwählen. Bestätigen Sie mit ›OK‹.

j) Scrollen Sie, bis ›Ja‹ hervorgehoben wird, und bestätigen Sie mit ›OK‹.
k) Im Display wird jetzt um eine Bestätigung oder Abbrechen gebeten. Bestätigen Sie und drücken Sie ›OK‹. Jetzt erscheint ›Full Service ausgeführt‹
l) Drücken und halten Sie ›OK‹ und drücken Sie den ›Zurück‹-Knopf, bis die Standardanzeige (Gesamtdistanz) erscheint.
m) Schalten Sie die Zündung aus.

15 Pollenfilter – Ersetzen

1 Entfernen Sie im Beifahrerfußraum die untere Armaturenbrett-Verkleidung (siehe Kapitel 11, Sektion 28).
2 Lösen Sie die Laschen des Pollenfilter-Deckels und entfernen Sie diesen (siehe Abbildungen).

15.2a Lösen Sie die Laschen ...

15.2b ... und entfernen Sie den Pollenfiter-Deckel.

3 Ziehen Sie den Pollenfilter in den Fußraum heraus und entfernen Sie ihn (siehe Abbildung).

15.3 Ziehen Sie den Pollenfilter aus seinem Gehäuse.

4 Installieren Sie den neuen Filter mit den Pfeilen nach innen und nach oben zeigend (siehe Abbildung).

15.4 Die Pfeile am inneren Rand des Pollenfilters müssen nach oben zeigen.

5 Nachdem der Filter vollständig eingeschoben ist, wird der Deckel angesetzt, bis seine Laschen einrasten. Montieren Sie die untere Armaturenbrett-Verkleidung.

16 Schläuche und Undichtigkeiten – Kontrolle

Allgemein

1 Unterziehen Sie alle Motor-Dichtflächen, Dichtungen und Dichtringe auf Spuren ausgetretenen Öls oder Kühlmittels – beachten Sie dabei besonders die Bereiche um die Zylinderkopf-, die Ventildeckel-, die Ölfilter- und die Ölwannendichtung. Kontrollieren Sie ebenfalls das Getriebe und ggf. den Klimaanlagen-Kompressor auf Undichtigkeiten. Mit der Zeit können Dichtungen zu ›schwitzen‹ beginnen, was aber normal ist; an ›echten‹ Undichtigkeiten tropft Flüssigkeit ab. Werden solche Lecks entdeckt, muss die entsprechende Dichtung oder der Dichtring erneuert werden – beachten Sie das entsprechende Kapitel in diesem Handbuch.
2 Die hohen Temperaturen im Motorraum können Gummi- und Kunststoffschläuche am Motor, Nebenaggregaten und der Abgasregelung spröde und rissig werden lassen, sodass regelmäßige Kontrollen auf Alterung, lockere Schellen, Verhärtungen und Undichtigkeiten durchgeführt werden müssen.
3 Überprüfen Sie bei der Kontrolle der Schläuche auch deren Halterungen und Kabelbinder. Gerissene oder gebrochene Halterungen können dazu führen, dass Schläuche, Kabel oder Rohre scheuern – und rasch größere Schäden entstehen.
4 Überprüfen Sie sorgfältig alle Kühler- und Heizungsschläuche auf ihrer gesamten Länge; vergessen Sie nicht die zur Spritzwand führenden Heizungsschläuche und Rohre. Alle Schläuche, die Risse aufweisen, angeschwollen oder spröde sind, müssen ersetzt werden. Risse zeigen sich besser, wenn man den Schlauch von Hand an mehreren Stellen quetscht. Achten Sie besonders auf die Schellen, mit denen die Schläuche an den Kühlsystem-Komponenten gesichert sind. Eine zu fest angezogene Schlauchschelle kann einen Schlauch abklemmen oder durchstechen, sodass Kühlmittel austritt. Ersetzen Sie ggf. vorhandene Einweg-Schellen durch wiederverwendbare Schraubschellen.
5 Prüfen Sie die Festigkeit aller Schlauchverbindungen. Falls die größeren Schläuche zwischen dem Luftfilter und dem Einlassbereich locker sind, dringt Luft ein und das Standgas kann sich verschlechtern. Ersetzen Sie ggf. vorhandene Einweg-Schellen durch wiederverwendbare Schraubschellen.

6 Manche Schläuche sind mit Federklemmen auf ihren Stutzen gesichert. Falls diese Klemmen ermüdet sind, können Undichtigkeiten auftreten. Wo keine Klemmen zum Einsatz kommen, muss geprüft werden, ob die Schlauch-Enden nicht geweitet oder verhärtet sind, sodass sie undicht werden können.
7 Begutachten Sie alle Flüssigkeitsbehälter, Einfülldeckel, Ablassschrauben usw. auf Spuren ausgetretenen Öls, Kühlmittels oder Hydraulikflüssigkeit. Überprüfen Sie die Leitungen der Kupplungshydraulik zwischen dem Ausgleichsbehälter, dem Geberzylinder und dem Ausrückzylinder am Getriebe.
8 Falls das Fahrzeug stets an der gleichen Stelle geparkt wird, sollte der Untergrund regelmäßig auf ausgetretene Flüssigkeiten untersucht werden – Kondenswasserpfützen der Klimaanlage sind jedoch nach deren Betrieb normal. Legen Sie eine saubere Pappe unter den Motor, um mögliche Tropfen besser lokalisieren zu können – beachten Sie jedoch, dass der heiße Katalysator die Pappe nicht in Brand setzt.
9 Manche Undichtigkeiten entstehen nur bei laufendem Motor, bei großer Hitze oder bei kaltem Motor. Aktivieren Sie die Feststellbremse, starten Sie den kalten Motor und begutachten Sie ihn von unten auf Undichtigkeiten.
10 Falls – besonders bei heißem Motor – ungewöhnliche Gerüche wahrgenommen werden, können dies Hinweise auf Undichtigkeiten sein.
11 Sobald ein Leck festgestellt wird, muss die Ursache gefunden und beseitigt werden. Wo längere Zeit Öl austrat, muss der angesammelte Schmutz wahrscheinlich mit einem Dampfstrahler oder Hochdruckreiniger entfernt werden, damit die Quelle besser lokalisiert werden kann.

Unterdruckschläuche

12 Vor allem die Unterdruckschläuche der Abgasregelung sind farbig markiert oder mit eingewebten Farbstreifen versehen. Verschiedene Systeme erfordern Schläuche mit unterschiedlich starker Wandstärke, Bruchfestigkeit und Temperaturbeständigkeit. Achten Sie beim Austausch von Schläuchen darauf, dass sie aus dem gleichen Material bestehen wie die ursprünglichen Schläuche.
13 Oft kann ein Schlauch nur kontrolliert werden, nachdem er vollständig ausgebaut ist. Falls mehr als ein Schlauch demontiert werden, müssen sie markiert werden, um wieder korrekt positioniert werden zu können.
14 Achten Sie bei der Kontrolle von Unterdruckschläuchen auf mögliche T-Stücke und kontrollieren Sie auch diese auf Schäden. Die Schläuche müssen sicher auf dem T-Stück sitzen.
15 Zur Lokalisierung von Unterdruck-Lecks kann ein Schlauch mit etwa 6 mm Innendurchmesser als Stethoskop verwendet werden, indem man ein Ende an sein Ohr und das andere Ende in die Nähe von Anschlüssen und anderen vermuteten Lecks hält – zischende Geräusche weisen auf Undichtigkeit hin.

Warnung: Achten Sie bei der Verwendung eines Schlauchs als Stethoskop darauf, dass dieser nicht in bewegliche Teile wie den Keilrippenriemen oder den Kühlerventilator gerät!

Kraftstoffrohre und Schläuche

Warnung: Bei der Kontrolle und Arbeiten am Kraftstoffsystem sind bestimmte Vorsichtsmaßnahmen einzuhalten. Arbeiten Sie stets in gut belüfteter Umgebung und halten Sie offene Flammen vom Arbeitsbereich fern. Wischen Sie Kraftstoffspritzer umgehend auf und lagern Sie entsprechende Lappen und Tücher abseits von Heizungen, offenen Flammen und Elektrogeräten.

16 Kontrollieren Sie alle Kraftstoffleitungen auf Alterungserscheinungen und Scheuerstellen. Kontrollieren Sie besonders die Bereiche an Biegungen und Anschlüssen.
17 Falls Kraftstoffschläuche ersetzt werden müssen, sollte auf hochwertigen Ersatz mit der Beschriftung ›Fluorelastomer‹ zurückgegriffen werden. Keinesfalls dürfen unverstärkte Unterdruckschläuche, transparente Kunststoffschläuche oder Wasserschläuche verwendet werden, weil sie oft nicht (lange) kraftstofffest sind.
18 Kraftstoffschläuche sind oft mit Federklemmen gesichert, die jedoch nach längerer Zeit ihre Federkraft verlieren und beim Ausbau ermüden. Ersetzen Sie bei jedem Austausch von Schläuchen alle Federklemmen durch spezielle Kraftstoffleitungs-Schellen.

Metallrohre

19 Kraftstoffleitungen, Bremsleitungen und Klimaanlagen-Leitungen sind in vielen Bereichen als Rohre ausgeführt. Achten Sie darauf, dass Rohre nicht gequetscht oder geknickt sind und keine Ermüdungsrisse auftreten. Ein weiteres Problem bei Rohren ist Korrosion.
20 Falls ein Rohrsegment der Kraftstoffleitungen ausgewechselt werden muss, dürfen keine Rohre aus Kupfer oder Aluminium verwendet werden; nur nahtlos gezogene Stahlrohre bieten genügend Widerstand gegen normale Motorvibrationen.
21 Kontrollieren Sie Bremsleitungsrohre an den Anschlüssen zum Bremszylinder, zur ABS-Einheit und zu den Bremssätteln auf Risse und lockere Befestigungen. Jeder Hinweis auf ausgetretene Hydraulikflüssigkeit erfordert umgehende Kontrollen und Reparaturen.

Klimaanlagen-Kältemittel

Warnung: Beachten Sie zunächst die Sicherheitshinweise in Kapitel 3, Sektion 11!

22 Die Klimaanlage ist mit einem flüssigen Kältemittel befüllt, das unter beträchtlichem Druck steht. Falls das System ohne professionelle Hilfe geöffnet wird, tritt das Kältemittel umgehend aus und verdampft. Beim Kontakt mit Haut sorgt Kältemittel für starke Erfrierungen. Hinzu kommt, dass Kältemittel äußerst umweltschädlich ist. Lassen Sie das Ablassen und Arbeiten an Kältemittel-Leitungen daher stets von einem Fachbetrieb ausführen.
23 Jedes Leck im Klimaanlagen-System sollte unverzüglich bei einer Mercedes-Werkstatt oder einem Klimaanlagen-Fachbetrieb gemeldet werden. Lecks zeigen sich durch einen stetig abfallenden Kältemittel-Pegel.
24 Nachdem die Klimaanlage in Betrieb gewesen ist, ist es normal, dass aus dem Ablaufrohr des Verflüssigers Kondenswasser austritt.

17 Keilrippenriemen – Kontrolle

1 Der flache und mit mehreren Längsrippen versehene Riemen treibt rechts am Motor von der Kurbelwellen-Riemenscheibe aus die Lichtmaschine, die Wasserpumpe und den Klimaanlagenkompressor an.
2 Damit der Riemen korrekt arbeiten kann, muss er sich in einem guten Zustand befinden und korrekt gespannt sein. Aufgrund seiner Zusammensetzung verschleißt ein Keilrippenriemen mit der Zeit und kann reißen – eine regelmäßige Kontrolle ist daher unerlässlich.

3 Da der Riemen von oben schlecht zugänglich ist, sollte der Wagen vorn angehoben und sicher abgestützt werden (siehe Seite 24) und der Unterfahrschutz demontiert werden.
4 Kontrollieren Sie bei abgeschaltetem Motor den Riemen auf der gesamten Länge – drehen Sie dazu die Kurbelwellen-Riemenscheibe mithilfe eines Steckschlüssels samt Verlängerung im Uhrzeigersinn. Verdrehen Sie den Riemen, um beide Seiten betrachten zu können; tasten Sie den Riemen nötigenfalls mit den Fingern ab, um unsichtbare Schäden zu entdecken. Kontrollieren Sie die Riemenscheiben auf Beulen, Risse, Verzug und Korrosion.
5 Kleine Risse in den Rippen sind normal – sie dürfen allerdings nicht bis ins Gewebe reichen. Ein schadhafter oder auch nur zweifelhafter Riemen muss ersetzt werden (siehe Sektion 30).
6 Falls der Riemen zu locker erscheint (oder tatsächlich bereits durchgerutscht ist), kann dies auf ein Problem am Riemenspanner oder auf einen verölten Riemen hinweisen.

18 Sicherheitsgurte – Kontrolle

1 Überprüfen Sie alle Gurte auf korrekte Funktion und guten Zustand. Ziehen Sie kräftig am Gurt, um zu kontrollieren, ob die Arretierung korrekt einrastet. Begutachten Sie das Gewebe auf Ausfransungen und Risse. Die Gurte müssen sich selbstständig wieder aufrollen.
2 Prüfen Sie die Festigkeit aller zugänglichen Gurt-, Umlenkungs- und Peitschen-Befestigungen.

19 Bremsbeläge und Bremsscheiben – Verschleißkontrolle

1 Lockern Sie die Radbolzen, heben Sie das Fahrzeug vorn an und stützen Sie es sicher ab (siehe Seite 24). Demontieren Sie die zu kontrollierenden Räder.
2 Die Bremsbelag-Stärken und der Zustand der Bremsscheibe können jetzt grob begutachtet werden (siehe Abbildung). Für eine umfangreiche Kontrolle müssen die Bremsbeläge ausgebaut und gereinigt werden. Jetzt können auch Funktion des Bremssattels und der Zustand der Bremsscheibe besser kontrolliert werden – weitere Informationen finden sich in Kapitel 9.

19.2 Nach der Demontage des Rads kann die Stärke der Bremsbeläge (Pfeile) kontrolliert werden.

3 Montieren Sie die Räder und senken Sie das Fahrzeug ab. Ziehen Sie die Radbolzen mit 130 Nm an.

20 Antriebswellen-Manschetten – Kontrolle

1 Das Fahrzeug muss vorn angehoben und sicher abgestützt sein (siehe Seite 24). Lenken Sie die Vorderräder nach links oder rechts bis zum Anschlag und drehen Sie dann langsam eines der Räder, um den Zustand der Manschette über dem äußeren Gleichlaufgelenk zu ermitteln – drücken Sie diese an verschiedenen Stellen von Hand, um die Bereiche in den Falten freizulegen (siehe Abbildung). Falls Risse oder andere Beschädigungen festgestellt werden, die Fett austreten lassen, kann hierdurch auch Wasser und Schmutz eindringen. Kontrollieren Sie ebenfalls die Schellen. Wiederholen Sie die Kontrolle an der inneren Manschette (siehe Abbildung) und am anderen Vorderrad. Falls irgendwelche Schäden oder Hinweise auf Alterung festgestellt werden, müssen die Manschetten ersetzt werden (siehe Kapitel 8, Sektion 8).

20.1a Kontrollieren Sie die äußeren ...

20.1b ... und inneren Antriebswellen-Manschetten.

2 Kontrollieren Sie gleichzeitig den Zustand des Gleichlaufgelenks selbst, indem Sie die Antriebswelle festhalten und versuchen, das Rad zu drehen. Wiederholen Sie die Kontrolle, indem Sie den inneren Flansch halten und versuchen, die Antriebswelle zu drehen. Jedes fühlbare Spiel weist auf Verschleiß im Gelenk oder in den Mitnehmerverzahnungen hin – oder auf einen lockere Antriebswellenbolzen.

21 Lenkung und Radaufhängungen – Kontrolle

Lenkung und Vorderradaufhängungen

1 Aktivieren Sie die Feststellbremse, heben Sie das Fahrzeug vorn an und stützen Sie es sicher ab (siehe Seite 24).

2 Begutachten Sie die Staubkappen der Spurstangenköpfe und die Lenkstangen-Manschetten auf Risse, Scheuerstellen und Alterungserscheinungen (siehe Abbildung). Jeder Schaden an diesen Komponenten lässt Schmutz und Wasser eindringen und Schmiermittel austreten, sodass die Spurstangenköpfe und das Lenkgestänge rapide verschleißen.

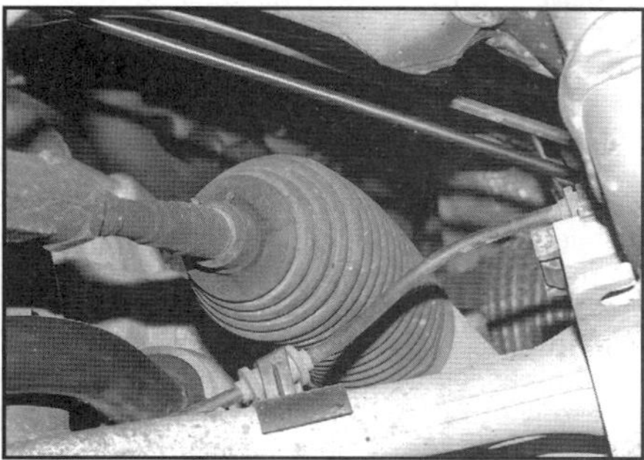

21.2 Kontrollieren Sie die Lenkstangen-Manschetten auf Risse.

3 Greifen Sie das Rad in der 12-Uhr- und der 6-Uhr-Position und versuchen Sie, daran zu wackeln (siehe Abbildung). Sehr geringes Spiel ist normal, doch wenn deutliche Bewegung spürbar ist, müssen weitere Untersuchungen die Ursache ermitteln. Wackeln Sie weiter am Rad, während ein Assistent das Bremspedal betätigt. Wenn die Bewegung jetzt verschwunden oder deutlich verringert ist, werden wahrscheinlich die Radlager defekt sein oder ggf. Einstellungen benötigen. Ist das Spiel auch bei betätigter Bremse vorhanden, wird der Verschleiß an den Radaufhängungen oder Federsystemen zu suchen sein.

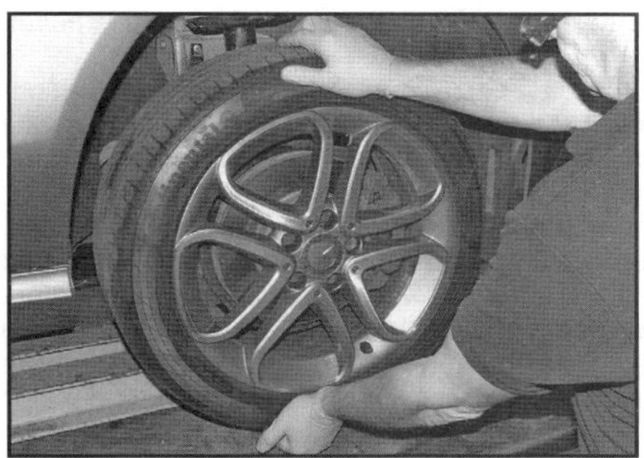

21.3 Wackeln Sie so am angehobenen Rad, um mögliches Spiel der Radlager zu ermitteln.

4 Greifen Sie jetzt das Rad jetzt in der 9-Uhr- und der 3-Uhr-Position und versuchen Sie erneut, daran zu wackeln. Jede jetzt fühlbare Bewegung kann wieder auf defekte Radlager zurückzuführen sein – oder auf Verschleiß in den Spurstangenköpfen. Falls das innere oder äußere Lenkgestänge-Kugelgelenk verschlissen ist, wird seine Bewegung deutlich zu beobachten sein. Spiel am inneren Gelenk kann ggf. erfühlt werden, wenn eine Hand über die Lenkstangen-Manschette gelegt und die Lenkstange gegriffen und mit der anderen Hand am Rad gewackelt wird.
5 Mithilfe eines zwischen die Federelemente und ihren Befestigungspunkten eingesetzten großen Schraubendrehers oder einer flachen Stange kann durch Hebeln Verschleiß in den Lagerbuchsen ermittelt werden. Da die Buchsen aus Gummi bestehen, ist etwas Bewegung normal, doch übermäßiger Verschleiß sollte deutlich fühlbar sein. Kontrollieren Sie auch den Zustand aller sichtbaren Gummibuchsen; achten Sie auf Risse und sprödes Gummi.
6 Während das Fahrzeug wieder auf seinen Rädern steht, dreht ein Assistent das Lenkrad etwa eine achtel Umdrehung hin und her – die Räder müssen sich ein kleines Stück bewegen. Ist dies nicht der Fall, müssen alle zuvor beschriebenen Gelenke und Halterungen genau untersucht werden, zusätzlich müssen auch die Kreuzgelenke und das Zahnstangengetriebe auf Verschleiß überprüft werden.

Hinterradaufhängungen

7 Blockieren Sie die Vorderräder, heben Sie dann das Fahrzeug hinten an und stützen Sie es sicher ab (siehe Seite 24).
8 Kontrollieren Sie die Aufhängungen wie bei den Vorderrädern – überprüfen Sie hier die Radlager, die Lagerbuchsen und die Stoßdämpferaufnahmen auf Verschleiß.

Stoßdämpfer

9 Kontrollieren Sie das Stoßdämpfergehäuse sowie die Gummidichtung der Kolbenstange auf ausgetretenes Öl – in diesem Fall ist das Bauteil defekt und muss ersetzt werden.
Anmerkung: *Die Stoßdämpfer einer Achse müssen stets paarweise ersetzt werden.*
10 Die Funktion der Stoßdämpfer kann geprüft werden, indem das Fahrzeug an jeder vorderen Ecke heruntergedrückt wird. Die Karosserie sollte in ihre normale Position zurückkehren und dort verbleiben; falls sie sich über die ursprüngliche Lage hinaus anhebt und wieder einsackt, wird der Stoßdämpfer wahrscheinlich defekt sein. Kontrollieren Sie auch seine obere und untere Aufnahme auf Verschleiß.

22 Auspuffanlage – Kontrolle

1 Kontrollieren Sie die (mindestens drei Stunden lang) abgekühlte Auspuffanlage vom Krümmerflansch bis zum Endrohr am Heck. Dies sollte möglichst beim vorn und hinten angehobenen und sicher abgestützten Fahrzeug geschehen (siehe Seite 24).
2 Alle Halterungen und Gummis müssen in Ordnung und fest verbunden sein (siehe Abbildung).

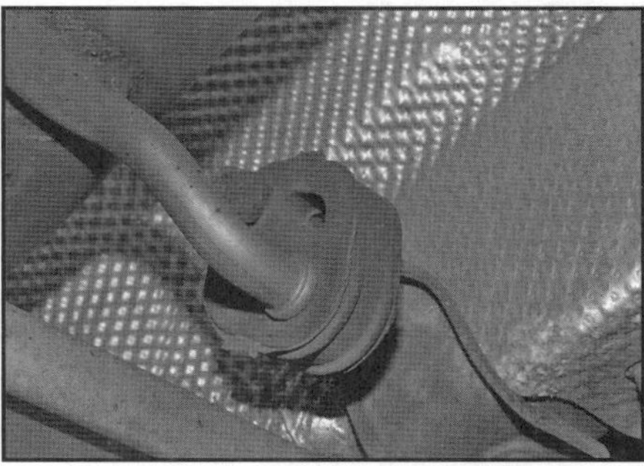

22.2 Kontrollieren Sie die Auspuffanlagen-Haltegummis.

3 Überprüfen Sie alle Rohre und Anschlüsse auf Undichtigkeit, starke Korrosion und Beschädigungen. Oft treten Rost und Undichtigkeiten an den Schweißnähten zwischen den Rohren und den Schalldämpfern auf. Rußablagerungen sind Hinweise auf Löcher.
Anmerkung: *Auspuff-Dichtmasse darf niemals zwischen dem Motor und dem Katalysator eingesetzt werden – Reste davon können innen abbrechen und im Katalysator verklemmen und zu Überhitzung führen.*
4 Kontrollieren Sie gleichzeitig die Unterseite der Karosserie auf Löcher, Korrosion, offene Schweißnähte usw., durch die Abgase in den Innenraum gelangen können. Dichten Sie alle

Karosserie-Öffnungen mit Silikon oder geeigneter Spachtelmasse ab.

5 Klappern und andere Geräusche weisen oft auf Defekte an der Auspuffanlage hin – meistens auf schadhafte Haltegummis. Versuchen Sie, an den Schalldämpfern und am Katalysator zu wackeln; falls dabei Auspuffteile gegen die Karosserie schlagen, müssen sie mit neuen Halterungen gesichert werden. Trennen Sie nötigenfalls – und falls möglich – die Auspuff-Komponenten und verdrehen Sie die Rohre, um den Abstand zur Karosserie zu vergrößern.

23 Radbolzen – Festigkeitsprüfung

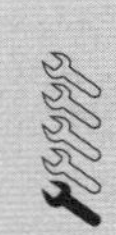

1 Lockern Sie an einem Rad die Radbolzen leicht.

2 Ziehen Sie die Radbolzen mithilfe eines Drehmomentschlüssels schrittweise und über Kreuz mit 130 Nm an.

24 Scharniere und Schlösser – Schmieren

1 Schmieren Sie alle Tür-, Motorhauben- und Heckklappen-Scharniere mit Mehrzweck- oder Maschinenöl.

2 Schmieren Sie ebenfalls die Motorhaubenverriegelung samt Bowdenzug und alle Schließmechanismen mit etwas Fett.

3 Kontrollieren Sie sorgfältig die Sicherheit und Funktion aller Scharniere, Verriegelungen und Schlösser, und stellen Sie sie nötigenfalls ein (siehe Kapitel 11). Prüfen Sie die Funktion der Zentralverriegelung.

4 Kontrollieren Sie die Gasfedern der Heckklappe – falls eine undicht ist oder sie die Heckklappe nicht mehr sicher halten kann, muss sie ersetzt werden.

25 Probefahrt

Instrumente und Elektrik

1 Kontrollieren Sie die Funktion aller Instrumente, aller Lampen und anderen elektrischen Bauteile.

2 Stellen Sie sicher, dass alle Instrumente korrekt anzeigen und sämtliche Schalter korrekt funktionieren.

Lenkung und Radaufhängungen

3 Vergewissern Sie sich, dass die Lenkung, die Federung, das Handling und die Straßenlage keine Auffälligkeiten aufweisen.

4 Kontrollieren Sie beim Fahren, ob keine ungewöhnlichen Vibrationen oder Geräusche auftreten.

5 Die Lenkung darf sich nicht schwammig oder rau anfühlen. Beim Durchfahren von Kurven oder auf schlechten Straßen dürfen die Federelemente keine Geräusche erzeugen.

Antrieb

6 Kontrollieren Sie die Leistungsfähigkeit des Motors, der Kupplung, des Getriebes und der Antriebswellen.

7 Aus dem Motor und dem Antrieb dürfen keine ungewöhnlichen Geräusche zu hören sein.

8 Der Motor muss sich warm und kalt problemlos starten lassen, im Standgas rund laufen und verzögerungsfrei beschleunigen.

9 Beim Schaltgetriebe muss die Kupplung sanft und progressiv die Kraft übertragen und darf weder schleifen noch rutschen. Der Pedalweg darf nicht zu lang sein. Bei gedrücktem Kupplungspedal dürfen keine Geräusche auftreten. Details finden sich in Kapitel 6.

10 Alle Gänge des manuellen Schaltgetriebes müssen sich sanft und geräuschfrei einlegen lassen. Im Schalthebel muss das Einrasten der Gänge deutlich fühlbar sein.

11 Beim Automatikgetriebe müssen die Gangwechsel sanft und ruckfrei sowie ohne ein Ansteigen der Motordrehzahl zwischen den Fahrstufen erfolgen. Mit dem Wahlhebel müssen sich bei stehendem Fahrzeug alle Fahrstufen auswählen lassen. Falls ein Problem auftritt, muss eine Fachwerkstatt zurate gezogen werden.

12 Bei langsamer Fahrt mit vollständig eingeschlagener Lenkung dürfen im Frontbereich keine klickenden Geräusche auftreten. Führen Sie diesen Test in beide Richtungen durch. Klicken würde auf einen Schmiermangel oder Verschleiß in den äußeren Gleichlaufgelenken der Antriebswellen hinweisen (siehe Kapitel 8)

Bremsanlage

13 Prüfen Sie, ob das Fahrzeug beim Bremsen nicht zu einer Seite zieht und die Räder bei Vollbremsungen nicht frühzeitig blockieren.

14 Beim Bremsen dürfen in der Lenkung keine Vibrationen auftreten.

Anmerkung: *Durch das ABS können beim heftigen Bremsen im Bremspedal Vibrationen spürbar sein – dies ist normal und beeinträchtigt nicht die Funktion der Bremse.*

15 Prüfen Sie, ob die Feststellbremse korrekt funktioniert – sie muss das Fahrzeug problemlos an einem Gefälle halten können.

16 Prüfen Sie die Funktion der Servobremse bei ausgeschaltetem Motor wie folgt: Treten Sie vier- bis fünfmal auf die Bremse, um den Unterdruck abzubauen. Starten Sie dann den Motor – das Bremspedal muss sich unverzüglich durch den aufgebauten Unterdruck weiter herunterdrücken lassen. Lassen Sie den Motor mindestens zwei Minuten laufen und schalten Sie ihn wieder ab. Wird die Bremse nun erneut gedrückt, sollte dabei ein Zischen aus der Servopumpe zu hören sein. Nach vier bis fünf Tritten auf die Bremse sollte kein Zischen mehr hörbar sein und der Pedaldruck deutlich härter werden.

26 Kraftstofffilter – Ersetzen

Anmerkung: *Je nach Modelljahr können unterschiedliche Filtertypen zum Einsatz kommen. Im Folgenden ist daher nur ein Beispiel gezeigt.*

Anmerkung: *Nach Beendigung dieser Prozedur muss das Kraftstoffsystem nötigenfalls entlüftet und vorgefüllt werden – hierzu werden Spezialwerkzeuge benötigt und die Arbeit kann kniffelig sein. Lesen Sie zunächst die gesamte Sektion 4 in Kapitel 4B durch.*

1 Der Kraftstofffilter befindet sich hinten im Motorraum. Die Zündung muss abgeschaltet und der Tankdeckel geöffnet sein.

2 Zur Verbesserung des Zugangs kann die Batterie ausgebaut werden (siehe Kapitel 5, Sektion 4).

3 Trennen Sie alle Kabelstecker von der Filter-Baugruppe (siehe Abbildung).

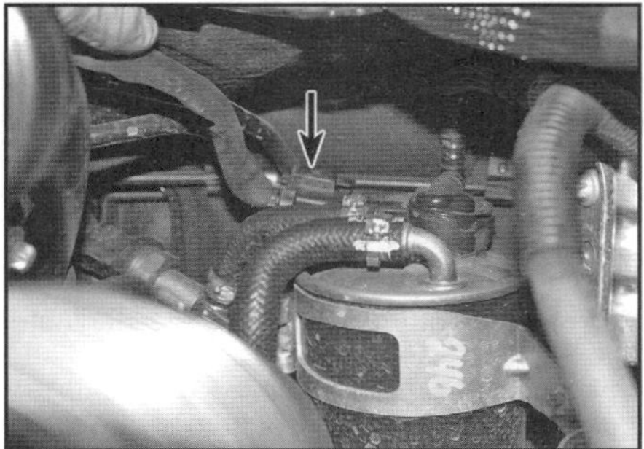

26.3 Trennen Sie alle Kabelstecker vom Kraftstofffilter.

4 Merken Sie sich die Positionen der Kraftstoffschläuche und trennen Sie sie vom Filter (siehe Abbildung) – seien Sie auf etwas austretenden Kraftstoff vorbereitet.

26.4 Drücken Sie die Clips etwas ein und hebeln Sie sie mit einem kleinen Schraubendreher auseinander, um die Anschlüsse zu trennen.

5 Lösen Sie die Schrauben des Filterhalters. Drücken Sie ggf. den Clip des Entlüftungsrohrs ein, um es von seinem Stutzen zu befreien, und entnehmen Sie die Filter-Baugruppe (siehe Abbildung).

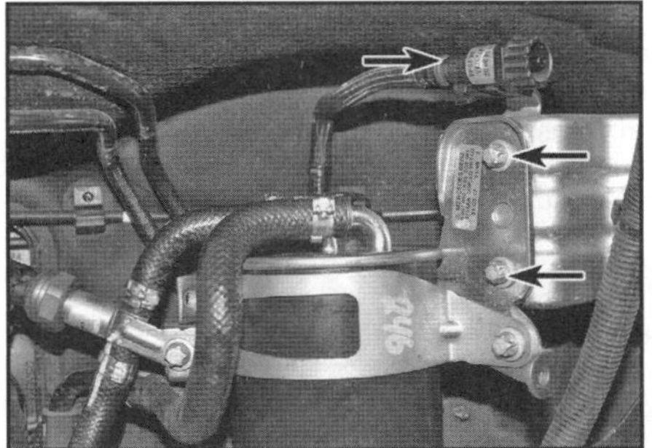

26.5 Entlüftungsrohr-Anschluss und Filterhalter-Schrauben

6 Übertragen Sie ggf. den Wasser-Sensor, das Heizelement und den Halter auf den neuen Filter (siehe Abbildungen).

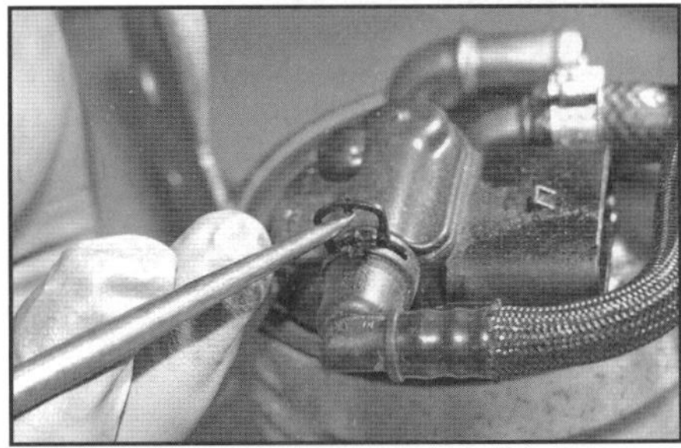

26.6a Hebeln Sie den Clip an und übertragen Sie das Rohr zum neuen Sensor/Heizelement.

26.6b Übertragen Sie den Halter zum neuen Filter.

7 Manövrieren Sie die Filter-Bautruppe an ihren Platz, sichern Sie den Halter mit den sorgfältig angezogenen Schrauben und schließen Sie alle Leitungen und Kabelstecker an.
8 Entlüften Sie das Kraftstoffsystem und füllen Sie es vor (siehe Kapitel 4B, Sektion 4).
9 Kontrollieren Sie bei laufendem Motor, ob alle getrennten Anschlüsse dicht sind.

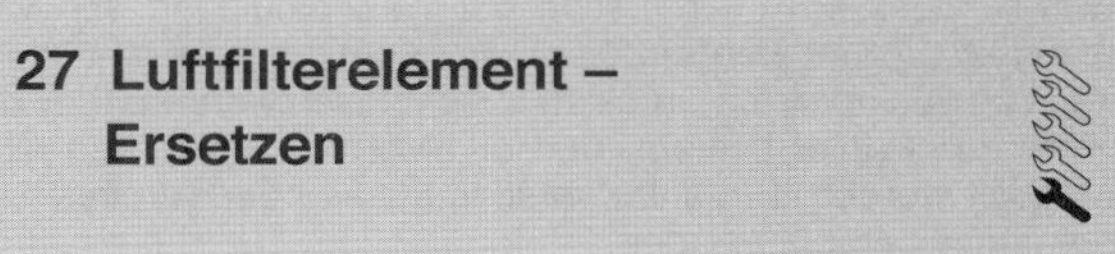

27 Luftfilterelement – Ersetzen

Achtung: Fahren Sie niemals ohne Luftfilterelement mit dem Fahrzeug – dies kann zu erhöhtem Motorverschleiß und Fehlzündungen führen, die einen Motorraumbrand auslösen können.

1 Das Luftfiltergehäuse sitzt links im Motorraum.
2 Befreien Sie den Kabelbaum vom Ende des Luftfiltergehäuses (siehe Abbildung).

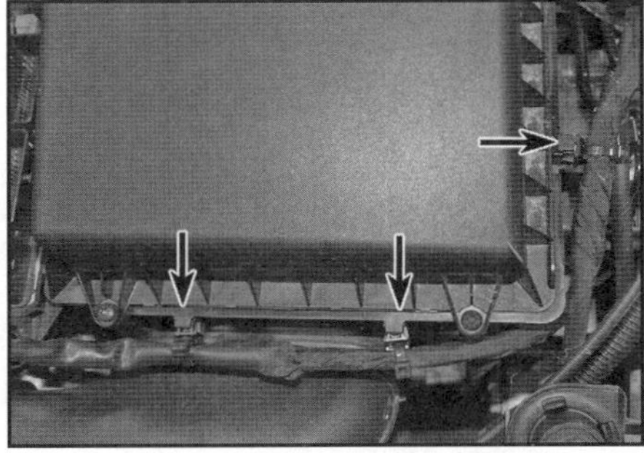

27.2 Befreien Sie den Kabelbaum.

3 Lösen Sie die zwei Schrauben des Luftfilterdeckels (siehe Abbildung) – sie verbleiben im Deckel.

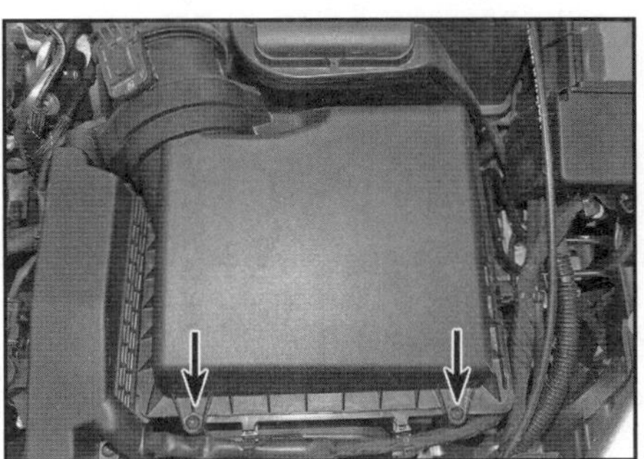

27.3 Schrauben des Luftfilterdeckels

4 Heben Sie den Deckel ab und entnehmen Sie das Filterelement (siehe Abbildung).

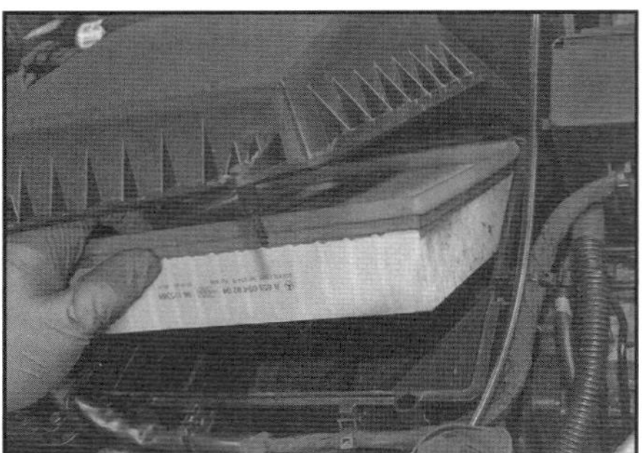

27.4 Heben Sie den Deckel ab und entnehmen Sie das Filterelement.

5 Reinigen Sie das Luftfiltergehäuse mit einem feuchten Lappen oder saugen Sie es aus.
6 Das Filterelement muss laut Inspektionsplan nach 70.000 km ungeachtet seines Zustands ausgetauscht werden.
7 Falls das Filterelement aus anderen Gründen ausgebaut wurde, muss seine Unterseite auf Verschmutzung und Verölung kontrolliert werden. Wenn es nur leicht verschmutzt ist, kann es von oben mit Druckluft ausgeblasen werden. Weil der Filter aus Papier besteht, darf er nicht ausgewaschen oder eingeölt werden. Ein stark verschmutztes oder veröltes Element muss ersetzt werden.

Warnung: Tragen Sie beim Einsatz von Druckluft stets eine Schutzbrille!

8 Installieren Sie das Filterelement mit der Gummidichtung nach oben ins Gehäuse.
9 Setzen Sie den Deckel an und ziehen Sie seine Schrauben an. Verbinden Sie den Kabelbaum mit dem Gehäuse (Abb. 27.2).

28 Bremsschläuche – Kontrolle

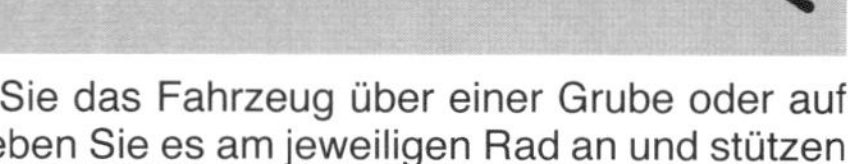

1 Positionieren Sie das Fahrzeug über einer Grube oder auf Rampen oder heben Sie es am jeweiligen Rad an und stützen Sie es sicher ab (siehe Seite 24).
2 Kontrollieren Sie die zu den Bremssätteln führenden Gummischläuche; achten Sie dabei auf Porösität, Ausbeulungen und Verhärtungen sowie Risse im Bereich der Anschlüsse. Ersetzen Sie schadhafte Bremsschläuche umgehend (siehe Kapitel 9, Sektion 3).

29 Zahnriemen – Ersetzen

Anmerkung: *Diese Prozedur gilt nur für 1,5 l-Motoren – beachten Sie die Hinweise in Kapitel 2B, Sektion 5.*

30 Keilrippenriemen – Ersetzen

Ausbau

1 Demontieren Sie rechts vorn das Rad und die Radlauf– verkleidung (siehe Kapitel 11, Sektion 29).
2 Demontieren Sie ggf. den Unterfahrschutz (Abb. 13.3).
3 Der Zugang zum Keilrippenriemen ist begrenzt – lösen Sie zur Verbesserung die Schrauben der zwischen dem Hilfsrahmen und dem vorderen Querträger sitzenden Strebe.

1,5 l-Motoren

4 Setzen Sie am Sechskant des Riemenspanners einen Maulschlüssel an und schwenken Sie ihn nach vorn, um den Riemen zu entspannen (siehe Abbildung).

30.4 Entspannen Sie den Riemen, indem Sie den Spanner im Uhrzeigersinn drehen.

1,8- und 2,1 l-Motoren

5 Drehen Sie den Spannerhebel mit einem passenden Steckschlüssel im Uhrzeigersinn, um den Riemen zu entspannen. Nötigenfalls kann der Spanner in dieser Position blockiert werden (siehe Abbildungen).

30.5a Drehen Sie den Riemenspanner im Uhrzeigersinn ...

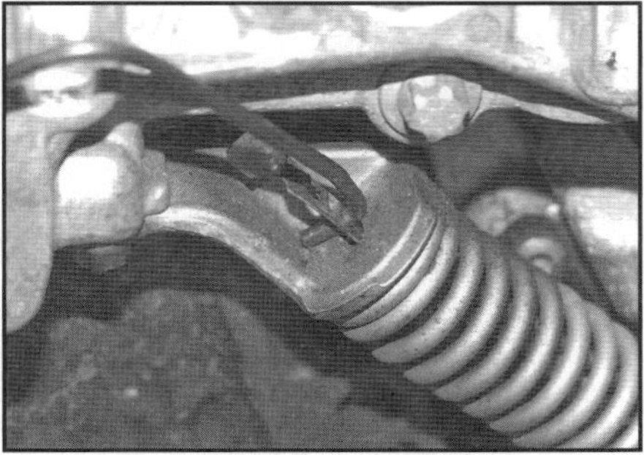

30.5b … und blockieren Sie ihn hier mit einer Stange oder stabilem Draht.

Alle Motoren

6 Merken Sie sich die Verlegung des Riemens (siehe Abbildungen) und befreien Sie ihn aus den Riemenscheiben – falls der Riemen wiederverwendet werden soll, muss seine Laufrichtung markiert werden. Kontrollieren Sie die Riemenscheiben – alle Nuten müssen sauber sein und nötigenfalls gereinigt und entfettet werden.

30.6a Verlegung des Keilrippenriemens am 1,5 l-Motor

30.6b Verlegung des Keilrippenriemens am 1,8- und 2,1 l-Motor

Einbau

7 Legen Sie den Riemen auf – achten Sie dabei darauf, dass der Riemen korrekt um alle Riemenscheiben und Rollen läuft (Abb. 30.6a oder b).

8 Belasten Sie den Spanner, um ggf. die Stange entfernen zu können, und lösen Sie ihn langsam.

9 Montieren Sie ggf. die Strebe zwischen den Hilfsrahmen und dem vorderen Querträger. Montieren Sie die Radlaufverkleidung und ggf. den Unterfahrschutz. Montieren Sie das Rad.

10 Senken Sie das Fahrzeug ab und ziehen Sie die Radbolzen mit 130 Nm an.

31 Bremsflüssigkeit – Austausch

Warnung:

- ***Hydraulikflüssigkeit kann zu Augenverletzungen führen und Lackoberflächen angreifen, bewahren Sie deshalb beim Umgang hiermit größte Sorgfalt.***
- ***Benutzen Sie NIEMALS Bremsflüssigkeit, die längere Zeit offen gestanden hat, da sie Feuchtigkeit aus der Luft absorbiert, was zu einem gefährlichen Verlust an Bremswirkung führen kann.***

1 Die Prozedur ähnelt dem Entlüften der Hydraulik, wie in Kapitel 9, Sektion 2 beschrieben. Nur wird hier der Ausgleichbehälter zunächst entleert – möglichst durch Abpumpen – und dann beim Herauspumpen beobachtet, wann frische Bremsflüssigkeit austritt.

2 Gehen Sie wie in Kapitel 9, Sektion 2 beschrieben vor, öffnen Sie das erste Entlüftungsventil, und pumpen Sie sanft mit dem Bremspedal, bis fast die gesamte Bremsflüssigkeit aus dem Ausgleichsbehälter abgepumpt ist.

Praxis-Tipp

Alte Hydraulikflüssigkeit ist deutlich dunkler als frische. Pumpen Sie so lange Hydraulikflüssigkeit heraus, bis helle Flüssigkeit austritt.

3 Füllen Sie bis zur MAX-Markierung frische Hydraulikflüssigkeit in den Ausgleichsbehälter und pumpen Sie sie so lange durch, bis sämtliche alte Flüssigkeit aus dem System gepumpt ist. Füllen Sie dabei regelmäßig frische Hydraulikflüssigkeit nach. Ziehen Sie die Entlüftungsschraube anschließend sorgfältig an und stecken Sie die Kappe auf.

4 Gehen Sie bei den anderen Entlüftungsschrauben genauso vor. Achten Sie darauf, dass der Pegel im Ausgleichsbehälter nicht unter die MIN-Markierung fällt – falls Luft ins Hydrauliksystem eindringt, muss es zeitaufwendig entlüftet werden.

5 Prüfen Sie zum Schluss, ob alle Entlüftungsschrauben fest sitzen und mit den Gummikappen ausgerüstet sind. Waschen Sie Spritzer ab und kontrollieren Sie erneut den Pegel im Ausgleichsbehälter.

6 Prüfen Sie die Funktion der Bremse bzw. der Kupplung, bevor Sie das Fahrzeug im Straßenverkehr bewegen.

7 Entsorgen Sie die alte Hydraulikflüssigkeit (separat von Ölen!) im Fachhandel, wo sie auch verkauft wird – hier ist man verpflichtet, ›handelsübliche‹ Mengen wieder zurückzunehmen.

32 Fernbedienung – Batteriewechsel

Anmerkung: *Alle Fernbedienungen sind mit 3-Volt-Knopfbatterien des Typs CR2025 ausgerüstet.*

1 Obwohl nicht im Wartungsplan enthalten, empfehlen wir den Austausch der Batterie nach spätestens zwei Jahren. Falls die Türverriegelung wiederholt nicht auf Drücken der im normalen Abstand gehaltenen Fernbedienung reagiert, sollte zunächst deren Batterie ausgetauscht werden, bevor anderen mögliche Ursachen nachgegangen wird.
2 Drücken Sie die Lasche am Ende des Transmitters zu einer Seite und ziehen Sie den Not-Schlüssel heraus (siehe Abbildung).

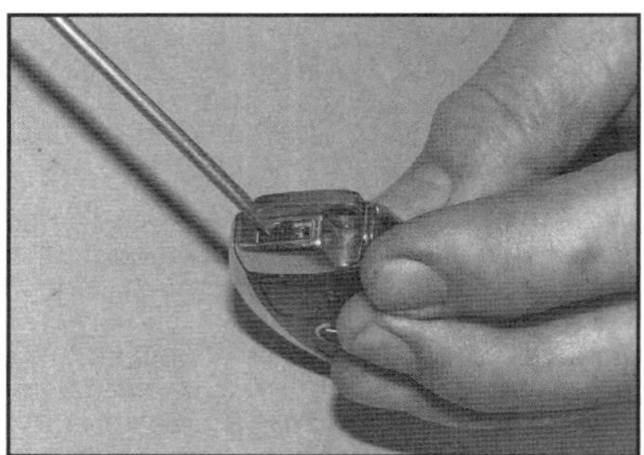

32.2 Drücken Sie die Lasche zur Seite und ziehen Sie den Not-Schlüssel heraus.

3 Drücken Sie den Not-Schlüssel in die Nut am Ende der Transmitter-Einheit und öffnen Sie die Abdeckung (siehe Abbildungen).

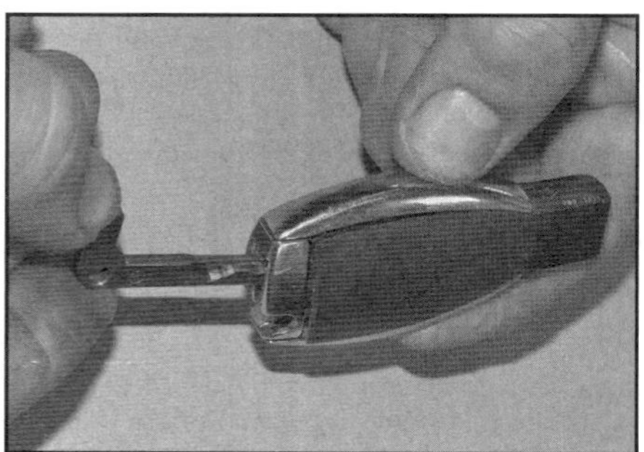

32.3a Führen Sie den Schlüssel ein ...

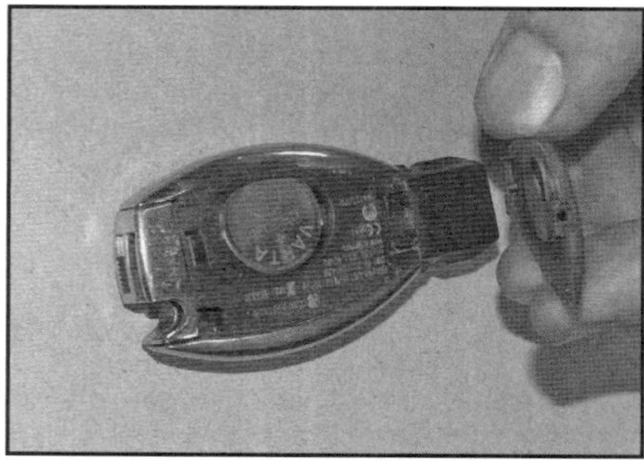

32.3b ... und entfernen Sie die Abdeckung.

4 Beachten Sie die Einbaulage der Batterie (Plus nach oben) und hebeln Sie sie heraus. Vermeiden Sie es, die neue Batterie mit den Fingern zu berühren, und drücken Sie sie in den Sitz.
5 Montieren Sie die Abdeckung und schieben Sie den Not-Schlüssel ein.

33 Kühlflüssigkeit – Kontrolle des Frostschutzgehalts und Austausch

Warnung: Lassen Sie Frostschutzmittel nicht auf die Haut oder lackierte Teile des Fahrzeugs gelangen. Spülen Sie Spritzer umgehend mit reichlich Wasser ab. Kühlmittel darf niemals in offenen Behältern gelagert werden – es ist giftig und kann durch seinen süßlichen Geruch Kindern und Tieren zum Verhängnis werden. Wischen Sie verschüttetes Kühlmittel umgehend auf. Undichtigkeiten müssen umgehend repariert werden.

Warnung: Diese Arbeit darf erst ausgeführt werden, wenn der Motor abgekühlt ist. Öffnen Sie niemals bei heißem Motor den Deckel des Ausgleichsbehälters, da Dampf und heiße Flüssigkeit zu Verbrühungen führen können!

Kontrolle des Frostschutzgehalts

1 Prüfen Sie den Gehalt des Frostschutzmittels mithilfe eines Hydrometers (siehe Abbildung) und befolgen Sie die beigefügte Anleitung. Der Frostschutzgehalt sollte bei 50 Prozent liegen – bei deutlich niedrigerem Gehalt muss etwas Kühlmittel aus dem Kühler abgelassen (siehe unten) und der Ausgleichsbehälter mit Frostschutzmittel aufgefüllt werden. Kontrollieren Sie den Gehalt erneut und wiederholen Sie die Prozedur nötigenfalls.

33.1 Prüfen Sie mit einem Hydrometer den Frostschutzgehalt.

Ablassen

2 Entfernen Sie zunächst den Deckel des Ausgleichsbehälters.

1,5 l-Motoren

3 Demontieren Sie die vordere Stoßfänger-Schürze (siehe Kapitel 11, Sektion 5) und den Unterfahrschutz.
4 Stellen Sie einen ausreichend großen Behälter rechts unter den Kühler.
5 Verbinden Sie einen geeigneten Schlauch mit dem Auslass am Kühler und öffnen Sie den Hahn (siehe Abbildung), um das Kühlmittel ablaufen zu lassen.

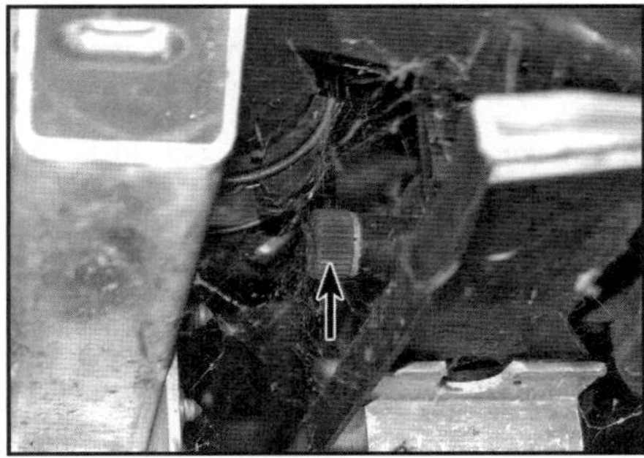

33.5 Stecken Sie einen Schlauch auf den Stutzen rechts am Kühler und öffnen Sie den Hahn.

6 Sobald das Kühlmittel abgelaufen ist, werden der Hahn verschlossen, der Schlauch abgezogen und der Unterfahrschutz sowie die Stoßfänger-Schürze montiert.

1,8- und 2,1-Motoren

7 Lockern Sie rechts vorn die Radbolzen, heben Sie das Fahrzeug vorn an und stützen Sie es sicher ab (siehe Seite 24). Demontieren Sie das Rad und den Unterfahrschutz.
8 Lösen Sie am unteren Bereich des Kotflügel-Einsatzes die Befestigungen und ziehen Sie diesen nach vorn.
9 Stellen Sie einen ausreichend großen Behälter unter den unteren Kühlerschlauch, lösen Sie die Schraube des Halters und hebeln Sie den Bügel des Schlauchs heraus, um ihn von der Wasserpumpe zu trennen (siehe Abbildungen). Lassen Sie das Kühlmittel ablaufen.

33.9a Schraube des Kühlerschlauch-Halters

33.9b Hebeln Sie den Bügel heraus, um den Schlauch von der Wasserpumpe zu trennen.

10 Verbinden Sie den Schlauch und sichern Sie den Halter mit der Schraube.

Spülen

11 Falls der Wechsel des Kühlmittels vernachlässigt oder das Gemisch verdünnt wurde, verliert das Kühlsystem mit der Zeit seine Wirksamkeit, da sich die Kühlkanäle mit Rost, Ablagerungen und anderen Sedimenten zusetzen. Die Wirksamkeit kann durch das Spülen des Systems wiederhergestellt werden. Spülen Sie das Kühlsystem nach jedem Austausch von Komponenten oder vor dem Einfüllen frischer Kühlflüssigkeit.
12 Nachdem das Kühlmittel abgelassen ist, wird der Kühler-Ablass verschlossen und das System mit frischem Wasser aufgefüllt. Installieren Sie den Deckel des Ausgleichsbehälters. Starten Sie den Motor und bringen Sie ihn auf Betriebstemperatur. Schalten Sie ihn ab, lassen Sie ihn vollständig abkühlen und entleeren Sie das System erneut. Wiederholen Sie dies nötigenfalls, bis nur noch sauberes Wasser abläuft. Füllen Sie das Kühlsystem anschließend mit dem korrekten Kühlmittel auf.
13 Wenn stets sauberes und weiches Wasser sowie hochwertiges Frostschutzmittel (das nicht unbedingt den Vorgaben von Mercedes entsprechen muss) verwendet wird, sollte die oben beschriebene Prozedur ausreichen, um das Kühlsystem längere Zeit sauber zu halten. Wurde das Kühlsystem allerdings vernachlässigt, müssen weitere Schritte durchgeführt werden:
14 Entleeren Sie zuerst das Kühlsystem. Ziehen Sie dann den oberen und unteren Kühlerschlauch ab. Verbinden Sie einen Gartenschlauch mit dem oberen Kühlerstutzen und lassen Sie so lange Wasser durch den Kühler strömen, bis dies unten sauber wieder austritt.
15 Zum Spülen des Motors muss der Gartenschlauch in den unteren Kühlerschlauch gesteckt und mit Lappen umwickelt werden, um ihn abzudichten. Lassen Sie so lange Wasser durch den Motor strömen, bis dies oben sauber wieder austritt.
16 Versuchen Sie, den Motor in entgegengesetzte Richtung zu spülen – dies wird wahrscheinlich nicht funktionieren, da der Thermostat den Kühlkreislauf schließt.
17 Bei starker Verunreinigung muss der Kühler in entgegengesetzte Richtung gespült werden – stecken Sie dazu den Gartenschlauch in den unteren Stutzen und umwickeln Sie ihn mit Lappen, um ihn abzudichten. Spülen Sie so lange, bis oben sauberes Wasser austritt.
18 Wird vermutet, dass der Kühler stark verstopft ist, muss er ausgebaut (siehe Kapitel 3, Sektion 4), auf den Kopf gestellt und erneut in entgegengesetzte Richtung gespült werden (Schritt 11).
19 Auch der Wärmetauscher der Heizung kann wie in Schritt 11 gespült werden, allerdings müssen die Ein- und Auslassleitungen der Heizung identifiziert werden – diese haben den gleichen Durchmesser und sind durch die Spritzwand geführt.
20 Die Verwendung chemischer Reinigungsmittel ist nicht empfehlenswert und gilt nur als letzte Rettung, da der Einsatz von Chemie zu anderen Problemen führen kann. Im Normalfall hilft der regelmäßige Wechsel des Kühlmittels gegen starke Ablagerungen im Kühler.

Kühlsystem auffüllen

21 Bevor das Kühlsystem aufgefüllt wird, müssen alle Schläuche und Schellen auf einen guten Zustand und festen Sitz überprüft werden. Senken Sie das Fahrzeug ab, sodass es waagerecht auf dem Boden steht.
22 Mercedes empfiehlt zum Auffüllen eine Vakuumpumpe zu verwenden, wie sie im Fachhandel erhältlich sind (siehe Abbildung). Konventionelles Auffüllen ist aber auch möglich.

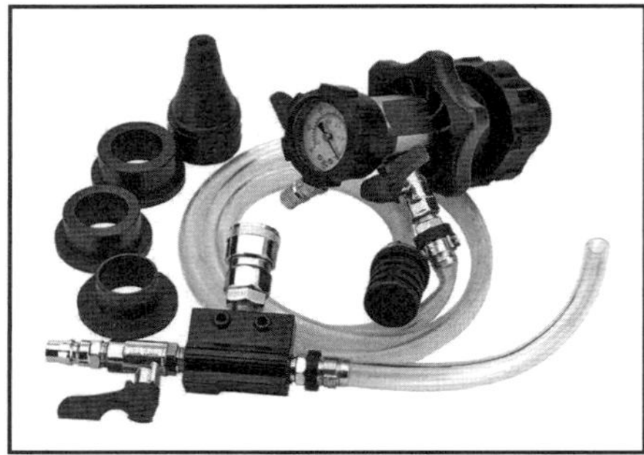

33.22 Eine Kühlmittel-Vakuumpumpe von Draper-Tools

23 Stellen Sie die Heizungsregelung auf die höchste Temperatur (aber schalten Sie nicht das Gebläse ein).
24 Bereiten Sie eine ausreichende Menge des vorgeschriebenen Kühlmittels vor – etwas Reserve zum Nachfüllen sollte dabei berücksichtigt werden.
25 Füllen Sie das System langsam über den Ausgleichsbehälter auf; da dies der höchste Punkt ist, muss dafür gesorgt sein, dass dabei Luft entweichen kann.
26 Füllen Sie das System so weit auf, bis der Pegel an der MAX-Linie des Behälters steht, und drehen Sie den Deckel auf.
27 Starten Sie den Motor und lassen Sie ihn etwa eine Viertelstunde mit 2500/min laufen. Falls der Pegel dabei deutlich abfällt, muss Kühlmittel nachgefüllt werden, damit keine Luft ins Kühlsystem gerät.
28 Erhöhen Sie die Motordrehzahl sechsmal hintereinander kurzzeitig auf 5000/min.
29 Erhöhen Sie die Drehzahl für zehn Sekunden auf 4000/min, lassen Sie sie wieder auf 2500/min abfallen und halten Sie für weitere zehn Minuten diese Drehzahl.
30 Schalten Sie den Motor ab und lassen Sie ihn – möglichst über Nacht – komplett abkühlen.
31 Öffnen Sie bei abgekühltem Kühlsystem den Ausgleichsbehälterdeckel und füllen Sie Kühlmittel bis zur MAX-Linie auf. Drehen Sie den Deckel auf und wischen Sie Spritzer ab.
32 Kontrollieren Sie nach dem Auffüllen alle Komponenten des Kühlsystems (vor allem beim Ablassen und Spülen getrennte Anschlüsse) auf Undichtigkeiten. Frisches Frostschutzmittel hat gute Kriecheigenschaften und zeigt Schwachstellen rasch an.

Frostschutzmittel und Gemisch

Achtung: Verwenden Sie kein Motor-Kühlmittel im Wischwasserbehälter, da es den Lack angreift; hierfür gibt es spezielle Frostschutzmittel.

33 Bei einer unbekannten Wartungs-Historie und somit Unwissen über die Qualität des Kühlmittels sollte das alte Kühlmittel abgelassen und das Kühlsystem sorgfältig entgegen der Strömungsrichtung gespült werden, bevor frisches Kühlmittel aufgeführt wird.
34 Soweit Frostschutzmittel nach Mercedes-Vorgaben verwendet wird, müssen die Mischungs-Hinweise auf der Verpackung beachtet werden.
35 Mercedes empfiehlt unter üblichen Witterungsbedingungen ein Gemisch aus gleichen Teilen Frostschutzmittel und weichem Wasser (nach Volumen) – achten Sie darauf, ob das gekaufte Frostschutzmittel bereits vorgemischt ist.
36 Weil nur selten das gesamte Kühlsystem entleert wird und die in den technischen Daten angegebene Menge eher ein akademischer Wert ist, sollte davon ausgegangen werden, dass – außer nach einer Komplett-Entleerung des Motors – nur ca. zwei Drittel erneuert werden können.
37 Weil das Kühlsystem nach dem Spülen teilweise mit klarem Wasser gefüllt ist, sollte die Hälfte des erforderlichen Frostschutzmittels in den Ausgleichsbehälter gefüllt und dann mit Wasser aufgefüllt werden. Erforderliche Ergänzungen sollten jetzt mit frischem Wasser erfüllen – siehe *Wöchentliche Kontrollen*.
38 Kontrollieren Sie vor dem Auffüllen alle Schläuche auf einen guten Zustand und festen Sitz – frisches Frostschutzmittel findet rasch schwache Stellen im Kühlsystem.
39 Nach dem Auffüllen frischen Kühlmittels muss am Ausgleichsbehälter ein Hinweis angebracht werden, auf dem der Typ, die Konzentration, das Datum und die Laufleistung vermerkt ist. Zum Nachfüllen darf nur das gleiche Mittel verwendet werden.

Allgemeine Kühlsystem-Kontrollen

40 Der Motor muss für die Kontrolle vollständig abgekühlt sein, lassen Sie ihm dafür mindestens drei Stunden stehen.
41 Entfernen Sie den Ausgleichsbehälterdeckel und reinigen Sie ihn innen mit einem sauberen Lappen. Säubern Sie ebenso den Einfüllstutzen des Behälters – Korrosionsspuren weisen darauf hin, dass das Kühlmittel ausgetauscht werden sollte. Das Kühlmittel im Ausgleichsbehälter muss relativ sauber und durchsichtig sein – falls es rostfarben ist, muss es abgelassen und das Kühlsystem gespült werden.
42 Kontrollieren Sie sorgfältig alle Kühler- und Heizungsschläuche und ersetzen Sie alle rissigen, verformten oder verhärteten Schläuche.
43 Inspizieren Sie alle anderen Kühlsystem-Komponenten und ihre Verbindungen auf Undichtigkeiten. Ein Leck im Kühlsystem lässt sich normalerweise durch weiße Ablagerungen erkennen. Schadhafte Bauteile oder Dichtungen müssen ersetzt werden – beachten Sie dazu die Hinweise in Kapitel 3.

Luftblasen

44 Falls sich nach dem Entleeren und Auffüllen des Kühlsystems Symptome von Überhitzung zeigen, die zuvor nicht existierten, werden dafür wahrscheinlich Luftblasen verantwortlich sein, die den Kühlkreis behindern. Luftblasen entstehen oft, weil das System zu schnell aufgefüllt wurde.
45 Wird eine Luftblase vermutet, müssen alle zugänglichen Kühlerschläuche vorsichtig gedrückt werden – mit Luft gefüllte Schläuche fühlen sind anders an als wenn sie Kühlmittel enthalten. Nach dem Auffüllen des Kühlsystems steigen die meisten Luftblasen nach dem Abkühlen auf, sodass Kühlmittel nachgefüllt werden muss.
46 Sobald der Motor auf Betriebstemperatur ist, werden die Heizung und ihr Gebläse eingeschaltet, um ihre Funktion zu prüfen. Vorausgesetzt, das Kühlsystem ist korrekt befüllt, weist ein verzögertes Einsetzen der Heizung auf Luftblasen im System hin.
47 Luftblasen können aber nicht nur die Heizung ausfallen lassen, sondern den gesamten Kühlkreislauf unterbrechen. Prüfen Sie bei warmem Motor, ob der obere Kühlerschlauch warm ist – ein kalter Schlauch kann auf eine Luftblase oder einen nicht geöffneten Thermostaten hinweisen.
48 Falls das Problem weiter besteht, muss der Motor abgeschaltet werden und vollständig abkühlen. Öffnen Sie den Ausgleichsbehälterdeckel oder lockern Sie Kühlerschlauchschellen um Luft austreten zu lassen. Nötigenfalls muss das gesamte Kühlsystem entleert und gespült oder gereinigt werden. Lassen Sie das System nötigenfalls von einem Fachbetrieb absaugen und per Vakuum auffüllen.

Kontrolle des Ausgleichsbehälterdeckels

49 Der Motor muss für die Kontrolle vollständig abgekühlt sein.
50 Umwickeln Sie den Ausgleichsbehälterdeckel mit Lappen und drehen Sie ihn langsam ab.

51 Begutachten Sie die Gummidichtung im Deckel – falls sie verhärtet oder rissig ist, muss ein neuer Deckel beschafft werden.

52 Nach einigen Jahren oder einer hohen Laufleistung empfiehlt sich der generelle Austausch des Ausgleichsbehälterdeckels – er ist relativ preiswert. Falls das im Deckel integrierte Überdruckventil ausfällt, kann steigender Druck im Kühlsystem zu Schäden an Schläuchen und anderen Kühlsystem-Komponenten führen.

Kapitel 2, Teil A

Reparaturen am eingebauten 1,6 l-Benzinmotor

Inhalt — Sektion

Schwierigkeitsgrade

Leicht. Geeignet für Anfänger mit wenig Erfahrung. 

Relativ leicht. Geeignet für Anfänger mit etwas Erfahrung. 

Relativ schwierig. Geeignet für geübte Selbstschrauber. 

Schwer. Geeignet für Selbstschrauber mit viel Erfahrung. 

Sehr schwer. Geeignet für Experten und Profis. 

Technische Daten

Motor

Motortyp	Wassergekühlter Vierzylinder-Reihenmotor, zwei per Kette angetriebene obenliegende verstellbare Nockenwellen (DOHC), 4 Ventile je Brennraum, Turbolader mit Ladeluftkühler
Bezeichnung	M 270 DE 16 AL (270.910)
Hubraum	1595 cm³
Bohrung	83,0 mm
Hub 73,7 mm	
Position von Zylinder Nr. 1	rechts (an Steuerketten-Seite)
Kurbelwellen-Drehrichtung	vorwärts (von rechts betrachtet im Uhrzeigersinn)
Verdichtungsverhältnis	10,2 : 1
Kompression	
Druck (min.)	8,0 bar
Differenz zwischen Zylindern (max.)	2,0 bar
Zündfolge	1-3-4-2

Schmiersystem

Ölpumpen-Typ	Zahnradpumpe, per Kette von der Kurbelwelle angetrieben
Öldruck bei 90 °C (und korrektem Ölpegel)	
bei 650/min	0,5 bar
bei 1000/min	0,9 bar
bei 2000/min	1,7 bar
bei 4000/min	3,5 bar
Öldrucksensor wird aktiv bei	0,5 bar

Anzugsdrehmomente	**Nm**
Camtronic-Aktuator-Schraube	9
Camtronic-Magnetschalter-Schrauben*	
Schritt 1	4
Schritt 2	um 60° weiter

Winden-Ösen-Schrauben	20
Keilrippenriemenspanner-Schrauben	20
Keilrippenriemen-Umlenkrollenschraube	20
Kurbelwellendichtringträger-Schrauben	9
Kurbelwellenhauptlager-Schrauben*	
Schritt 1	36
Schritt 2	um 120° weiter
Kurbelwellen-Riemenscheiben/Vibrationsdämpfer-Schraube*	
Schritt 1	200
Schritt 2	um 180° weiter
Motor/Getrieb-Halterungen	
Hintere/untere Halterung (Drehmomentstütze) – Schrauben	106
Linke Halterung (Getriebe) an Radkasten-Platte	58
Linke Halterung (Getriebe) an Karosseriestrebe	106
Linke Halterung an Getriebe	106
Rechte Halterung	
an Karosserie	106
an Motoraufnahme/Karosserie	58
an Zylinderkopf	58
Drehstab an Motorhalterung	106
Drehstab-Halterung an Karosserie	58
Radkasten-Schrauben*	
Schritt 1	80
Schritt 2	um 90° weiter
Motor / Getriebe – Verbindungsschrauben	40
Nockenwellen-Einstellerschraube	
Schritt 1	18
Schritt 2	um 45° weiter
Ölablassschraube	30
Ölansaugrohr-Schraube	9
Ölfilterstutzen-Schraube	9
Ölpegelsensor-Schrauben	9
Ölpumpen-Befestigungsschrauben	14
Ölwanne an Motorgehäuse	11
Ölwanne an Getriebe	39
Pleuelfußlager-Schrauben*	
Schritt 1	5
Schritt 2	15
Schritt 3	um 180° weiter
Schritt 4	lockern
Schritt 5	5
Schritt 6	15
Schritt 7	um 90° weiter
Radbolzen	130
Schwallblech an Motorgehäuse	10
Schwungscheiben-Schrauben*	
Schritt 1	45
Schritt 2	um 90° weiter
Steuerkettendeckelschrauben	
M6-Schrauben	9
M8-Schrauben	19
Steuerkettenspanner an Halter	14
Steuerkettenspanner-Halter an Motor	20
Ventildeckelschrauben*	
Schritt 1	10
Schritt 2	um 90° weiter
Zylinderkopf an Steuerkettendeckel (M8-Schrauben)	20
Zylinderkopfschrauben (M11)*	
Schritt 1	20
Schritt 2	40
Schritt 3	um 90° weiter
Schritt 4	um 90° weiter
Schritt 5	um 90° weiter

** Stets durch Neuteile zu ersetzen*

1 Allgemeine Informationen

Der Zweck dieses Kapitels

1 Dieses Kapitel beinhaltet Reparaturen, die bei im Fahrzeug montiertem Motor durchgeführt werden können. Falls der Motor ausgebaut und entsprechend freigelegt ist, können nicht zutreffende Schritte ignoriert werden.
2 Obwohl es technisch möglich ist, Bauteile wie Kolben und Pleuelstangen bei eingebautem Motor zu überholen, werden solche Tätigkeiten normalerweise nicht als separate Arbeiten durchgeführt. Üblicherweise müssen verschiedene weitere Prozeduren (nicht zu vergessen die Reinigung von Bauteilen und Ölkanälen) durchgeführt werden, sodass solche Aufgaben zu den größeren Überholprozessen gezählt werden, die in Kapitel 2D beschrieben sind.
3 Kapitel 2D beinhaltet den Ausbau des Motors samt Getriebe aus dem Fahrzeug und die dann mögliche Komplettüberholung.

Motor – Beschreibung

4 Der Vierzylindermotor wird mit zwei obenliegenden Nockenwellen (DOHC) und vier Ventilen je Zylinder gesteuert. Der Motor ist quer eingebaut und das Getriebe ist links angeflanscht. Die Steuerkette befindet sich rechts.
5 Das vollständig aus Aluminium gefertigte Motorgehäuse ist mit ›trockenen Laufbuchsen‹ ausgerüstet.
6 Die Kurbelwelle des komplett gleitgelagerten Motors läuft in fünf Lagerschalen. Ihr Axialspiel wird durch Anlauf-Halbringe am mittleren Hauptlagerdeckel begrenzt.
7 Die Pleuel drehen sich mit horizontal gebrochenen Lagerschalen auf den Hubzapfen. Die aus einer Aluminiumlegierung bestehenden Kolben sind mit drei Kolbenringen (zwei Kompressionsringen und einem Ölabstreifring) ausgerüstet und mit Kolbenbolzen im oberen Pleuelauge gelagert.
8 Die zwei von einer rechts am Motor laufenden Kette angetriebenen Nockenwellen öffnen über Schlepphebel die 16 Ventile des Motors. Das Ventilspiel wird über Hydro-Elemente automatisch eingestellt. Die zwei Ein- und Auslassventile jedes Zylinders sitzen in Führungen, die genauso wie die Ventilsitze in den Zylinderkopf eingepresst sind. Bei beiden Nockenwellen sind die Steuerzeiten verstellbar. Die Motoren sind optional mit dem sogenannten *Camtronic*-System ausgestattet. Dieses kann in Teillastbereichen auf einen kleineren Einlassnocken umschalten, was einen höheren Saugrohrdruck und damit ein Vermeiden von Drosselverlusten ermöglicht. In Verbindung mit der variablen Einlassnockenwelle lässt dies bei entsprechenden Lasten eine Laststeuerung mit der Nockenwelle zu. Somit wird bei sehr niedrigen Lasten ein verringerter Ventilhub gewählt, damit die Drosselklappe für dieselbe Luftmenge weiter geöffnet werden muss. Bei mittleren Lasten wird über auf die größeren Einlassnocken umgeschaltet und bei höheren Lasten wird der Saugrohrdruck zusätzlich über den Turbolader erhöht. Die Einlassnockenwelle besteht aus zwei hohlen Wellen mit einer soliden zentralen Welle – somit können die zwei Hohlwellen unabhängig voneinander arbeiten.
9 Die rechts vorn am Motor sitzende Wasserpumpe wird vom Keilrippenriemen angetrieben.
10 Die rechts über eine Kette von der Kurbelwelle angetriebene Ölpumpe saugt durch ein Sieb Öl aus der Ölwanne an und drückt es durch den außen sitzenden Filter in die Ölkanäle des Motors, die es zu den Hauptlagern der Kurbelwelle und den Nockenwellen im Zylinderkopf leiten. Die Pleuelfußlager werden durch Bohrungen innerhalb der Kurbelwelle versorgt. Die Nocken und Ventile werden sie alle anderen Komponenten mit Spritzöl geschmiert.

Reparaturen, die bei eingebautem Motor möglich sind

11 Die folgenden Arbeiten können erledigt werden, ohne dass der Motor dafür aus dem Fahrzeug ausgebaut werden muss:
a) Kompressionsprüfung
b) Ventildeckel – Ausbau und Einbau
c) Kurbelwellen-Riemenscheibe – Ausbau und Einbau
d) Zylinderkopf – Ausbau, Überholung und Einbau
e) Brennräume und Kolbenböden – Reinigung
f) Ölwanne – Ausbau und Einbau
g) Ölpumpe – Ausbau und Einbau
h) Steuerkettendeckel – Ausbau und Einbau
i) Motor- und Getriebehalterungen – Ausbau und Einbau
j) Schwungscheibe – Ausbau und Einbau

2 Oberer Totpunkt von Zylinder Nr. 1 – Positionierung

Anmerkung: *Für diese Einstellung darf die Kurbelwelle ausschließlich vorwärts (von rechts betrachtet: im Uhrzeigersinn) gedreht werden.*

Kontrolle

1 Der obere Totpunkt (OT) ist die höchste Position des oszillierenden Kolbens; er erreicht ihn in einem Arbeitstakt zweimal – im Gaswechsel-Takt und im Verdichtungstakt. Oft ist mit ›OT‹ nur der Verdichtungs-OT gemeint. Im unteren Teil seines Arbeitstaktes steht der Kolben im UT. Weil die Kolben aller vier Zylinder bei verschiedenen Kurbelwellenpositionen im Verdichtungs-OT stehen, bezieht sich die OT-Arretierung generell auf den Kolben in Zylinder Nr. 1 – rechts neben der Steuerkette. Die Positionierung des Kolbens von Zylinder Nr. 1 (rechts) im OT ist ein entscheidender Teil beim Einstellen der Steuerzeiten und der Montage der Nockenwellen sowie der Steuerkette.
2 Demontieren Sie die Nockenwellen-Sensoren (siehe Kapitel 6A, Sektion 14).
3 Lockern Sie die Radbolzen des rechten Vorderrades, heben Sie das Fahrzeug vorn an und stützen Sie es sicher ab (siehe Seite 24). Demontieren Sie das Rad.
4 Lösen Sie im rechten Kotflügel-Einsatz die Befestigungen der Zugangsklappe und öffnen Sie diese, um Zugang zur Bolzen der Kurbelwellen-Riemenscheibe zu erhalten.
5 Drehen sie mit einem passenden Steckschlüssel den Riemenscheiben-Bolzen im Uhrzeigersinn, bis die mit ›0° OT‹ beschriftete Markierung an der Riemenscheibe zum Anguss am Steuerkettendeckel ausgerichtet ist (siehe Abbildungen) – jetzt stehen die Kolben der Zylinder 1 und 4 im OT.

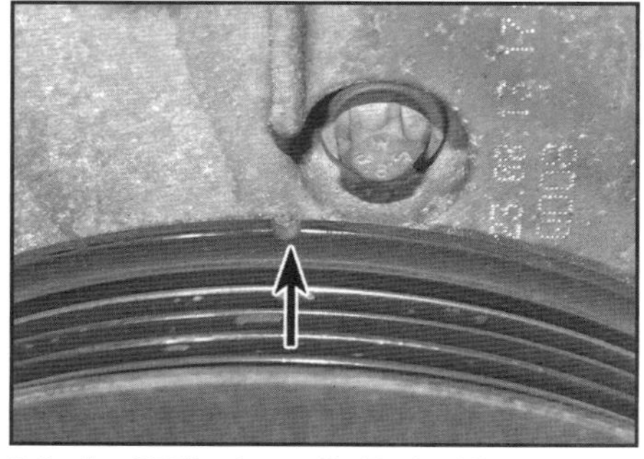

2.5a Im OT fluchten die Kerbe hinten in der Riemenscheibe zum Anguss oben im Steuerkettendeckel ...

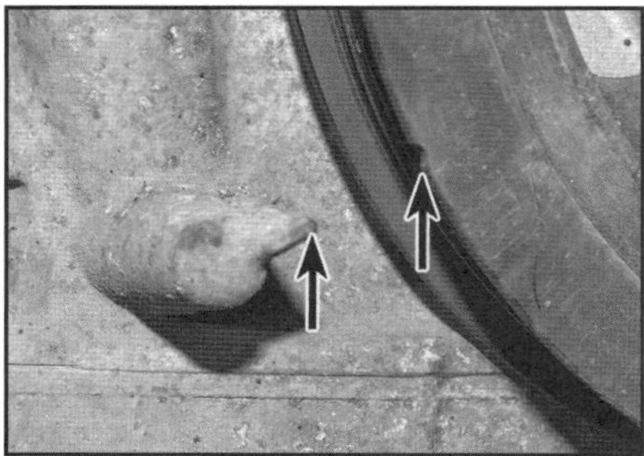

2.5b … und die Kerbe vorn in der Riemenscheibe zum Anguss in der 8-Uhr-Position.

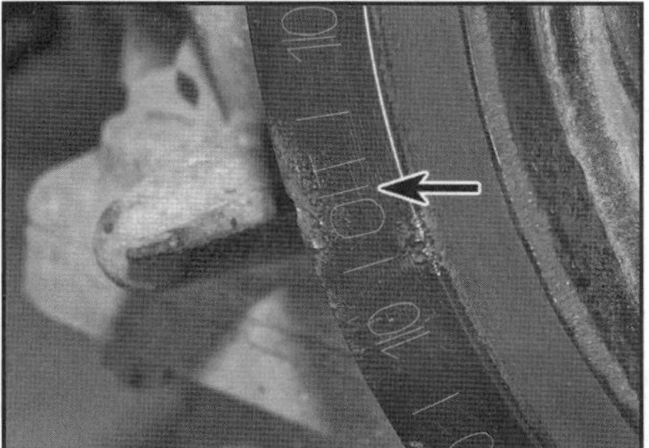

2.5c Vorn ist die Riemenscheibe mit Gradzahlen vor und nach OT markiert.

6 Die Positionen der Nockenwellen können mit einem Blick durch die Sitze der demontieren Nockenwellensensoren überprüft werden. Soweit der Motor korrekt im Verdichtungstakt von Zylinder 1 steht, muss in der Mitte der Öffnung an der Auslassnockenwelle der Rand des Teilsegments sichtbar sein; in der Öffnung vor der Einlassnockenwelle muss mittig das auf dem Kopf stehende ›V‹ der Signalscheibe zu sehen sein (siehe Abbildungen).

2.6a Das auf dem Kopf stehende ›V‹ der Einlassnockenwellen-Signalscheibe

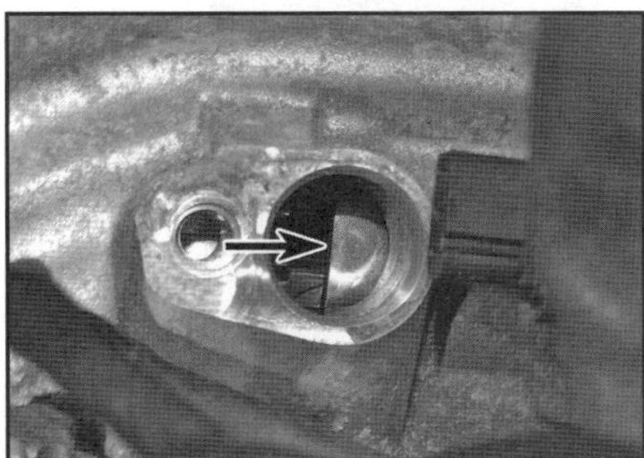

2.6b Der Rand des Auslassnockenwellen-Teilsegments

7 Falls die Nockenwellen nicht wie oben beschrieben stehen, muss die Kurbelwelle eine volle Umdrehung (360°) im Uhrzeigersinn gedreht werden – die Nockenwellen drehen sich mit halber Kurbelwellendrehzahl, sodass sie jetzt korrekt stehen müssen, andernfalls stimmen die Steuerzeiten nicht.
Anmerkung: Die Kurbelwelle kann nötigenfalls mit dem Mercedes-Spezialwerkzeug 270 589 00 40 00 arretiert werden (siehe Sektion 4) – dieses Werkzeug arretiert die Kurbelwelle in jeder Position, nicht nur im OT!

Einstellung

8 Diese Prozedur vor vielen Tätigkeiten durchgeführt werden, bei denen die Steuerkette demontiert und die Nockenwellen blockiert werden müssen. Zum Arretieren der Nockenwellen wird das Mercedes-Spezialwerkzeug 270 589 01 51 00 oder ein entsprechendes Werkzeug aus dem Fachhandel benötigt (siehe Abbildung).

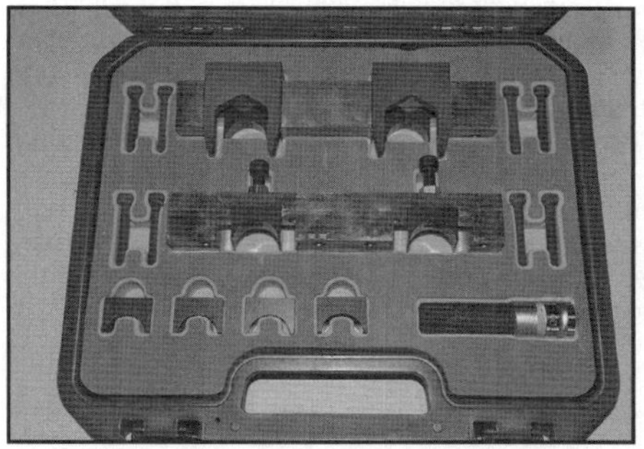

2.8 Ein Nockenwellen-Arretierwerkzeugset des Herstellers Lasertools

9 Demontieren Sie den Ventildeckel (siehe Sektion 3).
10 Drehen Sie die Kurbelwelle vorwärts, bis der Kolben von Zylinder 1 im Verdichtungs-OT steht (siehe oben).
11 Setzen Sie das Mercedes-Spezialwerkzeug 270 589 01 51 00 oder ein vergleichbares Teil über die Nockenwellen (siehe Abbildungen).
Achtung: Achten Sie auf die Verwendung des korrekten Lagerhalters: Motoren mit Camtronic erfordern einen 29 mm messenden Halter, wogegen bei Motoren ohne Camtronic ein 26-mm-Halter benutzt werden muss.

2.11a Das Spezialwerkzeug für die Steuerketten-Seite arretiert die Sechskante der Nockenwellen.

2.11b Links hält das Werkzeug die Nockenwellen nur herunter, blockiert sie aber nicht.

12 Die Arbeit kann jetzt ohne Angst vor Schäden an Ventilen oder Kolben durchgeführt werden und die Nockenwellen bleiben korrekt zur Kurbelwelle positioniert. Dies ist der EINZIGE Weg, bei diesen Motoren die Steuerzeiten korrekt einzuhalten; wird dies nicht korrekt durchgeführt, können schwere und teure Motorschäden die Folge sein.
Anmerkung: *Versuchen Sie nicht, den Motor bei arretierten Nockenwellen zu drehen (anzulassen). Falls die Arretierung längere Zeit anhält, sollten im Motorraum und im Fahrzeuginneren entsprechende Warnhinweise angebracht werden. Versehentliches Betätigen des Anlassers kann bei montierten Arretierwerkzeugen zu Schäden führen.*

3 Ventildeckel – Ausbau und Einbau

Ausbau

1 Entleeren Sie das Kühlsystem (siehe Kapitel 1A, Sektion 32) oder bereiten Sie sich auf austretendes Kühlmittel vor, nachdem der Entlüftungsschlauch vom Ventildeckel getrennt wird.
2 Trennen Sie das Massekabel (–) von der Batterie (siehe Kapitel 5, Sektion 4).
3 Demontieren Sie die Hochdruck-Benzinpumpe (siehe Kapitel 4A, Sektion 12).
4 Demontieren Sie den Druckspeicher und die Einspritzdüsen (siehe Kapitel 4A, Sektion 10).
5 Demontieren Sie den oberen Steuerkettendeckel (siehe Sektion 12).
6 Beachten Sie die Positionen der verschiedenen Unterdruckrohre, Kabelstecker und Belüftungsschläuche von zwischen dem Turbolader und dem Luftfilter sitzenden Ansaugrohr (siehe Abbildung). Lockern Sie an beiden Enden die Schellen und manövrieren Sie das Rohr aus dem Motorraum heraus.

3.6 Trennen Sie die verschiedenen Unterdruckrohre, Kabelstecker und Belüftungsschläuche vom Ansaugrohr.

7 Entfernen Sie die Zündspulen (siehe Kapitel 6A, Sektion 7).
8 Entfernen Sie die Servobremsen-Vakuumpumpe (siehe Kapitel 9, Sektion 20).
9 Lösen Sie die Schrauben des Öleinfüllstutzens und schwenken Sie diesen mit angeschlossenem Belüftungsrohr beiseite (siehe Abbildung).

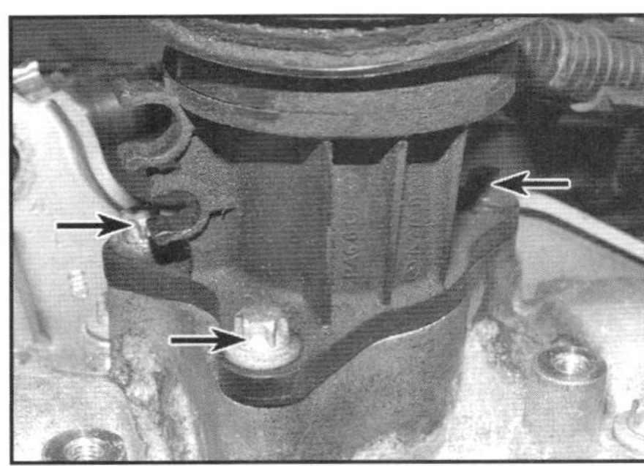

3.9 Schrauben des Öleinfüllstutzens

10 Beachten Sie die Positionen der verschiedenen Unterdruckschläuche und des Kühlsystem-Entlüftungsrohrs am Ventildeckel und trennen Sie sie (siehe Abbildung).

3.10 Trennen Sie das Kühlsystem-Entlüftungsrohr vom Ventildeckel.

11 Lösen Sie am Ventildeckel die Schraube des Peilstab-Führungsrohrs und schwenken Sie es beiseite (Abb. 12.15).
12 Lösen Sei die Schrauben der drei Winden-Ösen und entfernen Sie sie (siehe Abbildung).

3.12a Lösen Sie die Schrauben ...

3.12b ... der Winden-Ösen.

13 Hebeln Sie links an der Verbindung des Ventildeckels zum Zylinderkopf die Gummikappe heraus (siehe Abbildung) – sie muss später durch ein Neuteil ersetzt werden.

3.13 Hebeln Sie links die Gummikappe heraus.

14 Lockern Sie schrittweise von außen nach innen die Schrauben des Ventildeckels und heben Sie diesen vorsichtig ab. Die Schrauben müssen später durch Neuteile ersetzt werden.
Achtung: Seien Sie beim Trennen des Ventildeckels äußerst vorsichtig! Laut Mercedes sind der Ventildeckel und der Zylinderkopf aufeinander abgestimmt, sodass sie nur paarweise ersetzt werden dürfen. Falls der Deckel beschädigt ist, muss also auch der Zylinderkopf erneuert werden.

Einbau

15 Reinigen Sie sorgfältig die Dichtflächen des Ventildeckels und des Zylinderkopfs und erneuern Sie rechts den Dichtring (siehe Abbildung).

3.15 Ersetzen Sie den Dichtring.

16 Tragen Sie an den gezeigten Stellen des Ventildeckels eine 2 mm starke Raupe aus Silikon-Dichtmasse (Loctite 5970) auf (siehe Abbildung) und setzen Sie den Deckel innerhalb von 10 Minuten auf, da die Dichtmasse auszuhärten beginnt.

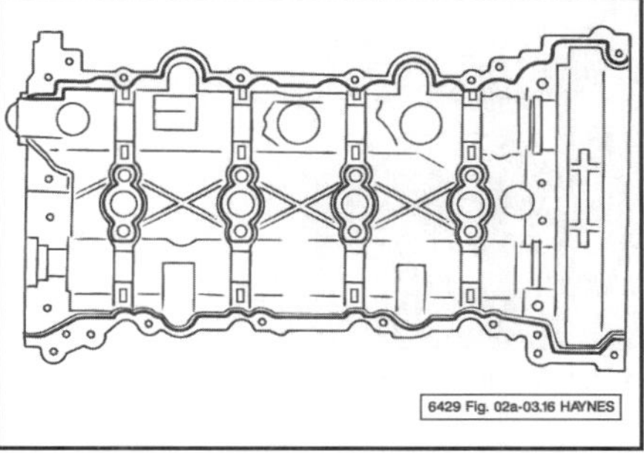

3.16 Tragen Sie innerhalb der Schraubenbohrungen eine 2 mm starke Dichtmassen-Raupe auf (schwarze Linie).

17 Achten Sie beim Aufsetzen des Deckels darauf, dass er korrekt um den Sicht der Hochdruckpumpe positioniert ist. Installieren Sie die neuen Schrauben und ziehen Sie sie schrittweise von innen nach außen zunächst mit 10 Nm an und dann in einem weiteren Durchgang um 90° (Viertelumdrehung) weiter.
18 Der Rest des Einbaus entspricht der umgekehrten Ausbaureihenfolge – ziehen Sie die Schrauben der Winden-Ösen mit 20 Nm an.

4 Kurbelwellen-Riemenscheibe/ Vibrationsdämpfer – Ausbau und Einbau

Ausbau

1 Entfernen Sie den Keilrippenriemen (siehe Kapitel 1A, Sektion 29).
2 Drehen Sie die Kurbelwelle vorwärts, bis der Kolben von Zylinder 1 im Verdichtungs-OT steht (siehe Sektion 2).
3 Lockern Sie den Riemenscheiben-Bolzen – weil dieser sehr fest sitzt, muss mithilfe des durch die Anlasser-Öffnung geführten Mercedes-Spezialwerkzeugs 270 589 00 40 00 der Zahnkranz der Schwungscheibe blockiert werden (siehe Abbildungen). Alternativen sind im Automobilwerkzeug-Fachhandel erhältlich. Der Ausbau des Anlassers ist in Kapitel 5, Sektion 7 beschrieben. Falls der Motor ausgebaut ist, muss die Schwungscheibe/Antriebsplatte blockiert werden (siehe Sektion 13).

4.3a Das Spezialwerkzeug ...

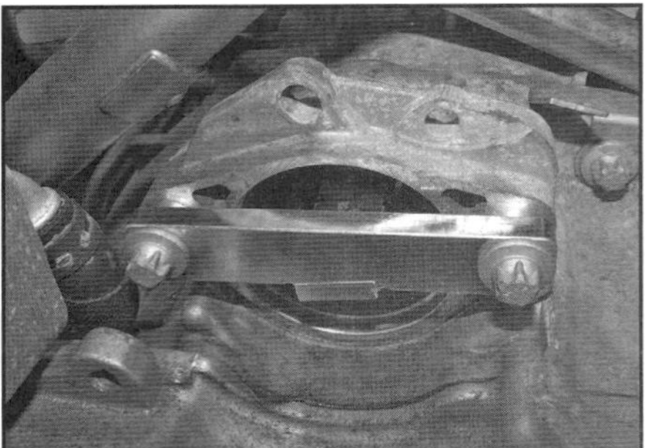

4.3b … wird an der Anlasser-Öffnung verschraubt.

4 Drehen Sie den Riemenscheiben-Bolzen heraus und entfernen Sie die Riemenscheiben/Vibrationsdämpfer-Baugruppe von der Kurbelwelle (siehe Abbildung) – der Bolzen muss später durch ein Neuteil ersetzt werden.

4.4 Lösen Sie den Bolzen und entfernen Sie die Riemenscheiben/Vibrationsdämpfer-Baugruppe.

Einbau

5 Setzen Sie die Riemenscheiben/Vibrationsdämpfer-Baugruppe mit der Nut über dem Keil ausgerichtet auf die Kurbelwelle, installieren Sie den neuen Bolzen und ziehen Sie ihn bei blockierter Kurbelwelle zunächst mit 200 Nm an und dann um 180° (halbe Umdrehung) weiter.

5 Steuerkette, Nockenwellen-Einsteller, Magnetschalter und Spanner – Ausbau und Einbau

Steuerkette

1 Demontieren Sie die Nockenwellen-Einsteller (siehe unten) und die Nockenwellen (siehe Sektion 6).

2 Die alte Steuerkette muss geöffnet werden – zum Auspressen einer der Bolzen wird ein geeignetes Kettentrenn- und Verniet-Werkzeug benötigt, wie es Mercedes als Spezialwerkzeug 276 589 00 39 00 anbietet. Legen Sie vor dem Trennen Lappen in und um den Kettenschacht, damit entfernte Bauteile nicht in den Motor fallen. Lassen Sie einen Assistenten die Kette an beiden Seiten des Werkzeugs halten und drücken Sie den Bolzen heraus (siehe Abbildungen).

5.2a Legen Sie Lappen in den Kettenschacht.

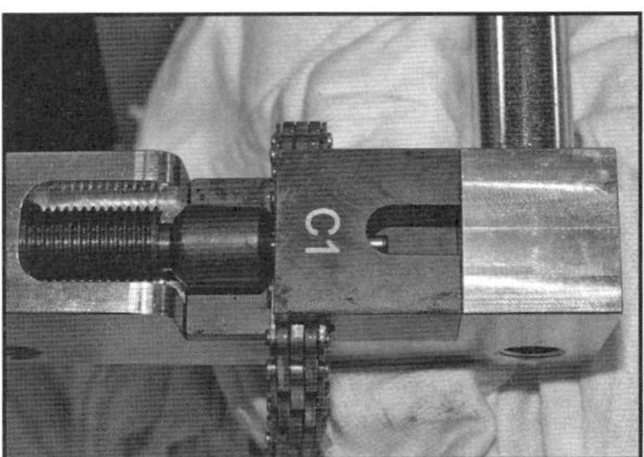

5.2b Pressen Sie mit einem Kettentrenner einen der Bolzen heraus.

3 Die neue Kette muss mithilfe eines Verbindungselements (Federschloss), wie es z. B. Mercedes unter der Teilenummer 271 589 09 63 00 anbietet. Schieben Sie das Schloss in die Enden der alten und der neuen Kette, drücken Sie die Lasche auf und sichern Sie sie mit dem Federclip (siehe Abbildungen). Achtung: Der Federclip muss mit dem geschlossenen Ende in Drehrichtung (im Uhrzeigersinn) montiert werden, damit er beim Einziehen nicht abgedrückt werden kann.

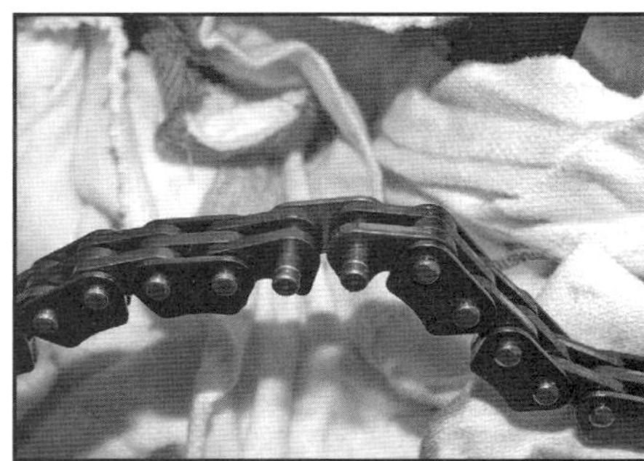

5.3a Schieben Sie das Schloss in die Enden der alten und der neuen Kette, …

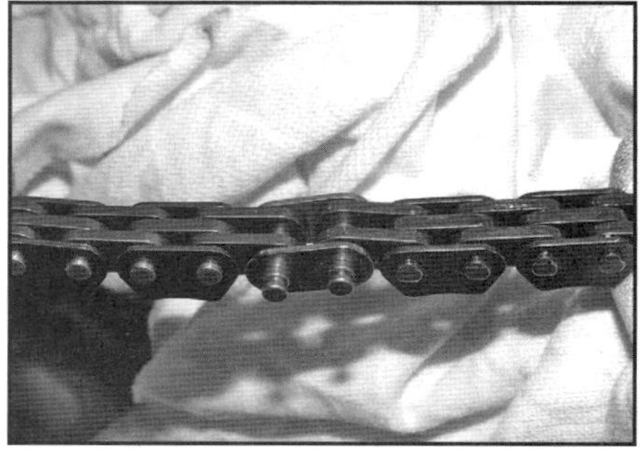

5.3b … drücken Sie die Lasche auf …

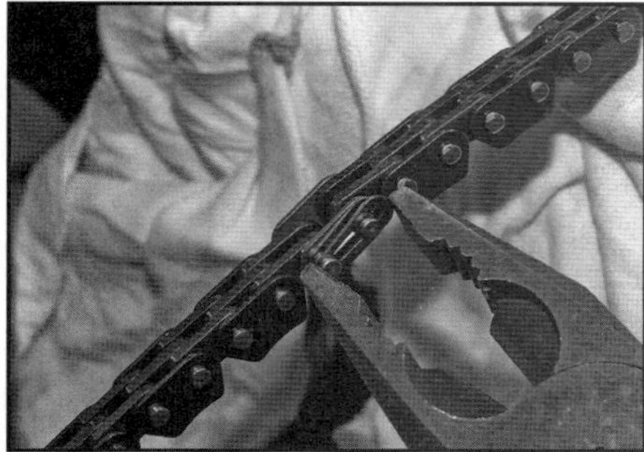

5.3c … und sichern Sie sie mit dem Federclip.

4 Entnehmen Sie die Lappen aus dem Kettenschacht und drehen Sie die Kurbelwelle langsam im Uhrzeigersinn, um die neue Kette einzuziehen.
5 Sobald die neue Kette korrekt positioniert ist, werden erneut Lappen in den Kettenschacht gelegt. Ziehen Sie den Federclip ab, lassen Sie den Assistenten die Enden der Kette halten, ziehen Sie die Lasche ab und das Schloss-Element heraus.
6 Schieben Sie das neue Nietschloss in die Enden der neuen Kette und folgen Sie den Hinweisen des Kettenverniet-Werkzeugs (Mercedes-Spezialwerkzeug 276 589 00 39 00), um es korrekt zu vernieten (siehe Abbildung).

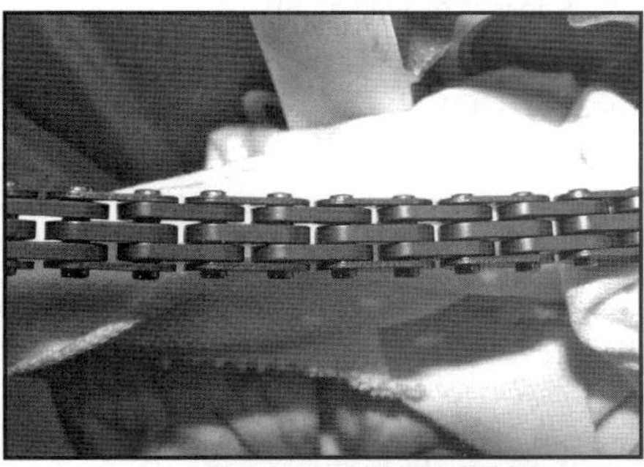

5.6 Installieren Sie das Nietschloss, die mittlere und die äußere Lasche und spreizen Sie die Bolzenköpfe mit dem Spezialwerkzeug.

7 Nachdem die Kette korrekt vernietet wurde, werden die Lappen aus dem Kettenschacht entnommen. Bauen Sie alles entgegen der Ausbaureihenfolge wieder zusammen.

Nockenwellen-Einsteller

Ausbau

8 Drehen Sie die Kurbelwelle vorwärts, bis der Kolben von Zylinder 1 im Verdichtungs-OT steht, und arretieren Sie die Nockenwellen (siehe Sektion 2).
9 Demontieren Sie den Steuerkettenspanner (siehe unten).
10 Lösen Sie die zentrale Schraube des jeweiligen Einstellers (z. B. mit dem Mercedes-Spezialwerkzeug 271 589 00 10 00) und ziehen Sie diesen aus der Nockenwelle (siehe Abbildungen).

5.10a Spezialwerkzeug zum Lösen der zentralen Schraube im Nockenwelleneinsteller

5.10b Lösen Sie die zentralen Schraube im Nockenwelleneinsteller …

5.10c … und ziehen Sie sie heraus.

11 Heben Sie die Steuerkette ab, während der Einsteller abgezogen wird.

Einbau

12 Stellen Sie sicher, dass sich der Kolben von Zylinder 1 im Verdichtungs-OT steht und die Nockenwellen arretiert sind (siehe Sektion 2).
13 Legen Sie die Steuerkette über den Einsteller und schieben Sie diesen auf die Nockenwelle. Sämtlicher Durchhang der Kette muss sich auf der Spanner-Seite befinden. Achten Sie ggf. darauf, dass der Einsteller auf der richtigen Nockenwelle sitzt – der am Einlass ist mit ›INT‹ markiert, der am Auslass mit ›EXT‹ (siehe Abbildungen).

5.13a Schieben Sie den Einsteller auf die Nockenwelle.

5.13b Der Einsteller der Einlass-Nockenwelle ist mit INT markiert.

14 Schmieren Sie das Gewinde und die Kopf-Unterseite der Einstellerschraube mit frischem Motoröl und installieren Sie sie.
15 Ziehen Sie die Schraube in einem Zug mit 18 Nm an und um 45° weiter.
16 Prüfen Sie anschließend, ob der Kolben von Zylinder 1 im Verdichtungs-OT steht und die Nockenwellen korrekt ausgerichtet arretiert sind.
17 Der Rest des Einbaus entspricht der umgekehrten Ausbaureihenfolge.

Camtronic-Magnetschalter

Ausbau

18 Entfernen Sie oben am Motor die Kunststoffabdeckung (siehe Abbildung).

5.18 Ziehen Sie die Motorabdeckung nach oben ab.

19 Jeder Magnetschalter ist mit drei Aluminiumschrauben gesichert (siehe Abbildung) – lösen Sie diese und ziehen Sie den/die Magnetschalter heraus; trennen Sie dann den/die Kabelstecker. Beim Einbau werden neue Schrauben benötigt.

5.19 Magnetschalter-Schrauben

20 Stellen Sie die Dichtung des Magnetschalters sicher – beim Einbau muss sie erneuert werden.

Einbau

21 Verbinden Sie den Kabelstecker mit dem Magnetschalter.
22 Rüsten Sie den Magnetschalter mit einer neuen Dichtung aus, führen Sie ihn in den Steuerkettendeckel ein, installieren Sie die neuen Schrauben und ziehen Sie sie mit 4 Nm an und dann um 60° weiter – da die Torx-Sterne sechseckig sind, muss die Schraube dazu um eine Stern-Spitze weitergedreht werden.
23 Montieren Sie die Motor-Abdeckung und kontrollieren Sie den Ölpegel (siehe Kapitel 1A, Sektion 5).

Steuerkettenspanner

Ausbau

24 Drehen Sie die Kurbelwelle vorwärts, bis der Kolben von Zylinder 1 im Verdichtungs-OT steht, und arretieren Sie die Nockenwellen (siehe Sektion 2).
25 Entfernen Sie ggf. die Befestigungen des Unterfahrschutzes und befreien Sie diesen (siehe Abbildung).

5.25 Befestigungen des Unterfahrschutzes

26 Hebeln Sie mit einem scharfkantigen Schraubendreher oder ähnlichem Werkzeug hinten am Steuerkettendeckel den Spanner-Stopfen ab (siehe Abbildung) (nötigenfalls muss ein Loch hineingestochen werden) – dieser muss später durch ein Neuteil ersetzt werden.

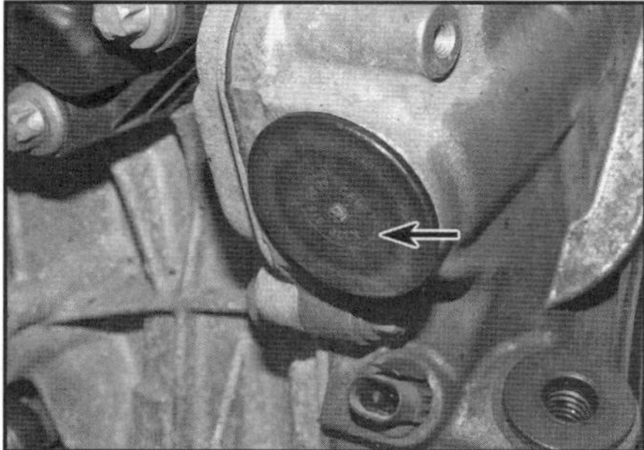

5.26 Kunststoff-Stopfen vor dem Steuerkettenspanner

27 Lösen Sie mit einem Steckschlüssel den Spanner und ziehen Sie ihn heraus (siehe Abbildung).

5.27 Schrauben Sie den Steuerkettenspanner heraus.

28 Kontrollieren Sie den Spanner auf Verschleiß oder Beschädigungen – die interne Feder muss den Kolben beim Ausbau herausdrücken; falls sie ermüdet ist oder der Kolben klemmt, muss der Spanner durch ein Neuteil ersetzt werden.

Einbau

29 Schieben Sie den Spanner durch den Steuerkettendeckel in den Halter und ziehen Sie ihn mit 40 Nm an (siehe Abbildung).

5.29 Installieren Sie den Steuerkettenspanner und ziehen Sie ihn mit 40 Nm an.

30 Setzen Sie den neuen Kunststoffstopfen an und drücken Sie ihn in den Steuerkettendeckel (siehe Abbildung).

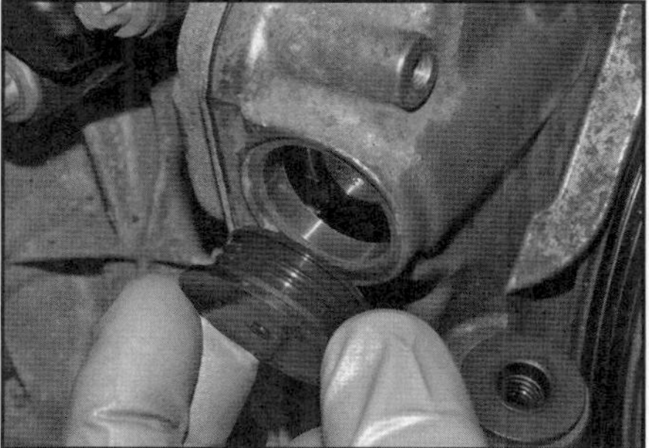

5.30 Drücken Sie den neuen Kunststoffstopfen ein.

31 Der Rest des Einbaus entspricht der umgekehrten Ausbaureihenfolge.

Camtronic-Aktuator

Ausbau

32 Entfernen Sie oben am Motor die Kunststoffabdeckung (Abb. 5.18).
33 Der Aktuator sitzt am Ventildeckel – trennen Sie seinen Kabelstecker.
34 Lösen Sie die zwei Schrauben und befreien Sie den Aktuator aus dem Ventildeckel (siehe Abbildung).

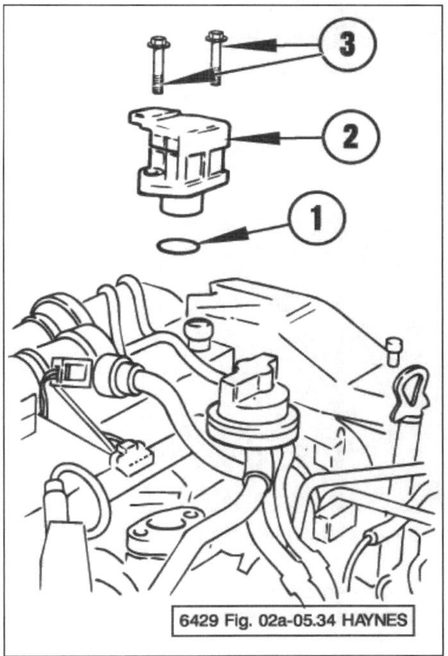

5.34 Camtronic-Aktuator

1 O-Ring
2 Aktuator
3 Befestigungsschrauben

Einbau

35 Ersetzen Sie den O-Ring des Aktuators und positionieren Sie diesen im Ventildeckel.
36 Ziehen Sie die Aktuator-Schrauben mit 9 Nm an.
37 Montieren Sie die Motor-Abdeckung

6 Nockenwellen, Schlepphebel und Hydro-Elemente – Ausbau und Einbau

Nockenwellen

Ausbau

1 Demontieren Sie die Nockenwellen-Einsteller (siehe Sektion 5).
2 Die hinten liegende Einlassnockenwelle ist mit einem zusätzlichen Nocken für den Antrieb der Kraftstoff-Hochdruckpumpe ausgerüstet (siehe Abbildung) – achten Sie beim Einbau darauf, sie wieder korrekt zu positionieren.

6.2 Zusatznocken für den Antrieb der Kraftstoff-Hochdruckpumpe an der Einlassnockenwelle

3 Lösen Sie die Torxschrauben der vier Nockenwellen-Halter und entfernen Sie diese (siehe Abbildung).

6.3 Schrauben der Nockenwellen-Halter

4 Lockern Sie schrittweise die Schrauben der Arretierwerkzeuge, entfernen Sie diese und heben Sie die Nockenwellen aus dem Zylinderkopf.

Einbau

5 Die Lagerflächen des Zylinderkopfs und der Nockenwellen müssen absolut sauber sein. Schmieren Sie alle Gleitflächen mit frischem Motoröl.
6 Schmieren Sie die Gleitflächen der Schlepphebel mit frischem Motoröl.

Einlassnockenwelle

7 Bei Motoren mit Camtronic muss die Nockenwelle zuvor in die Position für vollen Nockenhub gestellt werden – hier muss zwischen der Trägerwelle und dem rechten Nocken-Segment ein 6,5 mm großer Spalt bestehen, links darf zwischen dem Nockenwellen-Segment und dem Hochdruckpumpen-Antriebsnocken kein Spalt vorhanden sein (siehe Abbildungen) – verschieben Sie die Nockenwellen-Sektionen dazu entsprechend.

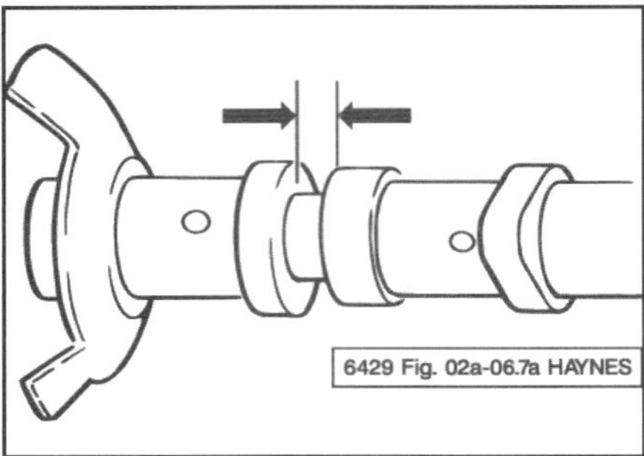

6.7a Bei vollem Nockenhub muss rechts zwischen der Trägerwelle und dem rechten Nocken-Segment ein 6,5 mm großer Spalt bestehen, ...

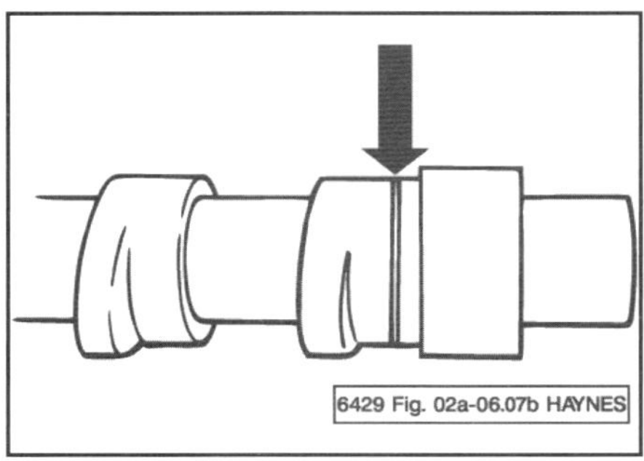

6.7b ... links darf zwischen dem Nockenwellen-Segment und dem Hochdruckpumpen-Antriebsnocken kein Spalt vorhanden sein.

8 Legen Sie die Nockenwellen vorsichtig in den Zylinderkopf – das umgekehrte ›V‹ an der Signalscheibe muss nahezu oben stehen (siehe Abbildung).

6.8 Legen Sie die Einlassnockenwelle so ein, dass das umgekehrte ›V‹ an der Signalscheibe nahezu oben steht.

Auslassnockenwelle

9 Schmieren Sie auch den Unterdruckpumpen-Antrieb mit frischem Motoröl.
10 Legen Sie die Nockenwellen vorsichtig in den Zylinderkopf – der ›Punkt‹ am Bereich des Arretierwerkzeugs muss nahezu oben stehen (siehe Abbildung).

6.10 An der Auslassnockenwelle muss der ›Punkt‹ am Bereich des Arretierwerkzeugs nahezu oben stehen.

Beide Nockenwellen

11 Der Rest des Einbaus entspricht der umgekehrten Ausbaureihenfolge.

Schlepphebel und Hydro-Elemente

Ausbau

12 Demontieren Sie die entsprechende Nockenwelle (siehe oben).
13 Heben Sie die Schlepphebel samt der hydraulischen Ausgleichselemente vom Ventil (siehe Abbildung). Markieren und lagern Sie die Bauteile entsprechend ihrer Einbaulage – sie dürfen beim Zusammenbau nicht vertauscht werden.

6.13 Heben Sie die Schlepphebel samt der hydraulischen Ausgleichselemente vom Ventil.

Einbau

14 Schmieren Sie die Oberseiten der Ventilschäfte, die Schlepphebel und die Hydro-Elemente ausgiebig mit frischem Motoröl und positionieren Sie die Schlepphebel samt der hydraulischen Ausgleichselemente über dem ursprünglichen Ventil.
15 Montieren Sie die Nockenwelle(n) (siehe oben).

7 Ventilfedern, Halterungen und Schaftdichtungen – Ersetzen

Anmerkung: *Gebrochene Ventilfedern oder defekte Ventilschaftdichtungen können ohne die Demontage des Zylinderkopfs ersetzt werden, soweit zwei Spezialwerkzeuge und Druckluft vorhanden sind. Lesen Sie diese Sektion also sorgfältig durch und leihen oder kaufen Sie diese Werkzeuge, bevor Sie mit der Arbeit beginnen.*

1 Entfernen Sie die Zündkerzen (siehe Kapitel 1A, Sektion 26).
2 Demontieren Sie die Nockenwellen, die Schlepphebel und die Hydro-Elemente (siehe Sektion 6).
3 Drehen Sie einen Adapter in die Zündkerzenbohrung und schließen Sie Druckluft an. Anmerkung: Viele Kompressionsprüfer sind mit Einschraub-Anschlüssen ausgerüstet, die mit Druckluftschläuchen verbunden werden können – entfernen Sie ggf. zuvor das Schrader-Ventil.
4 Setzen Sie den Brennraum unter Luftdruck, um die Ventile geschlossen zu halten (siehe Abbildung).

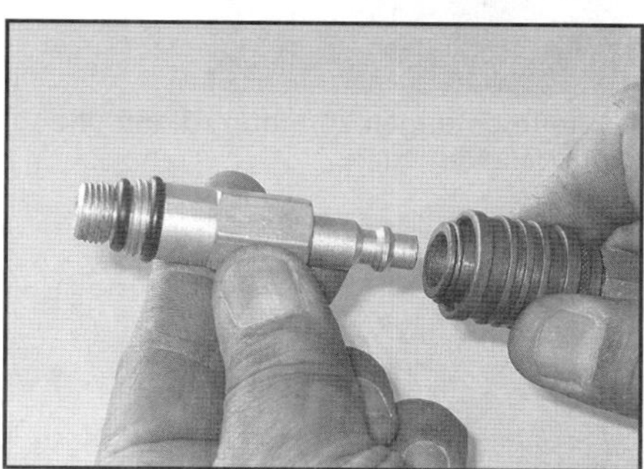

7.4 Zündkerzengewinde-Adapter für Luftschlauch-Anschlüsse sind im Autoteilehandel erhältlich.

5 Setzen Sie am Federteller des entsprechenden Ventils einen Steckschlüssel an und klopfen Sie mehrmals mit einem Hammer darauf, um die Verbindung zwischen den Ventil-Keilen und dem Federteller zu brechen. Setzen Sie eine Ventilfederpresse an, um die Feder zu komprimieren, und befreien Sie mit einem Magneten oder einer Spitzzange die Keile (siehe Abbildung).
Anmerkung: *Um die Ventilfedern bei eingebautem Zylinderkopf zu komprimieren, sind unterschiedliche Pressen erhältlich.*

7.5 Nachdem die Ventilfeder komprimiert ist, werden die Keile, die den Federteller am Ventil sichern, entfernt.

6 Entfernen Sie die Ventilfeder und den Federteller.
Anmerkung: *Falls der Luftdruck zum Halten des Ventils in der geschlossenen Position abfällt, können der Ventilteller oder der Ventilsitz beschädigt werden, sodass der Zylinderkopf für eine Reparatur demontiert werden muss.*
7 Entfernen Sie die alten Ventilschaftdichtungen – beachten Sie die Unterschiede zwischen denen der Einlass- und der Auslassventile (siehe Abbildungen).

7.7a Alte Ventilschaftdichtungen können z. B. mithilfe einer Zange abgehebelt werden.

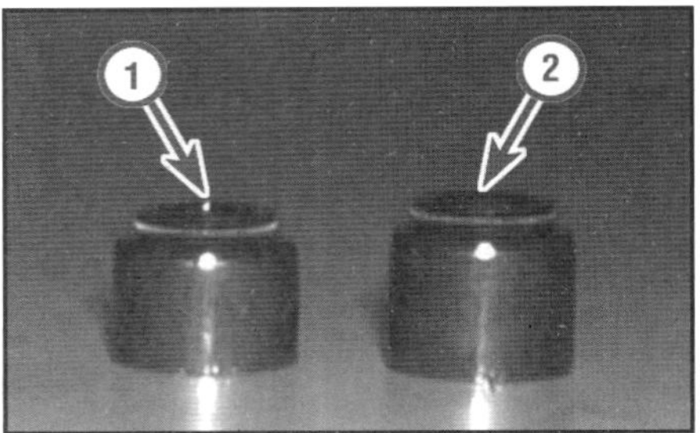

7.7b Die Ventilschaftdichtungen der Auslassventile (2) sind höher als diejenigen der Einlassventile (1).

1 Intake valve seal *2 Exhaust valve seal*

8 Bevor die Druckluft getrennt werden darf, muss der Ventilschaft mit einem Gummiband oder Klebeband umwickelt werden, damit das Ventil nicht in den Brennraum fällt.
9 Kontrollieren Sie den Ventilschaft auf Beschädigungen. Drehen Sie den Schaft in der Führung, um einen möglichen Verzug zu ermitteln.
10 Bewegen Sie den Schaft in der Führung auf und ab – falls er klemmt, ist das Ventil verbogen oder die Führung beschädigt; in beiden Fällen muss der Zylinderkopf für eine Reparatur demontiert werden.
11 Setzen Sie die Druckluft wieder an, um die Ventile geschlossen zu halten. Entfernen Sie das Klebeband oder Gummiband vom Ventilschaft.
12 Falls an einem Auslassventil gearbeitet wird, muss die neue Auslassventil-Schaftdichtung über den Schaft geschoben und auf die Ventilführung gepresst werden – drücken Sie die Dichtung nicht gegen die Führung.
13 Falls an einem Einlassventil gearbeitet wird, muss die neue Einlassventil-Schaftdichtung über den Schaft geschoben und auf die Ventilführung gepresst werden – drücken Sie die Dichtung nicht gegen die Führung. Anmerkung: Installieren Sie keine Auslassventil-Schaftdichtung über ein Einlassventil – dies würde zu hohem Ölverbrauch führen.
14 Positionieren Sie die Feder und den Federteller über dem Ventil.
15 Komprimieren Sie die Ventilfeder so weit, dass die Keile installiert werden können.
16 Positionieren Sie die Keile an der Ventilschaft-Nut – ›kleben‹ Sie sie nötigenfalls mit etwas Fett an (siehe Abbildung). Entfernen Sie die Federpresse und prüfen Sie, ob die Keile korrekt sitzen.

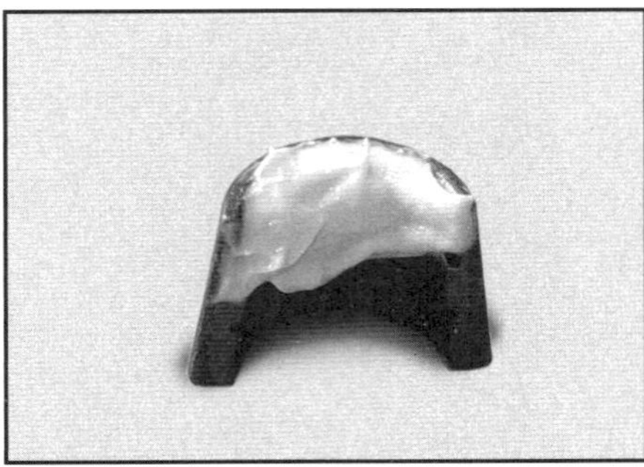

7.16 Mit etwas Fett lassen sich die Keile gut am Ventilschaft sichern, bevor sie beim Lösen der Presse mit dem Federteller dort verklemmt werden.

17 Trennen Sie den Druckluftschlauch und entfernen Sie den Adapter aus der Zündkerzenbohrung.
18 Wiederholen Sie ggf. die Prozedur mit den Ventilen der anderen Zylinder.
19 Positionieren Sie die Schlepphebel samt der hydraulischen Ausgleichselemente über den Ventilen und montieren Sie die Nockenwellen (siehe Sektion 6).
20 Installieren Sie die Zündkerzen (siehe Kapitel 1A, Sektion 26).
21 Starten Sie den Motor und kontrollieren Sie alles auf Undichtigkeiten sowie ungewöhnliche Geräusche aus dem Ventildeckel. Lassen Sie den Motor mindestens fünf Minuten im Standgas laufen, bevor Sie die Drehzahl erhöhen.

8 Zylinderkopf – Ausbau und Einbau

Anmerkung 1: *Der Motor muss vollständig abgekühlt sein, bevor mit der Arbeit begonnen werden darf.*
Anmerkung 2: *Für diese Arbeit werden eine neue Zylinderkopfdichtung, neue M11-Zylinderkopfschrauben, neue Ventildeckelschrauben und vieles mehr benötigt – lesen Sie die gesamte Prozedur durch und beschaffen Sie vor der Demontage alle erforderlichen Teile.*

Ausbau

1 Trennen Sie den Masseanschluss (–) der Batterie (siehe Kapitel 5, Sektion 4).
2 Aktivieren Sie die Feststellbremse, heben Sie das Fahrzeug vorn an und stützen Sie es sicher ab (siehe Seite 24). Demontieren Sie ggf. den Unterfahrschutz. Für einen besseren Zugang kann auch die Motorhaube demontiert werden (siehe Kapitel 11, Sektion 6).
3 Entleeren Sie das Kühlsystem (siehe Kapitel 1A, Sektion 32).
4 Entfernen Sie die Luftfilter-Baugruppe (siehe Kapitel 4A, Sektion 3).
5 Entfernen Sie die Zündkerzen (siehe Kapitel 1A, Sektion 26).
6 Demontieren Sie den Ventildeckel (siehe Sektion 3).
7 Demontieren Sie den Turbolader (siehe Kapitel 4A, Sektion 15) – es ist nicht nötig, den Turbolader vom Zylinderkopf zu trennen, aber alle anderen Schritte müssen durchgeführt werden.
8 Lösen Sie links am Zylinderkopf die Schrauben des Kühlmittelrohrs, lösen Sie auch die Schraube, die das Rohr neben dem Wasserpumpenrad am Zylinderkopf sichert.

9 Demontieren Sie den Einlassstutzen (siehe Kapitel 4A, Sektion 13).
10 Trennen Sie den Stecker des Temperatursensors.
11 Demontieren Sie beide Nockenwellen (siehe Sektion 6).
12 Demontieren Sie an beiden Enden des Zylinderkopfs die Nockenwellenlager-Brücke.
13 Ziehen Sie die oberen Stifte der Steuerketten-Führungsschiene heraus.
14 Lockern Sie entgegen der in Abb. 8.25 gezeigten Reihenfolge die Zylinderkopfschrauben und entfernen Sie sie – die M11-Schrauben müssen beim Einbau durch Neuteile ersetzt werden.
15 Lockern Sie jetzt den Zylinderkopf, indem Sie ihn nach vorn kippen – er ist mit Passhülsen auf dem Motorblock positioniert. Sobald der locker ist, kann er abgehoben werden – holen Sie hierzu einen Assistenten zu Hilfe oder verwenden Sie eine Hebevorrichtung – der Zylinderkopf ist schwer! Entfernen Sie die Zylinderkopfdichtung vom Motorblock und stellen Sie nötigenfalls die zwei Passhülsen sicher, falls sie locker sind.

Vorbereitung für den Einbau

16 Die Dichtflächen des Zylinderkopfes und des Zylinderblocks müssen absolut sauber sein. Entfernen Sie dazu Dichtungsreste und Kohleablagerungen mithilfe eines Hartplastik- oder Holzschabers; reinigen Sie auch die Kolbenböden. Die Ablagerungen dürfen keinesfalls in Öl- oder Wasserkanäle gelangen – bereits kleinste Partikel können Öldüsen verstopfen! Kleben Sie daher alle Bohrungen des Zylinderkopfs/Motorgehäuses mit Kreppband ab. Damit keine Ablagerungen zwischen die Kolben und Zylinderwände gelangen, muss hier etwas Fett aufgetragen werden (anschließend kann es samt anhaftender Partikel mit einem sauberen Lappen abgewischt werden). Wischen Sie die Dichtflächen anschließend mit Verdünner oder Aceton ab.
Achtung: Passen Sie bei der Reinigung auf, nicht das relativ weiche Aluminium abzutragen.
17 Kontrollieren Sie die Dichtflächen des Zylinderkopfes und des Zylinderblocks auf Riefen, tiefe Kratzer und andere Schäden. Kleine Unebenheiten können mit einer Feile geschlichtet werden; größere erfordern jedoch maschinelles Planen oder den Austausch. Falls ein Verzug des Zylinderkopfes vermutet wird, muss dieser von einer Fachwerkstatt kontrolliert werden.
18 Beschaffen Sie eine neue Zylinderkopfdichtung.
19 Zylinderkopfschrauben sind einer hohen Belastung ausgesetzt, sodass sie ungeachtet ihres Zustands durch Neuteile ersetzt werden müssen.

Einbau

20 Wischen Sie die Dichtflächen des Zylinderkopfes und des Zylinderblocks ab. Die Passhülsen müssen in ihren Sitzen an beiden Seiten des Zylinderblocks stecken.
21 Legen Sie die neue Zylinderkopfdichtung über den Passhülsen auf den Zylinderblock.
22 Senken Sie mithilfe eines Assistenten den Zylinderkopf vorsichtig über den Passhülsen ab.
23 Ölen Sie die Unterseiten der zehn Zylinderkopfschrauben, installieren Sie sie in ihre Bohrungen (lassen Sie sie nicht hineinfallen!) und drehen Sie sie handfest.
24 Ziehen Sie die Schrauben schrittweise in der gezeigten Reihenfolge zunächst mit 20 Nm an (siehe Abbildung).

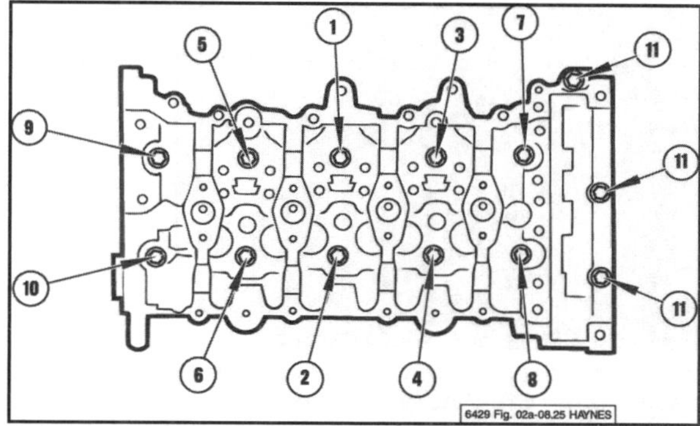

8.24 Anzugsreihenfolge der Zylinderkopfschrauben

25 Ziehen Sie die Zylinderkopfschrauben in einem zweiten Durchgang mit 40 Nm an. Anschließend müssen sie in drei Durchgängen um jeweils 90° weitergedreht werden – eine Viertelumdrehung sollte auch ohne Gradscheibe vorstellbar sein. Jeder Anzug muss in einem Zug erfolgen.
26 Installieren Sie die drei Schrauben, die den Zylinderkopf rechts am Steuerkettendeckel sichern (Abb. 8.25: Nr. 11) und ziehen Sie sie mit 20 Nm an.
27 Der Rest des Einbaus entspricht der umgekehrten Ausbaureihenfolge. Füllen Sie zum Schluss das Kühlsystem auf (siehe Kapitel 1A, Sektion 32).

9 Ölwanne – Ausbau und Einbau

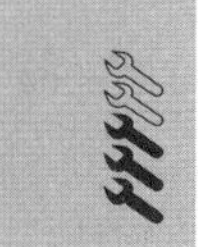

Ausbau

1 Lassen Sie das Motoröl ab (siehe Kapitel 1A, Sektion 13), säubern Sie die Ablassschraube, installieren Sie sie und ziehen Sie sie mit 30 Nm an. Falls demnächst ein Ölwechsel-Intervall ansteht, sollte auch der Ölfilter demontiert werden.
2 Entfernen Sie den Keilrippenriemen (siehe Kapitel 1A, Sektion 29).
3 Trennen Sie den Stecker des Klimaanlagen-Kompressors. Lösen Sie dann die Schraube, die das Kältemittelrohr an der Lichtmaschine sichert.
4 Lösen Sie die Schrauben des Klimaanlagen-Kompressors, schwenken Sie ihn beiseite und sichern Sie ihn z. B. mit einem Kabelbinder an der Karosserie – die Kältemittelrohre müssen nicht getrennt werden.
5 Demontieren Sie den Katalysator (siehe Kapitel 6A, Sektion 18).
6 Demontieren Sie die hintere untere Motorhalterung (siehe Sektion 14).
7 Um die Ölwannenschraube neben dem Antriebswellen-Mittellagersitz lösen zu können, wird ein E10-Steckschlüssel mit 1/4"-Antrieb benötigt (siehe Abbildung), andernfalls muss die rechte Antriebswelle samt Mittellager demontiert werden (siehe Abbildung) (siehe Kapitel 8, Sektion 7).

9.7a Zum Lösen der Ölwannenschraube neben dem Lagersitz ein E10-Steckschlüssel mit 1/4"-Antrieb benötigt.

9.7b Schrauben des Mittellagersitzes für die rechte Antriebswelle

8 Trennen Sie den Stecker des Ölpegelsensors.
9 Lösen Sie unten an der Ölwanne die Schraube des Kabelbaum-Halters und verlagern Sie die Verkabelung beiseite.
10 Lösen Sie die Schrauben, mit denen die Ölwanne am Getriebe gesichert ist.
11 Lockern Sie schrittweise die Ölwannenschrauben und entfernen Sie sie unter Beachtung ihrer Positionen – sie sind unterschiedlich lang.
12 Klopfen Sie die Ölwanne rundherum mit dem Handballen oder einem Gummihammer ab, um die Dichtung zu lösen. Falls sich die Ölwanne nicht löst, muss sie im Bereich der Dichtfläche mit einem Heißluftgebläse erwärmt werden, bevor sie an den dafür vorgesehenen Angüssen vorsichtig abgehebelt wird (siehe Abbildung). Lösen Sie die Schraube des Ölansaug-Rohrs und entfernen Sie dies (siehe Abbildung). Kontrollieren Sie das Ansaugsieb auf Risse und Ablagerungen.

9.12a Hebeln Sie die Ölwanne nötigenfalls vorsichtig an den Angüssen vom Motorblock.

9.12b Schraube des Ölansaug-Rohrs

Einbau

13 Ersetzen Sie den O-Ring des Ölansaug-Rohrs (siehe Abbildung), installieren Sie dies und ziehen Sie seine Schraube mit 9 Nm an.

9.13 Erneuern Sie den O-Ring des Ölansaug-Rohrs.

14 Reinigen Sie die Ölwanne innen und außen. Befreien Sie die Dichtflächen des Motorgehäuses und der Ölwanne von alten Dichtungsresten. Achten Sie darauf, die Dichtflächen nicht zu zerkratzen oder anderweitig zu beschädigen, da der Motor andernfalls kaum wieder öldicht zu bekommen ist.
15 Sobald alle Dichtflächen sauber und trocken sind, wird auf der Ölwannen-Dichtfläche innerhalb der Schraubenbohrungen eine etwa 2 mm breite Raupe eines geeigneten Dichtmittels (z. B. Loctite 5970) aufgetragen (siehe Abbildung). Setzen Sie die Ölwanne innerhalb von zehn Minuten an, da die Dichtmasse auszuhärten beginnt.

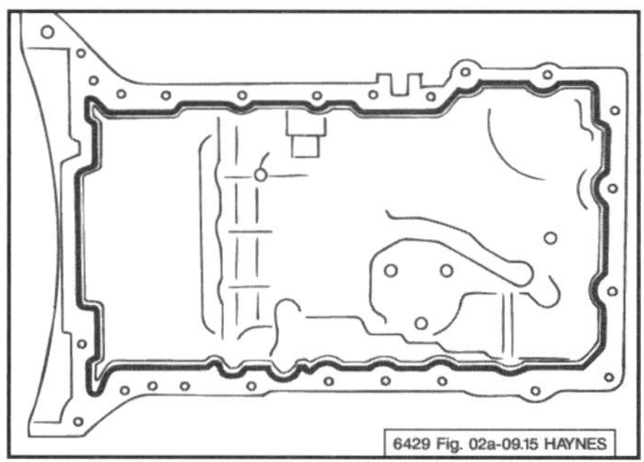

9.15 Tragen Sie innerhalb der Schraubenbohrungen Dichtmasse an der Ölwanne auf.

16 Installieren Sie die Ölwannen-Schrauben in ihre ursprünglichen Bohrungen zunächst handfest, sodass die Ölwanne noch etwas bewegt werden kann.
17 Falls die Ölwanne bei demontiertem Getriebe verschraubt werden soll, muss sie rechts mithilfe eines Richtscheits bündig zum Motorgehäuse ausgerichtet werden (siehe Abbildung).

9.17 Die Ölwanne muss an der Getriebeseite bündig zum Motorgehäuse sitzen.

18 Ziehen Sie ggf. die Ölwannenschrauben zum Getriebe mit 39 Nm an.
19 Ziehen Sie die Ölwannenschrauben zum Motorgehäuse schrittweise mit 11 Nm an.
20 Der Rest des Einbaus entspricht der umgekehrten Ausbaureihenfolge. Füllen Sie zum Schluss Motoröl auf (siehe Kapitel 1A, Sektion 13).

10 Ölpumpe – Ausbau, Kontrolle und Einbau

Ausbau

1 Entfernen Sie die Ölwanne (siehe Sektion 9).
2 Trennen Sie den inneren Stecker des Ölpumpenventils (siehe Abbildung).

10.2 Innerer Stecker des Ölpumpenventils

3 Lösen Sie die Schrauben des Ölleitblechs und befreien Sie dies vom Motorblock (siehe Abbildung).

10.3 Ölleitblech-Schrauben

4 Lösen Sie die Schrauben der Ölpumpen-Baugruppe, um sie vom Motorblock zu trennen; heben Sie beim Abnehmen die Antriebskette vom Ölpumpenritzel (siehe Abbildung).

10.4 Ölpumpen-Befestigungsschrauben

Kontrolle

5 Beim Verfassen dieses Buchs waren bei Mercedes keine technischen Daten für die Pumpe verfügbar; sie kann allerdings gereinigt und auf Schäden sowie starken Verschleiß kontrolliert werden.
6 Reinigen Sie sorgfältig das Ansaugsieb mit Lösungsmittel und kontrollieren Sie es auf Risse und Ablagerungen. Ersetzen Sie das Sieb nötigenfalls samt Deckel.
7 Falls die Ölpumpenkette verschlissen oder beschädigt ist und ersetzt werden muss, ist zunächst die Steuerkette zu entfernen (siehe Sektion 5) – die Ölpumpenkette liegt dahinter auf dem Kurbelwellenritzel.
8 Ein weiteres Zerlegen der Ölpumpe ist nicht empfehlenswert.

Einbau

9 Reinigen Sie die Dichtflächen der Ölpumpe und des Motorblocks. Kontrollieren Sie die Dichtringe und ersetzen Sie sie nötigenfalls.
10 Legen Sie die Kette um das Ölpumpenritzel und setzen Sie die Pumpe an den Motorblock – die Dichtringe dürfen dabei nicht verrutschen.
11 Installieren Sie die Ölpumpenschrauben und ziehen Sie sie mit 14 Nm an.
12 Der Rest des Einbaus entspricht der umgekehrten Ausbaureihenfolge. Füllen Sie zum Schluss Motoröl auf (siehe Kapitel 1A, Sektion 13).

11 Kurbelwellen-Dichtringe – Ersetzen

Anmerkung: *Für den Ausbau des linken Dichtrings muss das Getriebe vom Motor getrennt werden – dies ist bei diesen Modellen erst nach dem Ausbau der gesamten Antriebseinheit möglich (siehe Kapitel 2D, Sektion 7).*

Steuerkettendeckel-Dichtring (rechts)

1 Demontieren Sie die Kurbelwellen-Riemenscheibe (siehe Sektion 4).
2 Notieren Sie die Einbautiefe des Dichtrings und hebeln Sie ihn vorsichtig mit einem Schraubendreher oder anderem Werkzeug heraus (siehe Abbildung).
Achtung: *Beschädigen Sie dabei nicht den Sitz des Dichtrings oder die Kurbelwelle!*

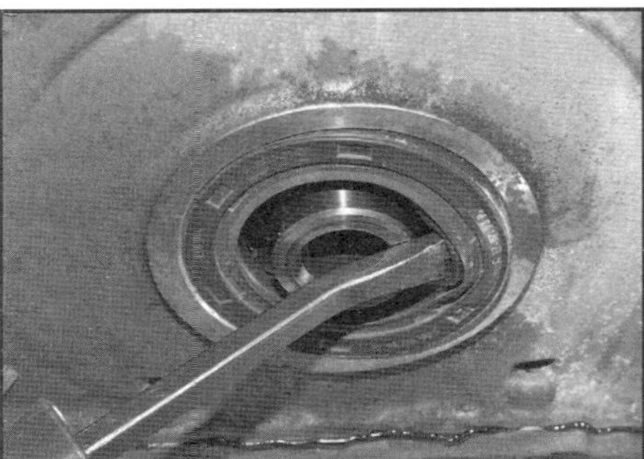

11.2 Hebeln Sie den alten Dichtring aus dem Steuerkettendeckel.

3 Reinigen Sie den Dichtring-Sitz mit einem Schaber aus Kunststoff oder Holz.
4 Die Lippen des neuen Dichtrings dürfen nicht geschmiert werden. Verwenden sie möglichst das Mercedes-Spezialwerkzeug 270 589 00 15 00 und den alten Riemenscheiben-Bolzen, um den Dichtring einzupressen. Ohne dieses Werkzeug muss der Dichtring mit einem passenden Steckschlüssel oder Rohr senkrecht bündig zum Steuerkettendeckel ein getrieben werden (siehe Abbildungen). Falls sich am Riemenscheiben-Flansch eine Verschleißnut gebildet hat, muss der Dichtring 0,7 mm tiefer installiert werden.

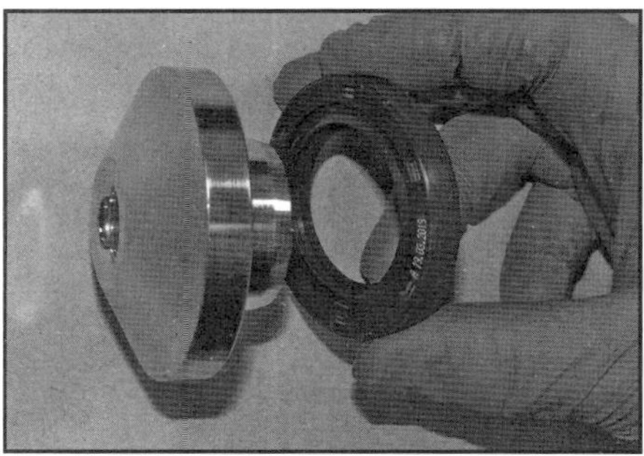

11.4a Stecken Sie den neuen Dichtring auf das Mercedes-Spezialwerkzeug 270 589 00 15 00 ...

11.4b ... und pressen Sie dies mit dem alten Riemenscheiben-Bolzen in den Steuerkettendeckel.

5 Montieren Sie die Riemenscheiben/Vibrationsdämpfer-Baugruppe (siehe Sektion 4).

Getriebeseiten-Dichtring (links)

6 Entfernen Sie die Schwungscheibe bzw. die Antriebsplatte (siehe Sektion 13).
7 Ziehen Sie den Sensorring von der Kurbelwelle (siehe Abbildung).

11.7 Ziehen Sie den Sensorring ab.

8 Demontieren Sie den Kurbelwellensensor (siehe Kapitel 6A, Sektion 12).
9 Lösen Sie die Schrauben des Dichtring-Gehäuses und entnehmen Sie es samt Dichtring (siehe Abbildung) – hebeln Sie es nötigenfalls vorsichtig ab (erwärmen Sie es mit einem Heißluftgebläse, falls es besonders fest sitzt). Anmerkung: Der Dichtring ist in das Gehäuse integriert und kann nicht separat ersetzt werden.

11.9 Schrauben des Dichtring-Gehäuses

10 Beseitigen Sie Schmutz und Dichtungsreste von der Dichtfläche des Motorgehäuses.
11 Die Lippen des neuen Dichtrings dürfen nicht geschmiert und mit den Fingern berührt werden. Verwenden sie möglichst das Mercedes-Spezialwerkzeug 271 589 00 43 00, um das neue Dichtring-Gehäuse korrekt montieren zu können. Schieben Sie das Gehäuse über das Werkzeug (siehe Abbildungen).

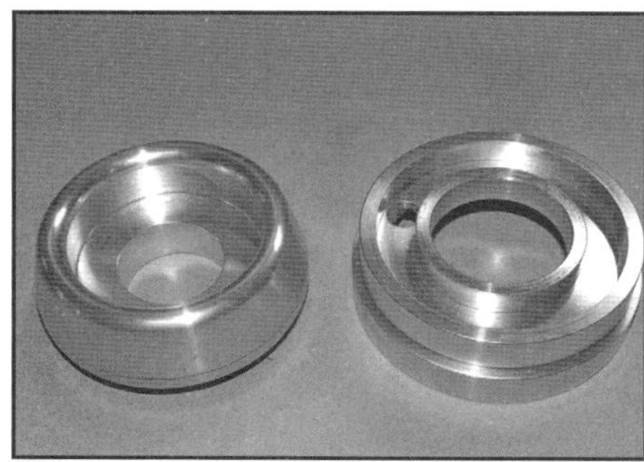

11.11a Das Mercedes-Spezialwerkzeug 271 589 00 43 00 besteht aus zwei Teilen, ...

11.11b ... die zusammengesetzt werden müssen.

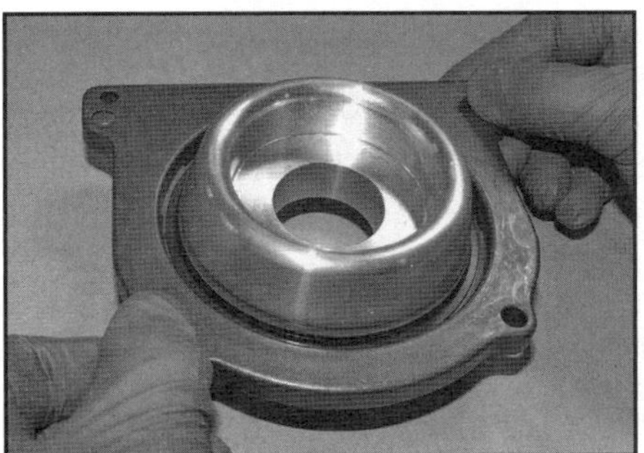

11.11c Schieben Sie das neue Dichtring-Gehäuse über das Werkzeug.

12 Prüfen Sie, ob die Dichtring-Schutzlippe zum Getriebe und die Dichtlippe zum Motorgehäuse zeigen.
13 Tragen Sie an der Motorgehäuse-Dichtfläche innerhalb der Schraubenbohrungen eine etwa 2 mm breite Raupe eines geeigneten Dichtmittels (z. B. Loctite 5970) auf (siehe Abbildung). Setzen Sie das Dichtring-Gehäuse innerhalb von zehn Minuten an, da die Dichtmasse auszuhärten beginnt.

11.13 Tragen Sie wie gezeigt eine etwa 2 mm starke Dichtmassen-Raupe auf

14 Entfernen Sie das abgerundete Einsatz-Element vom unteren Werkzeugteil, setzen Sie das Dichtring-Gehäuse über den Kurbelwellen-Flansch und schieben Sie es auf (siehe Abbildungen). Entfernen Sie das Werkzeug und prüfen Sie, ob die Dichtring-Schutzlippe zum Getriebe und die Dichtlippe zum Motorgehäuse zeigen.

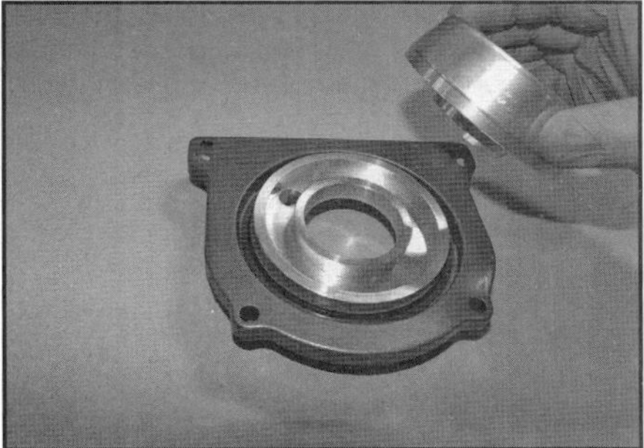

11.14a Entfernen Sie das abgerundete Einsatz-Element vom unteren Werkzeugteil, ...

11.14b ... setzen Sie das Dichtring-Gehäuse über den Kurbelwellen-Flansch und schieben Sie es auf.

15 Ziehen Sie die Schrauben des Dichtring-Gehäuses schrittweise mit 9 Nm an.
16 Der Rest des Einbaus entspricht der umgekehrten Ausbaureihenfolge.

12 Steuerkettendeckel – Ausbau und Einbau

Oberer Deckel

Ausbau

1 Demontieren Sie die rechte Motorhalterungs-Baugruppe (siehe Sektion 14).
2 Trennen Sie das Kühlmittel-Entlüftungsrohr und verlagern Sie es beiseite.
3 Trennen Sie die Stecker beider Camtronic-Magnetschalter (siehe Abbildung).

12.3 Ziehen Sie die Arretierlasche heraus und trennen Sie den Stecker vom Camtronic-Magnetschalter.

4 Der obere Deckel ist mit 14 Schrauben am Motor gesichert – lösen Sie sie schrittweise und hebeln Sie den Deckel an den dafür vorgesehenen Stellen ab (siehe Abbildungen).

12.4a Schrauben des oberen Steuerkettendeckels

12.4b Hebeln Sie den Deckel nur an den dafür vorgesehenen Stellen ab.

Einbau

5 Reinigen Sie die Dichtflächen des Deckels, des Motorblocks, des Zylinderkopfs und des Ventildeckels, beseitigen Sie Schmutz und sämtliche Dichtungsreste.
6 Tragen Sie an der Deckel-Dichtfläche innerhalb der Schraubenbohrungen eine etwa 2 mm breite Raupe eines geeigneten Dichtmittels (z. B. Loctite 5970) auf (siehe Abbildung). Setzen Sie den Deckel innerhalb von zehn Minuten an, da die Dichtmasse auszuhärten beginnt.

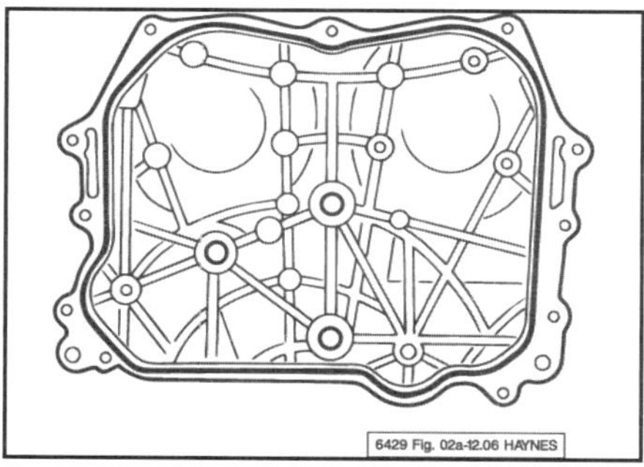

12.6 Die dicke schwarze Linie zeigt die Dichtmassen-Raupe.

7 Installieren Sie die Schrauben und ziehen Sie sie zuerst die M8-Schrauben schrittweise mit 19 Nm und dann die M6-Schrauben mit 9 Nm an.
8 Der Rest des Einbaus entspricht der umgekehrten Ausbaureihenfolge.

Unterer Deckel

Ausbau

9 Der untere Steuerkettendeckel kann nur bei ausgebautem Motor demontiert werden – der Ausbau ist in Kapitel 2D, Sektion 7 beschrieben.
10 Demontieren Sie zunächst den oberen Steuerkettendeckel (siehe oben).
11 Demontieren Sie den Klimaanlagen-Kompressor (siehe Kapitel 3, Sektion 12).
12 Demontieren Sie die Lichtmaschine (siehe Kapitel 5, Sektion 6).
13 Lösen Sie die Schrauben des Keilrippenriemen-Spanners und entnehmen Sie diesen (siehe Abbildung).

12.13 Schrauben des Keilrippenriemen-Spanners

14 Demontieren Sie die Kurbelwellen-Riemenscheibe (siehe Sektion 4).
15 Lösen Sie die Schraube des Peilstabführungsrohr-Halters (siehe Abbildung) und ziehen Sie das Rohr heraus – der Dichtring muss später erneuert werden.

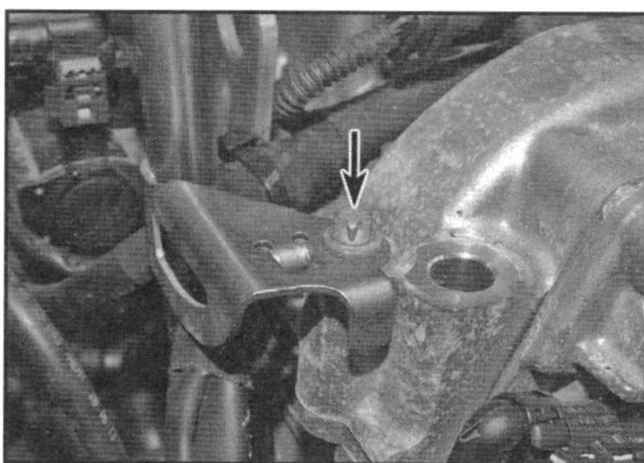

12.15 Schraube des Peilstabführungsrohr-Halters am Zylinderkopf

16 Lösen Sie alle Schrauben, mit denen das Kühlerrohr am Steuerkettendeckel gesichert ist.
17 Demontieren Sie die Ölwanne (siehe Sektion 9).
18 Trennen Sie den äußeren Stecker des Ölpumpenventils (siehe Abbildung) und befreien Sie seine Verkabelung aus allen Befestigungen am Steuerkettendeckel.

12.18 Ziehen Sie die Sicherungslasche heraus und trennen Sie den äußeren Stecker des Ölpumpenventils.

19 Lösen Sie die drei Schrauben, die den Steuerkettendeckel am Zylinderkopf sichern, lösen Sie dann die Schrauben, die ihn am Motorblock sichern – die Schrauben sind unterschiedlich lang.
20 Befreien Sie den Steuerkettendeckel vorsichtig vom Motor – erwärmen Sie ihn nötigenfalls mit einem Heißluftgebläse.

Einbau

21 Es ist ratsam, zunächst den rechten Kurbelwellendichtring zu ersetzen (siehe Sektion 11).
22 Tragen Sie an der Deckel-Dichtfläche innerhalb der Schraubenbohrungen eine etwa 1,5 mm breite Raupe eines geeigneten Dichtmittels (z. B. Loctite 5970) auf (siehe Abbildung). Setzen Sie den Deckel innerhalb von zehn Minuten an, da die Dichtmasse auszuhärten beginnt.

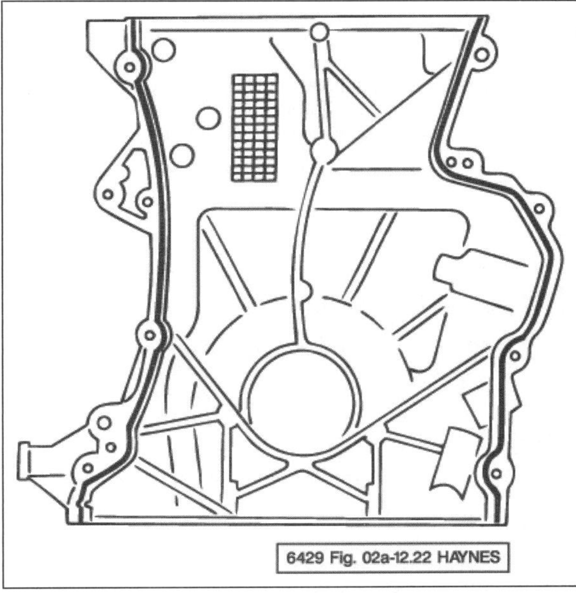

12.22 Die dicke schwarze Linie zeigt die Dichtmassen-Raupe.

23 Installieren Sie die Schrauben, mit denen der Deckel am Motorblock gesichert ist, und ziehen Sie sie in der gezeigten Reihenfolge mit 19 Nm (M8) bzw. 9 Nm (M6-Schrauben) an (siehe Abbildung).

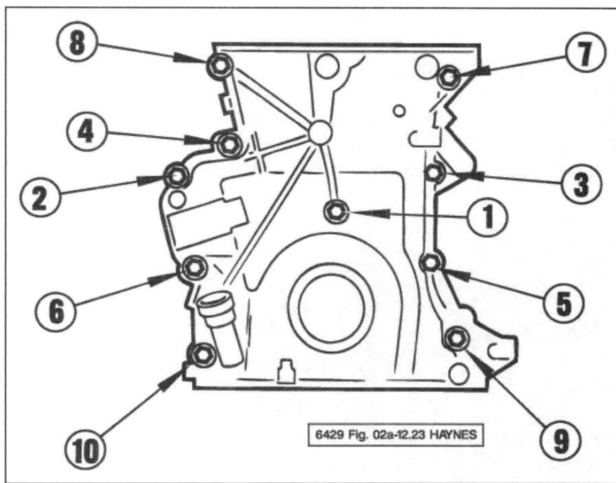

12.23 Anzugsreihenfolge der Schrauben des unteren Steuerkettendeckels

24 Ziehen Sie anschließend die Schrauben, mit denen der Deckel am Zylinderkopf gesichert ist, vorschriftsmäßig an.
25 Der Rest des Einbaus entspricht der umgekehrten Ausbaureihenfolge.

13 Schwungscheibe und Führungslager – Ausbau, Kontrolle und Einbau

Anmerkung: *Für den Ausbau der Schwungscheibe oder der Antriebsplatte muss das Getriebe vom Motor getrennt werden – dies ist bei diesen Modellen erst nach dem Ausbau der gesamten Antriebseinheit möglich (siehe Kapitel 2D, Sektion 7).*

Schwungscheibe

Ausbau

1 Demontieren Sie bei Modellen mit Schaltgetriebe die Kupplung (siehe Kapitel 8, Sektion 6).
2 Demontieren Sie bei Modellen mit Doppelkuppungsgetriebe das Getriebe (siehe Kapitel 7B, Sektion 4).
3 Hindern Sie die Schwungscheibe am Mitdrehen, indem Sie den Anlasserzahnkranz mit einem geeigneten Werkzeug blockieren (siehe Abbildung).

13.3 Blockieren Sie den Anlasserzahnkranz der Schwungscheibe mit einem geeigneten Werkzeug.

4 Lösen Sie die 8 Schwungscheibenschrauben und heben Sie die Schwungscheibe ab (siehe Abbildung) – die Schrauben müssen später erneuert werden

Achtung: Die Schwungscheibe ist sehr schwer!

Achtung: Mercedes rät von der Verwendung eines Schlagschraubers zum Lösen der Schwungscheiben-Schrauben ab, da der Kurbelwellenflansch dabei beschädigt werden kann.

13.4 Schwungscheibenschrauben

5 Ziehen Sie nötigenfalls den Sensorring vom Kurbelwellenstumpf (Abb. 11.7).

Kontrolle

6 Inspizieren Sie die Schwungscheibe auf Riefen auf der Kupplungs-Reibfläche sowie auf Verschleiß oder ausgebrochene Zähne am Anlasserzahnkranz – in beiden Fällen muss eine neue Schwungscheibe beschafft werden. Es handelt sich hier um eine Zweimassen-Schwungscheibe, doch Mercedes gibt keine Prüfdaten dafür bekannt. Für eine allgemeine Kontrolle kann die innere Masse von Hand nach links gedreht und die Position zur Außenmasse markiert werden, drehen Sie die Innenmasse dann nach rechts und messen Sie den Bewegungsspielraum – als Faustregel sollten nicht mehr als 30 mm und nicht weniger als 15 mm festgestellt werden (konsultieren Sie nötigenfalls eine Fachwerkstatt).

Einbau

7 Reinigen Sie die Kontaktfläche der Schwungscheibe und der Kurbelwelle. Drehen Sie einen passenden Gewindebohrer in die Schraubenlöcher, um Sicherungspasten-Reste zu entfernen.

8 Falls die neuen Schwungscheibenschrauben nicht bereits mit Sicherungspaste versehen sind, müssen sie mit solcher bestrichen werden.

9 Legen Sie ggf. den Sensorring über den Kurbelwellenstumpf.

10 Setzen Sie die Schwungscheibe an der Kurbelwelle an, richten Sie den Passstift der Kurbelwelle zur Bohrung der Schwungscheibe aus und installieren Sie die Schrauben (siehe Abbildung).

13.10 Der Passstift der Kurbelwelle muss zur Bohrung der Schwungscheibe ausgerichtet sein.

11 Blockieren Sie die Schwungscheibe wie beim Ausbau und ziehen Sie die Schrauben mit 45 Nm an und dann in einem weiteren Durchgang um 90° (Viertelumdrehung) weiter.

12 Montieren Sie die Kupplung (siehe Kapitel 8, Sektion 6) oder das Doppelkupplungsgetriebe (siehe Kapitel 7B, Sektion 4).

Führungslager

Ausbau

13 Demontieren Sie die Schwungscheibe und den Sensorring (siehe oben).

14 Befreien Sie mit einem Innenauszieher das Lager aus dem Kurbelwellenstumpf (siehe Abbildung).

13.14 Ziehen Sie das Führungslager aus dem Kurbelwellenstumpf.

Einbau

15 Positionieren Sie das neue Führungslager über seinem Sitz und pressen Sie es möglichst mit dem Mercedes-Spezialwerkzeug 246 589 02 43 00 senkrecht ein. Alternativ kann ein Rohr oder Steckschlüssel verwendet werden, das/der nur den Außenring des Lager berührt.

16 Der Rest des Einbaus entspricht der umgekehrten Ausbaureihenfolge.

14 Motorhalterungen – Kontrolle und Ersetzen

Kontrolle

1 Um den Zugang zur verbessern, kann das Fahrzeug vorn angehoben und sicher abgestützt werden (siehe Seite 24).

2 Inspizieren Sie die Gummiblöcke der Halterungen – wenn sie rissig, verhärtet oder irgendwo vom Metall getrennt sind, müssen die Halteblöcke ersetzt werden.

3 Prüfen Sie, ob alle Befestigungsmuttern und Schrauben sorgfältig angezogen sind – verwenden Sie hierfür möglichst einen Drehmomentschlüssel.

4 Kontrollieren Sie den Verschleiß der Halteblöcke, indem Sie mit einem großen Schraubendreher oder ähnlichem Werkzeug vorsichtig daran hebeln und mögliches Spiel ermitteln. Wo dies nicht möglich ist, sollte ein Assistent den Motorblock vor und zurück sowie zu beiden Seiten drücken, während die Halterungen beobachtet werden. Während geringes Spiel normal ist, dürfen keine übermäßigen Bewegungen festgestellt werden. Wenn die Befestigungen bei übermäßigem Spiel korrekt angezogen sind, müssen verschlissene Komponenten ausgetauscht werden (siehe unten).

Ersetzen

Rechte Motorhalterung (Steuerkettendeckel)

5 Lockern Sie rechts vorn die Radbolzen, heben Sie das Fahrzeug vorn an und stützen Sie es sicher ab (siehe Seite 24). Demontieren Sie das Rad und den Unterfahrschutz.
6 Demontieren Sie den rechten vorderen Kotflügel-Einsatz (siehe Kapitel 11, Sektion 29).
7 Stützen Sie den Motor mithilfe eines Rangierwagenhebers und eines Holzklotzes ab – heben Sie ihn nicht an.
8 Entfernen Sie die obere Motorabdeckung.
9 Lösen Sie die Schrauben, mit denen die obere Drehstabhalterung an der Karosserie gesichert ist; lösen Sie dann die Schraube, mit denen die Stange an der Motorhalterung befestigt ist (siehe Abbildung).

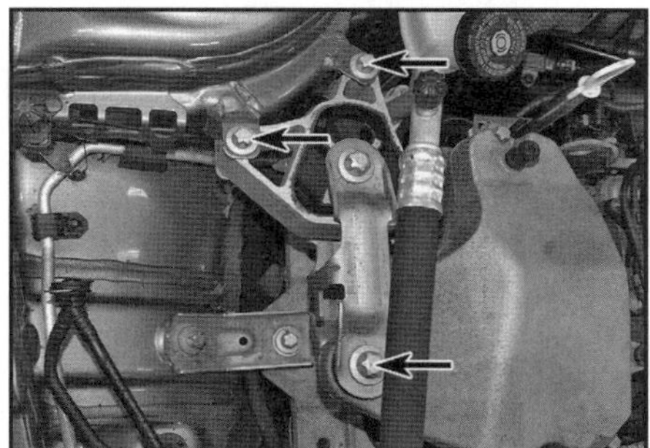

14.9 Schrauben des Drehstabs und seiner Halterung

10 Lösen Sie die drei Schrauben der oberen Halterung (siehe Abbildung).

14.10 Schrauben der oberen Halterung

11 Befreien Sie den Kühlmittel-Ausgleichsbehälter und schwenken Sie ihn beiseite – dazu müssen keine Schläuche getrennt werden.
12 Lösen Sie die Schrauben der Haltestrebe und entfernen Sie sie (siehe Abbildung).

14.12 Schrauben der Haltestrebe

13 Lösen Sie die vier Schrauben der Motorhalterung, um sie von der Karosserie zu befreien (siehe Abbildungen) – die durch den Radkasten zugänglichen Schrauben müssen beim Einbau durch Neuteile ersetzt werden.

14.13a Lösen Sie die von oben ...

14.13b ... und die durch den Radkasten zugänglichen Schrauben der Motorhalterung.

14 Kontrollieren Sie alle Komponenten auf Verschleiß (ausgeschlagene Bohrungen) und Beschädigungen und ersetzen Sie sie nötigenfalls.
15 Ziehen Sie bei der Montage alle Schrauben mit den in den technischen Daten angegebenen Drehmomenten an.
16 Der Rest des Einbaus entspricht der umgekehrten Ausbaureihenfolge.

Linke Halterung (Getriebe)

17 Lockern Sie links vorn die Radbolzen, heben Sie das Fahrzeug vorn an und stützen Sie es sicher ab (siehe Seite 24). Demontieren Sie das Rad.
18 Demontieren Sie ggf. den Unterfahrschutz. Demontieren Sie den linken vorderen Kotflügel-Einsatz (siehe Kapitel 11, Sektion 29).
19 Stützen Sie das Getriebe mithilfe eines Rangierwagenhebers und eines Holzklotzes ab – heben Sie es nicht an.
20 Entfernen Sie die Batterie samt Träger (siehe Kapitel 5, Sektion 4).
21 Lösen Sie die Schrauben, mit denen die linke Halterung an der Karosseriestrebe und an der Radkasten-Platte gesichert ist (siehe Abbildung).

14.21 Schrauben der linken Halterung – die obere sitzt an der Radkasten-Platte

22 Lösen Sie die drei Schrauben, mit denen die linke Halterung am Getriebe gesichert ist (siehe Abbildung) und manövrieren Sie sie aus dem Motorraum heraus.

14.22 Die Halterung ist mit drei Schrauben am Getriebe gesichert.

23 Kontrollieren Sie alle Komponenten auf Verschleiß (ausgeschlagene Bohrungen) und Beschädigungen und ersetzen Sie sie nötigenfalls.
24 Positionieren Sie die Halterung an ihren Aufnahmen, installieren Sie neue Schrauben und ziehen Sie sie mit den in den technischen Daten angegebenen Drehmomenten an.
25 Der Rest des Einbaus entspricht der umgekehrten Ausbaureihenfolge.

Hintere untere Halterung

26 Heben Sie das Fahrzeug vorn an und stützen Sie es sicher ab (siehe Seite 24).
27 Demontieren Sie ggf. den Unterfahrschutz.
28 Lösen Sie die Schrauben, mit denen die hintere Anlenkung mit dem Motorhalter und dem Hilfsrahmen verbunden ist (siehe Abbildung) – seien Sie dabei darauf vorbereitet, dass die Antriebseinheit nach vorn oder hinten schwenken kann.

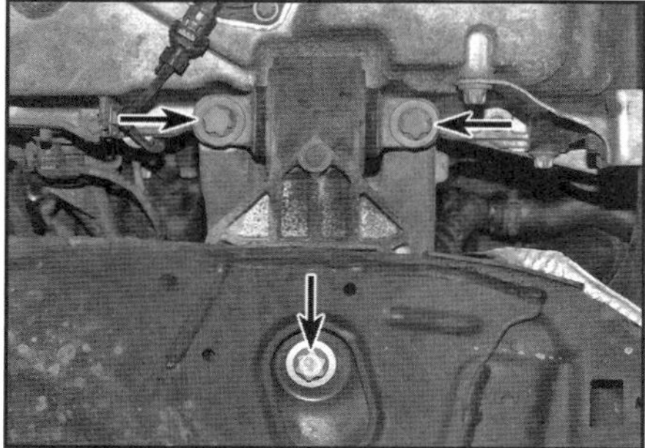

14.28 Schrauben der hinteren Anlenkung

29 Drücken Sie die Antriebseinheit etwas nach vorn und manövrieren Sie die Halterung heraus.
30 Kontrollieren Sie alle Komponenten auf Verschleiß (ausgeschlagene Bohrungen) und Beschädigungen und ersetzen Sie sie nötigenfalls.
31 Positionieren Sie die Halterung an ihren Aufnahmen, installieren Sie neue Schrauben und ziehen Sie sie mit den in den technischen Daten angegebenen Drehmomenten an.
32 Der Rest des Einbaus entspricht der umgekehrten Ausbaureihenfolge.

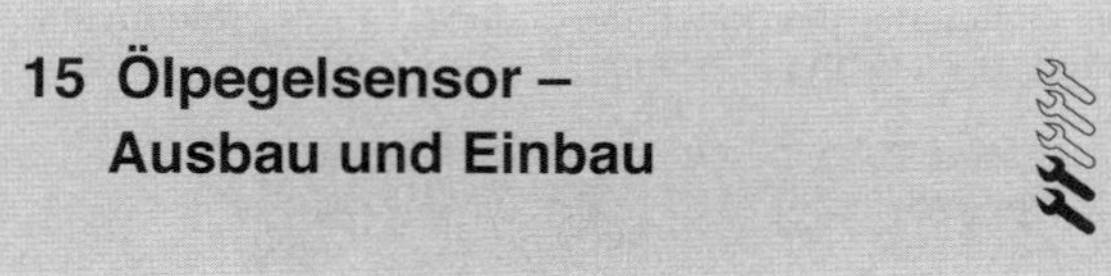

15 Ölpegelsensor – Ausbau und Einbau

Ausbau

1 Der Ölpegelsensor sitzt unten in der Ölwanne. Lassen Sie das Motoröl ab (siehe Kapitel 1A, Sektion 13). Rüsten Sie anschließend die Ablassschraube mit einem neuen Dichtring aus und ziehen Sie sie mit 30 Nm an.
2 Demontieren Sie ggf. den Unterfahrschutz.
3 Trennen Sie den Stecker vom Sensor, lösen Sie dessen Schrauben und befreien Sie den Sensor (siehe Abbildung).

15.3 Der Ölpegelsensor ist mit drei Schrauben an der Ölwanne gesichert.

4 Stellen Sie am Sensor den Dichtring sicher – er muss beim Einbau durch ein Neuteil ersetzt werden.

Einbau

5 Die Dichtflächen des Sensors und der Ölwanne müssen sauber sein.
6 Ersetzen Sie den Sensor-Dichtring.
7 Positionieren Sie den Sensor über den Haltestutzen in der Ölwanne, installieren Sie die Schrauben und ziehen Sie sie mit 9 Nm an.
8 Verbinden Sie den Sensorstecker.
9 Montieren Sie ggf. den Unterfahrschutz und füllen Sie Motoröl auf (siehe Kapitel 1A, Sektion 13).

Kapitel 2, Teil B

Reparaturen am eingebauten 1,5 l-Dieselmotor

Inhalt — Sektion

Schwierigkeitsgrade

Leicht. Geeignet für Anfänger mit wenig Erfahrung. 	**Relativ leicht.** Geeignet für Anfänger mit etwas Erfahrung. 	**Relativ schwierig.** Geeignet für geübte Selbstschrauber. 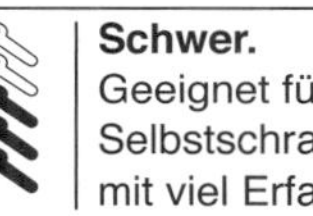	**Schwer.** Geeignet für Selbstschrauber mit viel Erfahrung.	**Sehr schwer.** Geeignet für Experten und Profis. 

Technische Daten

Motor	
Motortyp	Wassergekühlter Vierzylinder-Reihenmotor, eine per Zahnriemen angetriebene obenliegende Nockenwellen (OHC), 2 Ventile je Brennraum, Turbolader mit Ladeluftkühler
Bezeichnung	OM 607 DE 15 LA (607.951)
Hubraum	1461 cm³
Bohrung	76,0 mm
Hub	80,5 mm
Position von Zylinder Nr. 1	links (an Getriebe-Seite)
Kurbelwellen-Drehrichtung	vorwärts (von rechts betrachtet im Uhrzeigersinn)
Kompression	
Druck (min.)	ca. 16 bar
Differenz zwischen Zylindern (max.)	3 bar
Zündfolge	1-3-4-2
Zylinderkopf-Verzug (max.)	0,05 mm
Nockenwellen-Axialspiel	0,08 bis 0,178 mm
Ventilspiel (kalt)	
Einlass	0,13 bis 0,20 mm
Auslass	0,30 bis 0,375 mm

Schmiersystem	
Ölpumpen-Typ	Zahnradpumpe, per Kette von der Kurbelwelle angetrieben
Öldruck bei 80 °C	
im Standgas	0,7 bar (min.)
bei 3000/min	2,0 bar (min.)

Anzugsdrehmomente	**Nm**
Abgasrückführungs-Ventil	21
Antriebswellen-Stützlagerhalter	58
Auspuffstutzen	26

Kurbelwellenhauptlager-Schrauben*	
Schritt 1	36
Schritt 2	um 47° ± 6° weiter
Kurbelwellen-Riemenscheiben-Schraube*	
Schritt 1	120
Schritt 2	um 95° weiter
Lichtmaschine	21
Motordeckel rechts	10
Motor/Getrieb-Halterungen	
Hintere/untere Halterung (Drehmomentstütze) – Schrauben	106
Linke Halterung (Getriebe) an Radkasten-Platte	58
Linke Halterung (Getriebe) an Karosseriestrebe	106
Linke Halterung an Getriebe	106
Rechte Halterung	
an Karosseriestrebe	106
an Motoraufnahme/Karosserie	58
an Zylinderkopf*	
Schritt 1	20
Schritt 2	um 90° weiter
Drehstab an Motorhalterung	106
Drehstab-Halterung an Karosserie	58
Radkasten-Schrauben*	
Schritt 1	80
Schritt 2	um 90° weiter
Motor / Getriebe – Verbindungsschrauben	40
Multifunktionsträger – untere Schraube	25
Nockenwellendeckel	10
Nockenwellenrad-Einstellschrauben	14
Nockenwellennabe*	
Schritt 1	25
Schritt 2	um 60° weiter
Ölablassschraube	25
Ölfilteraufnahme	28
Ölpegelsensor	32
Ölpumpen-Befestigungsschrauben	25
Ölwanne an Motorgehäuse	14
Ölwanne an Getriebe	40
OT-Stopfen im Motorgehäuse	25
Pleuelfußlager-Schrauben*	
Schritt 1	25
Schritt 2	um 110° ± 6° weiter
Radbolzen	130
Schwungscheiben-Schrauben*	55
Ventildeckelschrauben	11
Zahnriemenspanner	27
Zylinderkopf-Kühlmittelauslass	10
Zylinderkopfschrauben*	
Schritt 1	25
Schritt 2	um 270° ± 10° weiter

** Stets durch Neuteile zu ersetzen*

1 Allgemeine Informationen

Der Zweck dieses Kapitels

1 Dieses Kapitel beinhaltet Reparaturen, die bei im Fahrzeug montiertem Motor durchgeführt werden können. Falls der Motor ausgebaut und entsprechend freigelegt ist, können nicht zutreffende Schritte ignoriert werden.
2 Obwohl es technisch möglich ist, Bauteile wie Kolben und Pleuelstangen bei eingebautem Motor zu überholen, werden solche Tätigkeiten normalerweise nicht als separate Arbeiten durchgeführt. Üblicherweise müssen verschiedene weitere Prozeduren (nicht zu vergessen die Reinigung von Bauteilen und Ölkanälen) durchgeführt werden, sodass solche Aufgaben zu den größeren Überholprozessen gezählt werden, die in Kapitel 2D beschrieben sind.
3 Kapitel 2D beinhaltet den Ausbau des Motors samt Getriebe aus dem Fahrzeug und die dann mögliche Komplettüberholung.

Motor – Beschreibung

4 Der Reihen-Vierzylindermotor ist quer eingebaut und das Getriebe ist links angeflanscht. Der Zahnriemen zur Steuerung der Nockenwelle befindet sich rechts.
5 Die Zylinderbohrungen sind direkt in die aus Grauguss gegossenen obere Motorgehäusehälfte gebohrt. Die Kurbelwelle des komplett gleitgelagerten Motors läuft in fünf Hauptlagern. Ihr Axialspiel wird durch Anlauf-Halbringe am mittleren Hauptlagerdeckel begrenzt.
6 Die Pleuel drehen sich mit horizontal gebrochenen Lagerschalen auf den Hubzapfen. Die aus einer Aluminiumlegierung bestehenden Kolben sind mit drei Kolbenringen (zwei Kompressionsringen und einem Ölabstreifring) ausgerüstet und mit Kolbenbolzen im oberen Pleuelauge gelagert.
7 Die einzelne per Zahnriemen angetriebene Nockenwelle öffnet über Tassenstößel die 8 Ventile des Motors. Das Ventilspiel wird durch den Austausch der verschieden starken Tassenstößel eingestellt. Die jeweils von einer Ventilfeder geschlossenen und senkrecht im Zylinderkopf sitzenden Ein- und Auslassventile oszillieren in Führungen, die genauso wie die Ventilsitze in den Zylinderkopf eingepresst sind.
8 Die Hochdruck-Einspritzpumpe wird vom Zahnriemen angetrieben.
9 Eine teilweise geschlossene Motorentlüftung sorgt dafür, dass aus dem Motor entweichende Gase über einen Schlauch in den Einlasstrakt gesaugt wird.
10 Die rechts über eine Kette von der Kurbelwelle angetriebene Ölpumpe saugt durch ein Sieb Öl aus der Ölwanne an und drückt es durch den außen sitzenden Filter in die Ölkanäle des Motors, die es zu den Hauptlagern der Kurbelwelle und der Nockenwelle im Zylinderkopf leiten. Die Pleuelfußlager werden durch Bohrungen innerhalb der Kurbelwelle versorgt. Die Nocken und Ventile werden sie alle anderen Komponenten mit Spritzöl geschmiert. Öldüsen kühlen von unten die Kolbenböden. Zwischen dem Ölfilter und dem Motorblock sitzt ein vom Kühlmittel durchspülter Ölkühler.

Reparaturen, die bei eingebautem Motor möglich sind

11 Die folgenden Arbeiten können erledigt werden, ohne dass der Motor dafür aus dem Fahrzeug ausgebaut werden muss:
a) Kompressionsprüfung
b) Ventildeckel – Ausbau und Einbau
c) Zylinderkopf – Ausbau, Überholung und Einbau
d) Zahnriemen und Riemenräder – Ausbau und Einbau
e) Nockenwellen-Dichtringe – Austausch
f) Nockenwelle – Ausbau und Einbau
g) Ölwanne – Ausbau und Einbau
*h) Pleuel und Kolben – Ausbau und Einbau**
i) Brennräume und Kolbenböden – Reinigung
j) Ölpumpe – Ausbau und Einbau
k) Kurbelwellen-Dichtringe – Austausch
l) Motor- und Getriebehalterungen – Ausbau und Einbau
m) Schwungscheibe – Ausbau und Einbau
** Obwohl diese Komponenten theoretisch bei eingebautem Motor ausgebaut werden können, wird aus Gründen der besseren Zugänglichkeit und Sauberkeit empfohlen, den Motor dafür auszubauen – siehe Kapitel 2D.*

2 Oberer Totpunkt von Zylinder Nr. 1 – Positionierung

Achtung: Versuchen Sie nicht, den Motor bei blockierter Kurbelwelle oder Nockenwelle zu drehen (anzulassen). Falls die Arretierung längere Zeit anhält, sollten im Motorraum und im Fahrzeuginneren entsprechende Warnhinweise angebracht werden. Versehentliches Betätigen des Anlassers kann bei montierten Arretierwerkzeugen zu Schäden führen.
Anmerkung: *Für diese Einstellung sind Spezialwerkzeuge erforderlich, wie sie bei Mercedes oder im gut sortierten Autowerkzeug-Fachhandel erhältlich sind.*
1 Der obere Totpunkt (OT) ist die höchste Position des oszillierenden Kolbens; er erreicht ihn in einem Arbeitstakt zweimal – im Gaswechsel-Takt und im Verdichtungstakt. Oft ist mit ›OT‹ nur der Verdichtungs-OT gemeint. Im unteren Teil seines Arbeitstaktes steht der Kolben im UT. Weil die Kolben aller vier Zylinder bei verschiedenen Kurbelwellenpositionen im Verdichtungs-OT stehen, bezieht sich die OT-Arretierung generell auf den Kolben in Zylinder Nr. 1 – links neben der Schwungscheibe. Die Positionierung des Kolbens von Zylinder Nr. 1 (links) im OT ist ein entscheidender Teil beim Einstellen der Steuerzeiten und der Montage der Nockenwelle sowie des Zahnriemens.
2 Wenn Kolben Nr. 1 im Verdichtungs-OT steht, fluchten die Steuerzeitenbohrungen des Nockenwellenrads und des Zylinderkopfs, sodass ein entsprechender Stift eingeführt werden kann. Zusätzlich wird ein Kurbelwellen-Arretierstift in den Motorblock geschraubt, um an der Steuerzeiten-Abflachung der Kurbelwelle anliegt.
3 Auch wenn der Motor nicht mit einer konventionellen Einspritzpumpe ausgerüstet ist, muss im OT auch die Markierung des Hochdruckpumpenrads zum Pumpengehäuse ausgerichtet sein.
4 Entfernen Sie den Keilrippenriemen (siehe Kapitel 1B, Sektion 30).
5 Demontieren Sie den Unterfahrschutz.
6 Entfernen Sie oben am Motor die Kunststoffabdeckung (siehe Abbildung).

2.6 Ziehen Sie die Motorabdeckung nach oben ab.

7 Stützen Sie den Motor rechts mithilfe eines Rangierwagenhebers und eines Holzklotzes ab. Lösen Sie die rechte Motorhalterung vom Motor und der Karosserie (siehe Sektion 14).
8 Der obere Zahnriemendeckel besteht aus zwei Segmenten. Befreien Sie das Oberteil, indem Sie seine Laschen lösen. Entfernen Sie dann den Kunststoffniet. Lösen Sie dann das untere Teil des oberen Deckels (siehe Abbildungen).

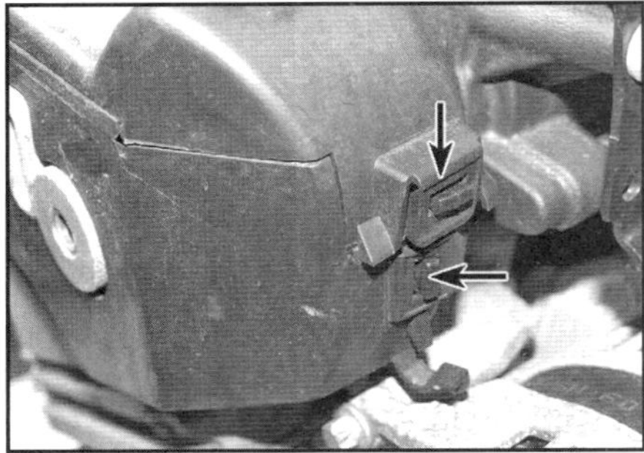

2.8a Lösen Sie vorn und hinten die Laschen des oberen Deckel-Segments.

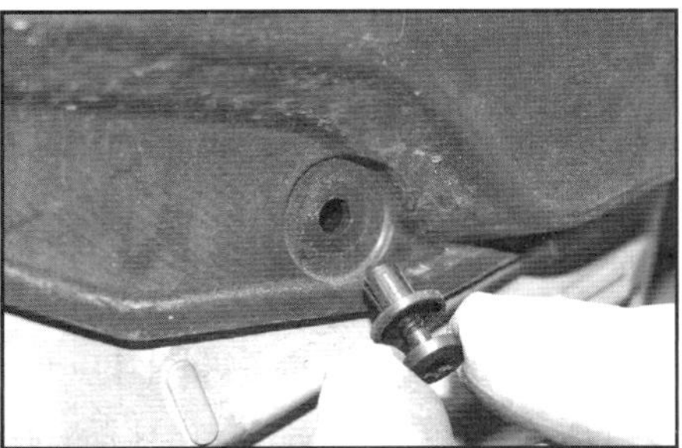

2.8b Lösen Sie am unteren Rand des oberen Segments die Schraube und ziehen Sie den Kunststoffniet heraus.

9 Entfernen Sie den unteren Zahnriemendeckel, indem Sie seine Laschen befreien (siehe Abbildung). Um den Deckel entnehmen zu können, muss der Motor eventuell leicht angehoben und abgesenkt werden.

2.9 Lösen Sie die Laschen des unteren Zahnriemendeckels.

10 Sobald die Deckel entfernt sind, muss die Aufnahme der Motorhalterung abgeschraubt werden.
11 Lösen Sie links am Motorgehäuse unter dem Anlasser den Verschluss der OT-Bohrung (siehe Abbildung). Falls nur die Steuerzeiten kontrolliert werden sollen, kann der Anlasser am Motor verbleiben. Falls jedoch der Zahnriemen ersetzt werden soll, sollte der Anlasser demontiert werden (siehe Kapitel 5, Sektion 7), um den Zugang zu verbessern und die Kurbelwelle (zum Lösen der Riemenradschraube) einfacher arretieren zu können.

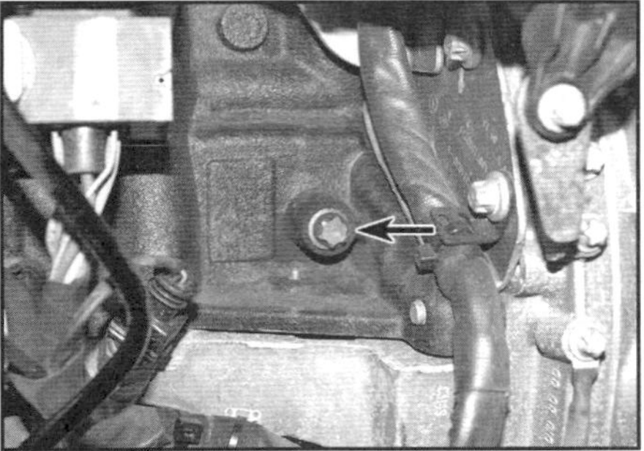

2.11 Verschluss der OT-Bohrung

12 Drehen Sie die Kurbelwelle mithilfe eines an der Riemenradschraube angesetzten Werkzeugs ausschließlich im Uhrzeigersinn (vorwärts).
13 Drehen Sie die Kurbelwelle, bis die Steuerzeitenbohrungen des Nockenwellenrads etwa in der 8-Uhr-Position steht und zur Bohrung des Zylinderkopfs fluchtet.
14 Installieren Sie den Kurbelwellen-Stift des Mercedes-Spezialwerkzeugsets 607 589 00 15 00 oder eine passende Alternative in die OT-Bohrung des Motorblocks (siehe Abbildung).

2.14 Installieren Sie den Kurbelwellen-OT-Stift.

15 Drehen Sie die Kurbelwelle langsam im Uhrzeigersinn, bis die Kurbelwange am Arretierstift anschlägt. Installieren Sie jetzt den zweiten Stift des Werkzeugs-Sets durch die Bohrung des Nockenwellenrads in den Zylinderkopf (siehe Abbildung) – der Motor ist jetzt mit dem Kolben Nr. 1 im Verdichtungs-OT.

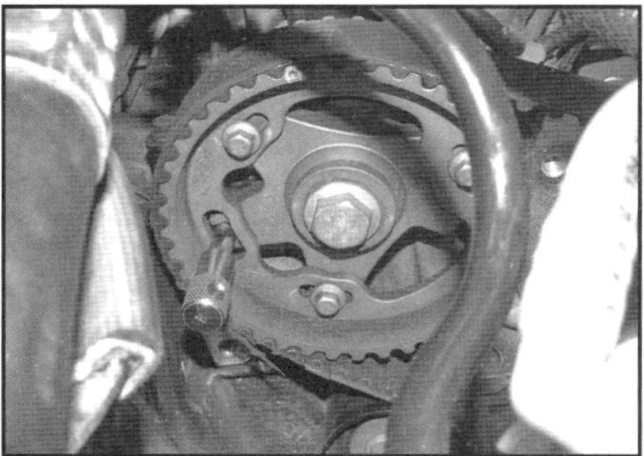

2.15 Installieren Sie den Stift durch die Bohrung des Nockenwellenrads in den Zylinderkopf.

16 Die viereckige Markierung am Hochdruckpumpenrad muss etwa in der 2-Uhr-Position stehen (siehe Abbildung). Falls der Zahnriemen entfernt werden soll, muss die Position des Pumpenrads zur Pumpengehäuse markiert werden (Abb. 5.13).

2.16 Die viereckige Markierung am Hochdruckpumpenrad muss etwa in der 2-Uhr-Position stehen.

17 Nach Beendigung der Arbeit werden die Arretierstift entfernt und alle demontierten Komponenten in der umgekehrten Ausbaureihenfolge installiert.

3 Ventildeckel – Ausbau und Einbau

Ausbau

1 Heben Sie das Fahrzeug vorn an und stützen Sie es sicher ab (siehe Seite 24). Demontieren Sie den Unterfahrschutz.
2 Entfernen Sie oben am Motor die Kunststoffabdeckung.
3 Trennen Sie den Kraftstoffzulauf von der Hochdruckpumpe und schwenken Sie die Leitung beiseite (siehe Abbildung). Verstopfen Sie die Öffnungen, um keinen Schmutz eindringen zu lassen.

3.3 Drücken Sie an beiden Seiten die Knöpfe und trennen Sie den Anschluss des Kraftstoffzulaufs

4 Befreien Sie das Luftklappengehäuse (siehe Kapitel 4B, Sektion 14).
5 Lösen Sie an den Ladeluftrohr-Anschlüssen am Turbolader und Ladeluftkühler die Schellen und lösen Sie die Muttern/Schrauben, um das Rohr zu entfernen.
6 Stützen Sie den Motor rechts mithilfe eines Rangierwagenhebers und eines Holzklotzes ab.
7 Heben Sie den Motor leicht an und demontieren Sie die rechte Motorhalterung vom Motor und der Karosserie (siehe Sektion 14). Demontieren Sie nun die obere Sektion des Zahnriemendeckels (siehe Sektion 2).
8 Trennen Sie den Motorentlüftungsschlauch vom Ventildeckel.
9 Demontieren Sie die Injektoren (siehe Kapitel 4B, Sektion 13).
10 Trennen Sie den Stecker des Nockenwellensensors.
11 Befreien Sie den Kabelbaum vom Ventildeckel und verlagern Sie ihn beiseite.
12 Befreien Sie den Halter des Abgasrückführungs-Magnetschalters, trennen Sie den Schlauch des Abgasdruck-Sensors und verlagern Sie den Halter samt Sensor beiseite (siehe Abbildung).

3.12 Halter des AGR-Magnetschalters

13 Demontieren Sie links am Zylinderkopf den Motorabdeckungs-Halter (siehe Abbildung).

3.13 Motorabdeckungs-Halter

14 Lösen Sie links am Ventildeckel die Schraube des Kraftstoffrohrs. Verstopfen Sie alle Öffnungen.
15 Lockern Sie die Deckelschrauben, heben Sie den Deckel ab und entnehmen Sie die Dichtung.

Einbau

16 Der Einbau entspricht der umgekehrten Ausbaureihenfolge – beachten Sie dabei die folgenden Punkte:
a) Reinigen Sie die Dichtflächen.
b) Tragen Sie an den gezeigten Stellen 2 mm breite und 10 mm lange Dichtmassen-Raupen auf (siehe Abbildung).
c) Ziehen Sie die Ventildeckelschrauben von innen nach außen mit 11 Nm an.
d) Prüfen Sie, ob alle Anschlüsse korrekt gesichert und dicht sind.

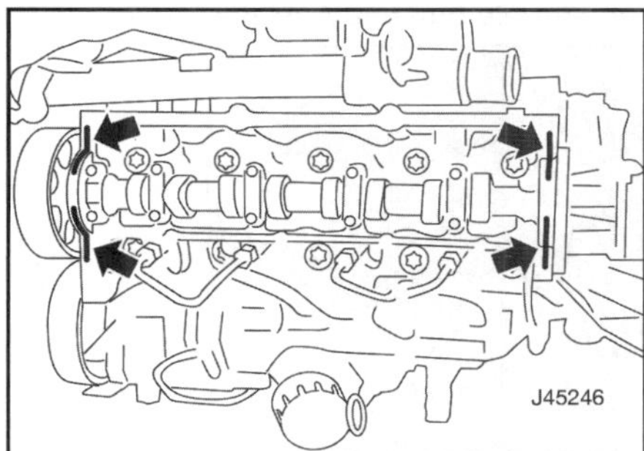

3.16 Tragen Sie an den äußeren Nockenwellendeckeln 2 mm breite und 10 mm lange Dichtmassen-Raupen auf.

4 Ventilspiel – Kontrolle und Einstellung

Anmerkung: *Das Ventilspiel wird nicht im Zug des Wartungsplans kontrolliert, sondern nur nach einer sehr hohen Laufleistung, einer Motorüberholung oder wenn Geräusche oder Leistungsmangel auf den Ventiltrieb zurückzuführen sind. Die Einstellung erfordert den Ausbau der Nockenwelle und den Austausch der entsprechenden Tassenstößel – diese sind in 25 verschiedenen Maßen erhältlich.*

Achtung: Korrekt eingestellte Ventile beeinflussen direkt die Leistungsfähigkeit und Haltbarkeit des Motors. Zu viel Spiel erzeugt klappernde oder ratternde Geräusche, erhöht den Verschleiß und verringert die Motorleistung (Ventil öffnet zu spät und schließt zu früh). Zu geringes Ventilspiel kann dazu führen, dass das Ventil bei heißem Motor nicht richtig schließt, sodass es selbst (wegen mangelhafter Wärmeabfuhr) und sein Ventilsitz verbrennen kann; ein abreißendes Ventil kann den Kolben durchschlagen und ernsthafte Motorschäden verursachen. Das Ventilspiel wird wie folgt kontrolliert und eingestellt:

Kontrolle

1 Entfernen Sie den Ventildeckel (siehe Sektion 3).

2 Während der folgenden Prozedur muss die Kurbelwelle mithilfe eines an der Riemenradschraube angesetzten Schlüssels gedreht werden. Der Zugang hierzu kann verbessert werden, indem das Fahrzeug vorn rechts angehoben und sicher abgestützt wird (siehe Seite 24), um das rechte Vorderrad zu demontieren und die mit Kunststoff-Clips gesicherten Radlaufverkleidung zu entfernen.

3 Um das Drehen noch mehr zu erleichtern, können die Glühkerzen entfernt werden (siehe Kapitel 6B, Sektion 20).

4 Zeichnen Sie auf einem Blatt Papier die Positionen der ab der Getriebeseite von 1 bis 8 durchnummerierten Ventile auf und markieren Sie sie mit einem E für Einlass und einem A für Auslass: 1A, 2E, 3A, 4E, 5A, 6E, 7A, 8E.

5 Drehen Sie die Kurbelwelle im Uhrzeigersinn (vorwärts), bis beide Nockenspitzen über Zylinder Nr. 1 auf die Tassenstößel drücken – das Auslassventil schließt gerade, und das Einlassventil wird geöffnet. Der Kolben in Zylinder Nr. 4 (Zahnriemenseite) steht jetzt im Verdichtungs-OT, bei dem beide Ventile geschlossen sind und kontrolliert werden können.

6 Schieben Sie ein Fühlerlehrenblatt des vorgegebenen Werts (Einlass: 0,20 mm; Auslass: 0,35 mm) zwischen Tassenstößel und Nockenwelle ein (siehe Abbildung) – es muss sich wie durch ein dickes Buch hindurchziehen lassen. Lässt sich das Blatt ohne Widerstand, sehr schwer oder gar nicht hindurchziehen, muss mit anderen Blättern das tatsächlich vorhandene Ventilspiel ermittelt und dieser Wert auf dem Papier notiert werden, um die Stärke des neuen Tassenstößels zu berechnen. **Achtung: Verwechseln Sie nicht die verschiedenen Werte für die Ein- und Auslassventile!**

4.6 Prüfen Sie das Ventilspiel mit einer Fühlerlehre.

7 Drehen Sie die Kurbelwelle anschließend eine halbe Umdrehung weiter, bis beide Nockenspitzen über Zylinder Nr. 3 auf die Tassenstößel drücken und das Ventilspiel von Zylinder Nr. 2 auf die gleiche Weise kontrolliert werden kann. Überprüfen Sie das Ventilspiel der Zylinder 1 und 3 in der gezeigten Reihenfolge auf die gleiche Weise (siehe Abbildung).

NOCKEN DRÜCKEN AUF VENTILE VON ZYLINDER	VENTILSPIEL WIRD KONTROLLIERT BEI ZYLINDER
1	4
3	2
4	1
2	3

4.7 Ventilspiel – Reihenfolge der zu überprüfenden Zylinder

X *Ventilspiel* Y *Tassenstößel-Stärke*

Einstellung

Anmerkung: *Hierfür werden eine Mikrometerschraube oder eine Messuhr mit geeigneten Tastern benötigt.*

8 Falls das Ventilspiel von den Vorgaben abweicht, muss der entsprechende Tassenstößel durch ein dickeres oder dünneres Teil ersetzt werden. Die Stärke neuer Stößel ist an deren Innenseite eingeschlagen; die originalen Stößel sind jedoch nicht immer mit entsprechenden Werten versehen. Generell sollten alle Stößel nachgemessen werden, um möglichen Verschleiß einberechnen zu können (siehe Abbildung).

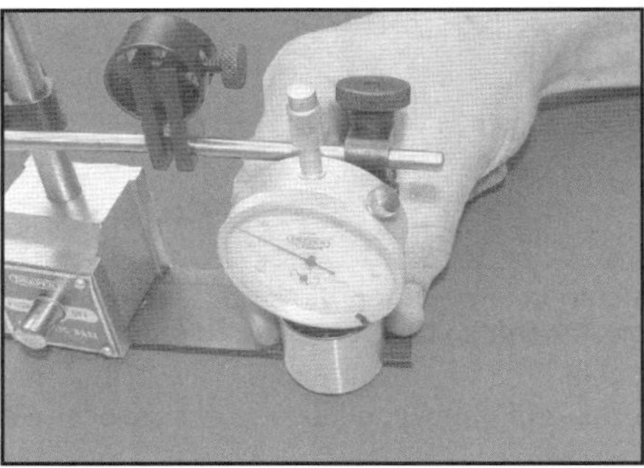

4.8 Messen Sie die Stärke jedes Tassenstößels mit einer Messuhr nach.

9 Um Zugang zu den Tassenstößeln zu erhalten, muss zunächst die Nockenwelle entfernt werden (siehe Sektion 8). Arbeiten Sie jeweils nur an einem Tassenstößel, um Verwechslungen zu vermeiden (siehe Abbildung).

4.9 Ziehen Sie die Tassenstößel aus dem Zylinderkopf – ein Magnet kann hilfreich sein.

10 Die Stärke des erforderlichen Tassenstößels wird wie folgt berechnet: Wenn das gemessene Spiel geringer als vorgegeben war, muss der Messwert von der Vorgabe abgezogen werden – beachten Sie die unterschiedlichen Werte für Ein- und Auslassventile. Subtrahieren Sie das Ergebnis dann von der Stärke des vorhandenen Stößels. Ein Beispiel:

Berechnungsbeispiel – Ventilspiel zu gering

Gemessenes Spiel (A) =	0,10 mm
Gewünschtes Spiel (B) =	0,15 mm
Differenz (B – A) =	0,05 mm
Stärke des vorh. Stößels =	3,70 mm
Erforderlicher Stößel =	3,70 – 0,05 = 3,65 mm

11 Wenn das gemessene Spiel größer als vorgegeben war, muss die Vorgabe vom Messwert abgezogen werden – beachten Sie die unterschiedlichen Werte für Ein- und Auslassventile. Addieren Sie das Ergebnis dann zur Stärke des vorhandenen Stößels hinzu. Ein Beispiel:

Berechnungsbeispiel – Ventilspiel zu groß

Gemessenes Spiel (A) =	0,40 mm
Gewünschtes Spiel (B) =	0,30 mm
Differenz (A – B) =	0,10 mm
Stärke des vorh. Stößels =	3,45 mm
Erforderlicher Stößel =	3,45 + 0,10 = 3,55 mm

12 Bearbeiten Sie die zu ersetzenden Stößel nacheinander. Ölen Sie den neuen Tassenstößel und installieren Sie ihn senkrecht in die Bohrung des Zylinderkopfes (siehe Abbildung).

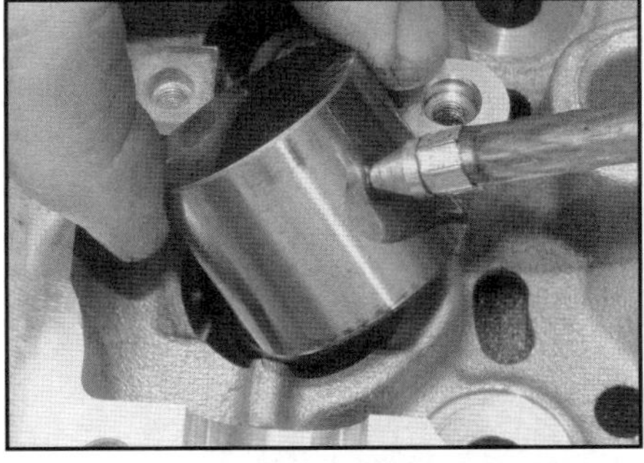

4.12 Schmieren Sie jeden Tassenstößel, bevor Sie ihn in seinen Sitz schieben.

13 Installieren Sie die Nockenwelle (siehe Sektion 9).
14 Installieren Sie ggf. die Glühkerzen (siehe Kapitel 6B, Sektion 20).
15 Der Rest des Einbaus entspricht der umgekehrten Ausbaureihenfolge.

5 Zahnriemen – Ausbau, Kontrolle und Einbau

Achtung: Wenn der Zahnriemen (›Steuerriemen‹) bei laufendem Motor reißt, hat dies teure Motorschäden zur Folge. Ersetzen Sie den Riemen daher spätestens nach 100 000 km oder vier Jahren – oder früher, falls irgendein Zweifel über seinen Zustand besteht.
Anmerkung: *Beim Austausch des Zahnriemens sollte auch sein Spanner ersetzt werden (siehe Sektion 6).*

Ausbau

1 Trennen Sie den Masseanschluss (–) der Batterie (siehe Kapitel 5, Sektion 4).
2 Entfernen Sie den Keilrippenriemen (siehe Kapitel 1B, Sektion 30) und schrauben Sie seinen Spanner ab (siehe Abbildung).

5.2 Schraube des Keilrippenriemenspanners

3 Zum Lockern der Riemenscheibenschraube muss die Kurbelwelle blockiert werden. Demontieren Sie hierzu den Anlasser und blockieren Sie mithilfe des Mercedes-Spezialwerkzeugsets 270 589 00 04 00 oder einer passenden Alternative die Verzahnung auf der Schwungscheibe (siehe Abbildungen).

5.3a Das Mercedes-Werkzeug zum Blockieren des Anlasserzahnkranzes wird in die Gewindebohrungen für den Anlasser gesteckt.

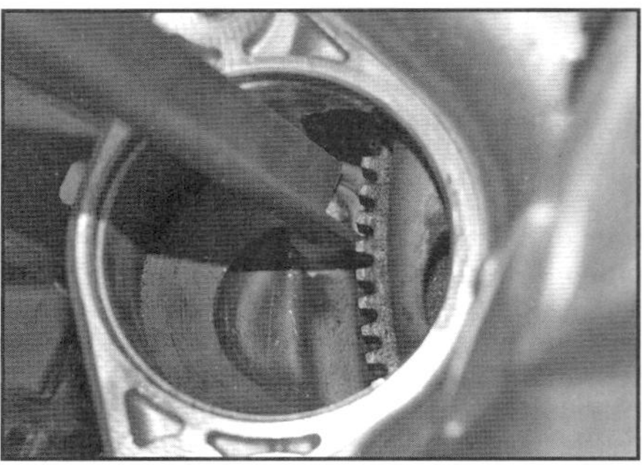
5.3b Die Schwungscheibe kann auch mit einem Winkeleisen blockiert werden.

4 Lösen Sie die (oft sehr fest sitzende) Riemenscheibenschraube und ziehen Sie die Scheibe von der Kurbelwelle. Markieren Sie jetzt die Position der Keilnut zum Zahnriemenrad, da sie nach dem Einsetzen der Schraube schwer zu erkennen ist (s ehe Abbildungen). Installieren Sie die mit dem Distanzstück ausgerüstete Schraube wieder.

5.4a Lösen Sie die Riemenscheibenschraube ...

5.4b ... und ziehen Sie die Scheibe von der Kurbelwelle.

5.4c Markieren Sie die Position der Keilnut und installieren Sie die Schraube samt Distanzstück.

5 Entfernen Sie die hintere untere Motorhalterung – der Motor wird noch von der linken und rechten Halterung ausreichend gehalten.
6 Stützen Sie die Ölwanne mit einem Rangierwagenheber und einem Holzblock ab. Demontieren Sie die rechte Motorhalterung vom Motor und der Karosserie (siehe Sektion 14). Demontieren Sie die Zahnriemendeckel (siehe Sektion 2).
7 Demontieren Sie die rechte Aufnahme der Motorhalterung (siehe Abbildung) – die Schrauben müssen beim Einbau erneuert werden.

5.7 Die rechte Aufnahme der Motorhalterung

8 Lösen Sie links am Motorgehäuse unter der Anlasseröffnung den Verschluss der OT-Bohrung (Abb. 2.11).
9 Die Kurbelwelle muss jetzt mit einem an der Riemenradschraube der Kurbelwelle angesetzten Schlüssel in den OT gedreht werden.
10 Drehen Sie die Kurbelwelle, bis die Steuerzeitenbohrungen des Nockenwellenrads etwa in der 8-Uhr-Position steht und zur Bohrung des Zylinderkopfs fluchtet.
11 Installieren Sie den Kurbelwellen-Stift des Mercedes-Spezialwerkzeugsets 607 589 00 15 00 oder eine passende Alternative in die OT-Bohrung des Motorblocks (Abb. 2.14).
12 Drehen Sie die Kurbelwelle langsam im Uhrzeigersinn, bis die Kurbelwange am Arretierstift anschlägt. Installieren Sie jetzt den zweiten Stift des Werkzeugs-Sets durch die Bohrung des Nockenwellenrads in den Zylinderkopf (Abb. 2.15) – der Motor ist jetzt mit dem Kolben Nr. 1 im Verdichtungs-OT.
13 Markieren Sie die Position der viereckige Markierung am Hochdruckpumpenrad zum Pumpengehäuse (siehe Abbildung).

5.13 Markieren Sie die Position des Vierkant-Lochs am Hochdruckpumpenrad zum Pumpengehäuse.

14 Prüfen Sie, ob die Keilnut der Kurbelwelle jetzt in der 12-Uhr-Position steht. Markieren Sie als Referenz die Positionen aller Riemenräder zum Motorgehäuse, bevor Sie den Zahnriemen entnehmen.
15 Lockern Sie die Kontermutter des Zahnriemenspanners und drehen Sie diesen im Uhrzeigersinn, um ihn zu entspannen. Stecken Sie nötigenfalls einen 6er-Inbusschlüssel in die Exzenter-Nabenplatte, um den Spanner zu bewegen. Arretie-

ren Sie den Spanner in er entspannten Position und heben Sie den Zahnriemen ab (siehe Abbildung).

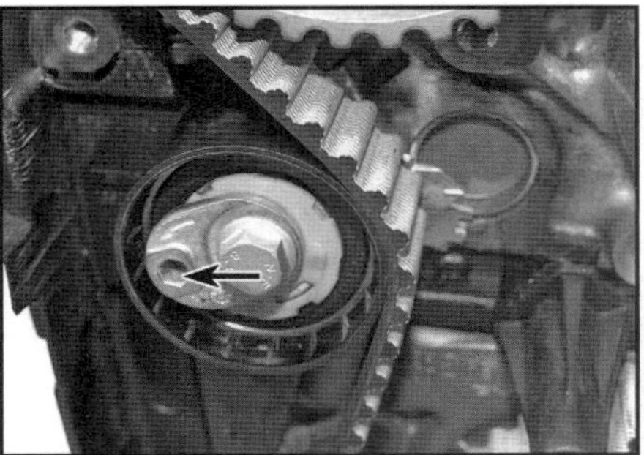

5.15 Hier kann der 6er-Inbusschlüssel eingesetzt werden, um den Zahnriemenspanner zu drehen.

16 Bei entferntem Zahnriemen darf **keinesfalls** die Kurbelwelle oder die Nockenwelle gedreht werden; andernfalls können Kolben und Ventile in Kontakt kommen und beschädigt werden. Falls die Nockenwelle aus irgendeinem Grund gedreht werden soll, muss die Kurbelwelle eine Viertelumdrehung gegen den Uhrzeigersinn (von rechts betrachtet) gedreht werden, damit alle Kolben in der Mitte ihrer Zylinder stehen. Belassen Sie den Kurbelwellen-Arretierstift in der Bohrung des Motorgehäuses.
17 Schrauben Sie den Zahnriemenspanner ab – er muss bei der Montage eines neuen Zahnriemens ebenfalls erneuert werden.
18 Reinigen Sie die Riemenräder, das Wasserpumpenrad und die Spannrolle, und trocknen Sie sie ab – achten Sie darauf, dass keine Lösungsmittel in die Lager des Wasserpumpenrades und der Spannrolle geraten. Reinigen Sie auch die hintere Zahnriemenabdeckung und die Flächen am Zylinderkopf und Motorgehäuse.

Kontrolle

19 Der Zahnriemen muss nach dem Ausbau samt Spanner erneuert werden, doch kann eine Kontrolle des alten Riemens auf Probleme wie verschlissene oder nicht korrekt ausgerichtete Riemenräder hinweisen.
20 Kontrollieren Sie die Wasserpumpe auf Spiel und Hinweise auf Undichtigkeiten. Weil Wasserpumpen nach dem Austausch des Zahnriemens und sich dadurch ändernden Belastungen gelegentlich zu lecken beginnen, sollte darüber nachgedacht werden, sie jetzt ebenfalls prophylaktisch zu ersetzen (siehe Kapitel 3, Sektion 8).
21 Reinigen Sie sorgfältig den Kurbelwellenstumpf und die Bohrung des Riemenrads, außerdem die Kontaktflächen des Riemenrads und der Riemenscheibe.

Einbau

22 Prüfen Sie, ob das Kurbelwellenrad, das Nockenwellenrad und das Hochdruckpumpenrad weiterhin im OT stehen und die Nut in der Kurbelwelle nach oben zeigt. Falls die Kolben zwischen die Totpunkte in den Zylindern zurückgedreht wurden, muss die Kurbelwelle eine Viertelumdrehung im Uhrzeigersinn gedreht werden, bis die Kurbelwange wieder den OT-Arretierstift berührt.
23 Montieren Sie den neuen Spanner und prüfen Sie, ob die Nase des Spanners korrekt in der Nut des Zylinderkopfs sitzt (siehe Abbildung).

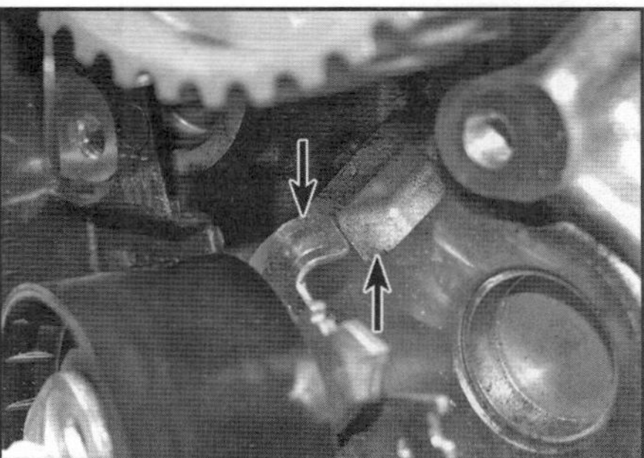

5.23 Richten Sie die Nase des Spanners in der Nut des Zylinderkopfs aus.

24 Lockern Sie die zwei oberen Schrauben des Nockenwellenrades um eine Umdrehung und entfernen Sie die untere Schraube (siehe Abbildung) – das Riemenrad muss sich jetzt auf seiner Nabe verdrehen lassen.

5.24 Lockern Sie die oberen Schrauben und entfernen Sie die untere.

25 Richten Sie die Steuerzeitenmarkierungen des Zahnriemens mit denen des Nockenwellen- und des Hochdruckpumpenrades aus (siehe Abbildungen) – die Laufrichtungs-Pfeile am Riemen müssen nach vorn (von rechts betrachtet in Uhrzeiger-Richtung) zeigen (siehe Abbildung). Der Riemen sollte mit quer verlaufenden Linien versehen sein, mit denen die Steuerzeiten eingestellt werden können. Legen Sie den Riemen zuerst über das Kurbelwellenrad, dann um die Wasserpumpen-Rolle, das Hochdruckpumpenrad, das Nockenwellenrad und die Spannrolle. Die schwarze Markierung an seiner Innenseite muss unten am Kurbelwellenrad liegen und mit deren Markierung fluchten. Zwischen den Steuerzeitenmarkierungen der Nockenwelle und der Hochdruckpumpe die müssen 20 Zahnnuten vorhanden sein. Zwischen den Markierung an der Hochdruckpumpe und dem in der 6-Uhr-Position stehenden Kurbelwellenrad müssen 45 Zähne liegen.

5.25a Richten Sie die Markierungen des Zahnriemens zu denen am Nockenwellenrad und dem Hochdruckpumpenrad aus.

5.25b Die schwarze Markierung innen am Riemen muss mit der Kurbelwellenrad-Markierung fluchten.

5.25c Die Pfeile am Zahnriemen müssen nach vorn zeigen.

26 Spannen Sie bei weiterhin korrekt ausgerichteten Steuerzeitenmarkierungen den Exzenter des Spanners mit einem 6er-Inbusschlüssel gegen den Uhrzeigersinn vor, bis der Zeiger im unteren Bereich des Steuerzeiten-Fensters steht; halten Sie ihn dort, und ziehen Sie die Schraube mit 27 Nm an (siehe Abbildungen) – bei Nichteinhaltung dieses Werts kann sich die Mutter lockern und der Riemen überspringen, sodass große Motorschäden die Folge wären.

5.26 Spannen Sie den Zahnriemen, bis der Zeiger (Pfeil) wie gezeigt steht.

27 Installieren Sie die fehlende Schraube des Nockenwellenrades und ziehen Sie alle drei Schrauben mit 14 Nm an – sie dürfen nicht fest gegen die Einstellnuten des Riemenrades gezogen werden.

28 Montieren Sie die Riemenscheibe auf die Kurbelwelle und sichern Sie sie zunächst mit der alten Schraube. Entfernen Sie dann die Steuerzeiten-Arretierungen aus dem Motorgehäuse und dem Nockenwellenrad.

29 Drehen Sie die Kurbelwelle vier volle Umdrehungen im Uhrzeigersinn; kurz bevor das Nockenwellenrad korrekt ausgerichtet ist, muss jedoch der Kurbelwellen-Arretierstift eingedreht und angezogen werden (Abb. 2.14). Drehen Sie die Kurbelwelle langsam weiter, bis die Kurbelwange Kontakt zum Stift bekommt. Installieren Sie die Nockenwellenrad-Arretierung durch die Bohrung im Rad in den Zylinderkopf. Lockern Sie die drei Nockenwellenrad-Schrauben wieder.

30 Halten Sie den Riemenspanner-Exzenter mit dem Inbusschlüssel, lockern Sie die Kontermutter maximal eine Umdrehung, und drehen Sie den Spanner im Uhrzeigersinn, bis der Zeiger in der Mitte des Fensters steht (siehe Abbildung). Ziehen Sie die Kontermutter wieder mit 27 Nm an.

5.30 Positionieren Sie den Zeiger (Pfeil) bei der endgültigen Riemenspannung in der Mitte des Fensters.

31 Entfernen Sie die Steuerzeiten-Stifte aus dem Motorblock und dem Nockenwellenrad. Drehen Sie die Kurbelwelle zwei volle Umdrehungen im Uhrzeigersinn und installieren Sie die Steuerzeiten-Stifte wieder. Prüfen Sie, ob der Zeiger des Spanners in der Mitte des Fensters steht – falls nicht, muss die Spann-Prozedur wiederholt werden.

32 Entfernen Sie die Steuerzeiten-Stifte und ersetzen Sie die alte Riemenscheiben-Schraube durch ein Neuteil – ziehen Sie sie zunächst mit 120 Nm an und drehen Sie sie dann um 95° (etwas mehr als eine Viertelumdrehung) weiter.

33 Versehen Sie den OT-Stopfen mit Dichtmasse, drehen Sie ihn in den Motorblock, und ziehen Sie ihn mit 25 Nm an.

34 Montieren Sie die Motorhalterungs-Aufnahme und ziehen Sie ihre Schrauben mit 20 Nm an und dann um 90° (eine Viertelumdrehung) weiter.

35 Installieren Sie die Zahnriemendeckel – verwenden Sie dafür nötigenfalls neue Kunststoffniete.

36 Montieren Sie die rechte Motorhalterung an die Aufnahme und die Karosserie und ziehen Sie ihre Schrauben mit den in den technischen Daten angegebenen Drehmomenten an.

37 Montieren Sie den Keilrippenriemen samt Spanner (siehe Kapitel 1B, Sektion 30).

38 Der Rest des Einbaus entspricht der umgekehrten Ausbaureihenfolge.

6 Zahnriemenräder, Umlenkrolle und Spanner – Ausbau und Einbau

Anmerkung: *Der Zahnriemenspanner sollte bei jedem Riemenwechsel ebenfalls ersetzt werden.*

Kurbelwellenrad

Ausbau

1 Entfernen Sie den Zahnriemen (siehe Sektion 5).

2 Ziehen Sie das Riemenrad von der Kurbelwelle – merken Sie sich die Einbaurichtung (siehe Abbildung).

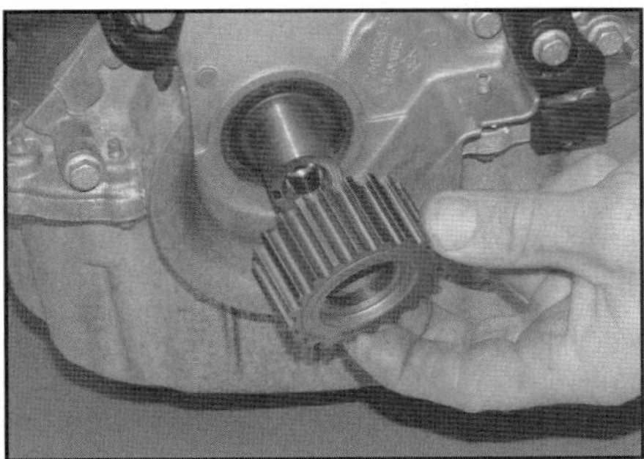

6.2 Ziehen Sie das Riemenrad von der Kurbelwelle.

Einbau

3 Reinigen Sie sorgfältig den Kurbelwellenstumpf und das Riemenrad – dies ist notwendig, damit das Riemenrad später nicht auf der Welle durchrutscht. Falls Risse, Beschädigungen oder Verschleiß festgestellt werden, muss das Rad ersetzt werden. Reinigen Sie auch die Kontaktflächen des Riemenrads und der Keilrippen-Riemenscheibe.
4 Schieben Sie das Riemenrad korrekt ausgerichtet auf die Kurbelwelle.
5 Installieren Sie den Zahnriemen (siehe Sektion 5).

Nockenwellenrad

Ausbau

6 Entfernen Sie den Zahnriemen (siehe Sektion 5).
7 Blockieren Sie das Riemenrad mithilfe eines geeigneten Werkzeugs oder eines alten darum gewickelten Zahnriemens, der mit einer geeigneten Zange gehalten werden kann. Lösen Sie dann die zentrale Riemenradmutter.
8 Ziehen Sie das Riemenrad von der Nockenwelle – beachten Sie den integrierten Keil und den Ausschnitt im Wellenstumpf.
9 Falls der Zapfen im Ende der Nockenwelle locker ist, muss er ersetzt werden.

Einbau

10 Setzen Sie das Nockenwellenrad mit dem Keil zum Ausschnitt der Welle ausgerichtet an, installieren Sie die Schraube, und ziehen Sie sie bei blockierter Nockenwelle (siehe Schritt 12) zunächst mit 25 Nm an und dann nötigenfalls mithilfe einer Gradscheibe um 60° weiter (siehe Abbildung) – alternativ kann die Position des Sechskants auf dem Riemenrad markiert und die Schraube um eine Kante weitergedreht werden.

6.10 Ziehen Sie im zweiten Schritt die Nockenwellenrad-Schraube um 60° weiter.

11 Installieren Sie den Zahnriemen (siehe Sektion 5).

Riemenspanner

Ausbau

12 Entfernen Sie den Zahnriemen (siehe Sektion 5).
13 Lösen Sie die Schraube und entfernen Sie den Spanner vom Motor (siehe Abbildung).

6.13 Demontieren Sie den Riemenspanner.

Einbau

14 Der Einbau entspricht der umgekehrten Ausbaureihenfolge – ziehen Sie die Schraube des Spanners mit 27 Nm an.

Hochdruckpumpenrad

Anmerkung: *Für diese Arbeit wird ein geeigneter Abzieher benötigt.*

Ausbau

15 Demontieren Sie die Hochdruckpumpe (siehe Kapitel 4B, Sektion 11).
16 Klemmen Sie die Pumpe in einen Schraubstock und blockieren Sie sie mit einem 32er-Schlüssel. Lösen Sie dann die Riemenradschraube.
17 Ziehen Sie das Riemenrad mit einem Abzieher vom Konus der Pumpenwelle und stellen Sie den darin sitzenden Keil sicher.

Einbau

18 Der Einbau entspricht der umgekehrten Ausbaureihenfolge – beachten Sie dabei folgende Punkte:
a) Der Keil muss korrekt in den Nuten der Pumpenwelle und des Riemenrades sitzen.
b) Die Riemenradmutter muss mit 70 Nm angezogen werden.
c) Installieren und spannen Sie den Zahnriemen (siehe Sektion 5).

7 Nockenwellen-Dichtringe – Ersetzen

Zahnriemenseite

1 Demontieren Sie das Nockenwellenrad (siehe Sektion 6).
2 Notieren Sie die Einbautiefe des vorhandenen Dichtrings und hebeln Sie ihn mit einem kleinen Schraubendreher aus dem Zylinderkopf – beschädigen Sie dabei nicht die Gleitfläche der Nockenwelle. Alternativ kann der Dichtring mit einer selbst gebauten Ausziehvorrichtung entfernt werden: Schlagen oder bohren Sie vorsichtig ein kleines Loch in den Dichtring und drehen Sie eine selbstschneidende Schraube hinein,

um diese mit einer Zange greifen und den Ring herausziehen zu können.
3 Kontrollieren Sie die Gleitfläche der Nockenwelle – falls sich im Bereich des Dichtrings eine Nut gebildet hat, darf der neue Dichtring nicht ganz so tief wie der alte eingepresst werden, damit er einen unbeschädigten Bereich der Gleitfläche abdichtet.
4 Mercedes-Werkstätten nutzen zum Einbau des Dichtrings das Spezialwerkzeug 607 589 05 43 00, das aus einer Gewindestange, einem Metallrohr, einer Mutter und einem geschliffenen Bund zum Ansetzen der Führung besteht. Die Stange wird in die Nockenwelle geschraubt und die Führung am Bund angesetzt. Das Metallrohr wird dann am Dichtring angesetzt, um diesen mithilfe der Mutter in den Zylinderkopf zu pressen (siehe Abbildungen). Notfalls kann ein vergleichbares Werkzeug selbst angefertigt werden.

7.4a Drehen Sie die Gewindestange in die Nockenwelle, ...

7.4b ... setzen Sie den neuen Dichtring mit der Führung an ...

7.4c ... und drehen Sie das Rohr mithilfe der Mutter dagegen, um ihn einzupressen.

5 Wischen Sie den Dichtring-Sitz und den Nockenwellen-Zapfen sauber, aber tragen Sie kein Schmiermittel auf. Pressen Sie den neuen Dichtring senkrecht ein. Das Mercedes-Werkzeug ist dazu konstruiert, ihn bis zur ursprünglichen Einbautiefe einzutreiben; falls die Nockenwelle bereits eine Nut aufwies, darf der neue Ring nicht so tief eingepresst werden.

6 Sobald der Dichtring installiert ist, werden die Führung und das Werkzeug entfernt.

Schwungscheibenseite

7 Links wird die Nockenwelle nicht mit einem Wellendichtring, sondern mit einer zwischen dem Zylinderkopf und dem Vakuumpumpen-Gehäuse sitzenden Dichtung (bei einigen Modellen auch mit einem zwischen dem Gehäuse und der Pumpe sitzenden O-Ring) abgedichtet. Die Dichtung und ggf. auch der O-Ring können nach der Demontage der Pumpe ersetzt werden – beachten Sie hierfür die Hinweise in Kapitel 9, Sektion 20).

8 Nockenwelle und Tassenstößel – Ausbau, Kontrolle und Einbau

Anmerkung: *Für diese Operation werden ein neuer Nockenwellen-Dichtring und Dichtmasse (für die Lagerdeckel und den Ventildeckel) benötigt.*

Ausbau

1 Die Nockenwelle muss normalerweise nur demontiert werden, wenn das Ventilspiel durch den Austausch von Tassenstößeln eingestellt oder der Zylinderkopf überholt werden muss (siehe Sektion 9).
2 Demontieren Sie das Riemenrad von der Nockenwelle (siehe Sektion 6).
3 Entfernen Sie den Ventildeckel (siehe Sektion 3).
4 Demontieren Sie die Vakuumpumpe (siehe Kapitel 9, Sektion 20) – beachten Sie, wie der Antrieb innerhalb der Pumpe in die Nut der Nockenwelle greift (siehe Abbildung).

8.4 Die Laschen des Pumpenantriebs müssen in die Nut der Nockenwelle greifen.

5 Messen Sie mithilfe einer Messuhr das Axialspiel der Nockenwelle – es dürfen 0,08 bis 0,178 mm festgestellt werden; mehr weist auf übermäßigen Verschleiß an den Anlaufflächen hin.
6 Falls die originale Nockenwelle wiederverwendet werden soll, ist es ratsam, zunächst das Ventilspiel zu ermitteln (siehe Sektion 4), damit ggf. benötigte Tassenstößel vor ihrem Einbau beschafft werden können.
7 Überprüfen Sie die Nockenwellen-Lagerdeckel auf vorhandene Markierungen; bringen Sie nötigenfalls welche an, um sie später wieder korrekt ausgerichtet an ihren ursprünglichen Positionen montieren zu können (sie sollten vom Schwungscheiben-Ende zur Zahnriemenseite durchnummeriert sein; die Zahlen müssen vor dem Motor stehend lesbar sein) (siehe Abbildung).

8.7 Die Lagerdeckel sind von links nach rechts von 1 bis 6 durchnummeriert.

8 Lockern Sie schrittweise die Lagerdeckel-Schrauben, bis alle Ventilfedern entlastet sind. Entfernen Sie dann die Schrauben und heben Sie die Lagerdeckel ab.
9 Heben Sie die Nockenwelle samt Wellendichtring aus dem Zylinderkopf.
10 Befreien Sie die Tassenstößel aus dem Zylinderkopf und lagern Sie sie entsprechend ihrer Einbauposition – beispielsweise in einem entsprechend markierten Karton mit acht Fächern. Falls bei der Ventilspielkontrolle Werte nicht stimmten, müssen die Stärken der entsprechenden Tassenstößel (Oberseite bis Auflage auf Ventilschaft) mit einer Messuhr ermittelt und neue Stößel beschafft werden (siehe Sektion 4).

Kontrolle

11 Inspizieren Sie die Nocken und die Lagerflächen der Nockenwellen auf Riefen und andere Verschleißmerkmale. Sobald die gehärtete Oberfläche der Nocken angegriffen wurde, nimmt der Verschleiß massiv zu. Ersetzen Sie eine schadhafte Nockenwelle.
12 Der Dichtring am Ende der Nockenwelle muss nach dem Ausbau generell ausgetauscht werden. Schmieren Sie die Dichtlippen des neuen Dichtrings vor dem Einbau und lagern Sie die Nockenwelle so, dass ihr Gewicht nicht den Dichtring belastet. Alternativ kann der Dichtring nach dem Einbau der Nockenwelle installiert werden (siehe Sektion 7).
13 Kontrollieren Sie auch die Gleitflächen im Zylinderkopf und den Lagerdeckeln. Stark verschlissene Gleitflächen erfordern stets den Austausch des Zylinderkopfs.
14 Inspizieren Sie die Tassenstößel auf Riefen, Ausbrüche und Verschleißgrate. Ersetzen Sie sie nötigenfalls.

Einbau

15 Ölen Sie die Tassenstößel innen und außen und installieren Sie sie in ihre ursprünglichen Bohrungen – verwechseln Sie sie nicht, da dann das Ventilspiel nicht mehr stimmt.
16 Ölen Sie auch die Nockenwellenlager und legen Sie die Nockenwelle ohne den Dichtring in den Zylinderkopf.
17 Wischen Sie die obere Dichtfläche des Zylinderkopfs sauber und tragen Sie vier etwa 2 mm starke Dichtmassen-Raupen (Loctite 5970) im Bereich der äußeren Lagerdeckel-Sitze auf (siehe Abbildungen).

8.17a Tragen Sie vier 2 mm starke Dichtmasse-Raupen ...

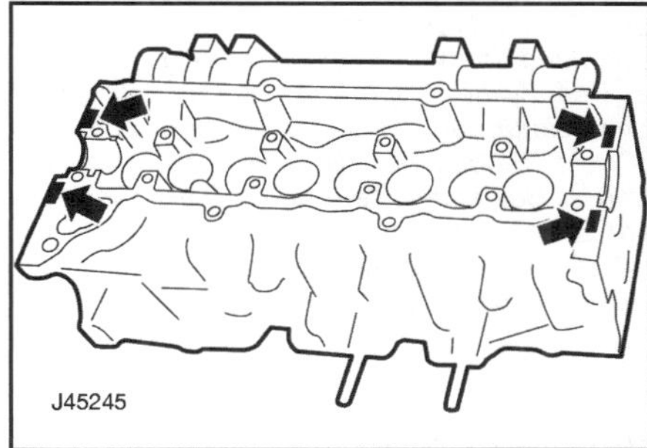

8.17b ... in den gezeigten Bereichen der Lagerdeckel 1 und 6 auf der Zylinderkopf-Dichtfläche auf, ...

18 Setzen Sie die Lagerdeckel an ihren ursprünglichen Positionen über der Nockenwelle ab, installieren Sie die Schrauben, und ziehen Sie sie in der gezeigten Reihenfolge bis zum Drehmoment von 10 Nm an (siehe Abbildung).

8.18a ... setzen Sie die Lagerdeckel auf ...

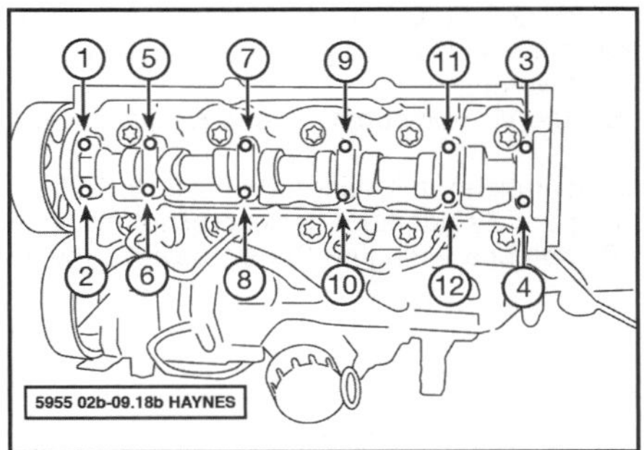

8.18b ... und ziehen Sie die Schrauben in dieser Reihenfolge mit 10 Nm an.

19 Falls eine neue Nockenwelle installiert wurde, muss das Axialspiel gemessen werden (siehe Schritt 5).

20 Installieren Sie den neuen Nockenwellen-Dichtring (siehe Sektion 7).
21 Montieren Sie die Vakuumpumpe (siehe Kapitel 9, Sektion 20).
22 Montieren Sie die verbliebenen Teile in der umgekehrten Ausbaureihenfolge.

9 Zylinderkopf – Ausbau, Kontrolle und Einbau

Anmerkung 1: *Beim Einbau werden eine neue Zylinderkopfdichtung und neue Zylinderkopfschrauben sowie Dichtmasse (für die Lagerdeckel und den Ventildeckel) benötigt.*
Anmerkung 2: *Der Zylinderkopf kann nötigenfalls samt Turbolader, Hochdruckpumpe und Druckspeicher demontiert werden, sodass beim Einbau nur die Zylinderkopfdichtung ersetzt werden muss. Bei dieser Methode wird allerdings ein Assistent benötigt, da die Baugruppe relativ schwer ist. Falls der Zylinderkopf überholt werden soll, kann es einfacher sein, diese Komponenten zunächst zu demontieren.*

Ausbau

Achtung: Der Motor muss vollständig abgekühlt sein, bevor der Zylinderkopf demontiert werden darf.
1 Trennen Sie den Masseanschluss (–) der Batterie (siehe Kapitel 5, Sektion 4).
2 Entleeren Sie das Kühlsystem (siehe Kapitel 1B, Sektion 33).
3 Demontieren Sie das AGR-Niederdruckventil (siehe Kapitel 6B, Sektion 22).
4 Entfernen Sie den Ventildeckel (siehe Sektion 3).
5 Beachten Sie die Einbaupositionen und trennen Sie die Stecker der folgenden Komponenten:
a) Auslass-Drucksensor
b) Injektoren
c) Mengenregelungsventil an der Hochdruckpumpe
d) Kraftstoff-Temperatursensor
e) Druckspeicher-Drucksensor
f) Kühltemperatursensor
g) Vor-Katalysator
h) Vor-Partikelfilter-Temperatursensor
i) Vor-Turbolader-Temperatursensor
j) Partikelfilter-Differenzdrucksensor
k) AGR-Niederdruck-Stellmotor
k) AGR-Hochdruck-Stellmotor
m) Luftklappengehäuse
6 Nachdem alle Stecker getrennt sind, werden alle Befestigungen des Kabelbaums gelöst und der Motorkabelbaum zu einer Seite verlagert werden.
7 Demontieren Sie die Vakuumpumpe (siehe Kapitel 9, Sektion 20).
8 Lösen Sie alle Schrauben, mit denen die Kraftstoffzulauf- und Rücklaufleitung am Zylinderkopf gesichert sind, trennen Sie sie von der Pumpe und verlagern Sie sie beiseite (siehe Abbildung).

9.8 Kraftstoffleitungs-Befestigungsschraube links am Zylinderkopf

9 Entfernen Sie den Hitzeschutz über dem Turbolader (siehe Abbildung).

9.9 Hitzeschild-Schrauben und -Mutter

10 Lösen Sie die Schrauben, die den Öleinfüllstutzen am Zylinderkopf sichern (siehe Abbildung).

9.10 Schrauben des Öleinfüllstutzens

11 Entfernen Sie vorn am Zylinderkopf den Kunststoffhalter.
12 Trennen Sie die Kühlerschläuche vom Thermostatgehäuse und links am Zylinderkopf.
13 Trennen Sie den Partikelfilter vom Turbolader (siehe Kapitel 6B, Sektion 22), befreien Sie seinen Halter und verlagern Sie ihn beiseite.
14 Lösen Sie am Turbolader das Öl-Rücklaufrohr – seien Sie auf austretendes Öl vorbereitet. Verstopfen Sie alle Öffnungen, damit kein Schmutz eindringt.
15 Befreien Sie den Partikelfilter-Differenzdrucksensor aus seinem Halter und verlagern Sie ihn beiseite (siehe Abbildung).

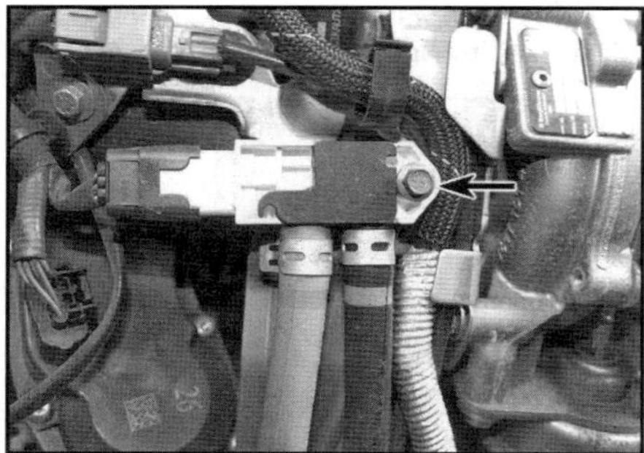

9.15 Schraube des Partikelfilter-Differenzdrucksensor-Halters

16 Entfernen Sie den Zahnriemen (siehe Sektion 5).
17 Der Zylinderkopf samt Hochdruckpumpe und Turbolader ist sehr schwer. Falls alle Nebenaggregate angeschlossen bleiben sollen, empfiehlt sich ein Assistent oder der Einsatz geeigneter Hebevorrichtungen, die mit den Winden-Ösen verbunden werden. Alternativ können der Turbolader, der Einlass- und Auspuffstutzen und die Hochdruckpumpe demontiert werden – beachten Sie dazu die entsprechenden Sektionen in Kapitel 4B.
18 Zunächst muss die Kurbelwelle eine Viertelumdrehung gegen den Uhrzeigersinn (von rechts betrachtet) gedreht werden, damit alle Kolben in der Mitte ihrer Zylinder stehen. Belassen Sie den Kurbelwellen-Arretierstift in der Bohrung des Motorgehäuses und drehen Sie die Welle nicht weiter zurück.
19 Lockern Sie schrittweise in der entgegengesetzten Anzugsreihenfolge (Abb. 9.29) die Zylinderkopfschrauben. Wenn alle Schrauben locker sind, können sie entfernt werden.
20 Befreien Sie den Zylinderkopf vom Zylinderblock – klopfen Sie ihn nötigenfalls mithilfe eines Kunststoffhammers oder Hölzern ab, um ihn zu lockern. Versuchen Sie weder, den Zylinderkopf zu verdrehen (er ist mit zwei Passhülsen gesichert) noch abzuhebeln, da dies die Dichtfläche zerstören würde.
21 Demontieren Sie nötigenfalls die Nockenwelle und die Tassenstößel (siehe Sektion 8).

Kontrolle

22 Die Dichtflächen des Zylinderkopfes und des Zylinderblocks müssen absolut sauber sein. Entfernen Sie dazu Dichtungsreste und Kohleablagerungen mithilfe eines Hartplastik- oder Holzschabers; reinigen Sie auch die Kolbenböden. Achten Sie bei der Reinigung darauf, nicht das relativ weiche Aluminium abzutragen. Die Ablagerungen dürfen keinesfalls in Öl- oder Wasserkanäle gelangen – bereits kleinste Partikel können Öldüsen verstopfen! Kleben Sie daher alle Bohrungen des Zylinderkopfs/Motorgehäuses mit Kreppband ab. Damit keine Ablagerungen zwischen die Kolben und Zylinderwände gelangen, muss hier etwas Fett aufgetragen werden (anschließend kann es samt anhaftender Partikel mit einem sauberen Lappen abgewischt werden).
23 Kontrollieren Sie die Dichtflächen des Zylinderkopfes und des Zylinderblocks auf Riefen, tiefe Kratzer und andere Schäden. Kleine Unebenheiten können mit einer Feile geschlichtet werden; größere erfordern jedoch maschinelles Planen (nicht von Mercedes empfohlen!) oder den Austausch.
24 Falls ein Verzug des Zylinderkopfes vermutet wird, muss dieser mit einem Richtwinkel geprüft werden (siehe Kapitel 2D). Liegt der Verzug über 0,05 mm, muss ein neuer Zylinderkopf beschafft werden, da Planen von Mercedes nicht empfohlen wird.
25 Kontrollieren Sie die Gewindebohrungen der Zylinderkopfschrauben. Reinigen Sie die Bohrungen mit einem Pfeifenreiniger oder um einen kleinen Schraubendreher gewickelten Lappen. Falls sich Flüssigkeit in den Gewindelöchern befindet, kann der beim Anziehen der Schrauben entstehende hydraulische Druck den Motorblock beschädigen. Reinigen Sie die Gewinde der Bohrungen mit einem Gewindebohrer. Die Zylinderkopfschrauben müssen nach jedem Ausbau durch Neuteile ersetzt werden – sie dürfen vor dem Einbau nicht geölt werden.

Einbau

26 Falls entfernt, müssen die Tassenstößel, die Nockenwelle und deren Riemenrad montiert werden (siehe Sektion 8). Drehen Sie die Nockenwelle in den Verdichtungs-OT von Zylinder Nr. 1.
27 Die Zylinderkopf-Passhülsen müssen im Motorblock stecken. Legen Sie dann die **neue** Zylinderkopfdichtung so auf, dass alle Bohrungen fluchten (siehe Abbildung).

9.27 Legen Sie die neue Zylinderkopfdichtung über die Passhülsen auf den Zylinderkopf.

28 Senken Sie vorsichtig den Zylinderkopf über den Passhülsen ab. Stecken Sie die **neuen nicht geölten** Zylinderkopfschrauben in ihre Bohrungen und drehen Sie sie handfest ein.
29 Ziehen Sie die Schrauben schrittweise in der vorgegebenen Anzugsreihenfolge zunächst bis zum Drehmoment von 25 Nm an und dann in der gleichen Reihenfolge um 270° – eine Dreiviertelumdrehung – weiter (siehe Abbildung).

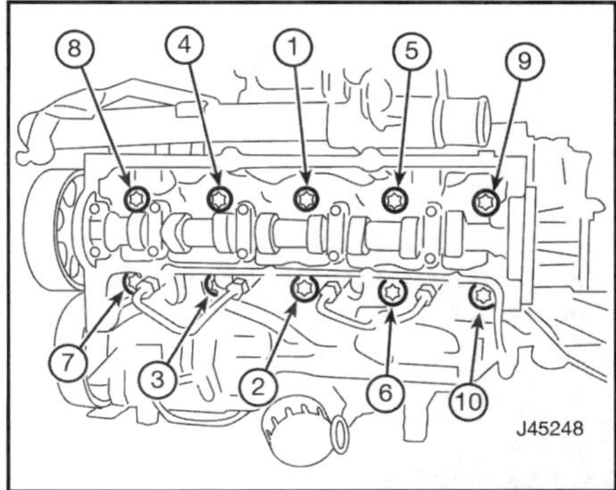

9.29 Anzugsreihenfolge der Zylinderkopfschrauben

30 Drehen Sie die Kurbelwelle eine Viertelumdrehung im Uhrzeigersinn, bis die Kurbelwange wieder den OT-Arretierstift berührt.
31 Der Rest des Einbaus entspricht der umgekehrten Ausbaureihenfolge.

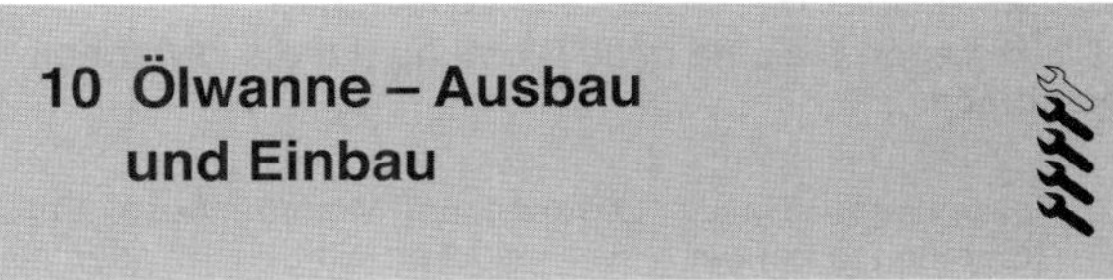

10 Ölwanne – Ausbau und Einbau

Ausbau

1 Lassen Sie das Motoröl ab (siehe Kapitel 1B, Sektion 13).

2 Demontieren Sie die hintere untere Motorhalterung (siehe Sektion 14).
3 Lösen Sie die Schrauben des Antriebswellen-Stützlagers – dies kann bei montierter Antriebswelle geschehen, wird aber deutlich einfacher, wenn die Welle demontiert ist (siehe Kapitel 8, Sektion 7).
4 Lösen Sie die untere Schraube der Lichtmaschinen/Klimaanlagenkompressor-Halterung.
5 Trennen Sie den Entlüftungsschlauch von der Ölwanne.
6 Trennen Sie den Kabelstecker von der Ölwanne.
7 Lösen Sie die zwei Ölwannenschrauben zum Getriebe und dann die 18 Schrauben, mit denen sie am Motorblock gesichert ist.
8 Falls sich die Ölwanne nicht vollständig befreien lässt, weil sie vom Ansaugsieb zurückgehalten wird, müssen durch den Spalt zum Motorblock die zwei Ölpumpenschrauben (Abb. 11.4a) soweit gelockert werden, bis die Ölwanne vom Sieb befreit werden kann.
9 Heben Sie die Ölwanne ab und entnehmen Sie die Dichtung.

Einbau

10 Reinigen Sie die Ölwanne von innen. Befreien Sie die Dichtflächen des Motorgehäuses und der Ölwanne von alten Dichtungsresten. Falls entfernt, muss das Ölleitblech so installiert werden, dass die Laschen korrekt in den Ausschnitten nahe der Dichtfläche liegen.
11 Tragen Sie vier 2 mm starke Raupen eines geeigneten Dichtmittels (z. B. Loctite 5970) an den gezeigten Stellen des Motorgehäuses auf. Legen Sie eine neue Dichtung auf die Ölwanne, sodass sie über den Laschen des Ölleitblechs liegt (siehe Abbildungen).

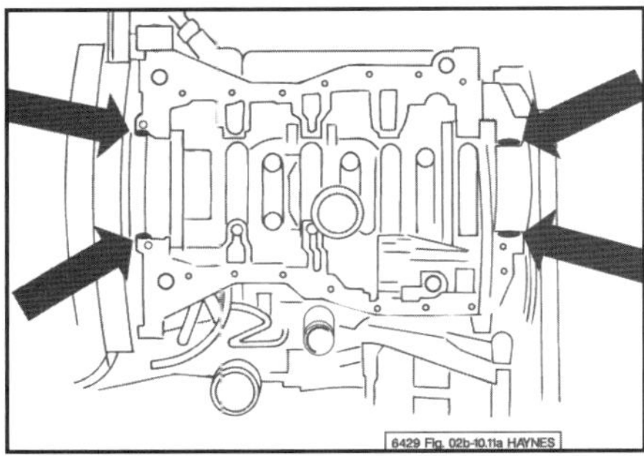

10.11a Tragen Sie an den gezeigten Stellen des Motorgehäuses Dichtmasse auf.

10.11b Legen Sie eine neue Dichtung auf die Ölwannen-Dichtfläche.

12 Positionieren Sie die Ölwanne am Motorgehäuse. Falls die Ölpumpenschrauben zuvor gelockert wurden, müssen sie jetzt mit 25 Nm angezogen werden. Setzen Sie die Ölwanne an und sichern Sie sie mit einigen handfest eingedrehten Schrauben. Ziehen Sie zuerst die zwei Schrauben zum Getriebe mit 40 Nm und dann die 20 Schrauben zum Motorblock in der gezeigten Reihenfolge mit 14 Nm an.

10.12a Setzen Sie die Ölwanne ans Motorgehäuse.

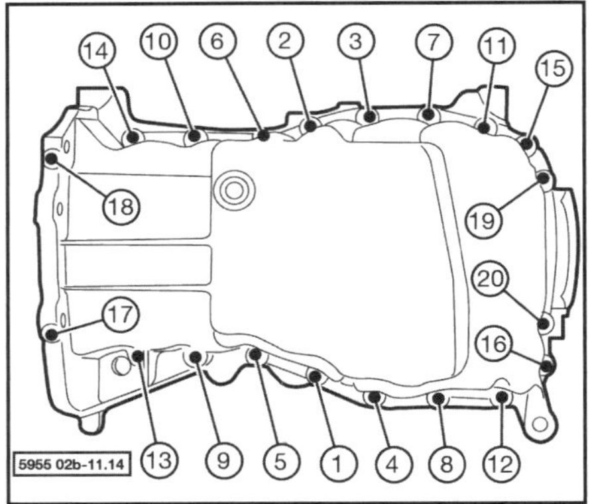

10.12b Ölwannenschrauben-Anzugsreihenfolge (Nr. 17 und 18 sichern Sie am Getriebe)

13 Der Rest des Einbaus entspricht der umgekehrten Ausbaureihenfolge.
14 Füllen Sie Motoröl auf (siehe Kapitel 1B, Sektion 13).

11 Ölpumpe – Ausbau, Kontrolle und Einbau

Ausbau

1 Demontieren Sie die Ölwanne (siehe Sektion 10).
2 Lösen Sie die zwei Ölpumpen-Schrauben und ziehen Sie die Pumpe ab – kippen Sie sie dabei, um ihr Ritzel aus der Kette zu befreien (siehe Abbildungen). Stellen Sie nötigenfalls die zwei Passhülsen sicher.

11.2a Ölpumpen-Befestigungsschrauben

11.2b Befreien Sie das Ölpumpenritzel aus der Kette.

3 Um die Ölpumpenkette entfernen zu können, muss zunächst das Kurbelwellenritzel befreit werden (siehe Sektion 6), schrauben Sie dann den rechten Motordeckel vom Motorblock. Hebeln Sie mit einem Schraubendreher den Dichtring heraus – er muss später erneuert werden; nötigenfalls kann er auf der Werkbank in den rechten Motordeckel gepresst werden (siehe Abbildung).

11.3 Treiben Sie einen neuen Dichtring in den rechten Motordeckel.

4 Ziehen Sie das Ölpumpen-Antriebsritzel samt Kette vom Kurbelwellenstumpf (Abb. 11.2b). Das Ritzel ist nicht mit einem Keil gesichert, sondern wird durch die korrekt angezogene Riemenscheiben-Schraube gesichert – ein zu geringer Anzug kann dazu führen, dass das Ritzel nicht fest auf der Kurbelwelle sitzt, und die Funktion der Ölpumpe beeinträchtigt ist.
5 Heben Sie die Antriebskette vom Ritzel.

Kontrolle

6 Lösen Sie die Schrauben des Pumpendeckels und heben Sie diesen über die Antriebswelle. Ziehen Sie das Zwischenrad und das Antriebsrad samt Welle heraus – markieren Sie die Zahnräder, um sie wieder richtig herum montieren zu können.
7 Befreien Sie den Splint und entfernen Sie den Überdruckventil-Federhalter, die Feder, den Federsitz und den Kolben.
8 Reinigen Sie alle Komponenten und inspizieren Sie die Zahnräder, das Pumpengehäuse und den Überdruckventil-Kolben auf Riefen oder anderen Verschleiß. Falls irgendwelche Schäden festgestellt werden, muss die gesamte Ölpumpe ersetzt werden – Einzelteile sind nicht erhältlich.
9 Hat sich die Pumpe als funktionsfähig erwiesen, werden alle Komponenten in der umgekehrten Ausbaureihenfolge zusammengesetzt. Füllen Sie die Pumpe mit Öl, setzen Sie den Deckel an und ziehen Sie dessen Schrauben sorgfältig an.

Einbau

10 Wischen Sie die Dichtflächen der Ölpumpe und des Motorgehäuses sauber und stecken Sie ggf. die Passhülsen in ihre Sitze.
11 Legen Sie die Antriebskette über das Kurbelwellenritzel und schieben Sie dies auf das Wellenende.
12 Falls der neue Simmerring bereits in den rechten Motordeckel installiert ist, muss der Wellenstumpf mit einer Lage Klebeband umwickelt werden, um dessen Dichtlippe zu schützen. Rüsten Sie den Deckel mit einer neuen Dichtung aus, setzen Sie ihn ans Motorgehäuse und ziehen Sie die Schrauben mit 10 Nm an (siehe Abbildungen).

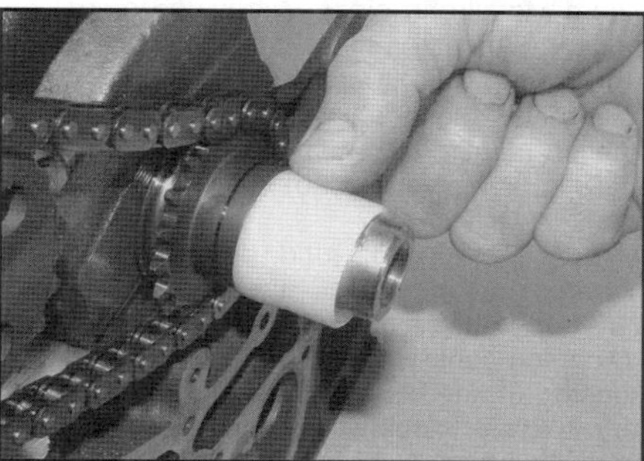

11.12a Umwickeln Sie den Wellenstumpf mit einer Lage Klebeband ...

11.12b ... und setzen Sie den rechten Motordeckel an.

13 Legen Sie die Kette über das Ritzel der gekippten Ölpumpe, setzen Sie diese auf die Passhülsen und drehen Sie die zwei Schrauben locker ein – nach dem Ansetzen der Ölwanne (siehe Sektion 10) müssen sie mit 25 Nm angezogen werden.

12 Kurbelwellen-Dichtringe – Ersetzen

Dichtring an Zahnriemen-Seite (rechts)

Achtung: Der neue Dichtring ist sehr empfindlich! Berühren Sie die Dichtlippe nicht mit den Fingern und installieren Sie ihn nur mit der dafür vorgesehenen Führung.
1 Demontieren Sie das Kurbelwellen-Riemenrad (siehe Sektion 6).
2 Notieren Sie die Einbautiefe des alten Dichtrings und hebeln Sie ihn vorsichtig mit einem großen Schraubendreher aus seinem Sitz – beschädigen Sie dabei nicht den Wellenstumpf

und den Deckel. Alternativ kann der Dichtring mit einer selbst gebauten Ausziehvorrichtung entfernt werden: Schlagen oder bohren Sie vorsichtig zwei kleine Löcher in den Dichtring und drehen Sie selbstschneidende Schrauben hinein, um diese mit einer Zange greifen und den Ring herausziehen zu können.

3 Kontrollieren Sie die Gleitfläche der Kurbelwelle – falls sich im Bereich des Dichtrings eine Nut gebildet hat, darf der neue Dichtring nicht ganz so tief wie der alte eingepresst werden, damit er einen unbeschädigten Bereich der Gleitfläche abdichtet.

4 Mercedes-Werkstätten nutzen zum Einbau des Dichtrings das Spezialwerkzeug 607 589 03 43 00, das aus einer Gewindestange, einem Metallrohr, einer Mutter und einem geschliffenen Bund zum Ansetzen der Führung besteht. Die Stange wird in die Kurbelwelle geschraubt und die Führung am Bund angesetzt. Das Metallrohr wird dann am Dichtring angesetzt, um diesen mithilfe der Mutter in den Motordeckel zu pressen. Notfalls kann ein vergleichbares Werkzeug selbst angefertigt werden.

5 Reinigen Sie den Dichtringsitz und den Wellenstumpf mit einem geeigneten Lösungsmittel, aber tragen Sie kein Schmiermittel auf – der Dichtring muss trocken laufen. Pressen Sie den neuen Dichtring senkrecht ein. Das Mercedes-Werkzeug ist dazu konstruiert, ihn bis zur ursprünglichen Einbautiefe einzutreiben; falls die Kurbelwelle bereits eine Nut aufwies, darf der neue Ring nicht so tief eingepresst werden.

6 Sobald der Dichtring installiert ist, werden die Führung und das Werkzeug entfernt.

7 Montieren Sie das Zahnriemenrad (siehe Sektion 6).

Dichtring an Schwungscheiben-Seite (links)

8 Demontieren Sie das Getriebe (siehe Kapitel 7A, Sektion 7 oder Kapitel 7B, Sektion 4).

9 Demontieren Sie die Schwungscheibe (siehe Sektion 13).

10 Ersetzen Sie den Dichtring wie in den Schritten 2 bis 6 beschrieben (siehe Abbildung).

12.10 Einbau eines neuen Dichtrings an Schwungscheiben-Seite (links)

11 Der Rest des Einbaus entspricht der umgekehrten Ausbaureihenfolge

13 Schwungscheibe – Ausbau, Kontrolle und Einbau

Anmerkung: *Beim Einbau muss die Schwungscheibe mit neuen Schrauben gesichert werden.*

Ausbau

1 Demontieren Sie das Getriebe (siehe Kapitel 7A, Sektion 7 oder Kapitel 7B, Sektion 4).

2 Demontieren Sie bei Modellen mit Schaltgetriebe die Kupplung (siehe Kapitel 8, Sektion 6).

3 Hindern Sie die Schwungscheibe oder Antriebsplatte am Mitdrehen, indem Sie mithilfe einer in eines der Getriebeflansch-Gewindebohrungen gedrehten Schraube und einem stabilen Schraubendreher den Anlasserring blockieren (siehe Abbildung).

13.3 Die Schwungscheibe kann auf diese Weise blockiert werden.

4 Lockern und entfernen Sie die Schwungscheiben-Schrauben und nehmen Sie die Schwungscheibe ab – sie ist ziemlich schwer. Die Schraubenbohrungen sind versetzt angeordnet, sodass die Schwungscheibe nur in einer Position montiert werden kann.

Achtung: Mercedes rät von der Verwendung eines Schlagschraubers zum Lösen der Schwungscheiben-Schrauben ab, da der Kurbelwellenflansch dabei beschädigt werden kann.

Kontrolle

5 Inspizieren Sie die Schwungscheibe auf Riefen auf der Kupplungs-Reibfläche sowie auf Verschleiß oder ausgebrochene Zähne am Anlasserzahnkranz – in beiden Fällen muss eine neue Schwungscheibe beschafft werden. Es handelt sich hier um eine Zweimassen-Schwungscheibe, die folgendermaßen kontrolliert wird:

Verdreh-Spiel

6 Drehen Sie die innere Schwungscheiben-Masse von Hand nach links und markieren Sie die Position zur Außenmasse, drehen Sie die Innenmasse dann nach rechts und markieren Sie die Position erneut.

7 Falls mehr als acht Zähne zwischen den zwei Markierungen liegen, muss die Schwungscheibe ersetzt werden.

Kipp-Spiel

8 Befestigen Sie eine Messuhr an der inneren Schwungscheiben-Masse und richten Sie ihren Taster zum Getriebeflansch am Motorgehäuse aus.

9 Drücken Sie an der gegenüberliegenden Seite der Messuhr die innere Masse von Hand in die Schwungscheibe und notieren Sie die Anzeige.

10 Drücken Sie jetzt die innere Schwungmasse im Bereich der Messuhr in die Schwungscheibe und notieren Sie auch hier die Messung.

11 Falls die Messergebnisse mehr als 2,5 mm voneinander abweichen, ist die Schwungscheibe defekt und muss ersetzt werden.

Einbau

12 Reinigen Sie die Kontaktfläche der Schwungscheib und der Kurbelwelle.
13 Heben Sie die Schwungscheibe in Position und installieren Sie die **neuen** Schrauben. Blockieren Sie die Schwungscheibe wie beim Ausbau und ziehen Sie die Schrauben schrittweise und über Kreuz bis zum Drehmoment von 55 Nm an.
14 Montieren Sie bei Modellen mit Schaltgetriebe die Kupplung (siehe Kapitel 8, Sektion 6).
15 Bauen Sie das Getriebe an (siehe Kapitel 7A, Sektion 7 oder Kapitel 7B, Sektion 4).

14 Motorhalterungen – Kontrolle und Ersetzen

Kontrolle

1 Um den Zugang zur verbessern, kann das Fahrzeug vorn angehoben und sicher abgestützt werden (siehe Seite 24). Demontieren Sie ggf. den Unterfahrschutz.
2 Inspizieren Sie die Gummiblöcke der Halterungen – wenn sie rissig, verhärtet oder irgendwo vom Metall getrennt sind, müssen die Halteblöcke ersetzt werden. Prüfen Sie, ob alle Befestigungsmuttern und Schrauben sorgfältig angezogen sind – verwenden Sie hierfür möglichst einen Drehmomentschlüssel. Kontrollieren Sie den Verschleiß der Halteblöcke, indem Sie mit einem großen Schraubendreher oder ähnlichem Werkzeug vorsichtig daran hebeln und mögliches Spiel ermitteln. Wo dies nicht möglich ist, sollte ein Assistent den Motorblock vor und zurück sowie zu beiden Seiten drücken, während die Halterungen beobachtet werden. Während geringes Spiel normal ist, dürfen keine übermäßigen Bewegungen festgestellt werden. Wenn die Befestigungen bei übermäßigem Spiel korrekt angezogen sind, müssen verschlissene Komponenten ausgetauscht werden (siehe unten).

Ersetzen

Rechte Motorhalterung (Steuerkettendeckel)

3 Demontieren Sie den rechten vorderen Kotflügel-Einsatz (siehe Kapitel 11, Sektion 29).
4 Stützen Sie den Motor mithilfe eines Rangierwagenhebers und eines Holzklotzes ab – heben Sie ihn nicht an.
5 Entfernen Sie die obere Motorabdeckung.
6 Lösen Sie die vordere Schraube, die den oberen Drehstab an der rechten Motor-Aufnahme sichert (siehe Abbildung).

14.6 Diese Schraube sichert den oberen Drehstab an der rechten Motor-Aufnahme.

7 Lösen Sie die zwei Schrauben, die den oberen Drehstabhalter am Federbein-Dom sichern, und heben Sie die Baugruppe aus dem Motorraum heraus.

8 Lösen Sie die drei Schrauben, mit denen die Aufnahme am Motor gesichert ist, und entnehmen Sie sie (siehe Abbildung).

14.8 Schrauben der Drehstab-Aufnahme am Motor

9 Befreien Sie den Kühlmittel-Ausgleichsbehälter und schwenken Sie ihn beiseite – dazu müssen keine Schläuche getrennt werden.
10 Lösen Sie die Schrauben der zwischen dem Innenkotflügel und der Aufnahme sitzenden Haltestrebe und entfernen Sie sie (siehe Abbildung).

14.10 Schrauben der Haltestrebe

11 Lösen Sie die Schrauben der Aufnahme, um sie von der Karosseriestrebe zu befreien (siehe Abbildung).

14.11 Schrauben der Aufnahme an der Karosseriestrebe

12 Lösen Sie durch den Radkasten die zwei verbliebenen Schrauben der Aufnahme, um sie zu befreien (siehe Abbildung) – sie müssen beim Einbau durch Neuteile ersetzt werden.

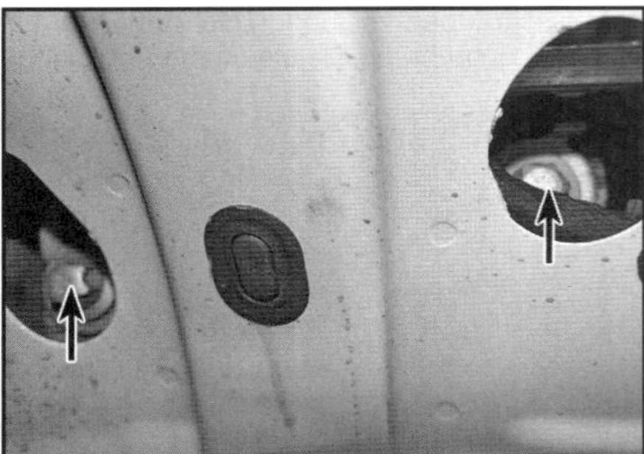

14.12 Lösen Sie die durch den Radkasten zugänglichen Schrauben der Aufnahme.

13 Der Einbau entspricht der umgekehrten Ausbaureihenfolge – ziehen Sie alle Schrauben mit den in den technischen Daten angegebenen Drehmomenten an.

Linke Halterung (Getriebe)

14 Entfernen Sie die Batterie samt Träger (siehe Kapitel 5, Sektion 4).
15 Demontieren Sie den linken vorderen Kotflügel-Einsatz (siehe Kapitel 11, Sektion 29).
16 Stützen Sie das Getriebe mithilfe eines Rangierwagenhebers und eines Holzklotzes ab – heben Sie es nicht an.
17 Lösen Sie die Schrauben des zwischen der linken Aufnahme und dem Innenkotflügel sitzenden Halterung und entnehmen Sie sie (siehe Abbildung).

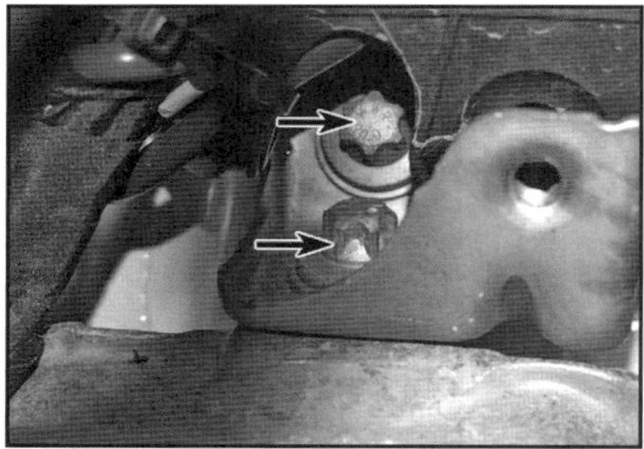

14.17 Schrauben des linken Halters

18 Lösen Sie die drei Schrauben, mit denen die Aufnahme am Getriebe gesichert ist (siehe Abbildung).

14.18 Schrauben der Aufnahme am Getriebe

19 Lösen Sie die Schrauben der Halterung an der Karosseriestrebe und befreien Sie sie aus dem Motorraum.
20 Der Einbau entspricht der umgekehrten Ausbaureihenfolge – ziehen Sie alle Schrauben mit den in den technischen Daten angegebenen Drehmomenten an.

Hintere Halterung

21 Lösen Sie die Schrauben, mit denen die hintere Anlenkung mit dem Motorhalter und dem Hilfsrahmen verbunden ist (siehe Abbildung) – seien Sie dabei darauf vorbereitet, dass die Antriebseinheit nach vorn oder hinten schwenken kann.

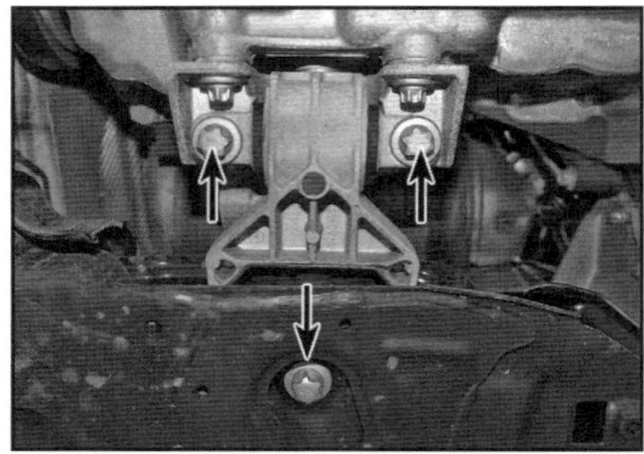

14.21 Schrauben der hinteren Anlenkung

22 Drücken Sie die Antriebseinheit etwas nach vorn und manövrieren Sie die Halterung heraus.
23 Der Einbau entspricht der umgekehrten Ausbaureihenfolge – ziehen Sie alle Schrauben mit den in den technischen Daten angegebenen Drehmomenten an.

15 Öldruckschalter – Ausbau und Einbau

Ausbau

1 Der Öldruckschalter aktiviert bei zu niedrigem Öldruck die Warnlampe im Cockpit; diese muss beim Einschalten der Zündung aufleuchten und nach dem Starten des Motors unverzüglich erlöschen.
2 Falls die Lampe beim Einschalten der Zündung nicht aufleuchtet, kann in der Instrumentenbaugruppe, der Verkabelung oder am Schalter selbst ein Defekt vorliegen. Falls die Lampe nach dem Starten des Motors nicht erlischt, können falsches Öl, ein sehr niedriger Ölpegel, eine verschlissene Ölpumpe, ein verstopftes Ansaugsieb oder verschlissene Haupt- oder Pleuelfußlager die Ursache sein – oder der Schalter ist defekt.
3 Falls die Öldruck-Warnleuchte während der Fahrt aufleuchtet, muss der Motor unverzüglich abgeschaltet und vor einem Neustart das Problem behoben werden – Ignorieren kann zu teuren Motorschäden führen.

Ausbau

4 Der Öldruckschalter sitzt neben dem Ölfilter vorn am Motor.
5 Heben Sie das Fahrzeug vorn an und stützen Sie es sicher ab (siehe Seite 24). Um den Zugang zur verbessern, kann der Ölfilter entfernt werden (siehe Kapitel 1B, Sektion 13).
6 Trennen Sie den Stecker vom Schalter (siehe Abbildung).

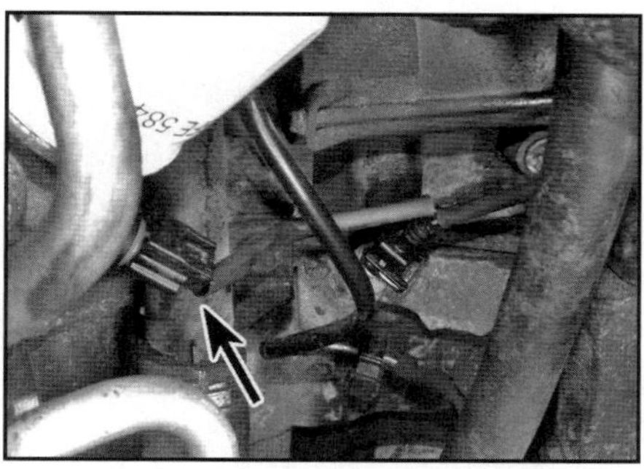

15.6 Kabelstecker des Öldruckschalters

7 Schrauben Sie den Schalter aus dem Motorgehäuse und entnehmen Sie die Dichtscheibe – hierbei sollte nur sehr wenig Öl austreten.

Kontrolle

8 Kontrollieren Sie den Schalter auf Risse oder Brüche. Falls der obere Teil des Schalters locker ist, wird er bald ausfallen.
9 Die Kabelkontakte des Schalters dürfen nicht locker sein. Verfolgen Sie das Kabel und kontrollieren Sie es dabei auf Beschädigungen, die zu einer Fehlfunktion der Kontrolllampe führen können.

Einbau

10 Der Einbau entspricht der umgekehrten Ausbaureihenfolge – beachten Sie dabei folgende Punkte:

a) *Reinigen Sie das Schaltergewinde, rüsten Sie den Schalter mit einer neuen Dichtscheibe aus und ziehen Sie ihn mit 32 Nm an.*
b) *Verbinden Sie den Kabelstecker, bis er einrastet. Achten Sie darauf, dass sein Kabel nicht mit heißen oder beweglichen Teile in Kontakt kommen kann.*
c) *Senken Sie das Fahrzeug ab und kontrollieren Sie den Ölpegel – füllen Sie nötigenfalls Öl nach (siehe Kapitel 1B, Sektion 5).*
d) *Kontrollieren Sie nach einer Probefahrt den Bereich um den Schalter auf Undichtigkeiten.*

Kapitel 2, Teil C

Reparaturen am eingebauten 1,8- und 2,1 l-Dieselmotor

Inhalt — Sektion

Schwierigkeitsgrade

Leicht. Geeignet für Anfänger mit wenig Erfahrung.

Relativ leicht. Geeignet für Anfänger mit etwas Erfahrung.

Relativ schwierig. Geeignet für geübte Selbstschrauber.

Schwer. Geeignet für Selbstschrauber mit viel Erfahrung.

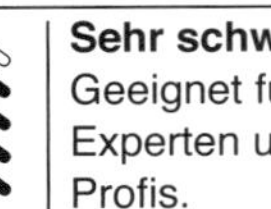

Sehr schwer. Geeignet für Experten und Profis.

Technische Daten

Motor

Motortyp	Wassergekühlter Vierzylinder-Reihenmotor, zwei per Zahnräder und Steuerkette angetriebene obenliegende Nockenwellen (DOHC), 4 Ventile je Brennraum, Turbolader mit Ladeluftkühler
Bezeichnung	
1,8 Liter	OM 651 DE 18 LA (651.901)
2,1 Liter	OM 651 DE 22 LA (651.930)
Hubraum	
1,8 Liter	1796 cm³
2,1 Liter	2143 cm³
Bohrung	83,0 mm
Hub	
1,8 Liter	83 mm
2,1 Liter	99 mm
Abgasnorm	Euro 5
Position von Zylinder Nr. 1	rechts
Kurbelwellen-Drehrichtung	vorwärts (von rechts betrachtet im Uhrzeigersinn)
Zündfolge	1-3-4-2
Kompressionsdruck	
Neuzustand	23 bis 30 bar
Verschleißgrenze	ca. 17 bar
Differenz zwischen Zylindern (max.)	3 bar

Zylinderkopfschrauben

Gewindedurchmesser	M12
Schaftlänge neu	226 ± 0,5 mm
Verschleißgrenze	227,5 mm (max.)

Schmiersystem

Öldruck bei Betriebstemperatur	
im Standgas	0,9 bar
bei 3750/min	3,0 bar

Anzugsdrehmomente	**Nm**
Ausgleichswellenrad-Schraube	
Schritt 1	50
Schritt 2	um 90° weiter
Auspuffstutzen-Mutter*	
Stahl-Auspuffstutzen	30
Gusseisen-Auspuffstutzen	
Schritt 1	15
Schritt 2	35
Haupt-Baugruppenträger an Motorgehäuse	
M6	9
M8	20
Keilrippenriemenspanner	
M8	20
M10	45
Keilrippenriemenumlenkrollen-Schrauben	
M8	25
M10	45
Kraftstoffrücklaufrohr-Anschlussschraube	25
Kurbelwellenhauptlagerdeckel-Schrauben	
Schritt 1	45
Schritt 2	um 180° weiter
Kurbelwellen-Riemenscheiben-Schrauben*	
Schritt 1	80
Schritt 2	um 90° weiter
Kühlmittel-Ablassstopfen im Motorgehäuse	30
Motor/Getrieb-Halterungen	
Hintere/untere Halterung (Drehmomentstütze) – Schrauben	106
Linke Halterung (Getriebe) an Radkasten-Platte	58
Linke Halterung (Getriebe) an Karosseriestrebe	106
Linke Halterung an Getriebe	106
Rechte Halterung	
an Karosserie	106
an Motoraufnahme/Karosserie	58
an Zylinderkopf	58
Drehstab an Motorhalterung	106
Drehstab-Halterung an Karosserie	58
Radkasten-Schrauben*	
Schritt 1	80
Schritt 2	um 90° weiter
Motor / Getriebe – Verbindungsschrauben	40
Nockenwellendeckel	9
Nockenwellenritzel-Schrauben (Linksgewinde)	
Schritt 1	55
Schritt 2	um 90° weiter
Ölablassschraube	
Metall	30
Kunststoff	4
Ölansaugrohr	
Schritt 1	6
Schritt 2	um 90° weiter
Öldüse	6
Öldüsen-Regelventil	20
Ölfilterdeckel	25
Ölfiltergehäuse	
M6	10
M8	20
Ölpegelsensor	9
Ölpumpen-Befestigungsschrauben	
M6*	
Schritt 1	8
Schritt 2	um 90° weiter
M8	34
Ölpumpen-Regelventil	5
Öltemperatursensor	26
Ölwanne	
M6	10
M8	22
Ölventil in Motorgehäuse	5
Pleuelfußlager-Schrauben*	

Neue Pleuel	
Schritt 1	5
Schritt 2	25
Schritt 3	um 180° weiter
Gebrauchte Pleuel	
Schritt 1	5
Schritt 2	25
Schritt 3	um 90° weiter
Radbolzen	130
Schwungscheiben-Schrauben*	
Schritt 1	45
Schritt 2	um 90° weiter
Steuerkettendeckel-Schrauben	20
Steuerkettenspanner in Zylinderkopf	80
Zylinderkopfhaubenschrauben	9
Zylinderkopfschrauben* (siehe Text)	
Schritt 1	10
Schritt 2	50
Schritt 3	um 90° weiter
Schritt 4	um 90° weiter
Schritt 5	um 90° weiter
Schritt 6	um 90° weiter
Zylinderkopfschrauben zu Steuergehäusedeckel (M8)	20

** Stets durch Neuteile zu ersetzen*

1 Allgemeine Informationen

Der Zweck dieses Kapitels

1 Dieses Kapitel beinhaltet Reparaturen, die bei im Fahrzeug montiertem Motor durchgeführt werden können. Falls der Motor ausgebaut und entsprechend freigelegt ist, können nicht zutreffende Schritte ignoriert werden.
2 Obwohl es technisch möglich ist, Bauteile wie Kolben und Pleuelstangen bei eingebautem Motor zu überholen, werden solche Tätigkeiten normalerweise nicht als separate Arbeiten durchgeführt. Üblicherweise müssen verschiedene weitere Prozeduren (nicht zu vergessen die Reinigung von Bauteilen und Ölkanälen) durchgeführt werden, sodass solche Aufgaben zu den größeren Überholprozessen gezählt werden, die in Kapitel 2D beschrieben sind.

Motor – Beschreibung

3 Der DOHC-Reihen-Vierzylindermotor ist quer eingebaut und das Getriebe ist links angeflanscht. Der aus Zahnrädern und einer Kette bestehende Steuertrieb der Nockenwelle befindet sich links am Motor (vor der Kupplung).
4 Die Zylinderbohrungen sind direkt in die aus Grauguss gegossenen obere Motorgehäusehälfte gebohrt. Die Kurbelwelle des komplett gleitgelagerten Motors läuft in fünf Hauptlagern. Ihr Axialspiel wird durch Anlauf-Halbringe am mittleren Hauptlagerdeckel begrenzt.
5 Die Pleuel drehen sich mit horizontal gebrochenen Lagerschalen auf den Hubzapfen. Die aus einer Aluminiumlegierung bestehenden Kolben sind mit drei Kolbenringen (zwei Kompressionsringen und einem Ölabstreifring) ausgerüstet und mit Kolbenbolzen im oberen Pleuelauge gelagert.
6 Die Ölpumpe, die Vakuumpumpe, die zwei Ausgleichswellen und die Hochdruck-Einspritzpumpe werden links von der Kurbelwelle über Zahnräder angetrieben. Über das Zahnrad der Hochdruckpumpe werden per Kette auch die beiden Nockenwellen angetrieben.
7 Die Nockenwellen öffnen über Schlepphebel die 16 Ventile des Motors. Das Ventilspiel wird über Hydrostößel automatisch eingestellt. Die zwei Ein- und Auslassventile jedes Zylinders sitzen in Führungen, die genauso wie die Ventilsitze in den Zylinderkopf eingepresst sind.

Reparaturen, die bei eingebautem Motor möglich sind

8 Die folgenden Arbeiten können erledigt werden, ohne dass der Motor dafür aus dem Fahrzeug ausgebaut werden muss:
a) Kompressionsprüfung
b) Zylinderkopfhaube – Ausbau und Einbau
c) Kurbelwellen-Riemenscheibe – Ausbau und Einbau
d) Nockenwellen und Hydrostößel – Ausbau und Einbau
e) Zylinderkopf – Ausbau, Überholung und Einbau
f) Brennräume und Kolbenböden – Reinigung
g) Ölwanne – Ausbau und Einbau
h) Kurbelwellen-Dichtringe – Austausch
*i) Pleuel und Kolben – Ausbau und Einbau**
j) Motor- und Getriebehalterungen – Ausbau und Einbau
k) Schwungscheibe – Ausbau und Einbau
l) Steuerkette – Ausbau und Einbau
** Obwohl diese Komponenten theoretisch bei eingebautem Motor ausgebaut werden können, wird aus Gründen der besseren Zugänglichkeit und Sauberkeit empfohlen, den Motor dafür auszubauen – siehe Kapitel 2D.*

2 Oberer Totpunkt von Zylinder Nr. 1 – Positionierung

Warnung: Drehen Sie niemals den Motor über die Schrauben der Nockenwellenritzel, sondern ausschließlich über die Kurbelwelle und stets im Uhrzeigersinn (vorwärts)!

1 Der obere Totpunkt (OT) ist die höchste Position des oszillierenden Kolbens; er erreicht ihn in einem Arbeitstakt zweimal – im Gaswechsel-Takt und im Verdichtungstakt. Oft ist mit ›OT‹ nur der Verdichtungs-OT gemeint. Im unteren Teil seines Arbeitstaktes steht der Kolben im UT. Weil die Kolben aller vier Zylinder bei verschiedenen Kurbelwellenpositionen im Verdichtungs-OT stehen, bezieht sich die OT-Arretierung generell auf den Kolben in Zylinder Nr. 1 – rechts an der Keilrippenriemen-Seite.
2 Die Positionierung des Kolbens von Zylinder Nr. 1 (rechts) im OT ist ein entscheidender Teil beim Einstellen der Steuer-

zeiten und der Montage der Nockenwelle sowie der Steuerkette.

3 Entfernen Sie oben am Motor die Kunststoffabdeckung (siehe Abbildung).

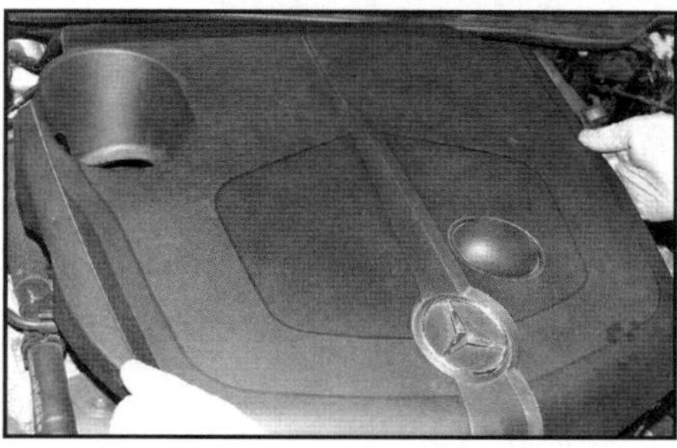

2.3 Ziehen Sie die Motorabdeckung nach oben ab.

4 Entfernen Sie den Öleinfülldeckel, trennen Sie den Stecker des Nockenwellensensors, lösen Sie seine Schraube und entfernen Sie den Sensor (siehe Abbildung).

2.4 Lösen Sie die Torxschraube und ziehen Sie den Nockenwellensensor heraus.

5 Drehen Sie die Riemenscheibe – entweder mit einem an einer der Schrauben angesetzten Steckschlüssel oder mit dem über alle Schrauben angesetzten Mercedes-Spezialwerkzeug 651 589 10 40 00 ausschließlich im Uhrzeigersinn, bis die ›0°‹-Marke zum Pfeil an der Ölwanne ausgerichtet ist (siehe Abbildungen).

2.5a Mithilfe des Mercedes-Werkzeugs lässt sich die Riemenscheibe leichter drehen, ...

2.5b ... um die OT-Markierung (›0°‹) zum Pfeil an der Ölwanne auszurichten.

Achtung: Drehen Sie die Riemenscheibe niemals gegen den Uhrzeigersinn, da hierbei die Steuerkette und ihr Spanner beschädigt werden können!

6 Wenn in dieser Position die Vertiefungen an der Einlassnockenwelle und ihrem Lager sowie in der Sensor-Öffnung das Sensor-›Fenster‹ der Auslass-Nockenwelle nicht zur Markierung in der Öffnung fluchten (siehe Abbildungen), muss die Kurbelwelle eine volle Umdrehung (360°) im Uhrzeigersinn gedreht werden – die Nockenwellen drehen sich mit halber Kurbelwellendrehzahl, sodass sie jetzt korrekt stehen müssen, andernfalls stimmen die Steuerzeiten nicht.

2.6a Die Vertiefungen an der Einlassnockenwelle muss zu derjenigen in ihrem Lager ...

2.6b ... und die Markierung im Sitz des Nockenwellensensors zum Rand des ›Fensters‹ in der Auslassnockenwelle fluchten.

7 Die Nockenwellen können in dieser Position arretiert werden, falls sie, ihre Ritzel oder der Zylinderkopf demontiert werden sollen. Demontieren Sie die Zylinderkopfhaube (siehe Sektion 3) und lösen Sie die Schrauben der linken Nockenwellen-Lagerdeckel neben der Steuerkette.

8 Sobald die Nockenwellen wie in Schritt 6 beschrieben stehen, müssen sich die beiden Mercedes-Spezialwerkzeuge 651 589 09 40 00 über die geschliffenen Segmente links an den Nockenwellen schieben lassen (siehe Abbildung).

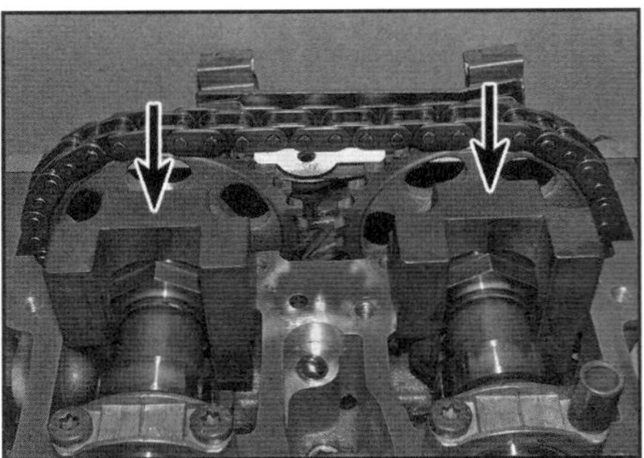

2.8 Arretieren Sie die Nockenwellen mit den aufgeschobenen Spezialwerkzeugen.

3 Zylinderkopfhaube – Ausbau und Einbau

Ausbau

1 Entfernen Sie oben am Motor die Kunststoffabdeckung.
2 Demontieren Sie die Injektoren (siehe Kapitel 4B, Sektion 13).
3 Trennen Sie den Stecker des Nockenwellensensors, befreien Sie seine Verkabelung und verlagern Sie sie beiseite.
4 Lösen Sie am Druckspeicher die Anschlussschraube der Rücklaufleitung und trennen Sie diese (siehe Abbildung) – seien Sie auf austretenden Kraftstoff vorbereitet. Verstopfen Sie alle Öffnungen, um keinen Schmutz eindringen zu lassen. Die Dichtscheiben müssen beim Einbau erneuert werden.

3.4 Anschlussschraube der Kraftstoff-Rücklaufleitung

5 Lockern Sie schrittweise die Schrauben der Zylinderkopfhaube – vergessen Sie nicht diejenigen in der Mitte. Heben Sie den Deckel ab und befreien Sie die Gummidichtung aus ihrer Nut.

Einbau

6 Reinigen Sie die Dichtflächen des Deckels und des Zylinderkopfs und drücken Sie die neue Dichtung in die Nut des Deckels (siehe Abbildung).

3.6 Drücken Sie die neue Dichtung in die Nut der Zylinderkopfhaube.

7 Setzen Sie die Zylinderkopfhaube auf den Zylinderkopf, installieren Sie die Schrauben und ziehen Sie sie schrittweise mit 9 Nm an.
8 Montieren Sie alle entfernten Komponenten in der umgekehrten Ausbaureihenfolge. Starten Sie zum Schluss den Motor und kontrollieren Sie die Dichtfläche der Zylinderkopfhaube auf Undichtigkeiten.

4 Kurbelwellen-Riemenscheibe – Ausbau und Einbau

Ausbau

1 Entfernen Sie den Keilrippenriemen (siehe Kapitel 1B, Sektion 30).
2 Zum Lockern der sehr fest sitzenden Riemenscheiben-Schrauben muss die Kurbelwelle blockiert werden – Mercedes bietet hierfür das Spezialwerkzeug 651 589 10 40 00 an, das über zwei der Schrauben positioniert wird, während die anderen beiden gelockert werden können (Abb. 2.5b). Alternativ können die Schrauben auch mit einem Winkeleisen gehalten werden (siehe Abbildung).

4.2 Hier werden die Schrauben mit einem Winkeleisen gekontert, während eine von ihnen gelockert wird.

3 Lösen Sie die Riemenscheiben-Schrauben und ziehen Sie die Scheibe von der Kurbelwelle – beim Einbau werden neue Schrauben benötigt.

Einbau

4 Wischen Sie die Riemenscheibe sauber und schieben Sie sie mit der Passhülse zur größeren Bohrung ausgerichtet auf die Kurbelwelle (siehe Abbildung).

4.4 Richten Sie die Passhülse der Riemenscheibe zur größeren Bohrung der Kurbelwelle aus.

5 Installieren Sie neue Schrauben, blockieren Sie die Kurbelwelle und ziehen Sie sie im ersten Durchgang mit 80 Nm an und in einem weiteren Durchgang um 90° (eine Viertelumdrehung) weiter.
6 Montieren Sie den Keilrippenriemen (siehe Kapitel 1B, Sektion 30).

5 Steuerkettendeckel – Ausbau und Einbau

Anmerkung: *Um den links am Motor sitzenden Steuerkettendeckel demontieren zu können, muss die Schwungscheibe entfernt werden. Dies erfordert die Demontage des Getriebes, was wiederum den Ausbau der Motor/Getriebe-Baugruppe erforderlich macht. Der Ausbau des Motors und das Trennen des Getriebes ist in Kapitel 2D, Sektion 7 beschrieben.*
1 Demontieren Sie die Schwungscheibe (siehe Sektion 13).
2 Demontieren Sie die Zylinderkopfhaube (siehe Sektion 3).
3 Lösen Sie links am Motor die drei Schrauben, die den Zylinderkopf mit dem Steuerkettendeckel verbinden (siehe Abbildungen).

5.3a Lösen Sie die zwei Schrauben im Steuerkettenschacht – gezeigt bei demontierten Nockenwellen ...

5.3b ... und die Schraube links vorn.

4 Trennen Sie den Stecker des Kurbelwellensensors und lösen Sie seine Schraube, um ihn zu entfernen (siehe Kapitel 6B, Sektion 10).
5 Lösen Sie von unten die Schrauben, mit denen die Ölwanne am Steuerkettendeckel gesichert ist (siehe Abbildung).

5.5 Ölwannenschrauben am Steuerkettendeckel

6 Lösen Sie die Schrauben des Steuerkettendeckels und hebeln Sie diesen vorsichtig ab (siehe Abbildungen).
Achtung: Passen Sie beim Abhebeln des Deckels auf, keine Dichtflächen zu beschädigen!

5.6a Lösen Sie die 18 seitlichen Schrauben des Steuerkettendeckels ...

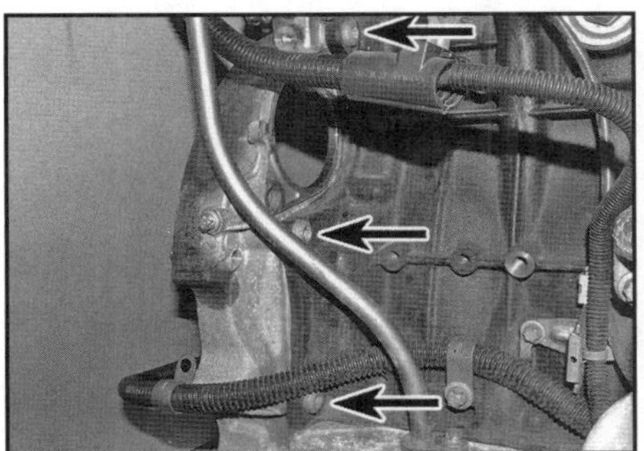

5.6b ... und die hinteren drei Schrauben.

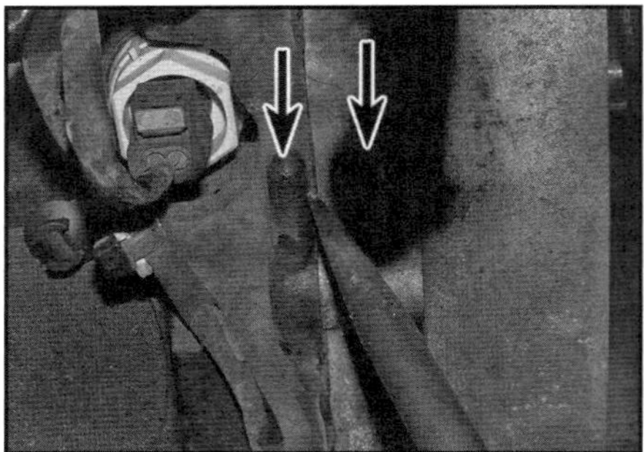

5.6c Hier kann der Steuerkettendeckel vom Motorgehäuse abgehebelt werden

Einbau

7 Reinigen Sie die Dichtflächen des Deckels, des Zylinderkopfs und des Motorgehäuses, beseitigen Sie dabei alte Dichtmasse, Öl und Schmutz. Achten Sie bei Abschaben der Dichtmasse darauf, kein Metall abzutragen. Hebeln Sie den alten Kurbelwellen-Dichtring aus dem Deckel.
8 Tragen Sie eine durchgehende 2 mm starke Dichtmassen-Raupe (Mercedes empfiehlt Loctite 5970) in den gezeigten Bereichen des Steuerkettendeckels auf (siehe Abbildung). Setzen Sie den Deckel innerhalb von zehn Minuten an, da die Dichtmasse auszuhärten beginnt.

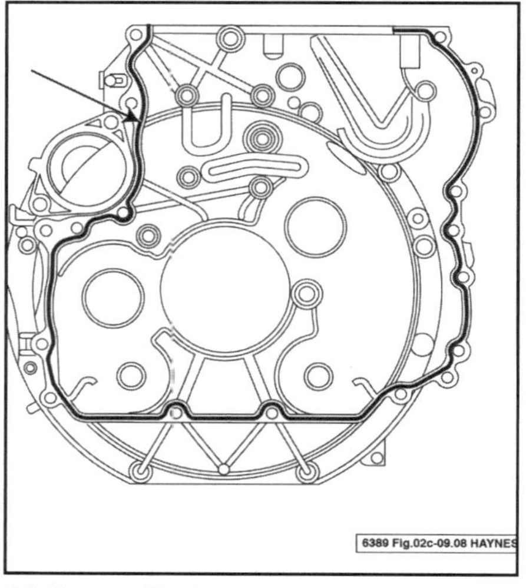

5.8 Tragen Sie die Dichtmasse innerhalb der Schraubenbohrungen hier auf (dicke schwarze Linie).

9 Installieren Sie die Steuerkettendeckel-Schrauben (siehe Abbildung) und ziehen Sie sie schrittweise mit 20 Nm an.

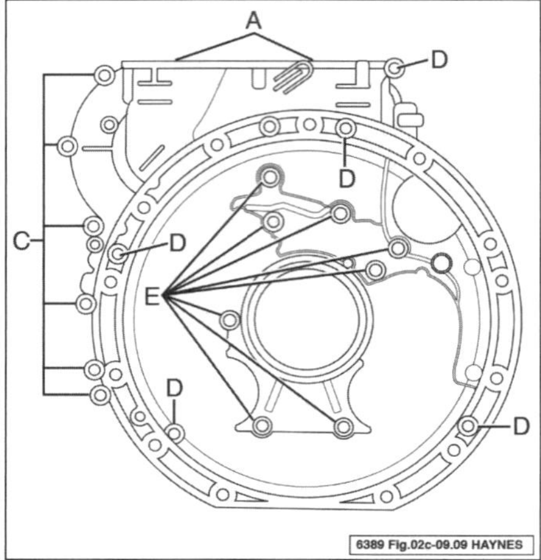

5.9 Details zu den Steuerkettendeckel-Schrauben

A M8 x 90 mm | *D M8 x 60 mm*
C M8 x 30 mm | *E M8 x 30 mm*

10 Der Rest des Einbaus entspricht der umgekehrten Ausbaureihenfolge – beachten Sie dabei folgende Punkte:
a) Installieren Sie vor der Montage der Schwungscheibe den neuen linken Kurbelwellendichtring (siehe Sektion 14).
b) Starten Sie zum Schluss den Motor und kontrollieren Sie den Bereich um den Deckel auf Undichtigkeiten.

6 Steuerkette – Kontrolle und Ersetzen

Kontrolle

1 Demontieren Sie die Zylinderkopfhaube (siehe Sektion 3).
2 Drehen Sie die Kurbelwellen-Riemenscheibe (siehe Sektion 2, Schritt 5), um dabei nach und nach die über die Nockenwellenritzel laufende Kette zu inspizieren.
3 Falls die Kette offensichtlich verschlissen ist, übermäßiges seitliches Spiel zwischen den Gliedern aufweist, Geräusche verursacht oder eingelaufene Rollen aufweist oder eines der Ritzel beschädigt ist, müssen die Kette (siehe unten) und ihre Ritzel siehe Sektion 7) erneuert werden – eine bei laufendem Motor reißende Steuerkette wird schwere Motorschäden verursachen.

Ersetzen

Anmerkung: *In dieser Prozedur wird die Kette ohne die Demontage des Steuerkettendeckels ausgetauscht. Hierzu werden ein geeignetes Kettentrenn- und Verniet-Werkzeug, eine neue Kette samt Nietschloss, ein Federclip-Schloss und ein Assistent benötigt.*
4 In dieser Sektion werden zwei Austausch-Methoden beschrieben. Bei der ersten – und von Mercedes empfohlenen – wird die alte Kette geöffnet und mit der neuen verbunden, um diese so um die Ritzel zu führen und dann die alte Kette zu trennen und die neue mit einem Nietschloss zu schließen. In der Praxis besteht selbst bei Hilfe durch einen Assistenten ein gewisses Schadensrisiko, weil sich alle Wellen nur schwierig gemeinsam drehen lassen und Kette nicht einfach korrekt gespannt werden kann. Beim Drehen der Wellen neigt die Kette zum Überspringen und kann sich unter dem Steuerkettendeckel verklemmen.

5 Bei der zweiten Methode werden zuerst beide Nockenwellen entfernt und dann die alte Kette geöffnet und mit der neuen Kette verbunden. Dann wird die Kurbelwelle gedreht, um die Kette um das Hochdruckpumpenritzel zu führen, bis beide Enden mit einem Nietschloss verbunden werden können. Anschließend werden die Nockenwellen wieder eingebaut. Diese Methode verhindert mögliche Berührungen zwischen Ventilen und Kolben. Auch wenn hierbei mehr Teile demontiert werden müssen, empfehlen wir die zweite Methode.

Methode 1

Anmerkung: *Steuerketten-Austauschwerkzeuge samt Führungen sind im Fachhandel erhältlich.*
6 Demontieren Sie die Zylinderkopfhaube (siehe Sektion 3).
7 Drehen Sie die Kurbelwellen-Riemenscheibe (siehe Sektion 2, Schritt 5) im Uhrzeigersinn, bis Kolben Nr. 1 im Verdichtungs-OT steht.
8 Demontieren Sie den Steuerkettenspanner (siehe Sektion 7).
9 Positionieren Sie die im Werkzeugset enthaltene Kettenführung am Zylinderkopf und sichern Sie sie mit drei Schrauben – diese hindert die Kette am Überspringen auf den Ritzeln. Alternativ kann die Kette kurzzeitig mit Kabelbindern an den Ritzeln gesichert werden. Stopfen Sie Lappen in den Kettenschacht, damit nichts hineinfallen kann.
10 Drücken Sie einen der Bolzen mit dem Kettentrenn- und Verniet-Werkzeug heraus (lassen Sie ihn nicht fallen) und trennen Sie die Kette (siehe Abbildung).

6.10 Drücken Sie mit dem Werkzeug einen der Bolzen aus der Kette.

11 Die neue Kette weist wahrscheinlich Schmierbohrungen an den Rollen auf – diese müssen eingebaut nach außen zeigen (siehe Abbildung).

6.11 Die Schmierbohrungen der Rollen müssen außen liegen.

12 Verbinden Sie die neue Kette übergangsweise mithilfe der Federclip-Schlosses mit der alten Kette. Schieben Sie das Schloss in die Enden der alten und der neuen Kette, drücken Sie die Lasche auf und sichern Sie sie mit dem Federclip (siehe Abbildung).

Anmerkung: *Verbinden Sie die Ketten über dem Ritzel der Einlassnockenwelle, da der Motor im Uhrzeigersinn gedreht werden muss, um die Kette um alle Ritzel zu führen.*
Achtung: Der Federclip muss mit dem geschlossenen Ende in Drehrichtung (im Uhrzeigersinn) montiert werden, damit er beim Einziehen nicht abgedrückt werden kann.

6.12 Schieben Sie das Schloss in die Enden der alten und der neuen Kette, drücken Sie die Lasche auf und sichern Sie sie mit dem Federclip.

13 Halten Sie beide Enden der ›Doppelkette‹ stramm und entnehmen Sie den Lappen aus dem Kettenschacht, bevor Sie den Motor drehen.
14 Lassen Sie den Assistenten gleichzeitig die Kurbelwelle und die Auslassnockenwelle (mit halber Drehzahl) vorwärts drehen, um die Steuerzeiten einzuhalten und die Kette unter Spannung zu halten, damit sie nicht verklemmt. Drehen Sie die Kurbelwelle und die Nockenwelle, bis die neue Kette vollständig auf dem Ritzel der Einlassnockenwelle aufliegt. Versuchen Sie, die Kette stets unter Spannung zu halten, während sie über das Einlassnockenwellenritzel gezogen wird.
15 Stopfen Sie den/die Lappen wieder in den Kettenschacht.
16 Entfernen Sie das Federclip-Schloss und trennen Sie die alte Steuerkette von der neuen.
Anmerkung: *Die Kette muss hinten stramm gezogen sein, damit vorn der Steuerkettenspanner installiert werden kann.*
17 Prüfen Sie, ob alle OT-Markierungen korrekt ausgerichtet sind (siehe Sektion 2)
18 Schieben Sie das neue Nietschloss in die Enden der neuen Kette und folgen Sie den Hinweisen des Kettenverniet-Werkzeugs , um es korrekt zu vernieten (siehe Abbildungen).

6.18a Installieren Sie das Nietschloss, drücken Sie die Lasche über die Bolzenköpfe ...

6.18b … und spreizen Sie diese mit dem Spezialwerkzeug.

19 Entfernen Sie den/die Lappen aus dem Kettenschacht und montieren Sie den Steuerkettenspanner (siehe Sektion 7). Sobald der Spanner korrekt sitzt, müssen erneut die Ausrichtungen der Steuerzeitenmarkierungen geprüft werden (siehe Sektion 2).
20 Drehen Sie die Kurbelwelle zwei volle Umdrehungen vorwärts und kontrollieren Sie noch einmal die Steuerzeitenmarkierungen (siehe Sektion 2).
21 Entfernen Sie die Steuerkettenführung vom Zylinderkopf.
22 Montieren Sie die Zylinderkopfhaube (siehe Sektion 3).

Methode 2

23 Demontieren Sie die Nockenwellen (siehe Sektion 8).
24 Drücken Sie einen der Bolzen mit dem Kettentrenn- und Verniet-Werkzeug heraus (lassen Sie ihn nicht fallen) und trennen Sie die Kette (Abb .6.10).
25 Die neue Kette weist wahrscheinlich Schmierbohrungen an den Rollen auf – diese müssen eingebaut nach außen zeigen (Abb. 6.11).
26 Verbinden Sie die neue Kette übergangsweise mithilfe der Federclip-Schlosses mit der alten Kette. Schieben Sie das Schloss in die Enden der alten und der neuen Kette, drücken Sie die Lasche auf und sichern Sie sie mit dem Federclip. Anmerkung: Da die Kurbelwelle nur vorwärts gedreht werden darf, müssen die beiden Ketten vorn miteinander verbunden werden.
Anmerkung: *Der Federclip muss mit dem geschlossenen Ende in Drehrichtung (im Uhrzeigersinn) montiert werden, damit er beim Einziehen nicht abgedrückt werden kann.*
27 Lassen Sie den Assistenten die Kurbelwelle vorwärts drehen und die Kette an beiden Enden unter Spannung halten, damit sie beim Führen um das Hochdruckpumpen-Ritzel nicht im Deckel verklemmt. Drehen Sie die Kurbelwelle, bis die neue Kette vollständig herumgezogen ist.
28 Entfernen Sie das Federclip-Schloss und trennen Sie die alte Steuerkette von der neuen.
29 Prüfen Sie, ob alle OT-Markierungen korrekt ausgerichtet sind (siehe Sektion 2)
30 Schieben Sie das neue Nietschloss in die Enden der neuen Kette und folgen Sie den Hinweisen des Kettenverniet-Werkzeugs , um es korrekt zu vernieten (Abb. 6.18a und b).
31 Montieren Sie die Nockenwellen (siehe Sektion 8).

7 Steuerkettenspanner und Ritzel – Ausbau, Kontrolle und Einbau

Steuerkettenspanner

Ausbau

1 Stellen Sie den Kolben von Zylinder Nr. 1 (rechts) in den Verdichtungs-OT (siehe Sektion 2).
2 Demontieren Sie die Luftfilter- und Ansaugstutzen-Baugruppe (siehe Kapitel 4B, Sektion 5).
3 Demotieren Sie oberhalb des Hitzeschilds ggf. das AGR-Rohr.
4 Entfernen Sie die Winden-Öse vom Zylinderkopf (siehe Abbildung).

7.4 Winden-Öse am Zylinderkopf

5 Lösen Sie die drei Schrauben des über dem AGR-Rohr liegenden Hitzeschilds und entfernen Sie dies (siehe Abbildung).

7.5 Hitzeschild-Schrauben über dem AGR-Rohr

6 Lösen Sie mithilfe eines 27er-Schlüssels den Steuerkettenspanner aus dem Zylinderkopf (siehe Abbildung) – seien Sie auf austretendes Öl vorbereitet. Der Dichtring des Spanners muss beim Einbau erneuert werden.

7.6 Position des Steuerkettenspanners

Kontrolle

7 Der Steuerkettenspanner kann nicht zerlegt werden – falls vermutet wird, dass er verschlissen oder beschädigt ist, muss er durch ein Neuteil ersetzt werden.

Einbau

8 Komprimieren Sie den Kettenspanner von Hand, um darin befindliches Öl herauszudrücken. Rüsten Sie den Spanner

mit einem neuen Dichtring aus, drehen Sie ihn langsam in den Zylinderkopf und ziehen Sie ihn mit 80 Nm an.
9 Installieren Sie alle anderen Bauteile in der umgekehrten Ausbaureihenfolge. Starten Sie zum Schluss den Motor und kontrollieren Sie den Bereich um den Steuerkettenspanner auf Undichtigkeiten.

Nockenwellenritzel

Ausbau

10 Stellen Sie den Kolben von Zylinder Nr. 1 (rechts) in den Verdichtungs-OT (siehe Sektion 2).
11 Markieren Sie mithilfe von Farbe die Ausrichtung der Steuerkette zu den Nockenwellenritzeln (Abb. 8.3) – hierdurch können die Steuerzeiten korrekt eingestellt werden.
12 Demontieren Sie den Steuerkettenspanner (siehe oben).
13 Halten Sie die jeweilige Nockenwelle mithilfe des den linken Lagerdeckel ersetzenden Mercedes-Spezialwerkzeugs 651 589 09 40 00 oder eines passenden Maulschlüssels am Sechskant hinter Lagerdeckel Nr. 5 (Steuerketten-Seite) Abb. 2.8) und lockern Sie die Linksgewinde-Schraube der Nockenwelle.
14 Zu diesem Zeitpunkt steht die Kurbelwelle noch im OT und darf nicht gedreht werden, bis die Nockenwellenritzel wieder montiert sind. Sichern Sie den oberen Teil der Steuerkette mit Draht am Zylinderkopf, damit sie auf dem Ritzel der Hochdruckpumpe verbleibt.
15 Drehen Sie die Nockenwellenritzel-Schrauben heraus und befreien Sie die Ritzel von den Nockenwellen.

Kontrolle

16 Inspizieren Sie die Zähne der Ritzel – sie müssen wie ein umgekehrtes V aussehen; bei Verschleiß ist die unter Spannung stehende Seite leicht konkav geformt und die andere gerade, sodass sich ein Sägezahn-Bild zeigt. Ein verschlissenes Ritzel muss ersetzt werden.

Einbau

17 Die Nockenwellen müssen wie zuvor im Verdichtungs-OT markiert sein und auch die Steuerzeitenmarkierungen der Kurbelwelle müssen wie in Sektion 2 beschrieben fluchten. Falls ein neues Ritzel montiert werden soll, muss die Farbmarkierung zur Steuerkette auf dies übertragen werden.
18 Legen Sie die Steuerkette so über die Nockenwellenritzel, dass die Markierungen fluchten, und setzen Sie sie an die Nockenwellen-Flansche.
19 Drehen Sie die Ritzelschrauben zunächst handfest ein, sodass sich die Ritzel unabhängig von den Nockenwellen drehen lassen. Entfernen Sie den Draht, mit dem die Steuerkette am Zylinderkopf gesichert ist.
20 Montieren Sie den Steuerkettenspanner (siehe oben).
21 Ziehen Sie jetzt die Ritzelschrauben mit 55 Nm gegen den Uhrzeigersinn an (Linksgewinde!) und dann um 90° (eine Viertelumdrehung) weiter.
22 Soweit die Kurbelwelle noch im OT steht, werden die Nockenwellen-Arretierung entfernt, der Lagerdeckel aufgesetzt und dessen Schrauben mit 9 Nm angezogen.
23 Drehen Sie die Kurbelwelle zwei volle Umdrehungen vorwärts und kontrollieren Sie noch einmal die Steuerzeitenmarkierungen (siehe Sektion 2).
24 Montieren Sie die Zylinderkopfhaube (siehe Sektion 3).

Hochdruckpumpen-Ritzel

25 Der Ausbau des Hochdruckpumpen-Ritzels erfordert den Ausbau des Motors. Weitere Details finden sich in Sektion 12.

8 Nockenwellen, Schlepphebel und Hydrostößel – Ausbau, Kontrolle und Einbau

Nockenwellen

Ausbau

1 Stellen Sie den Kolben von Zylinder Nr. 1 (rechts) in den Verdichtungs-OT (siehe Sektion 2).
2 Demontieren Sie die Zylinderkopfhaube (siehe Sektion 3).
3 Markieren Sie mithilfe von Farbe die Ausrichtung der Steuerkette zu den Nockenwellenritzeln (siehe Abbildung) – hierdurch können die Steuerzeiten korrekt eingestellt werden.

8.3 Farbmarkierungen zur Ausrichtung der Steuerkette zu den Nockenwellenritzeln

4 Demontieren Sie den Steuerkettenspanner (siehe Sektion 7).
5 Die Nockenwellen-Lagerdeckel sind vom – beginnend am rechten Deckel der Auslass-Nockenwelle – von A bis K markiert, das Gleiche gilt für ihre Positionen am Zylinderkopf (siehe Abbildungen). Falls an den Lagerdeckeln keine Markierungen vorhanden sind, müssen welche angebracht werden.

8.5a Der Lagerdeckel der Auslassnockenwelle über Zylinder Nr. 1 (rechts) ist wie sein Sitz am Zylinderkopf mit einem A markiert.

8.5b ... der Lagerdeckel der Einlassnockenwelle links von Zylinder Nr. 4 ist wie sein Sitz am Zylinderkopf mit einem K markiert.

6 Lösen Sie die Lagerschild-Schrauben schrittweise um jeweils eine halbe Umdrehung.

Warnung: Es ist extrem wichtig, die Nockenwellenlager gleichmäßig zu lockern, damit die von den Ventilfedern angehobenen Nockenwellen nicht verkanten und die Lager beschädigen oder selbst brechen.

7 Nachdem alle Schrauben gelockert sind, werden sie entfernt und die Lagerdeckel abgenommen – falls sie auf ihren Passhülsen klemmen, müssen sie vorsichtig mit einem weichen Hammer abgeklopft werden.
8 Heben Sie die Nockenwellen aus dem Zylinderkopf, befreien Sie dabei ihre Ritzel aus der Steuerkette und sichern Sie diese (z. B. mit einem Kabelbinder) vor dem Verschwinden im Kettenschacht (siehe Abbildung).

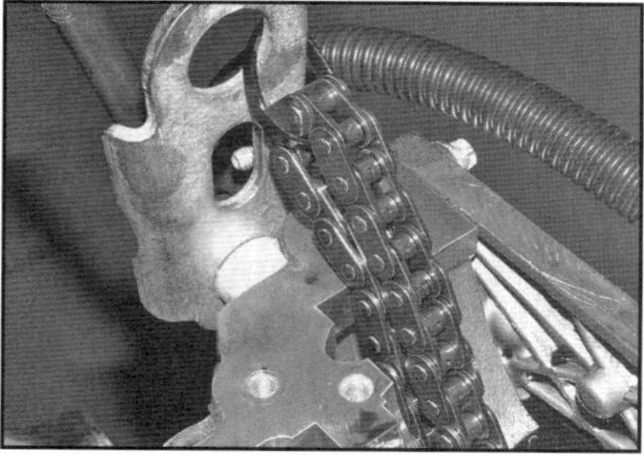

8.8 Die Steuerkette kann mit einem Kabelbilder an der Winden-Öse gesichert werden.

9 Falls die Ritzel noch nicht entfernt sind (siehe Sektion 7), können die Nockenwellen nötigenfalls können am Sechskant gehalten werden, um ihre Schrauben zu lösen – sie haben ein Linksgewinde!

Kontrolle

10 Reinigen Sie die Nockenwellen, ihre Sitze und die Lagerdeckel sorgfältig.
11 Inspizieren Sie die Nocken und die Lagerflächen der Nockenwellen auf Riefen und andere Verschleißmerkmale. Sobald die gehärtete Oberfläche der Nocken angegriffen wurde, nimmt der Verschleiß massiv zu. Ersetzen Sie eine schadhafte Nockenwelle.
12 Kontrollieren Sie auch die Gleitflächen im Zylinderkopf und den Lagerdeckeln. Stark verschlissene Gleitflächen erfordern stets auch den Austausch des Zylinderkopfs und der Nockenwellen.

Einbau

13 Setzen Sie ggf. die Ritzel an die Nockenwellen und drehen Sie die Schrauben handfest ein, sodass sich die Ritzel noch verdrehen lassen.
14 Die Steuerzeitenmarkierungen der Kurbelwelle müssen wie in Sektion 2 beschrieben fluchten.
15 Schmieren Sie die Lagerbereiche der Nockenwellen, des Zylinderkopfs und der Lagerdeckel ausgiebig mit Motoröl (siehe Abbildung). Ölen Sie auch die Gleitflächen der Schlepphebel.

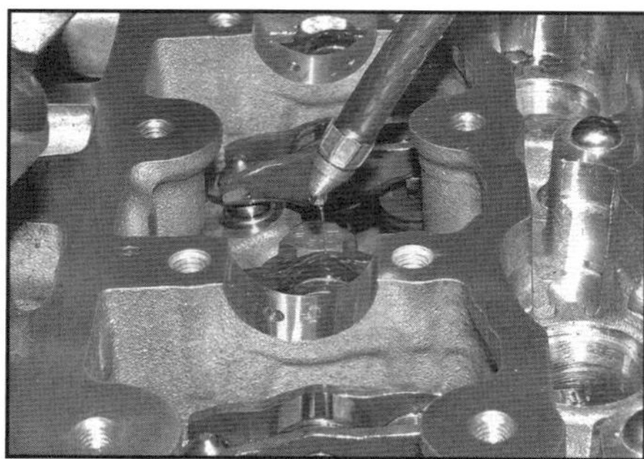

8.15 Schmieren Sie die Lagersitze und die Schlepphebel.

16 Legen Sie die Steuerkette so über das Ritzel der Einlassnockenwelle, dass die Markierungen fluchten.
17 Positionieren Sie die Einlassnockenwelle so im Zylinderkopf, dass die Nocken über Zylinder Nr. 1 (rechts) innen schräg nach oben zeigen (siehe Abbildung).

8.17 Positionieren Sie die Nocken über Zylinder 1 wie gezeigt.

18 Setzen Sie die Lagerdeckel an ihren ursprünglichen Positionen auf, installieren Sie die Schrauben und ziehen Sie sie schrittweise um jeweils eine halbe Umdrehung bis zum Drehmoment von 9 Nm an.

Warnung: Es ist extrem wichtig, die Nockenwellenlager gleichmäßig anzuziehen, damit die von den Ventilen hochgedrückten Nockenwellen nicht verkanten und die Lager beschädigen oder selbst brechen.

19 Soweit die Nockenwelle wie in Abb. 8.17 steht, muss die Spitze des Sechskants zur Markierung an Lagerdeckel Nr. 5 (neben der Steuerkette) zeigen (siehe Abbildung) – drehen Sie die Nockenwelle nötigenfalls mit einem passenden Maulschlüssel in diese Position.

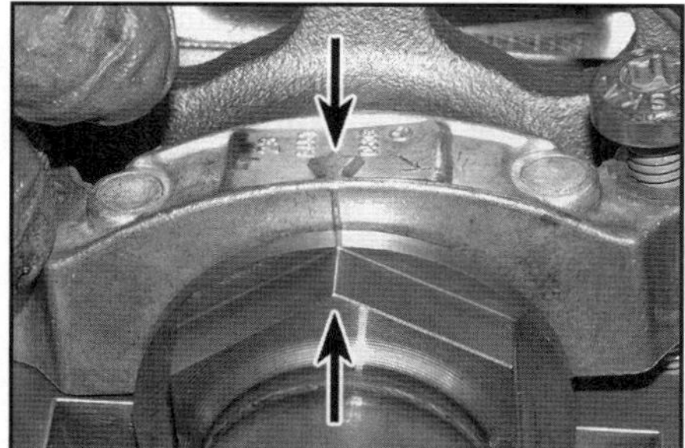

8.19 Die Markierung am Lagerdeckel muss zur Spitze des Nockenwellen-Sechskants zeigen.

20 Installieren Sie die Auslassnockenwelle auf die gleiche Weise – hier müssen die Nocken über Zylinder Nr. 1 (rechts) ebenfalls innen schräg nach oben zeigen (siehe Abbildung).

8.20 Die Nocken beider Wellen über Zylinder Nr. 1 müssen wie gezeigt stehen.

21 Montieren Sie den Steuerkettenspanner (siehe Sektion 7).
22 Prüfen Sie, ob die OT-Markierung an der Kurbelwellen-Riemenscheibe zum Pfeil an der Ölwanne (Abb. 2.5a) und die Spitze der Nockenwellen-Sechskante zu den Markierungen an den linken Lagerdeckeln ausgerichtet sind (siehe Abbildung).

8.22 Die Markierungen am Lagerdeckel muss zu den Spitzen der Nockenwellen-Sechskante zeigen.

23 Setzen Sie übergangsweise die Zylinderkopfhaube auf und prüfen Sie, ob die in Abb. 2.6a und b gezeigten Markierungen zueinander ausgerichtet sind (siehe Sektion 2).
24 Entnehmen Sie die Zylinderkopfhaube und arretieren Sie die Nockenwellen wieder (Abb. 2.8); alternativ kann die entsprechende Nockenwelle mit einem Maulschlüssel gekontert werden. Ziehen Sie die Ritzelschrauben mit 55 Nm gegen den Uhrzeigersinn an (Linksgewinde!) und dann um 90° (eine Viertelumdrehung) weiter.
25 Prüfen Sie noch einmal, ob die Kurbelwelle und die Nockenwellen korrekt zueinander ausgerichtet sind (siehe Sektion 2).
26 Montieren Sie die Zylinderkopfhaube (siehe Sektion 3).

Schlepphebel und Hydrostößel

Ausbau

27 Demontieren Sie die Nockenwellen (siehe oben).
28 Heben Sie die Schlepphebel samt der hydraulischen Ausgleichselemente vom Ventil (siehe Abbildungen). Markieren und lagern Sie die Bauteile entsprechend ihrer Einbaulage – sie dürfen beim Zusammenbau nicht vertauscht werden.

8.28a Heben Sie die Schlepphebel ab ...

8.28b ... und befreien Sie die Hydrostößel mit einem Magneten heraus.

Kontrolle

29 Die Funktion der Hydrostößel kann wie folgt geprüft werden:
a) Drücken Sie von Hand oben auf den Stößel – verwenden Sie keine Werkzeuge, da die Oberfläche empfindlich ist.
b) Mit normaler Handkraft darf sich der Stößel nicht komprimieren lassen, mit hohem Druck darf er sich nur leicht eindrücken lassen.
c) Wiederholen Sie diesen Test mit allen anderen Stößeln.
d) Falls sich einer der Stößel leichter komprimieren lässt als die anderen, muss er ersetzt werden.
30 Kontrollieren Sie die Hydrostößel und ihre Bohrungen im Zylinderkopf auf Verschleiß und Riefen. Falls Schäden oder Verschleiß festgestellt werden, müssen der Zylinderkopf und die Hydrostößel ersetzt werden.
31 Kontrollieren Sie die Schlepphebel auf Verschleiß und Beschädigungen. Schlepphebel verschleißen wahrscheinlich zusammen mit den Nocken, die auf ihnen laufen. Falls Schlepphebel verschlissen sind, muss wahrscheinlich auch die Nockenwelle ersetzt werden.

Einbau

32 Schmieren Sie die Hydrostößel-Bohrungen im Zylinderkopf mit frischem Motoröl und stecken Sie die Stößel in ihre ursprüngliche Bohrungen (siehe Abbildung).

8.32 Stecken Sie die Hydrostößel in ihre ursprüngliche Bohrungen.

33 Der Rest des Einbaus entspricht der umgekehrten Ausbaureihenfolge.

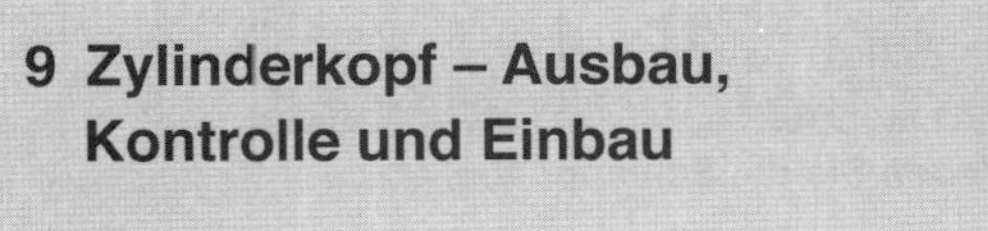

9 Zylinderkopf – Ausbau, Kontrolle und Einbau

Anmerkung: *Beim Einbau werden eine neue Zylinderkopfdichtung und eventuell neue Zylinderkopfschrauben benötigt – siehe Text.*

Ausbau

1 Der Motor muss vollständig abgekühlt sein, bevor der Zylinderkopf demontiert werden darf.
2 Trennen Sie den Masseanschluss (–) der Batterie (siehe Kapitel 5, Sektion 4).
3 Lassen Sie das Motoröl ab und entleeren Sie das Kühlsystem (siehe Kapitel 1B, Sektion 13 und 34).
4 Demontieren Sie den Einlassstutzen (siehe Kapitel 4B, Sektion 15).
5 Demontieren Sie die Turbolader-Baugruppe (siehe Kapitel 4B, Sektion 18).
6 Entfernen Sie die rechte Motorhalterung (siehe Sektion 15).
7 Befreien Sie den Keilrippenriemen (siehe Kapitel 1B, Sektion 30), lösen Sie dann die Schraube seines Spanners und entfernen Sie ihn.
8 Trennen Sie bei Modellen mit Euro 5-Abgasnorm den Kühlerschlauch vom Rohr hinten am Zylinderkopf und schrauben Sie das Rohr ab.
9 Demontieren Sie die Zylinderkopfhaube (siehe Sektion 3).
10 Demontieren Sie den Druckspeicher (siehe Kapitel 4B, Sektion 12).
11 Schrauben Sie links am Zylinderkopf das AGR-Rohr ab.
12 Lockern Sie neben der Batterie die Schellen der Kraftstoffschläuche, um sie von den Rohren zu trennen (siehe Abbildung). Verstopfen Sie alle Öffnungen, damit kein Schmutz eindringt.

9.12 Schellen der Kraftstoffschläuche

13 Trennen Sie den Stecker des vor dem Partikelfilter sitzenden Temperatursensors.
14 Lockern Sie links hinten am Zylinderkopf die Schellen, um den Einlassstutzen samt Kammer zu entfernen (siehe Abbildung). Trennen Sie beim Abziehen der Baugruppe alle relevanten Kabelstecker.

9.14 Lockern Sie die Schellen und entfernen Sie den Einlassstutzen samt Kammer.

15 Entfernen Sie die AGR-Ventil-Baugruppe (siehe Kapitel 6B, Sektion 22).
16 Demontieren Sie den Halter der hinteren Winden-Öse vom Zylinderkopf.
17 Befreien Sie die Kraftstoffrohre vom Zylinderkopf. Verstopfen Sie alle Öffnungen, damit kein Schmutz eindringt.
18 Entfernen Sie links am Zylinderkopf den Deckel der AGR-Rohr-Baugruppe (siehe Abbildung).

9.18 Entfernen Sie den Deckel der AGR-Rohr-Baugruppe.

19 Demontieren Sie die Glühkerzen (siehe Kapitel 6B, Sektion 20).
20 Entfernen Sie die Nockenwellen samt Schlepphebeln und Hydrostößeln (siehe Sektion 8).
21 Lösen Sie die drei Schrauben, die den Zylinderkopf am Steuerkettendeckel sichern (Abb. 5.3a und b).
22 Prüfen Sie noch einmal, ob alle relevanten Schläuche und Kabel vom Zylinderkopf getrennt sind.
23 Lockern Sie entgegen der in Abb. 9.40 gezeigten Reihenfolge die Zylinderkopfschrauben und entfernen Sie sie.
24 Befreien Sie den Zylinderkopf vom Zylinderblock – klopfen Sie ihn nötigenfalls mithilfe eines Kunststoffhammers oder Hölzern ab, um ihn zu lockern. Versuchen Sie weder, den Zylinderkopf zu verdrehen (er ist mit zwei Passhülsen gesichert) noch abzuhebeln, da dies die Dichtfläche zerstören würde.
25 Heben Sie den Zylinderkopf samt Auspuffstutzen mithilfe eines Assistenten vom Zylinderblock.
26 Befreien Sie die Zylinderkopfdichtung.
27 Sichern Sie die Steuerkette z. B. mit einem Kabelbinder an der Spannerschiene.
28 Demontieren Sie nötigenfalls den Auspuffstutzen vom Zylinderkopf.

Kontrolle

29 Die Dichtflächen des Zylinderkopfes und des Zylinderblocks müssen absolut sauber sein. Entfernen Sie dazu Dichtungsreste und Kohleablagerungen mithilfe eines Hartplastik- oder Holzschabers; reinigen Sie auch die Kolbenböden. Die Ablagerungen dürfen keinesfalls in Öl- oder Wasserkanäle gelangen – bereits kleinste Partikel können Öldüsen verstopfen! Kleben Sie daher alle Bohrungen des Zylinderkopfs/Motorgehäuses mit Kreppband ab. Damit keine Ablagerungen zwischen die Kolben und Zylinderwände gelangen, muss hier etwas Fett aufgetragen werden (anschließend kann es samt anhaftender Partikel mit einem sauberen Lappen abgewischt werden). Wischen Sie die Dichtflächen anschließend mit Verdünner oder Aceton ab.
Achtung: Achten Sie bei der Reinigung darauf, nicht das relativ weiche Aluminium abzutragen.
30 Kontrollieren Sie die Dichtflächen des Zylinderkopfes und des Zylinderblocks auf Riefen, tiefe Kratzer und andere Schäden. Kleine Unebenheiten können mit einer Feile geschlichtet werden; größere erfordern jedoch maschinelles Planen oder den Austausch.
31 Falls ein Verzug des Zylinderkopfes vermutet wird, muss dieser von einer Fachwerkstatt kontrolliert werden.
32 Kontrollieren Sie die Gewindebohrungen der Zylinderkopfschrauben. Reinigen Sie die Bohrungen mit einem Pfeifenreiniger oder um einen kleinen Schraubendreher gewickelten Lappen. Falls sich Flüssigkeit in den Gewindelöchern befindet, kann der beim Anziehen der Schrauben entstehende hydraulische Druck den Motorblock beschädigen.
33 Reinigen Sie die Gewinde der Bohrungen nötigenfalls mit einem Gewindebohrer.
34 Mercedes empfiehlt, die Zylinderkopfschrauben zu vermessen, um festzustellen, ob sie ersetzt werden müssen – alternativ können sie prophylaktisch durch Neuteile ersetzt werden.
35 Messen Sie die Länge aller Schrauben von der Kopf-Unterseite bis zum Ende (siehe Abbildung) – falls mehr als 227,5 mm festgestellt werden, müssen sie ersetzt werden.

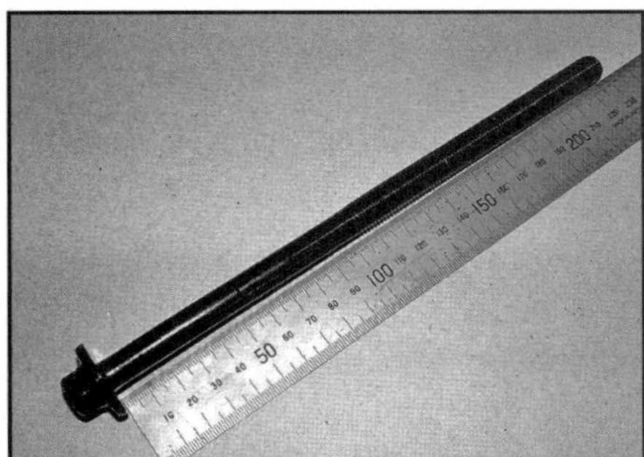

9.35 Die Zylinderkopfschraube darf von der Kopf-Unterseite der bis zum unteren Ende nicht länger als 227,5 mm sein.

Einbau

36 Tragen Sie an der Verbindung vom Zylinderblock zum Steuerkettendeckel etwas Dichtmasse (z. B. Loctite 5970) auf (siehe Abbildung).

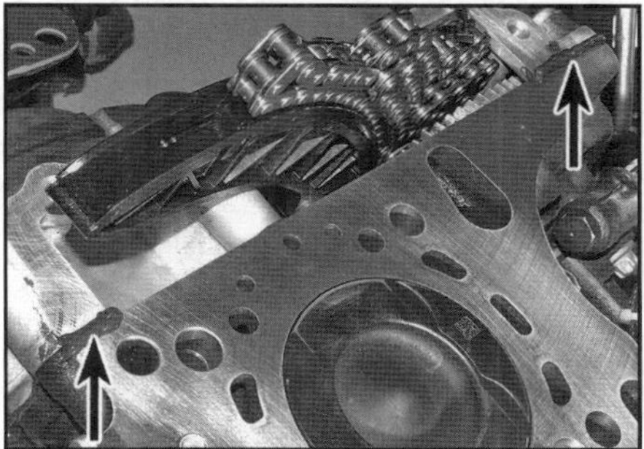

9.36 Tragen Sie hier etwas Dichtmasse auf.

37 Legen Sie die neue Zylinderkopfdichtung so auf über die Passhülsen, dass alle Bohrungen fluchten (siehe Abbildung).

9.37 Legen Sie die neue Zylinderkopfdichtung über die Passhülsen auf den Zylinderkopf.

38 Senken Sie mithilfe eines Assistenten den Zylinderkopf vorsichtig über den Passhülsen ab.
39 Ölen Sie die Unterseiten der zehn Zylinderkopfschrauben, installieren Sie sie gebrauchte Schrauben in ihre ursprünglichen Bohrungen (lassen Sie sie nicht hineinfallen!) und drehen Sie sie handfest ein (siehe Abbildung).

9.39 Ölen Sie die Unterseite der Schraubenköpfe.

40 Ziehen Sie die Schrauben schrittweise in der gezeigten Reihenfolge zunächst mit 10 Nm an (siehe Abbildung). Ziehen Sie die Zylinderkopfschrauben in einem zweiten Durchgang mit 50 Nm an. Anschließend müssen sie in drei Durchgängen um jeweils 90° weitergedreht werden – eine Viertelumdrehung sollte auch ohne Gradscheibe vorstellbar sein. Jeder Anzug muss in einem Zug erfolgen.

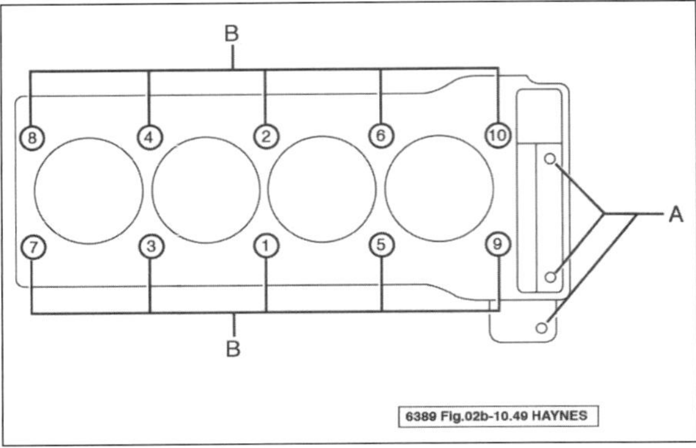

9.40 Anzugsreihenfolge der Zylinderkopfschrauben

A Bolts securing the cylinder head to the timing chain cover

41 Installieren Sie die drei Schrauben, die den Zylinderkopf links am Steuerkettendeckel sichern (Abb. 5.3a und b) und ziehen Sie sie mit 20 Nm an.
42 Der Rest des Einbaus entspricht der umgekehrten Ausbaureihenfolge. Füllen Sie zum Schluss Motoröl und das Kühlsystem auf (siehe Kapitel 1A, Sektion 13 und 34). Starten Sie den Motor und kontrollieren Sie den Bereich um den Zylinderkopf auf austretendes Öl oder Kühlmittel.

10 Ölwanne – Ausbau und Einbau

Ausbau

Anmerkung: *Um die Ölwanne abnehmen zu können, muss der vordere Hilfsrahmen etwas abgesenkt werden – hierzu muss der Motor mit einer geeigneten Vorrichtung in Position gehalten werden.*
1 Entfernen Sie die obere Motorabdeckung. Heben Sie das Fahrzeug vorn an und stützen Sie es sicher ab (siehe Seite 24). Demontieren Sie den Unterfahrschutz.
2 Lassen Sie das Motoröl ab (siehe Kapitel 1B, Sektion 13). Rüsten Sie die Ablassschraube anschließend mit einer neuen Dichtscheibe aus und ziehen Sie sie mit 5 Nm (falls aus Kunststoff) oder 30 Nm (Metall) an.
3 Demontieren Sie die hintere untere Motorhalterung (siehe Sektion 15).
4 Lösen Sie die Schraube des Peilstab-Führungsrohrs und entnehmen Sie dies (siehe Abbildung) – der O-Ring muss später erneuert werden.

10.4 Schraube des Peilstab-Führungsrohrs

5 Befreien Sie den Keilrippenriemen vom Motor (siehe Kapitel 1B, Sektion 30).
6 Lösen Sie rechts an der Ölwanne die Kühlerschlauch-Schraube.
7 Demontieren Sie die Wasserpumpe und positionieren Sie sie mit angeschlossenen Kabeln und Schläuchen abseits des Arbeitsbereichs (siehe Kapitel 3, Sektion 8).
8 Trennen Sie den Stecker des Ölpegelsensors und befreien Sie seine Verkabelung aus allen Befestigungen.
9 Befreien Sie die Lichtmaschinenverkabelung.
10 Lösen Sie die 6 Schrauben, mit denen die Ölwanne am Steuerkettendeckel gesichert ist.
11 Lösen und entfernen Sie die restlichen Schrauben der unteren Ölwanne.
12 Lösen Sie die Schrauben, die das obere Ölwannen-Segment am Motorgehäuse sichern. Drehen Sie dann vier M8-Schrauben in die ›Durchgangs‹-Löcher und pressen Sie mit ihnen die Ölwanne schrittweise vom Motorgehäuse ab (siehe Abbildungen) – verkanten Sie sie dabei nicht.
Achtung: Niemals darf ein Schraubendreher oder ähnliches zwischen der Ölwanne und dem Motorgehäuse zum Abhebeln eingesetzt werden, da hierdurch die Dichtflächen beschädigt werden!

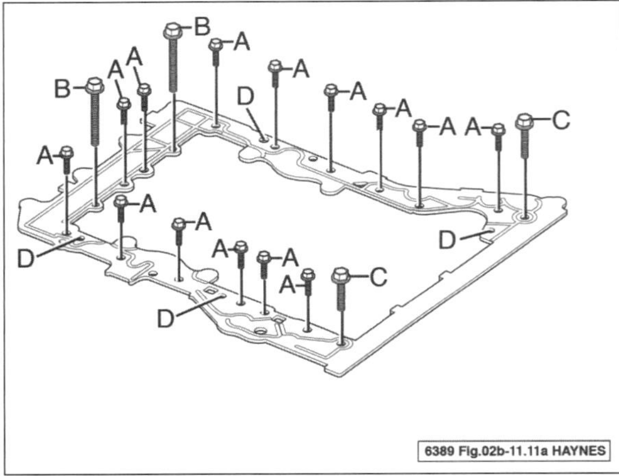

10.12a Details zu den Schrauben der oberen Ölwannen-Sektion

A M6 x 16 mm
B M6 x 65 mm
C M8 x 45 mm
D Schrauben-›Durchführungen‹

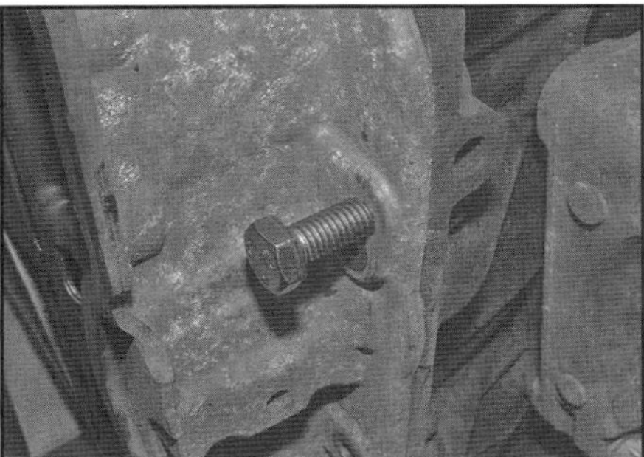

10.12b Drehen Sie M8-Schrauben in die Durchführungen und drücken Sie die Ölwanne damit vorsichtig vom Motorgehäuse ab.

13 Lösen Sie die Schrauben des Ölpumpen-Ansaugrohrs (siehe Abbildung) – der O-Ring muss später erneuert werden.

10.13 Schrauben des Ölpumpen-Ansaugrohrs

Einbau

14 Reinigen Sie die Ölwannen-Segmente von innen. Befreien Sie die Dichtflächen des Motorgehäuses und der Ölwannen-Sektionen von alten Dichtungsresten. Rüsten Sie das Ölpumpen-Ansaugrohr mit einem neuen O-Ring aus (siehe Abbildung) und ziehen Sie seine Schraube zunächst mit 6 Nm an und drehen Sie sie dann 90° (eine Viertelumdrehung) weiter.

10.14 Rüsten Sie das Ölpumpen-Ansaugrohr mit einem neuen O-Ring aus.

15 Tragen Sie oberen Sektion der Ölwanne innerhalb der Schraubenbohrungen eine 2 mm starke durchgehende Raupe eines geeigneten Dichtmittels (z. B. Loctite 5970) auf (siehe Abbildung) und setzen Sie den Deckel innerhalb von 10 Minuten auf, da die Dichtmasse auszuhärten beginnt.

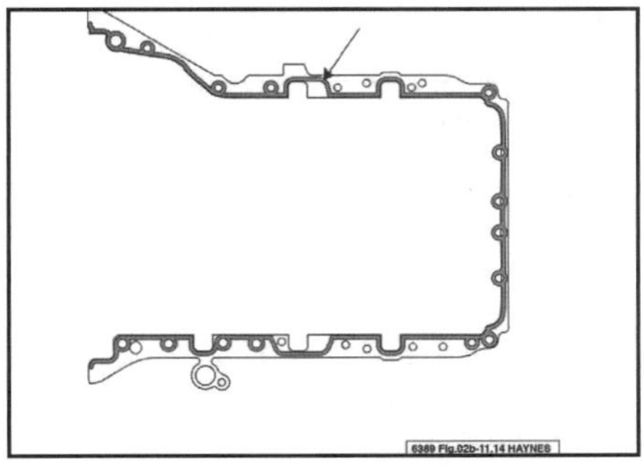

10.15 Die dicke graue Linie symbolisiert die Dichtmasse an der oberen Ölwannensektion (zum Motorgehäuse).

16 Installieren Sie die Befestigungsschrauben und ziehen Sie sie schrittweise mit den korrekten Drehmomenten (M6: 10 Nm, M8: 22 Nm) an.
17 Der Rest des Einbaus entspricht der umgekehrten Ausbaureihenfolge. Füllen Sie Motoröl auf (siehe Kapitel 1B, Sektion 13) starten Sie zum Schluss den Motor und prüfen Sie den Bereich um die Ölwanne auf Undichtigkeiten.

11 Ölpumpe – Ausbau, Kontrolle und Einbau

Ausbau

1 Drehen Sie die Kurbelwelle vorwärts, bis der Kolben von Zylinder 1 im Verdichtungs-OT steht (siehe Sektion 2).
2 Demontieren Sie den Steuerkettendeckel (siehe Sektion 5).
3 Demontieren Sie die Vakuumpumpe (siehe Kapitel 9, Sektion 20).
4 Demontieren Sie die Ölwanne (siehe Sektion 10).
5 Lösen Sie die Schrauben des Ölpumpen-Ansaugrohrs (Abb. 10.13) – der O-Ring muss später erneuert werden.
6 Entfernen Sie das zwischen der Kurbelwelle und dem Ölpumpenrad sitzende Zwischenrad (siehe Sektion 12).
7 Lösen Sie die zwei Ölpumpen-Schrauben und ziehen Sie die Pumpe aus dem Motorgehäuse (siehe Abbildung) – die Schrauben müssen später erneuert werden.

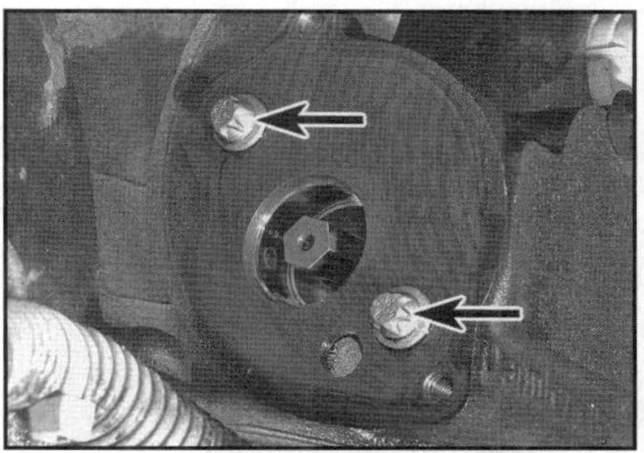

11.7 Ölpumpen-Befestigungsschrauben

Kontrolle

8 Beim Verfassen dieses Buchs waren bei Mercedes keine technischen Daten für die Pumpe verfügbar; sie kann allerdings gereinigt und auf Schäden sowie starken Verschleiß kontrolliert werden. Eine Zerlegung ist nicht empfehlenswert. Erkundigen Sie sich im Zweifel bei einer Mercedes-Werkstatt.

Einbau

9 Befüllen Sie die Ölpumpe vor dem Einbau mit Motoröl.
10 Manövrieren Sie die Pumpe in Position, installieren Sie neue Befestigungsschrauben und ziehen Sie sie je nach Größe mit den korrekten Drehmomenten (M6: 6 Nm + 90°, M8: 34 Nm) an.
11 Der Rest des Einbaus entspricht der umgekehrten Ausbaureihenfolge.

12 Rädertrieb – Ausbau und Einbau

Zwischenräder

Ausbau

1 Drehen Sie die Kurbelwelle vorwärts, bis der Kolben von Zylinder 1 im Verdichtungs-OT steht, und blockieren Sie sie (siehe Sektion 2).
2 Demontieren Sie den Steuerkettendeckel (siehe Sektion 5).

3 Bringen Sie mit Farbe Markierungen zwischen den Zwischenrädern, dem Kurbelwellenrad, den Ausgleichswellenrädern sowie den Ölpumpen/Vakuumpumpen- und Hochdruckpumpenrädern an (siehe Abbildung).

12.3 Bringen Sie zwischen allen Zahnrädern Farbmarkierungen an.

4 Lösen Sie die Schrauben und ziehen Sie die Zahnräder vorsichtig ab (siehe Abbildung).

12.4 Lösen Sie die Schraube und ziehen Sie das Zahnrad ab.

5 Kontrollieren Sie die Zahnräder auf Verschleiß und Ausbrüche und ersetzen Sie sie nötigenfalls.

Einbau

6 Der Motor muss weiterhin mit dem Kolben von Zylinder 1 im Verdichtungs-OT stehen.
7 Schieben Sie eines der Zwischenräder so weit in Position, bis das Verspann-Element anliegt (siehe Abbildung) – die darauf angebrachten Markierungen müssen leicht im Uhrzeigersinn versetzt zu den anderen ausgerichtet sein.

12.7 Schieben Sie das Zwischenrad ein, sodass die Markierungen auf dem Verspann-Element leicht im Uhrzeigersinn versetzt sind.

8 Üben Sie mit einem Kunststoff-Werkzeug leichten Druck gegen den Uhrzeigersinn auf das Verspann-Element aus und drücken Sie das Zahnrad vollständig ein (siehe Abbildung).

12.8 Üben Sie mit einem Kunststoff-Werkzeug leichten Druck gegen den Uhrzeigersinn auf das Verspann-Element aus.

9 Soweit das Zahnrad korrekt installiert ist, darf zwischen seinem Verspann-Element und den anderen Zahnrädern kein Spiel fühlbar sein.
10 Installieren Sie die Schraube und ziehen Sie sie mit 80 Nm an. Wiederholen Sie den Einbau mit dem anderen Zwischenrad.
11 Falls sich die Steuerzeiten-Grundeinstellung zwischen den Nockenwellen verstellt haben, müssen sie wieder eingestellt werden (siehe Sektion 2).
12 Falls sich die Einstellungen der Ausgleichswellen verändert haben, müssen die Ölwanne und das Ansaugrohr entfernt werden (siehe Sektion 10). Bei im OT stehendem Motor (siehe Sektion 2) müssen die Markierungen der beiden Ausgleichswellen zu denen am Motorgehäuse ausgerichtet sein (siehe Abbildung). Anmerkung: Auf dem Foto fluchtet die Markierung der Welle nicht ganz mit dem Anguss des Gehäuses – dies liegt daran, dass das Fotografieren mit korrekt ausgerichteten Markierungen nicht möglich war.

12.12 Die feine Linie auf der Ausgleichswelle muss zum Anguss des Gehäuses fluchten (siehe Anmerkung).

13 Falls die Ausgleichswellen nicht korrekt ausgerichtet sind, müssen die Schrauben ihrer Zahnräder gelockert und das Mercedes-Spezialwerkzeug 651 589 02 63 00 über die Sektionen der Wellen gesetzt werden, um sie ih der korrekten Position (mit fluchtenden Farbmarkierungen) zu blockieren und die Schrauben mit 50 Nm anzuziehen und dann um 90° (eine Viertelumdrehung) weiterzudrehen. Ohne dieses Werkzeug ist ein korrektes Arretieren der Ausgleichswellen nicht möglich.
14 Der Rest des Einbaus entspricht der umgekehrten Ausbaureihenfolge.

Hochdruckpumpen-Antriebsrad

Ausbau

15 Drehen Sie die Kurbelwelle vorwärts, bis der Kolben von Zylinder 1 im Verdichtungs-OT steht, und blockieren Sie sie (siehe Sektion 2).

16 Demontieren Sie den Steuerkettendeckel (siehe Sektion 5).
17 Demontieren Sie die Ölwanne (siehe Sektion 10).
18 Demontieren Sie den Steuerkettendeckel (siehe Sektion 5).
19 Demontieren Sie das zwischen der Kurbelwelle und der Hochdruckpumpe sitzende Zwischenrad (siehe oben).
20 Drehen Sie in den Gelenkbolzen der Steuerketten-Führungsschiene eine geeignete Schraube, verbinden Sie sie mit einem Zughammer und ziehen Sie den Bolzen heraus (siehe Abbildung).

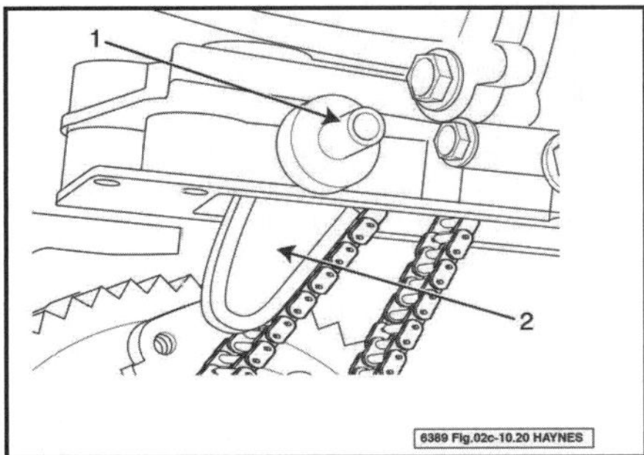

12.20 Steuerketten-Führungsschiene (2) und Gelenkbolzen (1)

21 Lösen Sie die Schrauben des Hochdruckpumpen-Zahnrads, trennen Sie es von der Pumpe und heben Sie es aus der Steuerkette (siehe Abbildung).

12.21 Schrauben des Hochdruckpumpen-Zahnrads

Einbau

22 Der Einbau entspricht der umgekehrten Ausbaureihenfolge.

13 Schwungscheibe – Ausbau, Kontrolle und Einbau

Anmerkung: *Beim Einbau muss die Schwungscheibe mit neuen Schrauben gesichert werden.*

Ausbau

1 Demontieren Sie das Getriebe (siehe Kapitel 7A, Sektion 7 oder Kapitel 7B, Sektion 4).
2 Demontieren Sie bei Modellen mit Schaltgetriebe die Kupplung (siehe Kapitel 8, Sektion 6).
3 Lösen Sie die Schraube des Kurbelwellensensors und ziehen Sie ihn aus dem Motorgehäuse (siehe Abbildung).

13.3 Befreien Sie den Kurbelwellensensors aus dem Motorgehäuse.

4 Hindern Sie die Schwungscheibe oder Antriebsplatte am Mitdrehen, indem Sie den Riemenscheiben-Bolzen der Kurbelwelle kontern oder einige der Kupplungsdruckplatten-Schrauben installieren und die Schwungscheibe mit einer dazwischen angesetzten Stange blockieren.
5 Lösen Sie die 8 Schwungscheibenschrauben und heben Sie die Schwungscheibe ab – ein Passstift sorgt dafür, dass sie nur in einer Position angesetzt werden kann (siehe Abbildungen) – die Schrauben müssen später erneuert werden
Achtung: Die Schwungscheibe ist sehr schwer!

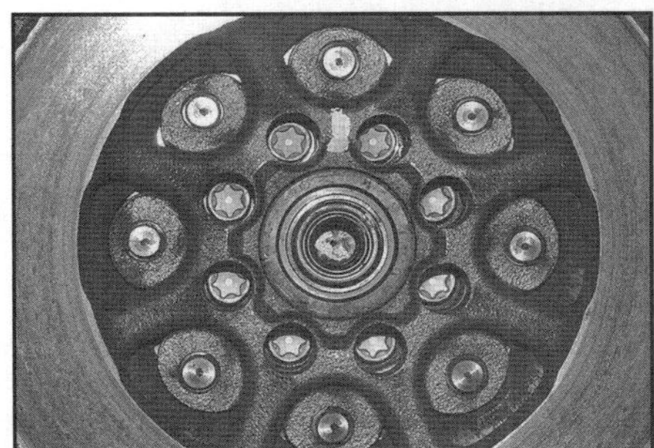

13.5a Lösen Sie die acht Schwungscheibenschrauben.

13.5b Der Passstift greift in die Bohrung der Kurbelwelle.

Kontrolle

6 Falls die Schwungscheiben-Kontaktfläche zur Kupplung stark riefig ist, Risse oder andere Schäden aufweist, muss die Schwungscheibe ersetzt werden. Holen Sie jedoch zuvor bei einer Fachwerkstatt oder einem Motorenspezialisten Rat ein, ob sie geschliffen werden kann
7 Falls der Anlasserzahnkranz stark verschlissen ist oder Zähne fehlen, muss er ersetzt werden – diese Arbeit sollte einer Fachwerkstatt überlassen werden.
8 Bei Modellen mit Zweimassen-Schwungscheibe muss diese folgendermaßen kontrolliert wird:

Verdreh-Spiel

9 Drehen Sie die innere Schwungscheiben-Masse (Sekundär-Element) von Hand nach links und markieren Sie die Position zur Außenmasse, drehen Sie die Innenmasse dann nach rechts und markieren Sie die Position erneut (siehe Abbildungen).

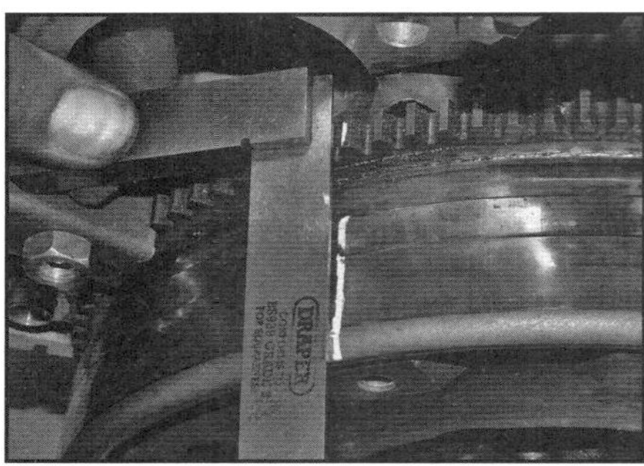

13.9a Drehen Sie das Sekundär-Element gegen den Uhrzeigersinn und markieren Sie seinen Anschlag am Anlasser-Zahnkranz, ...

13.9b ... drehen Sie es dann im Uhrzeigersinn und markieren Sie erneut seine Anschlag-Position.

10 Falls mehr als acht Zähne zwischen den zwei Markierungen liegen, muss die Schwungscheibe ersetzt werden.

Kipp-Spiel

11 Setzen Sie eine Metallstange am Sekundär-Element an und befestigen Sie eine Messuhr an der inneren Schwungscheiben-Masse (siehe Abbildung) und richten Sie ihren Taster zum Getriebeflansch am Motorgehäuse aus. Ziehen Sie die Stange von der Schwungscheibe weg, nullen Sie die Messuhr und drücken Sie die Stange zur Schwungscheibe – lesen Sie jetzt die Messuhr ab – laut Mercedes darf das Spiel nicht größer als 2,5 mm (LUK-Schwungscheibe) bzw. 10 mm (Sachs-Schwungscheibe) sein, andernfalls muss die Schwungscheibe ersetzt werden.

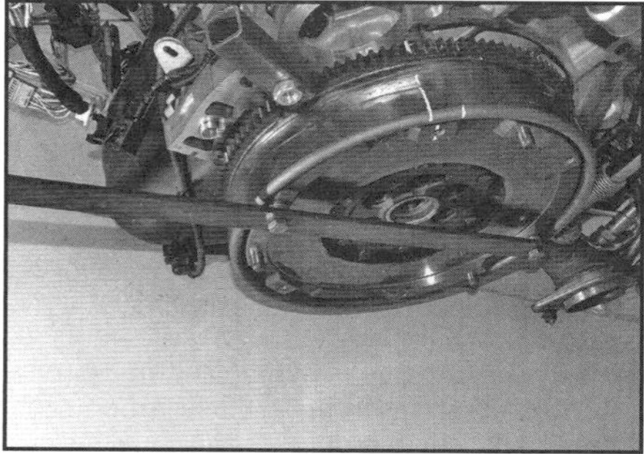

13.11 Befestigen Sie eine Metallstange am Sekundär-Element der Schwungscheibe.

12 Kontrollieren Sie das Führungslager in der Schwungscheibe oder der Kurbelwelle und ersetzen Sie es nötigenfalls (siehe Abbildung).

13.12 Schwungscheiben-Führungslager

13 Die Schwungscheiben-Schrauben sollten nach jeder Demontage durch Neuteile ersetzt werden.
Anmerkung: *In die Zweimassen-Schwungscheibe des Herstellers LUK ist ein Zentrifugalkraft-Pendel integriert, dass die Dämpfung bei niedrigen Drehzahlen verbessern und die Wartungsintervalle verlängern soll. Eine Charakteristik dieser Konstruktion ist ein hörbares Rattern, sobald es von Hand betätigt oder daran gewackelt wird – dies ist kein Defekt und kein Grund zum Ersetzen.*

Einbau

14 Reinigen Sie zunächst die Kontaktflächen der Kurbelwelle und der Schwungscheibe.
15 Der Passstift muss in der Kurbelwelle stecken (Abb. 13.5b).
16 Setzen Sie die korrekt ausgerichtete Schwungscheibe an und drehen Sie die neuen Befestigungsschrauben handfest ein.
17 Blockieren Sie die Schwungscheibe oder Kurbelwelle wie beim Ausbau und ziehen Sie die Schrauben schrittweise und über Kreuz mit 45 Nm an; drehen Sie sie in einem weiteren Durchgang um 90° (eine Viertelumdrehung) weiter.
18 Der Rest des Einbaus entspricht der umgekehrten Ausbaureihenfolge.

14 Kurbelwellen-Dichtringe – Ersetzen

Dichtring an Zahnriemen-Seite (rechts)

1 Demontieren Sie die Kurbelwellen-Riemenscheibe (siehe Sektion 4).
2 Messen und notieren Sie die Einbautiefe des alten Dichtrings (siehe Abbildung).

14.2 Notieren Sie die Einbautiefe des alten Dichtrings.

3 Hebeln Sie den Dichtring vorsichtig mit einem großen Haken aus seinem Sitz – beschädigen Sie dabei nicht den Wellenstumpf und den Deckel. Alternativ kann der Dichtring mit einer selbst gebauten Ausziehvorrichtung entfernt werden: Schlagen oder bohren Sie vorsichtig zwei kleine Löcher in den Dichtring und drehen Sie selbstschneidende Schrauben hinein, um diese mit einer Zange greifen und den Ring herausziehen zu können (siehe Abbildungen).

14.3a Bohren Sie vorsichtig ein kleines Loch in den Dichtring, ...

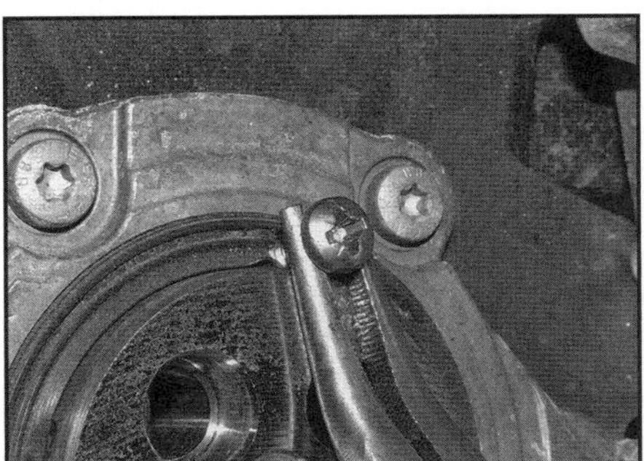

14.3b ... drehen Sie eine selbstschneidende Schraube hinein und ziehen Sie mit ihr den Dichtring heraus.

4 Reinigen Sie den Dichtringsitz und die Gleitfläche auf der Kurbelwelle.
5 Drücken Sie den neuen Dichtring mit der offenen Seite voran bis in die notierte Tiefe in seinen Sitz – verwenden Sie nötigenfalls einen passenden Steckschlüssel oder ein Rohr, um ihn senkrecht einzusetzen. Die Kurbelwelle oder die Dichtlippe dürfen nicht geschmiert werden! Im Fachhandel sind passende Werkzeuge erhältlich, um die Dichtlippe korrekt über den Wellenstumpf zu führen.
6 Montieren Sie die Riemenscheibe an die Kurbelwelle (siehe Sektion 4).

Dichtring an Schwungscheiben-Seite (links)

7 Demontieren Sie die Schwungscheibe (siehe Sektion 13).
8 Hebeln Sie den alten Dichtring mit einem Haken heraus (siehe Abbildung) – beschädigen Sie dabei nicht seinen Sitz.

14.8 Hebeln Sie den alten Dichtring heraus.

9 Reinigen Sie den Dichtringsitz und die Gleitfläche auf der Kurbelwelle. Die Dichtlippe darf kein Öl oder Fett abbekommen.
10 Der Einbau des Dichtrings sollte mit einer Führung erfolgen, die auf den Wellenstumpf gesetzt wird (siehe Abbildung). Drücken Sie den neuen Dichtring dann mithilfe eines passenden Steckschlüssels oder ein Rohres mit der offenen Seite voran senkrecht seinen Sitz.

14.10 Installieren Sie die Führung in den Dichtring, um ihn dann auf die Kurbelwelle zu schieben.

11 Der Dichtring muss rundherum bündig im Motorgehäuse sitzen (siehe Abbildung).

14.11 Der Dichtring muss rundherum bündig im Motorgehäuse sitzen.

12 Montieren Sie die Schwungscheibe (siehe Sektion 13).

15 Motorhalterungen – Kontrolle und Ersetzen

Kontrolle

1 Um den Zugang zur verbessern, kann das Fahrzeug vorn angehoben und sicher abgestützt werden (siehe Seite 24). Demontieren Sie ggf. den Unterfahrschutz.

2 Inspizieren Sie die Gummiblöcke der Halterungen – wenn sie rissig, verhärtet oder irgendwo vom Metall getrennt sind, müssen die Halteblöcke ersetzt werden. Prüfen Sie, ob alle Befestigungsmuttern und Schrauben sorgfältig angezogen sind – verwenden Sie hierfür möglichst einen Drehmomentschlüssel. Kontrollieren Sie den Verschleiß der Halteblöcke, indem Sie mit einem großen Schraubendreher oder ähnlichem Werkzeug vorsichtig daran hebeln und mögliches Spiel ermitteln. Wo dies nicht möglich ist, sollte ein Assistent den Motorblock vor und zurück sowie zu beiden Seiten drücken, während die Halterungen beobachtet werden. Während geringes Spiel normal ist, dürfen keine übermäßigen Bewegungen festgestellt werden. Wenn die Befestigungen bei übermäßigem Spiel korrekt angezogen sind, müssen verschlissene Komponenten ausgetauscht werden (siehe unten).

Ersetzen

Rechte Motorhalterung (Steuerkettendeckel)

3 Demontieren Sie den rechten vorderen Kotflügel-Einsatz (siehe Kapitel 11, Sektion 29).

4 Stützen Sie den Motor mithilfe eines Rangierwagenhebers und eines Holzklotzes ab – heben Sie ihn nicht an.

5 Entfernen Sie die obere Motorabdeckung.

6 Lösen Sie die vordere Schraube, die den oberen Drehstab an der rechten Motor-Aufnahme sichert (siehe Abbildung).

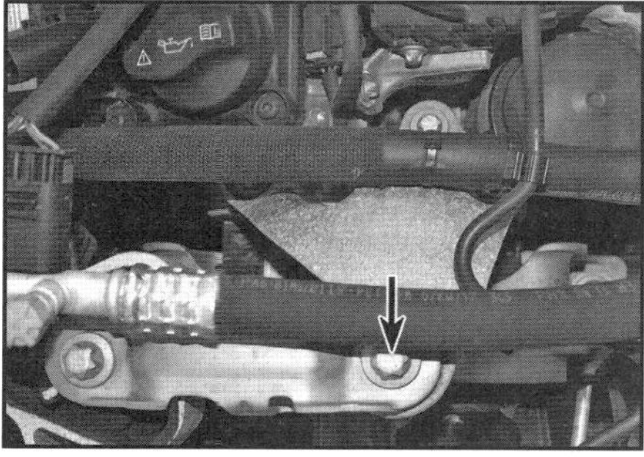

15.6 Diese Schraube sichert den oberen Drehstab an der rechten Motor-Aufnahme.

7 Lösen Sie die zwei Schrauben, die den oberen Drehstabhalter am Federbein-Dom sichern, und heben Sie die Baugruppe aus dem Motorraum heraus (siehe Abbildung).

15.7 Schrauben der oberen Drehstabhalterung am Federbein-Dom

8 Lösen Sie die drei Schrauben, mit denen die Aufnahme am Motor gesichert ist, und entnehmen Sie sie (siehe Abbildung).

15.8 Schrauben der Drehstab-Aufnahme am Motor

9 Befreien Sie den Kühlmittel-Ausgleichsbehälter und schwenken Sie ihn beiseite – dazu müssen keine Schläuche getrennt werden.

10 Lösen Sie die Schrauben der zwischen dem Innenkotflügel und der Aufnahme sitzenden Haltestrebe und entfernen Sie sie (siehe Abbildung).

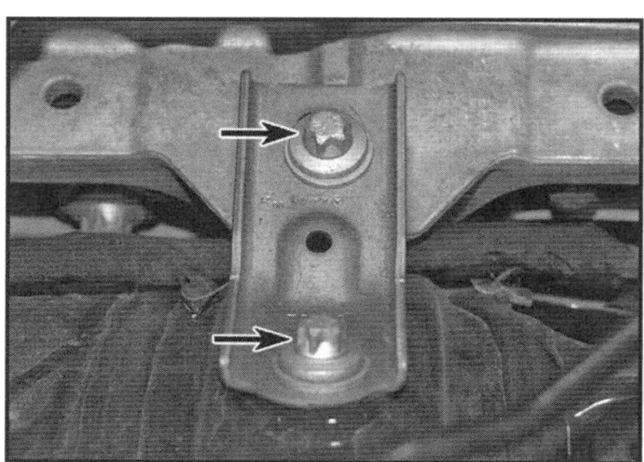

15.10 Schrauben der Haltestrebe

11 Lösen Sie die Schrauben der Aufnahme, um sie von der Karosseriestrebe zu befreien (siehe Abbildung).

15.11 Schrauben der Aufnahme an der Karosseriestrebe

12 Lösen Sie durch den Radkasten die zwei verbliebenen Schrauben der Aufnahme, um sie zu befreien (siehe Abbildung) – sie müssen beim Einbau durch Neuteile ersetzt werden.

15.12 Lösen Sie die durch den Radkasten zugänglichen Schrauben der Aufnahme.

13 Der Einbau entspricht der umgekehrten Ausbaureihenfolge – ziehen Sie alle Schrauben mit den in den technischen Daten angegebenen Drehmomenten an.

Linke Halterung (Getriebe)

14 Entfernen Sie die Batterie samt Träger (siehe Kapitel 5, Sektion 4).
15 Demontieren Sie den linken vorderen Kotflügel-Einsatz (siehe Kapitel 11, Sektion 29).
16 Stützen Sie das Getriebe mithilfe eines Rangierwagenhebers und eines Holzklotzes ab – heben Sie es nicht an.
17 Lösen Sie die drei Schrauben, mit denen die Aufnahme am Getriebe gesichert ist (siehe Abbildung).

15.17 Schrauben der Aufnahme am Getriebe

18 Lösen Sie die drei Schrauben des zwischen der linken Aufnahme und der Karosseriestrebe sitzenden Halterung und entnehmen Sie sie (siehe Abbildung).

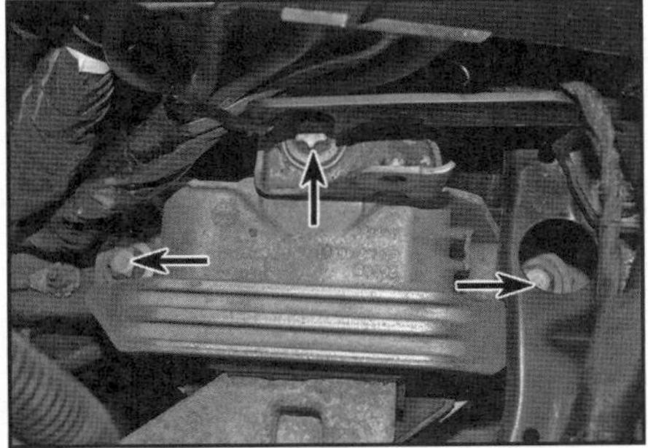

15.18 Schrauben des linken Halters an der Karosserie

19 Manövrieren Sie die Halterung aus dem Motorraum heraus.
20 Der Einbau entspricht der umgekehrten Ausbaureihenfolge – ziehen Sie alle Schrauben mit den in den technischen Daten angegebenen Drehmomenten an.

Hintere Halterung

21 Lösen Sie die Schrauben, mit denen die hintere Anlenkung mit dem Motorhalter und dem Hilfsrahmen verbunden ist (siehe Abbildung) – seien Sie dabei darauf vorbereitet, dass die Antriebseinheit nach vorn oder hinten schwenken kann.

15.21 Schrauben der hinteren Anlenkung am Hilfsrahmen und der Motoraufnahme

22 Drücken Sie die Antriebseinheit etwas nach vorn und manövrieren Sie die Halterung heraus.
23 Der Einbau entspricht der umgekehrten Ausbaureihenfolge – ziehen Sie alle Schrauben mit den in den technischen Daten angegebenen Drehmomenten an.

16 Motoröl-Sensoren – Ausbau und Einbau

Ölpegelsensor

1 Um den Zugang zur verbessern, kann das Fahrzeug vorn angehoben und sicher abgestützt werden (siehe Seite 24). Demontieren Sie ggf. den Unterfahrschutz.
2 Lassen Sie das Motoröl ab (siehe Kapitel 1B, Sektion 13).
3 Trennen Sie den Stecker des unten in der Ölwanne sitzenden Sensors (siehe Abbildung).

16.3 Der Ölpegelsensor sitzt unten in der Ölwanne.

4 Lösen Sie die Schrauben des Sensors und befreien Sie ihn aus der Ölwanne – sein O-Ring muss beim Einbau erneuert werden.
5 Der Einbau entspricht der umgekehrten Ausbaureihenfolge – ziehen Sie die Sensorschrauben mit 9 Nm an.

Öltemperatursensor

6 Dieser Sensor sitzt links vorn im Motorgehäuse (siehe Abbildung).

16.6 **Öltemperatursensor**

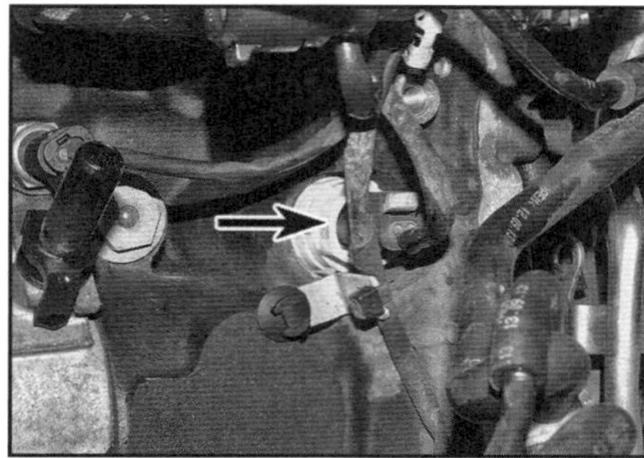

16.11 **Ölpumpen-Regelventil**

7 Demontieren Sie das Luftklappengehäuse (siehe Kapitel 4B, Sektion 14).
8 Trennen Sie den Sensorstecker und schrauben Sie den Sensor aus dem Motor – seien Sie auf etwas austretendes Öl vorbereitet. Die Dichtscheibe muss beim Einbau erneuert werden.
9 Rüsten Sie den Sensor mit einer neuen Dichtscheibe aus, drehen Sie ihn ins Motorgehäuse und ziehen Sie ihn mit 26 Nm an.
10 Der Rest des Einbaus entspricht der umgekehrten Ausbaureihenfolge.

Ölpumpen-Regelventil

11 Das Ventil sitzt links vorn am Motorgehäuse (siehe Abbildung).
12 Um den Zugang zur verbessern, kann das Fahrzeug vorn angehoben und sicher abgestützt werden (siehe Seite 24). Demontieren Sie ggf. den Unterfahrschutz.
13 Trennen Sie den Kabelstecker und schrauben Sie das Ventil aus dem Motor – der O-Ring muss beim Einbau erneuert werden.
14 Drehen Sie das Ventil in den Motor und ziehen Sie es mit 5 Nm an.
15 Der Rest des Einbaus entspricht der umgekehrten Ausbaureihenfolge.

Kapitel 2, Teil D

Ausbau und Überholarbeiten – alle Motoren

Inhalt **Sektion**

Schwierigkeitsgrade

Leicht. Geeignet für Anfänger mit wenig Erfahrung. 	**Relativ leicht.** Geeignet für Anfänger mit etwas Erfahrung. 	**Relativ schwierig.** Geeignet für geübte Selbstschrauber. 	**Schwer.** Geeignet für Selbstschrauber mit viel Erfahrung. 	**Sehr schwer.** Geeignet für Experten und Profis. 

Technische Daten

Motorcode

1,6 l-Benzinmotor	270.910
1,5 l-Dieselmotor	607.951
1,8 l-Dieselmotor	951.901
2,1 l-Dieselmotor	951.930

Zylinderkopf

Dichtflächen-Verzug (max.)	
längs	0,10 mm
quer	0,05 mm

Kolbenring-Stoßspiel

1,6 l-Benzinmotor	
Oberer Kompressionsring	
bis 28.02.14	0,20 bis 0,35 mm
ab 01.03.14	0,18 bis 0,30 mm
Zweiter Kompressionsring	0,3 bis 0,5 mm
Ölabstreifring	0,2 bis 0,7 mm
1,5 l-Dieselmotor	
Oberer Kompressionsring	0,20 bis 0,35 mm
Zweiter Kompressionsring	0,7 bis 0,9 mm
Ölabstreifring	0,25 bis 0,50 mm
1,8 und 2,1 l-Dieselmotor	
Oberer Kompressionsring	0,27 bis 0,37 mm
Zweiter Kompressionsring	0,8 bis 1,0 mm
Ölabstreifring	0,2 bis 0,4 mm

Kurbelwelle

Axialspiel	
1,6 l-Benzinmotor	0,12 bis 0,30 mm
1,5 l-Dieselmotor	0,20 bis 0,47 mm
1,8 und 2,1 l-Dieselmotor	0,11 bis 0,30 mm
Lagerzapfen-Ovalität (max.)	0,007 mm

Anzugsdrehmomente
Siehe technische Daten in Kapitel 2A, 2B oder 2C

1 Allgemeine Informationen

1 In diesem Teil von Kapitel 2 werden der Ausbau des Motors samt Getriebe sowie dessen allgemeine Überholung (Zylinderkopf, Zylinder, Kurbelwelle und alle anderen beteiligten Komponenten) detailliert beschrieben.
2 Die Informationen reichen von Hinweisen bezüglich der Vorbereitung einer Überholung über die Beschaffung von Ersatzteilen bis hin zu detaillierten Schritt-für-Schritt-Anleitungen zum Ausbau, Kontrollieren, Erneuern und Einbau interner Motorkomponenten.
3 Ab Sektion 8 basieren alle Anleitungen auf der Annahme, dass der Motor aus dem Fahrzeug ausgebaut ist. Informationen zu Reparaturen bei eingebautem Motor sowie den Aus- und Einbau externer Komponenten, die zu einer Komplettüberholung gehören, finden sich in Kapitel 2A, 2B oder 2C sowie in Sektion 8 dieses Kapitels. Wenn der Motor bereits ausgebaut ist, müssen alle nicht zutreffenden Zerlegungsanweisungen ignoriert werden.
4 Abgesehen von den in den technischen Daten der Kapitel 2A, 2B oder 2C zu findenden Anzugsdrehmomente finden sich alle zum Überholen benötigten Daten am Anfang dieses Kapitels.

2 Öldruckprüfung

1 Niedriger Öldruck kann ein Hinweis auf erhöhten Motorverschleiß sein. Die Öldruck-Kontrolllampe dient nicht dem Test des Schmiersystems, sondern leuchtet nur auf, wenn der Öldruck gefährlich niedrig ist. Selbst eine Öldruckanzeige im Armaturenbrett gibt nur grobe Hinweise, ist aber deutlich besser als eine Warnleuchte. Ein besserer Test erfolgt mit einem mechanischen (nicht elektrischen) Druckprüfer.
2 Der Öldruckschalter ist wie folgt am Motorblock positioniert:
a) Beim 1,6 l-Benzinmotor sitzt der Öldruckschalter vorn am Motor im Ölfiltergehäuse.
b) Beim 1,5 l-Dieselmotor sitzt der Öldruckschalter vorn am Motor neben dem Ölfiltergehäuse.
c) 1,8 und 2,1 l-Dieselmotoren sind nicht mit einem Öldruckschalter ausgerüstet, sodass die Prüfung hier nicht durchgeführt werden kann.
3 Schrauben Sie den Öldruckschalter heraus und drehen Sie einen passenden Adapter für einen Öldruckprüfer hinein – dichten Sie diesen nötigenfalls mit Teflonband oder Gewinde-Sicherungspaste ab. Verbinden Sie den Öldruckprüfer.
4 Kontrollieren Sie den Öldruck bei auf Betriebstemperatur gebrachtem Motor und der in den technischen Daten von Kapitel 2A und 2B vorgegebenen Drehzahlen und vergleichen Sie ihn mit den dortigen Vorgaben. Liegt der Druck deutlich niedriger und das Öl hat die vorgegebene Viskosität, sind die Haupt- oder Pleuelfußlager und/oder die Ölpumpe verschlissen.

3 Kompressionsprüfung – Beschreibung und Auswertung

1 Wenn die Motorleistung sinkt oder Fehlzündungen entstehen, die nicht auf das Zünd- oder Kraftstoffsystem zurückzuführen sind, kann eine Kompressionsprüfung Hinweise auf den Zustand des Motors liefern. Wenn dieser Test regelmäßig durchgeführt wird, kann er vor Problemen warnen, bevor andere Symptome offensichtlich werden.
2 Der Motor muss vollständig auf Betriebstemperatur gebracht werden, der Ölpegel muss stimmen und die Batterie muss komplett geladen sein. Für den Test wird ein Assistent benötigt.

Benzinmotoren

3 Entfernen Sie alle Zündkerzen (siehe Kapitel 1A, Sektion 26).
4 Drehen Sie den passenden Adapter in das Zündkerzengewinde von Zylinder Nr. 1 und schließen Sie den Kompressionsprüfer an.
5 Lassen Sie den Assistenten auf dem Fahrersitz Platz nehmen und das Gaspedal durchdrücken. Gleichzeitig muss er den Motor mit dem Anlasser durchdrehen – nach ein bis zwei Umdrehungen sollte der Kompressionsdruck seinen maximalen Wert erreicht haben und sich dort stabilisieren. Notieren Sie den höchsten gemessenen Wert.
6 Wiederholen Sie den Test an den anderen Zylindern und notieren Sie alle Messwerte.
7 Alle Zylinder sollten ähnliche Kompressionswerte erreichen – Unterschiede von mehr als 2 bar weisen auf einen Defekt hin. Beachten Sie, dass sich die Kompression in einem gesunden Motor sehr schnell aufbaut; niedrige Kompression im ersten Kolbenhub gefolgt von schrittweisen Anstiegen in den folgenden Hüben weist auf verschlissene Kolbenringe hin. Niedrige Kompression im ersten Kolbenhub, der auch in den folgenden Hüben keine höheren Werte folgen, weist auf verschlissene Ventile oder eine durchgebrannte Zylinderkopfdichtung hin (ein Riss im Zylinderkopf kann auch möglich sein). Ablagerungen an den Ventilen können ebenfalls zu niedriger Kompression führen.
8 Ein Kompressionsdruck von weniger als 8 bar weist auf einen verschlissenen Motor hin. Erkundigen Sie sich in einer Mercedes-Werkstatt oder bei einem Motoren-Fachbetrieb, ob ihr gemessener Wert noch in Ordnung ist.
9 Falls der Druck in einem Zylinder deutlich unter denen der anderen liegt, muss der folgende Test durchgeführt werden, um den Grund herauszufinden: Füllen Sie einen Teelöffel Motoröl durch das Zündkerzenloch ein und wiederholen Sie den Test.
10 Wenn das zugegebene Öl den Kompressionsdruck zeitweise erhöht, werden der Kolben oder die Zylinderbohrung verschlissen sein. Keine Druckveränderung lässt auf undichte oder verbrannte Ventile oder auf eine schadhafte Zylinderkopfdichtung schließen.
11 Niedrige Drücke in zwei benachbarten Zylindern weisen fast immer darauf hin, dass die Kopfdichtung zwischen ihnen durchgebrannt ist – Kühlmittel im Motoröl bestätigt dies.
12 Wenn ein Zylinder um etwa 20 % unter den anderen liegt und der Motor im Standgas etwas unrund läuft, kann ein verschlissener Nocken die Ursache hierfür sein.
13 Falls die Kompression ungewöhnlich hoch ist, haben sich wahrscheinlich Kohleablagerungen in den Brennräumen gebildet. In diesem Fall muss der Zylinderkopf demontiert und samt Kolbenboden gereinigt werden.
14 Nach Beendigung des Tests werden die Zündkerzen installiert (siehe Kapitel 1A, Sektion 26).

Dieselmotoren

15 Entfernen Sie alle Glühkerzen (siehe Kapitel 6B, Sektion 20).
16 Drehen Sie den passenden Adapter in die Glühkerzenbohrung von Zylinder Nr. 1 und schließen Sie den Kompressionsprüfer an.
17 Lassen Sie den Assistenten auf dem Fahrersitz Platz nehmen und das Gaspedal durchdrücken. Gleichzeitig muss

er den Motor mit dem Anlasser durchdrehen – nach ein bis zwei Umdrehungen sollte der Kompressionsdruck seinen maximalen Wert erreicht haben und sich dort stabilisieren. Notieren Sie den höchsten gemessenen Wert.
18 Wiederholen Sie den Test an den anderen Zylindern und notieren Sie alle Messwerte.
19 Alle Zylinder sollten ähnliche Kompressionswerte erreichen – Unterschiede von mehr als 3 bar weisen auf einen Defekt hin. Beachten Sie, dass sich die Kompression in einem gesunden Motor sehr schnell aufbaut; niedrige Kompression im ersten Kolbenhub gefolgt von schrittweisen Anstiegen in den folgenden Hüben weist auf verschlissene Kolbenringe hin. Niedrige Kompression im ersten Kolbenhub, der auch in den folgenden Hüben keine höheren Werte folgen, weist auf verschlissene Ventile oder eine durchgebrannte Zylinderkopfdichtung hin (ein Riss im Zylinderkopf kann auch möglich sein). Ablagerungen an den Ventilen können ebenfalls zu niedriger Kompression führen.
20 Für vergleichbare Ergebnisse sollte die Kurbelwelle bei allen vier Messungen die gleiche Anzahl an Umdrehungen bewegt werden.
21 Ein Kompressionsdruck von weniger als 16 bar weist auf einen verschlissenen Motor hin. Erkundigen Sie sich in einer Mercedes-Werkstatt oder bei einem Motoren-Fachbetrieb, ob ihr gemessener Wert noch in Ordnung ist.
22 Falls der Druck in einem Zylinder deutlich unter denen der anderen liegt, muss der folgende Test durchgeführt werden, um den Grund herauszufinden: Füllen Sie einen Teelöffel Motoröl durch das Glühkerzenloch ein und wiederholen Sie den Test.
23 Wenn das zugegebene Öl den Kompressionsdruck zeitweise erhöht, werden der Kolben oder die Zylinderbohrung verschlissen sein. Keine Druckveränderung lässt auf undichte oder verbrannte Ventile oder auf eine schadhafte Zylinderkopfdichtung schließen.
24 Niedrige Drücke in zwei benachbarten Zylindern weisen fast immer darauf hin, dass die Kopfdichtung zwischen ihnen durchgebrannt ist – Kühlmittel im Motoröl bestätigt dies.
25 Wenn ein Zylinder um etwa 20 % unter den anderen liegt und der Motor im Standgas etwas unrund läuft, kann ein verschlissener Nocken die Ursache hierfür sein.
26 Falls die Kompression ungewöhnlich hoch ist, haben sich wahrscheinlich Kohleablagerungen in den Brennräumen gebildet. In diesem Fall muss der Zylinderkopf demontiert und samt Kolbenboden gereinigt werden.
27 Nach Beendigung des Tests werden die Glühkerzen installiert (siehe Kapitel 6B, Sektion 20).

4 Motorüberholung – Allgemeine Informationen

1 Es ist nicht immer einfach festzustellen, wann oder ob ein Motor vollständig überholt werden muss. Eine Vielzahl an Faktoren muss hierbei berücksichtigt werden.
2 Eine hohe Laufleistung ist nicht zwingend ein Hinweis auf eine erforderliche Überholung – genauso wie eine geringe Laufleistung eine Motorüberholung nicht ausschließt. Eine regelmäßige Wartung ist hierbei der wichtigste Punkt. Ein Motor, bei dem regelmäßig das Motoröl und der Filter gewechselt und auch andere Wartungspunkte durchgeführt wurden, wird wahrscheinlich mehrere Hunderttausend Kilometer problemlos durchhalten. Umgekehrt wird ein vernachlässigter Motor wesentlich früher eine Überholung benötigen.
3 Übermäßiger Ölverbrauch weist darauf hin, dass Kolbenringe, Ventilschaftdichtungen und/oder Ventilführungen nach Aufmerksamkeit verlangen. Prüfen Sie, ob nicht Undichtigkeiten für den Ölverlust verantwortlich sind, bevor auf verschlissene Kolbenringe oder Schaftdichtungen getippt wird. Mithilfe eines Kompressionstests (siehe Sektion 3) kann die Ursache eventuell eingegrenzt werden.
4 Ermitteln Sie den Öldruck mithilfe eines statt des Öldruckschalters in den Ölkanal geschraubten Messgeräts (siehe Sektion 2). Falls extrem geringer Druck festgestellt wird, werden die Haupt- und Pleuelfußlager und/oder die Ölpumpe verschlissen sein.
5 Leistungsmangel, rauer Motorlauf, klopfende oder metallisch klingende Motorgeräusche, ein klappernder Ventiltrieb und hoher Benzinverbrauch können ebenfalls auf eine Überholung hinweisen – besonders, wenn alles gleichzeitig auftritt. Falls eine große Inspektion die Probleme nicht behebt, können nur größere Überholmaßnahmen die Lösung sein.
6 Eine Motorüberholung beinhaltet die Wiederherstellung aller internen Motorkomponenten auf die Vorgaben für einen neuen Motor. Während einer Überholung werden Kolben und deren Ringe erneuert und die Zylinderbohrungen überholt. Neue Haupt- und Pleuellagerschalen werden generell eingebaut und die Kurbelwelle wird nötigenfalls geschliffen (oder ausgetauscht), um die Lagerzapfen zu restaurieren. Die Ventile werden ebenfalls behandelt, da sie zu diesem Zeitpunkt üblicherweise ebenfalls nicht mehr perfekt sind. Kontrollieren Sie unbedingt den Zustand der Ölpumpe und ersetzen Sie sie nötigenfalls. Das Ergebnis soll ein neuwertiger Motor sein.
7 Wichtige Komponenten des Kühlsystems (Schläuche, Thermostat, Wasserpumpe) sollten bei einer Motorüberholung ebenfalls erneuert werden. Der Kühler selbst muss sorgfältig überprüft werden, um sicherstellen zu können, dass er weder blockiert noch undicht ist.
8 Vor einer Motorüberholung muss die gesamte Prozedur durchgelesen werden, um sich mit dem Umfang und den Anforderungen vertraut zu machen. Das Überholen eines Motors ist nicht schwierig, wenn man sorgfältig den Anweisungen folgt, die benötigten Werkzeuge und Ausrüstungsgegenstände zur Hand hat und sich genau an alle Vorgaben hält. Sie kann jedoch zeitaufwendig sein. Prüfen Sie die Verfügbarkeit von Teilen und beschaffen Sie sämtliche Spezialwerkzeuge und andere Hilfsmittel im Voraus. Die meisten Arbeiten können mit typischen Hand-Werkzeugen verrichtet werden, doch viele Teile müssen präzise vermessen werden, um ihre Wiederverwendbarkeit bestimmen zu können. Ein Großteil der Arbeit besteht in der Kontrolle von Teilen und der Entscheidung, ob Teile aufgearbeitet oder ersetzt werden müssen.
9 Wenn größere Reparaturen, wie das Schleifen der Kurbelwelle oder der Zylinderbohrungen anstehen, kommt niemand um eine entsprechend ausgerüstete Fachwerkstatt herum. Abgesehen von der Ausführung der Arbeiten kann man hier auch Bauteile begutachten und Ratschläge geben, ob Teile wie Kolben, Kolbenringe oder Lagerschalen wiederverwendet werden können, repariert oder ausgetauscht werden sollten.
10 Warten Sie stets, bis der Motor komplett zerlegt und alle Komponenten (besonders Zylinderblock/Motorgehäuse und Kurbelwelle) begutachtet wurden, bevor entschieden wird, welche Wartungs- und Reparaturarbeiten durchgeführt werden müssen. Der Zustand dieser Baugruppen ist der wesentliche Faktor, wenn es darum geht, ob der ursprüngliche Motor überholt oder ein aufgearbeitetes Triebwerk gekauft werden soll. Kaufen Sie daher noch keine Einzelteile und lassen sie noch nichts überholen, solange nicht alles sorgfältig inspiziert wurde.
11 Generell bildet Zeit die größten Kosten einer Überholung, sodass es sich nicht lohnt, verschlissene oder grenzwertige Teile einzubauen.
12 Schließlich muss für ein möglichst langes Leben eines aufgearbeiteten Motors sichergestellt sein, dass alles mit größter Sorgfalt in einer lupenreinen Umgebung wieder zusammengebaut wird.
13 Während der Motor überholt wird, können auch andere Bauteile wie das Zündsystem (Benzinmotoren), die Einspritz-

anlage, der Anlasser oder die Lichtmaschine kontrolliert und überarbeitet werden. Das Endergebnis soll ein absolut neuwertiger Motor sein, der viele pannenfreie Kilometer garantiert.

5 Motorüberholung – Alternativen

1 Der Hobbyschrauber hat bei der Beschaffung eines überholten Motors mehrere Optionen. Die wichtigsten Erwägungen sind dabei die Kosten, Garantie, die Verfügbarkeit von Teilen und die für die Vollendung des Projekts erforderliche Zeit. Die Entscheidung, den Motorblock, die Kolben samt Pleuel und die Kurbelwelle auszutauschen, hängt von den Ergebnissen einer genauen Untersuchung des Motors ab; nur dann kann eine kosteneffektive Entscheidung darüber getroffen werden, ob der Motor überholt oder einfach ein Austauschmotor gekauft werden soll.

2 Zu den Motorüberholungs-Alternativen gehören:

Einzelteile – falls die Kontrolle ergibt, dass der Motorblock und die meisten Komponenten wiederverwendet werden können, kann der Kauf von Einzelteilen und Überholung des Motors durch einen Fachbetrieb eine ökonomische Alternative sein. Zunächst sollte der Fachbetrieb den Motorblock, die Kurbelwelle und die Pleuel/Kolben-Baugruppen sorgfältig kontrollieren.

Rumpfmotor – dieser besteht aus einem Motorgehäuse mit eingebauter Kurbelwelle samt Pleuel und Kolben. Alle Lager sind neu und ihr Spiel ist korrekt. Die vorhandenen Bauteile (Zylinderkopf, Nockenwellen, Ventiltrieb-Komponenten und Nebenaggregate) können ohne fremde Hilfe an den Rumpfmotor montiert werden.

Einbaufertiger Motor – ein Rumpfmotor plus Ölpumpe, Ölwanne, Zylinderkopf und Ventiltrieb. Alle Lager, Dichtringe und Dichtungen sind neu. Nur noch die Ansaugbrücke und Nebenaggregate müssen montiert werden.

Gebrauchtmotor mit geringer Laufleistung – zumeist aus Unfallfahrzeugen ausgebaute Triebwerke, oft sogar noch mit Garantie.

3 Denken Sie gut über die beste Alternative nach und fragen Sie vor der Beschaffung von Ersatzteilen bei örtlichen Fachbetrieben, Teilehändlern und erfahrenen Hobbyschraubern nach.

5 Falls dieser Motorausbau eine persönliche Premiere ist, sollte auf jeden Fall ein Assistent dabei sein. Rat bei erfahrenen Autoschraubern einzuholen, kann ebenfalls sehr hilfreich sein. Beim Anheben eines Motors gibt es immer wieder Situationen, in denen eine Person nicht gleichzeitig alle erforderlichen Operationen durchführen kann.

6 Planen Sie alle Arbeiten weit voraus. Sorgen Sie vor Arbeitsbeginn dafür, dass alle erforderlichen Werkzeuge und Teile gekauft oder gemietet sind. Zu den Ausrüstungsgegenständen, die für einen sicheren und unkomplizierten Aus- und Einbau benötigt werden, gehören (neben einem Werkstattkran) ein ausreichend dimensionierter Rangierwagenheber, ein komplettes Set an Schraubenschlüsseln, ein Knarrenkasten, Holzblöcke, eine ausreichende Menge an Lappen und Lösungsmittel zum Aufwischen von Ölspritzern, Kühlmittel und Lösungsmittel. Falls der Kran gemietet wird, sollten alle Arbeiten, die ohne ihn möglich sind, bereits erledigt sein – das spart Zeit und Geld.

7 Planen Sie ein, dass das Auto längere Zeit nicht benutzt werden kann. Viele Arbeiten kann der Hobbyschrauber ohne Spezialausrüstungen nicht erledigen, sodass sie Fachwerkstätten überlassen werden müssen. Hier herrscht oft rege Betriebsamkeit, sodass es hilfreich sein kann, sie vor dem Ausbau des Motors zu konsultieren, damit Arbeiten in den Terminplan aufgenommen werden können und ein entsprechender Zeitrahmen aufgestellt werden kann.

8 Während des Ausbaus ist es ratsam, die Positionen aller Halterungen, Kabelbinder, Massepunkte usw. zu notieren; zudem sollten die Anschlüsse und Verlegungen aller Kabelbäume und anderen Leitungen am und um den Motor herum festgehalten werden. Ein effektiver Weg hierzu liegt im Anfertigen von zahlreichen Fotos von den verschiedenen Komponenten, bevor sie getrennt und/oder demontiert werden – moderne Digitaltechnik ersetzt oder ergänzt beim Einbau das fotografische Gedächtnis.

9 Die hier beschriebene Ausbauprozedur beinhaltet immer den Ausbau des Motors samt Getriebe – letzteres kann nicht separat demontiert werden. Die Antriebseinheit muss nach dem Entfernen aller vor ihr liegenden Komponenten und dem Lösen der Halterungen nach vorn aus dem Motorraum befreit werden.

10 Seien Sie beim Aus- und Einbau der Motor/Getriebe-Einheit stets sehr vorsichtig. Leichtsinnige Aktionen können schnell zu ernsthaften Verletzungen führen. Planen Sie gut voraus und lassen Sie sich Zeit, um diese umfangreiche Tätigkeit erfolgreich abzuschließen.

6 Motor/Getriebe – Ausbaumethoden und Vorsichtsmaßnahmen

1 Sobald entschieden ist, dass ein Motor für eine Überholung oder größere Reparatur ausgebaut werden soll, müssen einige einleitende Schritte durchgeführt werden.

2 Ein geeigneter Arbeitsplatz ist extrem wichtig. Es wird ausreichend Platz für Arbeiten und das Fahrzeug selbst benötigt. Falls keine Werkstatt oder ausreichend große Halle zur Verfügung steht, wird mindestens eine ebene und saubere Arbeitsfläche gebraucht.

3 Reinigen Sie vor Arbeitsbeginn den Motorraum und die Antriebseinheit, um Werkzeug sauber und gut organisiert zu halten.

4 Ein Werkstattkran oder eine andere Vorrichtung zum Herausheben des Motors ist zwingend notwendig. Die Ausrüstung muss dafür ausgelegt sein, den Motor samt Getriebe heben und tragen zu können. Angesichts der Gefahren beim Herausheben der Motor/Getriebeeinheit aus dem Fahrzeug ist Sicherheit der wichtigste Punkt.

7 Motor und Getriebe – Ausbau, Trennen und Einbau

Anmerkung: *Angesichts der Komplexität der in diesen Fahrzeugen verwendeten Triebwerke sowie ihrer Variationen und Optionen darf die folgende Prozedur nicht als Schritt-für-Schritt-Anleitung, sondern nur als Richtlinie betrachtet werden. Wo Unterschiede auftreten oder das Trennen bzw. der Ausbau weiterer Komponenten erforderlich wird, muss dies notiert werden, um beim Einbau berücksichtigt werden zu können.*

Anmerkung: *Der Motor kann nur zusammen mit dem Getriebe nach der Demontage aller vor ihm liegenden Komponenten nach vorn aus dem Fahrzeug befreit werden – dazu werden geeignete Hebevorrichtungen benötigt.*

Ausbau

1 Lassen Sie von einem Klimaanlagen-Fachbetrieb das Kältemittel ablassen.

2 Zur Verbesserung des Zugangs und um das Schadensrisiko zu minimieren, sollte die Motorhaube demontiert werden (siehe Kapitel 11, Sektion 6).
3 Demontieren Sie die Batterie samt Träger (siehe Kapitel 5, Sektion 4).
4 Lockern Sie die Bolzen der Vorderräder, heben Sie das Fahrzeug vorn an und stützen Sie es sicher ab (siehe Seite 24). Demontieren Sie die Vorderräder. Demontieren Sie ggf. den Unterfahrschutz. Ziehen Sie die obere Motorabdeckung nach oben ab.
5 Demontieren Sie die vordere Stoßfänger-Schürze (siehe Kapitel 11, Sektion 5).
6 Entleeren Sie das Kühlsystem (siehe Kapitel 1A, Sektion 32 für Benzinmotoren oder Kapitel 1B, Sektion 33 für Dieselmotoren).
7 Demontieren Sie den Wischwasserbehälter (siehe Kapitel 12, Sektion 16).
8 Demontieren Sie beide Scheinwerfer (siehe Kapitel 12, Sektion 8).
9 Demontieren Sie die Kühlventilator-Baugruppe (siehe Kapitel 3, Sektion 6).
10 Trennen Sie die Kühlerschläuche.
11 Trennen Sie die Ladeluftkühler-Schläuche.
12 Befreien Sie die Abdeckung der Motorhauben-Entriegelung und trennen Sie den Öffnerzug (siehe Kapitel 11, Sektion 7).
13 Trennen Sie an beiden Seiten die Hupenstecker.
14 Trennen Sie an beiden Seiten die Stecker der Aufprall-Sensoren.
15 Lösen Sie an beiden Seiten die Schrauben der vorderen und oberen Karosserie-Querstrebe und entnehmen Sie diese (siehe Abbildungen).

7.15a Lösen Sie an beiden Seiten die Schrauben der vorderen ...

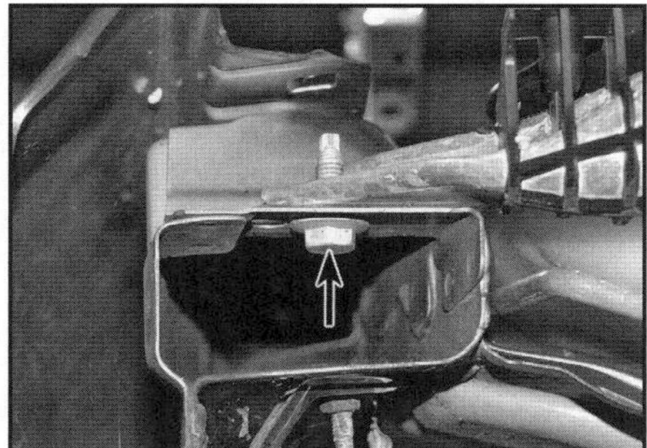

7.15b ... und die Schraube der oberen Karosserie-Querstrebe.

16 Lösen Sie an beiden Seiten des vorderen Hilfsrahmens und des Karosserieträgers die Schrauben des unteren Längsträgers.

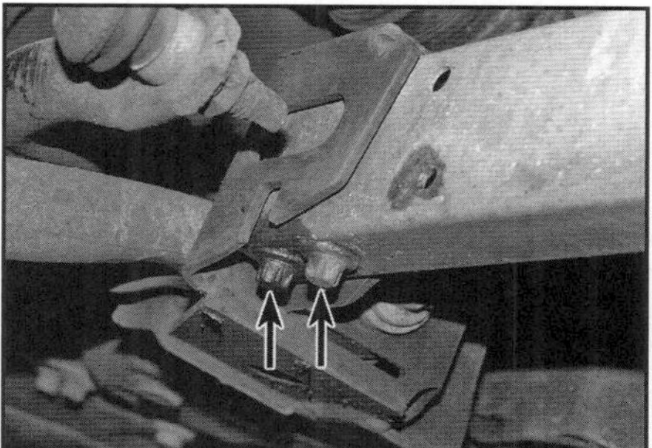

7.16a Lösen Sie an beiden Seiten die unteren Schrauben ...

7.16b ... und die vorderen Schrauben des Längsträgers.

17 Befreien Sie an beiden Seiten die Schellen des Ansaugstutzens und trennen Sie dann die Klimaanlagen-Kältemittelrohre vom Verflüssiger. Verstopfen Sie die Öffnungen, damit kein Schmutz eindringt.
18 Befreien Sie alle relevanten Kabelbaum-Segmente und manövrieren Sie mithilfe eines Assistenten die komplette vordere Querträger-Baugruppe samt Kühler, Verflüssiger usw. nach vorn heraus.
19 Trennen Sie oben am Kühlmittel-Ausgleichsbehälter den Schlauchstutzen, trennen Sie den Kabelstecker, befreien Sie den Behälter und entnehmen Sie ihn (siehe Abbildungen).

7.19a Hebeln Sie den Drahtbügel hoch und trennen Sie den Schlauchstutzen.

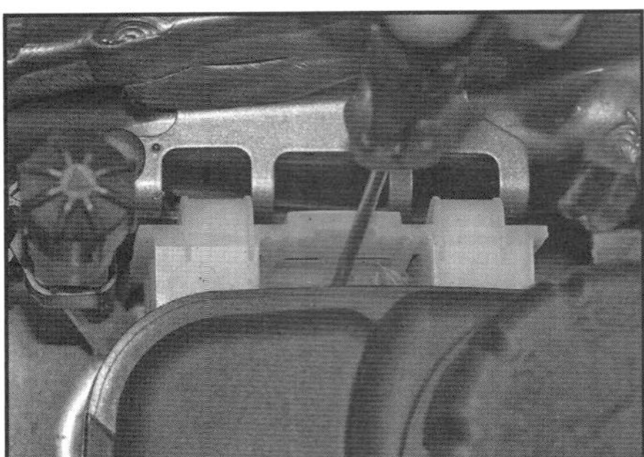

7.19b Lösen Sie hinten am Ausgleichsbehälter die Lasche, um ihn zu befreien.

20 Hebeln Sie bei **Benzin-Modellen** an der Spritzwand die Clips der Heizungs-Schläuche leicht an und trennen Sie die Schläuche, befreien Sie die Schläuche dann von den Halteclips (siehe Abbildung). Lockern Sie bei **1,8- und 2,1 l-Diesel-Modellen** rechts im Motorraum die Schellen der Schläuche (siehe Abbildung). Trennen Sie bei **1,5 l-Diesel-Modellen** die zwei Schläuche vom Thermostatgehäuse und den Schlauch neben der Hochdruckpumpe rechts am Motor (siehe Abbildungen).
Achtung: Seien Sie generell auf austretendes Kühlmittel vorbereitet!

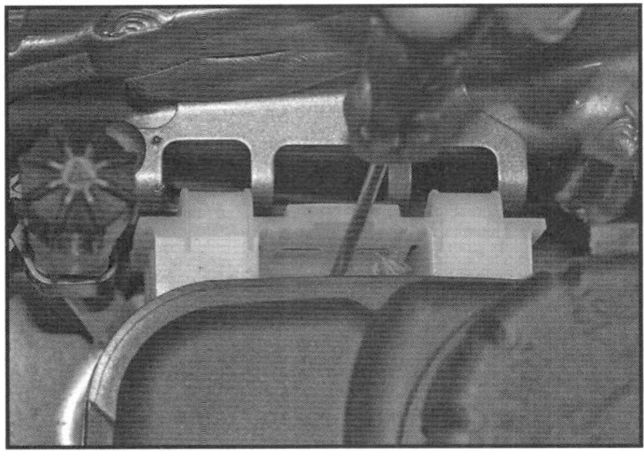

7.20a Heizungsschlauch-Anschlüsse an der Spritzwand – Benzin-Modelle

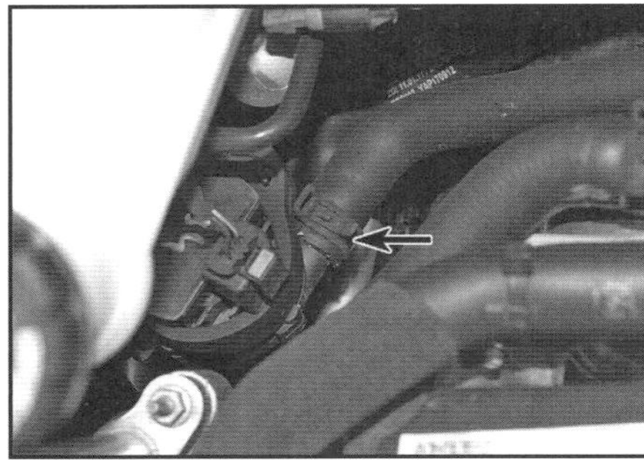

7.20b Lockern Sie bei 1,8- und 2,1 l-Diesel-Modellen die Schlauchschellen an der Umlaufpumpe ...

7.20c ... und am Niederdruck-AGR-Kühler.

7.20d Trennen Sie bei 1,5 l-Diesel-Modellen die Schelle des Kühlerschlauchs neben der Hochdruckpumpe ...

7.20e ... und die zwei Schläuche hinter dem Thermostatgehäuse.

21 Demontieren Sie das Motorsteuergerät (siehe Kapitel 6A oder 6B, Sektion 6).
22 Führen Sie am Kabelbaum folgende Schritte durch:
a) Trennen Sie den Stecker der Auspuffklappen-Regelung und befreien Sie die Verkabelung vom Hitzeschild (bestimmte Diesel-Modelle).
b) Trennen Sie das Massekabel (–) vom linken Karosserie-Längsträger.
c) Trennen Sie den Stecker neben der Sicherungsbox und lösen Sie in der Sicherungsbox die Anschlüsse der Motor-Kabel (siehe Abbildungen).
d) Trennen Sie die Verkabelung der Lichtmaschine und der Zusatz-Wasserpumpe (falls vorhanden).
e) Trennen Sie die Verkabelung des Anlassers und befreien Sie sie von allen Halterungen.
f) Trennen Sie die Verkabelung des Getriebes und befreien Sie sie aus allen Befestigungen.
g) Befreien Sie die Motorraum-Verkabelung von allen verbliebenen Befestigungen und verlagern Sie sie beiseite.

7.22a Trennen Sie den Stecker neben der Sicherungsbox ...

7.22b ... und lösen Sie in der Sicherungsbox die Anschlüsse der Motor-Kabel.

23 Trennen Sie das Unterdruckrohr von der Vakuumpumpe (siehe Abbildung). Lockern Sie bei **1,5 l-Diesel-Modellen** die Schelle des Gummi-Ansaugstutzens am Turbolader und befreien Sie diesen, um Zugang zur Vakuumpumpe zu erhalten.

7.23 Bei 1,8- und 2,1 l-Diesel-Modellen befindet sich der Vakuumpumpen-Anschluss vorn am Motor.

24 Trennen Sie bei Modellen mit Schaltgetriebe die Schaltzüge vom Getriebe (Abb. 7A, Sektion 3).
25 Demontieren Sie beide Antriebswellen (siehe Kapitel 8, Sektion 7).
26 Entfernen Sie die hintere Motorhalterungs-Stange (siehe Kapitel 2A oder 2B, Sektion 14 oder Kapitel 2C, Sektion 15).
27 Befreien Sie den Auspuff vom Katalysator oder demontieren Sie den Partikelfilter (Diesel).
28 Hebeln Sie bei Modellen mit Schaltgetriebe am Ausrückzylinder den Drahtbügel der Hydraulikleitung etwas heraus und trennen Sie die Leitung (siehe Abbildung). Befreien Sie die Leitung vom Getriebe und verstopfen Sie die Öffnungen, damit kein Schmutz eindringt.

7.28 Hebeln Sie den Drahtbügel heraus und trennen Sie den Kupplungsschlauch.

29 Trennen Sie die Kältemittel-Leitungen vom Kompressor und verstopfen Sie die Öffnungen, damit kein Schmutz eindringt.
30 Trennen Sie alle vorhandenen Kraftstoff-Zulauf- und Rücklaufleitungen (siehe Abbildungen) und verstopfen Sie die Öffnungen, damit kein Schmutz eindringt.
Achtung: Seien Sie generell auf austretenden Kraftstoff vorbereitet!

7.30a Kraftstoff-Zulaufleitung beim Benzinmotor

7.30b Kraftstoff-Zulauf- und Rücklaufleitungen bei Dieselmotoren

31 Prüfen Sie noch einmal, ob alle Kabel, Schläuche und Halterungen, durch die der Ausbau behindert werden könnte, getrennt und/oder beiseite genommen sind.
32 Verbinden Sie eine Hebevorrichtung mit den Winden-Ösen, um das Gewicht des Motors und des Getriebes aufzunehmen (siehe Abbildung). Bei 1,8- und 2,1 l-Diesel-Motoren befinden sich links am Zylinderkopf zwei Winden-Ösen, rechts muss die Hebevorrichtung mit der Aufnahme der Motorhalterung verbunden werden.

7.32 Beim Benzinmotor und dem 1,5 l-Dieselmotor sind links und rechts am Zylinderkopf Winden-Ösen angebracht.

33 Demontieren Sie die rechte Motorhalterung (siehe Kapitel 2A oder 2B, Sektion 14 oder Kapitel 2C, Sektion 15).
34 Lösen Sie die Schrauben, mit denen die linke Halterung am Getriebe gesichert ist.
35 Manövrieren Sie die Motor/Getriebe-Baugruppe mithilfe eines Assistenten nach vorn heraus – möglicherweise muss sie leicht gekippt und gedreht werden, um von der Karosserie und benachbarten Komponenten befreit zu werden. Senken Sie die Antriebseinheit vorsichtig über Hölzern ab, sodass sie nicht auf der (beim 1,8- und 2,1 l-Diesel-Motor aus Kunststoff bestehenden) Ölwanne aufliegt.

Trennen

36 Stützen Sie die Motor/Getriebe-Baugruppe gut ab, sodass weder der Motor noch das Getriebe nach dem Trennen um- oder herunterfallen können.
37 Demontieren Sie den Anlasser (siehe Kapitel 5, Sektion 7).
38 Trennen Sie bei Modellen mit Doppelkupplungsgetriebe alle Schläuche der elektrischen Zusatz-Wasserpumpe und lösen Sie deren Schrauben, um sie zu entfernen.
39 Trennen Sie alle Kabelstecker vom Getriebe und verlagern Sie den Motor-Hauptkabelbaum beiseite.
40 Lösen Sie die verbliebenen Verbindungsschrauben zwischen Getriebe und Motor – beachten Sie deren Positionen und die entsprechenden Halter.
41 Ziehen Sie das Getriebe vorsichtig vom Motor ab – es darf dabei nicht die Eingangswelle unter Last setzen, während diese bei Modellen mit Schaltgetriebe noch in der Kupplung steckt.
Achtung: Das Getriebe ist extrem schwer!
42 Falls die im Motor oder Getriebe steckenden Passhülsen locker sind, müssen sie sichergestellt werden.

Verbinden

43 Schmieren Sie beim Schaltgetriebe die Eingangswellen-Verzahnung dünn mit Hochtemperaturfett (Mercedes-Teilenummer BR00.45-Z-1005-06A). Schmieren Sie beim Doppelkupplungsgetriebe die Welle und ihre Verzahnung dünn mit Langzeitfett (Mercedes-Teilenummer A 002 898 38 51 09).
44 Die Passhülsen müssen korrekt im Motor oder Getriebe positioniert sein.
45 Bei Modellen mit Schaltgetriebe muss die Kupplung muss zentriert sein (siehe Kapitel 8, Sektion 6) und das Kupplungs-Ausrücklager muss ggf. korrekt am Getriebe sitzen (siehe Kapitel 8, Sektion 4).
46 Bei Modellen mit Doppelkupplungsgetriebe muss die elektrische Zusatz-Wasserpumpe montiert und verbunden werden.
47 Setzen Sie das Getriebe vorsichtig und absolut senkrecht über die Passhülsen an den Motor – die Eingangswelle darf nicht unter Last gesetzt werden, während diese in die Kupplungsscheibe oder die Antriebsplatte geschoben wird.
48 Installieren Sie die Gehäuseschrauben – alle Halterungen müssen korrekt positioniert sein – und ziehen Sie sie schrittweise und über Kreuz mit 40 Nm an.
47 Verlegen Sie den Kabelbaum an seine originale Position und verbinden Sie alle Kabelstecker
48 Montieren Sie den Anlasser (siehe Kapitel 5, Sektion 7).

Einbau

49 Der Einbau entspricht der umgekehrten Ausbaureihenfolge – beachten Sie dabei folgende Punkte:
a) *Der Kabelbaum muss korrekt verlegt und mit allen relevanten Befestigungen gesichert sein; alle Stecker müssen korrekt und sicher verbunden sein.*
b) *Bevor die Antriebswellen mit dem Getriebe verbunden werden, müssen ihre Wellendichtringe ersetzt werden (siehe Kapitel 7A, Sektion 5 oder Kapitel 7B, Sektion 3).*
c) *Alle Kühlerschläuche müssen korrekt verbunden und mit Schellen gesichert sein.*
d) *Füllen Sie das Getriebe und den Motor mit dem korrekten Ölen auf (siehe Kapitel 1A oder 1B – Technische Daten).*
e) *Füllen Sie das Kühlsystem auf (siehe Kapitel 1A, Sektion 32 oder Kapitel 1B, Sektion 33).*
f) *Nach dem Einbau werden im Motorsteuergerät wahrscheinlich Fehlercodes gespeichert. Falls diese nach einer ausführlichen Probefahrt nicht verschwinden, müssen sie mithilfe eines Diagnosegeräts ausgelesen werden. Treten die Fehlercodes nach einer weiteren Probefahrt erneut auf, müssen die entsprechenden Probleme beseitigt werden.*

8 Motorüberholung – Zerlegungsreihenfolge

1 Das Zerlegen und die Arbeit am Motor wird deutlich einfacher, wenn dieser an einem transportablen Motorständer befestigt ist. Damit er daran befestigt werden kann, muss die Schwungscheibe entfernt werden.
2 Falls kein Motorständer zur Hand ist, kann der Motor auf einer ausreichend stabilen Werkbank oder dem Boden zerlegt werden – lassen Sie ihn dabei nicht umkippen oder gar herunterfallen.
3 Falls ein Austauschmotor beschafft werden soll, müssen zunächst – wie bei einer selbst durchgeführten Überholung – sämtliche externen Komponenten vom vorhandenen Motor demontiert werden, um sie mit dem ›neuen‹ Triebwerk zu verbinden. Je nach Motortyp gehören hierzu:
a) *Halterungen der Nebenaggregate (Ölfilter, Anlasser, Lichtmaschine, Vakuumpumpe usw.*
b) *Thermostat samt Gehäuse (Kapitel 3, Sektion 5)*
c) *Peilstabrohr und Sensoren*
d) *Alle elektrischen Schalter und Sensoren*
e) *Einlass- und Auspuffstutzen (siehe Kapitel 4A oder 4B)*
f) *Zündspulen und Zündkerzen (Benzinmotor)*
g) *Schwungscheibe (Kapitel 2A, 2B oder 2C)*
Anmerkung: *Bei der Demontage der externen Komponenten vom Motor müssen alle Details genau beachtet werden, die für den Einbau hilfreich und wichtig sein können. Achten Sie auf die Einbaupositionen von Dichtungen, Dichtringen, Scheiben, Schrauben und anderer Kleinteile.*
4 Falls Sie als Ersatz einen Rumpfmotor (Motorgehäuse mit Zylindern, Kolben, Pleuel und Kurbelwelle) beschafft haben, müssen auch die Ölwanne, die Ölpumpe, der Zylinderkopf und die Steuerkette oder der Zahnriemen umgebaut werden.
5 Falls eine Komplettüberholung geplant ist, kann der Motor zerlegt werden; dabei sind die noch vorhandenen Komponen-

ten in der folgenden Reihenfolge auszubauen – beachten Sie ggf. die Hinweise in Kapitel 2A, 2B oder 2C:
a) Einlass- und Auspuffstutzen (Kapitel 4A oder 4B)
b) Steuerkette oder Zahnriemen, Ritzel oder Riemenräder und Spanner
c) Zylinderkopf
d) Ölwanne
e) Schwungscheibe
f) Ölpumpe
g) Kolben samt Pleuelstangen (siehe Sektion 9)
h) Kurbelwelle (siehe Sektion 10)
6 Bevor mit dem Zerlegen und Überholen begonnen wird, muss dafür gesorgt werden, dass alle erforderlichen Werkzeuge vorhanden sind – beachten Sie hierzu die Hinweise auf den Seiten 30 und 33.

9 Kolben und Pleuel – Ausbau

1 Demontieren Sie den Zylinderkopf, die Ölwanne und die Ölpumpe (siehe Kapitel 2A, 2B oder 2C).
2 Falls vorhanden, muss das Ölleitblech oder die Verstärkungsplatte unten aus dem Motorblock demontiert werden.
3 Erfühlen Sie oben in den Zylinderbohrungen, ob die Kolbenringe im oberen Totpunkt bereits eine Kante erzeugt haben. Es wird empfohlen, diese vor dem Ausbau des Kolbens mit einem Schaber oder einer Reibahle zu entfernen, um Schäden an den Kolben zu vermeiden. Solch eine Kante weist auf stark verschlissene Zylinderbohrungen hin.
4 Markieren Sie mithilfe schnell trocknender Farbe die Übergängen der Pleuelfußhälften entsprechend ihrer Zylinder-Positionen. Falls der Motor zuvor zerlegt wurde, müssen alle zuvor angebrachten Markierungen penibel notiert werden.
5 Drehen Sie die Kurbelwelle so, dass die Kolben der Zylinder 1 und 4 im unteren Totpunkt (UT) stehen.
6 Lösen Sie von unten die Schrauben am Pleuelfuß Nr. 1. Heben Sie den Lagerdeckel ab und entnehmen Sie die untere Lagerschale – falls sie wiederverwendet werden soll, muss sie mit Klebeband am Lagerdeckel gesichert werden.
7 Drücken Sie mithilfe eines Hammergriffs den Kolben samt Pleuelstange nach oben aus der Zylinderbohrung; entnehmen Sie auch hier die Lagerschale und sichern Sie sie ggf. am Pleuel.
Achtung: Beschädigen Sie nicht die im Motorblock sitzenden Ölspritzdüsen!
8 Verbinden Sie die beiden Pleuelfußhälften locker miteinander, damit alle Teile korrekt zusammengehalten werden.
9 Entfernen Sie Kolben Nr. 4 auf die gleiche Weise.
10 Drehen Sie die Kurbelwelle eine halbe Umdrehung (180°) weiter, um die Kolben 2 und 3 in den UT zu bringen, und entfernen Sie diese auf die gleiche Weise.

10 Kurbelwelle – Ausbau

1,6 l-Benzinmotor

1 Demontieren Sie die Steuerkette, das Kurbelwellenritzel, die Ölpumpe und die Schwungscheibe (siehe Kapitel 2A). Die Pleuel müssen von der Kurbelwelle befreit (siehe Sektion 9), aber nicht samt Kolben aus den Zylindern geschoben werden.

1,5 l-Dieselmotor

2 Entfernen Sie den Zahnriemen, das Kurbelwellen-Riemenrad, die Ölpumpe und die Schwungscheibe (siehe Kapitel 2A). Die Pleuel müssen von der Kurbelwelle befreit (siehe Sektion 9), aber nicht samt Kolben aus den Zylindern geschoben werden.
3 Schrauben Sie links am Motorgehäuse den Dichtringträger ab.

1,8 und 2,1 l-Dieselmotor

4 Demontieren Sie die Ölwanne, den Steuerkettendeckel, die Steuerkette, das Kurbelwellenritzel und die Schwungscheibe (siehe Kapitel 2A).
5 Demontieren Sie rechts das Dichtringgehäuse und schrauben Sie ggf. das Ölleitblech vom Motorgehäuse ab.
6 Trennen Sie die Pleuelfüße (siehe Sektion 9). Falls an den Kolben und Pleuel keine Arbeiten anstehen, ist es nicht nötig, den Zylinderkopf zu demontieren und/oder die Kolben nach oben aus dem Zylindern zu drücken; sie müssen dann nur weit genug in ihre Bohrungen geschoben werden, sodass sie von den Hubzapfen befreit sind.

Alle Motoren

7 Bevor die Kurbelwelle ausgebaut wird, sollte mithilfe einer am Ende angesetzten Messuhr ihr Axialspiel ermittelt werden (siehe Abbildung). Drücken Sie die Kurbelwelle vollständig zu einer Seite, nullen Sie die Messuhr und drücken Sie die Welle in die andere Richtung – das gemessene Spiel darf die in den jeweiligen technischen Daten angegebenen Werte nicht übersteigen, ansonsten müssen neue Anlaufscheiben installiert werden.

10.7 Axialspiel-Prüfung an der Kurbelwelle

8 Falls keine Messuhr zur Hand ist, kann das Spiel auch mit Fühlerlehrenblättern ermittelt werden, die zwischen der Kurbelwange von Hubzapfen Nr. 2 und der Anlaufscheibe am mittleren Hauptlager eingeführt wird.
9 Die Hauptlagerdeckel sollten von einer zur anderen Seite mit 1 bis 5 durchnummeriert sein (siehe Abbildung) – falls nicht, müssen mit schnell trocknender Farbe Markierungen angebracht werden, mit deren Hilfe die Lagerdeckel sowohl korrekt positioniert als auch ausgerichtet werden können.

10.9 **Nummerierung der Hauptlagerdeckel**

10 Lockern Sie die Lagerdeckel-Schrauben und heben Sie die Deckel samt ihrer Lagerschalen ab; klopfen Sie sie nötigenfalls mit einem weichen Hammer oder Holz ab, um sie zu lockern.
11 Heben Sie die Kurbelwelle vorsichtig aus dem Motorgehäuse.
12 Entfernen Sie die seitlich an Hauptlager Nr. 3 sitzende Anlauflagerschalen-Hälften. Entnehmen Sie nötigenfalls die oberen Lagerschalen und sichern Sie sie mit Klebeband an den Lagerdeckeln – die Lagerschalen mit den Nuten gehören ins Motorgehäuse, die glatten in die Lagerdeckel.

11 Zylinderblock/Motorgehäuse – Reinigung und Kontrolle

Reinigung

1 Demontieren Sie externe Komponenten und elektrische Schalter und Sensoren vom Motorblock. Für eine vollständige Reinigung müssen auch die Froststopfen entfernt werden:
2 Bohren Sie kleine Löcher in die Froststopfen und drehen Sie eine selbstschneidende Schraube hinein, um diese mit einer Zange zu greifen und zusammen mit dem Stopfen herausziehen zu können.
3 Lösen Sie ggf. im Motorblock die Schrauben der unter jedem Zylinder sitzenden Ölspritzdüsen (siehe Abbildung) – falls dabei ein Rohr verbogen wird, darf es nicht wieder gerichtet werden, sondern die gesamte Düse ersetzt muss werden.

11.3 Ölspritzdüsen kühlen bei einigen Dieselmotoren die Kolben-Unterseiten.

4 Schaben Sie Dichtungsreste vom Motorgehäuse und den Hauptlagerdeckeln – beschädigen Sie dabei nicht die Dichtflächen.
5 Entfernen Sie ggf. vorhandene Ölkanalstopfen; weil sie oft sehr fest sitzen, müssen sie manchmal ausgebohrt werden, sodass ihre Bohrungen mit neuen Gewinden ausgerüstet werden müssen. Installieren Sie später auf jeden Fall neue Stopfen.
6 Falls Teile des Motorgehäuses extrem verschmutzt sind, sollte zunächst alles mit einem Dampfstrahler gesäubert werden.
7 Nachdem das Motorgehäuse vom Dampfstrahlen zurückgekehrt ist, müssen alle Ölbohrungen und -kanäle gereinigt werden. Spülen Sie alle Kanäle mit warmen Wasser durch, bis es klar wieder austritt. Trocknen Sie anschließend alles sorgfältig und ölen Sie alle bearbeiteten Flächen – vor allem die Zylinderbohrungen – dünn ein, um sie vor Rost zu schützen. Falls Zugang zu Druckluft besteht, kann damit der Trocknungsprozess beschleunigt werden; außerdem sollten damit alle Ölbohrungen und -kanäle ausgeblasen werden.

Warnung: Tragen Sie beim Einsatz von Druckluft stets eine Schutzbrille!

8 Falls das Motorgehäuse nicht allzu stark verschmutzt ist, kann es mit warmen Seifenwasser und einer harten Bürste gereinigt werden – nehmen Sie sich Zeit und arbeiten Sie sorgfältig. Unabhängig von der Reinigungsmethode müssen besonders Bohrungen und Kanäle äußerst penibel gesäubert und alle Komponenten gut getrocknet werden. Ölen Sie die Zylinderbohrungen in Gusseisen-Gehäusen sofort nach der Reinigung ein, um sie vor Korrosion zu schützen.
9 Um beim Zusammenbau korrekte Anzugswerte sicherstellen zu können, müssen die Gewindebohrungen gereinigt werden: drehen Sie dazu einen passenden Gewindebohrer hinein, und entfernen Sie damit Korrosion, Kleberreste und Schmutz; gleichzeitig werden dadurch Schäden am Gewinde beseitigt (siehe Abbildung). Reinigen Sie anschließend die Bohrungen möglichst mit Druckluft.

11.9 Drehen Sie einen Gewindebohrer in die Zylinder-Bohrungen, um sie zu reinigen.

10 Versehen Sie die neuen Ölkanalstopfen mit geeigneter Dichtmasse und drehen Sie sie sorgfältig in das Gehäuse. Tragen Sie auch an den neuen Froststopfen Dichtmasse auf und treiben Sie sie mit einem geeigneten Werkzeug in ihre Bohrungen.
11 Reinigen Sie ggf. die Gewinde der Ölspritzdüsen-Schrauben und tragen Sie frische Sicherungspaste auf. Installieren Sie die Düsen mit den korrekt ausgerichteten Rohren und ziehen Sie die Schrauben mit 6 Nm an.
12 Falls der Motor nicht gleich wieder zusammengebaut werden soll, muss er mit einer Abdeckplane vor Staub und Schmutz geschützt werden. Schützen Sie bearbeiteten Flächen mit Öl vor Korrosion.

Kontrolle

13 Inspizieren Sie das Gehäuse auf Risse und Korrosion. Achten Sie auf ausgerissene Gewindebohrungen. Falls irgendwann Wasser in den Motor eingedrungen war, sollte das Gehäuse von einem Spezialbetrieb auf Haarrisse untersucht werden. Falls Schäden gefunden werden, können diese eventuell repariert werden, ansonsten muss ein Austauschmotor beschafft werden.

14 Kontrollieren Sie jede Zylinderbohrung auf Scheuerstellen und Riefen. Falls die Kolbenringe im oberen Totpunkt bereits eine Kante erzeugt haben, ist dies ein Hinweis auf eine verschlissene Bohrung.

15 Zum korrekten Vermessen der Zylinderbohrungen werden Spezialinstrumente benötigt. Wir empfehlen, den Motorblock von einer Fachwerkstatt vermessen und kontrollieren zu lassen; hier können auch Ratschläge zu möglicherweise benötigten neuen Kolben gegeben werden, falls die Zylinder auf Übermaß aufgebohrt werden können/müssen.

16 Beim Verfassen dieses Buchs (2019) waren nicht für alle Motoren Übermaßkolben erhältlich – erkundigen Sie sich ggf. beim Mercedes-Händler. Falls Übermaßkolben erhältlich sind, muss eine Fachwerkstatt die Zylinderbohrungen aufbohren, um diese einsetzen zu können, andernfalls muss ein neues Motorgehäuse beschafft werden.

17 Wenn die Zylinderbohrungen und Kolben nicht übermäßig verschlissen sind, sich in einem brauchbaren Zustand befinden und das Kolbenspiel eingehalten wird, brauchen nur die Kolbenringe erneuert werden. Dies erfordert das Honen der Bohrungen – und kann von einem Fachbetrieb zu moderaten Kosten durchgeführt werden.

12 Kolben und Pleuel – Kontrolle

1 Zunächst müssen die aus dem Kolben und dem Pleuel bestehenden Baugruppen gereinigt werden, dann werden die alten Kolbenringe entfernt.

Anmerkung: *Generell empfiehlt es sich, bei jedem Zusammenbau des Motors neue Kolbenringe zu installieren.*

2 Spannen Sie die alten Ringe vorsichtig auseinander, um sie aus ihren Nuten zu befreien und nach oben zu entfernen; mithilfe zwei oder drei alter Fühlerlehrenblätter können die Ringe daran gehindert werden, in leeren Nuten einzurasten (siehe Abbildung). Der Kolben darf nicht mit den Ring-Enden zerkratzt werden. Kolbenringe sind gehärtet und können leicht brechen, wenn sie zu sehr gespannt werden. Sie sind außerdem sehr scharfkantig, sodass Schutzhandschuhe getragen werden sollten.

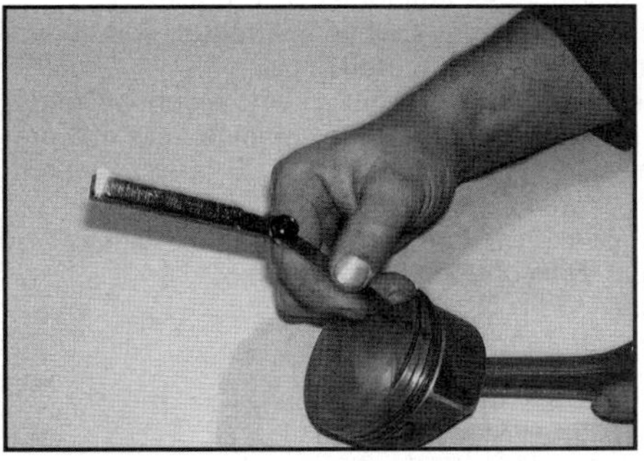

12.2 Ausbau der Kolbenringe mithilfe alter Fühlerlehrenblätter

3 Schaben Sie die Ölkohle vom Kolbenboden. Eine weiche Drahtbürste oder feines Schmirgelleinen kann zur Nacharbeit verwendet werden. Benutzen Sie keinesfalls einen Drahtbürstenaufsatz auf einer Bohrmaschine, das Kolbenmaterial ist sehr weich und würde abgetragen werden.

4 Die Kolbenring-Nuten können mit einem Spezialwerkzeug, aber auch mit einem abgebrochenen Stück eines alten Kolbenringes von Kohleresten befreit werden. Seien Sie vorsichtig, dass kein Kolben-Metall entfernt wird oder die Seiten der Nut gequetscht oder eingekerbt werden.

5 Nachdem die Kohleablagerungen entfernt sind, wird der Kolben mit Lösungsmittel gereinigt und anschließend getrocknet. Gehen Sie sicher, dass die Ölrücklaufbohrungen in der Nut des Ölabstreifrings sauber sind.

6 Soweit die Kolben und Zylinder weder beschädigt noch übermäßig verschlissen sind, können die alten Kolben wiederverwendet werden. Normaler Kolbenverschleiß sind leichte Laufspuren an den Kolbenhemden und ein mit leichtem Spiel in seiner Nut sitzender oberer Kolbenring. Nach jedem Zerlegen des Motors sollten ungeachtet ihres Zustands neue Kolbenringe installiert werden.

7 Begutachten Sie jeden Kolben sorgfältig auf Brüche am Hemd, an den Bolzenaugen und zwischen den Kolbenringnuten.

8 Achten Sie auf Riefen und Schleifspuren am Hemd, Löcher im Kolbenboden sowie Verbrennungen an dessen Rand. Wenn das Hemd Riefen oder Klemmspuren zeigt, kann der Motor an Überhitzung gelitten haben und/oder eine abnormale Verbrennung sorgte für extrem hohe Arbeitstemperatur. Kontrollieren Sie sorgfältig das Kühl- und das Schmiersystem. Brandspuren an den Seiten des Kolbens weisen auf Leckgas hin. Ein Loch im Kolbenboden oder verbrannte Stellen am Rand des Bodens weisen auf Klingeln oder Klopfen hin. Wenn eines dieser Probleme existiert, müssen die Gründe beseitigt werden, damit die Schäden sich nicht fortsetzen. Ursachen können Nebenluft, eine defekte Einspritzdüse oder ein Fehler in der Motorsteuerung sein.

9 Korrosion (in Form von Lochfraß) am Kolben weist darauf hin, dass Kühlmittel in den Brennraum und/oder das Kurbelgehäuse gelangt. Wieder muss das Problem beseitigt werden, bevor der Motor zusammengebaut wird.

10 Begutachten Sie sorgfältig das Pleuel auf Beschädigungen wir Risse im Bereich der oberen und unteren Pleuelaugen. Die Pleuelstange darf nicht verbogen oder verzogen sein. Solange der Motor nicht festgegangen oder überhitzt ist, sind Schäden unwahrscheinlich. Eine detaillierte Kontrolle des Pleuels kann nur eine Fachwerkstatt durchführen.

11 Die Pleuelfußschrauben müssen nach jedem Zerlegen durch Neuteile ersetzt werden.

12 Der von zwei Sicherungsringen gehaltene Kolbenbolzen kann zwar ausgebaut werden, um den Kolben vom Pleuel zu trennen, laut Mercedes sind aber alle drei Teile aufeinander abgestimmt und dürfen nicht einzeln ersetzt werden.

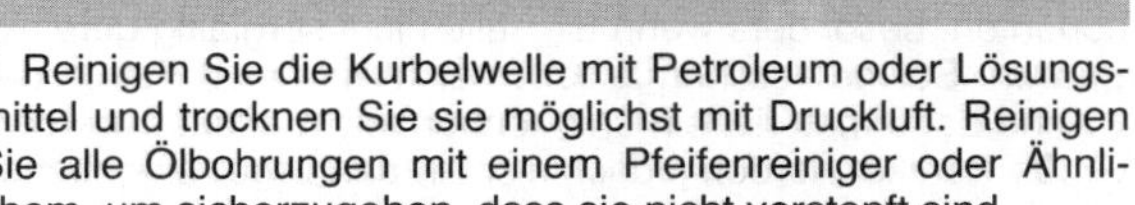

13 Kurbelwelle – Kontrolle

1 Reinigen Sie die Kurbelwelle mit Petroleum oder Lösungsmittel und trocknen Sie sie möglichst mit Druckluft. Reinigen Sie alle Ölbohrungen mit einem Pfeifenreiniger oder Ähnlichem, um sicherzugehen, dass sie nicht verstopft sind.

2 Kontrollieren Sie die Gleitlagerflächen der Haupt- und Pleuellager auf ungleichmäßigen Verschleiß, Riefen, Lochfraß und Risse.

3 Verschlissene Pleuelfußlager machen sich durch metallisches Klopfen bemerkbar – besonders wenn der Motor bei geringen Drehzahlen unter Last gesetzt wird; zudem sinkt der Öldruck.

4 Verschlissene Hauptlager machen sich durch starke Motorvibrationen und rumpelnde Geräusche bemerkbar – je höher die Drehzahl, desto stärker; zudem sinkt auch hier der Öldruck.

5 Kontrollieren Sie die Lagerzapfen auf raue Oberflächen, indem Sie sanft mit einem Finger darüberstreichen. Raue Stellen weisen auf Lagerverschleiß hin, sodass die Kurbelwelle eventuell auf ein Untermaß geschliffen oder ersetzt werden muss.
6 Kontrollieren Sie an beiden Enden der Kurbelwelle die Laufflächen des Dichtrings auf Verschleiß und Beschädigungen. Falls einer der Dichtringe eine tiefe Nut in die Welle geschliffen hat, muss eine Fachwerkstatt entscheiden, ob die Welle repariert oder ersetzt werden muss.
7 Lassen Sie eine Fachwerkstatt den Durchmesser der Hauptlager- und Hubzapfen ermitteln und entscheiden, ob die Welle geschliffen werden kann und entsprechende Übermaß-Lagerschalen eingesetzt werden können.
8 Wenn die Welle geschliffen wurde, müssen die Ölbohrungen auf Grate überprüft werden (normalerweise sind sie angefast, sodass Grate kein Problem darstellen, solange nicht sorglos gearbeitet wurde. Entfernen Sie sämtliche Grate mit einer feinen Feile oder einem Schaber und reinigen Sie die Ölbohrungen wie oben beschrieben.

14 Hauptlager und Pleuelfußlager – Kontrolle

1 Auch wenn die Haupt- und Pleuelfuß-Lagerschalen bei einer Motorüberholung generell ausgetauscht werden, sollten die alten Bauteile für eine genaue Begutachtung aufbewahrt werden, um aus Ihnen wertvolle Informationen über den Zustand des Motors zu ziehen. Die Lagerschalen sind in verschiedenen Stärken erhältlich – diese sind mit Farbmarkierungen angezeigt.
2 Lagerschäden beruhen zumeist auf Ölmangel, Schmutz oder Fremdkörpern im Motor, Motorüberlastung und/oder Korrosion. Ungeachtet des Grundes für die Lagerschäden muss dieser vor der Motormontage korrigiert werden, um eine Wiederholung auszuschließen.
3 Zu einer Begutachtung der Lager werden alle Lagerschalen aus dem Motorblock, den Pleuel und allen Lagerdeckeln ausgebaut und entsprechend ihrer Positionen an der Kurbelwelle auf eine saubere Oberfläche gelegt. Dieses erlaubt Ihnen, ein erkanntes Lagerproblem dem entsprechenden Kurbelzapfen zuzuordnen. Die Lagerflächen der Gleitschalen dürfen nicht mit den Fingern berührt werden!
4 Schmutz und andere Fremdkörper können auf unterschiedliche Weise in den Motor gelangen. Sie können beim Zusammenbau zurückgelassen werden oder durch den Filter bzw. die Motorentlüftung eindringen. Die Partikel gelangen mit dem Öl in die Lager. Oftmals finden sich Metallsplitter als Bearbeitungsrückstände oder Verschleißspuren. Ablagerungen verbleiben auch nach Überholungen in Motorkomponenten, besonders wenn die Teile nicht sorgfältig gereinigt wurden. Solche Teilchen arbeiten sich auf jeden Fall in das weiche Lagermaterial ein und können leicht erkannt werden. Große Partikel werden jedoch nicht in das Lager eingebettet, sondern kerben und zerkratzen die Lager und Zapfen. Der beste Schutz gegen diese Lager-Ausfälle ist sorgfältiges Reinigen und absolute Sauberkeit bei der Motormontage. Ebenso müssen natürlich regelmäßig das Öl und der Ölfilter gewechselt werden.
5 Ölmangel und eine Unterbrechung der Schmierung haben eine Reihe von zusammenhängenden Gründen: Extreme Hitze verdünnt das Öl, Überlastung drückt das Öl aus den Lagern und überhöhtes Lagerspiel oder eine verschlissene Ölpumpe lässt den nötigen Druck des Schmiersystems zusammenbrechen. Blockierte Ölleitungen lassen ein Lager trocken laufen und zerstören es schnell. Lagerschalen besitzen zwar sogenannte ›Notlaufeigenschaften‹, aber nur für die jeweils ersten Sekunden nach dem Anlassen – wird jedoch bei hohen Drehzahlen einmal die Schmierung für Zehntelsekunden unterbrochen, können Schalen und Zapfen bereits schrottreif sein. Das Lagermaterial wird abgetragen und die durch die Reibung entstehende starke Hitze zerstört den Wellenzapfen.
6 Auch die Fahrweise hat einen direkten Einfluss auf die Laufzeiten von Lagern. Vollgas bei niedrigen Drehzahlen und hohe Belastung beanspruchen die Lager stark, da diese dazu neigen, den Ölfilm abzuquetschen. Diese Zustände belasten die Lager stark und erzeugen feine Ermüdungsbrüche in der Oberfläche. Eventuell kann das Lagermaterial ausbrechen und selbst weitere Schäden erzeugen.
7 Kurzstreckenbetrieb führt zu Korrosion der Lager, da der Motor keine ausreichende Betriebstemperatur erreicht, um Kondenswasser und aggressive Gase zu vertreiben. Diese Produkte sammeln sich im Motoröl und bilden Säure und Schlamm. Wenn dieses Öl in die Lager gelangt, greift die Säure die Lager an und lässt das Material korrodieren.
8 Eine nachlässige Lagermontage während des Motorzusammenbaus kann ebenso zu Problemen führen. Festsitzende Lager führen zu geringem Lagerspiel und einem unzureichenden Schmierfilm. Hinter einer Lagerschale verbleibender Schmutz oder Fremdteile verbiegen die Schale und sorgen für punktuellen Verschleiß.
9 Die Gleitflächen der Lagerschalen dürfen unter keinen Umständen mit den Fingern berührt werden, da die empfindliche Oberfläche beschädigt werden kann oder kleinste Schmutzpartikel daran haften bleiben.
10 Wie bereits erwähnt, ist es sehr empfehlenswert, die Lagerschalen bei jeder Motorüberholung durch Neuteile zu ersetzen; alles andere wäre falsche Sparsamkeit.

15 Motorüberholung – Zusammenbaureihenfolge

1 Bevor der Zusammenbau beginnt, muss sichergestellt sein, dass alle neuen Teile und notwendigen Werkzeuge beschafft sind. Lesen Sie die gesamte Arbeitsprozedur durch, um sich mit der anstehenden Arbeit vertraut zu machen und sicher zu sein, dass alle für den Zusammenbau benötigten Dinge vorhanden sind. Neben allen normalen Werkzeugen und Materialien werden in manchen Fällen Schrauben-Sicherungspaste (›Loctite‹) und Dichtmasse benötigt – verwenden Sie hier die von Mercedes empfohlenen Produkte. Generell müssen Dichtflächen absolut sauber und fettfrei sein, bevor Dichtungen aufgelegt werden dürfen.
2 Um Zeit zu sparen und Probleme zu vermeiden, sollte der Zusammenbau in der folgenden Reihenfolge und entsprechend der Hinweise in den *Kapiteln 2A, 2B oder 2C* durchgeführt werden (soweit zutreffend):
a) Kurbelwelle (Sektion 18).
b) Kolben/Pleuel (Sektion 17)
c) Zylinderkopf
d) Steuerkette oder Zahnriemen
e) Ölpumpe
f) Ölwanne
f) Schwungscheibe
g) Externe Motorkomponenten
3 Zu diesem Zeitpunkt müssen alle Motorkomponenten absolut sauber und trocken und alle Schäden repariert sein. Alle Bauteile müssen auf einer absolut sauberen Arbeitsfläche ausgelegt oder in Behältern bereitgehalten werden.

16 Kolbenringe – Einbau

1 Es ist ratsam, die Kolbenringe bei jeder Motorüberholung zu erneuern. Vor der Montage neuer Ringe an die Kolben muss ihr Stoßspiel in den Zylinderbohrungen ermittelt werden.
2 Sortieren Sie zum Messen den Kolben samt Ringen dem korrekten Zylinder zu, sodass die Ringe mit dem korrekten Kolben und Zylinder gemessen und später auch hier installiert werden.
3 Installieren Sie den oberen Ring in die erste Bohrung und drücken Sie ihn mit der Oberseite des Kolbens herunter, damit er senkrecht im Zylinder sitzt. Positionieren Sie den Ring knapp über dem unteren Totpunkt der Kolbenringe und ziehen Sie den Kolben wieder heraus. Der obere und der zweite Kolbenring unterscheiden sich (siehe Abb. 16.9a und b).
4 Messen Sie das Stoßspiel mit einer Fühlerlehre (siehe Abbildung). Schieben Sie den Kolbenring hoch und positionieren Sie ihn senkrecht im oberen Arbeitsbereich, um ihn erneut zu messen. Vergleichen Sie die Ergebnisse mit den Angaben in den technischen Daten – falls sie von den Vorgaben abweichen, muss geprüft werden, ob der Kolbenring in der richtigen Zylinderbohrung sitzt.

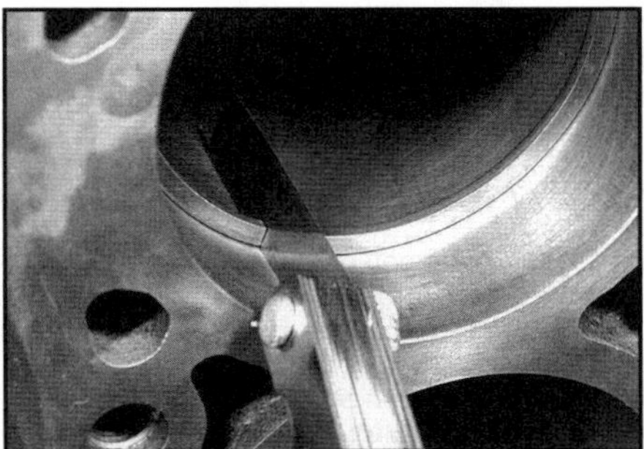

16.4 Messen Sie das Stoßspiel des eingebauten Kolbenrings mit einer Fühlerlehre.

5 Falls das Spiel zu gering ist (bei Markenartikeln eher unwahrscheinlich), können die Enden im Betrieb zusammenstoßen und schwere Motorschäden hervorrufen. Im Idealfall weisen neue Kolbenringe das korrekte Stoßspiel auf, notfalls kann das Spiel äußerst vorsichtig mit einer feinen Feile vergrößert werden: Klemmen Sie dazu die Feile in einen mit weichen Backen ausgerüsteten Schraubstock, schieben Sie den Kolbenring darüber, sodass seine Enden die Feile berühren, und schieben Sie ihn langsam hin und her, um Material abzutragen.
Vorsicht: Kolbenringe sind scharfkantig und brechen leicht ab.
6 Wiederholen Sie die Kontrollen mit allen drei Kolbenringen des ersten Zylinders, dann mit den Ringen der anderen Zylinder – achten Sie stets darauf, Ringe, Kolben und Zylinder zusammenzuhalten.
7 Sobald die Ringe und Spaltmaße kontrolliert und ggf. korrigiert wurden, können die Ringe an die Kolben montiert werden.
Anmerkung: *Folgen Sie stets den mit den Kolbenring-Sets gelieferten Hinweisen – verschiedene Hersteller können unterschiedliche Prozeduren vorschreiben. Vertauschen Sie nicht die beiden oberen Kolbenringe – sie haben unterschiedliche Querschnitte.*
8 Installieren Sie zuerst den Expander des (unteren) Ölabstreifrings. Installieren Sie dann den einteiligen dicken Ölabstreifring darüber und verdrehen Sie seine Öffnung um 180° zu der des Expanders.
9 Installieren Sie den zweiten Kompressionsring in die mittlere Kolbennut.
Anmerkung: *Die beiden Kompressionsringe sind unterschiedlich gestaltet und können leicht voneinander unterschieden werden (siehe Abbildung).* Auf der Oberseite ist er mit ›TOP‹ markiert. Spannen Sie Kolbenringe nicht zu weit auseinander, da sie leicht brechen.

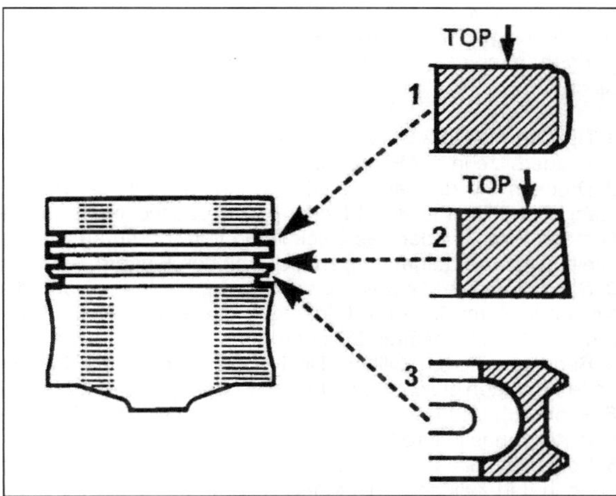

16.9a Kolbenring-Querschnitte – 1,5 l-Dieselmotor

1 Oberer Kompressionsring 3 Ölabstreifring
2 Zweiter Kompressionsring

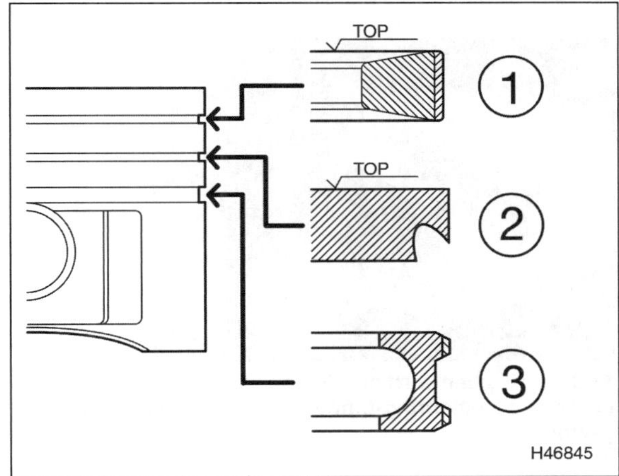

16.9b Kolbenring-Querschnitte – 1,6 l-Benzinmotor und 1,8/2,1 l-Dieselmotor

1 Oberer Kompressionsring 3 Ölabstreifring
2 Zweiter Kompressionsring

10 Installieren Sie den oberen Kompressionsring auf die gleiche Weise in die obere Nut – auch er sollte auf der Oberseite mit ›TOP‹ markiert sein.
11 Wenn alle Kolbenringe an den Kolben installiert sind, müssen ihre Öffnungen um jeweils 120° zueinander verdreht werden.

17 Kolben und Pleuel – Einbau

Anmerkung: *Beim Einbau müssen neue Pleuelfußschrauben verwendet werden.*
Anmerkung: *Bei der folgenden Prozedur wird davon ausgegangen, dass die Kurbelwelle und die Hauptlager eingebaut sind.*

1 Reinigen Sie die Rückseiten der neuen Lagerschalen und die Lagersitze in der Pleuelstange und im Pleuelfußdeckel.
2 Drücken Sie die Lagerschalen in ihre Sitze in der Pleuelstange und im Pleuelfußdeckel – Die Lasche muss in die Nut des Pleuels oder des Deckels greifen. Berühren Sie die Gleitflächen der Lagerschalen nicht mit den Fingern.
3 Schmieren Sie die Zylinderbohrungen, die Kolben und die Kolbenringe mit Motoröl. Legen Sie die Kolben/Pleuel-Baugruppen korrekt zu ihren Zylindern aus.
4 Beginnen Sie am Zylinder Nr. 1. Prüfen Sie, ob die Kolbenring-Öffnungen gleichmäßig um den Kolben verteilt sind (siehe Sektion 16), und klemmen Sie sie mit einem Kolbenring-Einbauwerkzeugs in ihre Nuten.
5 Schieben Sie die korrekt ausgerichtete Baugruppe von oben in den Zylinder – die Markierung auf dem Kolbenboden (ein Pfeil, ein Buchstabe oder ein Punkt) muss auf der beim Ausbau notierten Seite liegen.
6 Sobald der Kolben korrekt positioniert ist, wird er mithilfe eines Holzstücks in den Zylinder geklopft, bis er bündig zu dessen oberem Rand steht (siehe Abbildung).

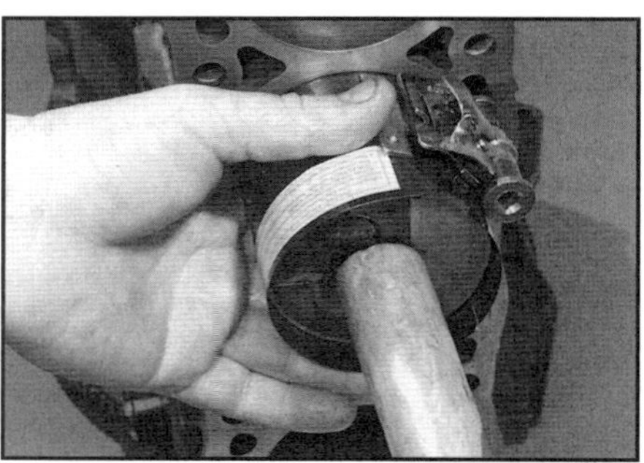

17.6 Der Kolben wird mithilfe eines Hammerstiels durch das Kolbenring-Einbauwerkzeug in den Zylinder geklopft.

7 Wenn sichergestellt ist, dass die Lagerschalen korrekt sitzen, werden der Hubzapfen und beide Lagerschalen ausgiebig mit Motoröl geschmiert. Ziehen Sie das Pleuel nach unten (beschädigen Sie dabei nicht die Zylinderbohrung) gegen den Hubzapfen und setzen Sie den Lagerdeckel auf – die markierten Seiten müssen dabei fluchten, sodass sich die Laschen der Lagerschalen gegenüberliegen. Installieren Sie die neuen Schrauben zunächst handfest.
8 Ziehen Sie die Pleuelfußschrauben schrittweise und gleichmäßig bis zum in den technischen Daten angegebenen Anzugswerten und Winkelgraden an.
9 Sobald die Pleuelfußschrauben korrekt angezogen sind, muss geprüft werden, ob die Kurbelwelle frei drehbar ist; bei Neuteilen darf eine gewisse Steifigkeit erwartet werden, klemmen darf sie jedoch nicht.
10 Verbinden Sie die drei verbliebenen Pleuel auf die gleiche Weise mit der Kurbelwelle.
11 Montieren Sie alle entfernten Baugruppen (siehe Kapitel 2A, 2B oder 2C).

18 Kurbelwelle – Einbau

Auswahl der Lagerschalen

1 Nachdem die Kurbelwelle von einer Fachwerkstatt vermessen, inspiziert, geschliffen und/oder repariert wurde, wird diese auch die passenden Pleuelfuß- und Hauptlagerschalen auswählen.

Einbau

2 Reinigen Sie die Rückseiten der Lagerschalen sowie deren Sitze im Motorblock und den Lagerschalen.
3 Drücken Sie die Lagerschalen in ihre Sitze – die Lasche muss dabei in die entsprechende Nut greifen. Achten Sie darauf, die Gleitfläche nicht mit dem Fingern zu berühren.
4 Trocknen Sie alle Lagerschalen mit einem fusselfreien Lappen und schmieren Sie diejenigen im Motorgehäuse ausgiebig mit Motoröl.
5 Verwenden Sie etwas Fett, um die oberen Anlaufscheiben an beiden Seiten von Hauptlager Nr. 3 ›anzukleben‹ – die Ölnuten auf ihren Oberflächen müssen jeweils nach außen zeigen.
6 Senken Sie die Kurbelwelle in ihre Lager ab und kontrollieren Sie das Axialspiel (siehe Sektion 10).
7 Entfetten Sie sorgfältig die Dichtflächen des Motorblocks und der Hauptlagerdeckel.
8 Prüfen Sie erneut, ob die Lagerschalen korrekt in den Lagerdeckel sitzen, und schmieren Sie die Gleitflächen ausgiebig mit Öl.
9 Setzen Sie die Lagerdeckel entsprechend ihrer Markierungen korrekt und richtig herum über der Kurbelwelle am Motorgehäuse an und installieren Sie die Schrauben zunächst handfest.
10 Ziehen Sie die Schrauben von innen nach außen schrittweise bis etwa zur Hälfte des in den technischen Daten angegebenen Drehmoments an. Ziehen Sie sie dann in einem neuen Durchgang mit dem vorgegebenen Drehmoment an und anschließend mithilfe einer Gradscheibe um den vorgegebenen Wert weiter. Prüfen Sie dann, ob sich die Kurbelwelle frei drehen lässt.
11 Montieren Sie die Pleuel/Kolben-Baugruppe (siehe Sektion 17).
12 Montieren Sie die Ölwanne(n) (Kapitel 2A, 2B oder 2C).
13 Installieren Sie die Kurbelwellen-Dichtringe (Kapitel 2A, 2B oder 2C).
14 Montieren Sie die Schwungscheibe (Kapitel 2A, 2B oder 2C).

19 Motor – Erstinbetriebnahme nach Überholen

1 Wenn der Motor ins Fahrzeug eingebaut ist, werden der Motoröl- und der Kühlmittelpegel kontrolliert. Überprüfen Sie erneut, ob alles angeschlossen ist und keine Werkzeuge oder Lappen im Motorraum zurückgelassen wurden.

Benzinmotoren

2 Entfernen Sie die Zündkerzen.
3 Schalten Sie die Zündung ein und drehen Sie den Motor mit dem Anlasser durch, bis die Öldruckleuchte erlischt. Installieren Sie die Zündkerzen wieder.

Dieselmotoren

4 Drehen Sie den Motor mit dem Anlasser durch, bis die Öldruckleuchte erlischt.
5 Füllen Sie das Kraftstoffsystem vor (siehe Kapitel 4B, Sektion 4).
6 Treten Sie das Gaspedal vollständig durch, drehen Sie den Zündschlüssen in Position II und warten Sie, bis die Glühkerzen-Kontrolllampe erlischt.

Alle Modelle

7 Starten Sie den Motor – aufgrund der entleerten Kraftstoff-Komponenten kann es länger dauern, bis er anspringt.
8 Lassen Sie den Motor im Standgas laufen und kontrollieren Sie alles auf austretenden Kraftstoff, Motoröl oder Kühlmittel. Falls bei der Montage Öl oder Fett auf jetzt heiß werdende Teile gelangt sind, werden diese verdampfen, sodass eine gewisse Rauchentwicklung normal ist.
9 Lassen Sie den Motor im Standgas laufen, bis im oberen Kühlerschlauch heißes Kühlwasser erfühlt werden kann. Schalten Sie den Motor anschließend ab.
10 Kontrollieren Sie nach einigen Minuten erneut den Motoröl- und der Kühlmittelpegel und füllen Sie ggf. Flüssigkeiten nach *(siehe Kapitel 1A oder 1B, Sektion 6).*
11 Falls Neuteile wie Kolben, Kolbenringe und Lagerschalen installiert wurden, muss der Motor auf den ersten 800 km eingefahren werden, als wäre er neu. Fahren Sie den Wagen nicht mit Vollgas und setzen Sie ihn bei niedrigen Drehzahlen unter große Last. Es ist ratsam, nach diesen 800 km das Motoröl samt Filter zu wechseln (siehe Kapitel 1A oder 1B).
12 Soweit die Zylinderkopfschrauben während der Montage korrekt angezogen wurden, ist es bei diesen Motoren nicht erforderlich, sie noch einmal nachzuziehen.

Kapitel 3

Kühlsystem, Heizung und Klimaanlage

Inhalt — Sektion

Schwierigkeitsgrade

Leicht. Geeignet für Anfänger mit wenig Erfahrung. 	**Relativ leicht.** Geeignet für Anfänger mit etwas Erfahrung. 	**Relativ schwierig.** Geeignet für geübte Selbstschrauber. 	**Schwer.** Geeignet für Selbstschrauber mit viel Erfahrung. 	**Sehr schwer.** Geeignet für Experten und Profis. 

Technische Daten

Kühlsystem-Druck (max.)	1,4 bar
Klimaanlagenkompressor-Öl – Füllmenge	20 ml
Kältemittel-Füllmenge	
Typ R 134a	650 g
Typ R 1234yf	630 g

Anzugsdrehmomente	**Nm**
Klimaanlagenkompressor-Schrauben	20
Thermostatgehäuse	10
Turbolader-Haltestrebe an Turbolader	30
Turbolader-Haltestrebe an Motorgehäuse	
Schritt 1	15
Schritt 2	um 90° weiter
Wasserpumpen-Befestigungsschrauben	
Benzinmotoren	20
1,5 l-Dieselmotoren	10
1,8/2,1 l-Dieselmotoren	40

1 Allgemeine Informationen und Warnhinweise

Allgemeine Informationen

1 Das unter Druck stehende Kühlsystem besteht aus der vom Keilrippenriemen oder Zahnriemen angetriebenen Wasser—pumpe, einem aus Leichtmetall bestehenden Wasserkühler, einem Ausgleichsbehälter, einem elektrisch betriebenen Kühlventilator, einem Thermostat, einem Heizungs-Wärmetauscher sowie diversen Schläuchen und Schaltern.

2 Das Kühlsystem funktioniert folgendermaßen: Kaltes Kühlmittel aus dem Kühler gelangt durch den unteren Kühlerschlauch zur Wasserpumpe, die es durch die Kühlkanäle des Motorblocks und des Zylinderkopfes fördert. Nachdem es die Zylinder, die Brennräume und die Ventilsitze abgekühlt hat, gelangt das Kühlmittel an die Unterseite des Thermostaten, der anfangs geschlossen ist und das Kühlmittel durch den Wärmetauscher der Heizung zur Wasserpumpe zurückleitet.

3 Bei kaltem Motor zirkuliert das Kühlmittel im ›kleinen Kühlkreis‹ nur durch den Motorblock, den Zylinderkopf und den Heizungs-Wärmetauscher. Sobald das Kühlmittel eine bestimmte Temperatur erreicht hat, öffnet der Thermostat, und das Kühlmittel fließt durch den oberen Schlauch in den Wasserkühler, wo es vom hindurchströmenden Fahrtwind abgekühlt wird – oder mithilfe des am Kühler sitzenden Ventilators. Hier beginnt der ›große Kühlkreis‹ wieder von vorn.

4 Bei Modellen mit Doppelkupplungsgetriebe wird ein Teil des Kühlmittel auch durch den am Getriebe sitzenden Kühler geleitet. Bei Modellen mit Ölkühler strömt Kühlmittel auch durch diesen.

5 Die Kühltemperaturanzeige und der Ventilator werden mithilfe des Kühltemperatursensors vom Motorsteuergerät überwacht.

6 Das Kühlmittel dehnt sich mit zunehmender Temperatur aus, sodass es über einen dünnen Schlauch oben vom Kühler in einen Ausgleichsbehälter geleitet wird, wo der Pegel ansteigt; bei abkühlendem Kühlmittel sinkt er wieder ab.

7 Beachten Sie für Informationen zum Heizungs- und Belüftungssystem die Hinweise in Sektion 9, die Klimaanlage ist in Sektion 11 beschrieben.

Warnhinweise

Warnung: Solange der Motor heiß ist, darf weder der Ausgleichsbehälterdeckel noch irgendein anderes Teil des Kühlsystems entfernt oder getrennt werden – das unter Druck stehende Kühlmittel kann bei Druckverlust plötzlich aufkochen, sodass heißer Dampf austritt und ernsthafte Verbrennungen verursacht. Falls der Ausgleichsbehälterdeckel im Notfall vor dem Abkühlen des Motors und des Kühlers entfernt werden soll, muss zunächst vorsichtig der Druck abgelassen werden. Legen Sie dazu einen dicken Lappen oder ein Handtuch um den Deckel und entfernen Sie diesen durch vorsichtiges Drehen nach links bis zum Anschlag. Wenn ein zischendes Geräusch hörbar wird, muss gewartet werden, bis es aufhört. Jetzt wird der Deckel heruntergedrückt und weiter nach links gedreht, bis er abgenommen werden kann. Achtung: Siedendes Wasser kann auch mit etwas Verzögerung herausspritzen!

• Frostschutzmittel darf nicht mit der Haut oder Lackoberflächen in Berührung kommen. Wischen Sie Spritzer unverzüglich mit reichlich Wasser ab. Frostschutz kann giftige und explosive Gase produzieren, wenn er in offenen Behältern gelagert oder auf den Boden verschüttet wird. Kinder und Tiere können durch den süßen Geschmack irritiert werden und das Mittel trinken. Fragen Sie Ihren Fachhändler, wo Sie altes Frostschutzmittel entsorgen können.

• Bei heißem Motor kann ein elektrischer Ventilator auch nach dem Abschalten des Motors (und auch der Zündung) einschalten. Halten Sie bei Arbeiten im Motorraum stets Hände, Haare und Kleidung weit genug vom Ventilator weg.

• Beachten Sie vor der Arbeit an Klimaanlagen-Komponenten die Warnhinweise in Sektion 11.

2 Fehlersuche

Kühlmittel-Lecks

1 Ein Leck kann überall im Kühlsystem entstehen, doch zu den wahrscheinlichen Ursachen gehören:

a) eine lockere oder ermüdete Schlauchschelle
b) ein schadhafter Schlauch
c) ein defektes Druckventil im Verschlussdeckel
d) ein defekter Kühler
e) ein defekter Heizungs-Wärmetauscher
f) eine schadhafte Wasserpumpe
g) eine leckende Dichtung in irgendeiner Kühlmittel führenden Verbindung

2 Kühlsystem-Lecks sind nicht immer leicht zu finden. Manchmal lassen sie sich nur entdecken, wenn das Kühlsystem unter Druck steht – daher ist ein Kühlsystem-Druckprüfer nützlich. Nachdem der Motor vollständig abgekühlt ist, wird dieses Gerät statt des Druckventils angesetzt, um damit bis zum vom Hersteller vorgegebenen Wert Luft aufgepumpt (siehe Abbildung). Lecks, die sonst nur bei aufgewärmtem Motor auftreten, werden sich jetzt zeigen; zudem kann das Prüfgerät auch längere Zeit angeschlossen bleiben, um am nur langsam abfallenden Druck ein sehr kleines Leck zu ermitteln.

2.2 Der Kühlsystem-Druckprüfer wird statt des Druckventils angesetzt, um das System mit Luft unter Druck zu setzen.

Kühlmittel-Pegel sinkt, aber keine äußeren Lecks

3 Falls regelmäßig Kühlmittel nachgefüllt werden muss, aber keine äußeren Lecks zu erkennen sind, werden zu den wahrscheinlichen Ursachen gehören:

a) eine leckende Zylinderkopfdichtung
b) eine leckende Ansaugbrückendichtung (falls mit Kühlmittelkanälen versehen) oder ein Riss im Zylinderkopf oder Motorblock

4 Die oben gezeigten Probleme führen normalerweise zum Eintritt von Kühlmittel ins Motoröl, das eine milchige Emulsion

entstehen lässt. Eine leckende Zylinderkopfdichtung oder ein Riss im Zylinderkopf oder Motorblock kann auch zum Eintritt von Motoröl ins Kühlmittel führen, wobei ebenfalls eine Emulsion entsteht.
5 Im Fachhandel sind Zylinderkopfdichtungs-Tester erhältlich, mit denen sich ins Kühlsystem entweichende Abgase entdecken lassen. Sie bestehen aus einer Handpumpe, mit der eine vorgegeben Menge Testflüssigkeit gefüllt und mit dem Kühlerstutzen verbunden wird, um bei laufendem Motor im Kühlsystem vorhandene Gase durch die Flüssigkeit zu saugen; falls darin Abgase enthalten sind, verfärbt sich die Flüssigkeit.
6 Falls im Kühlsystem Abgase entdeckt werden, muss davon ausgegangen werden, dass zumindest die Zylinderkopfdichtung beschädigt ist oder sich sogar Risse im Zylinderkopf oder Motorblock gebildet haben, sodass weitere Untersuchungen und eine entsprechende Reparatur unumgänglich sind.

Verschlussdeckel-Prüfung

Warnung: Warten Sie zunächst, bis der Motor vollständig abgekühlt ist!
7 Das Kühlsystem ist von einem federbelasteten Deckel abgedichtet, um den Siedepunkt zu erhöhen. Falls dessen Dichtung oder Feder beschädigt oder ermüdet ist, wird das Kühlmittel schneller aufkochen und durch den Deckel entweichen. Nachdem der Motor vollständig abgekühlt ist, wird der Deckel entfernt und seine Dichtung auf Risse, Verhärtung oder andere Alterungserscheinungen kontrolliert.
8 Auch wenn die Dichtung in Ordnung ist, kann immer noch die Feder beschädigt oder ermüdet sein, sodass der Deckel ggf. mit einem Kühlsystem-Druckprüfer getestet werden muss – falls er nicht mindestens 1,3 bar hält, muss er ersetzt werden.
9 Der Verschlussdeckel ist auch mit einem Unterdruck-Ventil ausgerüstet, damit der bei abkühlendem Motor im System entstehende Unterdruck abgebaut werden kann, sodass hierdurch keine Schäden am Kühler entstehen können. Falls beim Abkühlen des Motors durch Vakuum zusammengedrückte Kühlerschläuche entdeckt werden, muss der Verschlussdeckel ersetzt werden.

Thermostat

10 Bevor der Thermostat für ein Problem im Kühlsystem verantwortlich gemacht wird, sollten der Kühlmittel-Pegel und die Funktion der Temperaturanzeige und/oder Warnleuchte im Cockpit überprüft werden.
11 Falls der Motor sehr lange braucht, um auf Betriebstemperatur zu kommen (erkennbar an der Temperaturanzeige oder der Heizungs-Funktion), wird der Thermostat wahrscheinlich offen verklemmt sein – ersetzen Sie ihn durch ein Neuteil.
12 Falls der Motor sehr heiß wird oder gar überhitzt, wird der Thermostat wahrscheinlich geschlossen verklemmt sein – ein genauer Test kann dies verifizieren. Anmerkung: Der folgende Test kann nur durchgeführt werden, wenn der Thermostat aus seinem Gehäuse befreit werden kann – was bei den meisten modernen Motoren nicht mehr möglich ist, sodass er nur durch ein Neuteil ersetzt werden kann.
13 Für einen aussagefähigen Test muss der Thermostat ausgebaut werden (siehe Sektion 5). Falls er bei Raumtemperatur offen steht, muss er ersetzt werden.
Achtung: Fahren Sie nicht mit offen stehendem Thermostaten. Der Motor wird lange Zeit im angereicherten Kaltstartbetrieb laufen und der Katalysator und/oder Partikelfilter können zugesetzt werden. Auch der Kraftstoffverbrauch wird steigen.
14 Um einen (geschlossenen) Thermostaten zu testen, muss er mit einem Draht oder Seil in einen Topf mit kaltem Wasser gehalten werden.
15 Erhitzen Sie den Topf und beobachten Sie den Thermostaten – er muss vollständig öffnen, bevor das Wasser kocht.
16 Falls sich der Thermostat nicht korrekt öffnet und beim Abkühlen wieder schließt oder in einer Position verbleibt, muss er ersetzt werden.

Kühlerventilator

17 Falls der Motor überhitzt und der Ventilator nicht einschaltet, muss seine Verkabelung getrennt und mithilfe von Überbrückungskabeln direkt mit der Batterie verbunden – falls er hierbei nicht läuft, ist er defekt und muss ersetzt werden.
18 Läuft der Ventilator nur an einer direkt angeschlossenen Batterie, kann sein Relais defekt sein, dass vom Motorsteuergerät aktiviert wird, um den Strom an den Ventilatormotor freizugeben. Die Steuerkreise sind relativ komplex und eine Kontrolle sollte einer Fachwerkstatt überlassen werden. Manchmal lässt sich das Steuersystem einfach durch den Austausch eines defekten Relais reparieren.
19 Lokalisieren Sie das Ventilatorrelais in der Sicherungs- und Relais-Box im Motorraum.
20 Testen Sie das Relais (siehe Kapitel 12, Sektion 3).
21 Soweit sich das Relais als funktionsfähig erwiesen hat, müssen alle Kabel und Anschlüsse des Ventilatormotors kontrolliert werden – beachten Sie dazu die Schaltpläne am Ende von Kapitel 12. Wurden hier keine erkennbaren Probleme gefunden, können der Kühlmittel-Temperatursensor oder das Motorsteuergerät defekt sein – lassen Sie dies von einer Fachwerkstatt diagnostizieren und ggf. reparieren.

Wasserpumpe

22 Der Ausfall der Wasserpumpe kann den Motor durch starke Überhitzung beschädigen.

Per Keilrippenriemen angetriebene Wasserpumpe

23 Die eingebaute Wasserpumpe kann auf zwei Arten kontrolliert werden. Wird dabei ein Defekt festgestellt, muss die Pumpe ausgebaut und durch ein Neuteil ersetzt werden.
24 Wasserpumpen sind normalerweise mit Ablauf- (oder Entlüftungs-) Bohrungen ausgerüstet, durch die bei einem defekten Pumpendichtring Kühlmittel austritt.
25 Falls das Pumpenwellen-Lager defekt ist, wird bei laufendem Motor an der Pumpe ein Heulen zu hören sein. Eine verschlissene Pumpenwelle kann nach dem Abnehmen des Keilrippenriemen durch Wackeln ermittelt werden. Verwechseln Sie nicht einen quietschenden Keilrippenriemen mit einem verschlissenen Pumpenlager.

Per Steuerkette oder Zahnriemen angetriebene Wasserpumpe

26 Diese Pumpen sitzen innerhalb des Steuerketten- oder Zahnriemendeckels.
27 Eine Kontrolle der Wasserpumpe ist je nach Einbaulage begrenzt möglich; bevor sie ausgebaut wird, können aber einige Checks durchgeführt werden. Eine defekte Wasserpumpe muss durch ein Neuteil ersetzt werden.
28 Eine nicht korrekt arbeitende Heizung oder Klimaanlage sind Hinweise auf eine defekte Wasserpumpe. Bringen Sie den Motor auf Betriebstemperatur, stellen Sie sicher, dass der Kühlmittel-Pegel im Ausgleichsbehälter korrekt ist, und schalten Sie die Heizung ein – aus den entsprechenden Düsen muss warme Luft austreten.
29 Achten Sie auf Geräusche aus dem Wasserpumpen-Bereich. Falls die Pumpenradwelle oder ihr Lager defekt ist, wird bei laufendem Motor an der Pumpe ein Heulen zu hören sein – verwechseln Sie dies nicht mit einem quietschenden Keilrippenriemen.
30 Weisen Geräusche auf eine defekte Wasserpumpe hin, kann am Pumpen-Antriebsrad gewackelt werden – hierzu muss die Steuerkette oder der Zahnriemen entspannt werden und Zugang zum Pumpenrad geschaffen werden.

Alle Wasserpumpen

31 Falls Kühlmittel im Motoröl gefunden wird, kann dies neben einer defekten Wasserpumpe auch eine beschädigte Zylinderkopfdichtung oder Risse im Zylinderkopf oder Motorgehäuse als Ursache haben (siehe oben).

32 Auch eine Pumpe, die keine erkennbaren Probleme wie Geräusche oder Undichtigkeiten aufweist, kann defekt sein – nur der Ausbau erlaubt eine genauere Untersuchung. Manchmal sind die Rippen im Pumpenradgehäuse so stark korrodiert, dass die Förderleistung der Pumpe unzureichend ist.

Heizung

33 Soweit der Lüfter auf allen Stufen korrekt läuft, ist der elektrische Teil des Heizungssystems in Ordnung. Die drei grundsätzlichen Heizungs-Probleme fallen in drei Kategorien:

a) *Zu geringe Heizleistung*

b) *Ständig volle Heizleistung*

c) *Keine Heizleistung*

34 Bei zu geringer Heizleistung kann das Regelventil oder die Luftklappe in einer teilweise geöffneten Position verklemmt sein, das vom Motor kommende Kühlmittel kann nicht warm genug sein oder der Heizungs-Wärmetauscher ist verstopft. Falls das vom Motor kommende Kühlmittel nicht warm genug ist, wird wahrscheinlich der Thermostat offen stehen, sodass ständig Kühlmittel durch den Wasserkühler geleitet und nur sehr langsam erwärmt wird. Soweit das Fahrzeug mit einer Temperaturanzeige ausgerüstet ist, kann hier beobachtet werden, ob die Temperatur nach einer gewissen Fahrstrecke in den Betriebsbereich ansteigt.

35 Falls die Heizung ständig arbeitet, kann das Regelventil oder die Luftklappe in der offenen Position verklemmt sein.

36 Arbeitet die Heizung gar nicht, erreicht wahrscheinlich das Kühlmittel nicht den Wärmetauscher oder dieser ist blockiert. Die wahrscheinlichste Ursache ist eine Verstopfung im Schlauch oder Wärmetauscher oder ein festsitzendes Regelventil. Falls durch den Wärmetauscher-Typ ständig Kühlmittel strömt, wird eine klemmende Luftklappe oder ein gerissener oder geknickter Bowdenzug die Ursache für den Ausfall sein.

Klimaanlage

37 Falls zu wenig kalte Luft austritt:

a) *Prüfen Sie, ob die Verflüssiger-Spiralen und Rippen frei liegen.*

b) *Prüfen Sie, ob die Kompressor-Kupplung nicht durchrutscht.*

c) *Prüfen Sie, ob der Gebläsemotor korrekt funktioniert.*

d) *Kontrollieren Sie die Gebläse-Luftkanäle auf Hindernisse.*

e) *Prüfen Sie, ob die Luftfilter des Systems nicht verstopft sind.*

38 Falls nur manchmal kalte Luft austritt:

a) *Kontrollieren Sie die Sicherung, den Gebläseschalter und den Gebläsemotor auf Fehlfunktionen.*

b) *Prüfen Sie, ob die Kompressor-Kupplung nicht durchrutscht.*

c) *Prüfen Sie, ob die Luftkammer-Klappe korrekt funktioniert.*

d) *Prüfen Sie, ob der Verdampfer nicht blockiert ist.*

e) *Falls das System vereist, kann dies an hoher Feuchtigkeit im System, einem defekten Verdampfer-Temperatursensor oder dem Steuergerät liegen.*

39 Falls gar keine kalte Luft austritt:

a) *Prüfen Sie, ob der Kompressor-Antriebsriemen locker oder gerissen ist.*

b) *Prüfen Sie, ob die Kompressor-Kupplung einrückt, überprüfen Sie andernfalls die Sicherung.*

c) *Kontrollieren Sie den Kabelbaum auf gebrochene Kabel oder getrennte Anschlüsse.*

d) *Überbrücken Sie bei nicht einrückender Kompressorkupplung die Anschlüsse des/der Klimaanlagen-Schalter(s) – falls die Kupplung jetzt einrückt und das System ist korrekt befüllt, wird der Druckschalter defekt sein.*

e) *Prüfen Sie, ob der Gebläsemotor nicht getrennt oder durchgebrannt ist.*

f) *Prüfen Sie, ob der Kompressor nicht teilweise oder vollständig festgegangen ist.*

g) *Inspizieren Sie die Kältemittel-Rohre auf Lecks.*

h) *Kontrollieren Sie alle anderen Komponenten auf Lecks*

i) *Begutachten Sie den Flüssigkeitsbehälter mit Trockner-Einsatz und das Ausdehnungs-Ventil/Rohr auf blockierte Siebe.*

40 Falls die Klimaanlage Geräusche verursacht:

a) *Prüfen Sie, ob im Innenraum Blenden locker sind.*

b) *Prüfen Sie, ob der Kompressor-Antriebsriemen locker oder gerissen ist.*

c) *Prüfen Sie die Festigkeit der Kompressor-Schrauben.*

d) *Geräusche aus dem Kompressor weisen auf internen Verschleiß hin.*

e) *Geräusche aus der Umlenkrolle, ihrem Lager und der Kompressor-Kupplung weisen auf Verschleiß hin.*

f) *Die Wicklung der Kompressor-Kupplungs-Spule oder des Magnetschalters kann defekt sein.*

g) *Der Ölpegel im Kompressor kann niedrig sein.*

h) *Die Kohlebürsten des Gebläsemotors oder der Motor selbst können verschlissen sein.*

i) *Ein überfülltes System erzeugt rumpelnde Geräusche im Hochdruckrohr oder klopfende Geräusche im Kompressor.*

j) *Ein unzulänglich befülltes System erzeugt zischende Geräusche im Verdampfergehäuse und dem Ausdehnungsventil.*

3 Kühlsystem-Schläuche – Trennen und Verbinden

Anmerkung: *Beachten Sie vor Arbeitsbeginn die Warnhinweise in Sektion 1. Schläuche dürfen erst abgezogen werden, wenn der Motor ausreichend abgekühlt ist.*

1 Falls bei den Kontrollen in Kapitel 1A oder 1B, Sektion 16 ein defekter Schlauch entdeckt wurde, muss er wie folgt ersetzt werden:

2 Entleeren Sie zuerst das Kühlsystem (siehe Kapitel 1A, Sektion 32 oder Kapitel 1B, Sektion 33) – falls das Frostschutzmittel nicht erneuert werden muss, kann es später wiederverwendet werden, wenn es in einem sauberen Behälter gelagert wird.

3 Zum Trennen von Schläuchen muss entsprechend des Anschluss-Typs fortgefahren werden.

Schlauchschellen-Verbindungen

4 Hier werden die Schläuche auf Stutzen geschoben und mit unterschiedlichen Schellen gesichert. Dies können Schraubschellen, Federschellen oder nicht wiederverwendbare Quetsch-Schellen sein. Für Schraubschellen wird ein passender Schraubendreher benötigt, für Federschellen eine geeignete Zange (siehe Abbildung) und für Quetsch-Schellen eine Spezialzange.

3.4 Drücken Sie die Laschen einer Federschelle zusammen – bei engen Platzverhältnissen hilft ein Spezialwerkzeug mit Bowdenzügen.

5 Merken Sie sich vor dem Trennen eines Schlauchs seine Verlegung im Motorraum und mögliche zusätzliche Befestigungen mit Clips oder Kabelbindern. Lösen Sie Schellen des entsprechenden Schlauchs und ziehen Sie sie ein Stück weit zurück, sodass der Schlauch vom Stutzen befreit werden kann. Neue Schläuche lassen sich meistens leicht abziehen, doch ältere Schläuche sind oft ausgehärtet und schwierig zu lösen; versuchen Sie, ihn drehend abzuziehen und hebeln Sie ihn vorsichtig mit einem Schraubendreher ab.

Wenn sich ein Schlauch nicht abziehen lässt, muss mit einem scharfen Messer ein Längsschnitt über dem Flansch gezogen werden, sodass der Schlauch abgeschält werden kann. Es ist immer besser, nur einen neuen Schlauch zu beschaffen, als den ganzen Kühler zu ersetzen.

6 Vor der Montage empfiehlt es sich, den Stutzen mit etwas Spülmittel oder speziellem Gummi-Schmiermittel zu versehen, um den Schlauch leichter aufschieben zu können. Verwenden Sie auf keinen Fall Fett oder Motoröl, da dies den Schlauch angreifen kann.
7 Vor der Montage eines Schlauchs müssen die Schellen aufgeschoben sein. Prüfen Sie vor dem Verbinden des Schlauchs, ob er korrekt verlegt ist. Stecken Sie den Schlauch auf seinen Stutzen – richten Sie ihn dabei korrekt aus. Schieben Sie die Schelle über den Stutzen und ziehen Sie sie ggf. an.
8 Füllen Sie Kühlmittel auf (siehe Kapitel 1A, Sektion 32 oder Kapitel 1B, Sektion 33) und kontrollieren Sie das Kühlsystem auf Undichtigkeiten.
9 Prüfen Sie nach einigen Kilometern das Kühlsystem auf Undichtigkeiten und die Festigkeit aller auf neuen Schläuchen sitzenden Schellen.

Klick-Anschlüsse

Anmerkung: *Beim Verbinden sollten stets neue Dichtringe verwendet werden.*
10 Manchmal sind Kühlerschläuche mit speziellen Anschlüssen ausgerüstet, die einrasten und ggf. mit Drahtbügeln gesichert werden müssen.
11 Um den Anschluss zu trennen, muss der Drahtbügel vorsichtig herausgehebelt und der Anschluss abgezogen werden (siehe Abbildung) – sichern Sie den Bügel anschließend wieder am Anschluss. Kontrollieren Sie den Dichtring und ersetzen Sie ihn nötigenfalls.

3.11 Hebeln Sie den Drahtbügel heraus und ziehen Sie den Anschluss ab.

12 Achten Sie beim Anschließen darauf, dass der Dichtring korrekt sitzt und der Drahtbügel korrekt in seiner Nut positioniert ist (siehe Abbildung). Schmieren Sie den Dichtring mit etwas Seifenwasser, um den Einbau zu erleichtern. Drücken Sie den Schlauch auf den Stutzen, bis er hörbar einrastet.

3.12 Der Dichtring und der Drahtbügel müssen korrekt sitzen, bevor der Anschluss verbunden wird.

13 Füllen Sie das Kühlsystem auf (siehe Kapitel 1A, Sektion 32 oder Kapitel 1B, Sektion 33) und kontrollieren Sie das Kühlsystem auf Undichtigkeiten.
14 Prüfen Sie nach einigen Kilometern das Kühlsystem auf Undichtigkeiten.

4 Wasserkühler – Ausbau, Kontrolle und Einbau

Anmerkung: *Beachten Sie zunächst die Warnhinweise in Sektion 1.*

Ausbau

1 Heben Sie das Fahrzeug vorn an und stützen Sie es sicher ab (siehe Seite 24). Demontieren Sie den Unterfahrschutz (siehe Abbildung).

4.1 Befestigungen des Unterfahrschutzes

2 Entleeren Sie das Kühlsystem (siehe Kapitel 1A, Sektion 32 oder Kapitel 1B, Sektion 33).
3 Befreien Sie das Motorsteuergerät und verlagern Sie es beiseite (siehe Kapitel 6A oder 6B, Sektion 6).
4 Demontieren Sie die Luftfilter-Baugruppe samt Ansaugstutzen (siehe Kapitel 4A, Sektion 3 oder Kapitel 4B, Sektion 5).
5 Demontieren Sie die vordere Stoßfänger-Schürze (siehe Kapitel 11, Sektion 5).
6 Demontieren Sie den Ladeluftkühler (siehe Kapitel 4A, Sektion 16 oder Kapitel 4B, Sektion 19).
7 Demontieren Sie den Ventilator samt Lüfterhaube (siehe Sektion 6).
8 Befreien Sie die Schellen und trennen Sie die Kühlerschläuche vom Kühler (siehe Abbildungen).

4.8a Trennen Sie die Haupt-Kühlerschläuche links oben ...

4.8b ... und rechts unten am Kühler.

4.8c Hebeln Sie rechts oben am Kühler den Drahtbügel heraus, um den Schlauch-Anschluss zu trennen.

9 Befreien Sie den Verflüssiger an beiden Seiten und heben Sie den Kühler leicht an, um ihn zu trennen (siehe Abbildung).

4.9 Drücken Sie die Laschen zusammen, um den Verflüssiger zu befreien.

10 Drücken Sie unten an beiden Seiten die Lasche der Aufnahme, um den Kühler zu befreien und nach oben herauszuheben (siehe Abbildungen).

4.10a Drücken Sie die Lasche ...

4.10b ... und ziehen Sie den Kühler aus der Aufnahme

Kontrolle

11 Spülen Sie den Kühler mithilfe eines Gartenschlauchs mit Frischwasser durch – füllen Sie es solange oben ein, bis es unten klar austritt. Nötigenfalls kann ein spezielles Reinigungsmittel verwendet werden – beachten Sie die beiliegende Anleitung. Spülen Sie den Kühler nötigenfalls in Gegenrichtung durch.
12 Befreien Sie mit Druckluft und einer weichen Bürste Schmutz und Insekten aus den Kühlerlamellen.
Achtung: Tragen Sie beim Einsatz von Druckluft stets eine Schutzbrille!
Achtung: Die Lamellen sind scharfkantig und sehr empfindlich!
13 Der ausgebaute Kühler kann auf Lecks und Schäden untersucht werden. Ein leckender Kühler muss von einem Fachbetrieb repariert werden. Versuchen Sie nicht, einen Kühler zu schweißen oder zu löten, da hierbei spezielle Techniken erforderlich sind.
14 Kontrollieren Sie alle Haltegummis auf Alterungserscheinungen und ersetzen Sie sie nötigenfalls.

Einbau

15 Der Einbau entspricht der umgekehrten Ausbaureihenfolge – beachten Sie dabei folgende Punkte:
a) Die unteren Laschen müssen korrekt in ihren Aufnahmen einrasten.
b) Alle Schläuche müssen korrekt verbunden und ggf. mit ihren Schellen gesichert sein (siehe Sektion 3).
c) Füllen Sie zum Schluss das Kühlsystem auf (siehe Kapitel 1A, Sektion 32 oder Kapitel 1B, Sektion 33).
d) Starten Sie den Motor und kontrollieren Sie alles auf Undichtigkeiten. Bringen Sie den Motor auf Betriebstemperatur und prüfen Sie, ob der obere Kühlerschlauch warm wird. Lassen Sie den Motor – am besten über Nacht – wieder abkühlen und kontrollieren Sie erneut den Kühlmittelpegel.

5 Thermostat – Ausbau, Test und Einbau

Ausbau

Benzinmotoren

1 Entleeren Sie das Kühlsystem (siehe Kapitel 1A, Sektion 32).
2 Demontieren Sie die Ansaugbrücke (siehe Kapitel 4A, Sektion 13).
3 Lösen Sie am Thermostatgehäuse die Schellen aller Schläuche und trennen Sie diese (siehe Abbildung).

5.3 Trennen Sie alle Schläuche vom Thermostatgehäuse.

4 Trennen Sie den Kabelstecker vom Thermostat-Heizelement und befreien Sie seine Verkabelung.
5 Lösen Sie die zwei Schrauben des Thermostatgehäuses und ziehen Sie dies aus dem Motorgehäuse (siehe Abbildung) – die Schrauben verbleiben am Thermostaten.
Anmerkung: *Der Thermostat ist in das Gehäuse integriert, sodass bei einem Defekt die gesamte Baugruppe ersetzt werden muss.*

5.5 Schrauben des Thermostatgehäuses – Benzinmotor

1,5 l-Dieselmotoren

6 Entleeren Sie das Kühlsystem (siehe Kapitel 1B, Sektion 33).
7 Lösen Sie am Luftfiltergehäuse die Schellen des hinteren Ansaugstutzens und entfernen Sie diesen.
8 Trennen Sie links am Zylinderkopf die Unterdruckschläuche, lösen Sie die Schraube und verlagern Sie die Halterung und den Kabelbaum beiseite.
9 Trennen Sie links am Zylinderkopf den Stecker des Thermostatgehäuses.
10 Lösen Sie am Thermostaten die Schellen der Kühlerschläuche und ziehen Sie diese ab.
11 Lösen Sie die drei Schrauben des Thermostatgehäuses und befreien Sie dies (siehe Abbildung).
Anmerkung: *Der Thermostat ist in das Gehäuse integriert, sodass bei einem Defekt die gesamte Baugruppe ersetzt werden muss.*

5.11 Schrauben des Thermostatgehäuses – 1,5 l-Dieselmotor

1,8- und 2,1 l-Dieselmotoren

12 Entleeren Sie das Kühlsystem (siehe Kapitel 1B, Sektion 33).
13 Befreien Sie das Wasserpumpen-Umschaltventil aus seinem Halter und verlagern Sie es beiseite (siehe Abbildung).

5.13 Lösen Sie den Clip und ziehen Sie das Wasserpumpen-Umschaltventil heraus.

14 Trennen Sie den Stecker des Thermostat-Heizelements (siehe Abbildung).

5.14 Ziehen Sie die graue Sicherungslasche hoch und trennen Sie den Heizelement-Stecker.

15 Lösen Sie am Thermostatgehäuse die Schellen aller Schläuche und trennen Sie diese (siehe Abbildung).

5.15 Trennen Sie alle Schläuche vom Thermostatgehäuse.

16 Lösen Sie die drei Schrauben des Thermostatgehäuses und befreien Sie dies samt Thermostaten (siehe Abbildung). **Anmerkung**: *Der Thermostat ist in das Gehäuse integriert, sodass bei einem Defekt die gesamte Baugruppe ersetzt werden muss.*

5.16 Schrauben des Thermostatgehäuses – 1,8- und 2,1 l-Dieselmotor (eine liegt versteckt)

Einbau

17 Die Dichtfläche am Motor muss sauber und frei von alter Dichtmasse sein.
18 Soweit der originale Thermostat wieder eingebaut werden soll, muss sein Dichtring erneuert werden.
19 Positionieren Sie den Thermostaten am Motor, installieren Sie die Schrauben und ziehen Sie sie mit 10 Nm an.
20 Der Rest des Einbaus entspricht der umgekehrten Ausbaureihenfolge – füllen Sie zum Schluss das Kühlsystem auf (siehe Kapitel 1A, Sektion 32 oder Kapitel 1B, Sektion 33).

6 Kühlerventilator – Ausbau und Einbau

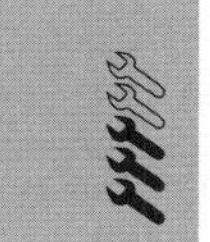

1 Heben Sie das Fahrzeug vorn an und stützen Sie es sicher ab (siehe Seite 24). Demontieren Sie den Unterfahrschutz (siehe Abbildung).
2 Befreien Sie den Ausgleichsbehälter und verlagern Sie ihn beiseite – die Schläuche können angeschlossen bleiben.
3 Trennen Sie ggf. den Stecker des Kühlerjalousien-Stellmotors.
4 Lösen sie vorn am Luftfiltergehäuse die Schelle des Ansaugstutzens und entfernen Sie diesen.
5 Trennen Sie ggf. den Unterdruckschlauch vom Kühlerjalousien-Stellmotor
6 Trennen Sie den Ventilatorstecker und befreien Sie die Verkabelung vom unteren Teil der Lüfterhaube (siehe Abbildung).

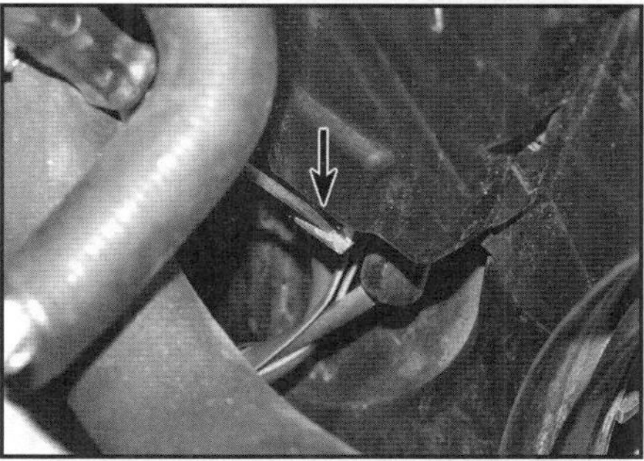

6.6 Schieben Sie die Arretierung herunter und trennen Sie den Ventilatorstecker.

7 Entfernen Sie an beiden Seiten die oberen Ventilator-Halter (siehe Abbildungen).

6.7a Hebeln Sie den mittleren Stift des jeweiligen Halters heraus, …

6.7b … drehen Sie den Clip um 90° und ziehen Sie den Halter heraus.

8 Verlagern Sie die Oberseite der Kühler/Verflüssiger-Baugruppe leicht nach hinten, lösen Sie die Laschen und befreien Sie die Ventilator-Baugruppe nach oben heraus (siehe Abbildung).

Achtung: Beschädigen Sie beim Ausbau des Ventilators nicht die Kühlerlamellen!

6.8 Ziehen Sie an beiden Seiten die Laschen leicht nach hinten und heben Sie die Ventilator-Baugruppe nach oben heraus.

9 Der Einbau entspricht der umgekehrten Ausbaureihenfolge.

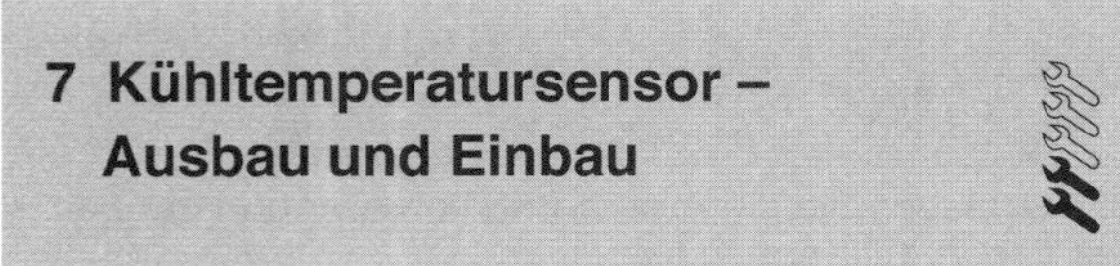

7 Kühltemperatursensor – Ausbau und Einbau

1 Der Ausbau des Kühltemperatursensors ist in Kapitel 6A, Sektion 11 (Benzinmotoren) oder Kapitel 6B, Sektion 9 (Dieselmotoren) beschrieben.

8 Wasserpumpe – Kontrolle, Ausbau und Einbau

Benzinmotoren

Ausbau

1 Trennen Sie den Masseanschluss der Batterie (siehe Kapitel 5, Sektion 4).
2 Entleeren Sie das Kühlsystem (siehe Kapitel 1A, Sektion 32).
3 Demontieren Sie die rechte Motorhalterung (siehe Kapitel 2A, Sektion 14).
4 Entfernen Sie den Keilrippenriemen (siehe Kapitel 1A, Sektion 29).
5 Demontieren Sie die Luftfilterbaugruppe samt Ansaugstutzen (siehe Kapitel 4A, Sektion 3).
6 Lösen Sie die Schrauben des unteren Katalysator-Hitzeschilds und entfernen Sie dies (siehe Abbildung).

8.6 Schrauben des unteren Katalysator-Hitzeschilds

7 Trennen Sie den Stecker der unteren Lambdasonde und schrauben Sie sie aus dem Katalysator.
8 Lösen Sie links die Schrauben der Strebe und entfernen Sie den oberen Hitzeschild (siehe Abbildungen).

8.8a Strebe links am Auspuffstutzen

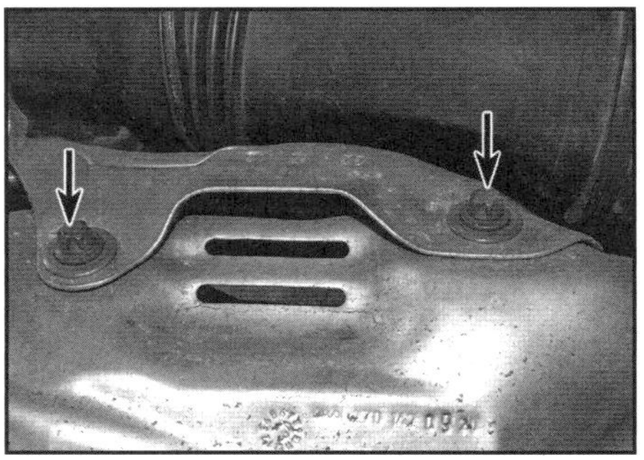

8.8b Hitzeschild-Schrauben

9 Legen Sie saugfähige Lappen über die Lichtmaschine, um kein Kühlmittel eindringen zu lassen.
10 Lösen Sie am Turbolader die Schraube der Kühlerrohr-Anschlüsse und ziehen Sie sie ab – die O-Ringe müssen erneuert werden.
11 Entfernen Sie am Turbolader das Ölversorgungs- und das Rücklaufrohr. Verstopfen Sie alle Öffnungen, um keinen Schmutz eindringen zu lassen. Die Dichtungen müssen später erneuert werden.
12 Lösen Sie die Schrauben der Turbolader-Haltestrebe und entfernen Sie diese.
13 Lösen Sie die Schellen des zwischen dem Turbolader und dem Ladeluftkühler sitzenden Rohrs und entfernen Sie dies.
14 Lösen Sie am Ventildeckel die Schraube der Peilstab-Führung (siehe Abbildung).

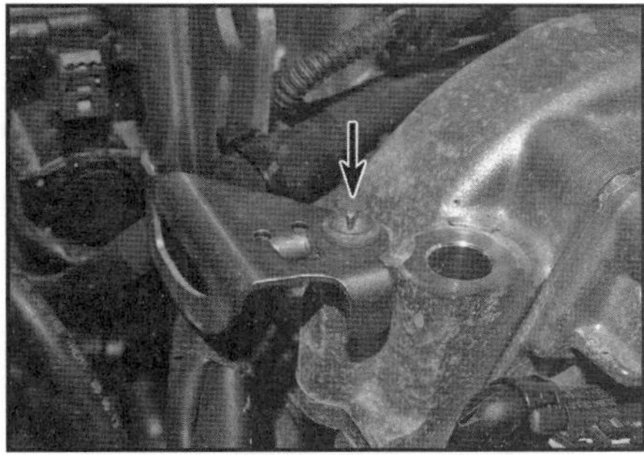

8.14 Schraube der Peilstab-Führung

15 Lösen Sie rechts am Motor die Schrauben des Kühlmittelrohrs, öffnen Sie seine Schelle und befreien Sie es (siehe Abbildungen).

8.15a Das Kühlmittelrohr ist mit einer Schraube am Steuerkettendeckel, ...

8.15b ... einer Schraube am Zylinderkopf ...

8.15c ... und einer Schraube an der Wasserpumpe gesichert. Öffnen Sie die Schelle und befreien Sie das Rohr.

16 Lösen Sie die Schraube des an der Wasserpumpe angeschlossenen Metallrohrs (siehe Abbildung).

8.16 Befestigungsschrauben des Kühlmittelrohrs

17 Öffnen Sie an der Pumpe die Schelle des zum Turbolader führenden Kühlmittelschlauchs (siehe Abbildung).

8.17 Die Schelle des zum Turbolader führenden Kühlmittelschlauchs

18 Lösen Sie rechts an der Wasserpumpe die drei Schrauben des Kunststoffstutzens und befreien Sie diesen (siehe Abbildungen) – die O-Ringe müssen später erneuert werden.

8.18a Lösen Sie die drei Schrauben ...

8.18b ... und befreien Sie den Kunststoffstutzen von der Wasserpumpe.

19 Trennen Sie den Unterdruckschlauch, lösen Sie die drei Schrauben und verlagern Sie die Wasserpumpe nach links, um sie aus dem Motorraum zu entnehmen (siehe Abbildungen) – der O-Ring zwischen ihr und dem Motorblock muss später ersetzt werden.

8.19a Trennen Sie den Unterdruckschlauch, ...

8.19b ... lösen Sie die drei Schrauben ...

8.19c ... und manövrieren Sie die Wasserpumpe nach links heraus.

Einbau

20 Positionieren Sie die Wasserpumpe am Motor, installieren Sie die Schrauben und ziehen Sie sie mit 20 Nm an.
21 Der Rest des Einbaus entspricht der umgekehrten Ausbaureihenfolge.
22 Füllen Sie zum Schluss das Kühlsystem auf (siehe Kapitel 1A, Sektion 32).

1,5 l-Dieselmotoren

Ausbau

23 Entleeren Sie das Kühlsystem (siehe Kapitel 1B, Sektion 33).
24 Entfernen Sie den Zahnriemen (siehe Kapitel 2B, Sektion 5).
25 Lösen Sie die Schrauben des inneren Zahnriemendeckels und befreien Sie ihn vom Motor (siehe Abbildung).

8.25 Schrauben des inneren Zahnriemendeckels

26 Lösen Sie die Schrauben der Wasserpumpe und manövrieren Sie sie heraus (siehe Abbildung) – ihre Dichtung muss später durch ein Neuteil ersetzt werden.

8.26 Wasserpumpen-Befestigungsschrauben

Einbau

27 Die Dichtflächen der Pumpe und des Motorgehäuses müssen sauber und trocken sein, die Passhülsen müssen korrekt positioniert sein.
28 Legen Sie die neue Dichtung (trocken) auf, setzen Sie die Pumpe an, installieren Sie die Schrauben und ziehen Sie sie mit 10 Nm an.
29 Der Rest des Einbaus entspricht der umgekehrten Ausbaureihenfolge. Füllen Sie zum Schluss das Kühlsystem auf (siehe Kapitel 1B, Sektion 33).

1,8 und 2,1 l-Dieselmotoren

Ausbau

30 Entleeren Sie das Kühlsystem (siehe Kapitel 1B, Sektion 33).
31 Entfernen Sie den Keilrippenriemen (siehe Kapitel 1A, Sektion 29).
32 Befreien Sie das Wasserpumpen-Umschaltventil aus seinem Halter, verlagern Sie es beiseite und trennen Sie den Unterdruckschlauch (siehe Abbildung).

8.32 Befreien Sie das Wasserpumpen-Umschaltventil.

33 Trennen Sie den Stecker des Thermostat-Heizelements (Abb. 5.14).
34 Trennen Sie die verschiedenen Kühlerschläuche von der Wasserpumpe und dem Thermostatgehäuse (siehe Abbildungen).

8.34a Trennen Sie die Schläuche vorn an der Wasserpumpe und dem Thermostatgehäuse ...

8.34b ... und den einzelnen Schlauch hinten.

35 Lösen Sie die Schrauben, um die Wasserpumpe samt Thermostatgehäuse entnehmen zu können (siehe Abbildung).

8.35 Wasserpumpen-Befestigungsschrauben

Einbau

36 Manövrieren Sie die Wasserpumpe samt Thermostatgehäuse in Position und verbinden Sie dabei die Schläuche. Installieren Sie die Befestigungsschrauben und ziehen Sie sie mit 40 Nm an.
37 Der Rest des Einbaus entspricht der umgekehrten Ausbaureihenfolge. Füllen Sie zum Schluss das Kühlsystem auf (siehe Kapitel 1B, Sektion 33).

Elektrische Zusatz-Wasserpumpe

Anmerkung: *Diese Pumpe findet sich bei Modellen mit Doppelkupplungsgetriebe.*
38 Entleeren Sie das Kühlsystem (siehe Kapitel 1A, Sektion 32 oder Kapitel 1B, Sektion 33).
39 Die Pumpe sitzt vorn an der Antriebseinheit (siehe Abbildung) – trennen Sie den Kabelstecker.

8.39 Elektrische Zusatz-Wasserpumpe

40 Öffnen Sie die Schellen der mit der Pumpe verbundenen Schläuche und ziehen Sie sie ab – seien Sie auf austretendes Kühlmittel vorbereitet.

41 Lösen Sie die Befestigungsschraube und entfernen Sie die Pumpe samt Halter.
42 Der Einbau entspricht der umgekehrten Ausbaureihenfolge.

9 Heizung und Lüftung – Allgemeine Informationen

Anmerkung: Informationen zur Klimaanlage finden sich in Sektion 11.

Manuell gesteuertes System

1 Das Heizungs- und Belüftungssystem besteht aus dem hinter dem Armaturenbrett sitzenden Gebläsemotor, seitlichen und zentralen Lüftungsklappen im Armaturenbrett und Lüftungstrakten zur Windschutzscheibe und den Fußräumen. Mithilfe der im Armaturenbrett sitzenden Heizungsregler werden Klappen betätigt, um die durch die verschiedenen Teile des Heizungs- und Belüftungssystems strömende Luft abzulenken und zu mischen. Die Luftklappen sitzen im zentralen Luftverteilergehäuse, das die Luft zu den verschiedenen Öffnungen verteilt.
2 Die zum Heizen verwendete Luft wird durch den Grill vor der Windschutzscheibe angesaugt. Im Lüftungs-Einlass befindet sich ein Pollenfilter, um Staub und andere Partikel aus der ins Fahrzeug strömenden Luft herauszufiltern. Der Filter muss regelmäßig ausgetauscht werden (siehe Kapitel 1A oder 1B, Sektion 15), um den Luftstrom und das Trocknen des Innenraums nicht zu behindern.
3 Die nötigenfalls per Gebläse beschleunigte Luft wird von der Regelung zu den verschiedenen Lüftungsdüsen geleitet. Abluft gelangt im Heck wieder ins Freie. Falls Warmluft verlangt wird, leiten entsprechende Klappen die Frischluft durch einen vom Kühlmittel des Motors beheizten Wärmetauscher.
4 Ein Umlufthebel ermöglicht den Ausschluss der Außenluft, während im Fahrzeug die Luft zirkuliert. Diese Funktion kann kurzzeitig genutzt werden, um Gerüche nicht ins Fahrzeug dringen zu lassen, sollte aber nicht lange verwendet werden, da die Luft rasch verbraucht sein wird.
5 Bei manchen Diesel-Modellen sitzt eine elektrische Zusatzheizung im Heizungsgehäuse, damit die Heizung funktioniert, bevor der Motor das Kühlmittel aufgewärmt hat.

Klimaautomatik

6 Alle Modelle sind serienmäßig mit einer Klimaautomatik ausgerüstet.
7 Die Funktion des Systems wird von einem Steuermodul und den folgenden Sensoren überwacht:
a) Innenraum-Temperatursensor
b) Verdampfer-Temperatursensor
c) Wärmetauscher-Temperatursensor
d) Außentemperatursensor
e) Sonnenlicht-Sensor
8 Mithilfe der Informationen diese Sensoren regelt das Steuermodul die Luftklappen des Heizungs/Belüftungssystems, um die Innenraumtemperatur entsprechend der Eingabe anzupassen.
9 Falls im System ein Fehler auftritt, sollte das Fahrzeug zu einer Fachwerkstatt gebracht werden, die mit geeigneten Diagnosegeräten eine umfassende Kontrolle durchführen kann (siehe Abbildung).

9.9 Der Diagnosestecker befindet sich neben dem Motorhauben-Öffnerhebel unterhalb des Armaturenbretts.

10 Heizungs- und Lüftungs-Komponenten – Ausbau und Einbau

Achtung: Vor der Arbeit an irgendwelchen elektrischen Bauteilen empfehlen wir, die Batterie zu trennen (siehe Kapitel 5, Sektion 4).

Regler-Baugruppe

1 Entfernen Sie die Frontkonsolen-Blende (siehe Kapitel 11, Sektion 26).
2 Lösen Sie die Laschen und befreien Sie die Regler-Baugruppe aus der Konsolenblende (siehe Abbildung).

10.2 Lösen Sie die Laschen oben und unten an der Regler-Baugruppe.

3 Der Einbau entspricht der umgekehrten Ausbaureihenfolge.

Heizungs-Wärmetauscher

4 Demontieren Sie die Heizungsgehäuse-Baugruppe aus dem Fahrzeug (siehe unten).
5 Lösen Sie die Schrauben des Klimaanlagen-Ausdehnungsventils und entfernen Sie dies (Abb. 12.39) – beim Einbau werden neue Dichtringe benötigt. Verstopfen Sie alle Öffnungen, damit kein Schmutz eindringt.
6 Entfernen Sie die um die Rohranschlüsse liegende Gummidichtung.
7 Lösen Sie die Schraube des Heizungsrohr-Halters (siehe Abbildung).

10.7 Schraube des Heizungsrohr-Halters

8 Lösen Sie die Schraube des Wärmetauscher-Halters und entfernen Sie diesen (siehe Abbildung).

10.8 Schraube des Wärmetauscher-Halters

9 Öffnen Sie die Schellen und befreien Sie die Rohre vom Wärmetauscher (siehe Abbildung) – beim Einbau werden neue Schellen, Schrauben und Dichtringe benötigt.
Achtung: Seien Sie auf austretende Kühlmittel vorbereitet.

10.9 Öffnen Sie die Schellen und lösen Sie die Schrauben.

10 Ziehen Sie den Wärmetauscher aus dem Gehäuse (siehe Abbildung).

10.10 Ziehen Sie den Wärmetauscher heraus.

11 Der Einbau entspricht der umgekehrten Ausbaureihenfolge.

Gebläsemotor

12 Entfernen Sie das Handschuhfach (siehe Kapitel 11, Sektion 27).
13 Trennen Sie den Kabelstecker des Gebläsemotor-Steuergeräts (Abb. 10.17).
14 Lösen Sie die vier Schrauben des Gebläsemotors und ziehen Sie ihn ab (siehe Abbildung).

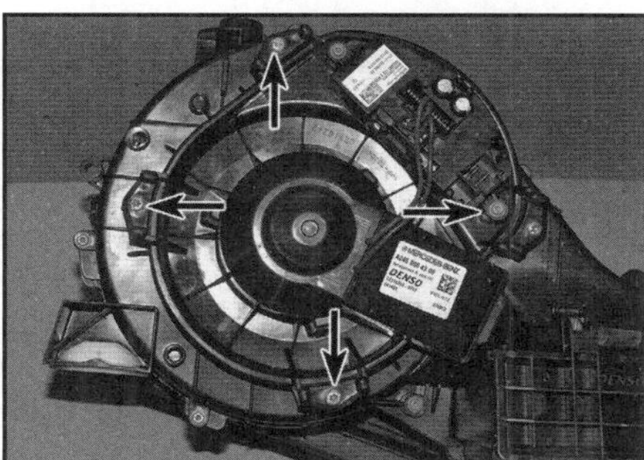

10.14 Befestigungsschrauben des Gebläsemotors

15 Der Einbau entspricht der umgekehrten Ausbaureihenfolge.

Gebläsemotor-Steuergerät

16 Entfernen Sie das Handschuhfach (siehe Kapitel 11, Sektion 27).
17 Trennen Sie den Kabelstecker des Gebläsemotor-Steuergeräts (siehe Abbildung).

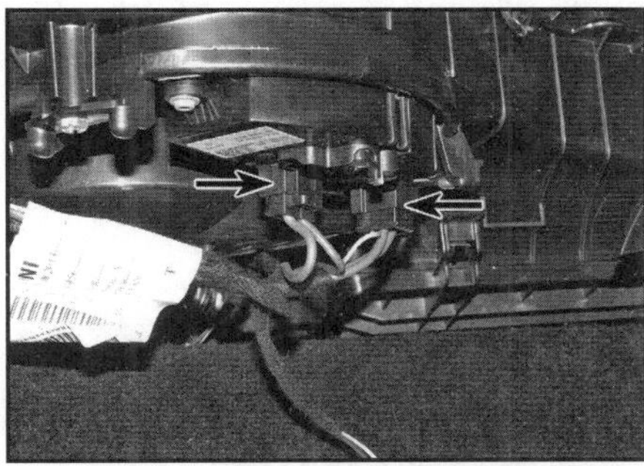

10.17 Stecker des Gebläsemotor-Steuergeräts.

18 Lösen Sie die Schrauben, um das Steuergerät vom Gebläsemotor zu befreien (siehe Abbildung).

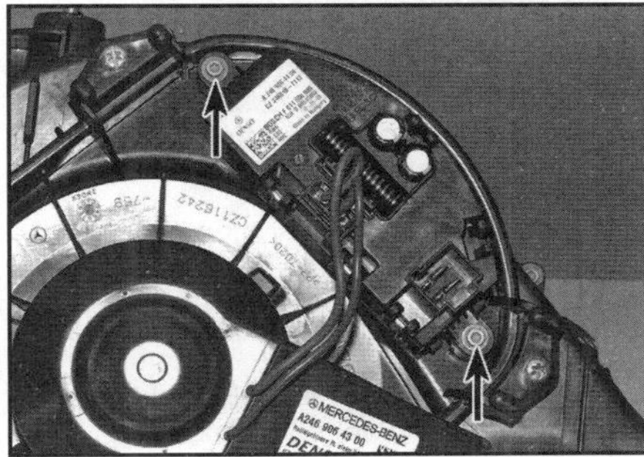

10.18 Steuergerät-Schrauben am Gebläsemotor

19 Der Einbau entspricht der umgekehrten Ausbaureihenfolge.

Heizungsgehäuse-Baugruppe

20 Lassen Sie die Klimaanlage von einem Fachbetrieb entleeren und beschaffen Sie ein paar Stopfen zum Abdichten der Kältemittelrohr-Anschlüsse, solange die Rohre getrennt sind.

Warnung: Nicht oder schlecht abgedichtete Kältemittelrohr-Anschlüsse sorgen dafür, dass sich der Trocknerbehälter mit Feuchtigkeit zusetzt und ersetzt werden muss.

21 Klemmen Sie im Motorraum die zum Wärmetauscher führenden Kühlmittelschläuche ab, um den Kühlmittelverlust gering zu halten.
22 Entfernen Sie nötigenfalls die Kühlmittel-Umlaufpumpe aus ihrem an der Spritzwand sitzenden Halter.
23 Lösen Sie die Mutter und entfernen Sie den Umlaufpumpen-Halter.
24 Hebeln Sie im Motorraum an der Spritzwand die Drahtbügel der Kühlmittelschläuche heraus und trennen Sie sie vom Wärmetauscher (siehe Abbildung).

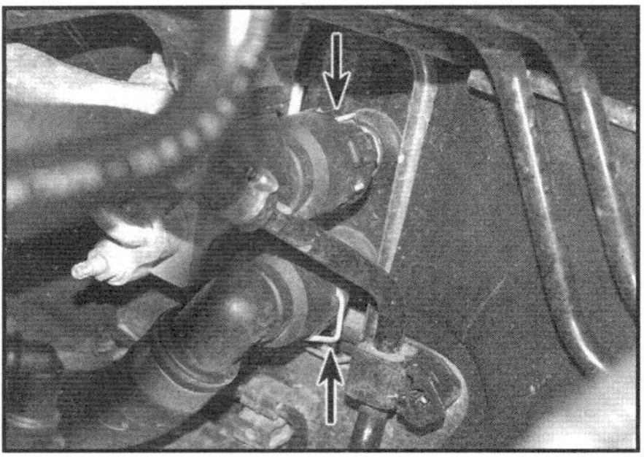

10.24 Hebeln Sie die Bügel etwas heraus und ziehen Sie die Schläuche von den Anschlüssen.

25 Lösen Sie die Muttern und ziehen Sie an der Spritzwand die Kältemittelrohre vom Ausdehnungsventil ab (siehe Abbildung). Verstopfen Sie alle Öffnungen. Beim Einbau werden neue Dichtungen benötigt.

10.25 Lösen Sie die Muttern und ziehen Sie die Kältemittelrohre ab.

26 Demontieren Sie das Armaturenbrett samt Querträger (siehe Kapitel 11, Sektion 28).
27 Lösen Sie ggf. die Muttern der elektrischen Zusatzheizung und trennen Sie ihren Stecker.
28 Ziehen Sie auf der Beifahrerseite den Ablaufschlauch des Verdampfers unten vom Gehäuse ab (siehe Abbildung).

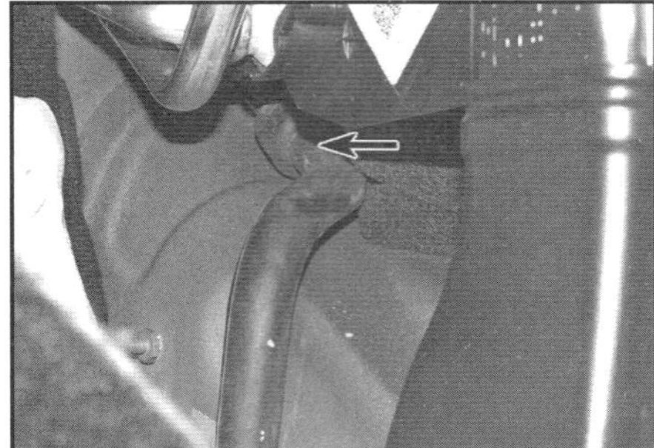

10.28 Ablaufschlauch des Verdampfers

29 Trennen Sie die Kabelstecker von den Komponenten des Heizungs/Belüftungsgehäuses und heben Sie mithilfe eines Assistenten die Heizungsgehäuse-Baugruppe aus dem Fahrzeug heraus – halten Sie dabei die Wärmetauscher-Anschlüsse nach oben, damit kein Kühlmittel austritt.
30 Der Einbau entspricht der umgekehrten Ausbaureihenfolge – alle Dichtungen müssen korrekt an den Rohren und den Gehäuse-Befestigungen positioniert sein. Füllen Sie zum Schluss das Kühlsystem auf (siehe Kapitel 1A, Sektion 32 oder Kapitel 1B, Sektion 33).

Zusatzheizung/Widerstand – Diesel-Modelle

31 Trennen Sie den Masseanschluss der Batterie (siehe Kapitel 5, Sektion 4).
32 Lösen Sie an der unteren Lenksäulenverkleidung die Kunststoffmutter und entfernen Sie diese (siehe Abbildung).

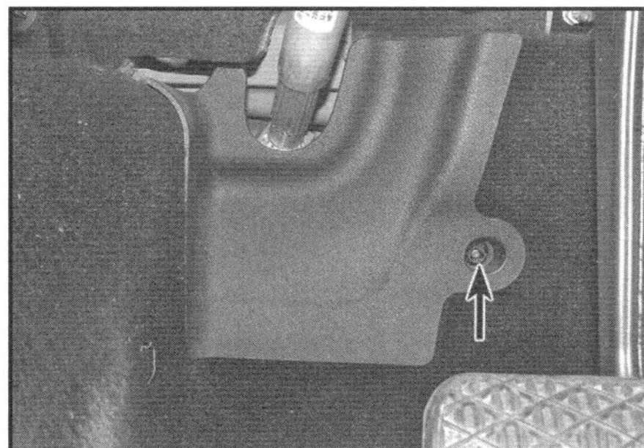

10.32 Mutter der unteren Lenksäulenverkleidung

33 Bauen Sie den Beifahrersitz aus (siehe Kapitel 11, Sektion 23).
34 Demontieren Sie auf der Beifahrerseite die Schwellerverkleidung (siehe Kapitel 11, Sektion 25).
35 Lösen Sie den Fußraum-Luftschacht vom Heizungsgehäuse.
36 Ziehen Sie neben der Mittelkonsole den Teppich ab.
37 Lösen Sie an der Zusatzheizung die Muttern und trennen Sie die Kabel (siehe Abbildung).

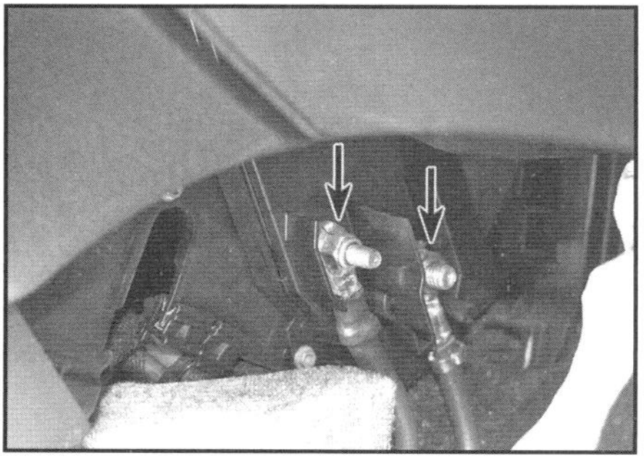

10.37 Kabel-Anschlussmuttern der Zusatzheizung

38 Lösen Sie die Befestigungsschraube, drücken Sie die Führungsöse nach hinten und ziehen Sie die Heizung aus dem Gehäuse.
39 Der Einbau entspricht der umgekehrten Ausbaureihenfolge.

Kühlmittel-Umlaufpumpe

Achtung: Das Kühlsystem muss vor Arbeitsbeginn abgekühlt sein!
40 Trennen Sie den Stecker der hinten rechts im Motorraum sitzenden Umlaufpumpe (siehe Abbildung).

10.40 Stecker der Kühlmittel-Umlaufpumpe

41 Lösen Sie die Mutter des Pumpenhalters.
42 Klemmen Sie die Pumpenschläuche ab, öffnen Sie die Schellen und trennen Sie die Schläuche – seien Sie auf austretendes Kühlmittel vorbereitet.
43 Der Einbau entspricht der umgekehrten Ausbaureihenfolge – füllen Sie das Kühlsystem auf (siehe Kapitel 1B, Sektion 6).

11 Klimaanlage – Allgemeine Informationen und Warnhinweise

Allgemeine Informationen

1 Die serienmäßig vorhandene Klimaanlage kann die eintretende Luft abkühlen und zudem die Feuchtigkeit aus der Luft ziehen, sodass beschlagene Fenster rasch frei werden.
2 Die Kühlfunktion der Klimaanlage arbeitet ähnlich wie ein gewöhnlicher Kühlschrank. Der von der Kurbelwelle über den Keilrippenriemen angetriebene Kompressor presst gasförmiges Kühlmittel in den vorn am Wasserkühler sitzenden Verflüssiger, wo es Wärme abgibt und flüssig wird. Es durchströmt ein Expansionsventil und gelangt in den Verdampfer, wo es sich von unter hohem Druck stehender Flüssigkeit in Gas umwandelt, das unter niedrigem Druck steht. Diese Umwandlung wird von einer Temperaturabsenkung begleitet, sodass der Verdampfer abkühlt. Das Kühlmittel kehrt zum Kompressor zurück und der Kreislauf beginnt von vorn.
3 Durch den Verdampfer geblasene Luft passiert das Lüftungs-Verteilergehäuse, wo sie mit heißer Luft aus dem Wärmetauscher gemischt wird, um im Innenraum die gewünschte Temperatur zu erreichen.
4 Die Heizungsseite des Systems arbeitet wie eine normale Fahrzeugheizung (siehe Sektion 9).
5 Bei irgendeinem Problem mit der Klimaanlage muss eine Mercedes-Werkstatt oder ein Klimaanlagen-Fachbetrieb aufesucht werden.
6 Die Wartungspunkt für die Klimaanlage befinden sich rechts im Motorraum (siehe Abbildung).

11.6 Klimaanlagen-Wartungspunkt

Warnhinweise

7 Bei der Arbeit an der Klimaanlage oder damit verbundenen Komponenten müssen besondere Warnhinweise beachtet werden. Das Kältemittel ist potenziell gefährlich, sodass nur qualifizierte Personen damit hantieren dürfen. Eine unkontrollierte Entleerung des Systems birgt Gefahren und ist äußerst umweltschädlich:

a) *Falls es auf die Haut gerät, kann es Erfrierungen verursachen.*
b) *Kältemittel ist schwerer als Luft und kann Sauerstoff verdrängen. In einem geschlossenen Raum, der nicht ausreichend belüftet wird, besteht daher Erstickungsgefahr. Das Gas ist farb- und geruchslos, sodass es unbemerkt austreten kann.*
c) *Das Kältemittel ist selbst nicht giftig, doch in Anwesenheit einer offenen Flamme (auch einer Zigarette) bildet es giftige Gase, die u. a. zu Kopfschmerzen und Übelkeit führen können.*

Warnung: Versuchen Sie niemals, irgendeinen Schlauch- oder Rohranschluss der Klimaanlage zu öffnen, ohne dass das System zuvor von einem Klimaanlagen-Spezialisten entleert wurde. Nach Beendigung der Arbeit muss das System ebenfalls von einem Fachbetrieb wieder mit dem korrekten Kältemittel aufgefüllt werden.

Anmerkung: *Getrennte Rohr- und Schlauchanschlüsse müssen direkt nach dem Trennen abgedichtet werden. Falls Luft eindringen kann, wird der Trockner-Behälter mit Feuchtigkeit zugesetzt, sodass er ausgetauscht werden muss. Ersetzen Sie alle Anschluss-Dichtringe.*
Achtung: Aktivieren Sie NICHT die Klimaanlage, wenn bekannt ist, dass Kältemittel fehlt – hierdurch kann der Kompressor beschädigt werden!

12 Klimaanlagen-Komponenten – Ausbau und Einbau

Warnung: Beachten Sie die Warnhinweise in Sektion 11 und lassen Sie das System vor allen Arbeiten daran von einer entsprechend ausgerüsteten Fachwerkstatt entleeren.

Kompressor

1 Befreien Sie den Keilrippenriemen (siehe Kapitel 1A, Sektion 29 oder Kapitel 1B, Sektion 30).
2 Demontieren Sie den Unterfahrschutz.
3 Trennen Sie den Kompressor-Kabelstecker.

4 Lösen Sie die Schrauben, mit denen die Kältemittelrohre am Kompressor gesichert sind (siehe Abbildung). Verstopfen Sie umgehend die Öffnungen, um keine Luftfeuchtigkeit oder Schmutz eindringen zu lassen. Die Dichtringe müssen beim Einbau durch Neuteile ersetzt werden. Befreien Sie die Rohre aus allen Befestigungen.

Warnung: Nicht oder schlecht abgedichtete Kältemittelrohr-Anschlüsse sorgen dafür, dass sich der Trocknerbehälter mit Feuchtigkeit zusetzt und ersetzt werden muss.

12.4 Schrauben der Kältemittelrohre am Kompressor

5 Lösen Sie die Kompressor-Befestigungsschrauben, befreien Sie den Kompressor aus seiner Halterung und entnehmen Sie ihn vom Motor (siehe Abbildungen).

12.5a Kompressor-Befestigungsschrauben – Benzinmotor

12.5b Kompressor-Befestigungsschrauben – 1,5 l-Dieselmotor

12.5c Kompressor-Befestigungsschrauben – 1,8 und 2,1 l-Dieselmotor

6 Falls der Kompressor erneuert werden soll, muss beim alten das Öl von einer Fachwerkstatt abgelassen werden.

Einbau

7 Lassen Sie einen Fachbetrieb den Kompressor mit 20 ml Kompressoröl befüllen.
8 Bringen Sie den Kompressor in Position, installieren Sie seine Befestigungsschrauben und ziehen Sie sie mit 20 Nm an.
9 Schmieren Sie die neuen Kältemittelrohr-Dichtringe mit Kompressoröl. Entfernen Sie die Stopfen und installieren Sie umgehend die Dichtringe und die Rohre an den Kompressor. Installieren Sie die Befestigungsschrauben und ziehen Sie sie sorgfältig an.
10 Der Rest des Einbaus entspricht der umgekehrten Ausbaureihenfolge.
11 Lassen Sie die Klimaanlage von einem Fachbetrieb mit der vorgegebenen Menge des vorgeschriebenen Kältemittels befüllen – Informationen über die ausgetauschten Komponenten erlauben die korrekte Bestimmung der Füllmenge.

Verflüssiger

Ausbau

12 Entfernen Sie bei Benzin-Modellen das Motorsteuergerät (siehe Kapitel 6A, Sektion 6).
13 Demontieren Sie die vordere Stoßfänger-Schürze (siehe Kapitel 11, Sektion 5).
14 Lösen und entfernen Sie den Ansaugtrakt vor dem Luftfiltergehäuse.
15 Demontieren Sie die Luftfilterbaugruppe (siehe Kapitel 4A, Sektion 3 oder Kapitel 4B, Sektion 5).
16 Entfernen Sie an beiden Seiten des Kühlers den oberen Halter (Abb. 6.7a und b).
17 Demontieren Sie den Ladeluftkühler (siehe Kapitel 4A, Sektion 16 oder Kapitel 4B, Sektion 19).
18 Lösen Sie die Laschen und entfernen Sie an beiden Seiten des Verflüssigers die Lufthutze (siehe Abbildung).

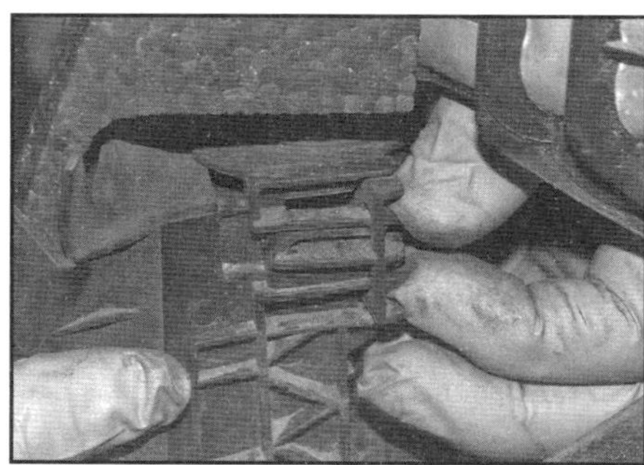

12.18 Lösen Sie die Lasche und entfernen Sie die Lufthutze.

19 Schwenken Sie den Verflüssiger und den Kühler nach hinten und heben Sie die Baugruppe nach oben aus den Kühler-Aufnahmen.
20 Lösen Sie rechts am Verflüssiger die Muttern und trennen Sie die Kühlmittelrohre (siehe Abbildung) – stellen Sie die O-Ringe sicher und verstopfen sie umgehend alle Öffnungen.

Warnung: Nicht oder schlecht abgedichtete Kältemittelrohr-Anschlüsse sorgen dafür, dass sich der Trocknerbehälter mit Feuchtigkeit zusetzt und ersetzt werden muss.

12.20 Lösen Sie die Muttern und ziehen Sie die Kühlmittelrohre aus dem Verflüssiger.

21 Lösen Sie an beiden Seiten des Verflüssigers die Laschen, die ihn am Wasserkühler sichern (siehe Abbildung).

12.21 Drücken Sie die Laschen zusammen und ziehen Sie den Verflüssiger leicht nach vorn.

22 Befreien Sie den Verflüssiger.

Einbau

23 Der Einbau entspricht der umgekehrten Ausbaureihenfolge – beachten Sie dabei folgende Punkte:

a) Der Verflüssiger muss sicher und fest mit dem Kühler verbunden sein.
b) Schmieren Sie die neuen Kältemittelrohr-Dichtringe mit Kompressoröl. Entfernen Sie die Stopfen und installieren Sie umgehend die Dichtringe und die Rohre an den Verflüssiger. Ziehen Sie die Mutter des Trocknerrohr-Anschlusses sorgfältig an und prüfen Sie, ob das Kompressor-Rohr korrekt verbunden ist.
c) Lassen Sie die Klimaanlage von einem Fachbetrieb mit der vorgegebenen Menge des vorgeschriebenen Kältemittels befüllen.

Trockner

24 Demontieren Sie den Verflüssiger (siehe oben).
25 Schrauben Sie hinten am Verflüssiger die Kappe ab, entfernen Sie den Sicherungsring und ziehen Sie das Trockner-Element mithilfe einer langen M12-Schraube heraus.
26 Der Einbau entspricht der umgekehrten Ausbaureihenfolge.

Verdampfer

27 Demontieren Sie das Heizungsgehäuse und den Heizungs-Wärmetauscher (siehe Sektion 10).
28 Trennen Sie den hinteren Ansaugstutzen vom Gehäuse.
29 Notieren Sie die Positionen der verschiedenen Kabelstecker, trennen Sie sie und befreien Sie den Kabelbaum vom Gehäuse.
30 Lösen Sie die Schrauben des Umluftgehäuses und entfernen Sie es (siehe Abbildung).

12.30 Entfernen Sie das Umluftgehäuses.

31 Lösen Sie die Schrauben des Luftverteilungsgehäuses, lösen Sie die Clips und entfernen Sie das Gehäuse (siehe Abbildung).

12.31 Entfernen Sie das Luftverteilungsgehäuse.

32 Lösen Sie die Schrauben des oberen Verdampfergehäuse-Segments, lösen Sie die Clips und entfernen Sie es (siehe Abbildung).

12.32 Heben Sie den oberen Teil des Verdampfergehäuses ab ...

33 Ziehen Sie den Verdampfer aus dem Gehäuse (siehe Abbildung).

12.33 ... und ziehen Sie den Verdampfer heraus.

34 Der Einbau entspricht der umgekehrten Ausbaureihenfolge – lassen Sie die Klimaanlage von einem Fachbetrieb mit der vorgegebenen Menge des vorgeschriebenen Kältemittels befüllen.

Ausdehnungsventil

35 Befreien Sie die Kühlmittel-Umlaufpumpe aus ihrem Halter und verlagern Sie sie beiseite (siehe Sektion 10).
36 Lösen Sie an der Spritzwand die Mutter des Kältemittelrohrs.
37 Öffnen Sie bei 1,8 und 2,1 l-Dieselmotoren die Schellen des hinter dem Turbolader sitzenden Ladeluftrohrs und entfernen Sie dies.
38 Lösen Sie an der Spritzwand die Muttern der Kältemittelrohre und trennen Sie diese (Abb. 10.25) – stellen Sie die O-Ringe sicher und verstopfen sie umgehend alle Öffnungen.
Warnung: Nicht oder schlecht abgedichtete Kältemittelrohr-Anschlüsse sorgen dafür, dass sich der Trocknerbehälter mit Feuchtigkeit zusetzt und ersetzt werden muss.
39 Lösen Sie die Inbusschrauben des Ausdehnungsventils und entfernen Sie es (siehe Abbildung) – die O-Ringe müssen später erneuert werden.

12.39 Ausdehnungsventils-Befestigungsschrauben

40 Der Einbau entspricht der umgekehrten Ausbaureihenfolge – lassen Sie die Klimaanlage von einem Fachbetrieb mit der vorgegebenen Menge des vorgeschriebenen Kältemittels befüllen.

Kapitel 4A

Kraftstoffsystem und Auspuffanlage – Benzinmotoren

Inhalt — Sektion

Schwierigkeitsgrade

Leicht. Geeignet für Anfänger mit wenig Erfahrung.	**Relativ leicht.** Geeignet für Anfänger mit etwas Erfahrung.	**Relativ schwierig.** Geeignet für geübte Selbstschrauber.	**Schwer.** Geeignet für Selbstschrauber mit viel Erfahrung.	**Sehr schwer.** Geeignet für Experten und Profis.

Technische Daten

Allgemein	
Motor-Identifizierungscode	M 270 DE 16 AL (270.910)
Einspritzsystem-Typ	ME-SFI Direkteinspritzung mit Turbolader
Kraftstoffpumpen	Elektropumpe im Tank, vom Motor angetriebene Einspritzpumpe
Standgasdrehzahl	nicht einstellbar – vom Motorsteuergerät überwacht
CO-Gehalt bei Standgas	nicht einstellbar – vom Motorsteuergerät überwacht
Kraftstoff-Anforderungen	Super Bleifrei, mindestens 95 Oktan

Anzugsdrehmomente	**Nm**
Auspuffstutzen-Muttern an Zylinderkopf*	15
Drosselklappengehäuse-Befestigungsschrauben	6
Druckspeicher-Druck/Temperatursensor	38
Druckspeicher-Schrauben	8
Einlassstutzen an Zylinderkopf	14
Einspritzpumpen-Schrauben*	14
Katalysator	
an Halter	20
an Turbolader	25
Kraftstoffhochdruckrohr-Muttern	
Schritt 1	15
Schritt 2	um 75° weiter
Schritt 3	um 25° weiter
Kühlerrohre an Turbolader, Zylinderkopf und Motorblock*	
Schritt 1	8
Schritt 2	um 60° weiter
Ölleitungen zwischen Motor und Turbolader	
Schritt 1	8
Schritt 2	um 60° weiter
Turbolader an Halterung	30
Turboladerhalterung an Motorgehäuse	
Schritt 1	15
Schritt 2	um 90° weiter

**Stets durch Neuteile zu ersetzen*

1 Allgemeine Informationen und Warnhinweise

1 Das Kraftstoffsystem besteht aus einem im Heck untergebrachten Tank mit einer darin sitzenden elektrischen Benzinpumpe, die Benzin durch Kraftstoffleitungen zur vom Motor angetriebenen Einspritzpumpe fördert. Diese fördert den Kraftstoff in den Druckspeicher, von wo er mit hohem Druck in die im Brennraum sitzenden Einspritzdüsen gelangt. Ein Turbolader samt Ladeluftkühler optimiert die Luftzufuhr.
2 Weitere Informationen zur Motorsteuerung finden sich in Kapitel 6A, Details zur Abgasanlage können in Sektion 17 nachgelesen werden.

Warnung: Viele Arbeiten am Kraftstoffsystem erfordern das Trennen von Kraftstoffleitungen, wobei immer etwas Benzin austritt – beachten Sie hierzu die Hinweise auf der Seite ›Sicherheit geht vor!‹ am Anfang dieses Buchs. Benzin ist leicht entflammbar, sehr flüchtig und hochgiftig, sodass alle Warnungen unbedingt befolgt werden müssen.

Anmerkung: *Auch nach längerer Standzeit verbleibt im Kraftstoffsystem ein gewisser Restdruck – beachten Sie die Hinweise in Sektion 4, um diesen abzulassen.*

Warnung: Vor Arbeiten am Kraftstoffsystem muss unbedingt der Masseanschluss der Batterie getrennt werden (siehe Kapitel 5, Sektion 4) – andernfalls kann die Tankpumpe durch das Öffnen einer Tür, der Heckklappe oder der Tankklappe aktiviert werden.

Achtung: Arbeiten am Kraftstoffsystem erfordern einen absolut sauberen Arbeitsplatz, damit kein Staub oder Schmutz ins System eindringen kann!

2 Fehlersuche

Tankpumpe

1 Die Förderpumpe sitzt direkt im Tank. Setzen Sie sich in das Fahrzeug, schließen Sie alle Fenster und schalten Sie die Zündung auf ON (nicht auf START) – wenn die Pumpe funktioniert, muss direkt danach für ein bis zwei Sekunden das Summen der Tankpumpe zu hören sein (lassen Sie nötigenfalls einen Assistenten am Tankdeckel hören).
2 Falls die Pumpe nicht arbeitet, müssen die entsprechenden Sicherungen und Relais überprüft werden (siehe Kapitel 12, Sektion 3).
3 Soweit die Sicherungen und Relais in Ordnung sind, muss die Verkabelung zur Pumpe kontrolliert werden. Ist auch diese in Ordnung, kann das Tankpumpen-Steuermodul defekt sein; letzteres gilt auch, falls die Pumpe nach dem Einschalten der Zündung kontinuierlich läuft. Lassen Sie die Steuerung und den Stromkreis von einer Fachwerkstatt kontrollieren.

Einspritzanlage

Anmerkung: Die folgenden Hinweise legen eine funktionsfähige Tankpumpe zugrunde.
4 Kontrollieren Sie alle zum System gehörenden Kabelstecker. Prüfen Sie, ob alle Massekabel korrekt angeschlossen sind (siehe Kapitel 12, Sektion 2).
5 Prüfen Sie, ob die Batterie korrekt geladen ist (siehe Kapitel 5, Sektion 3).
6 Kontrollieren Sie das Luftfilterelement (siehe Kapitel 1A, Sektion 27).
7 Inspizieren Sie alle zur Einspritzanlage gehörenden Sicherungen (siehe Kapitel 12, Sektion 3).
8 Überprüfen Sie das Einlasssystem zwischen dem Drosselklappengehäuse und der Ansaugbrücke auf Lecks. Alle Unterdruckschläuche am Drosselklappengehäuse und dem Einlassstutzen müssen fest angeschlossen und in Ordnung sein.
9 Trennen Sie den Ansaugstutzen vom Drosselklappenhäuse und prüfen Sie, ob sich hierin – und vor allem an der Drosselklappe selbst – Schmutz, Ruß, ein Schmierfilm oder andere Ablagerungen abgesetzt haben. Reinigen Sie das Drosselklappengehäuse nötigenfalls mit Vergaserreiniger-Spray, einer Zahnbürste und sauberen Lappen.
10 Halten Sie bei laufendem Motor ein geeignetes Stethoskop nacheinander an die Einspritzdüsen (siehe Abbildung) – diese müssen klickende Geräusche erzeugen.
Warnung: Halten Sie sich bei dieser Kontrolle von drehenden oder heißen Komponenten fern!

2.10 Die Funktion der Einspritzdüsen kann mit einem speziellen Motoren-Stethoskop überprüft werden.

11 Falls trotz funktionierender Einspritzdüsen Fehlzündungen entstehen, können die Düsen verschmutzt oder verstopft sein. Falls Reinigungsversuche mit im Fachhandel erhältlichen Kraftstoffzusätzen fehlschlagen, müssen entsprechende Einspritzdüsen ersetzt werden.
12 Falls eine Einspritzdüse nicht funktioniert (nicht klickt), muss ihr Kabelstecker getrennt und der Widerstand zwischen ihren Kontakten gemessen werden. Vergleichen Sie das Ergebnis mit denen der anderen Einspritzdüsen – weicht er stark ab, muss die Einspritzdüse ersetzt werden.
13 Funktioniert eine Einspritzdüse trotz korrekten Widerstands nicht, kann der Fehler im Motorsteuergerät oder der Verkabelung zwischen diesem und der Einspritzdüse liegen.

3 Luftfilter-Baugruppe – Ausbau und Einbau

Ausbau

1 Entfernen Sie die obere Motorabdeckung (siehe Abbildung).

3.1 Ziehen Sie die Abdeckung nach oben ab.

2 Lösen Sie die Laschen des Ansaugtrakts und entnehmen Sie diesen (siehe Abbildungen).

3.2a Lösen Sie die Ansaugtrakt-Lasche an der vorderen Abdeckung ...

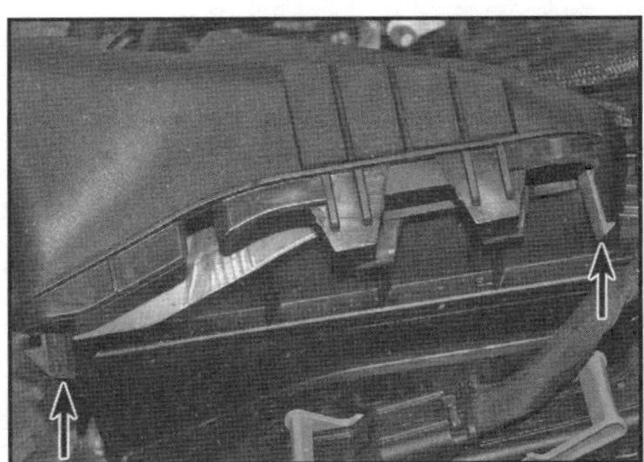
3.2b ... und die Laschen am Luftfiltergehäuse.

3 Öffnen Sie am Luftfilter-Auslass die Schelle des Schlauchstutzens (siehe Abbildung).

3.3 Schelle des Schlauchstutzens am Luftfilter-Auslass

4 Trennen Sie das Motorsteuergerät vom Luftfiltergehäuse und verlagern Sie es beiseite (siehe Abbildung).

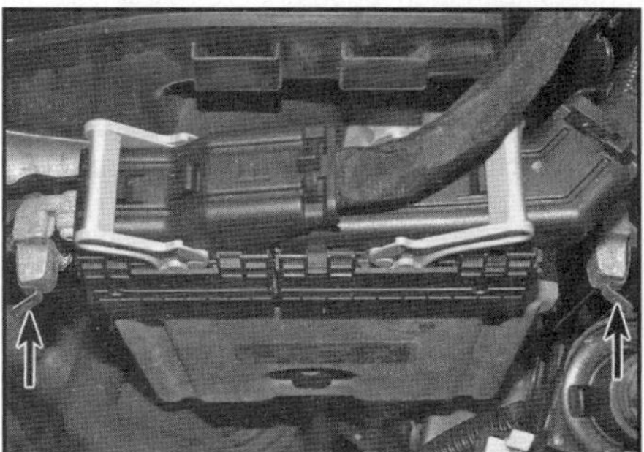
3.4 Steuergerät-Befestigungslaschen

5 Befreien Sie den Kabelbaum vom Luftfiltergehäuse.
6 Ziehen Sie das Luftfiltergehäuse nach oben aus seinen Gummihalterungen (siehe Abbildung).

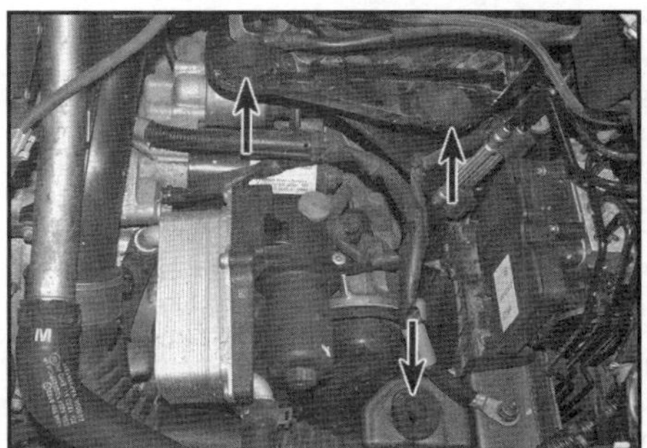
3.6 Ziehen Sie das Luftfiltergehäuse nach oben aus seinen Gummihalterungen.

Einbau

7 Der Einbau entspricht der umgekehrten Ausbaureihenfolge – alle Schläuche und Stutzen müssen korrekt sitzen und gesichert sein – bei ihrer Montage darf kein Fett oder anderes Schmiermittel verwendet werden.

4 Kraftstoffsystem – Druckabsenkung

Warnung: Beachten Sie die Warnhinweise in Sektion 1!

Warnung: Bei der folgenden Prozedur entweicht zwar der Druck aus dem Kraftstoffsystem, aber der Kraftstoff selbst verbleibt in den Komponenten – treffen Sie entsprechende Vorbereitungen, um diesen beim Trennen aufzunehmen.

1 Beim in dieser Sektion behandeltem Kraftstoffsystem handelt es sich um die im Tank sitzende Benzinpumpe, der Einspritzpumpe, den Druckspeicher, die Einspritzdüsen und die Kraftstoffleitungen (Rohre oder Schläuche) zwischen diesen Komponenten. Alle diese Dinge enthalten Kraftstoff, der bei laufendem Motor oder bereits bei eingeschalteter Zündung

unter Druck steht. Dieser Druck bleibt auch nach dem Abschalten bestehen. Daher ist es wichtig, das System vor dem Trennen von Kraftstoffleitungen oder anderen Arbeiten am System kontrolliert drucklos zu machen.
2 Trennen Sie zunächst den Masseanschluss (–) der Batterie (siehe Kapitel 5, Sektion 4).
3 Vor dem Trennen von Kraftstoffleitungen müssen ein Behälter unter den Anschluss platziert und dicke Lappen um ihn herumgewickelt werden, damit der austretende Benzinnebel aufgenommen werden kann. Lösen Sie langsam den Anschluss und lassen Sie Benzinreste in den Behälter ablaufen. Verstopfen Sie alle Öffnungen, damit kein Schmutz ins System eindringt.

5 Kraftstoffleitungen und Anschlüsse – Allgemeine Informationen

Anmerkung: *Beachten Sie vor Arbeitsbeginn die Warnhinweise in Sektion 1.*
1 Trennen Sie zunächst den Masseanschluss (–) der Batterie (siehe Kapitel 5, Sektion 4).
2 Die Kraftstoff-Zufuhrleitung verbindet die Benzinpumpe im Tank mit der Einspritzpumpe am Motor.
3 Kontrollieren Sie bei allen Arbeiten unter dem Fahrzeug sämtliche zum Kraftstoffsystem gehörenden Leitungen auf Lecks, Knicke, Beulen, Korrosion und andere Schäden. Defekte Kraftstoffleitungen müssen umgehend erneuert werden.
4 Falls nach dem Trennen von Leitungen darin Ablagerungen entdeckt werden, müssen alle Leitungen demontiert und mit Druckluft ausgeblasen werden. Inspizieren Sie das Ansaugsieb der Tankpumpe auf Löcher, Schäden und Ablagerungen.

Stahlrohre

5 Alle Kraftstoffleitungen müssen unbedingt durch Rohre des gleichen Typs ersetzt werden, damit sie den beträchtlichen Drücken standhalten.
6 Manche Stahlrohre sind mit Gewindeanschlüssen ausgerüstet. Beim Lösen der Anschlussmutter muss der feste Teil mit einem Maulschlüssel gehalten werden, damit sich das Rohr nicht verdreht.

Kunststoff-Leitungen

Warnung: Achten Sie beim Lösen oder Verbinden von Kunststoffleitungen darauf, diese nicht zu stark zu verbiegen oder zu verdrehen, da sie hierdurch beschädigt werden können. Kunststoffleitungen vertragen keine Hitze!

7 Alle Kunststoffleitungen müssen unbedingt durch Leitungen des gleichen Typs ersetzt werden, damit sie den beträchtlichen Drücken standhalten.

Flexible Schläuche

8 Allee Kraftstoffschläuche müssen unbedingt Schläuche des gleichen Typs ersetzt werden, damit sie den beträchtlichen Drücken standhalten und benzinresistent sind.
9 Achten Sie bei der Verlegung von Schläuchen (und Rohren) darauf, dass sie nicht näher als 10 cm an Auspuffrohre und nicht näher als 28 cm an den Katalysator gelangen dürfen. Gummischläuche dürfen nicht gegen feste Teile des Fahrzeugs schlagen – durch die Vibrationen bilden sich schnell Scheuerstellen und Undichtigkeiten. Mit einem Abstand von 8 bis 10 mm zum Unterboden sollte man immer auf der sicheren Seite sein.

Trennen von Kraftstoffleitungs-Anschlüssen

10 Hier sind typische Anschlüsse gezeigt:

5.10a Zwei-Laschen-Anschluss: Drücken Sie beide Laschen mit den Fingern ein und ziehen Sie den Anschluss ab.

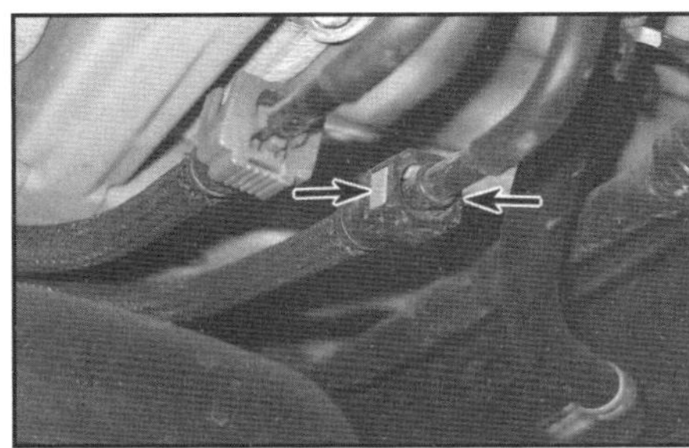

5.10b Hier müssen die gegenüberliegenden Knöpfe gedrückt und der Anschluss abgezogen werden.

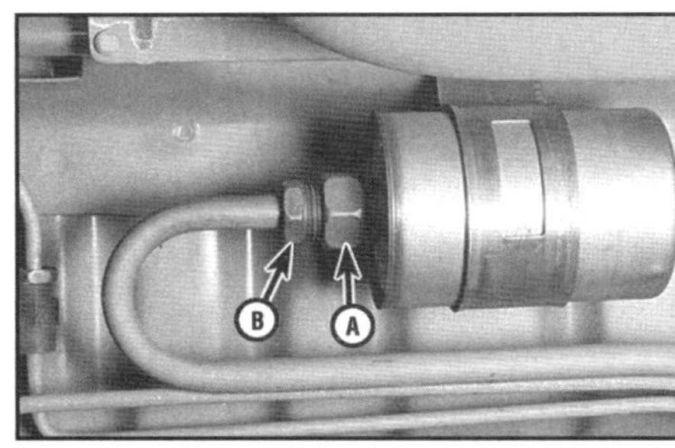

5.10c Gewindeanschluss: Halten Sie den festen Teil des Rohrs oder der Komponente (A) und lockern Sie die Anschlussmutter mit einem Maulschlüssel.

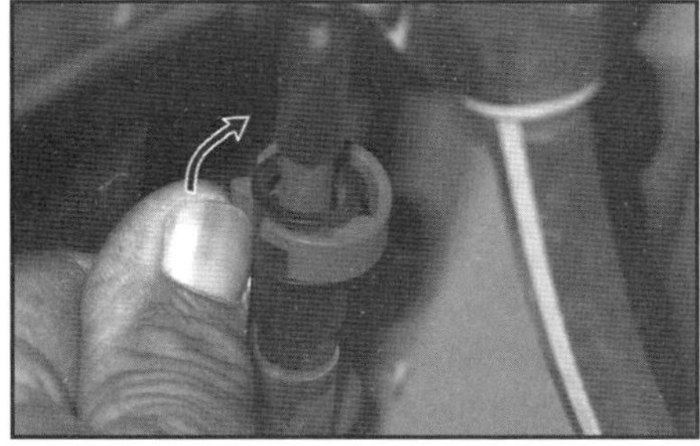

5.10d Kunststoffhülsen-Anschluss: Drehen Sie die Hülse, um die Leitung zu trennen.

5.10e Metallhülsen-Schnellverschluss: Ziehen Sie das Ende des Halters vom Rohr und befreien Sie das andere Ende vom Stutzen, ...

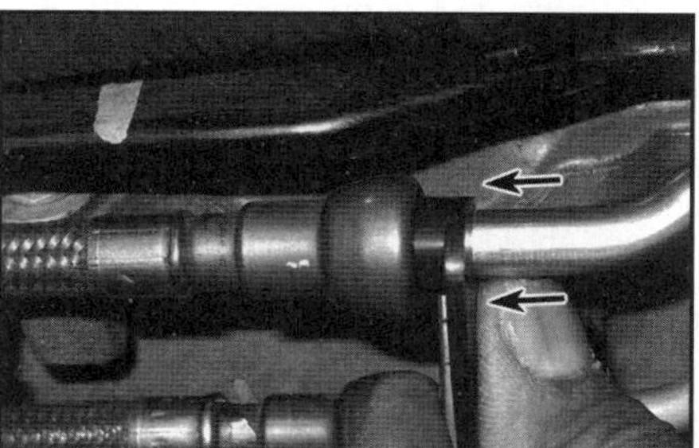

5.10f ... um dort ein Trennwerkzeug anzusetzen, in den Anschluss zu drücken und die Rohre auseinanderzuziehen.

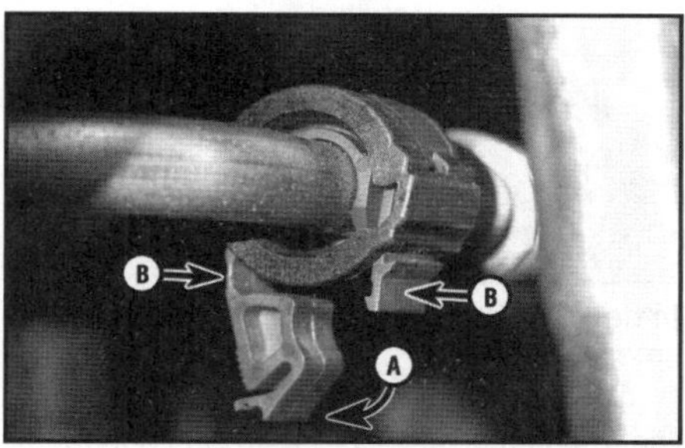

5.10g Sicherungslaschen-Anschluss: Lösen Sie die Lasche (A) und drehen Sie sie in die vollständig geöffnete Position. Drücken Sie dann die zwei kleinen Sicherungslaschen (B) zusammen ...

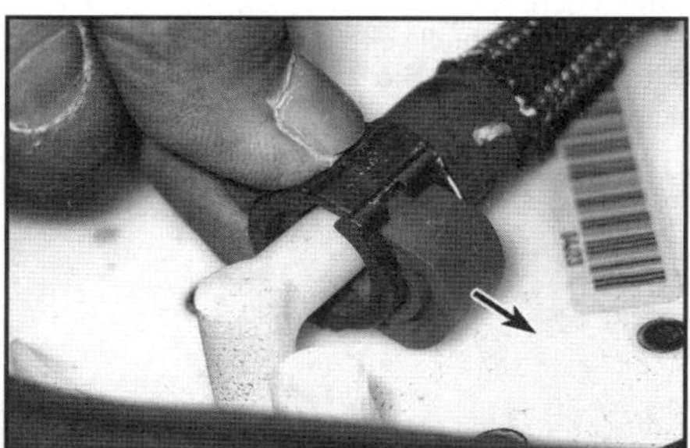

5.10h ... und drücken Sie die Arretierung heraus, um die Rohre trennen zu können.

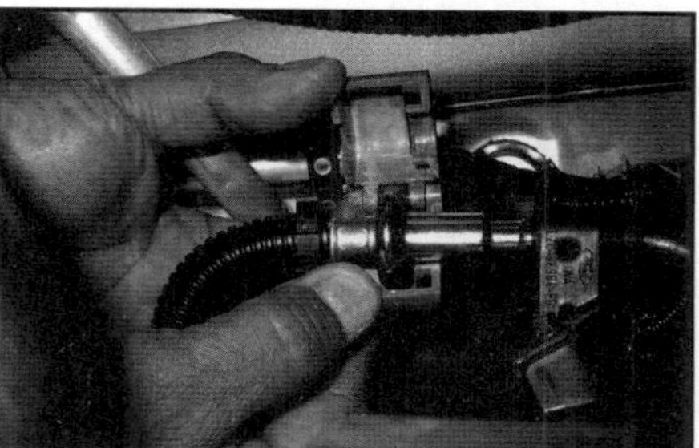

5.10i Federschloss-Kupplung: Öffnen Sie den Sicherheitsdeckel, installieren Sie ein Trennwerkzeug und schließen Sie dies um die Kupplung, ...

5.10j ... um es in den Anschluss zu drücken und die zwei Rohre trennen zu können.

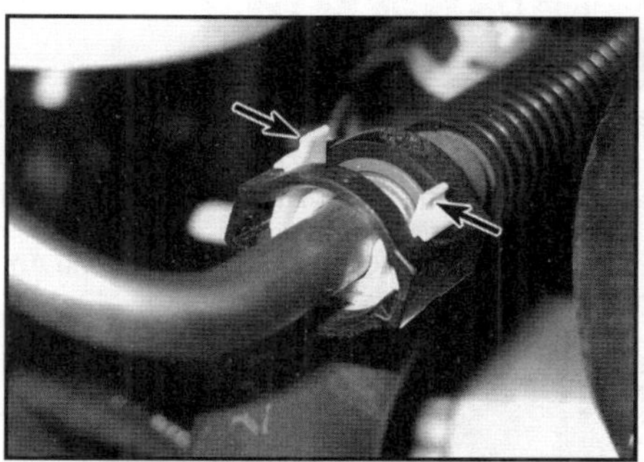

5.10k Haarnadelclip-Anschluss: Drücken Sie die Laschen der Arretierung zusammen und schieben Sie den Clip bis zum Anschlag herunter, um die Rohre trennen zu können.

6 Tankpumpe/Tankuhr-Geber – Ausbau und Einbau

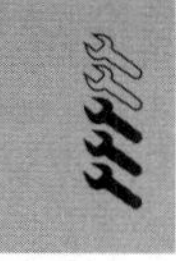

Ausbau

1 Demontieren Sie den Tank (siehe Sektion 8).
2 Hebeln Sie die Arretierung heraus, drücken Sie den Knopf und trennen Sie die Kraftstoffleitung(en) (siehe Abbildung) – seien Sie auf austretenden Kraftstoff vorbereitet.

6.2 Hebeln Sie die Lasche heraus und drücken Sie den Knopf, um den Anschluss zu trennen.

3 Lösen Sie den Sicherungsring der Tankpumpen/Tankuhrgeber-Baugruppe – entweder mit dem Mercedes-Werkzeug 001 589 00 70 00 oder einer geeigneten Alternative (siehe Abbildung).

6.3 Schrauben Sie den Sicherungsring ab.

4 Heben Sie die Tankpumpen/Tankuhrgeber-Baugruppe vorsichtig aus dem Tank – beschädigen Sie dabei nicht den Schwimmer. Entnehmen Sie den Gummi-Dichtring (siehe Abbildung) – beim Einbau wird ein Neuteil benötigt.

6.4 Heben Sie die Pumpen-Baugruppe aus dem Tank – beschädigen Sie dabei nicht den Schwimmer.

5 Trennen Sie den Stecker des Gebers (siehe Abbildung).

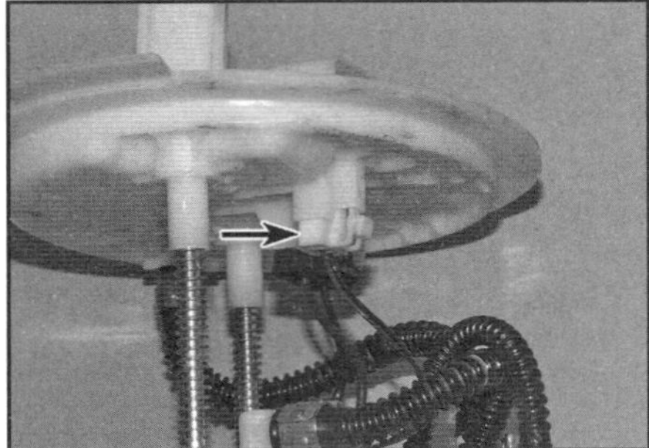

6.5 Stecker des Tankuhr-Gebers

6 Lösen Sie die Clips und schieben Sie den Geber nach oben ab.

7 Die Funktion des Tankuhr-Gebers kann mit einem Multimeter geprüft werden, indem Sie es mit den Geber-Kontakten verbinden und den Widerstand in der Leer-Position (Schwimmer unten) und in der Voll-Position (Schwimmer oben) ermitteln (siehe Abbildung). Laut Mercedes müssen bei leerem Tank 50 Ohm und bei vollem Tank 985 Ohm gemessen werden. Falls die Messergebnisse stark von diesen Vorgaben abweichen, ist der Geber wahrscheinlich defekt.

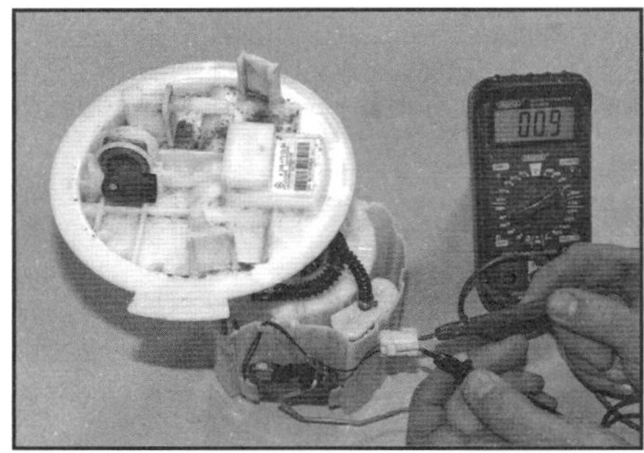

6.7 Messen Sie den Geber-Widerstand bei unterschiedlichen Schwimmer-Positionen.

8 Der Geber bildet zusammen mit der Pumpe eine Baugruppe und ist nicht separat erhältlich.

Einbau

9 Der Einbau entspricht der umgekehrten Ausbaureihenfolge – verwenden Sie nötigenfalls einen neuen Gummi-Dichtring (siehe Abbildung). Führen Sie zuerst den Schwimmer-Arm in den Tank ein.

6.9 Ersetzen Sie nötigenfalls den Dichtring der Benzinpumpen/Tankuhrgeber-Baugruppe.

7 Tankpumpen-Steuermodul – Ausbau und Einbau

1 Trennen Sie zunächst den Masseanschluss (–) der Batterie (siehe Kapitel 5, Sektion 4).
2 Demontieren Sie die Rücksitzlehne (siehe Kapitel 11, Sektion 23).
3 Lösen Sie die Schrauben und Muttern der zentralen Rücksitzlehnen-Halterung (siehe Abbildung).

7.3 Schrauben und Muttern der zentralen Rücksitzlehnen-Halterung

4 Lösen Sie die Gummikappe und ziehen Sie sie aus der Querstrebe (siehe Abbildung) – das Steuermodul sitzt darin.

7.4 Ziehen Sie die Gummikappe samt Steuermodul aus der Querstrebe.

5 Befreien Sie das Steuermodul (siehe Abbildung) – trennen Sie dabei seine Kabelstecker.

7.5 Befreien Sie das Steuermodul.

6 Der Einbau entspricht der umgekehrten Ausbaureihenfolge.

8 Kraftstofftank – Ausbau und Einbau

Anmerkung: *Beachten Sie zunächst die Warnhinweise in Sektion 1.*

Ausbau

1 Da der Tank nicht mit einer Ablassschraube ausgerüstet ist, sollte er möglichst erst ausgebaut werden, nachdem er fast leer gefahren wurde. Teilweise kann der Tank dann per Handpumpe entleert werden.
2 Trennen Sie den Masseanschluss (–) der Batterie (siehe Kapitel 5, Sektion 4).
3 Heben Sie das Fahrzeug hinten an und stützen Sie es sicher ab (siehe Seite 24).
4 Lösen Sie an beiden Seiten die Kunststoff-Befestigungen der Unterboden-Verkleidungen und entnehmen Sie sie (siehe Abbildung).

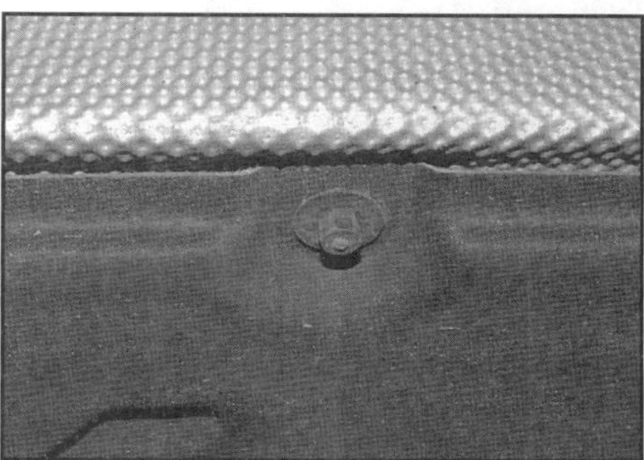

8.4 Lösen Sie alle Kunststoff-Befestigungen der Unterboden-Verkleidungen.

5 Demontieren Sie den hinteren Teil der Auspuffanlage (siehe Sektion 17) sowie alle Hitzeschilde, die den Ausbau des Tanks behindern können.
6 Hebeln Sie an den Kunststoffnieten der Verkleidung unter dem hinteren Hilfsrahmen die Mittelstifte heraus, befreien Sie die Niete und entfernen Sie die Verkleidung (siehe Abbildung).

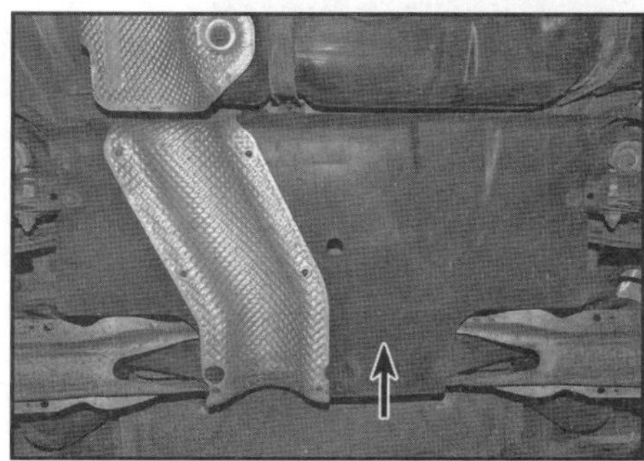

8.6 Verkleidung unter dem hinteren Hilfsrahmen

7 Hebeln Sie an den Kunststoffnieten des unter dem Tank sitzenden Hitzschilds die Mittelstifte heraus, befreien Sie die Niete und entfernen Sie den Hitzeschild (siehe Abbildung).

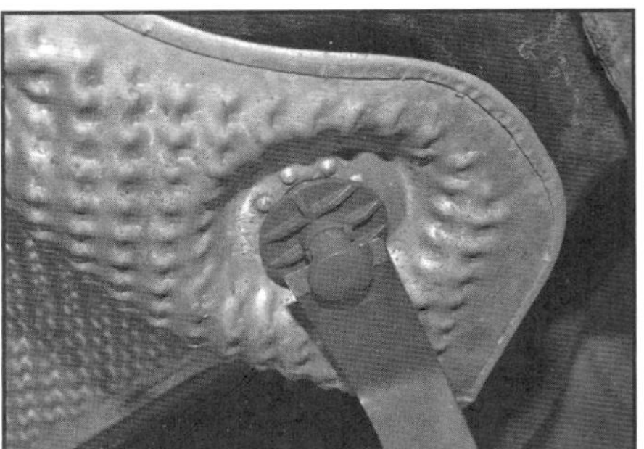

8.7 Hebeln Sie den Mittelstift heraus und befreien Sie den Kunststoff-Niet.

8 Trennen Sie die Rohre vom seitlich am Tank sitzenden Aktivkohlebehälter, hebeln Sie die Lasche heraus und ziehen Sie den Behälter nach oben heraus (siehe Abbildungen).

8.8a Drücken Sie die Knöpfe und trennen Sie die Rohre vom Aktivkohlebehälter.

8.8b Drücken Sie die Lasche nach außen und ziehen Sie den Aktivkohlebehälter nach oben ab.

9 Trennen Sie vorn am Tank die Kraftstoff- und Belüftungsrohre (siehe Abbildung) – seien Sie auf austretenden Kraftstoff vorbereitet. Verstopfen Sie alle Öffnungen.

8.9 Ziehen Sie den Clip heraus, drücken Sie die Knöpfe und trennen Sie die Schläuche vom Tank.

10 Lockern Sie am Tank-Einfüllrohr die Schelle des zum Tanks führenden Schlauchs und ziehen Sie diesen ab (siehe Abbildung).

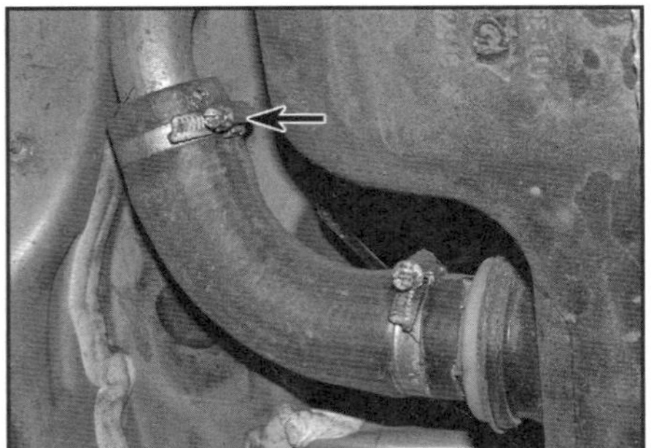

8.10 Schelle am Tank-Einfüllrohr

11 Stützen Sie den Tank mit Hölzern und geeigneten Vorrichtungen ab.
12 Lösen Sie die Schrauben der Tank-Haltebänder (siehe Abbildung).

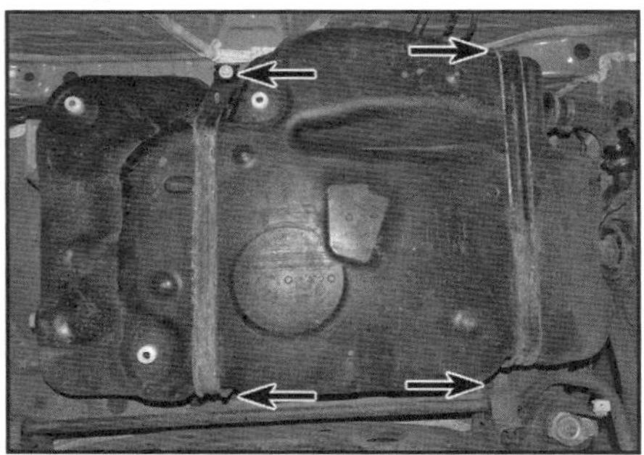

8.12 Schrauben der Tank-Haltebänder

13 Senken Sie den Tank etwas ab, befreien Sie an seiner Oberseite den Kabelbaum und trennen Sie alle Stecker, sobald sie zugänglich sind (siehe Abbildung).

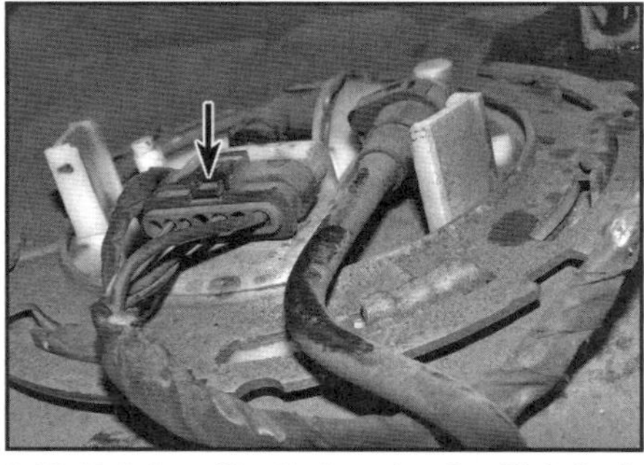

8.13 Drücken Sie die Lasche des Mehrfachsteckers und trennen Sie diesen.

14 Manövrieren Sie den Tank mithilfe eines Assistenten unter dem Fahrzeug heraus.
15 Der Einbau entspricht der umgekehrten Ausbaureihenfolge.

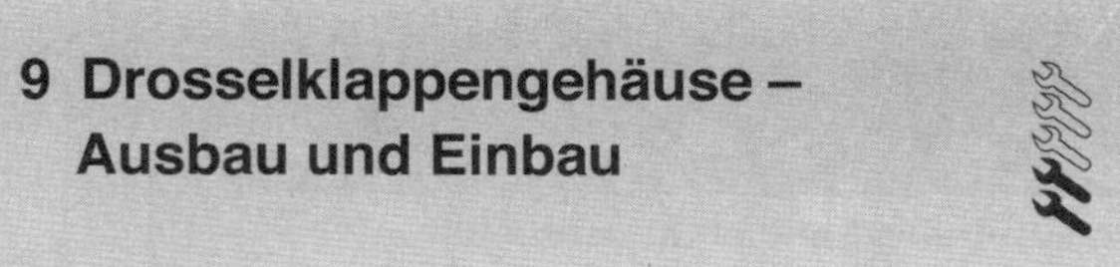

9 Drosselklappengehäuse – Ausbau und Einbau

Ausbau

1 Demontieren Sie die Luftfilter-Baugruppe (siehe Sektion 3).

2 Befreien und trennen Sie den Stecker der vor dem Katalysator sitzenden Lambdasonde. Lösen Sie den Kabelbaum vom Halter.
3 Trennen Sie die Kabelstecker der vor dem Drosselklappengehäuse sitzenden Temperatur- und Druck-Sensoren.
4 Trennen Sie den Drosselklappengehäuse-Stecker und befreien Sie seine Verkabelung (siehe Abbildung).

9.4 Ziehen Sie die Arretierung heraus und trennen Sie den Drosselklappengehäuse-Stecker.

5 Lösen Sie vorn am Motor die Schrauben des Ladeluftrohr-Halters (siehe Abbildung).

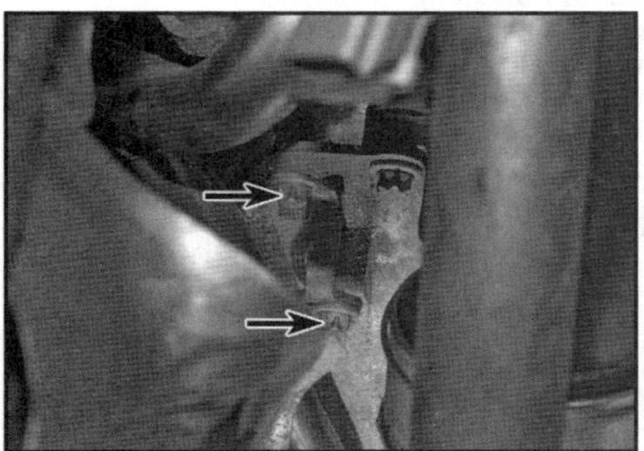

9.5 Schrauben des Ladeluftrohr-Halters

6 Lösen Sie die Schrauben, die das Kühlmittelrohr an der Vakuumpumpe und der Winden-Öse sichert (siehe Abbildung).

9.6 Kühlmittelrohr-Schrauben an der Vakuumpumpe und der Winden-Öse

7 Lösen Sie die vier Schrauben, mit denen das Drosselklappengehäuse am Einlassstutzen gesichert ist, und entnehmen Sie es – der Dichtring muss beim Einbau erneuert werden (siehe Abbildungen).

9.7a Drosselklappengehäuse-Schrauben

9.7b Erneuern Sie den Dichtring.

Einbau

8 Rüsten Sie den Einlassstutzen mit einem neuen Dichtring aus, setzen Sie das Drosselklappengehäuse an und ziehen Sie seine Schrauben mit 6 Nm an.
9 Der Rest des Einbaus entspricht der umgekehrten Ausbaureihenfolge.

10 Druckspeicher und Einspritzdüsen – Ausbau und Einbau

Achtung: *Beachten Sie zunächst die Warnhinweise in Sektion 1.*
Anmerkung: *Bevor vermeintlich defekte Einspritzdüsen ausgebaut und ersetzt werden, sollte ein Reinigungsversuch mit im Fachhandel erhältlichen Kraftstoffzusätzen erfolgen.*

Ausbau

1 Trennen Sie den Masseanschluss (–) der Batterie (siehe Kapitel 5, Sektion 4).
2 Ziehen Sie die obere Motorabdeckung ab.
3 Demontieren Sie ggf. den Camtronic-Stellmotor (siehe Kapitel 2A, Sektion 5).
4 Entfernen Sie das Isoliermaterial von der Einspritzpumpe.
5 Lösen Sie alle Kabelbaum-Befestigungsschrauben, trennen Sie die Stecker und verlagern Sie den Kabelbaum oben auf dem Motor beiseite.
6 Lösen Sie die Anschlussmuttern des Hochdruckrohrs zwischen der Pumpe und dem Hochdruckspeicher (siehe Abbildung) – seien Sie auf austretenden Kraftstoff vorbereitet.

10.6 Anschlüsse des Hochdruckrohrs

7 Trennen Sie die Kabelstecker vom Druckspeicher und den Einspritzdüsen (siehe Abbildung).

10.7 Ziehen Sie zum Trennen eines Einspritzdüsen-Steckers die Arretierung heraus.

8 Lockern Sie entgegen der in Abb. 10.23 gezeigten Reihenfolge die Druckspeicher-Schrauben.

9 Hebeln Sie oben an den Einspritzdüsen die Clips heraus und ziehen Sie den Druckspeicher ab (siehe Abbildungen) – seien Sie auf austretenden Kraftstoff vorbereitet. Anmerkung: Bei dem von uns behandelten Fahrzeug wurden mit dem Druckspeicher alle Einspritzdüsen aus dem Zylinderkopf gezogen.

Anmerkung: *Die Einspritzdüsen-Clips müssen beim Einbau durch Neuteile ersetzt werden.*

10.9a Hebeln Sie die Einspritzdüsen-Clips heraus ...

10.9b ... und ziehen Sie den Druckspeicher ab.

10 Falls die originalen Einspritzdüsen wiederverwendet werden sollen, müssen sie entsprechend ihrer Einbauposition markiert werden.

11 Ziehen Sie die Einspritzdüsen aus dem Zylinderkopf – verwenden Sie dazu nötigenfalls das Mercedes-Spezialwerkzeug 278 589 00 33 00 und drehen Sie die Düse leicht, um sie zu lockern. Manchmal funktionieren auch improvisierte Methoden, aber beschädigen Sie die Einspritzdüsen dabei nicht.

12 Entfernen Sie den alten aus Teflon bestehenden Brennraum-Dichtring sowie die zwei oberen Dichtringe von der Einspritzdüse (siehe Abbildungen).

Achtung: Passen Sie besonders auf, die Dichtring-Nut oder die darunter sitzende Rippe nicht zu beschädigen – bei einer beschädigten Nut oder Rippe muss die Einspritzdüse durch ein Neuteil ersetzt werden.

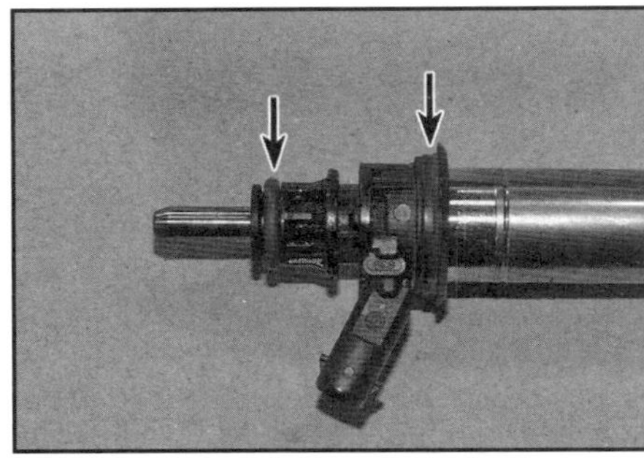

10.12a Entfernen Sie die Dichtringe oben an der Einspritzdüse ...

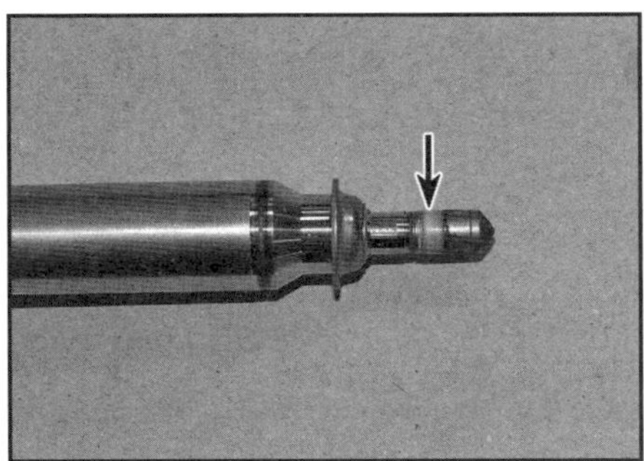

10.12b ... und die Teflon-Dichtung an der Spitze.

Einbau

13 Die Einspritzdüsen-Sitze im Zylinderkopf müssen absolut sauber sein – befreien Sie mit einer dünnen Flaschenbürste Ablagerungen aus den Löchern.

14 Befreien Sie aus dem jeweiligen Einspritzdüsen-Sitz im Druckspeicher den Sicherungsdraht, die Metallscheibe, die geschlitzte Kunststoffscheibe, den O-Ring und die weiße Kunststoffscheibe (siehe Abbildungen). Alle Teile sind als Reparaturset erhältlich und müssen erneuert werden.

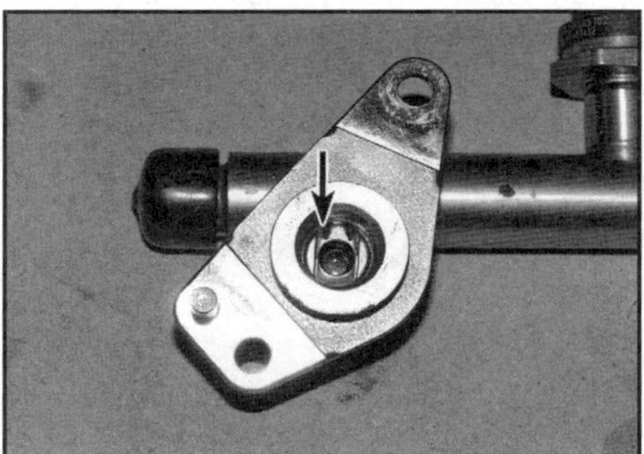

10.14a Befreien Sie aus dem jeweiligen Einspritzdüsen-Sitz im Druckspeicher den Sicherungsdraht, ...

10.14b ... die Metallscheibe, die geschlitzte Kunststoffscheibe, den O-Ring und die weiße Kunststoffscheibe.

15 Säubern Sie den Einspritzdüsen-Sitz im Druckspeicher.
16 Schieben Sie die neue weiße Kunststoffscheibe, den O-Ring, die geschlitzte Kunststoffscheibe und die Metallscheibe (mit den Angüssen nach außen) auf eine geeignete Stange, um sie einzuführen. Sichern Sie alles mit dem neuen Sicherungsdraht (siehe Abbildungen).

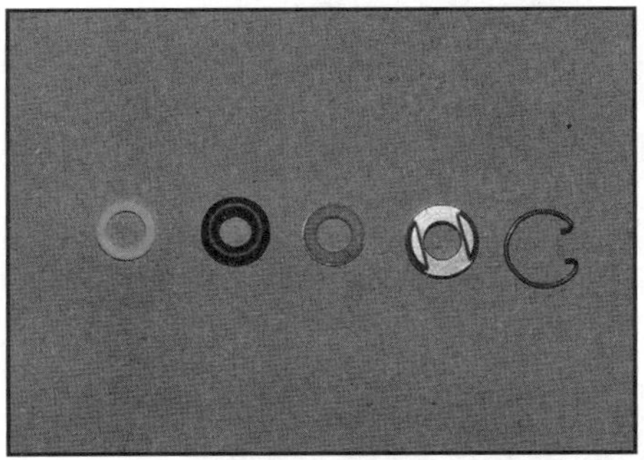

10.16a Legen Sie die Teile des Reparatursets in der korrekten Reihenfolge aus, ...

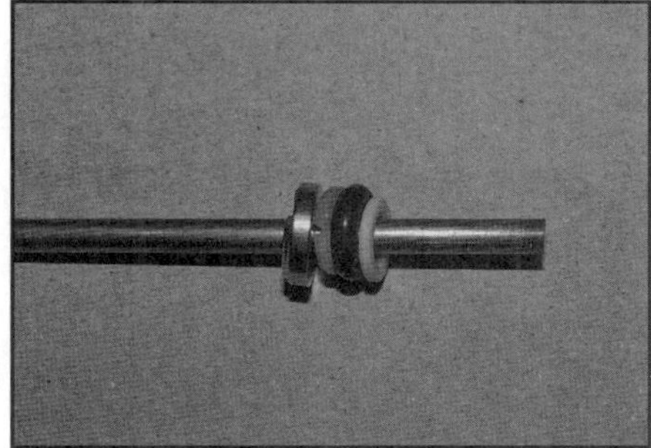

10.16b ... schieben Sie sie so auf eine Führungsstange, ...

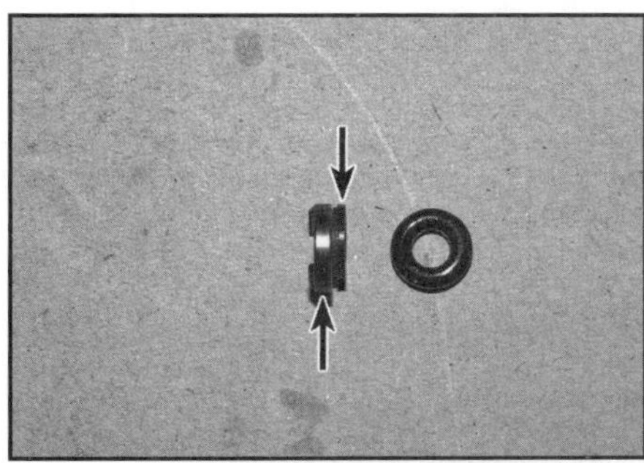

10.16c ... dass die geschlitzte Kunststoffscheibe mit seinem kleineren Durchmesser an der flachen Seite der Metallscheibe anliegt, ...

10.16d ... und führen Sie die Stange in den Druckspeicher ein.

10.16e Drücken Sie die Scheiben mit einem geeigneten Steckschlüssel fest ein ...

10.16f ... und sichern Sie alles mit dem neuen Sicherungsdraht.

17 Rüsten Sie die Einspritzdüsen mit den neuen oberen Dichtringen aus (Abb. 10.12a).

18 Positionieren Sie den Druckspeicher über den Einspritzdüsen und sichern Sie diese mit den neuen Clips. Falls die originalen Einspritzdüsen wiederverwendet werden sollen, müssen sie in ihre ursprünglichen Sitze gelangen (siehe Abbildungen).

10.18a Sichern Sie die Einspritzdüsen mit neuen Clips am Druckspeicher.

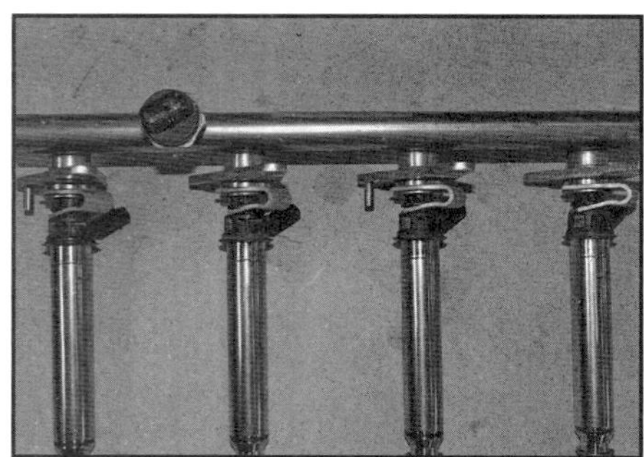

10.18b Die Clips müssen wie gezeigt zum Druckspeicher ausgerichtet sein.

19 Bevor die Einspritzdüsen mit den neuen Teflon-Dichtungen ausgerüstet werden, müssen mit einem sauberen Lappen sämtliche Ablagerungen aus seiner Einbaunut und vom Einspritz-Schaft beseitigt werden.

Achtung: Reinigen Sie nicht die Düsenspitze!

20 Um die Teflon-Dichtungen zu installieren wird das Mercedes-Spezialwerkzeug 272 589 00 43 00 aus dem Einspritzdüsen-Werkzeugset benötigt. Schieben Sie die neue Dichtung auf den Montage-Konus, setzen Sie diesen an der Einspritzdüse an und schieben Sie den Dichtring von Hand über seine Einbaunut. Entfernen Sie den Konus und pressen Sie jetzt das Schrumpfwerkzeug leicht drehend auf die Einspritzdüse, um den Dichtring vollständig in die Nut zu drücken (siehe Abbildungen). Verwenden Sie keinerlei Schmiermittel!

Achtung: Da der Teflon-Dichtring nach dem Entfernen des Werkzeugs zu quellen beginnt, muss der Druckspeicher samt Einspritzdüsen unverzüglich installiert werden!

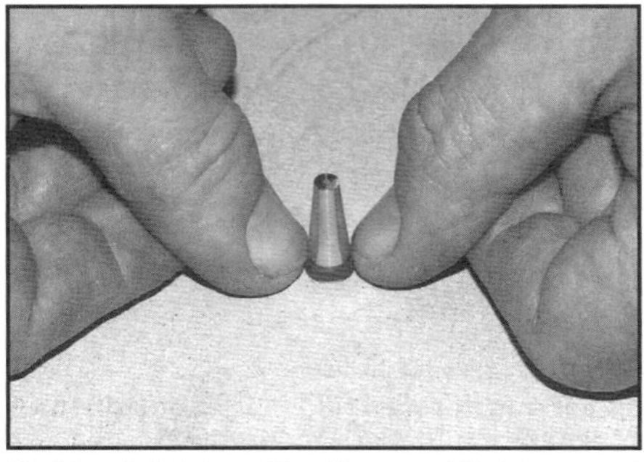

10.20a Schieben Sie die neue Dichtung auf den Montage-Konus, ...

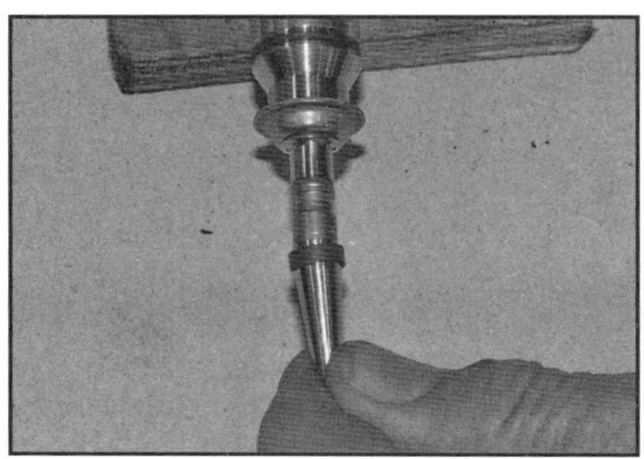

10.20b ... setzen Sie diesen an der Einspritzdüse an, ...

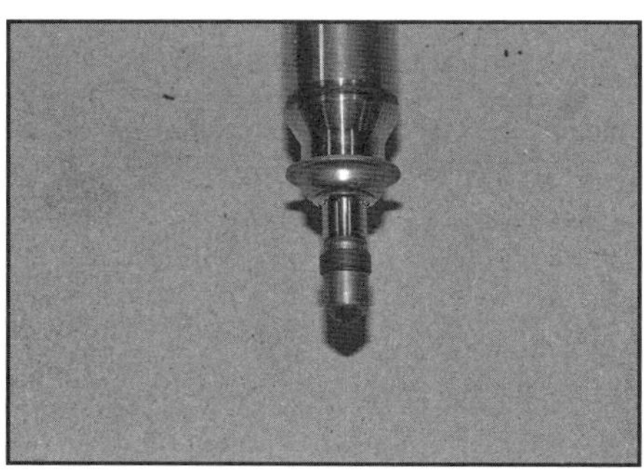

10.20c ...schieben Sie den Dichtring von Hand über seine Einbaunut und entfernen Sie den Konus.

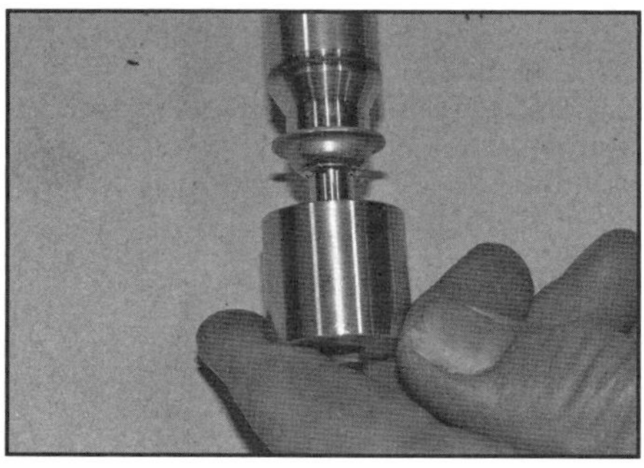

10.20d Pressen und drehen Sie das Schrumpfwerkzeug auf die Einspritzdüse, um den Dichtring in die Nut zu drücken.

21 Falls neue Einspritzdüsen installiert wurden, müssen die daran ablesbaren Codes notiert werden – diese werden später zum Konfigurieren des Motorsteuergeräts benötigt.
22 Positionieren Sie den Druckspeicher und die Einspritzdüsen in deren Sitzen im Zylinderkopf.
23 Installieren Sie die Druckspeicher-Schrauben und ziehen Sie sie in der gezeigten Reihenfolge (siehe Abbildung) in mehreren Durchgängen mit jeweils einer halben Umdrehung bis zum Drehmoment von 8 Nm an.

10.23 Anzugsreihenfolge der Druckspeicher-Schrauben

24 Montieren Sie das Hochdruck-Kraftstoffrohr zwischen die Einspritzpumpe und den Druckspeicher, ziehen Sie die Anschlussmuttern – beginnend am Druckspeicher – zunächst mit 15 Nm an und dann in zwei Durchgängen zunächst um 75° und dann um 15° weiter – hierzu werden ein entsprechender Krähenfuß-Adapter und eine Gradscheibe benötigt (siehe Abbildung)

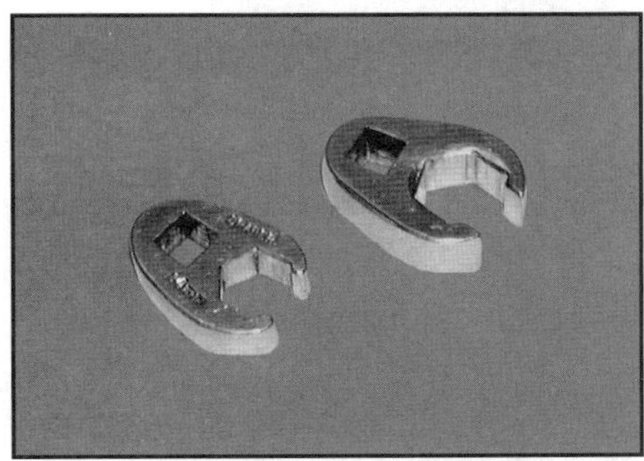

10.24 Krähenfuß-Adapter zum Anziehen von Anschlussmuttern per Drehmomentschlüssel

25 Der Rest des Einbaus entspricht der umgekehrten Ausbaureihenfolge.

11 Kraftstoffdruck-Sensor – Ausbau und Einbau

Ausbau

1 Trennen Sie den Masseanschluss (–) der Batterie (siehe Kapitel 5, Sektion 4).
2 Ziehen Sie die obere Motorabdeckung ab.
3 Der Sensor sitzt am Druckspeicher. Ziehen Sie die Arretierung des Steckers heraus und trennen Sie diesen.
4 Schrauben Sie den Sensor aus dem Druckspeicher (siehe Abbildung) – seien Sie auf austretenden Kraftstoff vorbereitet. Verstopfen Sie die Öffnung, um keinen Schmutz eindringen zu lassen.
Anmerkung: *Mercedes schreibt vor, einen einmal ausgebauten Sensor durch ein Neuteil zu ersetzen.*

11.4 Kraftstoffdruck-Sensor im Druckspeicher

Einbau

5 Setzen Sie den neuen Sensor am Druckspeicher an und ziehen Sie ihn mit 38 Nm an.
6 Der Rest des Einbaus entspricht der umgekehrten Ausbaureihenfolge.

12 Einspritzpumpe – Ausbau und Einbau

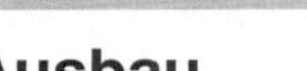

Ausbau

1 Lockern Sie die Radbolzen des rechten Vorderrads, heben Sie das Fahrzeug vorn an und stützen Sie es sicher ab (siehe Seite 24). Demontieren Sie das Rad.
2 Öffnen Sie die Wartungsklappe im Radkasten. Drehen Sie die Kurbelwelle mit dem Riemenscheiben-Bolzen im Uhrzeigersinn, bis die 79 (Grad nach OT) an der Riemenscheibe zum Zeiger des Steuerkettendeckels fluchtet (siehe Abbildung).

12.2 Die 79°-Markierung vorn an der Riemenscheibe muss zum Anguss des Steuerkettendeckels fluchten.

3 Trennen Sie den Masseanschluss (–) der Batterie (siehe Kapitel 5, Sektion 4).
4 Ziehen Sie die obere Motorabdeckung ab.
5 Ziehen Sie das Isoliermaterial von der Einspritzpumpe ab (siehe Abbildung).

12.5 Ziehen Sie das Isoliermaterial von der Einspritzpumpe ab.

6 Drücken Sie am Einspritzpumpenstecker den Clip ein und trennen Sie ihn (siehe Abbildung).

12.6 Einspritzpumpenstecker

7 Lösen Sie alle Kabelbaum-Befestigungsschrauben, trennen Sie die Stecker und verlagern Sie den Kabelbaum oben auf dem Motor beiseite (siehe Abbildung).

12.7 Kabelbaum-Schrauben links am Zylinderkopf

8 Trennen Sie die Kraftstoff-Zufuhrleitung von der Einspritzpumpe – seien Sie auf austretenden Kraftstoff vorbereitet.
9 Lösen Sie die Anschlussmuttern des Hochdruckrohrs zwischen der Pumpe und dem Hochdruckspeicher (Abb. 10.6) – seien Sie auf austretenden Kraftstoff vorbereitet.
10 Lockern Sie schrittweise die Einspritzpumpen-Befestigungsschrauben (siehe Abbildung) – seien Sie auf austretenden Kraftstoff vorbereitet. Die Schrauben müssen beim Einbau durch Neuteile ersetzt werden.

12.10 Einspritzpumpen-Befestigungsschrauben

11 Heben Sie die Pumpe ab und entnehmen Sie die Dichtung – beim Einbau wird eine neue benötigt.
12 Befreien Sie nötigenfalls mithilfe eines Magneten den Pumpenstößel aus dem Ventildeckel (siehe Abbildung).

12.12 Befreien Sie den Pumpenstößel.

Einbau

13 Positionieren Sie ggf. den Stößel in seinem Sitz (siehe Abbildung).

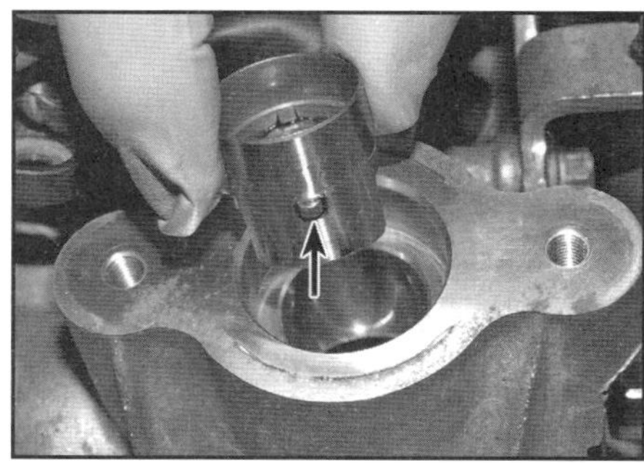

12.13 Richten Sie den Anguss am Stößel zur Nut seiner Bohrung aus.

14 Reinigen Sie die Dichtflächen der Pumpe und des Ventildeckels und rüsten Sie die Pumpe mit einer neuen Dichtung aus (siehe Abbildung).
Achtung: Die Dichtung muss absolut trocken installiert werden. Falls sie mit Öl in Verbindung kommt, kann sie quellen und später undicht werden.

12.14 Ersetzen Sie den Pumpen-Dichtring.

15 Stellen Sie sicher, dass die Kurbelwelle in der in Schritt 2 beschriebenen Position steht.
16 Setzen Sie die Pumpe an, installieren Sie die neuen Schrauben und ziehen Sie sie schrittweise bis zum Drehmoment von 14 Nm an.
17 Verbinden Sie die Kraftstoff-Zufuhrleitung mit der Einspritzpumpe.
18 Setzen Sie das Hochdruckrohr zum Druckspeicher an und drehen Sie die Anschlussmuttern handfest auf die Stutzen.
19 Ziehen Sie die Anschlussmuttern – beginnend am Druckspeicher – zunächst mit 15 Nm an und dann in zwei Durchgängen zunächst um 75° und dann um 15° weiter – hierzu werden ein entsprechender Krähenfuß-Adapter und eine Gradscheibe benötigt.
20 Verbinden Sie den Einspritzpumpenstecker.
21 Der Rest des Einbaus entspricht der umgekehrten Ausbaureihenfolge.
Achtung: Bevor der Motor das erste Mal gestartet wird, muss nach dem Einschalten der Zündung fünf Sekunden gewartet werden, damit die Einspritzpumpe mit Kraftstoff gefüllt wird – andernfalls kann sie beschädigt werden.

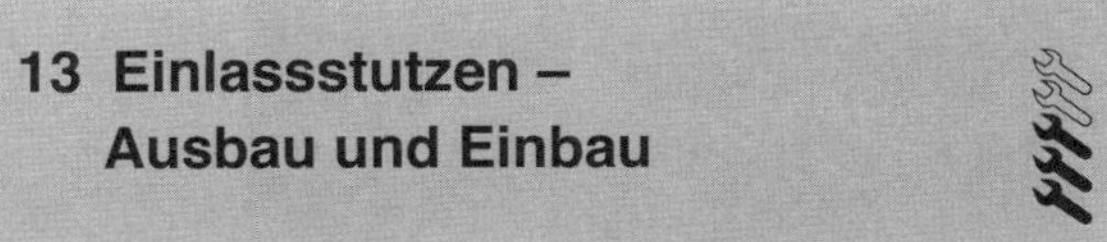

13 Einlassstutzen – Ausbau und Einbau

Anmerkung: *Beachten Sie zunächst die Warnhinweise in Sektion 1.*

Ausbau

1 Trennen Sie den Masseanschluss (–) der Batterie (siehe Kapitel 5, Sektion 4).
2 Demontieren Sie das Drosselklappengehäuse (siehe Sektion 9).
3 Trennen Sie die Belüftungs- und Unterdruckschläuche und befreien Sie sie vom Einlassstutzen (siehe Abbildungen).

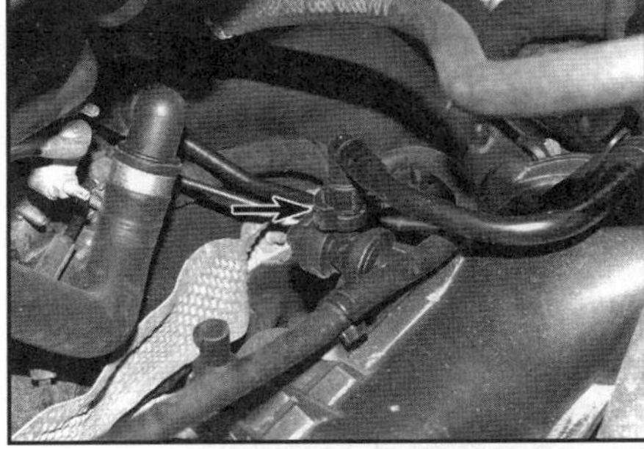

13.3a Lösen Sie den Clip und trennen Sie den Unterdruckschlauch hinten am Einlassstutzen.

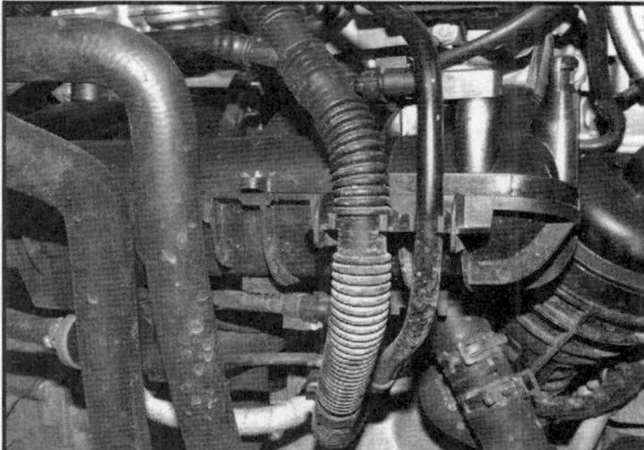

13.3b Befreien Sie die Schläuche hinten ...

13.3c ... und vorn am Einlassstutzen.

4 Trennen Sie das Belüftungsrohr und befreien Sie den Magnetschalter vom Einlassstutzen, um ihn beiseite zu verlagern (siehe Abbildung).

13.4 Befreien Sie den Magnetschalter.

5 Trennen Sie alle relevanten Kabelstecker und befreien Sie alle Kabel und Schläuche vom Einlassstutzen (siehe Abbildung).

13.5 Trennen Sie alle Kabelstecker vom Einlassstutzen.

6 Lockern Sie von außen nach innen alle Schrauben, die den Einlassstutzen mit dem Zylinderkopf verbinden, und ent-

nehmen Sie den Stutzen – die Dichtungen müssen ersetzt werden.
Anmerkung: *Die Schrauben verbleiben im Einlassstutzen.*

Einbau

7 Die Dichtflächen des Einlassstutzens und des Zylinderkopfs müssen absolut sauber sein. Rüsten Sie die Kanäle mit neuen Dichtungen aus (siehe Abbildung).

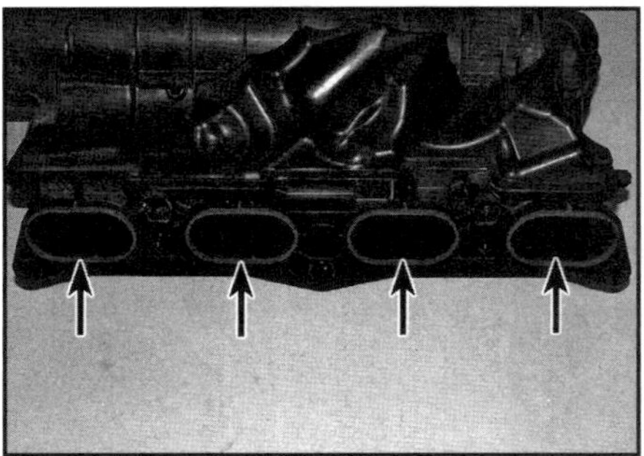

13.7 Einlassstutzen-Dichtungen

8 Positionieren Sie den Einlassstutzen am Zylinderkopf, drehen Sie die Schrauben ein und ziehen Sie von innen nach außen mit 14 Nm an.
9 Der Rest des Einbaus entspricht der umgekehrten Ausbaureihenfolge.

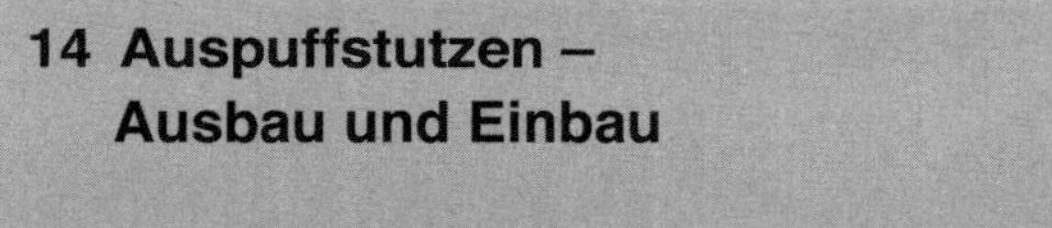

14 Auspuffstutzen – Ausbau und Einbau

1 Der Auspuffstutzen ist in den Turbolader integriert – beachten Sie hierfür die Sektion 15.

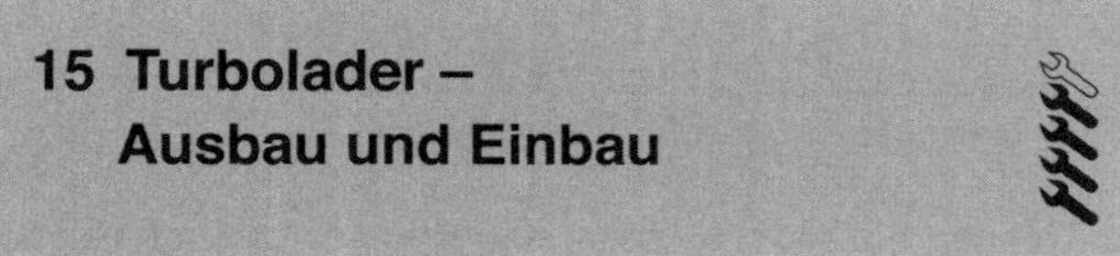

15 Turbolader – Ausbau und Einbau

Anmerkung: *Beachten Sie die Hinweise in Kapitel 4B, Sektion 17, wo die Funktionsweise des Turboladers und Vorsichtsmaßnahmen aufgeführt sind.*
1 Heben Sie das Fahrzeug vorn an und stützen Sie es sicher ab (siehe Seite 24).
2 Entleeren Sie das Kühlsystem (siehe Kapitel 1A, Sektion 32).
3 Demontieren Sie den Unterfahrschutz.
4 Ziehen Sie die obere Motorabdeckung ab.
5 Demontieren Sie die Luftfilter-Baugruppe samt Ansaugstutzen (siehe Sektion 3).
6 Beachten Sie die Einbaupositionen aller Schläuche und Stecker am Ansaugrohr zwischen dem Luftfilter und dem Turbolader (siehe Abbildungen).

15.6a Trennen Sie die Schläuche und Stecker vom Ansaugrohr.

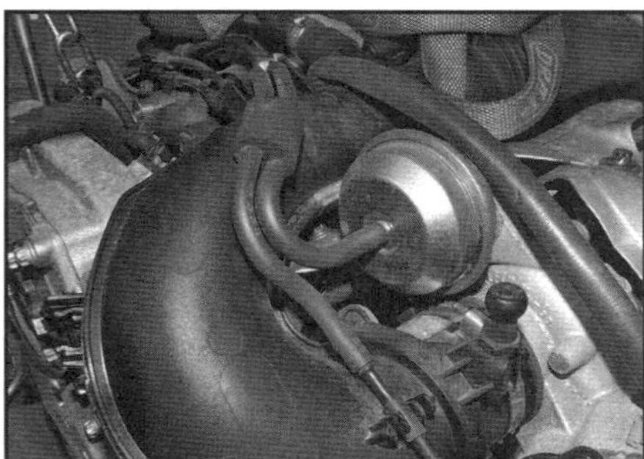

15.6b Trennen Sie die Unterdruckschläuche.

7 Befreien Sie den Kabelbaum, lockern Sie die Schellen und entfernen Sie das Luft-Ansaugrohr vom Turbolader. Ziehen Sie das Rohr aus dem Gummistutzen (siehe Abbildung).

15.7 Ansaugrohr-Schelle am Turbolader

8 Demontieren Sie den Katalysator (siehe Kapitel 6A, Sektion 18).
9 Lösen Sie die Mutter und die Schraube der zwischen dem Motorgehäuse und dem Turbolader sitzenden Strebe und entfernen Sie sie (siehe Abbildung).

15.9 Mutter und Schraube der Turbolader-Haltestrebe

10 Trennen Sie das Unterdruckrohr vom Ladedruck-Regelventil (siehe Abbildung).

15.10 Unterdruckrohr am Wastegate-Ventil

11 Legen Sie saugfähige Lappen über die Lichtmaschine, um kein Öl oder Kühlmittel eindringen zu lassen.
12 Lösen Sie am Turbolader die Schrauben der Öl- und Kühlmittelrohre (siehe Abbildungen) – seien Sie auf austretende Flüssigkeiten vorbereitet. Verstopfen Sie alle Öffnungen, um keinen Schmutz eindringen zu lassen.

15.12a Schraube des Öl-Zulaufrohrs

15.12b Schraube der Kühlmittel-Zulauf- und Rücklaufrohre

15.12c Schrauben des Öl-Rücklaufrohrs

15.12d Schrauben der Öl- und Kühlmittelrohre am Motorgehäuse

13 Lösen Sie die Drahtbügel und trennen Sie das Ladeluftrohr vom Turbolader (siehe Abbildung).

15.13 Hebeln Sie die Bügel heraus und trennen Sie das Ladeluftrohr.

14 Trennen Sie den Stecker des Schiebebetrieb-Bypassluft-Umschaltventils (siehe Abbildung) und führen Sie eine endgültige Kontrolle durch, ob alle Kabel und Leitungen vom Turbolader getrennt sind.

15.14 Ziehen Sie die Arretierung heraus und trennen Sie den Umschaltventil-Stecker.

15 Lösen Sie am Ventildeckel die Schraube des Luft-Ansaugrohr-Halters (siehe Abbildung).

15.15 Rohrhalter- und Hitzeschild-Schrauben

16 Lösen Sie die Schrauben des oberen Hitzeschilds (Abb. 15.15).
17 Lösen Sie die Schraube und die Mutter der Halterung zwischen dem Turbolader und dem Zylinderkopf (siehe Abbildung).

15.17 Schraube und Mutter der Turbolader-Halterung am Zylinderkopf

18 Hebeln Sie die Sicherungsbleche (Abb. 15.22) ab, lösen Sie die Muttern, die den Auspuffstutzen am Zylinderkopf sichern, und manövrieren Sie die Baugruppe aus dem Motorraum heraus. Die Dichtung, die Sicherungsbleche und die Muttern müssen beim Einbau ersetzt werden.

Einbau

19 Die Dichtflächen des Einlassstutzens und des Zylinderkopfs müssen absolut sauber sein.
20 Positionieren Sie eine neue Dichtung über die Stehbolzen des Zylinderkopfs (siehe Abbildung).

15.20 Rüsten Sie den Zylinderkopf mit einer neuen Auslassstutzen-Dichtung aus.

21 Positionieren Sie die Auslassstutzen/Turbolader-Baugruppe vorsichtig an den Zylinderkopf, drehen Sie die neuen Muttern auf und ziehen Sie sie schrittweise bis zum Drehmoment von 15 Nm an.

22 Pressen Sie die Sicherungsbleche über die Muttern (siehe Abbildung).

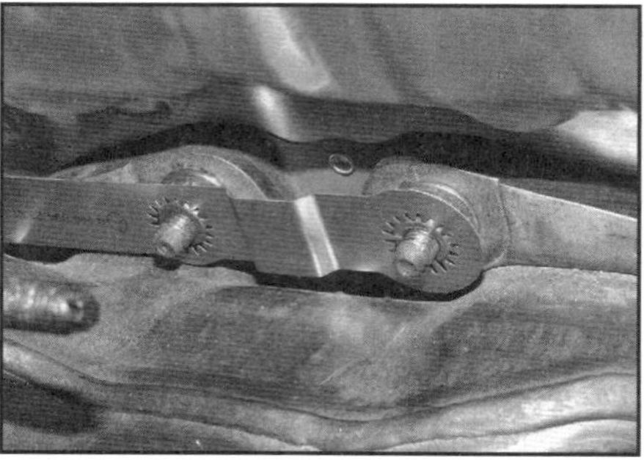

15.22 Pressen Sie die Bleche mit einem Steckschlüssel auf die Muttern.

23 Der Rest des Einbaus entspricht der umgekehrten Ausbaureihenfolge.

16 Ladeluftkühler – Ausbau und Einbau

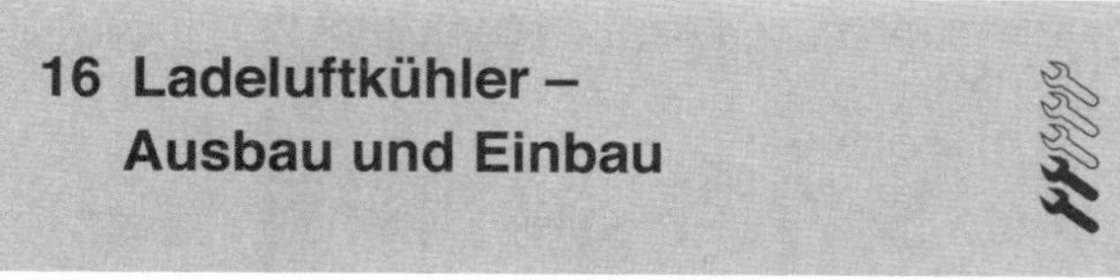

1 Demontieren Sie die vordere Stoßfänger-Schürze (siehe Kapitel 11, Sektion 5).
2 Hebeln Sie an beiden Seiten des Ladeluftkühlers die Drahtbügel heraus und trennen Sie die Luftschläuche (siehe Abbildungen).

16.2a Hebeln Sie an beiden Seiten des Ladeluftkühlers die Drahtbügel heraus ...

16.2b ... und trennen Sie die Luftschläuche.

3 Befreien und entfernen Sie das untere Luftleit-Segment vom Ladeluftkühler (siehe Abbildung).

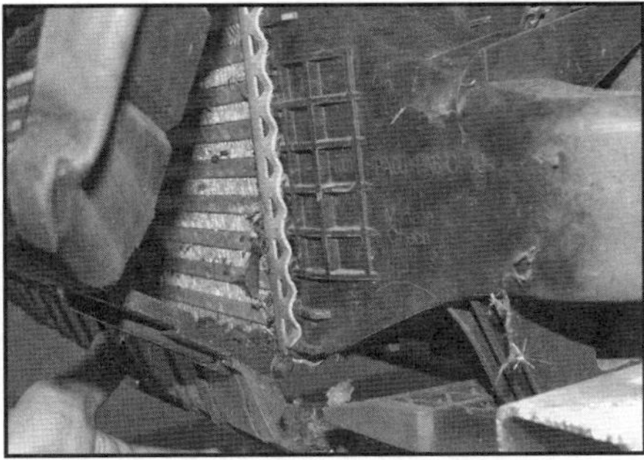

16.3 Befreien Sie das untere Luftleit-Segment.

4 Lösen Sie an beiden Seiten des Ladeluftkühlers die Laschen und manövrieren Sie ihn nach vorn heraus (siehe Abbildung).

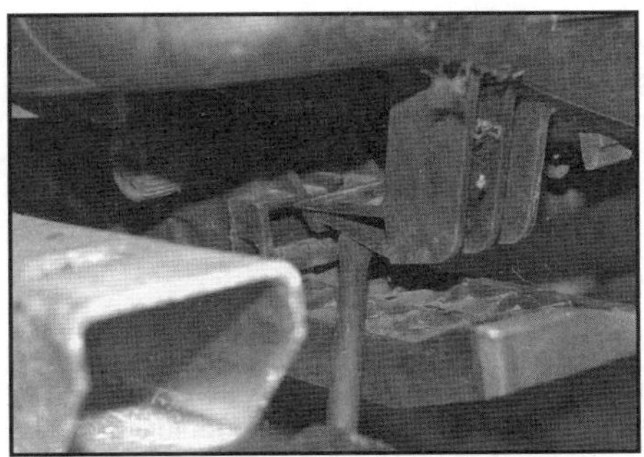

16.4 Heben Sie die Laschen leicht an und ziehen Sie den Ladeluftkühler nach vorn ab.

5 Der Einbau entspricht der umgekehrten Ausbaureihenfolge.

17 Auspuffanlage – Allgemeine Informationen und Austausch der Komponenten

Warnung: Lassen Sie den Motor vor Arbeitsbeginn ausreichend abkühlen! Vor allem der Katalysator wird im Betrieb sehr heiß und muss entsprechend lange abkühlen.

Anmerkung: *Bevor Arbeiten unter dem Fahrzeug erledigt werden, muss es angehoben und sicher abgestützt werden (siehe Seite 24).*

Allgemeine Informationen

1 Die Auspuffanlage besteht aus dem Auspuffstutzen samt Turbolader, dem Katalysator und dem Endrohr samt Schalldämpfern. Zur Isolierung von der Karosserie und Fahrwerks-Komponenten ist die Auspuffanlage in Haltegummis aufgehängt. Kontrollieren Sie die Gummis regelmäßig auf Risse und andere Alterungserscheinungen und ersetzten Sie sie nötigenfalls.

2 Regelmäßige Kontrollen der Auspuffanlage sorgen dafür, dass sie sicher und leise ist. Achten Sie auf beschädigte und verbogene Bauteile, gerissene Schweißnähte, Löcher, lockere Verbindungen, starke Korrosion und andere Defekte, die Abgase in den Innenraum gelangen lassen können. Schadhafte Auspuff-Komponenten sollten nicht repariert, sondern durch Neuteile ersetzt werden.

3 Zum Trennen stark verrosteter Auspuff-Komponenten muss oft ein Schneidbrenner, eine Druckluft- oder Elektrosäge benutzt werden – tragen Sie dabei eine Schutzbrille sowie Handschuhe und achten Sie darauf, keine umliegenden Bauteile zu beschädigen.

4 Einige grundlegende Hinweise zur Reparatur einer Auspuffanlage:

a) *Arbeiten Sie sich beim Entfernen von Auspuff-Komponenten von hinten nach vorn vor.*

b) *Tragen Sie Kriechöl auf den Verbindungen auf und lassen Sie es einige Zeit einwirken, bevor Sie Schellen lösen.*

c) *Erneuern Sie alle Dichtungen, Schellen und Aufhängungen.*

d) *Versehen Sie beim Einbau alle Gewinde mit Kupferpaste, um Korrosion zumindest zu verzögern.*

e) *Alle Neuteile müssen ausreichend Abstand zum Unterboden haben, damit dieser nicht zu heiß wird und innen Teppiche oder Isolierung verbrennen. Vor allem der Katalysator muss gut von seinen Hitzeschilden geschützt werden.*

Katalysator

5 Der Aus- und Einbau des Katalysators ist in Kapitel 6A, Sektion 18 beschrieben.

Kapitel 4B

Kraftstoffsystem und Auspuffanlage – Dieselmotoren

Inhalt — Sektion

Schwierigkeitsgrade

Leicht. Geeignet für Anfänger mit wenig Erfahrung. 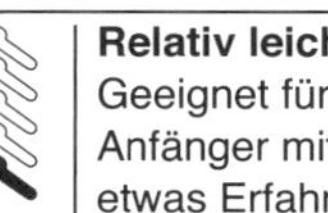

Relativ leicht. Geeignet für Anfänger mit etwas Erfahrung. 

Relativ schwierig. Geeignet für geübte Selbstschrauber. 

Schwer. Geeignet für Selbstschrauber mit viel Erfahrung. 

Sehr schwer. Geeignet für Experten und Profis. 

Technische Daten

Allgemein

Motor-Identifizierungscode	
1,5 Liter-Motor	OM 607 DE 15 LA (607.951)
1,8 Liter-Motor	OM 651 DE 18 LA (651.901)
2,1 Liter-Motor	OM 651 DE 22 LA (651.930)
System-Typ	Elektronisch gesteuerte ›Common-Rail‹ Hochdruck-Direkteinspritzung, Turbolader und Ladeluftkühler
Standgasdrehzahl	von Motorsteuergerät überwacht

Anzugsdrehmomente	**Nm**
Abgastemperatursensor (1,5 l-Motor)	32
Auspuffstutzen an Zylinderkopf*	
1,5 l-Motor	26
1,8 und 2,1 l-Motor	30
Druckspeicher-Schrauben	
1,5 l-Motor	28
1,8 und 2,1 l-Motor	14
Einlassstutzen-Schrauben (1,8 und 2,1 l-Motor)	
Schritt 1	15
Schritt 2	um 60° weiter
Injektoren-Klemmschrauben*	
1,5 l-Motor	30
1,8 und 2,1 l-Motor	
Schritt 1	15
Schritt 2	um 90° weiter
Schritt 3	um 90° weiter
Einspritzpumpen-Kupplungsflanschmutter (1,8 und 2,1 l-Motor)	70
Einspritzpumpenhalter-Schrauben (1,5 l-Motor)	23
Einspritzpumpen-Schrauben	
1,5 l-Motor	23
1,8 und 2,1 l-Motor	20

Hauptbaugruppenträger (1,8 und 2,1 l-Motor)	
M6	9
M8	20
Hochdruckleitungs-Anschlüsse	
1,5 l-Motor	28
1,8 und 2,1 l-Motor	33
Kraftstoffrücklauf-Anschlussschraube (1,8 und 2,1 l-Motor)	25
Luftkammer-Schrauben	
1,5 l-Motor	
M6	10
M8	25
1,8 und 2,1 l-Motor	10
Mischkammer-Schrauben (1,8 und 2,1 l-Motor)	10
Turbolader – 1,5 l-Motor	
Ölzufuhrleitung-Anschlussschraube	11
Ölzufuhrleitung-Anschlussmutter	35
Ölrücklaufleitung-Schrauben	12
Turbolader an Auspuffstutzen – Muttern*	29
Turbolader – 1,8 und 2,1 l-Motor	
Ölrücklaufleitung an Turbolader und Motorgehäuse	9
Ölzufuhrleitung an Motorgehäuse	9
Turbolader an Auspuffstutzen*	
Schritt 1	20
Schritt 2	um 90° weiter
Turbolader-Halterung an Turbolader und Motorgehäuse	
Schritt 1	20
Schritt 2	um 90° weiter

** Stets durch Neuteile zu ersetzen*

1 Allgemeine Informationen und System-Funktion

1 Das Kraftstoffsystem besteht aus einem im Heck untergebrachten Tank mit einer darin sitzenden elektrischen Förderpumpe, einem Kraftstofffilter und einer elektronisch gesteuerten Hochdruck-Direkteinspritzung sowie einem Turbolader samt Ladeluftkühler.

2 Bei der als ›Common Rail‹ bekannten Hochdruck-Diesel-Einspritzung dient ein gemeinsamer Druckspeicher dazu, alle Injektoren mit Kraftstoff zu versorgen, der mithilfe einer Hochdruckpumpe auf über 2000 bar komprimiert wurde. Das Motorsteuergerät bestimmt den Öffnungszeitpunkt und die Öffnungsdauer der elektromagnetisch aktivierten Einspritzdüse.

3 Der Druck im Speicher wird vom einem Sensor überwacht und von einem Regelventil kontrolliert.

System-Funktion

4 Die Funktion einer Common-Rail-Direkteinspritzung kann in drei Bereiche unterteilt werden: Das Niederdruck-Kraftstoffsystem, das Hochdruck-Kraftstoffsystem und die elektronische Steuerung.

5 Weitere Informationen zur Motorsteuerung finden sich in Kapitel 6B, Details zur Abgasanlage können in Sektion 20 nachgelesen werden.

Niederdruck-Kraftstoffsystem

6 Das Niederdrucksystem besteht aus den folgenden Komponenten:
a) Kraftstofftank
b) Kraftstoff-Förderpumpe
c) Kraftstofffilter
d) Niederdruck-Kraftstoffleitungen

7 Das Niederdrucksystem (Kraftstoffzufuhr) ist für die Versorgung des Hochdruckbereichs mit sauberem Kraftstoff verantwortlich.

Hochdruck-Kraftstoffsystem

8 Das Hochdrucksystem besteht aus den folgenden Komponenten:
a) Hochdruckpumpe mit Druckregelventil
b) Druckspeicher
c) Einspritzdüsen (Injektoren)
d) Hochdruck-Kraftstoffleitungen

9 Der Kraftstoff wird aus dem Tank durch die in der Hochdruckpumpe sitzende Förderpumpe durch den Filter angesaugt. Nachdem er die Förderpumpe passiert hat, gelangt der Kraftstoff durch interne Kanäle in die Hochdruckpumpe, die ihn in den Druckspeicher presst. Weil Diesel eine gewisse Elastizität aufweist, bleibt der Druck im Speicher auch bei einer Abnahme durch die Injektoren relativ konstant. Zusätzlich sorgt ein an der Hochdruckpumpe sitzendes Druck-Regelventil dafür, dass der Kraftstoffdruck innerhalb der Vorgaben liegt.

10 Das Kraftstoffdruck-Regelventil wird vom Steuergerät aktiviert. Wenn das Ventil öffnet, fördert die Hochdruckpumpe überschüssigen Kraftstoff durch die Rücklaufleitung in den Tank zurück, sodass der Druck im Speicher sinkt. Damit das Regelventil vom Steuergerät korrekt ausgelöst wird, misst ein Drucksensor den Druck im Speicher.

11 Die elektromagnetisch gesteuerten Injektoren werden einzeln vom Steuergerät aktiviert. Die Düsen sprühen den Kraftstoff direkt in den Brennraum; weil stets hoher Kraftstoffdruck anliegt, kann die Einspritzung sehr präzise und hochflexibel erfolgen – so kann die Verbrennung beträchtlich verbessert werden, wenn vor dem eigentlichen Haupt-Einspritzprozess schon eine kleine Menge Kraftstoff eingespritzt wird.

Kraftstoffsystem-Komponenten

Tankpumpe

12 Die im Tank sitzende und elektrisch betriebene Pumpe bildet zusammen mit dem Tankanzeigen-Geber eine gemeinsame Baugruppe.

Hochdruckpumpe

13 Diese Pumpe sitzt am Motor. Bei 1,5 l-Motoren wird sie vom Zahnriemen angetrieben, bei 1,8 und 2,1 l-Motoren über ein Zahnrad des Rädertriebs links am Motor. Ihre Schmierung wird vom Dieselöl übernommen.
14 Die Hochdruckpumpe versorgt über ein Sicherheitsventil den Hochdruckbereich.
15 Da die Pumpe in der Lage sein muss, bei Volllast genügend Kraftstoff zu liefern, wird bei Standgas und Teillast überschüssiger Kraftstoff durch das Druckregelventil in den Niederdruckbereich geleitet, von wo er durch die Rücklaufleitung wieder in den Tank gelangt.

Druckspeicher

16 Wie der Name bereits andeutet, speichert dieses direkt über den Injektoren sitzende Rohr den unter beständigem Druck stehenden Kraftstoff, der von der Hochdruckpumpe geliefert wurde. Im Druckspeicher sitzen der Kraftstoff-Drucksensor und ein Anschluss zum Kraftstoffdruck-Regelventil an der Pumpe.

Kraftstoffdruck-Regelventil

17 Das vom Motorsteuergerät aktivierte Kraftstoffdruck-Regelventil regelt den Systemdruck. Das Regelventil ist in die Hochdruckpumpe integriert und kann nicht von ihr getrennt werden.
18 Das Ventil öffnet bei zu hohem Druck, sodass Kraftstoff zurück in den Tank fließen kann. Bei zu niedrigem Druck schließt das Ventil, damit die Hochdruckpumpe den Druck erhöhen kann.
19 Innerhalb des Ventils sitzt eine federbelastete Kugel, die von einer Feder und der Kraft eines Elektromagneten gegen den Kraftstoffdruck in ihren Sitz gedrückt wird. Die Wirksamkeit des Elektromagneten hängt direkt von der vom Steuergerät angelegten Stromstärke ab. Der gewünschte Druck kann daher durch den auf den Elektromagneten wirkenden Strom eingestellt werden, während Druckschwankungen von der Feder kompensiert werden.

Kraftstoffdrucksensor

20 Der Kraftstoffdrucksensor sitzt im Druckspeicher und liefert äußerst präzise Informationen über den dort herrschenden Druck an das Motorsteuergerät.

Injektoren

21 Die im Zylinderkopf sitzenden Injektoren werden elektromagnetisch über Signale vom Steuergerät aktiviert, um den Kraftstoff aus dem Druckspeicher in die Brennräume zu sprühen. Injektoren sind mit sehr geringen Toleranzen gefertigte hochpräzise Instrumente.

Motorsteuergerät und Sensoren

22 Das Motorsteuergerät und zugehörige Sensoren werden in Kapitel 6B beschrieben.

Luftmassensensor und Turbolader

23 Der hinter dem Luftfilter sitzende Luftmassensensor überwacht die Luftzufuhr zum Turbolader; die von diesem komprimierte Luft wird durch den Ladeluftkühler (Intercooler) zum Einlassbereich des Motors geleitet.

2 Fehlersuche

Tankpumpe

1 Die Förderpumpe sitzt direkt im Tank. Setzen Sie sich in das Fahrzeug, schließen Sie alle Fenster und schalten Sie die Zündung auf ON (nicht auf START) – wenn die Pumpe funktioniert, muss direkt danach für ein bis zwei Sekunden das Summen der Tankpumpe zu hören sein (lassen Sie nötigenfalls einen Assistenten am Tankdeckel hören).
2 Falls die Pumpe nicht arbeitet, müssen die entsprechenden Sicherungen und Relais überprüft werden (siehe Kapitel 12, Sektion 3).
3 Soweit die Sicherungen und Relais in Ordnung sind, muss die Verkabelung zur Pumpe kontrolliert werden. Ist auch diese in Ordnung, kann das Tankpumpen-Steuermodul defekt sein; letzteres gilt auch, falls die Pumpe nach dem Einschalten der Zündung kontinuierlich läuft. Lassen Sie die Steuerung und den Stromkreis von einer Fachwerkstatt kontrollieren.

Einspritzanlage

Anmerkung: Die folgenden Hinweise legen eine funktionsfähige Tankpumpe zugrunde.
4 Falls die Diagnoseanzeige im Cockpit einen Fehler anzeigt, muss zunächst geprüft werden, ob alle zum System gehörenden Kabelstecker fest angeschlossen und frei von Korrosion sind. Besteht der Fehler weiter, muss ein geeignetes Diagnosegerät mit dem Diagnosestecker verbunden werden (siehe Abbildung) – bringen Sie dazu das Fahrzeug in eine entsprechend ausgerüstete Fachwerkstatt, die den Fehler rasch findet; somit kann eine zeitaufwendige Untersuchung aller zum System gehörenden Komponenten unterbleiben, bei der möglicherweise das Motorsteuergerät beschädigt wird. Es ist ratsam, die fehlerhafte Komponente ebenfalls von der Fachwerkstatt austauschen zu lassen, da hierbei oft das Steuergerät umprogrammiert werden muss.

2.4 Der Diagnosestecker befindet sich neben dem Motorhauben-Öffnerhebel unterhalb des Armaturenbretts.

Anmerkung: Die folgenden Hinweise legen eine funktionsfähige Tankpumpe zugrunde.
5 Kontrollieren Sie alle zum System gehörenden Kabelstecker und prüfen Sie, ob alle Massekabel korrekt angeschlossen sind (siehe Kapitel 12, Sektion 2).
6 Prüfen Sie, ob die Batterie korrekt geladen ist (siehe Kapitel 5, Sektion 3).
7 Kontrollieren Sie das Luftfilterelement (siehe Kapitel 1B, Sektion 27).
8 Inspizieren Sie alle zur Einspritzanlage gehörenden Sicherungen (siehe Kapitel 12, Sektion 3).
9 Überprüfen Sie das Einlasssystem zwischen dem Drosselklappengehäuse und der Ansaugbrücke auf Lecks. Alle Unterdruckschläuche am Drosselklappengehäuse und dem Einlassstutzen müssen fest angeschlossen und in Ordnung sein.
10 Trennen Sie den Ansaugstutzen vom Luftklappengehäuse und prüfen Sie, ob sich hierin – und vor allem an der Luftklappe selbst – Schmutz, Ruß, ein Schmierfilm oder andere Ablagerungen abgesetzt haben. Reinigen Sie das Luftklappengehäuse nötigenfalls mit Vergaserreiniger-Spray, einer Zahnbürste und sauberen Lappen.

11 Halten Sie bei laufendem Motor ein geeignetes Stethoskop nacheinander an die Injektoren (siehe Abbildung) – diese müssen klickende Geräusche erzeugen.
Warnung: Halten Sie sich bei dieser Kontrolle von drehenden oder heißen Komponenten fern!

2.11 Die Funktion der Injektoren kann mit einem speziellen Motoren-Stethoskop überprüft werden.

12 Falls trotz funktionierender Injektoren Fehlzündungen entstehen, können die Düsen verschmutzt oder verstopft sein. Falls Reinigungsversuche mit im Fachhandel erhältlichen Kraftstoffzusätzen fehlschlagen, müssen entsprechende Injektoren ersetzt werden.
13 Funktioniert ein Injektor trotz korrekten Widerstands nicht, kann der Fehler im Motorsteuergerät oder der Verkabelung zwischen diesem und dem Injektor liegen.

3 Hochdruck-Einspritzsystem – Spezielle Informationen

Warnungen und Vorsichtsmaßnahmen

1 Bevor Arbeiten am Kraftstoffsystem – vor allem an dessen Hochdruck-Seite – erledigt werden, müssen die folgenden Vorsichtsmaßnahmen penibel durchgelesen werden. Zudem müssen die Hinweise in der Sektion ›Sicherheit geht vor!‹ am Anfang dieses Buchs durchgelesen werden – ihnen ist unbedingt zu folgen! Beachten Sie die folgenden Informationen:

a) Führen Sie Arbeiten am Hochdruck-Kraftstoffsystem nur aus, wenn Sie über die erforderlichen Kenntnisse verfügen, die erforderlichen Werkzeuge besitzen und sich über die damit verbundenen Sicherheitsaspekte im Klaren sind.
b) Bevor Arbeiten am Kraftstoffsystem ausgeführt werden, muss nach dem Abschalten des Motors mindestens eine halbe Minute gewartet werden, damit der Druck im System abgebaut wird.
c) Arbeiten Sie niemals bei laufendem Motor am Hochdruck-Kraftstoffsystem!
d) Halten Sie sich von möglichen Undichtigkeiten fern – dies gilt besonders beim Starten des Motors nach durchgeführten Reparaturen. Aus einem Leck im System kann ein lebensgefährlicher Hochdruck-Strahl entweichen.
e) Halten Sie niemals Ihre Hände oder andere Körperteile in die Nähe von Lecks im Hochdruck-Kraftstoffsystem!
f) Reinigen Sie niemals den Motor oder Teile des Kraftstoffsystems mit einem Dampfstrahler.

Reparatur-Prozeduren und allgemeine Informationen

2 Bei allen Arbeiten am Kraftstoffsystem muss absolute Sauberkeit herrschen. Dies gilt für den Arbeitsplatz im Allgemeinen, die ausführende Person und das zu bearbeitende Bauteil.
3 Bevor an Kraftstoffsystem-Komponenten gearbeitet wird, müssen sie sorgfältig mit einem geeigneten Entfettungsmittel gereinigt werden. Sauberkeit ist besonders wichtig bei der Arbeit an folgenden Kraftstoffsystem-Komponenten:
a) Kraftstofffilter
b) Hochdruckpumpe
c) Druckspeicher
d) Injektoren
e) Hochdruck-Kraftstoffrohre
4 Nachdem alle Leitungen oder Komponenten getrennt wurden, müssen alle Öffnungen unverzüglich abgedichtet werden, damit kein Schmutz oder andere Fremdkörper eindringen können. Im Auto-Zubehörhandel sind hierfür Stopfen und Kappen unterschiedlicher Größen erhältlich (siehe Abbildung). Abgeschnittene Finger von neuen Gummihandschuhen können zum Schutz von Bauteilen wie Kraftstoffrohren, Injektoren und elektrischen Anschlüssen verwendet und mit Gummibändern gesichert werden; Einweg-Handschuhe sind an Tankstellen und im Drogeriemarkt erhältlich.

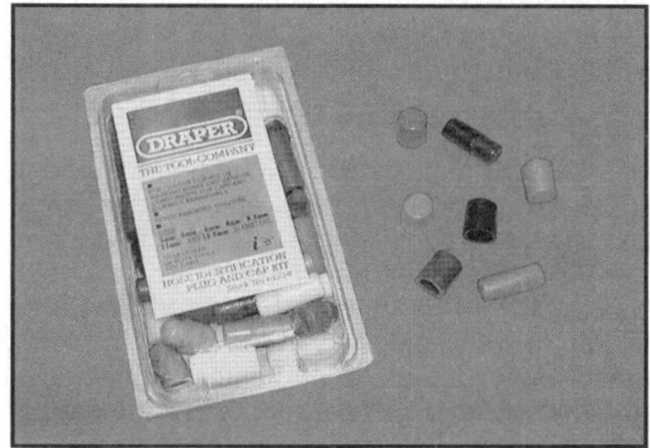

3.4 Ein typisches Set aus Stopfen und Kappen zum Abdichten getrennter Kraftstoffsystem-Komponenten

5 Nachdem Hochdruck-Kraftstoffrohre getrennt oder demontiert wurden, müssen sie durch Neuteile ersetzt werden.
6 Nach jeder Reparatur am Hochdruck-Kraftstoffsystem wird der Einsatz von speziellem Pulver empfohlen, das auf den Anschlüssen verteilt wird, um Undichtigkeiten zu ermitteln. Trocken ist das Pulver weiß; sobald es feucht wird, zeigen dunkle Stellen das Leck an.
7 Die in den technischen Daten angegebenen Anzugsdrehmomente müssen beim Anziehen von Befestigungen und Anschlüssen strikt eingehalten werden – dies gilt besonders für die Anschlüsse der Hochdruck-Leitungen. Um einen Drehmomentschlüssel an den Anschlussmuttern ansetzen zu können, werden sogenannte Krähenfuß-Adapter benötigt, die im gut sortierten Werkzeughandel erhältlich sind (siehe Abbildung).

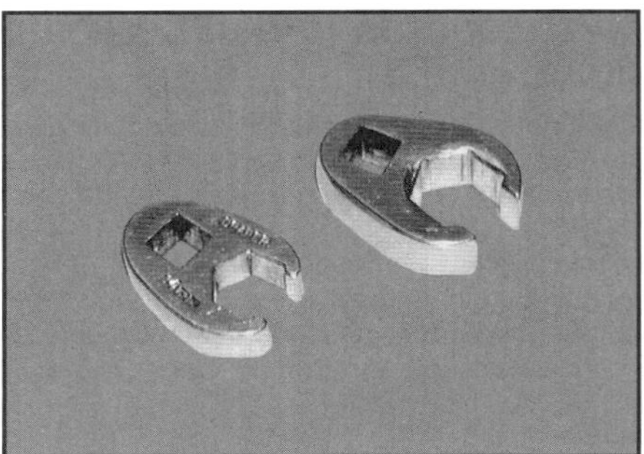

3.7 Krähenfuß-Adapter zum Anziehen von Anschlussmuttern per Drehmomentschlüssel

4 Kraftstoffsystem – Vorfüllen und Entlüften

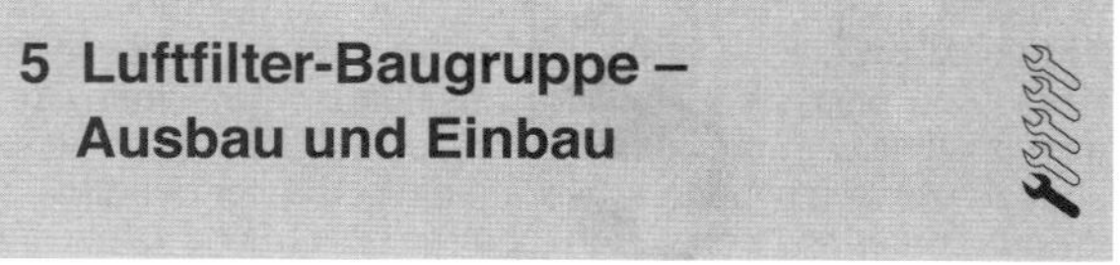

1 Das Kraftstoffsystem ist selbstentlüftend. Nachdem es geöffnet und wieder verschlossen wurde, muss wie folgt fortgefahren werden:
2 Schalten Sie die Zündung ein und warten Sie etwa fünf Sekunden – in dieser Zeit wird die Tankpumpe aktiviert und das System entlüftet.
3 Treten Sie das Gaspedal vollständig durch und starten Sie den Motor (dies kann vor allem nach einem trocken gelaufenen Kraftstoffsystem etwas länger als üblich dauern. Betätigen Sie den Anlasser nicht länger als zehn Sekunden und warten Sie danach fünf Sekunden, bis erneut gestartet wird. Sobald der Motor läuft, muss er etwa eine Minute mit erhöhter Standgasdrehzahl laufen, damit restliche Luftblasen beseitigt werden. Anschließend sollte der Motor mit konstanter Standgasdrehzahl laufen.
4 Falls der Motor rau läuft, befindet sich noch immer Luft im System. Erhöhen Sie für etwa eine Minute die Drehzahl und prüfen Sie erneut, ob er danach mit konstanter Standgasdrehzahl läuft. Wiederholen Sie diese Prozedur nötigenfalls so lange, bis der Motor sanft und gleichmäßig läuft.
5 Bei hartnäckigen Startschwierigkeiten muss das Kraftstoffsystem mithilfe einer spezielle Mercedes-Diagnoseausrüstung vorgefüllt werden.

5 Luftfilter-Baugruppe – Ausbau und Einbau

Ausbau

1 Trennen Sie zunächst den Masseanschluss (–) der Batterie (siehe Kapitel 5, Sektion 4).

1,5 l-Motor

2 Entfernen Sie die obere Motorabdeckung.
3 Lösen Sie die Schrauben der Motorsteuergerät-Abdeckung und entfernen Sie diese (siehe Abbildung) – befreien Sie alle damit verbundenen Kabel.

5.3 Schrauben der Motorsteuergerät-Abdeckung

4 Trennen Sie die Steuergerät-Stecker (siehe Abbildung) – das Steuergerät kann jetzt nötigenfalls entnommen werden.

5.4 Drücken Sie die Lasche, klappen Sie die Arretierungen um und trennen Sie die Steuergerät-Stecker.

5 Befreien Sie alle am Luftfiltergehäuse gesicherten Kabel.
6 Lösen Sie die Schrauben des Ladedruck-Regelventils und verlagern Sie es samt Halter beiseite (siehe Abbildung).

5.6 Schrauben des Ladedruck-Regelventils

7 Trennen Sie den Stecker des Luftmassensensors, lockern Sie die Schelle und trennen Sie den Luftauslasstrakt vom Filtergehäuse (siehe Abbildungen).

5.7a Ziehen Sie den grauen Clip heraus und trennen Sie den Stecker.

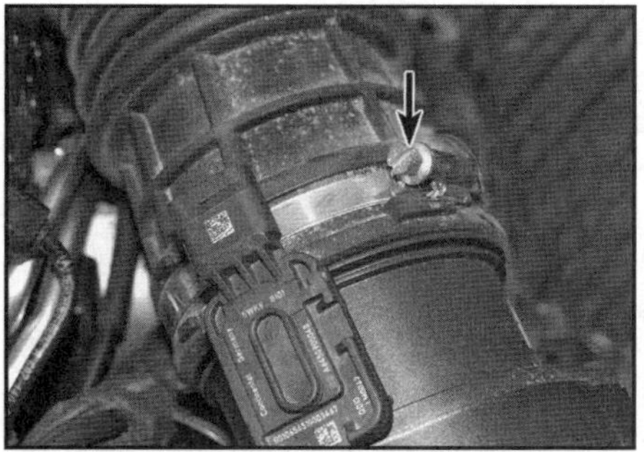

5.7b Lockern Sie die Schelle und ziehen Sie den Auslasstrakt ab.

8 Lösen Sie die Laschen und trennen Sie den Ansaugtrakts von der vorderen Abdeckung (siehe Abbildung).

5.8 Lösen Sie die Ansaugtrakt-Lasche an der vorderen Abdeckung.

9 Ziehen Sie das Luftfiltergehäuse nach oben aus seinen Gummihalterungen (siehe Abbildung) – trennen Sie dabei alle daran befestigten Kabel.

5.9 Befreien Sie beim Abziehen des Luftfiltergehäuses alle damit verbundenen Kabel.

1,8 und 2,1 l-Motor

10 Lösen Sie die Laschen und trennen Sie den Ansaugtrakts von der vorderen Abdeckung (siehe Abbildung).

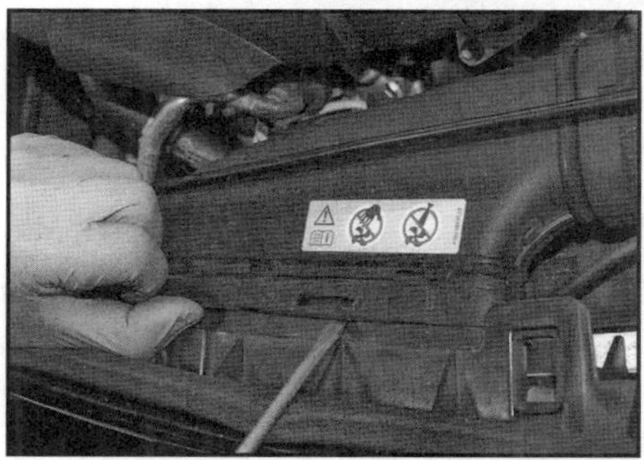

5.10 Befreien Sie den Ansaugtrakt von der vorderen Abdeckung.

11 Befreien Sie den Kabelbaum vom Luftfilterdeckel und dem Auslasstrakt (siehe Abbildung).

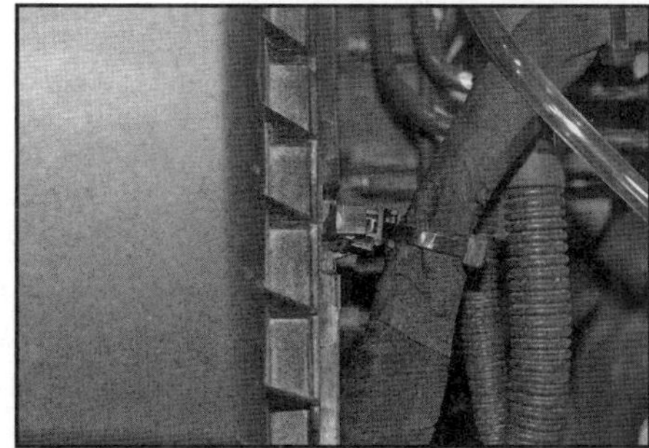

5.11 Befreien Sie den Kabelbaum vom Luftfilterdeckel und dem Auslasstrakt.

12 Lösen Sie die Laschen des Motorsteuergeräts und ziehen Sie nach oben heraus, um es beiseite zu verlagern (siehe Abbildung).

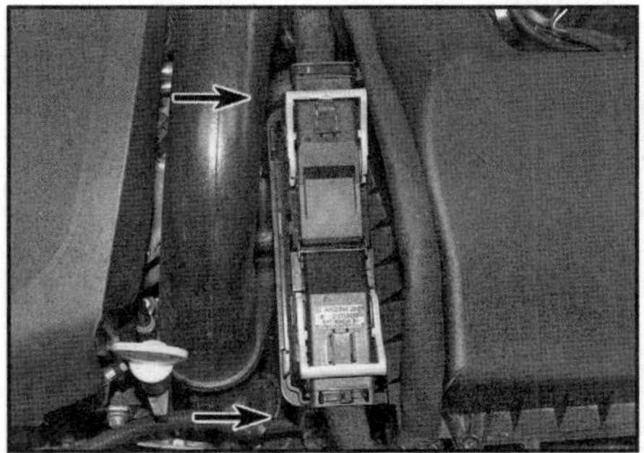

5.12 Lösen Sie die Laschen des Motorsteuergeräts und ziehen Sie nach oben heraus.

13 Trennen Sie am Auslasstrakt die Stecker der Luftmassen- und Luftdruck-Sensoren (siehe Abbildung).

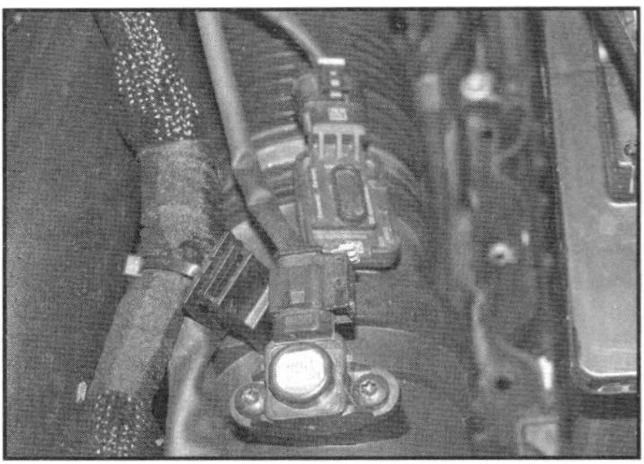

5.13 Ziehen Sie die grauen Clips heraus und trennen Sie die Stecker.

14 Lockern Sie die Schelle des Auslasstrakts und trennen Sie diesen (siehe Abbildung).

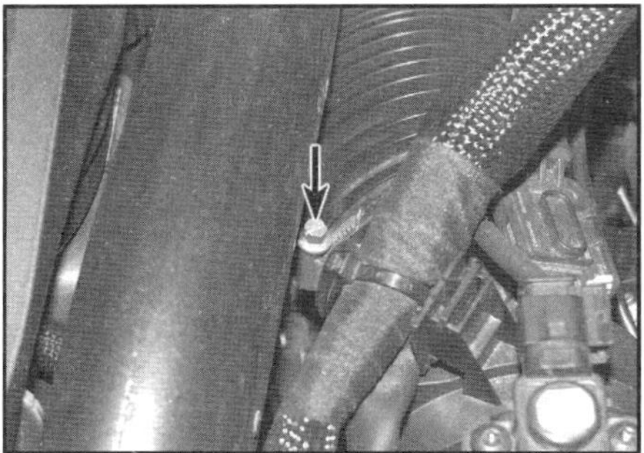

5.14 Schelle des Auslasstrakts

15 Ziehen Sie das Luftfiltergehäuse nach oben aus seiner Halterung.

Einbau

16 Der Einbau entspricht der umgekehrten Ausbaureihenfolge – alle Schläuche und Stutzen müssen korrekt sitzen und gesichert sein – bei ihrer Montage darf kein Fett oder anderes Schmiermittel verwendet werden.

6 Kraftstoffleitungen und Anschlüsse – Allgemeine Informationen

1 Trennen Sie zunächst den Masseanschluss (–) der Batterie (siehe Kapitel 5, Sektion 4).
2 Die Kraftstoff-Zufuhrleitung verbindet die Kraftstoffpumpe im Tank mit der Einspritzpumpe am Motor.
3 Kontrollieren Sie bei allen Arbeiten unter dem Fahrzeug sämtliche zum Kraftstoffsystem gehörenden Leitungen auf Lecks, Knicke, Beulen, Korrosion und andere Schäden. Defekte Kraftstoffleitungen müssen umgehend erneuert werden.
4 Falls nach dem Trennen von Leitungen darin Ablagerungen entdeckt werden, müssen alle Leitungen demontiert und mit Druckluft ausgeblasen werden. Inspizieren Sie das Ansaugsieb der Tankpumpe auf Löcher, Schäden und Ablagerungen.

Stahlrohre

5 Alle Kraftstoffleitungen müssen unbedingt durch Rohre des gleichen Typs ersetzt werden, damit sie den beträchtlichen Drücken standhalten.
6 Manche Stahlrohre sind mit Gewindeanschlüssen ausgerüstet. Beim Lösen der Anschlussmutter muss der feste Teil mit einem Maulschlüssel gehalten werden, damit sich das Rohr nicht verdreht.

Kunststoff-Leitungen

Warnung: Achten Sie beim Lösen oder Verbinden von Kunststoffleitungen darauf, diese nicht zu stark zu verbiegen oder zu verdrehen, da sie hierdurch beschädigt werden können. Kunststoffleitungen vertragen keine Hitze!

7 Alle Kunststoffleitungen müssen unbedingt durch Leitungen des gleichen Typs ersetzt werden, damit sie den beträchtlichen Drücken standhalten.

Flexible Schläuche

8 Alle Kraftstoffschläuche müssen unbedingt Schläuche des gleichen Typs ersetzt werden, damit sie den beträchtlichen Drücken standhalten und benzinresistent sind.
9 Achten Sie bei der Verlegung von Schläuchen (und Rohren) darauf, dass sie nicht näher als 10 cm an Auspuffrohre und nicht näher als 28 cm an den Katalysator gelangen dürfen. Gummischläuche dürfen nicht gegen feste Teile des Fahrzeugs schlagen – durch die Vibrationen bilden sich schnell Scheuerstellen und Undichtigkeiten. Mit einem Abstand von 8 bis 10 mm zum Unterboden sollte man immer auf der sicheren Seite sein.

Trennen von Kraftstoffleitungs-Anschlüssen

10 Hier sind typische Anschlüsse gezeigt:

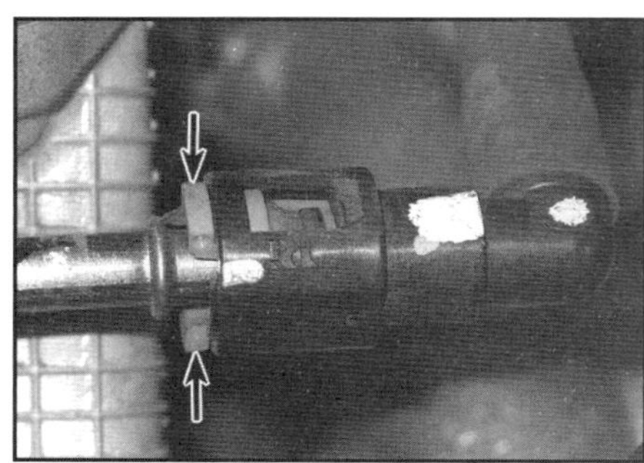

6.10a Zwei-Laschen-Anschluss: Drücken Sie beide Laschen mit den Fingern ein und ziehen Sie den Anschluss ab.

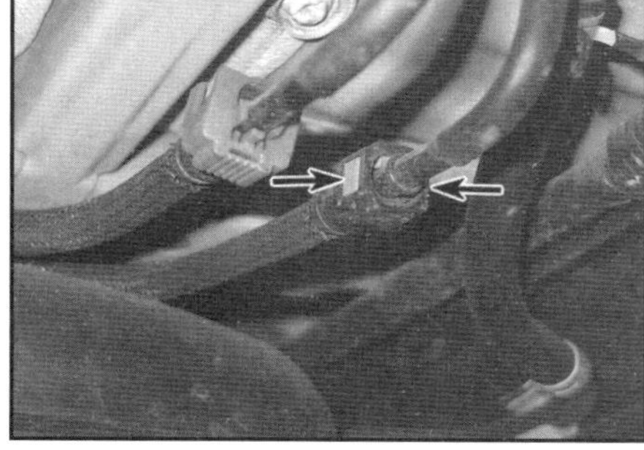

6.10b Hier müssen die gegenüberliegenden Knöpfe gedrückt und der Anschluss abgezogen werden.

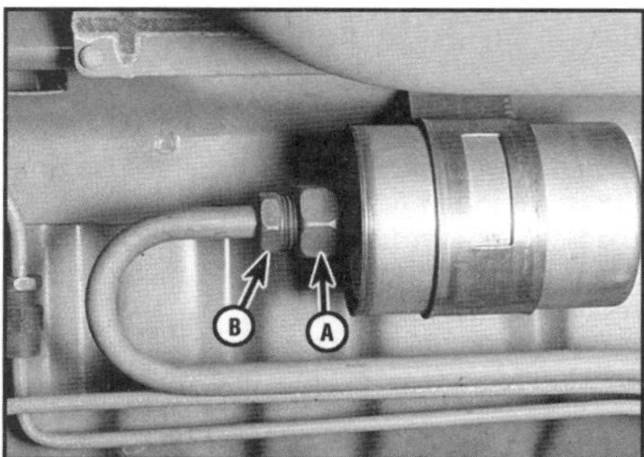

6.10c Gewindeanschluss: Halten Sie den festen Teil des Rohrs oder der Komponente (A) und lockern Sie die Anschlussmutter mit einem Maulschlüssel.

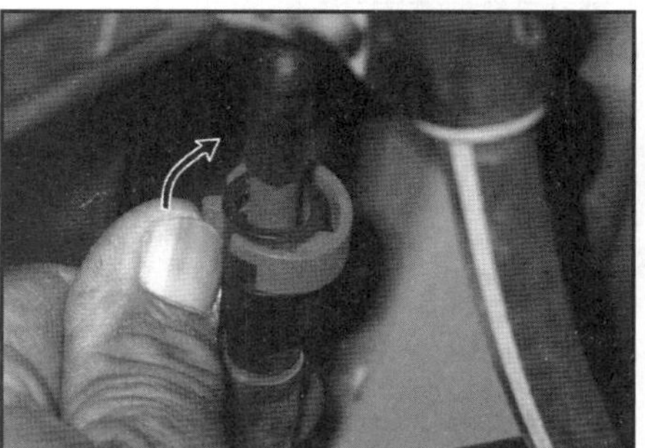

6.10d Kunststoffhülsen-Anschluss: Drehen Sie die Hülse, um die Leitung zu trennen.

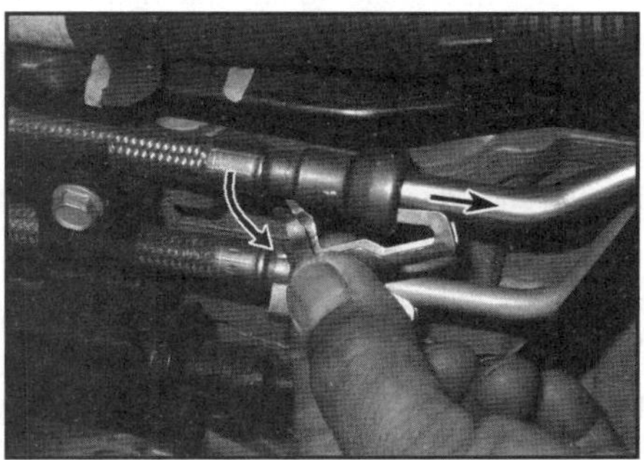

6.10e Metallhülsen-Schnellverschluss: Ziehen Sie das Ende des Halters vom Rohr und befreien Sie das andere Ende vom Stutzen, ...

6.10f ... um dort ein Trennwerkzeug anzusetzen, in den Anschluss zu drücken und die Rohre auseinanderzuziehen.

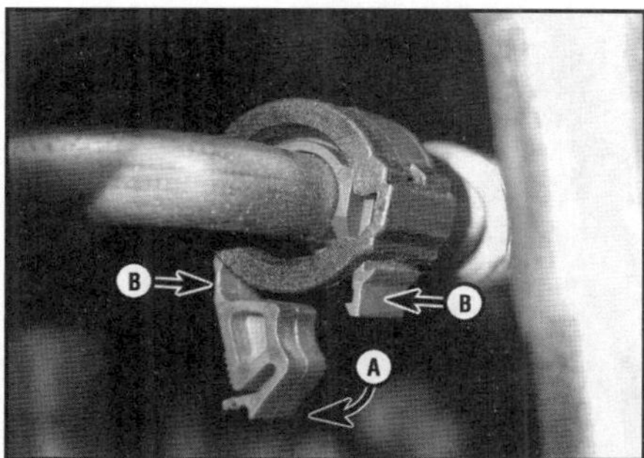

6.10g Sicherungslaschen-Anschluss: Lösen Sie die Lasche (A) und drehen Sie sie in die vollständig geöffnete Position. Drücken Sie dann die zwei kleinen Sicherungslaschen (B) zusammen ...

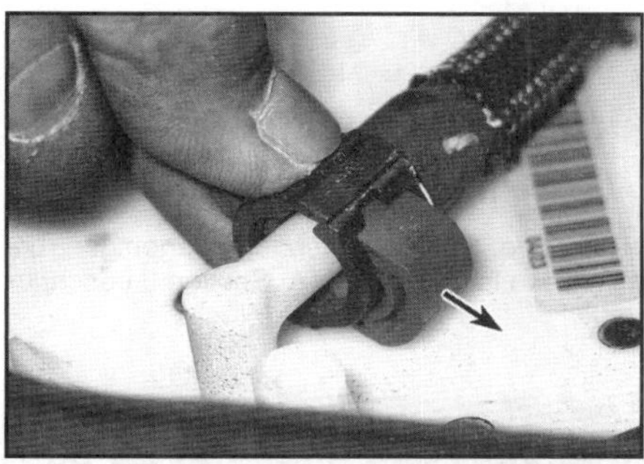

6.10h ... und drücken Sie die Arretierung heraus, um die Rohre trennen zu können.

6.10i Federschloss-Kupplung: Öffnen Sie den Sicherheitsdeckel, installieren Sie ein Trennwerkzeug und schließen Sie dies um die Kupplung, ...

6.10j ... um es in den Anschluss zu drücken und die zwei Rohre trennen zu können.

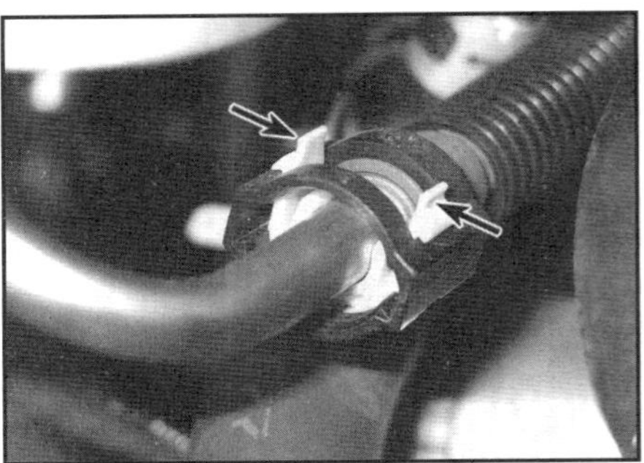

6.10k Haarnadelclip-Anschluss: Drücken Sie die Laschen der Arretierung zusammen und schieben Sie den Clip bis zum Anschlag herunter, um die Rohre trennen zu können.

7 Tankpumpe – Ausbau und Einbau

1 Die im Tank sitzende Pumpe entspricht derjenigen bei Benzin-Modellen – diese ist in Kapitel 4A, Sektion 6 beschrieben.

8 Tankuhr-Geber – Ausbau und Einbau

1 Der zusammen mit der Pumpe im Tank sitzende Tankuhr-Geber entspricht demjenigen bei Benzin-Modellen – dieser ist in Kapitel 4A, Sektion 6 beschrieben.

9 Tankpumpen-Steuermodul – Ausbau und Einbau

1 Das Tankpumpen-Steuermodul entspricht demjenigen bei Benzin-Modellen – dieses ist in Kapitel 4A, Sektion 7 beschrieben.

10 Kraftstofftank – Ausbau und Einbau

1 Der Tank entspricht weitgehend demjenigen von Benzin-Modellen – dieser ist in Kapitel 4A, Sektion 8 beschrieben. Ignorieren Sie die Hinweise auf den Aktivkohlebehälter und seiner Leitungen.

11 Hochdruck-Kraftstoffpumpe – Ausbau und Einbau

Warnung: ***Beachten Sie zunächst die Informationen in Sektion 3.***

1,5 l-Motor

Ausbau

1 Entfernen Sie die obere Motorabdeckung.
2 Entfernen Sie den Zahnriemen (siehe Kapitel 2B, Sektion 5).
3 Lockern Sie die Schellen der Ladeluftrohre zwischen dem Turbolader und dem Luftklappengehäuse, lösen Sie deren Schrauben und entfernen Sie sie.
4 Lösen Sie an der Hochdruckpumpe die Schraube(n) der rechten vorderen Motordeckel-Halterung und entfernen Sie diese.
5 Drücken Sie an der Pumpe die Knöpfe der Kraftstoffzufuhr- und Rücklaufleitungen und trennen Sie diese (siehe Abbildung). Verstopfen Sie alle Öffnungen, damit kein Schmutz eindringt.

11.5 Knopf zum Lösen einer Kraftstoffleitung

6 Lösen Sie die Arretierlasche und trennen Sie den Kabelstecker der an der Hochdruckpumpe sitzenden Dosiereinheit.
7 Trennen Sie den Stecker des Kraftstoff-Temperatursensors.
8 Lösen Sie die Schrauben des Öleinfüllstutzens und schwenken Sie diesen beiseite (Abb. 13.6).
9 Lösen Sie die Befestigungen der über der Lichtmaschine liegenden Kabelbaumführung und verlagern Sie sie beiseite.
10 Beachten Sie am Hochdruckrohr zwischen der Hochdruckpumpe und dem Druckspeicher die Positionen der Gummihalterungen, lösen Sie die Anschlussmuttern und entnehmen Sie das Rohr (Abb. 12.8) – es muss durch ein Neuteil ersetzt werden. Verstopfen Sie alle Öffnungen, damit kein Schmutz eindringt.
11 Lösen Sie die drei Befestigungsschrauben der Hochdruckpumpe und befreien Sie sie.

Einbau

12 Der Einbau entspricht der umgekehrten Ausbaureihenfolge – verwenden Sie ein neues Hochdruckrohr und behandeln Sie es äußerst vorsichtig. Eine neue Pumpe sollte unbedingt auf der Werkbank mit Diesel vorgefüllt werden.
13 Ziehen Sie alle Muttern und Schrauben mit den in den technischen Daten angegebenen Drehmomenten an. Beim Anziehen der Rohr-Anschlussmuttern muss das Rohr mit einem am Sechskant angesetzten Maulschlüssel gekontert werden. Beachten Sie vor dem ersten Motorstart die Hinweise in Sektion 4.

1,8 und 2,1 l-Motor

Ausbau

14 Demontieren Sie das AGR-Ventil (siehe Kapitel 6B, Sektion 22).
15 Demontieren Sie das Luftklappengehäuse (siehe Sektion 14).
16 Lösen Sie die Schrauben des Peilstab-Führungsrohrs.
17 Befreien Sie die Halter des Hochdruckrohrs vom Einlassstutzen und der Hochdruckpumpe, lösen Sie seine Anschluss-

muttern und befreien Sie es von der Hochdruckpumpe und dem Druckspeicher (siehe Abbildungen) – das Rohr muss beim Einbau durch ein Neuteil ersetzt werden. Verstopfen Sie alle Öffnungen, damit kein Schmutz eindringt.

11.17a Lösen Sie die Halter-Schraube, die Anschlussschraube an der Pumpe, ...

11.17b ... die obere Halter-Schraube und die Anschlussschraube am Druckspeicher.

18 Trennen Sie an der Vakuumpumpe das Unterdruckrohr.
19 Ziehen Sie an den Pumpensteckern die graue Lasche und trennen Sie diesen (siehe Abbildung).

11.19 Trennen Sie die Kabelstecker von der Hochdruckpumpe.

20 Trennen Sie die Kraftstoffzufuhr- und Rücklaufleitungen von der Pumpe (siehe Abbildung). Verstopfen Sie alle Öffnungen, damit kein Schmutz eindringt.

11.20 Kraftstoffzufuhr- und Rücklaufleitungen an der Hochdruckpumpe

21 Lösen Sie die drei Befestigungsschrauben der Hochdruckpumpe und befreien Sie sie (siehe Abbildung) – der O-Ring muss beim Einbau erneuert werden.

11.21 Befestigungsschrauben der Hochdruckpumpe

22 Von der Hochdruckpumpe darf lediglich das Antriebsrad demontiert werden, weitere Zerlegungen sind laut Mercedes nicht möglich. Falls an der Pumpe ein Defekt vermutet wird, muss sie von einer Fachwerkstatt kontrolliert werden.

Einbau

23 Der Einbau entspricht der umgekehrten Ausbaureihenfolge – beachten Sie dabei folgende Punkte:

a) *Die Dichtflächen der Pumpe und des Motorgehäuses müssen absolut sauber sein.*
b) *Ziehen Sie alle Muttern und Schrauben mit den in den technischen Daten angegebenen Drehmomenten an.*
c) *Das neue Hochdruckrohr muss spannungsfrei montiert werden.*
d) *Beachten Sie vor dem ersten Motorstart die Hinweise in Sektion 4.*

12 Druckspeicher – Ausbau und Einbau

Warnung: Beachten Sie die in Sektion 3 aufgelisteten Vorsichtsmaßnahmen!

Anmerkung: *Beim Einbau wird ein komplettes Set neuer Hochdruckrohre (zwischen Pumpe und Druckspeicher sowie zwischen Druckspeicher und Einspritzdüsen) benötigt.*

1,5 l-Motoren

Ausbau

1 Trennen Sie den Masseanschluss (–) der Batterie (siehe Kapitel 5, Sektion 4).
2 Heben Sie die obere Motorabdeckung ab.
3 Lösen Sie die Schrauben und Federclips der über den Injektoren sitzenden Geräusch-Dämmung und entnehmen Sie sie (Abb. 13.5a und b).
4 Lösen Sie die Schrauben des Öleinfüllstutzens und verlagern Sie diesen beiseite (Abb. 13.6).
5 Trennen Sie an den folgenden Komponenten die Kabelstecker:
a) Strömungs-Aktuator an der Rückseite der Hochdruckpumpe
b) Kraftstoff-Temperatursensor an der Rückseite der Hochdruckpumpe
c) Injektoren
d) Glühkerzen
e) Drucksensor am Druckspeicher
6 Trennen Sie die Rücklaufleitung an Anschluss.
7 Befreien Sie den Kabelbaum vom Druckspeicher.
8 Umwickeln Sie an den Hochdruckrohren zwischen dem Druckspeicher und den Injektoren die Anschlussmuttern locker mit Lappen, um austretenden Kraftstoff aufzunehmen, und lösen Sie sie – beschädigen Sie dabei nicht die Ablaufstutzen der Injektoren. Lösen Sie genauso die Anschlussmuttern der von der Hochdruckpumpe kommenden Leitung (siehe Abbildung).

12.8 Demontieren Sie das Hochdruckrohr zwischen der Pumpe und dem Druckspeicher.

9 Bedecken oder verstopfen Sie alle Öffnungen, um keinen Schmutz eindringen zu lassen.
10 Lösen Sie die Druckspeicher-Befestigungsschrauben und befreien Sie den Druckspeicher vom Motor.
Anmerkung: *Der am Druckspeicher sitzende Kraftstoffdrucksensor kann nicht entfernt werden – bei einem Defekt muss der gesamte Druckspeicher ausgetauscht werden.*

Einbau

11 Der Einbau entspricht der umgekehrten Ausbaureihenfolge – verwenden Sie neues Hochdruckrohre und behandeln Sie sie äußerst vorsichtig. Ziehen Sie alle Muttern und Schrauben mit den in den technischen Daten angegebenen Drehmomenten an. Beim Anziehen der Rohr-Anschlussmuttern muss das Rohr mit einem am Sechskant angesetzten Maulschlüssel gekontert werden. Beachten Sie vor dem ersten Motorstart die Hinweise in Sektion 4.

1,8 und 2,1 l-Motoren

Ausbau

12 Trennen Sie den Masseanschluss (–) der Batterie (siehe Kapitel 5, Sektion 4).
13 Heben Sie die obere Motorabdeckung ab.
14 Befreien Sie den Unterdruckschlauch und verlagern Sie ihn beiseite.
15 Befreien Sie die Motorkabelbaum-Führung und verlagern Sie sie beiseite.
16 Trennen Sie den Stecker des Nockenwellensensors, befreien Sie die Kabelführung von den Hochdruckrohren und verlagern Sie die Verkabelung beiseite (siehe Abbildung).

12.16 Kabelbaum-Führung

17 Umwickeln Sie an den Hochdruckrohren zwischen dem Druckspeicher und den Injektoren die Anschlussmuttern locker mit Lappen, um austretenden Kraftstoff aufzunehmen, und lösen Sie sie – beschädigen Sie dabei nicht die Ablaufstutzen der Injektoren. Lösen Sie genauso die Anschlussmuttern der von der Hochdruckpumpe kommenden Leitung. Bedecken oder verstopfen Sie alle Öffnungen, um keinen Schmutz eindringen zu lassen.
18 Demontieren Sie das AGR-Ventil (siehe Kapitel 6B, Sektion 22).
19 Lösen Sie am Druckspeicher die Anschlussschraube der Rücklaufleitung und trennen Sie diese (siehe Abbildung) – verstopfen Sie alle Öffnungen, damit kein Schmutz eindringt.

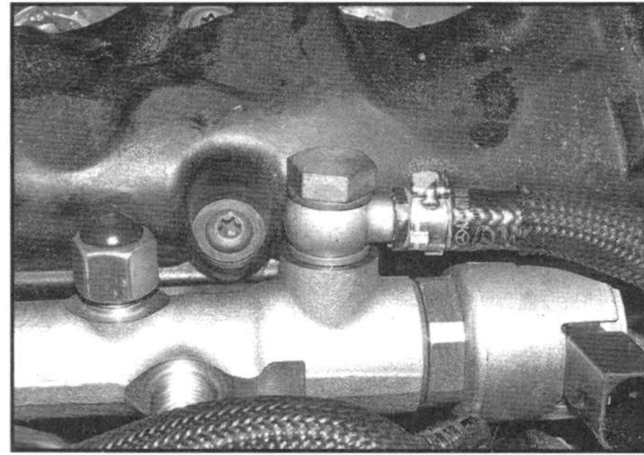

12.19 Anschlussschraube der Rücklaufleitung am Druckspeicher

20 Lösen Sie die Druckspeicher-Befestigungsschrauben und befreien Sie den Druckspeicher vom Motor (siehe Abbildung) – trennen Sie dabei alle Kabelstecker.

12.20 Druckspeicher-Befestigungsschrauben

Einbau

21 Der Einbau entspricht der umgekehrten Ausbaureihenfolge – beachten Sie dabei folgende Punkte:

a) Verwenden Sie neues Hochdruckrohre und behandeln Sie sie äußerst vorsichtig.
b) Ziehen Sie alle Muttern und Schrauben mit den in den technischen Daten angegebenen Drehmomenten an.
c) Beachten Sie vor dem ersten Motorstart die Hinweise in Sektion 4.

13 Injektoren – Ausbau und Einbau

Warnung: Beachten Sie die in Sektion 3 aufgelisteten Vorsichtsmaßnahmen!

Anmerkung: *Beim Einbau wird ein komplettes Set neuer Hochdruckrohre (zwischen Druckspeicher und Einspritzdüsen) benötigt.*

1,5 l-Motor

Ausbau

1 Trennen Sie den Masseanschluss (–) der Batterie (siehe Kapitel 5, Sektion 4).
2 Heben Sie die obere Motorabdeckung ab.
3 Lockern Sie die Schellen des über den Motor verlaufenden Ladeluftrohrs, lösen Sie dessen Schrauben und Muttern und entfernen Sie es.
4 Befreien Sie links hinten an der Zylinderkopfhaube die Halterung der Motorabdeckung.
5 Lösen Sie die Schrauben und Federclips der über den Injektoren sitzenden Geräusch-Dämmung und entnehmen Sie sie (siehe Abbildungen) – befreien Sie dabei den Kabelbaum.

13.5a Lösen Sie die Schrauben ...

13.5b ... und die Federclips der Injektoren-Dämmung.

6 Lösen Sie die Schrauben des Öleinfüllstutzens und verlagern Sie diesen beiseite (siehe Abbildung).

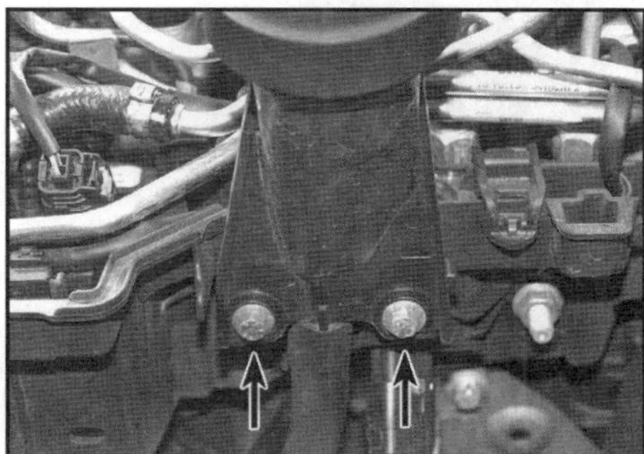

13.6 Schrauben des Öleinfüllstutzens

7 Reinigen Sie sorgfältig die Bereiche um die Injektoren und Hochdruckrohre – eine weiche Bürste und ein Vakuum, -Reinigungsgerät eignen sich hierfür sehr gut.
8 Trennen Sie die Kabelstecker von den Injektoren, den Glühkerzen, dem Kraftstoff-Temperatursensor, dem Luftmassen-Regelventil und dem Kraftstoffdruck-Sensor. Lösen Sie dann die Schrauben und Muttern des Kabelbaums und seiner Führung, um ihn beiseite zu verlagern (siehe Abbildungen).

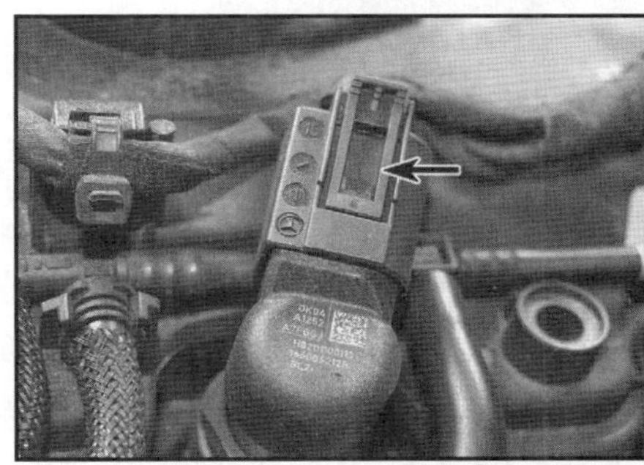

13.8a Drücken Sie die Laschen und trennen Sie die Injektor-Stecker.

13.8 Ziehen Sie die Glühkerzenstecker ab.

9 Umwickeln Sie an den Hochdruckrohren zwischen dem Druckspeicher und den Injektoren die Anschlussmuttern locker mit Lappen, um austretenden Kraftstoff aufzunehmen, und lösen Sie sie (siehe Abbildung) – beschädigen Sie dabei nicht die Ablaufstutzen der Injektoren.
Anmerkung: *Mercedes schreibt vor, die Hochdruckrohre nach jeder Demontage durch Neuteile zu ersetzen.*

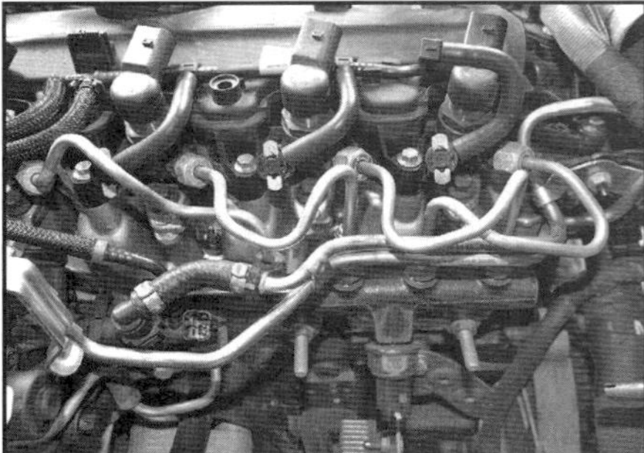

13.9 Demontieren Sie die Hochdruckrohre zwischen dem Druckspeicher und den Injektoren.

10 Ziehen Sie oben an den Injektoren die Arretierungen der Rücklaufrohr-Anschlüsse hoch und befreien Sie die Anschlüsse (siehe Abbildung). Begutachten Sie die O-Ringe an den Anschlüssen und ersetzen Sie sie nötigenfalls. Verstopfen Sie alle Öffnungen, damit kein Schmutz eindringt.

13.10 Ziehen Sie die Arretierungen der Rücklaufrohr-Anschlüsse hoch und befreien Sie die Anschlüsse.

11 Lösen Sie die Befestigungsschrauben der Injektoren-Klemmungen, entfernen Sie diese und ziehen Sie die Injektoren heraus – drehen Sie sie nötigenfalls, damit sie sich lockern (siehe Abbildungen). Die Dichtscheiben müssen beim Einbau erneuert werden. Falls die originalen Injektoren wiederverwendet werden sollen, müssen sie entsprechend ihrer Einbauposition markiert werden. Lagern Sie sie aufrecht. **Anmerkung:** *Mercedes schreibt vor, die Befestigungsschrauben der Injektoren-Klemmung nach jeder Demontage durch Neuteile zu ersetzen.*

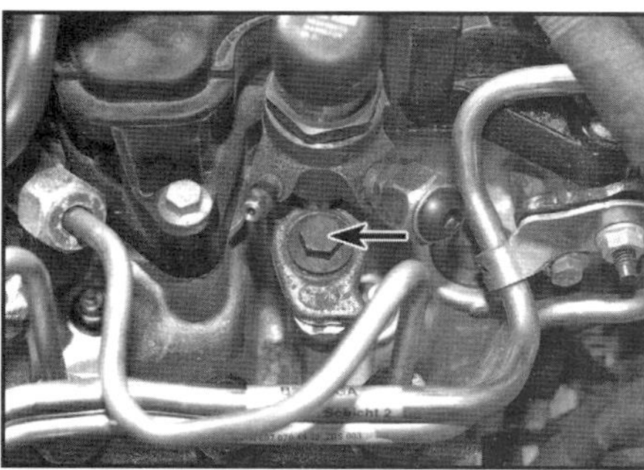

13.11a Befestigungsschraube der Injektoren-Klemmung

13.11b Ziehen Sie den Injektor aus dem Zylinderkopf.

Einbau

12 Die Injektorsitze im Zylinderkopf müssen absolut sauber sein – befreien Sie mit einer dünnen Flaschenbürste Ablagerungen aus den Löchern.

13 Falls ein Injektor erneuert werden soll, muss der oben in den Injektor eingravierte Code-Wert notiert werden, damit er mithilfe eines Mercedes-Diagnosegeräts in das Motorsteuergerät einprogrammiert werden kann.

14 Rüsten Sie die Injektoren mit neuen Dichtscheiben aus, schmieren Sie ihre Schäfte mit etwas Hochtemperaturfett (Mercedes-Teilenummer 001 989 42 51 10) und installieren Sie sie samt Klemmstücke (siehe Abbildungen) – es ist sehr wichtig, dass er an seine ursprüngliche Positionen gelangt. Sichern Sie das Klemmstück mit einer neuen, zunächst nur handfest hinein gedrehten Schraube.

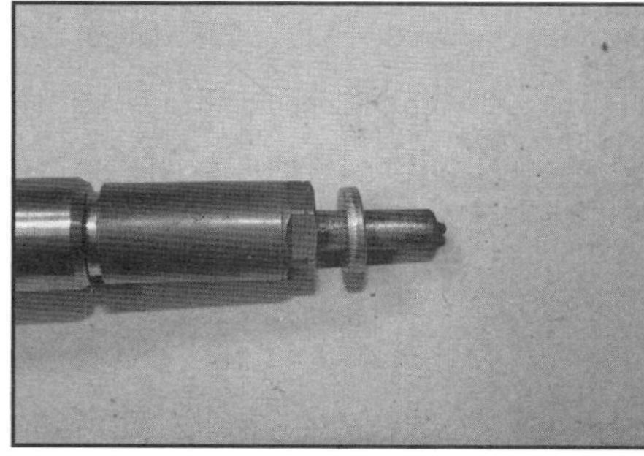

13.14a Ersetzen Sie die Dichtscheibe des Injektors ...

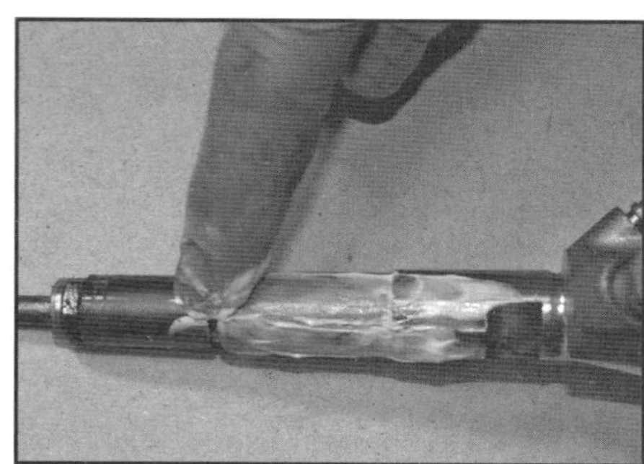

13.14b ... und schmieren Sie ihre Schäfte mit etwas Hochtemperaturfett.

15 Verbinden Sie die neuen Hochdruckrohre und drehen Sie die Anschlussmuttern zunächst handfest auf die Stutzen. Sobald das jeweilige Rohr korrekt sitzt, werden seine Anschlussmuttern mithilfe eines Krähenfuß-Adapters (Abb. 3.7) mit 28 Nm angezogen. Ziehen Sie anschließend die Klemmstück-Schrauben der Injektoren mit 30 Nm an.

16 Schmieren Sie die (ggf. neuen) O-Ringe mit etwas Motoröl und drücken Sie die Rücklauf-Anschlüsse fest auf die Injektoren, bis sie einrasten (siehe Abbildung).

13.16 O-Ring am Rücklauf-Anschluss

17 Der Rest des Einbaus entspricht der umgekehrten Ausbaureihenfolge – beachten Sie dabei folgende Punkte:

a) *Alle Stecker müssen sicher angeschlossen und ihre Kabel korrekt verlegt und gesichert sein.*

b) *Verbinden Sie den Masseanschluss mit der Batterie (siehe Kapitel 5, Sektion 4).*

c) *Beachten Sie die Warnhinweise in Sektion 3, starten Sie den Motor und lassen Sie ihn im Standgas laufen. Kontrollieren Sie dabei die Anschlüsse aller Hochdruckleitungen auf Lecks. Lassen Sie einen Assistenten die Drehzahl auf 3000/min erhöhen und kontrollieren Sie erneut. Führen Sie eine kurze Probefahrt durch und kontrollieren Sie die Anschlüsse noch einmal. Falls Lecks entdeckt werden, müssen die Hochdruckrohre demontiert und durch Neuteile ersetzt werden – versuchen Sie keinesfalls, die Muttern fester anzuziehen!*

1,8 und 2,1 l-Motor

Ausbau

18 Trennen Sie den Masseanschluss (–) der Batterie (siehe Kapitel 5, Sektion 4).
19 Heben Sie die obere Motorabdeckung ab.
20 Befreien Sie die Unterdruckschläuche und trennen Sie die Kabelstecker der Injektoren sowie des Nockenwellensensors. Befreien Sie den Kabelbaum und verlagern Sie ihn beiseite (siehe Abbildung).

13.20 Hebeln Sie die Arretierungen heraus und trennen Sie den jeweiligen Injektor-Stecker.

21 Trennen Sie oben am Injektor den Rücklaufschlauch (siehe Abbildungen) – seien Sie auf etwas austretenden Kraftstoff vorbereitet. Verstopfen Sie alle Öffnungen, damit keine Schmutz eindringt.
Anmerkung: *Wenn die weiße Markierung am Rücklauf-Anschluss sichtbar ist, zeigt dies, dass die Verbindung gesichert ist; ist sie nicht sichtbar, kann die Verbindung getrennt werden.*

13.21a Hebeln Sie die Lasche heraus ...

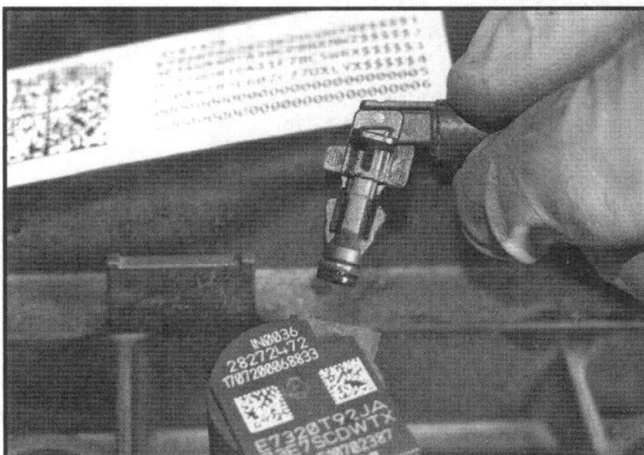

13.21b ... und trennen Sie den Rücklaufschlauch.

22 Lösen Sie die Anschlussmuttern der Hochdruckrohre zwischen dem Druckspeicher und den Injektoren (siehe Abbildung) – verstopfen Sie alle zugänglichen Öffnungen. Mercedes schreibt vor, die Rohre beim Einbau durch Neuteile zu ersetzen.

13.22 Demontieren Sie die Hochdruckrohre zwischen dem Druckspeicher und den Injektoren.

23 Lösen Sie die Befestigungsschrauben der Injektoren-Klemmungen (siehe Abbildung).

13.23 Befestigungsschraube der Injektoren-Klemmung

24 Ziehen Sie die Injektoren samt ihrer Klemmen aus dem Zylinderkopf (siehe Abbildung)– verwenden Sie nötigenfalls einen Zughammer.
Achtung: Falls ein Injektor mit einem Zughammer entfernt werden muss, wird er dabei wahrscheinlich beschädigt, sodass er ersetzt werden muss.

13.24 Ziehen Sie den Injektor samt ihrer Klemmstück aus dem Zylinderkopf.

Einbau

25 Die Injektorensitze im Zylinderkopf müssen absolut sauber sein – befreien Sie mit einer dünnen Flaschenbürste Ablagerungen aus den Löchern.
26 Rüsten Sie die Injektoren mit neuen Dichtscheiben aus (siehe Abbildung).

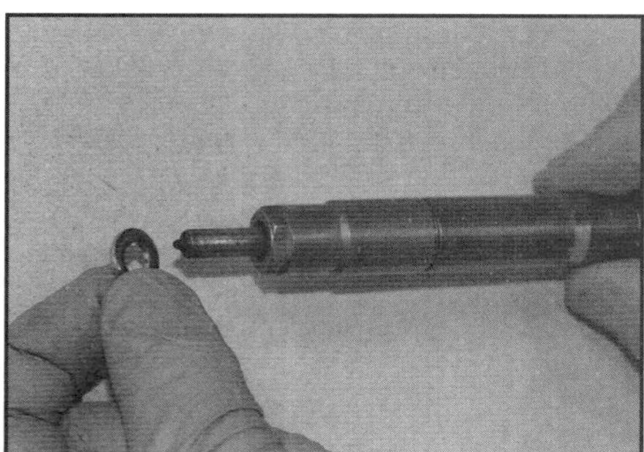

13.26 Schieben Sie neue Dichtscheiben auf.

27 Schmieren Sie die Schäfte der Injektoren mit etwas Hochtemperaturfett (Mercedes-Teilenummer 001 989 42 51 10) (siehe Abbildung).

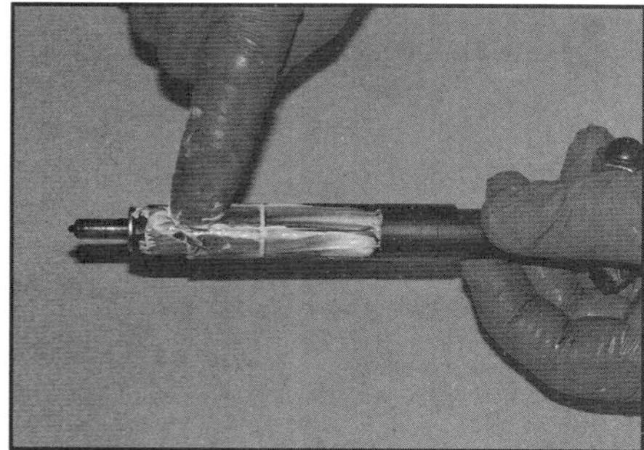

13.27 Schmieren Sie die Injektor-Schäfte mit Hochtemperaturfett.

28 Notieren Sie alle Nummern auf dem Injektor (siehe Abbildung). Falls ein Injektor erneuert werden soll, muss diese mithilfe eines Mercedes-Diagnosegeräts in das Motorsteuergerät einprogrammiert werden.

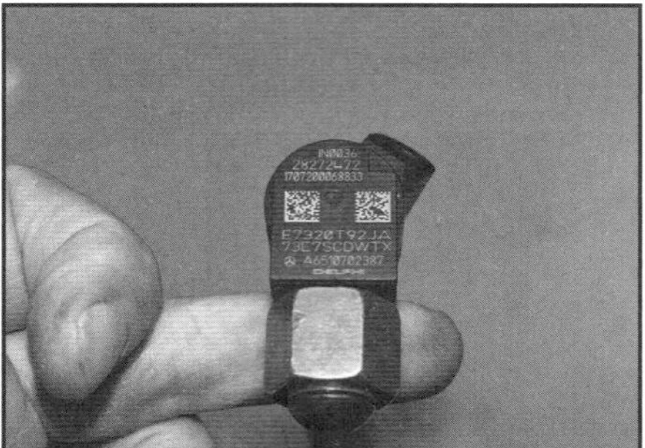

13.28 Notieren Sie alle Nummern auf dem Injektor.

29 Installieren Sie die Injektoren samt Klemmstücke in den Zylinderkopf – es ist sehr wichtig, dass sie an ihre ursprünglichen Positionen gelangen.
30 Verbinden Sie die neuen Hochdruckrohre und drehen Sie die Anschlussmuttern zunächst handfest auf die Stutzen. Sobald das jeweilige Rohr korrekt sitzt, werden seine Anschlussmuttern mithilfe eines Krähenfuß-Adapters (Abb. 3.7) mit 33 Nm angezogen.
31 Installieren Sie die neuen Klemmstück-Schrauben und ziehen Sie sie mit 15 Nm an und anschließend in zwei Durchgängen um jeweils 90° weiter.
32 Der Rest des Einbaus entspricht der umgekehrten Ausbaureihenfolge – beachten Sie dabei folgende Punkte:

a) *Ziehen Sie alle Befestigungen mit den in den technischen Daten angegebenen Drehmomenten an.*
b) *Schmieren Sie die Gummidichtungen der Rücklaufleitungen, bevor diese angeschlossen werden.*
c) *Falls neue Injektoren installiert wurden, müssen sie mithilfe eines Mercedes-Diagnosegeräts am Steuergerät ›angemeldet‹ werden.*
d) *Beachten Sie die Warnhinweise in Sektion 3, starten Sie den Motor und lassen Sie ihn im Standgas laufen. Kontrollieren Sie dabei die Anschlüsse aller Hochdruckleitungen auf Lecks. Lassen Sie einen Assistenten die Drehzahl auf 3000/min erhöhen und kontrollieren Sie erneut. Führen Sie eine kurze Probefahrt durch und kontrollieren Sie die Anschlüsse noch einmal. Falls Lecks entdeckt werden, müssen die Hochdruckrohre demontiert und durch Neuteile ersetzt werden – versuchen Sie keinesfalls, die Muttern fester anzuziehen!*

14 Luftklappengehäuse – Ausbau und Einbau

Ausbau

1 Trennen Sie den Masseanschluss (–) der Batterie (siehe Kapitel 5, Sektion 4).

1,5 l-Motoren

2 Heben Sie die obere Motorabdeckung ab.
3 Lockern Sie die Schellen des Ladeluftrohrs, lösen Sie seine Befestigungen und befreien Sie es vom Luftklappengehäuse (siehe Abbildung).

14.3 Hebeln Sie den Drahtbügel heraus und trennen Sie das Ladeluftrohr – 1,5 l-Motor

4 Notieren Sie die Positionen aller mit dem Gehäuse verbundenen Kabelstecker und trennen Sie sie.
5 Lösen Sie alle Befestigungsschrauben und trennen Sie das Luftklappengehäuse vom Einlassstutzen (siehe Abbildung) – die Dichtung muss später durch ein Neuteil ersetzt werden.

14.5 Luftklappengehäuse-Befestigungsschrauben – 1,5 l-Motor

1,8 und 2,1 l-Motoren

6 Heben Sie die obere Motorabdeckung ab.
7 Demontieren Sie die Luftfilter-Baugruppe (siehe Sektion 5).
8 Lockern Sie die Schellen des Ladeluftrohrs, lösen Sie seine Befestigungen und befreien Sie es vom Luftklappengehäuse (siehe Abbildung).

14.8 Hebeln Sie den Drahtbügel heraus und trennen Sie das Ladeluftrohr – 1,8 und 2,1 l-Motor

9 Lösen Sie die Schraube, die das Kühlrohr am Luftklappengehäuse sichert (siehe Abbildung).

14.9 Kühlrohr-Schraube – 1,8 und 2,1 l-Motor

10 Trennen Sie alle Kabelstecker vom Luftklappengehäuse (siehe Abbildung).

14.10 Kabelstecker am Luftklappengehäuse – 1,8 und 2,1 l-Motor

11 Lösen Sie die vier Befestigungsschrauben und trennen Sie das Luftklappengehäuse samt Ladeluftrohr-Stutzen vom Einlassstutzen (siehe Abbildung) – die Dichtung muss später durch ein Neuteil ersetzt werden.

14.11 Luftklappengehäuse-Befestigungsschrauben – 1,8 und 2,1 l-Motor

Einbau

12 Rüsten Sie den Einlassstutzen mit einem neuen Dichtring aus, setzen Sie das Luftklappengehäuse an und ziehen Sie seine Schrauben mit den am Anfang des Kapitels angegebenen Drehmomenten an.
13 Der Rest des Einbaus entspricht der umgekehrten Ausbaureihenfolge.

15 Einlassstutzen – Ausbau und Einbau

Ausbau

1,5 l-Motoren

1 Der Einlassstutzen ist in den Zylinderkopf integriert und kann daher nicht separat demontiert werden.

1,8 und 2,1 l-Motoren

2 Entfernen Sie den Keilrippenriemen (siehe Kapitel 1B, Sektion 30).
3 Trennen Sie den Stecker des Klimaanlagen-Kompressors, lösen Sie seine Schrauben und verlagern Sie ihn beiseite – die Kältemittelrohre müssen nicht getrennt werden.
4 Demontieren Sie die Lichtmaschine (siehe Kapitel 5, Sektion 6).
5 Demontieren Sie den AGR-Kühler (siehe Kapitel 6B, Sektion 22).
6 Befreien Sie die Kühlerschläuche vom Haupt-Baugruppenträger (siehe Abbildungen).

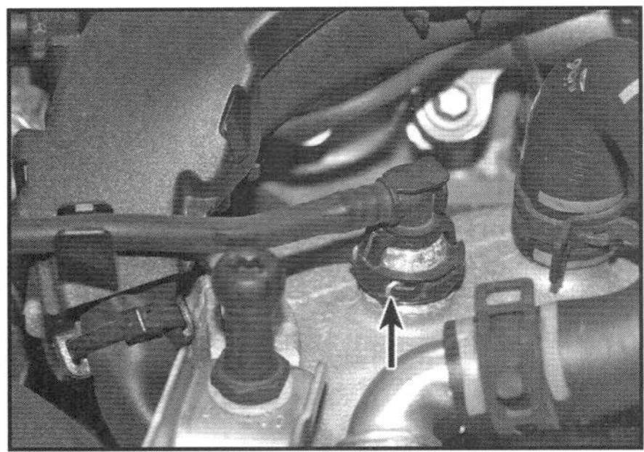

15.6a Hebeln Sie oben am Haupt-Baugruppenträger den Clip heraus und trennen Sie den Kühlschlauch.

15.6b Trennen Sie links am Haupt-Baugruppenträger den anderen Kühlschlauch.

7 Befreien Sie das AGR-Kühler-Bypass-Umschaltventil vom Luftstutzen und platzieren Sie es beiseite – alle Schläuche können angeschlossen bleiben.
8 Demontieren Sie das Drosselklappengehäuse (siehe Sektion 14).
9 Demontieren Sie die Glühkerzen-Ausgangsstufe (siehe Kapitel 6B, Sektion 21).
10 Entfernen Sie das AGR-Ventil (siehe Kapitel 6B, Sektion 22).
11 Lösen Sie die Schrauben des AGR-Rohrs und trennen Sie es von der Einlassstutzen-Mischkammer (siehe Abbildung) – später werden neue Dichtringe benötigt.

15.11 Schrauben des AGR-Rohrs

12 Befreien Sie den Kabelbaum von der Mischkammer.
15 Trennen Sie die Kabelbaum, lösen Sie die 6 Befestigungsschrauben der Mischkammer und entfernen Sie sie (siehe Abbildungen) – alle Dichtungen müssen später erneuert werden.

15.15a Befestigungsschrauben der Mischkammer

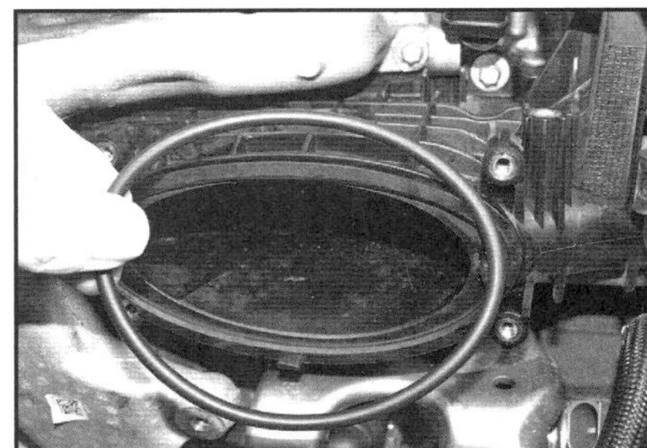

15.15b Dichtring zwischen Mischkammer und Einlassstutzen

16 Lösen Sie die Schrauben der Mischkammer-Halterung und entfernen Sie sie (siehe Abbildung).

15.16 Schrauben der Mischkammer-Halterung

17 Hebeln Sie am Ölkühler den Clip des Kühlschlauch-Anschlusses heraus und trennen Sie diesen (siehe Abbildung).

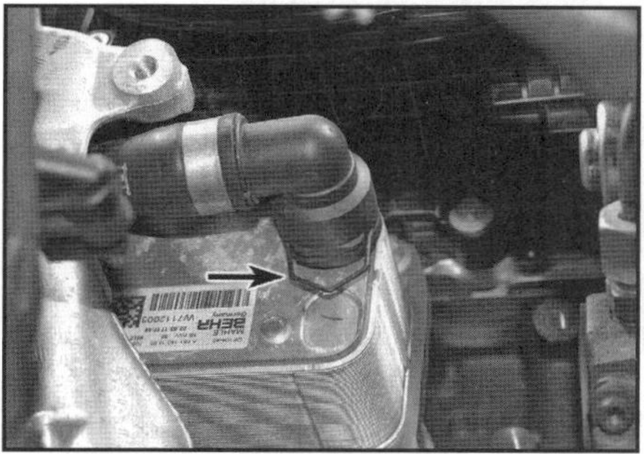

15.17 Hebeln Sie den Clip heraus und trennen Sie den Kühlschlauch.

18 Befreien Sie am Haupt-Baugruppenträger die Verkabelung, lösen Sie die Schrauben und entfernen Sie den Träger – befreien Sie dabei alle störenden Kabel. Die Dichtung muss erneuert werden (siehe Abbildungen).

15.18a Lösen Sie die Schrauben unten am Haupt-Baugruppenträger, …

15.18b … die zwei mittleren Schrauben, …

15.18c … die obere Schraube, …

15.18d … die zwei Schrauben links oben …

15.18e … und die Schraube oben rechts.

15.18f Die Dichtung muss erneuert werden.

19 Demontieren Sie das Hochdruckrohr zwischen der Hochdruckpumpe und dem Druckspeicher (siehe Sektion 11) – es muss später erneuert werden.
20 Befreien Sie den Kabelbaum vom Einlassstutzen und trennen Sie alle Kabelstecker.
21 Lösen Sie die 8 Befestigungsschrauben und manövrieren Sie den Einlassstutzen heraus – die Dichtung muss später erneuert werden (siehe Abbildungen).

15.21a Schrauben an der Oberseite …

15.21b ... und der Unterseite des Einlassstutzens.

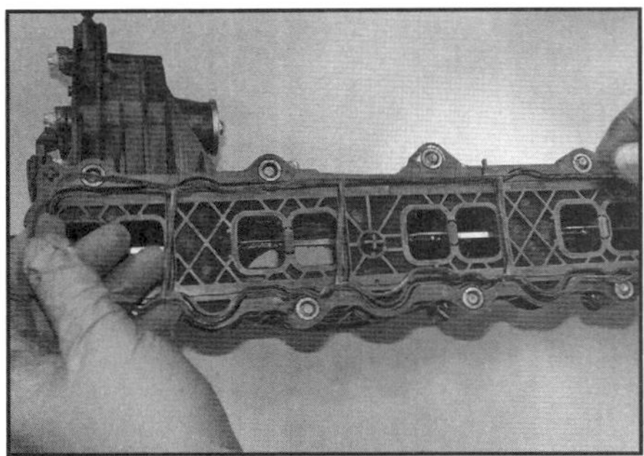

15.21c Die Dichtung muss erneuert werden.

Einbau

22 Der Einbau entspricht der umgekehrten Ausbaureihenfolge. Rüsten Sie den Einlassstutzen mit einem neuen Dichtring aus, setzen Sie ihn an und ziehen Sie seine Schrauben zunächst mit 15 Nm an und in einem zweiten Durchgang um 60° weiter (falls keine Gradscheibe zur Hand ist, können die Schrauben an einer Ecke markiert und um eine Ecke weitergedreht werden). Ziehen Sie die Schrauben des Haupt-Baugruppenträger, der Mischkammer und ihrer Halterung sowie der AGR-Komponenten mit den in den technischen Daten dieses Kapitels und in Kapitel 6B angegebenen Drehmomenten an.

16 Auspuffstutzen – Ausbau und Einbau

Ausbau

1,5 l-Motoren

1 Demontieren Sie den Turbolader (siehe Sektion 18).
2 Trennen Sie den Stecker des vorderen Abgastemperatursensors und befreien Sie seinen Kabelbaum (siehe Abbildung).

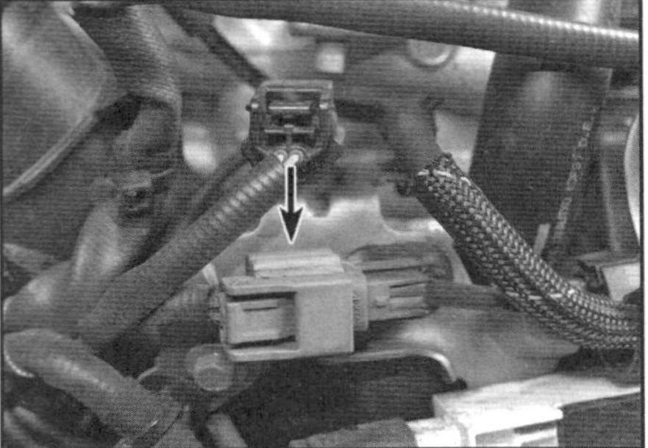

16.2 Trennen Sie den Stecker des vorderen Abgastemperatursensors ...

3 Lösen Sie den Sensor mithilfe eines langen geschlitzten Steckschlüssels aus dem Auspuffstutzen (siehe Abbildung).

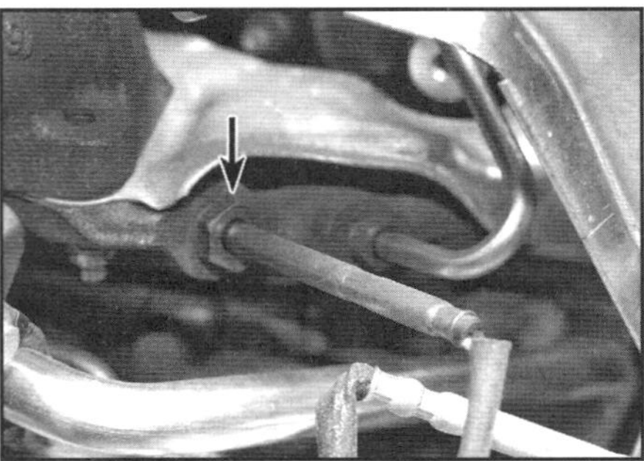

16.3 ... und schrauben Sie ihn heraus.

4 Lösen Sie die Anschlussmutter des Drucksensor-Rohrs und ziehen Sie es aus dem Auspuffstutzen.
5 Lockern Sie die Schellen des AGR-Rohrs und entnehmen Sie es.
6 Lösen Sie die Schrauben des über dem Auspuffstutzen sitzenden Hitzeschilds und entnehmen Sie es.
7 Lösen Sie alle Muttern, die den Auspuffstutzen am Zylinderkopf sichern, und entnehmen Sie ihn. Entfernen Sie die Dichtung.
8 Sowohl die Auspuffstutzen-Muttern als auch die Dichtung müssen beim Einbau durch Neuteile ersetzt werden.

Einbau

9 Der Einbau entspricht der umgekehrten Ausbaureihenfolge – beachten Sie dabei folgende Punkte:
a) *Die Dichtflächen des Zylinderkopfs und des Auspuffstutzens müssen absolut sauber sein. Legen Sie eine neue Dichtung auf.*
b) *Ziehen Sie die neuen Auspuffstutzen-Muttern mit 26 Nm (1,5 l-Motor) bzw. 30 Nm (1,8 und 2,1 l-Motor) an.*
c) *Ziehen Sie beim 1,5 l-Motor den Abgastemperatursensor mit 32 Nm an.*
d) *Montieren Sie den Turbolader (siehe Sektion 18).*

17 Turbolader – *Beschreibung und Vorsichtsmaßnahmen*

Beschreibung

1 Um die Leistung der Motoren zu erhöhen, sind die Dieselmotoren mit Turboladern ausgerüstet, die den Luftdruck im

Einlassstutzen über den atmosphärischen Druck anheben. Der Motor muss die Luft also nicht ansaugen, sondern wird ›druckbeatmet‹. Das Motorsteuergerät passt die eingespritzte Kraftstoffmenge an die jeweilige Luftmenge an.

2 Die Energie zum Betreiben des Turboladers liefern die Abgase. Diese strömen durch ein speziell geformtes Gehäuse (das Turbinengehäuse) und versetzen dabei das Turbinenrad in Drehung. Dieses Rad sitzt auf einer Welle, an dessen anderem Ende ein weiteres Flügelrad sitzt – das Verdichterrad. Das Verdichterrad dreht sich in einem eigenen Gehäuse und drückt die im Turbolader erwärmte Frischluft durch den vorn im Motorraum sitzenden und vom Fahrtwind durchströmten Ladeluftkühler (›Intercooler‹) in den Einlassstutzen.

3 Der im Einlassstutzen vorhandene Ladedruck wird durch ein Regelventil (›Wastegate‹) begrenzt, indem es mithilfe einer druckempfindlichen Betätigung die Abgase vom Turbinenrad ablenkt.

4 Die im Lagergehäuse drehende Welle wird durch ein an den Haupt-Ölkanal angeschlossenes Ölrohr mit Drucköl versorgt und geschmiert; durch ein Rücklaufrohr gelangt das Öl zurück in die Ölwanne.

Vorsichtsmaßnahmen

5 Der Turbolader arbeitet mit extrem hohen Drehzahlen und Temperaturen. Um Verletzungen und einen vorzeitigen Ausfall des Turboladers zu verhindern, müssen einige Vorkehrungen getroffen werden:

- Der Turbolader darf niemals mit freiliegenden Bauteilen oder entfernten Schläuchen oder Leitungen betrieben werden. Falls auch nur kleine Fremdkörper in die rotierenden Flügelräder fallen, können große Schäden entstehen und herausgeschleuderte Teile schwere Verletzungen hervorrufen.
- Der Motor darf – vor allem im kalten Zustand – niemals direkt nach dem Start hochgedreht werden. Lassen Sie dem Öl einige Sekunden Zeit, im Lager der Turbolader-Welle Druck aufzubauen.
- Lassen Sie den Motor vor dem Abschalten einige Sekunden im Standgas laufen – durch Abschalten direkt nach höheren Drehzahlen würde die Turboladerwelle ohne Öldruck weiterdrehen, sodass ihr Lager beschädigt werden kann.
- Lassen Sie den Motor nach längeren Hochgeschwindigkeitsfahrten einige Minuten im Standgas laufen, damit der Turbolader die darin entwickelte Hitze abgeben kann.
- Beachten Sie die empfohlenen Öl- und Filterwechsel-Intervalle und verwenden Sie das vom Hersteller empfohlene Öl. Vernachlässigte Wechselintervalle oder minderwertige Öle können an der Turboladerwelle Kohleablagerungen hinterlassen, die zu vorzeitigen Schäden führen können.

18 Turbolader – Ausbau, Kontrolle und Einbau

1,5 l-Motoren

Ausbau

1 Entfernen Sie das Niederdruck-AGR-Ventil und den AGR-Kühler (siehe Kapitel 6B, Sektion 22).

2 Lösen Sie unter dem Turbolader die Schrauben des Ölrücklaufrohrs und ziehen Sie es aus dem Motorgehäuse (siehe Abbildungen). Beim Einbau müssen neue Dichtungen verwendet werden.

18.2a Lösen Sie die Schrauben des Ölrücklaufrohrs ...

18.2b ... und ziehen Sie es aus dem Motorgehäuse.

3 Trennen Sie den Unterdruckschlauch vom Ladedruck-Regelventil (›Wastegate‹) (siehe Abbildung).

18.3 Unterdruckschlauch am Wastegate-Ventil

4 Lösen Sie die zwei von unten zugänglichen Muttern, die den Turbolader am Auspuffstutzen sichern (siehe Abbildung) – sie müssen später durch Neuteile ersetzt werden.

18.4 Turbolader-Befestigungsmuttern an der Unterseite des Auspuffstutzens

5 Lockern Sie die Schellen des Ladeluftrohrs, lösen Sie seine Schrauben und entfernen Sie es vom Turbolader und dem Luftklappengehäuse.

6 Ziehen Sie am Einlassrohr des Turboladers den Motorentlüftungsschlauch ab (siehe Abbildung).

18.6 Ziehen Sie den Motorentlüftungsschlauch ab.

7 Befreien Sie am Kabelbaum-Halter des Turboladers alle Kabel-Befestigungen, lösen Sie die Schrauben und verlagern Sie den Halter beiseite (siehe Abbildung).

18.7 Schrauben des Kabelbaum-Halters am Turbolader

8 Lösen Sie oben am Turbolader die Anschlussschraube der Öl-Zulaufleitung und lösen Sie deren Anschlussmutter am Motorgehäuse (siehe Abbildungen) – das Rohr muss beim Einbau durch ein Neuteil ersetzt werden.

18.8a Öl-Zulaufleitungs-Anschlussschraube am Turbolader ...

18.8b ... und Anschlussmutter am Motorgehäuse

9 Lösen Sie die Schrauben des Turbolader-Halters und entfernen Sie diesen (siehe Abbildung).

18.9 Schrauben des Turbolader-Halters

10 Lösen Sie am Turbolader die Schrauben des Einlassrohrs und befreien Sie es (siehe Abbildung).

18.10 Schrauben des Einlassrohrs

11 Lösen Sie die verbliebene Mutter oben am Flansch und manövrieren Sie den Turbolader nach oben weg (siehe Abbildung). Lösen Sie den Stehbolzen und die zwei Schrauben, um die Dichtung und den Hitzeschild zu entfernen. Befreien Sie die Öl-Zufuhrleitung und entfernen Sie sie.

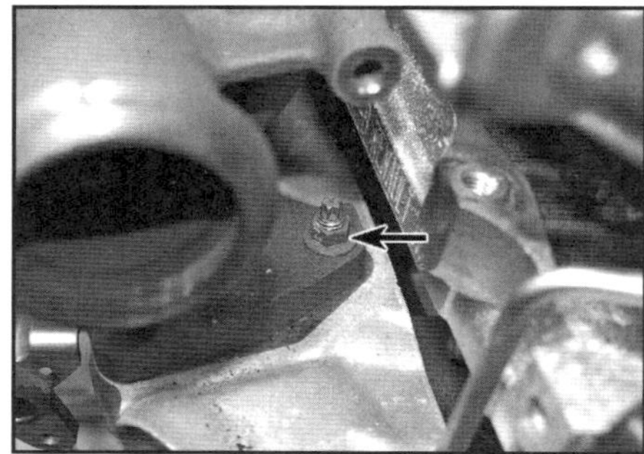

18.11 Lösen Sie die Mutter und heben Sie den Turbolader ab.

Kontrolle

12 Begutachten Sie beim ausgebauten Turbolader das Gehäuse auf Risse und andere Schäden.

13 Drehen Sie an der Turbine oder dem Verdichterrad, um zu prüfen, ob die Welle intakt ist und kein übermäßiges Spiel aufweist oder rau läuft. Etwas Spiel ist normal, da die Welle im Betrieb durch den Öldruck ›schwimmend‹ gelagert ist. Prüfen Sie, ob die Turbinenblätter unbeschädigt sind.

14 Falls das Auspuffrohr oder der Lufteinlass verölt ist, werden wahrscheinlich die Dichtringe der Turbolader-Welle defekt sein.

15 Der Hobbyschrauber kann am Turbolader keinerlei Reparaturen durchführen, zudem sind weder interne noch externe Teile einzeln erhältlich. Falls am Turbolader ein Schaden aufgetreten ist, muss er durch ein Neuteil ersetzt werden.
16 Falls der Turbolader defekt ist, müssen unbedingt sämtliche Ablagerungen aus den Luftkanälen zwischen ihm und dem Motor sowie dem Ladeluftkühler beseitigt werden. Reinigen Sie auch die Ölkanäle.

Einbau

17 Der Einbau entspricht der umgekehrten Ausbaureihenfolge – beachten Sie dabei folgende Punkte:
a) Erneuern Sie alle O-Ringe, Dichtungen und Dichtscheiben.
b) Positionieren Sie vor dem Turbolader die neue Öl-Zufuhrleitung an ihrem Platz.
c) Falls ein neuer Turbolader montiert wird, müssen das Motoröl und der Ölfilter ersetzt werden.
d) Befüllen Sie den Turbolader vor dem Anschließen der Öl-Zufuhrleitung mit Motoröl.
e) Beseitigen Sie Öl und Fettreste aus allen Luft-Rohren und Ansaugstutzen, damit der Turbolader nicht beschädigt wird.
f) Ziehen Sie alle Muttern und Schrauben mit den in den technischen Daten angegebenen Drehmomenten an.

1,8 und 2,1 l-Motoren

Ausbau

18 Demontieren Sie die Batterie samt Träger (siehe Kapitel 5, Sektion 4).
19 Entfernen Sie das Luftfiltergehäuse (siehe Sektion 5).
20 Heben Sie das Fahrzeug vorn an und stützen Sie es sicher ab (siehe Seite 24). Demontieren Sie den Unterfahrschutz.
21 Entfernen Sie bei Modellen mit Euro 6-Abgasnorm den AGR-Kühler samt Rohr (siehe Kapitel 6B, Sektion 22).
22 Verfolgen Sie das Kabel der vorderen Lambdasonde, befreien Sie es und trennen Sie den Stecker.
23 Lösen Sie die Muttern und die Schraube des Auspuffrohrs und trennen Sie es vom Turbolader (siehe Abbildung) – die Dichtung muss später erneuert werden.

18.23 Muttern und Schraube des Auspuffrohrs am Turbolader

24 Trennen Sie den Stecker des vorderen Abgastemperatursensors und schrauben Sie diesen aus dem Turbolader (siehe Abbildung).

18.24 Abgastemperatursensors im Turbolader

25 Lösen Sie die Schrauben der zwischen dem Antriebswellenmittellager-Halter und dem Turbolader sitzenden Strebe (siehe Abbildung).

18.25 Schrauben der Turbolader-Haltestrebe

26 Lösen Sie die Schrauben der zwischen dem Motorgehäuse und dem Turbolader sitzenden Halterung (siehe Abbildung).

18.26 Schrauben der Turbolader-Halterung

27 Lösen Sie die Schrauben des über dem Turbolader sitzenden Hitzeschilds und entnehmen Sie dies (siehe Abbildung).

18.27 Hitzeschild-Schrauben

28 Lockern Sie die Schellen der Ladeluftrohre, lösen Sie ihre Schrauben und entfernen Sie sie vom Turbolader (siehe Abbildungen) – befreien Sie dabei alle damit verbundenen Kabel.

18.28a Lockern Sie die Schelle des unteren Ladeluftrohrs ...

18.28b ... und des oberen Ladeluftrohrs.

29 Lösen Sie am Öl-Zulaufrohr die Anschlussmutter und entfernen Sie die Schraube, die es am Motorgehäuse sichert (siehe Abbildung) – seien Sie auf austretendes Öl vorbereitet.

18.29 Anschlussmutter und Schraube der Öl-Zufuhrleitung

30 Lösen Sie unten am Turbolader und am Motorgehäuse die Schrauben des Öl-Rücklaufrohrs (siehe Abbildung) – beim Einbau werden neue Dichtungen benötigt. Verstopfen Sie alle Öffnungen, damit kein Schmutz eindringt.

18.30 Schrauben des Öl-Rücklaufrohrs am Motorgehäuse

31 Trennen Sie den Kabelstecker vom Ladedruck-Regelventil (›Wastegate‹) (siehe Abbildung).

18.31 Ziehen Sie die graue Lasche heraus und trennen Sie den Stecker vom Wastegate-Ventil.

32 Lösen Sie die Schrauben des AGR-Rohrs und -Ventils und entfernen Sie die Teile (siehe Abbildung) – die Dichtung muss später erneuert werden.

18.32 Schrauben des AGR-Rohrs und -Ventils

33 Demontieren Sie die hintere linke Winden-Öse.

34 Lösen Sie die Schrauben, die den Turbolader am Auspuffstutzen sichern, und heben Sie ihn nach oben ab (siehe Abbildung) – die Schrauben müssen beim Einbau durch Neuteile ersetzt werden.

18.34 Diese Schrauben verbinden den Turbolader mit dem Auspuffstutzen.

Kontrolle

35 Beachten Sie hierzu die Hinweise in den Schritten 12 bis 16.

Einbau

36 Der Einbau entspricht der umgekehrten Ausbaureihenfolge – beachten Sie dabei folgende Punkte:

a) Erneuern Sie die Dichtung zwischen dem Auspuffstutzen und dem Turbolader.
b) Falls ein neuer Turbolader montiert wird, müssen das Motoröl und der Ölfilter ersetzt werden.
c) Befüllen Sie den Turbolader vor dem Anschließen der Öl-Zufuhrleitung mit Motoröl.
d) Schmieren Sie die Schrauben, die den Turbolader am Auspuffstutzen sichern, mit Hochtemperaturfett.
e) Beseitigen Sie Öl und Fettreste aus allen Luft-Rohren und Ansaugstutzen, damit der Turbolader nicht beschädigt wird.
f) Ziehen Sie alle Muttern und Schrauben mit den in den technischen Daten angegebenen Drehmomenten an.

19 Ladeluftkühler – Ausbau und Einbau

1 Heben Sie das Fahrzeug vorn an und stützen Sie es sicher ab (siehe Seite 24). Demontieren Sie den Unterfahrschutz.
2 Hebeln Sie an beiden Seiten des Ladeluftkühlers die Drahtbügel heraus und trennen Sie die Luftschläuche (siehe Abbildung).

19.2 Hebeln Sie an beiden Seiten des Ladeluftkühlers die Drahtbügel heraus und trennen Sie die Luftschläuche.

3 Befreien und entfernen Sie das untere Luftleit-Segment vom Ladeluftkühler (siehe Abbildung).

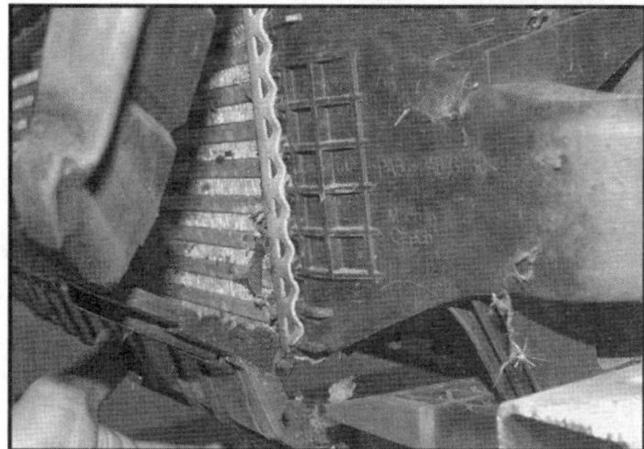

19.3 Befreien Sie das untere Luftleit-Segment.

4 Lösen Sie an beiden Seiten des Ladeluftkühlers die Laschen und manövrieren Sie ihn nach vorn heraus (siehe Abbildung).

19.4 Heben Sie die Laschen leicht an und ziehen Sie den Ladeluftkühler nach vorn ab.

5 Der Einbau entspricht der umgekehrten Ausbaureihenfolge. Die Ladeluftrohre müssen von Öl, Fett und Ablagerungen befreit werden und dürfen nur ohne Öl oder Fett montiert werden.

20 Auspuffanlage – Allgemeine Informationen und Austausch der Komponenten

Warnung: Lassen Sie den Motor vor Arbeitsbeginn ausreichend abkühlen! Vor allem der Katalysator wird im Betrieb sehr heiß und muss entsprechend lange abkühlen.

Anmerkung: *Bevor Arbeiten unter dem Fahrzeug erledigt werden, muss es angehoben und sicher abgestützt werden (siehe Seite 24).*

Allgemeine Informationen

1 Die Auspuffanlage besteht aus dem Auspuffstutzen samt Turbolader, dem Katalysator, einem Partikelfilter und dem Endrohr samt Schalldämpfern. Zur Isolierung von der Karosserie und Fahrwerks-Komponenten ist die Auspuffanlage in Haltegummis aufgehängt. Kontrollieren Sie die Gummis regelmäßig auf Risse und andere Alterungserscheinungen und ersetzten Sie sie nötigenfalls.

2 Regelmäßige Kontrollen der Auspuffanlage sorgen dafür, dass sie sicher und leise ist. Achten Sie auf beschädigte und verbogene Bauteile, gerissene Schweißnähte, Löcher, lockere Verbindungen, starke Korrosion und andere Defekte, die Abgase in den Innenraum gelangen lassen können. Schadhafte Auspuff-Komponenten sollten nicht repariert, sondern durch Neuteile ersetzt werden.

3 Das hintere Auspuffsegment besteht serienmäßig aus einem Teil; falls nur der Endschalldämpfer erneuert werden muss, kann der Auspuff getrennt und ein neuer Schalldämpfer mit einer Schelle verbunden werden – erkundigen Sie sich beim Händler nach entsprechenden Einzelteilen.

4 Einige grundlegende Hinweise zur Reparatur einer Auspuffanlage:

a) *Arbeiten Sie sich beim Entfernen von Auspuff-Komponenten von hinten nach vorn vor.*
b) *Tragen Sie Kriechöl auf den Verbindungen auf und lassen Sie es einige Zeit einwirken, bevor Sie Schellen lösen.*
c) *Erneuern Sie alle Dichtungen, Schellen und Aufhängungen.*
d) *Versehen Sie beim Einbau alle Gewinde mit Kupferpaste, um Korrosion zumindest zu verzögern.*
e) *Alle Neuteile müssen ausreichend Abstand zum Unterboden haben, damit dieser nicht zu heiß wird und innen Teppiche oder Isolierung verbrennen. Vor allem der Katalysator muss gut von seinen Hitzeschilden geschützt werden.*

Katalysator/Partikelfilter

5 Der Aus- und Einbau des Katalysators ist in Kapitel 6B, Sektion 22 beschrieben.

Kapitel 5

Anlasser- und Ladesysteme

Inhalt **Sektion**

Schwierigkeitsgrade

Leicht. Geeignet für Anfänger mit wenig Erfahrung. 	**Relativ leicht.** Geeignet für Anfänger mit etwas Erfahrung. 	**Relativ schwierig.** Geeignet für geübte Selbstschrauber. 	**Schwer.** Geeignet für Selbstschrauber mit viel Erfahrung. 	**Sehr schwer.** Geeignet für Experten und Profis. 

Technische Daten

System	12 Volt, Minus an Masse
Lichtmaschinen-Leistung	
Benzinmotoren	150 A
Dieselmotoren	175 A
Batterie	
Typ	Abgedichtete ›wartungsfreie‹ (MF-) AGM-Batterie (Absorbierende Glasfaser-Matten)
Ladezustand	
schwach	unter 12,5 V
normal	12,6 V
gut	12,7 V
Anzugsdrehmomente	**Nm**
Anlasser-Befestigungsschrauben	40
Lichtmaschinen-Befestigungsschrauben	20

1 Allgemeine Informationen und Vorsichtsmaßnahmen

1 Die Motor-Elektrik besteht vor allem aus dem Ladesystem und dem Anlassersystem. Aufgrund ihrer motorbezogenen Funktionen werden diese Komponenten separat von der in Kapitel 12 zu findenden Karosserie-Elektrik (Beleuchtung, Instrumente usw.) behandelt. Informationen zur Zündanlage von Benzinmotoren werden in Kapitel 6A, Informationen zur Vorwärmung von Dieselmotoren werden in Kapitel 6B gegeben.

2 Die Fahrzeugelektrik arbeitet mit 12 Volt Spannung und Minus ist Masse.

3 Die Batterie wird von der Lichtmaschine geladen, die vom der Kurbelwelle mithilfe des Keilrippenriemens angetrieben wird.

4 Der als Schubtriebstarter ausgebildete Anlasser ist mit einem integrierten Magnetschalter ausgerüstet, der beim Starten das Antriebsrad zunächst in den Zahnkranz der Schwungscheibe (zwischen Motor und Getriebe) schiebt, bevor der Anlassermotor aktiviert wird. Sobald der Motor läuft, sorgt eine Freilaufkupplung dafür, dass bis zum Ausrücken des Antriebsrades nicht der Motor den Anlasser dreht.

Vorsichtsmaßnahmen

5 Manchmal werden Reparatur-Hinweise gegeben, doch meistens hilft nur der Austausch der entsprechenden Komponenten.

6 Bei der Arbeit an elektrischen Systemen ist besondere Vorsicht geboten, um keine Halbleiter (Dioden und Transistoren) zu beschädigen und sich nicht selbst zu verletzen. Neben den Hinweisen in der Sektion ›Sicherheit geht vor!‹ am Anfang dieses Handbuchs müssen die folgenden Vorsichtsmaßnahmen beachtet werden:

a) Legen Sie stets Schmuck, Armbanduhren usw. ab, bevor Sie an Elektrik-Systemen arbeiten. Auch bei abgeklemmter Batterie kann eine kapazitive Entladung entstehen, sobald der Anschluss einer Komponente durch ein Metallteil mit Masse verbunden wird, und einen Schock oder eine Verbrennung auslösen.

b) Vertauschen Sie nicht die Batteriepole. Bauteile wie die Lichtmaschine enthalten Halbleiter-Stromkreise, die irreparabel beschädigt werden können.

c) Falls der Motor mit einer Fremdbatterie gestartet werden soll, müssen stets Plus an Plus und Minus an Minus geklemmt werden (siehe Seite 21); dies trifft auch beim Anschließen eines Batterie-Ladegeräts zu.

d) Bei laufendem Motor dürfen niemals die Batterie, die Lichtmaschine oder andere elektrische Verbindungen getrennt werden – das gilt auch für Prüfinstrumente.

e) Lassen Sie niemals den Motor die Lichtmaschine drehen, wenn diese nicht angeschlossen ist.

f) Die Lichtmaschinen-Leistung darf niemals ›getestet‹ werden, indem das Ausgangskabel gegen Masse gehalten wird, um Funken zu erzeugen.

g) Der Masseanschluss (–) der Batterie muss stets getrennt sein, bevor an elektrischen Komponenten gearbeitet wird.

h) Bevor am Fahrzeug Schweißarbeiten durchgeführt werden, müssen die Batterie und die Lichtmaschine abgeklemmt werden, um Schäden daran zu vermeiden.

2 Fehlersuche

Batterie

Anmerkung: *Die folgenden Hinweise sind nur grobe Richtlinien. Beachten Sie stets die Hinweise des Herstellers (oft auf Aufklebern an der Batterie zu erkennen), bevor Sie die Batterie laden.*

1 Eine allgemeine Fehlersuche für die Elektrik ist in Kapitel 12, Sektion 2 beschrieben.

2 Alle Modelle sind ab Werk mit sogenannten ›wartungsfreien‹ (MF-) Batterien ausgerüstet, die unter normalen Umständen keine Wartung erfordern.

3 Das Elektrolyt dieser Batterien kann weder aufgefüllt noch getestet werden. Der Zustand der Batterie kann daher nur mit einem Voltmeter oder einem speziellen Batteriezustand-Messgerät ermittelt werden.

4 Beim Batterietest mit einem Voltmeter muss dies mit dem Batteriepolen verbunden und das Messergebnis mit den Angaben in den technischen Daten verglichen werden. Der Test ist nur aussagefähig, wenn die Batterie mindestens sechs Stunden nicht geladen wurde – auch nicht von der Lichtmaschine. Um diese Wartezeit zu verkürzen, können für 30 Sekunden die Scheinwerfer eingeschaltet und anschließend fünf Minuten gewartet werden, bevor die Batterie getestet wird. Alle anderen Stromkreise müssen abgeschaltet sein, sodass sichergestellt sein muss, dass alle Türen geschlossen sind.

5 Generell gilt: Bei einer Spannung von unter 12,2 Volt ist die Batterie entladen, während 12,2 bis 12,4 Volt auf eine teilweise geladene Batterie hinweisen.

Ladesystem

Anmerkung: *Beachten Sie die Hinweise auf der Seite ›Sicherheit geht vor!‹ am Anfang dieses Buchs.*

6 Falls die Lade-Kontrolllampe (Batterie-Symbol) im Cockpit nicht nach dem Einschalten der Zündung aufleuchtet, müssen zuerst die Lichtmaschinenkabel auf gute Kontakte überprüft werden. Überprüfen Sie als Nächstes die Warnleuchte selbst. (eine Glühlampe muss auf einen durchgebrannten Glühdraht und festen Sitz im Sockel kontrolliert werden. Prüfen Sie die Verkabelung zwischen der Kontrolllampe und der Lichtmaschine.) Da heutzutage die meisten Kontrolllampen in die Instrumenten-Leiterplatte integrierte LEDs sind, kann nur die gesamte Platine ausgetauscht werden. Fehlfunktionen der Instrumente sollten einen Fehlercode erzeugen – verbinden Sie ein Diagnosegerät mit dem 16-Stift-Stecker neben dem Motorhauben-Öffnerhebel links unter dem Armaturenbrett. Falls bis hierher keine Fehler gefunden wurden, wird die Lichtmaschine defekt sein – bauen Sie sie für weitere Kontrollen aus (siehe Sektion 6) und lassen Sie sie von einer Fachwerkstatt kontrollieren.

7 Falls die Lade-Kontrolllampe (Batterie-Symbol) bei laufendem Motor aufleuchtet, muss dieser abgeschaltet und kontrolliert werden, ob der Keilrippenriemen nicht gerissen ist oder gespannt werden muss (siehe Kapitel 1A oder 1B, Sektion 17) und die Lichtmaschinenstecker korrekt angeschlossen sind. Ist bis hierher alles in Ordnung, muss die Lichtmaschine ausgebaut (siehe Sektion 6) und von einer Fachwerkstatt untersucht und ggf. repariert werden.

8 Falls auch bei einer korrekt funktionierenden Lade-Kontrolllampe vermutet wird, dass die Lichtmaschinen-Leistung nicht korrekt ist, muss die geregelte Ausgangsspannung wie folgt kontrolliert werden:

9 Verbinden Sie ein Voltmeter mit den Batteriepolen und starten Sie den Motor.

10 Erhöhen Sie die Motor-Drehzahl, bis sich das Messergebnis stabilisiert – es muss etwa zwischen 12 und 13 Volt liegen und darf keinesfalls 15 Volt übersteigen.

11 Schalten Sie möglichst viele Verbraucher (Scheinwerfer, Heckscheibenheizung, Heizgebläse) ein und kontrollieren Sie, ob die geregelte Spannung etwa zwischen 13 und 14 Volt liegt.

12 Falls die geregelte Spannung nicht wie beschrieben ist, können verschlissene Kohlebürsten, ermüdete Bürstenfedern, ein defekter Spannungsregler, eine schadhafte Diode, eine durchtrennte Phasenwicklung oder verschlissene bzw. beschädigte Schleifringe die Ursache sein. Die Lichtmaschine muss ggf. erneuert oder von einer Fachwerkstatt getestet und ggf. repariert werden.

Anlassersystem

Anlasser dreht sich, aber Motor dreht nicht mit

13 Bauen Sie den Anlasser aus (siehe Sektion 7) und lassen Sie von einer Fachwerkstatt kontrollieren.

14 Kontrollieren Sie den Anlasser-Zahnkranz auf der Schwungscheibe auf fehlende Zähne und andere Schäden. Drehen Sie bei abgeschalteter Zündung den Motor langsam durch, um den gesamten Zahnkranz inspizieren zu können.

Anlasser verursacht Geräusche

15 Klappernde Geräusche aus dem Anlasserrelais können auf eine entladene Batterie hinweisen (siehe oben). Kontrollieren Sie andernfalls die Kabel und Anschlüssen zwischen der Batterie und dem Relais.

16 Falls beim Aktivieren des Anlassers ein metallisches Schleifen oder Krachen hörbar ist, muss geprüft werden, ob der Anlasser korrekt befestigt ist. Falls seine Schrauben fest sitzen, muss der Anlasser ausgebaut werden, um die Zähne seiner Welle und diejenigen am Anlasserzahnkranz aus Ausbrüche zu kontrollieren.

17 Falls der Anlasser zunächst gut klingt, dann aber stoppt und ein zischendes Geräusch verursacht, muss der Anlasser ausgebaut werden, um die Zähne seiner Welle und diejenigen am Anlasserzahnkranz aus Ausbrüche zu kontrollieren. Ersetzen Sie den Anlasser oder den Zahnkranz.

Anlasser dreht langsam

18 Kontrollieren Sie die Batterie (siehe oben).
19 Soweit die Batterie in Ordnung ist, müssen alle Anschlüsse an ihr, dem Anlasserrelais und dem Anlasser selbst auf korrekt, korrosionsfrei und sauber angeschlossene Kabel kontrolliert werden. Prüfen Sie die Kabel auf Knicke oder Quetschungen.
20 Prüfen Sie, ob die Anlasser-Befestigungsschrauben fest sitzen und einen guten Masseschluss sicherstellen. Prüfen Sie auch, ob die Zähne des Anlassers Welle und diejenigen am Anlasserzahnkranz mechanische Schäden wie Verformung oder Fressspuren aufweisen.

Anlasser dreht gar nicht

21 Kontrollieren Sie die Batterie (siehe oben).
22 Soweit die Batterie in Ordnung ist, müssen alle Anschlüsse an ihr, dem Anlasserrelais und dem Anlasser selbst auf korrekt, korrosionsfrei und sauber angeschlossene Kabel kontrolliert werden. Prüfen Sie die Kabel auf Knicke oder Quetschungen.
23 Kontrollieren Sie alle zum Anlassersystem gehörenden Sicherungen.
24 Prüfen Sie, ob die Anlasser-Befestigungsschrauben fest sitzen und einen guten Masseschluss sicherstellen.
25 Prüfen Sie, ob bei aktiviertem Anlasser am Anschluss ›S‹ des Anlasserrelais Spannung anliegt – ist dies der Fall, muss die Anlasser/Relais-Baugruppe ersetzt werden. Wurde keine Spannung festgestellt, kann das Problem im Anlasserrelais, dem Zündschloss oder Startknopf, am Sperr-Schalter (Automatikgetriebe) oder irgendeinem anderen Anschluss des Stromkreises liegen – beachten Sie dazu die Schaltpläne am Ende von Kapitel 12. Auch die vom Motorsteuergerät zum Anlasserrelais gesendete Signalspannung kann fehlerhaft sein – lassen Sie dies von einer Fachwerkstatt überprüfen.

3 Batterie – Laden

Anmerkung: *Die folgenden Hinweise sind nur grobe Richtlinien. Beachten Sie stets die Hinweise des Herstellers (oft auf Aufklebern an der Batterie zu erkennen), bevor Sie die Batterie laden.*
1 Überprüfen Sie die Batterie zunächst auf ihren Ladezustand (siehe Sektion 2, Schritte 2 bis 5).
2 Die Batterie darf nicht über ihre Pole geladen werden. Verwenden Sie stattdessen die Fremdstart-Stützpunkte im Motorraum (siehe Abbildungen). Verbinden Sie nicht das Ladegerät mit dem Anschluss des Intelligenten Batteriesensors (IBS) am Minuspol der Batterie, mit dessen Hilfe der ein- und ausgehende Strom der Batterie überwacht wird. Sobald das System eine niedrige Batterieladung erkennt, schaltet das CAS-Steuergerät (Car Access System) nicht zwingend benötigte elektrische Verbraucher ab. Eventuell entscheidet der IBS auch, dass die Batterie sich in einem solch schlechten Zustand befindet, dass es auch das Startsystem abschaltet. Weil der IBS beim Verbinden des Ladegeräts direkt mit der Batterie das Laden nicht registriert, kann er weiterhin das Startsystem unterbrechen, obwohl die Batterie wieder vollständig geladen ist. Falls eine Batterie mit einer vom Original abweichenden Kapazität eingebaut wird, muss das CAS-Steuergerät mithilfe eines Mercedes-Diagnosegeräts entsprechend umprogrammiert werden.

3.2a Schieben Sie die rote Kappe zurück, um Zugang zum Plus-Ladepunkt zu erhalten.

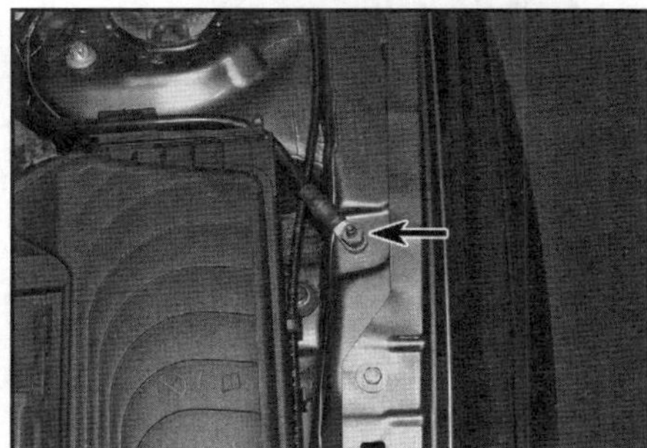

3.2b Der Minus-Ladepunkt befindet sich am Innenkotflügel.

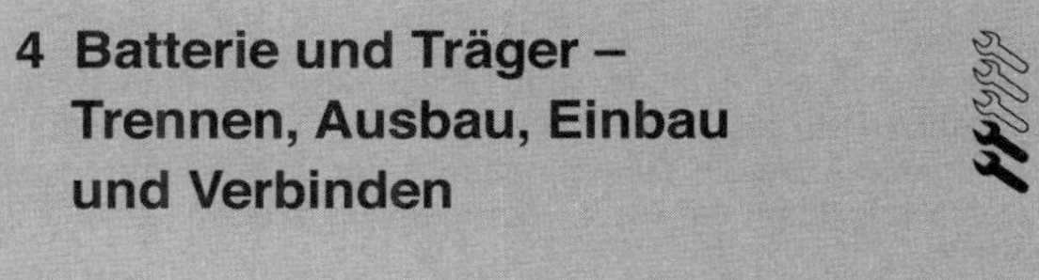

4 Batterie und Träger – Trennen, Ausbau, Einbau und Verbinden

Anmerkung: *Warten Sie nach dem Abschalten der Zündung mindestens 15 Minuten, bevor die Batterie getrennt wird. So bleibt den verschiedenen Steuergeräten genügend Zeit, Informationen zu speichern.*

Trennen

Haupt-Batterie

1 Die Zündung muss abgeschaltet sein. Platzieren Sie die Fernbedienung mindestens zwei Meter vom Fahrzeug entfernt.
2 Befreien Sie ggf. den Kabelbaum vom Batteriedeckel.
3 Befreien Sie den Motorhauben-Öffnerzug vom Batteriedeckel (siehe Abbildung).

4.3 Befreien Sie den Motorhauben-Öffnerzug vom Batteriedeckel.

4 Schieben Sie die Batterieabdeckung nach vorn und entfernen Sie sie. Befreien Sie nötigenfalls weitere Kabelbäume vom Deckel (siehe Abbildungen).

4.4a Befreien Sie den Kabelbaum vom Batteriedeckel, ...

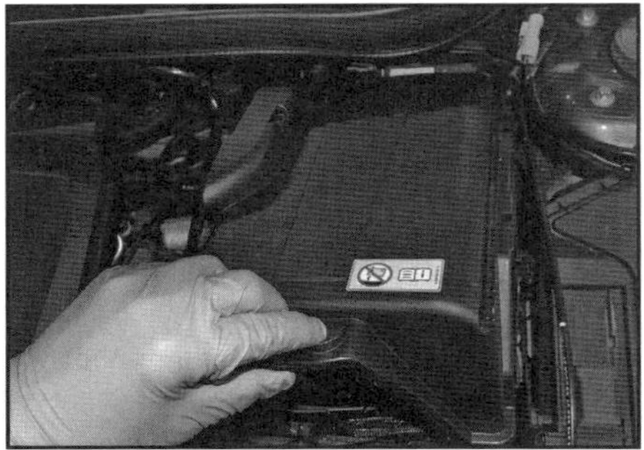

4.4b ... ziehen Sie diesen nach vorn und befreien Sie ihn.

5 Lockern Sie die Mutter der Massekabel-Klemme (Minus) und ziehen Sie sie drehend vom Batteriepol (siehe Abbildung). Positionieren Sie die Klemme abseits der Batterie und decken Sie sie ab, damit sie nicht versehentlich wieder Kontakt bekommt.

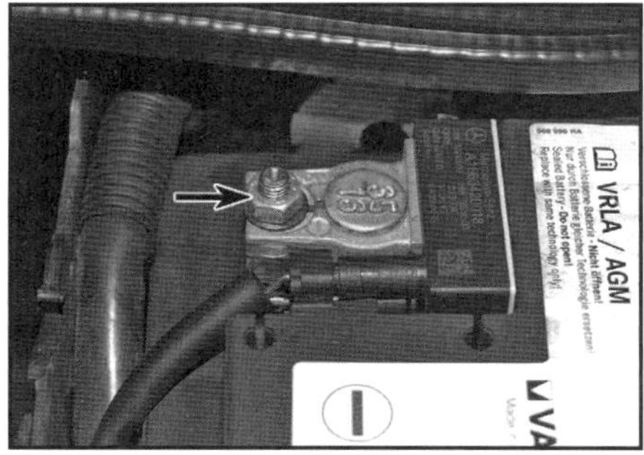

4.5 Mutter der Massekabel-Klemme (Minus)

6 Seien Sie beim Umgang mit dem Intelligenten Batteriesensor (IBS) vorsichtig, er ist empfindlich und kann leicht beschädigt werden (siehe Abbildung). Beachten Sie hierzu folgende Hinweise:

a) Verbinden Sie keine zusätzlichen Anschlüsse mit dem Minuspol.
b) Verändern Sie nicht das Massekabel.
c) Trennen Sie das Massekabel nicht mir Gewalt.
d) Ziehen Sie nicht am Massekabel selbst.
e) Setzen Sie am IBS keinen Hebel an und ziehen Sie nicht daran.

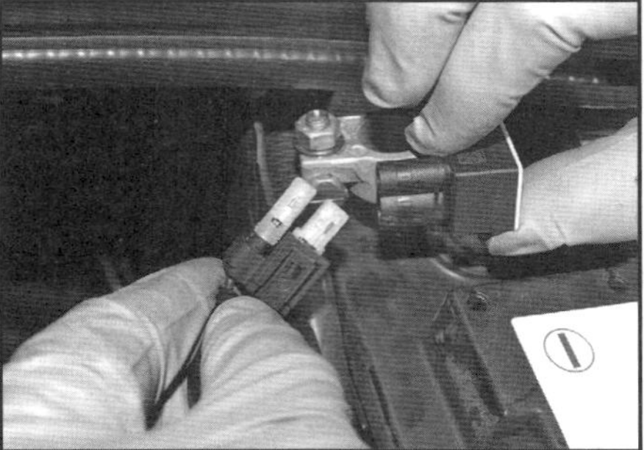

4.6 Behandeln Sie den Intelligenten Batteriesensor vorsichtig.

Zusatz-Batterie (bei einigen Modellen mit Stopp-Start-Automatik)

7 Bewegen Sie den Beifahrersitz vollständig zurück, schalten Sie die Zündung ab und platzieren Sie die Fernbedienung mindestens zwei Meter vom Fahrzeug entfernt.
8 Klappen Sie den Teppich unter dem Armaturenbrett zurück.
9 Lösen Sie die Laschen der Batterieabdeckung und öffnen Sie sie (siehe Abbildung).

4.9 Lösen und öffnen Sie die Abdeckung der Zusatzbatterie.

10 Lösen Sie je nach Batterietyp die Schraube des Masse-Anschlusses oder ziehen Sie diesen ab (siehe Abbildungen). Positionieren Sie das Kabel abseits der Batterie, damit es nicht versehentlich wieder Kontakt bekommt.

4.10a Lösen Sie die Schraube des Massekabels ...

4.10b … oder ziehen Sie dies vom Batterie-Kontakt ab.

Ausbau

Haupt-Batterie

11 Trennen Sie den Masseanschluss der Batterie (siehe oben).
12 Befreien Sie die Kappe vom Pluspol der Batterie (siehe Abbildung).

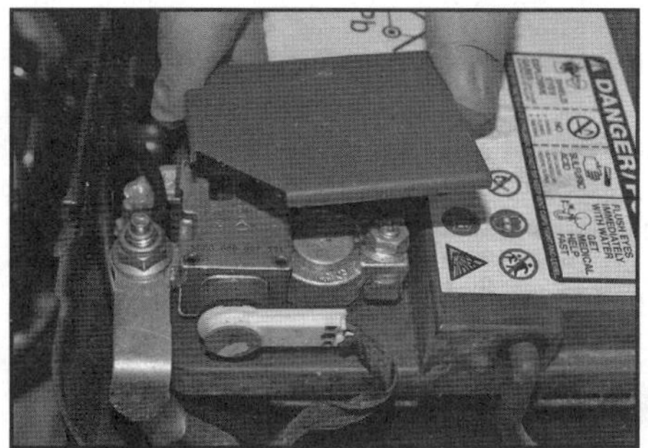

4.12 Abdeckung des Pluspols

13 Lockern Sie die Mutter der Pluskabel-Klemme und ziehen Sie sie drehend vom Batteriepol (siehe Abbildung).

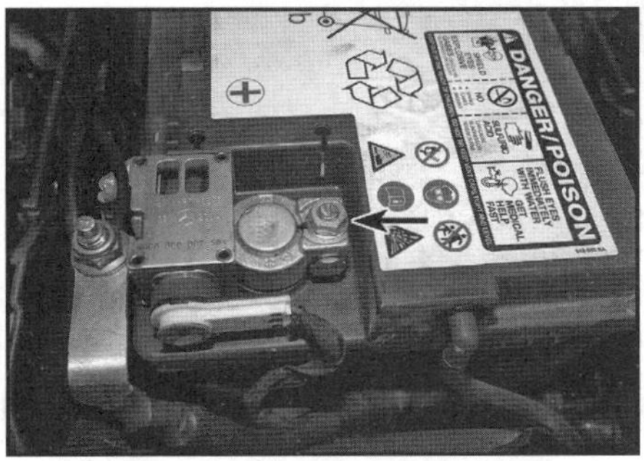

4.13 Mutter der Pluskabel-Klemme

14 Ziehen Sie an der Seite der Batterie den Entlüftungsschlauch ab (siehe Abbildung).

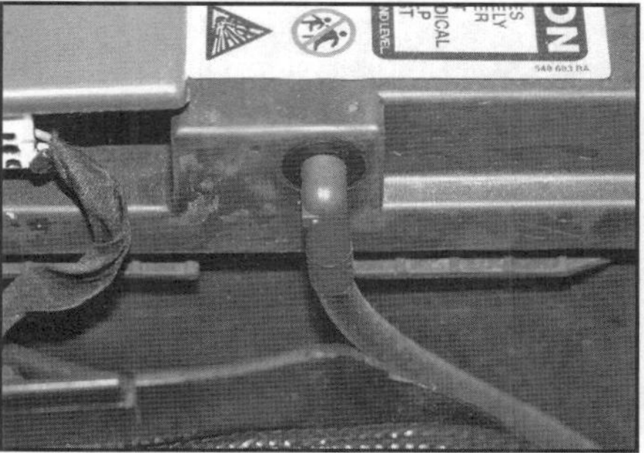

4.14 Entlüftungsschlauch-Anschluss

15 Ziehen Sie den vorderen Teil der seitlichen Batterieträger-Verkleidung hoch und entfernen Sie sie (siehe Abbildung).

4.15 Ziehen Sie die seitliche Batterieträger-Verkleidung hoch.

16 Lösen Sie die Schraube, entfernen Sie das Klemmstück und heben Sie die Batterie heraus (siehe Abbildung) – sie hat ein beträchtliches Gewicht!

4.16 Schrauben des Batterie-Klemmstücks

Zusatz-Batterie

17 Trennen Sie den Masseanschluss der Batterie (siehe oben). Lösen Sie die Schraube des Pluskabels und trennen Sie dies (siehe Abbildung).

4.17 Trennen Sie das Pluskabel von der Zusatzbatterie.

18 Befreien Sie die Batterieabdeckung vom Scharnier und entnehmen Sie sie, ziehen Sie an der Seite der Batterie den Entlüftungsschlauch ab.
19 Heben Sie die Batterie heraus.

Einbau/Verbinden

20 Der Einbau entspricht der umgekehrten Ausbaureihenfolge. Verbinden Sie stets zuerst das Pluskabel und erst dann den Masseanschluss. Anmerkung: Falls eine neue Batterie installiert wurde, muss eventuell das Signalerfassungs- und Ansteuer-Modul (SAM) mit deren Details konfiguriert werden. Dies kann mithilfe eines im Zubehör erhältlichen Konfigurations-Werkzeugs geschehen oder einer Fachwerkstatt überlassen werden.

Batterieträger

21 Bauen Sie die Batterie aus (siehe oben). Demontieren Sie die Luftfilter-Baugruppe (siehe Kapitel 4A, Sektion 3 oder Kapitel 4B, Sektion 5).
22 Drücken Sie die Clips an beiden Seiten der Batterieträger-Wand und ziehen Sie sie nach vorn heraus (siehe Abbildung).

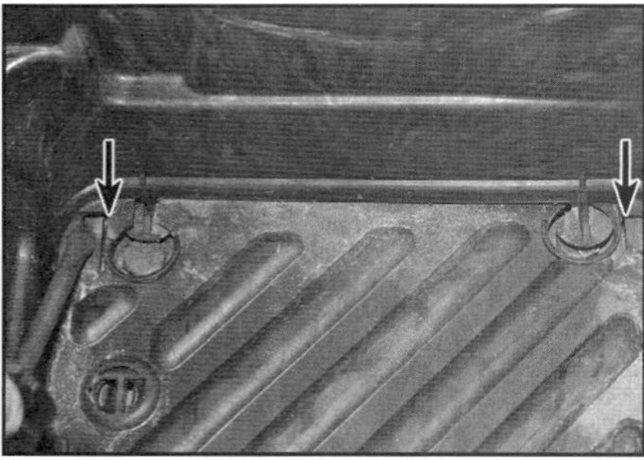

4.22 Drücken Sie die Clips an beiden Seiten der Batterieträger-Wand und ziehen Sie sie nach vorn heraus.

23 Lösen Sie die Schrauben des Batterieträgers und entnehmen Sie ihn (siehe Abbildung).

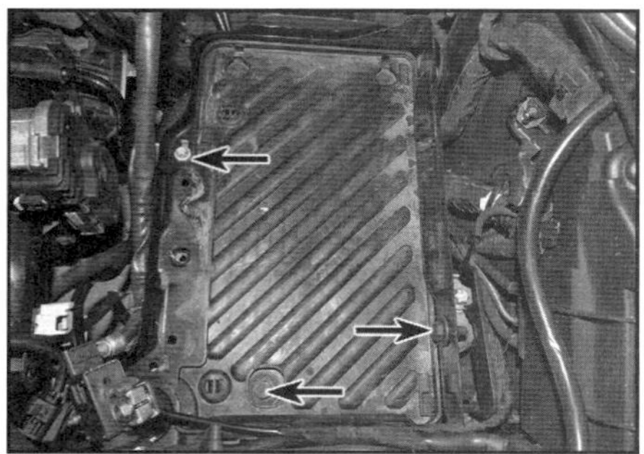

4.23 Schrauben des Batterieträgers

24 Der Einbau entspricht der umgekehrten Ausbaureihenfolge.

5 Keilrippenriemen – Ausbau, Einbau und Spannen

1 Beachten Sie hierfür die Hinweise in Kapitel 1A, Sektion 29 oder Kapitel 1B, Sektion 30.

6 Lichtmaschine – Ausbau und Einbau

Ausbau

1 Trennen Sie den Masseanschluss (–) der Batterie (siehe Sektion 4).
2 Demontieren Sie die obere Motorabdeckung.

Benzinmotoren

3 Lockern Sie die Schellen des vor dem Luftfilter sitzenden Ansaugstutzens und entnehmen Sie ihn.
4 Hebeln Sie an beiden Seiten des Ladeluftrohrs die Drahtbügel heraus und trennen Sie es vom Turbolader (siehe Abbildung).

6.4 Befreien Sie die Drahtbügel und trennen Sie das Ladeluftrohr vom Turbolader.

5 Demontieren Sie den Kühler-Ventilator (siehe Kapitel 3, Sektion 6).
6 Zur Verbesserung des Zugangs können die Schrauben des Turbolader-Hitzeschilds gelöst und dies entfernt werden.
7 Entfernen Sie den Keilrippenriemen (siehe Kapitel 1A, Sektion 29).
8 Hebeln Sie an der Lichtmaschine die Kappe ab und trennen Sie die Mutter des Pluskabels. Trennen Sie den Kabelstecker (siehe Abbildungen).

6.8a Kappe über der Pluskabel-Mutter

6.8b Ziehen Sie die Arretierung heraus und trennen Sie den Lichtmaschinen-Stecker.

9 Befreien Sie den Kältemittelrohr-Halter von der Lichtmaschine, trennen Sie dann den Kabelstecker, lösen Sie den Klimaanlagen-Kompressor vom Motorgehäuse und verlagern Sie ihn beiseite – die Kältemittelrohre müssen dafür nicht getrennt werden. Sichern Sie den Kompressor mit Kabelbindern, um die Leitungen nicht unter Last zu setzen.
10 Lösen Sie die obere und untere Befestigungsschraube und befreien Sie die Lichtmaschine vom Motor (siehe Abbildung).

6.10 Lichtmaschinen-Befestigungsschrauben – Benzinmotor

1,5 l-Dieselmotoren

11 Entfernen Sie den Keilrippenriemen (siehe Kapitel 1B, Sektion 30).
12 Lösen Sie die Schraube, die das Kältemittelrohr an der Lichtmaschine sichert (siehe Abbildung).

6.12 Kältemittelrohr-Schraube an der Lichtmaschine

13 Lösen Sie die Schrauben des Klimaanlagen-Kompressors und verlagern Sie ihn beiseite – die Kältemittelrohre müssen dafür nicht getrennt werden. Sichern Sie den Kompressor mit Kabelbindern, um die Leitungen nicht unter Last zu setzen.
14 Hebeln Sie an der Lichtmaschine die Kappe ab und trennen Sie die Mutter des Pluskabels. Trennen Sie den Kabelstecker (siehe Abbildung).

6.14 Hebeln Sie die Kappe über der Pluskabel-Mutter ab und lösen Sie diese; ziehen Sie die Arretierung heraus und trennen Sie den Lichtmaschinen-Stecker.

15 Lösen Sie die obere und untere Befestigungsschraube und befreien Sie die Lichtmaschine vom Motor (siehe Abbildung).

6.15 Lichtmaschinen-Befestigungsschrauben – 1,5 l-Dieselmotor

1,8 und 2,1 l-Dieselmotoren

16 Befreien Sie den Kühlmittel-Ausgleichsbehälter und verlagern Sie in beiseite (siehe Abbildung) – hierfür muss kein Schlauch getrennt werden.

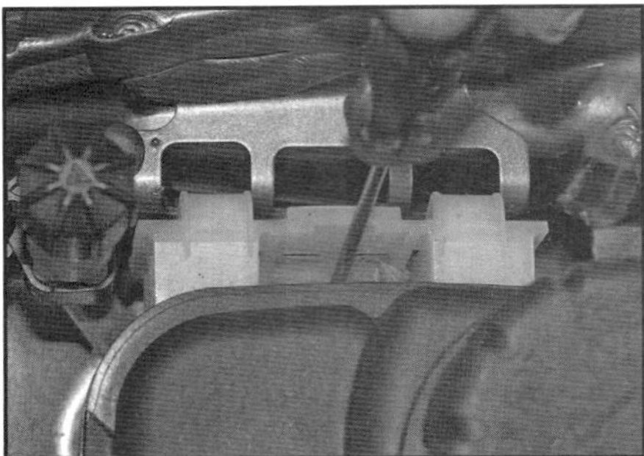

6.16 Lösen Sie an der Rückseite des Kühlmittel-Ausgleichsbehälters und befreien Sie ihn.

17 Lockern Sie die Schellen des vor dem Luftfilter sitzenden Ansaugstutzens und entnehmen Sie ihn.
18 Demontieren Sie den Kühler-Ventilator (siehe Kapitel 3, Sektion 6).
19 Entfernen Sie den Keilrippenriemen (siehe Kapitel 1B, Sektion 30).
20 Hebeln Sie an beiden Seiten des hinter dem Ladeluftkühler sitzenden Luftrohrs die Bügel heraus und entfernen Sie es.
21 Befreien Sie das Kühlmittelrohr vom Einlassstutzen und verlagern Sie es beiseite (siehe Abbildung) – hierfür müssen keine Schläuche getrennt werden.

6.21 Schraube des Kühlmittelrohrs

22 Hebeln Sie an der Lichtmaschine die Kappe ab und trennen Sie die Mutter des Pluskabels. Trennen Sie den Kabelstecker (siehe Abbildung).

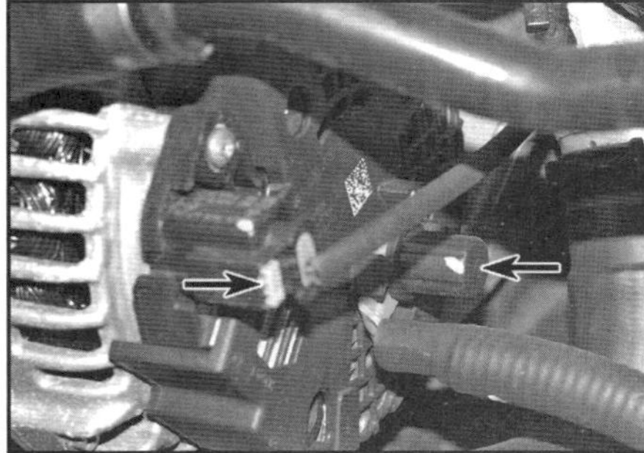

6.22 Hebeln Sie die Kappe über der Pluskabel-Mutter ab und lösen Sie diese; ziehen Sie die Arretierung heraus und trennen Sie den Lichtmaschinen-Stecker.

23 Lösen Sie die obere und untere Befestigungsschraube und befreien Sie die Lichtmaschine vom Motor (siehe Abbildung).

6.23 Lichtmaschinen-Befestigungsschrauben – 1,8 und 2,1 l-Dieselmotor

Einbau

24 Der Einbau entspricht der umgekehrten Ausbaureihenfolge – beachten Sie dabei folgende Punkte:

a) Ziehen Sie alle Lichtmaschinen-Befestigungen ggf. mit den in den technischen Daten angegebenen Drehmomenten an; die Lichtmaschinen-Schrauben müssen mit 20 Nm angezogen werden.

b) Installieren Sie die Befestigungsschrauben an die Lichtmaschine, bevor Sie diese am Motor positionieren.

7 Anlasser – Ausbau und Einbau

1 Trennen Sie zunächst das Haupt-Massekabel (–) der Batterie (siehe Sektion 4).
2 Demontieren Sie die Luftfilter-Baugruppe (siehe Kapitel 4A, Sektion 3 oder Kapitel 4B, Sektion 5).
3 Trennen Sie bei Modellen mit Doppelkupplungsgetriebe den Stecker des Getriebe-Steuergeräts und positionieren Sie ihn beiseite (siehe Abbildung).

7.3 Drehen Sie den Steuergerät-Stecker gegen den Uhrzeigersinn, um ihn zu trennen.

4 Heben Sie Diesel-Modelle vorn an und stützen Sie es sicher ab (siehe Seite 24). Demontieren Sie den Unterfahrschutz (siehe Abbildung).

7.4 Befestigungen des Unterfahrschutzes

5 Ziehen Sie an den Anschlüssen des Anlasserrelais die Kappe zurück und trennen Sie die Kabel (siehe Abbildung).

7.5 Trennen Sie die Kabel von den Anlasserrelais-Anschlüssen.

6 Lösen Sie die Befestigungsschrauben des Anlassers und manövrieren Sie diesen heraus (siehe Abbildung).

7.6 Beachten Sie das Massekabel unter der vorderen Anlasserschraube

7 Der Einbau entspricht der umgekehrten Ausbaureihenfolge – ziehen Sie die Anlasserschrauben mit 40 Nm an.

Kapitel 6A

Motorsteuerung und Abgasregelung – Benzinmotoren

Inhalt — Sektion

Schwierigkeitsgrade

Leicht. Geeignet für Anfänger mit wenig Erfahrung. 	**Relativ leicht.** Geeignet für Anfänger mit etwas Erfahrung. 	**Relativ schwierig.** Geeignet für geübte Selbstschrauber. 	**Schwer.** Geeignet für Selbstschrauber mit viel Erfahrung. 	**Sehr schwer.** Geeignet für Experten und Profis. 

Technische Daten

Zündsystem	Elektronisch, vom Motorsteuergerät überwacht, eine Zündspule je Zündkerze
Zündkerzen	NGK SILZKFR8D7S
Zündzeitpunkt	vom Motorsteuergerät überwacht
Motorsteuerung	ME-SFI Direkteinspritzung mit Turbolader und Ladeluftkühler

Anzugsdrehmomente	**Nm**
Katalysator-Muttern an Halterung	25
Katalysator-Schrauben an Turbolader*	25
Klopfsensor-Schrauben	20
Kühlerhalterung an Längsträger	20
Kurbelwellensensor	9
Lambdasonden	50
Nockenwellensensoren	8
Zündspulen	9

** Stets durch Neuteile zu ersetzen*

1 Motorsteuerung – Beschreibung

Motorsteuergerät

Achtung: Vor allen Arbeiten an Komponenten der Motorsteuerung muss die Zündung abgeschaltet und die Fernbedienung mindestens zwei Meter vom Fahrzeug entfernt abgelegt werden, damit sie nicht versehentlich neu eingeschaltet wird.

1 Die Zündung und die Einspritzung werden gemeinsam vom Motorsteuergerät (ECU) überwacht. Hinzu kommen ein geregelter Katalysator und eine Abgasregelung, um die Emissions-Anforderungen zu erfüllen. Die Kraftstoff-Seite des Systems arbeitet wie folgt:

2 Die im Tank sitzende Benzinpumpe fördert Kraftstoff zur Einspritzpumpe, die ihn mit hohem Druck in den über den Einspritzdüsen sitzenden Druckspeicher fördert.

3 Ein im Druckspeicher sitzender Druckregler leitet überschüssiges Benzin in den Tank zurück.

4 Die den Kraftstoff direkt im Brennraum versprühenden als elektromagnetische Ventile ausgeführten Einspritzdüsen sitzen im Zylinderkopf – jeweils eine pro Zylinder. Das Motorsteuergerät überwacht über die Einspritzdauer die für den aktuellen Bedarf erforderliche Kraftstoffmenge. Die Einspritzung ist sequentiell – erfolgt also in jedem Zylinder entsprechend der Kolbenstellung.

5 Die Motorsteuerung besteht neben dem Steuergerät aus den folgenden Sensoren:

a) Kühltemperatursensor – informiert das Steuergerät über die Temperatur des Kühlmittels.

b) Einlasslufttemperatursensor – informiert das Steuergerät über die Temperatur der Luft im Drosselklappengehäuse.

c) Lambdasonden – informieren das Steuergerät über den Sauerstoffgehalt im Abgas.

d) Einlassluftdrucksensor – informiert das Steuergerät über den Luftdruck im Einlassstutzen.

e) Ladedrucksensor (vor Drosselklappe) – informiert das Steuergerät über den Luftdruck hinter dem Turbolader.

f) Kurbelwellensensor – informiert das Steuergerät über die Stellung und die Drehzahl der Kurbelwelle.

g) Klopfsensoren – informieren das Steuergerät über Frühzündungen in den Brennräumen.

h) Nockenwellensensoren – informieren das Steuergerät über die Stellungen der Nockenwellen.

i) Gaspedal-Positionssensor – informiert das Steuergerät über die Stellung und Veränderungsrate des Gaspedals.

j) Kupplungs- und Bremspedal-Sensoren – informieren das Steuergerät über die Positionen der Pedale (nicht bei allen Modellen).

6 Die von den Sensoren kommenden Signale werden vom Motorsteuergerät verglichen, um die Position der Drosselklappe und die Dauer der Einspritzung zu bestimmen, damit in jedem Zustand (heißer oder kalter Motor, Standgas, Beschleunigen, Teillast usw.) das korrekte Kraftstoff/Luft-Gemisch sichergestellt wird.

7 Das Motorsteuergerät regelt mithilfe des Drosselklappen-Stellmotors die Standgasdrehzahl. Der am Gaspedal sitzende Sensor informiert das Steuergerät über das Bedürfnis des Fahrers, sodass es entsprechend die Drosselklappe und die Einspritzdauer verstellt. Ein Gaszug ist nicht vorhanden. Durch die ständige Drehzahl-Überwachung reagiert das Steuergerät auch auf höhere Lasten durch eine beanspruchte Lichtmaschine oder das Ein- und Ausschalten der Klimaanlage.

8 Falls einer der Temperatursensoren oder die Lambdasonden anormale Informationen liefern, schaltet das Steuergerät in einen ›Backup‹-Modus, bei dem fehlerhafte Informationen durch feste Werte ersetzt werden und der Motor mit geringerer Leistung weiterbetrieben wird – in diesem Zustand leuchtet die Motor-Warnleuchte und im Steuergerät wird ein entsprechender Fehlercode gespeichert.

9 Sobald die Warnlampe leuchtet, muss eine Fachwerkstatt den Fehler auslesen und das Problem beseitigen. Hier kann auch mithilfe geeigneter Diagnoseausrüstung eine vollständige Kontrolle der Motorsteuerung durchgeführt werden; der dafür erforderliche Stecker befindet sich neben dem Motorhauben-Öffnerhebel links unter dem Armaturenbrett (Abb. 4.3).

Zündsystem

10 Die Zündung wird wie die Einspritzung vom Motorsteuergerät (ECU) überwacht. Dieses sendet Signale an die direkt auf den Zündkerzen sitzenden Zündspulen – klassische Zündkabel und Kerzenstecker gibt es also nicht.

11 Das Motorsteuergerät errechnet anhand der Informationen seiner Sensoren (Motortemperatur, Last und Drehzahl) den optimalen Zündzeitpunkt und die Ladedauer der Zündspulen. Im Standgas nutzt das Steuergerät den Zündzeitpunkt, um die Drehmoment-Charakteristik des Motors zu verändern und damit die Drehzahl zu regeln.

12 Zwei an den Motor geschraubte Klopfsensoren erkennen hochfrequente Vibrationen, die durch Frühzündungen (›Klingeln‹) entstehen. Sie senden ein Signal an das Steuergerät, das den Zündzeitpunkt so weit zurücknimmt, bis die Vibrationen verschwinden.

2 Abgasregelung – Allgemeine Informationen

1 Die ausschließlich mit bleifreiem Benzin zu betreibenden Benzinmotoren sind mit einer speziellen Motorentlüftung und Katalysatoren ausgerüstet, um die Abgaswerte zu verbessern. Eine Verdunstungsregelung sorgt dafür, dass aus dem Tank entweichende Gase nicht in die Atmosphäre gelangen.

2 Die Systeme der Abgasregelung funktionieren folgendermaßen:

Motorentlüftung

3 Um keine unverbrannten Kohlenwasserstoffe aus dem Motorgehäuse in die Atmosphäre gelangen zu lassen, werden die an den Kolben vorbei gelangenden Gase und Öldämpfe durch einen Ölabscheider mit feinen Sieb-Maschen in den Einlasstrakt gesaugt, damit sie der normalen Verbrennung zugeführt werden.

4 Die Gase gelangen normalerweise durch den leicht erhöhten Motor-Innendruck in den Ansaugtrakt. Bei einem verschlissenen Motor (und dadurch vermehrte Durchblase-Gase) werden zu viele Gase in den Einlasstrakt geleitet, sodass die Verbrennung nicht optimal verläuft.

Katalysator

5 Der Katalysator wandelt gesundheitsschädliche Abgase in relativ harmlosere Gase um. Bei der dazu erforderlichen chemische Reaktion wird Sauerstoff zugesetzt, um eine Oxidation zu erzeugen. Lambdasonden im Auspuff ermitteln den Sauerstoffgehalt der Abgase und lassen das Steuergerät ein für die Funktion des Katalysators optimales Gemisch erzeugen.

6 Die Lambdasonden sind mit vom Motorsteuergerät überwachten Heizelementen ausgerüstet, damit die Sensorspitze schneller auf Betriebstemperatur gelangt. Sobald sie diese Temperatur erreicht hat, sendet sie je nach Sauerstoffgehalt der Abgase verschiedene Stromspannungs-Werte an das Steuergerät – bei einem zu stark angereichertem Luft/Benzin-

Gemisch enthalten die Abgase wenig Sauerstoff und das Spannungssignal ist niedrig. Bei abmagerndem Gemisch steigen der Sauerstoffgehalt und auch die Spannung. Eine optimale Verbrennung findet bei einem Mischungsverhältnis von 14,7 Teilen Luft und einem Teil Benzin (nach Gewicht) statt – dem ›stöchiometrischen Verhältnis‹; ab diesem Punkt steigt die Sensorspannung stark an, sodass das Steuergerät das Gemisch durch die Stellung der Drosselklappe und die Einspritzdauer ständig in diesem Bereich hält.

Verdunstungsregelung

7 Um keine im Tank verdunstenden Kohlenwasserstoffe in die Atmosphäre gelangen zu lassen, ist der Tankdeckel abgedichtet und die Gase gelangen bei abgeschaltetem Motor in einen unter dem Tank sitzenden Aktivkohlebehälter. Hier werden sie gespeichert, bis der Motor gestartet wird und das Steuergerät das Absaugventil öffnet, damit sie in den Einlassstutzen gelangen, um verbrannt zu werden.
8 Um den Motor beim Kaltstart oder im Standgas nicht zu ›fett‹ laufen zu lassen, wird das Absaugventil erst bei Betriebstemperatur und unter Last geöffnet.

3 Europäisches On-Board Diagnosesystem (EOBD)

Beschreibung

1 Das ›bordeigene‹ Diagnosesystem besteht aus dem Motorsteuergerät, anderen Steuergeräten und verschiedenen Sensoren, mit denen die Motorfunktionen überwacht werden. Das System beinhaltet verschiedene Diagnosefunktionen, die Fehler in der Einspritzung, der Zündung und der Abgasregelung erkennen und speichern. Das System testet auch Sensoren, Stellmotoren und Diagnosekreise, es ›friert‹ Daten ein und löscht Fehler.
2 Das Motorsteuergerät ist das ›Gehirn‹ der elektronischen Einspritzung, Zündung und Abgasregelung. Mithilfe der Daten von diversen Sensoren und anderen Komponenten (Schaltern, Relais usw.) erzeugt es Ausgangssignale, um andere Relais, Magnetschalter (Einspritzdüsen) und andere Aktuatoren zu überwachen. Das Steuergerät ist kalibriert, um Abgase, den Kraftstoffverbrauch und die Fahrbarkeit des Fahrzeugs zu optimieren.
3 Lassen Sie Fehler mithilfe eines Diagnosegeräts finden und ggf. beseitigen.

Lesegeräte

4 Da bei modernen Automobilen das Auslesen von Fehlercodes aus dem Motorsteuergerät zumeist der erste Punkt einer Fehlersuche ist, ist zumindest ein einfaches Fehlercode-Lesegerät unerlässlich (siehe Abbildung). Höherwertige Lesegeräte können heute auch Diagnosen durchführen, die früher teuren Ausrüstungen des Herstellers vorbehalten waren (siehe Abbildung). Bei der Beschaffung eines Universal-Lesegeräts muss darauf geachtet werden, dass es EOBD-kompatibel ist. Falls kein Zugang zu einem Lesegerät besteht, muss der Datenspeicher von einer entsprechend ausgerüsteten Fachwerkstatt ausgelesen werden.

3.4a Ein Bluetooth-OBD-Dongle kann Daten aus dem Steuergerät direkt auf das Smartphone übertragen.

3.4b Handliche Geräte wie dies können nicht nur Fehlercodes auslesen, sondern auch einige Diagnosen durchführen.

4 Fehlercodes – Auslesen und Löschen

1 Sobald das Motorsteuergerät in der Einspritzung, der Zündung, der Abgasregelung oder anderen zugehörigen Komponenten und Stromkreisen eine Fehlfunktion erkennt, wird die Motor-Warnleuchte im Cockpit aktiviert. Die Lampe leuchtet so lange, bis das Problem beseitigt und der Fehler aus dem Steuergerät-Speicher gelöscht ist.
2 Bevor Fehler aus dem Steuergerät-Speicher ausgelesen werden, müssen alle Stecker und Schläuche kontrolliert werden – sie müssen korrekt verlegt und sicher verbunden sein, Stecker dürfen zudem nicht korrodiert sein und Schläuche dürfen keine Risse aufweisen.

Zugang

3 Fehlercodes können mit einem Lesegerät oder Scan-Werkzeug ausgelesen werden. Professionelle Diagnosegeräte sind teuer, aber im Fachhandel sind auch deutlich preiswertere Universal-Lesegeräte erhältlich (Abb. 3.4a und b). Verbinden Sie das Lesegerät mit dem Diagnosestecker neben dem Motorhauben-Öffnerhebel links unter dem Armaturenbrett (siehe Abbildung) und folgen Sie der beigefügten Anleitung.

4.3 Der 16-Stift-Datenstecker sitzt neben dem Motorhauben-Öffnerhebel links unter dem Armaturenbrett.

4 Nachdem alle Fehler ausgelesen sind, kann anhand der folgenden Tabelle die entsprechende Ursache gefunden werden.
5 Führen Sie alle notwendigen Reparaturen durch oder ersetzen Sie schadhafte Komponenten.

Löschen

6 Das Löschen der Fehlercodes im Datenspeicher muss entsprechend der Anleitung des Lesegeräts erfolgen.

Fehlercode-Diagnose

7 In der folgende Tabelle sind Fehlercodes aufgelistet, die mit einem Universal-Lesegerät erfasst werden können. Mithilfe einer professionellen Diagnoseausrüstung lassen sich noch viel mehr Fehler auslesen. Nachdem alle elektrischen Verbindungen und Schläuche der Motorsteuerung kontrolliert und repariert wurden und der Fehler taucht nach dem Löschen erneut auf, muss das Fahrzeug von einer Fachwerkstatt überprüft werden.

EOBD-Fehlercodes

Code	Mögliche Ursache
P000A	Position Nockenwelle 1: schwache Rückmeldung
P000B	Position Nockenwelle 2: schwache Rückmeldung
P0010	Position Nockenwelle 1: Aktuator-Stromkreis offen
P0013	Position Nockenwelle 2: Aktuator-Stromkreis offen
P0016	Kurbelwellen/Nockenwellen-Ausrichtung fehlerhaft (Sensor Nr. 1)
P0017	Kurbelwellen/Nockenwellen-Ausrichtung fehlerhaft (Sensor Nr. 2)
P0031	Lambdasonde vor Katalysator: Heizkreis mit niedriger Spannung
P0032	Lambdasonde vor Katalysator: Heizkreis mit hoher Spannung
P0037	Lambdasonde hinter Katalysator: Heizkreis mit niedriger Spannung
P0038	Lambdasonde hinter Katalysator: Heizkreis mit hoher Spannung
P0068	Einlassstutzen-Luftdruck/Drosselklappen-Stellung – Zusammenhang: hoher Luftstrom/Unterdruck-Leck
P0070	Umgebungstemperatursensor: klemmt
P0071	Umgebungstemperatursensor: Leistungsfähigkeit
P0072	Umgebungstemperatursensor: niedrige Spannung
P0073	Umgebungstemperatursensor: hohe Spannung
P0107	Einlassstutzen-Luftdrucksensor (MAP-Sensor): niedrige Spannung
P0108	Einlassstutzen-Luftdrucksensor (MAP-Sensor): hohe Spannung
P0110	Einlasslufttemperatursensor (IAT-Sensor): klemmt
P0111	Einlasslufttemperatursensor (IAT-Sensor): Leistungsfähigkeit
P0112	Einlasslufttemperatursensor (IAT-Sensor): niedrige Spannung
P0113	Einlasslufttemperatursensor (IAT-Sensor): hohe Spannung
P0116	Kühltemperatursensor (ECT-Sensor): Leistungsfähigkeit
P0117	Kühltemperatursensor (ECT-Sensor): niedrige Spannung
P0118	Kühltemperatursensor (ECT-Sensor): hohe Spannung
P0121	Drosselklappensensor (TP-Sensor): Leistungsfähigkeit
P0122	Drosselklappensensor (TP-Sensor): niedrige Spannung
P0123	Drosselklappensensor (TP-Sensor): hohe Spannung
P0125	Unzureichende Kühltemperatur für Regelung; Regelungs-Temperatur nicht erreicht
P0128	Thermostat arbeitet nicht korrekt
P0129	Umgebungsluftdruck außerhalb des Bereichs (niedrig)
P0131	Lambdasonde vor Katalysator: niedrige Spannung oder Masseschluss
P0132	Lambdasonde vor Katalysator: hohe Spannung oder Spannungsschluss
P0133	Lambdasonde vor Katalysator: schwache Rückmeldung
P0134	Lambdasonde vor Katalysator: Sensorspannung ändert sich nicht
P0135	Lambdasonde vor Katalysator: Heizkreis defekt
P0137	Lambdasonde hinter Katalysator: niedrige Spannung oder Masseschluss
P0138	Lambdasonde hinter Katalysator: hohe Spannung oder Spannungsschluss
P0139	Lambdasonde hinter Katalysator: schwache Rückmeldung
P0140	Lambdasonde hinter Katalysator: Sensorspannung ändert sich nicht
P0141	Lambdasonde hinter Katalysator: Heizkreis defekt
P0171	Kraftstoff-Steuerung: zu stark angereichert
P0172	Kraftstoff-Steuerung: zu stark abgemagert
P0201	Einspritzdüsenstromkreis: Fehlfunktion an Zylinder Nr. 1
P0202	Einspritzdüsenstromkreis: Fehlfunktion an Zylinder Nr. 2
P0203	Einspritzdüsenstromkreis: Fehlfunktion an Zylinder Nr. 3
P0204	Einspritzdüsenstromkreis: Fehlfunktion an Zylinder Nr. 4
P0300	Fehlzündungen an mehreren Zylindern entdeckt
P0301	Fehlzündungen an Zylinder Nr. 1 entdeckt
P0302	Fehlzündungen an Zylinder Nr. 2 entdeckt
P0303	Fehlzündungen an Zylinder Nr. 3 entdeckt
P0304	Fehlzündungen an Zylinder Nr. 4 entdeckt
P0315	Kein Kurbelwellensensor angelernt
P0320	Kein Kurbelwellensensor-Referenzsignal an Motorsteuergerät
P0325	Klopfsensor-Stromkreis: Fehlfunktion
P0335	Kurbelwellensensor-Stromkreis
P0339	Kurbelwellensensor-Stromkreisunterbrechung
P0340	Nockenwellensensor-Stromkreis
P0344	Nockenwellensensor-Stromkreisunterbrechung
P0351	Zündspule Nr. 1 – Primärstromkreis
P0352	Zündspule Nr. 2 – Primärstromkreis
P0353	Zündspule Nr. 3 – Primärstromkreis
P0354	Zündspule Nr. 4 – Primärstromkreis
P0365	Nockenwellensensor-Stromkreis (Sensor Nr. 2)
P0369	Nockenwellensensor-Stromkreisunterbrechung (Sensor Nr. 2)
P0440	Verdunstungsregelung-Steuersystem: Fehler

P0441	Verdunstungsregelung-Steuersystem: unkorrekte Absaugströmung
P0442	Verdunstungsregelung-Steuersystem: mittelgroße Undichtigkeit (1 mm) entdeckt
P0443	Verdunstungsregelung-Steuersystem: Fehlfunktion am Absaugventil-Magnetschalter
P0452	Unterdruckleck-Suchvorrichtung: Drucksensor mit niedriger Spannung
P0453	Unterdruckleck-Suchvorrichtung: Drucksensor mit hoher Spannung
P0455	Verdunstungsregelung-Steuersystem: große Undichtigkeit entdeckt
P0456	Verdunstungsregelung-Steuersystem: kleine Undichtigkeit (0,5 mm) entdeckt
P0460	Tankuhr-Geber: keine Änderung bei Fahrzeug in Betrieb
P0461	Tankuhrgeber-Stromkreis: Übertragungsprobleme
P0462	Tankuhr-Geber oder Stromkreis: niedrige Spannung
P0463	Tankuhr-Geber oder Stromkreis: hohe Spannung
P0480	Langsamlaufventilator-Steuerrelais: Stromkreisprobleme
P0498	Unterdruckleck-Suchvorrichtung: Behälterbelüftungsventil-Magnetschalterstromkreis – geringe Spannung
P0499	Unterdruckleck-Suchvorrichtung: Behälterbelüftungsventil-Magnetschalterstromkreis – hohe Spannung
P0500	Kein Geschwindigkeits-Signal
P0501	Geschwindigkeitssensor: Übertragungsprobleme
P0503	Geschwindigkeitssensor 1: unregelmäßige Signale
P0506	Standgasregelung: Drehzahl niedriger als erwartet
P0507	Standgasregelung: Drehzahl höher als erwartet
P0508	Standgasluftregelventil-Stromkreis: niedrige Spannung
P0509	Standgasluftregelventil-Stromkreis: hohe Spannung
P0513	Ungültiger SKIM-Schlüssel (Wegfahrsperren-Problem)
P0516	Batterie-Temperatursensor: niedrige Spannung
P0517	Batterie-Temperatursensor: hohe Spannung
P0519	Standgasdrehzahl nicht korrekt
P0522	Motoröldruckschalter-Stromkreis: niedrige Spannung
P0532	Klimaanlagenkältemittel-Drucksensor: niedrige Spannung
P0533	Klimaanlagenkältemittel-Drucksensor: hohe Spannung
P0551	Servolenkungs-Druckschalter: Übertragungsprobleme
P0562	Batteriespannung: niedrig
P0563	Batteriespannung: hoch
P0579	Drehzahlregelungsschalter-Stromkreis: Übertragungsprobleme
P0580	Drehzahlregelungsschalter-Stromkreis: niedrige Spannung
P0581	Drehzahlregelungsschalter-Stromkreis: hohe Spannung
P0582	Drehzahlregelungs-Unterdruckmagnetschalter
P0585	Drehzahlregelungsschalter 1 und 2: Wechselwirkungen
P0586	Drehzahlregelungs-Entlüftungsmagnet-Stromkreis
P0591	Drehzahlregelungsschalter 2: Stromkreisprobleme
P0592	Drehzahlregelungsschalter 2: niedrige Spannung
P0593	Drehzahlregelungsschalter 2: hohe Spannung
P0594	Drehzahlregelungsaktuator-Stromkreis
P0600	Serielle Kommunikationsverbindung: Fehlfunktion
P0601	Motorsteuergerät: interner Fehler
P0622	Lichtmaschinen-Magnetfeld-Steuerstromkreis: Fehlfunktion oder Magnetfeld schaltet nicht richtig
P0627	Kraftstoffpumpenrelais-Stromkreis
P0630	Fahrzeug-Identifizierungsnummer (FIN) ist nicht im Motorsteuergerät einprogrammiert
P0632	Wegstreckenzähler ist nicht im Motorsteuergerät einprogrammiert
P0633	SKIM-Schlüssel ist nicht im Motorsteuergerät einprogrammiert
P0642	Sensor-Referenzspannungs-Stromkreis 2: niedrige Spannung
P0643	Sensor-Referenzspannungs-Stromkreis 2: hohe Spannung
P0645	Klimaanlagenkupplungsrelais-Stromkreis: Fehlfunktion
P0685	Automatisches Abschaltrelais – Steuerstromkreis
P0688	Automatisches Abschaltrelais – Steuerstromkreis: niedrige Spannung
P0700	Getriebeautomatik-Steuerung: Fehlfunktion
P0703	Bremslichtschalter-Stromkreis: Fehlfunktion
P0833	Kupplungsschalter-Stromkreis: Fehlfunktion
P0850	Park/Neutral-Schalter: Fehlfunktion
P0856	Traktionskontrollen-Drehmomentanforderungs-Stromkreis

5 Gaspedal – Ausbau und Einbau

1 Demontieren Sie ggf. den Fahrerknie-Airbag (siehe Kapitel 12, Sektion 20).

2 Lösen Sie die Kunststoffmutter, mit der die Pedal-Baugruppe am Halter gesichert ist (siehe Abbildung).

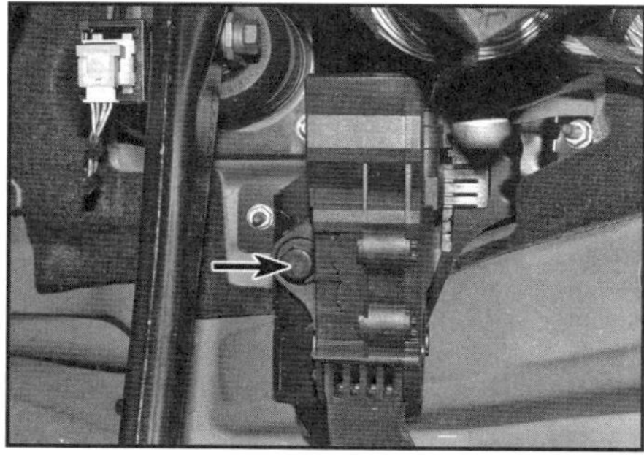

5.2 Kunststoffmutter der Pedal-Baugruppe

3 Ziehen Sie die Gaspedal-Baugruppe nach oben und trennen Sie den Stecker des Gaspedal-Sensors (siehe Abbildung) – weitere Zerlegungen der Pedalbaugruppe sind nicht empfehlenswert.

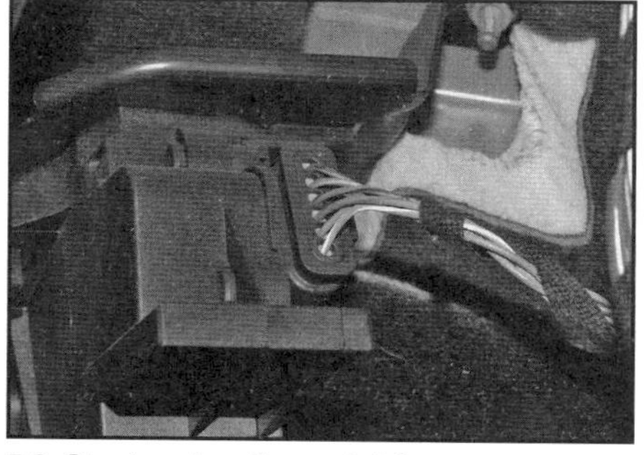

5.3 Stecker des Gaspedal-Sensors

4 Der Einbau entspricht der umgekehrten Ausbaureihenfolge.

6 Motorsteuergerät (ECU) – Ausbau und Einbau

Ausbau

Anmerkung: *Das Trennen der Batterie löscht alle im Steuergerät gespeicherten Fehler. Daher wird wärmstens empfohlen, zuvor den Fehlerspeicher mit einem geeigneten Gerät auszulesen.*

1 Demontieren Sie die Batterie (siehe Kapitel 5, Sektion 4).

2 Drücken Sie die Laschen der Stecker-Arretierungen, klappen Sie diese hoch und trennen Sie die Steuergerät-Stecker (siehe Abbildung).

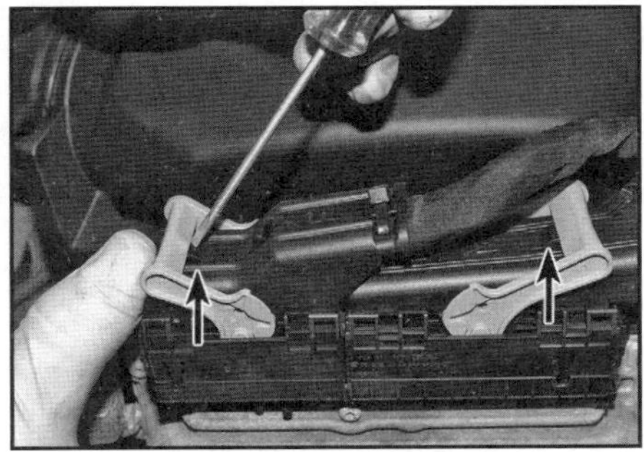

6.2 Drücken Sie die Laschen der Arretierungen, um sie hochzuklappen.

3 Lösen Sie die Laschen der Steuergerät-Arretierungen und ziehen Sie das Gerät heraus (siehe Abbildung).

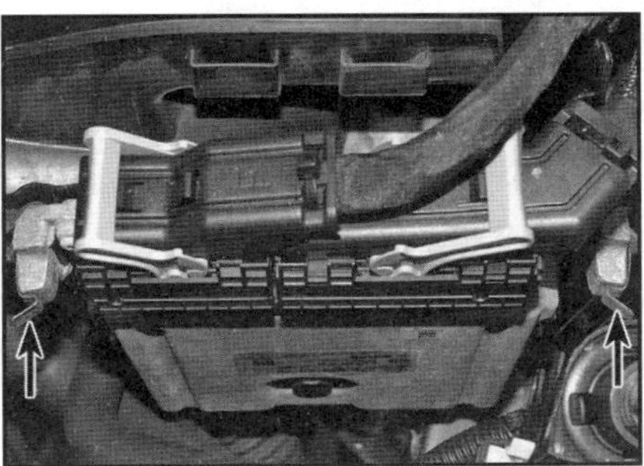

6.3 Steuergerät-Arretierlaschen

Einbau

4 Der Einbau entspricht der umgekehrten Ausbaureihenfolge. Nach dem Anschließen muss mit dem Fahrzeug ein paar Kilometer gefahren werden, damit das Steuergerät seine Grundeinstellungen neu erlernen kann. Falls der Motor längere Zeit nur ungleichmäßig läuft, müssen die Grundeinstellungen von einer entsprechend ausgerüsteten Fachwerkstatt wieder eingesetzt werden.

Anmerkung: *Falls ein neues Motorsteuergerät installiert wurde, muss es mithilfe eines Mercedes-Diagnosegeräts kodiert werden – überlassen Sie diese Arbeit einer entsprechend ausgerüsteten Fachwerkstatt.*

7 Zündspulen – Ausbau und Einbau

Ausbau

1 Ziehen Sie die obere Motorabdeckung ab.

2 Lockern Sie die Schellen des zwischen dem Luftfilter und dem Turbolader verlaufenden Ansaugrohrs, lösen Sie seine Befestigungen und verlagern Sie es beiseite (siehe Abbildung).

3 Ziehen Sie am Zündspulenstecker die Arretierung heraus, drücken Sie sie ein und trennen Sie ihn von der Zündspule.

7.3 Ziehen Sie die Arretierung heraus, drücken Sie sie und trennen Sie den Zündspulenstecker.

4 Lösen Sie die Befestigungsschraube der Zündspule und ziehen Sie sie vorsichtig von der Zündkerze ab (siehe Abbildung).

Achtung: Ziehen Sie Zündspulen langsam und vorsichtig nach oben ab – der über der Zündkerze sitzende Silikonschlauch kann leicht abreißen!

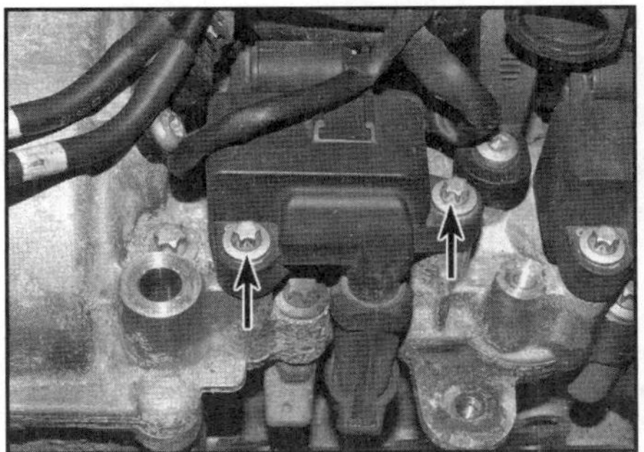

7.4 Befestigungsschraube der Zündspule

5 Demontieren Sie die Zündspulen der anderen Zylinder auf die gleiche Weise.

Test

6 Die Zündspulen sind so aufgebaut, dass der Test einer vom Rest der Motorsteuerung getrennten Zündspule keine brauchbaren Ergebnisse bringt. Falls an einer einzelnen Zündspule ein Fehler vermutet wird, muss das Selbstdiagnosesystem der Motorsteuerung ausgelesen werden (siehe Sektion 4).

Einbau

7 Versehen Sie den Zündkerzenstecker der Zündspule mit ca. 1 g Spezialfett (Mercedes-Teilenummer A 002 898 80 51) (siehe Abbildung).

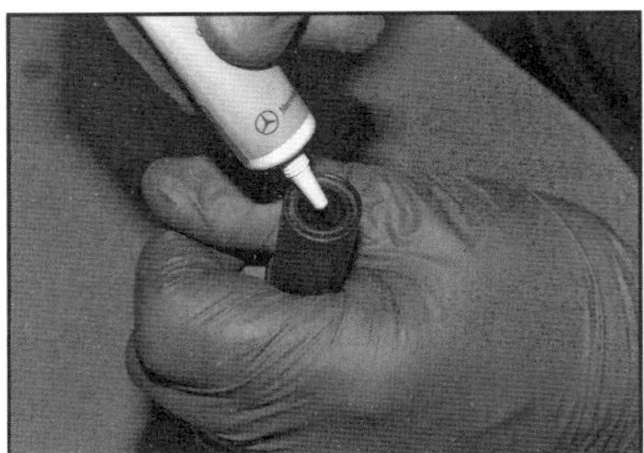

7.7 Tragen Sie etwa 1 Gramm Fett am Zündkerzenstecker auf.

8 Der Rest des Einbaus entspricht der umgekehrten Ausbaureihenfolge – alle Stecker müssen korrekt verbunden sein und die Zündspulen-Schrauben mit 9 Nm angezogen werden.

8 Zündzeitpunkt – Kontrolle und Einstellung

1 Weder an der Schwungscheibe noch an der Kurbelwellen-Riemenscheibe sind Zündzeitpunkt-Markierungen angebracht. Der Zündzeitpunkt wird ständig vom Motorsteuergerät überwacht und eingestellt – Sollvorgaben sind nicht erhältlich. Der Hobbyschrauber kann den Zündzeitpunkt also nicht kontrollieren.
2 Lediglich mit einer speziellen Diagnoseausrüstung, die mit dem Diagnosestecker verbunden wird, kann der Zündzeitpunkt überprüft werden (siehe Sektion 4).

9 Klopfsensoren – Ausbau und Einbau

Ausbau

1 Die Klopfsensoren sitzen unterhalb des Einlassstutzens am Motorgehäuse. Demontieren Sie den Einlassstutzen (siehe Kapitel 4A, Sektion 13).
2 Lösen Sie die Schrauben des jeweiligen Sensors und trennen Sie seinen Kabelstecker (siehe Abbildung).

9.2 Positionen der Klopfsensoren

Einbau

3 Die Dichtflächen des Motorgehäuses und des Klopfsensors müssen absolut sauber sein.
4 Positionieren Sie den Sensor am Motorgehäuse, installieren Sie die Schraube und ziehen Sie sie mit 20 Nm an.
Anmerkung: *Der korrekte Anzugswert ist entscheidend für die Funktion des Klopfsensors.*
5 Der Rest des Einbaus entspricht der umgekehrten Ausbaureihenfolge.

10 Ladedruck-Regelventil und Sensor – Ausbau und Einbau

Ladedruck-Regelventil

1 Trennen Sie das Massekabel (–) der Batterie (siehe Kapitel 5, Sektion 4).
2 Ziehen Sie die obere Motorabdeckung ab.
3 Markieren Sie am Regelventil alle Unterdruckschläuche entsprechend ihrer Positionen und ziehen Sie sie ab (siehe Abbildung).

10.3 Das Ladedruck-Regelventil sitzt rechts über dem Einlassstutzen.

4 Trennen Sie am Regelventil den Kabelstecker, lösen Sie die Befestigungsmuttern und entnehmen Sie es.
5 Der Einbau entspricht der umgekehrten Ausbaureihenfolge.

Ladedruck-Sensor und Temperatursensor

6 Trennen Sie das Massekabel (–) der Batterie (siehe Kapitel 5, Sektion 4).
7 Die beiden Sensoren sitzen im links an das Drosselklappengehäuse angeschlossenen Ladeluftrohr (siehe Abbildung).

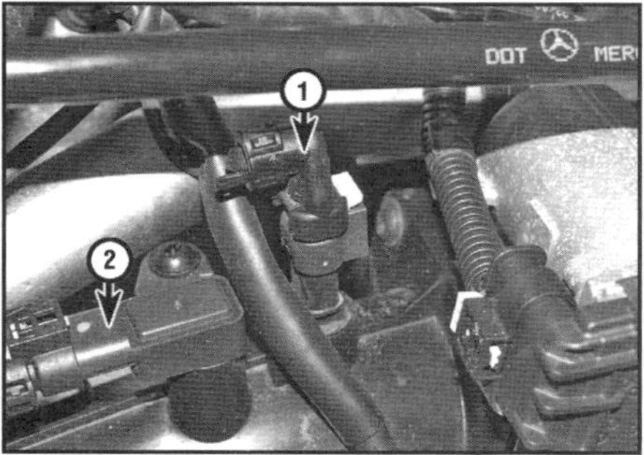

10.7 Ladedruck-Sensor (1) und Temperatursensor (2)

8 Der Einbau entspricht der umgekehrten Ausbaureihenfolge.

11 Kühltemperatursensor – Ausbau und Einbau

1 Entleeren Sie das Kühlsystem bis unter die Position des Sensors (siehe Kapitel 1A, Sektion 32) oder halten Sie alternativ einen geeigneten Stöpsel bereit, um die Öffnung nach dem Ausbau des Sensors wieder zu verstopfen – hierbei darf weder der Sensorsitz beschädigt werden noch irgend etwas ins Kühlsystem gelangen.
2 Demontieren Sie den Einlassstutzen (siehe Kapitel 4A, Sektion 13).
3 Hebeln Sie den Clip des Sensorsteckers heraus und trennen Sie diesen. Lösen Sie die Schraube des Sensors und ziehen Sie ihn aus dem Zylinderkopf (siehe Abbildung) – falls das Kühlsystem nicht teilweise entleert wurde, muss umgehend der Stöpsel eingesetzt werden.
Anmerkung: *Kontrollieren Sie den O-Ring des Sensors und ersetzen Sie ihn nötigenfalls.*

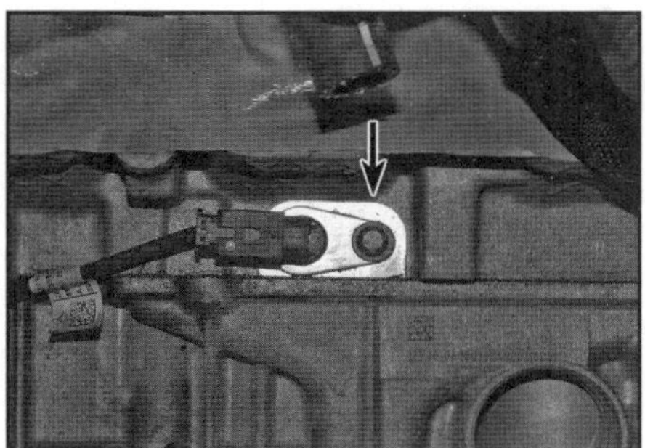

11.3 Schraube des Kühltemperatursensors

4 Der Einbau entspricht der umgekehrten Ausbaureihenfolge – füllen Sie zum Schluss das Kühlsystem auf (siehe Kapitel 1A, Sektion 32).

12 Kurbelwellensensor – Ausbau und Einbau

1 Heben Sie das Fahrzeug vorn an und stützen Sie es sicher ab (siehe Seite 24). Demontieren Sie den Unterfahrschutz.
2 Lösen Sie am Hitzeschild über der rechten Antriebswelle die Schrauben des Hitzeschilds und entfernen Sie dies.
3 Der Sensor sitzt neben der Kupplungsglocke hinten am Motorblock. Trennen Sie seinen Stecker (siehe Abbildung).

12.3 Ziehen Sie den Clip heraus und trennen Sie den Stecker des Kurbelwellensensors.

4 Lösen Sie die Schraube des Sensors und entfernen Sie ihn.
5 Der Einbau entspricht der umgekehrten Ausbaureihenfolge – ziehen Sie seine Schraube mit 9 Nm an.

13 Geschwindigkeitssensor

1 Die Informationen zur gefahrenen Geschwindigkeit gelangen vom ABS-Steuergerät zum Motorsteuergerät – beachten Sie hierfür die Hinweise in Kapitel 9.

14 Nockenwellensensoren – Ausbau und Einbau

1 Ziehen Sie die obere Motorabdeckung ab (siehe Abbildung).

14.1 Ziehen Sie die obere Abdeckung vom Motor.

2 Befreien Sie den Kabelbaum vom Einlassrohr.
3 Rechts am Ventildeckel sitzen zwei Nockenwellensensoren (siehe Abbildung).

14.3 Die Nockenwellensensoren sitzen rechts im Ventildeckel.

4 Für den Ausbau des Auslassnockenwellensensors muss die Zündspule von Zylinder Nr. 1 demontiert und beiseite gelegt werden (siehe Sektion 7) – hierbei müssen keine Kabel getrennt werden.
5 Trennen Sie den jeweiligen Sensorstecker, lösen Sie die Schraube und ziehen Sie den Sensor aus dem Ventildeckel (siehe Abbildung) – der O-Ring muss beim Einbau ersetzt werden.

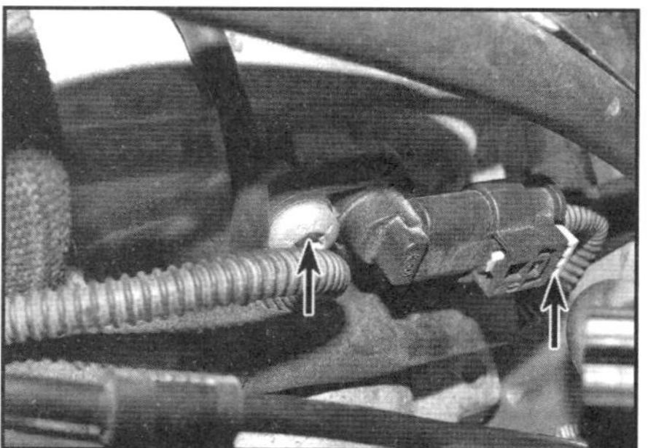

14.5 Ziehen Sie die Lasche des Steckers heraus und trennen Sie diesen. Lösen Sie dann die Sensorschraube.

6 Der Einbau entspricht der umgekehrten Ausbaureihenfolge – ziehen Sie seine Schraube mit 8 Nm an.

15 Gaspedal-Positionssensor

1 Der Sensor ist in die Gaspedal-Baugruppe integriert – beachten Sie hierfür die Hinweise in Sektion 5.

16 Luftmassen/Luftdruck-Sensor – Ausbau und Einbau

1 Ziehen Sie die obere Motorabdeckung ab.
2 Der Sensor sitzt im Auslasstrakt des Luftfiltergehäuses. Lösen Sie die Arretierung des Sensorsteckers und trennen Sie ihn (siehe Abbildung).

16.2 Stecker des Luftmassen- und Luftdrucksensors

3 Lösen Sie die zwei Schrauben und befreien Sie den Sensor aus dem Auslasstrakt.
4 Der Einbau entspricht der umgekehrten Ausbaureihenfolge – falls ein neuer Sensor installiert werden soll, müssen eventuell die im Steuergerät gespeicherten Adaptionswerte zurückgesetzt werden – hierzu wird eine Mercedes-Diagnoseausrüstung benötigt.

17 Lambdasonden – Ausbau und Einbau

Achtung: Die Lambdasonden werden im Betrieb sehr heiß, sodass ihnen genug Zeit zum Abkühlen gegeben werden muss!
1 Trennen Sie das Massekabel (–) der Batterie (siehe Kapitel 5, Sektion 4).

Ausbau

Lambdasonde vor dem Katalysator

2 Ziehen Sie die obere Motorabdeckung ab.
3 Befreien Sie das Sondenkabel von seinem Halter, verfolgen Sie es zum Stecker und trennen Sie diesen (siehe Abbildung).

17.3 Verfolgen Sie das Lambdasondenkabel und trennen Sie es am Stecker.

4 Schrauben Sie die Lambdasonde aus dem Turbolader/Auspuffstutzen – hierfür wird ein Ring- oder Steckschlüssel mit einer Durchführung für das Kabel benötigt (siehe Abbildung).
Achtung: *Die Sensorspitze ist sehr empfindlich und verträgt weder Stöße noch eine plötzlich unterbrochene Stromversorgung oder den Einsatz von Reinigungsmitteln.*

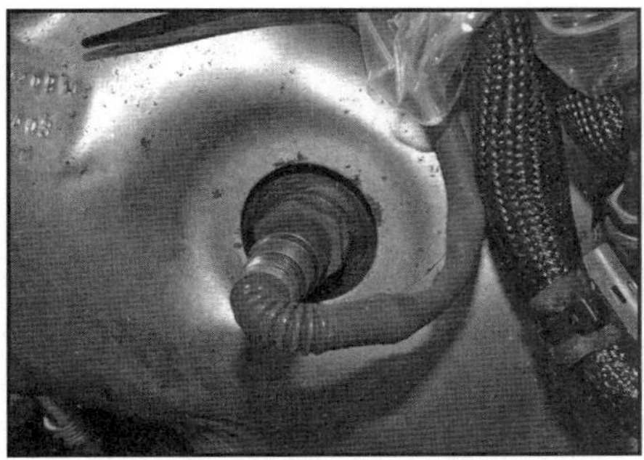

17.4 Drehen Sie die Lambdasonde aus dem Turbolader/ Auspuffstutzen.

Lambdasonde hinter dem Katalysator

5 Heben Sie das Fahrzeug vorn an und stützen Sie es sicher ab (siehe Seite 24). Demontieren Sie den Unterfahrschutz.
6 Verfolgen Sie das Sondenkabel, trennen Sie seinen Stecker und befreien Sie es aus allen Befestigungen.
7 Schrauben Sie die Lambdasonde mit einem geschlitzten Steckschlüssel aus dem Katalysator (siehe Abbildung).
Achtung: Die Sensorspitze ist sehr empfindlich und verträgt weder Stöße noch eine plötzlich unterbrochene Stromversorgung oder den Einsatz von Reinigungsmitteln.

17.7 Drehen Sie die Lambdasonde aus dem Katalysator

Einbau

8 Versehen Sie das Gewinde der Lambdasonde mit etwas Kupferpaste, drehen Sie sie ein und ziehen Sie sie mit 50 Nm an.
9 Der Rest des Einbaus entspricht der umgekehrten Ausbaureihenfolge.

18 Abgasregelungs-Systeme – Test und Austausch von Komponenten

Kurbelgehäuse-Entlüftungsregelung

1 Die Komponenten dieses Systems erfordern außer einer regelmäßigen Überprüfung der Schläuche keinerlei Aufmerksamkeit.
Anmerkung: *Falls Schläuche zur Kontrolle ihres Zustands oder einer Verstopfung abgezogen werden sollen, empfiehlt es sich, zuvor ihre Einbauposition zu notieren oder zu fotografieren.*

Verdunstungs-Rückhaltesystem

2 Schlechter Leerlauf, Absterben und schlechtes Fahrverhalten können auf ein nicht funktionsfähiges Unterdruckventil am Aktivkohlebehälter, einen schadhaften Behälter, beschädigte oder falsch angeschlossene Schläuche zurückzuführen sein. Zunächst muss der Tankdeckel auf eine beschädigte oder verformte Dichtung überprüft werden. Kontrollieren Sie alle an den Aktivkohlebehälter angeschlossenen Schläuche über die gesamte Länge auf Knicke, Risse oder andere Schäden und reparieren oder ersetzen Sie sie nötigenfalls.

Aktivkohlebehälter – Ersetzen

3 Der Aktivkohlebehälter sitzt unter dem Kraftstofftank. Heben Sie das Fahrzeug hinten an und stützen Sie es sicher ab (siehe Seite 0.19). Lösen Sie alle Befestigungen der hinteren rechten Unterboden-Verkleidung und entfernen Sie diese.
4 Trennen Sie die Schläuche vom Behälter (siehe Abbildung) – merken Sie sich ihre Positionen.

18.4 Drücken Sie die Laschen der Aktivkohlebehälter-Schlauchanschlüsse und trennen Sie sie.

5 Hebeln Sie die Lasche heraus und ziehen Sie den Behälter nach oben heraus (siehe Abbildung).

18.5 Drücken Sie die Lasche heraus und befreien Sie den Aktivkohlebehälter nach oben heraus.

6 Der Einbau entspricht der umgekehrten Ausbaureihenfolge – alle Schläuche müssen korrekt verbunden werden.

Absaugventil – Ersetzen

7 Das Ventil sitzt hinten über dem Getriebe. Entfernen Sie entweder die Batterie samt Träger (siehe Kapitel 5, Sektion 4) oder heben Sie das Fahrzeug vorn an, stützen Sie es sicher ab (siehe Seite 24) und demontieren Sie den Unterfahrschutz.
8 Trennen Sie alle Schläuche vom Ventil (siehe Abbildung).

18.8 Schlauchanschlüsse am Absaugventil

9 Trennen Sie den Kabelstecker, lösen Sie die Lasche und ziehen Sie das Ventil nach oben aus seinem Halter.
10 Der Einbau entspricht der umgekehrten Ausbaureihenfolge

Abgasregelung

11 Die Leistungsfähigkeit des Katalysators kann nur durch eine Abgasanalyse mithilfe eines korrekt kalibrierten Messgeräts ermittelt werden.
12 Falls der CO-Gehalt im Abgas zu hoch ist, müssen die gesamte Einspritzanlage, das Zündsystem und die Lambdasonden mithilfe eines Mercedes-Diagnosegeräts überprüft werden.

Lambdasonden – Ersetzen

13 Beachten Sie die Hinweise in Sektion 17.

Katalysator – Ersetzen

14 Heben Sie das Fahrzeug vorn an, stützen Sie es sicher ab (siehe Seite 24) und demontieren Sie den Unterfahrschutz.
15 Lösen Sie die Schrauben der Strebe unter dem Kühler und entfernen Sie sie.
16 Demontieren Sie die Luftfilter-Baugruppe (siehe Kapitel 4A, Sektion 3).
17 Demontieren Sie den Kühlventilator (siehe Kapitel 3, Sektion 6).
18 Demontieren Sie die vor dem Katalysator liegende Lambdasonde (siehe Sektion 17).
19 Lösen Sie die Schrauben des zwischen dem Katalysator und dem Zylinderkopf sitzenden Halters und entnehmen Sie ihn (siehe Abbildung).

18.19 Schrauben des zwischen dem Katalysator und dem Zylinderkopf sitzenden Halters

20 Lösen Sie die Schrauben des über dem Turbolader sitzenden Hitzeschilds und entnehmen Sie es.
21 Lösen Sie die drei Muttern, die den Katalysator am Turbolader sichern (siehe Abbildung) – sie müssen beim Einbau durch Neuteile ersetzt werden.

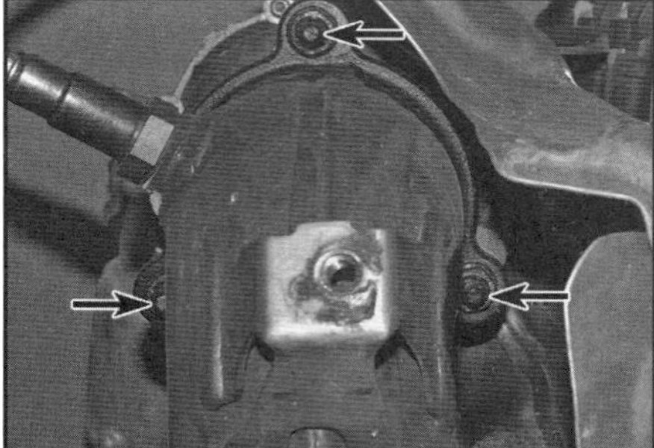

18.21 Muttern zum Sichern des Katalysators am Turboladers

22 Trennen Sie den Kabelstecker der hinter dem Katalysator sitzenden Lambdasonde und befreien Sie die Verkabelung.
23 Lockern Sie die Schelle, die den vorderen Teil des Auspuffrohrs am Katalysator sichert (siehe Abbildung).
Anmerkung: *Mercedes schreibt vor, die Schelle beim Einbau zu erneuern.*

18.23 Schelle, die den vorderen Teil des Auspuffrohrs am Katalysator sichert

24 Lösen Sie am Rohrhalter hinten an der Ölwanne die Schraube, die das Auspuffrohr sichert (siehe Abbildung).

18.24 Auspuffrohr-Schraube am Ölwannen-Rohrhalter

25 Lösen Sie die Schrauben, die den Katalysator vorn am Motorgehäuse sichern.

18.25 Schrauben, die den Katalysator vorn am Motorgehäuse sichern

26 Klemmen Sie eine dicke Pappe hinter die Lamellen des Wasserkühlers, um Beschädigungen zu verhindern.
27 Manövrieren Sie den Katalysator nach unten heraus. Ersetzen Sie die Dichtungen zwischen Turbolader und Katalysator und zum Auspuffrohr.
28 Legen Sie vor dem Einbau eine neue Dichtung über die Stehbolzen des Turboladers (siehe Abbildung).

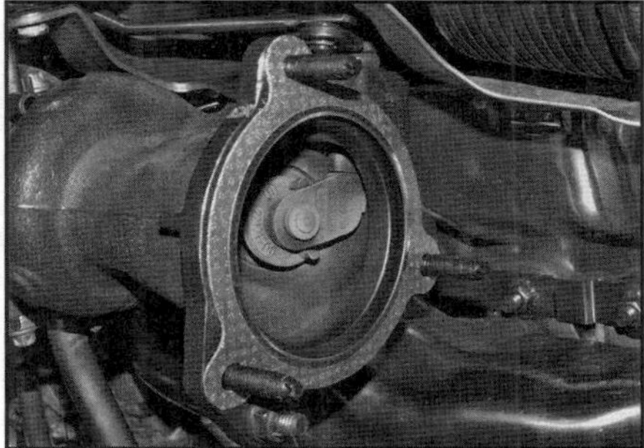

18.28 Rüsten Sie den Turbolader-Flansch mit einer neuen Dichtung aus.

29 Manövrieren Sie den Katalysator nach oben in Position – die neue Dichtung muss am Turbolader-Flansch verbleiben. Drehen Sie die neuen Muttern zunächst handfest auf.
30 Der Rest des Einbaus entspricht der umgekehrten Ausbaureihenfolge – ziehen Sie alle Katalysator-Muttern mit 25 Nm an.

Kapitel 6B

Motorsteuerung und Abgasregelung – Dieselmotoren

Inhalt Sektion

Schwierigkeitsgrade

Leicht. Geeignet für Anfänger mit wenig Erfahrung. 	**Relativ leicht.** Geeignet für Anfänger mit etwas Erfahrung. 	**Relativ schwierig.** Geeignet für geübte Selbstschrauber. 	**Schwer.** Geeignet für Selbstschrauber mit viel Erfahrung. 	**Sehr schwer.** Geeignet für Experten und Profis. 

Technische Daten

Motorsteuerung . . . . Elektronisch gesteuerte CDI-Hochdruck-Direkteinspritzung mit Turbolader und Ladeluftkühler

Anzugsdrehmomente	**Nm**
Abgasdrucksensor (1,8 und 2,1 l-Motoren)	25
Abgastemperatursensor	
1,5 l-Motoren	32
1,8 und 2,1 l-Motoren	45
AGR-Ventil	
1,5 l-Motoren	
Niederdruck-Ventil	20
Hochdruck-Ventil	25
1,8 und 2,1 l-Motoren	9
Antriebswellenstützlager-Träger (1,5 l-Motoren)	58
Glühkerzen	
1,5 l-Motoren	15
1,8 und 2,1 l-Motoren	
Länge: 149 mm	
Schritt 1	11
Schritt 2	um 90° weiter
Länge: 158 mm	18
Katalysator/Partikelfilter-Halterung (1,5 l-Motoren)	20
Kraftstofftemperatursensor (1,8 und 2,1 l-Motoren)	15
Kurbelwellensensor	8
Lambdasonde(n)	
1,5 l-Motoren	44
1,8 und 2,1 l-Motoren	50
Motorhalterung hinten an Ölwanne (1,5 l-Motoren)	58
Nockenwellensensor	
1,5 l-Motoren	8
1,8 und 2,1 l-Motoren	6
Partikelfilter an Turbolader – Schelle* (1,5 l-Motoren)	25

** Stets durch Neuteile zu ersetzen*

1 Motorsteuerung – Beschreibung

Achtung: Vor allen Arbeiten an Komponenten der Motorsteuerung muss die Zündung abgeschaltet und die Fernbedienung mindestens zwei Meter vom Fahrzeug entfernt abgelegt werden, damit sie nicht versehentlich neu eingeschaltet wird.

Motorsteuergerät

1 Die Motorsteuerung besteht neben dem Steuergerät aus den folgenden Sensoren:
a) Motorsteuergerät (ECU)
b) Kurbelwellensensor – informiert das Steuergerät über die Stellung und die Drehzahl der Kurbelwelle.
c) Nockenwellensensor – informiert das Steuergerät über die Stellungen der Nockenwelle(n).
d) Gaspedalsensor – informiert das Steuergerät über die Stellung und Veränderungsrate des Gaspedals.
e) Kühltemperatursensor – informiert das Steuergerät über die Temperatur des Kühlmittels.
f) Kraftstofftemperatursensor – informiert das Steuergerät über die Temperatur des Kraftstoffs.
g) Luftmassensensor – informiert das Steuergerät über die Menge der Ansaugluft.
h) Kraftstoffdrucksensensor – informiert das Steuergerät über den Druck innerhalb des Druckspeichers (›Common Rail‹)
i) Injektoren
j) Kraftstoffdruck-Regelventil – ermöglicht den Rücklauf des überschüssigen Kraftstoffs aus dem Druckspeicher in den Tank.
k) Glühkerzen-Ausgangsstufe – regelt die Spannung und die Einschaltdauer der Glühkerzen
l) AGR-Magnetventil – ermöglicht dem Steuergerät, Abgase wieder in den Einlassbereich zu leiten.
m) Ladeluft-Temperatur- und Drucksensor – informiert das Steuergerät über die Temperatur und den Druck der Ansaugluft.
n) Ladedrucksensor – informiert das Steuergerät über den Luftdruck im Einlassstutzen.
o) Abgastemperatursensor – informiert das Steuergerät über die Temperatur der Abgase.
p) Partikelfilter-Differenzialdrucksensor – informiert das Steuergerät über die Druckunterschiede vor und hinter dem Partikelfilter (und damit dessen Verunreinigung)

2 Die von den Sensoren kommenden Signale werden vom Motorsteuergerät verglichen, um anhand von Kennfeldern den Beginn und die Dauer der Einspritzung zu bestimmen, damit der Motor in jedem Zustand (heißer oder kalter Motor, Standgas, Beschleunigen, Teillast usw.) optimal läuft.
3 Das Steuergerät führt ständig eine Selbstdiagnose durch. Jeder Fehler im System wird gespeichert, damit mithilfe geeigneter Diagnoseausrüstung eine rasche Diagnose und ggf. Reparatur durchgeführt werden kann.

Vorwärmsystem

4 Zur Kaltstart-Unterstützung sind Dieselmotoren mit einem Vorwärmsystem ausgerüstet, die aus vier Glühkerzen, einer Ausgangsstufe (Steuerung), einer Instrumenten-Kontrolllampe, dem Motorsteuergerät und der entsprechenden Verkabelung besteht.
5 Die Glühkerzen – kleine in einem Keramikkörper gekapselte elektrische Heizelemente – sind an einem Ende mit einer Sonde und am anderen mit einem Stromanschluss ausgerüstet. In jeden Brennraum ist eine Glühkerze geschraubt, deren Sonden-Spitze direkt im Sprühstrahl des Injektors sitzt. Diese Spitze heizt sich nach dem Einschalten der Glühkerze rasch auf, sodass der eintretende Kraftstoff auf eine optimale Temperatur zum Selbstentzünden gebracht wird; ein Teil des aufgesprühten Kraftstoffs wird auch direkt entzündet, was den Entzündungsprozess zusätzlich anregt.
6 Die Vorwärmung beginnt, sobald der Zündschlüssel in Position 2 steht. Eine Kontrolllampe im Cockpit informiert den Fahrer über diesen Prozess und sie erlischt, sobald der Motor gestartet werden kann – bis dahin arbeitet die Vorwärmung weiter. Falls der Motor zehn Sekunden nach dem Erlöschen der Kontrolllampe noch nicht gestartet wurde, schaltet die Vorwärmung wieder ab, damit die Batterie nicht entladen wird und die Glühkerzen nicht überhitzen.
7 Das für die gesamte Motorsteuerung zuständige Steuergerät überwacht auch die Glühkerzen-Ausgangsstufe und berechnet anhand der Informationen von verschiedenen Sensoren – vor allem der Ansaugluft-Temperatur – die erforderliche Vorwärmzeit.
8 Nachdem der Zündschlüssel aus der Start-Position zurückgedreht wurde, setzt eine ›Nachwärmung‹ ein, die bis zu 60 Sekunden dauern kann und den Motor in der Warmlaufphase unterstützt, damit er sanfter läuft und bessere Abgaswerte produziert.

Test

9 Die Glühkerzen arbeiten nicht mit Batteriespannung, sondern mit 5 bis 7 Volt – die Impulsbreite dieser Spannung ist angepasst. Dies macht einen Test der Glühkerzen mit traditionellen Methoden unmöglich. Falls ein Fehler vermutet wird, muss die Motorsteuerung mit einem Diagnosegerät untersucht werden, das an den Diagnosestecker links unter dem Armaturenbrett angeschlossen werden muss (Abb. 4.3).

2 Abgasregelung – Allgemeine Informationen

1 Die Motoren sind mit einer speziellen Motorentlüftung und Katalysatoren sowie Partikelfiltern ausgerüstet, um die Abgaswerte zu verbessern. Eine Abgas-Rückführung (AGR) sorgt dafür, dass unter bestimmten Umständen Abgase einer erneuten Verbrennung zugeführt werden, um die Abgase weiter zu verbessern.
2 Die Systeme der Abgasregelung funktionieren folgendermaßen:

Motorentlüftung

3 Um keine unverbrannten Kohlenwasserstoffe aus dem Motorgehäuse in die Atmosphäre gelangen zu lassen, werden die an den Kolben vorbei gelangenden Gase und Öldämpfe durch einen Ölabscheider mit feinen Sieb-Maschen in den Einlasstrakt gesaugt, damit sie der normalen Verbrennung zugeführt werden.
4 Die Gase gelangen normalerweise durch den leicht erhöhten Motor-Innendruck in den Ansaugtrakt. Bei einem verschlissenen Motor (und dadurch vermehrte Durchblase-Gase) werden zu viele Gase in den Einlasstrakt geleitet, sodass die Verbrennung nicht optimal verläuft.

Katalysator

5 Der Katalysator wandelt gesundheitsschädliche Abgase in relativ harmlosere Gase um. Bei der dazu erforderlichen chemische Reaktion wird Sauerstoff zugesetzt, um eine Oxidation zu erzeugen. Lambdasonden im Auspuff ermitteln den Sauerstoffgehalt der Abgase und lassen das Steuergerät ein für die Funktion des Katalysators optimales Gemisch erzeugen.

6 Als Katalysator dient ein Behälter mit einem feinmaschigen Gewebe aus katalytischen Material, über das die heißen Abgase strömen – hierbei werden Kohlenmonoxide, unverbrannte Kohlenwasserstoffe und Ruß durch Oxidation nachverbrannt, sodass relativ harmlose Gase den Auspuff verlassen.

Partikelfilter

7 Der mit dem Katalysator verbundene Partikelfilter fängt Rußpartikel auf, damit das Fahrzeug aktuelle Emissionsvorschriften einhält. Damit sich der Filter nicht zusetzt, wird der Filter gelegentlich automatisch gereinigt. Hierbei wird den Abgasen Kraftstoff zugeführt, der sich im Filter entzündet und die Partikel nachverbrennt – diese Regenerationsperiode wird vom Motorsteuergerät überwacht.

Abgasrückführungssystem (AGR)

8 Das System sorgt dafür, dass kleine Abgasmengen wieder in den Einlasstrakt geleitet werden, um erneut verbrannt zu werden. Der Prozess reduziert die Menge der in die Atmosphäre freigesetzten Stickoxide.
9 Die zirkulierende Abgasmenge wird durch ein Signal vom Motorsteuergerät an das elektronisch oder per Unterdruck gesteuerte AGR-Magnetventil geregelt. Das Motorsteuergerät empfängt dazu Signale verschiedener Sensoren.

3.4a Ein Bluetooth-OBD-Dongle kann Daten aus dem Steuergerät direkt auf das Smartphone übertragen.

3.4b Handliche Geräte wie dies können nicht nur Fehlercodes auslesen, sondern auch einige Diagnosen durchführen.

3 Europäisches On-Board Diagnosesystem (EOBD)

Beschreibung

1 Das ›bordeigene‹ Diagnosesystem besteht aus dem Motorsteuergerät, anderen Steuergeräten und verschiedenen Sensoren, mit denen die Motorfunktionen überwacht werden. Das System beinhaltet verschiedene Diagnosefunktionen, die Fehler in der Einspritzung, der Zündung und der Abgasregelung erkennen und speichern. Das System testet auch Sensoren, Stellmotoren und Diagnosekreise, es ›friert‹ Daten ein und löscht Fehler.
2 Das Motorsteuergerät ist das ›Gehirn‹ der elektronischen Einspritzung, Zündung und Abgasregelung. Mithilfe der Daten von diversen Sensoren und anderen Komponenten (Schaltern, Relais usw.) erzeugt es Ausgangssignale, um andere Relais, Magnetschalter (Injektoren) und andere Aktuatoren zu überwachen. Das Steuergerät ist kalibriert, um Abgase, den Kraftstoffverbrauch und die Fahrbarkeit des Fahrzeugs zu optimieren.
3 Lassen Sie Fehler mithilfe eines Diagnosegeräts finden und ggf. beseitigen.

Lesegeräte

4 Da bei modernen Automobilen das Auslesen von Fehlercodes aus dem Motorsteuergerät zumeist der erste Punkt einer Fehlersuche ist, ist zumindest ein einfaches Fehlercode-Lesegerät unerlässlich (siehe Abbildung). Höherwertige Lesegeräte können heute auch Diagnosen durchführen, die früher teuren Ausrüstungen des Herstellers vorbehalten waren (siehe Abbildung). Bei der Beschaffung eines Universal-Lesegeräts muss darauf geachtet werden, dass es EOBD-kompatibel ist. Falls kein Zugang zu einem Lesegerät besteht, muss der Datenspeicher von einer entsprechend ausgerüsteten Fachwerkstatt ausgelesen werden.

4 Fehlercodes – Auslesen und Löschen

1 Sobald das Motorsteuergerät in der Einspritzung, der Zündung, der Abgasregelung oder anderen zugehörigen Komponenten und Stromkreisen eine Fehlfunktion erkennt, wird die Motor-Warnleuchte im Cockpit aktiviert. Die Lampe leuchtet so lange, bis das Problem beseitigt und der Fehler aus dem Steuergerät-Speicher gelöscht ist.
2 Bevor Fehler aus dem Steuergerät-Speicher ausgelesen werden, müssen alle Stecker und Schläuche kontrolliert werden – sie müssen korrekt verlegt und sicher verbunden sein, Stecker dürfen zudem nicht korrodiert sein und Schläuche dürfen keine Risse aufweisen.

Zugang

3 Fehlercodes können mit einem Lesegerät oder Scan-Werkzeug ausgelesen werden. Professionelle Diagnosegeräte sind teuer, aber im Fachhandel sind auch deutlich preiswertere Universal-Lesegeräte erhältlich (Abb. 3.4a und b). Verbinden Sie das Lesegerät mit dem Diagnosestecker neben dem Motorhauben-Öffnerhebel links unter dem Armaturenbrett (siehe Abbildung) und folgen Sie der beigefügten Anleitung.

4.3 Der 16-Stift-Datenstecker sitzt neben dem Motorhauben-Öffnerhebel links unter dem Armaturenbrett.

4 Nachdem alle Fehler ausgelesen sind, kann anhand der folgenden Tabelle die entsprechende Ursache gefunden werden.
5 Führen Sie alle notwendigen Reparaturen durch oder ersetzen Sie schadhafte Komponenten.

Löschen

6 Das Löschen der Fehlercodes im Datenspeicher muss entsprechend der Anleitung des Lesegeräts erfolgen.

Fehlercode-Diagnose

7 In der folgende Tabelle sind Fehlercodes aufgelistet, die mit einem Universal-Lesegerät erfasst werden können. Mithilfe einer professionellen Diagnoseausrüstung lassen sich noch viel mehr Fehler auslesen. Nachdem alle elektrischen Verbindungen und Schläuche der Motorsteuerung kontrolliert und repariert wurden und der Fehler taucht nach dem Löschen erneut auf, muss das Fahrzeug von einer Fachwerkstatt überprüft werden.

EOBD-Fehlercodes

Code	Mögliche Ursache
P000A	Position Nockenwelle 1: schwache Rückmeldung
P000B	Position Nockenwelle 2: schwache Rückmeldung
P0010	Position Nockenwelle 1: Aktuator-Stromkreis offen
P0013	Position Nockenwelle 2: Aktuator-Stromkreis offen
P0016	Kurbelwellen/Nockenwellen-Ausrichtung fehlerhaft (Sensor Nr. 1)
P0017	Kurbelwellen/Nockenwellen-Ausrichtung fehlerhaft (Sensor Nr. 2)
P0031	Lambdasonde vor Katalysator: Heizkreis mit niedriger Spannung
P0032	Lambdasonde vor Katalysator: Heizkreis mit hoher Spannung
P0037	Lambdasonde hinter Katalysator: Heizkreis mit niedriger Spannung
P0038	Lambdasonde hinter Katalysator: Heizkreis mit hoher Spannung
P0068	Einlassstutzen-Luftdruck/Luftklappen-Stellung – Zusammenhang: hoher Luftstrom/Unterdruck-Leck
P0070	Umgebungstemperatursensor: klemmt
P0071	Umgebungstemperatursensor: Leistungsfähigkeit
P0072	Umgebungstemperatursensor: niedrige Spannung
P0073	Umgebungstemperatursensor: hohe Spannung
P0107	Einlassstutzen-Luftdrucksensor (MAP-Sensor): niedrige Spannung
P0108	Einlassstutzen-Luftdrucksensor (MAP-Sensor): hohe Spannung
P0110	Einlasslufttemperatursensor (IAT-Sensor): klemmt
P0111	Einlasslufttemperatursensor (IAT-Sensor): Leistungsfähigkeit
P0112	Einlasslufttemperatursensor (IAT-Sensor): niedrige Spannung
P0113	Einlasslufttemperatursensor (IAT-Sensor): hohe Spannung
P0116	Kühltemperatursensor (ECT-Sensor): Leistungsfähigkeit
P0117	Kühltemperatursensor (ECT-Sensor): niedrige Spannung
P0118	Kühltemperatursensor (ECT-Sensor): hohe Spannung
P0121	Luftklappensensor (TP-Sensor): Leistungsfähigkeit
P0122	Luftklappensensor (TP-Sensor): niedrige Spannung
P0123	Luftklappensensor (TP-Sensor): hohe Spannung
P0125	Unzureichende Kühltemperatur für Regelung; Regelungs-Temperatur nicht erreicht
P0128	Thermostat arbeitet nicht korrekt
P0129	Umgebungsluftdruck außerhalb des Bereichs (niedrig)
P0131	Lambdasonde vor Katalysator: niedrige Spannung oder Masseschluss
P0132	Lambdasonde vor Katalysator: hohe Spannung oder Spannungsschluss
P0133	Lambdasonde vor Katalysator: schwache Rückmeldung
P0134	Lambdasonde vor Katalysator: Sensorspannung ändert sich nicht
P0135	Lambdasonde vor Katalysator: Heizkreis defekt
P0137	Lambdasonde hinter Katalysator: niedrige Spannung oder Masseschluss
P0138	Lambdasonde hinter Katalysator: hohe Spannung oder Spannungsschluss
P0139	Lambdasonde hinter Katalysator: schwache Rückmeldung
P0140	Lambdasonde hinter Katalysator: Sensorspannung ändert sich nicht
P0141	Lambdasonde hinter Katalysator: Heizkreis defekt
P0171	Kraftstoff-Steuerung: zu stark angereichert
P0172	Kraftstoff-Steuerung: zu stark abgemagert
P0201	Injektorenstromkreis: Fehlfunktion an Zylinder Nr. 1
P0202	Injektorenstromkreis: Fehlfunktion an Zylinder Nr. 2
P0203	Injektorenstromkreis: Fehlfunktion an Zylinder Nr. 3
P0204	Injektorenstromkreis: Fehlfunktion an Zylinder Nr. 4
P0300	Fehlzündungen an mehreren Zylindern entdeckt
P0301	Fehlzündungen an Zylinder Nr. 1 entdeckt
P0302	Fehlzündungen an Zylinder Nr. 2 entdeckt
P0303	Fehlzündungen an Zylinder Nr. 3 entdeckt
P0304	Fehlzündungen an Zylinder Nr. 4 entdeckt
P0315	Kein Kurbelwellensensor angelernt
P0320	Kein Kurbelwellensensor-Referenzsignal an Motorsteuergerät
P0325	Klopfsensor-Stromkreis: Fehlfunktion
P0335	Kurbelwellensensor-Stromkreis
P0339	Kurbelwellensensor-Stromkreisunterbrechung
P0340	Nockenwellensensor-Stromkreis
P0344	Nockenwellensensor-Stromkreisunterbrechung
P0351	Zündspule Nr. 1 – Primärstromkreis
P0352	Zündspule Nr. 2 – Primärstromkreis
P0353	Zündspule Nr. 3 – Primärstromkreis
P0354	Zündspule Nr. 4 – Primärstromkreis
P0365	Nockenwellensensor-Stromkreis (Sensor Nr. 2)
P0369	Nockenwellensensor-Stromkreisunterbrechung (Sensor Nr. 2)
P0440	Verdunstungsregelung-Steuersystem: Fehler
P0441	Verdunstungsregelung-Steuersystem: unkorrekte Absaugströmung
P0442	Verdunstungsregelung-Steuersystem: mittelgroße Undichtigkeit (1 mm) entdeckt

P0443 Verdunstungsregelung-Steuersystem: Fehlfunktion am Absaugventil-Magnetschalter
P0452 Unterdruckleck-Suchvorrichtung: Drucksensor mit niedriger Spannung
P0453 Unterdruckleck-Suchvorrichtung: Drucksensor mit hoher Spannung
P0455 Verdunstungsregelung-Steuersystem: große Undichtigkeit entdeckt
P0456 Verdunstungsregelung-Steuersystem: kleine Undichtigkeit (0,5 mm) entdeckt
P0460 Tankuhr-Geber: keine Änderung bei Fahrzeug in Betrieb
P0461 Tankuhrgeber-Stromkreis: Übertragungsprobleme
P0462 Tankuhr-Geber oder Stromkreis: niedrige Spannung
P0463 Tankuhr-Geber oder Stromkreis: hohe Spannung
P0480 Langsamlaufventilator-Steuerrelais: Stromkreisprobleme
P0498 Unterdruckleck-Suchvorrichtung: Behälterbelüftungsventil-Magnetschalterstromkreis – geringe Spannung
P0499 Unterdruckleck-Suchvorrichtung: Behälterbelüftungsventil-Magnetschalterstromkreis – hohe Spannung
P0500 Kein Geschwindigkeits-Signal
P0501 Geschwindigkeitssensor: Übertragungsprobleme
P0503 Geschwindigkeitssensor 1: unregelmäßige Signale
P0506 Standgasregelung: Drehzahl niedriger als erwartet
P0507 Standgasregelung: Drehzahl höher als erwartet
P0508 Standgasluftregelventil-Stromkreis: niedrige Spannung
P0509 Standgasluftregelventil-Stromkreis: hohe Spannung
P0513 Ungültiger SKIM-Schlüssel (Wegfahrsperren-Problem)
P0516 Batterie-Temperatursensor: niedrige Spannung
P0517 Batterie-Temperatursensor: hohe Spannung
P0519 Standgasdrehzahl nicht korrekt
P0522 Motoröldruckschalter-Stromkreis: niedrige Spannung
P0532 Klimaanlagenkältemittel-Drucksensor: niedrige Spannung
P0533 Klimaanlagenkältemittel-Drucksensor: hohe Spannung
P0551 Servolenkungs-Druckschalter: Übertragungsprobleme
P0562 Batteriespannung: niedrig
P0563 Batteriespannung: hoch
P0579 Drehzahlregelungsschalter-Stromkreis: Übertragungsprobleme
P0580 Drehzahlregelungsschalter-Stromkreis: niedrige Spannung
P0581 Drehzahlregelungsschalter-Stromkreis: hohe Spannung
P0582 Drehzahlregelungs-Unterdruckmagnetschalter
P0585 Drehzahlregelungsschalter 1 und 2: Wechselwirkungen
P0586 Drehzahlregelungs-Entlüftungsmagnet-Stromkreis
P0591 Drehzahlregelungsschalter 2: Stromkreisprobleme
P0592 Drehzahlregelungsschalter 2: niedrige Spannung
P0593 Drehzahlregelungsschalter 2: hohe Spannung
P0594 Drehzahlregelungsaktuator-Stromkreis
P0600 Serielle Kommunikationsverbindung: Fehlfunktion
P0601 Motorsteuergerät: interner Fehler
P0622 Lichtmaschinen-Magnetfeld-Steuerstromkreis: Fehlfunktion oder Magnetfeld schaltet nicht richtig
P0627 Kraftstoffpumpenrelais-Stromkreis
P0630 Fahrzeug-Identifizierungsnummer (FIN) ist nicht im Motorsteuergerät einprogrammiert
P0632 Wegstreckenzähler ist nicht im Motorsteuergerät einprogrammiert
P0633 SKIM-Schlüssel ist nicht im Motorsteuergerät einprogrammiert
P0642 Sensor-Referenzspannungs-Stromkreis 2: niedrige Spannung
P0643 Sensor-Referenzspannungs-Stromkreis 2: hohe Spannung
P0645 Klimaanlagenkupplungsrelais-Stromkreis: Fehlfunktion
P0685 Automatisches Abschaltrelais – Steuerstromkreis
P0688 Automatisches Abschaltrelais – Steuerstromkreis: niedrige Spannung
P0700 Getriebeautomatik-Steuerung: Fehlfunktion
P0703 Bremslichtschalter-Stromkreis: Fehlfunktion
P0833 Kupplungsschalter-Stromkreis: Fehlfunktion
P0850 Park/Neutral-Schalter: Fehlfunktion
P0856 Traktionskontrollen-Drehmomentanforderungs-Stromkreis

5 Gaspedal – Ausbau und Einbau

1 Demontieren Sie ggf. den Fahrerknie-Airbag (siehe Kapitel 12, Sektion 20).
2 Lösen Sie die Kunststoffmutter, mit der die Pedal-Baugruppe am Halter gesichert ist (siehe Abbildung).

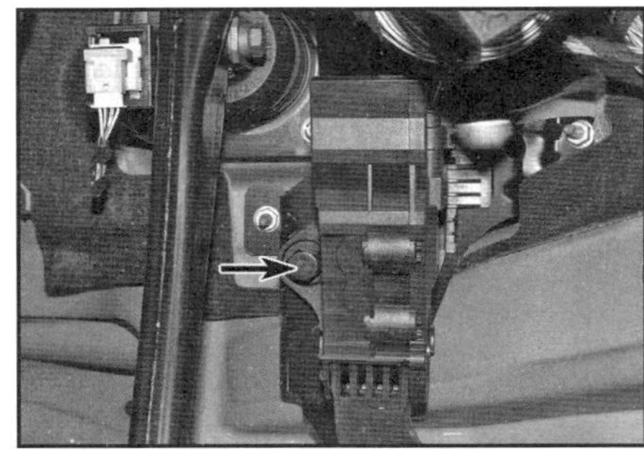

5.2 Kunststoffmutter der Pedal-Baugruppe

3 Ziehen Sie die Gaspedal-Baugruppe nach oben und trennen Sie den Stecker des Gaspedal-Sensors (siehe Abbildung) – weitere Zerlegungen der Pedalbaugruppe sind nicht empfehlenswert.

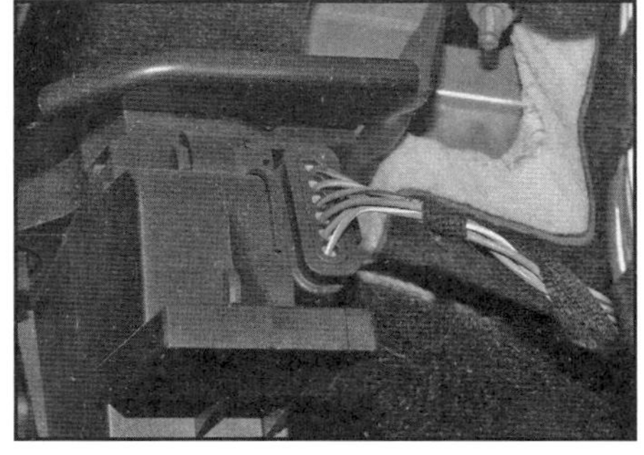

5.3 Stecker des Gaspedal-Sensors

4 Der Einbau entspricht der umgekehrten Ausbaureihenfolge.

6 Steuergeräte – Ausbau und Einbau

Motorsteuergerät (ECU)

Ausbau

Anmerkung: *Eine sogenannte ›Engine Control Unit‹ befindet sich nur in Modellen mit Euro 5-Abgasnorm.*

Anmerkung: *Das Trennen der Batterie löscht alle im Steuergerät gespeicherten Fehler. Daher wird wärmstens empfohlen, zuvor den Fehlerspeicher mit einem geeigneten Gerät auszulesen.*

1 Demontieren Sie die Batterie (siehe Kapitel 5, Sektion 4).

2 Das Steuergerät befindet sich im Motorraum neben der Batterie. Lösen Sie bei 1,5 l-Motoren die Schrauben der Abdeckung und entfernen Sie diese. Drücken Sie bei allen Modellen die Laschen der Stecker-Arretierungen, klappen Sie diese hoch und trennen Sie die Steuergerät-Stecker (siehe Abbildungen).

6.2a Abdeckungs-Schrauben bei 1,5 l-Motoren

6.2b Drücken Sie die Laschen der Arretierungen, um sie hochzuklappen.

3 Lösen Sie bei 1,8 und 2,1 l-Modellen die Laschen der Steuergerät-Arretierungen und ziehen Sie das Gerät heraus (siehe Abbildung).

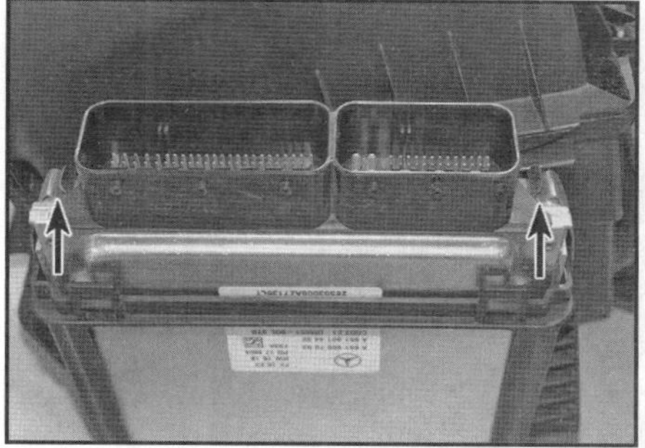

6.3 Steuergerät-Arretierlaschen beim 1,8 und 2,1 l-Modell – gezeigt bei demontierter Luftfilter-Baugruppe

4 Bei 1,5 l-Motoren wird das Steuergerät einfach herausgehoben (siehe Abbildung).

6.4 Heben Sie das Steuergerät heraus – 1,5 l-Motor

Einbau

5 Der Einbau entspricht der umgekehrten Ausbaureihenfolge. Nach dem Anschließen muss mit dem Fahrzeug ein paar Kilometer gefahren werden, damit das Steuergerät seine Grundeinstellungen neu erlernen kann. Falls der Motor längere Zeit nur ungleichmäßig läuft, müssen die Grundeinstellungen von einer entsprechend ausgerüsteten Fachwerkstatt wieder eingesetzt werden.

Anmerkung: *Falls ein neues Motorsteuergerät installiert wurde, muss es mithilfe eines Mercedes-Diagnosegeräts kodiert werden – überlassen Sie diese Arbeit einer entsprechend ausgerüsteten Fachwerkstatt.*

Antriebseinheit-Steuergerät (PCU)

Ausbau

Anmerkung: *Eine sogenannte ›Powertrain Control Unit‹ befindet sich nur in Modellen mit Euro 6-Abgasnorm.*

6 Demontieren Sie den Fahrerknie-Airbag (siehe Kapitel 12, Sektion 20).

7 Demontieren Sie im Fahrer-Einstieg die Schwellerverkleidung (siehe Kapitel 11, Sektion 25).

8 Lösen Sie die Torx-Schraube und senken Sie die PCU samt Halter von der Rückseite der SAM-Einheit ab (siehe Abbildungen).

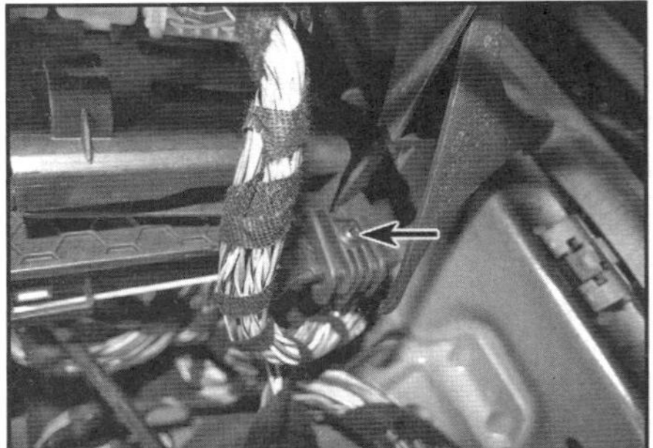
6.8a Lösen Sie die Torx-Schraube ...

6.8b ... und senken Sie die PCU samt Halter ab.

9 Drücken Sie die Laschen der Stecker-Arretierungen, klappen Sie diese hoch und trennen Sie die Steuergerät-Stecker (siehe Abbildung).

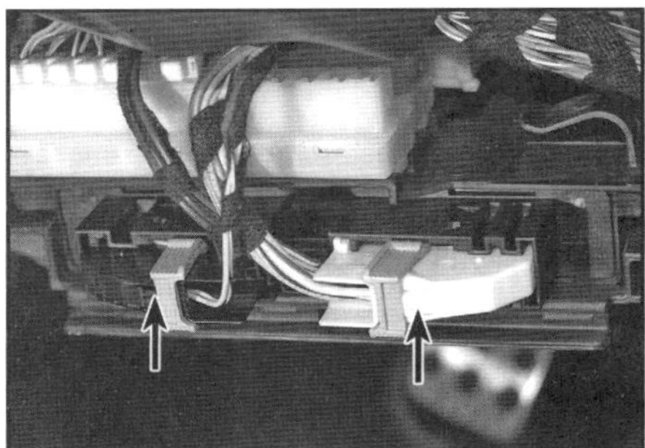
6.9 Drücken Sie die Laschen der Arretierungen, um sie hochzuklappen.

10 Lösen Sie die Laschen an der Vorderseite der PCU und ziehen Sie sie aus dem Halter.

Einbau

11 Der Einbau entspricht der umgekehrten Ausbaureihenfolge. Nach dem Anschließen muss mit dem Fahrzeug ein paar Kilometer gefahren werden, damit die PCU ihre Grundeinstellungen neu erlernen kann. Falls der Motor längere Zeit nur ungleichmäßig läuft, müssen die Grundeinstellungen von einer entsprechend ausgerüsteten Fachwerkstatt wieder eingesetzt werden.

Anmerkung: *Falls eine neue PCU installiert wurde, muss sie mithilfe eines Mercedes-Diagnosegeräts kodiert werden – überlassen Sie diese Arbeit einer entsprechend ausgerüsteten Fachwerkstatt.*

7 Ladedruck-Sensor – Ausbau und Einbau

Ausbau

1,5 l-Motor

1 Ziehen Sie die obere Motorabdeckung ab. Trennen Sie den Stecker des Ladedrucksensors (siehe Abbildung).

7.1 Stecker des Ladedrucksensors

2 Lösen Sie die Schraube und ziehen Sie den Sensor aus dem Luftklappengehäuse.

1,8 und 2,1 l-Motor

3 Ziehen Sie die obere Motorabdeckung ab.
4 Der Ladedrucksensor sitzt vorn an der Mischkammer. Ziehen Sie die graue Arretierung heraus und trennen Sie den Sensorstecker (siehe Abbildung).

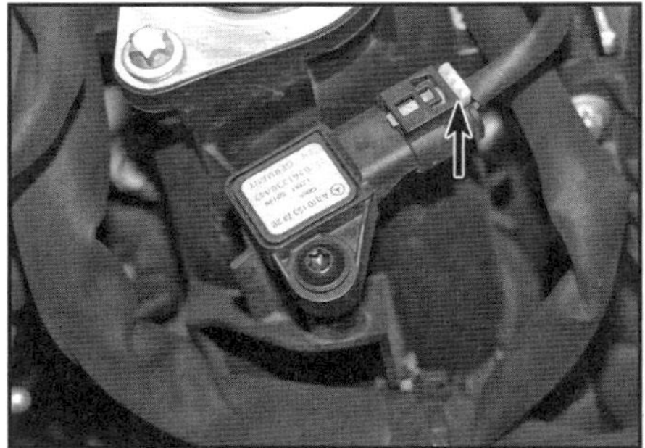
7.4 Ziehen Sie die graue Arretierung heraus und trennen Sie den Sensorstecker.

Einbau

5 Kontrollieren Sie den O-Ring des Sensors und ersetzen Sie ihn nötigenfalls.
6 Versehen Sie den O-Ring mit etwas Fett und drücken Sie den Sensor fest in seinen Sitz.
7 Ziehen Sie die Sensorschraube sorgfältig an.
8 Der Rest des Einbaus entspricht der umgekehrten Ausbaureihenfolge.

8 Ladelufttemperatur/Drucksensor – Ausbau und Einbau

Ausbau

1,5 l-Motor

1 Ziehen Sie die obere Motorabdeckung ab. Trennen Sie den Stecker des Ladedrucksensors.
2 Lockern Sie die Schellen des aus dem Luftfiltergehäuse kommenden Luftrohrs und entfernen Sie dies (siehe Abbildung).

8.2 Schellen des aus dem Luftfiltergehäuse kommenden Luftrohrs

3 Drücken Sie am Temperatur/Drucksensor die Lasche des Steckers und trennen Sie ihn (siehe Abbildung).

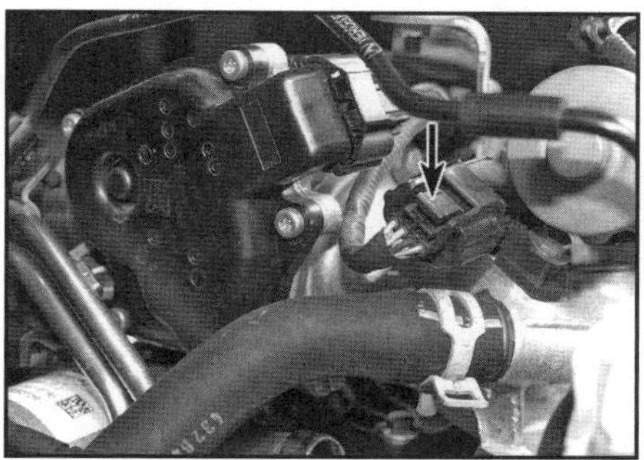

8.3 Lasche des Temperatur/Drucksensor-Steckers

4 Lösen Sie die Schraube des Sensors und ziehen Sie ihn heraus. Kontrollieren Sie seinen O-Ring und ersetzen Sie ihn nötigenfalls.

1,8 und 2,1 l-Motor

5 Ziehen Sie die obere Motorabdeckung ab.
6 Der Temperatur/Drucksensor sitzt vorn am Luftklappengehäuse. Ziehen Sie die graue Arretierung heraus und trennen Sie den Sensorstecker (siehe Abbildung).

8.6 Ziehen Sie die graue Arretierung heraus und trennen Sie den Stecker des Temperatur/Drucksensors.

7 Drücken Sie die Laschen des Sensors zusammen und ziehen Sie ihn aus dem Ansaugstutzen. Kontrollieren Sie seinen O-Ring und ersetzen Sie ihn nötigenfalls.

Einbau

8 Der Einbau entspricht der umgekehrten Ausbaureihenfolge.

9 Kühltemperatursensor – Ausbau und Einbau

Ausbau

1 Entleeren Sie das Kühlsystem bis unter die Position des Sensors (siehe Kapitel 1B, Sektion 33) oder halten Sie alternativ einen geeigneten Stöpsel bereit, um die Öffnung nach dem Ausbau des Sensors wieder zu verstopfen – hierbei darf weder der Sensorsitz beschädigt werden noch irgend etwas ins Kühlsystem gelangen.
2 Ziehen Sie die obere Motorabdeckung ab.

1,5 l-Motor

3 Lockern Sie die Schellen des aus dem Luftfiltergehäuse kommenden Luftrohrs und entfernen Sie dies (Abb. 8.2).
4 Trennen Sie links am Zylinderkopf den Stecker des im Kühlmittelgehäuse sitzenden Temperatursensors, ziehen Sie dessen Bügel heraus und befreien Sie ihn (siehe Abbildung) – kontrollieren Sie seinen Dichtring und ersetzen Sie ihn nötigenfalls.

9.4 Kühltemperatur-Sicherungsbügel – 1,5 l-Motor

1,8 und 2,1 l-Motor

5 Der Sensor sitzt rechts vorn am Motor oben im Haupt-Baugruppenträger. Lösen Sie den Clip seines Steckers und ziehen Sie ihn ab. Lösen Sie dann den Bügel des Sensors und ziehen Sie ihn heraus (siehe Abbildung). Falls das Kühlsystem nicht entleert wurde, muss umgehend der Stöpsel eingesetzt werden. Kontrollieren Sie den O-Ring des Sensors und ersetzen Sie ihn nötigenfalls.

9.5 Kühltemperatur-Sicherungsbügel – 1,8 und 2,1 l-Motor

Einbau

6 Schmieren Sie den Dichtring mit Kühlmittel und pressen Sie den Sensor fest in seinen Sitz; sichern Sie ihn dort mit dem Drahtbügel.

7 Der Rest des Einbaus entspricht der umgekehrten Ausbaureihenfolge – füllen Sie zum Schluss das Kühlsystem auf (siehe Kapitel 1B, Sektion 33).

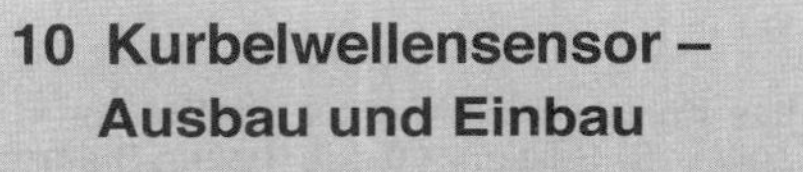

10 Kurbelwellensensor – Ausbau und Einbau

Ausbau

1,5 l-Motor

1 Heben Sie das Fahrzeug vorn an und stützen Sie es sicher ab (siehe Seite 24). Demontieren Sie den Unterfahrschutz.

2 Der Sensor sitzt neben der Kupplungsglocke hinten am Motorblock. Trennen Sie seinen Stecker (siehe Abbildung).

10.2 Drücken Sie die Lasche und trennen Sie den Stecker des Kurbelwellensensors – 1,5 l-Motor.

3 Lösen Sie die Schraube des Sensors und entfernen Sie ihn.

1,8 und 2,1 l-Motor

4 Demontieren Sie das Luftfiltergehäuse (siehe Kapitel 4B, Sektion 5).

5 Der Sensor sitzt neben der Kupplungsglocke vorn am Motorblock. Trennen Sie seinen Stecker (siehe Abbildung).

10.5 Stecker des Kurbelwellensensors – 1,8 und 2,1 l-Motor

6 Lösen Sie die Schraube des Sensors und entfernen Sie ihn.

Einbau

7 Der Einbau entspricht der umgekehrten Ausbaureihenfolge – ziehen Sie seine Schraube mit 8 Nm an.

11 Geschwindigkeitssensor

1 Die Informationen zur gefahrenen Geschwindigkeit gelangen vom ABS-Steuergerät zum Motorsteuergerät – beachten Sie hierfür die Hinweise in Kapitel 9.

12 Nockenwellensensor – Ausbau und Einbau

Ausbau

1 Ziehen Sie die obere Motorabdeckung ab.

1,5 l-Motor

2 Befreien Sie das über den Motor verlaufende Ladeluftfohr.

3 Befreien Sie am Deckel über den Injektoren den Kabelbaum, lösen Sie die Schrauben und Laschen und entfernen Sie ihn (siehe Abbildungen).

12.3a Lösen Sie die Schrauben ...

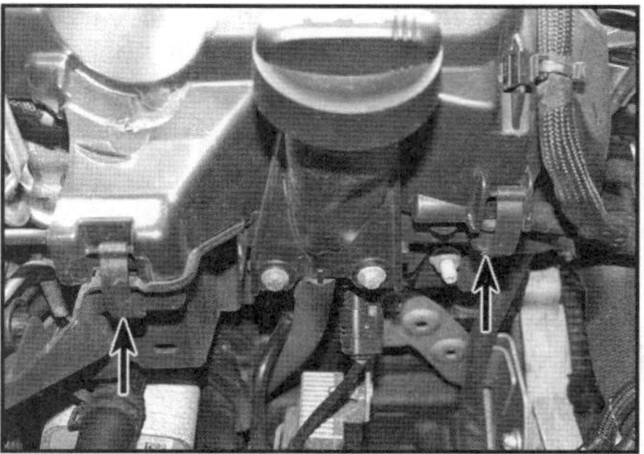
12.3b ... und die Laschen des Injektorendeckels.

4 Der Sensor sitzt links am Zylinderkopf – trennen Sie seinen Kabelstecker (siehe Abbildung).

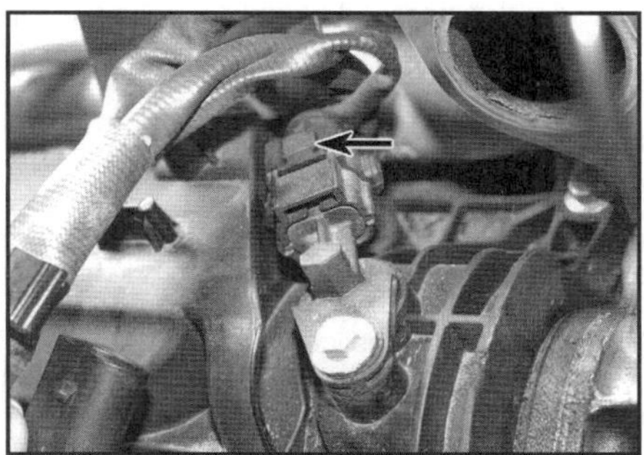
12.4 Drücken Sie die Lasche und trennen Sie den Stecker des Nockenwellensensors – 1,5 l-Motor

5 Lösen Sie die Schraube des Sensors und befreien Sie ihn – kontrollieren Sie seinen Dichtring und ersetzen Sie ihn nötigenfalls.

1,8 und 2,1 l-Motor

6 Der Sensor sitzt oben in der Zylinderkopfhaube – trennen Sie seinen Stecker.
7 Lösen Sie die Schraube des Sensors und befreien Sie ihn (siehe Abbildung) – kontrollieren Sie seinen Dichtring und ersetzen Sie ihn nötigenfalls.

12.7 Schraube des Nockenwellensensors – 1,8 und 2,1 l-Motor

Einbau

8 Schmieren Sie den Dichtring des Sensors mit etwas Motoröl, installieren Sie den Sensor und ziehen Sie seine Schraube mit 8 Nm (1,5 l-Motor) bzw. 6 Nm (1,8 und 2,1 l-Motor) an.
9 Der Rest des Einbaus entspricht der umgekehrten Ausbaureihenfolge

13 Gaspedalsensor

1 Der Sensor ist in die Gaspedal-Baugruppe integriert – beachten Sie hierfür die Hinweise in Sektion 5.

14 Luftmassen/Luftdruck-Sensor – Ausbau und Einbau

Ausbau

1 Ziehen Sie die obere Motorabdeckung ab.

1,5 l-Motor

2 Trennen Sie den Stecker des Luftmassensensors (siehe Abbildung).

14.2 Ziehen Sie die graue Lasche heraus und trennen Sie den Stecker des Luftmassensensors.

3 Lockern Sie die Schelle und trennen Sie den Auslasstrakt vom Sensorgehäuse.
4 Lösen Sie die zwei Schrauben und befreien Sie den Sensor aus dem Luftfiltergehäuse (siehe Abbildung) – erneuern Sie seinen Dichtring.

14.4 Schrauben des Luftmassensensors

1,8 und 2,1 l-Motor

5 Die Sensoren sitzen im Auslasstrakt des Luftfiltergehäuses. Verlagern Sie den neben den Sensoren liegenden Kabelbaum beiseite.
6 Trennen Sie die Sensorstecker (siehe Abbildung).

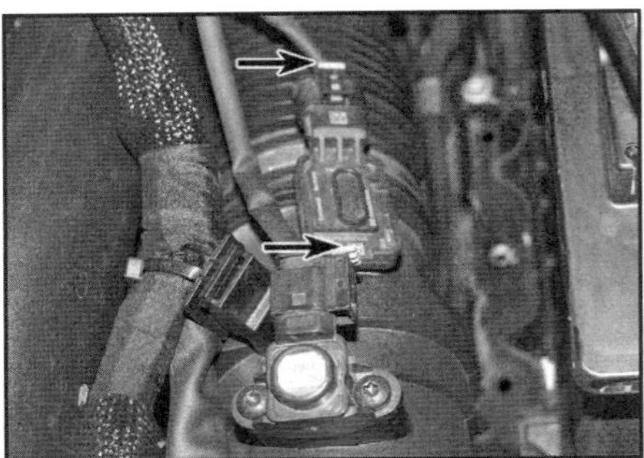

14.6 Ziehen Sie die grauen Laschen heraus und trennen Sie die Sensorstecker

Luftmassensensor

7 Lockern Sie die Schelle, die den Auslasstrakt am Sensorgehäuse sichert.
8 Lösen Sie die zwei Schrauben und befreien Sie den Sensor aus dem Luftfiltergehäuse. Anmerkung: Der Pfeil auf dem Gehäuse zeigt die Richtung des Luftstroms an.

Luftdrucksensor

9 Lösen Sie die zwei Schrauben und ziehen Sie den Sensor heraus (siehe Abbildung).

14.9 Schrauben des Luftdrucksensors

Einbau

10 Der Einbau entspricht der umgekehrten Ausbaureihenfolge – falls ein neuer Sensor installiert werden soll, müssen eventuell die im Steuergerät gespeicherten Adaptionswerte zurückgesetzt werden – hierzu wird eine Mercedes-Diagnoseausrüstung benötigt.

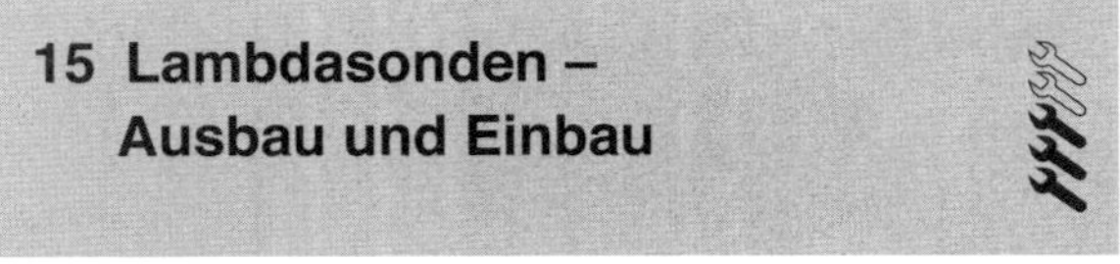

15 Lambdasonden – Ausbau und Einbau

Achtung: Die Lambdasonden werden im Betrieb sehr heiß, sodass ihnen genug Zeit zum Abkühlen gegeben werden muss!

Ausbau

1,5 l-Motor

Lambdasonde vor dem Katalysator/ Partikelfilter

1 Ziehen Sie die obere Motorabdeckung ab.

2 Befreien Sie das Sondenkabel von seinem Halter, verfolgen Sie es zum Stecker und trennen Sie diesen (siehe Abbildung).

15.2 Lambdasonden-Kabelstecker – 1,5 l-Motor

3 Schrauben Sie die Lambdasonde aus dem Turbolader/ Auspuffstutzen – hierfür wird ein Ring- oder Steckschlüssel mit einer Durchführung für das Kabel benötigt.

Lambdasonde hinter dem Katalysator/ Partikelfilter

4 Heben Sie das Fahrzeug vorn an und stützen Sie es sicher ab (siehe Seite 24). Demontieren Sie den Unterfahrschutz.
5 Verfolgen Sie das Sondenkabel, trennen Sie seinen Stecker und befreien Sie es aus allen Befestigungen.
6 Schrauben Sie die Lambdasonde mit einem geschlitzten Steckschlüssel aus dem Katalysator (siehe Abbildung).

15.6 Lambdasonde hinter dem Katalysator/Partikelfilter – 1,5 l-Motor

1,8 und 2,1 l-Motor

7 Ziehen Sie die obere Motorabdeckung ab.
8 Trennen Sie den an der Spritzwand sitzenden Lambdasondenstecker (siehe Abbildung).

15.8 Lambdasondenstecker – 1,8 und 2,1 l-Motor

9 Befreien Sie das Lambdasondenkabel vom Turbolader-Hitzeschild.

10 Heben Sie bei Modellen mit Euro 5-Abgasnorm das Fahrzeug vorn an und stützen Sie es sicher ab (siehe Seite 24). Demontieren Sie den Unterfahrschutz.
11 Lösen Sie bei Modellen mit Euro 6-Abgasnorm die Schrauben des Turbolader-Hitzeschilds und entfernen Sie es.
12 Schrauben Sie die Lambdasonde mit einem geschlitzten Steckschlüssel heraus (siehe Abbildung).

15.12 Position der Lambdasonde – 1,8 und 2,1 l-Motor

Einbau

13 Der Einbau entspricht der umgekehrten Ausbaureihenfolge. Neue Lambdasonden sind mit einer Beschichtung gegen Korrosion versehen, gebrauchte müssen am Gewinde mit etwas Kupferpaste versehen werden. Drehen Sie die Lambdasonde ein und ziehen Sie sie mit 44 Nm (1,5 l-Motor) bzw. 50 Nm (1,8 und 2,1 l-Motor) an.

16 Abgasdrucksensor – Ausbau und Einbau

1,5 l-Motor

1 Ziehen Sie die obere Motorabdeckung ab.
2 Der Sensor sitzt rechts am Zylinderkopf (siehe Abbildung) – trennen Sie seinen Stecker.

16.2 Stecker des Abgasdrucksensors – 1,5 l-Motor

3 Lösen Sie die Lasche und die Mutter, um den Sensorhalter von der Winden-Öse zu befreien.
4 Lockern Sie unten am Sensor die Schelle und ziehen Sie den Schlauch ab.
5 Befreien Sie den Sensor nötigenfalls aus dem Halter.
6 Trennen Sie den Schlauch vom Sensor.
7 Der Einbau entspricht der umgekehrten Ausbaureihenfolge – ersetzen Sie den Druckschlauch, falls er verhärtet ist oder Risse aufweist. Verlegen Sie den Schlauch ohne Knicke.

1,8 und 2,1 l-Motor

8 Ziehen Sie die obere Motorabdeckung ab.
9 Der Sensor sitzt links am Zylinderkopf (siehe Abbildung) – trennen Sie seinen Stecker.

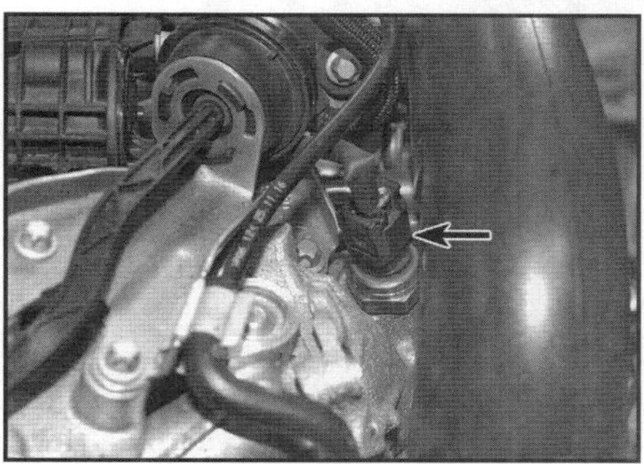

16.9 Stecker des Abgasdrucksensors – 1,8 und 2,1 l-Motor

10 Schrauben Sie den Sensor heraus. Kontrollieren Sie seinen Dichtring und ersetzen Sie ihn nötigenfalls.
11 Der Einbau entspricht der umgekehrten Ausbaureihenfolge – ziehen Sie den Sensor mit 25 Nm an.

17 Abgastemperatursensor – Ausbau und Einbau

Ausbau

Sensor vor dem Turbolader

1 Ziehen Sie die obere Motorabdeckung ab.
2 Trennen Sie den Sensorstecker und befreien Sie die Verkabelung (siehe Abbildung).

17.2 Befreien Sie das Sensorkabel – gezeigt am 1,8 und 2,1 l-Motor

3 Schrauben Sie den Sensor mit einem geschlitzten Steckschlüssel aus dem Turbolader (siehe Abbildung).

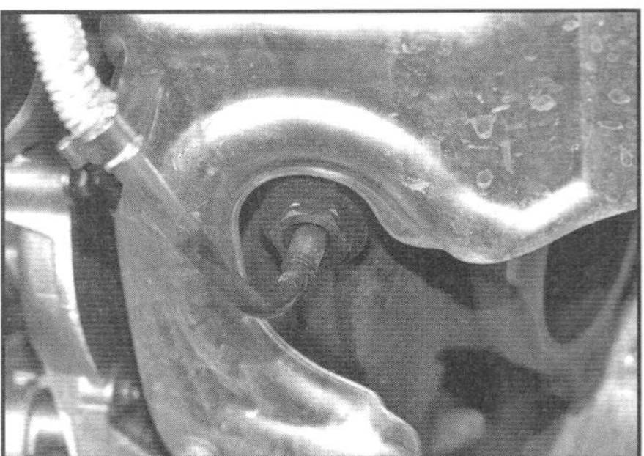

17.3 Schrauben Sie den Sensor aus dem Turbolader – gezeigt am 1,8 und 2,1 l-Motor

Partikelfilter-Sensor

1,5 l-Motor

4 Ziehen Sie die obere Motorabdeckung ab.
5 Verfolgen Sie das Sensorkabel und trennen Sie es am Stecker (siehe Abbildung). Befreien Sie die Verkabelung aus allen Befestigungen.

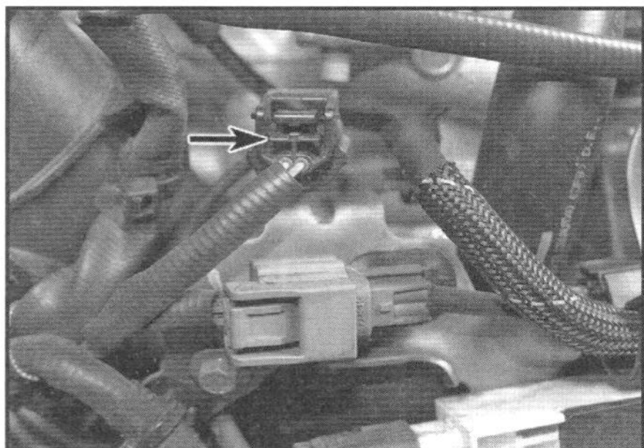

17.5 Trennen Sie den Stecker des Partikelfilter-Sensors

6 Schrauben Sie den Sensor mit einem geschlitzten Steckschlüssel aus dem Partikelfilter (siehe Abbildung).

17.6 Schrauben Sie den Sensor aus dem Partikelfilter – 1,5 l-Motor

1,8 und 2,1 l-Motor

7 Heben Sie das Fahrzeug vorn an und stützen Sie es sicher ab (siehe Seite 0.19). Demontieren Sie den Unterfahrschutz.
8 Lockern Sie bei Modellen mit Euro 6-Abgasnorm die Schellen des hinter dem Luftfilter sitzenden Ansaugtrakts, lösen Sie dessen Schrauben und Muttern und entfernen Sie es.
9 Verfolgen Sie das Sensorkabel und trennen Sie es am Stecker (siehe Abbildung). Befreien Sie die Verkabelung aus allen Befestigungen.
10 Lockern Sie die Schelle, die den Partikelfilter am vorderen Auspuffrohr sichert, befreien Sie die Haltegummis und verlagern Sie den Partikelfilter nach rechts.
11 Schrauben Sie den Sensor mit einem geschlitzten Steckschlüssel aus dem Partikelfilter (siehe Abbildung).

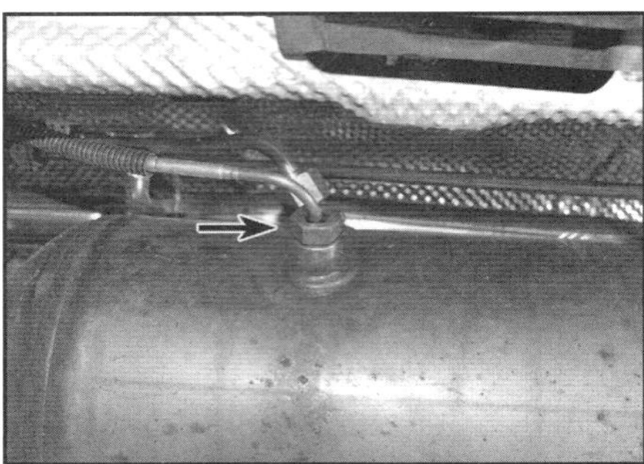

17.11 Schrauben Sie den Sensor aus dem Partikelfilter – 1,8 und 2,1 l-Motor

Einbau

12 Der Einbau entspricht der umgekehrten Ausbaureihenfolge – versehen Sie das Sensorgewinde mit etwas Kupferpaste und ziehen Sie den Sensor mit 32 Nm (1,5 l-Motor) bzw. 45 Nm (1,8 und 2,1 l-Motor) an.

18 Differenzialdrucksensor – Ausbau und Einbau

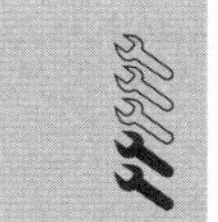

Ausbau

1 Ziehen Sie die obere Motorabdeckung ab.
2 Heben Sie das Fahrzeug vorn an und stützen Sie es sicher ab (siehe Seite 24). Demontieren Sie den Unterfahrschutz.

1,5 l-Motor

3 Beachten Sie die Einbaulage und lockern Sie von unten die Schellen der Sensor-Schläuche, um die Metallrohren abzuziehen (siehe Abbildung).
Achtung: Mercedes schreibt vor, nicht die Schläuche vom Sensor zu trennen, da hierbei das Sensorgehäuse beschädigt werden kann.

18.3 Schlauchschellen an den Metallrohren – 1,5 l-Motor

4 Trennen Sie den Sensorstecker, lösen Sie die Schraube und entnehmen Sie den Sensor samt Schläuchen (siehe Abbildung).

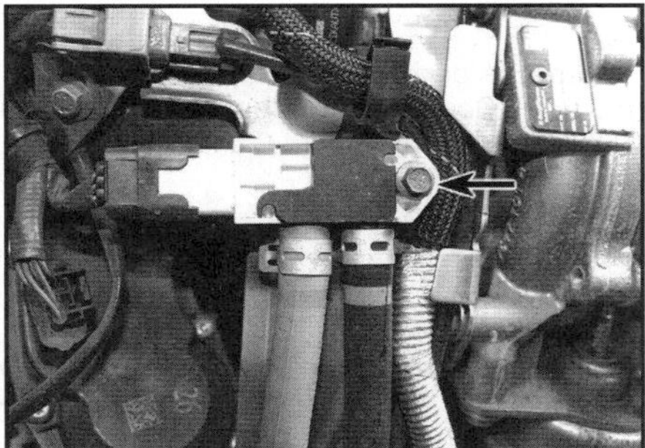
18.4 Schraube des Differenzialdrucksensors

1,8 und 2,1 l-Motor

5 Beachten Sie die Einbaulage und lockern Sie von unten die Schellen der Sensor-Schläuche, um sie vom Partikelfilter abzuziehen (siehe Abbildung). Befreien Sie die Schläuche aus allen Führungen und Befestigungen.
Achtung: Mercedes schreibt vor, nicht die Schläuche vom Sensor zu trennen, da hierbei das Sensorgehäuse beschädigt werden kann.

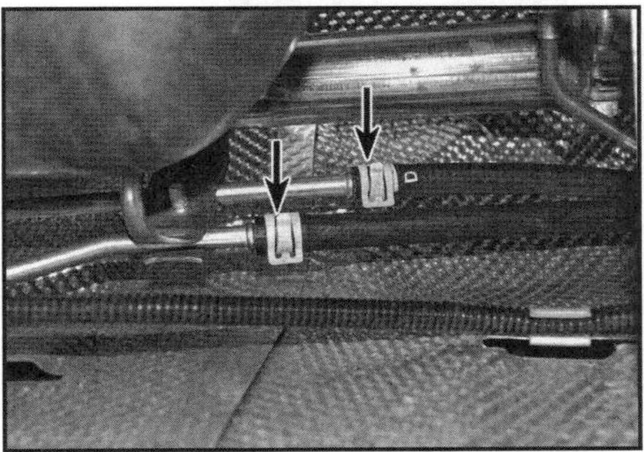
18.5 Schlauchschellen an den Metallrohren – 1,8 und 2,1 l-Motor

6 Trennen Sie an der Spritzwand den Sensorstecker, lösen Sie die Schraube und entnehmen Sie den Sensor samt Schläuchen (siehe Abbildung).

18.6 Stecker des Differenzialdrucksensors

Einbau

7 Der Einbau entspricht der umgekehrten Ausbaureihenfolge.

19 Kraftstofftemperatursensor – Ausbau und Einbau

Ausbau

1,5 l-Motor

1 Der Sensor sitzt – falls vorhanden – am Rücklaufrohr nahe der Hochdruckpumpe (siehe Abbildung) – er ist nur zusammen mit den Rücklaufleitungen als Baugruppe erhältlich; deren Ausbau ist in Kapitel 4B, Sektion 13 beschrieben.

19.1 Position des Kraftstofftemperatursensors beim 1,5 l-Motor

1,8 und 2,1 l-Motor

2 Ziehen Sie die obere Motorabdeckung ab.
3 Befreien Sie den Ansaugtrakt vor dem Luftfilter.
4 Entfernen Sie die Glühkerzen-Ausgangsstufe (siehe Sektion 21) und demontieren Sie die Ausgangsstufen-Halterung.
5 Trennen Sie den Sensorstecker (siehe Abbildung).

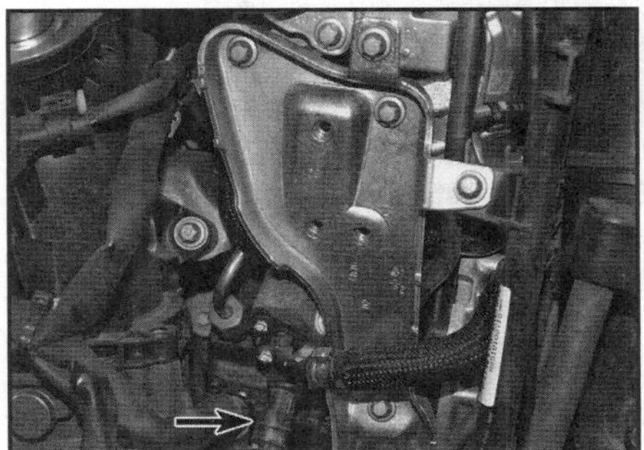
19.5 Stecker des Kraftstofftemperatursensors beim 1,8 und 2,1 l-Motor

6 Reinigen Sie den Bereich um den Sensor und schrauben Sie ihn aus der Hochdruckpumpe – seien Sie auf austretenden Kraftstoff vorbereitet. Die Dichtringe müssen beim Einbau erneuert werden.

Einbau

7 Der Einbau entspricht der umgekehrten Ausbaureihenfolge.

20 Glühkerzen – Ausbau und Einbau

Warnung: Falls das Vorwärmsystem gerade aktiv war oder der Motor bis vor Kurzem lief, sind die Glühkerzen sehr heiß!

1,5 l-Motor

Ausbau

Anmerkung: *Falls zum Lösen einer Glühkerze mehr als 25 Nm nötig sind, empfiehlt Mercedes, den Motor auf Betriebstemperatur zu bringen und es erneut zu versuchen. Beachten Sie, dass beim Abbrechen des Sechskants die Glühkerze ausgebohrt werden muss – was den Ausbau des Zylinderkopfs erforderlich macht.*

1 Trennen Sie das Massekabel (–) der Batterie (siehe Kapitel 5, Sektion 4).

2 Ziehen Sie die obere Motorabdeckung ab.

3 Befreien Sie das über den Motor verlaufende Ladeluftrohr.

4 Befreien Sie am Deckel über den Injektoren den Kabelbaum, lösen Sie die Schrauben und Laschen und entfernen Sie ihn (Abb. 12.3a und b).

5 Ziehen Sie die Kabelstecker von den Glühkerzen (siehe Abbildung).

20.5 Ziehen Sie die Kabelstecker von den Glühkerzen.

6 Reinigen Sie die Umgebung der Glühkerzen, um keinen Schmutz in den Motor eindringen zu lassen.

7 Drehen Sie mit einem ausreichend langen Steckschlüssel die Glühkerzen aus dem Zylinderkopf (siehe Abbildung).

Achtung: Behandeln Sie Glühkerzen äußerst vorsichtig – sie sind sehr empfindlich!

20.7 Zum Lösen der Glühkerzen wird ein langer Steckschlüssel benötigt.

Einbau

8 Der Einbau entspricht der umgekehrten Ausbaureihenfolge – versehen Sie das Gewinde mit etwas Kupferpaste und ziehen Sie die Glühkerzen mit 15 Nm an – zu festes Anziehen kann das Heizelement beschädigen.

1,8 und 2,1 l-Motor

Ausbau

Anmerkung: *Falls zum Lösen einer Glühkerze mehr als 25 Nm nötig sind, empfiehlt Mercedes, den Motor auf Betriebstemperatur zu bringen und es erneut zu versuchen. Beachten Sie, dass beim Abbrechen des Sechskants die Glühkerze ausgebohrt werden muss – was den Ausbau des Zylinderkopfs erforderlich macht.*

9 Trennen Sie das Massekabel (–) der Batterie (siehe Kapitel 5, Sektion 4).

10 Ziehen Sie die obere Motorabdeckung ab.

11 Verlagern Sie den Unterdruckschlauch und den Kabelbaum beiseite.

12 Drücken Sie die Glühkerzenstecker seitlich ein und ziehen Sie sie ab (siehe Abbildung).

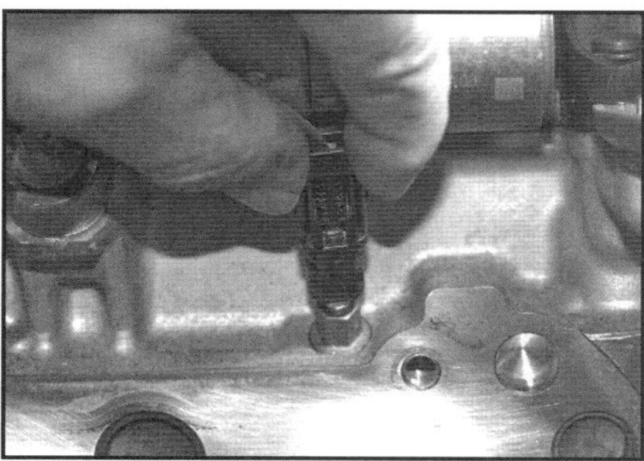

20.12 Ziehen Sie die Glühkerzenstecker ab – gezeigt bei demontiertem Einlassstutzen.

13 Drehen Sie mit einem ausreichend langen Steckschlüssel die Glühkerzen aus dem Zylinderkopf.

Achtung: *Behandeln Sie Glühkerzen äußerst vorsichtig – sie sind sehr empfindlich!*

Einbau

14 Der Einbau entspricht der umgekehrten Ausbaureihenfolge – versehen Sie das Gewinde mit etwas Kupferpaste und ziehen Sie die Glühkerzen mit den in den technischen Daten angegebenen Drehmomenten und ggf. Winkelgraden an – beachten Sie die Unterschiede für verschieden lange Glühkerzen. Zu festes Anziehen kann das Heizelement beschädigen.

21 Glühkerzen-Ausgangsstufe – Ausbau und Einbau

Ausbau

1 Trennen Sie das Massekabel (–) der Batterie (siehe Kapitel 5, Sektion 4).

2 Ziehen Sie die obere Motorabdeckung ab.

1,5 l-Motor

3 Befreien Sie das über den Motor verlaufende Ladeluftrohr.

4 Lösen Sie die Mutter oben an der Ausgangsstufe und befreien Sie diese von der Halterung (siehe Abbildung).

21.4 Ausgangsstufen-Mutter und Kabelstecker-Arretierlasche – 1,5 l-Motor

5 Ziehen Sie am Kabelstecker die Arretierlasche heraus und trennen Sie ihn (Abb. 21.4).

1,8 und 2,1 l-Motor

6 Die Glühkerzen-Ausgangsstufe sitzt links vorn am Motor – trennen Sie ihre Kabelstecker (siehe Abbildung).

21.6 Ausgangsstufen-Kabelstecker – 1,8 und 2,1 l-Motor

7 Lösen Sie die Schrauben der Ausgangsstufe und befreien Sie sie.

Einbau

8 Der Einbau entspricht der umgekehrten Ausbaureihenfolge – der/die Stecker müssen korrekt verbunden sein.

22 Abgasregelungs-Systeme – Test und Austausch von Komponenten

Kurbelgehäuse-Entlüftungsregelung

1 Die Komponenten dieses Systems erfordern außer einer regelmäßigen Überprüfung der Schläuche keinerlei Aufmerksamkeit.

Anmerkung: *Falls Schläuche zur Kontrolle ihres Zustands oder einer Verstopfung abgezogen werden sollen, empfiehlt es sich, zuvor ihre Einbauposition zu notieren oder zu fotografieren.*

Abgasregelung

2 Die Leistungsfähigkeit des Katalysators und des Partikelfilters kann nur durch eine Abgasanalyse mithilfe eines korrekt kalibrierten Messgeräts ermittelt werden.

3 Falls am Katalysator oder Partikelfilter ein Defekt vermutet wird, muss herausgefunden werden, ob nicht ein schadhafter Injektor die Ursache ist. Weitere Informationen sind beim Mercedes-Händler oder in einer Fachwerkstatt erhältlich.

Abgasrückführungssystem (AGR)

4 Der Test dieses Systems muss einer mit entsprechenden Messgeräten ausgerüsteten Fachwerkstatt überlassen werden.

AGR-Ventil – Erneuern

1,5 l-Motor

5 Ziehen Sie die obere Motorabdeckung ab.
6 Demontieren Sie die Luftfilter-Baugruppe (siehe Kapitel 4B, Sektion 5).

Niederdruck-AGR-Ventil

7 Lockern Sie die Schellen der zwischen dem Luftfiltergehäuse und dem Turbolader-Einlassstutzen verlaufenden Unterdruckschläuche und entnehmen Sie diese.
8 Trennen Sie den Belüftungsschlauch, lösen Sie die Schraube des Differenzialdrucksensors und befreien Sie ihn vom Halter (Abb. 18.4).
9 Befreien Sie den Kabelbaum, verlagern Sie die Kraftstoffleitungen beiseite und lösen Sie die Mutter des Differenzialdrucksensor-Halters und entfernen Sie diesen.
10 Trennen Sie hinten am Zylinderkopf den Belüftungsschlauch des Luft-Einlassstutzens, lösen Sie die Schrauben und entfernen Sie den Stutzen.
11 Lösen Sie die Schrauben, die das Luft-Ausaugsegment am AGR-Ventil sichern, und befreien Sie es (siehe Abbildung).

22.11 Schrauben, die das Luft-Ausaugsegment am AGR-Ventil sichern

12 Lösen Sie die Muttern und Schrauben des AGR-Ventils (siehe Abbildung) und befreien Sie es – trennen Sie dabei den Kabelstecker. Der Dichtring muss beim Einbau erneuert werden.

22.12 Muttern und Schrauben des AGR-Ventils

Hochdruck-AGR-Ventil

13 Trennen Sie den Kabelstecker vom Hochdruckventil (siehe Abbildung).

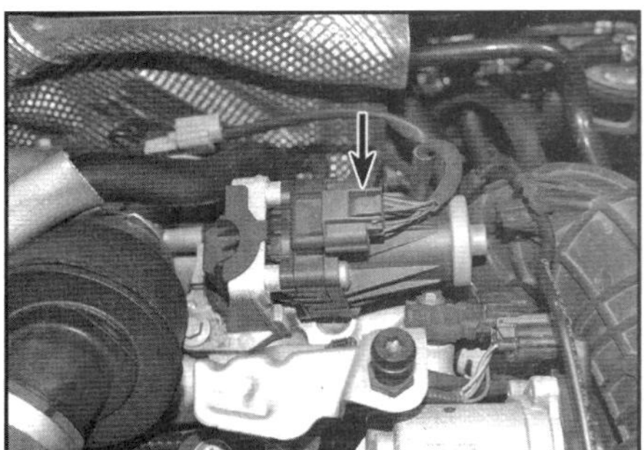

22.13 Kabelstecker am Hochdruckventil

14 Lösen Sie die zwei Schrauben des Hochdruckventils und befreien Sie es (siehe Abbildung) – der Dichtring muss beim Einbau erneuert werden.

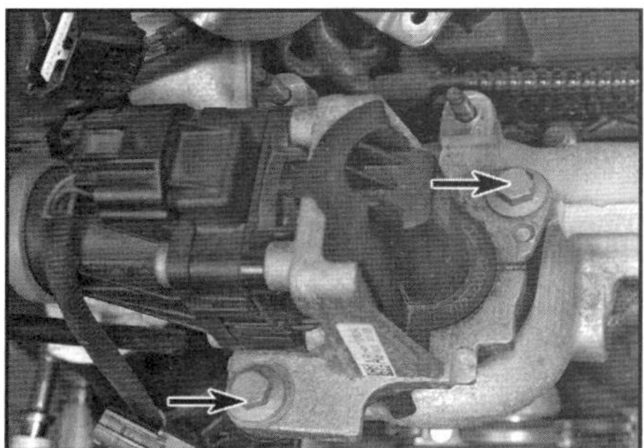

22.14 Schrauben des Hochdruckventils

15 Der Einbau entspricht der umgekehrten Ausbaureihenfolge.

1,8 und 2,1 l-Motor

16 Entleeren Sie das Kühlsystem (siehe Kapitel 1B, Sektion 33).
17 Ziehen Sie die obere Motorabdeckung ab.
18 Lockern Sie rechts am AGR-Kühler die Schelle des Kühlschlauchs und ziehen Sie diesen ab (siehe Abbildung).

22.18 Schelle des Kühlschlauchs am AGR-Kühler

19 Entfernen Sie die Glühkerzen-Ausgangsstufe (siehe Sektion 21).
20 Lösen Sie die Schrauben des AGR-Rohrs und entnehmen Sie es (siehe Abbildung) – die Dichtungen müssen später erneuert werden.

22.20 AGR-Rohr

21 Demontieren Sie den Ausgangsstufen-Halter sowie den Halter, der das AGR-Ventil am Zylinderkopf sichert.
22 Ziehen Sie den Unterdruckschlauch vom Ventil-Aktuator ab und trennen Sie den Stecker des Abgasdrucksensors (siehe Abbildungen).

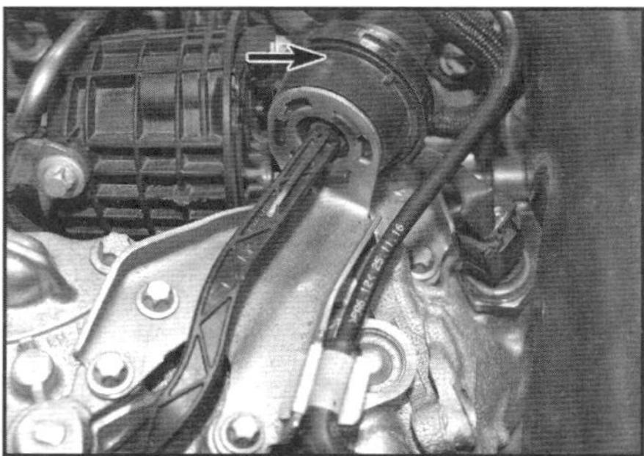

22.22a AGR-Ventil-Aktuator

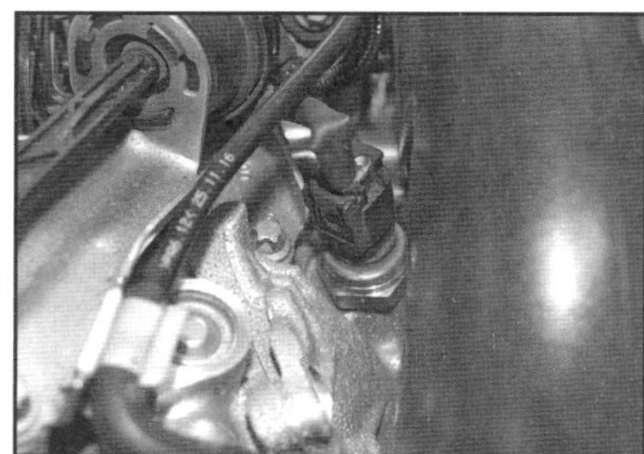

22.22b Stecker des Abgasdrucksensors

23 Trennen Sie den Kabelstecker des AGR-Ventils (siehe Abbildung).

22.23 Kabelstecker des AGR-Ventils

24 Entfernen Sie den Halter links am AGR-Ventil (siehe Abbildung).

22.24 Schrauben des linken AGR-Ventil-Halter

25 Lösen Sie die zwei Schrauben, die rechts den AGR-Kühler sichern (siehe Abbildung).

22.25 Schrauben rechts am AGR-Kühler

26 Lösen Sie die Schrauben, die das AGR-Ventil links am Zylinderkopf sichern (siehe Abbildung).

22.26 Schrauben, die das AGR-Ventil links am Zylinderkopf sichern

27 Manövrieren Sie das AGR-Ventil heraus. Lösen Sie nötigenfalls die Schrauben, die den AGR-Kühler am Ventil sichern und trennen Sie beide Teile (siehe Abbildung) – beim Zusammenbau werden neue Dichtungen benötigt.

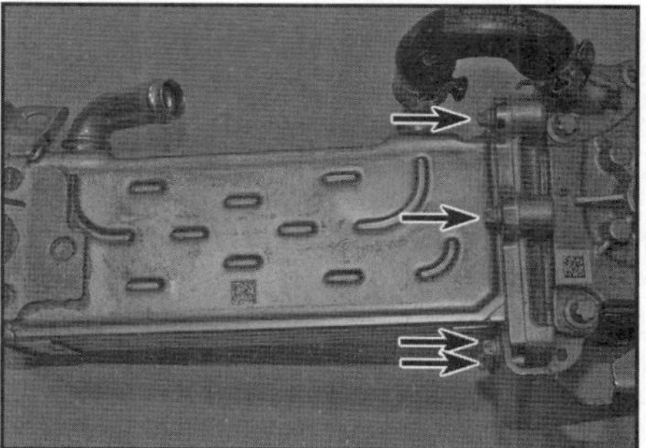

22.27 Schrauben, die den AGR-Kühler am Ventil sichern

AGR-Kühler – Erneuern

1,5 l-Motor

28 Entleeren Sie das Kühlsystem (siehe Kapitel 1B, Sektion 33).
29 Demontieren Sie das Niederdruck-AGR-Ventil (Schritte 7 bis 12).
30 Demontieren Sie den Partikelfilter (Schritte 44 bis 66).
31 Entfernen Sie den Halter der Partikelfilter-Haltebänder.
32 Lockern Sie links am AGR-Kühler die Schelle des Kühlschlauchs und ziehen Sie diesen ab.
33 Lösen Sie die Schrauben, die das Kühlrohr am Motorblock sichern (siehe Abbildung) – hier wird später eine neue Dichtung benötigt.

22.33 Kühlrohr-Schrauben

34 Lösen Sie unten und links am oberen Rand des AGR-Kühlers die Schrauben und manövrieren Sie den Kühler heraus (siehe Abbildung).

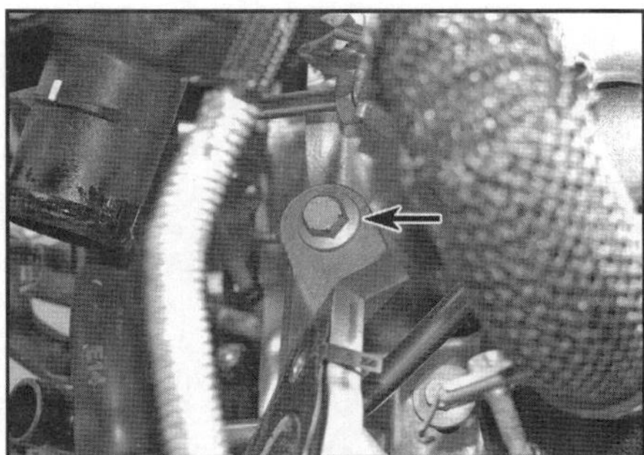

22.34 Schraube links oben am AGR-Kühler

35 Der Einbau entspricht der umgekehrten Ausbaureihenfolge.

1,8 und 2,1 l-Motor

Hochdruck-AGR-Kühler

36 Der AGR-Kühler wird zusammen mit dem Hochdruck-AGR-Ventil demontiert (siehe Schritte 16 bis 27).

Niederdruck-AGR-Kühler (nur bei Modellen mit Euro 6-Abgasnorm)

37 Entleeren Sie das Kühlsystem (siehe Kapitel 1B, Sektion 33).
38 Ziehen Sie die obere Motorabdeckung ab.
39 Befreien Sie den Kühlerschlauch vom rechten Motorhalter.
40 Lockern Sie hinten am Zylinderkopf am Niederdruck-AGR-Kühler die Schellen des Kühlschlauchs und trennen Sie diesen (siehe Abbildung).

22.40 Schlauchschelle am Niederdruck-AGR-Kühler

41 Lösen Sie unten am AGR-Kühler die Schrauben des AGR-Rohrs und befreien Sie es (siehe Abbildung).

22.41 Schrauben des AGR-Rohrs am AGR-Kühler

42 Lösen Sie die vier Schrauben des AGR-Kühlers und manövrieren Sie ihn heraus (siehe Abbildungen) – die Dichtungen müssen später erneuert werden.

22.42a Lösen Sie die zwei Schrauben links am AGR-Kühler ...

22.42b ... und die zwei Schrauben rechts.

43 Der Einbau entspricht der umgekehrten Ausbaureihenfolge.

Katalysator/Partikelfilter – Ersetzen

Anmerkung: *Falls ein neuer Partikelfilter installiert wird, muss die Codierung im Motorsteuergerät mithilfe eines Mercedes-Diagnosegeräts zurückgesetzt werden.*

1,5 l-Motor

44 Demontieren Sie die rechte Antriebswelle (siehe Kapitel 8, Sektion 7).
45 Ziehen Sie die obere Motorabdeckung ab.
46 Demontieren Sie die rechte Motorhalterungs-Baugruppe (siehe Kapitel 2B, Sektion 14).
47 Lösen Sie die Schrauben und Muttern des oberen Turbolader-Hitzeschilds und entnehmen Sie es (siehe Abbildung).

22.47 Schrauben und Muttern des Turbolader-Hitzeschilds

48 Lockern Sie die Schelle, die den Katalysator samt Partikelfilter am Turbolader sichert (siehe Abbildung) – die Schelle und die Dichtung müssen beim Einbau erneuert werden.

22.48 Schelle, die den Katalysator samt Partikelfilter am Turbolader sichert

49 Demontieren Sie die vor dem Katalysator sitzende Lambdasonde (siehe Sektion 15).

50 Trennen Sie den Stecker des Differenzialdrucksensors und befreien Sie diesen vom Halter am Turbolader.
51 Entfernen Sie die komplette Auspuffanlage (siehe Kapitel 4B, Sektion 20).
52 Trennen Sie den vorderen Abgastemperatursensor und befreien Sie sein Kabel vom Hitzeschild.
53 Drehen Sie die mit Torx-Köpfen versehenen Stehbolzen aus dem Partikelfilter-Flansch (siehe Abbildung).

22.53 Mit Torx-Köpfen versehene Stehbolzen im Partikelfilter-Flansch

54 Verfolgen Sie das Kabel der hinter dem Katalysator sitzenden Lambdasonde, trennen Sie den Stecker und befreien Sie die Verkabelung aus allen Befestigungen.
55 Demontieren Sie den Temperatursensor aus dem Katalysator.
56 Demontieren Sie den hinteren Motorhalter (siehe Kapitel 2B, Sektion 14).
57 Lösen Sie die Mutter des AGR-Rohrs und trennen Sie es vom Partikelfilter (siehe Abbildung) – die Muttern und die Dichtung müssen beim Einbau erneuert werden.

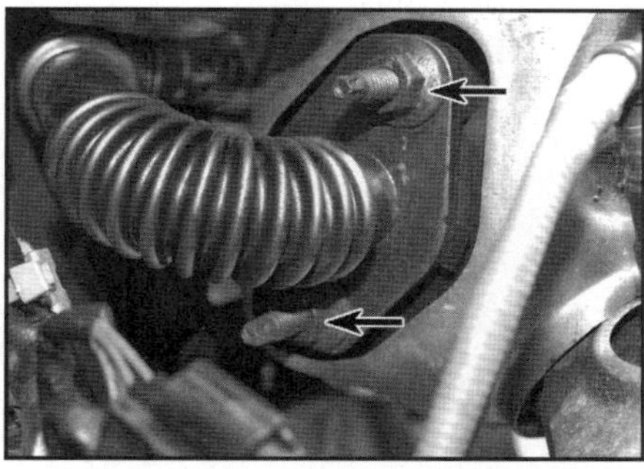

22.57 Mutter, die das AGR-Rohr am Partikelfilter sichern

58 Schrauben Sie den vor dem Partikelfilter sitzenden Temperatursensor heraus.
59 Lösen Sie am Partikelfilter die Schrauben des Hitzeschilds und entnehmen Sie es (siehe Abbildung).

22.59 Schrauben des Hitzeschilds am Partikelfilter

60 Lösen Sie die Schrauben der Partikelfilter-Haltebänder (siehe Abbildung).

22.60 Schrauben der Partikelfilter-Haltebänder

61 Demontieren Sie den Kurbelwellensensor (siehe Sektion 10).
62 Lösen Sie am Motorgehäuse die Schrauben des Mittellagerträgers für die rechte Antriebswelle (siehe Abbildung).

22.62 Schrauben des Mittellagerträgers für die rechte Antriebswelle

63 Lösen Sie an der Ölwanne die Schrauben der hinteren Motorhalterungs-Aufnahme und entfernen Sie sie.
64 Lösen Sie neben der Kupplungsglocke die Schrauben der Katalysator/Partikelfilter-Halterung und entfernen Sie diese (siehe Abbildung).

22.64 Katalysator/Partikelfilter-Halterung neben der Kupplungsglocke

65 Lösen Sie am Lenkgetriebe die Befestigungen des Hitzeschilds und entnehmen Sie es.
66 Drücken Sie mithilfe eines Assistenten die Antriebseinheit etwas nach vorn und manövrieren Sie die Katalysator/Partikelfilter-Baugruppe vorsichtig nach unten heraus.

1,8 und 2,1 l-Motor

67 Demontieren Sie:

a) *die Lambdasonden (siehe Sektion 15).*

b) *die Abgastemperatursensoren (siehe Sektion 17).*

c) *die Schläuche des Differenzialdrucksensors (siehe Sektion 18).*

d) *das AGR-Rohr am Auspuffrohr (nur Modelle mit Euro 6-Abgasnorm)*

68 Lockern Sie vorn am Auspuff alle Schellen und hängen Sie alle Gummis aus, um den Auspuff von der Katalysator/Partikelfilter-Baugruppe zu trennen (siehe Abbildung).

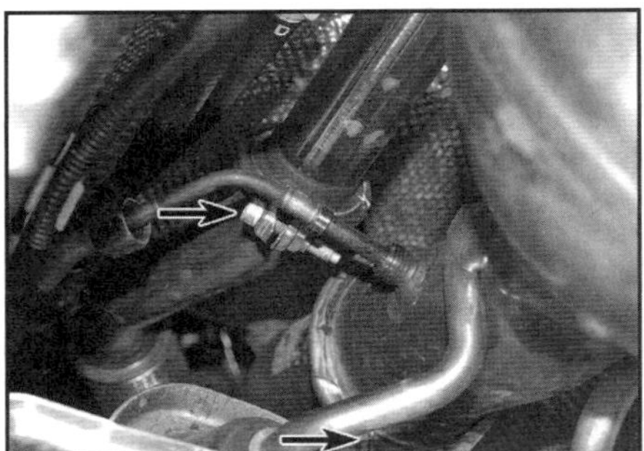

22.68 Lockern Sie die Schellen und trennen Sie die Auspuffanlage von der Katalysator/Partikelfilter-Baugruppe.

69 Manövrieren Sie die Katalysator/Partikelfilter-Baugruppe vorsichtig nach unten heraus.

Einbau

70 Der Einbau entspricht der umgekehrten Ausbaureihenfolge – beachten Sie dabei folgende Punkte:

a) *Achten Sie darauf, dass der flexible Teil der Auspuffanlage nicht zu stark gebogen wird.*

b) *Ziehen Sie alle Befestigungen mit den in diesem und anderen Kapiteln angegebenen Drehmomenten an.*

Kapitel 7A

Schaltgetriebe

Inhalt — Sektion

Schwierigkeitsgrade

Leicht. Geeignet für Anfänger mit wenig Erfahrung. 	**Relativ leicht.** Geeignet für Anfänger mit etwas Erfahrung. 	**Relativ schwierig.** Geeignet für geübte Selbstschrauber. 	**Schwer.** Geeignet für Selbstschrauber mit viel Erfahrung. 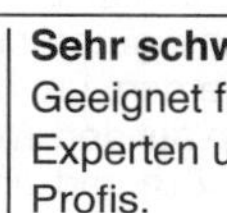	**Sehr schwer.** Geeignet für Experten und Profis. 

Technische Daten

Allgemein

Typ . . . . Sechsganggetriebe mit Rückwärtsgang, alle Vorwärtsgänge synchronisiert
Typenbezeichnung 711.6

Schmiersystem
Getriebeöl-Typ . . . . Mercedes Getriebeöl Gear 75W-80 MB317*
** Erkundigen Sie sich beim Mercedes-Händler nach aktuellen Empfehlungen und Marken.*
Getriebeöl-Füllmenge . . . . 2,2 Liter

Anzugsdrehmomente	**Nm**
Ganganzeige-Sensor	5
Getriebe/Motor-Verbindungsschrauben	40
Ölablassschraube	35
Öleinfüll- und Kontrollschraube	35
Querstreben-Schrauben	30

1 Allgemeine Informationen

1 Das Getriebe befindet sich in einem links an den Motor geschraubten Aluminiumgehäuse. Das Differenzial für den Antrieb der Vorderräder ist in das Gehäuse integriert.
2 Die Motorleistung wird über die Kupplung auf die Getriebe-Eingangswelle übertragen, die mit einer Verzahnung die Kupplungs-Belagscheibe aufnimmt und sich in abgedichteten Kugellagern dreht. Über die je nach eingelegtem Gang kraftschlüssig gekoppelten Zahnradpaare wird die Kraft auf die Ausgangswelle geleitet, die sich rechts in einem Rollenlager und links in einem abgedichteten Kugellager dreht. Das auf der Ausgangswelle sitzende Tellerrad des Differenzials treibt über Planetenräder die Sonnenräder und die Antriebswellenräder an. Die Rotation der Planetenräder auf ihren Wellen erlaubt es, dass in Kurven das innere Rad langsamer dreht als das äußere.
3 Die Ein- und Ausgangswellen des Getriebes liegen parallel zur Kurbelwelle, sodass die darauf laufenden Zahnradpaare in konstantem Eingriff stehen. In der Leerlauf-Position drehen alle Ausgangswellen-Zahnräder frei auf der Welle, sodass die Kraftübertragung unterbrochen ist.
4 Die Gänge werden über einen am Karosserieboden gelagerten Schalthebel ausgewählt, dessen Bewegungen über zwei Bowdenzüge an die entsprechenden Schaltgabeln weitergeleitet werden, um die mit Synchronringen ausgerüsteten Schaltmuffen auf den Wellen zu verschieben, sodass das entsprechende Zahnrad arretiert wird und die Kraft übertragen kann. Damit die Gänge schnell und geräuschlos gewechselt werden können, sorgen die Synchronringe und federbelastete Laschen dafür, dass die Zahnräder bereits vor dem Arretieren auf die korrekte Drehzahl gebracht werden.
5 Aufgrund der Komplexität und diverser erforderlicher Spezialwerkzeug ist eine Reparatur der internen Bauteile eines Getriebes für den Hobbyschrauber nicht empfehlenswert. Falls im Getriebe Probleme auftreten, sollte eine Fachwerkstatt konsultiert und ggf. ein Austauschgetriebe beschafft werden.
6 Die folgenden Sektionen enthalten lediglich allgemeine Informationen und lediglich Hinweise, die auch der Hobbyschrauber durchführen kann.

2 Getriebeöl – Ablassen und Auffüllen

1 Das Getriebeöl lässt sich deutlich schneller und effizienter ablassen, wenn das Fahrzeug zuvor gefahren wurde, um es auf Betriebstemperatur zu bringen.
2 Stellen Sie das Fahrzeug auf eine ebene Fläche, schalten Sie die Zündung ab und aktivieren Sie die Feststellbremse. Um den Zugang zu verbessern, kann das Fahrzeug angehoben und sicher abgestützt werden (siehe Seite 24) – beachten Sie, dass es für die Kontrolle des Ölpegels absolut waagerecht stehen muss. Demontieren Sie den Unterfahrschutz.
3 Wischen Sie hinter dem rechten Antriebswellen-Flansch die Bereiche um die Einfüll/Kontrollschraube und die Ablassschraube sauber und drehen Sie beide Schrauben aus dem Getriebe (siehe Abbildungen).

2.3a Getriebeöl-Einfüll/Kontrollschraube ...

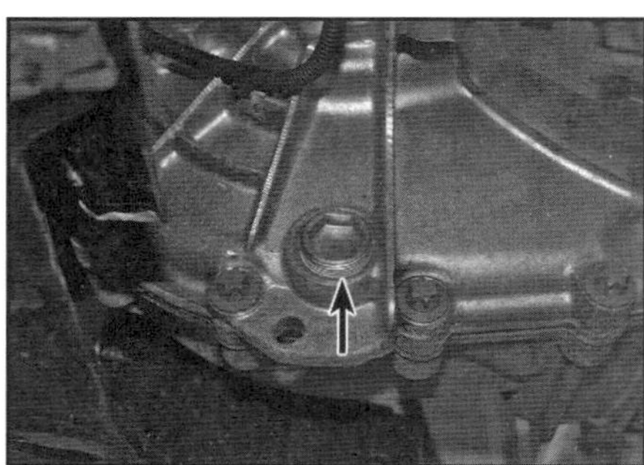

2.3b ... und Ablassschraube

4 Stellen Sie einen geeigneten Ölauffangbehälter unter das Getriebe und drehen Sie die Ablassschraube heraus.
Anmerkung: *Mercedes schreibt vor, sowohl die Ablassschraube als auch die Einfüll/Kontrollschraube nicht wiederzuverwenden, sondern durch Neuteile zu ersetzen.*
Achtung: *Falls das Getriebe heiß ist, wird auch das Öl eine hohe Temperatur erreicht haben – passen Sie auf, nicht ihre Hände zu verbrennen!*
5 Nachdem das Öl vollständig abgetropft ist, wird das Gewinde im Getriebe gereinigt und eine neue Ablassschraube installiert; ziehen Sie sie mit 35 Nm an.
6 Das Auffüllen des Getriebes ist eine sehr mühsame Operation. Vor allem muss dem Öl viel Zeit gegeben werden, bis sich der Pegel stabilisiert hat. Das Fahrzeug muss für diese Kontrolle absolut waagerecht stehen.
7 Füllen Sie durch den oberen Verschluss Öl nach, bis es auszutreten beginnt. Installieren Sie dann die alte Einfüll/Kontrollschraube und ziehen Sie sie mit 35 Nm an. Unternehmen Sie eine kleine Probefahrt, damit sich das Öl vollständig im Getriebe verteilt, kontrollieren Sie den Pegel erneut und installieren Sie die neue Einfüll/Kontrollschraube – ziehen Sie sie mit 35 Nm an.
8 Montieren Sie den Unterfahrschutz.

3 Schaltzüge – Ausbau, Einbau und Einstellung

Ausbau

1 Heben Sie das Fahrzeug vorn an und stützen Sie es sicher ab (siehe Seite 24). Demontieren Sie den Unterfahrschutz.
2 Demontieren Sie die Luftfilter-Baugruppe (siehe Kapitel 4A, Sektion 3 oder Kapitel 4B, Sektion 5).
3 Notieren Sie die Einbaupositionen der Schaltzug-Kugelgelenke an den Getriebe-Hebeln und trennen Sie sie (siehe Abbildung).

3.3 Hebeln Sie die Schaltzug-Kugelgelenke von den Getriebe-Hebeln.

4 Ziehen Sie die Hülsen der Schaltzughülle nach hinten und befreien Sie die Züge aus den Halterungen am Getriebe (siehe Abbildung).

3.4 Ziehen Sie die Hülse nach hinten und ziehen Sie die Schaltzüge nach oben aus dem Halter.

5 Demontieren Sie die Mittelkonsole zwischen den Vordersitzen (siehe Kapitel 11, Sektion 26).
6 Trennen Sie den Stecker des SRS-Steuergeräts (siehe Kapitel 12, Sektion 21).
7 Heben Sie vor dem Schalthebel die Isolierung von den Schaltzügen ab.
8 Trennen Sie die Schaltzüge von den Schalthebel-Kugelgelenken. Ziehen Sie die Hülsen der Schaltzughülle zurück und befreien Sie die Züge aus dem Schalthebel-Gehäuse (siehe Abbildungen).

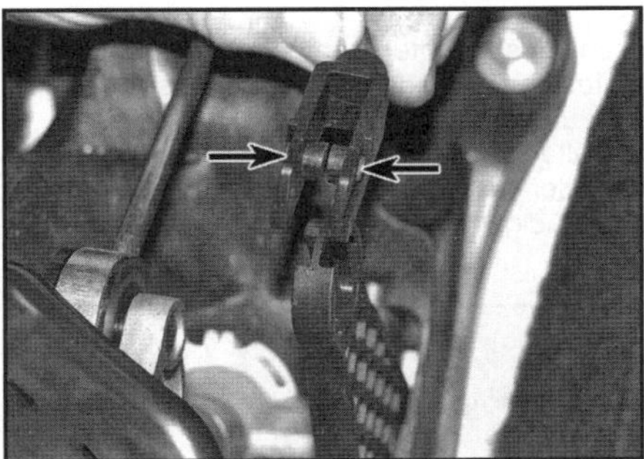

3.8a Hebeln Sie die zwei Hälften des rechten Schaltzug-Anschlusses auseinander und ziehen Sie ihn nach oben ab.

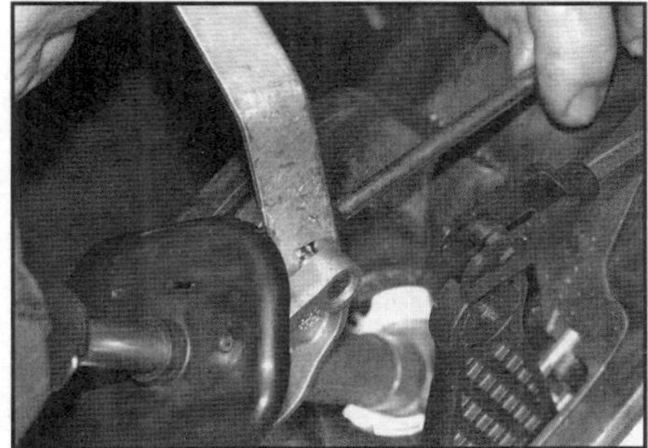

3.8b Hebeln Sie den Anschluss des linken Schaltzugs vom Hebel ab.

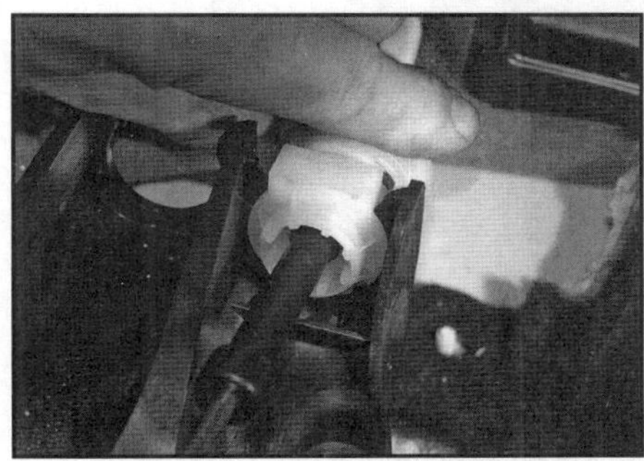

3.8c Ziehen Sie die Hülse zurück und heben Sie die Schaltzüge aus dem Halter.

9 Lösen Sie an den Unterboden-Verkleidungen links und rechts des Auspuff-Tunnels die Befestigungen und befreien Sie sie.
10 Lösen Sie unter dem Fahrzeug die Schrauben der beiden Querstreben und entnehmen Sie sie.
11 Demontieren Sie die Halterungen des Mittel-Schalldämpfers und ggf. des Partikelfilters.
12 Befreien Sie alle Befestigungen der Hitzeschilde unter den Schaltzügen und verlagern Sie sie beiseite.
13 Befreien Sie die Schaltzughalterungen vom Unterboden.
14 Lösen Sie die Kunststoffblenden, mit denen die Schaltzüge am Unterboden gesichert sind, und führen Sie die Züge nach hinten in den Innenraum.

Einbau

15 Der Einbau entspricht der umgekehrten Ausbaureihenfolge – beachten Sie dabei folgende Punkte:
a) Fetten Sie die Kugelgelenke, bevor Sie sie auf die Kugeln drücken.
b) Stellen Sie die Schaltzüge vor der Montage der Luftfilterbaugruppe und der Mittelkonsole korrekt ein (siehe unten).

Einstellung

16 Bewegen Sie bei entfernter Luftfilterbaugruppe das Schaltmodul am Getriebe in die 2.-Gang-Position, indem Sie es in die Mittelposition herunterdrücken und dann um 8 mm anheben und zur Getriebeentlüftung drehen; arretieren Sie es mit einem 7,5 mm-Bohrer oder einem entsprechenden Stift in dieser Position (siehe Abbildungen).

3.16a Drücken Sie das Schaltmodul herunter und ziehen Sie es dann ca. 8 mm hoch, …

3.16b … drehen Sie es dann gegen den Uhrzeigersinn und arretieren Sie es mit einem 7,5 mm-Bohrer.

17 Ziehen Sie die unter Federdruck stehenden Schaltzug-Hülsen gegen die Federn nach vorn und verdrehen Sie sie, um sie zu arretieren (siehe Abbildung) – hierdurch werden die Schaltzüge gelöst.

3.17 Ziehen Sie die Hülsen nach vorn und verdrehen Sie sie.

18 Bewegen Sie im Innenraum den Schalthebel in die 2.-Gang-Position und arretieren Sie ihn dort mit einem 4 mm-Bohrer oder einem entsprechenden Stift (siehe Abbildung).

3.18 Richten Sie die Bohrungen am Schalthebels und des Gehäuses zueinander aus und arretieren Sie den Hebel.

19 Verdrehen Sie im Motorraum die unter Federdruck stehenden Schaltzug-Hülsen, um sie zu lösen – der Einstellprozess ist jetzt beendet. Kontrollieren Sie, ob sich alle Gänge problemlos einlegen lassen.
20 Montieren Sie die Luftfilterbaugruppe und die Mittelkonsole.

4 Schalthebel – Ausbau und Einbau

1 Demontieren Sie die Mittelkonsole (siehe Kapitel 11, Sektion 26) und trennen Sie die Schaltzüge (siehe Sektion 3).
2 Lösen Sie die vier Muttern der Schalthebel-Baugruppe und befreien Sie diese (siehe Abbildung).

4.2 Muttern der Schalthebel-Baugruppe

3 Der Einbau entspricht der umgekehrten Ausbaureihenfolge – stellen Sie die Seilzüge wie in Sektion 3 beschrieben ein.

5 Dichtringe – Ersetzen

Antriebswellen-Dichtringe

1 Demontieren Sie die entsprechende Antriebswelle (siehe Kapitel 8, Sektion 7).
2 Zum Austausch des rechten Antriebswellen-Dichtrings müssen die Befestigungen des Motorgehäuse/Getriebe-Hitzeschilds gelöst und dies befreit werden.
3 Hebeln Sie den alten Dichtring vorsichtig mit einem großen Schraubendreher oder anderem Werkzeug aus seinem Sitz im Getriebe – beschädigen Sie diesen dabei nicht (siehe Abbildung).

5.3 Hebeln Sie den alten Dichtring vorsichtig heraus.

4 Reinigen Sie den Bereich um den Dichtring-Sitz. Treiben Sie den Dichtring senkrecht ein – nutzen Sie dazu z. B. einen Steckschlüssel, der nur den harten Außenbereich berührt (siehe Abbildung) – er muss bündig zum Gehäuse sitzen.

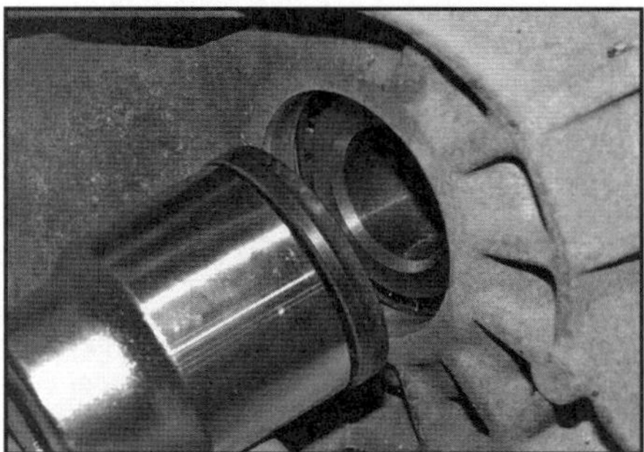

5.4 Treiben Sie den neuen Dichtring mithilfe eines passenden Steckschlüssels ein.

5 Schmieren Sie die Dichtlippe des Dichtrings mit Motoröl und montieren Sie die Antriebswelle (siehe Kapitel 8, Sektion 7).

Eingangswellen-Dichtring

6 Trennen Sie das Getriebe vom Motor (siehe Kapitel 2D) und demontieren Sie den Kupplungs-Ausrückmechanismus (siehe Kapitel 8, Sektion 4).
7 Hebeln Sie den alten Dichtring vorsichtig heraus.
8 Kontrollieren Sie vor dem Einbau die Gleitfläche der Eingangswelle auf Einlaufspuren, Riefen und Kratzer, die den Ausfall des Dichtrings verursacht haben können. Kleine Unebenheiten können auspoliert werden; größere Schäden erfordern den Austausch der Getriebewelle (durch eine Fachwerkstatt).
9 Schmieren Sie die Dichtlippe des Dichtrings mit Motoröl und treiben Sie den Dichtring senkrecht ein – nutzen Sie dazu z. B. einen Steckschlüssel, der nur den harten Außenbereich berührt.
10 Der Rest des Einbaus entspricht der umgekehrten Ausbaureihenfolge.

6 Ganganzeige-Sensor – Ausbau und Einbau

1 Demontieren Sie die Luftfilter-Baugruppe (siehe Kapitel 4A, Sektion 3 oder Kapitel 4B, Sektion 5). Befreien Sie den Ansaugtrakt.
2 Der Sensor sitzt vorn am Getriebe. Trennen Sie seinen Stecker, lösen Sie die Schraube und entfernen Sie den Sensor (siehe Abbildung).

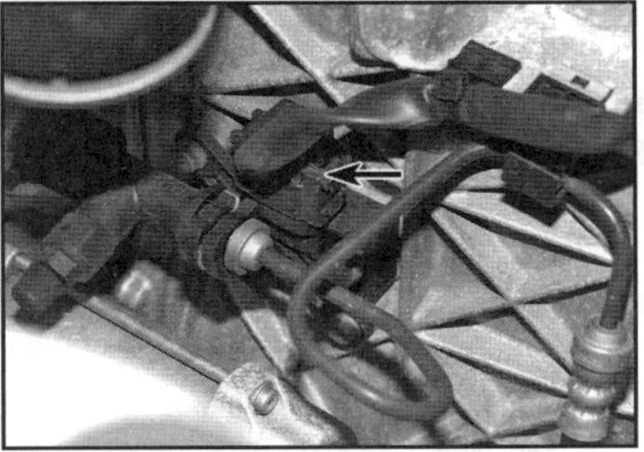

6.2 Stecker des Ganganzeige-Sensors

3 Der Einbau entspricht der umgekehrten Ausbaureihenfolge.

7 Getriebe – Ausbau und Einbau

1 Das Getriebe kann nur zusammen mit dem Motor ausgebaut werden. Das Trennen des Getriebes ist in Kapitel 2D, Sektion 7 beschrieben.

8 Getriebeüberholung – Allgemeine Informationen

1 Das Überholen eines Schaltgetriebes ist für den Hobbyschrauber eine sehr schwierige Arbeit. Es beinhaltet das Zerlegen und Zusammenbauen vieler Einzelteile. Es müssen zahlreiche Maße ermittelt und Spiel nötigenfalls mit ausgewählten Distanzscheiben und Sicherungsringen ausgeglichen werden. Daher kann ein kompetenter Fahrzeugbesitzer zwar das Getriebe aus- und einbauen, doch sollte er das Überholen einer Fachwerkstatt überlassen. Es sind auch fertig überholte Austauschgetriebe erhältlich – fragen Sie beim Mercedes-Händler oder einem Getriebespezialisten nach. Der in die Überholung des eigenen Getriebes gesteckte Zeitaufwand und das Geld für Ersatzteile übersteigen fast immer die Kosten für ein Austauschgetriebe.
2 Dennoch ist es auch für einen wenig erfahrenen Schrauber nicht unmöglich, ein Getriebe zu reparieren – vorausgesetzt, alle Spezialwerkzeuge sind vorhanden und die Arbeit wird wohlüberlegt Schritt für Schritt durchgeführt, damit nichts übersehen wird.
3 Zu den für eine Überholung benötigten Werkzeugen gehören: Innen- und Außen-Seegerringzangen, ein Lagerabzieher, ein Zughammer, ein Set Treibdorne, eine Messuhr mit Halterungen und möglichst eine Hydraulikpresse. Zusätzlich werden eine große und solide Werkbank mit einem Schraubstock und ein Getriebeständer benötigt.
4 Beim Zerlegen des Getriebes muss sorgfältig notiert werden, wie und wo alles montiert ist und wie alle Teile in Position gehalten werden.
5 Bevor das Getriebe zum Reparieren zerlegt wird, sollte man wissen, wo die Fehlfunktion auftritt. Manche Probleme können eng mit bestimmten Bereichen im Getriebe in Verbindung gesetzt werden, sodass die Begutachtung und Reparatur einfacher wird. Beachten Sie die Fehlersuche-Sektion vorn in diesem Buch, um Informationen über mögliche Fehlerursachen zu erhalten.

Kapitel 7B

Doppelkupplungsgetriebe

Inhalt — Sektion

Schwierigkeitsgrade

Leicht. Geeignet für Anfänger mit wenig Erfahrung. 	**Relativ leicht.** Geeignet für Anfänger mit etwas Erfahrung. 	**Relativ schwierig.** Geeignet für geübte Selbstschrauber. 	**Schwer.** Geeignet für Selbstschrauber mit viel Erfahrung. 	**Sehr schwer.** Geeignet für Experten und Profis. 

Technische Daten

Allgemein

Typ . . . . Elektronisch gesteuertes Siebengang-Doppelkupplungsgetriebe mit Rückwärtsgang
Typenbezeichnung 724.0

Schmiersystem
Getriebeöl-Typ . . . . Automatikgetriebeöl nach Mercedes-Spezifikation 236.31
Getriebeöl-Füllmenge . . . . 5,0 Liter

Anzugsdrehmomente	**Nm**
Getriebe/Motor-Verbindungsschrauben	40
Ölablassschraube	30
Ölfilterdeckel	25

1 Allgemeine Informationen

1 Das Siebengang-Doppelkupplungsgetriebe ist bei einem Modellen optional oder serienmäßig erhältlich. Eigentlich handelt es sich um zwei separate Getriebe, jeweils mit einer Mehrscheiben-Kupplung, Eingangs- und Ausgangswelle. Die Motorleistung wird über die Zweimassen-Kupplung auf die Getriebe-Eingangswellen übertragen; diese Wellen sind konzentrisch angeordnet – eine läuft also in der anderen. Je nachdem, welche Kupplung aktiviert ist, wird die Kraft durch Eingangswelle Nr. 1 (Gänge 1, 2, 4 und 5) oder Nr. 2 (Gänge 3, 6 und 7 sowie Rückwärtsgang) übertragen. Die Funktion des Getriebes wird von einem im Getriebe sitzenden Steuergerät elektronisch überwacht.

2 Aufgrund der Komplexität und diverser erforderlicher Spezialwerkzeug ist eine Reparatur der internen Bauteile eines Doppelkupplungsgetriebes für den Hobbyschrauber nicht empfehlenswert. Falls im Getriebe Probleme auftreten, sollte eine Mercedes-Werkstatt oder ein Spezialbetrieb konsultiert und ggf. ein Austauschgetriebe beschafft werden.

3 Die folgenden Sektionen enthalten lediglich allgemeine Informationen und lediglich Hinweise, die auch der Hobbyschrauber durchführen kann.

2 Getriebeöl und Ölfilter – Austausch

1 Obwohl ein kompetenter Hobbyschrauber das Getriebeöl ablassen und den Ölfilter erneuern kann, ist eine akkurate Kontrolle des Ölpegels nur mithilfe einer speziellen Diagnoseausrüstung möglich. Ohne diese kann weder die genaue Öltemperatur ermittelt noch die korrekte Ölpegel-Kontrollfunktion eingeleitet oder die notwendige Sensor-Kalibrierung durchgeführt werden.

2 Aus diesen Gründen raten wir dazu, das Getriebeöl und den Filter von einer entsprechend ausgerüsteten Fachwerkstatt durchführen zu lassen.

3 Antriebswellen-Dichtringe – Ersetzen

1 Demontieren Sie die entsprechende Antriebswelle (siehe Kapitel 8, Sektion 7).
2 Notieren Sie die Einbautiefe und hebeln Sie den alten Dichtring vorsichtig mit einem großen Schraubendreher oder anderem Werkzeug aus seinem Sitz im Getriebe – beschädigen Sie diesen dabei nicht (siehe Abbildung).

3.2 Hebeln Sie den alten Dichtring vorsichtig heraus.

3 Reinigen Sie den Bereich um den Dichtring-Sitz. Treiben Sie den Dichtring senkrecht ein – nutzen Sie dazu z. B. einen Steckschlüssel, der nur den harten Außenbereich berührt (siehe Abbildung) – er muss bündig zum Gehäuse sitzen.

3.3 Treiben Sie den neuen Dichtring mithilfe eines passenden Steckschlüssels ein.

4 Schmieren Sie die Dichtlippe des Dichtrings mit Motoröl und montieren Sie die Antriebswelle (siehe Kapitel 8, Sektion 7).

4 Getriebe – Ausbau und Einbau

1 Das Getriebe kann nur zusammen mit dem Motor ausgebaut werden. Das Trennen des Getriebes ist in Kapitel 2D, Sektion 7 beschrieben.

5 Getriebeüberholung – Allgemeine Informationen

1 Bei einem Defekt am Doppelkupplungsgetriebe muss zunächst bestimmt werden, ob dieser elektrischer, mechanischer oder hydraulischer Natur ist – und hierfür ist eine spezielle Prüfausrüstung nötig, wie sie nur eine Fachwerkstatt vorhält.
2 Das Getriebe darf nicht ausgebaut werden, bevor eine professionelle Fehlerdiagnose durchgeführt wurde – die meisten Tests können nur bei eingebautem Getriebe durchgeführt werden.
3 Beachten Sie die Fehlersuche-Sektion vorn in diesem Buch, um Informationen über mögliche Fehlerursachen zu erhalten.

Kapitel 8

Kupplung und Antriebswellen

Inhalt **Sektion**

Schwierigkeitsgrade

Leicht. Geeignet für Anfänger mit wenig Erfahrung. 	**Relativ leicht.** Geeignet für Anfänger mit etwas Erfahrung. 	**Relativ schwierig.** Geeignet für geübte Selbstschrauber. 	**Schwer.** Geeignet für Selbstschrauber mit viel Erfahrung. 	**Sehr schwer.** Geeignet für Experten und Profis. 

Technische Daten

Allgemein

Kupplungs-Typ	Hydraulisch über konzentrischen Ausrückzylinder
betätigte Einscheiben-Trockenkupplung mit Tellerfeder	
Antriebswellen-Typen	Stahl-Wellen mit Kugel-Gleichlaufgelenken an beiden Enden, rechts zweiteilig mit Mittellager

Anzugsdrehmomente	**Nm**
Antriebswellenschraube*	
Schritt 1.	120
Schritt 2.	um 360° lockern
Schritt 3.	150
Schritt 4.	um 45° weiter
Druckplatten-Schrauben	
Schritt 1.	16
Schritt 2.	25
Federbein an Achsgelenk	
Schritt 1.	110
Schritt 2.	um 90° weiter
Kupplungsausrückzylinder-Schrauben.	8
Lagerträgerschrauben des rechten Stützlagers	20
Radbolzen	130

** Stets durch Neuteile zu ersetzen*

1 Allgemeine Informationen

1 Modellen mit Schaltgetriebe verfügen über eine Einscheiben-Trockenkupplung, die aus fünf Bauteilen besteht: der Reibscheibe, der Druckplatte, der Tellerfeder, dem Deckel und dem Ausrücklager.
2 Die auf der Verzahnung der Getriebeeingangswelle verschiebbare Reibscheibe sitzt zwischen der Schwungscheibe und der Druckplatte, sie wird von der Tellerfeder in Position gehalten. Das Reibmaterial ist mit Nieten auf beiden Seiten der Reibscheibe befestigt.
3 Die Tellerfeder sitzt auf Zapfen und wird von Kippringen in Position gehalten.
4 Die aus dem Ausrückzylinder und dem Ausrücklager bestehende Baugruppe zum Trennen der Kupplung sitzt um die Eingangswelle herum rechts am Getriebe.
5 Die Kupplung wird hydraulisch betätigt. Der vom Kupplungspedal aktivierte Geberzylinder wird mit Hydraulikflüssigkeit aus einer separaten Kammer im Bremsflüssigkeitsbehälter versorgt. Beim Treten der Kupplung presst der Kolben im Geberzylinder die Hydraulikflüssigkeit durch den Kupplungsschlauch in den innerhalb der Kupplungsglocke im Ausrücklager sitzenden Ausrückzylinder, der das Lager gegen die Tellerfeder drückt, die gegen die Kippringe im Deckel wirkt, sodass bei Eindrücken der Federnabe die Außenseite

der Feder herausdrückt und so die Druckplatte von der Belagscheibe löst.
6 Beim Lösen der Kupplung drückt die Tellerfeder die Druckplatte gegen die Belagscheibe und gleichzeitig diese nach vorn gegen die Schwungscheibe, sodass sie fest zwischen der Druckplatte und der Schwungscheibe sitzt und die Kraft überträgt.

Antriebswellen

7 Die Kraft vom Getriebe-Differenzial erfolgt über zwei Antriebswellen zu den Vorderrädern. Die rechte Antriebswelle ist zweiteilig und mit einem Mittellager ausgerüstet.
8 Jede Antriebswelle besteht aus drei Haupt-Komponenten: dem inneren Gleichlaufgelenk, der Welle und dem äußeren Gleichlaufgelenk. Das innere Ende der linken Antriebswelle ist mit einem Sprengring im Differenzialrad gesichert. Das innere Ende der rechten Antriebswelle steckt in der Zwischenwelle, die wiederum mit einem hinten am Motorblock befestigten Stützlager im Getriebe gehalten wird. Die äußeren Kugel-Gleichlaufgelenke der Antriebswellen sind mit Schrauben daran befestigt.

2 Kupplungshydraulik – Entlüften

Warnung: Hydraulikflüssigkeit ist giftig! Waschen Sie Spritzer bei Hautkontakt unverzüglich ab und suchen Sie medizinischen Rat, falls etwas in die Augen gelangt. Hydraulikflüssigkeit kann brennbar sein und sich beim Kontakt mit heißen Bauteilen entzünden. Bei der Arbeit an der Kupplungshydraulik muss daher genauso vorgegangen werden wie beim Kraftstoffsystem. Hydraulikflüssigkeit ist ein wirksamer Lackentferner und greift Kunststoff an; Spritzer müssen unverzüglich mit reichlich klarem Wasser abgewaschen werden. Hydraulikflüssigkeit ist zudem hygroskopisch, absorbiert also Wasser aus der Luft, sodass Korrosion gefördert wird. Daher darf nur frische Bremsflüssigkeit des vorgeschriebenen Typs verwendet werden.

1 Beschaffen Sie einen sauberen Behälter, einen transparenten Schlauch, der fest auf das Entlüftungsventil geschoben werden kann, und eine Dose frische Bremsflüssigkeit. Ein Assistent kann ebenfalls hilfreich sein (andernfalls kann auch ein für Bremsen verwendetes Einmann-Entlüftungsset benutzt werden – folgen Sie dazu den Hinweisen in Kapitel 9, Sektion 2).
2 Demontieren Sie die Luftfilter-Baugruppe (siehe Kapitel 4A, Sektion 3 oder Kapitel 4B, Sektion 5).
3 Demontieren Sie den Einfülldeckel des Hauptbremszylinder-Ausgleichsbehälters und füllen Sie ggf. Bremsflüssigkeit nach; der Behälter muss bei der folgenden Prozedur stets über Minimum befüllt sein.
4 Ziehen Sie vorn unten am Getriebe die Staubkappe von der Entlüftungsschraube des Ausrückzylinders (siehe Abbildung). Stecken Sie den Schlauch auf und führen Sie dessen anderes Ende in den mit etwas Bremsflüssigkeit gefüllten Sammelbehälter, damit hier keine Luft angesaugt werden kann

2.4 Staubkappe auf der Entlüftungsschraube des Ausrückzylinders

5 Öffnen Sie die Entlüftungsschraube eine halbe Umdrehung und lassen Sie den Assistenten die Kupplung durchtreten sowie langsam wieder lösen. Wiederholen Sie dies so lange, bis am Schlauch keine Blasen mehr austreten – achten Sie auf den Ausgleichsbehälter und füllen Sie ihn immer wieder auf. Ziehen Sie die Entlüftungsschraube am Ende des letzten Hubs an.
7 Ziehen Sie den Schlauch ab und stecken Sie die Kappe auf. Prüfen Sie möglichst die Funktion der Kupplung, bevor alle für den Zugang entfernten Komponenten wieder montiert werden. Falls weiterhin ein schwammiges Gefühl entsteht, befindet sich entweder noch Luft im System.
8 Falls kein korrektes Entlüften möglich ist, kann ein Leck im System oder ein beschädigter Geber- oder Ausrückzylinder die Ursache hierfür sein.
9 Montieren Sie die Luftfilter-Baugruppe (siehe Kapitel 4A, Sektion 3 oder Kapitel 4B, Sektion 5).

3 Geberzylinder – Ausbau und Einbau

Anmerkung: *Beachten Sie zur Gefahr beim Umgang mit Hydraulikflüssigkeit die Warnung am Anfang von Sektion 2.*
Anmerkung: *Der Zugang zum Geberzylinder ist sehr begrenzt.*
1 Saugen Sie mit einer großen Spritze oder ähnlichem die Bremsflüssigkeit im Ausgleichsbehälter bis unter die Kupplungsgeberzylinder-Versorgungsleitung ab und trennen Sie diese (siehe Abbildung).

3.1 Anschluss der Kupplungsgeberzylinder-Versorgungsleitung am gemeinsamen Ausgleichsbehälter mit dem Hauptbremszylinder.

2 Demontieren Sie den Knie-Airbag im Fahrer-Fußraum und die untere Armaturenbrettverkleidung (siehe Kapitel 12, Sektion 20).

3 Lösen Sie unten an der Lenksäule die Kunststoffmutter der Abdeckung und entnehmen Sie diese (siehe Abbildung).

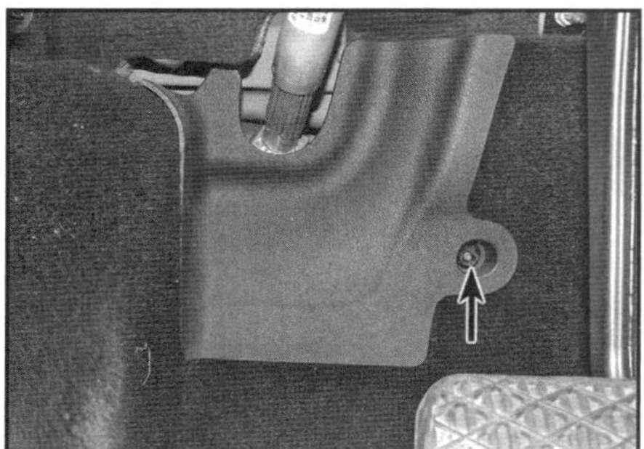

3.3 Mutter der Abdeckung unten an der Lenksäule

4 Hebeln Sie unten am Geberzylinder den Drahtbügel des Druckrohrs etwas heraus und trennen Sie den Anschluss (siehe Abbildung) – seien Sie auf austretende Bremsflüssigkeit vorbereitet.

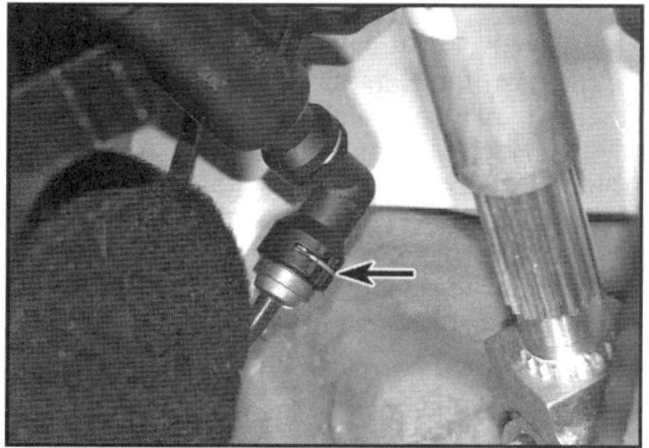

3.4 Drahtbügel des Druckrohrs am Geberzylinder

5 Hebeln Sie den Clip ab, der die Geberzylinder-Druckstange am Kupplungspedal sichert (siehe Abbildung).

3.5 Hebeln Sie den Clip vom Gelenk der Geberzylinder-Druckstange.

6 Treiben Sie die zwei Stifte heraus, die den Geberzylinder am Pedalhalter sichern (siehe Abbildung) – wahrscheinlich werden sie dabei beschädigt, sodass sie durch Neuteile ersetzt werden müssen.

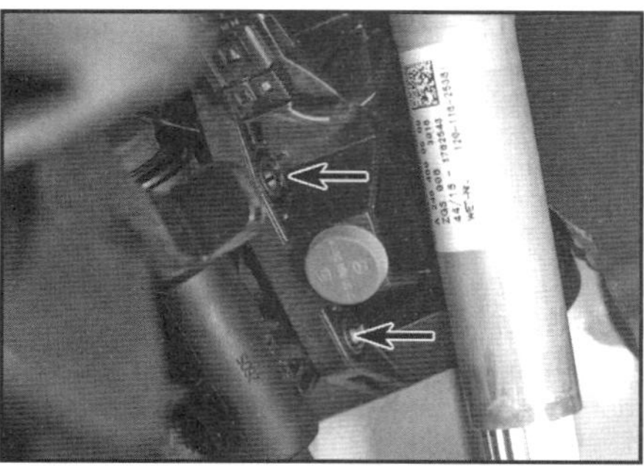

3.6 Die zwei Stifte sichern den Geberzylinder am Pedalhalter.

7 Befreien Sie den Geberzylinder vom Halter und ziehen Sie ihn samt Versorgungsleitung heraus – seien Sie auf austretende Bremsflüssigkeit vorbereitet.
8 Der Einbau entspricht der umgekehrten Ausbaureihenfolge – entlüften Sie zum Schluss die Kupplungshydraulik (siehe Sektion 2).

4 Ausrückzylinder und Ausrücklager – Ausbau und Einbau

Anmerkung: *Beachten Sie zur Gefahr beim Umgang mit Hydraulikflüssigkeit die Warnung am Anfang von Sektion 2.*
1 Zum Zugang zum Ausrückzylinder und Ausrücklager zu erhalten, muss das Getriebe vom Motor getrennt werden – dies ist nur möglich, nachdem die gesamte Antriebseinheit aus dem Fahrzeug ausgebaut ist (siehe Kapitel 2D, Sektion 7).
2 Lösen Sie die zwei Schrauben, die den Ausrückzylinder und das Ausrücklager am Getriebegehäuse sichern (siehe Abbildung).

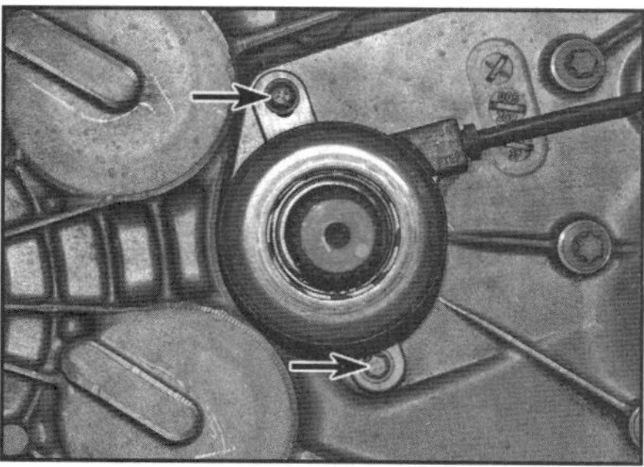

4.2 Ausrückzylinder-Befestigungsschrauben

3 Drücken Sie die Kunststoffhülsen-Clips des Hydraulikrohrs zurück, befreien Sie die Hülse und entfernen Sie den Ausrückzylinder samt Rohr (siehe Abbildung).

4.3 Kunststoffhülsen-Clips des Hydraulikrohrs

4 Der Einbau entspricht der umgekehrten Ausbaureihenfolge – beachten Sie dabei folgende Punkte:

a) Ziehen Sie die Schrauben des Ausrückzylinders mit 8 Nm an.

b) Entlüften Sie zum Schluss die Kupplungshydraulik (siehe Sektion 2).

5 Kupplungspedal – Ausbau und Einbau

1 Der Zugang zu den Muttern des Pedalhalters ist sehr begrenzt und nur durch die Demontage des gesamten Armaturenbretts zu verbessern (siehe Kapitel 11, Sektion 28).
2 Saugen Sie mit einer großen Spritze oder ähnlichem die Bremsflüssigkeit im Ausgleichsbehälter bis unter die Kupplungsgeberzylinder-Versorgungsleitung ab und trennen Sie diese (Abb. 3.1).
3 Hebeln Sie unten am Geberzylinder den Drahtbügel des Druckrohrs etwas heraus und trennen Sie den Anschluss (Abb. 3.4) – seien Sie auf austretende Bremsflüssigkeit vorbereitet.
4 Demontieren Sie den Knie-Airbag im Fahrer-Fußraum und die untere Armaturenbrettverkleidung (siehe Kapitel 12, Sektion 20).
5 Lösen Sie im Fahrer-Fußraum die Kunststoffmutter der Abdeckung unterhalb des Kupplungspedals und entnehmen Sie diese.
6 Trennen Sie den Stecker des Kupplungspedalschalters.
7 Lösen Sie die drei Muttern des Pedalhalters und manövrieren Sie ihn zusammen mit dem Geberzylinder von der Spritzwand ab.
8 Ziehen Sie nötigenfalls die Stifte des Geberzylinders heraus und befreien Sie diesen – weitere Zerlegungen werden nicht empfohlen.
9 Der Einbau entspricht der umgekehrten Ausbaureihenfolge

6 Kupplung – Ausbau, Kontrolle und Einbau

Warnung: Der durch den Abrieb in der Kupplung entstehende Staub kann hochgradig gesundheitsschädlich sein. Blasen Sie die Kupplung KEINESFALLS mit Druckluft aus und inhalieren Sie diesen Staub nicht. Entfernen Sie den Staub KEINESFALLS mit Benzin oder Lösungsmittel auf Petroleumbasis. Verwenden Sie Bremsenreiniger oder Spiritus, um den Staub in einen geeigneten Behälter zu spülen. Nachdem alle Kupplungs-Komponenten mit Lappen sauber gewischt sind, müssen diese sowie der Behälter mit dem ausgewaschenen Staub bei einer Sondermüll-Annahmestelle entsorgt werden.

Ausbau

1 Zum Zugang zur Kupplung zu erhalten, muss das Getriebe vom Motor getrennt werden – dies ist nur möglich, nachdem die gesamte Antriebseinheit aus dem Fahrzeug ausgebaut ist (siehe Kapitel 2D, Sektion 7).
2 Falls die originale Kupplung wiederverwendet werden soll, müssen Markierungen zwischen der Druckplatten-Baugruppe und der Schwungscheibe angebracht werden, damit alles wieder korrekt zueinander ausgerichtet werden kann.
3 Lockern Sie die Druckplatten-Schrauben schrittweise und über Kreuz um jeweils eine Umdrehung, bis der Federdruck gelöst ist und die Schrauben von Hand herausgedreht und ggf. samt Scheiben entfernt werden können.
4 Ziehen Sie die Druckplatten-Baugruppe (Deckel) von der Schwungscheibe (siehe Abbildungen) – lassen Sie dabei nicht die Reibscheibe herunterfallen. Beachten Sie die Einbaurichtung der Reibscheibe – sie ist entweder entsprechend der Motor- oder Getriebeseite markiert oder ihre Teilenummer ist auf der Motorseite (Schwungscheibe) angegeben; der größere Vorsprung ihrer Nabe muss zum Getriebe zeigen. Manche Modelle sind mit einer Zweischeibenkupplung ausgerüstet – hier sitzt der Reibscheiben-Mitnehmer in der zweiten Scheibe, sodass diese nicht falsch montiert werden kann.

6.4a Beachten Sie die Einbauposition der Druckplatte und der Reibscheibe.

6.4b Zweischeibenkupplung-Reibscheibe und Mitnehmer

Kontrolle

Anmerkung: *Aufgrund der für den Ausbau der Kupplung erforderlichen Arbeit ist es sinnvoll, diese ungeachtet ihres Zustands durch ein Neuteil zu ersetzen.*

5 Reinigen Sie den Deckel, die Reibscheibe und die Schwungscheibe – beachten Sie den Warnhinweis oben.
6 Kontrollieren Sie die ›Finger‹ der Tellerfeder auf Riefen und Verschleiß und ersetzen Sie ggf. die Druckplatten-Baugruppe.
7 Inspizieren Sie die Druckplatte auf Riefen, Risse und Verzug. Leichte Schleifspuren sind normal, bei tiefen Riefen muss eine neue Baugruppe beschafft werden.
8 Kontrollieren Sie die Beläge der Reibscheibe auf Verschleiß, Risse und Kontamination mit Öl oder Fett oder lockere Niete. Inspizieren Sie die Nabe und die Verzahnung auf Verschleiß, indem Sie sie auf die Getriebewelle schieben – es darf kein Spiel feststellbar sein.
9 Begutachten Sie die Schwungscheiben-Oberfläche auf Riefen, Risse und Verfärbung durch übermäßige Hitze. Eventuell kann die Schwungscheibe von einem Fachbetrieb geschliffen werden, ansonsten muss sie bei starkem Verschleiß ersetzt werden (siehe Kapitel 2A oder 2B, Sektion 13).
10 Die Reibflächen der Schwungscheibe, der Reibscheibe und der Druckplatte müssen absolut sauber, glatt und fettfrei sein. Neuteile müssen mit nicht nachfettendem Lösungsmittel von Schutzfetten befreit werden. Bauen Sie die Kupplung daher mit sauberen Händen zusammen und wischen Sie alle Kontaktflächen mit sauberen Lappen ab.
11 Kontrollieren Sie das Führungslager in der Kurbelwelle oder der Schwungscheibe – es muss sich sanft und spielfrei drehen lassen. Falls die Kontaktfläche des Lagers zur Getriebeeingangswelle verschlissen oder beschädigt ist, muss es ersetzt werden.

Einbau

12 Falls die Druckplatte wiederverwendet werden soll, muss der Einstellring zurückgesetzt werden: Positionieren Sie die Druckplatte über einem Holz unter den Tellerfeder-Fingern – nicht unter der Reibfläche – in einer hydraulischen Presse (Mercedes bietet ein entsprechendes Spezialwerkzeug an) (siehe Abbildungen). Üben Sie Druck auf die Finger aus, bis der Einstellring locker ist und mithilfe eines Schraubendrehers gegen den Uhrzeigersinn gedreht werden kann (siehe Abbildungen); halten Sie den Ring in dieser Position und entlasten Sie die Presse.

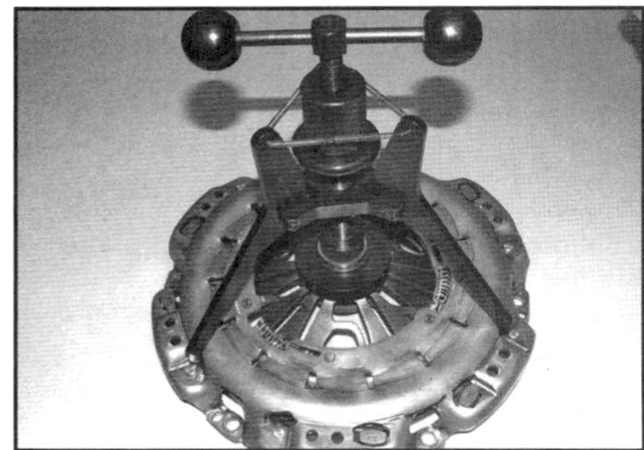

6.12a Das Spezialwerkzeug zum Zurücksetzen des Einstellrings ...

6.12b ... drückt die ›Finger‹ der Tellerfeder herunter, ...

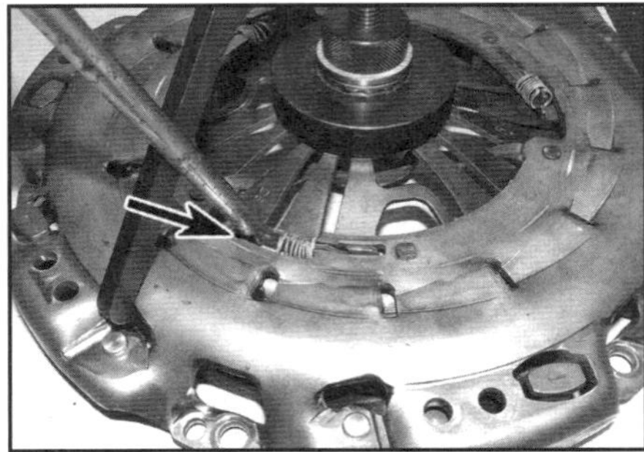

6.12c ... sodass der Einstellring gegen den Uhrzeigersinn verdreht werden kann ...

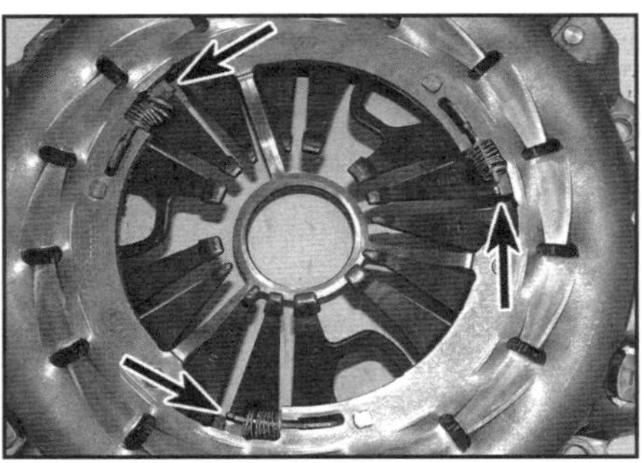

6.12d ... und anschließend so aussieht.

13 Setzen Sie die korrekt ausgerichtete Reibscheibe an der Schwungscheibe an – beachten Sie die Hinweise in Schritt 4 – und halten Sie sie beim Ansetzen der Druckplatten-Baugruppe in Position; alternativ kann das in Schritt 15 beschriebene Zentrierwerkzeug verwendet werden.
14 Setzen Sie die ggf. entsprechend der Markierungen ausgerichtete Druckplatten-Baugruppe über die Passhülsen an die Schwungscheibe. Installieren Sie die Schrauben (ggf. samt Scheiben) handfest, sodass die Belagscheibe gehalten wird, aber noch verschiebbar ist. Eine neue Druckplatten-Baugruppe wird mit einem vorjustierten Einstellring ausgeliefert.
15 Die Reibscheibe muss jetzt zentriert werden, damit die Getriebeeingangswelle korrekt in das Führungslager greift (siehe Abbildungen). Hierfür gibt es Spezialwerkzeuge, es kann aber auch ein passender hölzerner Stiel in die Reibscheiben-Nabe und das Führungslager eingeführt werden.

6.15a Zentrieren Sie die Reibscheibe ...

6.15b ... und setzen Sie die Kupplungs-Baugruppe an der Schwungscheibe an.

16 Ziehen Sie die Druckplatten-Schrauben im ersten Durchgang schrittweise und über Kreuz bis zum Drehmoment von 16 Nm und in einem zweiten Durchgang mit 25 Nm an. Entfernen Sie das Zentrierwerkzeug.
17 Prüfen Sie, ob sich das Ausrücklager rechts am Getriebe sanft drehen lässt und ersetzen Sie nötigenfalls die Ausrückzylinder-Baugruppe (siehe Sektion 4).
18 Verbinden Sie das Getriebe mit dem Motor (siehe Kapitel 2D, Sektion 7).

7 Antriebswellen – Ausbau und Einbau

Ausbau

1 Lockern Sie die Bolzen des entsprechenden Vorderrads, heben Sie das Fahrzeug an und stützen Sie es sicher ab (siehe Seite 24). Demontieren Sie das Rad.
Achtung: Stützen Sie das Fahrzeug möglichst waagerecht ab, damit kein Getriebeöl ausläuft!
2 Demontieren Sie den Unterfahrschutz (siehe Abbildung).

7.2 Befestigungen des Unterfahrschutzes

3 Hebeln Sie vorsichtig die Kappe von der Radnabe (siehe Abbildung).

7.3 Hebeln Sie die Schutzkappe ab.

4 Installieren Sie zwei Radbolzen, um die Bremsscheibe am Achsgelenk zu sichern, und lassen Sie einen Assistenten die Bremse treten, um die Radnabe zu blockieren. Lockern Sie die Antriebswellenschraube (siehe Abbildung) – sie muss später durch ein Neuteil ersetzt werden.

7.4 Antriebswellenschraube

5 Klopfen oder pressen Sie das Ende der Antriebswelle 5 bis 10 mm in die Radnabe; die Verzahnung wird sehr fest sitzen, sodass ggf. eine spezielle Presse benötigt wird.
6 Lösen Sie an der Verbindung des Federbeins zum Achsgelenk die Muttern und ziehen Sie die Schrauben heraus. Ziehen Sie den Träger leicht nach außen und befreien Sie das Ende der Antriebswelle aus der Nabe (siehe Abbildung).
Anmerkung: *Bringen Sie an der Verbindung des Federbeins zum Achsgelenk Markierungen an, um den Radsturz wieder korrekt einstellen zu können.*

7.6 Befreien Sie das Ende der Antriebswelle aus der Nabe.

Linke Antriebswelle

7 Hebeln Sie mit einem Montiereisen oder großen Schraubendreher das innere Gelenk aus dem Getriebe (siehe Abbildung) – beschädigen Sie dabei nicht den Dichtring. Der Sprengring auf der Antriebswelle muss beim Einbau durch ein Neuteil ersetzt werden.

7.7 **Hebeln Sie die Antriebswelle aus dem Getriebe.**

Rechte Antriebswelle

8 Lösen Sie die zwei Schrauben, mit denen der Mittellagerträger an seiner Aufnahme befestigt ist (siehe Abbildung).

7.8 **Schrauben des Mittellagerträgers**

9 Lösen Sie bei Benzinmotor-Modellen die drei Schrauben des innen um die Antriebswelle liegenden Hitzeschilds und verlagern Sie dies beiseite.

7.9 **Befreien Sie den Hitzeschild vom inneren Antriebswellen-Ende.**

10 Ziehen Sie vorsichtig die Antriebswelle aus dem Getriebe und manövrieren Sie sie heraus.
11 Kontrollieren Sie das Mittellager. Beim Verfassen des Buchs (2019) war das Lager nicht als separates Ersatzteil erhältlich – erkundigen Sie sich ggf. beim Mercedes-Händler.

Einbau

12 Kontrollieren Sie die Antriebswellen-Dichtringe im Getriebe und ersetzen Sie sie nötigenfalls (siehe Kapitel 7A, Sektion 5 oder Kapitel 7B, Sektion 3).
13 Rüsten Sie das innere Ende der linken Antriebswelle mit einem neuen Sprengring aus (Abb. 8.11).
14 Schieben Sie die Antriebswelle vorsichtig ins Getriebe – verwenden Sie dazu möglichst eine geeignete Hülle zum Schutz des Dichtrings. Drehen Sie die Welle, bis sie ins Differenzialrad greift und schieben Sie sie ein; links muss der Sprengring einrasten.
15 Richten Sie rechts den Mittellagerträger zur Aufnahme am Motorgehäuse aus und ziehen Sie die Schrauben des mit 20 Nm an.
16 Schieben Sie das Achsgelenk über das äußere Ende der Antriebswelle.
17 Verbinden Sie das Achsgelenk mit dem Federbein, richten Sie dabei die zuvor angebrachten Markierungen aus. Installieren Sie die Schrauben und ziehen Sie ihre Muttern zunächst mit 110 Nm an und dann um 90° (eine Vierteldrehung) weiter.
18 Installieren Sie die neue Antriebswellenschraube, lassen Sie den Assistenten die Bremse betätigen und ziehen Sie die Schraube zunächst mit 120 Nm an. Lockern Sie die Schraube wieder um eine volle Umdrehung und ziehen Sie dann erneut zunächst mit 150 Nm an und schließlich um 45° (eine Achtelumdrehung) weiter.
19 Der Rest des Einbaus entspricht der umgekehrten Ausbaureihenfolge.
Anmerkung: *Auch wenn der Radsturz mithilfe der zuvor angebrachten Markierungen wiederhergestellt wurde, sollte das Fahrzeug bei nächster Gelegenheit vermessen werden.*

8 Antriebswellenmanschetten – Ersetzen

1 Demontieren Sie die entsprechende Antriebswelle (siehe Sektion 7).
2 Klemmen Sie die Antriebswelle in einen Schraubstock und öffnen Sie die Schellen der entsprechenden Manschette (siehe Abbildung).

8.2 **Schellen der Antriebswellenmanschette**

3 Schneiden Sie mit einem scharfen Messer die alte Manschette auf.
4 Bringen Sie am Gleichlaufgelenk und der Antriebswelle Markierungen an (siehe Abbildung).

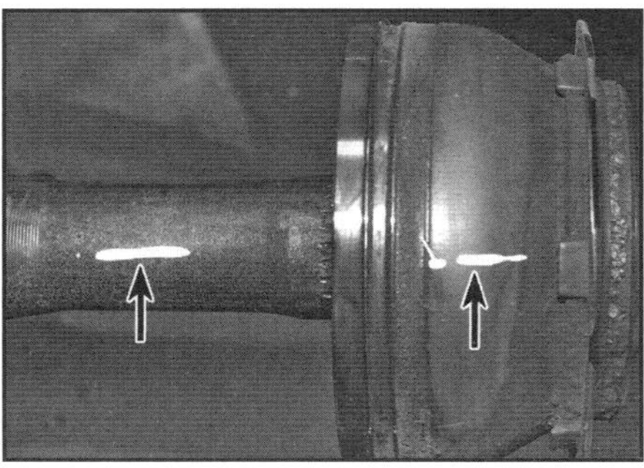

8.4 **Markierungen am Gleichlaufgelenk und der Antriebswelle**

Äußeres Gleichlaufgelenk

5 Klemmen Sie das Gelenk-Gehäuse in einen Schraubstock und treiben Sie die Welle heraus (siehe Abbildung).

8.5 Treiben Sie die Welle z. B. mit einer passenden Schraube aus dem Gelenk.

Inneres Gleichlaufgelenk

6 Sichern Sie die Welle und treiben Sie mit einem Dorn das innere Gelenk herunter (siehe Abbildung).

8.6 Treiben Sie das innere Gelenk von der Welle.

Beide Gleichlaufgelenke

7 Entfernen Sie den alten Sprengring vom Ende der Welle (siehe Abbildung).

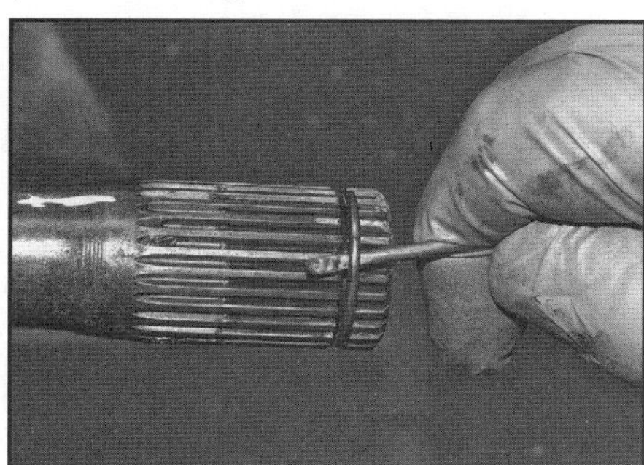

8.7 Befreien Sie den alten Sprengring.

8 Reinigen Sie die Gleichlaufgelenke mit reichlich Lösungsmittel oder Bremsenreiniger, bewegen Sie dabei das Gelenk in alle Richtungen, um sämtliches Fett herauszubekommen. Lassen Sie das Gelenk sorgfältig trocknen – setzen Sie dazu möglichst Druckluft ein.

9 Schieben Sie die neue kleine Schelle und die innere Manschette auf. Füllen Sie die Hälfte des dem Reparatursets beigefügten Fetts in das Gelenk und arbeiten Sie es gut in die Kugelbahnen ein. Füllen Sie die andere Hälfte des Fetts in die Manschette ein.

10 Richten Sie die innere Dichtlippe der Manschette in der Nut der Antriebswelle aus und schieben Sie die Schelle auf; sichern Sie sie mit einer speziellen Zange (siehe Abbildungen).

8.10a Schieben Sie die Schelle auf die in der Nut positionierten Manschette ...

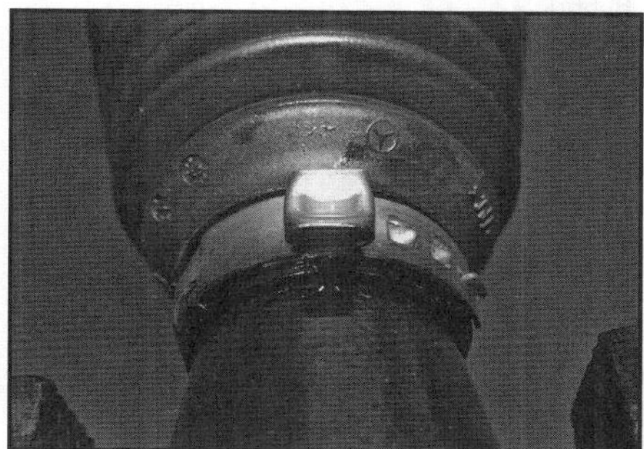

8.10b ... und komprimieren Sie sie mit der Spezialzange.

11 Rüsten Sie das Ende der Welle mit einem neuen Sprengring aus (siehe Abbildung).

Anmerkung: *Dieser sollte wie das Fett dem Reparaturset für die Antriebswellenmanschette beigefügt sein.*

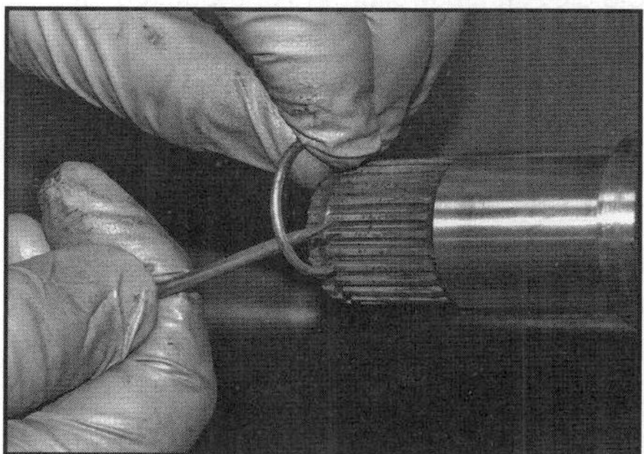

8.11 Installieren Sie einen neuen Sprengring.

12 Richten Sie das Gelenk entsprechend der Markierungen zur Antriebswelle aus und drücken Sie es fest auf (siehe Abbildung) – der Sprengring muss korrekt einrasten.

8.12 Richten Sie die Markierungen aus und drücken Sie das Gelenk auf die Welle, bis es einrastet.

13 Richten Sie die äußere Dichtlippe der Manschette in der Nut des Gelenkgehäuses aus und heben Sie sie mit einem kleinen Schraubendreher an, um überschüssige Luft entweichen zu lassen.
14 Installieren Sie die große Schelle über die Manschette und sichern Sie sie mit der Spezialzange (siehe Abbildung).

8.14 Pressen Sie die Schelle mit der Spezialzange zusammen, um die Manschette zu sichern.

15 Montieren Sie die Antriebswelle(n) (siehe Sektion 7).

9 Antriebswellen – Kontrolle und Ersetzen der Gelenke

1 Falls die Probefahrt in Kapitel 1A, Sektion 25 oder Kapitel 1B, Sektion 26 auf übermäßigen Verschleiß oder Spiel in den Antriebswellen-Gelenken schließen lässt, muss geprüft werden, ob die Antriebswellenschrauben fest sitzen.
2 Führen Sie eine Probefahrt durch, um bei langsamen Kurvenfahrten mit eingeschlagener Lenkung (links und rechts herum) auf metallisch klickende Geräusche zu achten. Diese Geräusche können auch beim Losfahren mit eingeschlagener Lenkung auftreten. Geräusche dieser Art weisen auf verschlissene äußere Gleichlaufgelenke hin. Eine Reparatur ist nicht möglich, sodass das Gelenk ersetzt werden muss.
3 Falls beim Beschleunigen Vibrationen auftreten, die mit der gefahrenen Geschwindigkeit hochfrequenter werden, weist dies auf Verschleiß an den inneren Gleichlaufgelenken hin.
4 Dauerhafte und mit zunehmender Geschwindigkeit lauter werdende Geräusche von rechts weisen auf ein verschlissenes Mittellager hin – dessen Austausch erfordern den Ausbau der Antriebswelle und der Zwischenwelle sowie Spezialwerkzeuge – überlassen Sie den Austausch einer Fachwerkstatt. Beim Verfassen des Buchs (2019) war das Lager nicht als separates Ersatzteil erhältlich – erkundigen Sie sich ggf. beim Mercedes-Händler.

Kapitel 9

Bremsanlage

Inhalt — Sektion

Schwierigkeitsgrade

Leicht. Geeignet für Anfänger mit wenig Erfahrung. 	**Relativ leicht.** Geeignet für Anfänger mit etwas Erfahrung. 	**Relativ schwierig.** Geeignet für geübte Selbstschrauber. 	**Schwer.** Geeignet für Selbstschrauber mit viel Erfahrung. 	**Sehr schwer.** Geeignet für Experten und Profis. 

Technische Daten

Vorderradbremsen

Typ	Innenbelüftete Scheibenbremse mit Einkolben-Schwimmsattel
Bremsscheiben-Stärke	
Standardmodelle	
Neu	25,0 mm
Verschleißgrenze (min.)	22,4 mm
Sportmodelle	
Neu	28,0 mm
Verschleißgrenze (min.)	26,0 mm
Bremsscheiben-Verzug (max.)	0,05 mm
Bremsbelag-Verschleißgrenze (nur Belagmaterial)	2,0 mm

Hinterradbremsen

Typ	Standard-Scheibenbremse mit Einkolben-Schwimmsattel
Bremsscheiben-Stärke (min.)	7,3 mm
Bremsbelag-Verschleißgrenze (nur Belagmaterial)	2,0 mm

Anzugsdrehmomente	**Nm**
Bremskraftverstärker an Pedal – Sicherheitsschraube*	22
Bremskraftverstärker-Befestigungsmuttern	22
Feststellbremsenmotor-Schrauben	12
Hauptbremszylinder-Befestigungsmuttern	23
Hinterradbremssattelhalter-Schrauben	130
Hinterradbremssattel-Führungszapfenschrauben	35
Radbolzen	130
Radsensor-Schrauben	8
Vakuumpumpen-Schrauben	
1,6 l-Benzinmotor, 1,8- und 2,1 l-Dieselmotoren	9
1,5 l-Dieselmotoren	25
Vorderradbremssattelhalter-Schrauben	130
Vorderradbremssattel-Führungszapfenschrauben	29

** Stets durch Neuteile zu ersetzen*

1 Allgemeine Informationen

1 Das von einem Bremskraftverstärker (›Servobremse‹) unterstützte Bremssystem arbeitet mit einem Zweikreissystem, bei dem jeder Bremskreis auf ein Vorderrad und ein Hinterrad wirkt. Unter normalen Umständen arbeiten beide Bremskreise gemeinsam. Falls jedoch ein Bremskreis ausfällt, kann immer noch bei zwei Rädern die volle Bremskraft angewendet werden.
2 Alle Räder werden mit Scheibenbremsen verzögert; die vorderen Bremsscheiben sind innenbelüftet. Ein Antiblockiersystem (ABS) sorgt dafür, dass die Räder beim Bremsen nicht blockieren – Details hierzu finden sich in Sektion 18.
3 Auf alle Bremsscheiben wirken Einkolben-Schwimmsättel, die dafür sorgen, dass auf beide Bremsbeläge gleicher Druck ausgeübt wird.
4 Statt einer konventionellen Handbremse verfügen diese Fahrzeuge über eine elektromechanische Feststellbremse, bei der elektrische Motoren an den Hinterradbremssätteln die Bremsbeläge unabhängig von der Betriebsbremse gegen die Scheiben drücken. Zum Ausgleich des Bremsbelag-Verschleißes ist ein automatischer Einstellmechanismus integriert.
5 Der Bremskraftverstärker arbeitet bei allen Modellen mit dem Unterdruck der Vakuumpumpe; diese sitzt beim Benzinmotor und 1,5 l-Dieselmotor links am Zylinderkopf und ist über die Nockenwelle angetriebenen, beim 1,8- und 2,1 l-Dieselmotor sitzt sie vorn am Motorgehäuse und wird vom Rädertrieb angetrieben.
Anmerkung: *Arbeiten an der Bremsanlage müssen sorgfältig und methodisch ausgeführt werden, beim Überholen von Hydraulik-Bauteilen muss auf absolute Sauberkeit geachtet werden. Ersetzen Sie Bauteile bei jedem Zweifel über ihren Zustand (ggf. an beiden Seiten der Achse) und benutzen Sie ausschließlich originale Mercedes-Ersatzteile oder hochwertige Markenprodukte. Beachten Sie bezüglich der Gefahren durch Bremsstaub und Hydraulikflüssigkeit die Warnhinweise in der Sektion ›Sicherheit geht vor!‹ am Anfang dieses Buchs und in den entsprechenden Sektionen dieses Kapitels.*

2 Hydrauliksystem – Entlüften

Warnung: Hydraulikflüssigkeit ist giftig! Waschen Sie Spritzer bei Hautkontakt unverzüglich ab und suchen Sie medizinischen Rat, falls etwas in die Augen gelangt. Hydraulikflüssigkeit kann brennbar sein und sich beim Kontakt mit heißen Bauteilen entzünden. Bei der Arbeit an der Bremshydraulik muss daher genauso vorgegangen werden wie beim Kraftstoffsystem. Hydraulikflüssigkeit ist ein wirksamer Lackentferner und greift Kunststoff an; Spritzer müssen unverzüglich mit reichlich klarem Wasser abgewaschen werden. Hydraulikflüssigkeit ist zudem hygroskopisch, absorbiert also Wasser aus der Luft. Je mehr Luftfeuchtigkeit aufgenommen wird, desto niedriger sinkt der Siedepunkt, sodass in einer heiß werdenden Bremse rasch Dampfblasen entstehen können und kein Bremsdruck mehr aufgebaut werden kann. Daher darf nur frische Bremsflüssigkeit des vorgeschriebenen Typs verwendet werden.

Anmerkung: *Die Kupplungshydraulik teilt sich den Ausgleichsbehälter mit der Bremse und muss ggf. ebenfalls entlüftet werden (siehe Kapitel 8, Sektion 2).*
Achtung: Achten Sie vor dem Entlüften darauf, dass die Zündung abgeschaltet ist, damit der Hydraulikmodulator nicht plötzlich angesteuert wird. Trennen Sie möglichst den Masseanschluss (–) der Batterie. Falls der Modulator vor dem Ende des Entlüftungsprozesses unter Spannung gesetzt wird, kann hierdurch Bremsflüssigkeit in das Gerät gelangen, was zu seiner Zerstörung führt. Versuchen Sie dahier niemals, den Modulator zum Entlüften der Bremse zu aktivieren!

Allgemeines

1 Die korrekte Funktion der Bremshydraulik ist nur möglich, wenn sämtliche Luft aus dem System entfernt ist; dies wird durch Entlüften gewährleistet.
2 Während des Entlüftens darf nur frische Bremsflüssigkeit des vorgeschriebenen Typs (DOT 4 + ESP) verwendet werden – niemals bereits durch das System gespülte Flüssigkeit. Vor Arbeitsbeginn muss sichergestellt sein, dass genügend Bremsflüssigkeit vorhanden ist.
3 Falls im Bremssystem nicht dafür vorgesehene Flüssigkeit vorhanden ist, muss diese vollständig mit frischer Bremsflüssigkeit herausgespült werden, zudem sind neue Dichtungen zu verwenden.
4 Falls durch ein Leck im Bremssystem der Pegel im Ausgleichsbehälter stetig absinkt, muss zunächst dieses Problem behoben werden.
5 Stellen Sie das Fahrzeug auf eine ebene Fläche, schalten Sie die Zündung aus, und legen Sie den ersten Gang oder den Rückwärtsgang ein. Blockieren Sie die Räder und lösen Sie die Feststellbremse.
6 Prüfen Sie, ob alle Schläuche und Rohre in Ordnung, alle Anschlüsse verbunden und alle Entlüftungsschrauben verschlossen sind. Entfernen Sie die Staubkappen und reinigen Sie die Bereiche um die Entlüftungsschrauben.
7 Öffnen Sie den Deckel des Ausgleichsbehälters und füllen Sie ihn bis zur MAX-Markierung auf. Legen Sie den Deckel locker auf und achten Sie darauf, dass der Pegel während der gesamten Prozedur immer über der MIN-Markierung steht – andernfalls kann Luft ins System eindringen und die Prozedur muss wiederholt werden.
8 Auf dem Markt sind zahlreiche Entlüftungs-Hilfsmittel erhältlich, von denen möglichst eines beschafft werden sollte, da der Entlüftungsprozess deutlich vereinfacht werden kann und das Risiko, bereits ausgetretene Luft wieder anzusaugen, minimiert wird. Falls ein solches Kit nicht erhältlich ist, muss mithilfe eines Assistenten die unten beschriebene Methode durchgeführt werden.
Anmerkung: *Mercedes empfiehlt die Verwendung eines Druckentlüftungs-Kits.*
9 Falls ein Entlüftungs-Kit verwendet wird, muss das Fahrzeug wie oben beschrieben vorbereitet und dann den beigefügten Hinweisen gefolgt werden – die Prozeduren können sich je nach Vorrichtung leicht voneinander unterscheiden, doch die allgemeinen Schritte sind unter den entsprechenden Überschriften beschrieben (siehe unten).
10 Ungeachtet der angewendeten Methode muss die korrekte Reihenfolge (Schritte 11 und 12) eingehalten werden, um sämtliche Luft aus dem System zu entfernen.

Entlüften

Reihenfolge

11 Falls die Bremshydraulik nur teilweise getrennt und die Hinweise zur Minimierung von Flüssigkeitsverlusten beachtet wurden, reicht es, diesen Teil zu entlüften (d. h. den Primär- oder den Sekundär-Bremskreis).

12 Falls die gesamte Bremshydraulik entlüftet werden muss, wird an dem Bremssattel begonnen, der am weitesten vom Hauptbremszylinder entfernt liegt (hinten rechts), es folgen der linke hintere Sattel und dann der rechte und linke Vorderrad-Bremssattel.

Grundmethode (Zwei-Personen-Methode)

13 Beschaffen Sie ein sauberes Glasgefäß und einen ausreichend langen transparenten Schlauch, der fest über den Nippel der Entlüftungsschraube geschoben werden kann. Die Schraube selbst sollte mit einem passenden Ringschlüssel betätigt werden. Für die Arbeit wird ein Assistent benötigt.
14 Falls noch nicht geschehen, werden an der entlüftenden Bremse alle Entlüftungsschrauben-Kappen abgezogen und der Schlauch auf die erste Schraube gesteckt. Halten Sie das andere Schlauch-Ende in den mit etwas Bremsflüssigkeit gefüllten Behälter, sodass keine Luft angesaugt werden kann.
15 Achten Sie stets darauf, dass der Ausgleichsbehälter mindestens bis zur MIN-Markierung mit Bremsflüssigkeit gefüllt ist.
16 Lassen Sie den Assistenten durch mehrfaches kräftiges Betätigen der Bremse Druck aufbauen und das Pedal gedrückt halten.
17 Lockern Sie bei gedrücktem Pedal die erste Entlüftungsschraube um etwa eine Umdrehung und lassen Sie die Flüssigkeit durch den Schlauch strömen. Der Assistent tritt hierbei das Pedal bis zum Boden durch und lässt es erst auf Anweisung wieder los. Wenn keine Flüssigkeit mehr austritt, wird die Entlüftungsschraube wieder angezogen, und der Assistent löst langsam das Bremspedal. Kontrollieren Sie den Pegel im Ausgleichsbehälter.
18 Wiederholen Sie die Schritte 16 und 17 so lange, bis frische Hydraulikflüssigkeit blasenfrei aus der Schraube austritt. Falls der Hauptbremszylinder entleert und wieder aufgefüllt wurde und die erste Bremse der Reihenfolge entlüftet wird, müssen zwischen den Entlüftungsschritten etwa 5 Sekunden Pause eingehalten werden, damit sich die Bremszylinder-Passage wieder füllen kann.
19 Sobald keine Luftblasen mehr austreten, wird die Entlüftungsschraube sorgfältig angezogen, der Schlauch abgezogen und die Staubkappe aufgesteckt. Ziehen Sie die Entlüftungsschraube nicht zu fest!
20 Wiederholen Sie die Prozedur an den anderen Bremsen in der in Schritt 12 aufgeführten Reihenfolge, bis sämtliche Luft aus dem Hydrauliksystem entfernt ist. Zum Schluss muss die Bremse einen festen Druckpunkt haben.

Alte Bremsflüssigkeit ist deutlich dunkler als frische. Pumpen Sie so lange Bremsflüssigkeit heraus, bis helle Flüssigkeit austritt.

Mit Rückschlagventil-Kit

21 Wie der Name bereits andeutet, bestehen diese Kits im Wesentlichen aus einem Schlauch mit integriertem Rückschlagventil, um einmal herausgedrückte Luft und Bremsflüssigkeit nicht wieder ins Bremssystem zu saugen. Manche Kits beinhalten einen transparenten Behälter, der so positioniert werden kann, dass die austretenden Luftblasen besser beobachtet werden können.
22 Verbinden Sie das Kit wird mit der Entlüftungsschraube und öffnen Sie diese dann (siehe Abbildung). Setzen Sie sich ins Auto und drücken Sie mit sanftem Druck die Bremse vollständig durch, um sie dann langsam wieder zu lösen. Wiederholen Sie dies, bis frische Hydraulikflüssigkeit blasenfrei aus der Schraube austritt.

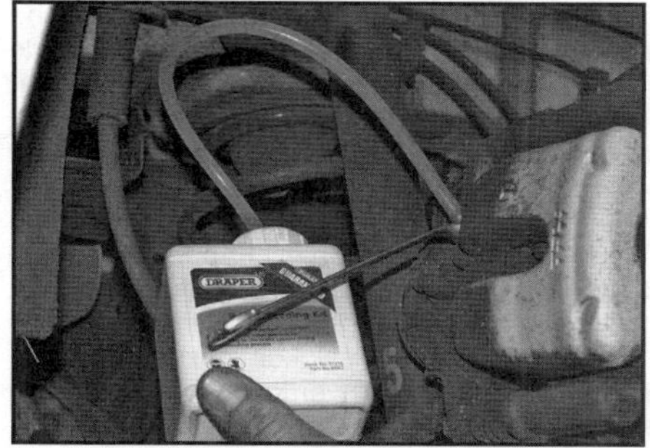

2.22 Verbinden Sie das Kit wird mit der Entlüftungsschraube.

23 Diese Kits funktionieren so gut, dass man leicht den Pegel im Ausgleichsbehälter vergessen kann – achten Sie also stets darauf, dass sich in ihm stets genug Flüssigkeit befindet.

Mit Druckentlüftungs-Kit

24 Diese Geräte arbeiten oft mit dem im Reserverad gespeicherten Luftdruck; oft muss dieser jedoch zuvor auf einen niedrigeren Wert als üblich abgesenkt werden – beachten Sie die beigefügte Anleitung.
Anmerkung: *Mercedes empfiehlt, den Druck auf maximal 2 bar abzusenken.*
25 Indem ein unter Druck stehender und mit Bremsflüssigkeit gefüllter Behälter an den Ausgleichsbehälter angeschlossen wird, kann das Entlüften einfach durch das Öffnen der Entlüftungsschrauben (in der oben angegebenen Reihenfolge) erledigt werden – lassen Sie die Flüssigkeit austreten, bis keine Blasen mehr enthalten sind.
26 Diese Methode hat den Vorteil, dass der große Flüssigkeitsbehälter zusätzliche Sicherheit vor in das System gesaugte Luft bietet.
27 Druckentlüften ist besonders bei ›schwierigen‹ Systemen zu empfehlen oder wenn das gesamte System bei einem Austausch der Bremsflüssigkeit gespült werden soll (siehe Praxis-Tipp oben).

Alle Methoden

28 Wenn das Entlüften beendet ist und wieder ein fester Pedaldruck besteht, werden alle Bremsflüssigkeits-Spritzer abgewaschen, die Entlüftungsschrauben sorgfältig angezogen und die Staubkappen aufgesteckt.
29 Prüfen Sie nach dem Entlüften den Pegel im Ausgleichsbehälter (siehe Kapitel 1A oder 1B, Sektion 7) und füllen Sie ihn ggf. auf.
30 Betätigen Sie bei laufendem Motor die Bremse – falls das Pedal ein schwammiges Gefühl vermittelt oder sogar ›gepumpt‹ werden muss, bis ein Druckpunkt entsteht, befindet sich noch Luft im Bremssystem, und es muss erneut entlüftet werden. Bringt auch eine Wiederholung keine zufriedenstellenden Ergebnisse, können defekte Dichtungen im Hauptbremszylinder die Ursache sein.
31 Die aus dem Bremssystem gespülte Bremsflüssigkeit muss fachgerecht entsorgt werden – keinesfalls darf sie wiederverwendet werden.

3 Bremsleitungen und Schläuche – Ersetzen

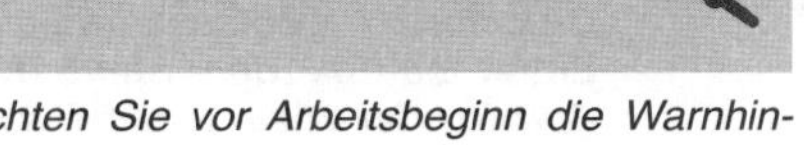

Anmerkung: *Beachten Sie vor Arbeitsbeginn die Warnhinweise in Sektion 2.*

1 Der Verlust an Bremsflüssigkeit kann minimiert werden, indem der Deckel des Ausgleichsbehälters geöffnet, ein Stück Plastikfolie über die Öffnung gelegt und der Deckel wieder aufgeschraubt wird – so ist der Behälter nicht belüftet, und bei einer getrennten Leitung läuft keine Flüssigkeit nach. Alternativ können Schläuche mit einer speziellen Bremsschlauchklemme abgedichtet werden. Anschlüsse von Metallrohren können direkt nach dem Trennen mit Kappen versehen werden – allerdings darf dabei kein Schmutz ins Bremssystem gelangen. Legen Sie reichlich Lappen unter zu trennende Leitungen, um austretende Bremsflüssigkeit aufzunehmen.
2 Wenn ein Bremsschlauch getrennt werden soll, muss zuerst die Anschlussmutter des Rohrs gelöst werden, bevor der Federclip entfernt wird, der den Schlauch an seiner Halterung sichert. Befreien Sie den Schlauch ggf. von der Fahrwerks-Komponente und schrauben Sie dann seinen Anschluss aus dem Bremssattel.
3 Zum Lösen von Anschlussmuttern sollten spezielle Ringschlüssel mit Öffnung verwendet werden, die im gut sortierten Werkzeughandel erhältlich sind. Auch ein gut sitzender Maulschlüssel sollte nur im Notfall benutzt werden, da die nicht besonders harten Muttern oft korrodiert sind und durch den abrutschenden Schlüssel abgerundet werden. In solchen Fällen hilft oft nur eine Gripzange oder ein selbstsichernder Schlüssel und das Rohr muss samt Mutter ersetzt werden. Reinigen Sie einen Anschluss und seine Umgebung, bevor er getrennt wird. Falls eine Komponente mit mehr als einem Anschluss getrennt werden muss, sollten die Positionen der Anschlüsse vorher notiert werden.
4 Wenn ein Hydraulikrohr ersetzt werden muss, kann es in der richtigen Länge und mit allen Anschlüssen beim Mercedes-Händler erworben werden; es muss dann nur noch entsprechend der Vorgaben durch das Originalteil gebogen und am Fahrzeug montiert werden. Alternativ kann man sich Bremsleitungen anfertigen lassen; dies erfordert jedoch eine exakte Vermessung der Originalleitung – bringen Sie diese möglichst mit zur ausführenden Werkstatt.
5 Die Anschlussmuttern dürfen beim Verbinden nicht überdreht werden – für eine korrekte Abdichtung müssen sie nicht brutal angezogen werden.
6 Verbinden Sie die Schläuche so mit den Bremssätteln, dass sie weder die Karosserie noch die Räder berühren.
7 Alle Rohre und Schläuche müssen korrekt verlegt sein. Sie dürfen nicht geknickt werden und müssen mit allen vorhandenen Halterungen und Clips gesichert werden.
8 Entfernen Sie nach dem Einbau die Folie vom Hauptbremszylinder und entlüften Sie das Bremssystem (siehe Sektion 2). Waschen Sie alle Bremsflüssigkeits-Spritzer ab und kontrollieren Sie alles genau auf Undichtigkeit.

4 Vorderrad-Bremsbeläge – Ersetzen

Warnung: Ersetzen Sie immer alle Bremsbeläge beider Vorderradbremsen; der Austausch der Beläge nur an einer Seite würde zu einer ungleichmäßigen Bremswirkung führen.

Warnung: Der beim Verschleiß der Bremsbeläge entstehende Staub kann krebserregende Fasern enthalten und darf daher nicht mit Druckluft ausgeblasen und eingeatmet werden. Entfernen Sie den Staub KEINESFALLS mit Benzin oder Lösungsmittel auf Petroleumbasis. Verwenden Sie Bremsenreiniger oder Spiritus, um Bremsenteile zu reinigen. Lassen Sie weder Bremsflüssigkeit noch Öle oder Fette mit den Bremsbelägen oder der Bremsscheibe in Kontakt kommen. Beachten Sie die Warnhinweise in Sektion 2, um weitere Informationen zu Bremsflüssigkeit zu erhalten.

1 Aktivieren Sie die Feststellbremse, heben Sie das Fahrzeug vorn an und stützen Sie es sicher ab (siehe Seite 24). Demontieren Sie die Vorderräder.
2 Folgen Sie beim Wechsel der Beläge den Abbildungen 4.2a bis 4.2u. Halten Sie die richtige Reihenfolge ein und lesen Sie die Bildunterschriften deutlich durch – beachten Sie dabei die folgenden Punkte:

a) Neue Bremsbeläge sind an den Belagplatten mit Klebefolien versehen – diese müssen entfernt werden.
b) Falls die alten Bremsbeläge wiederverwendet werden sollen, müssen sie in ihre ursprüngliche Positionen gelangen.
c) Reinigen Sie die Oberflächen der Führungszapfen und der Führungsbolzen.
d) Weder die Bremsbeläge noch die Bremssättel dürfen mir irgendwelchen Schmiermitteln in Berührung kommen.
e) Beachten Sie beim Eindrücken des Bremssattelkolbens den steigenden Pegel im Ausgleichsbehälter.
f) Laut Mercedes müssen demontierte Bremsbelag-Verschleißsensoren durch Neuteile ersetzt werden.

4.2a Falls sich am Rand der Bremsscheibe Rost gebildet hat, muss der Bremssattel mit einem Schraubendreher etwas herausgehebelt werden, um den Kolben einzudrücken.

4.2b Trennen Sie ggf. den Stecker des Bremsbelag-Verschleißsensors (nur am rechten Bremssattel).

4.2c Lösen Sie die unteren Führungszapfen-Schraube ...

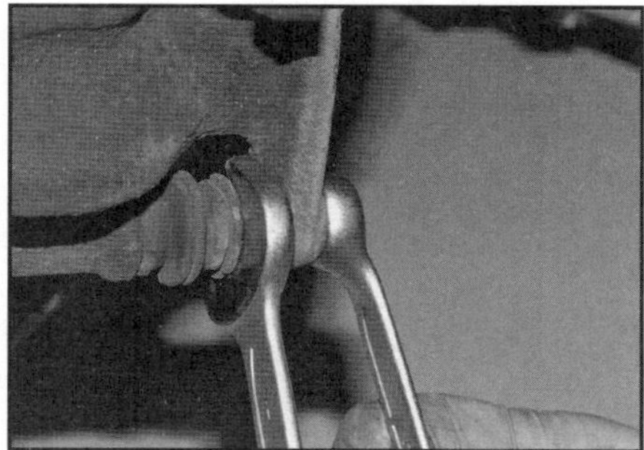

4.2d ... während der Zapfen mit einem Maulschlüssel gekontert wird.

4.2e Lösen Sie die Haken und trennen Sie den Bremsschlauch vom Halter.

4.2f Schwenken Sie den Bremssattel hoch ...

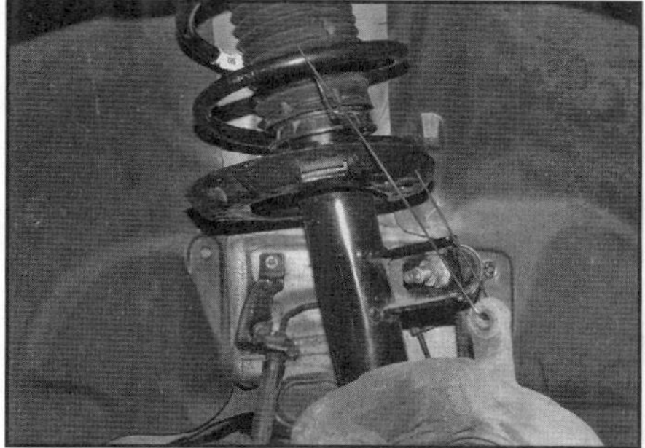

4.2g ... und sichern Sie ihn am Federbein, damit der Bremsschlauch nicht belastet wird.

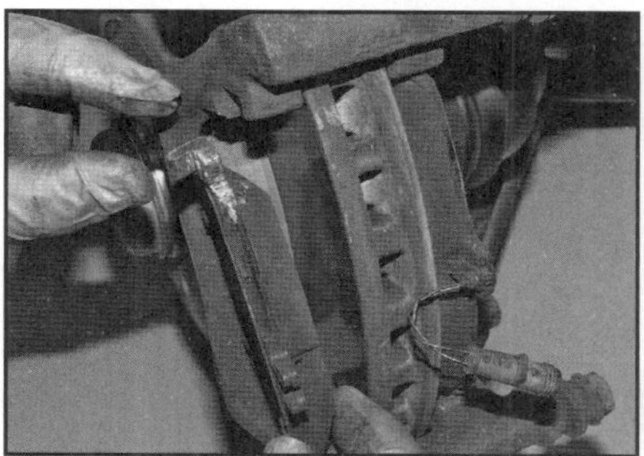

4.2h Entfernen Sie den äußeren ...

4.2i ... und den inneren Bremsbelag.

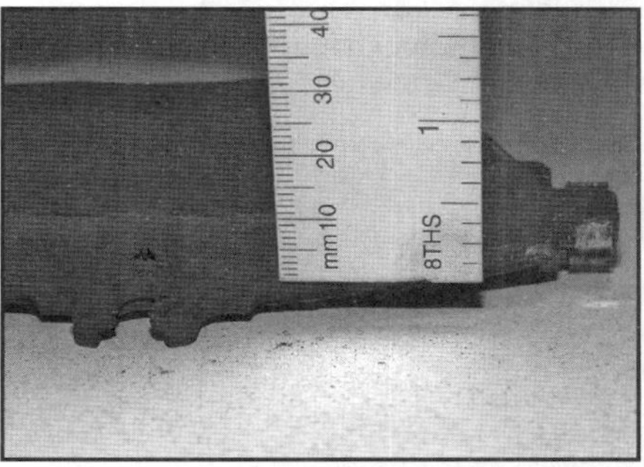

4.2j Messen Sie die Belagstärke – bei weniger als 2,0 mm müssen alle 4 Vorderrad-Bremsbeläge erneuert werden.

4.2k Reinigen Sie die Innenseite des Bremssattels mit einer Drahtbürste und Bremsenreiniger-Spray.

4.2l Falls neue Beläge installiert werden sollen, muss der Kolben in den Sattel gedrückt werden – nötigenfalls mithilfe eines speziellen Bremskolben-Eindrückwerkzeugs.

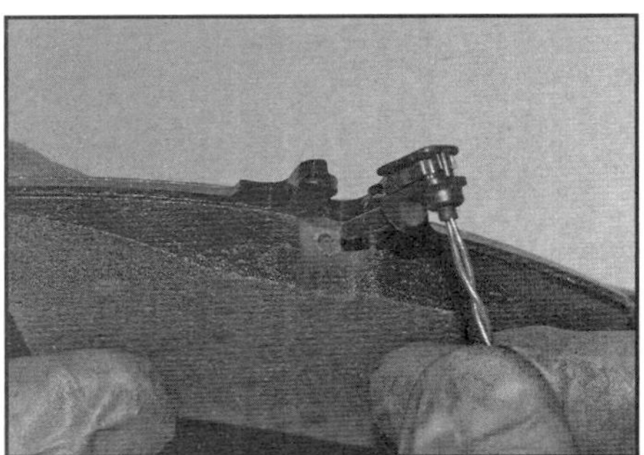

4.2m Ersetzen Sie beim Einbau neuer Bremsbeläge ggf. auch den verschlissenen Sensor.

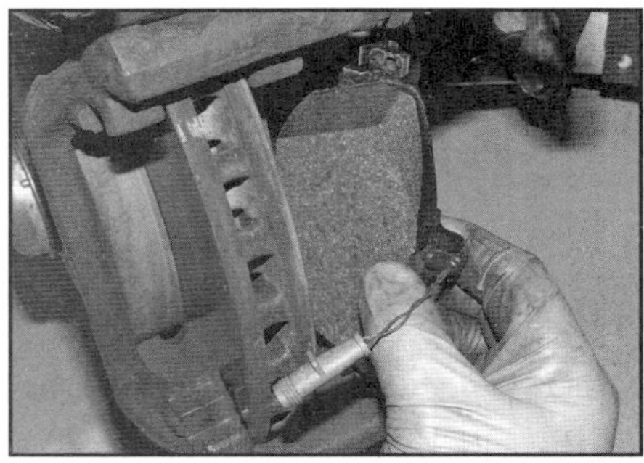

4.2n Installieren Sie den inneren …

4.2o … und den äußeren Bremsbelag.

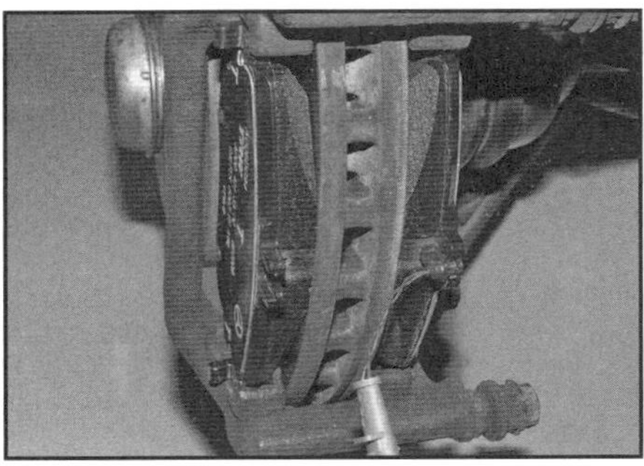

4.2p Beide Beläge müssen mit dem Belagmaterial an der Bremsscheibe anliegen.

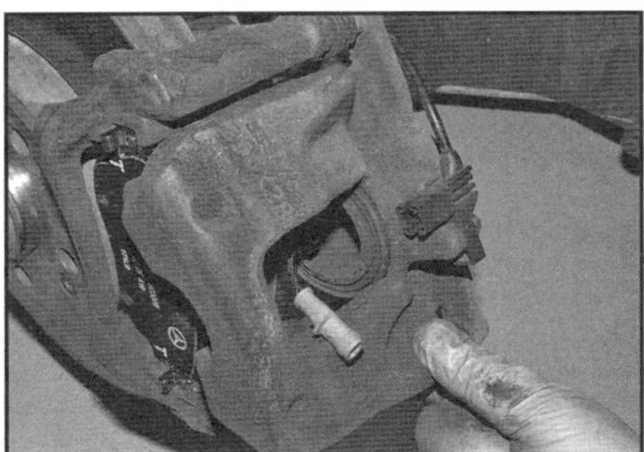

4.2q Schwenken Sie den Bremssattel wieder herunter, …

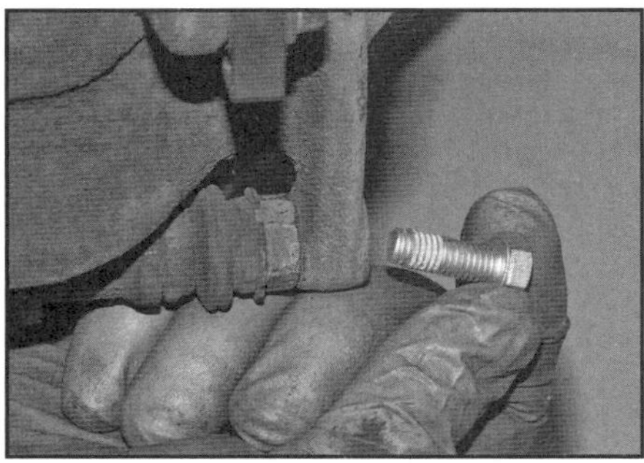

4.2r … installieren Sie die Führungszapfen-Schraube (ist Mercedes-Bremsbelägen beigefügt) …

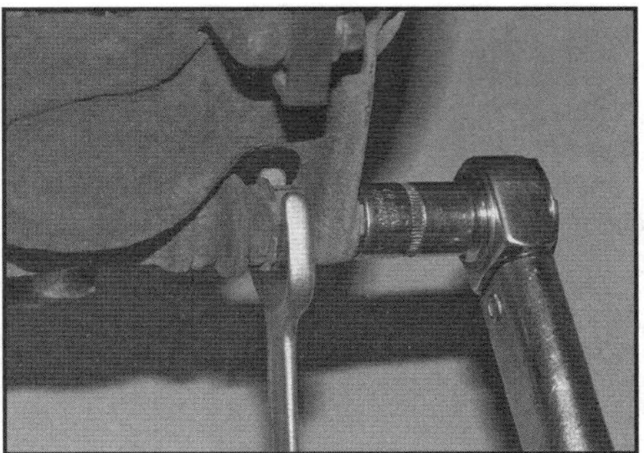
4.2s … und ziehen Sie sie bei gekontertem Zapfen mit 29 Nm an.

4.2t Sichern Sie die Bremsleitung im Halter …

4.2u … und verbinden Sie ggf. den Stecker des Bremsbelag-Verschleißsensors.

3 Falls die alten Beläge wiederverwendet werden können, müssen sie sorgfältig mit einer sauberen feinen Drahtbürste gereinigt werden – beachten sie besonders die Seiten und Rückseiten Bereiche der Belagplatte. Reinigen Sie die Nuten im Belagmaterial und entfernen Sie größere Fremdkörper. Reinigen Sie sorgfältig die Sitze der Beläge im Bremssattel und dessen Halter.
4 Kontrollieren Sie die Staubdichtung am Kolben und den Kolben selbst auf Undichtigkeiten, Korrosion oder Beschädigungen. Beachten Sie für den Austausch dieser Teile die Hinweise in Sektion 8.
5 Falls neue Bremsbeläge installiert werden sollen, muss der Bremssattelkolben vollständig in seine Bohrung gedrückt werden, um Platz dafür zu schaffen – verwenden Sie dazu eine Schraubzwinge, ein passendes Stück Holz als Hebel oder ein spezielles Bremskolben-Werkzeug (Abb. 4.2l). Klemmen Sie die zum Hauptbremszylinder führende Bremsleitung ab und verbinden Sie ein Entlüftungs-Kit mit der Entlüftungsschraube des Bremssattels. Öffnen Sie die Schraube beim Zurückdrücken des Kolbens, sodass überschüssige Bremsflüssigkeit in den Sammelbehälter gedrückt wird – hierdurch kann keine Luft ins System eindringen.

Anmerkung: *Die in der ABS-Einheit enthaltenen hydraulischen Komponenten reagieren sehr empfindlich auf kleinste Fremdkörper in der Bremsflüssigkeit, da sie sehr feine Kanäle und Ventile blockieren können. Die hier beschriebene Methode zum Zurückdrücken des Kolbens sorgt dafür, dass Ablagerungen im Bremssattel zurück in die ABS-Einheit gedrückt werden; zudem können auf diese Weise nicht die Dichtungen im Hauptbremszylinder beschädigt werden.*
6 Treten Sie mehrmals das Bremspedal durch, um die Beläge an die Bremsscheiben zu drücken und anschließend einen normalen Druckpunkt herzustellen.
7 Wiederholen Sie die Prozedur mit dem anderen Vorderradbremssattel.
8 Reinigen Sie den Kontaktbereich der Radnabe und der Felge mit einer Drahtbürste oder Stahlwolle und tragen Sie dünn Kupferpaste auf.
9 Montieren Sie die Räder, senken Sie das Fahrzeug ab, und ziehen Sie die Radbolzen mit 130 Nm an.
10 Prüfen Sie den Bremsflüssigkeitspegel und füllen Sie ggf. nach – siehe Kapitel 1A oder 1B, Sektion 7.
Achtung: Wenn neue Bremsbeläge installiert wurden, sollten diese zunächst möglichst ohne Vollbremsungen ›eingebremst‹ werden, damit sie sich den Bremsscheiben anpassen können.

5 Hinterrad-Bremsbeläge – Ersetzen

Warnung: Ersetzen Sie immer alle Bremsbeläge beider Vorderradbremsen; der Austausch der Beläge nur an einer Seite würde zu einer ungleichmäßigen Bremswirkung führen.

Warnung: Der beim Verschleiß der Bremsbeläge entstehende Staub kann krebserregende Fasern enthalten und darf daher nicht mit Druckluft ausgeblasen und eingeatmet werden. Entfernen Sie den Staub KEINESFALLS mit Benzin oder Lösungsmittel auf Petroleumbasis. Verwenden Sie Bremsenreiniger oder Spiritus, um Bremsenteile zu reinigen. Lassen Sie weder Bremsflüssigkeit noch Öle oder Fette mit den Bremsbelägen oder der Bremsscheibe in Kontakt kommen. Beachten Sie die Warnhinweise in Sektion 2, um weitere Informationen zu Bremsflüssigkeit zu erhalten.

1 Lockern Sie die Radbolzen der Hinterräder. Blockieren Sie die Vorderräder, heben Sie das Fahrzeug hinten an und stützen Sie es sicher ab (siehe Seite 24). Demontieren Sie die Hinterräder.
2 Bevor an den Hinterradbremse gearbeitet werden kann, muss der Feststellbremsen-Motor wie folgt in die ›Montage‹-Position gebracht werden:
a) Schalten Sie die Zündung in Position ›1‹ – der Wegstreckenzähler muss die Tageswegstrecke und die Gesamtwegstrecke anzeigen.
b) Falls im Display ›Motorhaube offen‹ angezeigt wird, muss die Motorhaube geschlossen werden.
c) Lösen Sie die Feststellbremse.
d) Drücken und halten Sie am Lenkrad den Knopf ›Anruf annehmen‹ und drücken Sie innerhalb einer Sekunde den ›OK‹-Knopf. Nach 5 Sekunden zeigt das Display das ›Werkstatt-Menü‹ mit den Fahrzeugdaten, dem Dynamometer-Test, ›Bremsbeläge ersetzen‹ und ASSYST PLUS.
e) Drücken Sie am Lenkrad so lange den ›Down‹-Knopf, bis ›Bremsbeläge ersetzen‹ hervorgehoben wird.

f) Bestätigen Sie die Auswahl mit dem ›OK‹-Knopf.
g) Sobald im Display ›In Montageposition bewegen‹ erscheint, muss der ›OK‹-Knopf gedrückt werden.
h) Zum Schluss muss im Display ›Montageposition erreicht‹ erscheinen.
i) Schalten Sie die Zündung ab.

Achtung: Betätigen Sie nicht die Feststellbremse, solange der Bremssattel in dieser Position steht – dies könnte die Bremse beschädigen!

3 Folgen Sie beim Wechsel der Beläge den Abbildungen 5.3a bis 5.3s. Halten Sie die richtige Reihenfolge ein und lesen Sie die Bildunterschriften deutlich durch – beachten Sie dabei die folgenden Punkte:

a) Neue Bremsbeläge sind an den Belagplatten mit Klebefolien versehen – diese müssen entfernt werden.
b) Falls die alten Bremsbeläge wiederverwendet werden sollen, müssen sie in ihre ursprüngliche Positionen gelangen.
c) Reinigen Sie die Oberflächen der Führungszapfen und der Führungsbolzen.
d) Weder die Bremsbeläge noch die Bremssättel dürfen mir irgendwelchen Schmiermitteln in Berührung kommen.
e) Beachten Sie beim Eindrücken des Bremssattelkolbens den steigenden Pegel im Ausgleichsbehälter.

5.3a Befreien Sie die Kabel des Radsensors und ggf. des Bremsbelag-Verschleißsensors aus den Befestigungen am Bremssattel oder seinem Halter.

5.3b Kontern Sie die Führungszapfen mit einem Maulschlüssel ...

5.3c ... und lösen Sie die zwei Führungszapfen-Schrauben.

5.3d Ziehen Sie den Bremssattel ab.

5.3e Sichern Sie den Bremssattel mit Draht o. ä. an den Radaufhängungen, um die Bremsleitung nicht unter Last zu setzen. Trennen Sie NICHT den Stecker des Feststellbremsen-Motors!

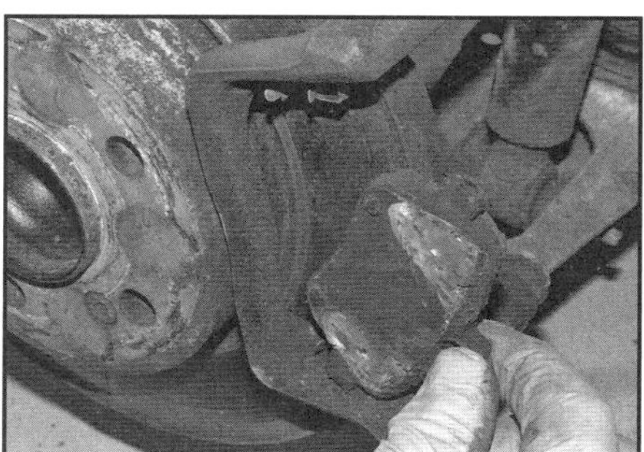

5.3f Entfernen Sie den äußeren ...

5.3g ... und den inneren Bremsbelag aus dem Bremssattelträger.

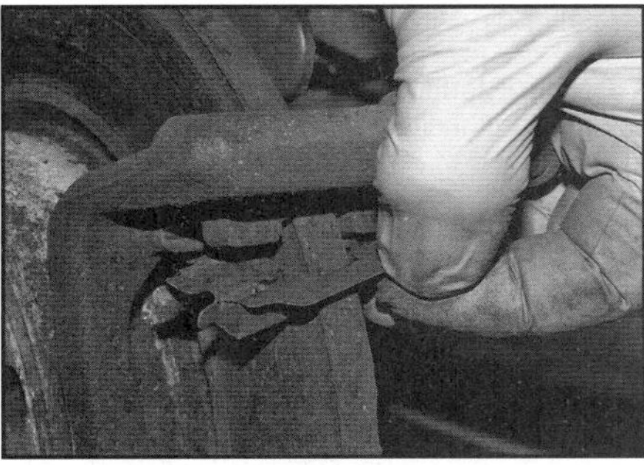

5.3h Entfernen Sie das obere …

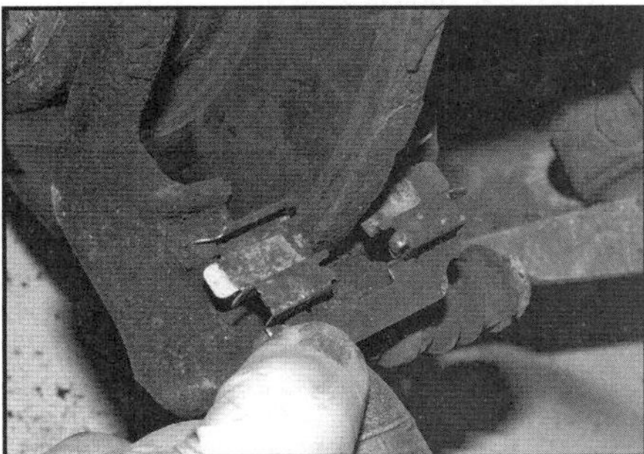

5.3i … und das untere Führungsblech.

5.3j Messen Sie die Belagstärke – bei weniger als 2,0 mm müssen alle 4 Hinterrad-Bremsbeläge erneuert werden.

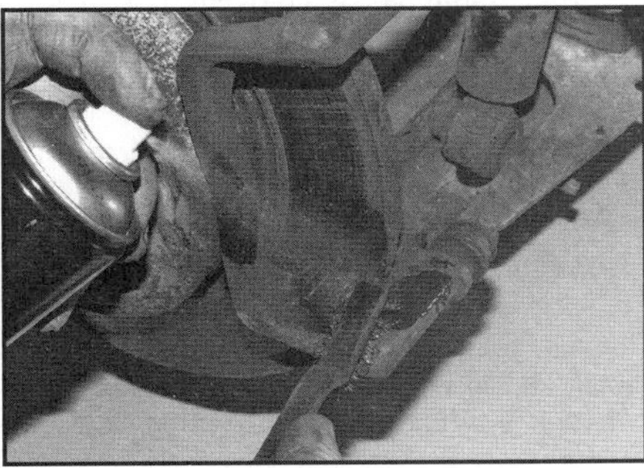

5.3k Reinigen Sie die Innenseite des Bremssattels mit einer Drahtbürste und Bremsenreiniger-Spray.

5.3l Falls neue Beläge installiert werden sollen, muss der Kolben in den Sattel gedrückt werden – nötigenfalls mithilfe eines speziellen Bremskolben-Eindrückwerkzeugs.

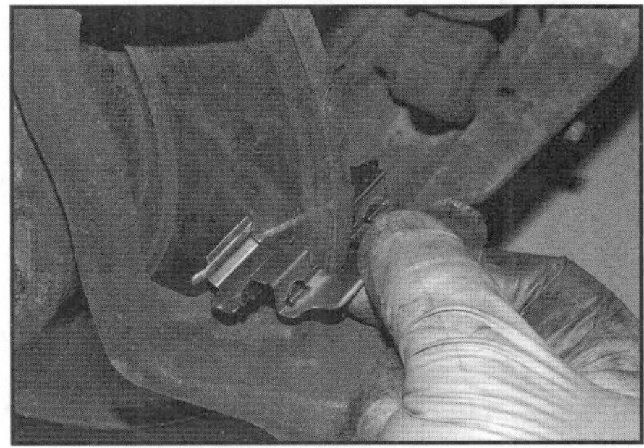

5.3m Installieren Sie das obere und untere Führungsblech an den Bremssattel-Halter.

Anmerkung: *Der Bremsbelag-Verschleißsensor muss mit dem inneren Bremsbelag verbunden werden.*

5.3n Installieren Sie den inneren …

5.3o … und den äußeren Bremsbelag.

5.3p **Setzen Sie den Bremssattel wieder auf ...**

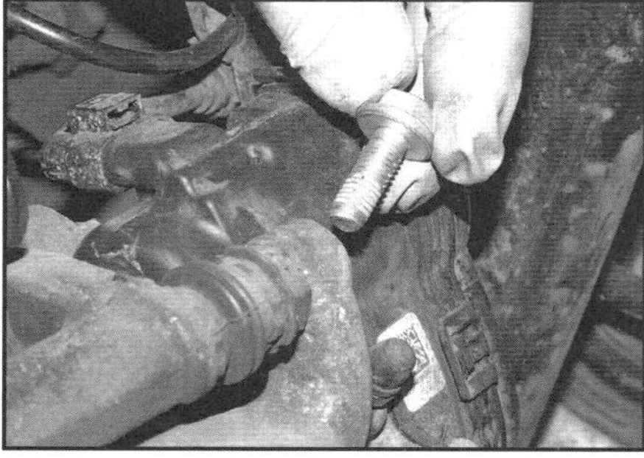

5.3q **... und installieren Sie die Führungszapfen-Schrauben (sind Mercedes-Bremsbelägen beigefügt) ...**

5.3r **... und ziehen Sie sie bei gekontertem Zapfen mit 35 Nm an (der Zugang zur unteren Schraube ist begrenzt).**

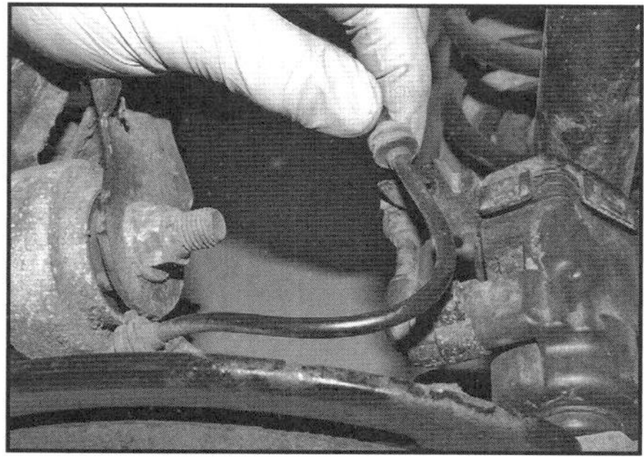

5.3s **Verbinden Sie ggf. den Stecker des Bremsbelag-Verschleißsensors und sichern Sie alle Sensorkabel.**

4 Falls die alten Beläge wiederverwendet werden können, müssen sie sorgfältig mit einer sauberen feinen Drahtbürste gereinigt werden – beachten sie besonders die Seiten und Rückseiten Bereiche der Belagplatte. Reinigen Sie die Nuten im Belagmaterial und entfernen Sie größere Fremdkörper. Reinigen Sie sorgfältig die Sitze der Beläge im Bremssattel und dessen Halter.

5 Kontrollieren Sie die Staubdichtung am Kolben und den Kolben selbst auf Undichtigkeiten, Korrosion oder Beschädigungen. Beachten Sie für den Austausch dieser Teile die Hinweise in Sektion 9.

6 Falls neue Bremsbeläge installiert werden sollen, muss der Bremssattelkolben vollständig in seine Bohrung gedrückt werden, um Platz dafür zu schaffen – verwenden Sie dazu eine Schraubzwinge, ein passendes Stück Holz als Hebel oder ein spezielles Bremskolben-Werkzeug (Abb. 5.3l). Klemmen Sie die zum Hauptbremszylinder führende Bremsleitung ab und verbinden Sie ein Entlüftungs-Kit mit der Entlüftungsschraube des Bremssattels. Öffnen Sie die Schraube beim Zurückdrücken des Kolbens, sodass überschüssige Bremsflüssigkeit in den Sammelbehälter gedrückt wird – hierdurch kann keine Luft ins System eindringen.

Anmerkung: *Die in der ABS-Einheit enthaltenen hydraulischen Komponenten reagieren sehr empfindlich auf kleinste Fremdkörper in der Bremsflüssigkeit, da sie sehr feine Kanäle und Ventile blockieren können. Die hier beschriebene Methode zum Zurückdrücken des Kolbens sorgt dafür, dass Ablagerungen im Bremssattel zurück in die ABS-Einheit gedrückt werden; zudem können auf diese Weise nicht die Dichtungen im Hauptbremszylinder beschädigt werden.*

7 Treten Sie mehrmals das Bremspedal durch, um die Beläge an die Bremsscheiben zu drücken und anschließend einen normalen Druckpunkt herzustellen.

8 Wiederholen Sie die Prozedur mit dem anderen Vorderradbremssattel.

9 Verlassen Sie wie folgt die ›Montage‹-Position der Feststellbremse:

a) Schalten Sie die Zündung in Position ›1‹ – im Display erscheint ›Montageposition erreicht/Verlassen‹.

b) Bestätigen Sie die Auswahl mit dem ›OK‹-Knopf.

c) Im Display erscheint jetzt ›Verlasse Montageposition‹ und dann ›Montageposition verlassen‹.

d) Bestätigen Sie erneut mit dem ›OK‹-Knopf.

e) Das Display kehrt in den ›Werkstatt-Menü‹ zurück (Fahrzeugdaten, Dynamometer-Test)

f) Drücken Sie den ›Back‹-Knopf und schalten Sie die Zündung ab.

10 Montieren Sie die Räder, senken Sie das Fahrzeug ab, und ziehen Sie die Radbolzen mit 130 Nm an.

11 Prüfen Sie den Bremsflüssigkeitspegel und füllen Sie ggf. nach – siehe Kapitel 1A oder 1B, Sektion 7.

Achtung: Wenn neue Bremsbeläge installiert wurden, sollten diese zunächst möglichst ohne Vollbremsungen ›eingebremst‹ werden, damit sie sich den Bremsscheiben anpassen können.

6 Vorderrad-Bremsscheibe – Kontrolle, Ausbau und Einbau

Anmerkung: *Beachten Sie vor Arbeitsbeginn die den Bremsenstaub betreffenden Warnhinweise am Anfang von Sektion 4.*

Anmerkung: *Falls eine Bremsscheibe ersetzt werden muss, sind immer beide Vorderrad-Bremsscheiben auszutauschen, um eine gleichmäßige Bremswirkung sicherzustellen. Beim Austausch von Bremsscheiben müssen auch die Bremsbeläge erneuert werden.*

Kontrolle

1 Aktivieren Sie die Feststellbremse, lockern Sie die Radbolzen der Vorderräder, heben Sie das Fahrzeug vorn an und

stützen Sie es sicher ab (siehe Seite 0.24). Demontieren Sie das entsprechende Vorderrad.
2 Drehen Sie die Bremsscheiben langsam und kontrollieren Sie dabei beide Seiten – für einen besseren Zugang zur Innenseite müssen die Bremsbeläge entfernt werden (siehe Sektion 4). Leichte Kratzer sind nach Gebrauch normal und behindern nicht die Funktion der Bremse, tiefe Kerben und starker Abrieb reduzieren jedoch die Bremswirkung und erhöhen den Belagverschleiß. Eine Bremsscheibe kann nötigenfalls geschliffen werden, doch muss auf die Minimalstärke geachtet werden. Eine irgendwo gerissene Bremsscheibe muss natürlich erneuert werden.
3 Die sich am Außenrand der Bremsscheibe bildende Kante aus Rost und Abrieb ist normal und kann einfach abgekratzt werden. Falls das Metall der Bremsscheibe deutlich abgetragen ist, muss an mehreren Stellen (im Bereich der Bremsbelag-Kontaktflächen) mit einer Bügelmessschraube die Bremsscheiben-Stärke ermittelt werden (siehe Abbildung) – bei Standardmodellen dürfen nicht weniger als 25 mm festgestellt werden, bei Sportmodellen gelten 26 mm als Verschleißgrenze.

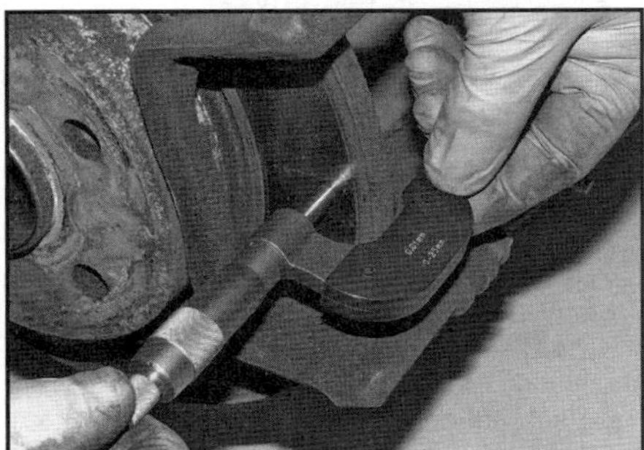

6.3 Ermitteln Sie die Bremsscheibe-Stärke mit einer Bügelmessschraube.

4 Falls vermutet wird, dass die Bremsscheibe verzogen ist, kann sie mit einer Messuhr oder zwischen ihr und dem Bremssattel-Halter vermessen werden. Werden 0,05 mm oder mehr Verzug ermittelt, sollte zunächst das Radnabenlager kontrolliert werden; auch kann die Scheibe demontiert und um 180° gedreht wieder angeschraubt werden – falls der Verzug weiterhin besteht, muss die Bremsscheibe erneuert werden.
5 Kontrollieren Sie die Bremsscheibe – vor allem im Bereich der Radbolzen-Bohrungen – auf Risse und andere Schäden und ersetzen Sie sie nötigenfalls.

Ausbau

6 Demontieren Sie die Bremsbeläge (siehe Sektion 4), lösen Sie die verbliebene Führungszapfenschraube und entnehmen Sie den Bremssattel – sichern Sie ihn am Federbein, um die Bremsleitung nicht zu belasten. Beim Einbau werden neue Führungszapfen-Schrauben benötigt.
7 Lockern und entfernen Sie die zwei Bolzen, die den Bremssattelhalter am Achsgelenk sichern.
8 Lösen Sie die einzelne Schraube, mit der die Bremsscheibe an der Nabe gesichert ist (siehe Abbildung) – falls sie fest sitzt, muss sie von hinten mit einem weichen Hammer leicht abgeklopft werden.

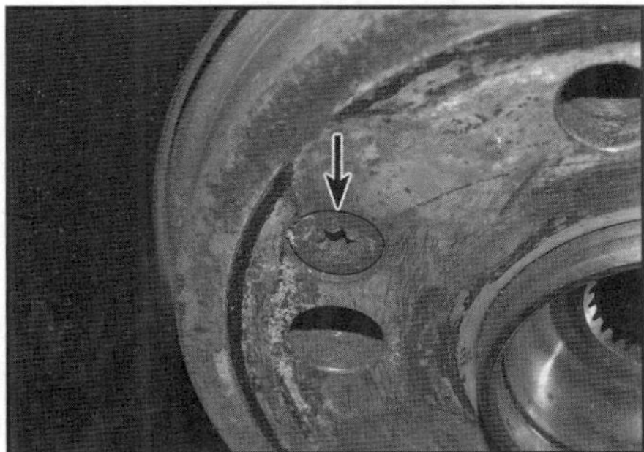

6.8 Diese Torxschraube sichert die Bremsscheibe an der Nabe.

Einbau

9 Der Einbau entspricht der umgekehrten Ausbaureihenfolge – beachten Sie dabei die folgenden Punkte:
a) Reinigen Sie die Kontaktflächen der Radnabe und der Bremsscheibe.
b) Ziehen Sie die Bremsscheibenschraube sorgfältig und die Bolzen des Bremssattelhalters mit 130 Nm an.
c) Neue Bremsscheiben müssen mit nicht nachfettendem Lösungsmittel von sämtlichen Schutzbeschichtungen befreit werden.
d) Montieren Sie das Rad, senken Sie das Fahrzeug ab, und ziehen Sie die Radbolzen mit 130 Nm an.
e) Betätigen Sie vor der ersten Fahrt mehrmals die Bremse, um die Beläge an der Bremsscheibe anliegen zu lassen.
f) Falls eine neue Bremsscheibe montiert wurde, muss die Prozedur am anderen Hinterrad wiederholt werden.

7 Hinterrad-Bremsscheibe – Kontrolle, Ausbau und Einbau

Anmerkung: *Beachten Sie vor Arbeitsbeginn die den Bremsenstaub betreffenden Warnhinweise am Anfang von Sektion 4.*
Anmerkung: *Falls eine Bremsscheibe ersetzt werden muss, sind immer beide Hinterrad-Bremsscheiben auszutauschen, um eine gleichmäßige Bremswirkung sicherzustellen. Beim Austausch von Bremsscheiben müssen auch die Bremsbeläge erneuert werden.*

Kontrolle

1 Blockieren Sie die Vorderräder, lockern Sie die Radbolzen der Hinterräder, heben Sie das Fahrzeug hinten an und stützen Sie es sicher ab (siehe Seite 24). Demontieren Sie das entsprechende Hinterrad.
2 Kontrollieren Sie die Bremsscheibe wie in Sektion 6 beschrieben – sie dürfen nicht dünner als 7,3 mm sein.

Ausbau

3 Demontieren Sie die Bremsbeläge (siehe Sektion 5).
4 Lösen Sie die zwei Schrauben, die den Bremssattelhalter am Achsstumpf sichern (siehe Abbildung).

7.4 Schrauben des Bremssattelhalters

5 Lösen Sie die einzelne Schraube, mit der die Bremsscheibe an der Nabe gesichert ist (siehe Abbildung) – falls sie fest sitzt, muss sie von hinten mit einem weichen Hammer leicht abgeklopft werden.

7.5 Diese Torxschraube sichert die Bremsscheibe an der Nabe.

Einbau

6 Der Einbau entspricht der umgekehrten Ausbaureihenfolge – beachten Sie dabei die folgenden Punkte:

a) Reinigen Sie die Kontaktflächen der Radnabe und der Bremsscheibe.

b) Ziehen Sie die Bremsscheibenschraube sorgfältig und die Bolzen des Bremssattelhalters mit 130 Nm an.

c) Neue Bremsscheiben müssen mit nicht nachfettendem Lösungsmittel von sämtlichen Schutzbeschichtungen befreit werden.

d) Montieren Sie das Rad, senken Sie das Fahrzeug ab, und ziehen Sie die Radbolzen mit 130 Nm an.

e) Betätigen Sie vor der ersten Fahrt mehrmals die Bremse, um die Beläge an der Bremsscheibe anliegen zu lassen.

f) Falls eine neue Bremsscheibe montiert wurde, muss die Prozedur am anderen Hinterrad wiederholt werden.

8 Vorderrad-Bremssattel – Ausbau, Überholung und Einbau

Achtung: Schalten Sie die Zündung ab, bevor irgendwelche Bremsleitungen getrennt werden, und schalten Sie sie erst nach dem Entlüften wieder ein; andernfalls kann Luft in die ABS-Reglereinheit eindringen, sodass sie entlüftet werden muss.

Anmerkung: *Beachten Sie vor Arbeitsbeginn die Warnhinweise am Anfang der Sektionen 2 und 4.*

Ausbau

1 Aktivieren Sie die Feststellbremse, lockern Sie die Radbolzen des entsprechenden Vorderrads, heben Sie das Fahrzeug vorn an und stützen Sie es sicher ab (siehe Seite 24). Demontieren Sie das Vorderrad.

2 Der Verlust an Bremsflüssigkeit kann minimiert werden, indem der Deckel des Ausgleichsbehälters geöffnet, ein Stück Plastikfolie über die Öffnung gelegt und der Deckel wieder aufgeschraubt wird – so ist der Behälter nicht belüftet, und bei einer getrennten Leitung läuft keine Flüssigkeit nach. Alternativ können Schläuche mit einer speziellen Bremsschlauchklemme abgedichtet werden (siehe Abbildung).

8.2 Klemmen Sie die Bremsschläuche ab, um Bremsflüssigkeitsverluste zu minimieren.

3 Reinigen Sie am Bremssattel den Bereich um den Schlauchanschluss und lockern Sie diesen.

4 Lösen Sie die Schrauben der oberen und unteren Führungszapfen (siehe Abbildung). Heben Sie den Bremssattel von der Bremsscheibe und schrauben Sie ihn vom Bremsschlauch-Anschluss.

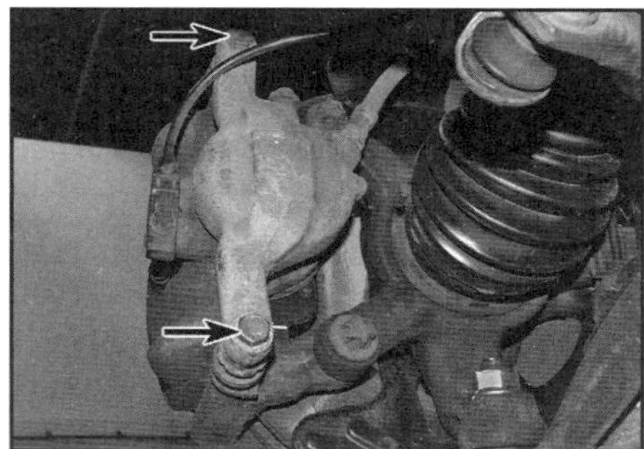

8.4 Schrauben der oberen und unteren Führungszapfen

5 Nötigenfalls kann der Bremssattelhalter vom Achsgelenk geschraubt werden.

Überholen

Anmerkung: *Erkundigen Sie sich vor Arbeitsbeginn nach der Verfügbarkeit von Ersatzteilen zum Überholen des Bremssattels.*

6 Reinigen Sie den auf der Werkbank liegenden Bremssattel – achten Sie darauf, keinen Staub einzuatmen.

7 Ziehen Sie den teilweise aus dem Bremssattel ragenden Kolben heraus und entfernen Sie die Staubdichtung.

> ***Praxis-Tipp***
> ***Falls der Kolben nicht von Hand aus dem Bremssattel gezogen werden kann, darf am Bremsleitungs-Anschluss Druckluft angesetzt werden – aber nur mit geringem Druck. Schützen Sie den Kolben mit einem Stück Holz und passen Sie auf, sich nicht die Finger einzuklemmen.***

8 Befreien Sie mithilfe eines kleinen stumpfen Werkzeugs den Kolben-Dichtring aus der Nut der Bremssattelbohrung – beschädigen Sie diese dabei nicht.
9 Reinigen Sie sorgfältig alle Komponenten mit Spiritus oder sauberer Bremsflüssigkeit – verwenden Sie **niemals** Lösungsmittel auf Mineralölbasis (Benzin oder Petroleum), da diese die Gummiteile der Hydraulik angreifen! Trocknen Sie die Teile unverzüglich mit einem sauberen und fusselfreien Lappen und blasen Sie alle Kanäle möglichst mit Druckluft aus.
Achtung: Tragen Sie bei der Arbeit mit Druckluft stets eine Schutzbrille!
10 Kontrollieren Sie alle Bauteile. Falls der Kolben und/oder seine Bohrung verschlissen, beschädigt oder stark korrodiert ist, muss der gesamte Bremssattel erneuert werden. Kontrollieren Sie ebenfalls die Führungszapfen und ihrer Manschetten. Nachdem sie gereinigt sind, müssen sie spielfrei im Bremssattelhalter gleiten können. Bei jedem Zweifel über den Zustand von Komponenten müssen diese ersetzt werden.
11 Soweit die Bauteile wiederverwendet werden können, muss ein entsprechendes Reparaturset beschafft werden – Mercedes bietet hierfür verschiedene Kombinationen an. Die Dichtungen müssen auf jeden Fall durch Neuteile ersetzt werden.
12 Alle Bauteile müssen absolut sauber und trocken sein.
13 Benetzen Sie den Kolben, seine Bohrung und den neuen Dichtring mit frischer Bremsflüssigkeit.
14 Installieren Sie den neuen Kolben-Dichtring von Hand in die Nut der Bohrung – verwenden Sie hierfür keine Werkzeuge.
15 Installieren Sie die neue Staubdichtung an das hintere Ende des Kolbens und führen Sie ihre äußere Dichtlippe in die Nut des Bremssattels ein. Installieren Sie den Kolben senkrecht und nötigenfalls drehend in den Bremssattel – er darf dabei nicht verkanten. Führen Sie die innere Dichtlippe der Staubdichtung in die Kolben-Nut ein.
16 Falls die Führungszapfen erneuert werden, müssen sie mit dem im Reparaturset enthaltenen Spezialfett geschmiert werden. Installieren Sie die Zapfen in den Bremssattelhalter.

Einbau

17 Montieren Sie ggf. den Bremssattelhalter ans Achsgelenk und ziehen Sie die neuen Schrauben mit 130 Nm an.
18 Drehen Sie den Bremssattel auf den Bremsschlauch-Anschluss.
19 Positionieren Sie den Bremssattel über den Bremsbelägen.
20 Installieren Sie die Führungszapfenschrauben und ziehen Sie sie mit 29 Nm an.
21 Ziehen Sie die Bremsschlauch-Anschlussmutter sorgfältig an und entfernen Sie die Klemme oder Folie.
22 Entlüften Sie die Bremsenhydraulik (siehe Sektion 2) – vorausgesetzt, die Hinweise zur Minimierung des Flüssigkeitsverlusts wurden beachtet, muss wahrscheinlich nur die entsprechende Vorderradbremse entlüftet werden.
23 Montieren Sie das Rad, senken Sie das Fahrzeug ab und ziehen Sie die Radbolzen mit 130 Nm an.

9 Hinterrad-Bremssattel – Ausbau, Überholung und Einbau

Achtung: Schalten Sie die Zündung ab, bevor irgendwelche Bremsleitungen getrennt werden, und schalten Sie sie erst nach dem Entlüften wieder ein; andernfalls kann Luft in die ABS-Reglereinheit eindringen, sodass sie entlüftet werden muss.
Anmerkung: *Beachten Sie vor Arbeitsbeginn die Warnhinweise am Anfang der Sektionen 2 und 4.*

Ausbau

1 Blockieren Sie die Vorderräder, lockern Sie die Radbolzen der Hinterräder, heben Sie das Fahrzeug hinten an und stützen Sie es sicher ab (siehe Seite 24). Demontieren Sie das entsprechende Hinterrad.
2 Demontieren Sie die Bremsbeläge (siehe Sektion 5).
3 Der Verlust an Bremsflüssigkeit kann minimiert werden, indem der Deckel des Ausgleichsbehälters geöffnet, ein Stück Plastikfolie über die Öffnung gelegt und der Deckel wieder aufgeschraubt wird – so ist der Behälter nicht belüftet, und bei einer getrennten Leitung läuft keine Flüssigkeit nach. Alternativ können Schläuche mit einer speziellen Bremsschlauchklemme abgedichtet werden (Abb. 8.2).
4 Reinigen Sie am Bremssattel den Bereich um den Schlauchanschluss und lockern Sie diesen.
5 Befreien Sie den Bremssattel und schrauben Sie ihn vom Bremsschlauch-Anschluss. Nötigenfalls kann der Bremssattelhalter vom Radnabenträger geschraubt werden. Verstopfen Sie alle Öffnungen, um den Bremsflüssigkeitsverlust zu minimieren und keinen Schmutz eindringen zu lassen.

Überholen

6 Für Hinterrad-Bremssättel waren zum Zeitpunkt des Verfassens dieses Buchs (2019) bis auf die Führungszapfen keine Ersatzteile erhältlich, sodass der gesamte Sattel ersetzt werden muss – erkundigen Sie sich beim Mercedes-Händler nach Reparatursets. Versuchen Sie nicht, den Handbremsmechanismus im Bremssattel zu zerlegen – bei einem Defekt muss der gesamte Bremssattel erneuert werden. Kontrollieren Sie die Führungszapfen und ihrer Manschetten. Nachdem sie gereinigt sind, müssen sie spielfrei im Bremssattelhalter gleiten können. Bei jedem Zweifel über den Zustand von Komponenten müssen diese ersetzt werden.

Einbau

7 Montieren Sie ggf. den Bremssattelhalter an den Radnabenträger und ziehen Sie die Schrauben mit 130 Nm an.
8 Drehen Sie den Bremssattel auf den Bremsschlauch-Anschluss, ziehen Sie die Bremsschlauch-Anschlussmutter sorgfältig an und entfernen Sie die Klemme oder Folie.
9 Montieren Sie die Bremsbeläge (siehe Sektion 5).
10 Installieren Sie die Führungszapfenschrauben und ziehen Sie sie mit 35 Nm an.
11 Entlüften Sie die Bremsenhydraulik (siehe Sektion 2) – vorausgesetzt, die Hinweise zur Minimierung des Flüssigkeitsverlusts wurden beachtet, muss wahrscheinlich nur die entsprechende Hinterradbremse entlüftet werden.
12 Montieren Sie das Rad, senken Sie das Fahrzeug ab und ziehen Sie die Radbolzen mit 130 Nm an.

10 Hauptbremszylinder – Ausbau, Überholung und Einbau

Achtung: Schalten Sie die Zündung ab, bevor irgendwelche Bremsleitungen getrennt werden, und schalten Sie sie erst nach dem Entlüften wieder ein; andernfalls kann Luft in die ABS-Reglereinheit eindringen, sodass sie entlüftet werden muss.
Anmerkung: *Beachten Sie vor Arbeitsbeginn die Warnhinweise am Anfang von Sektion 2.*

Ausbau

1 Schrauben Sie den Deckel des Ausgleichsbehälters ab und saugen Sie mit einer Spritze oder Pipette möglichst viel Bremsflüssigkeit ab.

Warnung: Saugen Sie Bremsflüssigkeit nicht mit dem Mund an – sie ist giftig!

Anmerkung: *Alternativ kann eine gut zugängliche Entlüftungsschraube des Bremssystems geöffnet und mit Schläuchen versehen werden, um die Bremsflüssigkeit bei sanfter Betätigung der Bremse herauszudrücken (siehe Sektion 2).*

2 Trennen Sie seitlich am Ausgleichsbehälter den Kabelstecker des Bremsflüssigkeits-Pegelsensors (siehe Abbildung) und ziehen Sie bei Modellen mit Schaltgetriebe den Kupplungs-Versorgungsschlauch ab – seien Sie auf austretende Bremsflüssigkeit vorbereitet und sichern Sie den Schlauch aufrecht.

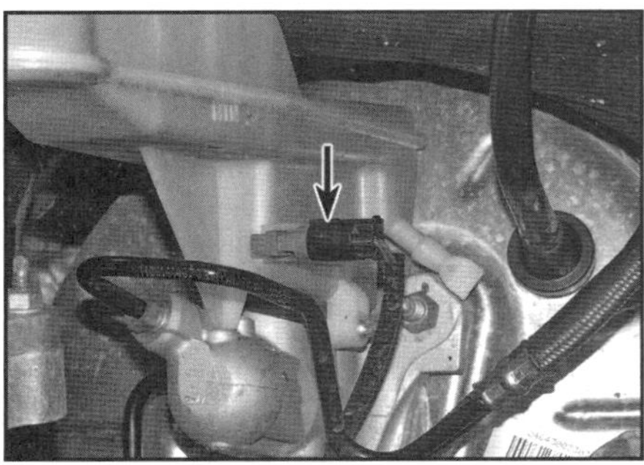

10.2 Stecker des Bremsflüssigkeits-Pegelsensors

3 Lösen Sie die Torxschraube, um den Ausgleichsbehälter vom Hauptbremszylinder zu befreien (siehe Abbildung). Kontrollieren Sie die Dichtungen und erneuern Sie sie nötigenfalls.

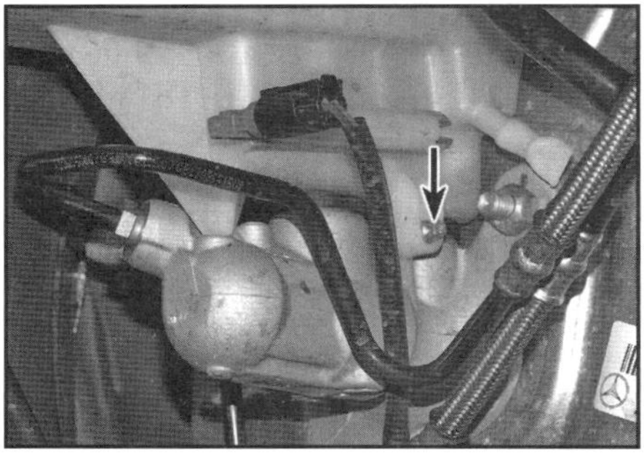

10.3 Diese Schraube sichert den Ausgleichsbehälter am Hauptbremszylinder.

4 Wischen Sie am Hauptbremszylinder den Bereich um die Bremsleitungsanschlüsse sauber und unterlegen Sie die Anschlüsse mit saugfähigen Lappen, um austretende Flüssigkeit aufzunehmen. Notieren Sie die Positionen der Bremsleitungen, lösen Sie die Anschlussmuttern und verlagern Sie die Leitungen vorsichtig beiseite (siehe Abbildung). Verstopfen Sie die Öffnungen, damit kein Schmutz eindringt. Waschen Sie alle Bremsflüssigkeitsspritzer umgehend mit kaltem Wasser ab.

10.4 Bremsleitungs-Anschlussmuttern

5 Lösen Sie die zwei Muttern, die den Hauptbremszylinder am Bremskraftverstärker sichern, und heben Sie die Baugruppe aus dem Motorraum (siehe Abbildung). Falls der Dichtring hinten am Hauptbremszylinder beschädigt ist oder Alterungserscheinungen aufweist, muss er ersetzt werden. Die Muttern müssen auf jeden Fall erneuert werden.

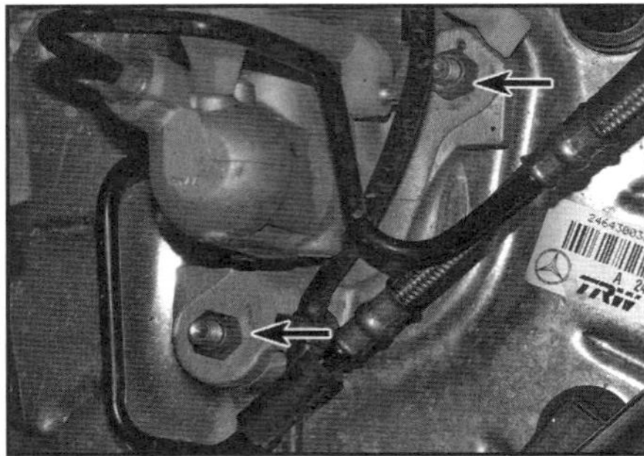

10.5 Muttern, die den Hauptbremszylinder am Bremskraftverstärker sichern.

Überholen

6 Für den Hauptbremszylinder waren zum Zeitpunkt des Verfassens dieses Buchs (2019) keine Ersatzteile erhältlich – erkundigen Sie sich beim Mercedes-Händler nach Reparatursets.

Einbau

7 Entfernen Sie sämtlichen Schmutz von den Kontaktflächen des Hauptbremszylinders und des Bremskraftverstärkers. Legen Sie die (neue) Dichtung über die Stehbolzen des Bremskraftverstärkers.

8 Setzen Sie den Hauptbremszylinder an den Bremskraftverstärker, sodass dessen Druckstange mittig in seinen Kolben greift. Installieren Sie die Muttern und ziehen Sie sie mit 23 Nm an.

9 Wischen Sie die Bremsleitungsanschlüsse sauber, setzen Sie sie an und ziehen Sie die Anschlussmuttern sorgfältig an.

10 Drücken Sie die Anschlussdichtungen fest in die Ausrückzylinder-Kanäle und bringen Sie den Ausgleichsbehälter vorsichtig in Position. Installieren Sie die Torxschraube und ziehen Sie sorgfältig an.

11 Verbinden Sie ggf. den Kupplungs-Versorgungsschlauch, den Stecker des Bremsflüssigkeits-Pegelsensors und ggf. den Drucksensor dem Ausgleichsbehälter.

12 Montieren Sie alle für den Zugang entfernten Bauteile. Füllen Sie den Ausgleichsbehälter mit frischer Bremsflüssigkeit auf und entlüften Sie anschließend die komplette Brems- und Kupplungshydraulik (siehe Sektion 2 und Kapitel 8, Sektion 2).

13 Prüfen Sie vor der ersten Fahrt sorgfältig die Funktion der Bremsen und der Kupplung.

11 Bremskraftverstärker – Test, Ausbau und Einbau

Test

1 Betätigen Sie bei abgeschaltetem Motor mehrmals die Bremse, bis der Unterdruck im Bremskraftverstärker abgebaut ist. Halten Sie das Pedal gedrückt und starten Sie den Motor – sobald er läuft, muss sich das Pedal durch den aufbauenden Unterdruck merklich weiter eindrücken lassen. Lassen Sie

den Motor mindestens zwei Minuten laufen und schalten Sie ihn wieder ab. Beim erneuten Betätigen der Bremse muss sie sich normal anfühlen, nach einigen Aktivierungen muss sie sich deutlich fester anfühlen und weniger weit eindrücken lassen.
2 Falls sich die Bremse nicht wie beschrieben verhält, muss zunächst das Bremskraftverstärker-Regelventil überprüft werden (siehe Sektion 12).
3 Wenn sich das Regelventil als funktionsfähig erwiesen hat, wird der Defekt im Bremskraftverstärker selbst liegen – da Reparaturen nicht möglich sind, muss er ausgetauscht werden.

Ausbau

4 Demontieren Sie den Hauptbremszylinder (siehe Sektion 10).
5 Hebeln Sie am Bremskraftverstärker vorsichtig das Unterdruckregelventil ab.
6 Demontieren Sie den Airbag im Kniebereich des Fahrerfußraums (siehe Kapitel 12, Sektion 20).
7 Demontieren Sie die Gaspedal-Baugruppe (siehe Kapitel 6A oder 6B, Sektion 5) – der Stecker muss nicht getrennt werden; verlagern Sie die Baugruppe beiseite.
8 Lösen Sie die Sicherheits-Schraube, mit der die Bremskraftverstärker-Druckstange am Bremspedal gesichert ist (siehe Abbildung) – sie muss beim Einbau erneuert werden.

11.8 Sicherheits-Schraube, mit der die Bremskraftverstärker-Druckstange am Bremspedal gesichert ist.

9 Lösen Sie die zwei Muttern, die den Bremskraftverstärker an der Spritzwand sichern (siehe Abbildung).

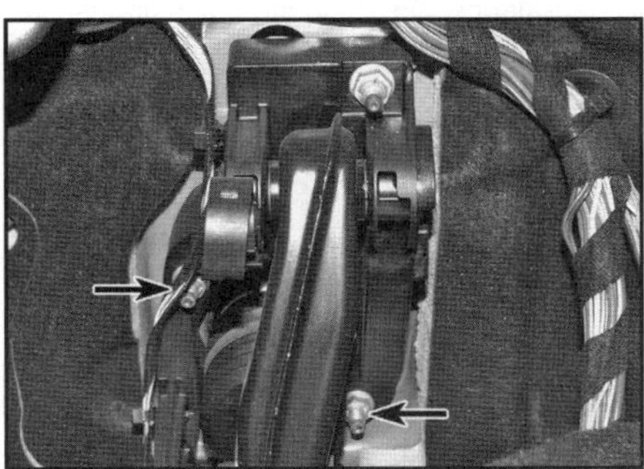

11.9 Muttern, die den Bremskraftverstärker an der Spritzwand sichern

10 Befreien Sie den Bremskraftverstärker ggf. samt seiner Dichtung und erneuern Sie diese, falls sie beschädigt erscheint.

Einbau

11 Der Einbau entspricht der umgekehrten Ausbaureihenfolge – beachten Sie dabei die folgenden Punkte:

a) Ziehen Sie die neuen Befestigungsmuttern des Bremskraftverstärkers mit 22 Nm an.
b) Ziehen Sie die neue Sicherheitsschraube, mit der die Bremskraftverstärker-Druckstange am Bremspedal gesichert ist, mit 22 Nm an.
c) Beachten Sie für die Montage des Hauptbremszylinders die Hinweise in Sektion 10 und entlüften Sie die Bremshydraulik (siehe Sektion 2).

12 Bremskraftverstärker-Regelventil – Ausbau, Test und Einbau

Ausbau

1 Ziehen Sie das Ventil drehend aus seinem Gummistopfen (siehe Abbildung) und befreien Sie diesen aus dem Bremskraftverstärker.

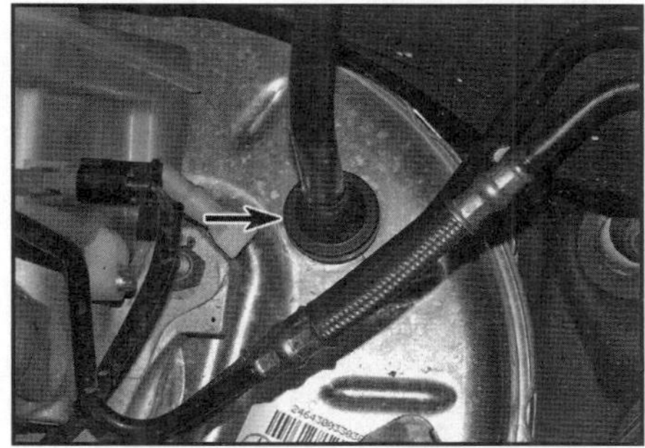

12.1 Bremskraftverstärker-Regelventil

2 Das Regelventil ist nur zusammen mit der Unterdruckleitung erhältlich; verfolgen Sie diese, befreien Sie sie aus allen Befestigungen und trennen Sie sie links am Zylinderkopf an ihrem Anschluss.

Test

3 Begutachten Sie das Regelventil auf Beschädigungen und ersetzen Sie die Baugruppe nötigenfalls. Für eine Kontrolle wird von beiden Seiten ins Ventil geblasen – Luft darf aber nur vom Bremskraftverstärker aus hindurchgelangen. Bei anderen Ergebnissen muss das Ventil ersetzt werden.
4 Kontrollieren Sie den Gummistopfen im Bremskraftverstärker auf Schäden und Alterungserscheinungen und ersetzen Sie ihn nötigenfalls.

Einbau

5 Installieren Sie den Gummistopfen in den Bremskraftverstärker.
6 Drücken Sie das Ventil vorsichtig in den Stopfen. Verbinden Sie die Unterdruckleitung und sichern Sie sie.
7 Starten Sie anschließend den Motor und prüfen Sie die Verbindung des Ventils zum Bremskraftverstärker auf Undichtigkeiten.

13 Feststellbremse – Notauslösung

1 Bei einem Stromausfall oder defekten Feststellbremsen-Motor kann die Feststellbremse mechanisch gelöst werden –

demontieren Sie dazu den Feststellbremsen-Motor (siehe Sektion 14).
2 Drehen Sie mit einem 7 mm-Inbusschlüssel die Spindel am Hinterradbremssattel im Uhrzeigersinn, bis die Bremsscheibe frei ist (siehe Abbildung).

13.2 Drehen Sie die Spindel im Uhrzeigersinn, um die Feststellbremse zu lösen.

3 Montieren Sie anschließend den Feststellbremsen-Motor (siehe Sektion 14).

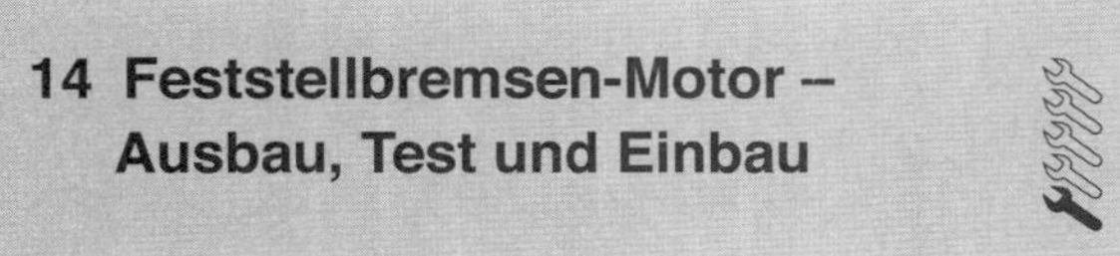

14 Feststellbremsen-Motor – Ausbau, Test und Einbau

1 Blockieren Sie die Vorderräder, heben Sie das Fahrzeug hinten an und stützen Sie es sicher ab (siehe Seite 24).
2 Die Zündung muss abgeschaltet sein. Platzieren Sie die Fernbedienung mindestens zwei Meter vom Fahrzeug entfernt.
3 Befreien Sie das Kabel des Feststellbremsen-Motors und trennen Sie seinen Stecker (siehe Abbildung).

14.3 Stecker des Feststellbremsen-Motors

4 Lösen Sie die zwei Torxschrauben und befreien Sie den Feststellbremsen-Motor vom Bremssattel (siehe Abbildungen).

14.4a Lösen Sie die Torxschraube hinter dem Feststellbremsen-Motor ...

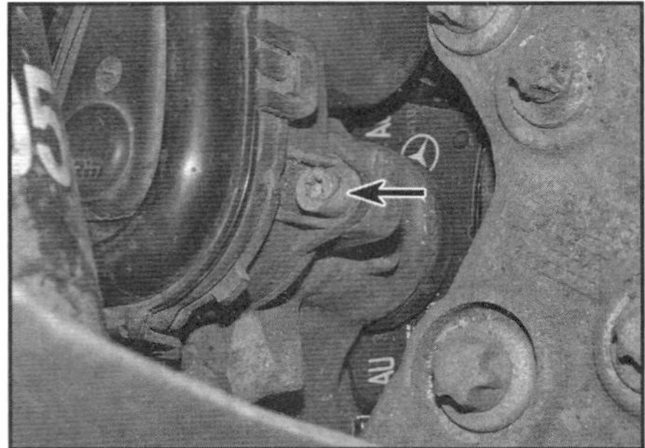

14.4b ... und die vordere Schraube.

5 Entfernen Sie am Bremssattel den O-Ring vom Motor-Flansch (siehe Abbildung).

14.5 Entfernen Sie den O-Ring.

6 Der Einbau entspricht der umgekehrten Ausbaureihenfolge – ziehen Sie die Schrauben des Feststellbremsen-Motors mit 12 Nm an.

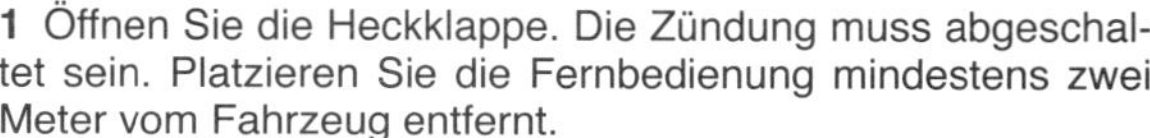

15 Feststellbremsen-Steuergerät – Ausbau und Einbau

1 Öffnen Sie die Heckklappe. Die Zündung muss abgeschaltet sein. Platzieren Sie die Fernbedienung mindestens zwei Meter vom Fahrzeug entfernt.
2 Trennen Sie den Masseanschluss (–) der Batterie (siehe Kapitel 5, Sektion 4).
3 Entfernen Sie rechts im Kofferraum die Seitenverkleidung (siehe Kapitel 11, Sektion 25).
4 Befreien Sie das Steuergerät und trennen Sie seinen Stecker (siehe Abbildung).

15.4 Schwenken Sie den Arretierhebel heraus, um den Steuergerät-Stecker zu trennen.

5 Der Einbau entspricht der umgekehrten Ausbaureihenfolge – falls ein neues Steuergerät installiert wird, muss es mithilfe geeigneter Diagnoseausrüstung initialisiert werden – lassen Sie dies nötigenfalls von einer Fachwerkstatt durchführen.

16 Feststellbremsen-Schalter – Ausbau und Einbau

1 Der Ausbau des Schalters ist in Kapitel 12, Sektion 5 beschrieben.

17 Bremslichtschalter – Ausbau, Einbau und Einstellung

Ausbau

1 Entfernen Sie im Fahrerfußraum die untere Armaturenbrettverkleidung siehe Kapitel 11, Sektion 28) oder den Airbag im Kniebereich des Fahrerfußraums (siehe Kapitel 12, Sektion 20).
2 Trennen Sie am Bremspedalhalter den Stecker und ziehen Sie den Bremslichtschalter ab (siehe Abbildungen).

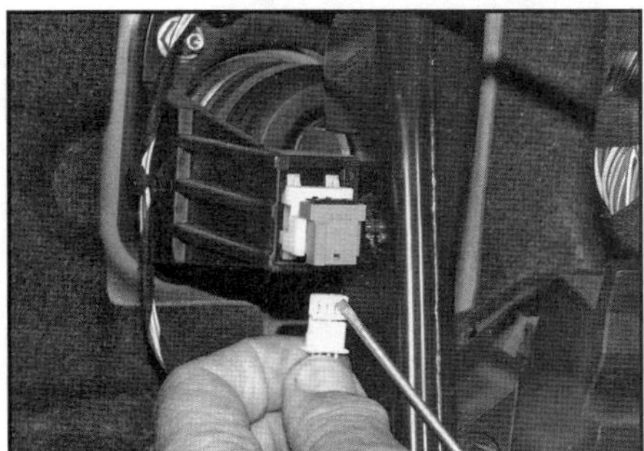

17.2a Lösen Sie den Clip, trennen Sie den Stecker des Bremslichtschalters ...

17.2b ... und ziehen Sie diesen aus dem Halter.

Einbau und Einstellung

3 Drücken Sie das Bremspedal, installieren Sie den Schalter an den Halter und schieben Sie ihn so weit wie möglich ein.
4 Entlasten Sie das Bremspedal langsam wieder – der Schalter ist jetzt korrekt eingestellt.
5 Verbinden Sie den Stecker mit dem Schalter und montieren Sie die Verkleidung oder den Airbag.

18 Antiblockiersystem (ABS) – Allgemeine Informationen

1 Das serienmäßig vorhandene Antiblockiersystem überwacht beim Bremsen die Drehzahl aller Räder. Das System beinhaltet eine Hydraulik-Reglereinheit und an jedem Rad einen Drehzahlsensor. In der Reglereinheit befinden sich das Steuergerät, die Hydraulik-Magnetventile (ein Set für jede Bremse) und die elektrisch angetriebene Rücklaufpumpe. Wenn ein Rad plötzlich deutlich langsamer wird (und damit zu blockieren droht), wird an dieser Bremse der Hydraulikdruck reduziert oder kurzzeitig unterbrochen. Die Überwachung und das Regulieren findet mehrmals pro Sekunde statt und erzeugt im Bremspedal eine ›pulsierende‹ Wirkung, wenn der Druck geändert wird.
2 Die Magnetventile werden vom Steuergerät überwacht, das wiederum Informationen von den Sensoren an den Rädern über deren Drehzahl erhält. Indem es diese Signale vergleicht, kann das Steuergerät die derzeit gefahrene Geschwindigkeit berechnen und so erkennen, wenn ein Rad deutlich langsamer als die anderen wird und zum Blockieren neigt. Im normalen Fahrbetrieb funktioniert die Bremse genauso wie ein System ohne ABS.
3 Sobald das Steuergerät erkennt, dass ein oder mehrere Räder zum Blockieren neigen, werden die entsprechenden Auslass-Magnetventile geschlossen, um den Druck in den Bremsen zu verringern.
4 Falls die Drehzahl des Rades weiterhin zu niedrig ist, öffnet es die Einlass-Magnetventile und aktiviert die elektrisch betriebene Rücklaufpumpe, um die Bremsflüssigkeit wieder in den Hauptbremszylinder zu fördern und so die Bremse zu lösen. Sobald die Drehzahl des Rades wieder einen normalen Wert erreicht, stoppt die Pumpe und das Auslass-Magnetventil öffnet wieder, um den Druck aus dem Hauptbremszylinder wieder an die Bremse weiterzuleiten und diese zu aktivieren.
5 Die Überwachung und das Regulieren findet mehrmals pro Sekunde statt und erzeugt im Bremspedal eine ›pulsierende‹ Wirkung, wenn der Druck geändert wird.
6 Die Funktion des ABS hängt vollkommen von elektrischen Signalen ab. Und damit es nicht auf falsche Signale reagiert, überwacht eine integrierte Sicherheitsschaltung alle ins Steuergerät eingehenden Signale. Falls solche auftreten oder geringe Batteriespannung festgestellt wird, wird das ABS automatisch abgeschaltet und im Cockpit leuchtet eine entsprechende Warnlampe auf. Jetzt kann immer noch normal gebremst werden.
7 Fahrzeuge der A-Klasse sind rund um das ABS mit weiteren Sicherheits-Features ausgerüstet. Dazu gehören eine elektronische Bremskraftverteilung zwischen den Vorder- und Hinterrädern und eine Fahrdynamikregelung namens ›Elektronisches Stabilitätsprogramm‹ (ESP), die die Lenkradstellung und die Kurvenkräfte überwacht, um durch die Verteilung der Bremskräfte die Stabilität des Fahrzeugs sicherzustellen. Der hinten unter der Mittelkonsole sitzende ESP-Bewegungssensor beinhaltet einen Gierratensensor und einen Sensor, der seitliche Beschleunigung ermittelt. Der ESP-Lenkwinkelsensor sitzt im oberen Teil der Lenksäule.
8 Falls in irgendeinem dieser Systeme ein Defekt festgestellt wird, leuchtet im Cockpit eine entsprechende Warnleuchte auf. Manche Fehler können vom bordeigenen Diagnosesystem behoben werden; halten Sie an, schalten Sie den Motor und die Zündung ab. Falls nach die Warnleuchte nach erneutem Fahrtantritt weiter leuchtet, muss das Fahrzeug zu einer entsprechend ausgerüsteten Fachwerkstatt gebracht werden, wo der Fehler mithilfe eines Diagnosegeräts ausgelesen und repariert werden kann.

19 Antiblockiersystem (ABS) – Austausch der Komponenten

Regler-Einheit

1 Der Austausch der Regler-Einheit erfordert eine spezielle Diagnose-Ausrüstung und Testgeräte, um Luft aus dem System zu saugen und das Gerät zu initialisieren und codieren. Wir empfehlen daher, den Austausch von einer entsprechend ausgerüsteten Fachwerkstatt vornehmen zu lassen.

ABS-Steuergerät

2 Das ABS-Steuergerät ist in die Regler-Einheit integriert und wahrscheinlich nicht separat erhältlich – erkundigen Sie sich beim Mercedes-Händler. Ein neues Steuergerät muss mithilfe einer speziellen Diagnose-Ausrüstung programmiert werden – überlassen Sie dies einer entsprechend ausgerüsteten Fachwerkstatt.

Vorderradsensor

Ausbau

3 Die Zündung muss abgeschaltet sein. Platzieren Sie die Fernbedienung mindestens zwei Meter vom Fahrzeug entfernt.
4 Aktivieren Sie die Feststellbremse, lockern Sie die Radbolzen des entsprechenden Vorderrads, heben Sie das Fahrzeug vorn an und stützen Sie es sicher ab (siehe Seite 24). Demontieren Sie das Vorderrad.
5 Demontieren Sie die Radlaufverkleidung (siehe Kapitel 11, Sektion 29).
6 Lösen Sie im Bereich der hinteren Aufnahme des vorderen Hilfsrahmens die Befestigungen der Unterbodenverkleidung und befreien Sie diese.
7 Verfolgen Sie das Sensorkabel, befreien Sie es dabei aus allen Befestigungen, merken Sie sich seine Verlegung und trennen Sie den Stecker.
8 Lösen Sie die Schraube des Sensors und ziehen Sie diesen aus dem Achsgelenk (siehe Abbildung).

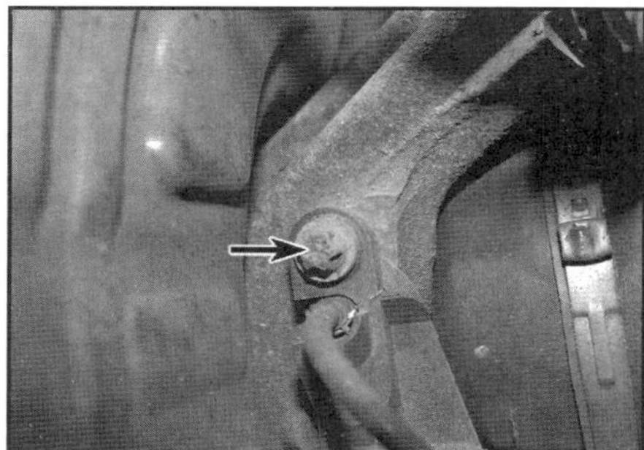

19.8 Schraube des Vorderradsensors

Einbau

9 Die Kontaktflächen des Sensors und des Achsgelenks müssen sauber sein. Versehen Sie die Sensorbohrung mit etwas Kupferpaste.
10 Reinigen Sie die Sensorspitze und führen Sie den Sensor in seine Bohrung ein.
11 Reinigen Sie das Gewinde der Sensorschraube und tragen Sie Sicherungspaste (Loctite) auf. Installieren Sie die Schraube und ziehen Sie sie mit 8 Nm an.
12 Verlegen Sie das Sensorkabel korrekt, sichern Sie es mit allen Befestigungen und verbinden Sie den Stecker.
13 Montieren Sie die Radlaufverkleidung und das Rad, senken Sie das Fahrzeug ab und ziehen Sie die Radbolzen mit 130 Nm an.

Hinterradsensor

Ausbau

14 Die Zündung muss abgeschaltet sein. Platzieren Sie die Fernbedienung mindestens zwei Meter vom Fahrzeug entfernt.
15 Blockieren Sie die Vorderräder, lockern Sie die Radbolzen des entsprechenden Hinterrads, heben Sie das Fahrzeug vorn an und stützen Sie es sicher ab (siehe Seite 24). Demontieren Sie das Hinterrad.
16 Demontieren Sie teilweise die Radlaufverkleidung (siehe Kapitel 11, Sektion 29), um Zugang zum Sensorstecker zu erhalten.
17 Verfolgen Sie das Sensorkabel, befreien Sie es dabei aus allen Befestigungen, merken Sie sich seine Verlegung und trennen Sie den Stecker (siehe Abbildung).

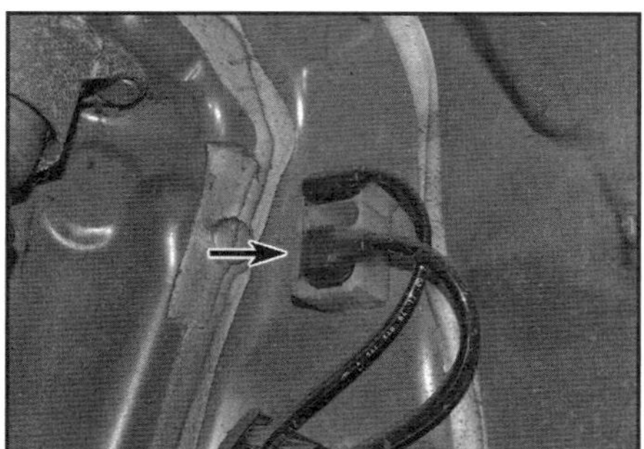

19.17 Stecker des Hinterradsensors

18 Lösen Sie die Schraube des Sensors und ziehen Sie diesen aus dem Radnabenträger (siehe Abbildung).

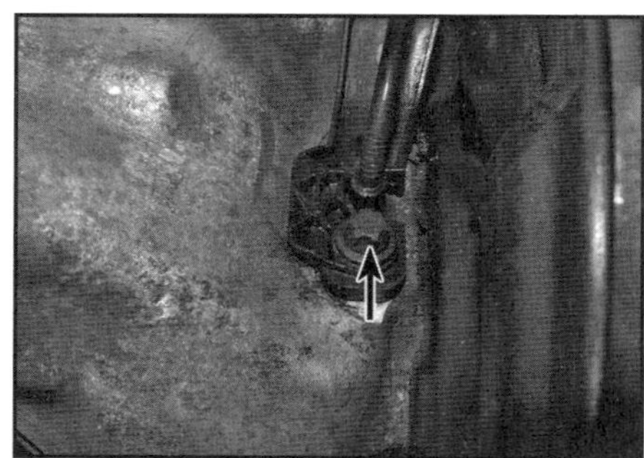

19.18 Schraube des Hinterradsensors

Einbau

19 Die Kontaktflächen des Sensors und des Radnabenträgers müssen sauber sein. Versehen Sie die Sensorbohrung mit etwas Kupferpaste.
20 Reinigen Sie die Sensorspitze und führen Sie den Sensor in seine Bohrung ein.
21 Reinigen Sie das Gewinde der Sensorschraube und tragen Sie Sicherungspaste (Loctite) auf. Installieren Sie die Schraube und ziehen Sie sie mit 8 Nm an.
22 Verlegen Sie das Sensorkabel korrekt, sichern Sie es mit allen Befestigungen und verbinden Sie den Stecker.
23 Montieren Sie das Rad, senken Sie das Fahrzeug ab und ziehen Sie die Radbolzen mit 130 Nm an.

20 Vakuumpumpe – Ausbau und Einbau

Ausbau

Benzinmotoren

1 Demontieren Sie die Luftfilter-Baugruppe (siehe Kapitel 4A, Sektion 3).
2 Trennen Sie links am Zylinderkopf die Unterdruckschläuche von der Pumpe (siehe Abbildung).

20.2 Unterdruckschlauch-Anschlüsse an der Vakuumpumpe

3 Drücken Sie die Hülse an den Seiten zusammen, um den Schlauch zu trennen.
4 Lösen Sie die vier Schrauben der Pumpe, um sie vom Zylinderkopf abziehen zu können (siehe Abbildung) – der Pumpen-Dichtring muss erneuert werden.

20.4 Vakuumpumpen-Befestigungsschrauben – Benzinmotor

1,5 l-Dieselmotoren

5 Ziehen Sie die obere Motorabdeckung ab.
6 Lockern Sie hinten am Luftfiltergehäuse die Schelle des Luftmassensensor-Auslassschlauchs und trennen Sie diesen.
7 Lösen und trennen Sie an der Vakuumpumpe den Unterdruckschlauch (siehe Abbildung).

20.7 Drücken Sie die Hülse seitlich ein und trennen Sie den Unterdruckschlauch.

8 Lösen Sie die Schraube der Kraftstoffleitungen und verlagern Sie diese beiseite.
9 Lösen Sie die Schrauben des über der Vakuumpumpe sitzenden Halters und entfernen Sie diesen (siehe Abbildung).

20.9 Halter über der Vakuumpumpe

10 Lösen Sie die zwei Schrauben der Pumpe, um sie vom Zylinderkopf abziehen zu können (siehe Abbildung) – der Pumpen-Dichtring muss erneuert werden.

20.10 Vakuumpumpen-Befestigungsschrauben – 1,5 l-Dieselmotor

1,8 und 2,1 l-Dieselmotoren

11 Demontieren Sie die am Einlassstutzen sitzende Mischkammer (siehe Kapitel 4B, Sektion 15).
12 Drücken Sie an beiden Seiten des Vakuumschlauchs die Clips und trennen Sie diesen von der vorn am Motorgehäuse sitzenden Pumpe (siehe Abbildung).

20.12 Drücken Sie die Clips ein und ziehen Sie den Schlauch ab.

13 Lösen Sie die Schrauben der Pumpe und ziehen Sie sie aus dem Motorgehäuse (siehe Abbildungen) – die Dichtung muss beim Einbau erneuert werden.

20.13a Vakuumpumpen-Befestigungsschrauben – 1,8 und 2,1 l-Dieselmotor

20.13b Erneuern Sie die Pumpendichtung.

Einbau (alle Motoren)

14 Die Dichtflächen der Pumpe und des Zylinderkopfs müssen sauber und trocken sein. Rüsten Sie die Pumpe mit einer neuen Dichtung aus.

15 Manövrieren Sie die Pumpe in Position, installieren Sie ihre Schrauben und ziehen Sie sie mit 9 Nm (Benzinmotor und 1,8/2,1 l-Dieselmotor) bzw. 25 Nm (1,5 l-Dieselmotor) an.

16 Verbinden Sie alle Schläuche und prüfen Sie die Funktion der Bremsen und des Bremskraftverstärkers (siehe Sektion 11).

Kapitel 10

Radaufhängung und Lenkung

Inhalt — Sektion

Schwierigkeitsgrade

Leicht. Geeignet für Anfänger mit wenig Erfahrung. 	**Relativ leicht.** Geeignet für Anfänger mit etwas Erfahrung. 	**Relativ schwierig.** Geeignet für geübte Selbstschrauber. 	**Schwer.** Geeignet für Selbstschrauber mit viel Erfahrung. 	**Sehr schwer.** Geeignet für Experten und Profis. 

Technische Daten

Ausrichtung der Vorderräder
Spur-Einstellung . . . . . 0° 12‹ ± 12‹ Vorspur
Sturz . . . . . –0° 50‹ ± 19‹
Nachlaufwinkel (max. Differenz zwischen links und rechts) . . . . . 30‹

Ausrichtung der Hinterräder
Spur-Einstellung . . . . . 0° 02‹ ± 07‹ Vorspur
Sturz . . . . . –0° 46‹ ± 25‹

Reifendruck . . . . . siehe Aufkleber in Tankklappe

Anzugsdrehmomente
Vorderradaufhängung — **Nm**
Antriebswellenschraube*
  Schritt 1 120
  Schritt 2 . . . . . um 360° lockern
  Schritt 3 150
  Schritt 4 . . . . . um 45° weiter
Federbein an Achsgelenk
  Schritt 1 110
  Schritt 2 . . . . . um 90° weiter
Federbein-Schrauben oben an Karosserie 50
Federbein-Dämpferstangenmutter* 100
Hilfsrahmen-Befestigungsschrauben*
  M10 60
  M12 100
Querlenker hinten
  Gelenkbolzen (M14)*
    Schritt 1 80
    Schritt 2 . . . . . um 90° weiter

Aufnahme an Hilfsrahmen*	
Schritt 1	50
Schritt 2	um 90° weiter
Aufnahme an Karosserie	60
Querlenker-Kugelgelenk-Mutter an Achsgelenk	
Schritt 1	65
Schritt 2	um 45° weiter
Querlenker-Gelenkbolzen – vorn*	
Schritt 1	120
Schritt 2	um 90° weiter
Stabilisatoranlenkungs-Muttern	105
Stabilisator-Klemmschrauben	35

** Stets durch Neuteile zu ersetzen*

Hinterradaufhängung	**Nm**
Federlenker-Muttern	
Schritt 1	50
Schritt 2	um 90° weiter
Hilfsrahmen-Befestigungsschrauben*	
Schritt 1	80
Schritt 2	um 180° lockern
Schritt 3	80
Schritt 4	um 90° weiter
Längslenker an Karosserie*	
Schritt 1	80
Schritt 2	um 45° weiter
Längslenker an Radnabenträger	70
Lenker-Muttern an Hilfsrahmen*	100
Lenker-Muttern an Längslenker*	100
Querlenker-Muttern*	
an Hilfsrahmen	130
an Radnabenträger	
Schritt 1	50
Schritt 2	um 90° weiter
Radnaben-Schrauben an Radnabenträger	100
Stabilisator-Klemmschrauben	35
Stabilisatoranlenkung	
Muttern*	60
Schrauben	
Schritt 1	45
Schritt 2	um 45° weiter
Stoßdämpfer-Schraube und Muttern	50
Sturzstreben-Muttern*	
Schritt 1	50
Schritt 2	um 90° weiter

** Stets durch Neuteile zu ersetzen*

Lenkung	
Kreuzgelenk-Klemmschraube an Lenkwelle*	28
Lenkgetriebe an Hilfsrahmen*	
Schritt 1	40
Schritt 2	um 180° weiter
Lenkrad-Schraube	80
Lenksäulen-Befestigungsschrauben	20
Lenkschloss-Schraube	12
Servolenkungs-Motor/Steuergerät-Schrauben*	23
Spurstangenkopf-Mutter an Achsgelenk*	
Schritt 1	50
Schritt 2	um 90° weiter

** Stets durch Neuteile zu ersetzen*

Räder	
Radbolzen	130

1 Allgemeine Informationen

1 Die einzeln aufgehängten Vorderräder werden mit MacPherson-Federbeinen geführt, die aus einer Schraubenfeder mit integriertem Stoßdämpfer und einem Stabilisator bestehen. Unten ist ein Federbein mit dem Achsgelenk verbunden, der wiederum mit einem Kugelkopf am Querlenker sitzt. Der Stabilisator ist hinten am Hilfsrahmen verschraubt und über Anlenkungen mit den Federbeinstreben verbunden.
2 Die einzeln aufgehängten Hinterräder sind an einer Vierlenker-Hinterachse mit an der Karosserie geführten Längslenkern und zwischen diesen und dem Hilfsrahmen sitzenden Querlenkern geführt. Zwischen der Karosserie und den Längslenkern sitzende Gasdruck-Stoßdämpfer und separate Schraubenfedern übernehmen die Federung und ein Stabilisator gleicht diese in Kurvenfahrten aus.
3 Die Radlager sind vorn und hinten in die Radnaben integriert und nicht einstellbar.
4 Die Servolenkung arbeitet mit einem an der Lenkwelle sitzenden Elektromotor. Die Lenkbewegungen werden über ein Zahnstangen-Lenkgetriebe und Spurstangen auf die Vorderräder übertragen.
5 Bei der Arbeit an Lenkungs- oder Fahrwerks-Komponenten begegnen einem immer wieder extrem fest sitzende Muttern oder Schrauben, da sie an der Fahrzeug-Unterseite stets Wasser, Schmutz und Salz ausgesetzt sind. Sprühen Sie diese Verbindungen mit reichlich Kriechöl ein und geben Sie diesem ausreichend Zeit zum Einwirken. Reinigen Sie offene Gewinde mit einer Drahtbürste, um Muttern oder Schrauben leichter lösen zu können und das Gewinde zu schützen. Manchmal hilft ein kräftiger Hammerschlag, um korrodierte Schraubverbindungen zu lockern – schlagen Sie aber nicht auf das Gewinde, da es hierbei gestaucht werden kann. Verlängerungen an Werkzeugen verbessern die Hebelwirkung, doch dürfen hier niemals Ratschen oder Drehmomentschlüssel zum Einsatz kommen, da ihr Mechanismus leicht beschädigt ist. Manchmal hilft es auch, eine Mutter oder Schraube zunächst noch fester zu ziehen und dann zu lockern. Sehr schwer zu lösende Muttern oder Schrauben sollten generell durch Neuteile ersetzt werden; das Gleiche gilt für selbstsichernde Muttern mit Nylon-Einsätzen.
6 Da das Fahrzeug für die meisten in diesem Kapitel behandelten Prozeduren angehoben werden muss, sind stabile Stützböcke unerlässlich. Ein hydraulischer Rangierwagenheber eignet sich nicht nur zum Anheben des Fahrzeugs, sondern er kann auch zum Abstützen einzelner Komponenten genutzt werden.
Warnung: Unter keinen Umständen darf das Fahrzeug nur mit dem Wagenheber gestützt werden, wenn darunter gearbeitet werden soll. Beachten Sie für die korrekten Hebepunkte die Hinweise auf Seite 24.

2 Vorderrad-Achsgelenk – Ausbau und Einbau

Ausbau

1 Aktivieren Sie die Feststellbremse, lockern Sie die Radbolzen des entsprechenden Vorderrads, heben Sie das Fahrzeug vorn an und stützen Sie es sicher ab (siehe Seite 24). Demontieren Sie das Vorderrad.
2 Hebeln Sie vorsichtig die Radnaben-Kappe ab (siehe Abbildung).

2.2 Hebeln Sie die Radnaben-Kappe ab.

3 Lassen Sie einen Assistenten die Bremse treten, um die Radnabe zu blockieren. Lockern Sie die Antriebswellenschraube – sie muss später durch ein Neuteil ersetzt werden.
4 Lösen Sie die Schraube des Vorderradsensors und ziehen Sie diesen heraus (siehe Kapitel 9, Sektion 19) (siehe Abbildung).

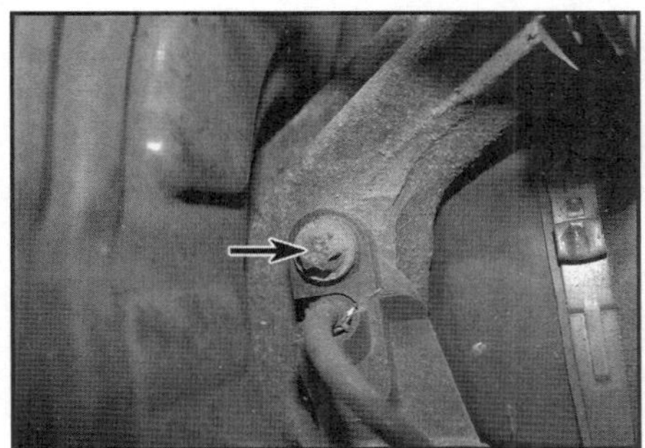

2.4 Schraube des Vorderradsensors

5 Demontieren Sie die Bremsscheibe (siehe Kapitel 9, Sektion 6).
6 Befreien Sie die Verkabelung und den Bremsschlauch von der Achsgelenk-Strebe (Abb. 4.3a und b).
7 Lösen Sie die Mutter des Spurstangen-Kugelgelenks und befreien Sie den Spurstangenkopf mithilfe eines Kugelkopf-Abziehers vom Achsgelenk (Abb. 22.4) – beschädigen Sie dabei nicht den Dichtring.
8 Befreien Sie den Querlenker-Kugelkopf vom Achsgelenk (siehe Sektion 7).
9 Lösen Sie die zwei Muttern und Schrauben, die das Achsgelenk am Federbein sichern (Abb. 4.4). Ziehen Sie die Nabe und den Träger über das Ende der Antriebswelle ab.

Einbau

10 Positionieren Sie das Achsgelenk über der Antriebswelle.
11 Richten Sie das untere Ende des Federbeins zum Achsgelenk aus, installieren Sie von vorn die zwei Schrauben und drehen Sie die Muttern handfest auf.
12 Führen Sie den Querlenker-Kugelkopf ins Achsgelenk ein und ziehen Sie dessen Mutter zunächst mit 65 Nm an und dann um 45° (eine achtel Umdrehung) weiter.
13 Montieren Sie die Bremsscheibe (siehe Kapitel 9, Sektion 6).
14 Montieren Sie den Radsensor (siehe Kapitel 9, Sektion 19).
15 Verbinden Sie den Spurstangenkopf mit dem Achsgelenk und ziehen Sie die Mutter zunächst mit 50 Nm an und dann um 90° (eine Viertelumdrehung) weiter.
16 Ziehen Sie jetzt die Muttern der Federbein-Bolzen zunächst mit 110 Nm an und dann um 90° (eine Viertelumdrehung) weiter.

17 Installieren Sie die neue Antriebswellenschraube, lassen Sie den Assistenten die Bremse betätigen und ziehen Sie die Schraube zunächst mit 120 Nm an. Lockern Sie die Schraube wieder um eine volle Umdrehung und ziehen Sie dann erneut zunächst mit 150 Nm an und schließlich um 45° (eine Achtelumdrehung) weiter.
18 Stecken Sie die Radnaben-Kappe auf.
19 Montieren Sie das Vorderrad, senken Sie das Fahrzeug ab und ziehen Sie die Radbolzen mit 130 Nm an.
20 Lassen Sie die Ausrichtung der Vorderräder bei nächster Gelegenheit vom einer Fachwerkstatt überprüfen (siehe Sektion 23).

3 Vorderradnabe und Radlager – Kontrolle und Ersetzen

Kontrolle

1 Aktivieren Sie die Feststellbremse, heben Sie das Fahrzeug vorn an und stützen Sie es sicher ab (siehe Seite 24).
2 Greifen Sie den Vorderreifen oben und unten und versuchen Sie, daran zu wackeln. Falls Spiel festgestellt wird, können verschlissene Radlager daran Schuld sein. Verwechseln Sie jedoch nicht Verschleiß am äußeren Gleichlaufgelenk der Antriebswelle oder am Kugelkopf des Querlenkers mit Radlager-Verschleiß – dieser äußert sich in rauem Lauf oder Vibrationen im drehenden Rad, während der Fahrt wird zudem ein Rumpeln oder Knurren feststellbar sein. Die Radlager sind nicht einstellbar und müssen nötigenfalls ersetzt werden:

Ersetzen

Anmerkung: *Das doppelreihige Rollenlager ist abgedichtet, voreingestellt und dauerhaft geschmiert, sodass es üblicherweise ohne Wartung jahrzehntelang problemlos funktioniert. Ziehen Sie die Antriebswellen-Schrauben niemals über die vorgegebenen Anzugswerte hinaus an, um so das Lager ›fester zu stellen‹.*
Anmerkung: *Zum Aus- und Einbau der Baugruppe wird eine Presse benötigt; alternativ können auch ein ausreichend dimensionierter Schraubstock und Distanzhülsen (z. B. große Steckschlüssel) verwendet werden. Die Lager-Innenringe sitzen fest auf der Nabe; falls sie beim Auspressen des Nabenträgers darauf verbleiben, müssen sie mit einem speziellen Klemm-Abzieher entfernt werden. Beim Einbau wird ein neuer Seegerring benötigt.*
3 Demontieren Sie das Achsgelenk (siehe Sektion 2).
4 Stützen Sie den Nabenträger auf Blöcken oder in einem Schraubstock. Pressen Sie mit einer Distanzhülse, die nur das innere Ende des Nabenflanschs berührt, diesen aus dem Lager (siehe Abbildung). Falls der äußere Innenring des Lagers auf der Nabe verbleibt, muss er mit einem dahinter geklemmten Abzieher demontiert werden (siehe Anmerkung oben).

3.4 Pressen Sie den Nabenflansch aus dem Lager.

5 Befreien Sie innen am Lager den Seegerring (siehe Abbildung).

3.5 Befreien Sie innen am Lager den Seegerring.

6 Installieren Sie ggf. den Lager-Innenring wieder über den Lagerkäfig. Pressen Sie mit einer Distanzhülse, die nur den inneren Lagerring berührt, das komplette Lager aus dem Nabenträger.
7 Reinigen Sie die Nabe und den Nabenträger, beseitigen Sie Schmutz und Fett und polieren Sie Grate und erhabene Kanten weg, die den Einbau behindern könnten. Kontrollieren Sie beide Teile auf Risse und andere Hinweise auf Verschleiß und Beschädigungen und ersetzen Sie sie nötigenfalls. Erneuern Sie den Seegerring ungeachtet seines Zustands.
8 Fetten Sie den Lager-Außenring und die Nabenflansch-Welle außen dünn ein, um den Einbau des Lagers zu erleichtern.
9 Stützen Sie den Nabenträger gut ab und Pressen Sie das Lager senkrecht in die Nabe – verwenden Sie dazu eine Distanzhülse, die nur seinen Außenring berührt. Das Lager ist innen mit einem magnetischen Geber für den ABS-Sensor ausgerüstet (siehe Abbildung) – beschädigen Sie diesen nicht und halten Sie keinen Magneten in seine Nähe; die Außenseite des Dichtrings muss absolut sauber sein.

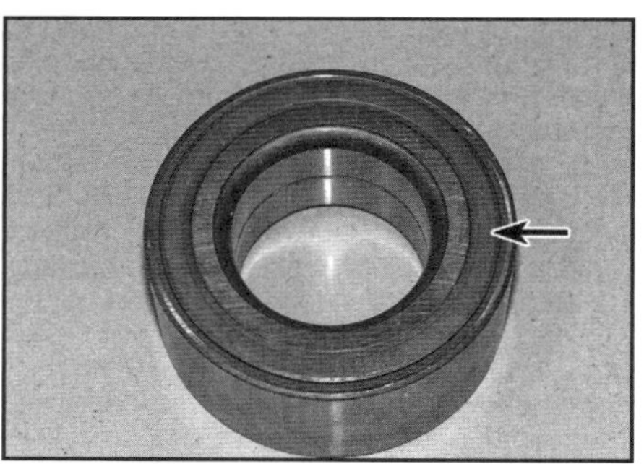

3.9 Beschädigen Sie nicht den Dichtring des Radlagers – darin sitzt der Geber für den ABS-Sensor.

10 Sobald das Lager korrekt sitzt, muss es mit einem neuen Seegerring gesichert werden – dieser muss rundherum in der Nut des Achsgelenks liegen.
11 Stützen Sie die Außenseite des Nabenflanschs gut ab und positionieren Sie den Nabenträgerlager-Innenring über sein Ende. Pressen Sie das Lager bis zum Bund auf die Nabe – verwenden Sie dazu eine Distanzhülse, die nur seinen Innenring berührt. Prüfen Sie, ob sich der Nabenflansch frei dreht, und wischen Sie überschüssiges Fett ab.
12 Montieren Sie das Achsgelenk (siehe Sektion 2).

4 Federbein vorn – Ausbau und Einbau

***Anmerkung**: Falls ein Federbein defekt ist, müssen unbedingt beide Federbeine der Vorderachse ersetzt werden – andernfalls kann ein gefährliches Fahrverhalten das Unfallrisiko steigern!*

Ausbau

1 Aktivieren Sie die Feststellbremse, lockern Sie die Radbolzen der Vorderräder, heben Sie das Fahrzeug vorn an und stützen Sie es sicher ab (siehe Seite 24). Demontieren Sie die Räder.
2 Lösen Sie die Mutter der Stabilisator-Anlenkung und befreien Sie sie von der Strebe – kontern Sie dabei den Kugelgelenk-Zapfen der Anlenkung (siehe Abbildung).

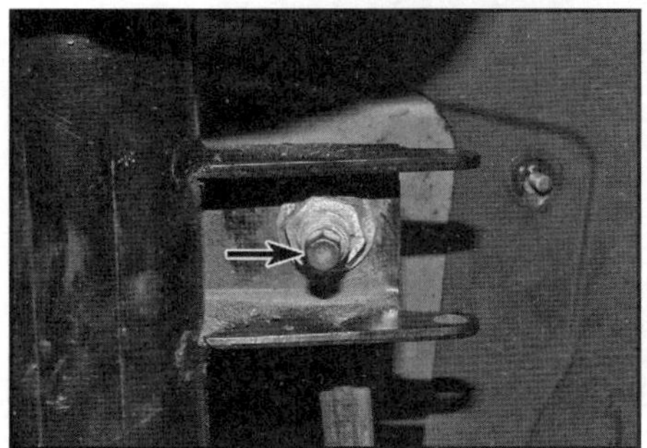

4.2 Kontern Sie den Kugelgelenk-Zapfen der Anlenkung, um die Mutter zu lösen.

3 Befreien Sie den Bremsschlauch und das Sensorkabel vom Halter und hebeln Sie vorsichtig die Stifte heraus, um den Schlauch-Halter von der Strebe zu trennen (siehe Abbildungen).

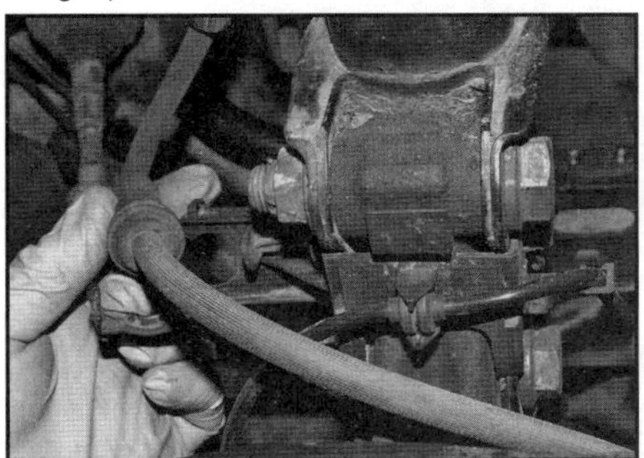

4.3a Befreien Sie den Bremsschlauch und das Sensorkabel.

4.3b Hebeln Sie an beiden Seiten den Stift heraus und entnehmen Sie den Kunststoff-Halter.

4 Lösen Sie die Muttern der Schrauben, die das Achsgelenk am Federbein sichern (siehe Abbildung) und trennen Sie beide Teile. Anmerkung: Falls das originale Federbein wiederverwendet werden soll, muss die Ausrichtung zwischen ihm und dem Achsgelenk markiert werden, damit die Einstellung des Sturzes beibehalten wird.

4.4 Lösen Sie die Muttern der Schrauben, die das Achsgelenk am Federbein sichern.

5 Trennen Sie alle vorhandenen Kabel vom Federbein.
6 Stützen Sie das Federbein unter dem Radlauf und lösen Sie seine oberen Befestigungsschrauben (siehe Abbildung).
Achtung: Stützen Sie das Achsgelenk beim Lösen vom Federbein gut ab, damit die Antriebswellen-Gleichlaufgelenke nicht beschädigt werden.

4.6 Befestigungsschrauben außen am Federbein-Dom

7 Senken Sie das Federbein nach unten ab und befreien Sie es aus dem Fahrzeug.

Einbau

8 Reinigen Sie die Kontaktflächen des Federbeins und des Doms und manövrieren Sie das Federbein hinein. Installieren Sie die oberen Schrauben und ziehen Sie sie mit 50 Nm an.
9 Der Rest des Einbaus entspricht der umgekehrten Ausbaureihenfolge – ziehen Sie alle Schrauben und Muttern mit den in den technischen Daten angegebenen Drehmomenten an.
Anmerkung: *Falls das originale Federbein wiederverwendet werden soll, müssen die Markierungen zwischen ihm und dem Achsgelenk beachtet werden, damit die Einstellung des Sturzes beibehalten wird.*
10 Lassen Sie dennoch die Ausrichtung der Vorderräder bei nächster Gelegenheit vom einer Fachwerkstatt überprüfen (siehe Sektion 23).

5 Federbein vorn – Überholung

Warnung: Zum Zerlegen eines Federbeins werden geeignete Werkzeuge zum Komprimieren der Feder benötigt. Versuche, ein Federbein ohne einen Schraubenfeder-Spanner zu zerlegen, stellen ein großes Gesundheitsrisiko dar! Folgen Sie der dem Werkzeug beiliegende Anleitung. Legen Sie die komprimierte Feder an einem sicheren Platz ab.

1 Falls an den Federbeinen Schäden oder Verschleiß (austretendes Öl, mangelnde Dämpfung, ermüdete oder gebrochene Federn) festgestellt werden, müssen sie zerlegt und überholt werden. Der Stoßdämpfer selbst ist nicht zerlegbar und muss nötigenfalls ersetzt werden; die Feder und dazugehörige Komponenten können ausgetauscht werden. Um ein sicheres Fahrverhalten zu gewährleisten, müssen stets die jeweiligen Komponenten beider Federbeine gleichzeitig ersetzt werden.
2 Bauen Sie das Federbein aus (siehe Sektion 4) und reinigen Sie es.
3 Verbinden Sie die Schraubenfeder-Spanner mit der Feder des auf der Werkbank liegenden oder in einen Schraubstock geklemmten Federbeins und ziehen Sie diese so weit zusammen, bis sie keinen Druck mehr auf die Federsitze ausübt (siehe Abbildung).

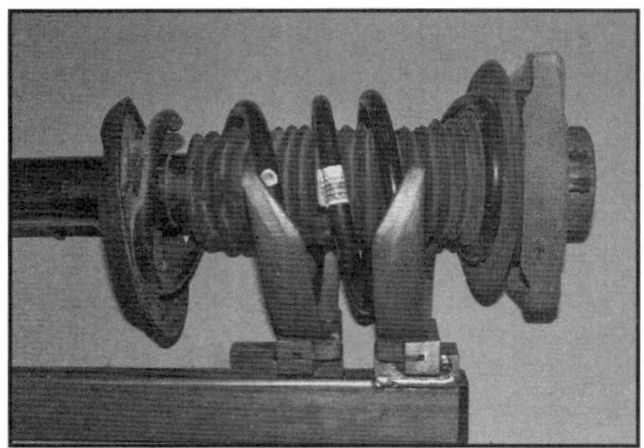

5.3 Komprimieren Sie die Feder mit einem geeigneten Spannwerkzeug, bis die Federsitze entlastet sind.

4 Hebeln Sie die Kunststoffkappe heraus, halten Sie die Dämpferstange mit einem T50-Torxschlüssel und lösen Sie mit einem Ringschlüssel die Dämpferstangenmutter (siehe Abbildungen) – sie muss später erneuert werden.

5.4a Hebeln Sie die Kappe heraus ...

5.4b ... und lösen Sie die Dämpferstangenmutter.

5 Ziehen Sie das Domlager, die Manschette, die Feder und das Anschlaggummi ab (siehe Abbildungen).

5.5a Entfernen Sie das Domlager, ...

5.5b ... die Manschette, ...

5.5c ... die Feder ...

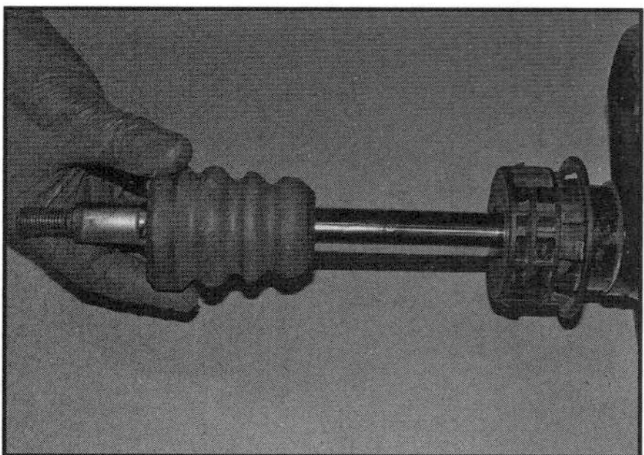

5.5d ... und das Anschlaggummi.

6 Falls eine neue Feder montiert werden soll, muss die alte vorsichtig entspannt werden; andernfalls kann sie komprimiert bleiben.
7 Sobald das Federbein so weit zerlegt ist, werden alle Komponenten auf Verschleiß, Beschädigungen und Verformung überprüft. Kontrollieren Sie das obere Domlager auf sanfte Funktion – ersetzen Sie alle schadhaften Teile.
8 Begutachten Sie den Dämpfer auf Undichtigkeiten. Kontrollieren Sie die Dämpferstange auf der gesamten Länge auf Ausbrüche. Überprüfen Sie das Dämpfergehäuse auf Beschädigungen. Halten Sie es aufrecht und prüfen Sie seine Funktion, indem Sie die Dämpferstange zunächst vollständig hineinschieben und wieder herausziehen. Bewegen Sie sie dann in kürzeren Hüben von 5 bis 10 cm hin und her. In beiden Fällen muss ein gleichmäßiger Widerstand fühlbar sein. Falls sich die Stange ruckartig oder ungleichmäßig bewegt oder sichtbare Schäden oder Verschleißspuren festgestellt werden oder Öl austritt, muss der Stoßdämpfer ausgetauscht werden – die Feder und anderen Bauteile müssen dann auf das Neuteil übernommen werden.
9 Falls Zweifel über den Zustand der Feder bestehen, muss das Spannwerkzeug vorsichtig gelockert und entfernt werden. Kontrollieren Sie die Feder auf Risse, Ausbrüche und starke Korrosion und ersetzen Sie sie nötigenfalls.
10 Der Einbau entspricht der umgekehrten Ausbaureihenfolge – beachten Sie dabei folgende Punkte:
a) *Die Feder muss mit den engeren Wicklungen nach oben installiert werden; ihre Enden müssen korrekt zu ihren Anschlägen im oberen und unteren Federsitz ausgerichtet werden, bevor die Spannvorrichtung gelockert wird (siehe Abbildung).*
b) *Das Domlager muss korrekt am Kolbenstangen-Sitz positioniert sein und seine neue Mutter mit 100 Nm angezogen werden.*

5.10 Die Enden der Feder müssen korrekt zu ihren Anschlägen ausgerichtet werden.

6 Stabilisator und Anlenkungen vorn – Ausbau und Einbau

Ausbau

Stabilisator

1 Demontieren Sie das Lenkgetriebe (siehe Sektion 19).
2 Befreien Sie bei Modellen mit Xenon-Scheinwerfern den Arm des Neigungswinkelsensors vom Halter.
3 Lösen Sie am Hilfsrahmen die vier Schrauben der Stabilisator-Klemmen, entnehmen Sie diese und befreien Sie den Stabilisator (siehe Abbildung).

6.3 Lösen Sie an beiden Seiten die Schrauben der Stabilisator-Klemmen.

4 Die Gummibuchsen waren zum Zeitpunkt des Verfassen dieses Buchs nicht separat erhältlich – erkundigen Sie sich beim Mercedes-Händler nach Einzelteilen.

Stabilisator-Anlenkungen

5 Aktivieren Sie die Feststellbremse, lockern Sie die Radbolzen des entsprechenden Vorderrads, heben Sie das Fahrzeug vorn an und stützen Sie es sicher ab (siehe Seite 24). Demontieren Sie das Vorderrad.
6 Lösen Sie die Muttern, mit denen die Anlenkungen am Stabilisator und am Federbein gesichert sind – kontern Sie dabei die Kugelkopf-Zapfen (Abb. 4.2).

Einbau

Stabilisator

7 Bringen Sie den Stabilisator in Position, setzen Sie die Klemmen an und ziehen Sie ihre Schrauben mit 35 Nm an.
8 Verbinden Sie ggf. den Arm des Neigungswinkelsensors.
9 Montieren Sie das Lenkgetriebe (siehe Sektion 19).

Stabilisator-Anlenkungen

10 Verbinden Sie die Anlenkungen mit dem Stabilisator und dem Federbein, kontern Sie die Kugelkopf-Zapfen und ziehen Sie die Muttern mit 105 Nm an.
11 Montieren Sie das Vorderrad, senken Sie das Fahrzeug ab und ziehen Sie die Radbolzen mit 130 Nm an.

7 Querlenker vorn – Ausbau, Überholung und Einbau

Ausbau

1 Aktivieren Sie die Feststellbremse, lockern Sie die Radbolzen des entsprechenden Vorderrads, heben Sie das Fahr-

zeug vorn an und stützen Sie es sicher ab (siehe Seite 24). Demontieren Sie das Vorderrad.
2 Demontieren Sie den Unterfahrschutz.
3 Demontieren Sie die entsprechende Radlaufverkleidung (siehe Kapitel 11, Sektion 29).
4 Befreien Sie die Verkabelung vom Querlenker
5 Trennen Sie die Stabilisator-Anlenkung vom Querlenker (siehe Sektion 6).
6 Lösen Sie die Schraube, die den Querlenker an der hinteren Halterung sichern, sowie deren Befestigung am Hilfsrahmen und der Karosserie (siehe Abbildung).

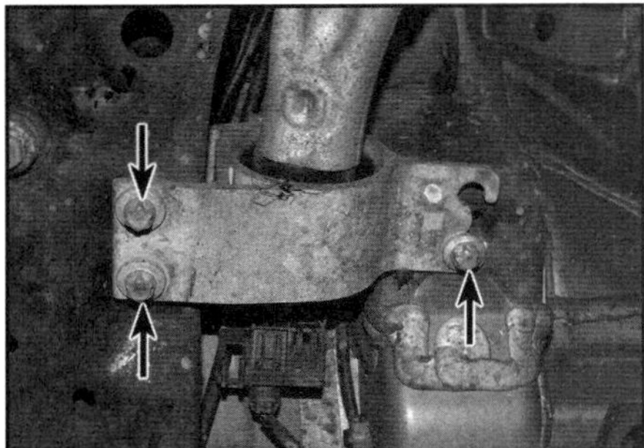

7.6 Schrauben der hinteren Querlenker-Halterung am Hilfsrahmen und der Karosserie

7 Lösen Sie vorn am Querlenker den Gelenkbolzen (siehe Abbildung).

7.7 Vorderer Querlenker-Gelenkbolzen

8 Lösen Sie an der Verbindung des Querlenkers zum Achsgelenk die Mutter des Kugelkopfs und ziehen Sie diesen mit einem Kugelkopfabzieher ab (siehe Abbildungen) – kontern Sie nötigenfalls den Kugelkopf-Zapfen mit einem Torxschlüssel.
Achtung: Der Abzieher muss gut um die Kugelkopf-Manschette herum anliegen – falls sie beschädigt wird, muss der gesamte Querlenker erneuert werden. Verwenden Sie ein Werkzeug mit mindestens 34 mm Abstand zwischen den unteren Klauen.

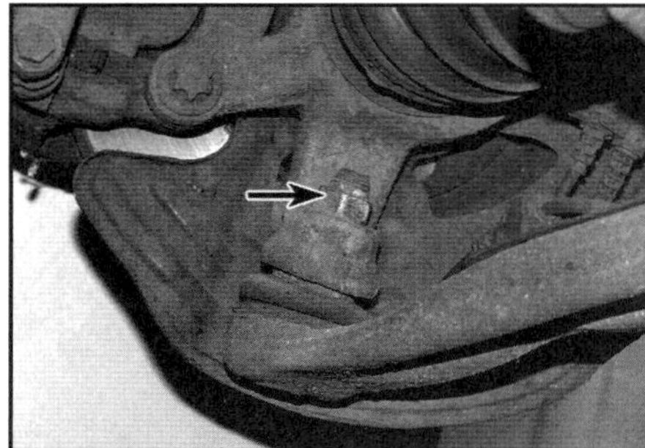

7.8a Lösen Sie die Mutter ...

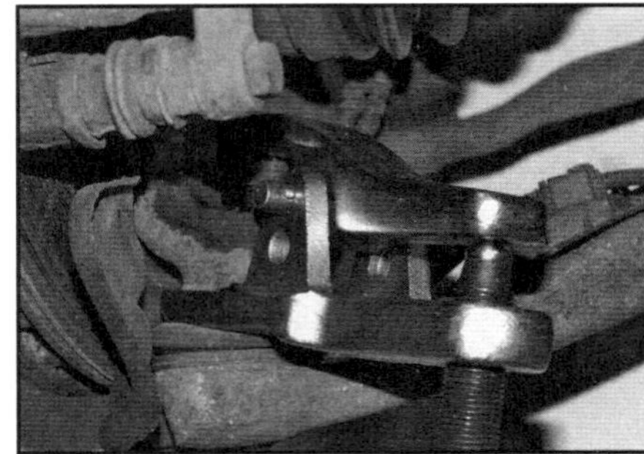

7.8b ... und drücken Sie den Kugelkopf mit einem Abzieher aus dem Achsgelenk.

9 Drücken Sie den Stabilisator etwas nach oben und manövrieren Sie den Querlenker heraus.
10 Die hintere Buchse und die Aufnahme müssen aus dem Querlenker herausgepresst werden – beachten Sie die Einbautiefe und die Position der Buchse, um sie wieder richtig einsetzen zu können. Falls keine Presse vorhanden ist, sollte diese Aufgabe einer Fachwerkstatt überlassen werden.
11 Das äußere Kugelgelenk ist in den Querlenker integriert.

Einbau

12 Bringen Sie den Querlenker in Position und drehen Sie den neuen vorderen Gelenkbolzen handfest ein.
13 Sichern Sie die Befestigung der hinteren Halterung am Hilfsrahmen und der Karosserie und ziehen Sie die Schrauben mit den in den technischen Daten angegebenen Drehmomenten an.
14 Drehen Sie den hinteren Gelenkbolzen handfest ein.
15 Richten Sie das äußere Kugelgelenk zu seinem Sitz im Achsgelenk aus und pressen Sie es ein. Drehen Sie die neue Mutter zunächst mit 65 Nm an und dann um 45° (eine Achtelumdrehung) weiter.
16 Heben Sie den Querlenker am anderen Ende mit einem Rangierwagenheber an, um eine normale Stehhöhe zu simulieren, und ziehen Sie die Gelenkbolzen mit den in den technischen Daten angegebenen Drehmomenten an.
17 Der Rest des Einbaus entspricht der umgekehrten Ausbaureihenfolge – beachten Sie dabei folgende Punkte:
a) Ersetzen Sie alle selbstsichernden Muttern durch Neuteile.
b) Ziehen Sie alle Befestigungen mit den in den technischen Daten angegebenen Drehmomenten an.
c) Lassen Sie die Ausrichtung der Vorderräder bei nächster Gelegenheit vom einer Fachwerkstatt überprüfen (siehe Sektion 23).

8 Hilfsrahmen vorn – Ausbau und Einbau

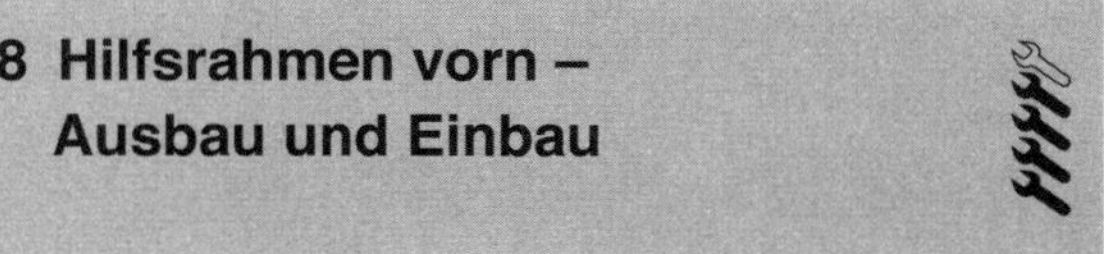

Ausbau

1 Aktivieren Sie die Feststellbremse, lockern Sie die Radbolzen der Vorderräder, heben Sie das Fahrzeug vorn an und stützen Sie es sicher ab (siehe Seite 24). Demontieren Sie die Räder.
2 Demontieren Sie den Unterfahrschutz.
3 Demontieren Sie die Radlaufverkleidungen (siehe Kapitel 11, Sektion 29).
4 Befreien Sie an beiden Seiten hinter dem Hilfsrahmen die Unterbodenverkleidungen.
5 Die Zündung muss abgeschaltet sein. Platzieren Sie die Fernbedienung mindestens zwei Meter vom Fahrzeug entfernt.

6 Lösen Sie im Fahrerfußraum die Mutter der unteren Lenksäulen-Abdeckung und entnehmen Sie diese (Abb. 17.4a).
7 Stellen Sie die Lenkung geradeaus und lassen Sie das Lenkschloss einrasten. Lösen Sie die Klemmschraube, die das Kreuzgelenk am Lenkgetriebe sichert und ziehen Sie es ab. Die Schraube muss beim Einbau samt Mutter erneuert werden.
Achtung: Nach dem Trennen des Kreuzgelenks darf nicht mehr am Lenkrad gedreht werden!
8 Lösen Sie vorn im Motorraum am Querträger die untere Schraube des Wischwasserbehälters (siehe Abbildung).

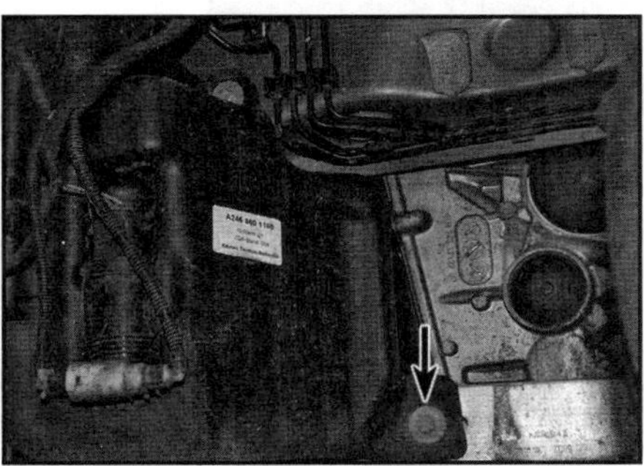

8.8 Untere Schraube des Wischwasserbehälters

9 Lösen Sie die Schrauben der linken und rechten Querstreben.
10 Lösen Sie die Schraube der Querlenker-Befestigungen an der Karosserie (siehe Sektion 7).
11 Trennen Sie die unteren Enden der Stabilisator-Anlenkungen (siehe Sektion 6).
12 Lösen Sie hinten am Motor die Schrauben der hinteren unteren Motorhalterung.
13 Lösen Sie hinten am Hilfsrahmen die Schrauben der Auspuffhalterung.
14 Trennen Sie alle relevanten Kabelstecker und befreien Sie die Verkabelung vom vorderen Hilfsrahmen und dem Lenkgetriebe (siehe Abbildung) – merken Sie sich die Verlegung der Kabel.

8.14 Stecker des Servolenkungs-Motors

15 Befreien Sie die Querlenker-Kugelköpfe von den Achsgelenken (siehe Sektion 7).
16 Trennen Sie beide Spurstangenköpfe von den Achsgelenken (siehe Sektion 22).
17 Positionieren Sie einen Rangierwagenheber unter dem Fahrzeug und stützen Sie mit Hölzern den vorderen Hilfsrahmen ab.
18 Zur Erleichterung des Einbaus sollten zwischen den Hilfsrahmen-Schrauben und der Karosserie Ausrichtmarkierungen angebracht werden.
19 Lösen Sie die Hilfsrahmen-Schrauben und senken Sie mithilfe eines Assistenten den Hilfsrahmen vorsichtig ab (siehe Abbildung) – beschädigen Sie dabei keine Schläuche oder Kabel.

Achtung: Das empfindliche Lenkgetriebe-Zahnrad darf beim Absenken des Hilfsrahmens nicht die Spritzwand berühren!

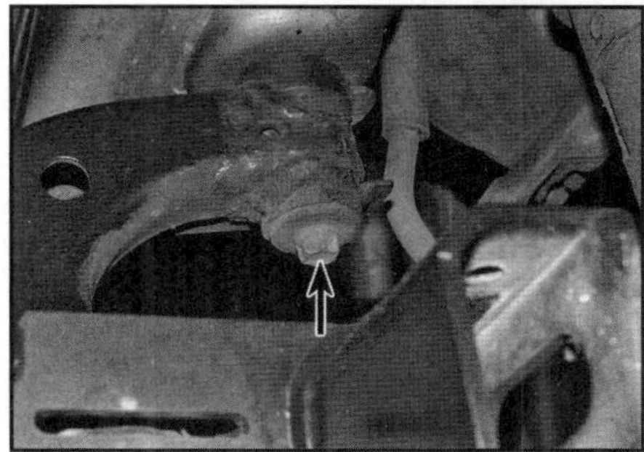

8.19 Eine der vorderen Hilfsrahmen-Schrauben

Einbau

20 Heben Sie den Hilfsrahmen in Position – achten Sie darauf, dass das Lenkgetriebe-Zahnrad berührungslos durch die Spritzwand-Öffnung geführt wird –, drehen Sie die Schrauben handfest ein und richten Sie die zuvor angebrachten Markierungen aus.
21 Ziehen Sie die Hilfsrahmen-Schrauben mit 60 Nm (M10-Gewinde) bzw. 100 Nm (M12-Gewinde) an.
22 Der Rest des Einbaus entspricht der umgekehrten Ausbaureihenfolge – beachten Sie dabei folgende Punkte:
a) Ersetzen Sie alle selbstsichernden Muttern und in den technischen Daten speziell erwähnten Befestigungen durch Neuteile.
b) Ziehen Sie alle Befestigungen mit den in den technischen Daten angegebenen Drehmomenten an.
c) Alle Kabel müssen korrekt verlegt und ihre Stecker sicher verbunden werden.
d) Lassen Sie die Ausrichtung der Vorderräder bei nächster Gelegenheit vom einer Fachwerkstatt überprüfen (siehe Sektion 23).

9 Hinterradnabe und Radlager – Kontrolle und Ersetzen

Anmerkung: *Die Hinterradlager sind nicht einstellbar.*

Kontrolle

1 Blockieren Sie die Vorderräder, heben Sie das Fahrzeug hinten an und stützen Sie es sicher ab (siehe Seite 24).
2 Greifen Sie den Hinterreifen oben und unten und versuchen Sie, daran zu wackeln. Falls Spiel festgestellt wird, können verschlissene Radlager daran Schuld sein. Radlager-Verschleiß äußert sich in rauem Lauf oder Vibrationen im drehenden Rad, während der Fahrt wird zudem ein Rumpeln oder Knurren feststellbar sein. Die Radlager sind nicht einstellbar und müssen nötigenfalls ersetzt werden:

Ersetzen

3 Demontieren Sie das Hinterrad, die Bremsbeläge (SK9, Sektion 5) und die Bremsscheibe (SK9, Sektion 7).
4 Lösen Sie die vier Schrauben, mit denen die Nabe samt Lager am Nabenträger befestigt ist (siehe Abbildung).

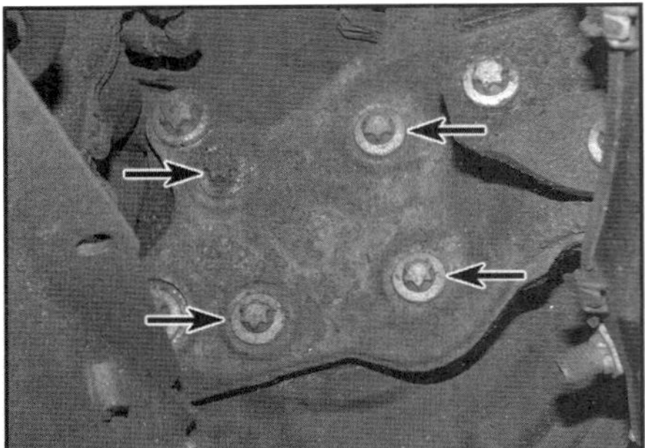

9.4 Hinterradnaben-Befestigungsschrauben

5 Die Radlager sind in die Nabe integriert und nicht separat erhältlich.
6 Reinigen Sie am Nabenträger die Kontaktfläche für die Nabe.
8 Positionieren Sie die neue Naben-Baugruppe am Achsgelenk, installieren Sie die Schrauben und ziehen Sie sie mit 100 Nm an.
9 Montieren Sie die Bremsscheibe (SK9, Sektion 7), die Bremsbeläge (SK9, Sektion 5) und das Hinterrad.

10 Hinterradstoßdämpfer – Ausbau und Einbau

Achtung: *Für gute Fahreigenschaften dürfen Stoßdämpfer immer paarweise ausgetauscht werden!*
1 Blockieren Sie die Vorderräder, lockern Sie die Radbolzen des entsprechenden Hinterrads, heben Sie das Fahrzeug vorn an und stützen Sie es sicher ab (siehe Seite 24). Demontieren Sie das Hinterrad.
2 Demontieren Sie die Radlaufverkleidung (siehe Kapitel 11, Sektion 29).
3 Befreien Sie nötigenfalls unten an der Radaufhängung die Abdeckung.
4 Positionieren Sie einen Rangierwagenheber unter dem Radnabenträger, um die Federung leicht zu komprimieren.
5 Lösen Sie die Mutter des unteren Stoßdämpferbolzens und entfernen Sie diesen vom Feder-Lenker (siehe Abbildung).

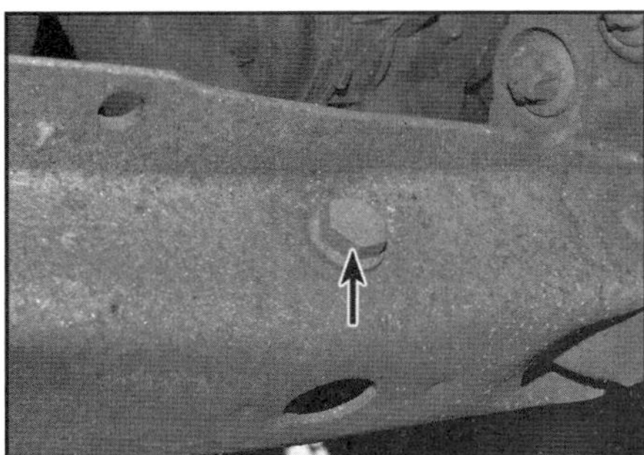

10.5 Mutter des unteren Stoßdämpferbolzens am Feder-Lenker

6 Trennen Sie bei Modellen mit elektronischer Dämpfungssteuerung (EDC) den Stecker oben am Stoßdämpfer.
7 Öffnen Sie im Kofferraum die seitlichen Zugangsdeckel.
8 Demontieren Sie ggf. über der oberen Stoßdämpferaufnahme den Halter der Steuereinheit.
9 Lösen Sie die oberen Befestigungsmuttern, drücken Sie den Stoßdämpfer etwas von Hand zusammen und manövrieren Sie ihn heraus (siehe Abbildung).

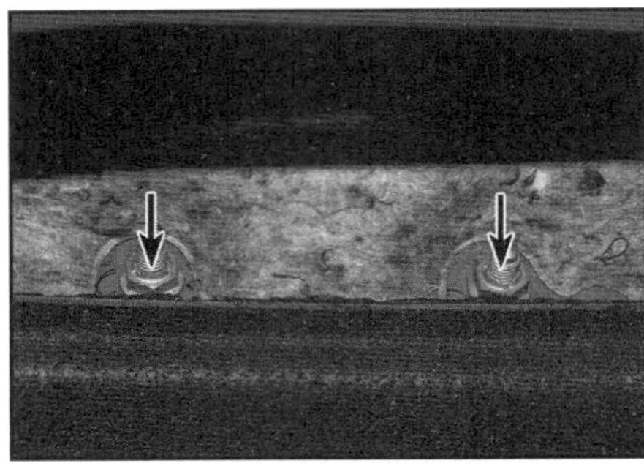

10.9 Obere Stoßdämpfer-Befestigungsmuttern

10 Der Einbau entspricht der umgekehrten Ausbaureihenfolge – beachten Sie dabei folgende Punkte:
a) Ziehen Sie alle Befestigungen mit den in den technischen Daten angegebenen Drehmomenten an.
b) Der letzte Anzug des unteren Stoßdämpferbolzens darf erst erfolgen, wenn das Fahrzeug auf dem Boden steht.

11 Hinterachs-Feder – Ausbau und Einbau

Anmerkung: *Stoßdämpferfedern sollten nötigenfalls immer paarweise ausgetauscht werden.*

Ausbau

1 Blockieren Sie die Vorderräder, lockern Sie die Radbolzen des entsprechenden Hinterrads, heben Sie das Fahrzeug vorn an und stützen Sie es sicher ab (siehe Seite 24). Demontieren Sie das Hinterrad.
2 Komprimieren Sie die Feder mit einem geeigneten Federvorspanner (siehe Abbildung).

11.2 Komprimieren Sie die Feder mit einem geeigneten Federvorspanner ...

3 Manövrieren Sie die Feder zusammen mit dem oberen Gummiteller heraus (siehe Abbildung).

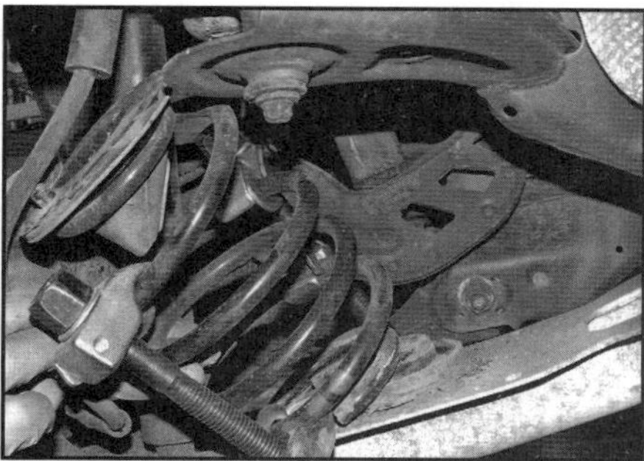

11.3 … und manövrieren Sie sie samt oberem Gummiteller heraus.

Einbau

4 Der Zapfen des unteren Gummitellers muss in der Bohrung des Feder-Lenkers stecken (siehe Abbildung).

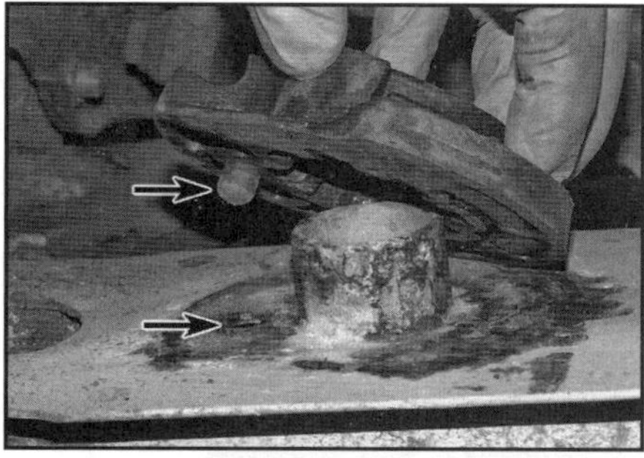

11.4 Der Zapfen des unteren Gummitellers muss in der Bohrung des Feder-Lenkers stecken.

5 Positionieren Sie den oberen Gummiteller so an der Feder, dass sein Zapfen in die Bohrung der Karosserie greifen kann.
6 Manövrieren Sie die komprimierte Feder in Position – ihre engeren Wicklungen kommen nach oben. Oben muss der Zapfen des Gummitellers in die Karosserie greifen und unten muss die Feder korrekt im Gummiteller liegen.
7 Der Rest des Einbaus entspricht der umgekehrten Ausbaureihenfolge.

12 Stabilisator, Buchsen und Anlenkungen hinten – Ausbau und Einbau

Ausbau

1 Blockieren Sie die Vorderräder, lockern Sie die Radbolzen des entsprechenden Hinterrads, heben Sie das Fahrzeug vorn an und stützen Sie es sicher ab (siehe Seite 24). Demontieren Sie das Hinterrad.

Stabilisator

2 Zur Demontage des Stabilisators muss der hintere Hilfsrahmen abgesenkt werden. Demontieren Sie zunächst die hintere Auspuffsektion (siehe Kapitel 4A, Sektion 17 oder Kapitel 4B, Sektion 20).
3 Lösen Sie die Befestigungen der linken und seitlichen Unterbodenverkleidung und demontieren Sie diese.
4 Lösen Sie an beiden Seiten die Befestigungen der Stabilisator-Anlenkungen und entfernen Sie diese (siehe Abbildung).

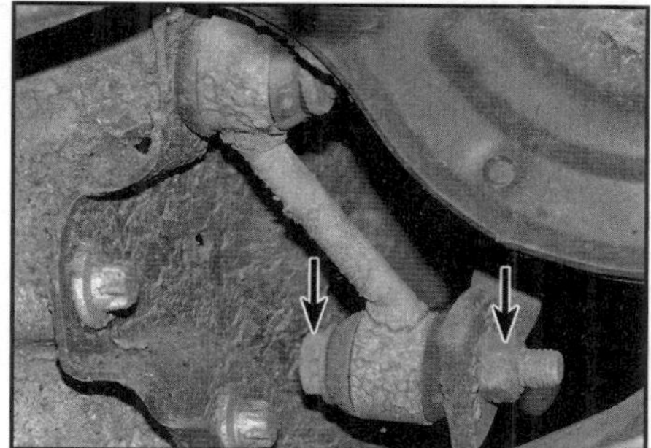

12.4 Anlenkungs-Befestigung am Stabilisator

5 Lösen Sie am Hilfsrahmen die Schrauben der Stabilisator-Klemmen und befreien Sie den Stabilisator (siehe Abbildung).

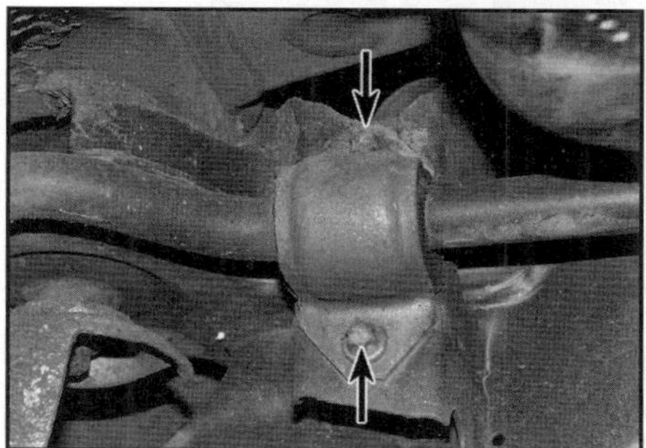

12.5 Schrauben der Stabilisator-Klemmen am Hilfsrahmen

Buchsen

6 Die Gummibuchsen waren zum Zeitpunkt des Verfassen dieses Buchs nicht separat erhältlich – erkundigen Sie sich beim Mercedes-Händler nach Einzelteilen.

Stabilisator-Anlenkungen

7 Lösen Sie an beiden Seiten die Muttern, mit denen die Anlenkungen am Stabilisator und am Längslenker gesichert sind – kontern Sie dabei die Bolzen oder Kugelkopf-Zapfen (Abb. 12.4) – die Muttern müssen später erneuert werden.

Einbau

Stabilisator

8 Bringen Sie den Stabilisator am Hilfsrahmen in Position, setzen Sie die Klemmen an und ziehen Sie ihre Schrauben mit 35 Nm an.
9 Heben Sie den Hilfsrahmen an und ziehen Sie die neuen Schrauben zunächst mit 80 Nm an, lockern Sie sie dann um eine halbe Umdrehung, ziehen Sie sie erneut mit 80 Nm an und dann um 90° (eine Viertelumdrehung) weiter.

Stabilisator-Anlenkungen

10 Verbinden Sie die Anlenkungen mit dem Stabilisator und dem Längslenker, kontern Sie die Kugelkopf-Zapfen und ziehen Sie die neuen Muttern mit 60 Nm an. Ziehen Sie die Bolzen zunächst mit 45 Nm an und dann um 45° (eine Achtelumdrehung) weiter.
11 Montieren Sie die Unterbodenverkleidungen, die hintere Auspuffanlage und das Hinterrad, senken Sie das Fahrzeug ab und ziehen Sie die Radbolzen mit 130 Nm an.

13 Längslenker hinten – Ausbau und Einbau

1 Entfernen Sie die Hinterachs-Feder (siehe Sektion 11).
2 Lösen Sie alle Befestigungen der entsprechenden Unterbodenverkleidung und demontieren Sie diese.
3 Befreien Sie bei Modellen mit Xenon-Scheinwerfern den Arm des Neigungswinkelsensors vom Längslenker.
4 Trennen Sie die Stabilisator-Anlenkung vom Längslenker (siehe Sektion 12).
5 Lösen Sie die Schrauben, die den Längslenker am Radnabenträger sichern (siehe Abbildung).

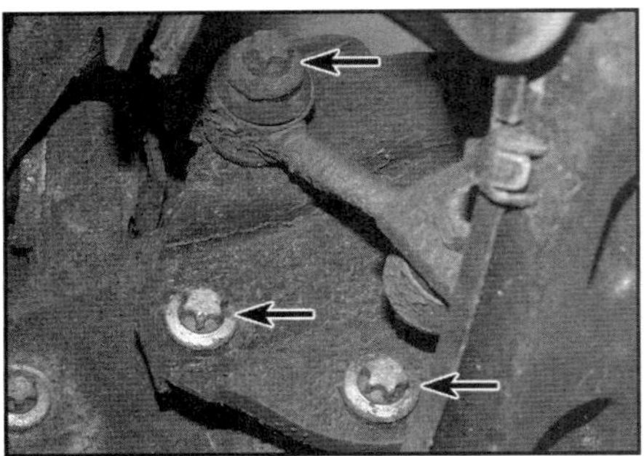

13.5 Längslenker-Schrauben am Radnabenträger

6 Bringen Sie zwischen den Längslenker-Aufnahmen und der Karosserie Ausrichtmarkierungen an, um den Einbau zu erleichtern. Lösen Sie dann die Schrauben und manövrieren Sie den Längslenker heraus (siehe Abbildung) – die Schrauben müssen später erneuert werden.
Anmerkung: *Der Längslenker ist komplette Baugruppe erhältlich – erkundigen Sie sich bei Verschleiß oder Beschädigungen beim Mercedes-Händler nach der Verfügbarkeit von Einzelteilen.*

13.6 Markieren Sie die Ausrichtung der Längslenker-Aufnahmen zur Karosserie und lösen Sie die Schrauben.

7 Der Einbau entspricht der umgekehrten Ausbaureihenfolge – beachten Sie dabei folgende Punkte:
a) Richten Sie die Längslenker-Aufnahmen zu den Markierungen an der Karosserie aus und ziehen Sie die neuen Schrauben zunächst mit 80 Nm an und dann um 45° (eine Achtelumdrehung) weiter.
b) Ziehen Sie die Schrauben zum Radnabenträger mit 70 Nm an.
d) Lassen Sie die Ausrichtung der Hinterräder bei nächster Gelegenheit vom einer Fachwerkstatt überprüfen (siehe Sektion 23).

14 Hinterachslenker – Ausbau und Einbau

Anmerkung: *Die Buchsen der Lenker können nicht ausgetauscht werden – bei Verschleiß oder Beschädigungen muss der gesamte Lenker erneuert werden.*
1 Blockieren Sie die Vorderräder, lockern Sie die Radbolzen des entsprechenden Hinterrads, heben Sie das Fahrzeug vorn an und stützen Sie es sicher ab (siehe Seite 24). Demontieren Sie das Hinterrad.

Sturz-Strebe

2 Entfernen Sie die Hinterachs-Feder (siehe Sektion 11).
3 Befreien Sie an der entsprechenden Seite das hintere Schalldämpfer-Haltegummi.
4 Lösen Sie ggf. die Befestigungen der zentralen Hilfsrahmen-Verkleidung und entfernen Sie diese (siehe Abbildung).

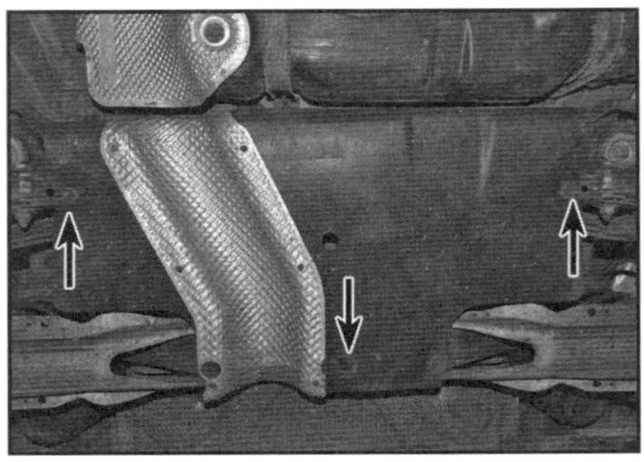

14.4 Hebeln Sie die mittleren Stifte heraus, um die Kunststoffniete der Verkleidung herausziehen zu können – gezeigt bei demontiertem Auspuff.

5 Stützen Sie den Feder-Lenker mit einem Rangierwagenheber ab, lösen Sie die Muttern der Sturz-Strebe, ziehen Sie die Bolzen heraus und entnehmen Sie die Strebe vom Hilfsrahmen und dem Radnabenträger (siehe Abbildung).

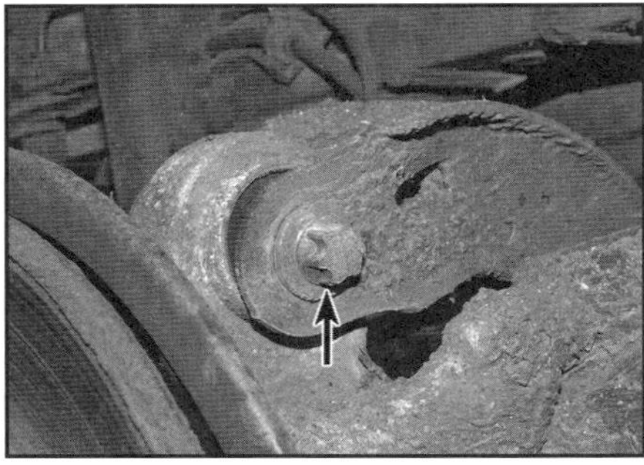

14.5 Sturzstreben-Schraube am Radnabenträger

Feder-Lenker

6 Entfernen Sie die Hinterachs-Feder (siehe Sektion 11).
7 Demontieren Sie die hintere Auspuffsektion (siehe Kapitel 4A, Sektion 17 oder Kapitel 4B, Sektion 20).
8 Lösen Sie ggf. die Befestigungen der zentralen Hilfsrahmen-Verkleidung und entfernen Sie diese (Abb. 14.4).
9 Lösen Sie unten am Federlenker nötigenfalls die Befestigungen des Steinschlag-Schutzes und entfernen Sie diesen.
10 Stützen Sie den Radnabenträger mit einem Rangierwagenheber ab.

11 Lösen Sie am Feder-Lenker die Mutter des unteren Stoßdämpferbolzens und ziehen Sie den Bolzen heraus (Abb. 10.5).
12 Lösen Sie am Radnabenträger die Mutter und ziehen Sie den Bolzen heraus, der den Feder-Lenker sichert (siehe Abbildung).

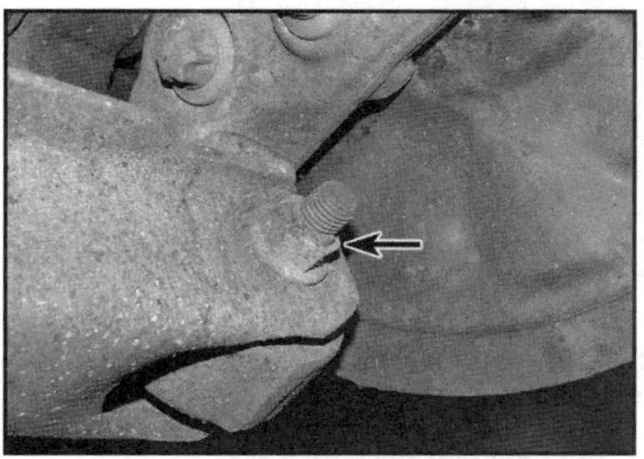

14.12 Mutter des Federlenker-Bolzens am Radnabenträger

13 Lösen Sie am hinteren Hilfsrahmen die Mutter und ziehen Sie den Bolzen heraus, der den Feder-Lenker sichert (siehe Abbildung).

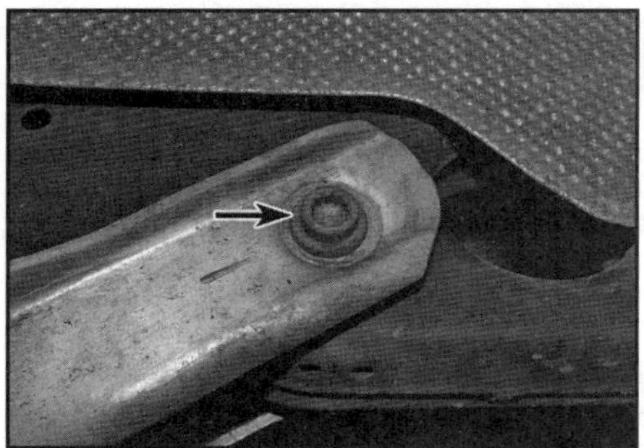

14.13 Federlenker-Bolzen am hinteren Hilfsrahmen

Querlenker

14 Bringen Sie zwischen dem Exzenter-Schraubenkopf und dem Hilfsrahmen Ausrichtmarkierungen an (siehe Abbildung), um den Einbau zu erleichtern, lösen Sie dann die Mutter und ziehen Sie die Schraube heraus.

14.14 Bringen Sie zwischen dem Exzenter-Schraubenkopf und dem Hilfsrahmen Ausrichtmarkierungen an.

15 Lösen Sie am Radnabenträger die Mutter und ziehen Sie den Bolzen heraus, der den Querlenker sichert, um diesen zu befreien (siehe Abbildung).

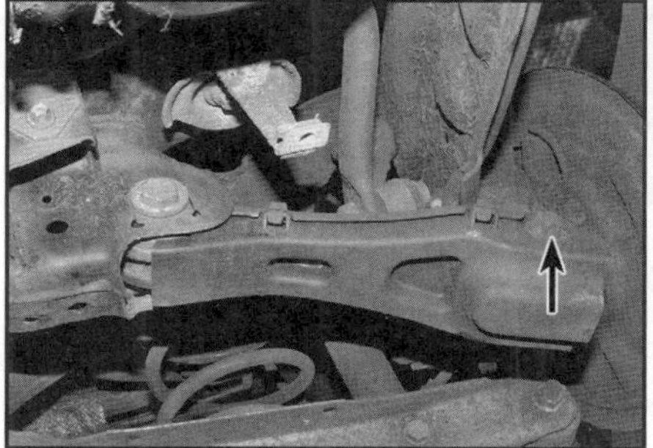

14.15 Bolzen des Querlenkers am Radnabenträger

16 Der Einbau entspricht der umgekehrten Ausbaureihenfolge – richten Sie den Exzenter-Schraubenkopf entsprechend der Markierungen zum Hilfsrahmen aus. Ziehen Sie die Befestigungen aller Lenker erst nach dem Absetzen des Fahrzeugs auf den Boden mit den in den technischen Daten angegebenen Drehmomenten an. Lassen Sie die Ausrichtung der Hinterräder nötigenfalls vom einer Fachwerkstatt überprüfen (siehe Sektion 23).

15 Hilfsrahmen hinten – Ausbau und Einbau

1 Blockieren Sie die Vorderräder, lockern Sie die Radbolzen der Hinterräder, heben Sie das Fahrzeug vorn an und stützen Sie es sicher ab (siehe Seite 24). Demontieren Sie die Räder.
2 Demontieren Sie die hintere Auspuffsektion (siehe Kapitel 4A, Sektion 17 oder Kapitel 4B, Sektion 20).
3 Lösen Sie alle Befestigungen der entsprechenden Unterbodenverkleidung und demontieren Sie diese.
4 Befreien Sie die Hinterradbremssättel von den Radnabenträgern (siehe Kapitel 9, Sektion 9) und sichern Sie sie so, dass die Bremsschläuche nicht unter Last gesetzt werden.
5 Befreien Sie bei Modellen mit Xenon-Scheinwerfern den Arm des Neigungswinkelsensors vom rechten Längslenker.
6 Demontieren Sie die Radsensoren (siehe Kapitel 9, Sektion 19).
7 Entfernen Sie die Hinterachs-Feder (siehe Sektion 11).
8 Demontieren Sie die Stoßdämpfer (siehe Sektion 10).
9 Stützen Sie den Hilfsrahmen mit einem Rangierwagenheber und einem langen Holz ab. Ab jetzt ist ein Assistent hilfreich.
10 Lösen Sie die Bolzen, mit denen die Längslenker an der Karosserie gesichert sind.
11 Lösen Sie die vier Hilfsrahmen-Schrauben, senken Sie den Hilfsrahmen ab und befreien Sie ihn unter den Fahrzeug heraus.
Anmerkung: Mercedes rät beim Lösen der Schrauben von der Verwendung eines Schlagschraubers ab, da hierbei die Käfigmuttern beschädigt werden können.
12 Der Einbau entspricht der umgekehrten Ausbaureihenfolge – ziehen Sie alle Befestigungen mit den in den technischen Daten angegebenen Drehmomenten an. Lassen Sie die Ausrichtung der Hinterräder nötigenfalls vom einer Fachwerkstatt überprüfen (siehe Sektion 23).

16 Lenkrad – Ausbau und Einbau

Warnung: Beachten Sie die Sicherheitshinweise in Kapitel 12, Sektion 20, um keine Verletzungen durch den auslösenden Airbag davonzutragen.

Ausbau

1 Demontieren Sie die Airbag-Einheit aus dem Lenkrad (siehe Kapitel 12, Sektion 20).
2 Lösen Sie im Lenkrad die zentrale Schraube – Lassen Sie das Lenkrad zum Kontern dabei von einem Assistenten gut festhalten (siehe Abbildung) – die Schraube darf nur einmal wiederverwendet werden.
Anmerkung: *Verlassen Sie sich beim Kontern des Lenkrads nicht auf das Lenkradschloss, da dies dabei beschädigt werden kann.*

16.2 Lösen Sie die zentrale Lenkrad-Schraube.

3 Trennen Sie den Lenkradschalter-Stecker (siehe Abbildung).

16.3 Lenkradschalter-Stecker

4 Ziehen Sie das Lenkrad von der Welle.
5 Hindern Sie den Drehstecker mit Klebeband am versehentlichen Verdrehen.

Einbau

6 Stellen Sie sicher, dass die Vorderräder geradeaus gelenkt sind. Entfernen Sie das Klebeband vom Airbag-Drehstecker.
7 Setzen Sie das mit der größeren Verzahnungs-Lücke zur Markierung an der Welle ausgerichtete Lenkrad auf (siehe Abbildung).

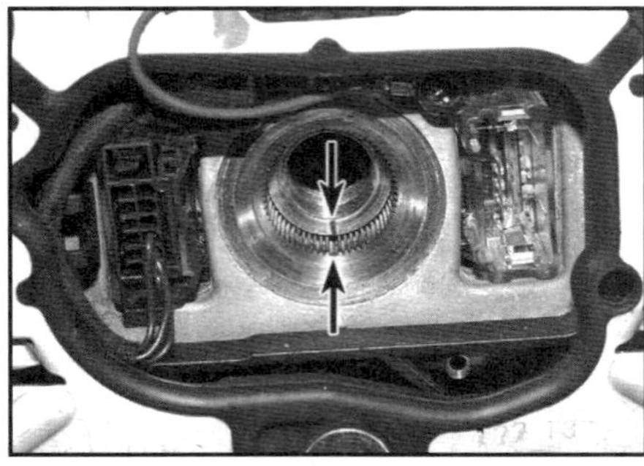

16.7 Die Markierung an der Lenkwelle muss zum ›fehlenden‹ Zahn fluchten.

8 Installieren Sie die (ggf. neue) Schraube, lassen Sie das Lenkrad gut festhalten und ziehen Sie die Schraube mit 80 Nm an.
9 Verbinden Sie den Lenkradschalter-Stecker.
10 Montieren Sie den Airbag (siehe Kapitel 12, Sektion 20).

17 Lenksäule – Ausbau, Kontrolle und Einbau

Warnung: Beachten Sie die Sicherheitshinweise in Kapitel 12, Sektion 20, um keine Verletzungen durch den auslösenden Airbag davonzutragen.

Ausbau

1 Stellen Sie die Vorderräder geradeaus.
2 Demontieren Sie die Lenksäulenschalter-Baugruppe (siehe Kapitel 12, Sektion 5).
3 Demontieren Sie den Airbag im Kniebereich des Fahrers (siehe Kapitel 12, Sektion 20).
4 Lösen Sie im Fahrerfußraum die Mutter der unteren Lenksäulen-Abdeckung und entnehmen Sie diese. Lösen Sie die Klemmschraube, die das Kreuzgelenk am Lenkgetriebe sichert und ziehen Sie es ab (siehe Abbildungen). Die Schraube muss beim Einbau samt Mutter erneuert werden.

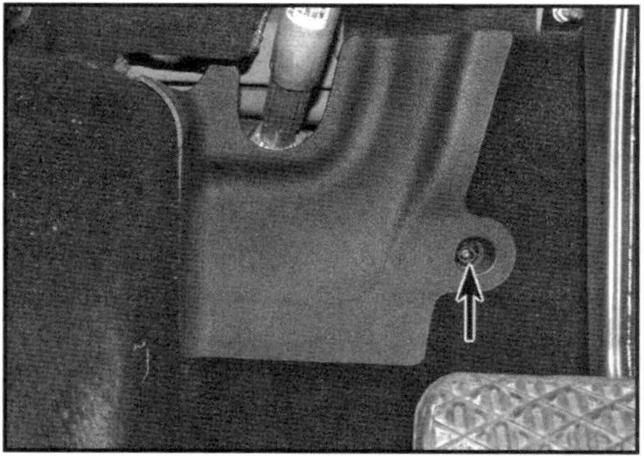

17.4a Lösen Sie die Kunststoffmutter, befreien Sie die Lenksäulen-Abdeckung ...

17.4b ... und lösen Sie die Klemmschraube des Kreuzgelenks.

5 Trennen Sie alle Kabelstecker von der Lenksäule.
6 Lösen Sie die vier Schrauben der Lenksäulen-Baugruppe und manövrieren Sie diese aus dem Fahrzeug heraus (siehe Abbildung).

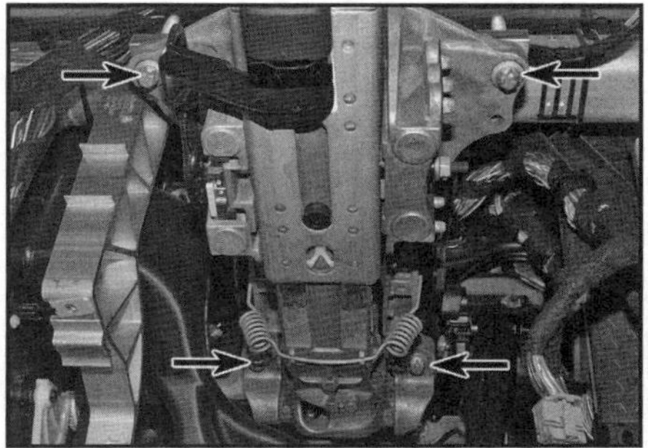

17.6 Schrauben der Lenksäulen-Baugruppe

Kontrolle

7 Versuchen Sie bei gelöstem Lenkschloss das Lenkrad auf und ab sowie (ohne zu lenken) zu beiden Seiten zu bewegen, um möglichen Verschleiß im Lenkwellenlager, Spiel im Kreuzgelenk und lockere Befestigungen zu ermitteln. Reparaturen sind nicht möglich, sodass bei jedem Schaden die gesamte Lenksäulen-Baugruppe erneuert werden muss.
8 Begutachten Sie den Mechanismus des Höhenverstellhebels auf Verschleiß und Beschädigungen.
9 Kontrollieren Sie bei ausgebauter Lenksäulen-Baugruppe die Kreuzgelenke auf Verschleiß. Inspizieren Sie die Wellen-Segmente auf Verformung und andere Schäden und ersetzen Sie nötigenfalls die gesamte Lenksäulen-Baugruppe.
10 Der Einbau entspricht der umgekehrten Ausbaureihenfolge – beachten Sie dabei folgende Punkte:
a) Die Räder müssen beim Einbau der Lenksäulen-Baugruppe geradeaus stehen.
b) Sichern Sie das Kreuzgelenk mit einer neuen Klemmschraube und ziehen Sie sie mit 28 Nm an.
c) Ziehen Sie die Befestigungen der Lenksäulen-Baugruppe mit 20 Nm an.
d) Montieren Sie alle Airbags (siehe Kapitel 12, Sektion 20).

18 Lenkschloss – Ausbau und Einbau

Anmerkung: *Ein an der Lenksäulen-Baugruppe sitzendes Lenkschloss findet sich nur an Modellen mit Schaltgetriebe.*

1 Die Zündung muss abgeschaltet sein. Platzieren Sie die Fernbedienung mindestens zwei Meter vom Fahrzeug entfernt.
2 Demontieren Sie die Lenksäulen-Baugruppe (siehe Sektion 17).
3 Lösen Sie die Lenkschloss-Schraube und befreien Sie die Baugruppe.
4 Der Einbau entspricht der umgekehrten Ausbaureihenfolge – ziehen Sie die Lenkschloss-Schraube mit 12 Nm an.

19 Lenkgetriebe – Ausbau und Einbau

1 Stellen Sie die Vorderräder geradeaus.
2 Aktivieren Sie die Feststellbremse, lockern Sie die Radbolzen der Vorderräder, heben Sie das Fahrzeug vorn an und stützen Sie es sicher ab (siehe Seite 24). Demontieren Sie die Räder.
3 Trennen Sie den Masseanschluss (–) der Batterie (siehe Kapitel 5, Sektion 4).
4 Lösen Sie im Fahrerfußraum die Mutter der unteren Lenksäulen-Abdeckung und entnehmen Sie diese. Lösen Sie die Klemmschraube, die das Kreuzgelenk am Lenkgetriebe sichert und ziehen Sie es ab (Abb. 17.4a und b). Die Schraube muss beim Einbau samt Mutter erneuert werden.
5 Senken Sie den vorderen Hilfsrahmen ab, um Zugang zum Lenkgetriebe zu erhalten (siehe Sektion 8).
6 Lösen Sie die Schrauben des über dem Lenkgetriebe sitzenden Hitzeschilds und entnehmen Sie dies (siehe Abbildung).

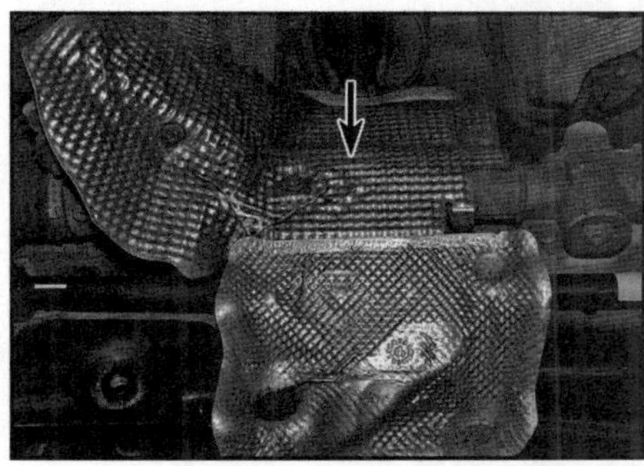

19.6 Der über dem Lenkgetriebe sitzenden Hitzeschild

7 Lösen Sie die drei Schrauben und Muttern, die das Lenkgetriebe am Hilfsrahmen sichern (siehe Abbildung) – sie müssen beim Einbau durch Neuteile ersetzt werden.
Anmerkung: *Mit Ausnahme der Spurstangen-Manschetten (siehe Sektion 21) und des Servomotors samt Steuergeräts (siehe Sektion 20) können keine weiteren Teile vom Lenkgetriebe demontiert werden.*

19.7 Lenkgetriebe-Befestigungsschrauben am Hilfsrahmen

8 Der Einbau entspricht der umgekehrten Ausbaureihenfolge – beachten Sie dabei folgende Punkte:

a) *Ziehen Sie die neuen Schrauben/Muttern des Lenkgetriebes am Hilfsrahmen zunächst mit 40 Nm an und dann um 180° (halbe Umdrehung) weiter.*
b) *Sichern Sie das Kreuzgelenk mit einer neuen Klemmschraube und ziehen Sie sie mit 28 Nm an.*
c) *Falls ein neues Lenkgetriebe montiert wird, muss das Steuergerät des Elektromotors mithilfe geeigneter Diagnoseausrüstung bei den anderen Steuergeräten initialisiert werden.*
d) *Lassen Sie die Ausrichtung der Vorderräder bei nächster Gelegenheit vom einer Fachwerkstatt überprüfen (siehe Sektion 23).*

20 Servolenkungs-Motor/Steuergerät – Ausbau und Einbau

1 Stellen Sie die Vorderräder geradeaus.
2 Aktivieren Sie die Feststellbremse, lockern Sie die Radbolzen der Vorderräder, heben Sie das Fahrzeug vorn an und stützen Sie es sicher ab (siehe Seite 24). Demontieren Sie die Räder und den Unterfahrschutz.
3 Trennen Sie den Masseanschluss (–) der Batterie (siehe Kapitel 5, Sektion 4).
4 Trennen Sie die Stecker des Elektromotors und des Steuergeräts (Abb. 8.14).
5 Befreien Sie den Hitzeschild und verlagern Sie ihn beiseite.
6 Lösen Sie die Schrauben der Motor/Steuergerät-Baugruppe und manövrieren Sie sie heraus (siehe Abbildung) – die Schrauben und der Dichtring müssen beim Einbau durch Neuteile ersetzt werden.

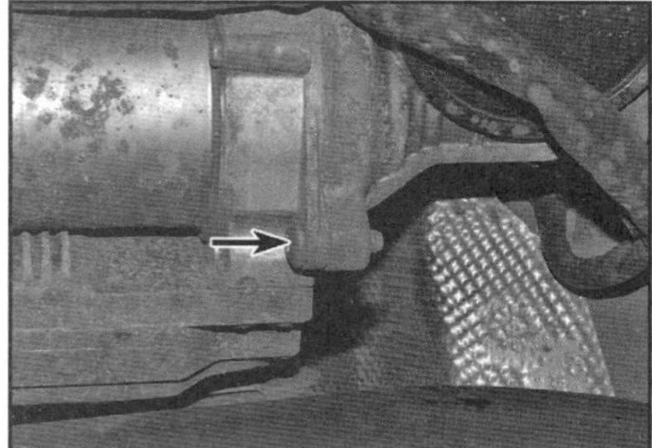

20.6 Die Motor/Steuergerät-Baugruppe ist an beiden Seiten mit einer Schraube gesichert.

7 Der Einbau entspricht der umgekehrten Ausbaureihenfolge – beachten Sie dabei folgende Punkte:

a) *Rüsten Sie die Motor/Steuergerät-Baugruppe mit einer neuen Dichtung zum Lenkgetriebe aus.*
b) *Falls eine neue Motor/Steuergerät-Baugruppe montiert wird, muss das Steuergerät mithilfe geeigneter Diagnoseausrüstung bei den anderen Steuergeräten initialisiert werden.*
c) *Ziehen Sie die neuen Schrauben der Motor/Steuergerät-Baugruppe mit 23 Nm an.*

21 Spurstangenmanschetten – Ersetzen

Anmerkung: *Der Zugang zu den inneren Schellen der Manschetten ist sehr begrenzt – senken Sie nötigenfalls den vorderen Hilfsrahmen ab (siehe Sektion 8).*
1 Aktivieren Sie die Feststellbremse, heben Sie das Fahrzeug vorn an und stützen Sie es sicher ab (siehe Seite 24). Demontieren Sie den Unterfahrschutz.
2 Demontieren Sie den Spurstangenkopf (siehe Sektion 22). Zählen Sie die sichtbaren Gewindegänge vor der Spurstangen-Kontermutter, notieren Sie die Zahl und lösen Sie die Kontermutter.
3 Lösen Sie beide Schellen der Manschette und ziehen Sie sie von der Spurstange (siehe Abbildung).

21.3 Schellen der Spurstangenmanschette

4 Reinigen Sie sorgfältig die Spurstange und schieben Sie die neue Manschette auf.
5 Installieren Sie die neuen Schellen, sorgen Sie dafür, dass die Manschette nicht verdreht ist und sichern Sie sie.
6 Drehen Sie die Kontermutter wieder auf die Spurstange und positionieren Sie sie wie beim Lösen notiert.
7 Montieren Sie den Spurstangenkopf (siehe Sektion 22).
8 Lassen Sie die Ausrichtung der Vorderräder bei nächster Gelegenheit vom einer Fachwerkstatt überprüfen (siehe Sektion 23).

22 Spurstangenkopf – Ersetzen

Ausbau

1 Aktivieren Sie die Feststellbremse, lockern Sie die Radbolzen des entsprechenden Vorderrads, heben Sie das Fahrzeug vorn an und stützen Sie es sicher ab (siehe Seite 24). Demontieren Sie das Vorderrad.
2 Kontern Sie die Spurstange und lockern Sie die Kontermutter des Kugelkopfs um eine halbe Umdrehung (siehe Abbildung) – soweit die Mutter in dieser Position verbleibt, kann ihre Position als Einbauhilfe genutzt werden.

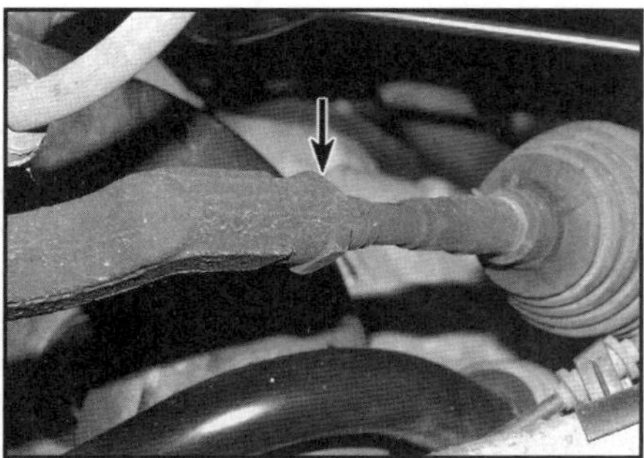

22.2 Lockern Sie die Kontermutter des Kugelkopfs um eine halbe Umdrehung.

3 Lösen Sie die Spurstangenkopf-Mutter.
4 Um den Konuszapfen des Kugelkopfs aus dem Achsgelenk entfernen zu können, wird ein geeigneter Kugelkopf-Abzieher benötigt (siehe Abbildung) – falls der Kugelkopf wiederverwendet werden soll, darf beim Einsatz des Abziehers nicht die Staubdichtung beschädigt werden.

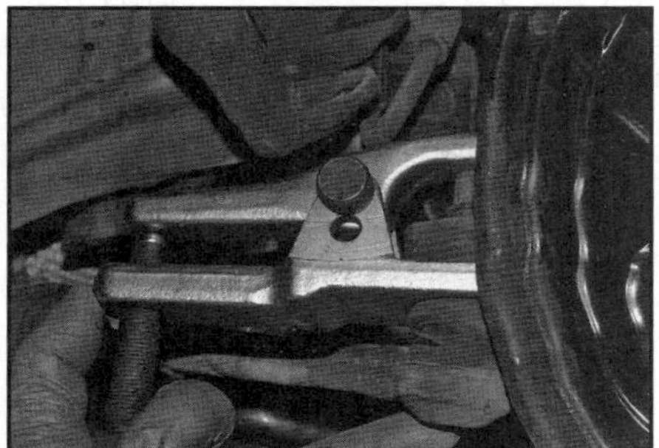

22.4 Lösen Sie den Konuszapfen mit einem Kugelkopf-Abzieher aus dem Achsgelenk.

5 Drehen Sie den Spurstangenkopf von der Stange – zählen Sie dabei genau die Umdrehungen mit, um ihn später wieder korrekt positionieren zu können.

Einbau

6 Drehen Sie den Spurstangenkopf mit der Anzahl der beim Ausbau notierten Umdrehungen auf die Spurstange – hierbei sollte die Kontermutter etwa eine halbe Umdrehung entfernt sitzen.
7 Verbinden Sie den Kugelgelenk-Zapfen mit dem Achsgelenk, installieren Sie eine neue Mutter und ziehen Sie sie zunächst mit 50 Nm an und dann um 90° (eine Vierteldrehung) weiter.
8 Kontern Sie die Spurstange und ziehen Sie die Kontermutter sorgfältig an.
9 Montieren Sie das Vorderrad, senken Sie das Fahrzeug ab und ziehen Sie die Radbolzen mit 130 Nm an.
10 Lassen Sie bei nächster Gelegenheit die Ausrichtung der Vorderräder überprüfen und nötigenfalls justieren (siehe Sektion 23).

23 Ausrichtung der Räder und Lenkwinkel – Allgemeine Informationen

Definitionen

1 Die Lenk- und Fahrwerksgeometrie eines Automobils wird durch vier Grundeinstellungen definiert (siehe Abbildung). Alle Winkel werden in Grad ausgedrückt, nur die Spur-Einstellungen werden auch als Längenmaß angegeben. Die Lenkachse ist definiert als imaginäre Linie, die durch die Achse des Federbeins gezogen ist und an einem vorgegebenen Punkt den Boden berührt.

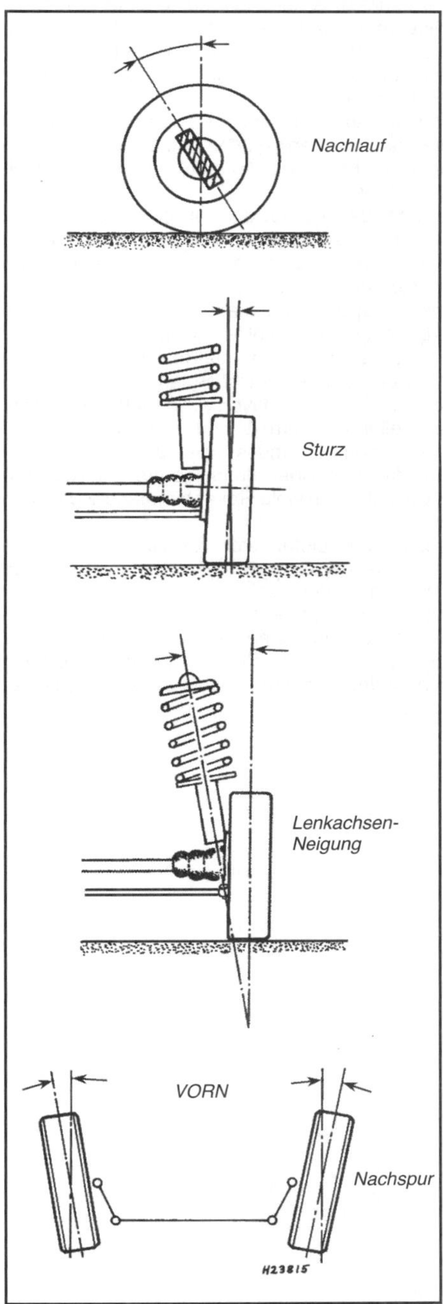

23.1 Details zur Lenk- und Fahrwerksgeometrie

2 Bevor bei einem schlechten Fahrverhalten eine verstellte Geometrie der Lenkung oder der Radaufhängungen vermutet wird, müssen die Reifen auf korrekten Luftdruck und mögliche Verformungen (nur Vorderräder) überprüft werden. Alle Radaufhängungen und Lenkungs-Komponenten müssen beweglich aber spielfrei sein.
3 Zu den Grundeinstellungen gehören:
Der **Sturz** bezeichnet den von vorn oder hinten betrachteten

Winkel zwischen dem Rad und einer senkrechten Linie, die durch seine Mitte und der Reifenaufstandsfläche gezogen wird. Bei positivem Sturz sind die Räder oben nach außen gekippt; bei negativem Sturz sind sie nach innen gekippt.

Der **Nachlauf** beschreibt den von der Seite betrachteten Winkel zwischen der Lenkachse und einer senkrechten Linie, die durch seine Mitte und der Reifenaufstandsfläche gezogen wird. Üblicherweise trifft eine Linie durch die Lenkachse vor der senkrechten Linie auf den Untergrund, sodass ein positiver Nachlaufwinkel entsteht.

Die **Lenkachsen-Neigung** beschreibt den von vorn betrachteten Winkel zwischen der Senkrechten und einer imaginären Linie durch die obere Federbein-Aufnahme und das Kugelgelenk des Querlenkers.

Die **Spur** bezeichnet den Verlauf der von oben betrachteten imaginären Linien durch die Räder im Verhältnis zur Mittellinie des Fahrzeugs. Bei Vorspur laufen die Räder nach innen, bei Nachspur laufen sie nach außen.

4 Mit Ausnahme der Spur sind alle anderen Werte durch die Herstellung vorgegeben und nicht einstellbar, können aber vermessen werden, um nach einem Unfall festzustellen, ob das Fahrwerk noch korrekt ausgerichtet ist. Solange das Fahrzeug keinen Unfallschaden hat, kann davon ausgegangen werden, dass alle Voreinstellungen korrekt sind. Bei jedem Zweifel über die Fahrwerksgeometrie muss eine Fachwerkstatt aufgesucht werden, die über Spezialmessgeräte zur Kontrolle der Lenkwinkel verfügt. Auch viele Reifenhändler bieten einen solchen Service an.

5 Dem Hobbyschrauber bieten sich für die Spurkontrolle zwei Methoden an: Bei der einen wird der Abstand zwischen den Rädern einer Achse gemessen – einmal vorn und einmal hinten – und in Winkelgrade umgerechnet. Bei der anderen werden die geradeaus stehenden Vorderräder über spezielle bewegliche Platten gerollt und deren Abweichung notiert. Im Fachhandel sind verschiedene Werkzeuge zur Achsvermessung erhältlich.

6 Bei der Vermessung der Fahrwerksgeometrie müssen die Vordersitze besetzt, der Kofferraum mit ca. 15 kg beladen und der Tank gefüllt sein.

7 Falls nach der Spurkontrolle herausgefunden wird, dass eine Einstellung nötig ist, muss wie folgt fortgefahren werden:

8 Drehen Sie das Lenkrad bis zum Anschlag nach links und zählen Sie an der rechten Spurstange die sichtbaren Gewindegänge; drehen Sie das Lenkrad anschließend bis zum Anschlag nach rechts und zählen Sie an der linken Spurstange die sichtbaren Gewindegänge – falls die Anzahl an beiden Spurstangen gleich ist, können an beiden Seiten die gleichen Einstellungen vorgenommen werden. Falls an einer Seite mehr Gewindegänge sichtbar sind als an der anderen, muss dies bei der Einstellung ausgeglichen werden. Wichtig ist, dass nach der Einstellung an beiden Spurstangen gleich viele Gewindegänge sichtbar sind.

9 Zum Ändern der Spur an einem Vorderrad wird die Kontermutter am Spurstangenkopf gelockert (Abb. 22.2) und die Spurstange mit einem am Sechskant angesetzten Maulschlüssel hinein oder herausgedreht, bis die gewünschte Einstellung sichergestellt ist. Vor der Seite des Fahrzeugs betrachtet sorgt das Drehen der Spurstange im Uhrzeigersinn für eine Erhöhung der Vorspur; gegen den Uhrzeigersinn gedreht verringert sich die Vorspur oder es entsteht Nachspur. Verdrehen Sie die Spurstange jeweils um eine Viertelumdrehung und messen Sie nach.

10 Nach Beendigung der Einstellung wird die Kontermutter wieder angezogen und die Spurstangenmanschette gesichert – sie darf sich beim Einstellen nicht verdreht haben.

Kapitel 11

Karosserie und Innenausstattung

Inhalt — Sektion

Schwierigkeitsgrade

Leicht. Geeignet für Anfänger mit wenig Erfahrung. 	**Relativ leicht.** Geeignet für Anfänger mit etwas Erfahrung. 	**Relativ schwierig.** Geeignet für geübte Selbstschrauber. 	**Schwer.** Geeignet für Selbstschrauber mit viel Erfahrung. 	**Sehr schwer.** Geeignet für Experten und Profis. 

Technische Daten

Anzugsdrehmomente	Nm
Armaturenbrett-Querstreben-Schrauben (M8)	25
Gurtverankerungs-Schrauben/Muttern	30
Vordersitz-Befestigungsschrauben/Muttern	30

1 Allgemeine Informationen

1 Die Karosserie besteht samt Unterboden aus gepressten Stahlblechsektionen unterschiedlicher Stärken, die per Laser miteinander verschweißt sind. So entsteht eine steifere Struktur mit stabilen Aufnahmepunkten und gutem Aufprallschutz.
2 Zwischen den A-Säulen sitzt im oberen Bereich der Spritzwand eine Sicherheits-Querstrebe, an der das Armaturenbrett und die Lenksäule verschraubt sind. Die Bereiche der unteren Spritzwand sind mit Segmenten verstärkt, die mit der Fahrzeugfront verbunden sind. Auch die Schweller sind mit Verstärkungen versehen, um einen seitlichen Aufprall besser abwehren zu können, das Gleiche gilt für die Türen.
3 Alle gefährdeten Blechteile sind verzinkt und vor dem Lackieren mit Steinschlagschutz behandelt worden. Die vorderen Kotflügel sind verschraubt, um bei Blechschäden leicht ausgetauscht werden zu können.
4 Die Sicherheitsgurte sind an den Vordersitzrahmen mit Explosions-Gurtstraffern ausgerüstet, die bei einem schweren Frontaufprall die Gurtpeitschen nach unten ziehen. Einmal ausgelöste Gurtstraffer können nicht zurückgesetzt werden, sodass sie erneuert werden müssen. Die Gurtstraffer werden von ähnlichen Explosionen wie die Airbags vom Airbag-Steuersystem ausgelöst.
5 Alle Modelle sind mit einer Zentralverriegelung ausgelöst, die bei schweren Unfällen durch einen Crash-Sensor entriegelt wird, damit Insassen leichter geborgen werden können.
6 Bei vielen in diesem Kapitel beschriebenen Arbeiten muss zuvor die Batterie getrennt werden – beachten Sie hierzu die Hinweise in Kapitel 5, Sektion 4.

2 Karosserie und Fahrgestell – Wartung und Pflege

1 Der Allgemeinzustand der Karosserie eines Fahrzeugs ist der entscheidende Punkt bei der Bestimmung seines Werts. Wartung ist einfach, muss aber regelmäßig durchgeführt werden. Vernachlässigungen können besonders nach kleinen Beschädigungen rasch zu weiterem Verfall und entsprechend hohen Reparaturkosten führen. Wichtig ist, auch auf Fahrzeugteile zu achten, die nicht auf den ersten Blick erkennbar sind – also die Unterseite, die Radkästen und den unteren Bereich des Motorraums.

2 Die grundlegende Wartungstätigkeit im Bereich der Karosserie ist eine perfekte Wäsche mit reichlich Wasser aus dem Schlauch. Hierdurch werden alle lockeren Festkörper entfernt, die am Fahrzeug haften geblieben sind; durch Abwaschen besteht wenig Risiko, dass dabei der Lack zerkratzt wird. Die Radkästen und der Unterboden müssen auf die gleiche Weise gewaschen werden, damit Schlamm und Dreck entfernt werden, die sonst Feuchtigkeit speichern und so die Rostbildung beschleunigen. Paradoxerweise ist schlechtes Wetter die beste Zeit zum Reinigen des Unterbodens und der Radkästen, da der Matsch und Schlamm gut durchfeuchtet und weich sind. Bei Regenfahrten reinigt sich der Unterboden üblicherweise automatisch, sodass anschließend ein guter Zeitpunkt für eine Inspektion ist.

3 Außer bei mit Unterbodenschutz auf Wachsbasis behandelten Modellen ist es eine gute Idee, regelmäßig das gesamte Fahrgestell und den Motorraum mit einem Dampfstrahler zu reinigen, damit bei einer Inspektion auch kleine Schäden entdeckt werden, die repariert oder restauriert werden müssen. Viele Tankstellen halten Dampf- oder Hochdruckreiniger bereit, um damit auch verölte Ablagerungen entfernen zu können, die in manchen Bereichen sehr dick werden können. Falls kein Dampfreiniger zur Hand ist, können hervorragende Lösungsmittel und Entfetter mit Bürsten und Pinseln eingesetzt werden; anschließend kann der Schmutz mit dem Wasserschlauch beseitigt werden. Falls der Unterboden mit Wachs geschützt ist, darf diese Methode nicht angewendet werden, da die Schutzschicht dabei ebenfalls entfernt wird; solche Fahrzeuge sollten einmal jährlich – möglichst vor dem Winter – genau überprüft werden. Dabei wird der Unterboden gewaschen und beschädigter oder fehlender Unterbodenschutz ausgebessert. Im Idealfall wird eine komplette neue Wachsschicht aufgetragen. Auch Hohlraumversiegelungen für Türen, Schweller, Kastenprofile und andere Bereiche sind sehr empfehlenswert, da der Hersteller hier keine zusätzlichen Schutzmaßnahmen gegen Rostschäden eingeleitet hat.

4 Nachdem Lackflächen gewaschen sind, werden sie mit einem Fensterleder abgerieben, um fleckenfreien Glanz zu erzeugen. Eine Schicht Schutzwachspolitur schützt den Lack zusätzlich vor Umweltbelastungen. Falls die Lackschicht stumpf und oxidiert ist, kann eine Kombination aus Reiniger und Politur den alten Glanz wieder herstellen. Diese Arbeit ist zwar mühsam, doch der trübe Lack hat sich nur gebildet, weil das Fahrzeug nicht regelmäßig gewaschen wurde. Vorsicht ist bei Metallic-Lackierungen geboten: Spezielle Reinigungs- und Poliermittel greifen nicht den oberen Klarlack an. Kontrollieren Sie stets, ob die Ablaufbohrungen der Türen und der Belüftungsöffnungen frei sind, damit Wasser abtropfen kann. Verzierungen müssen genauso behandelt werden wie lackierte Flächen. Windschutzscheiben und Fenster müssen von Schmierfilmen freigehalten werden, wie sie oft durch normalen Fensterreiniger hervorgerufen werden. Verwenden Sie auf Glas niemals Wachs, Lack- oder Chrompolitur.

3 Polster und Teppiche – Wartung und Pflege

1 Matten und Teppiche sollten regelmäßig abgebürstet oder gesaugt werden, damit sich kein Sand und Dreck darin ansammeln. Wenn sie stark verschmutzt sind, müssen sie ausgebaut und ausgeklopft oder abgewaschen werden; vor dem Einbau müssen sie unbedingt trocken sein. Sitze und Verkleidungen können durch Abwischen mit einem feuchten Tuch sauber gehalten werden. Falls sie stärker verschmutzt sind (bei hellen Oberflächen besser sichtbar), müssen etwas Flüssigreinigungsmittel und eine weiche Nagelbürste eingesetzt werden, um den Dreck aus dem Gewebe zu bekommen. Bei der Verwendung von Flüssigreinigern im Innenraum dürfen die behandelten Flächen nicht zu nass werden. Feuchtigkeit zieht durch Nähte ein und kann Flecken, starke Gerüche und sogar Fäulnis verursachen.

Achtung: Falls der Innenraum des Fahrzeugs versehentlich nass wird, sollte er gut getrocknet werden – besonders wenn Teppiche betroffen sind. Belassen Sie hierfür jedoch keine mit Strom oder gar Kraftstoff betriebenen Heizgeräte im Fahrzeug.

4 Karosserie-Beschädigungen – Allgemeine Informationen

1 Für eine erfolgreiche Reparatur an Karosserieteilen sind spezielle Werkzeuge, Kenntnisse und viel Erfahrung nötig, sodass der Hobbyschrauber schnell an die Grenzen seiner Fähigkeiten gelangt.

2 Während oberflächliche Kratzer im Lack leicht mit Retuschierstiften und anderen Hilfsmitteln beseitigt werden können, werden größere Reparaturen ohne den Zugang zu einer professionellen Ausrüstung und entsprechende Kenntnisse sehr schwierig.

3 Wir empfehlen daher, Karosserie-Arbeiten generell einer Fachwerkstatt zu überlassen.

5 Stoßfänger-Schürzen – Ausbau und Einbau

Vordere Stoßfänger-Schürze

1 Aktivieren Sie die Feststellbremse, heben Sie das Fahrzeug vorn an, und stützen Sie es sicher ab (siehe Seite 24).

2 Trennen Sie den Masseanschluss (–) der Batterie (siehe Kapitel 5, Sektion 4).

3 Lösen Sie die Schrauben unter dem vorderen Rand der Schürze (siehe Abbildung).

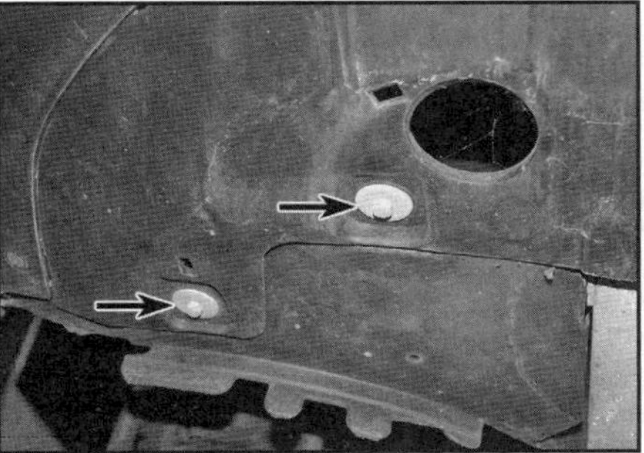

5.3 Vordere Schrauben an einer Seite der Schürze

4 Hebeln Sie im Radlauf die Mittelstifte der Kunststoffniete heraus und ziehen Sie diese heraus, um die vorderen Ecken der Schürzen abzusenken (siehe Abbildung).

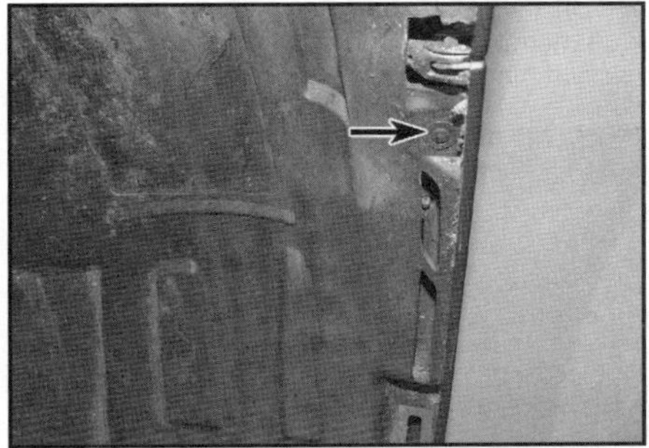

5.4 Verkleidungsstift der Schürze im Radlauf

5 Ziehen Sie die vordere Sektion der Radlaufverkleidungen leicht ab und lösen Sie die zwei Schrauben, mit denen die Schürze am Kotflügel gesichert sind (siehe Abbildung).

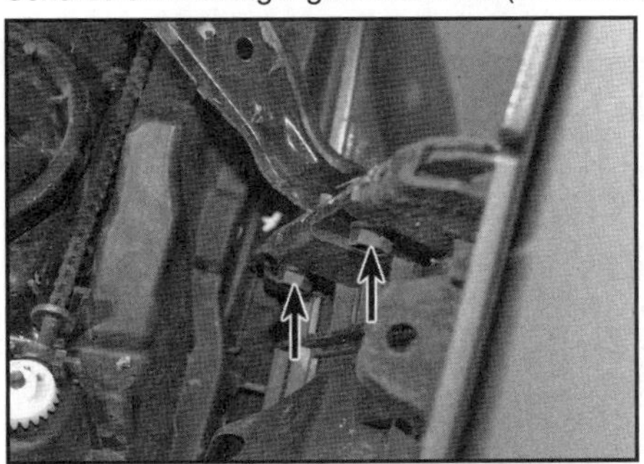

5.5 Schrauben der Schürzenhalterung am Kotflügel

6 Befreien Sie den Außentemperatursensor aus der Schürze (siehe Abbildung).
Achtung: Mercedes schreibt vor, den Sensorstecker nicht zu trennen!

5.6 Lösen Sie links in der Schürze die Laschen des Außentemperatursensors und befreien Sie ihn.

7 Ziehen Sie oben an der Schürze den Dichtstreifen ab (siehe Abbildung).

5.7 Ziehen Sie den Dichtstreifen ab.

8 Lösen Sie die fünf Schrauben am oberen Rand der Schürze (siehe Abbildung).

5.8 Schrauben am oberen Rand der Schürze

9 Befreien Sie mit einem geeigneten Werkzeug die Kühlergrill-Clips aus den Haltern (siehe Abbildung).

5.9 Drücken Sie mit einem abgewinkelten Werkzeug an beiden Seiten die Clips ein.

10 Ziehen Sie mithilfe eines Assistenten die hinteren Ränder der Schürze leicht heraus und ziehen Sie sie gemeinsam nach vorn ab, bis alle entsprechenden Kabelstecker zugänglich sind und getrennt werden können (siehe Abbildungen).

5.10a Ziehen Sie den hinteren Rand leicht ab.

5.10b Ziehen Sie am Stecker die Lasche heraus und trennen Sie ihn.

11 Lagern Sie die Schürze an einem sicheren Ort.
12 Der Einbau entspricht der umgekehrten Ausbaureihenfolge.

Hintere Stoßfänger-Schürze

13 Blockieren Sie die Vorderräder, heben Sie das Fahrzeug hinten an und stützen Sie es sicher ab (siehe Seite 24).
14 Entfernen Sie die Heckklappen-Einstiegsverkleidung (siehe Sektion 25).
15 Hebeln Sie im Kofferraum an beiden Seiten die Gummikappe ab und lösen Sie die Mutter, mit der die Schürze an der hinteren Querwand gesichert ist (siehe Abbildungen).

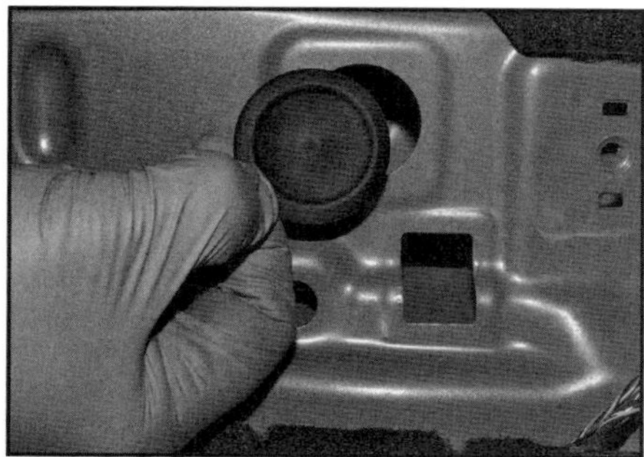

5.15a Hebeln Sie an beiden Seiten die Gummikappe ab …

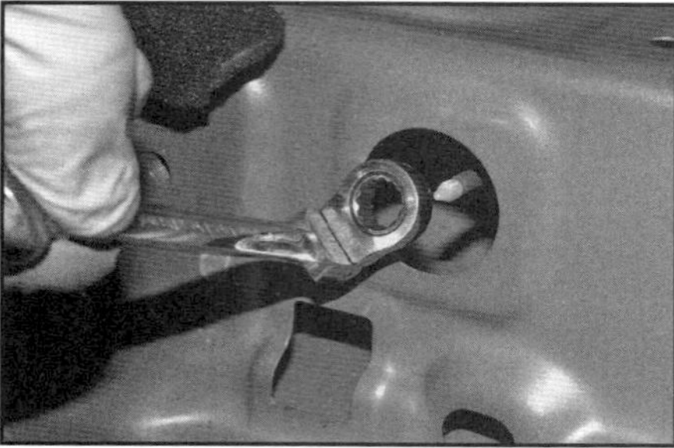

5.15b … und lösen Sie die Muttern – entweder mit einem langen Steckschlüssel oder einem abgewinkelten Ratschen-Ringschlüssel.

16 Hebeln Sie im Radhaus die Mittelstifte der Kunststoffniete heraus und ziehen Sie diese heraus. Lösen Sie dann an beiden Seiten die Schrauben, mit denen die Radlaufverkleidungen an der Schürze gesichert sind (siehe Abbildungen).

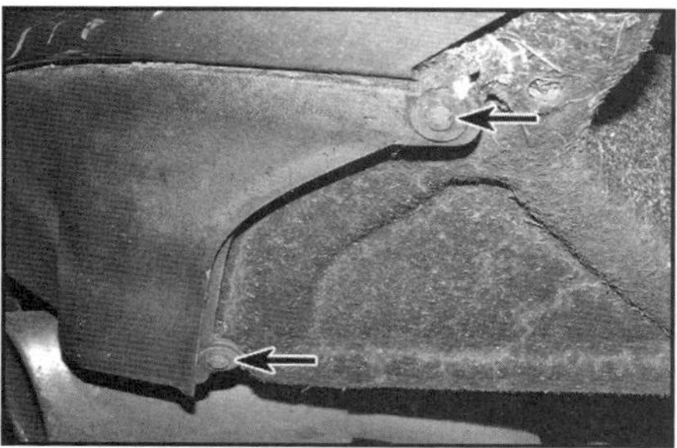

5.16a Verkleidungsstifte der Radlaufverkleidung unten an der Schürze …

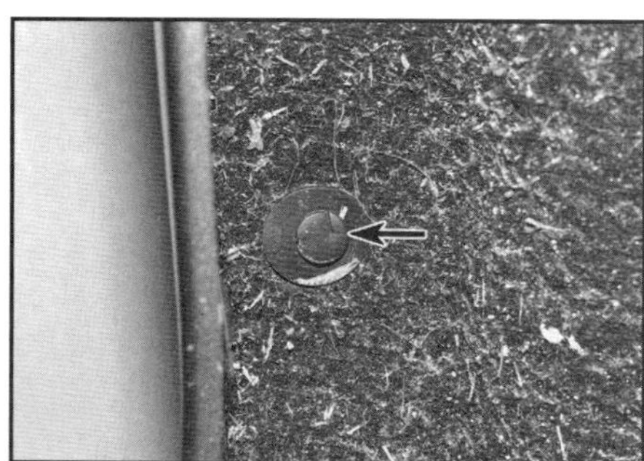

5.16b … und vorn an der Schürze

5.16c Lösen Sie an beiden Seiten die Schraube.

17 Lösen Sie die Schrauben am unteren Rand der Schürze (siehe Abbildung).

5.17 Schrauben am unteren Rand der Schürze

18 Ziehen Sie die vorderen oberen Ecken der Schürze vom Kotflügel ab, um sie zu trennen (siehe Abbildung).

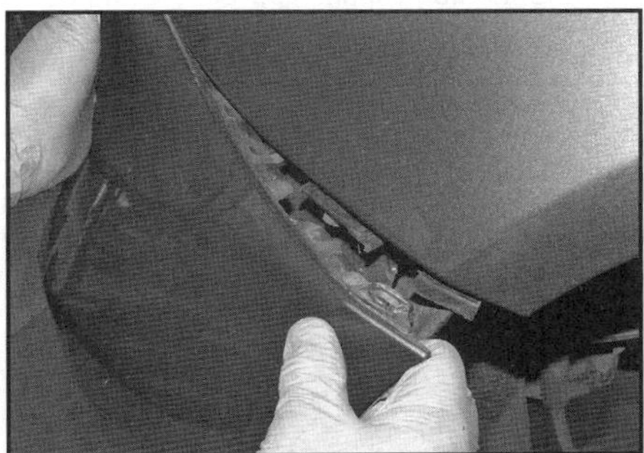
5.18 Ziehen Sie die vorderen oberen Ecken der Schürze ab.

19 Demontieren Sie die Rückleuchten (siehe Kapitel 12, Sektion 8).
20 Befreien Sie die Schürze an beiden Seiten unter der Rückleuchten-Vertiefung (siehe Abbildung).

5.20 Befreien Sie die Schürze unter den Rückleuchten-Vertiefungen.

21 Ziehen Sie mithilfe eines Assistenten die Schürze nach hinten ab, bis alle entsprechenden Kabelstecker zugänglich sind und getrennt werden können.
22 Lagern Sie die Schürze an einem sicheren Ort.
23 Der Einbau entspricht der umgekehrten Ausbaureihenfolge.

6 Motorhaube – Ausbau, Einbau und Einstellung

Ausbau

1 Öffnen Sie die Motorhaube. Ziehen Sie die Wischwasser-Düsen leicht nach vorn, senken Sie ihre hinteren Enden ab und befreien Sie sie samt ihrer Schläuche, um sie beiseite zu legen (siehe Abbildungen).

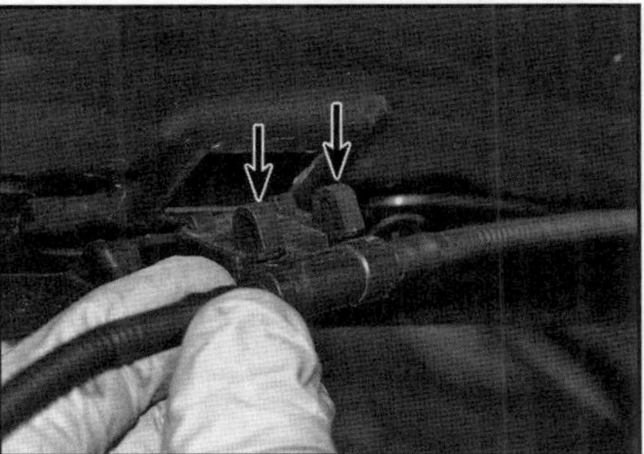
6.1a Ziehen Sie die Wischwasser-Düsen nach vorn, um die vorderen Clips zusammenzudrücken.

6.1b Befreien Sie den Wischwasser-Schlauch.

2 Markieren Sie mit Farbe oder einem geeigneten Stift die Ausrichtung der Scheiben zu den Scharnierträgern an der Haube, um den Einbau zu erleichtern. Lösen Sie die Muttern und heben Sie die Haube mithilfe des Assistenten vorsichtig ab, um sie an einem sicheren Ort abzustellen (siehe Abbildung).

6.2 Markieren Sie die Ausrichtung der Scheiben zu den Scharnierträgern.

Einbau und Einstellung

3 Der Einbau entspricht der umgekehrten Ausbaureihenfolge – beachten Sie dabei folgende Punkte:
a) Positionieren Sie die Motorhaube mithilfe eines Assistenten an den Scharnieren und drehen Sie die Muttern zunächst locker auf. Richten Sie die Haube wie beim Ausbau notiert aus (sodass rundherum ein gleichmäßiger Spalt entsteht) und ziehen Sie die Muttern sorgfältig an.
b) Zur Einstellung der Höhe und der korrekten Funktion des Schließmechanismus sitzen am vorderen Karosserieblech einstellbare Anschläge, die nötigenfalls entsprechend heraus oder hineingedreht werden müssen.

7 Motorhauben-Öffnerzug – Ausbau und Einbau

1 Ziehen Sie die obere Motorabdeckung ab.
2 Befreien Sie hinten am Entriegelungsmechanismus die beiden Clips der Abdeckung und entfernen Sie diese (siehe Abbildungen).

7.2a Lösen Sie an beiden Seiten die Laschen ...

7.2b ... und entnehmen Sie die Abdeckung der Entriegelung.

3 Ziehen Sie die Öffnerzughülle heraus und befreien Sie den Seilzugnippel (siehe Abbildung).

7.3 Öffnerzughülle im Widerlager der Haubenentriegelung

4 Verfolgen Sie den Öffnerzug bis zum Hebel im Fußraum und befreien Sie ihn aus allen Befestigungen.
5 Entfernen Sie im Fahrerfußraum die untere Armaturenbrettverkleidung – Details dazu finden sich im Zusammenhang mit dem Knie-Airbag in Kapitel 12, Sektion 20.
6 Befreien Sie die Öffnerzughülle aus dem Widerlager in der Armaturenbrettverkleidung (siehe Abbildung).

7.6 Öffnerzughülle im Widerlager der Armaturenbrettverkleidung

7 Befreien Sie den Öffnerzug-Nippel aus dem Öffnerhebel (siehe Abbildung).

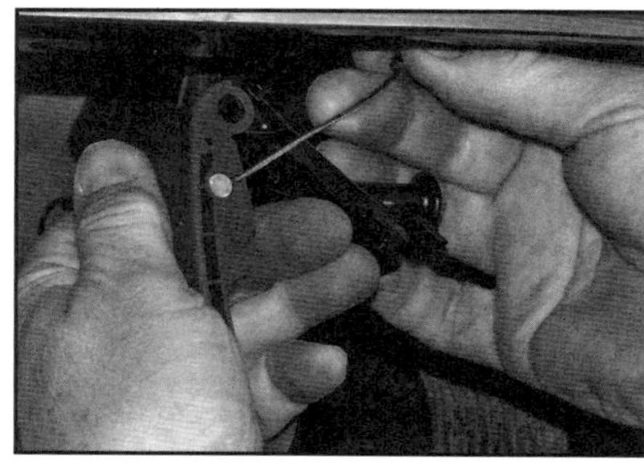

7.7 Befreien Sie den Seilzugnippel aus dem Öffnerhebel.

8 Binden Sie ein Seil an das vordere Ende des Öffnerzugs und ziehen Sie diesen in den Fußraum. Sobald er vollständig hineingezogen ist, wird das Seil gelöst und zum Einziehen des neuen Seilzugs genutzt.

Einbau

9 Binden Sie im Fußraum das Seil an das vordere Ende des neuen Öffnerzugs und ziehen Sie diesen in den Motorraum; lösen Sie dann das Seil.
10 Der Rest des Einbaus entspricht der umgekehrten Ausbaureihenfolge.
11 Prüfen Sie die Funktion der Motorhauben-Entriegelung, bevor Sie die Haube schließen.

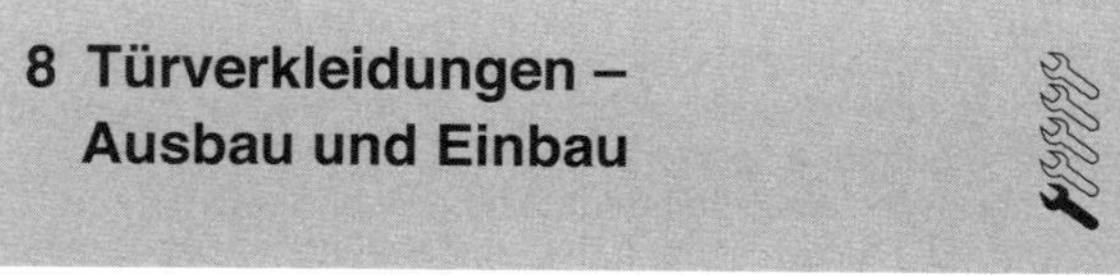

8 Türverkleidungen – Ausbau und Einbau

Vordere Tür

1 Hebeln Sie vorsichtig die Zierleiste aus der Armlehne (siehe Abbildung).

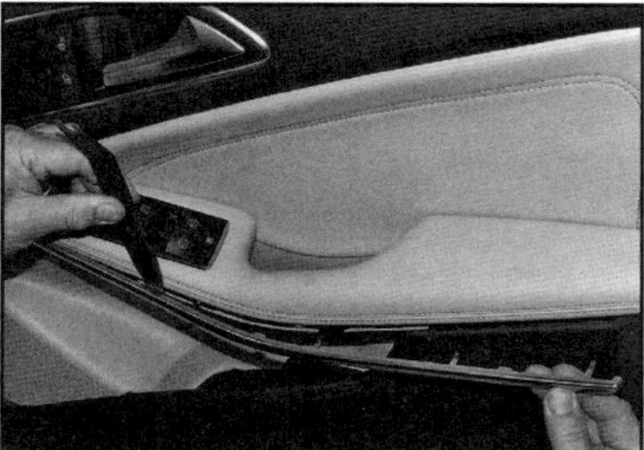

8.1 Hebeln Sie die Zierleiste aus der Armlehne.

2 Lösen Sie unten an der Armlehne die zwei Torxschrauben (siehe Abbildung).

8.2a Torxschrauben hinten ...

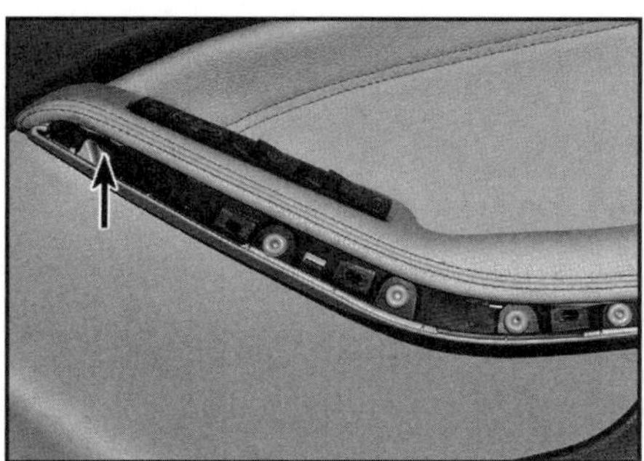

8.2b ... und vorn an der Armlehne

3 Befreien Sie mit einem flachen Hebel vorsichtig die rundherum innen an der Verkleidung angeordneten Clips. Diejenigen am oberen und hinteren Rand können nur gelöst werden, nachdem ihre Aufnahmen etwas nach außen gezogen wurden (siehe Abbildungen). Sobald die Clips gelöst sind, wird der obere Rand der Verkleidung nach innen aus der Gummidichtung gezogen und dann über den Verriegelungsknopf gehoben.

8.3a Hebeln Sie die Verkleidung von der Tür, um ihre Clips zu befreien.

8.3b Ziehen Sie die Aufnahmen etwas heraus, bevor die hinteren Clips befreit werden.

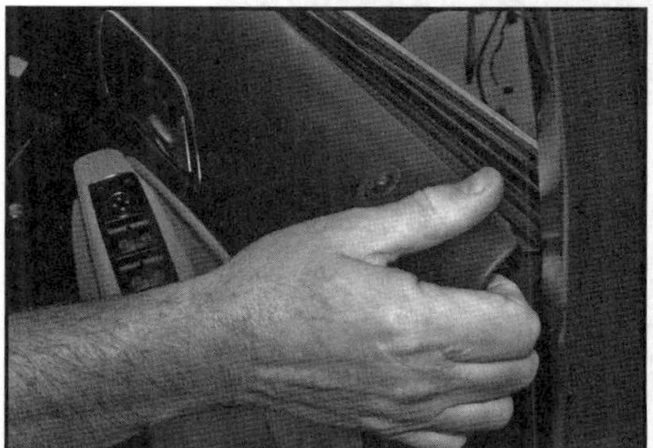

8.3c Ziehen Sie die Oberseite nach innen ab und heben Sie die Türverkleidung über den Verriegelungsknopf.

4 Befreien Sie beim Abnehmen der Türverkleidung den Türöffnerzug vom Türschloss und trennen Sie alle Kabelstecker (siehe Abbildungen).

8.4a Befreien Sie den Türöffnerzug vom Türschloss ...

8.4b ... und trennen Sie alle Kabelstecker.

5 Der Einbau entspricht der umgekehrten Ausbaureihenfolge.

Hintere Tür

6 Öffnen Sie die Türfenster und platzieren Sie die Fernbedienung mindestens zwei Meter vom Fahrzeug entfernt.
7 Befreien Sie die Armlehnen-Zierleiste und lösen Sie die zwei jetzt freiliegenden Schrauben (siehe Abbildungen).

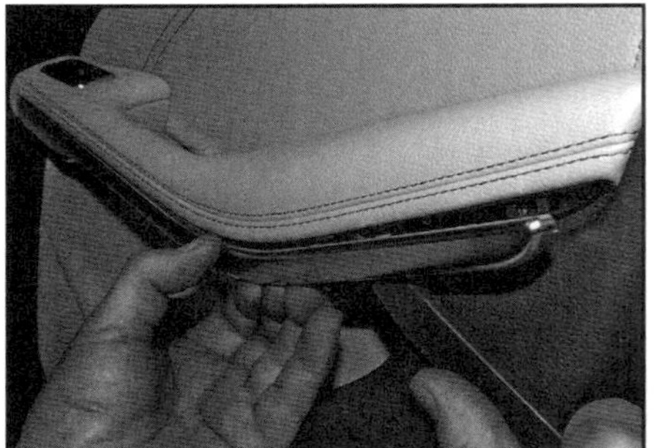

8.7a Befreien Sie die Armlehnen-Zierleiste ...

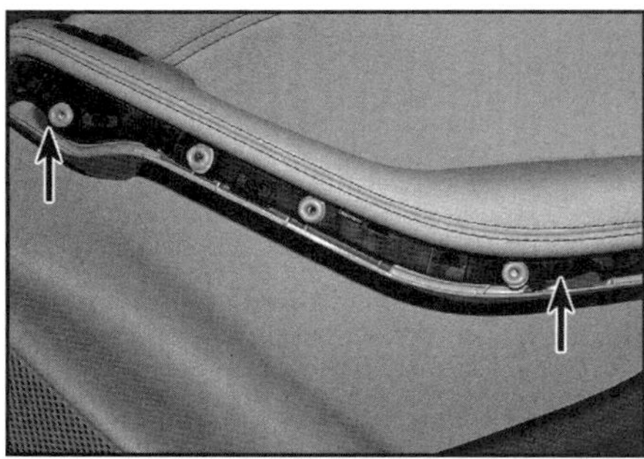

8.7b ... und lösen Sie die zwei Schrauben.

8 Ziehen Sie die Verkleidung rundherum von der Tür ab, um die Clips zu befreien (siehe Abbildung).
Anmerkung: *Ziehen Sie die Oberseite der Verkleidung nach innen, um sie zu befreien.*

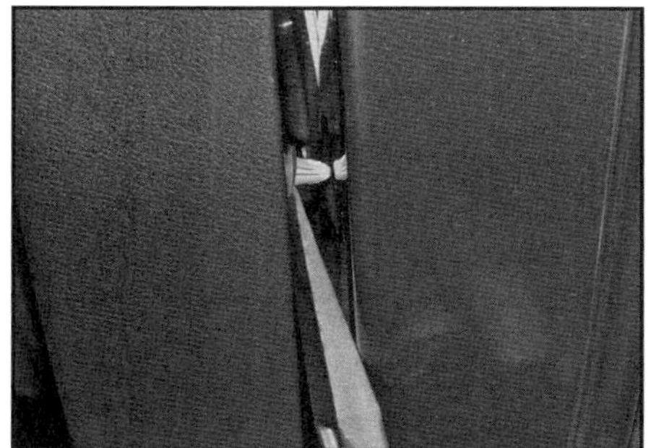

8.8 Hebeln Sie die Verkleidung ab, um die Clips zu befreien.

9 Befreien Sie beim Abnehmen der Türverkleidung den Türöffnerzug vom Türschloss und trennen Sie alle Kabelstecker (siehe Abbildungen).

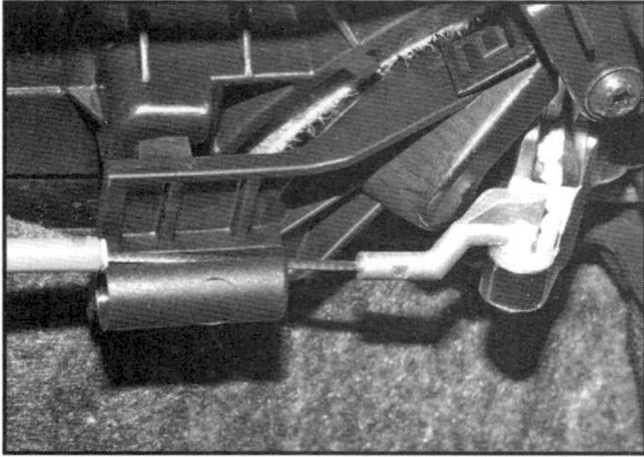

8.9a Befreien Sie die Türöffnerzug-Hülle aus dem Widerlager ...

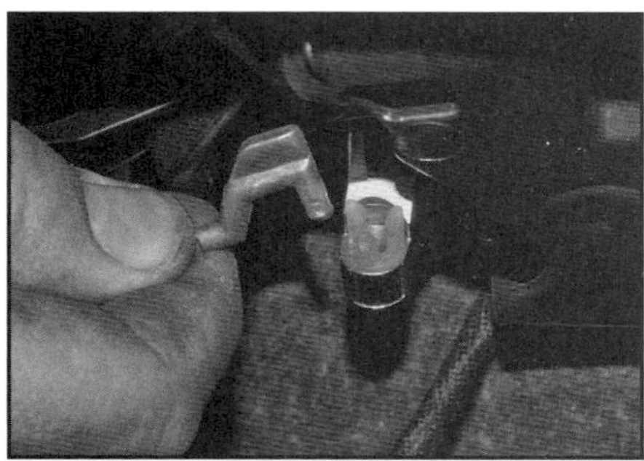

8.9b ... und trennen Sie den Haken des Zugseils aus dem Hebel.

10 Der Einbau entspricht der umgekehrten Ausbaureihenfolge.

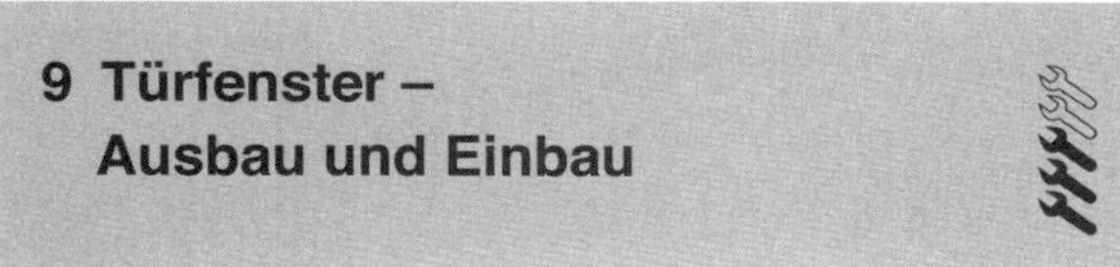

9 Türfenster – Ausbau und Einbau

Ausbau

Vordere Tür

1 Entfernen Sie die Türverkleidung (siehe Sektion 8).
2 Hebeln Sie vorsichtig die innere Dichtleiste hoch und entfernen Sie sie (siehe Abbildung).

9.2 Befreien Sie die innere Fenster-Dichtleiste aus der vorderen Tür.

3 Hebeln Sie am Türmodul die Zugangs-Kappen heraus (siehe Abbildung).

9.3 Hebeln Sie die Zugangs-Kappen aus dem Türmodul (siehe Abbildung).

4 Verbinden Sie übergangsweise den Kabelbaum und bringen Sie das Fenster in eine Höhe, in der die Fensterheber-Klemmschrauben zugänglich sind.
5 Trennen Sie den Kabelbaum wieder.
6 Lockern Sie die Klemmschrauben zwei volle Umdrehungen, schwenken Sie das Fenster hinten hoch und ziehen Sie es aus der Tür (siehe Abbildungen).
Achtung: Die Klemmschrauben dürfen nicht vollständig herausgedreht werden!

9.6a Lockern Sie die Klemmschrauben zwei Umdrehungen, ...

9.6b ... schwenken Sie das Fenster hinten hoch und ziehen Sie es aus der Tür.

Hintere Tür

7 Entfernen Sie die Türverkleidung (siehe Sektion 8).
8 Hebeln Sie vorsichtig die äußere Dichtleiste hoch und entfernen Sie sie (siehe Abbildung).

9.8 Befreien Sie die äußere Fenster-Dichtleiste aus der hinteren Tür.

9 Ziehen Sie am vorderen Fensterrahmen die Führungs/Dichtleiste heraus (siehe Abbildung).

9.9 Ziehen Sie die Führungs/Dichtleiste aus dem vorderen Türrahmen.

10 Hebeln Sie am vorderen Rand des Fensterrahmens die Gummidichtung heraus (siehe Abbildung).

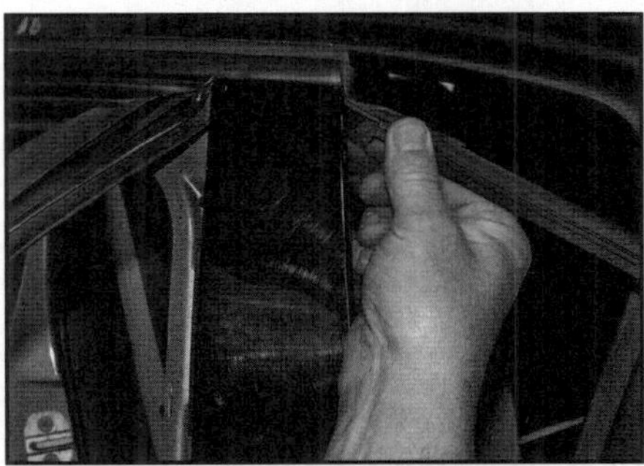

9.10 Ziehen Sie die Gummidichtung vorn aus dem Fensterrahmen.

11 Lösen Sie vorn am Rahmen die drei Torxschrauben und entfernen Sie die Blende.

9.11 Schrauben der Fensterrahmen-Blende

12 Hebeln Sie den Gummistopfen aus dem Türmodul (siehe Abbildung).

9.12 Gummistopfen des Türmoduls

13 Verbinden Sie übergangsweise den Kabelbaum und bringen Sie das Fenster in eine Höhe, in der die Fensterheber-Klemmschraube zugänglich ist (siehe Abbildung).

9.13 Fensterheber-Klemmschraube

14 Lockern Sie die Klemmschraube zwei volle Umdrehungen, schwenken Sie das Fenster hinten hoch und ziehen Sie es aus der Tür (siehe Abbildungen).
Achtung: Die Klemmschraube darf nicht vollständig herausgedreht werden!

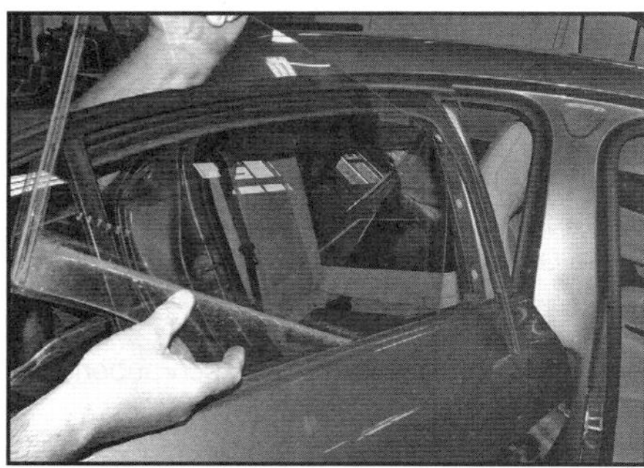

9.14 Schwenken Sie das Fenster hinten hoch und ziehen Sie es aus der Tür.

Einbau

Vordere Tür

15 Schieben Sie das Fenster in die Tür, sodass es korrekt in die Fensterheber-Klemmen geführt wird. Drücken Sie es dann nach hinten in die Führungsleiste.
16 Ziehen Sie die Klemmschrauben sorgfältig an.
17 Der Rest des Einbaus entspricht der umgekehrten Ausbaureihenfolge.

Hintere Tür

18 Schieben Sie das Fenster in die Tür, sodass es korrekt in die Fensterheber-Klemme geführt wird.
19 Verbinden Sie den Kabelstecker und senken Sie das Fenster vollständig ab.
20 Montieren Sie die vordere Fensterrahmen-Blende und sichern Sie sie mit den sorgfältig angezogenen Schrauben.
21 Versehen Sie die Dichtleisten mit etwas Silikon-Schmiermittel und drücken Sie diese in den vorderen Fensterrahmen.
22 Bringen Sie das Fenster wieder in eine Höhe, in der die Fensterheber-Klemmschrauben zugänglich sind. Drücken Sie das Fenster nach vorn in die Führung und ziehen Sie die Klemmschraube sorgfältig an.
23 Der Rest des Einbaus entspricht der umgekehrten Ausbaureihenfolge.

10 Dreieckfenster (hintere Türen) – Ausbau und Einbau

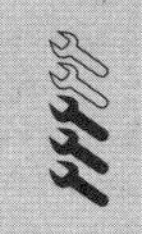

1 Senken Sie das Türfenster vollständig ab und entfernen Sie die Türverkleidung (siehe Sektion 8).
2 Hebeln Sie unten am Dreieck-Fensterrahmen die Kunststoffkappe heraus und lösen Sie die Torxschraube (siehe Abbildung).

10.2 Hebeln Sie die Kunststoffkappe heraus, um Zugang zur Torxschraube zu erhalten.

3 Befreien Sie hinten an der Tür den Gummizapfen aus dem Rahmen und ziehen Sie hinten die Gummidichtung aus der Fensterführung (siehe Abbildung).

10.3 Befreien Sie hinten an der Tür den Gummizapfen aus dem Rahmen.

4 Hebeln Sie oben an der Türverkleidung die innere und äußere Dichtleiste heraus und entfernen Sie sie.
5 Heben Sie die Gummileiste aus dem Dreieckfenster-Rahmen, bis oben die Schraube zugänglich ist und gelöst werden kann (siehe Abbildung).

10.5 Heben Sie die Gummileiste an und lösen Sie die Torxschraube.

6 Schieben Sie das Dreieckfenster nach vorn und entnehmen Sie es (siehe Abbildung).

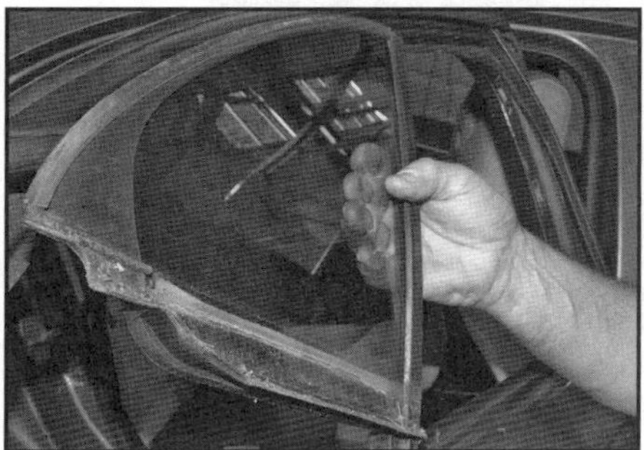

10.6 Schieben Sie das Dreieckfenster nach vorn und entnehmen Sie es.

7 Der Einbau entspricht der umgekehrten Ausbaureihenfolge – verwenden Sie zum Einbau der Gummileisten etwas Silikon-Schmiermittel.

11 Türmodul und Fensterhebermotor – Ausbau und Einbau

Modul

Vordere Tür

1 Demontieren Sie das Türfenster (siehe Sektion 9).
2 Trennen Sie den Masseanschluss (–) der Batterie (siehe Kapitel 5, Sektion 4).
3 Demontieren Sie den äußeren Türgriff (siehe Sektion 12).
4 Entfernen Sie am Außengriff-Rahmen die Gummidichtungen, lockern Sie die Schrauben und schieben Sie den Rahmen etwas nach vorn, um ihn von der Tür zu befreien (siehe Abbildung).

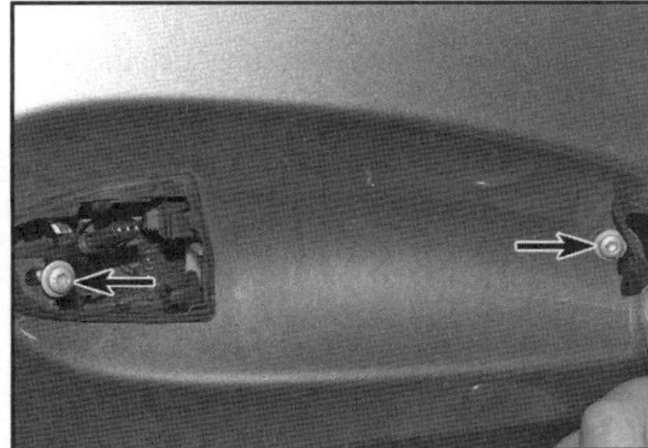

11.4 Torxschrauben des äußeren Türgriff-Rahmens

5 Trennen Sie alle Stecker der Türmodul-Steuereinheit (siehe Abbildung).

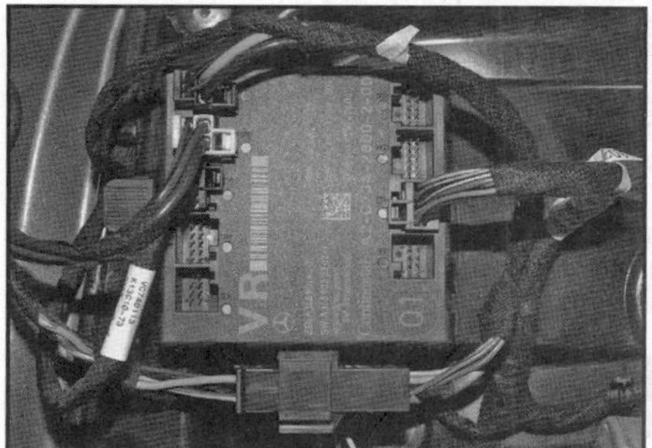

11.5 Stecker der Türmodul-Steuereinheit

6 Lösen Sie hinten an der Tür die drei Schrauben der Türschloss-Baugruppe (siehe Abbildung).

11.6 Türschloss-Schrauben

7 Ziehen Sie bei Modellen mit Hochton-Lautsprechern in den Türen die vordere Dreieck-Blende aus der Tür.
8 Das Modul ist mit 11 Nieten in der Tür gesichert – bohren Sie deren Köpfe ab und befreien Sie das Modul (siehe Abbildungen).

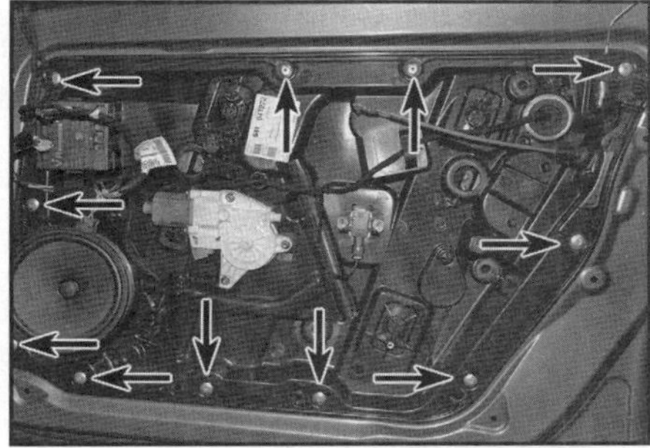

11.8a Bohren Sie die Nietköpfe ab ...

11.8b ... und befreien Sie das Türmodul.

Hintere Tür

9 Befreien Sie das Türfenster aus der Fensterheber-Klemme, schieben Sie es nach oben und sichern Sie es dort mit Klebeband im Rahmen.
10 Trennen Sie den Masseanschluss (–) der Batterie (siehe Kapitel 5, Sektion 4).
11 Demontieren Sie den äußeren Türgriff (siehe Sektion 12).
12 Entfernen Sie am Außengriff-Rahmen die Gummidichtungen, lockern Sie die Schrauben und schieben Sie den Rahmen etwas nach vorn, um ihn von der Tür zu befreien (siehe Abbildungen).

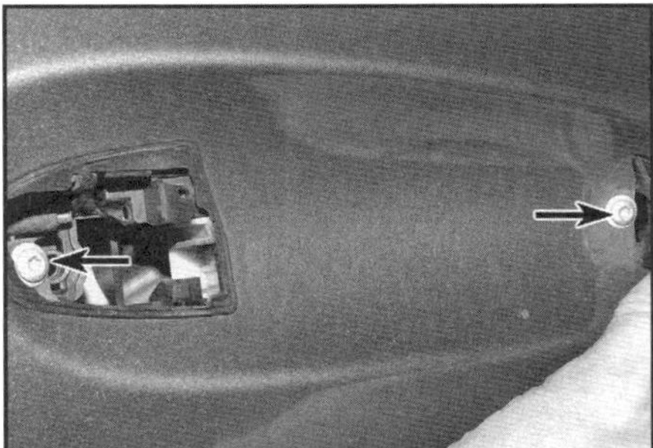

11.12a Lockern Sie die Schrauben ...

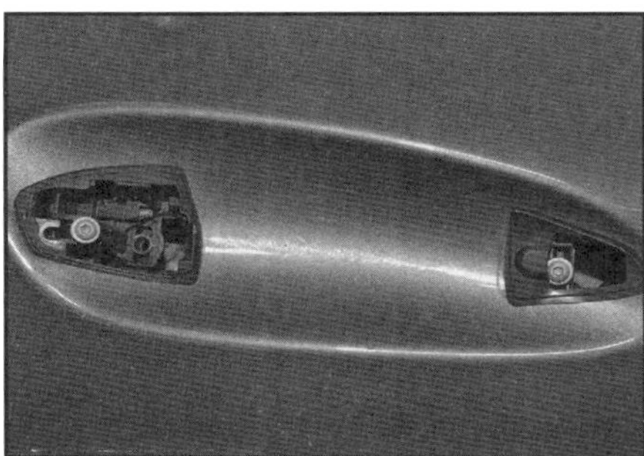

11.12b ... und drücken Sie den Griffrahmen etwas nach vorn.

13 Lösen Sie am Kabelstecker der B-Säule die Lasche, trennen Sie den Stecker und drücken Sie den Gummistopfen und den Kabelbaum in die Tür (siehe Abbildung).

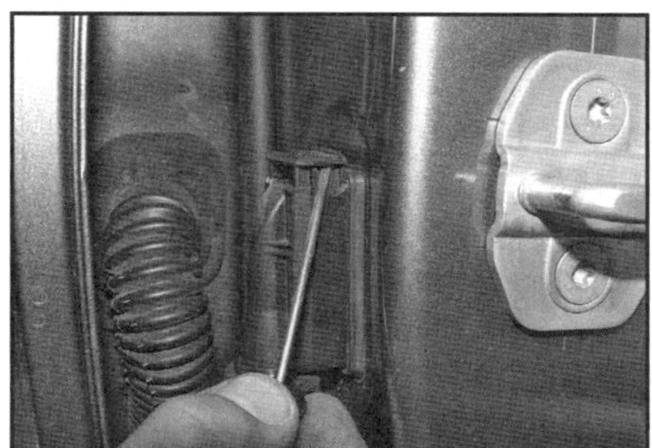

11.13 Schieben Sie an der B-Säule die Lasche hoch und trennen Sie den Stecker

14 Lösen Sie hinten an der Tür die drei Schrauben der Türschloss-Baugruppe.
15 Das Modul ist mit 10 Nieten in der Tür gesichert – bohren Sie deren Köpfe ab und befreien Sie das Modul (siehe Abbildungen).

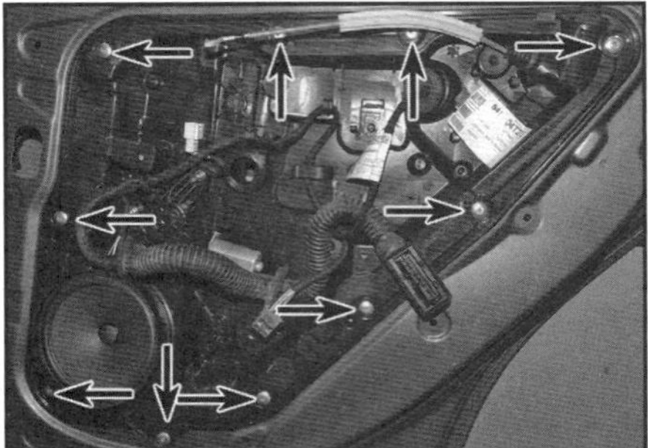

11.15a Bohren Sie die Nietköpfe ab ...

11.15b ... und befreien Sie das Türmodul.

7 Der Einbau entspricht der umgekehrten Ausbaureihenfolge – beseitigen Sie die Reste der Niete aus der Tür, damit sie während der Fahrt keine Geräusche verursachen.

Fensterheber-Motor

17 Demontieren Sie die Türverkleidung.
18 Trennen Sie den Stecker des Motors.
19 Lösen Sie die drei Schrauben des Motors und befreien Sie ihn (siehe Abbildung).

11.19 Fensterhebermotor-Befestigungsschrauben

20 Der Einbau entspricht der umgekehrten Ausbaureihenfolge.

12 Türöffner und Schließmechanismus – Ausbau und Einbau

Türöffner außen

Ausbau

1 Hebeln Sie hinten an der Tür die Gummikappe heraus (siehe Abbildung).

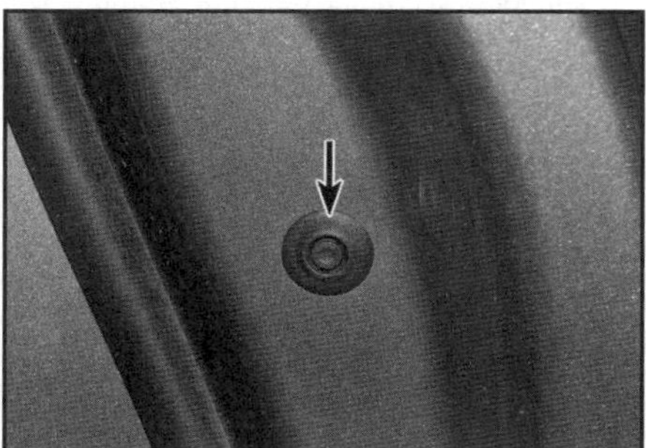

12.1 Gummikappe hinten in der Tür

2 Lockern Sie die jetzt zugängliche Torxschraube, bis die Abdeckung hinten am Griff abgezogen werden kann (siehe Abbildung). Ziehen Sie den Türöffner heraus, um die Abdeckung zu entnehmen.

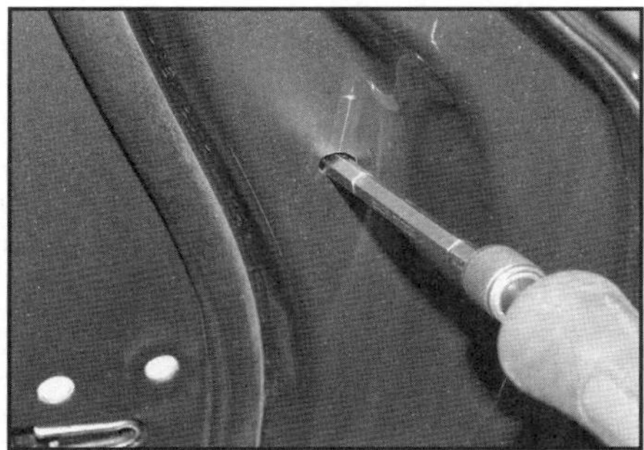

12.2a Lockern Sie die Schraube, ...

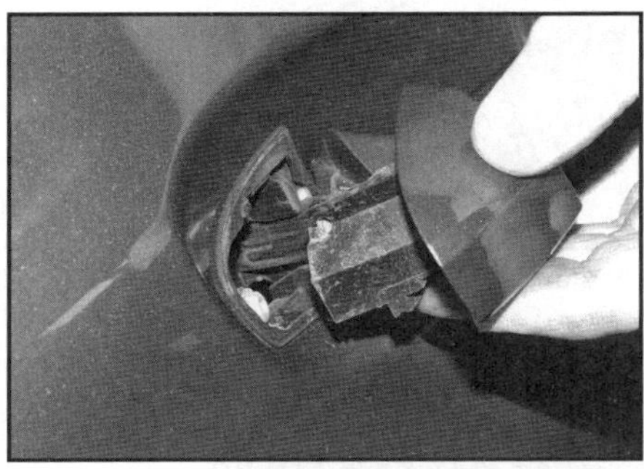

12.2b ... bis die Abdeckung abgezogen werden kann.

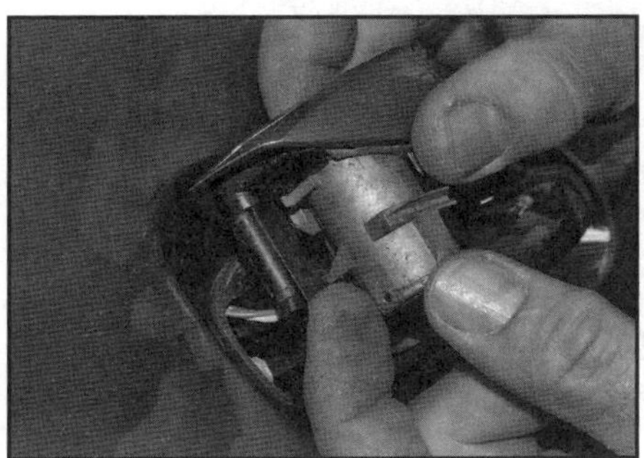

12.2c Heben Sie ggf. den Clip an und trennen Sie den Stecker des Türschloss-Zylinders.

3 Ziehen Sie den Türöffner nach außen und hinten und befreien Sie ihn aus der Tür (siehe Abbildung) – trennen Sie dabei alle vorhandenen Kabelstecker.

12.3 Ziehen Sie den Türöffner nach außen und hinten, um ihn zu befreien.

Einbau

4 Führen Sie die vordere Ecke des Türöffners in die Tür ein und verbinden Sie alle Kabelstecker.

5 Drücken Sie das hintere Ende des Öffners ein und pressen Sie ihn nach vorn, bis er hörbar einrastet.

6 Ziehen Sie den Türöffner leicht nach außen und installieren Sie die hintere Abdeckung.

7 Ziehen Sie die Schraube sorgfältig an und installieren Sie die Gummikappe.

Türschloss/Türschließer

Vordere Tür

8 Demontieren Sie das Türmodul (siehe Sektion 11).

9 Lösen Sie die Lasche des äußeren Türöffners und befreien Sie diesen aus der Türschloss-Baugruppe (siehe Abbildung).

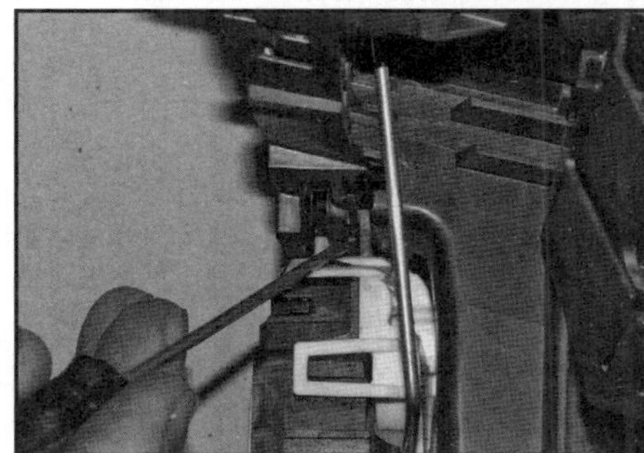

12.9 Lösen Sie die Lasche des äußeren Türöffners.

10 Trennen Sie das Gestänge vom Türschloss (nur bei Türöffner-Griffen mit Schließzylinder) und manövrieren Sie den Türgriff-Rahmen aus dem Türmodul heraus (siehe Abbildung) – befreien Sie dabei die Verkabelung aus dem Rahmen.

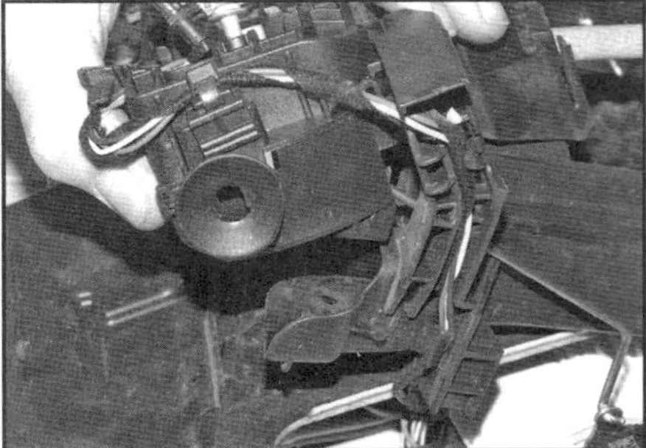

12.10 Befreien Sie den Türgriff-Rahmen.

11 Lösen Sie die Torxschraube, trennen Sie die Lasche und befreien Sie die Kunststoffabdeckung (siehe Abbildung).

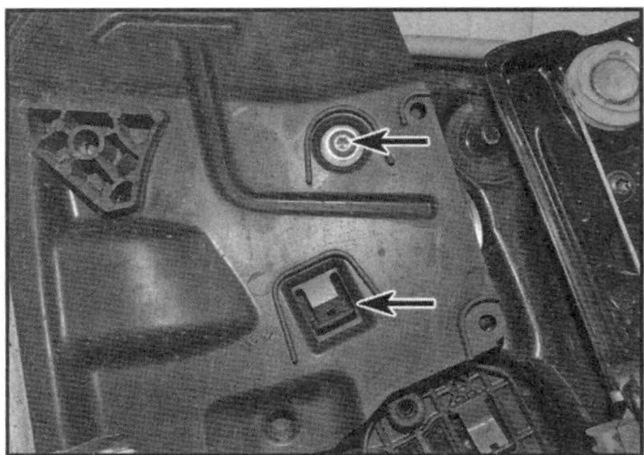

12.11 Schraube und Lasche der Kunststoffabdeckung

12 Trennen Sie den Türschloss-Stecker, befreien Sie die Lasche und ziehen Sie die Gummistopfen aus dem Modul. Ziehen Sie die Türschloss-Baugruppe aus dem Türmodul (siehe Abbildungen).

12.12a Lösen Sie die Lasche, ...

12.12b ... ziehen Sie die Gummistopfen heraus und befreien Sie das Türschloss aus dem Türmodul.

13 Lösen Sie nötigenfalls am Rand die Clips und befreien Sie die Abdeckung vom Türschloss (siehe Abbildung) – jetzt kann der Öffnerzug des inneren Türgriffs getrennt werden. Der Öffnerzug des äußeren Türöffners darf nicht vom Türschloss getrennt werden und ist auch nicht als separates Ersatzteil erhältlich.

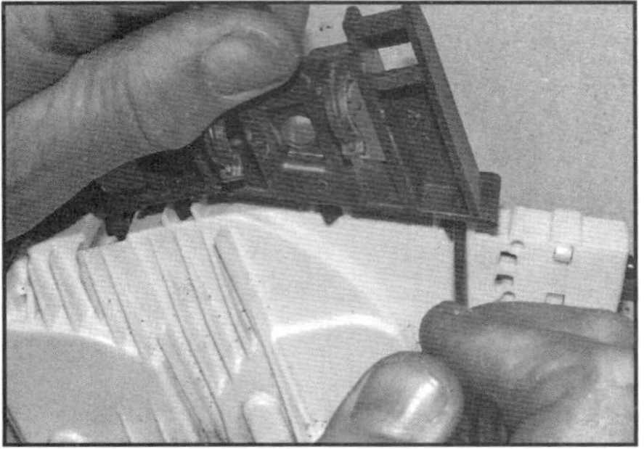

12.13 Lösen Sie die Clips und trennen Sie die Abdeckung vom Türschloss.

14 Der Einbau entspricht der umgekehrten Ausbaureihenfolge.

Hintere Tür

15 Demontieren Sie das Türmodul (siehe Sektion 11).
16 Lösen Sie die Lasche des äußeren Türöffner-Rahmens und schieben Sie diesen heraus (siehe Abbildung).

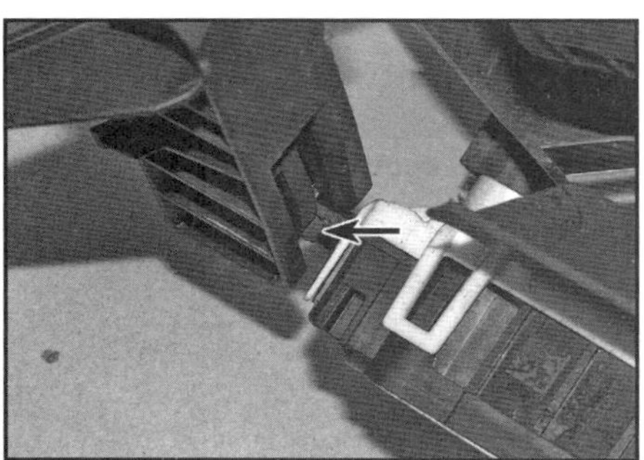

12.16 Lasche des äußeren Türöffner-Rahmens

17 Lösen Sie am Türmodul die Lasche des Kunststoff-Schilds und befreien Sie dies (siehe Abbildung).

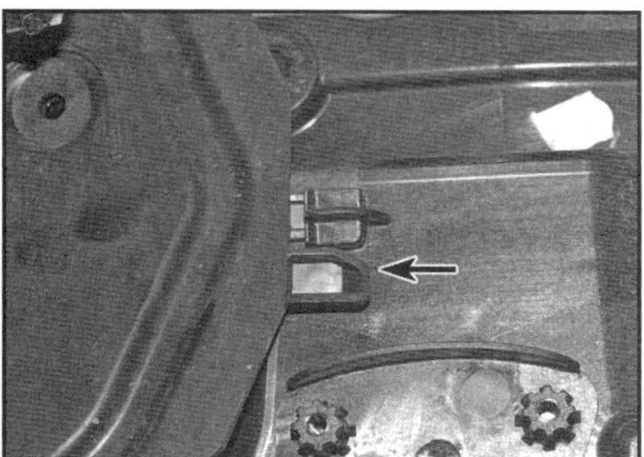

12.17 Lasche des Kunststoff-Schilds

18 Lösen Sie die Lasche der Türschloss-Baugruppe und ziehen Sie sie aus dem Modul. Drücken Sie die Gummistopfen hinein und ziehen Sie die Baugruppe heraus (siehe Abbildungen).

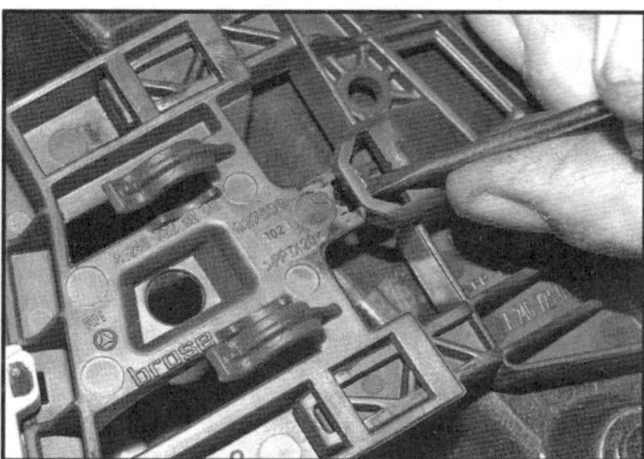

12.18a Lösen Sie die Lasche ...

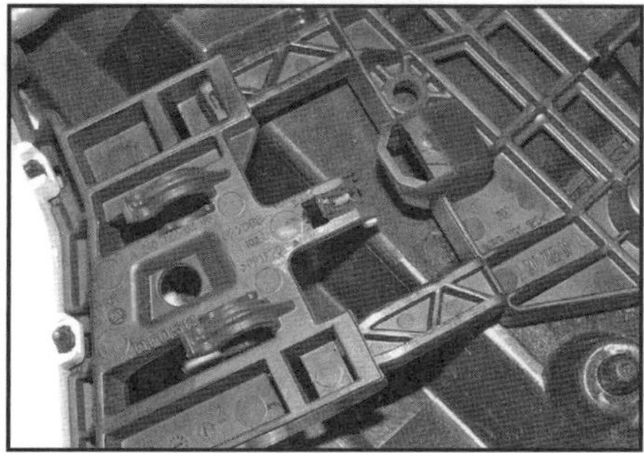

12.18b ... und ziehen Sie die Türschloss-Baugruppe aus dem Modul.

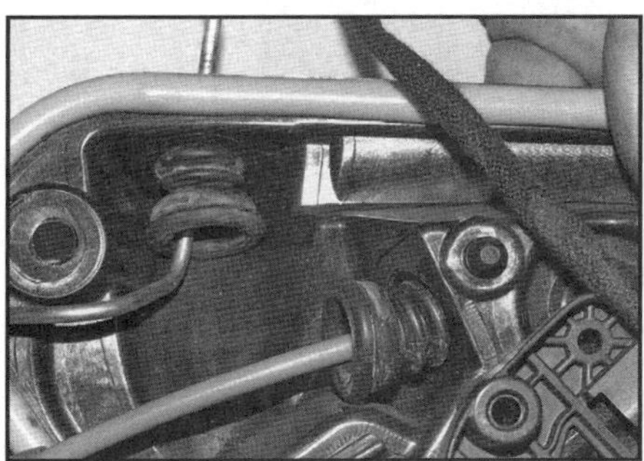

12.18c Drücken Sie die Gummistopfen hinein und ziehen Sie die Baugruppe heraus

19 Lösen Sie nötigenfalls am Rand die Clips und befreien Sie die Abdeckung vom Türschloss (siehe Abbildung) – jetzt kann der Öffnerzug des inneren Türgriffs getrennt werden. Der Öffnerzug des äußeren Türöffners darf nicht vom Türschloss getrennt werden und ist auch nicht als separates Ersatzteil erhältlich.
Achtung: Beim Ausbau werden wahrscheinlich Laschen der Kunststoff-Abdeckungen abbrechen, sodass diese neu beschafft werden müssen.

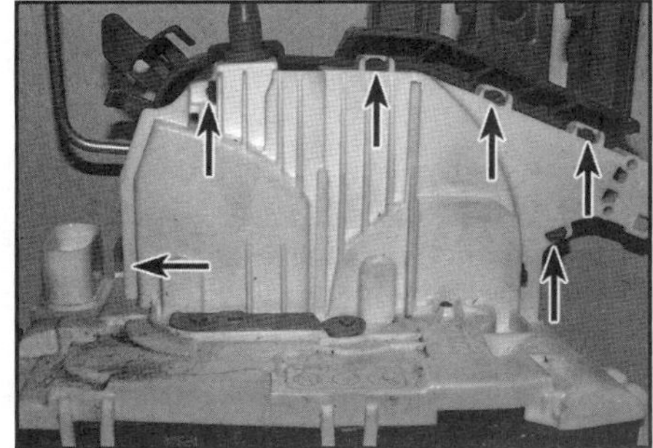

12.19 Lösen Sie die Clips und trennen Sie die Abdeckung vom Türschloss.

20 Der Einbau entspricht der umgekehrten Ausbaureihenfolge.

Schließzylinder

21 Demontieren Sie die hintere Abdeckung des äußeren Türöffners (siehe oben).
22 Befreien Sie die Abdeckung vom Schließzylinder (siehe Abbildung) – weitere Zerlegungen werden nicht empfohlen.

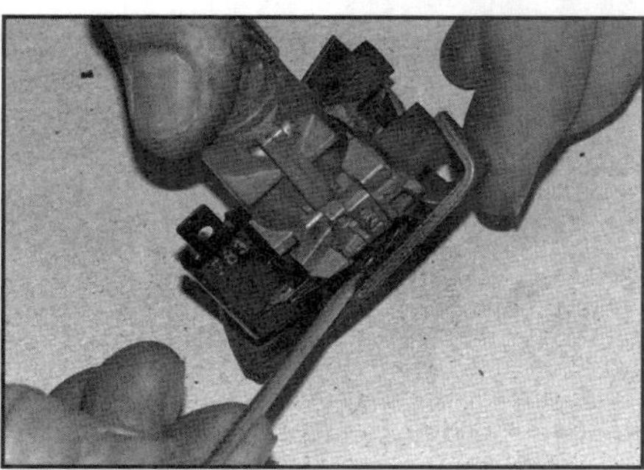

12.22 Befreien Sie die Abdeckung vom Schließzylinder.

23 Der Einbau entspricht der umgekehrten Ausbaureihenfolge.

Schließhaken

24 Markieren Sie mit einem Bleistift die Position der Schließhaken-Platte an der Säule.
25 Lösen Sie die Torxschrauben und entnehmen Sie den Schließhaken.

12.25 Torxschrauben des Schließhakens

26 Der Einbau entspricht der umgekehrten Ausbaureihenfolge – prüfen Sie, ob der Schließmechanismus mittig über den Schließhaken geführt wird; positionieren Sie diesen nötigenfalls neu, bevor Sie die Schrauben sorgfältig anziehen.

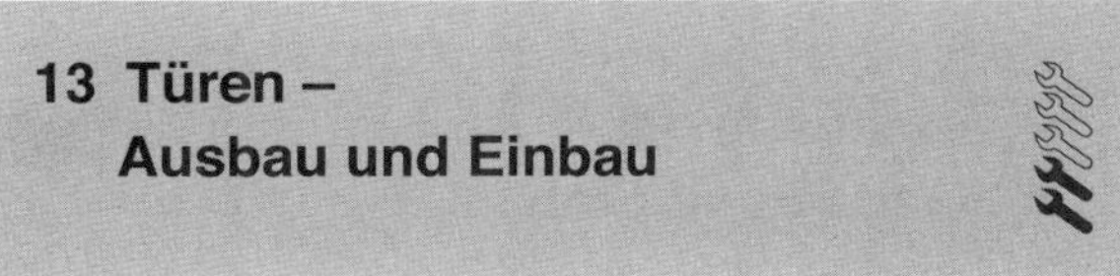

13 Türen – Ausbau und Einbau

Ausbau

1 Öffnen Sie die Türfenster und platzieren Sie die Fernbedienung mindestens zwei Meter vom Fahrzeug entfernt.
2 Trennen Sie den Masseanschluss (–) der Batterie (siehe Kapitel 5, Sektion 4).

Vordere Tür

3 Hebeln Sie die Schwellerverkleidung an und entnehmen Sie sie.
4 Trennen Sie an der A-Säule den Stecker der Tür-Verkabelung, entnehmen Sie die Isolierung, befreien Sie den Führungsschlauch und führen Sie den Kabelbaum aus der Säule heraus (siehe Abbildung).

13.4 Befreien Sie den Führungsschlauch der Tür-Verkabelung.

5 Entfernen Sie die Kappe der Türscharnier-Schrauben und entfernen Sie diese (siehe Abbildung).

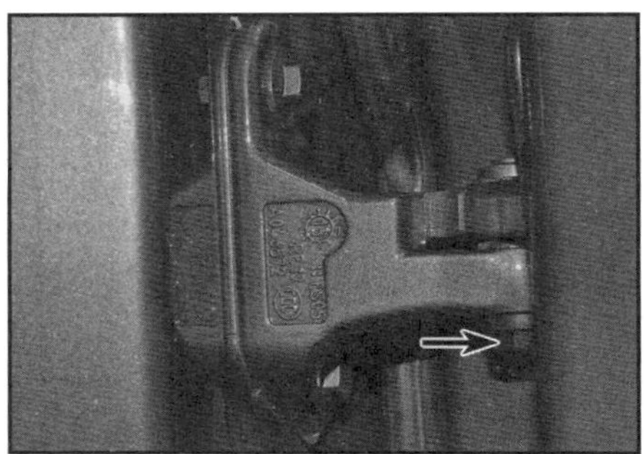

13.5 Kappe der Türscharnier-Schrauben

6 Heben Sie die Tür vorsichtig ab und lagern Sie sie an einem sicheren Ort.

Hintere Tür

7 Trennen Sie an der B-Säule den Stecker der Tür-Verkabelung.
8 Entfernen Sie die Kappe der Türscharnier-Schrauben und entfernen Sie diese.
9 Heben Sie die Tür vorsichtig ab und lagern Sie sie an einem sicheren Ort.

Einbau

10 Der Einbau entspricht der umgekehrten Ausbaureihenfolge – prüfen Sie, ob der Schließmechanismus mittig über den Schließhaken geführt wird; positionieren Sie diesen nötigenfalls neu.

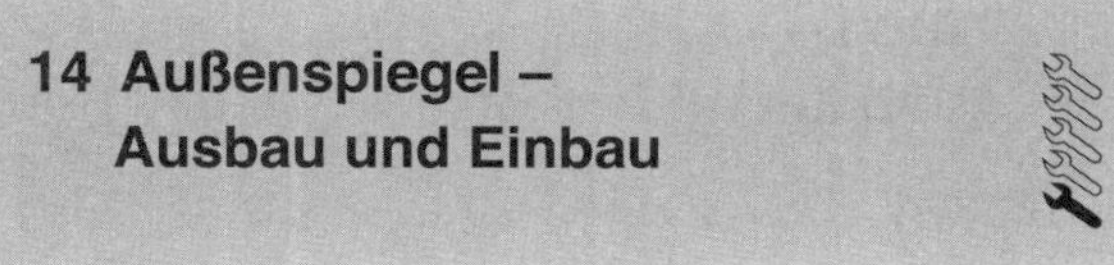

14 Außenspiegel – Ausbau und Einbau

Ausbau

Außenspiegel-Baugruppe

1 Entfernen Sie die entsprechende vordere Türverkleidung (siehe Sektion 8) und trennen Sie den Außenspiegel-Stecker.

2 Ziehen Sie vorsichtig die dreieckige Kunststoffverkleidung von der Tür ab (siehe Abbildung).

14.2 Ziehen Sie die dreieckige Kunststoffverkleidung ab.

3 Lösen Sie die drei Schrauben und entnehmen Sie den Außenspiegel (siehe Abbildung).

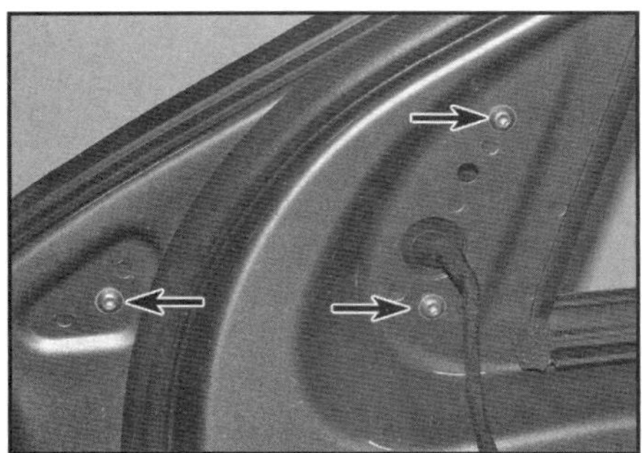

14.3 Außenspiegel-Schrauben

Spiegelglas

Warnung: Falls das Glas gebrochen ist, müssen Schutzhandschuhe getragen werden!

Achtung: Mercedes empfiehlt die Demontage bei mindestens 20° C, damit die Clips nicht abreißen.
4 Schwenken Sie den Spiegel vollständig herunter und hebeln Sie den oberen Rand nach hinten, um die Clips zu befreien (siehe Abbildung).

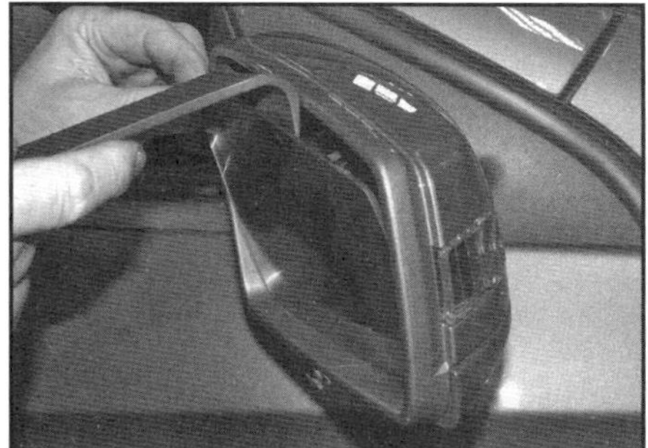

14.4 Hebeln Sie den oberen Rand des Spiegelglases nach hinten, um die Clips zu befreien.

5 Trennen Sie beim Abnehmen des Spiegelglases den Stecker des Heizelements (siehe Abbildung).

14.5 Trennen Sie den Stecker des Heizelements

Spiegel-Abdeckung

6 Entfernen Sie das Spiegelglas (siehe oben).
7 Heben Sie mit einem kleinen Schraubendreher den Haken an und ziehen Sie die Abdeckung nach oben vom Gehäuse ab (siehe Abbildung).

14.7 Heben Sie die Lasche an und ziehen Sie die Abdeckung nach oben ab.

Einbau

8 Der Einbau entspricht der umgekehrten Ausbaureihenfolge.

15 Innenspiegel – Ausbau und Einbau

1 Hebeln Sie am Innenspiegel-Sockel die Schalterblende ab (siehe Abbildung).

15.1 Hebeln Sie die Schalterblende ab.

2 Hebeln Sie vorsichtig die Abdeckung des Innenspiegel-Sockels ab.
3 Trennen Sie die Kabelstecker.
4 Drehen Sie mit einem Maulschlüssel den Spiegel-Schaft gegen den Uhrzeigersinn und befreien Sie ihn aus dem Sockel (siehe Abbildungen).

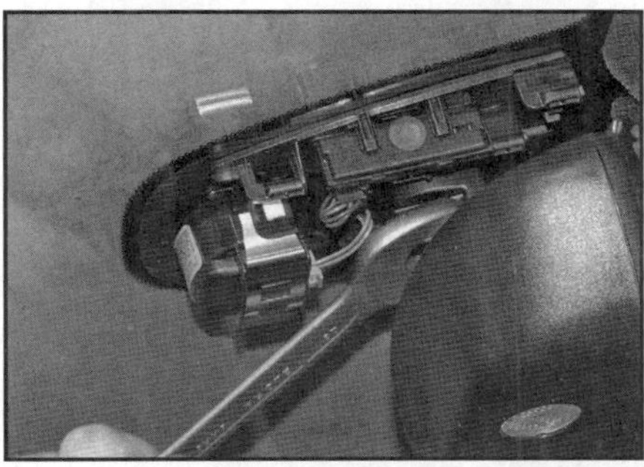

15.4a Drehen Sie den Spiegel-Schaft gegen den Uhrzeigersinn …

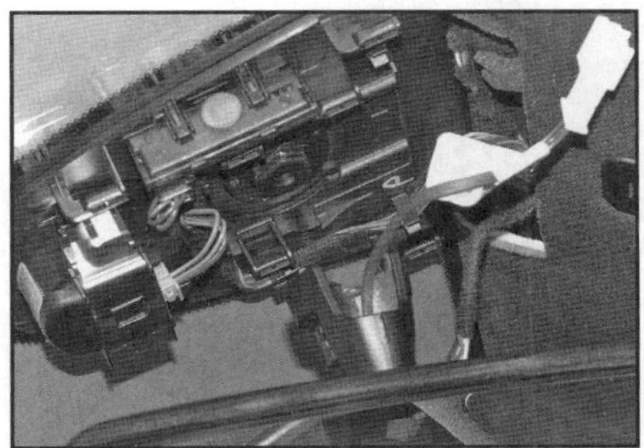

15.4b … und befreien Sie ihn aus dem Sockel.

5 Der Einbau entspricht der umgekehrten Ausbaureihenfolge.

16 Heckklappe – Ausbau und Einbau

1 Demontieren Sie die Heckklappen-Verkleidungen (siehe Sektion 25).
2 Trennen Sie alle Kabelstecker von der Heckklappe – merken Sie sich ihre Positionen. Befreien Sie den Kabelbaum und führen Sie ihn durch die Öffnung heraus.
3 Trennen Sie den Wischwasserschlauch von der Heckscheiben-Düse und führen Sie den Schlauch durch die Öffnung heraus.
4 Ziehen Sie mit einem kleinen Schraubendreher an den Stützfeder-Anschlüssen die Clips ab (Abb. 17.2). Ziehen Sie die Stützfedern von den Kugelgelenken und schwenken Sie sie herunter.
5 Befreien Sie am Dachhimmel die Scharnierabdeckungen ab und bringen Sie Ausrichtmarkierungen zwischen den Scharnieren und der Karosserie an.
6 Lassen Sie einen Assistenten die Heckklappe halten und lösen Sie die Scharniermuttern. Heben Sie die Heckklappe vorsichtig ab und lagern Sie sie an einem sicheren Ort.
7 Der Einbau entspricht der umgekehrten Ausbaureihenfolge – die Heckklappe muss mittig sitzen und der Schließmechanismus muss mittig um den Schließhaken greifen.

Lockern Sie nötigenfalls die Scharniermuttern und verschieben Sie die Heckklappe entsprechend.

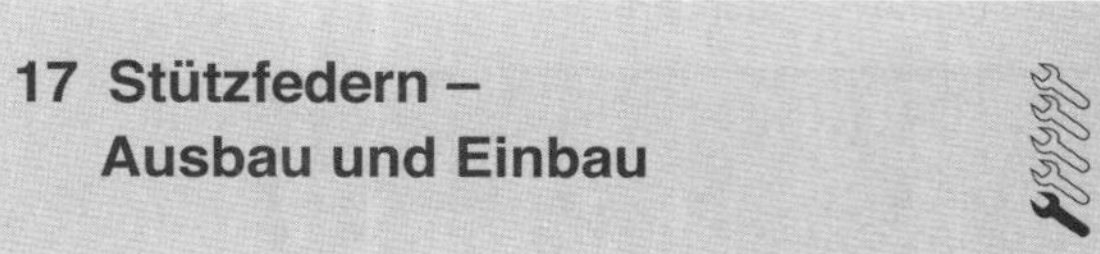

17 Stützfedern – Ausbau und Einbau

1 Lassen Sie einen Assistenten die Heckklappe offen halten.
2 Ziehen Sie mit einem kleinen Schraubendreher an den Stützfeder-Anschlüssen die Clips ab (siehe Abbildung). Ziehen Sie die Stützfeder von den Kugelgelenken.

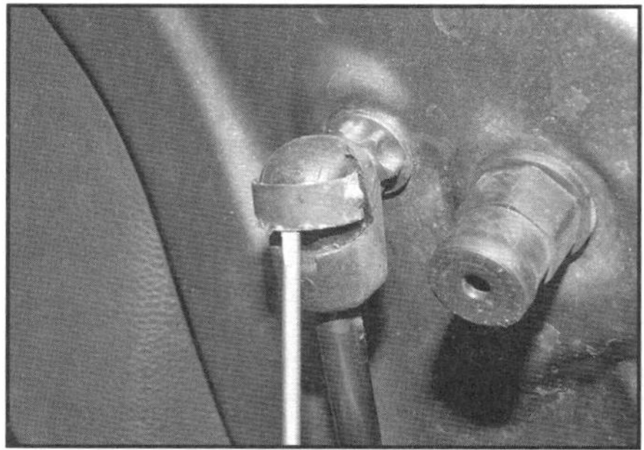

17.2 Hebeln Sie den Clip vom Kugelgelenk der Stützfeder.

3 Der Einbau entspricht der umgekehrten Ausbaureihenfolge – die Stützfeder muss in der originalen Einbaurichtung montiert werden.

18 Heckklappen-Schließmechanismus – Ausbau und Einbau

Schloss-Baugruppe

1 Das Heckklappen-Schloss kann bei Stromausfall durch das Einführen z. B. eines Schraubendrehers in das Loch unten in der Heckklappenverkleidung und das Drücken der Auslöse-Lasche geöffnet werden (siehe Abbildung).

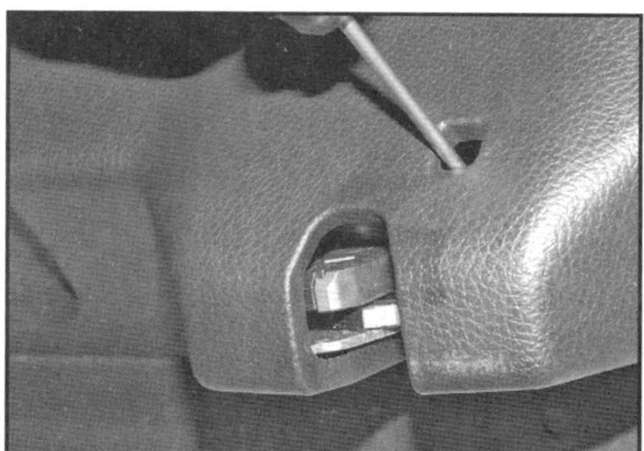

18.1 Führen Sie einen Schraubendreher ein, um die Heckklappe zu öffnen.

2 Demontieren Sie für den Ausbau des Schlosses die untere Heckklappen-Verkleidungen (siehe Sektion 25).

3 Lösen Sie die zwei Schrauben der Schloss-Baugruppe und befreien Sie sie (siehe Abbildung) – trennen Sie dabei den Kabelstecker.

18.3 Schrauben der Schloss-Baugruppe

4 Der Einbau entspricht der umgekehrten Ausbaureihenfolge.

Entriegelungsknopf-Baugruppe

5 Demontieren Sie die mittlere Heckklappen-Verkleidungen (siehe Sektion 25).
6 Lösen Sie die zwei Muttern, drücken Sie die zwei Clips zusammen und befreien Sie die Entriegelungsknopf-Baugruppe (siehe Abbildungen) – trennen Sie dabei den Kabelstecker.

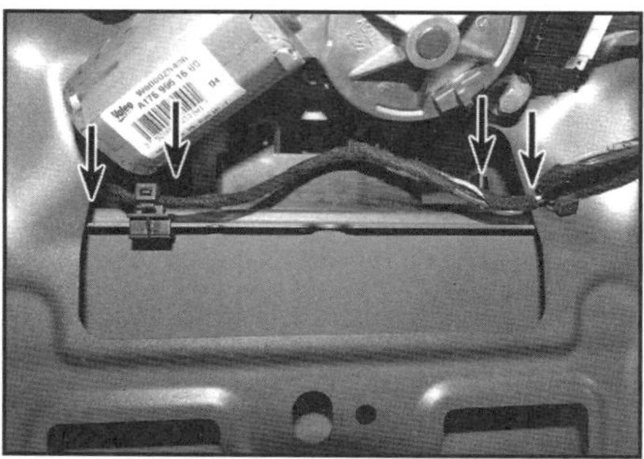

18.6a Lösen Sie die zwei Muttern, drücken Sie die zwei Clips zusammen ...

18.6b ... und befreien Sie die Entriegelungsknopf-Baugruppe.

7 Lösen Sie nötigenfalls die zwei Schrauben, um die Blende vom Entriegelungsknopf zu befreien (siehe Abbildung).

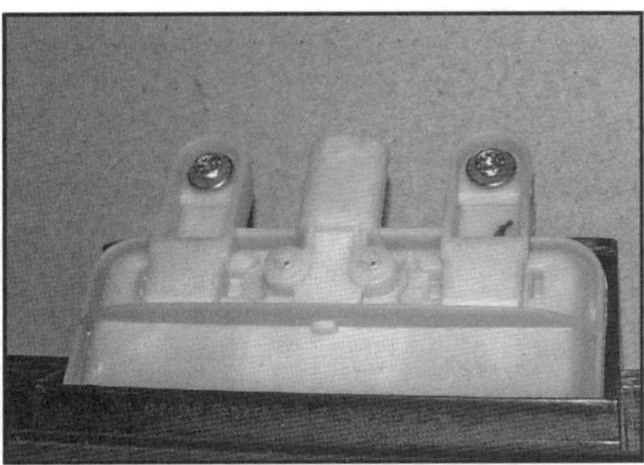

18.7 Entriegelungsknopf-Schrauben

8 Der Einbau entspricht der umgekehrten Ausbaureihenfolge.

19 Zentralverriegelungs-Komponenten – Ausbau und Einbau

Steuergeräte

1 Die Zentralverriegelungs-Funktion der hinteren Türen, der Heckklappe und der Tankklappe werden vom SAM (Signalerfassungs- und Ansteuer-Modul) überwacht – dessen Aus- und Einbau ist in Kapitel 12, Sektion 24 beschrieben.

Steuereinheit für vordere Türen

2 Demontieren Sie die Türverkleidung (siehe Sektion 8).
3 Trennen Sie alle Stecker der Steuereinheit (siehe Abbildung) – merken Sie sich ihre Positionen.

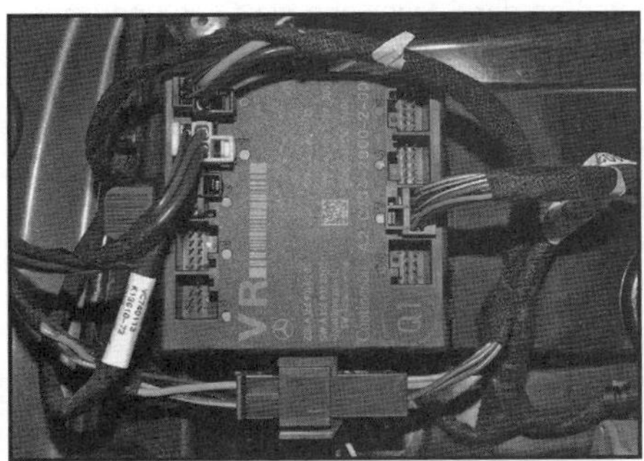

19.3 Trennen Sie alle Stecker der Steuereinheit.

4 Lösen Sie die Arretierung und befreien Sie die Steuereinheit aus dem Türmodul (siehe Abbildung).

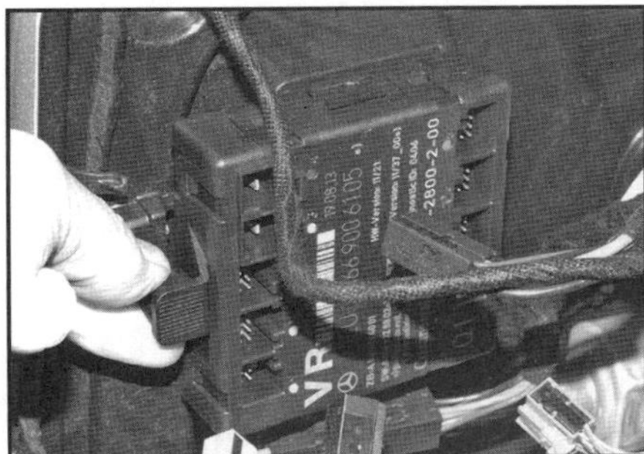

19.4 Lösen Sie die Arretierung und befreien Sie die Steuereinheit.

5 Der Einbau entspricht der umgekehrten Ausbaureihenfolge – falls eine neue Steuereinheit installiert wird, muss sie mithilfe eines geeigneten Diagnosegeräts programmiert werden – überlassen Sie diese Arbeit einer entsprechend ausgerüsteten Fachwerkstatt.

KEYLESS-GO-Heckmodul

9 Demontieren Sie die hintere Stoßfänger-Schürze (siehe Sektion 5).
10 Die Zündung muss abgeschaltet sein. Platzieren Sie die Fernbedienung mindestens zwei Meter vom Fahrzeug entfernt.
11 Trennen Sie die Kabelstecker, lösen Sie die Clips und befreien Sie das Modul aus der Schürze.

Tür-Motoren

12 Der Türmotor ist in das Türschloss integriert – beachten Sie dazu die Hinweise in Sektion 12.

Heckklappen-Motor

13 Der Heckklappenmotor ist in das Heckklappenschloss integriert – beachten Sie dazu die Hinweise in Sektion 18.

20 Windschutzscheibe und Heckscheibe – Allgemeine Informationen

1 Diese Glasflächen sind mit Spezialklebstoff gesichert und mit einer stabilen Dichtung abgedichtet. Der Austausch des Fensters ist eine schwierige, schmutzige und zeitaufwendige Aufgabe, die die Fähigkeiten der meisten Hobbyschrauber übersteigt. Beim Einkleben eine perfekte Abdichtung zu erreichen, ist nur mit reichlich Praxis möglich. Zudem besteht besonders bei der Verbundglas-Windschutzscheibe eine große Bruchgefahr. Aus all diesen Gründen wird sehr empfohlen, Arbeiten an allen fest montierten Fenstern einer Fachwerkstatt oder einem Autoglaser zu überlassen.

21 Karosserie-Außenteile – Ausbau und Einbau

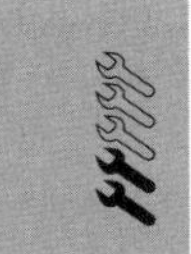

Lüftungsgitter und Abdeckungen vor der Windschutzscheibe

1 Entfernen Sie die Scheibenwischerarme (siehe Kapitel 12, Sektion 13).
2 Trennen Sie bei Modellen mit aktivem Fußgängerschutzsystem den Masseanschluss (–) der Batterie (siehe Kapitel 5, Sektion 4).
3 Entfernen Sie am vorderen Rand der Abdeckung das Dichtgummi (siehe Abbildung).

21.3 Ziehen Sie das Dichtgummi von der Blende.

4 Lösen Sie an beiden Seiten die Schrauben (siehe Abbildung).

21.4 Die Baugruppe ist an jeder Seite mit zwei Schrauben gesichert.

5 Trennen Sie an beiden Seiten die Kabelstecker, ziehen Sie die Abdeckung nach vorn von der Windschutzscheibe ab und heben Sie sie ab – trennen Sie dabei den Wischwasser-Schlauch und die Verkabelung.
6 Der Einbau entspricht der umgekehrten Ausbaureihenfolge.

Heckspoiler

7 Demontieren Sie die Heckklappen-Verkleidungen (siehe Sektion 25).
8 Trennen Sie hinter dem Spoiler den Wischwasser-Schlauch und die Kabelstecker.
9 Lösen Sie die Muttern und heben Sie den Spoiler an, um seine Clips zu befreien (siehe Abbildung).

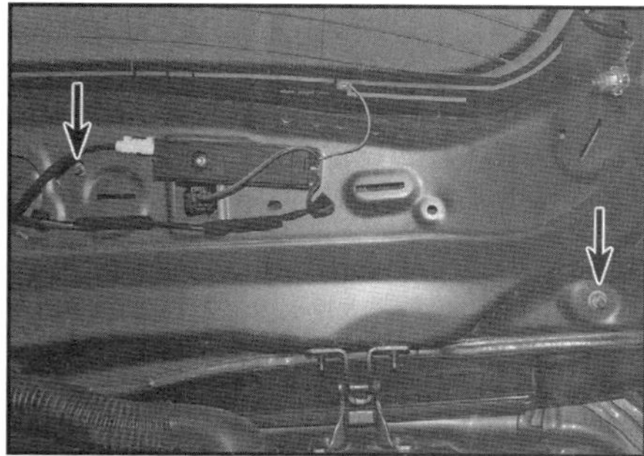

21.9 Heckspoiler-Muttern der rechten Seite

10 Der Einbau entspricht der umgekehrten Ausbaureihenfolge.

22 Schiebedach – Allgemeine Informationen

1 Das optional vorhandene elektrische Schiebedach ist im Prinzip wartungsfrei und alle Einstellungsarbeiten oder der Austausch sollten von einer Fachwerkstatt erledigt werden, da die Baugruppe sehr komplex ist und für den Zugang viele Teile der Innenausstattung und des Dachhimmels demontiert werden müssen. Gerade Arbeiten am Dachhimmel erfordern großes Fachwissen und Sorgfalt, um keine Schäden anzurichten.
2 An jeder Ecke der Schiebedach-Öffnung befindet sich ein Ablaufschlauch, der in die Karosserie integriert ist und nicht ersetzt werden kann.

23 Sitze – Ausbau und Einbau

Ausbau

Vordersitze

Warnung: Die Vordersitze sind mit Seiten-Airbags ausgerüstet, die versehentlich ausgelöst schwere Verletzungen hervorrufen können. Beachten Sie die Warnhinweise in Kapitel 12, Sektion 20.

1 Bewegen Sie den Sitz vollständig nach vorn und oben.
2 Lösen Sie hinten an der Sitzschiene die Clips und ziehen Sie die Abdeckungen nach hinten ab (siehe Abbildungen).

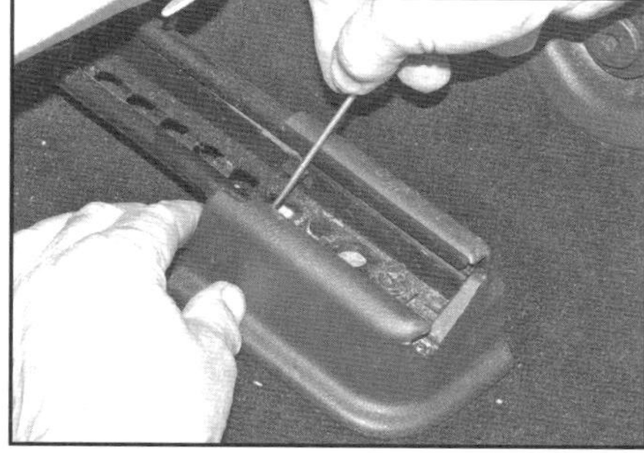

23.2a Lösen Sie an beiden Seiten ...

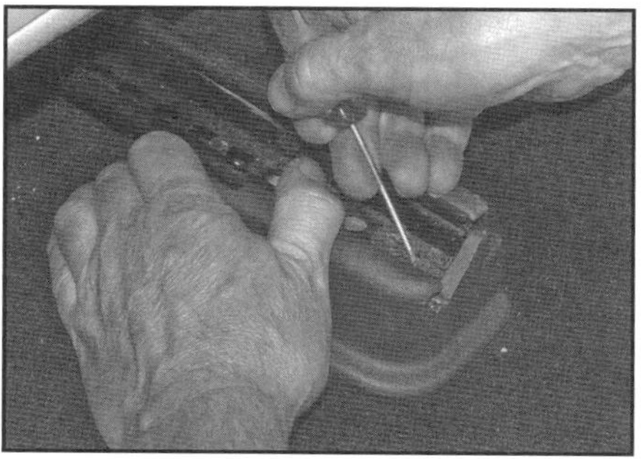

23.2b ... und hinten die Clips ...

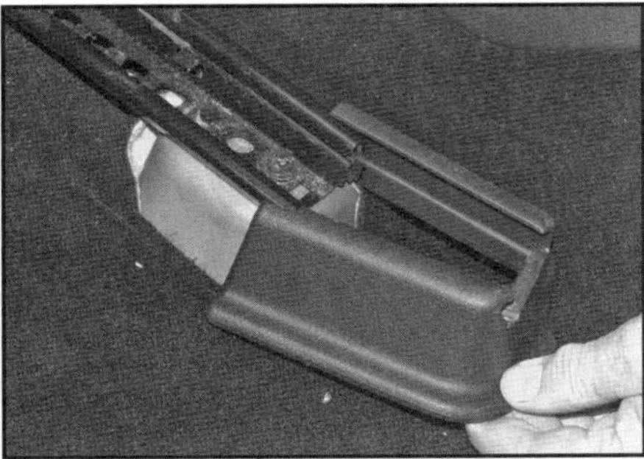

23.2c ... und ziehen Sie die Sitzschienen-Abdeckungen nach hinten ab.

3 Lösen Sie die zwei hinteren Sitzschienen-Schrauben.
4 Bewegen Sie den Sitz vollständig nach hinten.
5 Drücken Sie die Clips der vorderen Sitzschienen-Abdeckungen, ziehen Sie diese nach vorn ab und lösen Sie die zwei vorderen Sitzschienen-Schrauben (siehe Abbildung).

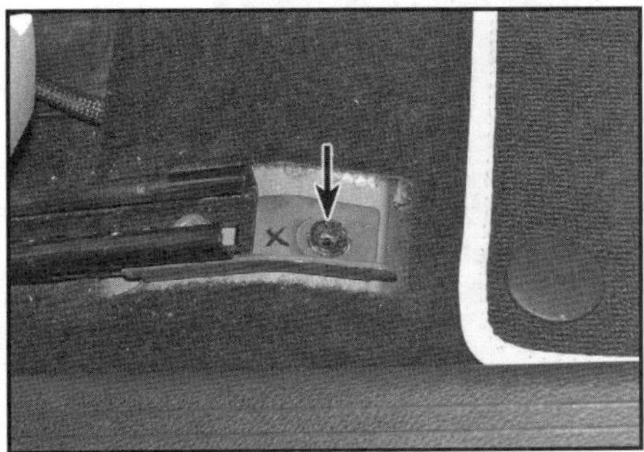

23.5 Schraube unter der vorderen Sitzschienen-Abdeckung

6 Trennen Sie den Masseanschluss (–) der Batterie (siehe Kapitel 5, Sektion 4).

Warnung: Warten Sie nach dem Trennen der Batterie mindestens fünf Minuten, damit sich die in den Airbag-Systemen angesammelte Restspannung entladen kann und dieser nicht versehentlich auslöst.

7 Schwenken Sie den Sitz nach hinten und trennen Sie an der Unterseite alle vorhandenen Kabelstecker – merken Sie sich ihre Positionen (siehe Abbildung). Heben Sie den Sitz aus dem Fahrzeug.

23.7 Kabelstecker unter dem Sitz

Rücksitz

8 Lösen Sie die Clips der Isofix-Abdeckung und entfernen Sie sie (siehe Abbildung).

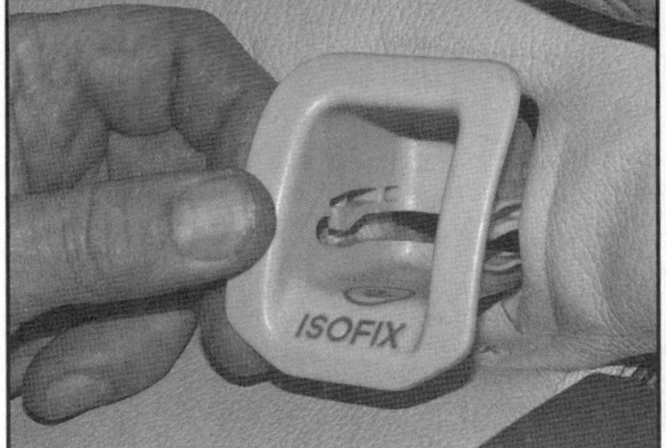

23.8 Entfernen Sie die Isofix-Abdeckung.

9 Ziehen Sie den Sitz vorn hoch, um die Clips zu befreien (siehe Abbildung).

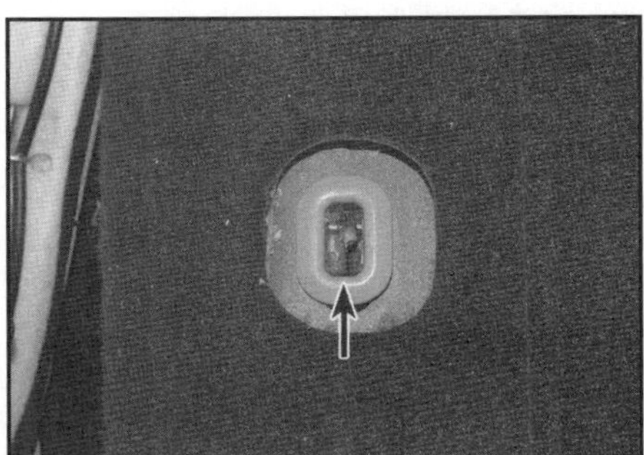

23.9 Die Rücksitz-Clips sind schwer zu lösen und leicht zu beschädigen.

10 Drücken Sie hinten an beiden Seiten auf den Rücksitz, um die Clips zu befreien, und drücken Sie ihn gleichzeitig nach hinten (siehe Abbildung). Heben Sie den Rücksitz aus dem Fahrzeug.

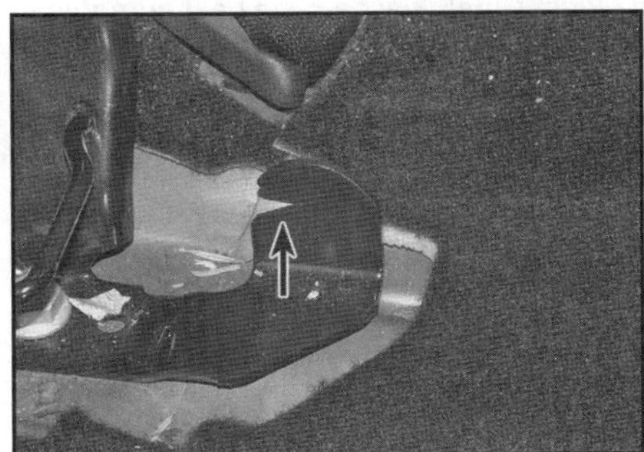

23.10 Drücken Sie den Rücksitz leicht nach hinten, um ihn an beiden Seiten aus den Haken zu befreien.

Rücksitzlehne

11 Demontieren Sie den Rücksitz (siehe oben).
12 Lösen Sie die untere Schraube des mittleren Sicherheitsgurts.
13 Klappen Sie die Sitzlehne nach vorn, lösen Sie die Befestigungsschraube des mittleren Scharnier-Halters und heben Sie diesen an (siehe Abbildung).

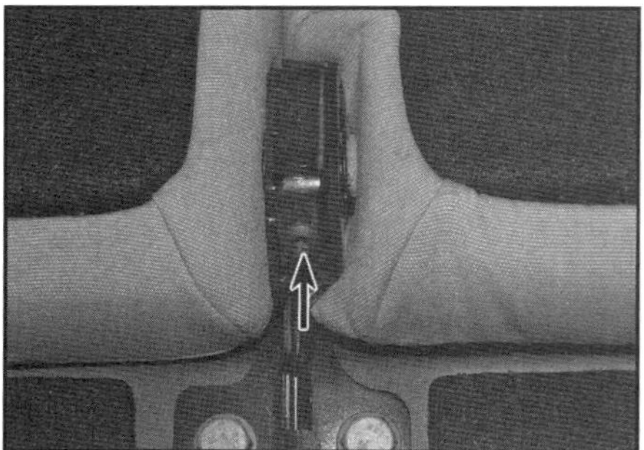

23.13 Torxschraube des mittleren Rücksitzlehnen-Scharnierhalters

14 Ziehen Sie die Rücksitzlehne zuerst aus der mittleren Halterung und dann aus den Führungen an den äußeren Rändern – trennen Sie dabei alle Kabelstecker.

Einbau

15 Der Einbau entspricht der umgekehrten Ausbaureihenfolge.

24 Sicherheitsgurte – Ausbau und Einbau

Warnung: Die Gurtstraffer werden wie Airbags durch kleinen Explosionen aktiviert. Seien Sie beim Umgang mit diesen Komponenten extrem vorsichtig! Einmal ausgelöste Gurtstraffer können nicht zurückgesetzt werden, sodass sie erneuert werden müssen. Auch die Gurte und damit verbundene Komponenten müssen nach einem Unfall, bei dem sie Last aufnehmen mussten, durch Neuteile ersetzt werden.

Ausbau

Vordersitz-Gurte

1 Entfernen Sie die B-Säulenverkleidung (siehe Sektion 25).
2 Bewegen Sie den Vordersitz ganz nach vorn, trennen Sie dann den Masseanschluss (–) der Batterie (siehe Kapitel 5, Sektion 4).
3 Hängen Sie den Gurt aus der Führung der B-Säule aus.
4 Lösen Sie die Schraube der oberen Gurtverankerung (siehe Abbildung).

24.4 Schraube der oberen Gurtverankerung

5 Lösen Sie die Gurtrollen-Schraube, befreien Sie die Rolle und trennen Sie dabei den Kabelstecker (siehe Abbildungen).

24.5a Gurtrollen-Schraube

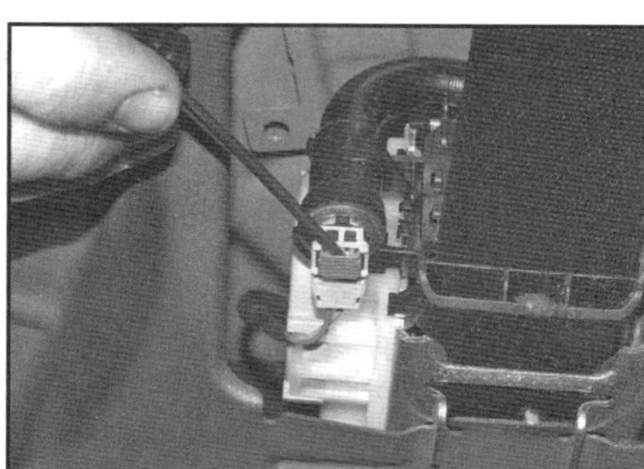

24.5b Hebeln Sie die Arretierlasche heraus und trennen Sie den Gurtrollen-Stecker.

Seitliche Rücksitzgurte

6 Trennen Sie den Masseanschluss (–) der Batterie (siehe Kapitel 5, Sektion 4).
7 Entfernen Sie die C-Säulenverkleidung (siehe Sektion 25).
8 Lockern Sie die Gurtrollen-Schraube (siehe Abbildung).

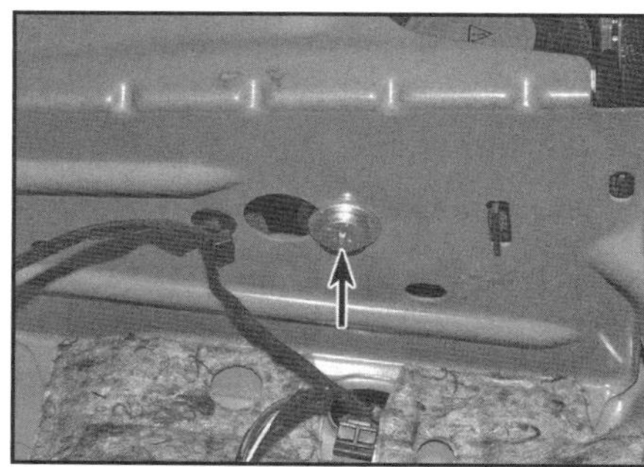

24.8 Schraube der seitlichen Gurtrolle

9 Befreien Sie die Gurtrolle und trennen Sie dabei den Kabelstecker.

Mittlerer Rücksitzgurt

10 Der Ausbau der mittleren Gurtrolle erfordert das Abziehen der Rücksitzpolsterung – wir empfehlen daher, diese Arbeit einem Autosattler oder anderen Fachwerkstatt zu überlassen.

Einbau

11 Der Einbau entspricht der umgekehrten Ausbaureihenfolge – beachten Sie dabei folgende Punkte:

a) Versehen Sie alle Gurtschrauben mit Sicherungspaste und ziehen Sie sie mit 30 Nm an.
b) Die Passstifte für die Gurtrollen müssen korrekt positioniert sein.

25 Innenverkleidung – Ausbau und Einbau

Anmerkung: *Die Innenverkleidungen können mit verschiedenen Clips oder Schrauben befestigt sein, die beim Ausbau leicht zerbrechen; der Aus- und Einbau ist üblicherweise selbsterklärend, doch müssen oft umliegende Komponenten gelockert oder demontiert werden, um Befestigungen lösen zu können.*

Ausbau

Sonnenblende

1 Hebeln Sie die Abdeckung ab, drücken Sie die Clips zusammen und entnehmen Sie die Sonnenblenden-Halterung (siehe Abbildungen).
Anmerkung: *Hebeln Sie vor dem Einbau die Stahl-Clips aus dem Dach und installieren Sie sie in die Halterung.*

25.1a Hebeln Sie die Abdeckung ab, ...

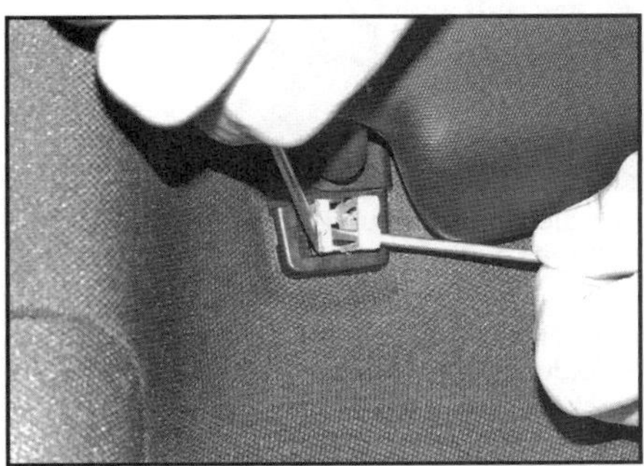

25.1b ... drücken Sie die Clips zusammen ...

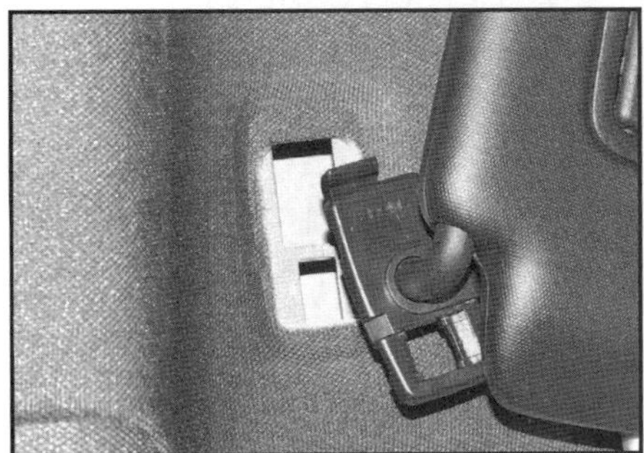

25.1c ... und entnehmen Sie die Sonnenblenden-Halterung.

2 Trennen Sie ggf. den Stecker der Schminkspiegel-Beleuchtung.

Beifahrer-Haltegriff

3 Hebeln Sie die Abdeckungen/Stifte)ab, drücken Sie die Clips zusammen und entnehmen Sie den Haltegriff (siehe Abbildungen).
Anmerkung: *Hebeln Sie vor dem Einbau die Stahl-Clips aus dem Dach und installieren Sie sie in die Halterung.*

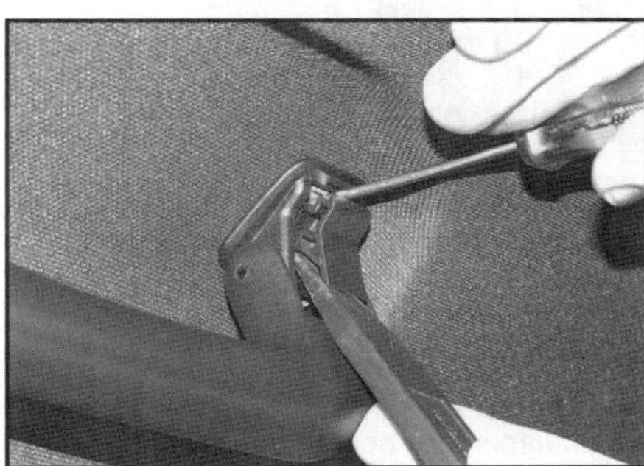

25.3a Hebeln Sie die Abdeckung und den Stift ab, ...

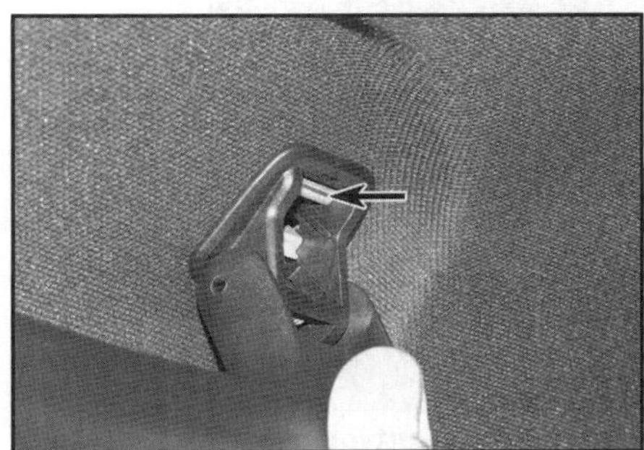

25.3b ... drücken Sie die Clips zusammen und entnehmen Sie den Haltegriff.

A-Säulen-Verkleidung

4 Trennen Sie den Masseanschluss (–) der Batterie (siehe Kapitel 5, Sektion 4).
5 Ziehen Sie neben der Verkleidung den Dichtstreifen ab.
6 Hebeln Sie oben an der Verkleidung das ›Airbag‹-Emblem ab (siehe Abbildung).

25.6 Hebeln Sie das ›Airbag‹-Emblem heraus.

7 Ziehen Sie – oben beginnend – die Verkleidung nach innen (siehe Abbildung). Ihre Halteclips werden wahrscheinlich in der Säule verbleiben, aus der sie vor der Montage befreit werden müssen. Beachten Sie, wie der untere Rand der Verkleidung gesichert ist. Trennen Sie beim Abnehmen alle Kabelstecker.

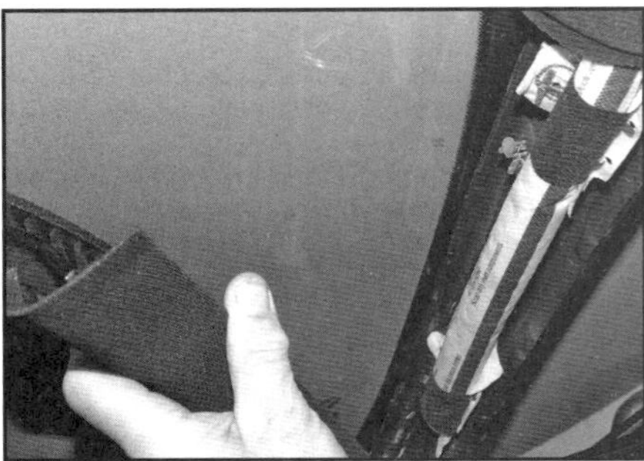

25.7 Ziehen Sie die Verkleidung oben beginnend ab, um die Clips zu befreien.

B-Säulen-Verkleidung

8 Ziehen Sie neben der Verkleidung den Dichtstreifen ab.
9 Lösen Sie zum Entfernen des oberen Verkleidungsteils die Schraube der unteren Gurtverankerung (siehe Abbildung).

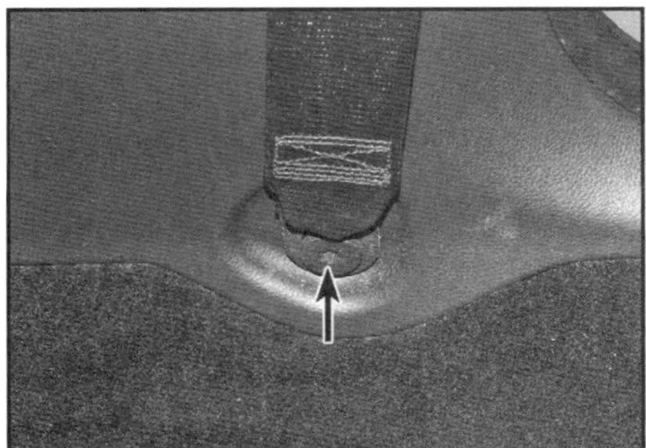

25.9 Schraube der unteren Gurtverankerung

10 Ziehen Sie das obere Verkleidungsteil unten beginnend nach innen, um es aus allen Clips zu befreien und zu entnehmen (siehe Abbildungen).

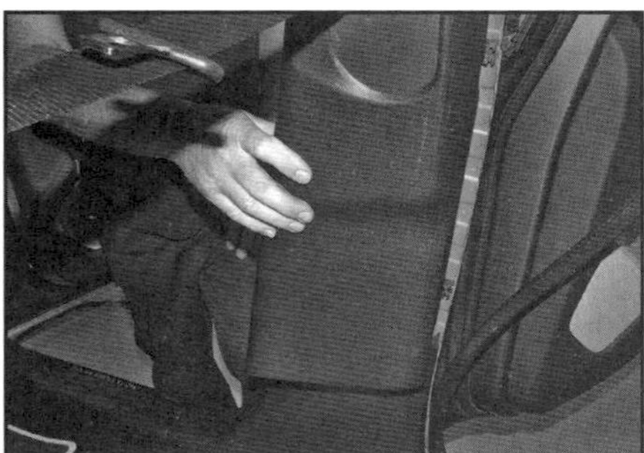

25.10a Ziehen Sie den unteren Rand des oberen Verkleidungsteils nach innen …

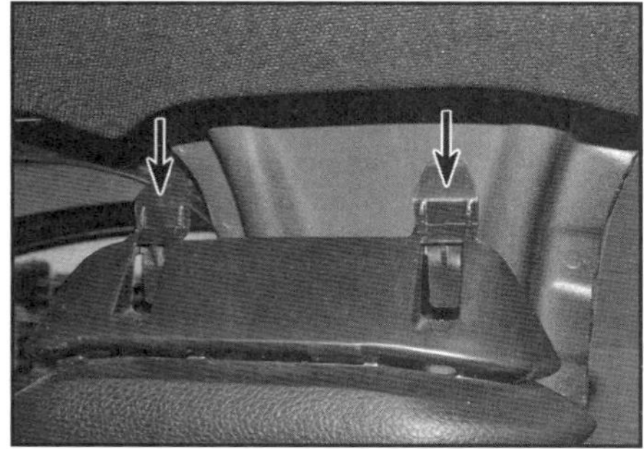

25.10b … und befreien Sie die oberen Laschen.

11 Entfernen Sie zum Ausbau des unteren Verkleidungsteils die vordere und hintere Schwellerverkleidung (Schritte 22 und 23).
12 Ziehen Sie das untere Verkleidungsteil oben beginnend nach innen, um es aus allen Clips zu befreien und zu entnehmen (siehe Abbildung).

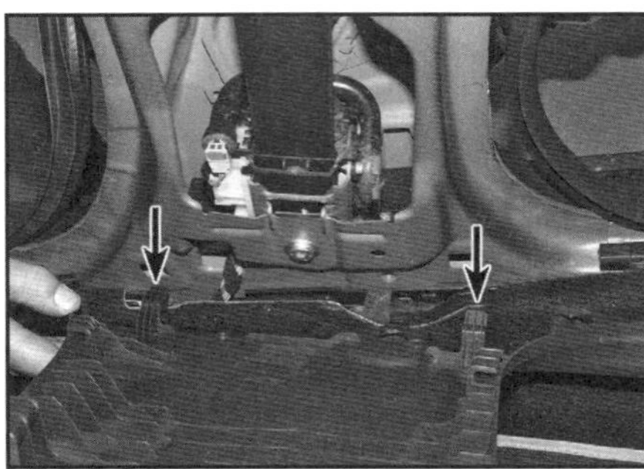

25.12 Die Laschen am unteren Rand greifen in die Karosserie.

C-Säulen-Verkleidung

13 Heben Sie die Bodenabdeckung aus dem Kofferraum.
14 Hebeln Sie an der seitlichen Gurtverankerung die Kunststoffkappe ab und lösen Sie die Mutter (siehe Abbildung).

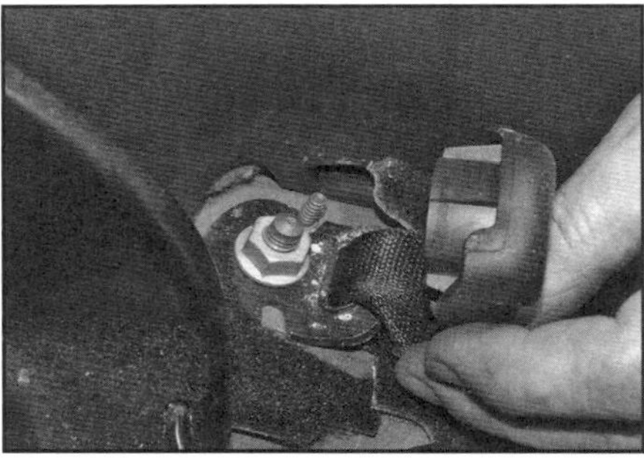

25.14 Hebeln Sie die Kappe ab und lösen Sie die Mutter der unteren Gurtbefestigung.

15 Klappen Sie die Rücksitzlehne nach vorn und hebeln Sie oben an der Verkleidung das ›Airbag‹-Emblem ab (siehe Abbildung).

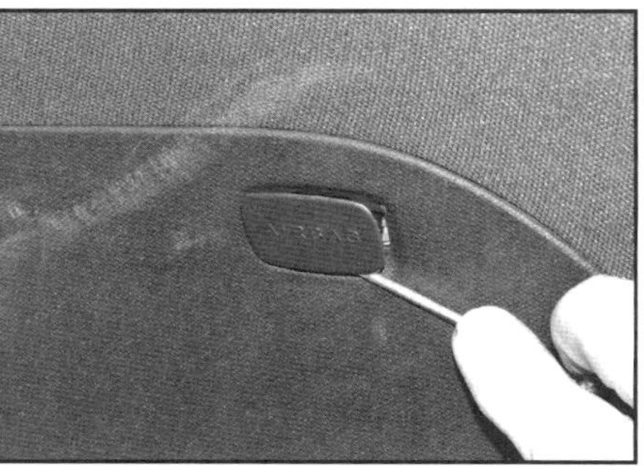

25.15 Hebeln Sie oben an der C-Säulen-Verkleidung das ›Airbag‹-Emblem ab.

16 Ziehen Sie neben der Verkleidung den Dichtstreifen ab.
17 Ziehen Sie die Verkleidung hinten beginnend vorsichtig nach innen, um alle Clips und Laschen zu befreien (siehe Abbildung) – trennen Sie dabei alle Kabelstecker.

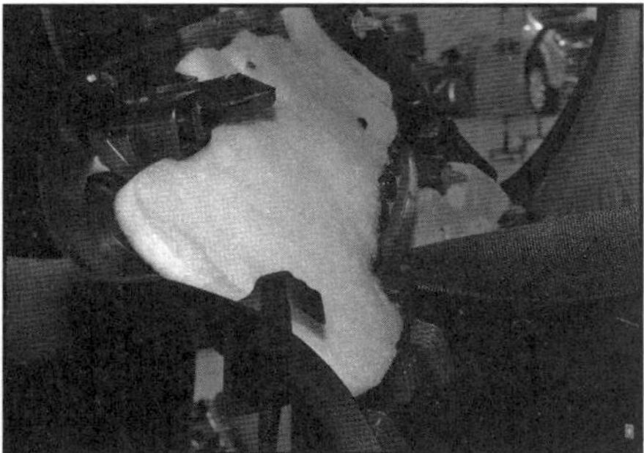

25.17 Ziehen Sie die Verkleidung nach innen, um alle Clips und Laschen zu lösen.

Heckklappen-Verkleidung

18 Hebeln Sie am Schließgriff der Heckklappe vorsichtig die äußere Verkleidung ab (siehe Abbildung).

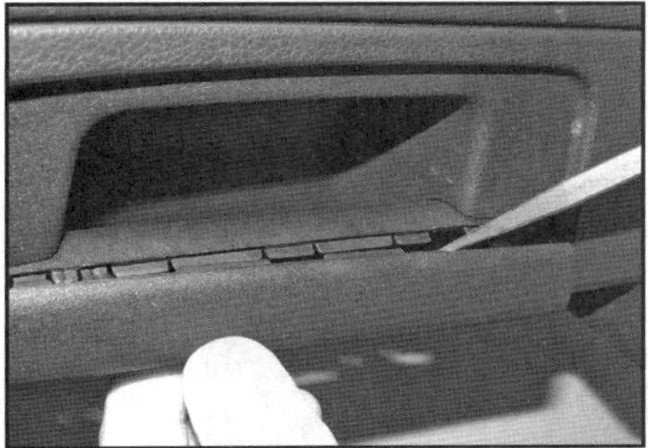

25.18 Hebeln Sie die Schließgriff-Außenverkleidung ab.

19 Hebeln Sie mit einem geeigneten Werkzeug die untere Heckklappenverkleidung ab (siehe Abbildung) – trennen Sie beim Abnehmen alle Kabelstecker.

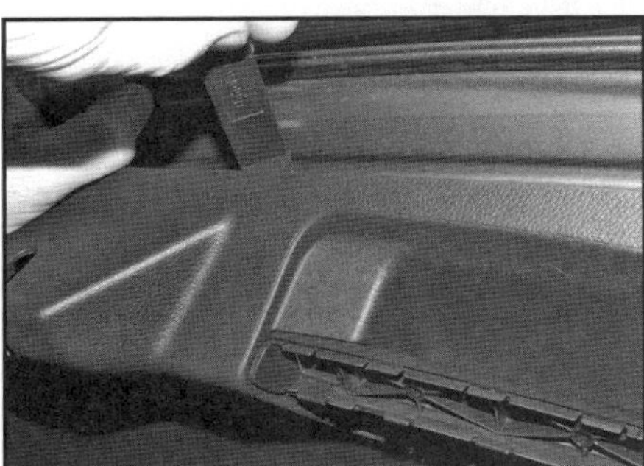

25.19 Hebeln Sie die untere Heckklappenverkleidung ab.

20 Ziehen Sie die mittlere Verkleidung an den vorderen Rändern beginnend vorsichtig ab, um alle Clips und Laschen zu befreien (siehe Abbildung).

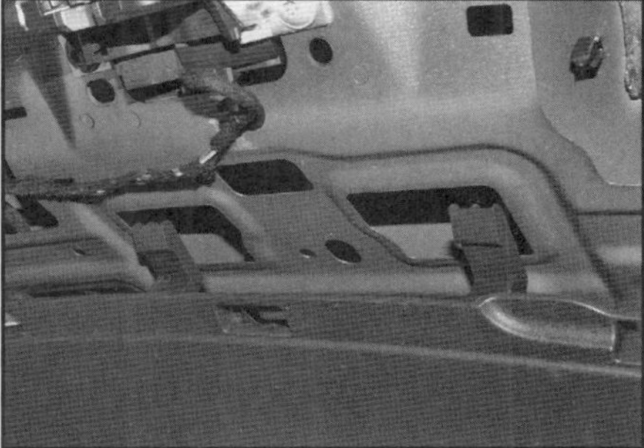

25.20 Hinten ist das mittlere Verkleidungsteil in die Heckklappe eingehakt.

21 Hebeln Sie nötigenfalls die zwei Hälften der oberen Heckklappenverkleidung ab (siehe Abbildung).
Anmerkung: Befreien Sie vor dem Einbau die Clips aus dem Heckfenster-Rahmen und installieren Sie sie in die Verkleidung.

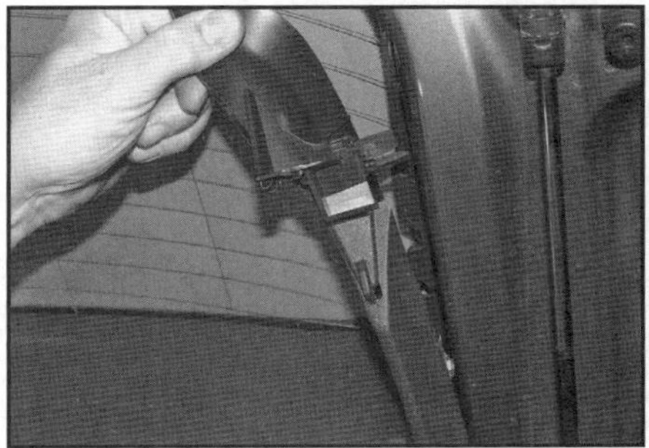

25.21 Ziehen Sie die oberen Verkleidungsteile nach innen, um sie zu befreien.

Schweller-Verkleidungen

Vordere Tür

22 Hebeln Sie die Verkleidung hinten beginnend hoch, um die Clips zu befreien (siehe Abbildung).

25.22 Hebeln Sie die vordere Schwellerverkleidung hinten beginnend hoch.

Hintere Tür

23 Hebeln Sie die Verkleidung vorn beginnend hoch, um die Clips zu befreien (siehe Abbildung) – beachten Sie hinten den Zapfen.

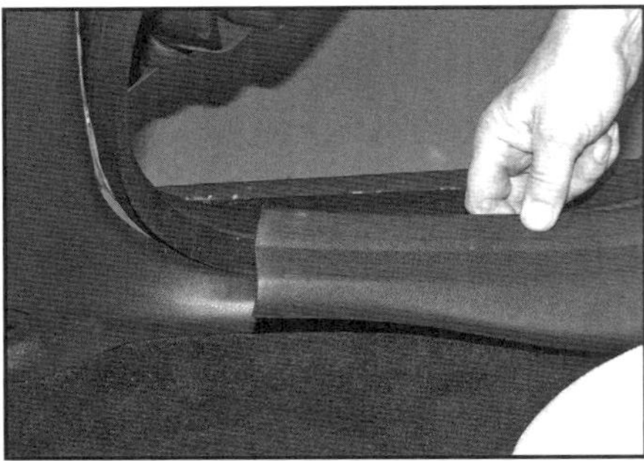

25.23 Hebeln Sie die hintere Schwellerverkleidung vorn beginnend hoch.

Heck-Schweller

24 Heben Sie die Bodenabdeckung aus dem Kofferraum.
25 Lösen Sie die Schraube in der Mitte der Heckschweller-Verkleidung (siehe Abbildung).

25.25 Lösen Sie die Schraube in der Mitte der Heckschweller-Verkleidung.

26 Hebeln Sie die Abdeckung von den Gepäckhaken-Ösen und lösen Sie deren Schrauben, um sie zu entfernen (siehe Abbildungen).

25.26a Hebeln Sie die Abdeckung ab …

25.26b … und lösen Sie die Schrauben der Gepäckhaken-Ösen.

27 Ziehen Sie die Heckschweller-Verkleidung nach oben ab, um ihre Clips zu befreien (siehe Abbildung).

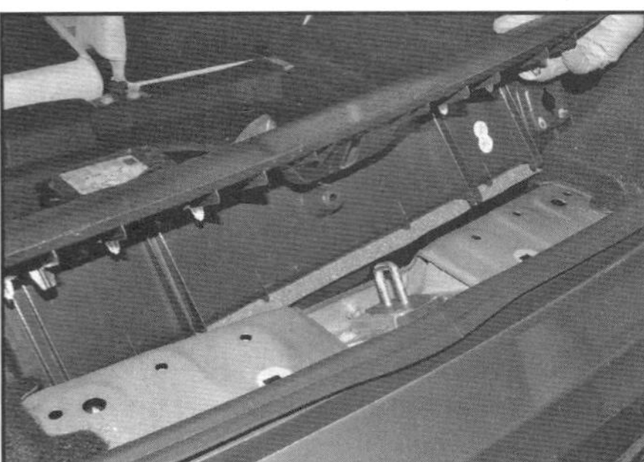

25.27 Ziehen Sie die Verkleidung nach oben ab.

Seitliche Gepäckraum-Verkleidung

28 Entfernen Sie die C-Säulen-Verkleidung (Schritte 13 bis 17).
29 Entfernen Sie die Heckschweller-Verkleidung (Schritte 24 bis 27).
30 Entfernen Sie die hintere Türschweller-Verkleidung (Schritt 23).
31 Ziehen Sie am vorderen Rand der Verkleidung das Dichtgummi ab.
32 Hebeln Sie die Abdeckungen aller Gepäckhaken-Ösen und lösen Sie deren Schrauben, um sie zu entfernen (siehe Abbildung).

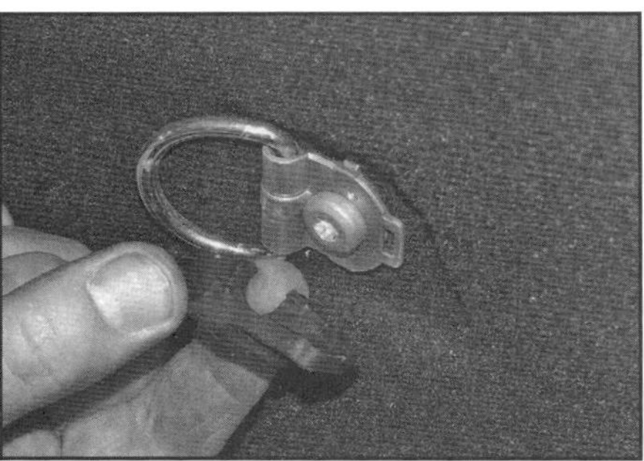

25.32 Entfernen Sie die Kappe und lösen Sie die Schraube der Gepäckhaken-Öse.

33 Hebeln Sie am unteren Rand der Verkleidung die mittleren Stifte der Kunststoff-Spreizniete heraus und hebeln Sie dann diese heraus (siehe Abbildung).

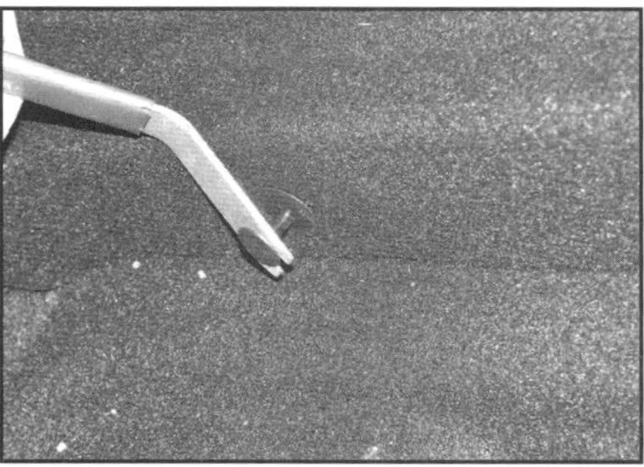

25.33 Hebeln Sie den Stift hoch, um die Kunststoffniete aus der Verkleidung hebeln zu können.

34 Trennen Sie ggf. den Stecker der Kofferraum-Beleuchtung.
35 Ziehen Sie die Verkleidung nach innen ab, um sie zu befreien (siehe Abbildung).

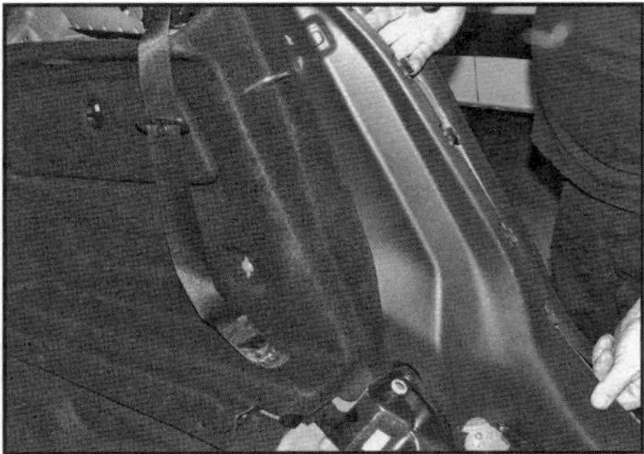

25.35 Ziehen Sie die seitliche Gepäckraum-Verkleidung nach innen ab.

Einbau

36 Der Einbau entspricht der umgekehrten Ausbaureihenfolge – ersetzen Sie alle gebrochenen Clips durch Neuteile und ziehen Sie ggf. gelöste Sicherheitsgurt-Befestigungen mit 30 Nm an.

26 Mittelkonsole – Ausbau und Einbau

1 Die Zündung muss abgeschaltet sein. Platzieren Sie die Fernbedienung mindestens zwei Meter vom Fahrzeug entfernt.
2 Bewegen Sie die Vordersitze ganz nach vorn.
3 Hebeln Sie mit einem geeigneten Werkzeug die obere Blende von der Mittelkonsole und trennen Sie alle Kabelstecker (siehe Abbildung).

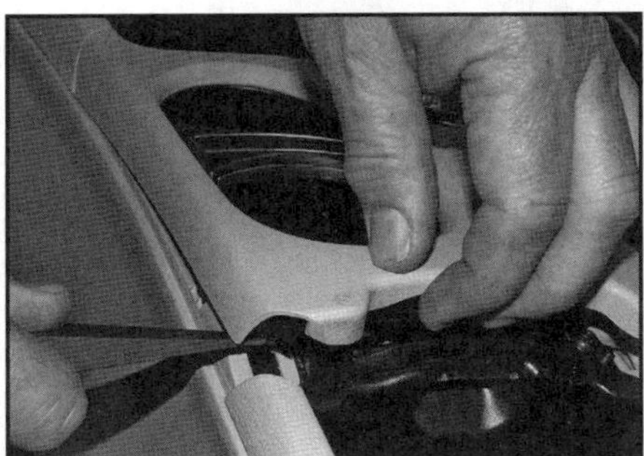

26.3 Hebeln Sie die obere Blende von der Mittelkonsole.

4 Hebeln Sie bei Modellen mit Schaltgetriebe die Schalthebel-Manschette aus der Konsole (siehe Abbildung).

26.4 Hebeln Sie ggf. die Schalthebel-Manschette ab.

5 Hebeln Sie hinten beginnend die Schalthebel- oder Staufach-Umrandung ab (siehe Abbildung) – trennen Sie alle Kabelstecker.

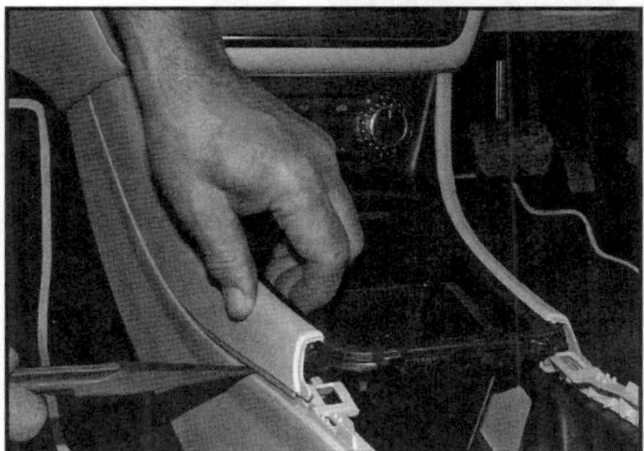

26.5 Hebeln Sie hinten beginnend die Schalthebel- oder Staufach-Umrandung ab.

6 Hebeln Sie die hintere Abdeckung aus der Mittelkonsole (siehe Abbildung).

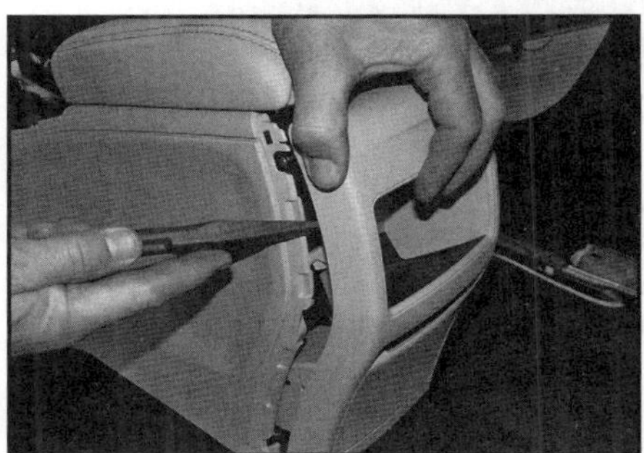

26.6 Hebeln Sie die hintere Abdeckung ab.

7 Lösen Sie hinten die zwei Muttern, mit denen die Mittelkonsole am Boden befestigt ist (siehe Abbildung).

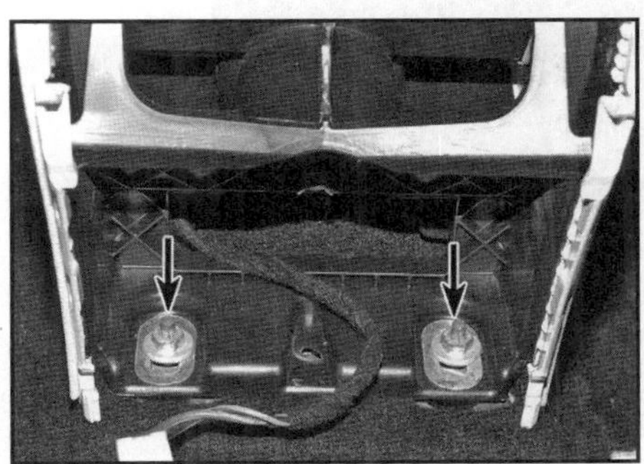

26.7 Hintere Mittelkonsolen-Muttern

8 Bewegen Sie die Vordersitze vollständig nach hinten.
9 Lösen Sie die Mutter in der Mitte der Mittelkonsole (siehe Abbildung).

26.9 Mittlere Mittelkonsolen-Mutter

10 Lösen Sie vorn an der Mittelkonsole die zwei Schrauben (siehe Abbildung).

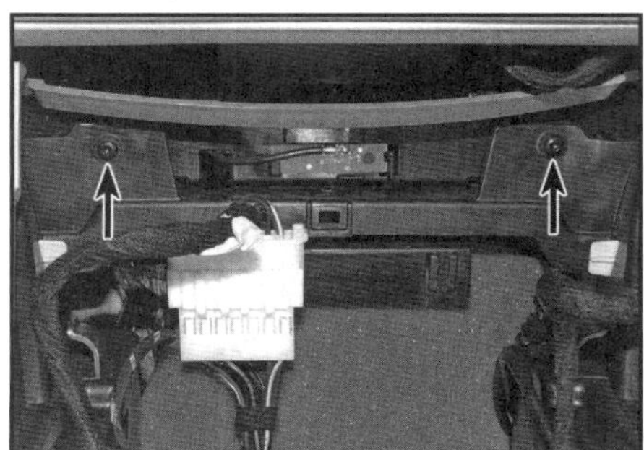

26.10 Vordere Mittelkonsolen-Schrauben

11 Ziehen Sie die Mittelkonsole hinten hoch und manövrieren Sie sie ggf. über den Schalthebel (siehe Abbildung) – trennen Sie beim Abheben alle noch verbundenen Kabelstecker. **Achtung: Optische Kabel dürfen nicht enger als in einem Radius von 25 mm gebogen werden, da sie sonst beschädigt werden können.**

26.11 Ziehen Sie die Mittelkonsole hinten hoch und befreien Sie sie.

12 Der Einbau entspricht der umgekehrten Ausbaureihenfolge

27 Handschuhfach – Ausbau und Einbau

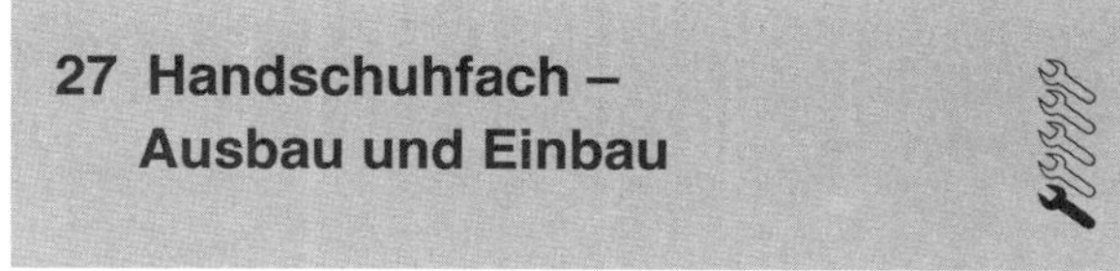

1 Öffnen Sie das Handschuhfach und hebeln Sie vorsichtig die seitliche Armaturenbrett-Abdeckung ab (siehe Abbildung).

27.1 Hebeln Sie die Armaturenbrett-Abdeckung vom Handschuhfach ab.

2 Entfernen Sie im Beifahrerfußraum die untere Armaturenbrettverkleidung (siehe Sektion 28).
3 Schließen Sie das Handschuhfach, lösen Sie die Schrauben am unteren Rand und an der Seite (siehe Abbildungen).

27.3a Lösen Sie die untere Schraube ...

27.3b ... und die seitliche Schraube.

4 Öffnen Sie das Handschuhfach und lösen Sie die drei Schrauben am oberen Rand (siehe Abbildung), manövrieren Sie es dann heraus und trennen Sie dabei alle Kabelstecker.

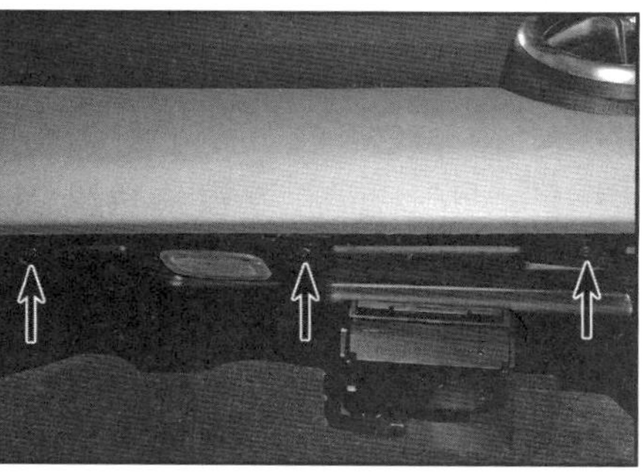

27.4 Lösen Sie die drei Schrauben am oberen Rand des Handschuhfachs.

5 Der Einbau entspricht der umgekehrten Ausbaureihenfolge – ziehen Sie die Schrauben erst an, wenn das Handschuhfach korrekt positioniert ist.

28 Armaturenbrett und vordere Verkleidungen – Ausbau und Einbau

Ausbau

Lenksäulen-Verkleidungen

1 Die Lenksäulen-Verkleidungen sind in das Lenksäulen-Modul integriert, das auch diverse Schalter, die Airbag-Drehkontakt-Einheit und den Lenkwinkel-Sensor beinhaltet. Der Ausbau des Moduls ist in Kapitel 12, Sektion 5 beschrieben.

Fußraum-Verkleidungen

Beifahrerseite

2 Hebeln Sie oben an der Verkleidung die mittleren Stifte der Kunststoff-Spreizniete heraus und hebeln Sie dann diese heraus (siehe Abbildung).

28.2 Kunststoff-Spreizniete der Beifahrerfußraum-Verkleidung

3 Verschieben Sie die Verkleidung etwas nach vorn, um die Haken auszuhängen, manövrieren Sie sie dann heraus – trennen Sie dabei alle Kabelstecker.

Fahrerseite

4 Das Armaturenbrett-Unterteil der Fahrerseite beinhaltet den Knie-Airbag – beachten Sie dazu die Hinweise in Kapitel 12, Sektion 20.

Armaturenbrett-Baugruppe

5 Demontieren Sie die Mittelkonsole (siehe Sektion 26).
6 Demontieren Sie an der Fahrerseite den Knie-Airbag (siehe Kapitel 12, Sektion 20).
7 Demontieren Sie an der Beifahrerseite die Fußraum-Verkleidung (siehe oben).
8 Demontieren Sie das Handschuhfach (siehe Sektion 27).
9 Hebeln Sie oben am Armaturenbrett mit einem geeigneten Werkzeug vorsichtig die Blende vom Mittelsegment (siehe Abbildung). Schieben Sie die Blende etwas nach hinten, um sie zu befreien – trennen Sie dabei alle Kabel.

28.9 Hebeln Sie die mittlere Blende oben aus dem Armaturenbrett.

10 Demontieren Sie die A-Säulen-Verkleidungen (siehe Sektion 25).
11 Demontieren Sie das Multifunktions-Display (siehe Kapitel 12, Sektion 11).
12 Entfernen Sie die Audio-Einheit (siehe Kapitel 12, Sektion 17).
13 Entfernen Sie die Kombiinstrumenten-Baugruppe (siehe Kapitel 12, Sektion 11).
14 Demontieren Sie das Lenksäulen-Modul und den Lichtschalter (siehe Kapitel 12, Sektion 5).
15 Demontieren Sie die Zündschloss-Steuereinheit (siehe Kapitel 12, Sektion 5).
16 Hebeln Sie links die seitliche Armaturenbrett-Abdeckung ab (siehe Abbildung).

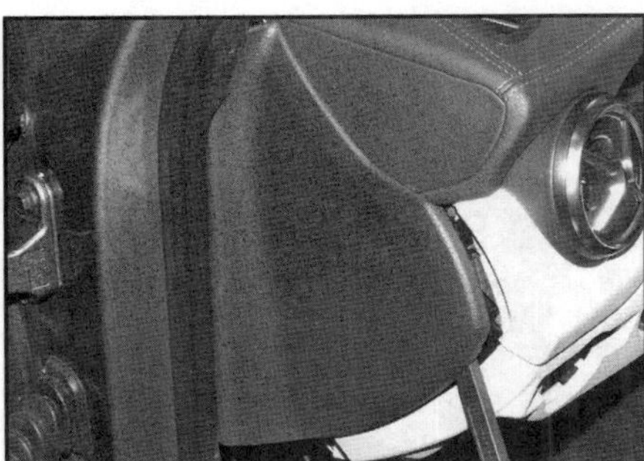

28.16 Hebeln Sie die linke Armaturenbrett-Abdeckung ab.

17 Drücken Sie durch die Lichtschalter-Öffnung die Laschen des Feststellbremsenschalters herunter und ziehen Sie diesen heraus (siehe Abbildung).

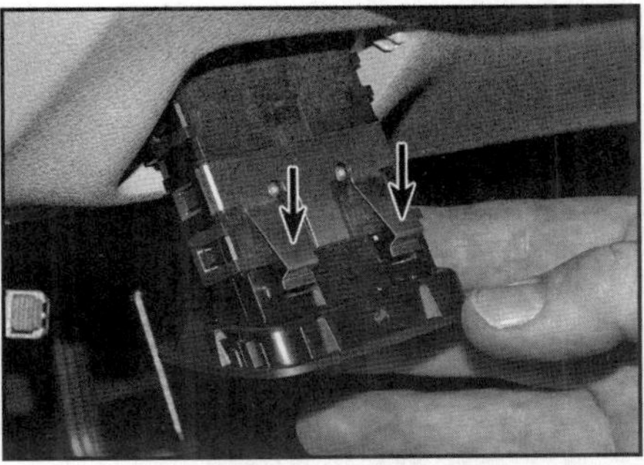

28.17 Laschen des Feststellbremsenschalters

18 Befreien Sie in der Instrumenten-Öffnung den Träger des Spannungsverteilers (siehe Abbildungen).

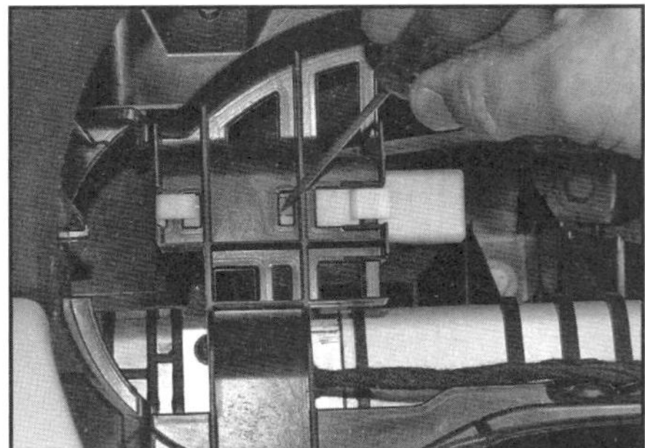

28.18a Lösen Sie die Lasche ...

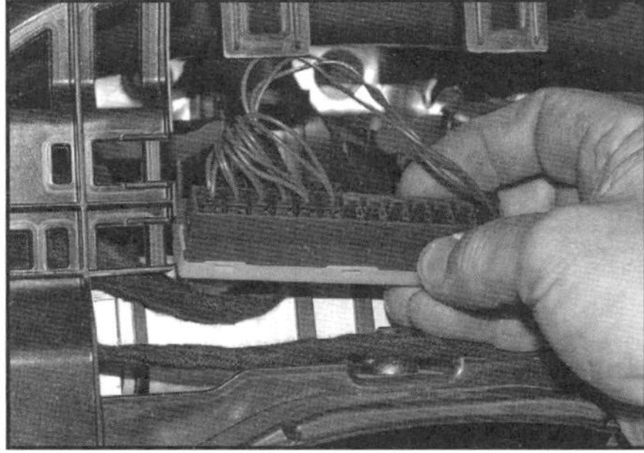

28.18b ... und ziehen Sie den Spannungsverteiler-Träger heraus.

19 Hebeln Sie an beiden Enden des Beifahrer-Airbags die orangen Arretierungen hoch und trennen Sie die Stecker (siehe Abbildung).

28.19 Arretierung eines der Airbag-Stecker

20 Lösen Sie die Schraube, die den Beifahrer-Airbag an der Armaturenbrett-Querstrebe sichert (siehe Abbildung).

28.20 Schraube, die den Beifahrer-Airbag an der Armaturenbrett-Querstrebe sichert

21 Befreien Sie ggf. vorsichtig die Bluetooth-Antenne aus der Mittelkonsolen-Öffnung und entnehmen Sie sie samt ihrer Verkabelung (siehe Abbildung).

28.21 Bluetooth-Antenne

22 Befreien Sie oben in der mittleren Lautsprecher-Öffnung den Kabelbaum-Halter.
23 Trennen Sie in der mittleren Armaturenbrett-Öffnung die Kabelstecker.
24 Hebeln Sie vorsichtig die zentrale Display-Blende heraus, lösen Sie dann die drei Schrauben und entfernen Sie die Halterung (siehe Abbildungen).

28.24a Hebeln Sie die zentrale Display-Blende heraus, ...

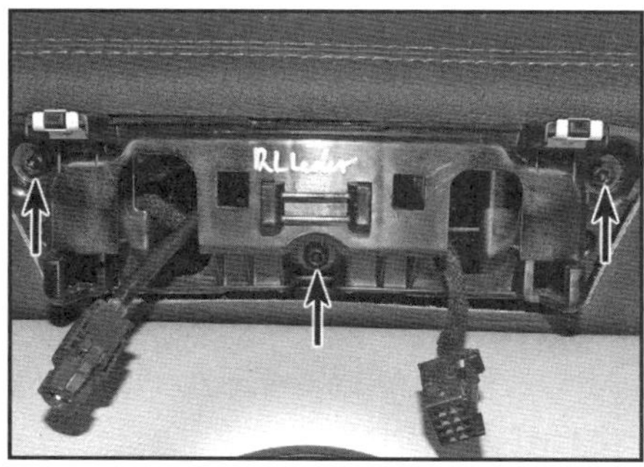

28.24b ... lösen Sie dann die drei Schrauben und entfernen Sie die Halterung.

25 Das Armaturenbrett wird jetzt noch von einer Schraube in der zentralen Display-Öffnung, drei Schrauben in der Multifunktionsdisplay-Öffnung, je einer Schraube am oberen Außenrand, einer Schraube in der zentralen Lautsprecher-Öffnung und zwei Schrauben im Bereich des Fahrerfußraums gehalten (siehe Abbildungen). Lösen Sie diese Schrauben und heben Sie das Armaturenbrett mithilfe eines Assistenten an, um es aus dem Fahrzeug zu befreien – führen Sie dabei alle vorhandenen Kabel durch die Öffnungen.

28.25a Das Armaturenbrett ist mit einer Schraube in der zentralen Display-Öffnung, ...

28.25b ... drei Schrauben in der Multifunktionsdisplay-Öffnung, ...

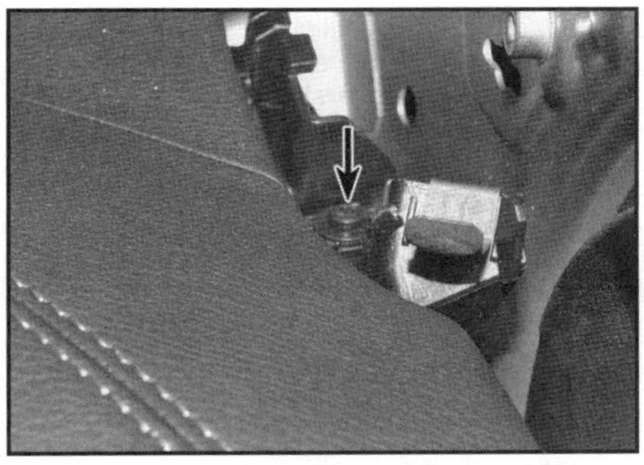

28.25c ... je einer Schraube am oberen Außenrand, ...

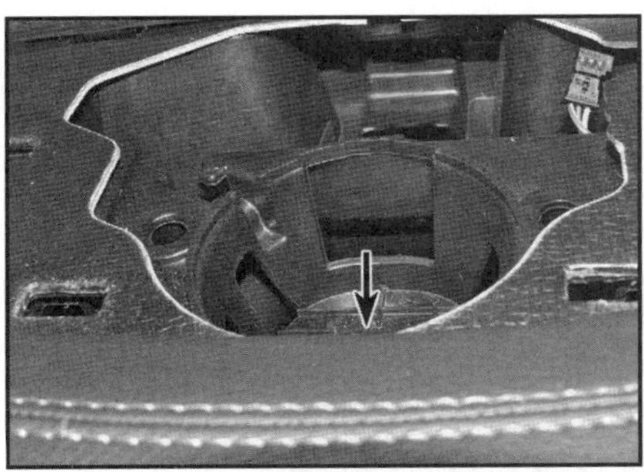

28.25d ... einer Schraube in der zentralen Lautsprecher-Öffnung, ...

28.25e ... einer Schraube an der Lenksäule ...

28.25f ... und einer Schraube links außen gesichert.

26 Nötigenfalls kann die Armaturenbrett-Querstrebe wie folgt demontiert werden:

a) *Demontieren Sie die Lenksäulen-Baugruppe (siehe Kapitel 10, Sektion 17).*

b) *Verfolgen Sie alle Kabelbäume zu den verschiedenen Steckern, trennen Sie dies, befreien Sie die Verkabelung aus allen Befestigungen und merken Sie sich ihre Verlegung. Der Kabelbaum verbleibt in der Armaturenbrett-Polsterung.*

c) *Die Querstrebe wird mit verschiedenen Schrauben gehalten (siehe Abbildungen). Lösen Sie alle Befestigungen, prüfen Sie nach, ob alle Kabel befreit sind, und heben Sie die Strebe mithilfe eines Assistenten nach hinten heraus.*

28.26a Lösen Sie die zwei Schrauben am linken Ende der Querstrebe, ...

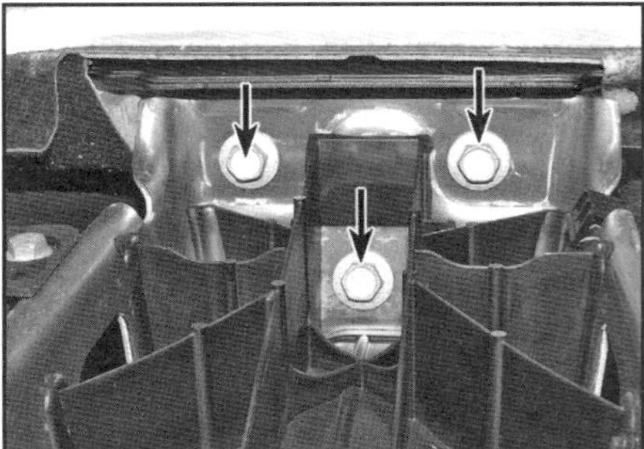

28.26b … die drei Schrauben oberhalb der Lenksäulen-Position, …

28.26c … die drei Schrauben an der Fahrerseite, …

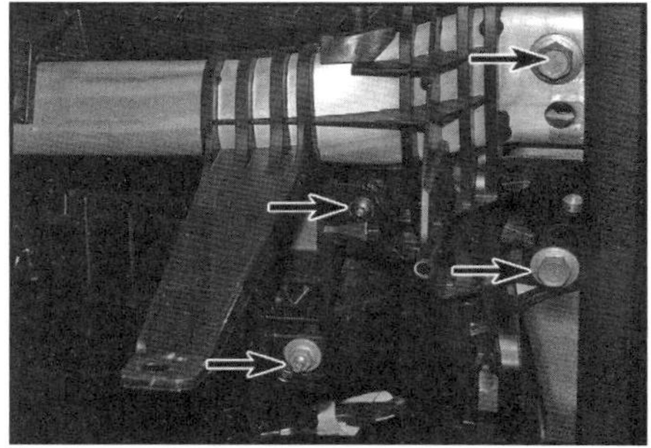

28.26d … die drei Schrauben und eine Mutter an der Beifahrerseite, …

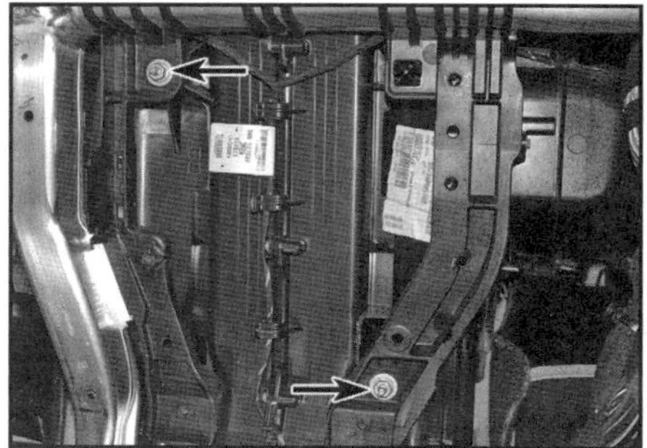

28.26e … die zwei Muttern in der Mitte, …

28.26f … die zwei Schrauben am oberen Rand …

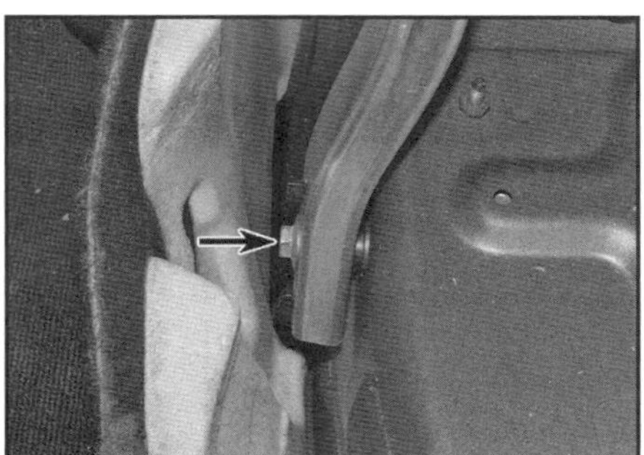

28.26g … und die eine Schraube zum Mitteltunnel.

Einbau

27 Der Einbau entspricht im Wesentlichen der umgekehrten Ausbaureihenfolge – alle Kabel müssen korrekt verlegt und gesichert sein. Prüfen Sie vor der ersten Fahrt die Funktion aller Armaturenbrett- und Schalter-Funktionen.

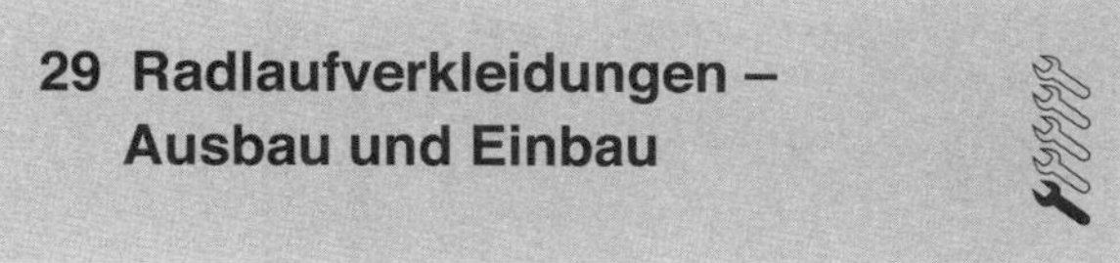

29 Radlaufverkleidungen – Ausbau und Einbau

Ausbau

Vorn

1 Lockern Sie die Bolzen des entsprechenden Vorderrads, heben Sie das Fahrzeug an und stützen Sie es sicher ab (siehe Seite 24). Demontieren Sie das Rad.

2 Entfernen Sie die Kunststoff-Spreizniete, lösen Sie die Muttern und Schrauben und heben Sie die Verkleidung heraus (siehe Abbildungen).

29.2a Die Radlaufverkleidungen sind mit Kunststoffmuttern …

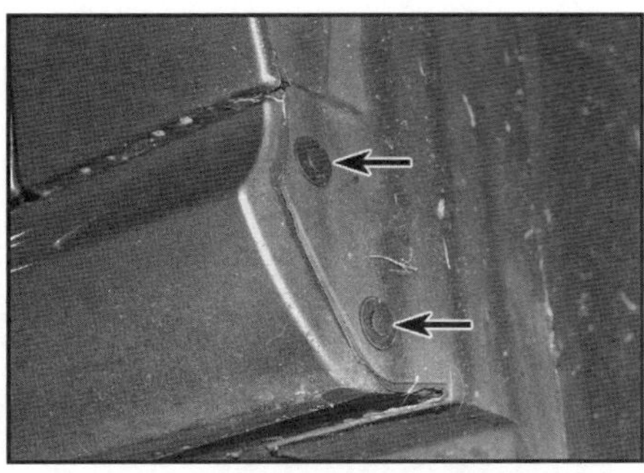

29.2b ... und Kunststoff-Spreiznieten gesichert, deren Mittelstift zum Ausbau herausgezogen werden muss.

29.2c Befestigungen können leicht übersehen werden ...

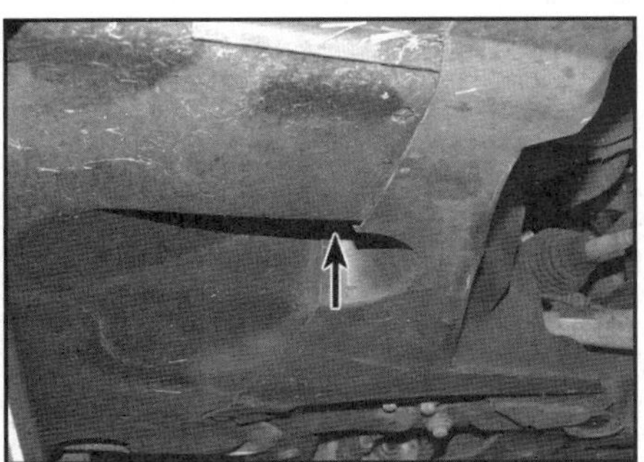

29.2d ... oder verstecken sich an abgelegenen Stellen.

Hinten

3 Blockieren Sie die Vorderräder, lockern Sie die Radbolzen des entsprechenden Hinterrads, heben Sie das Fahrzeug vorn an und stützen Sie es sicher ab (siehe Seite 24). Demontieren Sie das Rad.

4 Entfernen Sie die Kunststoff-Spreizniete, lösen Sie die Muttern und die Schraube an der vorderen Unterseite. Heben Sie die Verkleidung heraus.

Einbau

5 Der Einbau entspricht im Wesentlichen der umgekehrten Ausbaureihenfolge – ziehen Sie zum Schluss die Radbolzen mit 130 Nm an.

Kapitel 12

Fahrzeug-Elektrik

Inhalt Sektion

Schwierigkeitsgrade

Leicht. Geeignet für Anfänger mit wenig Erfahrung. 	**Relativ leicht.** Geeignet für Anfänger mit etwas Erfahrung. 	**Relativ schwierig.** Geeignet für geübte Selbstschrauber. 	**Schwer.** Geeignet für Selbstschrauber mit viel Erfahrung. 	**Sehr schwer.** Geeignet für Experten und Profis. 

Technische Daten

System-Typ . . . . . . 12 Volt, Minus an Masse

Sicherungen und Relais . . . . . . Die Werte der Sicherungen und Relais ändern sich häufig – beachten Sie die Schaltplänen am Ende dieses Kapitels und vor allem den Belegungsplan am Sicherungskasten im Beifahrerfußraum.

Lampen	**Leistung (Watt)**	**Typ**
Blinker	21	PY
Blinker-Seitenleuchte	k. A.	LED
Deckenlampen		
hinten		
Äußere Lampen	5	Glasquetschsockel
Innere Lampe	10	Soffitte
vorn/Leselampen	k. A.	LED
Einstieg	5	Glasquetschsockel
Fußraum	5	Glasquetschsockel
Handschuhfachbeleuchtung	5	Glasquetschsockel
Kennzeichenbeleuchtung	k. A.	LED
Kofferraumbeleuchtung	5	Glasquetschsockel
Nebelscheinwerfer	k. A.	LED
Rückleuchten		
Grundausstattung		
Blinker	21	PY
Nebelschlussleuchte	21	PY

Rückfahrleuchte	21	Bajonett
alle anderen Lampen	k. A.	LED
Scheinwerfer (Halogen)		
Abblendlicht	55	H7
Fernlicht/Standlicht	55/15	H15
Scheinwerfer (LED)	k. A.	
Zusatzbremsleuchte	k. A.	LED

Anzugsdrehmomente	**Nm**
Aufprallsensor-Schraube	8
Beifahrer-Airbag-Muttern	5
Knie-Airbag-Schrauben	5
Seiten-Airbag-Schrauben	7

1 Allgemeine Informationen und Warnhinweise

Warnung: Bevor an der Elektrik gearbeitet wird, müssen die Hinweise in der Sektion ›Sicherheit geht vor!‹ am Anfang dieses Handbuchs durchgelesen werden.

1 Die Fahrzeug-Elektrik wird mit 12 Volt Spannung versorgt, Minus geht an Masse. Die Stromversorgung übernimmt ein Silber-Kalzium-Akkumulator, der von der Lichtmaschine geladen wird.
2 Dieses Kapitel beinhaltet Reparaturen und Wartungsarbeiten an den verschiedenen elektrischen Systemen, die nicht mit dem Ladesystem und der Anlasser zu tun haben – diese finden sich in den Kapitel 5; das Zündsystem von Benzinmotoren ist in Kapitel 6A beschrieben.
3 Alle Modelle sind mit einem Fahrer-Airbag (im Lenkrad) und einem Beifahrer-Airbag (im Armaturenbrett) ausgerüstet, die von einem Steuermodul unter der Mittelkonsole überwacht werden. Dieses Modul erhält Informationen von zwei Frontalaufprall-Sensoren, einem ›Crashsensor‹ und einem Sicherheits-Sensor – letztere sind in Reihe geschaltet und erst wenn beide eine negative Beschleunigung oberhalb einer vorgegebenen Grenze erkennen, aktiviert das Steuermodul den Airbag. Bei einem Aufprall werden die Airbags binnen Millisekunden aufgepumpt, um den Insassen ein Polster zum Lenkrad bzw. dem Armaturenbrett oder zur Seite zu bieten und das Risiko von Verletzungen zu reduzieren. Der Airbag entleert sich anschließend fast genauso schnell. **Achtung: Ein versehentlich ausgelöster Airbag kann schwere Verletzungen hervorrufen! Der Lenkrad-Airbag verfügt über einen Gleitkontaktring, damit trotz der Lenkbewegungen ein guter Kontakt besteht.**
4 Optional sind manche Modelle mit Seiten-Airbags (in den Vordersitzen) ausgerüstet, um bei einem seitlichen Aufprall zu schützen; diese sind mit den vorderen Airbags verbunden, werden aber auch von Sensoren unter dem Teppich und in den Schwellern gesteuert. Außerdem gibt es Vorhang-Airbags (im Dachhimmel) und einem Fahrerknie-Airbag (an der Lenksäule).
5 Alle Modelle sind mit einer Wegfahrsperre am Zündschloss ausgerüstet, die vom Zündschlüssel deaktiviert wird.

Warnhinweise

Warnung: Bevor an der Elektrik gearbeitet wird, muss das Massekabel (–) der Batterie getrennt werden, um Kurzschlüsse und möglicherweise entstehende Brände zu verhindern – beachten Sie dazu die Hinweise in Kapitel 5, Sektion 4.

Warnung: Airbags und Gurtstraffer werden durch Pyrotechnik ausgelöst – seien Sie daher bei Arbeiten an diesen Komponenten sehr vorsichtig, um die Systeme nicht auszulösen und kein Verletzungsrisiko einzugehen.

2 Elektrik-Fehlersuche – Allgemeine Informationen

Anmerkung: *Beachten Sie vor Arbeitsbeginn die Warnhinweise in Sektion 1. Die folgenden Tests beziehen sich auf Kontrollen der Hauptstromkreise und dürfen nicht bei empfindlichen Elektronik-Bauteilen wie dem ABS- oder anderen Steuergeräten durchgeführt werden.*

Allgemeines

1 Ein typischer Stromkreis besteht aus einem Verbraucher, entsprechenden Schaltern, Relais und Motoren sowie Kabeln und Steckern, die das Bauteil mit der Batterie und der Karosserie (Masse) verbinden. Zur Lokalisierung eines Problems und als Hilfe bei den Kabelfarben können die Schaltpläne am Ende des Kapitels beachtet werden.
2 Bevor Sie einen defekten Stromkreis untersuchen, müssen Sie den Schaltplan studieren, um ein vollständiges Bild über die Bestandteile des Stromkreises zu erhalten. Probleme können beispielsweise dadurch eingekreist werden, indem man andere zum Stromkreis gehörende Komponenten auf ihre Funktion überprüft. Wenn mehrere Komponenten eines Stromkreises gleichzeitig ausfallen, ist es sehr wahrscheinlich, dass der Fehler in der Sicherung oder einem defekten Haupt-Masseanschluss liegt, da mehrere Stromkreise oftmals an derselben Sicherung oder Masse angeschlossen sind.
3 Elektrikprobleme sind oftmals auf Kleinigkeiten wie lockere oder korrodierte Stecker, eine durchgebrannte Sicherung oder ein defektes Relais zurückzuführen. Bevor Komponenten getestet werden, sollten stets die Sicherungen, Kabel und Stecker des betroffenen Stromkreises einer Sichtkontrolle unterzogen worden sein. Damit das Problem lokalisiert werden kann, müssen mithilfe der Schaltpläne die richtigen Anschlüsse überprüft werden.
4 Für Kontrollen am elektrischen System empfiehlt sich ein Multimeter – ein Mehrfachmessgerät, mit dem sich Spannungs-, Stromstärken- und Widerstandsmessungen durchführen lassen. Leicht ablesbare digitale Ausführungen sind nicht teuer. Für einfache Prüfungen reicht auch ein Durchgangstester oder eine Prüflampe, doch können hiermit keine Messungen vorgenommen werden. Für manche Messungen werden zudem Überbrückungskabel benötigt, mit denen Verbraucher direkt an die Batterie geklemmt werden können. Be-

vor versucht wird, ein Problem mit Prüfgeräten zu lokalisieren, muss mithilfe der Schaltpläne herausgefunden werden, wo diese angeschlossen werden müssen.

5 Um die Ursache einer unterbrochenen Leitung zu entdecken (üblicherweise eine korrodierte oder verschmutzte Steckverbindung oder eine beschädigte Kabelisolierung), kann ein ›Wackeltest‹ hilfreich sein; hierbei wird von Hand an Kabeln gewackelt, um festzustellen, ob dabei der Fehler auftritt oder kurzzeitig behoben wird. Hierbei sollte es möglich sein, die Fehlerquelle auf eine begrenzte Sektion des Kabels einzugrenzen. Diese Prüfmethode kann zusammen mit den in den folgenden Untersektionen beschriebenen Tests verwendet werden.

6 Abgesehen von Problemen aufgrund schlechter Verbindungen können in einem elektrischen Stromkreis zwei grundlegende Fehlertypen auftreten: eine Stromkreisunterbrechung und ein Kurzschluss.

7 Stromkreisunterbrechungen können durch Kabelbrüche, abgerissene oder abgezogene Stecker irgendwo im Stromkreis hervorgerufen werden, sodass der Strom nicht mehr fließt. Eine Stromkreisunterbrechung hindert eine Komponente an der Funktion, sorgt aber nicht dafür, dass eine Sicherung durchbrennt.

8 Bei Kurzschlüssen findet der Strom eine Abkürzung, um nicht durch die elektrische Komponente, sondern direkt zu Masse zu fließen. Kurzschluss-Fehler entstehen üblicherweise durch eine defekte Kabelisolierung, sodass ein Stromkabel direkt mit einer mit Masse verbundenen Komponente oder der Karosserie in Kontakt kommt. Ein Kurzschluss-Fehler sorgt normalerweise dafür, dass die entsprechende Stromkreis-Sicherung durchbrennt.

Durchgangsprüfungen

9 Bei diesem Test wird ermittelt, ob der Strom durch einen Stromkreis fließen kann. Zum Testen eignen sich ein Durchgangsprüfer (der bei geschlossenem Stromkreis piept) oder das auf den Ohm-Messbereich geschaltete Multimeter. Beide Geräte arbeiten mit einer eigenen Stromversorgung, sodass die Zündung abgeschaltet sein muss. Zur Sicherheit sollte auch der Haupt-Masseanschluss (–) der Batterie getrennt werden – ganz besonders, wenn das Zündsystem überprüft wird.

10 Schalten Sie das Multimeter auf die Durchgangsfunktion (falls vorhanden) oder den Ohm-Messbereich. Halten Sie die beiden Spitzen der Prüfkabel zusammen – das Gerät sollte jetzt durch Piepen oder eine angezeigte Null Durchgang erkennen lassen. Schalten Sie nach dem Prüfen das Gerät aus, damit sich die Batterie nicht entlädt.

11 Ein Durchgangsprüfer kann auf die gleiche Weise benutzt werden – entweder piept er oder eine Lampe leuchtet auf, wenn Durchgang besteht.

12 Bei normalen Durchgangsprüfungen ist die Polarität des Messgerätes egal, allerdings muss beim Prüfen von Dioden oder Magnetschaltern darauf geachtet werden, den genauen Hinweisen über das Verbinden des Plus- und des Minus-Kabels zu folgen.

Durchgangsprüfung am Schalter

13 Scheint ein Schalter defekt zu sein, müssen seine Kabel bis zum Stecker verfolgt werden. Trennen Sie den Stecker und überprüfen Sie, ob seine Kontakte in Ordnung sind. Verschmutzte oder korrodierte Kontakte können Gründe für das Problem sein – reinigen Sie sie und versehen Sie sie mit etwas wasserverdrängendem Lösungsmittel wie WD40 oder Kontaktreiniger und geeignetem Schutzspray.

14 Wird ein Multimeter verwendet, muss es entweder auf die Durchgangsfunktion (falls vorhanden) oder den Ohm-Messbereich geschaltet werden, dann werden die Prüfkabel-Spitzen mit den Steckerkontakten verbunden. Einfache An/Aus-Schalter wie Bremslichtschalter haben nur zwei Kontakte, während kombinierte Schalter wie diejenigen am Armaturenbrett oft über mehrere Kabelkontakte verfügen. Studieren Sie den entsprechenden Schaltplan (am Ende dieses Kapitels), um sicherzustellen, dass an den korrekten Kabelkontakten geprüft wird. Bei eingeschaltetem Schalter muss Durchgang bestehen, bei ausgeschaltetem Schalter darf kein Durchgang bestehen.

Durchgangsprüfung bei Kabeln

15 Viele elektrische Probleme sind auf beschädigte Kabel zurückzuführen, was oft an einer falschen Verlegung, Quetschung bei falscher Montage von Teilen sowie lockeren oder korrodierten Steckern liegt.

16 Eine Durchgangsprüfung kann an einem einzelnen Kabel durchgeführt werden, nachdem man es an beiden Enden getrennt und hier die Prüfklemmen angeschlossen hat. Ist ein Kabel in Ordnung, wird Durchgang angezeigt – besteht dieser nicht, wird das Kabel irgendwo gebrochen sein.

17 Um den Durchgang eines Massekabels zu Masse zu prüfen, wird eine Prüfklemme an den Massekontakt des Steckers und die andere an die Karosserie, den Motor oder (bei angeschlossenem Massekabel) an den Minuspol der Batterie gehalten. Sind das Kabel und sein Massekontakt in Ordnung, wird Durchgang angezeigt. Wird kein Durchgang festgestellt, wird ein Kabel gebrochen sein oder einen schlechten Massekontakt haben (siehe unten).

Spannungsprüfungen

18 Eine Spannungsprüfung kann belegen, ob der Strom einen Verbraucher erreicht. Schalten Sie das Multimeter auf den Volt-Messbereich für Gleichstrom (DC), um die Spannung des Gleichrichters oder hinter der Batterie zu prüfen, schalten sie es auf AC (Wechselstrom), um die Spannung der Lichtmaschine zu messen. Für den Gleichstrombereich kann auch eine einfache Prüflampe verwendet werden, doch das Messgerät hat den Vorteil, den Wert der Spannung anzuzeigen.

19 Verbinden Sie die Prüfklemmen parallel zur vorhandenen Verkabelung.

20 Identifizieren Sie zuerst den entsprechenden Stromkreis mithilfe des Schaltplans am Ende dieses Kapitels.

21 Wird ein Messgerät eingesetzt, muss zunächst sichergestellt sein, dass die Prüfklemmen korrekt daran angeschlossen sind – rot an Plus (+), schwarz an Minus (–). Schalten Sie das Messgerät auf den gewünschten Bereich (z. B. 0 bis 20 Volt DC). Verbinden Sie die rote Plusklemme mit dem stromführenden Kabel und die schwarze Minusklemme mit Masse am Motor oder der Karosserie oder dem Minuspol der Batterie. Bei eingeschalteten Schaltern muss beispielsweise Batteriespannung oder ein anderer in den technischen Daten angegebener Wert angezeigt werden.

22 Wird eine Prüflampe eingesetzt, muss die Plusklemme mit dem stromführenden Kabel und die Minusklemme mit Masse an Motor oder Karosserie oder dem Minuspol der Batterie verbunden werden – bei eingeschaltetem Stromkreis muss die Lampe leuchten.

23 Liegt keine Spannung an, muss man sich zur Stromquelle (z. B. der Batterie) vorarbeiten, um herauszufinden, wo das Problem liegt.

Masseprüfung

24 Masseverbindungen gibt es entweder direkt zur Befestigung an der Karosserie oder dem Motor (wie z. B. den Anlasser oder Zündspulen, die nur einen Steckerkontakt für Plus haben) oder über Kabel zum Massekabel an der Batterie. Auch kann ein kurzes Kabel vom Verbraucher direkt zur Karosserie verlegt sein. Das Bauteil und/oder die Karosserie ist also Teil des Stromkreises, sodass lockere oder korrodierte Verbindungen auch für elektrische Defekte – vom Totalausfall eines Stromkreises bis zu einem kniffligen Teilausfall – verantwortlich sind. Lampen können schwächer leuchten (vor allem, wenn andere Verbraucher in Betrieb sind, die den gleichen Massepunkt nutzen), Motoren (Scheibenwischer, Kühlventilator) langsamer laufen und der Betrieb eines Stromkreises kann eine scheinbar unzusammenhängende Wirkung auf einen anderen haben. Isolierte Komponenten wie die elastisch aufgehängte Motor/Getriebe-Einheit werden mithilfe von Massebändern mit der Karosserie verbunden (siehe Abbildungen).

2.24a Das Haupt-Massekabel verbindet das Getriebe mit dem linken Längsträger.

2.24b Andere Massepunkte finden sich vorn an der vorderen Querstrebe, ...

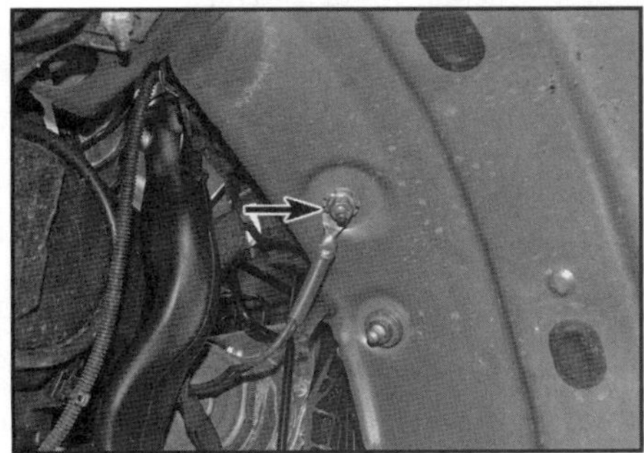

2.24c ... am rechten vorderen Radkasten, ...

2.24d ... in der hinteren Rechten Ecke im Motorraum, ...

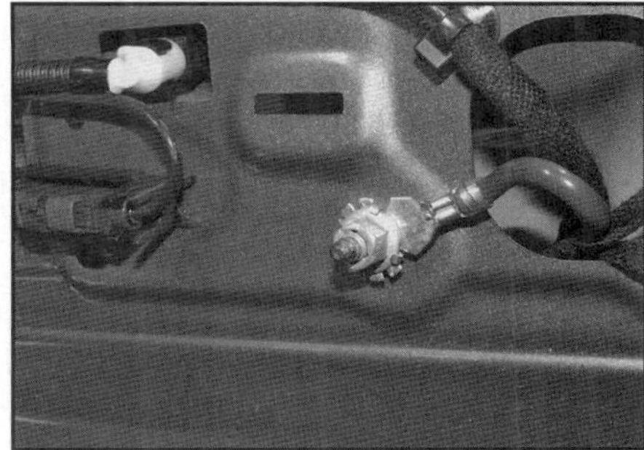

2.24e ... oben an der Heckklappe, ...

2.24f ... an der Seite der Heckklappe, ...

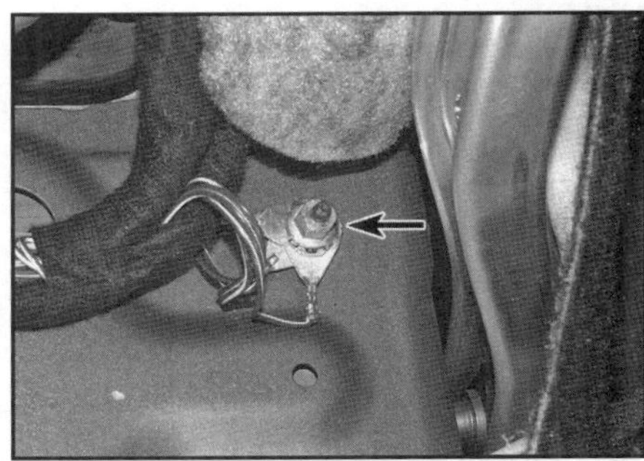

2.24g ... unter der Mittelkonsole ...

2.24h ... und unter dem Armaturenbrett.

25 Korrosion ist genauso ein verbreiteter Grund für eine schlechte Masseverbindung, wie es lockere Anschlüsse sind.
26 Fallen alle oder mehrere Verbraucher gleichzeitig aus, muss die Festigkeit des Haupt-Massekabels (–) an der Batterie überprüft werden, außerdem sind das an den Motor geschraubte Massekabel sowie die Massepunkte an der Karosserie zu kontrollieren. Bei Korrosion muss der Anschluss freigelegt und gereinigt werden, bis wieder blankes Metall zum Vorschein kommt. Verbinden Sie den Anschluss und tragen Sie etwas Polfett auf, um weiterem Rost vorzubeugen.

27 Um einen Verbraucher auf guten Masseschluss zu prüfen, muss sein Massekontakt oder sein Gehäuse übergangsweise mithilfe eines Überbrückungskabels mit der Karosserie verbunden werden – arbeitet der Verbraucher jetzt, ist sein Masseschluss defekt.
28 Prüfen Sie bei einem Massekabel zunächst seine Anschlüsse auf Korrosion und lockere Kontakte, kontrollieren Sie dann das Kabel auf Durchgang (siehe Schritt 13).

Praxis-Tipp

Bedenken Sie immer: Ein elektrischer Stromkreis soll Strom von der Quelle (der Batterie) durch Kabel, Schalter, Relais usw. zum Verbraucher (Lampe, Anlasser etc.) leiten, von dort aus geht es über die Masseverbindung zurück zur Batterie. Elektrische Probleme sind im wesentlichen Unterbrechungen dieses Stromflusses.

3 Sicherungen, Relais und SAM-Module – Allgemeine Informationen und Ersetzen

Sicherungen

1 Die meisten Sicherungen befinden sich im Haupt-Sicherungskasten hinten links im Motorraum. Eine weitere Sicherungsbox befindet sich im Beifahrerfußraum unter dem Armaturenbrett – an dessen Deckel findet sich auch der Belegungsplan (siehe Abbildungen).

3.1a Haupt-Sicherungskasten hinten links im Motorraum

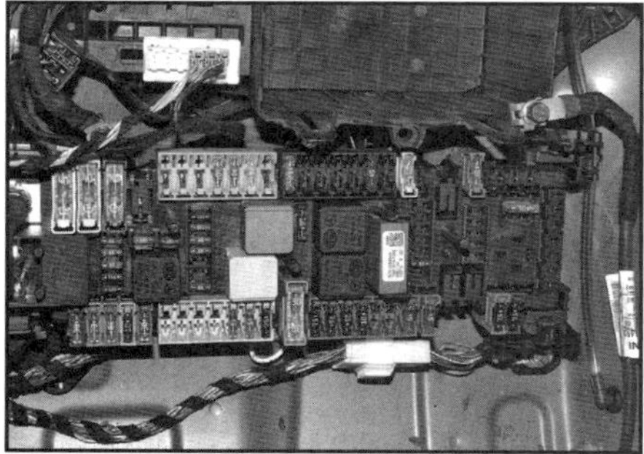

3.1b Sicherungsbox im Beifahrerfußraum ...

3.1c ... mit Belegungsplan am Deckel

2 Lösen Sie für den Zugang zur Motorraum-Sicherungsbox deren zwei vorderen Bügel und heben Sie den Deckel ab. Für den Zugang zur Sicherungsbox im Beifahrerfußraum muss die seitliche Fußmatte entfernt und die perforierte Bodenmatte hochgeklappt werden. Lösen Sie dann die Lasche des Deckels und befreien Sie diesen (siehe Abbildungen).

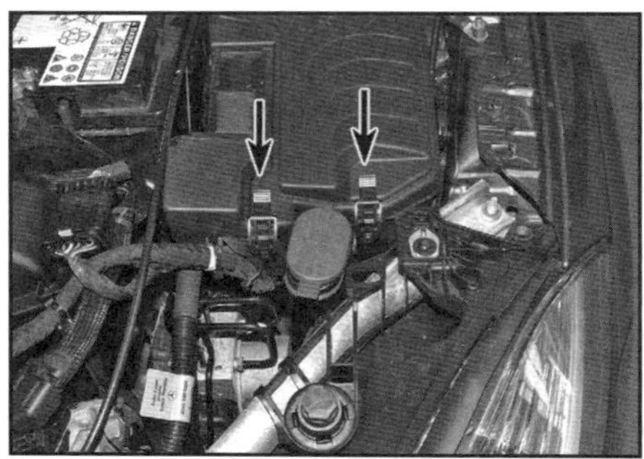

3.2a Lösen Sie die zwei Bügel ...

3.2b ... und öffnen Sie den Deckel der Motorraum-Sicherungsbox.

3.2c Lösen Sie die Lasche ...

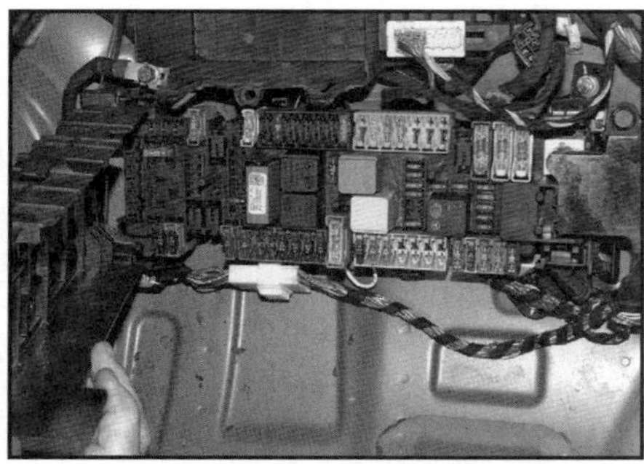
3.2d … und öffnen Sie den Deckel der Beifahrerfußraum-Sicherungsbox.

3 Die Absicherungsraten aller Sicherungen finden sich auf der Liste an der Beifahrerfußraum-Sicherungsbox.
4 Bevor eine Sicherung ausgebaut wird, muss zunächst der entsprechende Stromkreis (oder die Zündung) abgeschaltet werden. Schieben Sie dann die Arretierung beiseite und ziehen Sie die Sicherung mit einer Spitzzange heraus (siehe Abbildung). Eine durchgebrannte Sicherung kann an der geschmolzenen Verbindung zwischen den beiden Steckkontakten erkannt werden (siehe Abbildung).

3.4a Schieben Sie die Arretierung beiseite …

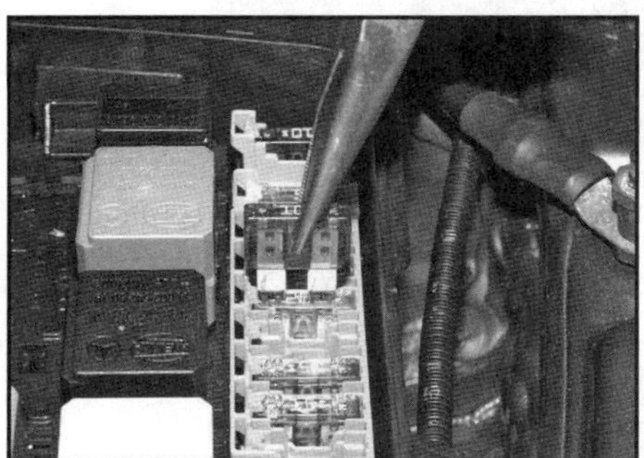
3.4b … und ziehen Sie die Sicherung heraus.

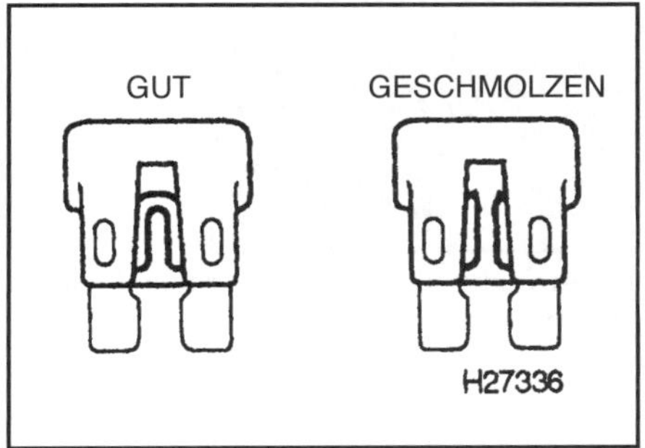

3.4c Die Sicherungen können mit einer Sichtkontrolle überprüft werden

5 Verwenden Sie nur Ersatzsicherungen der gleichen Absicherungsrate. Auch eine kurzzeitig eingesetzte ›stärkere‹ Sicherung oder Notreparaturen mit einem Stück Draht können größere Schäden bis hin zum Brand nach sich ziehen. Sicherungen sind mit unterschiedlichen Farben durchgefärbt, die auf die Absicherungsrate hinweisen.
6 Falls eine neue Sicherung sofort wieder durchbrennt, muss vor einem erneuten Austausch die Ursache dafür gefunden werden. Übermäßig viel Strom fließt normalerweise aufgrund einer defekten Komponente oder eines Kurzschlusses (siehe Sektion 2). Führen Sie stets Ersatzsicherungen der entsprechenden Absicherungsraten mit – je eine von jeder Rate muss in der Sicherungsbox sitzen.

Relais

7 Relais finden sich sowohl in der Motorraum- als auch der Beifahrerfußraum-Sicherungsbox.
8 Öffnen Sie für den Zugang zum Relais den Deckel der Sicherungsbox (siehe Schritt 2).
9 Falls ein von einem Relais kontrollierter Stromkreis einen Fehler aufweist, der dem Relais zugeschrieben werden kann, muss er eingeschaltet werden – bei einem funktionsfähigen Relais sollte ein Klicken zu hören sein, sodass der Fehler in den Bauteilen oder der Verkabelung zu suchen ist. Falls das Relais nicht klickt, ist es entweder von der Stromversorgung getrennt oder weist einen internen Defekt auf. Ein Test erfolgt durch den Austausch gegen ein erwiesenermaßen funktionsfähiges Relais gleicher Bauart – andere Relais können genauso aussehen, aber unterschiedliche Kontaktbelegungen aufweisen.
10 Um ein Relais zu ersetzen, muss zunächst sichergestellt sein, dass die Zündung abgeschaltet ist. Ziehen Sie dann das Relais aus seinem Sockel und drücken Sie das neue Relais sorgfältig hinein.

Signalerfassungs- und Ansteuer-Module (SAM)

11 Ein SAM funktioniert wie ein Router eines Computer- oder Kommunikations-Netzwerks. Es überwacht die Eingaben diverser Schalter, Steuergeräte, Überwachungsvorrichtungen und Warnsysteme. Wenn ein Schalter aktiviert wird, durchläuft das Signal das SAM, bevor das zu überwachende Gerät reagiert. Falls das zu betätigende Gerät defekt ist, wird wahrscheinlich eine fehlerhafte Nachricht durch das SAM zum CAN-Datenbus geleitet worden sein. Der CAN-Bus sendet den Fehlalarm auf die ›Fehler-Anzeige‹ im Cockpit.
12 Das Haupt-SAM sitzt im Fahrerfußraum unter dem Armaturenbrett.
13 Reparaturen oder Überholungen am SAM sind nicht möglich. Falls ein Fehler vermutet wird, muss ein geeignetes Diagnosegerät mit dem 16-Stift-Stecker neben dem Motorhauben-Öffnerhebel verbunden werden (siehe Abbildung).

3.13 Diagnosestecker-Anschluss neben dem Motorhauben-Öffnerhebel

4 Elektrische Steckkontakte – Allgemeine Informationen

1 Die meisten elektrischen Verbindungen im Fahrzeugbau werden mit Mehrfach-Steckern aus Kunststoff hergestellt. Die beiden Hälften der Steckverbindungen werden mit Laschen an den Kunststoffgehäusen sichergestellt. Größere Stecker, wie diejenigen an den Instrumenten, werden manchmal durch eine hindurch geführte Schraube miteinander verbunden.
2 Um einen Stecker mit Sicherungslaschen trennen zu können, müssen diese vorsichtig mit einem kleinen Schraubendreher abgehebelt werden, während die Stecker auseinander gezogen werden – ziehen Sie nur am Steckergehäuse, aber niemals an den Kabeln, da deren Kontakte innerhalb des Steckers leicht abreißen. Schauen Sie sich einen Stecker vor dem Trennen genau an – oft sind Sicherungslaschen so verbunden, dass ihre Funktion nicht sofort ersichtlich ist; außerdem haben manche Stecker mehr als eine Lasche.
3 Jedes Steckerpaar hat einen ›männlichen‹ Stecker und eine ›weibliche‹ Buchse. Bei der Betrachtung eines Stecker-Endes in einem Schaltplan muss genau verstanden werden, ob das Stecker-Ende des Verbrauchers oder des Kabelbaums gezeigt ist. Stecker-Hälften sind Spiegelbilder ihres Gegenstücks und ein Kontakt auf der rechten Seite einer Hälfte befindet sich bei der anderen Hälfte auf der linken Seite.
4 Oft müssen Spannungsmessungen mit verbundenen Steckern durchgeführt werden. Führen Sie möglichst einen dünnen Stift (Stecknadel) – nicht den Messgerät-Kontakt – hinten in das Steckergehäuse ein, um Kontakt zum Anschluss zu erhalten. Hierbei darf nicht die Anschluss-Öffnung beschädigt werden, was später zu schlechten Kontakten und Korrosion führen kann.
5 In den folgenden Abbildungen werden typische Elektrostecker im Fahrzeugbau gezeigt (siehe Abbildungen).

4.5a Die meisten Stecker sind mit einer einzelnen Lasche ausgerüstet, die zum Trennen gedrückt werden müssen.

4.5b Bei manchen Steckern muss die Laschen zum Trennen angehoben werden.

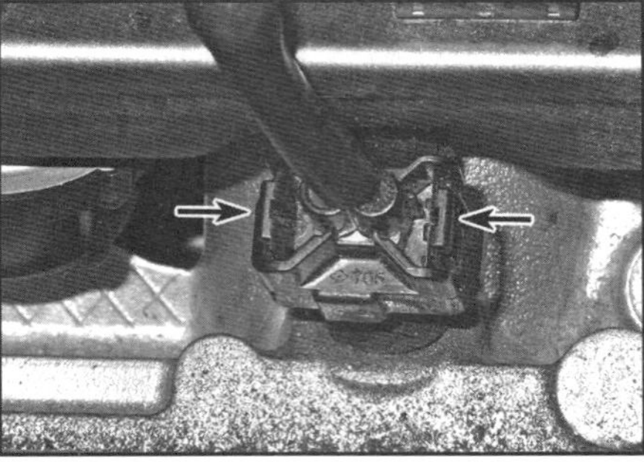

4.5c Stecker mit zwei Laschen, die zum Trennen gedrückt werden müssen.

4.5d Hier muss ein Drahtbügel herausgehebelt werden, um den Stecker zu trennen.

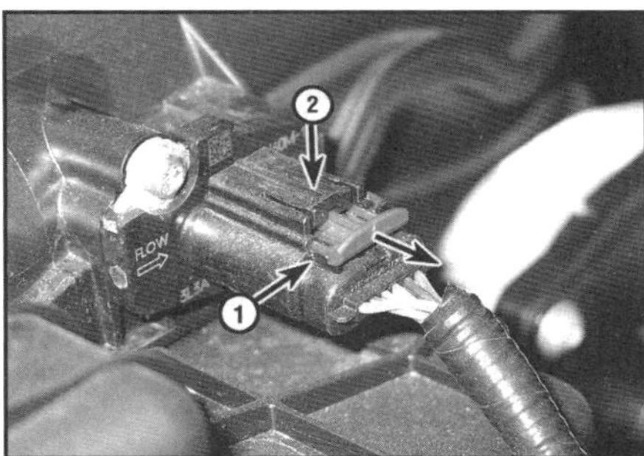

4.5e Bei Steckern wichtiger Systeme muss oft eine Arretierung (1) herausgezogen und dann eine Lasche (2) gedrückt werden.

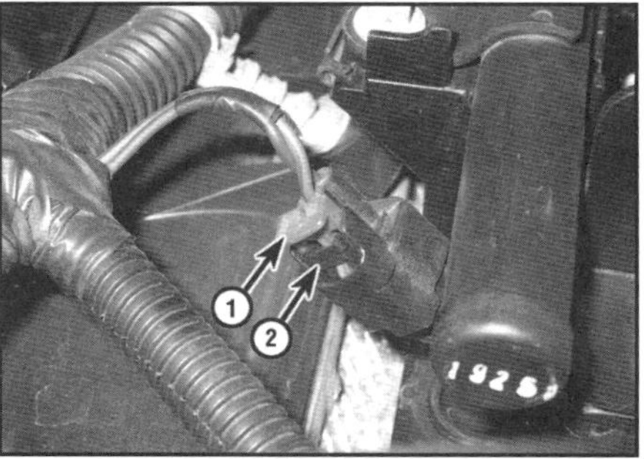

4.5f Hier sind die Arretierung (1) und die Lasche (2) an der Seite des Steckers angebracht.

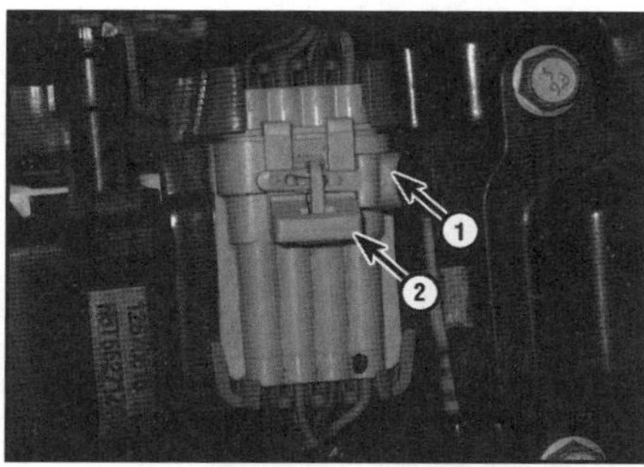

4.5g Bei manchen Steckern muss die Arretierung (1) seitlich herausgezogen werden, bevor die Lasche (2) angehoben werden kann.

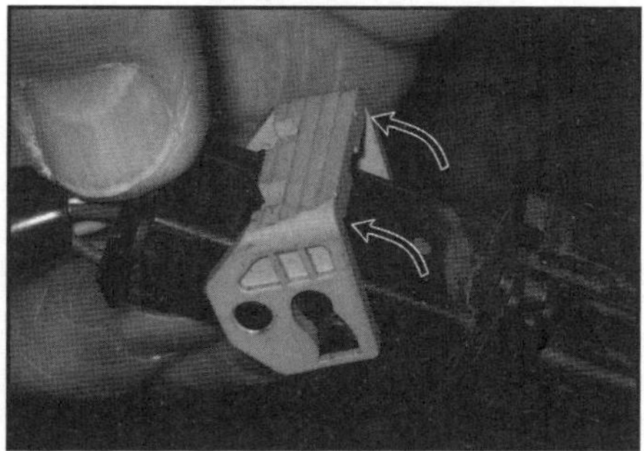

4.5h Mehrfachstecker von Steuergeräten sind oft mit Arretierbügeln ausgerüstet, die zunächst umgeklappt werden müssen.

5 Schalter – Ausbau und Einbau

Anmerkung: *Bevor ein Schalter demontiert wird, muss das Massekabel (–) der Batterie getrennt werden (siehe Kapitel 5, Sektion 4), um Kurzschlüsse und dadurch entstehende Brände zu verhindern.*

Lenksäulenmodul

1 Demontieren Sie das Lenkrad (siehe Kapitel 10, Sektion 16).

2 Senken Sie die Lenksäule vollständig ab, ziehen Sie die Modul-Hülle etwas zurück und befreien Sie die obere Abdeckung (siehe Abbildung).

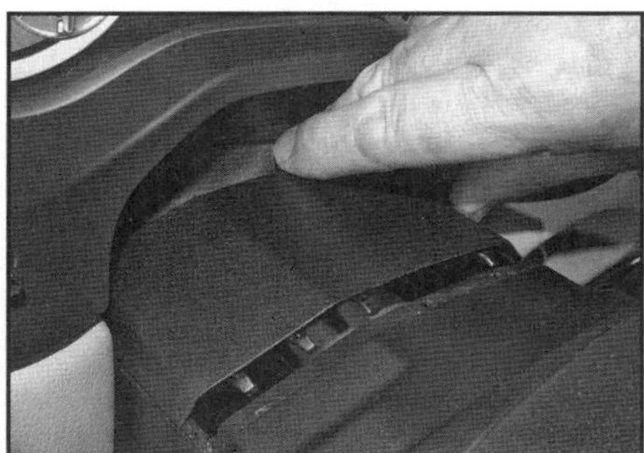

5.2 Befreien Sie die obere Lenksäulenabdeckung.

3 Ziehen Sie das Modul samt Hülle von der Lenksäule – trennen Sie dabei die Verkabelung (siehe Abbildung). Falls der Arretier-Clip des Steckers beim Trennen beschädigt wird, muss er erneuert werden.

Achtung: *Betätigen Sie nicht die roten Sicherheitshaken im Modul, da dies zu irreparablen Schäden führen kann.*

5.3 Falls der Arretier-Clip des Steckers beim Trennen beschädigt wird, muss er erneuert werden.

4 Falls ein neues Lenksäulenmodul installiert werden soll, muss es mithilfe geeigneter Diagnoseausrüstung programmiert/kodiert werden – überlassen Sie dies ggf. einer entsprechend ausgerüsteten Fachwerkstatt.

Lichtschalter

5 Drehen Sie den Schalter in die Parklicht-Position, drücken Sie ihn ein und drehen Sie ihn nach rechts in die Standlicht-Position (siehe Abbildung).

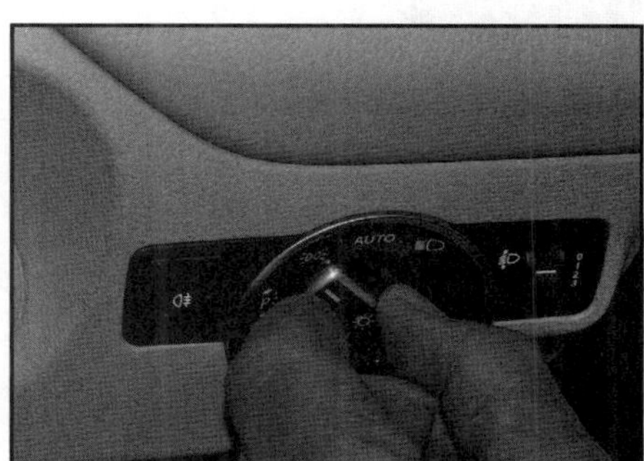

5.5 Drehen Sie den in ›P‹ eingedrückten Schalter in die Standlichtposition …

6 Ziehen Sie den Schalter vorsichtig aus dem Armaturenbrett und trennen Sie dabei den Stecker (siehe Abbildung).

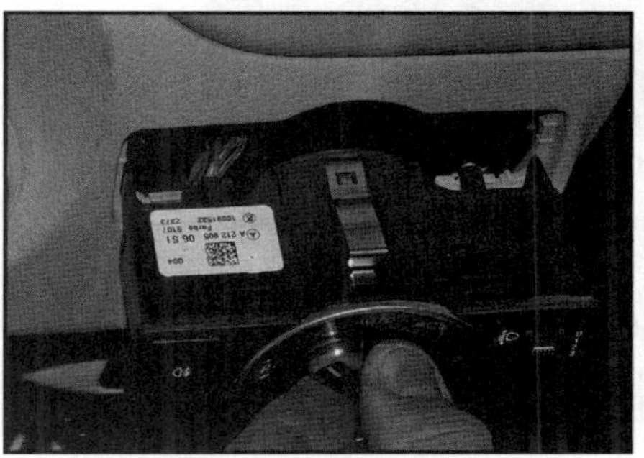

5.6 … und ziehen Sie ihn heraus.

Obere Mittelkonsolen-Schalter (Sitzheizung, Warnblinker usw.)

7 Demontieren Sie das Multimediasystem (siehe Sektion 17).
8 Lösen Sie die vier Schrauben an der Unterseite und befreien Sie die Schalter-Baugruppe (siehe Abbildung).

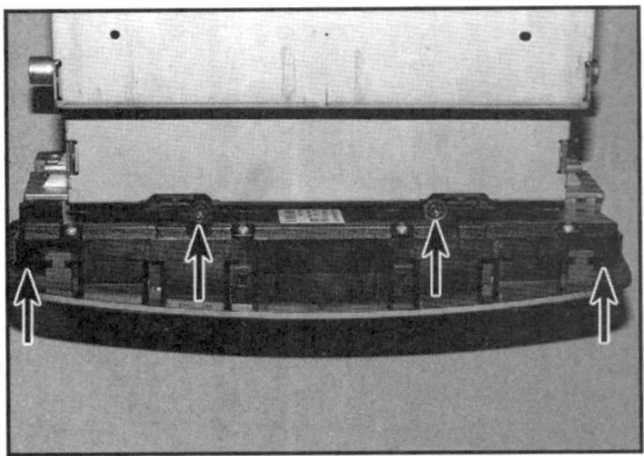

5.8 Schrauben an der Unterseite der oberen Mittelkonsolenschalter-Baugruppe

Dach-Bedieneinheit

9 Führen Sie eine dünne Kunststoffkarte hinten an der Steuereinheit ein, drücken Sie Sicherungsclip nach vorn, senken Sie die Einheit ab und ziehen Sie sie nach hinten aus dem Dachhimmel (siehe Abbildungen).

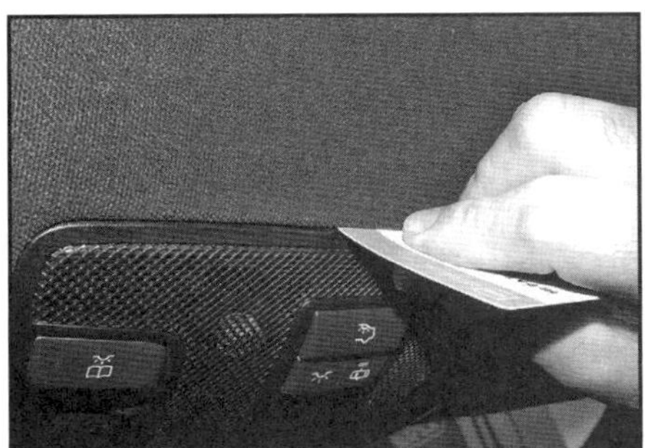

5.9a Führen Sie eine dünne Kunststoffkarte hinten an der Steuereinheit ein …

5.9b … und drücken Sie Sicherungsclip nach vorn.

10 Trennen Sie alle Kabelstecker. Weitere Zerlegungen der Steuereinheit sind nicht möglich.

Fensterheber/Außenspiegel-Schalter

11 Zum Schutz der Türverkleidung sollte der Schalter rundherum mit Klebeband abgeklebt werden.

Vordere Türen

12 Heben Sie die Schalterblende mit einem geeigneten Werkzeug vorsichtig hinten an.

13 Drücken Sie an beiden Seiten der Schaltereinheit die Laschen ein, um sie aus der Türverkleidung zu befreien (siehe Abbildungen) – trennen Sie dabei alle Kabelstecker.
Anmerkung: *Der Zugang zur äußeren Lasche ist sehr begrenzt, sodass ein geeigneter Haken verwendet werden muss.*

5.13a Heben Sie den hinteren Rand an und drücken Sie die rechte …

5.13b … und die linke Lasche, …

5.13c … um die Schaltereinheit zu befreien.

Hintere Türen

14 Hebeln Sie den Schalter hinten an und befreien Sie ihn vorsichtig aus der Türverkleidung (siehe Abbildung) – trennen Sie dabei den Kabelstecker.

5.14 Hebeln Sie den Schalter hinten an.

Multifunktionslenkrad-Schalter

15 Demontieren Sie den Airbag (siehe Sektion 20).
16 Lösen Sie die Schraube vorn am Lenkrad und entnehmen Sie die Schalter – trennen Sie dabei die Kabelstecker.

Zündschlossmodul

17 Demontieren Sie die Kombiinstrumenten-Baugruppe (siehe Sektion 11).
18 Befreien Sie die obere Lenksäulenabdeckung (Abb. 5.2).
19 Demontieren Sie den Fahrerknie-Airbag (siehe Sektion 20).
20 Lösen Sie die drei Schrauben der Airbag-Halterung (siehe Abbildungen).

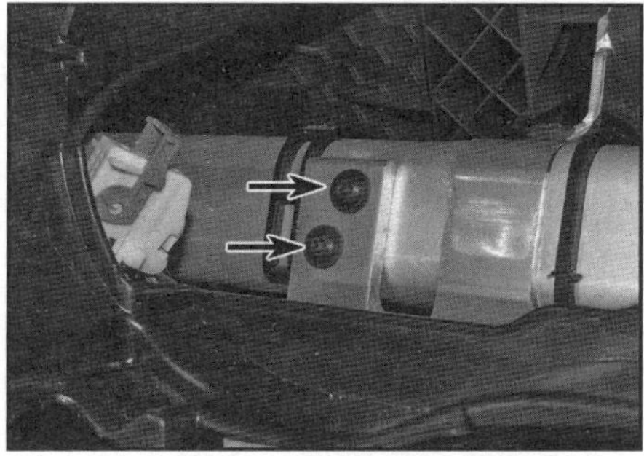

5.20a Lösen Sie die zwei Schrauben oben am Querträger …

5.20b … und die einzelne untere Schraube.

21 Entnehmen Sie den Schaumstoff, befreien Sie die Kabelbaum-Clips und senken Sie die Halterung ab.
22 Drücken Sie oben und unten am Zündschlossmodul die Laschen ein und befreien Sie es aus dem Armaturenbrett (siehe Abbildungen) – trennen Sie dabei die Kabelstecker.
Anmerkung: Falls ein neues Zündschlossmodul installiert werden soll, muss es mithilfe geeigneter Diagnoseausrüstung programmiert werden – überlassen Sie dies ggf. einer entsprechend ausgerüsteten Fachwerkstatt.

5.22a Zündschlossmodul-Clips – gezeigt bei entferntem Zündschloss und ausgebautem Armaturenbrett.

5.22b Trennen Sie die Stecker des Zündschlossmoduls.

Innenbeleuchtungsschalter

23 Diese Schalter sind in die Türschloss-Baugruppen integriert – beachten Sie dazu die Hinweise in Kapitel 11, Sektion 12.

Heckklappen-Öffnungsschalter

24 Dieses Schalter ist in die Heckklappenschloss-Baugruppe integriert – beachten Sie dazu die Hinweise in Kapitel 11, Sektion 18.

Zentralverriegelungs/Sitzpositions-Schalter

25 Demontieren Sie die Türverkleidung (siehe Kapitel 11, Sektion 8).
26 Trennen Sie den/die Kabelstecker des entsprechenden Schalters.
27 Lösen Sie die Laschen und ziehen den Schalter vorsichtig aus der Türverkleidung (siehe Abbildung).

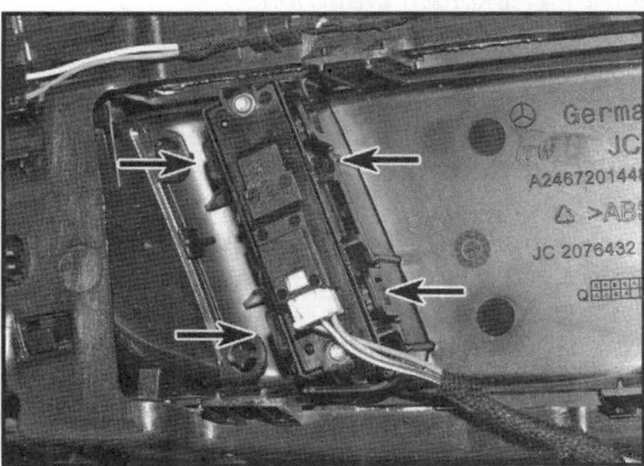

5.27 Laschen des Zentralverriegelungs/Sitzpositions-Schalters

Feststellbremsen-Schalter

28 Hebeln Sie links die seitliche Armaturenbrett-Abdeckung ab (siehe Abbildung).

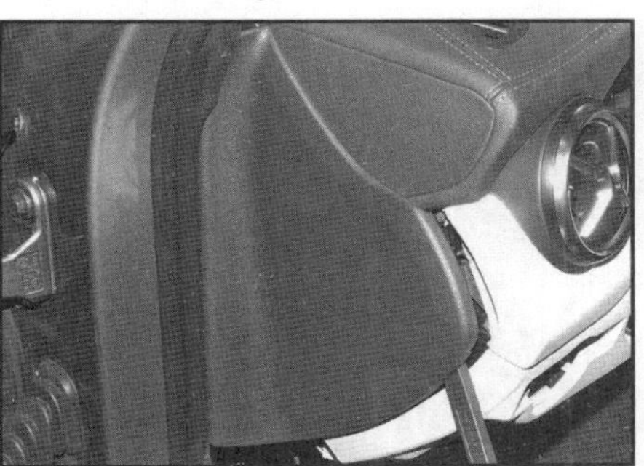

5.28 Hebeln Sie die linke Armaturenbrett-Abdeckung ab.

29 Greifen Sie durch die Lichtschalter-Öffnung, um den Kabelstecker des Feststellbremsenschalters zu trennen.
30 Drücken Sie die Laschen des Schalters herunter und ziehen Sie diesen heraus (siehe Abbildung) – trennen Sie dabei den Kabelstecker.

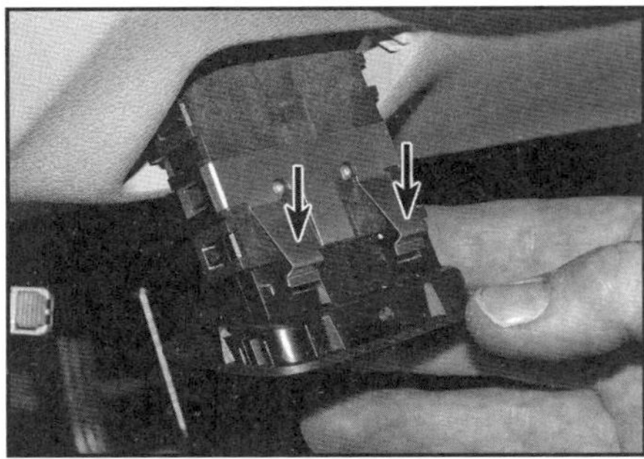

5.30 Laschen des Feststellbremsenschalters

Einbau

31 Der Einbau aller Schalter entspricht der umgekehrten Ausbaureihenfolge.

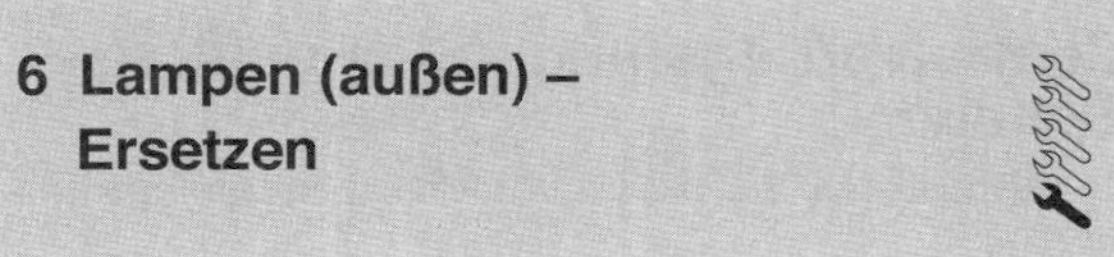

6 Lampen (außen) – Ersetzen

1 Beachten Sie beim Austauschen von Lampen die folgenden Punkte:

a) *Bedenken Sie, dass Lampen im Betrieb sehr heiß werden und etwas Zeit zum Abkühlen brauchen.*
b) *Kontrollieren Sie stets die Kontakte der Lampe und des Sockels. Entfernen Sie Korrosion und Schmutz, damit guter Kontakt sichergestellt werden kann.*
c) *Achten Sie bei Lampen mit Bajonettverriegelung darauf, dass die Kontaktplatte im Sockel mit Federkraft gegen die Lampe drücken kann.*
d) *Achten Sie auf die korrekte Watt-Stärke der neuen Lampe – dies gilt vor allem für die Scheinwerfer- und Nebelscheinwerfer-Lampen*
e) *Fassen Sie das Glas nicht direkt mit den Fingern an bzw. reinigen Sie das Glas nach dem Einbau.*
f) *Falls der Austausch einer Lampe nicht das Problem löst, müssen die entsprechende Sicherung und das Relais kontrolliert werden – beachten Sie dazu die Schaltpläne am Ende dieses Kapitels.*

Halogen-Fernlichtlampen

2 Drehen Sie hinten am Scheinwerfer die Kunststoffkappe gegen den Uhrzeigersinn, um sie zu entfernen (siehe Abbildung).

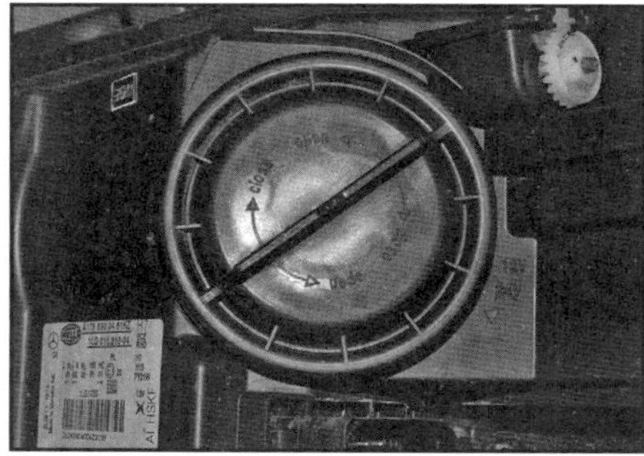

6.2 Drehen Sie die Plastikkappe ab.

3 Drehen Sie den Lampenhalter gegen den Uhrzeigersinn und ziehen Sie ihn aus dem Reflektor (siehe Abbildung) – die H15-Lampe ist in den Halter integriert.

6.3 Drehen Sie den Lampenhalter gegen den Uhrzeigersinn und ziehen Sie ihn heraus.

4 Der Einbau entspricht der umgekehrten Ausbaureihenfolge – beachten Sie die Hinweise in Schritt 1.

Halogen-Abblendlichtlampen

5 Lenken Sie die Räder bis zum Anschlag der anderen Seite. Drehen Sie die Befestigung der Wartungsklappe in der Radlaufverkleidung gegen den Uhrzeigersinn und öffnen Sie die Klappe (siehe Abbildung).

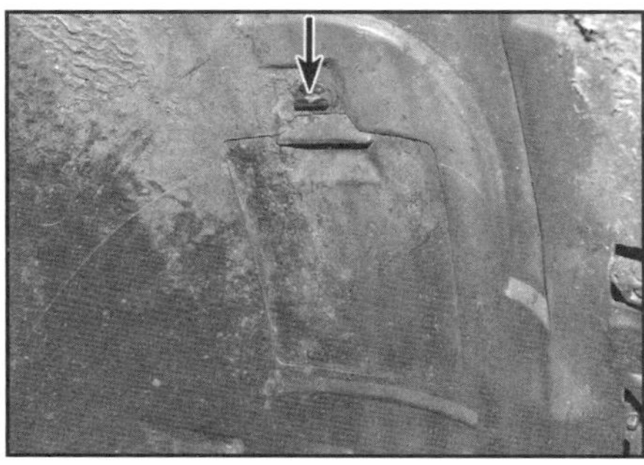

6.5 Befestigung der Wartungsklappe in der Radlaufverkleidung

6 Drehen Sie außen am Scheinwerfer die Kunststoffkappe gegen den Uhrzeigersinn, um sie zu entfernen (siehe Abbildung).

6.6 Drehen Sie die äußere Plastikkappe ab – gezeigt bei demontierter Scheinwerfer-Baugruppe

7 Drehen Sie den Lampenhalter gegen den Uhrzeigersinn und ziehen Sie ihn aus dem Reflektor (siehe Abbildung).

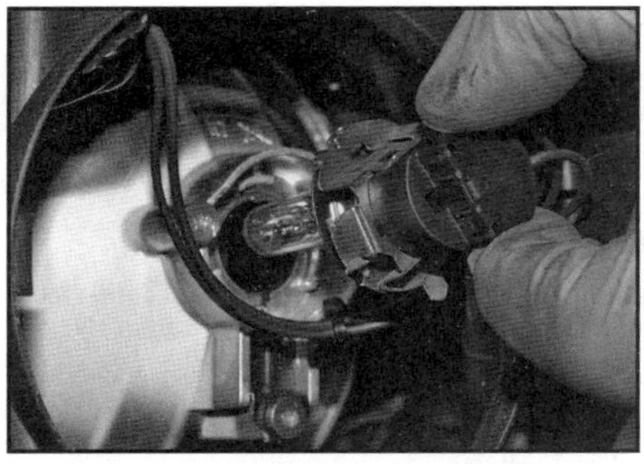

6.7 Drehen Sie den Lampenhalter gegen den Uhrzeigersinn und ziehen Sie ihn heraus.

8 Ziehen Sie die Lampe aus dem Halter (siehe Abbildung).

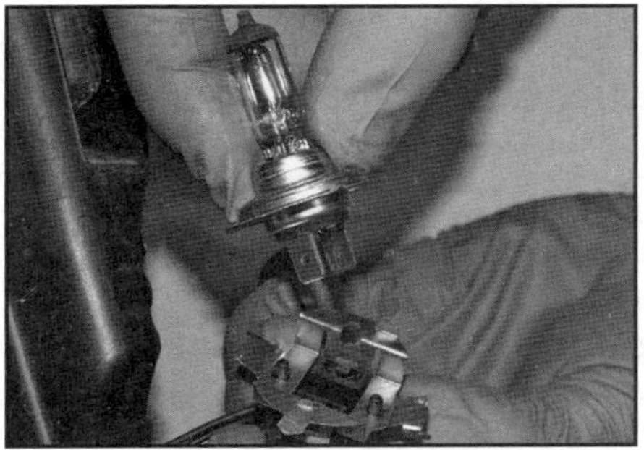

6.8 Ziehen Sie die H4-Lampe aus dem Halter.

9 Der Einbau entspricht der umgekehrten Ausbaureihenfolge – beachten Sie die Hinweise in Schritt 1.

Bi-Xenon-Fernlicht- und Abblendlichtlampen

Achtung: Xenon-Lampen stehen unter sehr hohem Druck (ca. 22 bar), sodass beim Umgang mit ihnen extreme Vorsicht geboten ist; tragen Sie stets eine Schutzbrille und Handschuhe.

10 Trennen Sie zunächst den Masseanschluss (–) der Batterie (siehe Kapitel 5, Sektion 4) und warten Sie mindestens zehn Minuten, damit sich Restspannungen abbauen können – diese muss sehr hoch sein, damit zwischen den Lampen-Elektroden ein Lichtbogen entsteht.

11 Lenken Sie die Räder bis zum Anschlag der anderen Seite. Drehen Sie die Befestigung der Wartungsklappe in der Radlaufverkleidung gegen den Uhrzeigersinn und öffnen Sie die Klappe (Abb. 6.5).

12 Drehen Sie hinten am Scheinwerfer die Kunststoffkappe gegen den Uhrzeigersinn, um sie zu entfernen.

13 Trennen Sie den Kabelstecker vom Xenonlicht-Modul.

14 Verdrehen Sie die Lampe samt Modul um ca. 30° nach links und ziehen Sie es vorsichtig aus dem Reflektor.

15 Der Einbau entspricht der umgekehrten Ausbaureihenfolge – beachten Sie, dass bei diesen Scheinwerfern die Blinker und Standlichtlampen nicht ausgetauscht werden können.

LED-Scheinwerfer

16 Bei LED-Scheinwerfern können keine internen Komponenten ausgetauscht werden, sodass bei einem Defekt die gesamte Scheinwerfer-Baugruppe ersetzt werden muss.

Standlichtlampen in Halogen-Scheinwerfern

17 Das Standlicht ist in die Fernlichtlampe integriert – deren Austausch ist in den Schritten 2 bis 4 beschrieben.

Blinkerlampen vorn

18 Drehen Sie oben im Scheinwerfer den Lampenhalter gegen den Uhrzeigersinn und ziehen Sie ihn heraus (siehe Abbildung).

6.18 Drehen Sie den Blinkerlampenhalter nach links, um ihn zu befreien.

19 Drücken Sie die Lampe in den Halter und drehen Sie sie gegen den Uhrzeigersinn, bis sie herausgezogen werden kann.

20 Installieren Sie die neue Lampe in der umgekehrten Ausbaureihenfolge – beachten Sie die unterschiedlich hoch sitzenden Bajonettstifte, die nur den Einbau in einer Position erlauben (siehe Abbildung).

6.20 Die Bajonettstifte der Blinkerlampe sind versetzt angebracht.

Zusatz-Blinkerlampe im Außenspiegel

21 Die LEDs sind in das Außenspiegelgehäuse integriert und können nicht separat ersetzt werden. Der Aus- und Einbau des Gehäuses ist in Kapitel 11, Sektion 14 beschrieben.

Nebelscheinwerfer

22 Der Zugang zu den Halogenlampen im Nebelscheinwerfer erfolgt über die Rückseite im Radkasten – demontieren Sie dazu die entsprechende Radhausverkleidung (siehe Kapitel 11, Sektion 29).

23 Bei LED-Nebelscheinwerfern können keine internen Komponenten ausgetauscht werden, sodass bei einem Defekt die gesamte Scheinwerfer-Baugruppe ersetzt werden muss.

Rückleuchten

Anmerkung: *Fahrzeuge mit LED-Scheinwerfern sind auch mit LED-Rückleuchten ausgerüstet, bei denen keine internen Komponenten ausgetauscht werden können, sodass bei einem Defekt die gesamte Rücklicht-Baugruppe ersetzt werden muss.*

24 Demontieren Sie bei Rückleuchten mit als Glühlampen ausgeführten Rückfahrleuchten, Blinkern und Nebelschlussleuchten die Baugruppe aus der Karosserie (siehe Sektion 8).

25 Lösen Sie mit einer Münze die Kunststoffmuttern, befreien Sie die Laschen und ziehen Sie den Lampenhalter aus der Rücklichteinheit (siehe Abbildung).

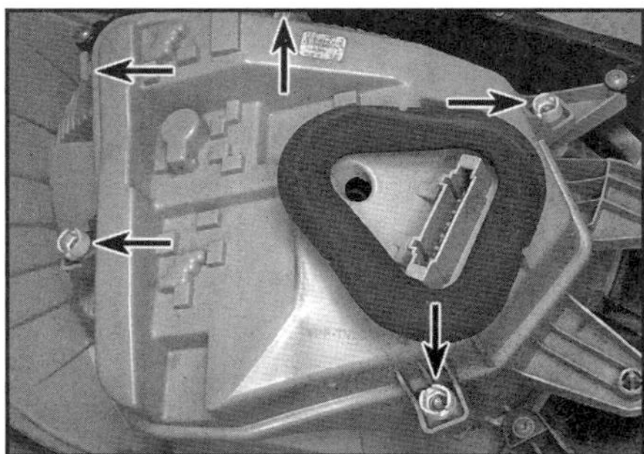

6.25 Kunststoffmuttern und Laschen des Lampenhalters

26 Entfernen Sie die entsprechende Lampe – manche sind einfach eingesteckt, während andere mit Bajonett-Sockeln gesichert sind, sodass sie zunächst eingedrückt und nach links gedreht werden müssen (siehe Abbildungen).

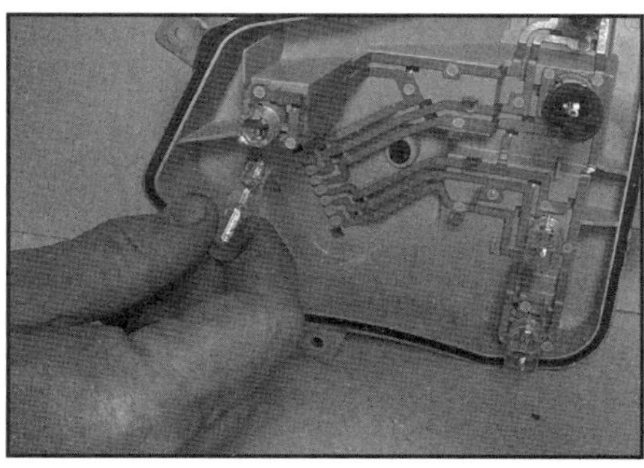

6.26a Lampen ohne Sockel werden einfach herausgezogen.

6.26b Drücken Sie eine Lampe mit Bajonettsockel ein und verdrehen Sie sie im Uhrzeigersinn.

27 Der Einbau der neuen Lampe entspricht der umgekehrten Ausbaureihenfolge.

Kennzeichenbeleuchtung

28 Die Kennzeichenbeleuchtung wird per LEDs sichergestellt, die nicht demontiert werden können. Bei einem Defekt muss die gesamte Baugruppe ersetzt werden (siehe Sektion 8).

Zusatzbremsleuchte

29 Die Zusatzbremsleuchte besteht aus LEDs, die nicht demontiert werden können. Bei einem Defekt muss die gesamte Baugruppe ersetzt werden (siehe Sektion 8).

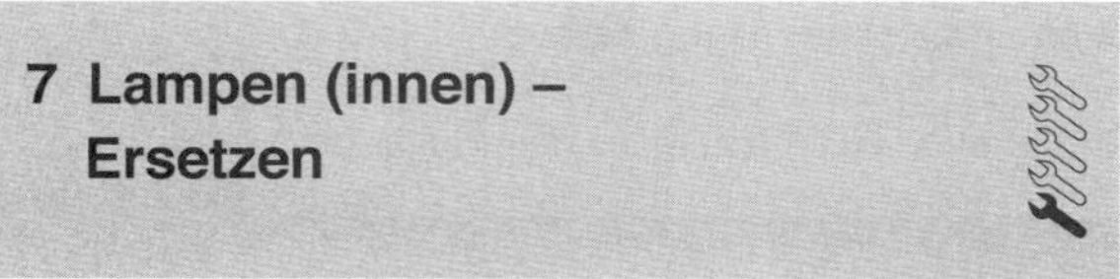

7 Lampen (innen) – Ersetzen

Innenbeleuchtung vorn/Leselampen

1 Die vordere Innenbeleuchtung wird von LEDs sichergestellt – diese sind nicht austauschbar, sodass die komplette Dach-Bedieneinheit erneuert werden muss (siehe Sektion 5, Schritt 9 und 10).

Innenbeleuchtung hinten

2 Hebeln Sie hinten beginnend die komplette Leuchten-Baugruppe aus dem Dachhimmel.

Äußere Lampen

3 Drehen Sie den Lampenhalter gegen den Uhrzeigersinn und ziehen Sie ihn aus der Baugruppe (siehe Abbildung).

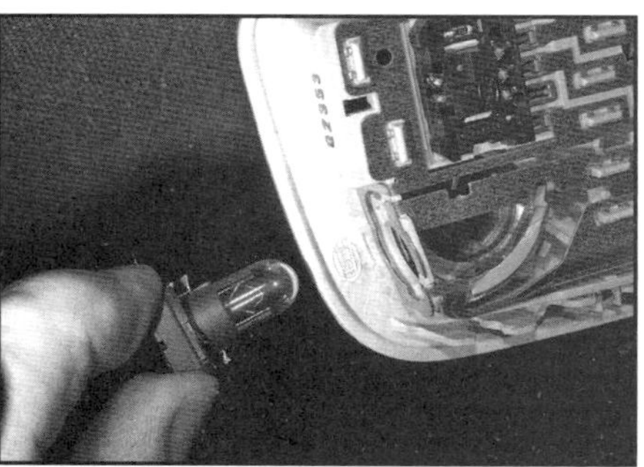

7.3 Drehen Sie den Lampenhalter nach links und ziehen Sie ihn heraus.

4 Ziehen Sie die sockellose Lampe aus dem Halter.
5 Drücken Sie die neue Lampe fest in die Halter-Kontakte.
6 Der Rest des Einbaus entspricht der umgekehrten Ausbaureihenfolge.

Mittlere Lampe

7 Befreien Sie das Lampenglas von der Leuchten-Baugruppe (siehe Abbildung).

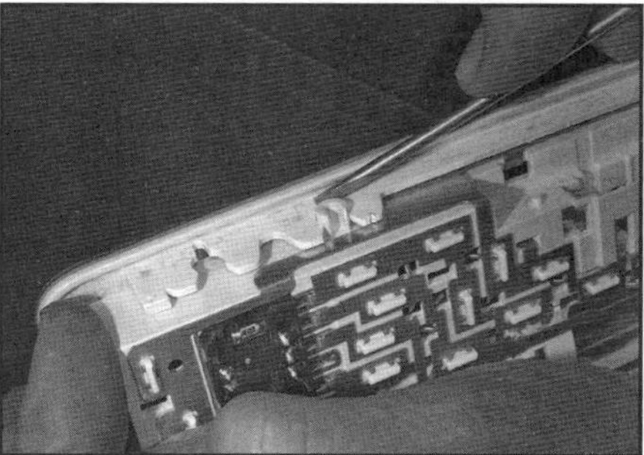

7.7 Hebeln Sie das Lampenglas ab.

8 Befreien Sie die Soffitte aus den Haltern (siehe Abbildung).

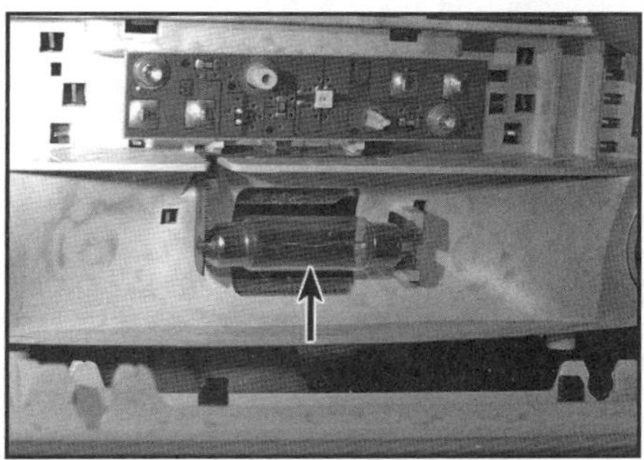

7.8 Ziehen Sie die Soffitte aus den Klemmen.

9 Der Einbau entspricht der umgekehrten Ausbaureihenfolge.

Fußraumbeleuchtung

10 Hebeln Sie die Leuchte vorsichtig unten aus dem Armaturenbrett (siehe Abbildung).

7.10 Hebeln Sie die Fußraumleuchte heraus.

11 Drehen Sie den Lampenhalter gegen den Uhrzeigersinn und ziehen Sie ihn aus der Leuchte.
12 Ziehen Sie die sockellose Lampe aus dem Halter.
13 Der Einbau entspricht der umgekehrten Ausbaureihenfolge.

Ausstiegsleuchten

14 Hebeln Sie die Leuchte vorsichtig unten aus der Türverkleidung (siehe Abbildung).

7.14 Hebeln Sie die Ausstiegsleuchte heraus.

15 Schwenken Sie den Lampenhalter heraus und ziehen Sie die sockellose Lampe heraus (siehe Abbildung).

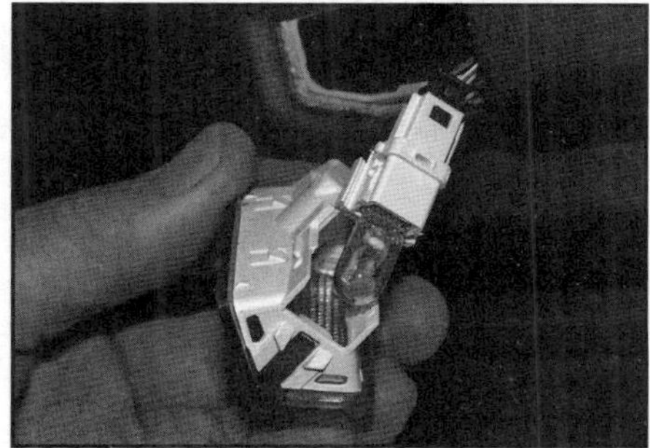

7.15 Ziehen Sie die sockellose Lampe heraus.

16 Der Einbau entspricht der umgekehrten Ausbaureihenfolge.

Kofferraumbeleuchtung

17 Hebeln Sie die Leuchte vorsichtig unten aus der seitlichen Verkleidung.
18 Ziehen Sie die sockellose Lampe aus dem Halter.
19 Der Einbau entspricht der umgekehrten Ausbaureihenfolge.

Heckklappenleuchte

20 Entfernen Sie die untere Heckklappenverkleidung (siehe Sektion 11, Sektion 25).
21 Drehen Sie den Lampenhalter gegen den Uhrzeigersinn und ziehen Sie ihn aus der Leuchte (siehe Abbildung).

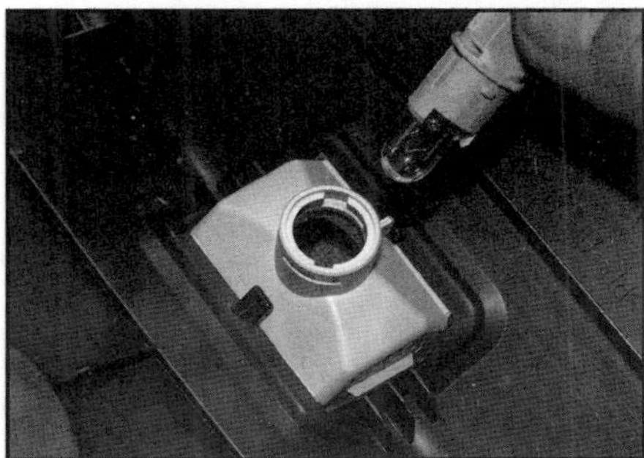

7.21 Drehen Sie den Lampenhalter nach links und ziehen Sie ihn heraus.

22 Ziehen Sie die sockellose Lampe aus dem Halter.
23 Der Einbau entspricht der umgekehrten Ausbaureihenfolge.

Handschuhfachbeleuchtung

24 Öffnen Sie das Handschuhfach und hebeln Sie die Leuchte vorsichtig heraus (siehe Abbildung).

7.24 Hebeln Sie die Leuchte vorsichtig aus dem Handschuhfach.

25 Ziehen Sie die sockellose Lampe aus dem Halter.
26 Der Einbau entspricht der umgekehrten Ausbaureihenfolge.

Schminkspiegel-Leuchten

27 Hebeln Sie die Leuchte aus dem Dachhimmel (siehe Abbildung).

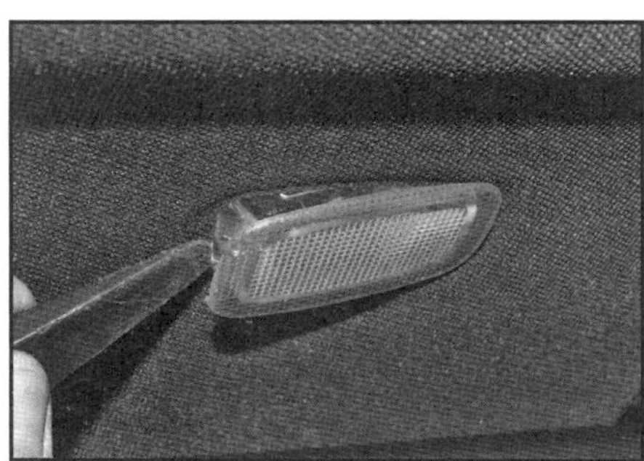

7.27 Hebeln Sie die Leuchte vorsichtig aus dem Dachhimmel.

28 Ziehen Sie die sockellose Lampe aus dem Halter.
29 Der Einbau entspricht der umgekehrten Ausbaureihenfolge.

8 Lampen-Baugruppen (außen) – Ausbau und Einbau

1 Beachten Sie beim Austauschen von Lampen-Baugruppen die folgenden Punkte:

a) Die entsprechende Lampe muss vor Arbeitsbeginn abgeschaltet werden.

b) Bedenken Sie, dass Lampen im Betrieb sehr heiß werden und etwas Zeit zum Abkühlen brauchen.

Scheinwerfer

2 Demontieren Sie die vordere Stoßfänger-Schürze (siehe Kapitel 11, Sektion 5).
3 Lösen Sie bei Modellen mit Scheinwerfer-Reinigungssystem bis Modelljahr 2016 den Clip der Waschdüse und ziehen Sie diese nach vorn aus dem Arbeitsbereich. Befreien Sie ggf. den Schlauch vom linken Scheinwerfer – er muss nicht getrennt werden.
4 Markieren Sie oben am Scheinwerfer die Positionen der zwei unter den Schrauben liegenden Scheiben und lösen Sie die Schrauben (siehe Abbildungen).

8.4a Obere Scheinwerfer-Schrauben

8.4b Markieren Sie die Ausrichtung der Scheiben.

5 Lösen Sie die untere äußere Schraube und manövrieren Sie den Scheinwerfer heraus (siehe Abbildungen) – trennen Sie dabei den/die Kabelstecker und befreien Sie die Verkabelung.

8.5a Untere äußere Scheinwerfer-Schraube

8.5b Ziehen Sie die Arretierung heraus und trennen Sie den Scheinwerfer-Stecker.

6 Der Einbau entspricht der umgekehrten Ausbaureihenfolge – kontrollieren Sie den Spalt zwischen dem Scheinwerfer und der Motorhaube und positionieren Sie den Scheinwerfer nötigenfalls um. Kontrollieren Sie die Scheinwerferausrichtung (siehe Sektion 9).

Frontleuchten-Steuereinheit – LED-Scheinwerfer

Anmerkung: *Falls eine neue Frontleuchten-Steuereinheit installiert werden soll, muss sie mithilfe geeigneter Diagnoseausrüstung programmiert/kodiert werden – überlassen Sie dies ggf. einer entsprechend ausgerüsteten Fachwerkstatt.*

7 Demontieren Sie den entsprechenden Scheinwerfer (siehe oben).

8 Lösen Sie unten am Scheinwerfer die vier Schrauben der Steuereinheit-Abdeckung und entnehmen Sie diese (siehe Abbildung). Entnehmen Sie die Gummidichtung.

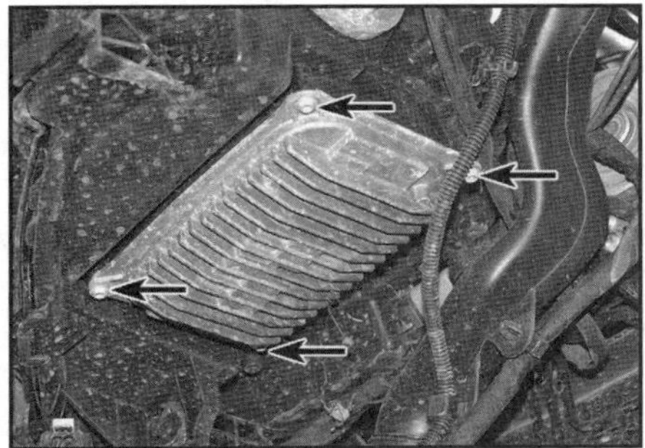

8.8 Schrauben der Steuereinheit-Abdeckung unten am Scheinwerfer

9 Befreien Sie die Steuereinheit aus dem Scheinwerfer – dabei wird auch der Stecker getrennt.

Anmerkung: *Falls eine neue Steuereinheit installiert werden soll, muss zuvor die LAM-Nummernfolge auf dem Aufkleber innerhalb des Scheinwerfers notiert werden – diese wird beim Programmieren benötigt.*

10 Der Einbau entspricht der umgekehrten Ausbaureihenfolge – die Gummidichtung zwischen der Steuereinheit und dem Scheinwerfer muss sauber und unbeschädigt sein; ersetzen Sie sie nötigenfalls.

Zusatz-Blinkerlampe im Außenspiegel

11 Demontieren Sie das Außenspiegelgehäuse (siehe Kapitel 11, Sektion 14).

12 Lösen Sie die Schrauben der Lichteinheit und befreien Sie sie (siehe Abbildung).

8.12 Schrauben der Zusatz-Blinkerlampe im Außenspiegel

13 Der Einbau entspricht der umgekehrten Ausbaureihenfolge.

Nebelscheinwerfer

14 Demontieren Sie die entsprechende Radlaufverkleidung (siehe Kapitel 11, Sektion 29).

15 Trennen Sie den Kabelstecker des Nebelscheinwerfers.

16 Lösen Sie die drei Schrauben und manövrieren Sie den Nebelscheinwerfer heraus.

17 Der Einbau entspricht der umgekehrten Ausbaureihenfolge.

Rücklichteinheit

18 Öffnen Sie die Heckklappe, drehen Sie in der Seitenverkleidung den Verschluss der Zugangsklappe im Uhrzeigersinn und öffnen Sie die Klappe.

19 Trennen Sie den Kabelstecker, halten Sie die Rücklichteinheit und drehen Sie die Plastik-Flügelschraube gegen den Uhrzeigersinn, um die Rücklichteinheit abzuziehen (siehe Abbildung).

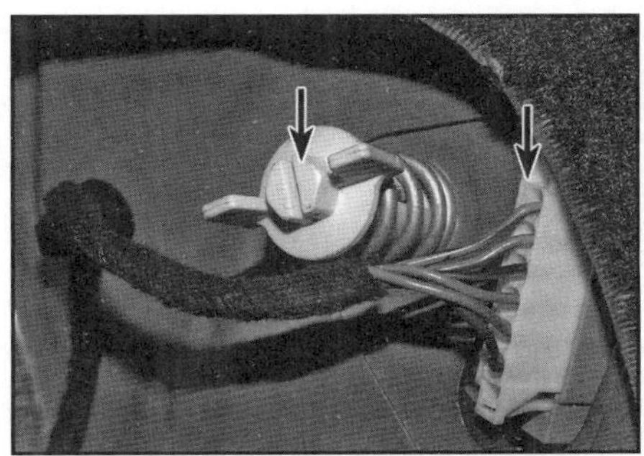

8.19 Stecker und Plastik-Flügelschraube der Rücklichteinheit

20 Der Einbau entspricht der umgekehrten Ausbaureihenfolge – die Rücklichteinheit muss korrekt in ihren Führungen sitzen.

Kennzeichenbeleuchtung

21 Demontieren Sie die mittlere Heckklappenverkleidung (siehe Kapitel 11, Sektion 25).

22 Drücken Sie von innen die Clips der Kennzeichenbeleuchtung zusammen und befreien Sie sie aus der Heckklappe (siehe Abbildung) – trennen Sie dabei den Kabelstecker.

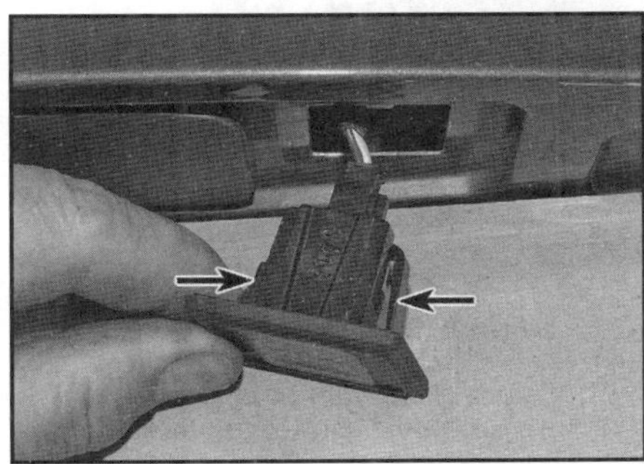

8.22 Clips der Kennzeichenbeleuchtung

23 Der Einbau entspricht der umgekehrten Ausbaureihenfolge

Zusatzbremsleuchte

24 Demontieren Sie den Heckspoiler (siehe Kapitel 11, Sektion 21).

25 Lösen Sie die zwei Schrauben und entfernen Sie die Zusatzbremsleuchte vom Spoiler (siehe Abbildung) – trennen Sie dabei den Kabelstecker.

8.25 Schrauben der Zusatzbremsleuchte

26 Der Einbau entspricht der umgekehrten Ausbaureihenfolge

9 Scheinwerferausrichtung – Kontrolle und Einstellung

Anmerkung: *Eine Einstellung ist nur bei Halogen- und Xenon-Scheinwerfern möglich. Für die Einstellung von Scheinwerfern und Nebelscheinwerfern mit LED-Leuchten wird eine geeignete Diagnoseausrüstung benötigt, sodass sie von einer entsprechend ausgerüsteten Fachwerkstatt durchgeführt werden muss.*

1 Eine akkurate Einstellung der Scheinwerfer ist nur mit einem speziellen optischen Einstellgerät möglich, sodass sie von einer entsprechend ausgerüsteten Fachwerkstatt durchgeführt werden muss.

2 Nach dem Austausch eines Scheinwerfers oder einem Unfallschaden kann eine provisorische Einstellung vorgenommen werden:

3 Drehen Sie die Einstellschrauben hinten am Scheinwerfer, bis der Lichtkegel ungefähr korrekt ausgerichtet ist (siehe Abbildung).

9.3 Die Äußere Einstellschraube dient der seitlichen Verstellung, die innere Schraube der Höhenverstellung.

4 Bevor irgendwelche Einstellungen vorgenommen werden, muss bei allen Rädern der korrekte Luftdruck sichergestellt sein. Stellen Sie das Fahrzeug auf eine ebene Fläche und entleeren Sie den Kofferraum.

5 Drücken Sie die Front einige Male herunter, damit sich die Federbeine setzen können. Im Idealfall sollte ein Mensch mit durchschnittlichem Gewicht auf dem Fahrersitz Platz nehmen und der Tank sollte gefüllt sein.

6 Soweit das Fahrzeug mit einer elektrischen Leuchtweitenverstellung ausgerüstet ist, muss der Schalter auf 0 gestellt werden.

7 Nach jeder provisorischen Einstellung muss diese anschließend von einer entsprechend ausgerüsteten Fachwerkstatt überprüft und ggf. justiert werden.

10 Scheinwerferausrichtungs-Motor – Ausbau und Einbau

1 Die Scheinwerfer-Baugruppe kann nicht zerlegt werden, um den Motor auszutauschen – falls er defekt ist, muss die gesamte Baugruppe erneuert werden (siehe Sektion 8).

11 Instrumente und Multimedia-Display – Ausbau und Einbau

Warnung: Die Kombiinstrumenten-Baugruppe muss nach dem Ausbau aufrecht gelagert werden, damit keine Silikonflüssigkeit austritt.

Achtung: Falls eine neue Kombiinstrumenten-Baugruppe eingebaut wird, müssen die in der Einheit gespeicherten Konfigurations-Informationen mithilfe einer Mercedes-Diagnoseausrüstung ausgelesen und in das neue Bauteil übertragen werden – überlassen Sie diese Arbeit einer entsprechend ausgerüsteten Fachwerkstatt.

Ausbau

Kombiinstrumente

1 Positionieren Sie das Lenkrad ganz nach unten und hinten.

2 Trennen Sie den Masseanschluss (–) der Batterie (siehe Kapitel 5, Sektion 4).

3 Hebeln Sie mit einem geeigneten Werkzeug vorsichtig die Instrumentenblende ab, um die Clips zu befreien (siehe Abbildung).

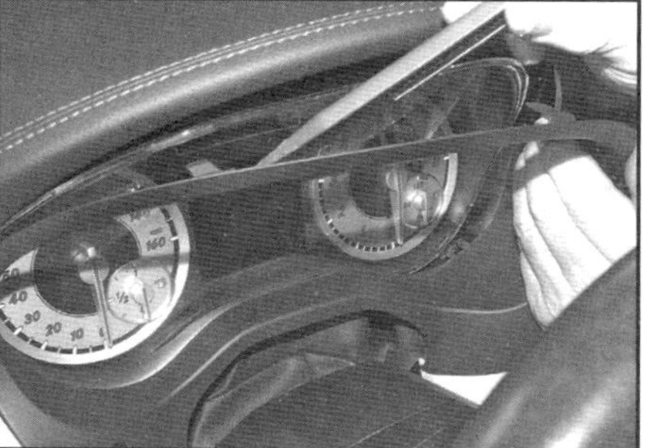

11.3 Hebeln Sie die Instrumentenblende ab.

4 Ziehen Sie vorsichtig den Rückstellknopf aus der Instrumentenbaugruppe (siehe Abbildung).

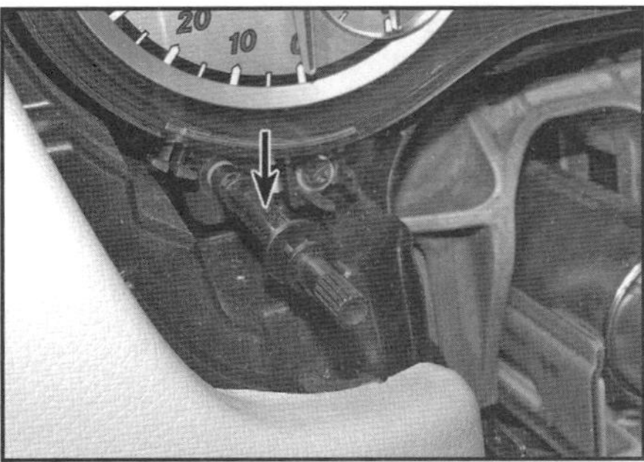

11.4 Ziehen Sie vorsichtig den Rückstellknopf heraus.

5 Lösen Sie an beiden Seiten unten die Befestigungsschrauben (siehe Abbildung) – diese verbleiben an der Instrumentenbaugruppe.

11.5 Befestigungsschrauben der Instrumentenbaugruppe

6 Führen Sie an beiden Seiten der Instrumente geeignete Haken ein und drehen Sie diese, um die Laschen zu lösen und die Baugruppe herausziehen zu können (siehe Abbildungen) – trennen Sie dabei die Kabelstecker.

11.6a Führen Sie zwischen der Kombiinstrumenten-Baugruppe und dem Armaturenbrett Haken ein, ...

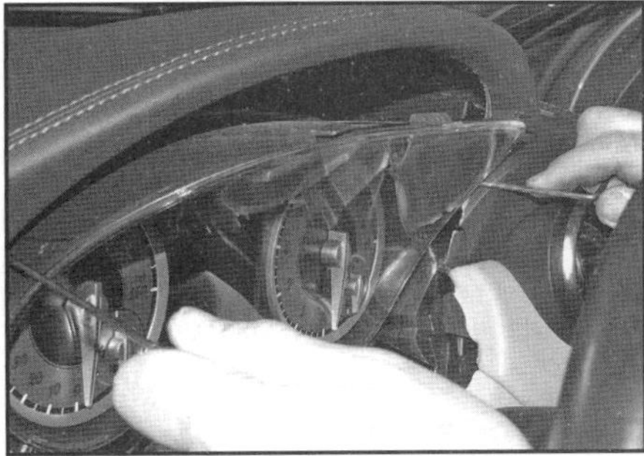

11.6b ... lösen Sie damit die Laschen und ziehen Sie die Instrumente heraus.

Multimedia-Display

7 Trennen Sie den Masseanschluss (–) der Batterie (siehe Kapitel 5, Sektion 4).
8 Hebeln Sie vorn am Display die Abdeckungen auf und lösen Sie die zwei Schrauben (siehe Abbildungen).

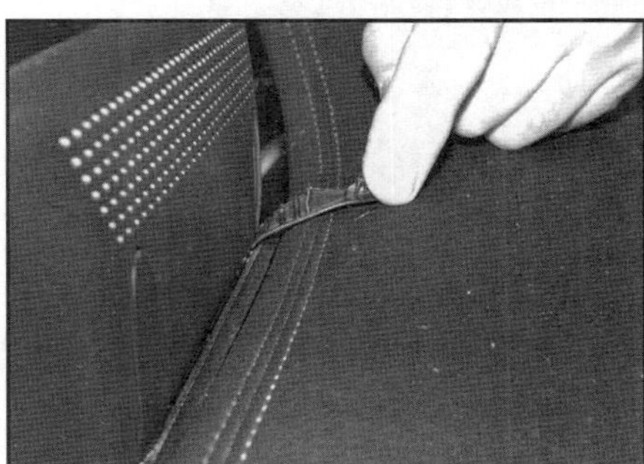

11.8a Hebeln Sie vorn am Display die Abdeckungen auf ...

11.8b ... und lösen Sie die zwei Torxschrauben.

9 Ziehen Sie das Display hoch und nach hinten ab, trennen Sie dabei die Kabelstecker (siehe Abbildung).

11.9 Trennen Sie beim Befreien des Displays die Kabelstecker.

Einbau

10 Der Einbau entspricht der umgekehrten Ausbaureihenfolge

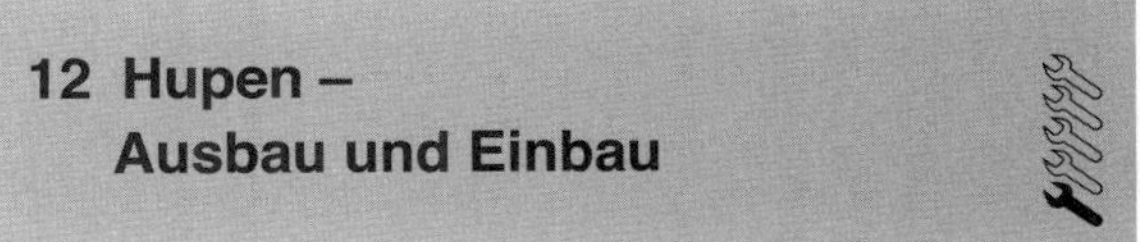

12 Hupen – Ausbau und Einbau

1 Die Hupen sitzen links und rechts hinter der vorderen Stoßfänger-Schürze. Demontieren Sie für den Zugang die entsprechende Radlaufverkleidung (siehe Kapitel 11, Sektion 29).

2 Demontieren Sie die Mutter der Hupe und befreien Sie diese (siehe Abbildung) – trennen Sie dabei den Kabelstecker.

12.2 Hupenmutter

13 Der Einbau entspricht der umgekehrten Ausbaureihenfolge.

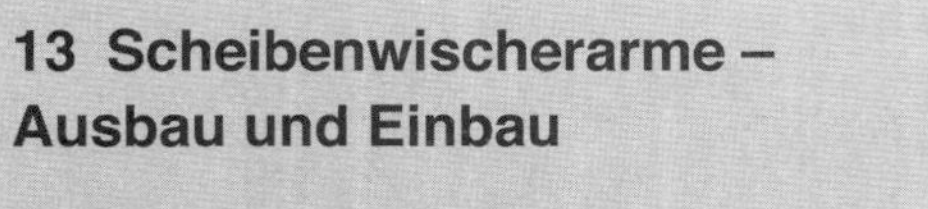

13 Scheibenwischerarme – Ausbau und Einbau

Ausbau

1 Schalten Sie die Scheibenwischer ein und wieder aus, sodass diese wieder in ihre Ruheposition gelangen. Markieren Sie mit einem Stift oder Kreppband die Position der Wischerblätter auf der Fensterscheibe, um sie später wieder korrekt ausrichten zu können (siehe Abbildung).

13.1 Markierung für die Scheibenwischer-Ruheposition

2 Die Zündung muss abgeschaltet sein. Platzieren Sie die Fernbedienung mindestens zwei Meter vom Fahrzeug entfernt.

Windschutzscheibe

3 Entfernen Sie die Kappe und lockern Sie die Mutter der Wischerarm-Welle um zwei Umdrehungen (siehe Abbildung).

13.3 Entfernen Sie die Kappe und lockern Sie die Mutter der Wischerarm-Welle.

4 Heben Sie das Wischerblatt von der Windschutzscheibe und ziehen Sie den Wischerarm vom Konus der Welle – hebeln sie ihn entweder ab oder ziehen Sie ihn mithilfe eines Abziehers ab (siehe Abbildung) – beschädigen Sie dabei nicht die Lüftungsgitter-Verkleidung.

13.4 Befreien Sie den Wischerarm nötigenfalls mit einem Abzieher von der Welle.

Heckscheibe

5 Heben Sie die Abdeckung ab und lockern Sie die Mutter der Wischerarm-Welle um zwei Umdrehungen (siehe Abbildung).

13.5 Entfernen Sie die Kappe und lockern Sie die Mutter der Wischerarm-Welle.

6 Heben Sie das Wischerblatt von der Heckscheibe und ziehen Sie den Wischerarm vom Konus der Welle – hebeln sie ihn entweder ab oder ziehen Sie ihn mithilfe eines Abziehers ab – beschädigen Sie dabei nicht die Heckklappe.

Beide Fensterscheiben

7 Drehen Sie die Mutter vollständig ab und ziehen Sie den Wischerarm von der Welle.

Einbau

8 Der Einbau entspricht der umgekehrten Ausbaureihenfolge – der Wischerarm muss zur Markierung an der Scheibe ausgerichtet und auf die Welle gesteckt werden. Ziehen Sie die Muttern sorgfältig an.

14 Windschutzscheibenwischermotor und Gestänge – Ausbau und Einbau

1 Demontieren Sie die Lüftungsgitter-Verkleidung. (siehe Kapitel 11, Sektion 21).
2 Lösen Sie die Schrauben und Muttern der Gestänge- und Motor-Befestigung (siehe Abbildung).

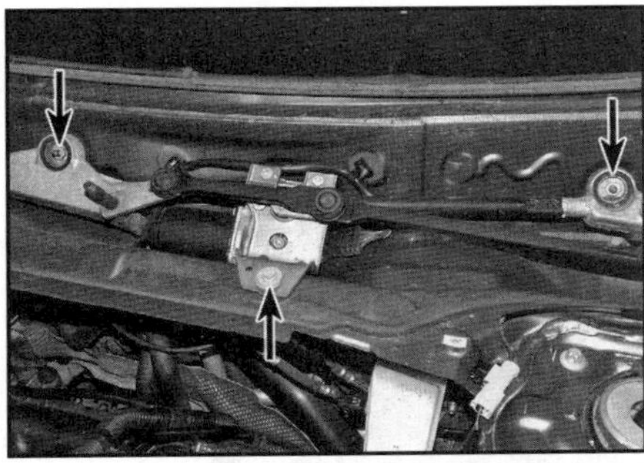

14.2 Schrauben und Muttern der Gestänge- und Motor-Befestigung

3 Trennen Sie den Kabelstecker und manövrieren Sie den Motor samt Gestänge heraus.
4 Beim Verfassen dieses Buchs (2019) waren keine Einzelteile für die Baugruppe erhältlich – erkundigen Sie sich beim Mercedes-Händler, ob der Motor und/oder das Gestänge separat erhältlich ist.
Einbau
5 Der Einbau entspricht der umgekehrten Ausbaureihenfolge – beachten Sie dabei folgende Punkte:
a) *Ziehen Sie die Schrauben und Muttern der Gestänge- und Motor-Befestigungen sorgfältig an.*
b) *Schmieren Sie die Welle und die Gestänge-Gelenke vor dem Einbau mit Fett.*

15 Heckscheibenwischermotor – Ausbau und Einbau

1 Demontieren Sie den Wischerarm (siehe Sektion 13).
2 Demontieren Sie die mittlere Heckklappenverkleidung (siehe Kapitel 11, Sektion 25).
3 Trennen Sie den Kabelstecker vom Wischermotor.
4 Lösen Sie die drei Schrauben und befreien Sie den Motor aus der Heckklappe (siehe Abbildung).

15.4 Heckscheibenwischermotor-Schrauben

5 Der Einbau entspricht der umgekehrten Ausbaureihenfolge – führen Sie die Motorwelle durch den in der Heckscheibe sitzenden Gummistopfen. Stellen Sie vor der Montage des Wischerarms sicher, der der Motor in der Ruhestellung steht.

16 Scheibenwaschsystem-Komponenten – Ausbau und Einbau

Ausbau

Wischwasserbehälter

1 Demontieren Sie die linke vordere Radlaufverkleidung (siehe Kapitel 11, Sektion 29).
2 Trennen Sie die Kabelstecker des Pegel-Sensors und der Wischwasserpumpe und befreien Sie die Schläuche von der Pumpe (siehe Abbildungen).

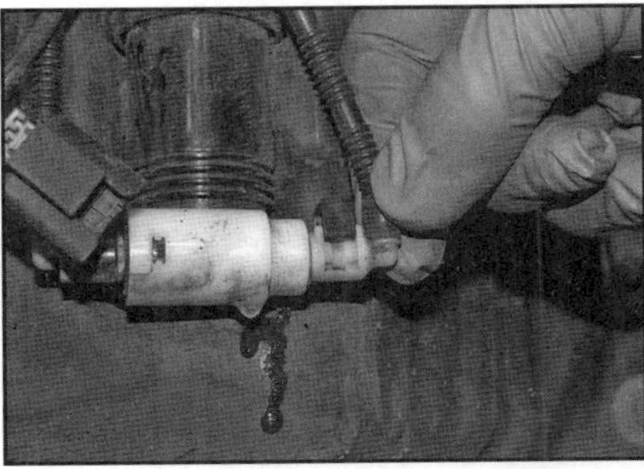

16.2a Kabelstecker des Pegel-Sensors und der Wischwasserpumpe

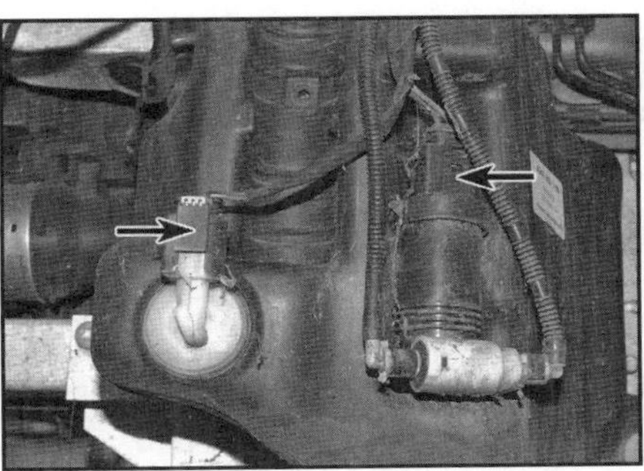

16.2b Schieben Sie den schwarzen Clip hoch und trennen Sie den Schlauch.

3 Lösen Sie die zwei Schrauben des Behälters (siehe Abbildung).

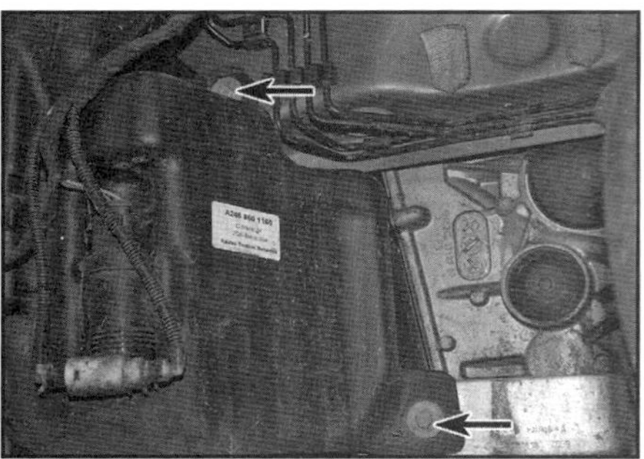

16.3 Schrauben des Wischwasserbehälters

4 Ziehen Sie den Behälter unten aus der Führung und senken Sie ihn nach unten ab.
5 Der Einbau entspricht der umgekehrten Ausbaureihenfolge.

Wischwasserpegel-Sensor

6 Der Pegelsensor ist mit dem Behälter verklebt – bei einem Defekt muss dieser ersetzt werden.

Wischwasserpumpen

7 Demontieren Sie die linke vordere Radlaufverkleidung (siehe Kapitel 11, Sektion 29).
8 Trennen Sie die Kabelstecker des Pegel-Sensors und befreien Sie die Schläuche von der Pumpe (Abb. 16.2a und b).
9 Ziehen Sie die Pumpe nach oben aus dem Gummistopfen des Behälters, schwenken Sie sie heraus und ziehen Sie sie nach unten aus dem Halteband (siehe Abbildung) – seien Sie auf austretendes Wischwasser vorbereitet.

16.9 Ziehen Sie die Pumpe zuerst unten aus dem Stopfen und dann oben aus dem Halteband.

10 Kontrollieren Sie den Gummistopfen im Wischwasserbehälter und erneuern Sie ihn nötigenfalls.
11 Der Einbau entspricht der umgekehrten Ausbaureihenfolge.

Windschutzscheiben-Düse

12 Öffnen Sie die Motorhaube. Ziehen Sie die Wischwasser-Düsen leicht nach vorn, senken Sie ihre hinteren Enden ab und befreien Sie sie samt ihrer Schläuche, um sie beiseite zu legen (siehe Abbildung).

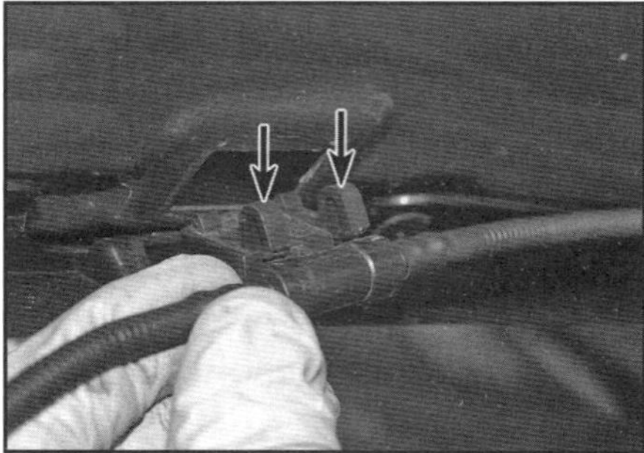

16.12 Ziehen Sie die Wischwasser-Düsen nach vorn, um die vorderen Clips zusammenzudrücken.

13 Trennen Sie unten den Wischwasserschlauch von der Düse und trennen Sie ggf. deren Heizelement-Stecker. **Achtung: Der Schlauch wird beim Trennen von der Düse wahrscheinlich beschädigt.**

Heckscheiben-Düse

14 Demontieren Sie die Zusatzbremsleuchte (siehe Sektion 8).
15 Lösen Sie an beiden Seiten des Wischwasserschlauch-Anschlusses die Lasche und befreien Sie ihn (siehe Abbildung).

16.15 Befreien Sie die Lasche und trennen Sie den Wischwasserschlauch-Anschluss.

16 Drücken Sie unten am Spoiler die Lasche der Düse und ziehen Sie diese heraus (siehe Abbildungen).

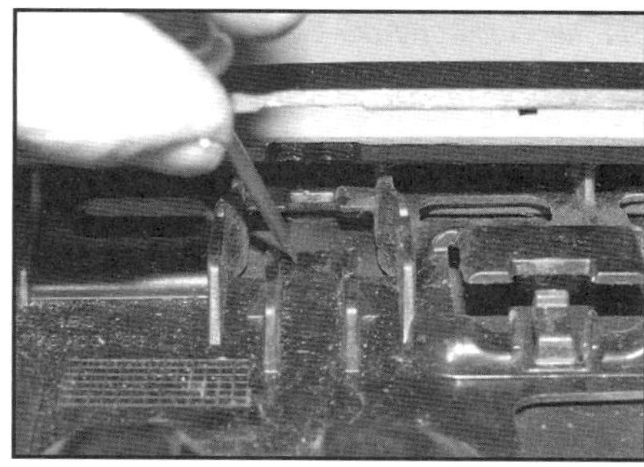

16.16a Drücken Sie unten am Spoiler die Lasche ...

16.16b ... und ziehen Sie die Düse heraus.

Einbau

17 Der Einbau entspricht der umgekehrten Ausbaureihenfolge – beachten Sie dabei folgende Punkte:

a) Drücken Sie die Wischwasser-Düsen fest in ihre Sitze, bis sie einrasten.

b) Die Ausrichtung der Düsen kann nötigenfalls mithilfe einer dünnen Nadel eingestellt werden – vergrößern Sie dabei nicht versehentlich deren Durchmesser, da dadurch der Druck nachlässt.

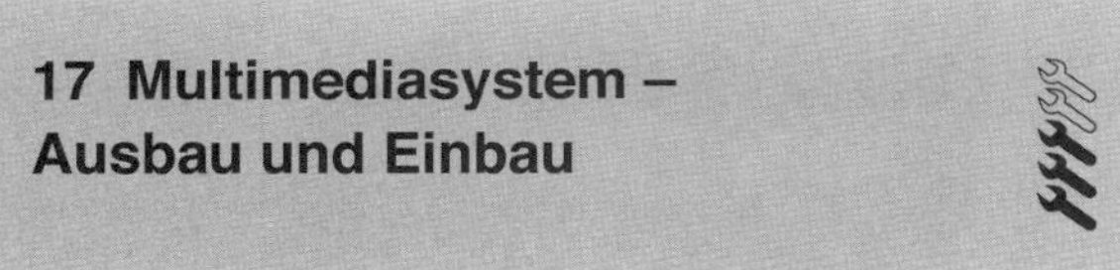

17 Multimediasystem – Ausbau und Einbau

1 Trennen Sie zunächst den Masseanschluss (–) der Batterie (siehe Kapitel 5, Sektion 4).

Bedienfeld

2 Demontieren Sie die zwei äußeren der drei zentralen Lüftungsdüsen, indem Sie unten einen passenden Haken einführen und die Düsen herausziehen (siehe Abbildungen) – Mercedes bietet hierfür unter der Teilenummer 140 589 02 33 00 entsprechende Ausbauhaken an, doch aus Schweißdraht gebogene Alternativen funktionieren auch. Falls sich die Düsen nicht herausziehen lassen, müssen das Handschuhfach und die untere Armaturenbrett-Verkleidung im Fahrerfußraum entfernt werden (siehe Kapitel 11, Sektion 27 und 28), um sie von innen herauszudrücken.

17.2a Führen Sie unten in der Luftdüse einen Haken ein ...

17.2b ... und ziehen Sie diese damit heraus.

3 Drehen Sie die Verschlussschrauben in den Düsen-Sitzen bis zum Anschlag gegen den Uhrzeigersinn und dann eine volle Umdrehung im Uhrzeigersinn (siehe Abbildung).

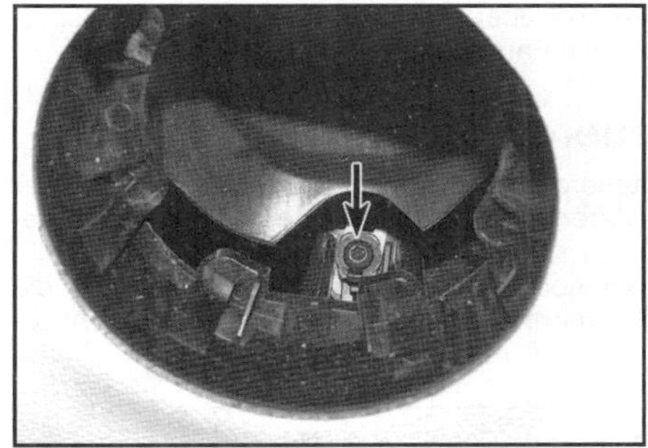

17.3 Verschlussschraube im Düsen-Sitz

4 Setzen Sie die Ausbauhaken unter den Köpfen der Verschlussschrauben an und ziehen Sie das Audiosystem aus dem Armaturenbrett – trennen Sie dabei alle Kabelstecker (siehe Abbildungen).

17.4a Setzen Sie die Ausbauhaken unter den Köpfen der Verschlussschrauben an ...

17.4b ... und ziehen Sie das Audiosystem heraus.

17.4c Trennen Sie alle Kabelstecker, sobald sie zugänglich sind.

5 Der Einbau entspricht der umgekehrten Ausbaureihenfolge – falls eine neue Audioeinheit installiert werden soll, muss sie mithilfe geeigneter Diagnoseausrüstung programmiert/kodiert werden – überlassen Sie dies ggf. einer entsprechend ausgerüsteten Fachwerkstatt.

Audio-Steuergerät

6 Das Audio-Steuergerät sitzt in der oberen Abdeckung der Mittelkonsole – deren Ausbau ist in Kapitel 11, Sektion 26 beschrieben.
7 Stellen Sie die Abdeckung auf den Kopf, lösen Sie die Schrauben und entnehmen Sie das Steuergerät (siehe Abbildung).

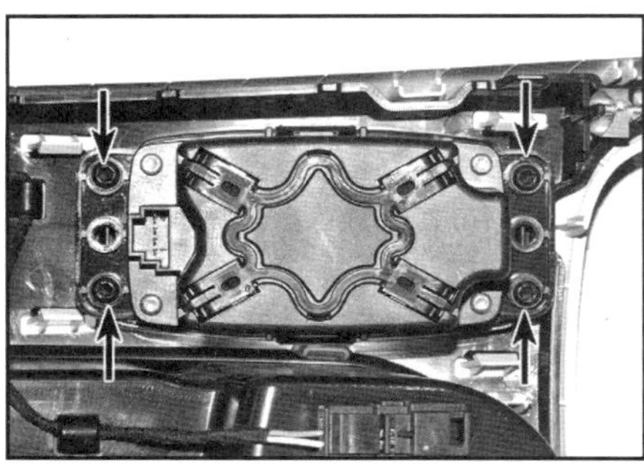

17.7 Schrauben des Audio-Steuergeräts

8 Der Einbau entspricht der umgekehrten Ausbaureihenfolge.

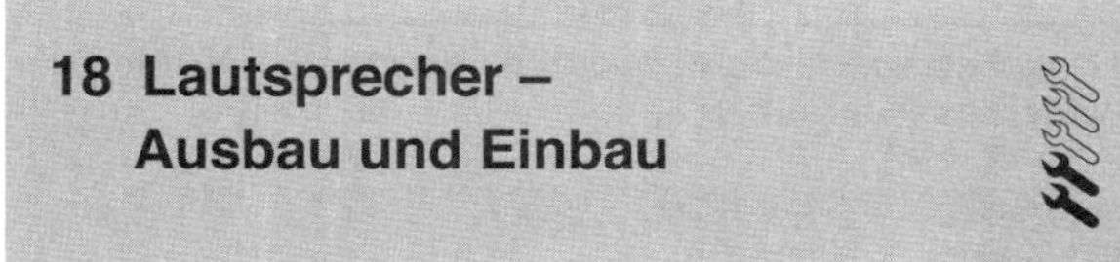

18 Lautsprecher – Ausbau und Einbau

Ausbau

Türlautsprecher

1 Entfernen Sie das Türmodul (siehe Kapitel 11, Sektion 11).
2 Bohren Sie die drei Nietköpfe am Lautsprecher auf und ziehen Sie den Lautsprecher heraus (siehe Abbildung).

18.2 Nietköpfe am Türlautsprecher

3 Trennen Sie beim Ausbau des Lautsprechers den Kabelstecker.

Hochtöner in vorderen Türen

4 Entfernen Sie die Türverkleidung (siehe Kapitel 11, Sektion 8).
5 Lösen Sie die Clips und befreien Sie den Hochtöner aus der Verkleidung (siehe Abbildung).

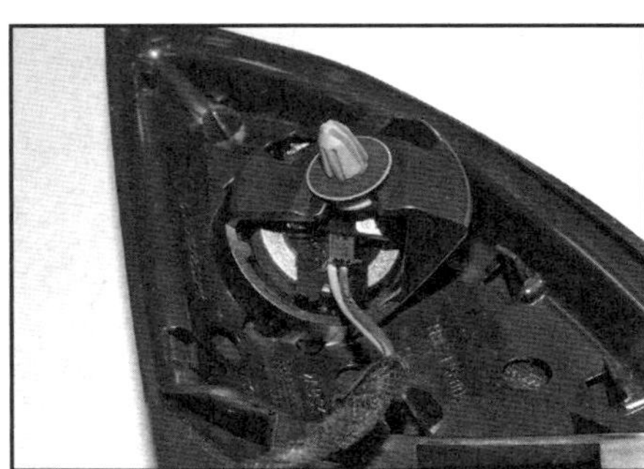

18.5 Clip des Hochtöners

Armaturenbrett-Lautsprecher

6 Hebeln Sie oben in der Mitte vorsichtig das Gitter aus dem Armaturenbrett (siehe Abbildung).

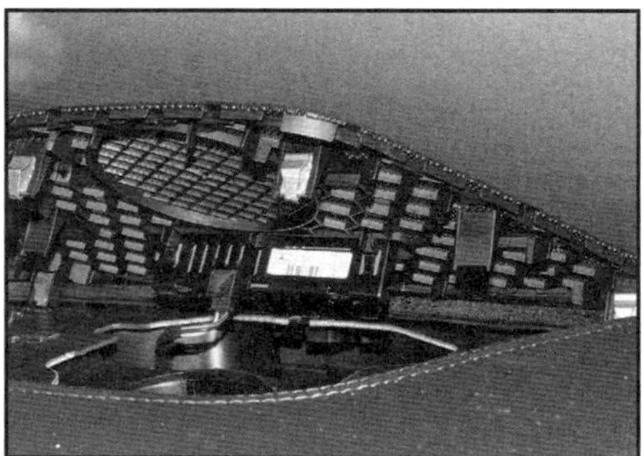

18.6 Hebeln Sie das Gitter aus dem Armaturenbrett.

7 Lösen Sie die drei Schrauben des Lautsprechers und entnehmen Sie ihn – trennen Sie dabei den Kabelstecker.

Armaturenbrett-Hochtöner

8 Demontieren Sie den Armaturenbrett-Lautsprecher (siehe oben).
9 Lösen Sie die zwei Schrauben des Hochtöners und entnehmen Sie ihn – trennen Sie dabei den/die Kabelstecker.

Einbau

10 Der Einbau entspricht der umgekehrten Ausbaureihenfolge.

19 Antennen – Ausbau und Einbau

Radio-Antenne

1 Diese Antenne ist in die Heckscheibe integriert, deren Austausch einer Fachwerkstatt überlassen werden sollte.

Bluetooth-Antenne

2 Demontieren Sie das Multimediasystem (siehe Sektion 17).
3 Trennen Sie den Antennenstecker, lösen Sie die Lasche der Antenne und befreien Sie sie aus dem Armaturenbrett (siehe Abbildung).

19.3 Bluetooth-Antenne

4 Der Einbau entspricht der umgekehrten Ausbaureihenfolge.

Mobiltelefon-Antenne

5 Demontieren Sie den Heckspoiler (siehe Kapitel 11, Sektion 21).
6 Trennen Sie den Antennenstecker und befreien Sie die Verkabelung aus den Befestigungen.
7 Die Antenne ist mit der Heckklappe verklebt – hebeln Sie sie mit einem geeigneten Werkzeug ab.
Achtung: Die Antenne ist empfindlich und kann beim Lösen leicht beschädigt werden.
8 Reinigen Sie vor der Montage die Kontaktfläche der Heckklappe mit Lösungsmittel.
9 Beschaffen Sie geeigneten Klebstoff und kleben Sie die Antenne an die Heckklappe.
10 Der Rest des Einbaus entspricht der umgekehrten Ausbaureihenfolge.

20 Airbags – Ausbau und Einbau

Warnung: Mit Airbags muss äußerst vorsichtig umgegangen werden! Halten Sie den Airbag stets dicht am Körper – mit dem Luftsack nach außen. Alle Arbeiten an Airbags oder ihren Steuerkreisen müssen entsprechenden Fachwerkstätten überlassen werden.

Warnung: Lagern Sie einen Airbag mit dem Luftsack nach oben an einem sicheren Platz und setzen Sie ihn niemals Temperaturen über 100 °C aus!

Warnung: Versuchen Sie niemals, einen Airbag zu öffnen oder zu reparieren und schließen Sie niemals Strom an ihn an! Ein Airbag mit sichtbaren Beschädigungen darf niemals wiederverwendet werden!

1 Trennen Sie zunächst den Masseanschluss (–) der Batterie (siehe Kapitel 5, Sektion 4).
Warnung: Warten Sie nach dem Trennen der Batterie mindestens fünf Minuten, damit sich Restspannungen abbauen können und der Airbag nicht versehentlich auslöst!

Fahrer-Airbag

2 Stechen Sie an den Vertiefungen der hinteren Lenkradverkleidung Löcher ein und drücken Sie mit einem eingeführten T20-Torxschlüssel (oder einer ähnlich dimensionierten Stange) fest gegen die Federbügel des Airbags (siehe Abbildungen).

20.2a Stechen Sie an den Vertiefungen der hinteren Lenkradverkleidung Löcher ein ...

20.2b ... und drücken Sie mit einem T20-Torxschlüssel fest gegen die Federbügel des Airbags.

3 Entnehmen Sie den Airbag und trennen Sie dabei seinen Stecker (siehe Abbildung). Legen Sie den Stecker mit dem Luftsack nach oben an einem sicheren Ort ab.

20.3 **Airbag-Stecker**

4 Der Rest des Einbaus entspricht der umgekehrten Ausbaureihenfolge – verbinden Sie den Stecker und drücken Sie den Airbag fest ins Lenkrad, bis die Federbügel einrasten.

Knie-Airbag

5 Lösen Sie die zwei Schrauben der Armaturenbrett-Verkleidung und entnehmen Sie diese (siehe Abbildung) – lagern Sie sie mit angeschlossenem Stecker beiseite.
Anmerkung: *Die Verkleidungsschrauben sichern auch den Knie-Airbag.*

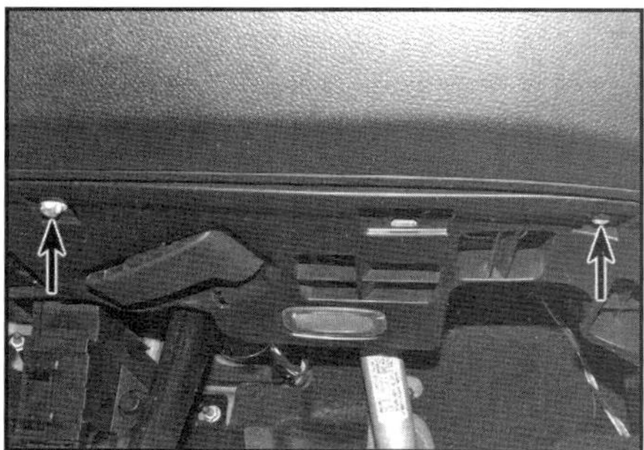

20.5 **Schrauben der Armaturenbrett-Verkleidung**

6 Schieben Sie den Knie-Airbag nach vorn aus den Führungen und senken Sie ihn ab (siehe Abbildung).

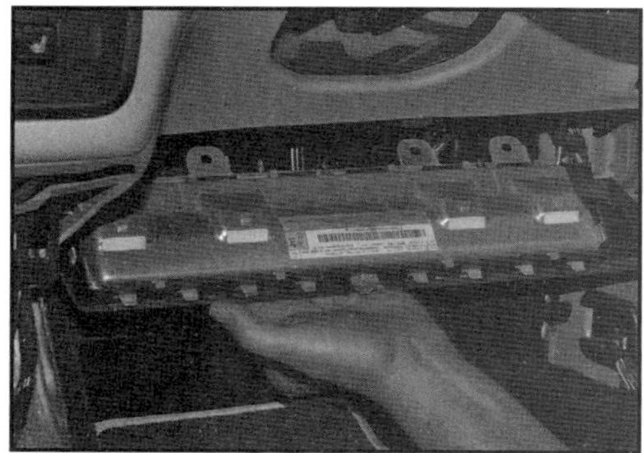

20.6 **Schieben Sie den Knie-Airbag nach vorn und senken Sie ihn ab.**

7 Befreien Sie den Stecker vom Airbag (siehe Abbildung).

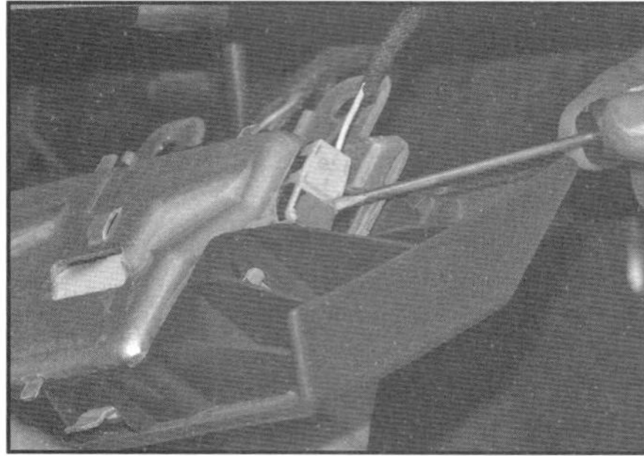

20.7 **Hebeln Sie die Arretierung heraus und trennen Sie den Airbag-Stecker.**

8 Der Einbau entspricht der umgekehrten Ausbaureihenfolge – ziehen Sie die Airbag-Schrauben mit 5 Nm an.

Beifahrer-Airbag

9 Demontieren Sie das komplette Armaturenbrett (siehe Kapitel 11, Sektion 28).
10 Drehen Sie das Armaturenbrett auf den Kopf, lösen Sie die Airbag-Muttern und befreien Sie den Airbag (siehe Abbildung).

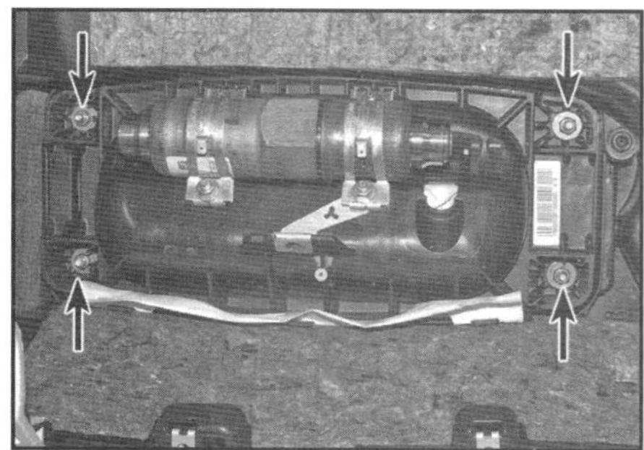

20.10 **Muttern des Beifahrer-Airbags**

11 Der Einbau entspricht der umgekehrten Ausbaureihenfolge – ziehen Sie die Airbag-Muttern mit 5 Nm an.

Seiten- und Vorhang-Airbags

12 Der Aus- und Einbau dieser Airbags erfordert das Zerlegen des entsprechenden Sitzes bzw. den Teilausbau des Dachhimmels – dies sollte einer Mercedes-Werkstatt überlassen werden.

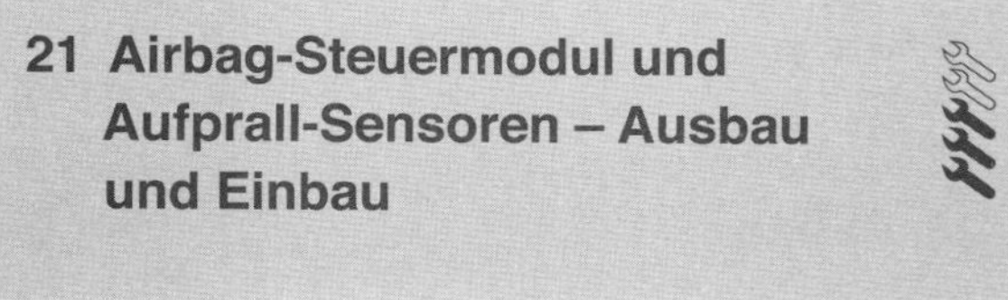

21 Airbag-Steuermodul und Aufprall-Sensoren – Ausbau und Einbau

Ausbau

1 Trennen Sie zunächst den Masseanschluss (–) der Batterie (siehe Kapitel 5, Sektion 4).

Warnung: Warten Sie nach dem Trennen der Batterie mindestens fünf Minuten, damit sich Restspannungen abbauen können und der Airbag nicht versehentlich auslöst!

Airbag-Steuermodul

2 Demontieren Sie die Mittelkonsole (siehe Kapitel 11, Sektion 26).
3 Entnehmen Sie die Schaumstoff-Isolierung über dem Steuermodul-Stecker.
4 Befreien Sie an beiden Seiten des Mitteltunnels den Teppich.
5 Lösen Sie die drei Schrauben des Steuermoduls und entfernen Sie es (siehe Abbildung) – trennen Sie dabei die Kabelstecker.

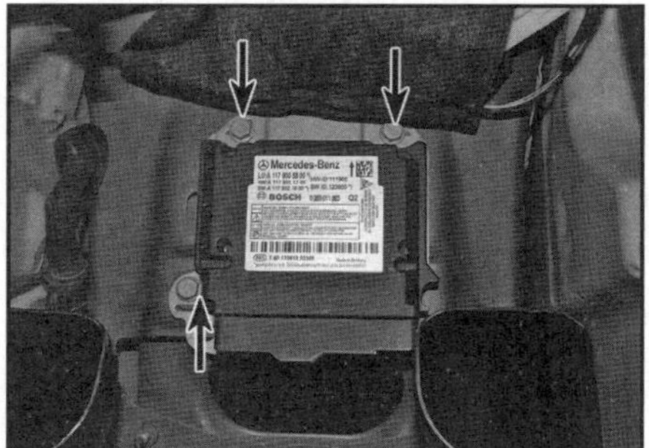

21.5 Steuermodul-Schrauben

Seitenaufprall-Sensoren

6 Entfernen Sie vorn oder hinten die Türverkleidung (siehe Kapitel 11, Sektion 8).
7 Trennen Sie den Sensorstecker (siehe Abbildung).

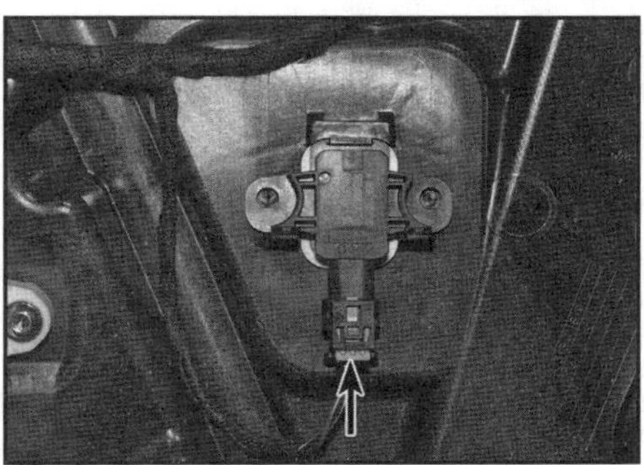

21.7 Ziehen Sie die Arretierung heraus und trennen Sie den Sensorstecker.

8 Drücken Sie die Clips unter dem Sensor und entfernen Sie ihn.

Seitenairbag-Sensoren

9 Entfernen Sie die B-Säulen-Verkleidung (siehe Kapitel 11, Sektion 25).
10 Lösen Sie die Schraube der Gurtrolle und verlagern Sie diese beiseite.
11 Trennen Sie den Sensorstecker, lösen Sie die Schraube und entfernen Sie den Seitenairbag-Sensor (siehe Abbildung).

21.11 Ziehen Sie die Arretierung heraus und trennen Sie den Sensorstecker.

Frontaufprall-Sensoren

12 Hinter der vorderen Stoßfänger-Schürze sitzt an jeder Seite ein Sensor – entfernen Sie die Blende (siehe Kapitel 11, Sektion 5).
13 Ziehen Sie am Sensorstecker die Arretierung heraus und trennen Sie diesen (siehe Abbildung).

21.13 Ziehen Sie die Arretierung heraus und trennen Sie den Sensorstecker.

14 Lösen Sie die Schraube des Sensors und entnehmen Sie diesen.

Einbau

15 Der Einbau entspricht der umgekehrten Ausbaureihenfolge – beachten Sie dabei folgende Punkte:

a) Falls eine neue Airbag-Steuereinheit installiert werden soll, muss sie mithilfe geeigneter Diagnoseausrüstung programmiert/kodiert werden – überlassen Sie dies ggf. einer entsprechend ausgerüsteten Fachwerkstatt.

b) Ziehen Sie die Sensor-Schrauben mit 8 Nm an.

22 Airbag-Drehkontakt – Ausbau und Einbau

1 Der Drehkontakt ist in das Lenksäulenmodul integriert – dessen Aus- und Einbau ist in Sektion 5 beschrieben.

23 Einparkhilfe-Komponenten – Ausbau und Einbau

Steuereinheit

1 Trennen Sie den Masseanschluss (–) der Batterie (siehe Kapitel 5, Sektion 4).
2 Klappen Sie im Beifahrerfußraum den Teppich zurück.
3 Lösen Sie bei Diesel-Modellen die Muttern der elektrischen Zusatzheizung, trennen Sie ihre Anschlüsse und verlagern Sie sie beiseite.
4 Ziehen Sie die Einparkhilfen-Steuereinheit heraus und trennen Sie dabei ihre Kabelstecker (siehe Abbildung).

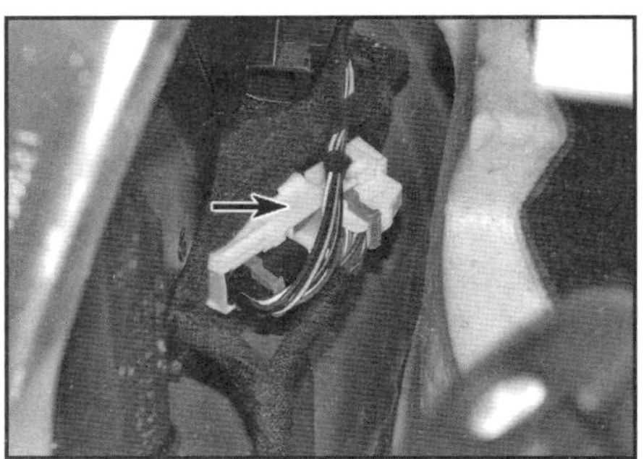

23.4 Befreien Sie die Einparkhilfen-Steuereinheit.

5 Der Einbau entspricht der umgekehrten Ausbaureihenfolge – falls eine neue Einparkhilfen-Steuereinheit installiert werden soll, muss sie mithilfe geeigneter Diagnoseausrüstung programmiert/kodiert werden – überlassen Sie dies ggf. einer entsprechend ausgerüsteten Fachwerkstatt.

Ultraschall-Sensoren

6 Demontieren Sie die entsprechende Stoßfänger-Schürze (siehe Kapitel 11, Sektion 5).
7 Trennen Sie den Sensorstecker, lösen Sie die Laschen und entfernen Sie den Sensor aus der Schürze (siehe Abbildung).

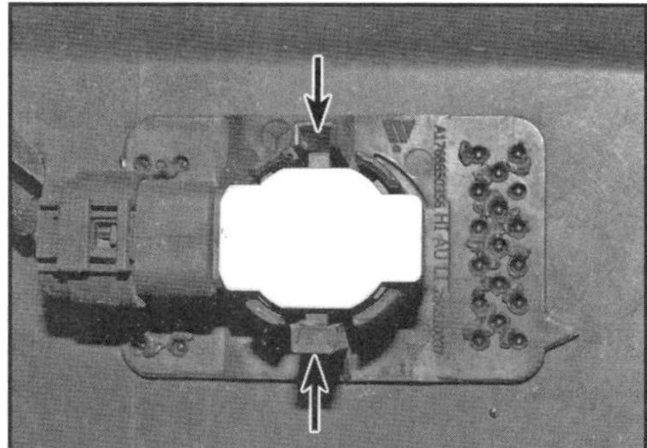

23.7 Laschen eines Ultraschall-Sensors

8 Der Einbau entspricht der umgekehrten Ausbaureihenfolge.

Rückfahrkamera

9 Demontieren Sie die Heckklappenverkleidung (siehe Kapitel 11, Sektion 25).
10 Trennen Sie den Stecker, lösen Sie die Laschen und entnehmen Sie die Kamera.
11 Der Einbau entspricht der umgekehrten Ausbaureihenfolge – falls eine neue Rückfahrkamera installiert werden soll, muss sie mithilfe geeigneter Diagnoseausrüstung programmiert/kodiert werden – überlassen Sie dies ggf. einer entsprechend ausgerüsteten Fachwerkstatt.

24 Signalerfassungs- und Ansteuer-Modul (SAM) – Allgemeine Informationen, Ausbau und Einbau

Allgemeine Informationen

1 Das Signalerfassungs- und Ansteuer-Modul (SAM) ist das für die elektronischen Komponenten der Karosserie verantwortliche Steuergerät. Es beinhaltet die Steuerung folgender Komponenten:
a) Wegfahrsperre
b) Zentralverriegelung
c) Lenkschloss
d) Front- und Rückleuchten
e) Innenbeleuchtung
f) Fensterheber
g) Außenspiegel
h) Wisch/Wasch-System
i) Sitzheizung
j) Tankklappe
k) Wischwasserdüsen-Heizung
2 Falls im SAM ein Fehler auftritt, sollte das Fahrzeug zu einer Fachwerkstatt gebracht werden, die mit geeigneten Diagnosegeräten eine umfassende Kontrolle durchführen kann (siehe Abbildung).

Ausbau

3 Trennen Sie den Masseanschluss (–) der Batterie (siehe Kapitel 5, Sektion 4).
4 Demontieren Sie den Knie-Airbag (siehe Sektion 20).
5 Trennen Sie den Stecker, lösen Sie die Schraube des Kunststoff-Halters und ziehen Sie diesen herunter (siehe Abbildung).

24.5a Lösen Sie die Schraube …

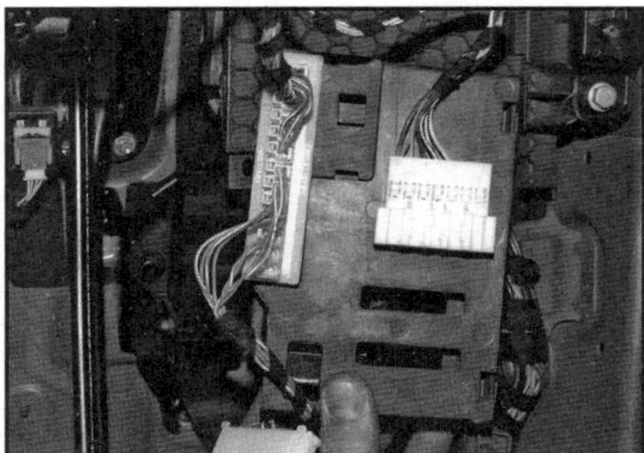

24.5b ... und entnehmen Sie den Halter.

6 Ziehen Sie das SAM nach unten aus dem Träger und trennen Sie die verschiedenen Stecker (siehe Abbildungen).

24.6a Ziehen Sie das SAM herunter ...

24.6b ... und trennen Sie seine Stecker.

7 Der Einbau entspricht der umgekehrten Ausbaureihenfolge – falls ein neues Signalerfassungs- und Ansteuer-Modul installiert werden soll, muss es mithilfe geeigneter Diagnoseausrüstung programmiert/kodiert werden – überlassen Sie dies ggf. einer entsprechend ausgerüsteten Fachwerkstatt.

SICHERUNGSBOX AN BATTERIE (F32)

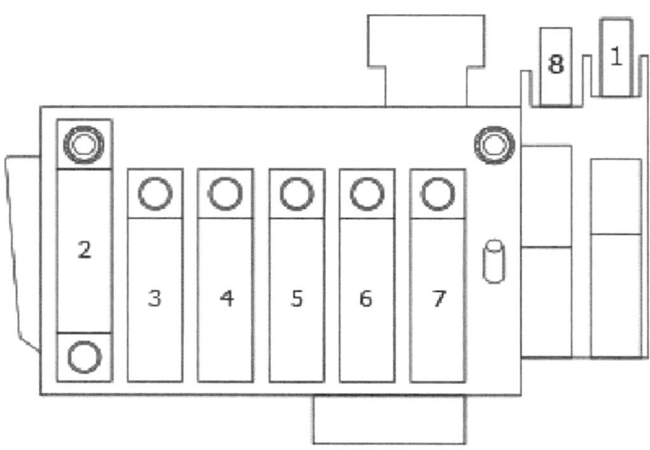

SICHE-RUNG	AMPERE-RATE	BESCHREIBUNG	ORIGINAL-BEZEICH-NUNG
1	300 A	Lichtmaschine	F1 (F32)
2	250 A	Fußraum-Sicherungsbox (200 A bei Benzinmotoren)	F2 (F32)
3	100 A	Servolenkungs-Steuergerät	F3 (F32)
4	40 A	Signalerfassungs- und Ansteuer-Modul (SAM)	F4 (F32)
5	80 A	Kühlerventilator	F5 (F32)
6	70 A	Kraftstoffvorwärmung (nur bei Motor-Code M607)	F6 (F32)
7	125 A	Partikelfilter-Regenerationsverstärker-Steuergerät (nur bei Motor-Code M607 mit Modellen mit Euro-5-Abgasnorm)	F7 (F32)
8	100 A	Glühkerzen-Ausgangsstufe (Dieselmotoren)	F8 (F32)
Relais	-	Entkoppelungsrelais (hinten an Sicherungsbox)	F32k1

SICHERUNGS- UND RELAISBOX IM BEIFAHRERFUSSRAUM (F34)

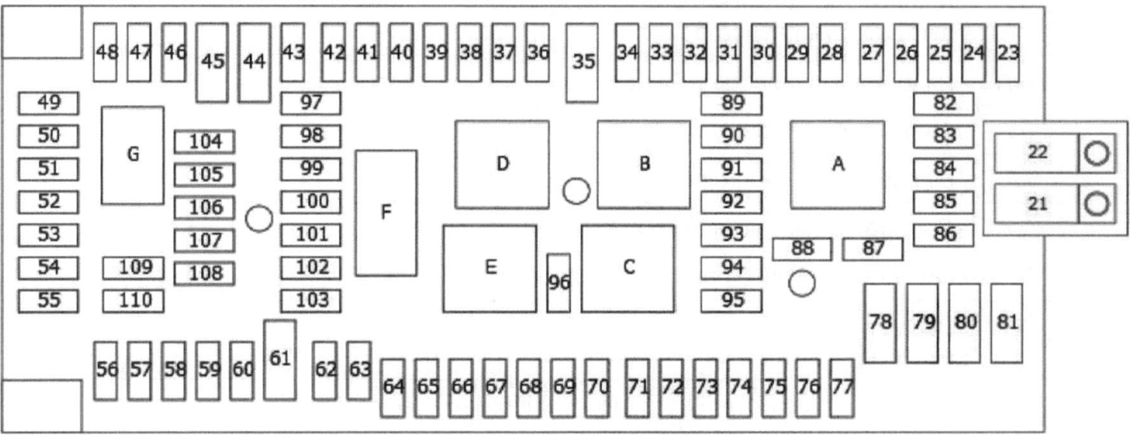

SICHE-RUNG	AMPERE-RATE	BESCHREIBUNG	ORIGINAL-BEZEICH-NUNG
21	150 A	PTC-Zuheizer (Dieselmotoren)	F21 (F34)
22	200 A	Zusatzbatterie-Relais für ECO Start-Stopp-Funktion (nur bis 31.08.2015)	F22 (F34)
23	30 A	Steuereinheit Tür vorn links	F23 (F34)
24	30 A	Steuereinheit Tür vorn rechts	F24 (F34)
25	30 A	Signalerfassungs- und Ansteuer-Modul (SAM)	F25 (F34)
26	10 A	ECO Start-Stopp-Zusatzbatterie-Anschlusshülse (falls vorhanden)	F26 (F34)
27	30 A	Sicherungs- und Relaisbox im Motorraum (F58)	F27 (F34)
28	5 A	Fahrzeuginnenraum-Soundgenerator-Steuereinheit (falls vorhanden)	F28 (F34)
29	15 A	Anhänger-Steckdose (falls vorhanden) oder Anhänger-Erkennungs-Steuereinheit (falls vofhanden)	F29 (F34)
30	5 A	Anhänger-Erkennungs-Steuereinheit (falls vorhanden)	F30 (F34)
31	-	frei	F31 (F34)
32	5 A	Lenksäulenmodul-Steuereinheit	F32 (F34)
33	5 A	Multimedia-Bedienfeld	F33 (F34)
34	7,5 A	Tempomat-Steuerungs- und Bedienfeld	F34 (F34)
35	40 A	Heckscheibenheizungsrelais/Heckscheibenheizung	F35 (F34)
36	7,5 A	Fahrersitz-Steuereinheit oder Fahrersitz-Lendenstützen-einsteller-Steuereinheit	F36 (F34)
37	7,5 A	Multimedia-Display	F37 (F34)
38	7,5 A	Airbag- und Gurtstraffersystem-Steuereinheit (SRS)	F38 (F34)

39	10 A	Dachbedieneinheit-Steuermodul	F39 (F34)
40	15 A	Antriebseinheit-Steuergerät (PCU) (nur bei Motor M651 mit Euro 6-Abgasnorm)	F40 (F34)
41	30 A	Panoramaschiebedach-Steuermodul (falls vorhanden)	F41 (F34)
42	25 A	Audio-Steuermodul, auch mit 5 A-Sicherung	F42 (F34)
43	5 A	Einparkhilfen-Steuereinheit (falls vorhanden)	F43 (F34)
44	40 A	Gurtstraffer links vorn (falls vorhanden)	F44 (F34)
45	40 A	Gurtstraffer rechts vorn (falls vorhanden)	F45 (F34)
46	7,5 A	Beifahrer-Steuereinheit oder Beifahrersitz-Lendenstützen-einsteller-Steuereinheit	F46 (F34)
47	7,5 A	Navigations-Modul oder Steuereinheit der iPhone-Halterung (für Modelle ohne Code 459 – Schraubenfedern mit einstellbarer Dämpfung)	F47 (F34)
	25 A	Adaptive Dämpfersystem-Steuereinheit (für Modelle mit Code 459 – Schraubenfedern mit einstellbarer Dämpfung)	
48	-	frei	F48 (F34)
49	7,5 A	Steuereinheit für iPhone-Drive-Kit oder COMAND-System-Lüfter, auch mit 5 A-Sicherung	F49 (F34)
50	5 A	Kamera-Steuereinheit (falls vorhanden)	F50 (F34)
51	-	frei	F51 (F34)
52	-	frei	F52 (F34)
53	-	frei	F53 (F34)
54	-	frei	F54 (F34)
55	5 A	Telematic-Service-Kommunikationsmodul (falls vorhanden) oder KEYLESS-GO-Steuereinheit (falls vorhanden)	F55 (F34)
56	10 A	Lenksäulenrohr-Steuermodul (falls vorhanden)	F56 (F34)
57	-	frei	F57 (F34)
58	-	frei	F58 (F34)
59	30 A	Beifahrersitz-Steuereinheit	F59 (F34)
60	30 A	Fahrersitz-Steuereinheit	F60 (F34)
61	40 A	Audioverstärker-Steuereinheit (falls vorhanden)	F61 (F34)
62	20 A	E-Lenkschloss-Steuereinheit (für Modelle mit Getriebecode 711)	F62 (F34)
63	25 A	Kraftstoffsystem-Steuereinheit	F63 (F34)
64	-	frei	F64 (F34)
65	5 A	Handschuhfachbeleuchtung	F65 (F34)
66	-	frei	F66 (F34)
67	-	frei	F67 (F34)

68	-	frei	F68 (F34)
69	-	frei	F69 (F34)
70	25 A	Hintere Mittelkonsolen-Steckdose	F70 (F34)
71	25 A	Kofferraum-Steckdose (falls vorhanden)	F71 (F34)
72	25 A	Zigarettenanzünder mit Aschenbecherbeleuchtung (Modelle mit Raucherpaket) oder vordere Steckdose (Modelle ohne Raucherpaket)	F72 (F34)
73	30 A	Feststellbremsen-Steuereinheit	F73 (F34)
74	30 A	Feststellbremsen-Steuereinheit	F74 (F34)
75	20 A	Anhänger-Erkennungs-Steuereinheit (falls vorhanden)	F75 (F34)
76	25 A	Anhänger-Erkennungs-Steuereinheit (falls vorhanden)	F76 (F34)
77	25 A	Anhänger-Erkennungs-Steuereinheit (falls vorhanden)	F77 (F34)
78	-	frei	F78 (F34)
79	40 A	Signalerfassungs- und Ansteuer-Modul (SAM)	F79 (F34)
80	40 A	Signalerfassungs- und Ansteuer-Modul (SAM)	F80 (F34)
81	40 A	Gebläse-Regler	F81 (F34)
82	10 A	Dachbedieneinheit-Steuermodul	F82 (F34)
83	7,5 A	Zündschloss-Steuereinheit	F83 (F34)
84	5 A	Steuereinheit des oberen Mittelkonsolen-Bedienfelds	F84 (F34)
85	5 A	Alarm/Abschleppsensor/Innenbewegungssensor-Steuereinheit	F85 (F34)
86	5 A	Radio- und Zentralverriegelungs-Antennenverstärker, Mobiltelefon-Antennenverstärker/Kompensator (falls vorhanden)	F86 (F34)
87	10 A	Diagnosestecker	F87 (F34)
88	10 A	Kombiinstrument	F88 (F34)
89	5 A	Lichtschalter	F89 (F34)
90	5 A	Radarsensor links hinten (falls vorhanden), Radarsensor rechts hinten (falls vorhanden)	F90 (F34)
91	5 A	Pedal-Überwachungsschalter (falls vorhanden), Fußraumbeleuchtungs-Schalter (falls vorhanden)	F91 (F34)
92	5 A	Kraftstoffsystem-Steuereinheit	F92 (F34)
93	5 A	Feststellbremsen-Steuereinheit	F93 (F34)
94	7,5 A	Airbag- und Gurtstraffersystem-Steuereinheit (SRS)	F94 (F34)
95	7,5 A	Steuereinheit für Beifahrersitz-Belegungserkennung und automatische Kindersitz-Erkennung oder Belegungsgewicht-Erkennungsewicht	F95 (F34)
96	15 A	Heckscheibenwischermotor-Relais, Heckscheibenwischermotor	F96 (F34)
97	5 A	Mobiltelefon-Stromversorgung (falls vorhanden)	F97 (F34)

98	5 A	Signalerfassungs- und Ansteuer-Modul (SAM)	F98 (F34)
99	5 A	Reifendruck-Überwachungs-Steuermodul (falls vorhanden)	F99 (F34)
100	-	frei	F100 (F34)
101	-	frei	F101 (F34)
102	5 A	Standheizungs-Fernbedienungsempfänger (falls vorhanden) oder Antennen-Umschalter für Telefon/Standheizung (falls vorhanden)	F102 (F34)
103	5 A	Notrufsystem-Steuereinheit (falls vorhanden) oder Telematic-Service-Kommunikationsmodul (falls vorhanden) oder HERMES-Steuereinheit (falls vorhanden)	F103 (F34)
104	5 A	Medien-Schnittstellen-Steuereinheit (falls vorhanden) oder Multimedia-Schnittstellen-Steuereinheit (falls vorhanden)	F104 (F34)
105	7,5 A	DAB-Steuereinheit (falls vorhanden) oder Satelliten-Digitalradio-Steuereinheit (falls vorhanden) oder Tuner-Steuereinheit (falls vorhanden), auch mit 5 A-Sicherung	F105 (F34)
106	5 A	Multifunktions-Kamera (falls vorhanden)	F106 (F34)
107	5 A	Digital-TV-Tuner (falls vorhanden)	F107 (F34)
108	7,5 A	Rückfahrkamera-Steuereinheit (falls vorhanden) oder 360°-Kamera-Steuereinheit (falls vorhanden), auch mit 5 A-Sicherung	F108 (F34)
109	20 A	Ladesteckdosen-Anschluss (falls vorhanden)	F109 (F34)
110	30 A	Audiosteuergerät oder Motorsound-Steuergerät (falls vorhanden)	F110 (F34)
A	-	Stromkreis 15-Relais	F34kA
B	-	Heckscheibenwischer-Relais	F34kB
C	-	Stromkreis 15R2-Relais	F34kC
D	-	Heckscheibenheizungs-Relais	F34kD
E	-	Stromkreis 15R1-Relais	F34kE
F	-	Stromkreis 30g-Relais	F34kF
G	-	frei	F34kG

SICHERUNGS- UND RELAISBOX IM MOTORRAUM (F58)

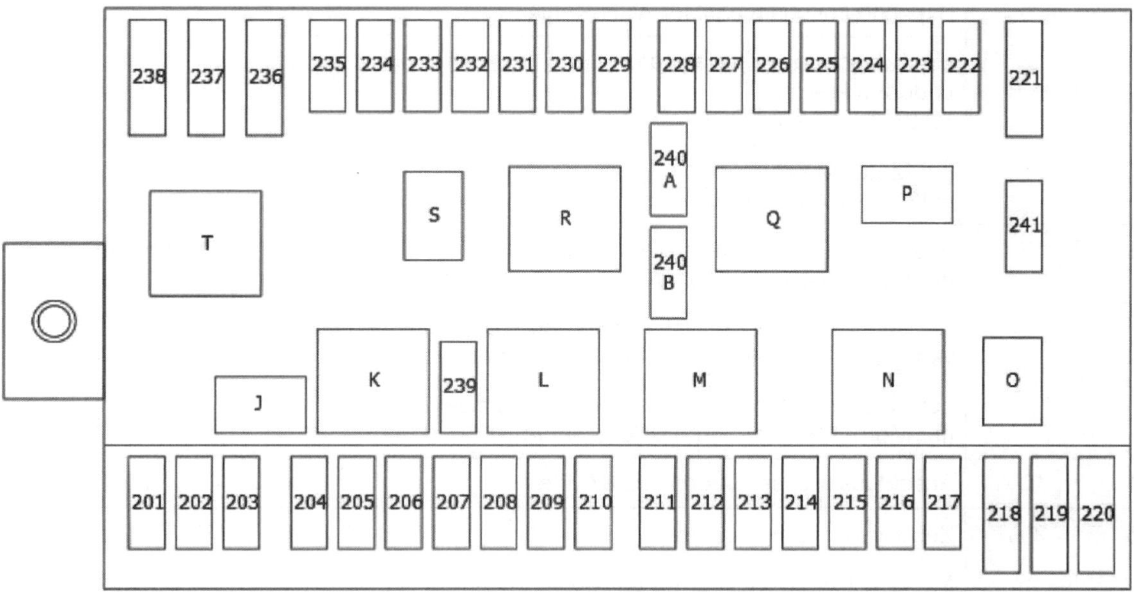

SICHE-RUNG	AMPERE-RATE	BESCHREIBUNG	ORIGINAL-BEZEICH-NUNG
201	5 A	Alarmsirene (falls vorhanden)	F201 (F58)
202	20 A	Standheizungs-Steuereinheit	F202 (F58)
203	15 A	Scheinwerferbaugruppe rechts	F203 (F58)
204	25 A	ESP-Steuereinheit	F204 (F58)
205	15 A	Schaltung über Hupenrelais: Hupenfanfare links, Hupenfanfare rechts	F205 (F58)
206	5 A	Motorsteuerung (CDI) (für Motor M651) oder PCU-Steuereinheit (für Motor M607)	F206 (F58)
207	5 A	Stromkreis 87M-Relais (nur Dieselmotoren)	F207 (F58)
208	7,5 A	Stromkreis 87-Relais (nur für Motor M607)	F208 (F58)
209	15 A	Scheinwerferbaugruppe links (falls vorhanden)	F209 (F58)
210	5 A	Heckscheibenheizungs-Relais (falls vorhanden) oder vorderes Anlasserrelais (falls vorhanden)	F210 (F58)
211		frei	F211 (F58)
212	15 A	Anschlussbuchse, Stromkreis 87M3 (für Motor M270)	F212 (F58)

		Entlüftungsleitungs-Heizelement, Kühlthermostat-Heizelement, Bypass-Umschaltventil für AGR-Kühler	
		Lambdasonde vor Katalysator, Ladedruckregler, Motorsteuergerät (CDI)	
		(für Motor M607 mit Euro 5-Abgasnorm)	
213	15 A	Anschlussbuchse, Stromkreis 87M2e (für Motor M270, M651)	F213 (F58)
		Nockenwellensensor, Motorsteuergerät (CDI), Mengenregel- ventil (für Motor M607 mit Euro 5-Abgasnorm)	
		Lambdasonde hinter Katalysator, Motorsteuergerät (CDI) (für Motor M607 mit Euro 6-Abgasnorm)	
214	10 A	Anschlussbuchse, Stromkreis 87M4e	F214 (F58)
215	20 A	Zündspulen (Benzinmotoren)	F215 (F58)
		Mengen-Regelventil (für Motor M651)	
		Motorsteuergerät (CDI), Ladedruckregler, Mengen-Regelventil (für Motor M607)	
216	5 A	ME-SFI-Steuereinheit	F216 (F58)
		(Benzinmotoren)	
217	25 A	Doppelkupplungsgetriebe-Steuergerät (falls vorhanden)	F217 (F58)
218	5 A	ESP-Steuergerät	F218 (F58)
219	-	frei	F219 (F58)
220	10 A	Getriebekühlkreis-Pumpe (falls vorhanden)	F220 (F58)
221	-	frei	F221 (F58)
222	-	frei	F222 (F58)
223	-	frei	F223 (F58)
224	7.5 A	›DISTRONIC‹-Abstandsregelungs-Steuergerät (falls vorhanden) oder ›COLLISION PREVENT ASSIST‹-Notbrems-Assistent-Steuergerät (falls vorhanden)	F224 (F58)
225	-	frei	F225 (F58)
226	-	frei	F226 (F58)
227	-	frei	F227 (F58)
228	-	frei	F228 (F58)
229	5 A	Scheinwerferbaugruppe links (falls vorhanden)	F229 (F58)
230	5 A	ESP-Steuergerät	F230 (F58)
231	5 A	Scheinwerferbaugruppe rechts	F231 (F58)

232	15 A	Scheinwerfer-Steuergerät (falls vorhanden)	F232 (F58)
233	-	frei	F233 (F58)
234	5 A	Antriebseinheit-Steuergerät (PCU) (nur für Motor M607)	F234 (F58)
235	7,5 A	Ventilatormotor, Kühlerjalousien-Stellmotor (nur für Motor M607)	F235 (F58)
236	40 A	Signalerfassungs- und Ansteuer-Modul (SAM)	F236 (F58)
237	40 A	ESP-Steuergerät	F237 (F58)
238	50 A	Windschutzscheibenheizung (falls vorhanden)	F238 (F58)
239	30 A	Scheibenwischer-Relais für halbe Geschwindigkeit	F239 (F58)
240A	25 A	Anlasserstromkreis 50-Relais	F240A (F58)
240B	25 A	Stromkreis 15-Relais (nicht gesperrt)	F240B (F58)
241		frei	F241 (F58)
J		Fanfaren-Hupen-Relais	F58kJ
K		Scheibenwischer-Relais für halbe Geschwindigkeit	F58kK
L		Windschutzscheibenwischer-Intervallrelais	F58kL
M		Anlasserstromkreis 50-Relais	F58kM
N		Stromkreis 87C-Relais	F58kN
O		Getriebekühlkreis-Pumpen-Relais (falls vorhanden)	F58kO
P		Backup-Relais	F58kP
Q		Stromkreis 15-Relais (nicht gesperrt)	F58kQ
R		Stromkreis 15-Relais	F58kR
S		Stromkreis 87-Relais (nur für Motor M607)	F58kS
T		frei	F58kT

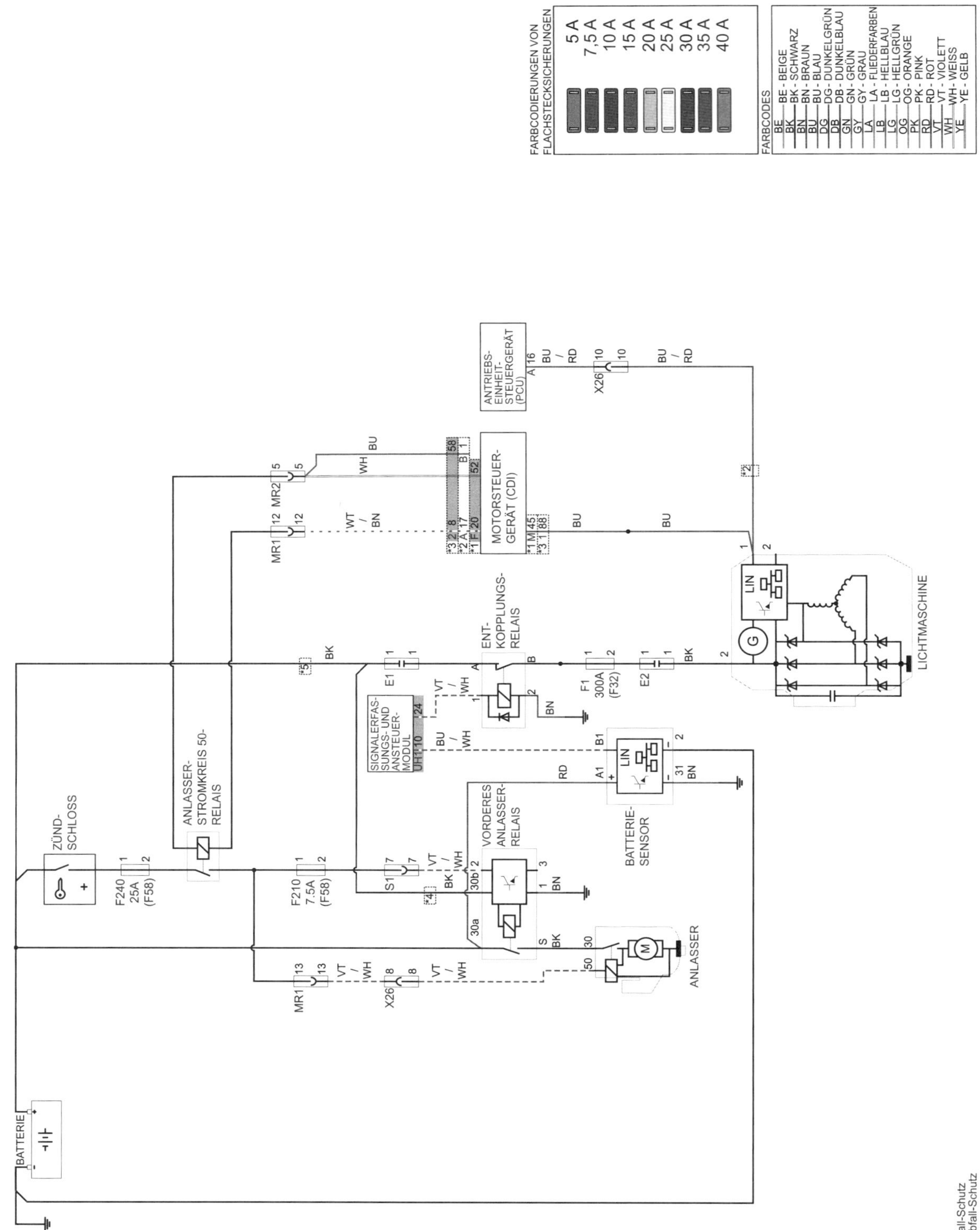

BATTERIE

ZÜND-
SCHLOSS

F240
25A
(F58)

ANLASSER-
STROMKREIS 50-
RELAIS

MR1 13 / 13 VT / WH

X26 8 / 8 VT / WH

F210
7.5A
(F58)

S1 7 / 7 VT / WH

*4 BK

VORDERES
ANLASSER-
RELAIS

30a 30b 2 S BK 1 3 BN

50 30

ANLASSER

SIGNALERFAS-
SUNGS- UND
ANSTEUER-
MODUL

UH1 10 24 BU / WH VT / WH

RD A1 B1

BATTERIE-
SENSOR

LIN 31 BN 2

*5 BK

E1 1 / 1

ENT-
KOPPLUNGS-
RELAIS

A B 1 2 BN

F1
300A
(F32)

E2 1 / 1 BK 2

LICHTMASCHINE

G LIN 1 2

MR1 12 / 12 WT / BN

MR2 5 / 5 WH BU

*3 2 8 58
*2 A 17 B 1
*1 F 20 52

MOTORSTEUER-
GERÄT (CDI)

*1 M 45
*3 1 88

BU BU

ANTRIEBS-
EINHEIT-
STEUERGERÄT
(PCU)

A 16 BU / RD

X26 10 / 10 BU / RD

*2

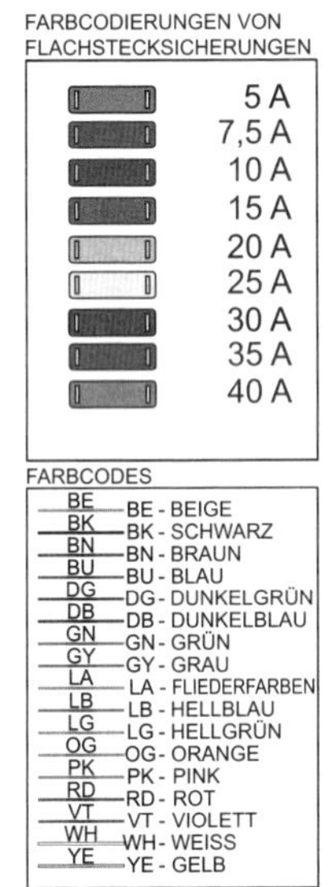

FARBCODES

BE - BEIGE
BK - SCHWARZ
BN - BRAUN
BU - BLAU
DG - DUNKELGRÜN
DB - DUNKELBLAU
GN - GRÜN
GY - GRAU
LA - FLIEDERFARBEN
LB - HELLBLAU
LG - HELLGRÜN
OG - ORANGE
PK - PINK
RD - ROT
VT - VIOLETT
WH - WEISS
YE - GELB

*1 Motorcode M270
*2 Motorcode M607
*3 Motorcode M651
*4 mit Start/Stop-Spannungsabfall-Schutz
*5 ohne Start/Stop-Spannungsabfall-Schutz

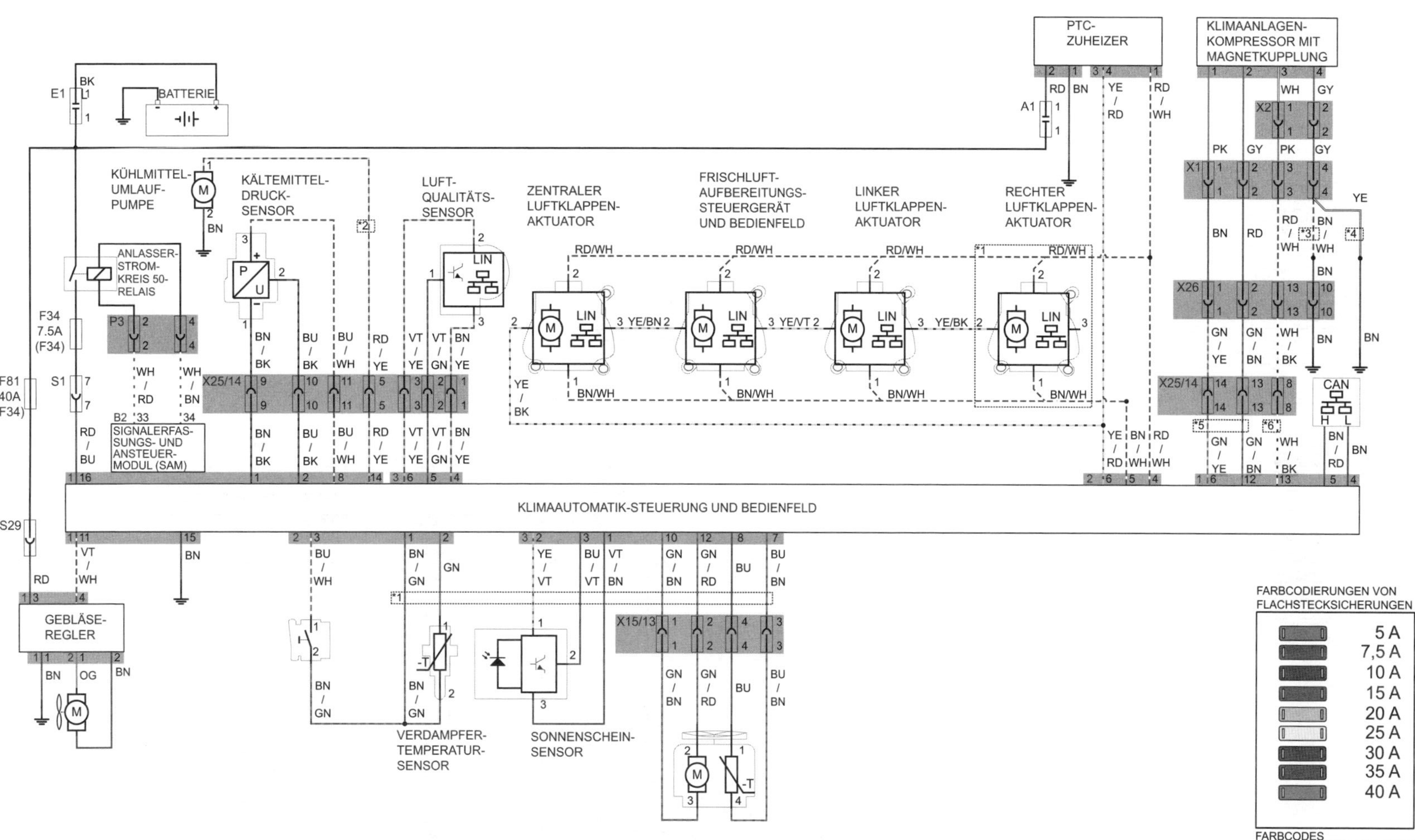

FARBCODIERUNGEN VON FLACHSTECKSICHERUNGEN

5 A
7,5 A
10 A
15 A
20 A
25 A
30 A
35 A
40 A

FARBCODES

BE - BEIGE
BK - SCHWARZ
BN - BRAUN
BU - BLAU
DG - DUNKELGRÜN
DB - DUNKELBLAU
GN - GRÜN
GY - GRAU
LA - FLIEDERFARBEN
LB - HELLBLAU
LG - HELLGRÜN
OG - ORANGE
PK - PINK
RD - ROT
VT - VIOLETT
WH - WEISS
YE - GELB

*1 Klimaautomatik
*2 je nach Ausstattung
*3 gilt für Benzinmotoren
*4 gilt für Dieselmotoren
*5 ohne Klimaanlagenkompressor mit Magnetkupplung
*6 Klimaanlagenkompressor mit Magnetkupplung

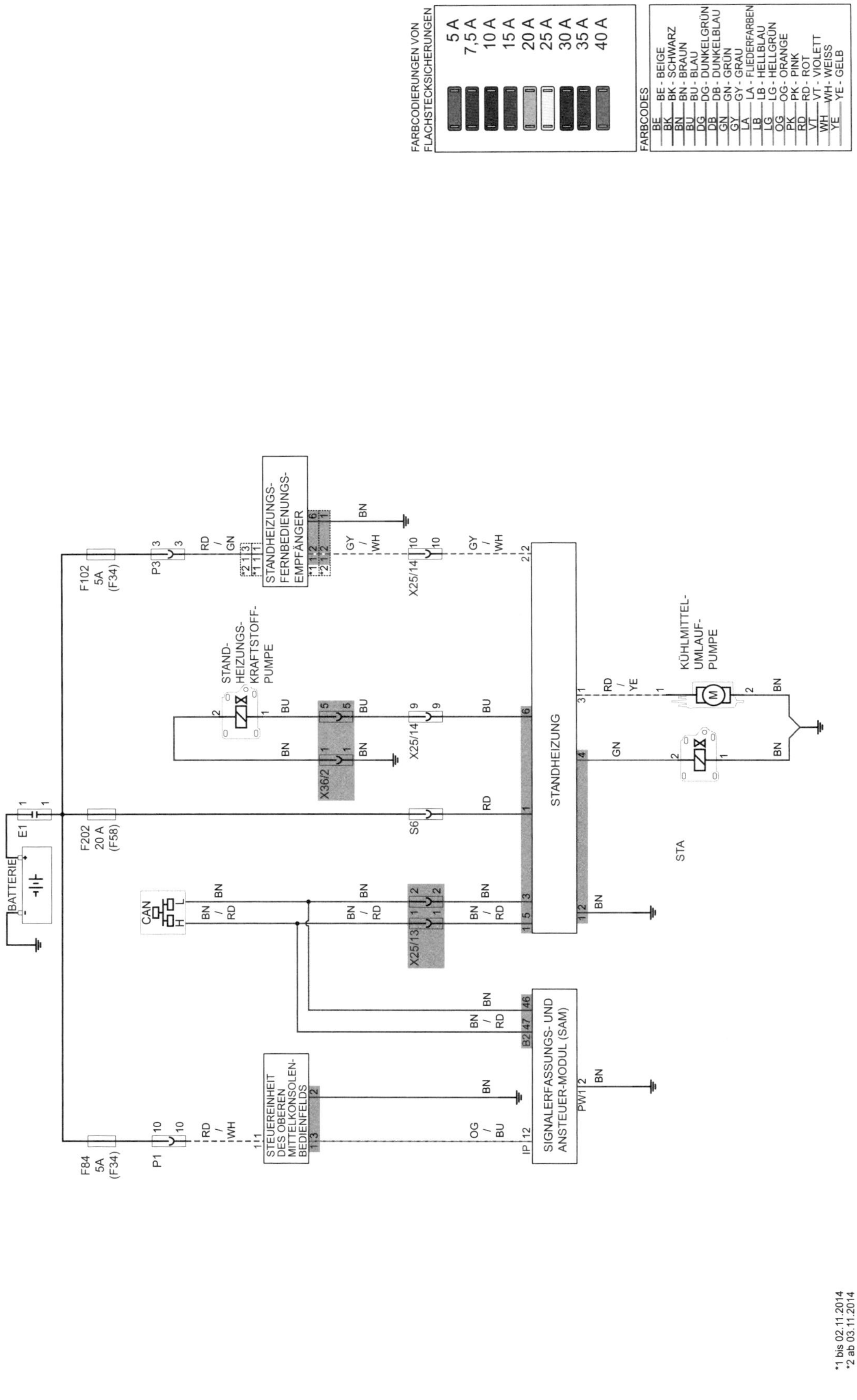

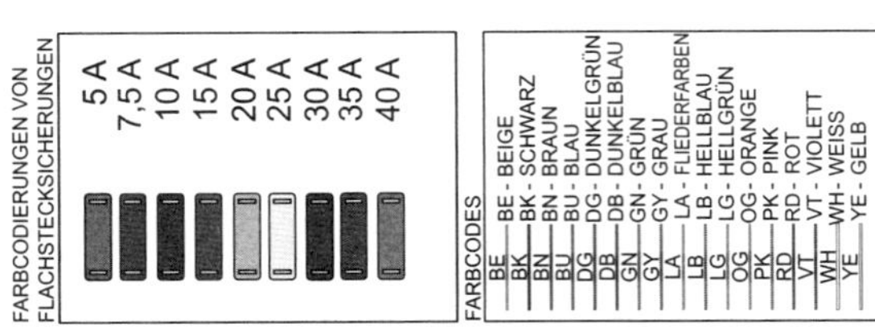

BATTERIE
E1
F202 20 A (F58)
F102 5A (F34)
F84 5A (F34)
P3
P1
CAN H L
STANDHEIZUNGS-FERNBEDIENUNGS-EMPFÄNGER
STAND-HEIZUNGS-KRAFTSTOFF-PUMPE
X36/2
X25/14
X25/13
S6
STANDHEIZUNG
KÜHLMITTEL-UMLAUF-PUMPE
STA
SIGNALERFASSUNGS- UND ANSTEUER-MODUL (SAM)
STEUEREINHEIT DES OBEREN MITTELKONSOLEN-BEDIENFELDS

*1 bis 02.11.2014
*2 ab 03.11.2014

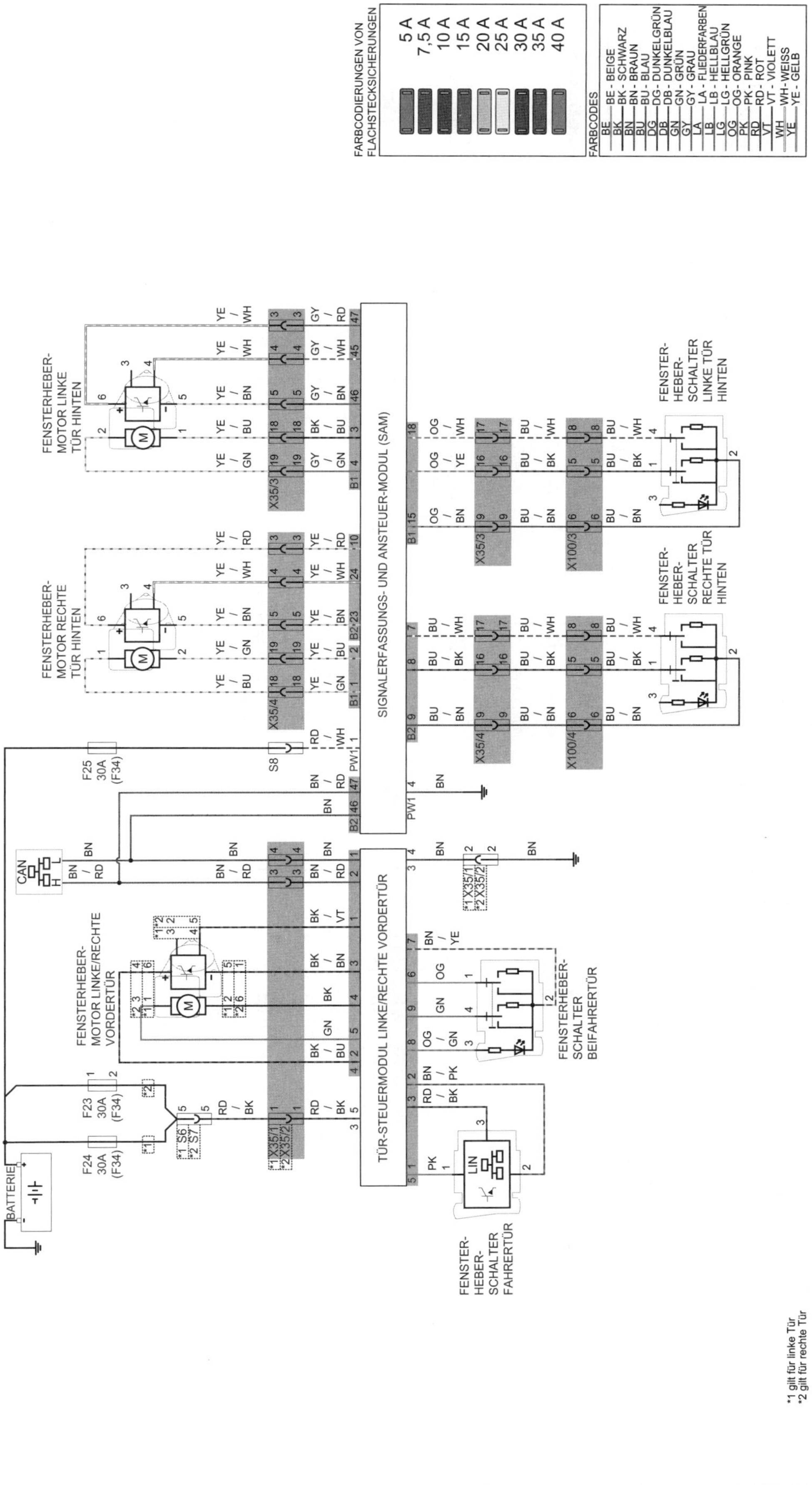

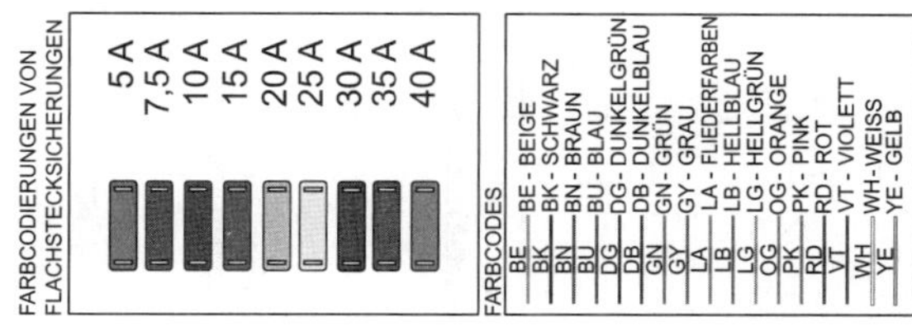

BATTERIE

CAN

F24 30A (F34)

F23 30A (F34)

F25 30A (F34)

FENSTERHEBER-MOTOR LINKE/RECHTE VORDERTÜR

FENSTERHEBER-MOTOR RECHTE TÜR HINTEN

FENSTERHEBER-MOTOR LINKE TÜR HINTEN

TÜR-STEUERMODUL LINKE/RECHTE VORDERTÜR

SIGNALERFASSUNGS- UND ANSTEUER-MODUL (SAM)

FENSTER-HEBER-SCHALTER FAHRERTÜR

FENSTERHEBER-SCHALTER BEIFAHRERTÜR

FENSTER-HEBER-SCHALTER RECHTE TÜR HINTEN

FENSTER-HEBER-SCHALTER LINKE TÜR HINTEN

*1 gilt für linke Tür
*2 gilt für rechte Tür

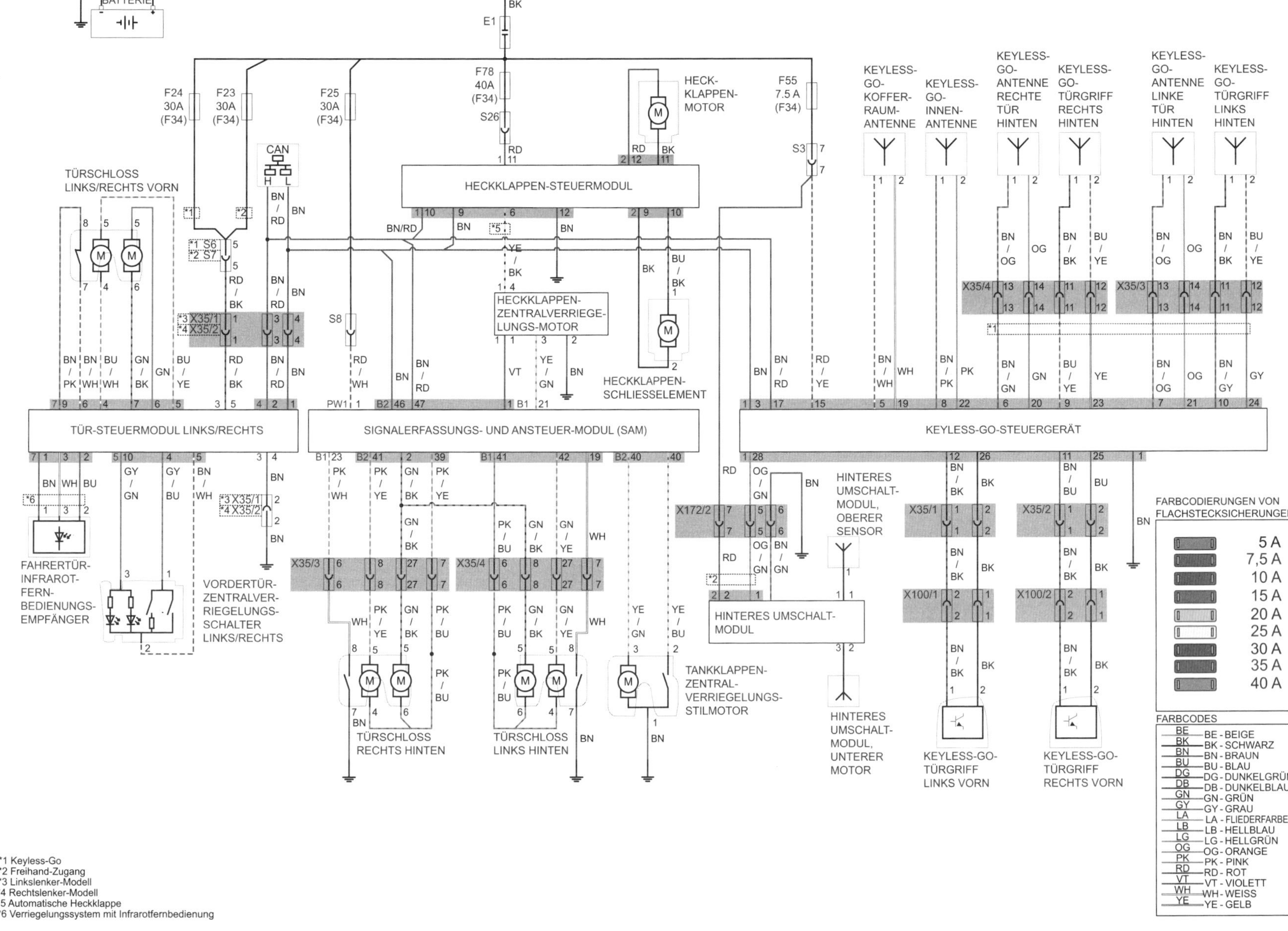

BATTERIE
E1
F24 30A (F34)
F23 30A (F34)
F25 30A (F34)
F78 40A (F34)
S26
F55 7.5 A (F34)
S3
S8
CAN
TÜRSCHLOSS LINKS/RECHTS VORN
HECK-KLAPPEN-MOTOR
HECKKLAPPEN-STEUERMODUL
HECKKLAPPEN-ZENTRALVERRIEGE-LUNGS-MOTOR
HECKKLAPPEN-SCHLIESSELEMENT
KEYLESS-GO-KOFFER-RAUM-ANTENNE
KEYLESS-GO-INNEN-ANTENNE
KEYLESS-GO-ANTENNE RECHTE TÜR HINTEN
KEYLESS-GO-TÜRGRIFF RECHTS HINTEN
KEYLESS-GO-ANTENNE LINKE TÜR HINTEN
KEYLESS-GO-TÜRGRIFF LINKS HINTEN
TÜR-STEUERMODUL LINKS/RECHTS
SIGNALERFASSUNGS- UND ANSTEUER-MODUL (SAM)
KEYLESS-GO-STEUERGERÄT
FAHRERTÜR-INFRAROT-FERN-BEDIENUNGS-EMPFÄNGER
VORDERTÜR-ZENTRALVER-RIEGELUNGS-SCHALTER LINKS/RECHTS
TÜRSCHLOSS RECHTS HINTEN
TÜRSCHLOSS LINKS HINTEN
TANKKLAPPEN-ZENTRAL-VERRIEGELUNGS-STILMOTOR
HINTERES UMSCHALT-MODUL, OBERER SENSOR
HINTERES UMSCHALT-MODUL
HINTERES UMSCHALT-MODUL, UNTERER MOTOR
KEYLESS-GO-TÜRGRIFF LINKS VORN
KEYLESS-GO-TÜRGRIFF RECHTS VORN
X35/1
X35/2
X35/3
X35/4
X100/1
X100/2
X172/2
FARBCODIERUNGEN VON FLACHSTECKSICHERUNGEN
5 A
7,5 A
10 A
15 A
20 A
25 A
30 A
35 A
40 A
FARBCODES
BE - BEIGE
BK - SCHWARZ
BN - BRAUN
BU - BLAU
DG - DUNKELGRÜN
DB - DUNKELBLAU
GN - GRÜN
GY - GRAU
LA - FLIEDERFARBEN
LB - HELLBLAU
LG - HELLGRÜN
OG - ORANGE
PK - PINK
RD - ROT
VT - VIOLETT
WH - WEISS
YE - GELB
*1 Keyless-Go
*2 Freihand-Zugang
*3 Linkslenker-Modell
*4 Rechtslenker-Modell
*5 Automatische Heckklappe
*6 Verriegelungssystem mit Infrarotfernbedienung

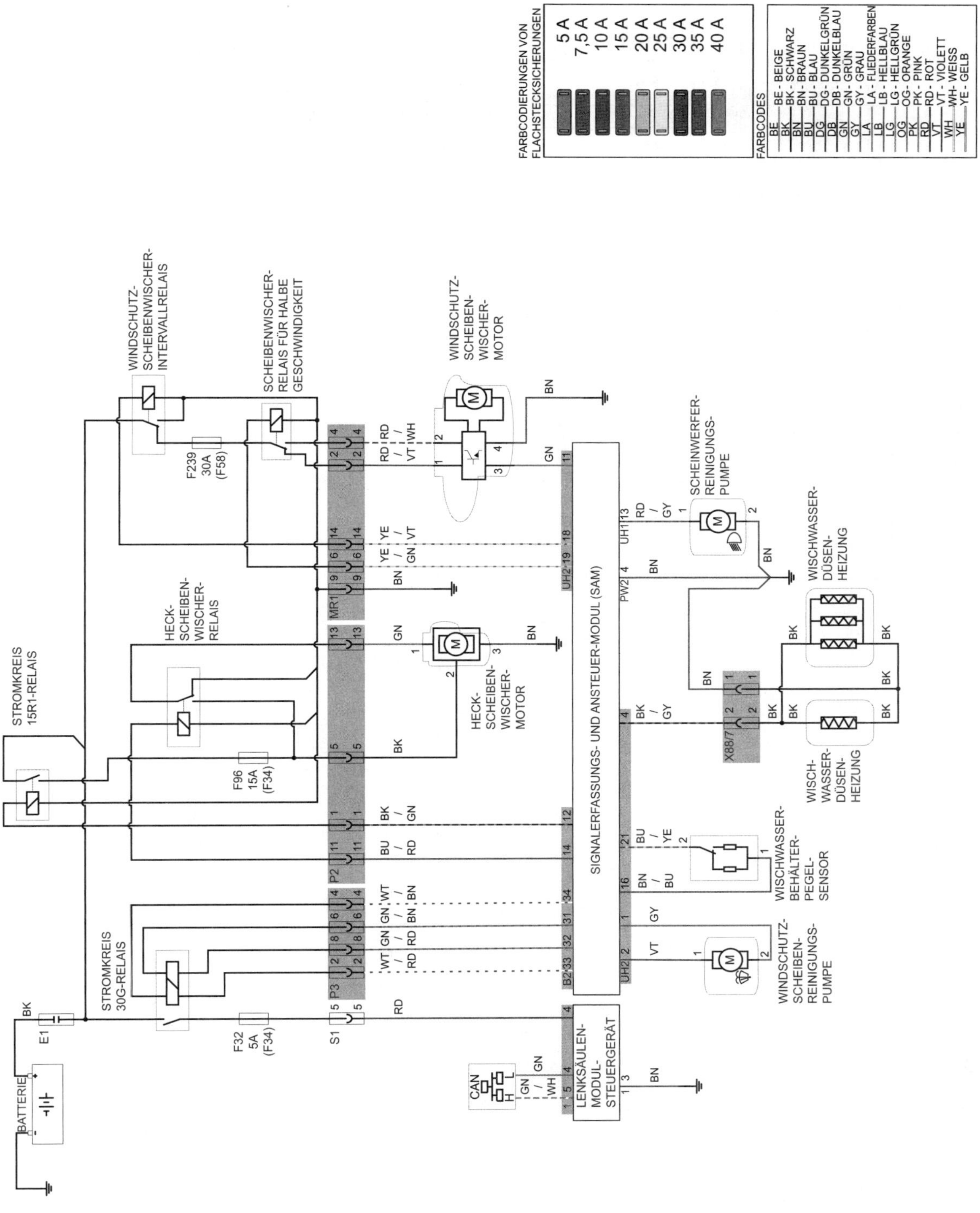

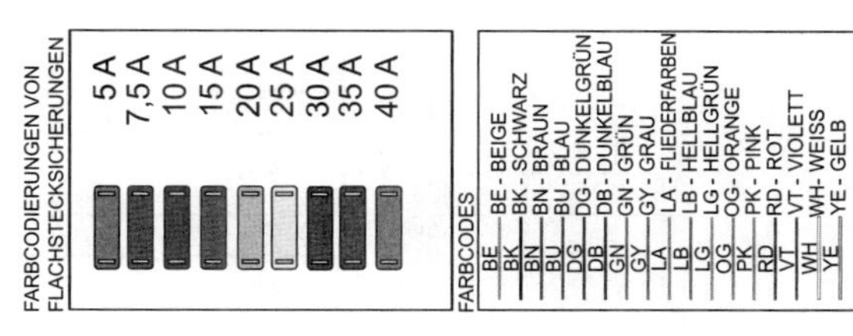

BATTERIE
E1
STROMKREIS 30G-RELAIS
STROMKREIS 15R1-RELAIS
F32 5A (F34)
F96 15A (F34)
F239 30A (F58)
WINDSCHUTZ-SCHEIBENWISCHER-INTERVALLRELAIS
SCHEIBENWISCHER-RELAIS FÜR HALBE GESCHWINDIGKEIT
HECK-SCHEIBEN-WISCHER-RELAIS
WINDSCHUTZ-SCHEIBEN-WISCHER-MOTOR
HECK-SCHEIBEN-WISCHER-MOTOR
SIGNALERFASSUNGS- UND ANSTEUER-MODUL (SAM)
LENKSÄULEN-MODUL-STEUERGERÄT
CAN H L
SCHEINWERFER-REINIGUNGS-PUMPE
WISCHWASSER-DÜSEN-HEIZUNG
WISCH-WASSER-DÜSEN-HEIZUNG
WISCHWASSER-BEHÄLTER-PEGEL-SENSOR
WINDSCHUTZ-SCHEIBEN-REINIGUNGS-PUMPE
X88/7
S1
P3
P2
MR1

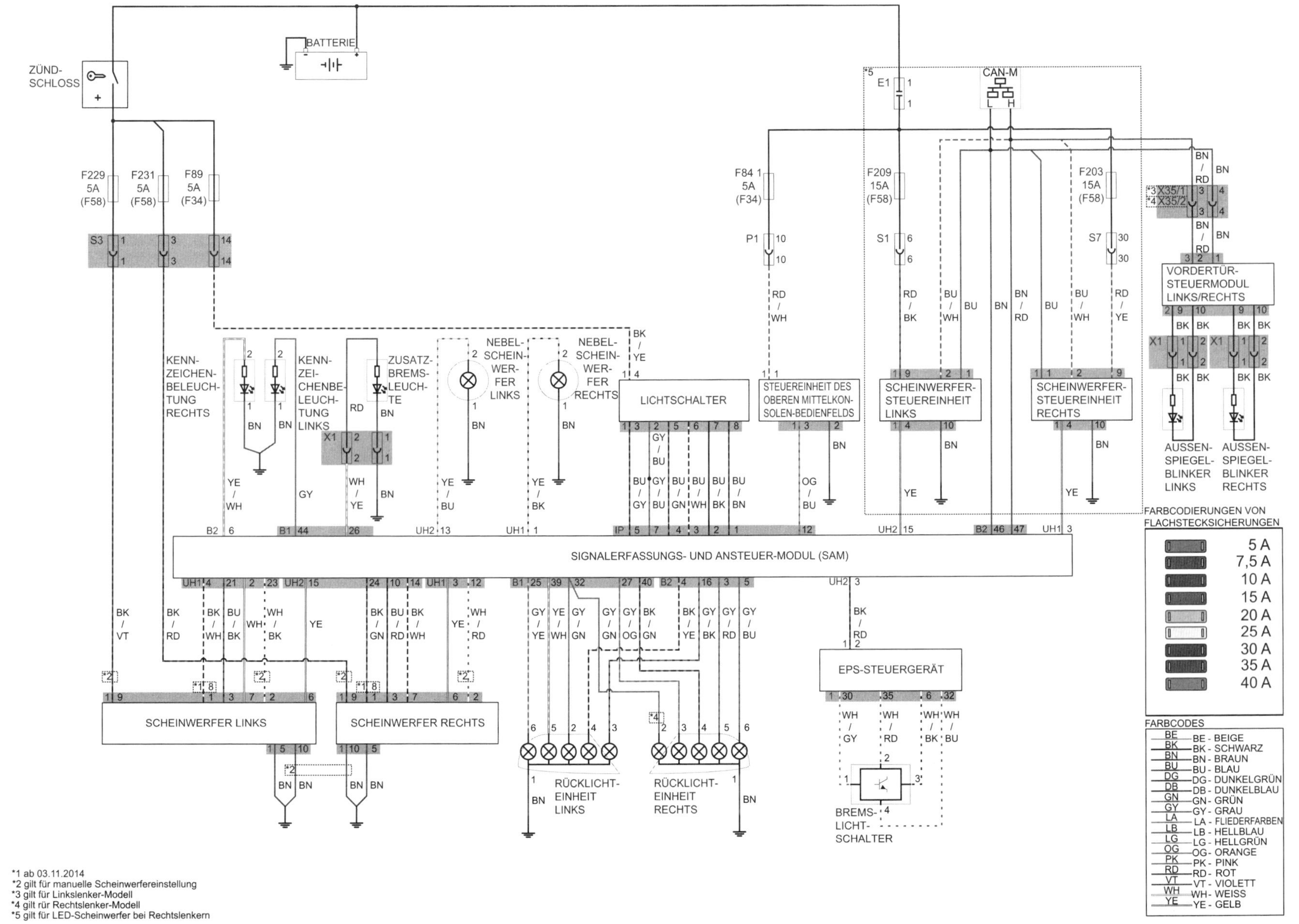

ZÜND-SCHLOSS
BATTERIE
F229 5A (F58)
F231 5A (F58)
F89 5A (F34)
F84 5A (F34)
F209 15A (F58)
F203 15A (F58)
CAN-M
VORDERTÜR-STEUERMODUL LINKS/RECHTS
AUSSEN-SPIEGEL-BLINKER LINKS
AUSSEN-SPIEGEL-BLINKER RECHTS
KENN-ZEICHEN-BELEUCH-TUNG RECHTS
KENN-ZEI-CHENBE-LEUCH-TUNG LINKS
ZUSATZ-BREMS-LEUCH-TE
NEBEL-SCHEIN-WER-FER LINKS
NEBEL-SCHEIN-WER-FER RECHTS
LICHTSCHALTER
STEUEREINHEIT DES OBEREN MITTELKON-SOLEN-BEDIENFELDS
SCHEINWERFER-STEUEREINHEIT LINKS
SCHEINWERFER-STEUEREINHEIT RECHTS
SIGNALERFASSUNGS- UND ANSTEUER-MODUL (SAM)
SCHEINWERFER LINKS
SCHEINWERFER RECHTS
RÜCKLICHT-EINHEIT LINKS
RÜCKLICHT-EINHEIT RECHTS
EPS-STEUERGERÄT
BREMS-LICHT-SCHALTER
FARBCODIERUNGEN VON FLACHSTECKSICHERUNGEN
5 A
7,5 A
10 A
15 A
20 A
25 A
30 A
35 A
40 A
FARBCODES
BE - BEIGE
BK - SCHWARZ
BN - BRAUN
BU - BLAU
DG - DUNKELGRÜN
DB - DUNKELBLAU
GN - GRÜN
GY - GRAU
LA - FLIEDERFARBEN
LB - HELLBLAU
LG - HELLGRÜN
OG - ORANGE
PK - PINK
RD - ROT
VT - VIOLETT
WH - WEISS
YE - GELB
*1 ab 03.11.2014
*2 gilt für manuelle Scheinwerfereinstellung
*3 gilt für Linkslenker-Modell
*4 gilt rür Rechtslenker-Modell
*5 gilt für LED-Scheinwerfer bei Rechtslenkern

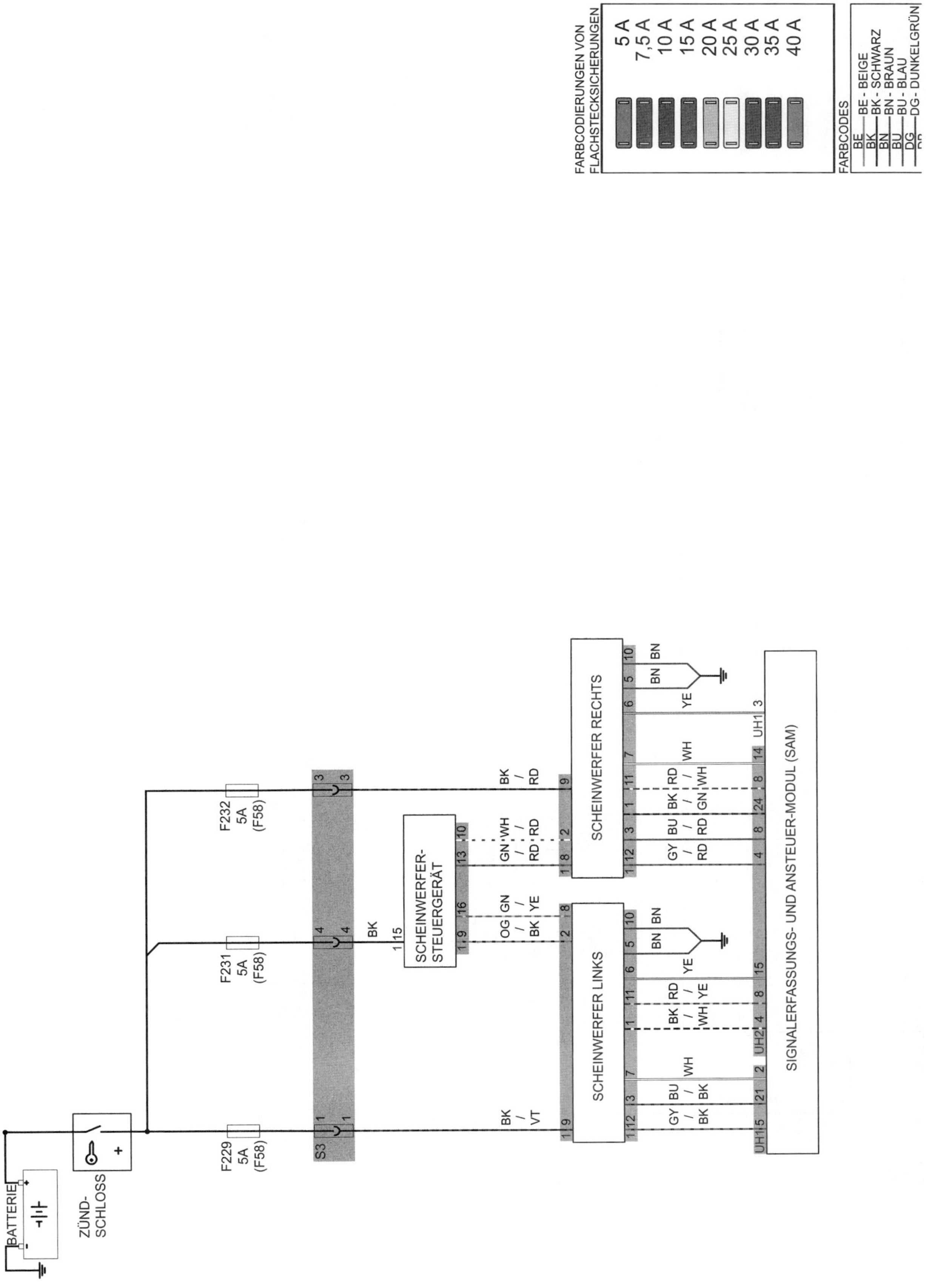

BATTERIE
ZÜND-SCHLOSS
F229 5A (F58)
F231 5A (F58)
F232 5A (F58)
S3 1 1 4 4 3 3
BK
1 15
SCHEINWERFER-STEUERGERÄT
1 9 16 13 10
BK / VT
OG / BK
GN / YE
GN / RD
WH / RD
BK / RD
1 9 2 8
1 8 2 9
SCHEINWERFER LINKS
SCHEINWERFER RECHTS
1 12 3 7 1 11 6 5 10
1 12 3 1 11 7 6 5 10
GY / BK
BU / BK
WH
BK / WH
RD / YE
YE
BN BN
GY / RD
BU / RD
BK / GN
RD / WH
WH
YE
BN BN
UH1 5 21 2 UH2 4 8 15 4 8 24 8 14 UH1 3
SIGNALERFASSUNGS- UND ANSTEUER-MODUL (SAM)

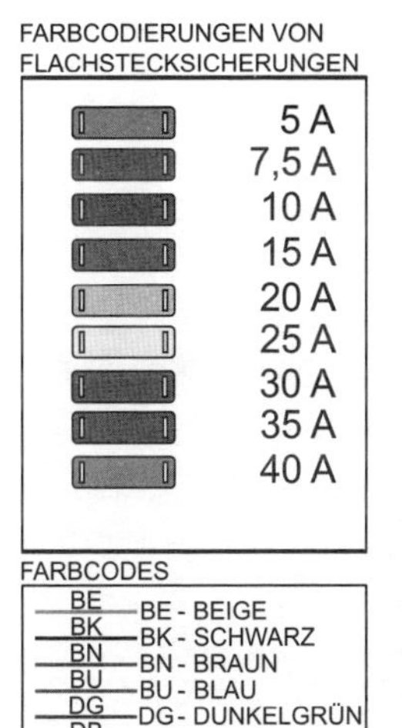

FARBCODES
BE - BEIGE
BK - SCHWARZ
BN - BRAUN
BU - BLAU
DG - DUNKELGRÜN

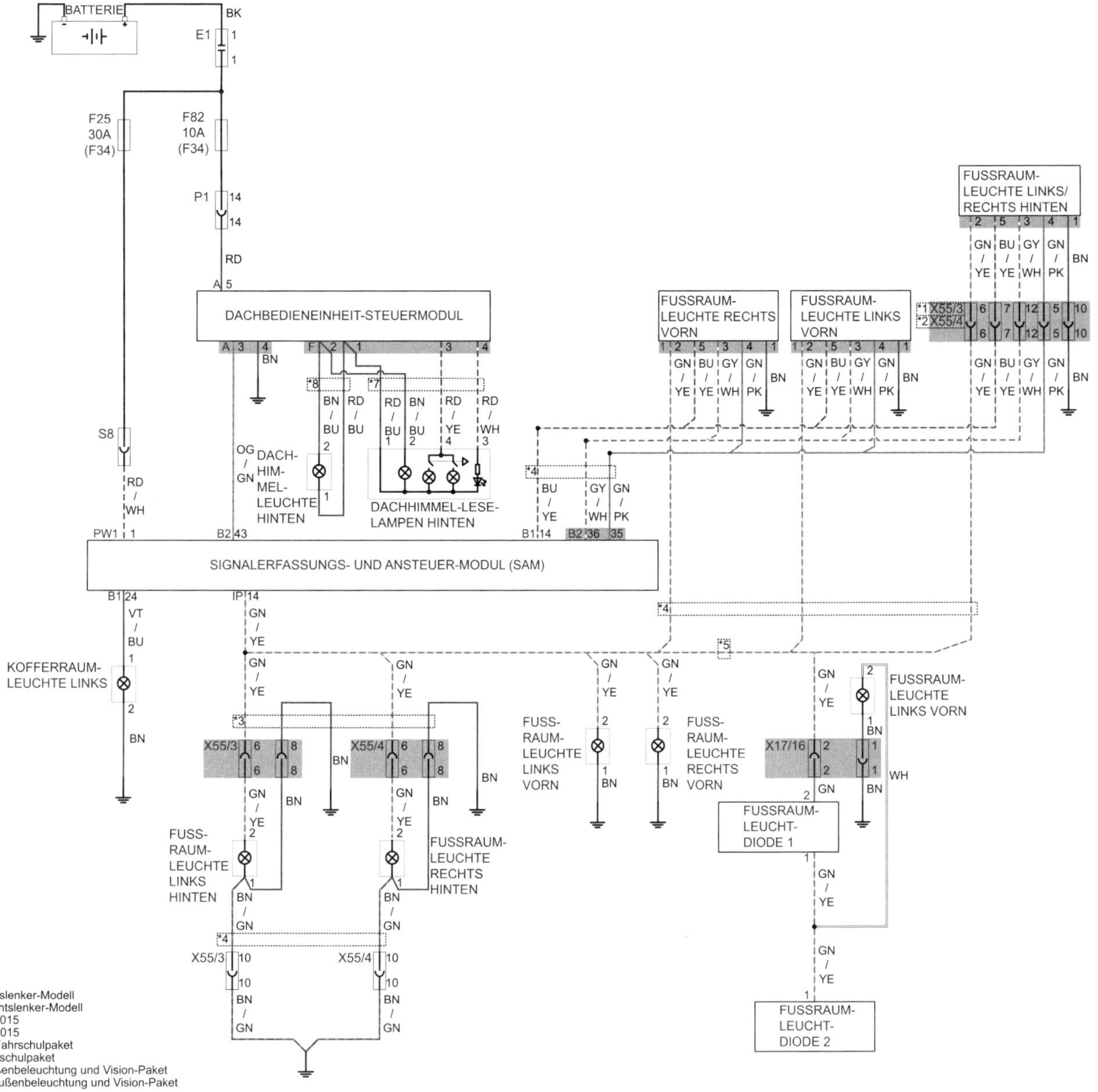

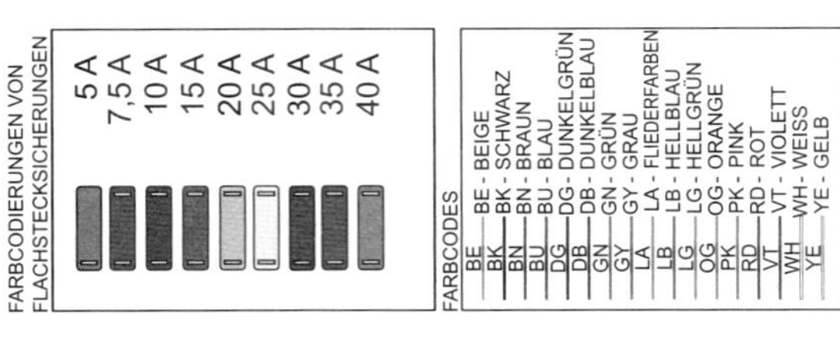

*1 gilt für Linkslenker-Modell
*2 gilt für Rechtslenker-Modell
*3 bis 31.08.2015
*4 bis 01.09.2015
*5 Komplett-Fahrschulpaket
*6 Basis-Fahrschulpaket
*7 gilt mit Außenbeleuchtung und Vision-Paket
*8 gilt ohne Außenbeleuchtung und Vision-Paket

FARBCODIERUNGEN VON FLACHSTECKSICHERUNGEN

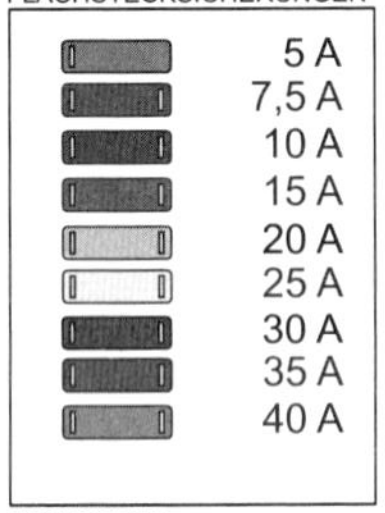

FARBCODES

BE - BEIGE
BK - SCHWARZ
BN - BRAUN
BU - BLAU
DG - DUNKELGRÜN
DB - DUNKELBLAU
GN - GRÜN
GY - GRAU
LA - FLIEDERFARBEN
LB - HELLBLAU
LG - HELLGRÜN
OG - ORANGE
PK - PINK
RD - ROT
VT - VIOLETT
WH - WEISS
YE - GELB

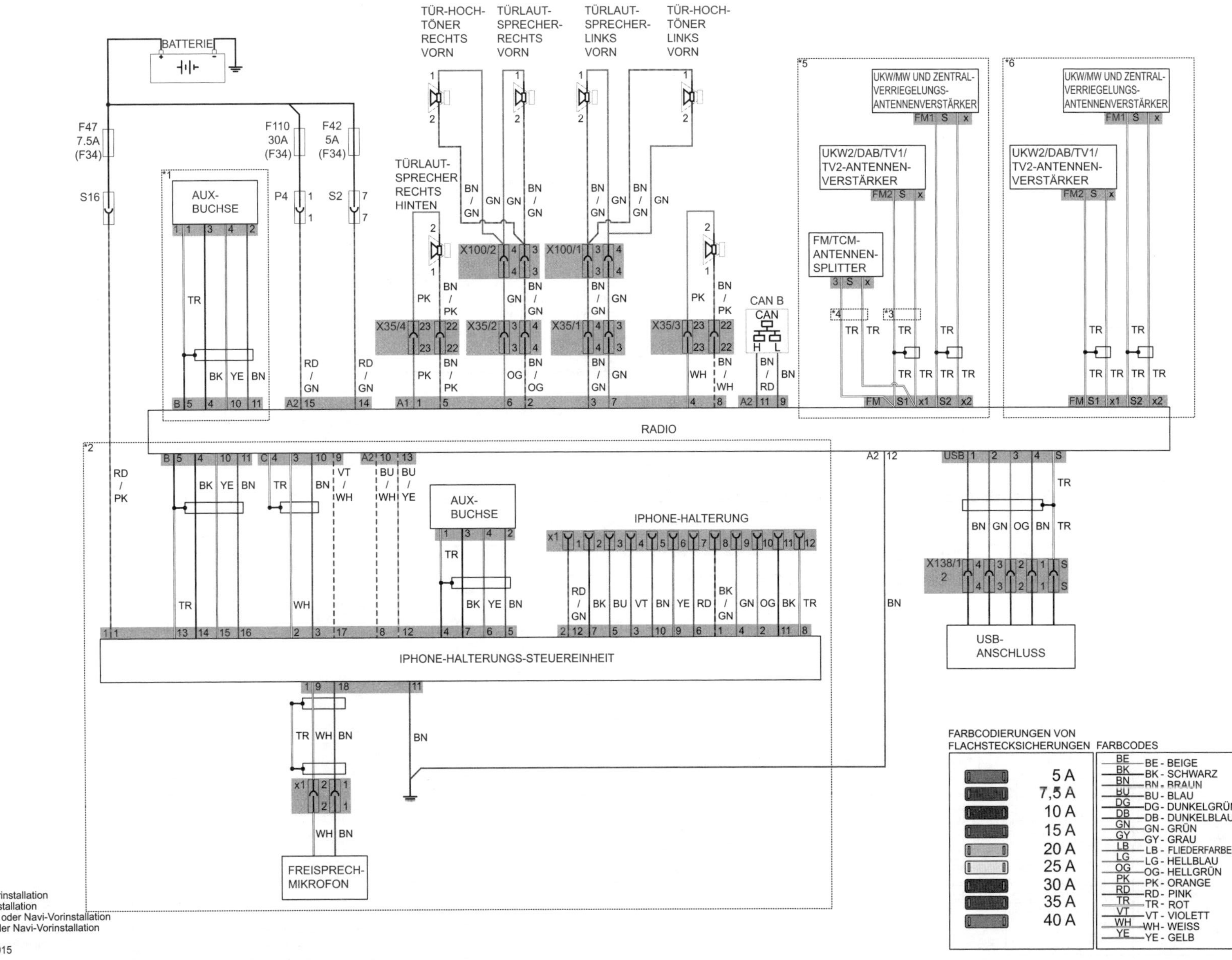
BATTERIE
F47 7.5A (F34)
F110 30A (F34)
F42 5A (F34)
S16
P4
S2
AUX-BUCHSE
TÜR-HOCH-TÖNER RECHTS VORN
TÜRLAUT-SPRECHER-RECHTS VORN
TÜRLAUT-SPRECHER-LINKS VORN
TÜR-HOCH-TÖNER LINKS VORN
TÜRLAUT-SPRECHER RECHTS HINTEN
CAN B
UKW/MW UND ZENTRAL-VERRIEGELUNGS-ANTENNENVERSTÄRKER
UKW2/DAB/TV1/TV2-ANTENNEN-VERSTÄRKER
FM/TCM-ANTENNEN-SPLITTER
RADIO
AUX-BUCHSE
IPHONE-HALTERUNG
IPHONE-HALTERUNGS-STEUEREINHEIT
USB-ANSCHLUSS
FREISPRECH-MIKROFON
*1 Ohne iPhone-Vorinstallation
*2 Mit iPhone-Vorinstallation
*3 Ohne Navigation oder Navi-Vorinstallation
*4 Mit Navigation oder Navi-Vorinstallation
*5 bis August 2015
*6 ab September 2015
FARBCODIERUNGEN VON FLACHSTECKSICHERUNGEN
5 A
7,5 A
10 A
15 A
20 A
25 A
30 A
35 A
40 A
FARBCODES
BE - BEIGE
BK - SCHWARZ
BN - BRAUN
BU - BLAU
DG - DUNKELGRÜN
DB - DUNKELBLAU
GN - GRÜN
GY - GRAU
LB - FLIEDERFARBEN
LG - HELLBLAU
OG - HELLGRÜN
PK - ORANGE
RD - PINK
TR - ROT
VT - VIOLETT
WH - WEISS
YE - GELB

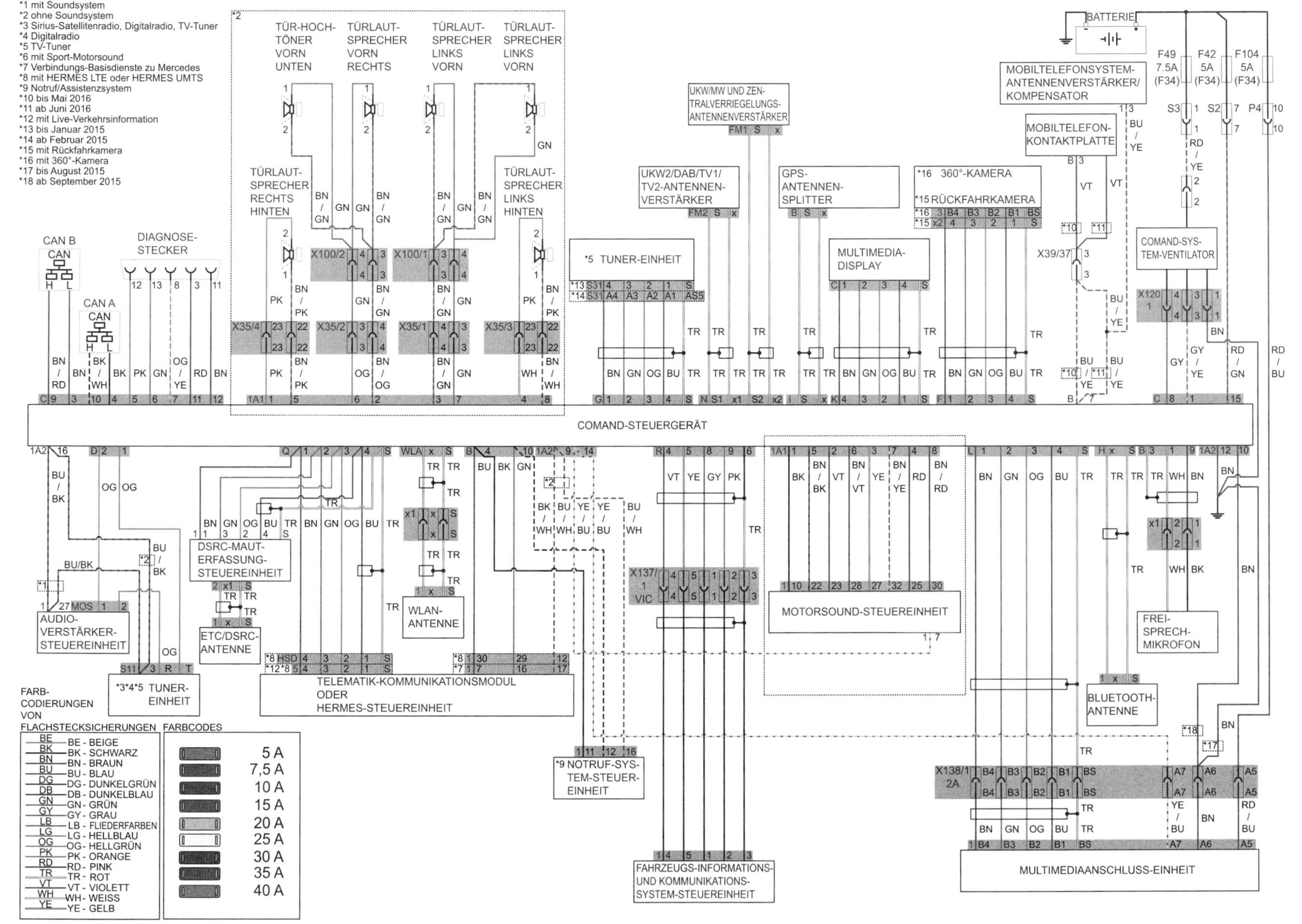
*1 mit Soundsystem
*2 ohne Soundsystem
*3 Sirius-Satellitenradio, Digitalradio, TV-Tuner
*4 Digitalradio
*5 TV-Tuner
*6 mit Sport-Motorsound
*7 Verbindungs-Basisdienste zu Mercedes
*8 mit HERMES LTE oder HERMES UMTS
*9 Notruf/Assistenzsystem
*10 bis Mai 2016
*11 ab Juni 2016
*12 mit Live-Verkehrsinformation
*13 bis Januar 2015
*14 ab Februar 2015
*15 mit Rückfahrkamera
*16 mit 360°-Kamera
*17 bis August 2015
*18 ab September 2015
TÜR-HOCH-TÖNER VORN UNTEN
TÜRLAUT-SPRECHER VORN RECHTS
TÜRLAUT-SPRECHER LINKS VORN
TÜRLAUT-SPRECHER LINKS VORN
TÜRLAUT-SPRECHER RECHTS HINTEN
TÜRLAUT-SPRECHER LINKS HINTEN
UKW/MW UND ZEN-TRALVERRIEGELUNGS-ANTENNENVERSTÄRKER
UKW2/DAB/TV1/TV2-ANTENNEN-VERSTÄRKER
GPS-ANTENNEN-SPLITTER
*16 360°-KAMERA
*15 RÜCKFAHRKAMERA
BATTERIE
MOBILTELEFONSYSTEM-ANTENNENVERSTÄRKER/KOMPENSATOR
MOBILTELEFON-KONTAKTPLATTE
F49 7.5A (F34)
F42 5A (F34)
F104 5A (F34)
CAN B
DIAGNOSE-STECKER
CAN A
*5 TUNER-EINHEIT
MULTIMEDIA-DISPLAY
COMAND-SYS-TEM-VENTILATOR
COMAND-STEUERGERÄT
DSRC-MAUT-ERFASSUNG-STEUEREINHEIT
WLAN-ANTENNE
MOTORSOUND-STEUEREINHEIT
FREI-SPRECH-MIKROFON
AUDIO-VERSTÄRKER-STEUEREINHEIT
ETC/DSRC-ANTENNE
BLUETOOTH-ANTENNE
*3*4*5 TUNER-EINHEIT
TELEMATIK-KOMMUNIKATIONSMODUL ODER HERMES-STEUEREINHEIT
*9 NOTRUF-SYS-TEM-STEUER-EINHEIT
FAHRZEUGS-INFORMATIONS- UND KOMMUNIKATIONS-SYSTEM-STEUEREINHEIT
MULTIMEDIAANSCHLUSS-EINHEIT
FARB-CODIERUNGEN VON FLACHSTECKSICHERUNGEN
FARBCODES
BE - BEIGE
BK - SCHWARZ
BN - BRAUN
BU - BLAU
DG - DUNKELGRÜN
DB - DUNKELBLAU
GN - GRÜN
GY - GRAU
LB - FLIEDERFARBEN
LG - HELLBLAU
OG - HELLGRÜN
PK - ORANGE
RD - PINK
TR - ROT
VT - VIOLETT
WH - WEISS
YE - GELB
5 A
7,5 A
10 A
15 A
20 A
25 A
30 A
35 A
40 A

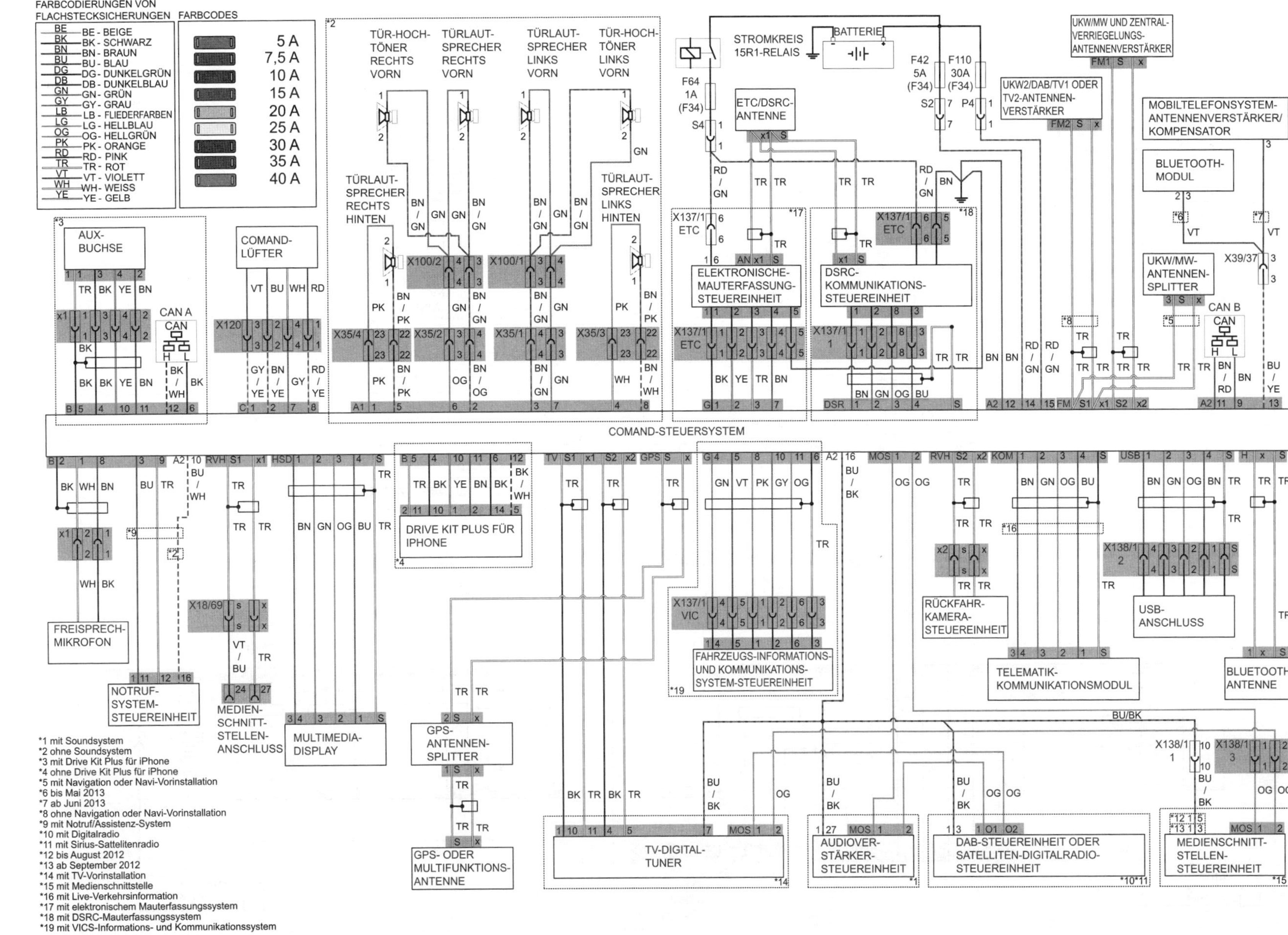
FARBCODIERUNGEN VON FLACHSTECKSICHERUNGEN
FARBCODES
BE - BEIGE
BK - SCHWARZ
BN - BRAUN
BU - BLAU
DG - DUNKELGRÜN
DB - DUNKELBLAU
GN - GRÜN
GY - GRAU
LB - FLIEDERFARBEN
LG - HELLBLAU
OG - HELLGRÜN
PK - ORANGE
RD - PINK
TR - ROT
VT - VIOLETT
WH - WEISS
YE - GELB
5 A
7,5 A
10 A
15 A
20 A
25 A
30 A
35 A
40 A
TÜR-HOCH-TÖNER RECHTS VORN
TÜRLAUT-SPRECHER RECHTS VORN
TÜRLAUT-SPRECHER LINKS VORN
TÜR-HOCH-TÖNER LINKS VORN
TÜRLAUT-SPRECHER RECHTS HINTEN
TÜRLAUT-SPRECHER LINKS HINTEN
STROMKREIS 15R1-RELAIS
BATTERIE
F64 1A (F34)
F42 5A (F34)
F110 30A (F34)
ETC/DSRC-ANTENNE
UKW/MW UND ZENTRAL-VERRIEGELUNGS-ANTENNENVERSTÄRKER
UKW2/DAB/TV1 ODER TV2-ANTENNEN-VERSTÄRKER
MOBILTELEFONSYSTEM-ANTENNENVERSTÄRKER/KOMPENSATOR
BLUETOOTH-MODUL
UKW/MW-ANTENNEN-SPLITTER
CAN B
AUX-BUCHSE
COMAND-LÜFTER
CAN A
ELEKTRONISCHE-MAUTERFASSUNG-STEUEREINHEIT
DSRC-KOMMUNIKATIONS-STEUEREINHEIT
COMAND-STEUERSYSTEM
DRIVE KIT PLUS FÜR IPHONE
FREISPRECH-MIKROFON
NOTRUF-SYSTEM-STEUEREINHEIT
MEDIEN-SCHNITT-STELLEN-ANSCHLUSS
MULTIMEDIA-DISPLAY
GPS-ANTENNEN-SPLITTER
GPS- ODER MULTIFUNKTIONS-ANTENNE
FAHRZEUGS-INFORMATIONS-UND KOMMUNIKATIONS-SYSTEM-STEUEREINHEIT
RÜCKFAHR-KAMERA-STEUEREINHEIT
TELEMATIK-KOMMUNIKATIONSMODUL
USB-ANSCHLUSS
BLUETOOTH-ANTENNE
TV-DIGITAL-TUNER
AUDIOVER-STÄRKER-STEUEREINHEIT
DAB-STEUEREINHEIT ODER SATELLITEN-DIGITALRADIO-STEUEREINHEIT
MEDIENSCHNITT-STELLEN-STEUEREINHEIT
*1 mit Soundsystem
*2 ohne Soundsystem
*3 mit Drive Kit Plus für iPhone
*4 ohne Drive Kit Plus für iPhone
*5 mit Navigation oder Navi-Vorinstallation
*6 bis Mai 2013
*7 ab Juni 2013
*8 ohne Navigation oder Navi-Vorinstallation
*9 mit Notruf/Assistenz-System
*10 mit Digitalradio
*11 mit Sirius-Sattelitenradio
*12 bis August 2012
*13 ab September 2012
*14 mit TV-Vorinstallation
*15 mit Medienschnittstelle
*16 mit Live-Verkehrsinformation
*17 mit elektronischem Mauterfassungssystem
*18 mit DSRC-Mauterfassungssystem
*19 mit VICS-Informations- und Kommunikationssystem

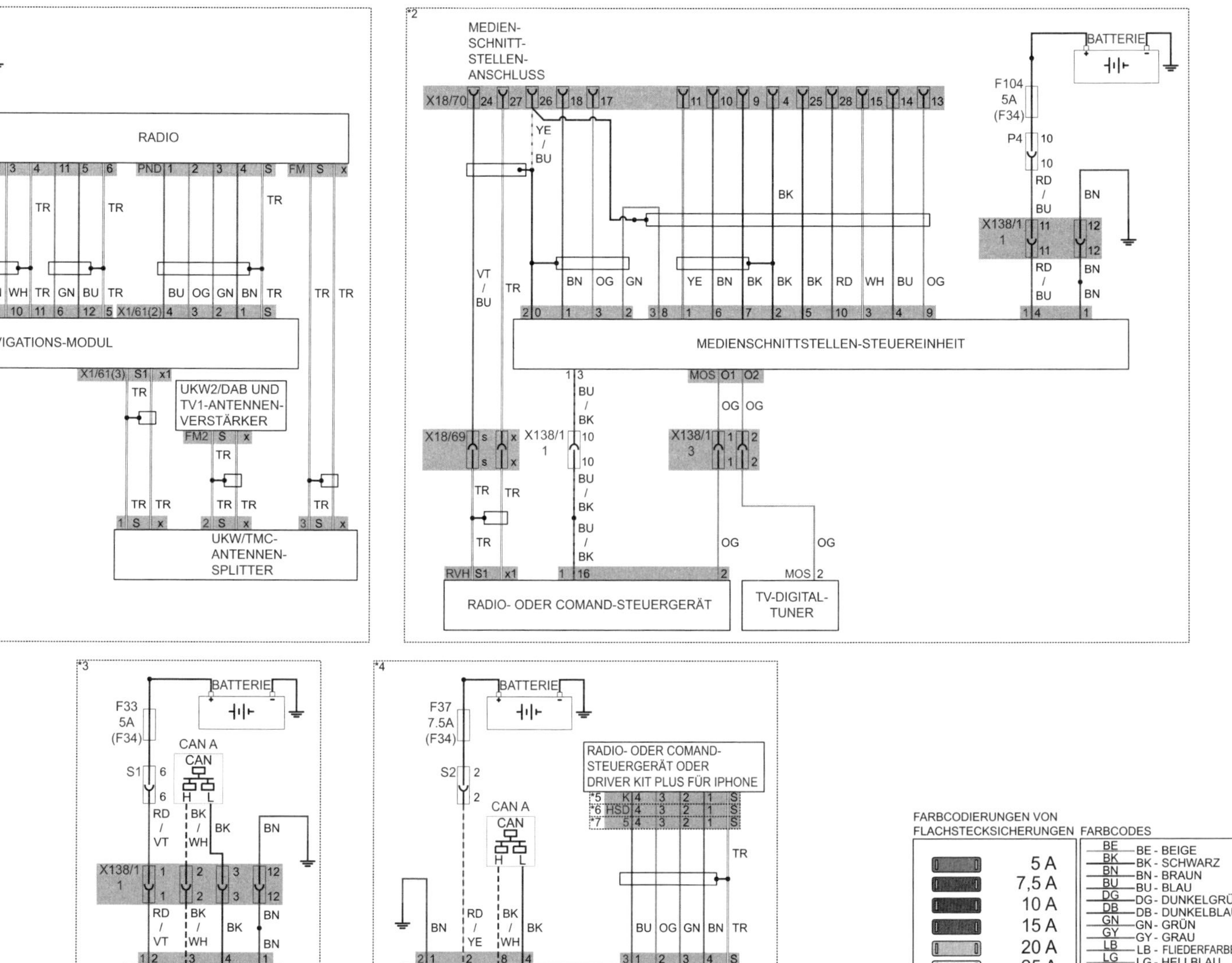

*1 Navigationssystem
*2 Medienschnittstelle
*3 Zentrale Bedieneinheit
*4 Audio/COMAND-Display
*5 (bleibt)
*6 COMAND mit DVD-Einzellaufwerk/COMAND APS mit Navigation/COMAND APS mit DVD-Wechsler/ Audio 20 mit CD-Wechsler/Audio 20-Radio
*7 Driver Kit Plus für iPhone

FARBCODIERUNGEN VON FLACHSTECKSICHERUNGEN

5 A
7,5 A
10 A
15 A
20 A
25 A
30 A
35 A
40 A

FARBCODES

Code	
BE	BE - BEIGE
BK	BK - SCHWARZ
BN	BN - BRAUN
BU	BU - BLAU
DG	DG - DUNKELGRÜN
DB	DB - DUNKELBLAU
GN	GN - GRÜN
GY	GY - GRAU
LB	LB - FLIEDERFARBEN
LG	LG - HELLBLAU
OG	OG - HELLGRÜN
PK	PK - ORANGE
RD	RD - PINK
TR	TR - ROT
VT	VT - VIOLETT
WH	WH - WEISS
YE	YE - GELB

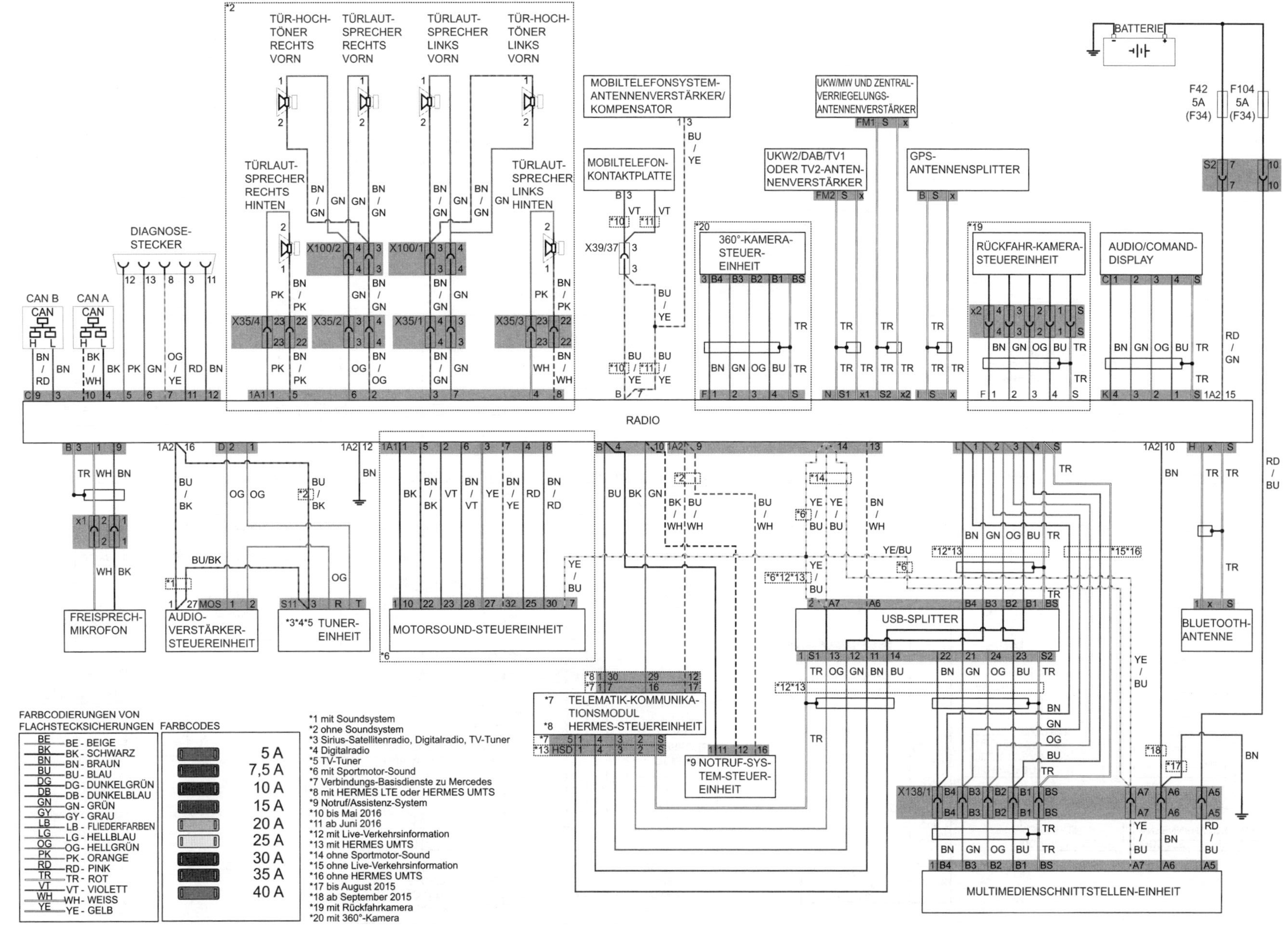
TÜR-HOCHTÖNER RECHTS VORN
TÜRLAUTSPRECHER RECHTS VORN
TÜRLAUTSPRECHER LINKS VORN
TÜR-HOCHTÖNER LINKS VORN
TÜRLAUTSPRECHER RECHTS HINTEN
TÜRLAUTSPRECHER LINKS HINTEN
DIAGNOSESTECKER
CAN B
CAN A
MOBILTELEFONSYSTEM-ANTENNENVERSTÄRKER/KOMPENSATOR
MOBILTELEFON-KONTAKTPLATTE
UKW/MW UND ZENTRAL-VERRIEGELUNGS-ANTENNENVERSTÄRKER
UKW2/DAB/TV1 ODER TV2-ANTENNENVERSTÄRKER
GPS-ANTENNENSPLITTER
360°-KAMERA-STEUER-EINHEIT
RÜCKFAHR-KAMERA-STEUEREINHEIT
AUDIO/COMAND-DISPLAY
BATTERIE
F42 5A (F34)
F104 5A (F34)
RADIO
FREISPRECH-MIKROFON
AUDIO-VERSTÄRKER-STEUEREINHEIT
*3*4*5 TUNER-EINHEIT
MOTORSOUND-STEUEREINHEIT
USB-SPLITTER
BLUETOOTH-ANTENNE
*7 TELEMATIK-KOMMUNIKATIONSMODUL
*8 HERMES-STEUEREINHEIT
*9 NOTRUF-SYSTEM-STEUEREINHEIT
MULTIMEDIENSCHNITTSTELLEN-EINHEIT
FARBCODIERUNGEN VON FLACHSTECKSICHERUNGEN
BE - BEIGE
BK - SCHWARZ
BN - BRAUN
BU - BLAU
DG - DUNKELGRÜN
DB - DUNKELBLAU
GN - GRÜN
GY - GRAU
LB - FLIEDERFARBEN
LG - HELLBLAU
OG - HELLGRÜN
PK - ORANGE
RD - PINK
TR - ROT
VT - VIOLETT
WH - WEISS
YE - GELB
FARBCODES
5 A
7,5 A
10 A
15 A
20 A
25 A
30 A
35 A
40 A
*1 mit Soundsystem
*2 ohne Soundsystem
*3 Sirius-Satellitenradio, Digitalradio, TV-Tuner
*4 Digitalradio
*5 TV-Tuner
*6 mit Sportmotor-Sound
*7 Verbindungs-Basisdienste zu Mercedes
*8 mit HERMES LTE oder HERMES UMTS
*9 Notruf/Assistenz-System
*10 bis Mai 2016
*11 ab Juni 2016
*12 mit Live-Verkehrsinformation
*13 mit HERMES UMTS
*14 ohne Sportmotor-Sound
*15 ohne Live-Verkehrsinformation
*16 ohne HERMES UMTS
*17 bis August 2015
*18 ab September 2015
*19 mit Rückfahrkamera
*20 mit 360°-Kamera

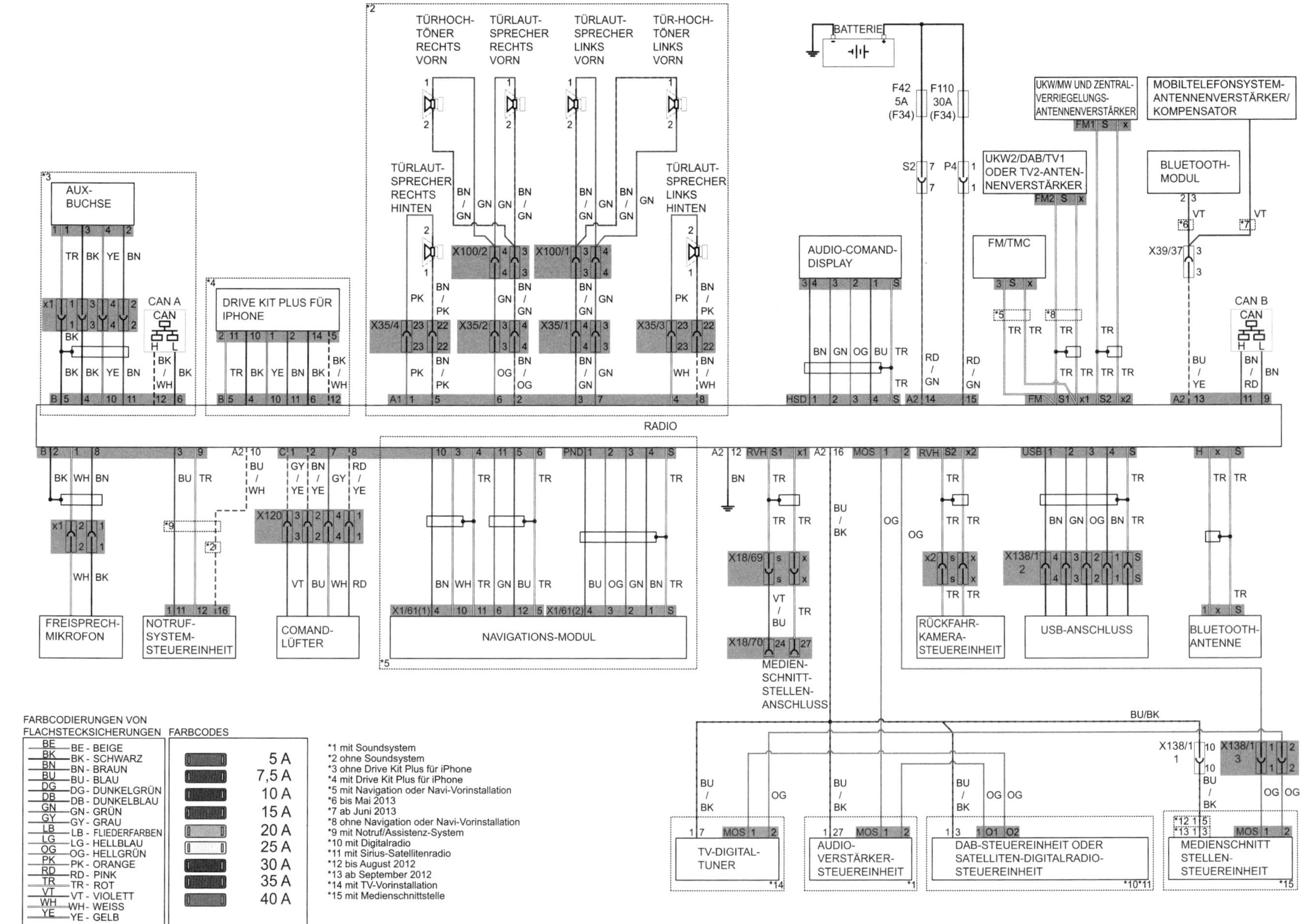
TÜRHOCH-TÖNER RECHTS VORN
TÜRLAUT-SPRECHER RECHTS VORN
TÜRLAUT-SPRECHER LINKS VORN
TÜR-HOCH-TÖNER LINKS VORN
TÜRLAUT-SPRECHER RECHTS HINTEN
TÜRLAUT-SPRECHER LINKS HINTEN
BATTERIE
F42 5A (F34)
F110 30A (F34)
UKW/MW UND ZENTRAL-VERRIEGELUNGS-ANTENNENVERSTÄRKER
MOBILTELEFONSYSTEM-ANTENNENVERSTÄRKER/KOMPENSATOR
UKW2/DAB/TV1 ODER TV2-ANTEN-NENVERSTÄRKER
BLUETOOTH-MODUL
AUX-BUCHSE
CAN A
DRIVE KIT PLUS FÜR IPHONE
AUDIO-COMAND-DISPLAY
FM/TMC
CAN B
RADIO
FREISPRECH-MIKROFON
NOTRUF-SYSTEM-STEUEREINHEIT
COMAND-LÜFTER
NAVIGATIONS-MODUL
MEDIEN-SCHNITT-STELLEN-ANSCHLUSS
RÜCKFAHR-KAMERA-STEUEREINHEIT
USB-ANSCHLUSS
BLUETOOTH-ANTENNE
TV-DIGITAL-TUNER
AUDIO-VERSTÄRKER-STEUEREINHEIT
DAB-STEUEREINHEIT ODER SATELLITEN-DIGITALRADIO-STEUEREINHEIT
MEDIENSCHNITT STELLEN-STEUEREINHEIT
FARBCODIERUNGEN VON FLACHSTECKSICHERUNGEN
BE - BEIGE
BK - SCHWARZ
BN - BRAUN
BU - BLAU
DG - DUNKELGRÜN
DB - DUNKELBLAU
GN - GRÜN
GY - GRAU
LB - FLIEDERFARBEN
LG - HELLBLAU
OG - HELLGRÜN
PK - ORANGE
RD - PINK
TR - ROT
VT - VIOLETT
WH - WEISS
YE - GELB
FARBCODES
5 A
7,5 A
10 A
15 A
20 A
25 A
30 A
35 A
40 A
*1 mit Soundsystem
*2 ohne Soundsystem
*3 ohne Drive Kit Plus für iPhone
*4 mit Drive Kit Plus für iPhone
*5 mit Navigation oder Navi-Vorinstallation
*6 bis Mai 2013
*7 ab Juni 2013
*8 ohne Navigation oder Navi-Vorinstallation
*9 mit Notruf/Assistenz-System
*10 mit Digitalradio
*11 mit Sirius-Satellitenradio
*12 bis August 2012
*13 ab September 2012
*14 mit TV-Vorinstallation
*15 mit Medienschnittstelle

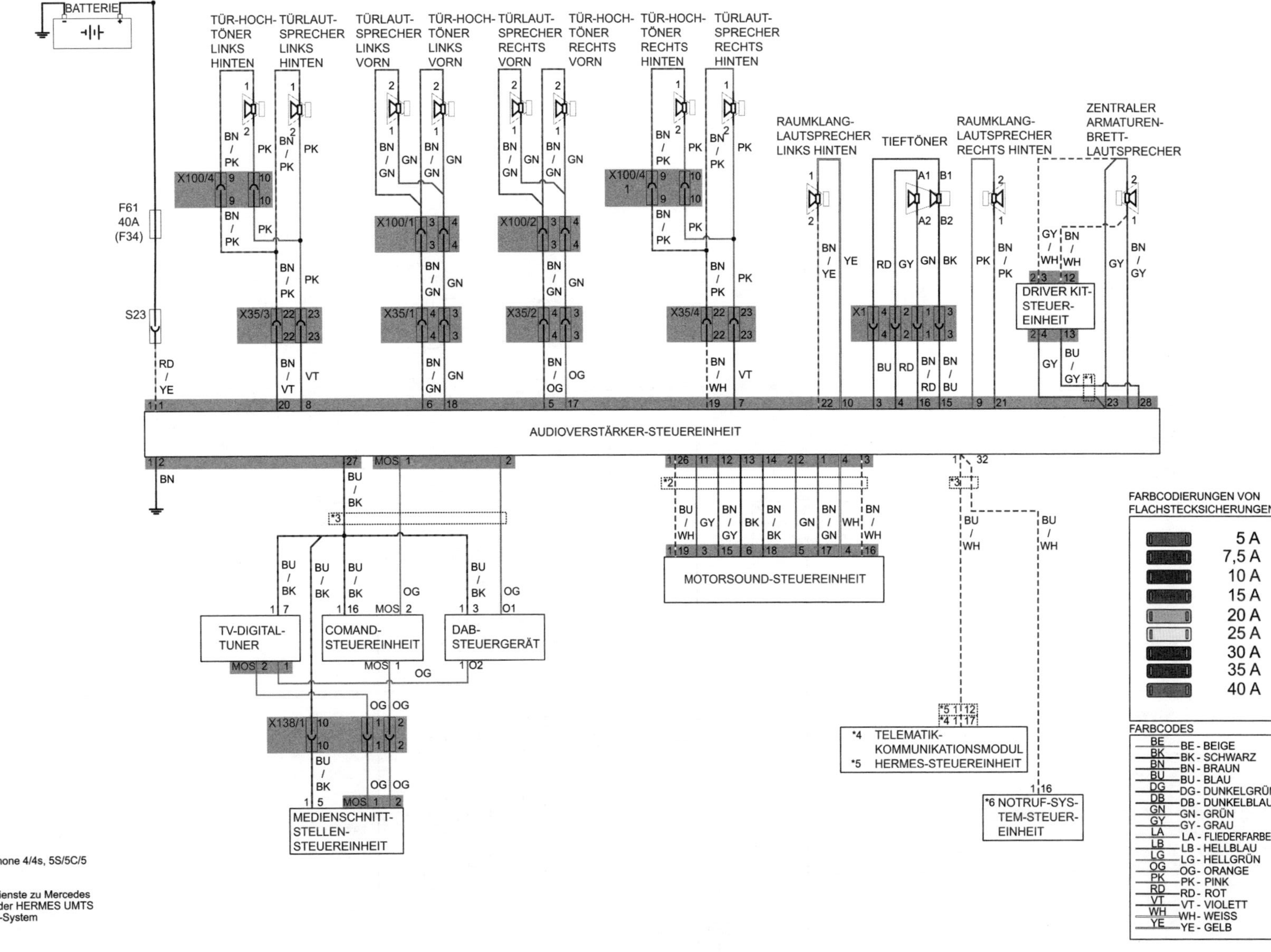
BATTERIE
F61 40A (F34)
S23
AUDIOVERSTÄRKER-STEUEREINHEIT
TÜR-HOCH-TÖNER LINKS HINTEN
TÜRLAUT-SPRECHER LINKS HINTEN
TÜRLAUT-SPRECHER LINKS VORN
TÜR-HOCH-TÖNER LINKS VORN
TÜRLAUT-SPRECHER RECHTS VORN
TÜR-HOCH-TÖNER RECHTS VORN
TÜR-HOCH-TÖNER RECHTS HINTEN
TÜRLAUT-SPRECHER RECHTS HINTEN
RAUMKLANG-LAUTSPRECHER LINKS HINTEN
TIEFTÖNER
RAUMKLANG-LAUTSPRECHER RECHTS HINTEN
ZENTRALER ARMATUREN-BRETT-LAUTSPRECHER
DRIVER KIT-STEUER-EINHEIT
MOTORSOUND-STEUEREINHEIT
*4 TELEMATIK-KOMMUNIKATIONSMODUL
*5 HERMES-STEUEREINHEIT
*6 NOTRUF-SYS-TEM-STEUER-EINHEIT
TV-DIGITAL-TUNER
COMAND-STEUEREINHEIT
DAB-STEUERGERÄT
MEDIENSCHNITT-STELLEN-STEUEREINHEIT
X100/4
X35/3
X100/1
X35/1
X100/2
X35/2
X35/4
X1
X138/1
FARBCODIERUNGEN VON FLACHSTECKSICHERUNGEN
5 A
7,5 A
10 A
15 A
20 A
25 A
30 A
35 A
40 A
FARBCODES
BE - BEIGE
BK - SCHWARZ
BN - BRAUN
BU - BLAU
DG - DUNKELGRÜN
DB - DUNKELBLAU
GN - GRÜN
GY - GRAU
LA - FLIEDERFARBEN
LB - HELLBLAU
LG - HELLGRÜN
OG - ORANGE
PK - PINK
RD - ROT
VT - VIOLETT
WH - WEISS
YE - GELB
*1 Drive Kit Plus für iPhone 4/4s, 5S/5C/5
*2 Sportmotor-Sound
*3 je nach Ausstattung
*4 Verbindungs-Basisdienste zu Mercedes
*5 mit HERMES LTE oder HERMES UMTS
*6 mit Notruf/Assistenz-System

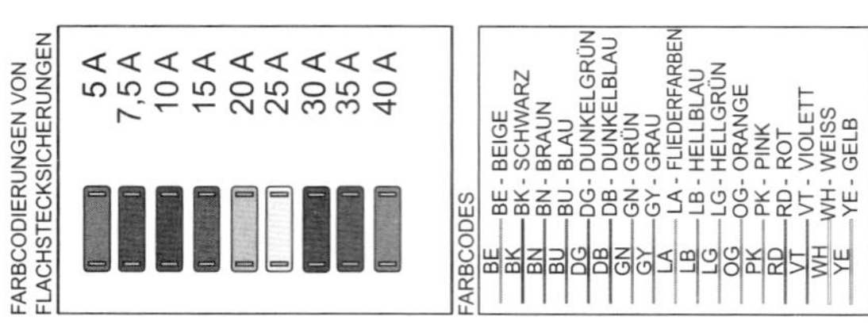

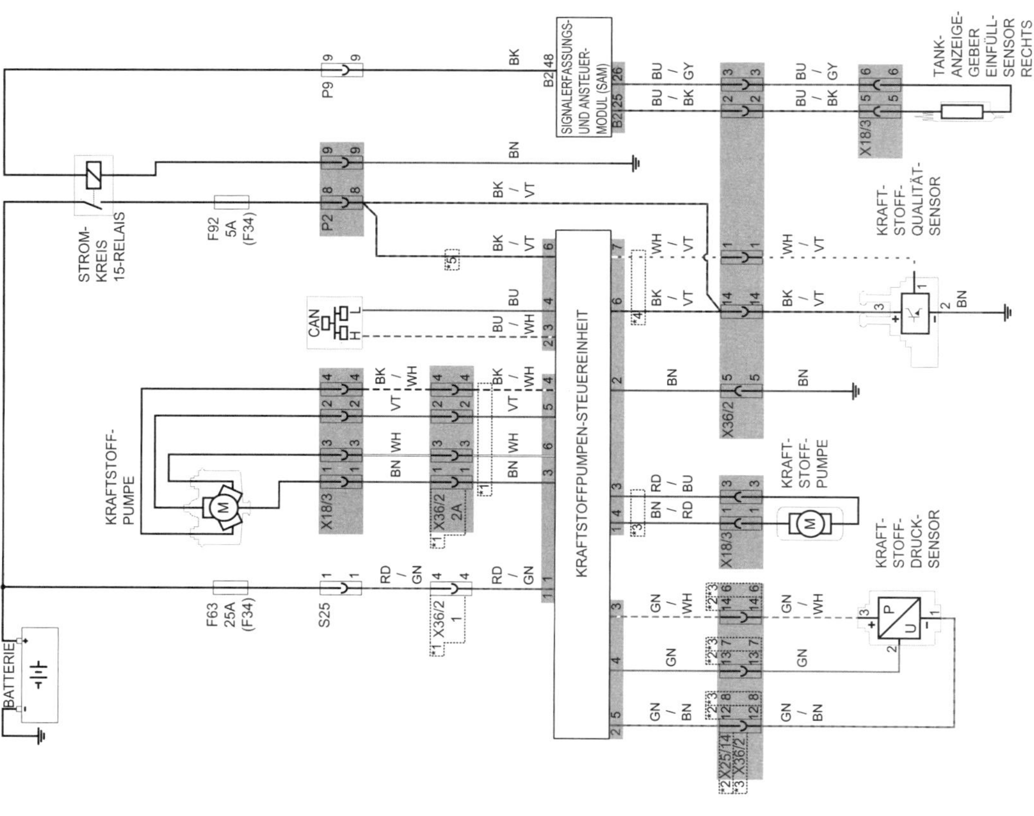

*1 gilt für monovalente Erdgasmotoren
*2 Motorcode 607/651
*3 Motorcode 270
*4 Motor für Ethanol-Kraftstoff
*5 Motor nicht für Ethanol-Kraftstoff